M. Dunky · P. Niemz

Holzwerkstoffe und Leime

Springer

Berlin
Heidelberg
New York
Barcelona
Hongkong
London
Mailand
Paris
Tokio

Manfred Dunky · Peter Niemz

Holzwerkstoffe und Leime

Technologie und Einflussfaktoren

Mit 493 Abbildungen und 150 Tabellen

Springer

Univ.-Doz. Dipl.-Ing. Dr. mont. Manfred Dunky
Dynea Austria GmbH
Hafenstr. 77
A-3500 Krems
Österreich

Dr.-Ing. habil. Peter Niemz
Eidgenössische Technische Hochschule Zürich
Professur Holzwissenschaften
ETH Zentrum
HG F21.3
CH-8092 Zürich
Schweiz

ISBN 3-540-42980-8 Springer-Verlag Berlin Heidelberg New York

Die Deutsche Bibliothek – CIP Einheitsaufnahme

Dunky, Manfred:
Holzwerkstoffe und Leime : Technologie und Einflussfaktoren / Manfred Dunky ;
Peter Niemz. – Berlin ; Heidelberg ; New York ; Barcelona ; Hongkong ;
London ; Mailand ; Paris ; Tokio : Springer, 2002
ISBN 3-540-42980-8

Springer-Verlag Berlin Heidelberg New York
ein Unternehmen der BertelsmannSpringer Science+Business Media GmbH

http://www.springer.de

Satzherstellung und Reproduktionen: Fotosatz-Service Köhler GmbH, Würzburg
Einbandgestaltung: de'blik, Berlin

Gedruckt auf säurefreiem Papier SPIN: 10859621 62/3020Rw 5 4 3 2 1 0

Vorwort

Das Fachbuch „Holzwerkstoffe und Leime. Technologie und Einflussfaktoren" beschreibt Technologie, Anwendung und Einflussfaktoren beim Einsatz von Bindemitteln bei der Holzwerkstoffherstellung. Besonderer Wert wird auf das Zusammenspiel und die gegenseitigen Beeinflussungen der drei Hauptparameter Holz, Bindemittel und Herstellungsbedingungen gelegt. Diese drei Parameter haben entscheidenden Einfluss auf die Qualität der produzierten Holzwerkstoffe. Als Basis für das Verständnis der in Teil II beschriebenen Grundlagen der Verklebung und der Klebstoffanalytik und der in Teil III dargestellten speziellen Einflussfaktoren auf die Eigenschaften ausgewählter Holzwerkstoffe werden im Teil I die wichtigsten Holzwerkstoffe vorgestellt, wesentliche Einflussfaktoren auf die Eigenschaften und deren Prüfung dargestellt sowie in kompakter Form die Fertigung der Werkstoffe beschrieben. Dabei werden im Sinne einer Einführung in die Folgethematiken nur die wesentlichen Grundoperationen erläutert. Auf maschinentechnische und verfahrenstechnische Details wird nicht eingegangen, hierzu wird auf die angegebene Spezialliteratur verwiesen. Für weiterführende Arbeiten zur Technologie und Prüfung wird ebenfalls auf die in den einzelnen Kapiteln erwähnte spezifische Fachliteratur hingewiesen.

Aufbauend auf langjährigen praktischen Erfahrungen der Autoren in Lehre, Forschung, industrieller Tätigkeit und Zusammenarbeit mit der Holzwerkstoffindustrie wurde eine umfassende Beschreibung der Bindemittel und der Holzwerkstoffe zusammengestellt.

Schwerpunkte des Buches sind:

- Zusammensetzung, Analyse, Eigenschaften und Anwendung der verschiedenen Bindemittel sowie ihres Einflusses auf die Qualität der damit hergestellten Holzwerkstoffe
- Technologische Grundlagen der Holzwerkstoffherstellung
- Grundlagen der Verleimung und Eigenschaften von Leimfugen
- Technologisch/technische Grundlagen der Holzwerkstoffe
- Prüfung und Eigenschaften von Holzwerkstoffen.

Kein Schwerpunkt ist dagegen, wie bereits erwähnt, die apparative/maschinentechnische Beschreibung der Produktionsprozesse.

Das Motiv für die oben beschriebene Themenauswahl liegt zum einen in den jeweiligen Berufsschwerpunkten und Erfahrungen der beiden Autoren begründet und zum anderen in der Tatsache, dass exakt ein solches umfassendes Buch von den Autoren selbst immer vermisst worden war. Ein wesentlicher Schwerpunkt des Buches liegt auch in den vielen Abbildungen und den übersichtsmäßigen und stichwortartigen Tabellen, die eine Fülle an Informationen auf gedrängtem Raum bieten. Grundkenntnisse der organischen Chemie, der Physik und der Holztechnologie sind zum besseren Verständnis des Buches von Vorteil.

Der besondere Nutzen des Buches für den Leser liegt in der umfassenden Aufbereitung des aktuellen Kenntnisstandes auf dem Gebiet der Technologie der Bindemittel und der Holzwerkstoffe, wobei insbesondere die Wechselwirkungen zwischen diesen beiden Bereichen einen wesentlichen Schwerpunkt des Buches darstellen. Gerade diese gemeinsame Darstellung ist bisher in der Fachliteratur nur in Form von Einzelpublikationen in Zeitschriften gegeben, nicht jedoch als umfassendes Fachbuch. Der Springer-Verlag knüpft insbesondere hier an eine erfolgreiche Tradition auf dem Gebiet der Holzindustrie an.

Das Buch kann auch als Grundlage bei der Erstellung von Vorlesungen verwendet werden, gleichwohl es kein Lehrbuch im engeren Sinn darstellt. Die Erfahrungen der beiden Autoren in ihrer Lehrtätigkeit ist jedoch natürlich in die Gestaltung des Buches mit eingeflossen. Teile des Buches basieren auch auf der Habilitationschrift von M. Dunky an der Universität für Bodenkultur, Wien (1999), zum Fachgebiet „Holzwissenschaften mit besonderer Berücksichtigung der Holzwerkstoffe".

Die Verfasser danken Herrn Martin Howald, ETH Zürich, für die sorgfältige Anfertigung einer Vielzahl von Abbildungen und Frau Gerhild Eberle, ETH Zürich, für die Hilfe beim Korrekturlesen.

Im Frühjahr 2002

Manfred Dunky
Peter Niemz

Inhaltsverzeichnis

Teil 1
Grundlagen

1 Übersicht zu den Holzwerkstoffen

Wir können generell 2 Gruppen von Produkten aus Holz unterscheiden:

- Vollholz
- Holzwerkstoffe

Unter **Vollholz** werden in der Regel durch Längs- und/oder Querschneiden aus Rundholz gefertigte Elemente verstanden. Es kann durch Einlagerung von Kunststoffen, Ölen und/oder Verdichtung sowie thermische oder hydrothermische Behandlung vergütet werden.

Holzwerkstoffe werden durch Zerkleinern und anschließendes Zusammenfügen der Strukturelemente erzeugt. Als Verbindungsmittel können dabei holzeigene Bindekräfte, Klebstoffe und auch Holzverbindungen (z.B. Nägel, Dübel, Schwalbenschwanz bei Brettstapelelementen) verwendet werden. Zusätzlich können Brandschutzmittel, Holzschutzmittel oder andere Zusätze zur Veränderung spezifischer Eigenschaften (z.B. Ruß zur Reduzierung des elektrischen Widerstandes) zugegeben werden (Abb. 1.1).

Die verschiedenen Holzwerkstoffe weisen unterschiedliche Anteile an Holz auf.

Die Anforderungen an die Holzqualität sind bei den verschiedenen Holzwerkstoffen sehr differenziert. Allgemein steigen die Anforderungen an die Holzqualität mit sinkendem Aufschlussgrad des Holzes. Sie sind bei Brettschichtholz und Lagenhölzern deutlich höher als bei Spanplatten (Tabelle 1.2).

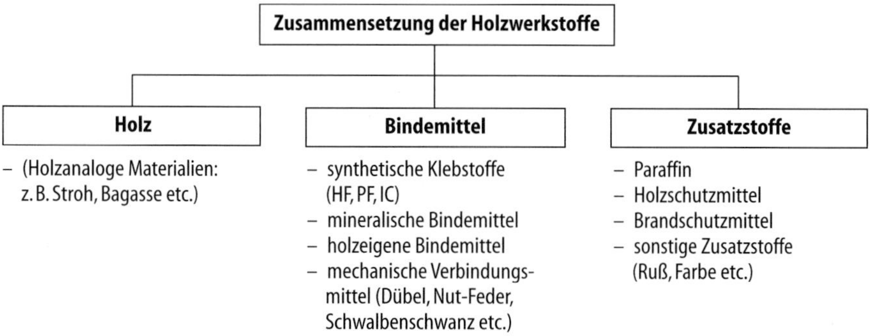

Abb. 1.1. Zusammensetzung von Holzwerkstoffen

Tabelle 1.1. Holz- und Klebstoffanteile verschiedener Holzwerkstoffe (Richtwerte in Anlehnung an Gfeller (1999))

Material	Holzanteil in %	Leimanteil in %
Brettschichtholz	95–97	3–5
Massivholzplatte	95–97	3–5
Spanplatte	86–93	7–14
Faserplatte	86–100	0–16 (bei HDF bis 16%, bei leichten MDF je nach Klebstoffart z. T. deutlich höher)
Furnierwerkstoffe	20–95	5–(80) (hohe Anteile bei kunstharzimprägniertem Holz)

Tabelle 1.2. Ausgewählte Anforderungen an Rundholz für verschiedene Holzwerkstoffe

Anforderung	Brettschichtholz	Lagenholz (Sperrholz, LVL)	Spanplatte
Durchmesser	×	×××	×
Äste	××	××	×
Struktur			
Jahrringbreite	××	×××	×
Homogenität	××	×××	×
Fäule	×××	×××	××
Verfärbungen	××	×××	×
Festigkeit	×××	××	×
Geradschaftigkeit	×××	×××	×

× – gering, ×× – mittel, ××× – sehr hoch.

1.1 Vollholz

Vollholz kann gemäß Abb. 1.2 in unvergütetes und vergütetes Vollholz eingeteilt werden. Zu Vollholz werden Schnittholz (einschließlich getrocknetes), Furnier und Rundholz gezählt.

Im Bauwesen wird für getrocknetes und meist vorsortiertes Holz häufig der Begriff *Konstruktionsvollholz* gebraucht.

Zunehmende Bedeutung erlangt auch vergütetes Holz. Die Vergütung kann z. B. erfolgen durch:

- Druck (Erhöhung der Dichte und damit auch der Festigkeit, teilweise mit thermischer oder hydrothermischer Vorbehandlung kombiniert)
- Tränkung mit Kunstharzen zur Erhöhung der Härte und des Abriebwiderstandes oder mit Schutzmitteln gegen Feuer oder Holzschädlinge

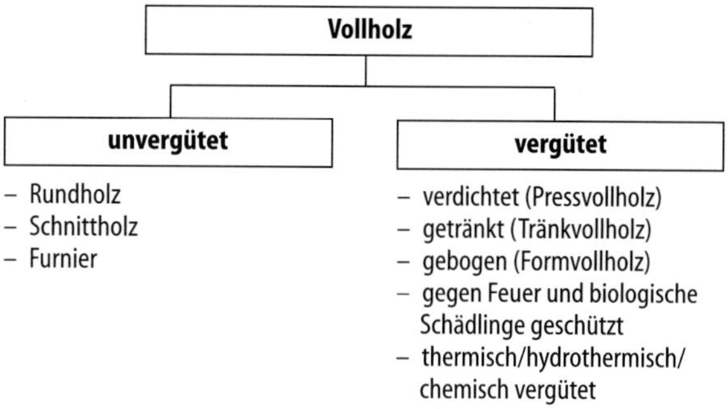

Abb. 1.2. Einteilung von Vollholz

- Thermische oder hydrothermische Vergütung, Vergütung in heißem Öl, Methylierung oder Acetylierung, thermische Vergütung und gleichzeitige Zugabe von Harzen aus Holz zwecks Verbesserung des Quell- und Schwindverhaltens und der Dauerhaftigkeit (und somit Reduzierung des Einsatzes von Holzschutzmitteln)

1.2 Holzwerkstoffe

Das Holz kann durch Auftrennung in Strukturelemente von sehr unterschiedlicher Größe zerlegt werden. Abbildung 1.3 zeigt mögliche Strukturelemente für Holzwerkstoffe nach Marra (1972, zitiert in Paulitsch (1989)).

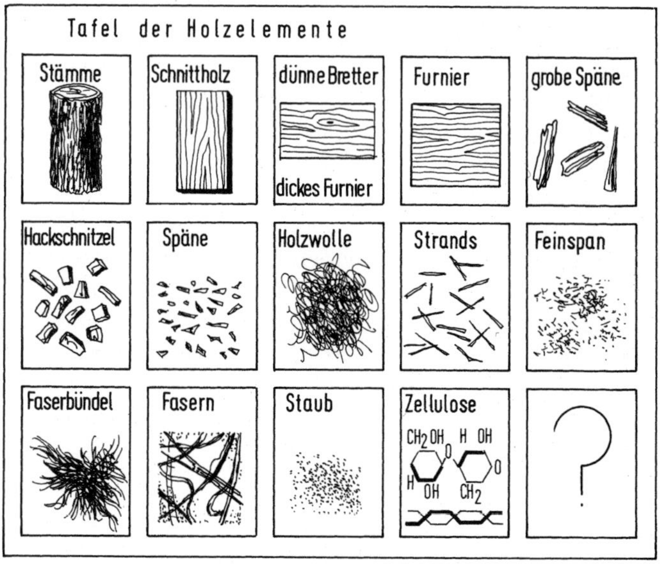

Abb. 1.3. Strukturelemente von Holzwerkstoffen nach Marra (1972, zitiert in Paulitsch (1989))

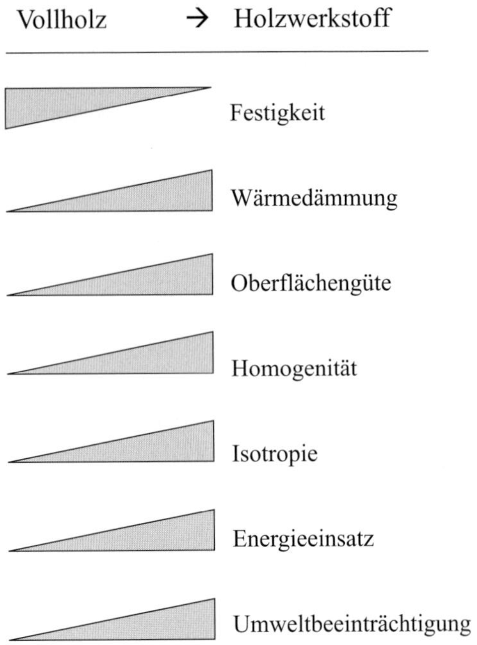

Abb. 1.4. Einfluss der Strukturauflösung auf die Eigenschaften von Holzwerkstoffen (vom Schnittholz zur Faserplatte)

Mit der Größe dieser Strukturelemente ändern sich auch wesentlich die Eigenschaften des daraus gefertigten Werkstoffes (Abb. 1.4). So verringert sich mit zunehmendem Aufschluss des Holzes die Festigkeit. Die Homogenität, die Wärmedämmung, die Isotropie und die Oberflächenqualität steigen dabei gleichzeitig ebenso wie der notwendige Energieaufwand und die Umweltbeeinträchtigung. Die Eigenschaften von Holzwerkstoffen lassen sich folglich über die Struktur in einem weiten Bereich variieren.

Holzwerkstoffe, einschließlich der seit Anfang der 90er-Jahre entwickelten so genannten *Engineered Wood Products* können in die in Abb. 1.5 dargestellten Gruppen eingeordnet werden.

Unter Engineered Wood Products versteht man eine Gruppe von verschiedenen Holzwerkstoffen, die insbesondere für tragende Zwecke im Bauwesen eingesetzt werden. Sie zeichnen sich durch im Vergleich zu Vollholz größere lieferbare Längen und höhere Formstabilität (da trocken geliefert keine Rissbildung oder Verformung durch Trocknungsspannungen) aus. Prinzipiell handelt es sich dabei um Spezialprodukte herkömmlicher Holzwerkstoffe. Zu dieser Gruppe gehören:

- Laminated Veneer Lumber (LVL), als Spezialvariante von Furnierschichtholz
- Parallam (PSL), Furnierstreifenholz
- Laminated Strand Lumber (LSL), als Spezialvariante der OSB
- Scrimber (Quetschholz)

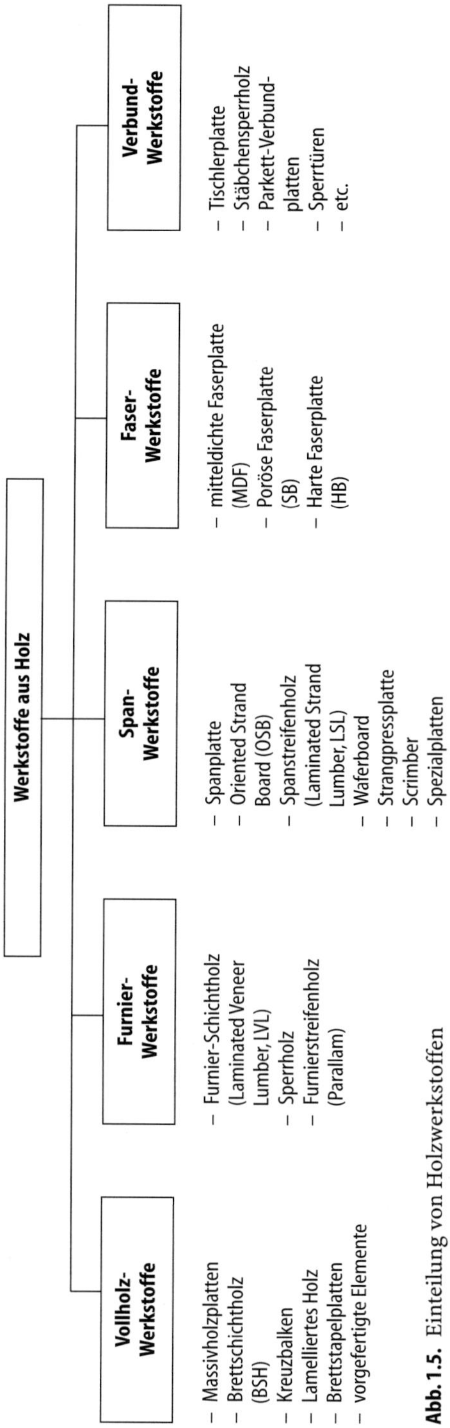
Werkstoffe aus Holz
Vollholz-Werkstoffe
– Massivholzplatten
– Brettschichtholz (BSH)
– Kreuzbalken
– Lamelliertes Holz
– Brettstapelplatten
– vorgefertigte Elemente
Furnier-Werkstoffe
– Furnier-Schichtholz (Laminated Veneer Lumber, LVL)
– Sperrholz
– Furnierstreifenholz (Parallam)
Span-Werkstoffe
– Spanplatte
– Oriented Strand Board (OSB)
– Spanstreifenholz (Laminated Strand Lumber, LSL)
– Waferboard
– Strangpressplatte
– Scrimber
– Spezialplatten
Faser-Werkstoffe
– mitteldichte Faserplatte (MDF)
– Poröse Faserplatte (SB)
– Harte Faserplatte (HB)
Verbund-Werkstoffe
– Tischlerplatte
– Stäbchensperrholz
– Parkett-Verbund-platten
– Sperrtüren
– etc.

Abb. 1.5. Einteilung von Holzwerkstoffen

Die nachfolgende Übersicht zeigt den historischen Ablauf der Entwicklung von Holzwerkstoffen (Richtwerte):

1905 Sperrholz
1914 Faserdämmplatte
1924 Harte Faserplatte
1930 Brettschichtholz
1940 Spanplatte
1960 Mitteldichte Faserplatte (MDF)
1970 Laminated Veneer Lumber (LVL)
1980 Oriented Strand Board (OSB)
1990 Massivholzplatten
1990 Parallel Strand Lumber (PSL, Parallam)
1995 Laminated Strand Lumber (LSL)

2 Struktureller Aufbau und wesentliche Einflussfaktoren auf die Eigenschaften ausgewählter Holzwerkstoffe

2.1 Allgemeine Gesetzmäßigkeiten der Werkstoffbildung

Bei allen Holzwerkstoffen erfolgt zunächst eine Auflösung der Struktur des nativen Holzes in Elemente und eine auf den jeweiligen Einsatzfall orientierte Neuanordnung. Nachfolgend werden einige wichtige Grundlagen zur Strukturbildung, die für alle Werkstoffe gelten, zusammengestellt.

Vollholz, als der am häufigsten eingesetzte Rohstoff für Holzwerkstoffe, hat ausgeprägt orthotrope Eigenschaften (Abb. 2.1). Noack und Schwab (in von Halasz und Scheer (1996)) geben folgende Größenverhältnisse an:

Elastizitäts-Moduln (*E*): $E_T : E_R : E_L$

- bei Nadelholz: 1 : 1,7 : 20
- bei Laubholz: 1 : 1,7 : 13

Schub-Moduln (*G*):
G_{LR} (Schub der Radialfläche) : G_{LT} (Schub der Tangentialfläche)

- bei Nadelholz: 1 : 1
- bei Laubholz: 1,3 : 1

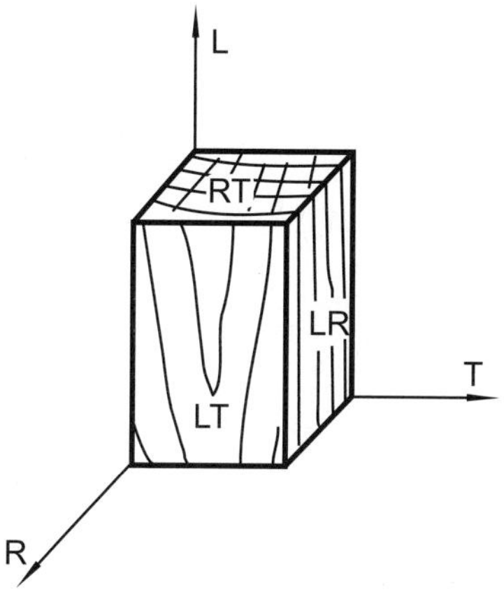

Abb. 2.1. Hauptachsen des Holzes und ihre Zuordnung
L – Longitudinal, R – Radial,
T – Tangential
LT – Tangentialfläche, Fladerschnitt;
RT – Hirnfläche, Querschnitt;
LR – Radialfläche, Riftschnitt

G_{RT} (Schubmodul der Hirnfläche)

- bei Nadelholz: 10% von G_{LT} (auf Grund durchgehender Frühholzzone)
- bei Laubholz: 40% von G_{LT}

Querkontraktion
Die Querkontraktion in tangentialer Richtung beträgt das 1,5fache der Querkontraktion in Radialrichtung.

Festigkeiten
Die Festigkeit in Faserrichtung ist deutlich höher als senkrecht zur Faserrichtung. Sie ist radial höher als tangential. So geben Pozgaj et al. (1997) z. B. für die Zugfestigkeit von Fichte ein Verhältnis tangential:radial:längs von 1:1,3:43 an. Die Zugfestigkeit ist bei kleinen, fehlerfreien Proben etwa doppelt so hoch wie die Druckfestigkeit.

Bei Holz in Bauholzabmessungen wird die Festigkeit insbesondere durch Äste und den Faserverlauf deutlich beeinflusst (reduziert). Abbildung 2.2 zeigt den Einfluss des Astanteils auf die Zugfestigkeit nach Görlacher (1990). Die Festigkeit sinkt mit zunehmendem Astanteil. Die Festigkeitseigenschaften von Bauholz sind daher geringer als die von kleinen, fehlerfreien Proben.

Werden diese Defekte aufgeteilt und über die Probendicke gleichmäßig versetzt verteilt, erhöht sich die Festigkeit, da die Querschnittsschwächung durch die Defekte reduziert wird (Abb. 2.3). Beispiele dafür sind Funierschichtholz und Brettschichtholz.

Bei der Herstellung von Holzwerkstoffen erfolgt eine Auflösung der Struktur des nativen Holzes und eine Neuorientierung der Strukturelemente mit

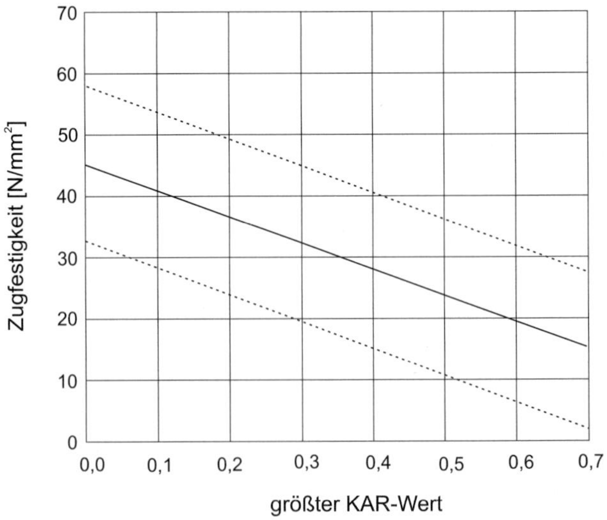

Abb. 2.2. Einfluss des KAR-Wertes (*knot area ratio*) auf die Zugfestigkeit von Fichte nach Görlacher (in Niemz (1993))

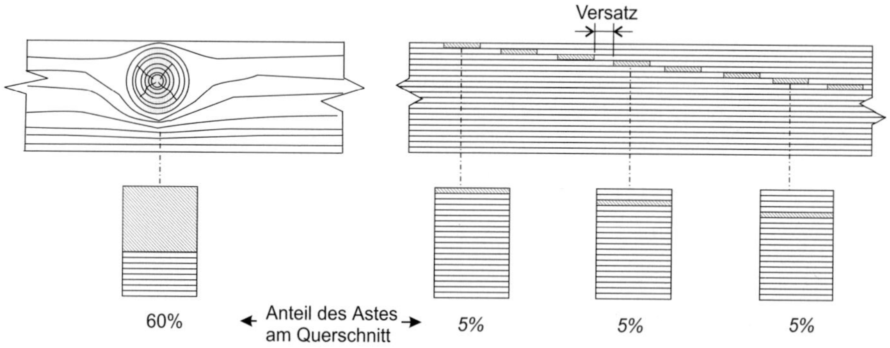

Abb. 2.3. Verminderung des Einflusses von Fehlern durch Unterteilen nach Brunner u. Weber (in Kollmann (1955))

dem Ziel, einen Holzwerkstoff nach Maß zu erzeugen. Dabei können sowohl die mechanischen Eigenschaften, als auch die Homogenität und die Isotropie in weiten Grenzen variiert werden.

Die Eigenschaften aller Holzwerkstoffe werden u.a. durch folgende Parameter bestimmt:

- Eigenschaften der Strukturelemente (Festigkeit, E-, G-Moduln)
- Lage und Orientierung der Strukturelemente zur Belastungsrichtung
- Abmessungen der Strukturelemente (Festigkeit senkrecht zur $\ll$ Festigkeit in Faserrichtung)
- Überlappungslängen der Strukturelemente (Abb. 2.4), dies gilt sowohl für aus Lamellen verklebte Werkstoffe auf Vollholzbasis als auch für Partikelwerkstoffe
- Güte der Verbindung der Strukturelemente (z.B. Klebstoffart, Faserwinkel, Klebfugenfestigkeit (Abb. 2.5, 2.6), Geometrie der Keilzinken, insbesondere deren Flankenwinkel); bei Keilzinkenverbindungen wird deren Festigkeit primär durch den Flankenneigungswinkel (nicht durch die Länge der Zinken) bestimmt (Abb. 2.7)
- Ausbildung eines Dichte-/Festigkeitsprofiles über den Querschnitt (Sandwich-Prinzip von Verbundwerkstoffen oder auch Spanplatten und MDF (Abb. 2.8); Anordnung der festeren Lagen in den Randzonen bei Brettschichtholz); Rohdichte des Holzwerkstoffes (insbesondere bei Partikelwerkstoffen erfolgt meist eine deutliche Erhöhung der Rohdichte im Vergleich zur Dichte des eingesetzten Rohmaterials)

Auch Verstärkungen mit Glas- oder Kohlefasern oder ein Vorspannen bei Brettschichtholz ist möglich. Untersuchungen zur Faserverstärkung führten u.a. Timmermann und Meierhofer (1994) durch. Die wissenschaftlichen Grundlagen der Berechnung von Verbundwerkstoffen, z.B. durch Anwendung der Laminattheorie, sind in Altenbach, Altenbach und Rikards (1996) enthalten.

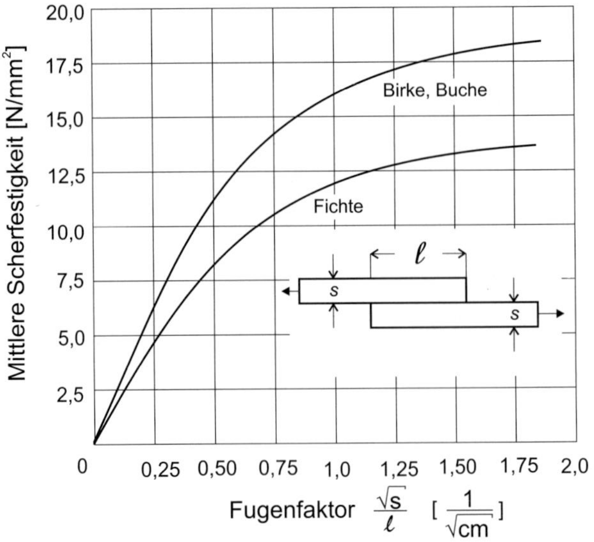

Abb. 2.4. Einfluss der Überlappungslänge auf die Zugfestigkeit einer Holzverbindung (Kollmann 1955)

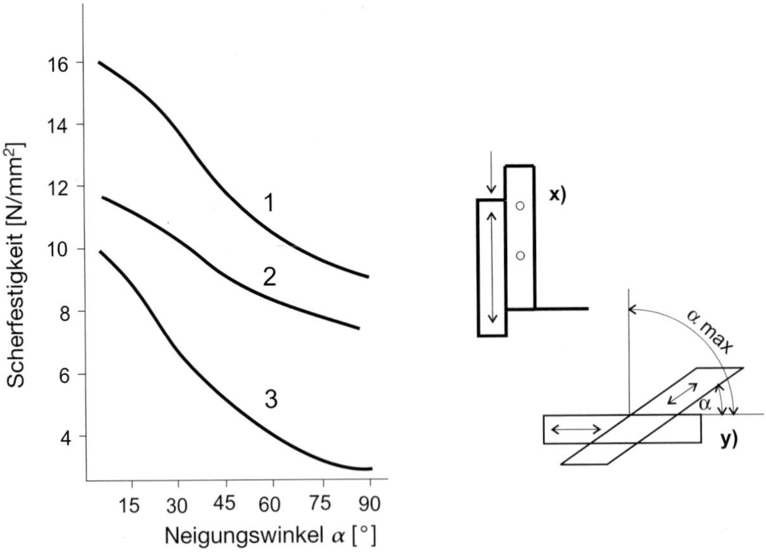

Abb. 2.5. Scherfestigkeit von Holzverbindungen in Abhängigkeit vom Neigungswinkel der Fasern (Zeppenfeld 1991)
1 – Rotbuche
2 – Eiche
3 – Kiefer

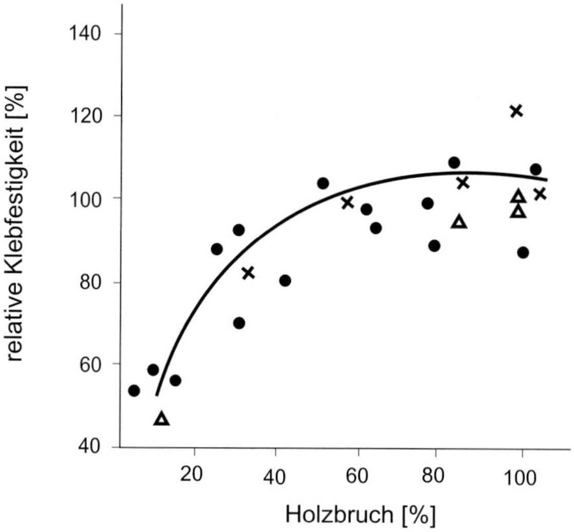

Abb. 2.6. Beziehungen zwischen dem Anteil an Holzbruch und der relativen Fugenfestigkeit (Zeppenfeld 1991)

Abb. 2.7. Zug- und Biegefestigkeit von Keilzinkverbindungen (Kiefer) in Abhängigkeit vom Flankenneigungswinkel (Verklebung mit PVA; (Autorenkollektiv 1984)

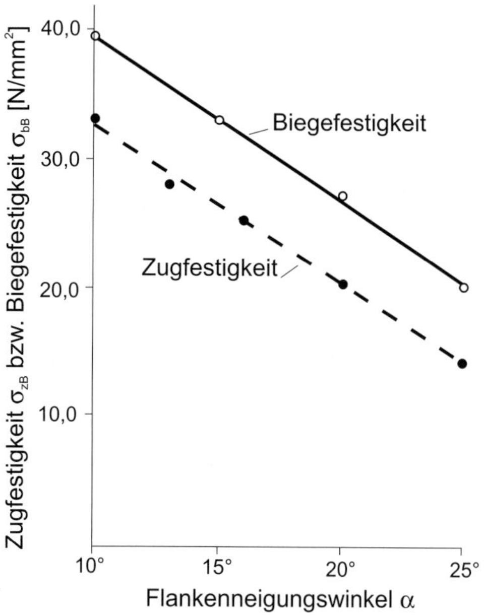

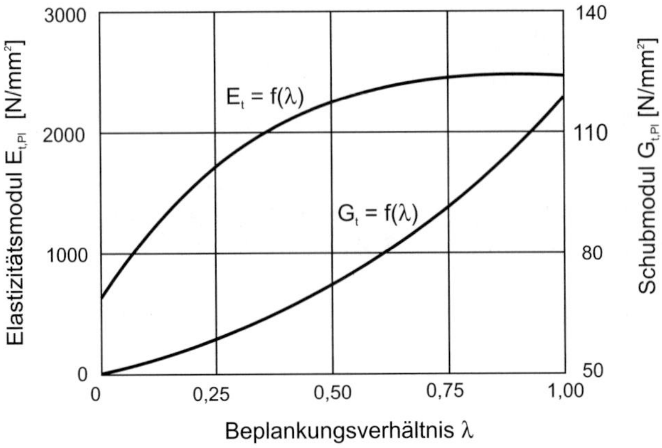

Abb. 2.8. Einfluss des Beplankungsgrades auf den Biege-*E*-Modul und den Schubmodul einer dreischichtigen Spanplatte, Kennwerte um Kriechverformung abgemindert (Niemz 1982)

E_{De}: 2500 N/mm² G_{De}: 120 N/mm²
E_{Mi}: 700 N/mm² G_{Mi}: 40 N/mm²

Hohe Bedeutung hat der Schichtenaufbau in Bezug auf den *E*-Modul und die Festigkeit. So kann der Biege-*E*-Modul eines dreischichtigen Elementes z.B. wie folgt aus den Eigenschaften der Schichten berechnet werden:

$$E_{Pl} = E_{De}\left[1 - \left(1 - \frac{E_{Mi}}{E_{De}}\right) \cdot (1 - \lambda)^3\right] \tag{2.1}$$

$$\lambda = \frac{2 \cdot a_{De}}{a_{Pl}} \tag{2.2}$$

λ Beplankungsgrad
E_{Pl} *E*-Modul der Platte
E_{De} *E*-Modul der Deckschicht
E_{Mi} *E*-Modul der Mittelschicht
a_{PL} Dicke der Platte
a_{De} Dicke der Deckschicht

Abbildung 2.8 zeigt den Einfluss des *E*-Moduls des Beplankungsgrades auf den Biege-*E*-Modul einer dreischichtigen Spanplatte.

2.2 Werkstoffe auf Vollholzbasis

Werkstoffe auf Vollholzbasis gewinnen seit dem Ende der 80er-Jahre zunehmend an Bedeutung. Gefördert wird diese Entwicklung durch die wachsende Bedeutung des Holzes als ökologischer Baustoff. Abbildung 2.9 zeigt eine Einteilung der Werkstoffe auf Vollholzbasis. Zu dieser Gruppe gehören:

- Massivholzplatten (ein- oder mehrschichtig, oft auch als Leimholzplatten bezeichnet; für das Bauwesen werden Platten im Format bis zu 3 m × 12 m × 0,5 m (Dicke) gefertigt, über 12 cm Dicke werden die Platten meist als Hohlraumkonstruktion ausgeführt, Abb. 2.10 c)
- Elemente in Brettstapelkonstruktion (genagelt, gedübelt, geklebt, Schwalbenschwanz, Abb. 2.10 a, b)
- stabförmige Elemente (lamelliertes Holz, Brettschichtholz, Profile; zunehmend im Bauwesen eingesetzt, Abb. 2.10 c)
- Verbundelemente wie Kastenträger (Abb. 2.10 c). Letztere gewinnen im Holzbau als Leichtbauprinzip an Bedeutung. Dabei werden die Hohlräume teilweise mit Sand (Erhöhung der Schalldämmung) oder mit Dämmstoffen (z. B. Faserdämmplatten; Erzielung einer erhöhten Wärmedämmung) ausgefüllt.

Abb. 2.9. Einteilung von Werkstoffen auf Vollholzbasis

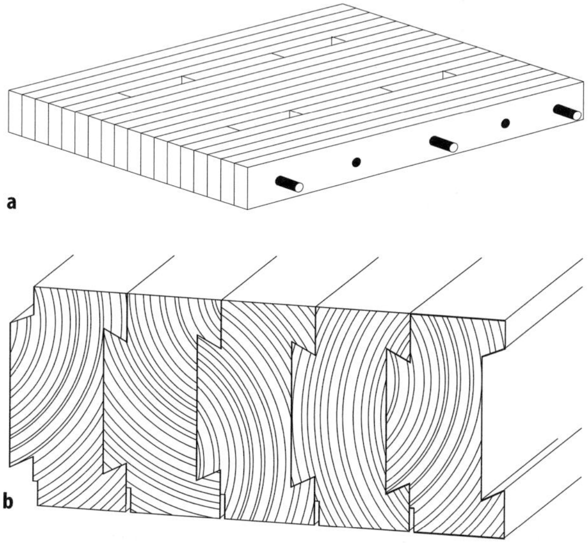

Abb. 2.10 a, b. Struktureller Aufbau ausgewählter Werkstoffe auf Vollholzbasis. **a** Brettstapelbauweise gedübelt, **b** Brettstapelbauweise, Schwalbenschwanzverbindung

Abb. 2.10 c. Massivholzplatten, Brettschichtholz, Hohlkastenprofile aus Holz

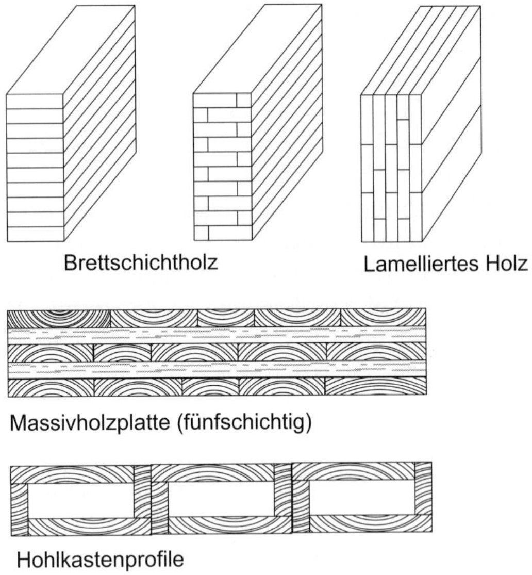

Wichtigste Einflussgrößen auf die Eigenschaften von Holzwerkstoffen auf Vollholzbasis sind:

- die Güte des eingesetzten Holzes (bei Brettschichtholz mit Festigkeitssortierung der Lamellen ist eine Anordnung der Bretter mit der höheren Festigkeit in den Außenlagen möglich)
- die Art der Längsverbindung der Elemente (stumpfer Stoß, Keilzinkung)
- der Schichtenaufbau (z.B. Verhältnis der Dicke der Decklage zur Dicke der Mittellagen bei Massivholzplatten, vergl. Gl. (2.1), die Orientierung der Lagen bei Massivholzplatten)
- die Schnittrichtung der Lagen (bei Massivholzplatten kann durch Riftschnitt = stehende Jahrringe, die Formbeständigkeit der Platten deutlich erhöht werden, da das Quell-/Schwindmaß radial deutlich geringer ist als tangential)
- technologische Parameter wie Pressdruck und Klebstoffanteil

2.3 Werkstoffe auf Furnierbasis

Werkstoffe auf Furnierbasis gehören zu den ältesten Holzwerkstoffen. In den letzten Jahren gewannen der Einsatz von Furnierschichtholz (LVL) und Furnierstreifenholz (Parallam) im Bauwesen an Bedeutung.

Nach EN 313-1 wird Sperrholz unterteilt nach:

- dem Plattenaufbau (Furniersperrholz, Mittellagen-Sperrholz (Stab- und Stäbchensperrholz), Verbundsperrholz)
- der Form (eben, geformt)

- den Haupteigenschaften (Verwendung im Trockenbereich/im Feuchtbereich/im Außenbereich)
- den mechanischen Eigenschaften
- dem Aussehen der Oberfläche
- dem Oberflächenzustand (z. B. nicht geschliffen, geschliffen)
- den Anforderungen des Verbrauchers

Abbildung 2.11 zeigt eine Einteilung der Werkstoffe auf Furnierbasis, Abb. 2.12 typische Strukturmodelle.

Die Eigenschaften können durch Furnierdicke (Aufbaufaktor), Dichte und Leimgehalt wesentlich beeinflusst werden (Abb. 2.13). Sperrholz wird für Spezialzwecke auch in großen Dicken gefertigt.

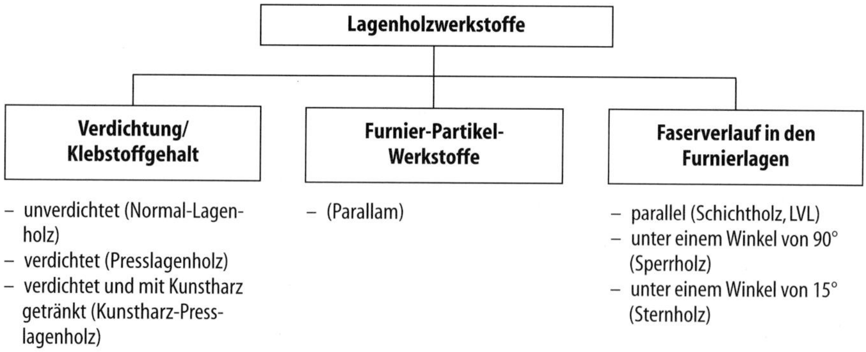

Abb. 2.11. Einteilung von Werkstoffen auf Furnierbasis (Niemz 1993)

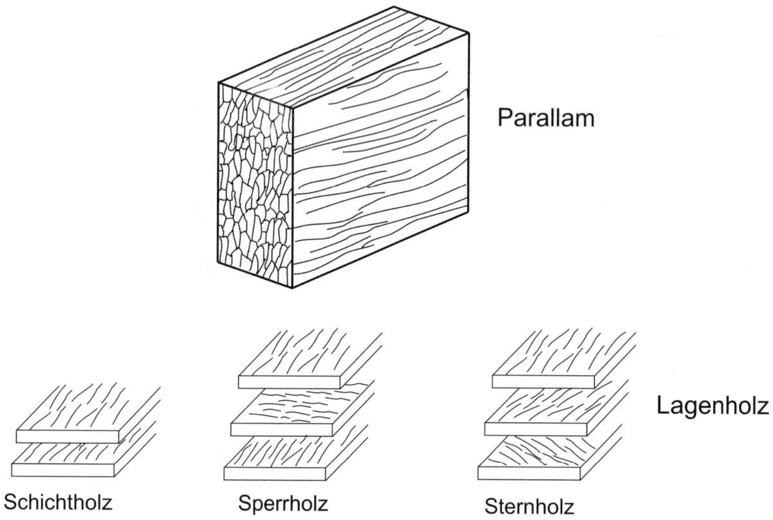

Abb. 2.12. Strukturmodelle von Lagenholz (Niemz 1993)

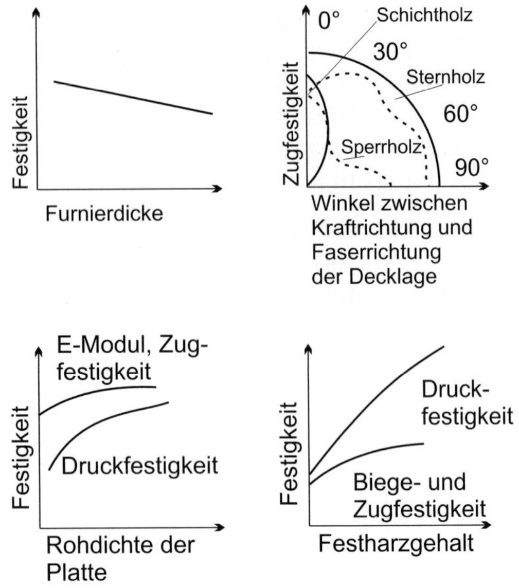

Abb. 2.13. Wesentliche Einflussfaktoren auf die Eigenschaften von Lagenholz (Niemz, 1993)

Neben dem konventionellen Sperrholz werden hochverdichtete und kunstharzimprägnierte Sperrhölzer für den Formenbau hergestellt und Spezialprodukte wie Ski- und Snowboard-Kerne sowie Formteile aus Sperrholz für die Möbelindustrie und den Fahrzeugbau gefertigt.

2.4 Werkstoffe auf Spanbasis

Werkstoffe auf Spanbasis sind heute die weltweit dominierenden Holzwerkstoffe. Abbildung 2.14 zeigt eine Übersicht, Abb. 2.15 ein Strukturmodell dieser Werkstoffe, Abb. 2.16 beschreibt wesentliche Einflussfaktoren auf die Eigenschaften. Die Klassifizierung erfolgt nach EN 309.

Klassifizierungsmerkmale sind:

- das Herstellungsverfahren (flachgepresst, kalandergepresst, stranggepresst)
- die Oberflächenbeschaffenheit (roh, geschliffen, flüssigbeschichtet, pressbeschichtet)
- die Form (flach, profilierte Oberfläche, profilierter Rand)
- die Größe der Teilchen (Spanplatte, großflächige Späne (Wafer), lange schlanke Späne (OSB), andere Späne)
- der Plattenaufbau (einschichtig, mehrschichtig, etc.)
- der Verwendungszweck (allgemeine Zwecke, tragende oder aussteifende Zwecke, spezielle Zwecke)

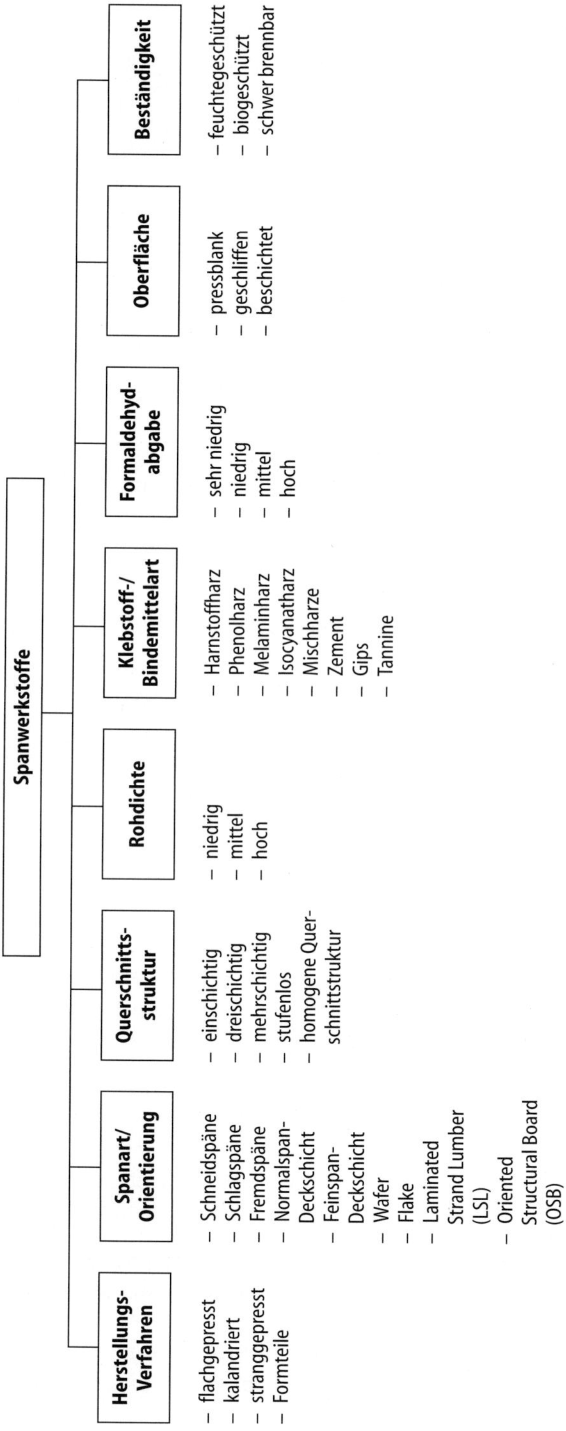
Spanwerkstoffe
Herstellungs-Verfahren
– flachgepresst
– kalandriert
– stranggepresst
– Formteile
Spanart/Orientierung
– Schneidspäne
– Schlagspäne
– Fremdspäne
– Normalspan-Deckschicht
– Feinspan-Deckschicht
– Wafer
– Flake
– Laminated Strand Lumber (LSL)
– Oriented Structural Board (OSB)
Querschnitts-struktur
– einschichtig
– dreischichtig
– mehrschichtig
– stufenlos
– homogene Quer-schnittstruktur
Rohdichte
– niedrig
– mittel
– hoch
Klebstoff-/Bindemittelart
– Harnstoffharz
– Phenolharz
– Melaminharz
– Isocyanatharz
– Mischharze
– Zement
– Gips
– Tannine
Formaldehyd-abgabe
– sehr niedrig
– niedrig
– mittel
– hoch
Oberfläche
– pressblank
– geschliffen
– beschichtet
Beständigkeit
– feuchtegeschützt
– biogeschützt
– schwer brennbar

Abb. 2.14. Einteilung von Werkstoffen auf Spanbasis (Niemz 1993)

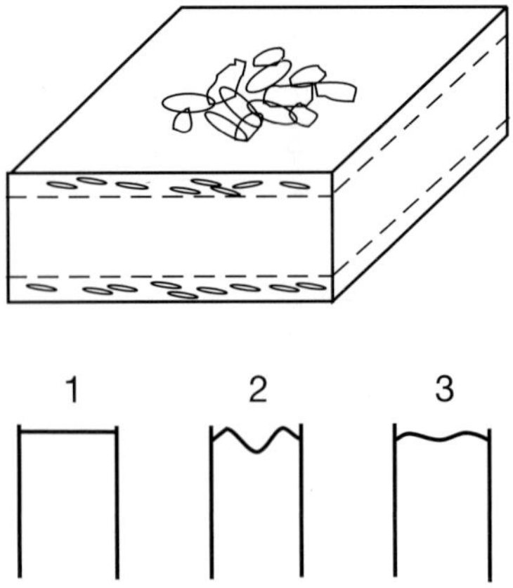

Abb. 2.15. Strukturmodell von Spanplatten (Niemz 1993)

Typische Rohdichteprofile
1 Homogene Spanplatte
2 Spanplatte mit deutlicher Differenzierung zwischen Deck- und Mittelschicht
3 Spanplatte mit geringer Differenzierung zwischen Deck- und Mittelschicht

Neben konventionellen Spanplatten für den Möbelbau und das Bauwesen, namentlich

- Spanplatten für Inneneinrichtungen nach EN 312-3
- Spanplatten für tragende Zwecke nach EN 312
  - Spanplatten für tragende Zwecke zur Verwendung im Trockenbereich (EN 312-4)
  - Spanplatten für tragende Zwecke zur Verwendung im Feuchtbereich (EN 312-5)
  - Hochbelastbare Spanplatten für tragende Zwecke im Trockenbereich (EN 312-6)
  - Hochbelastbare Spanplatten für tragende Zwecke im Feuchtbereich (EN 312-7)
- OSB (nach DIN EN 300) der Typen
  - OSB/1: Platten für allgemeine Zwecke und Inneneinrichtungen (einschließlich Möbel)
  - OSB/2: Platten für tragende Zwecke zur Verwendung im Trockenbereich
  - OSB/3: Platten für tragende Zwecke zur Verwendung im Feuchtbereich
  - OSB/4: Hochbelastbare Spanplatten für tragende Zwecke zur Verwendung im Feuchtbereich,

werden heute eine Vielzahl von Spezialplatten kundenspezifisch in kleinen Mengen gefertigt.

Auf diesem Gebiet hat es ebenso große Fortschritte gegeben, wie im Bereich der Engineered Wood Products. Als Beispiele seien genannt:

- Platten mit reduziertem elektrischen Widerstand (Zugabe von Ruß) zur Verminderung dielektrischer Aufladungen (z. B. für Fußböden in Computerarbeitsräumen)
- Platten mit homogener Mittelschicht für Profilierungen
- Platten mit besonders heller Deckschicht (entrindetes Holz) für Möbelfronten

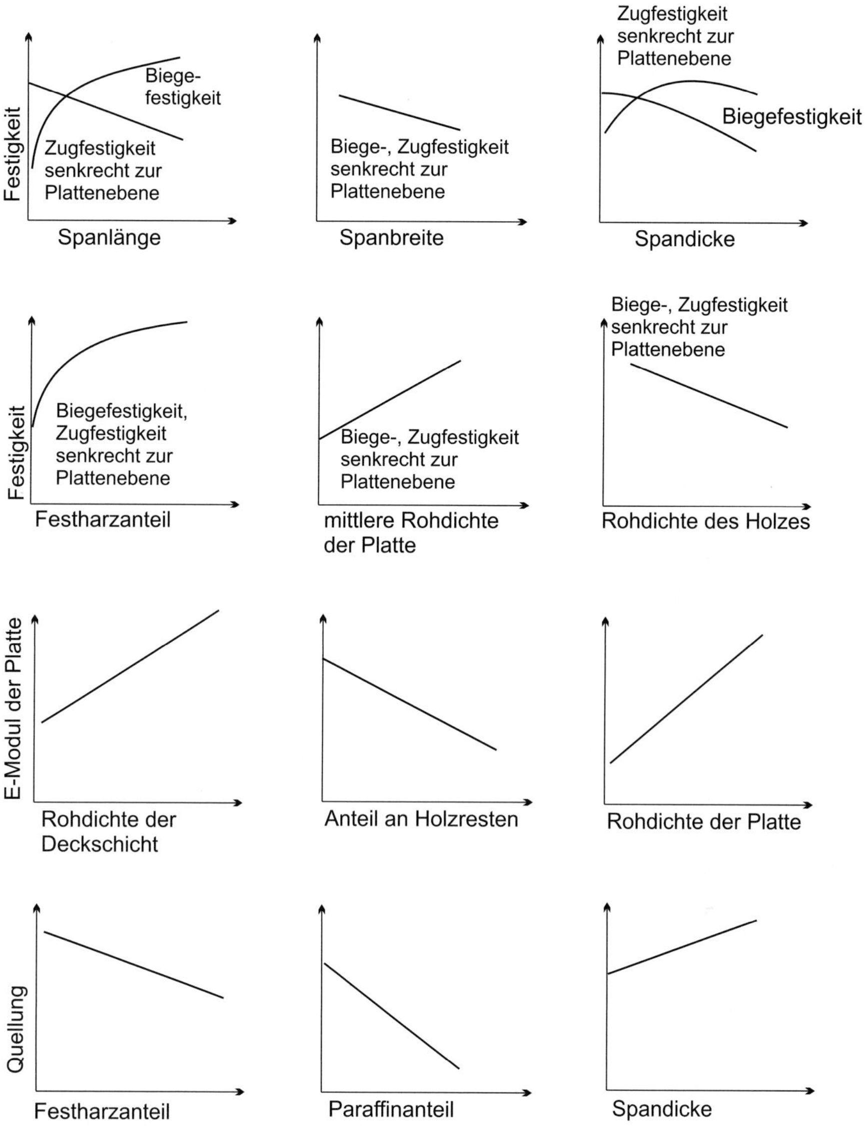

Abb. 2.16. Wesentliche Einflussfaktoren auf die Eigenschaften von Spanplatten (Niemz 1993)

- Extrem leichte, nach dem Flachpressverfahren hergestellte Spanplatten mit Rohdichten von 300 – 400 kg/m^3
- Höher verdichtete Platten aus Laubholz für Bodenplatten (Computerböden)
- Extrem dicke, nach dem Flachpressverfahren gefertigte Platten für den Hausbau (z. B. Homogen 80 der Firma Homoplax/Schweiz, 80 mm dick)

Vielfach werden Komplettsysteme für das Bauwesen von den Herstellern angeboten.

Klassische Spanplatten werden heute in einer sehr großen Variabilität in einem breiten Rohdichtebereich gefertigt. Dünne, nach dem Kalanderverfahren hergestellte Spanplatten und stranggepresste Spanplatten haben für Spezialzwecke einen festen Markt.

Zahlreiche Hersteller haben eine bauaufsichtliche Zulassung und für den Hersteller spezifische Kennwerte zur statischen Berechnung.

2.5 Werkstoffe auf Faserbasis

Abbildung 2.17 zeigt eine Einteilung der Werkstoffe auf Faserbasis, Abb. 2.18 das Strukturmodell, Abb. 2.19 ausgewählte Eigenschaften (Niemz 1993).

Nach EN 316 werden Faserplatten wie folgt unterteilt:

- Poröse Faserplatten (SB)
- Poröse Faserplatten mit zusätzlichen Eigenschaften (SB.I)
- Mittelharte Faserplatten geringer Dichte (MB.L)
- Mittelharte Faserplatten hoher Dichte (MB.H)
- Mittelharte Faserplatten hoher Dichte mit zusätzlichen Eigenschaften (MB.I)
- Harte Faserplatten (HB)
- Harte Faserplatten mit zusätzlichen Eigenschaften (HB.I)
- Mitteldichte Faserplatten (MDF)
- Mitteldichte Faserplatten mit zusätzlichen Eigenschaften (MDF.I)

Auch auf diesem Gebiet wurden wesentliche Fortschritte im Bereich von Spezialprodukten erreicht. Zu nennen sind hier insbesondere MDF (Medium Density Fiberboard). Es gelang, die Rohdichte für spezielle Einsatzbereiche (Dachplatten, Wandplatten) auf bis zu 350 kg/m^3 zu reduzieren. Der Vorteil liegt, neben der geringen Dichte, in einem niedrigen Diffusionswiderstand.

An Dämmplatten auf der Basis der MDF-Technologie mit noch wesentlich niedrigerer Dichte (bis zu 150 kg/m^3) wird gearbeitet. Auf Basis der MDF-Technologie gefertigte Dämmplatten haben im Vergleich zu den nach dem Nassverfahren gefertigten eine höhere Druckfestigkeit und eine verbesserte Oberflächenqualität. Aus Radiata Pine (*Pinus Radiata*) werden seit langem in Südamerika industriell MDF in den 3 Dichtegruppen

- Superleicht (480 kg/m^3)
- Leicht (600 kg/m^3)
- Standard (725 kg/m^3)

gefertigt (Niemz 1996).

Im Bereich des Nassverfahrens haben spezielle Typen von Platten niedriger Dichte als Dämmplatten großen Zuspruch. Ebenso werden Hartfaserplatten

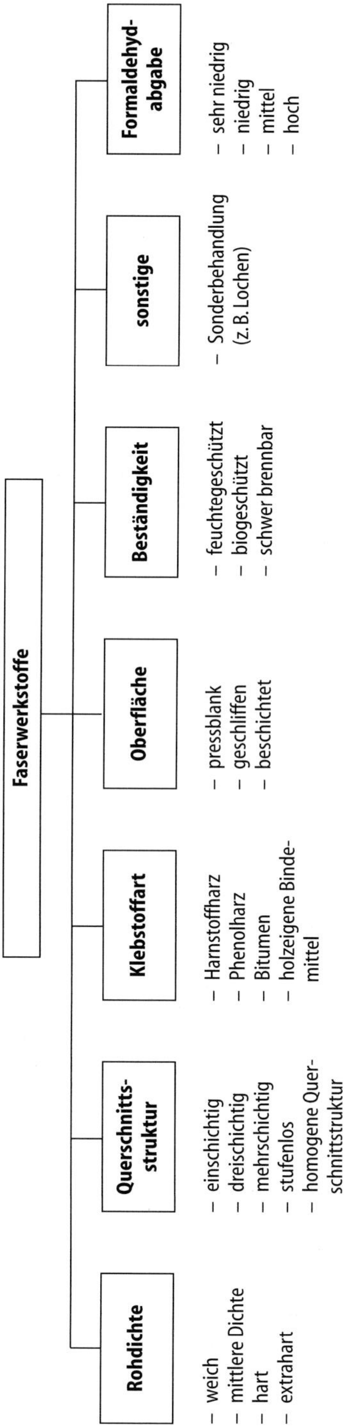

Abb. 2.17. Einteilung von Werkstoffen auf Faserstoffbasis (Niemz 1993)

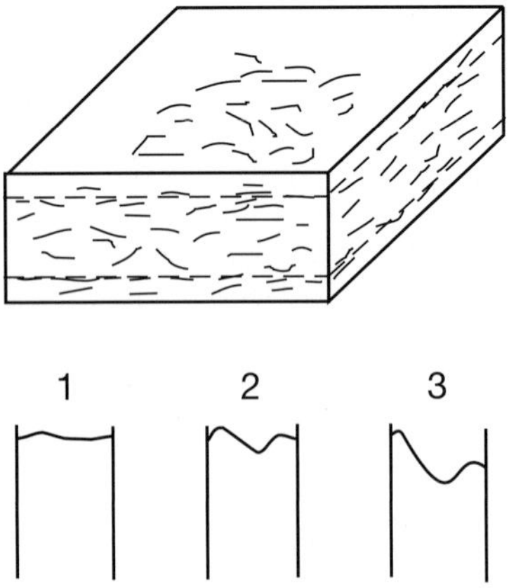

Abb. 2.18. Strukturmodell Faserplatten (Niemz 1993)

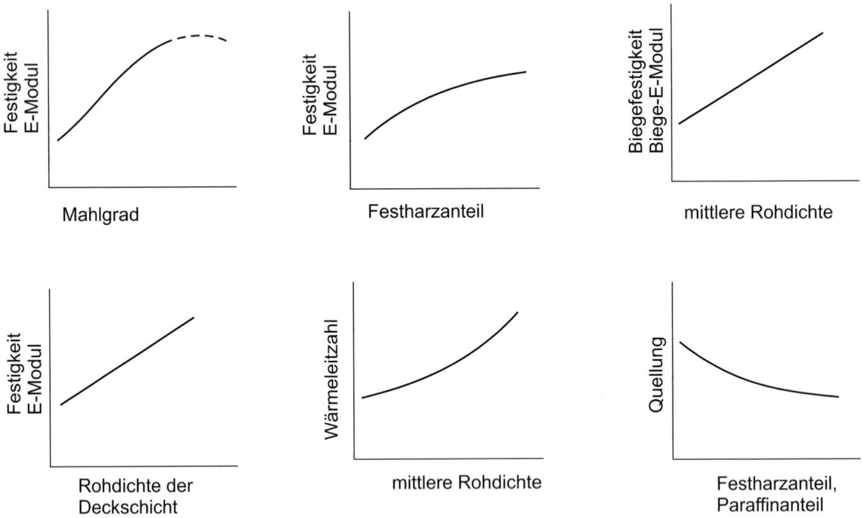

Abb. 2.19. Wesentliche Einflussfaktoren auf die Eigenschaften von Faserplatten (Niemz 1993)

als Spezialprodukte (z. T. mehrere verleimte Hartfaserplatten) im Bereich Bodenplatte für hochbelastete Zwecke oder auch als Schuhabsätze verwendet. Je nach Anwendungsbereich werden dabei die mechanischen Eigenschaften und auch der Diffusionswiderstand variiert (Niemz 1999).

2.6 Verbundwerkstoffe

Eine zunehmende Bedeutung gewinnen auch Spezialprodukte wie

- Träger aus Holz und Holzwerkstoffen
- Verbundplatten mit Decklagen aus Holz oder Holzwerkstoffen und Kernen aus Holzwerkstoffen, Schaumstoffen oder Waben
- OSB mit MDF (HDF)-Decklagen
- mehrschichtig aufgebaute Parkettböden
- lamellierte Fensterkanteln (zum Teil mit Innenlagen aus Schaumstoffen)
- vorgespannte Bauteile aus Massivholz oder auch Holzwerkstoffen

Dabei handelt es sich um ein mehrschichtiges Material, mit meist hochfesten Decklagen und einer Mittellage aus einem leichteren Kern.

Abbildung 2.20 zeigt eine Einteilung von Verbundwerkstoffen, Abb. 2.21 das Strukturmodell (Auswahl), Abb. 2.22 wesentliche Einflussfaktoren auf die Eigenschaften der Verbundwerkstoffe.

Eine gewisse Bedeutung haben Holz-Kunststoff-Kombinationen mit einem hohen Anteil an Kunstharzen oder auch Lignin. So werden Holzabfälle (Späne) mit thermoplastischen Kunstharzen gemischt, sodass fließfähige (z.B. extrudierbare) Materialen entstehen. Der Einsatz erfolgt z.B. für Fenster (Fibrex TM). Arboform® wird aus Lignin und Holz oder pflanzlichen Fasern gefertigt und beispielweise für Uhrengehäuse eingesetzt (s. Autorenkollektiv, 6. Internationales Symposium der Holzwirtschaft, Biel 2000). Die Verarbeitung erfolgt mit Spritzgießmaschinen. Auch nach dem Kalanderverfahren gefertigte Platten aus einem Gemisch von 55% Sägespänen und 45% Polypropylen sind bekannt. Solche Materialien lassen sich durch Einwirkung von Wärme nachverfomen.

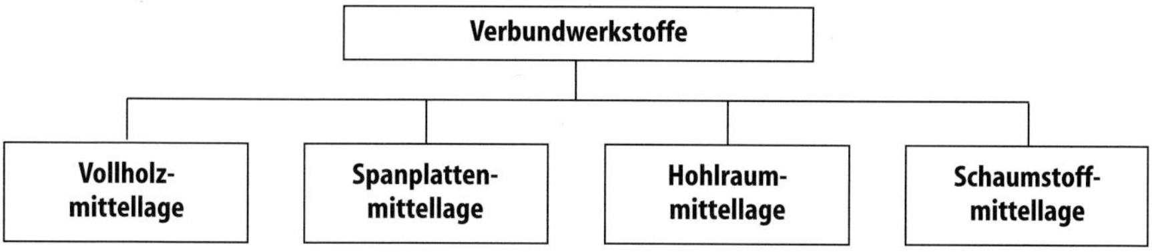

Abb. 2.20. Einteilung von Verbundwerkstoffen

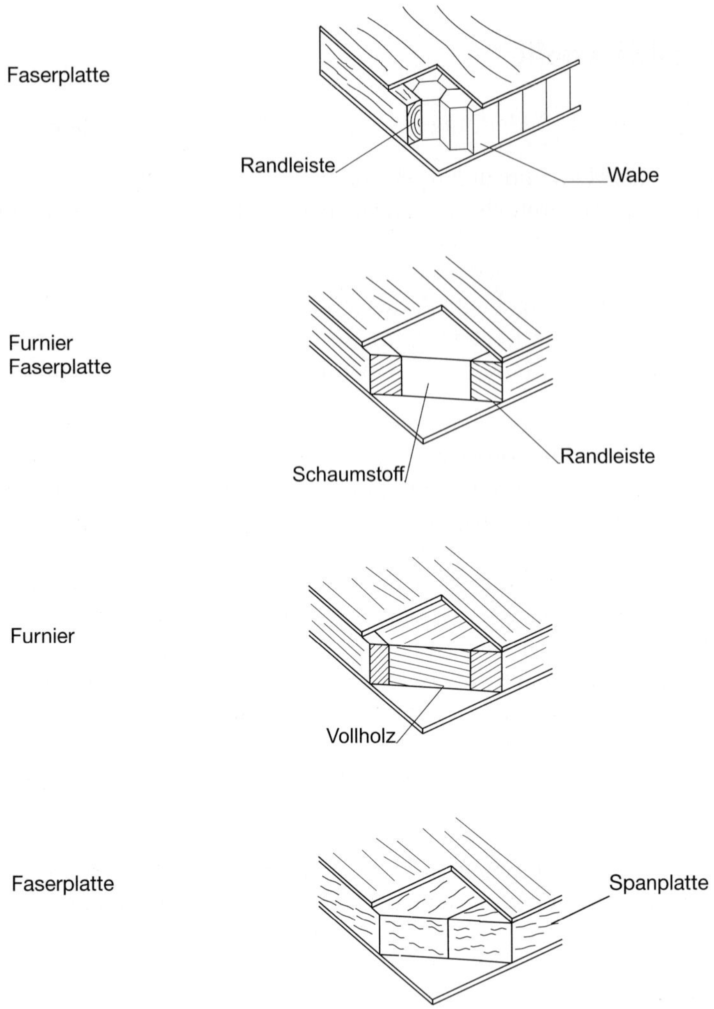

Abb. 2.21. Strukturmodell von Verbundwerkstoffen (verschiedene Kombinationen von Deck- und Mittellagen)

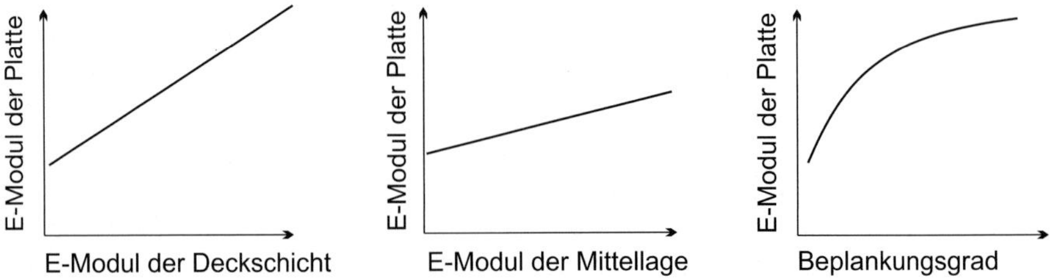

Abb. 2.22. Wesentliche Einflussfaktoren auf die Eigenschaften von Verbundwerkstoffen

2.7 Engineered Wood Products

Unter Engineered Wood Products wird eine Gruppe von Holzwerkstoffen verstanden, die primär dem Ersatz von Vollholz im Bauwesen dient. Sie werden als stabförmige (überwiegend Scrimber, Parallam) oder auch flächige Elemente (LSL, LVL) angeboten, welche auch zu stabförmigen Elementen aufgetrennt werden können. Als Vorteile im Vergleich zu Vollholz werden genannt:

- sehr große und variable Abmessungen (insbesondere Längen), da endlos gefertigt
- keine Verformungen durch Trocknungsspannungen
- eine z. T. höhere Festigkeit als Vollholz, da keine Defekte (wie Äste) die Festigkeit vermindern

Die unter der Bezeichnung Engineered Wood Products gefertigten Produkte werden überwiegend mit Phenolharz oder Isocyanat feuchtebeständig verklebt.

Tabelle 2.1 zeigt ausgewählte strukturelle Parameter von Engineered Wood Products.

Strukturell handelt es sich dabei um Weiterentwicklungen von bekannten Werkstoffen auf der Basis von Spänen (LSL) oder Furnier (LVL, PSL). Für diese Werkstoffe gelten weitgehend die wissenschaftlichen Grundlagen von Spanplatten und Lagenholz. Die mechanischen Eigenschaften von Engineered Wood Products liegen im Bereich von Vollholz oder darüber. Bei diesen Produkten ist ein deutlicher Einfluss der Belastungsrichtung vorhanden (z.B. Biegung in und senkrecht zur Plattenebene).

Furnierschichtholz *(Laminated Veneer Lumber; LVL)*
Furnierschichtholz wird aus weitgehend faserparallel verklebten Furnierlagen (meist aus Nadelholz hergestelltes Schälfurnier, Furnierdicke bis ca. 3 mm) gefertigt. Teilweise werden einige Lagen senkrecht orientiert, um die Festigkeit senkrecht zur Faserrichtung der Decklagen zu erhöhen.

Kertoschichtholz ist in diese Gruppe einzuordnen, welches in den Sorten S (alle Lagen faserparallel) und Q (einige Lagen senkrecht angeordnet, um die Festigkeit senkrecht zur Faserrichtung zu erhöhen) hergestellt wird.

Teilweise erfolgt bei LVL eine Vorsortierung der Furnierlagen nach der Festigkeit.

Das Material wird sowohl als Plattenmaterial als auch für Balken (Brücken, Treppenbau) verwendet. Auch Hohlprofile auf LVL-Basis sind bekannt (Kawai, Sasaki und Yamauchi 2001). Dadurch wird eine wesentliche Verminderung des Materialeinsatzes erreicht.

Furnierstreifenholz *(Parallel Strand Lumber; PSL; Parallam)*
Dabei handelt es sich um einen Furnierwerkstoff, welcher aus Schälfurnier gefertigt wird. Das Furnier (ca. 3 mm dick) wird in ca. 13 mm breite und bis zu 2,5 m lange Streifen geschnitten, beleimt und zu Profilen verklebt.

Tabelle 2.1. Typische Strukturmerkmale von Engineered Wood Products (Niemz 1999)

Produkt	Strukturelemente	Überwiegende Anwendung
OSB = Spanwerkstoff	lange Späne $l = 75 \ldots 100$ mm $b = 5 \ldots 30$ mm $d = 0{,}3 \ldots 0{,}65$ mm	Platten differenzierter Dicke und Qualität
LSL = Spanwerkstoff	extra lange Späne $l = 300$ mm $b = 25$ mm $d = 0{,}8 \ldots 1$ mm	Platten (bis 140 mm Dicke), Profile, Balken
Structure Frame = Spanwerkstoff	Wafer $l = 20 \ldots 30$ mm $b = 20 \ldots 30$ mm $d = 1$ mm	Platten
Scrimber = Spanwerkstoff	durch Quetschen gefertigte Partikel	Balken
LVL = Lagenholz	Furnierlagen $d = 2{,}5 \ldots 4$ mm	Platten, Balken
PSL = Lagenholz	Furnierstreifen $b = 13$ mm $l = 0{,}6 \ldots 2{,}5$ m	Balken
COM-PLY = Verbundwerkstoff	Spanplatte Beplankt mit Schichtholzlagen	Balken

Das Material wird für Balken, vielfach auch für Verstärkungen, z. B. zur Aufnahme von Druckkräften, eingesetzt. Abbildung 2.12 zeigt Parallam.

Spanstreifenholz *(Laminated Strand Lumber; LSL)*
Darunter wird ein Spezialprodukt von OSB *(**O**riented **S**trand **L**umber)* mit extrem langen (ca. 300 mm) Spänen verstanden. Als Rohstoff wird meist Aspe verwendet. Der Einsatz erfolgt überwiegend im Holzbau für statisch belastete Elemente (Ersatz für zu konstruktiven Zwecken eingesetztes Schnittholz).

Scrimber
Dabei handelt es sich um einen Werkstoff, bei dem durch ein nicht zerspanendes Zerlegen von Holz (Zerquetschen von Rundholz) erzeugte Partikel unter Anwendung von Druck und Wärme verleimt werden. Die Partikel sind relativ lang und schwer manipulierbar.

Verbundsysteme

Hierunter werden z.B. die im Bauwesen eingesetzten Träger mit Stegen aus Spanplatten und Zug- oder Druckgurten aus Furnierschichtholz oder auch Vollholz (zum Teil auch aus OSB) verstanden. Auch Verbundplatten mit Kernen aus Holz und Holzwerkstoffen sowie hochfeste Decklagen können in diese Gruppe eingeordnet werden.

3 Eigenschaften ausgewählter Holzwerkstoffe

3.1 Übersicht

Gemäß Abb. 3.1 werden die Eigenschaften eingeteilt in physikalische, biologische und chemische.

Physikalisch-mechanische Eigenschaften:

Zu dieser Gruppe zählen (Niemz 1993):

Physikalische Eigenschaften

- Verhalten gegenüber Feuchte (Holzfeuchte, Diffusion, Quellen und Schwinden)
- Dichte
- Thermische Eigenschaften (Wärmeleitfähigkeit, Brandverhalten)
- Elektrische Eigenschaften
- Akustische Eigenschaften

Elastomechanische Eigenschaften

- Elastische Eigenschaften (E-Modul, Schubmodul, Poisson'sche Konstante) und
- Festigkeitseigenschaften der Holzwerkstoffe, wie z.B. Zug-, Druck-, Biege- und Scherfestigkeit und
- Rheologische Eigenschaften (Kriechen, Relaxation, Dauerstandfestigkeit)

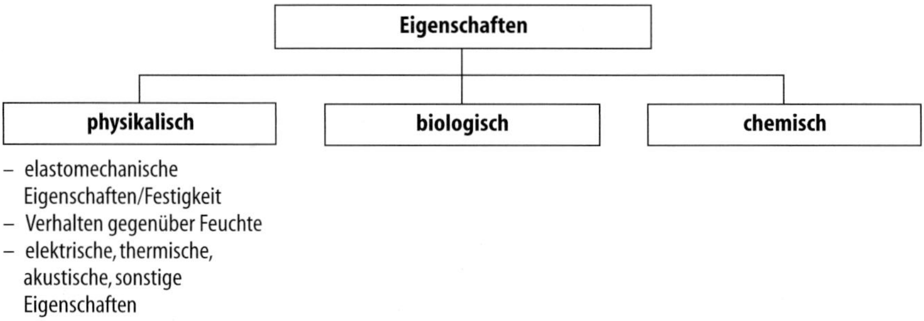

Abb. 3.1. Einteilung der Eigenschaften von Holzwerkstoffen (Niemz 1993)

Biologische Eigenschaften
Darunter wird die Beständigkeit gegenüber Pilzen, Insekten und Bakterien verstanden.

Chemische Eigenschaften
Darunter werden z. B. der pH- Wert und die Holzinhaltsstoffe eingeordnet. Von Bedeutung sind diese Eigenschaften z. B. beim Verkleben oder bei der Kombination von Holz mit anderen Materialien (z. B. Verfärbung durch Eisen als Verbindungsmittel bei Eiche).

Einflussfaktoren auf die Eigenschaften
Alle Eigenschaften des Holzes werden beeinflusst durch:
- den strukturellen Aufbau
- die Umweltbedingungen (insbesondere Feuchte und Temperatur)
- die Vorgeschichte (z. B. mechanische oder klimatische Vorbeanspruchung, Schädigung durch Pilze oder Insekten)

Ferner ist die Prüfmethodik (Probengeometrie, Belastungsgeschwindigkeit, Art der Belastung d. h. Zug, Druck, Biegung, Schub) von entscheidendem Einfluss auf das Prüfergebnis.

Die an kleinen, fehlerfreien Proben bestimmten Eigenschaften sind meist nicht direkt auf Bauteile übertragbar. So hat z. B. die Bauteilgröße einen deutlichen Einfluss auf die Festigkeit (vgl. Abschn. 3.3.1, Gl. 3.6), aber auch auf das

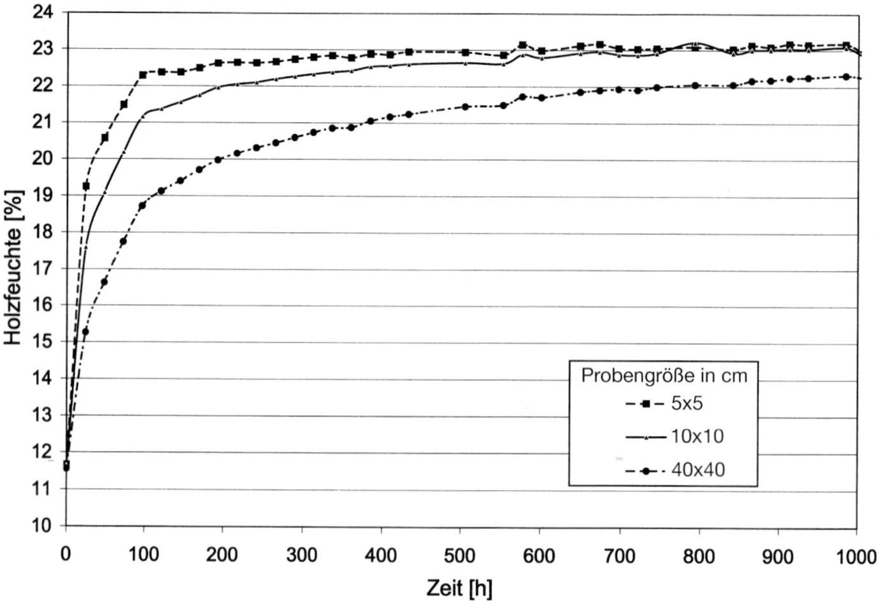

Abb. 3.2. Einfluss der Probengröße und der Zeit auf die mittlere Holzfeuchte einer dreischichtigen Massivholzplatte (60 mm dick) bei Lagerung bei 20 °C/95 % rel. Luftfeuchte

Quell- und Schwindverhalten und die Gleichgewichtsfeuchte. Bei großen Abmessungen, wie z.B. bei Brettschichtholz, wird bei Klimaschwankungen die dem Klima entsprechende Gleichgewichtsfeuchte meist nur in den Randzonen erreicht. Dadurch ist die Quellung der Bauteile deutlich geringer als die kleiner Proben bei Erreichen der Gleichgewichtsfeuchte über dem Probenquerschnitt (Abb. 3.2). Im Ergebnis eines sich über dem Holzquerschnitt einstellenden Feuchteprofiles entstehen Spannungen und bei Überschreiten der Festigkeit Risse. Auch der Einfluss solcher Feuchtigkeitsschwankungen auf die Festigkeit ist geringer als bei kleinen Proben, bei denen die Gleichgewichtsfeuchte erreicht wurde. Grundlagen dazu sind in Niemz (1993) zusammengestellt.

In den Anhängen zu Teil I sind wesentliche Normen zu Holzwerkstoffen und eine Auswahl von Materialkennwerten zusammengestellt.

3.2 Physikalische Eigenschaften

3.2.1 Verhalten gegenüber Feuchte

Kenngröße

Die Kenngröße zur Beurteilung des Wasseranteils ist der Feuchtegehalt (DIN 52183). Dieser berechnet sich zu:

$$u = \frac{m_u - m_{dtr}}{m_{dtr}} \cdot 100\ (\%) \tag{3.1}$$

u Feuchtegehalt
m_u Masse des Holzes im feuchten Zustand
m_{dtr} Masse des Holzes im darrtrockenen Zustand (ohne Wasser)

Messverfahren zur Bestimmung des Feuchtegehaltes

Als Basismethode dient die Darrmethode. Dabei wird die Probe im feuchten und im darrtrockenen Zustand gewogen. Zur Bestimmung der Darrmasse erfolgt eine Trocknung bei 103 °C bis zur Massekonstanz. Anschließend wird die Probe in einem Exikkator abgekühlt, und die Masse im darrtrockenen Zustand ermittelt. Der Feuchtegehalt wird nach Gl. (3.1) berechnet.

Weitere Methoden sind (vgl. Niemz 1993):

- die elektrische Widerstandsmessung (on- und offline)
- die Mikrowellenverfahren
- die dielektrische Feuchtemessung
- die Neutronenradiographie; mit dieser Methode können lokale Feuchteverteilungen auch quantitativ nachgewiesen werden (Lehmann, Vontobel, Niemz et al. 2000)
- optische Verfahren auf Basis der NIR-Spektroskopie

Sorptionsverhalten

Holzwerkstoffe sind wie Vollholz poröse Materialien. Sie nehmen daher Wasser aus der Luft durch Sorption und – oberhalb des Fasersättigungsbereiches – tropfbar flüssiges Wasser durch Kapillarkräfte auf. Zwischen der Holzfeuchte und der relativen Luftfeuchte stellt sich eine materialspezifische Gleichgewichtsfeuchte ein. Ist das Mikrosystem maximal mit Wasser gefüllt, spricht man vom Fasersättigungspunkt. Das Sorptionsverhalten kann z.B. durch die Hailwood-Horrobin-Sorptionstheorie (HH-Sorptionstheorie) oder die Brunauer Emmet Teller Sorptionstheorie (BET-Sorptionstheorie) beschrieben werden (s. Popper, Niemz, Eberle 2001). Im Bereich der Kapillarkondensation (etwa ab 65% relativer Luftfeuchte) kommt es dabei zu einer deutlichen Differenzierung im Sorptionsverhalten verschiedener Werkstoffe (vgl. auch Abb. 3.4).

Da Holzwerkstoffe meist Kleb- und Zusatzstoffe enthalten, wird die Feuchteaufnahme maßgeblich durch diese mit beeinflusst. So ist beispielsweise die Gleichgewichtsfeuchte phenolharzverleimter Werkstoffe höher als die harnstoffharzverleimter Werkstoffe (bedingt durch das hygroskopische Verhalten des im Phenolharz enthaltenen Alkalis).

Abbildung 3.3 zeigt typische Sorptionsisothermen von Holz und Holzwerkstoffen. Bei PF-gebundenen Holzwerkstoffen steigt oberhalb von 65% rel. Luftfeuchte die Gleichgewichtsfeuchte deutlich stärker an als bei HF gebundenen, bei MDF ist sie in diesem Bereich meist etwas niedriger als bei Spanplatten (vgl. Popper, Niemz, Eberle 2001; Abb. 3.4).

Durch thermische oder hydrothermische Vorbehandlung kann die Gleichgewichtsfeuchte des Holzes reduziert werden (Burmester 1975). Nach Burmester (1975) führt eine Wärme-Druckbehandlung zu einer Verminderung

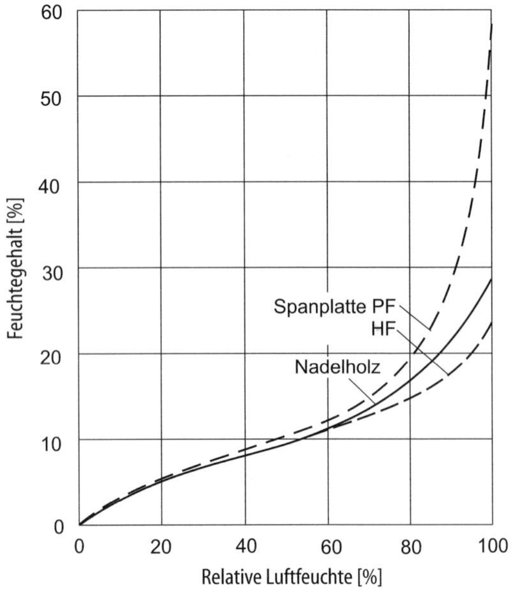

Abb. 3.3. Sorptionsverhalten von Vollholz und Spanplatten (Niemz 1993)

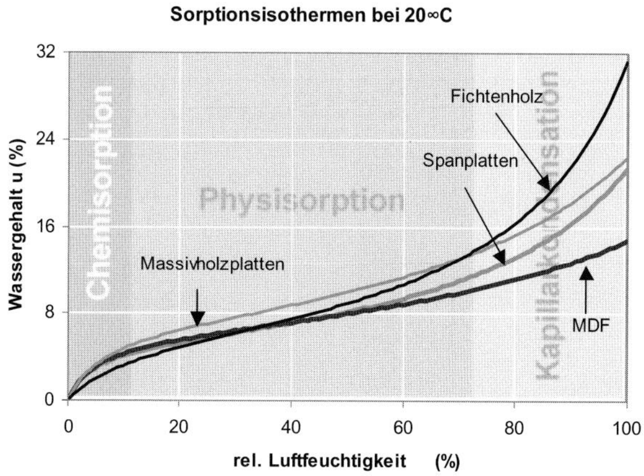

Abb. 3.4. Sorptionsverhalten von HF gebundenen Spanplatten, MDF und Massivholzplatten bei 20 °C

des Hemicellulosengehaltes und dadurch zu einer verbesserten Formbeständigkeit. So wird z. B. bei Holz durch thermische Behandlung zwischen 180–240 °C die Gleichgewichtsfeuchte und das Schwindverhalten um bis zu 50% reduziert. Bei Temperaturen über 200 °C tritt dabei auch eine gewisse Verminderung der Festigkeit ein.

Auch durch Acetylierung und Phthalierung kann eine wesentliche Reduzierung der Gleichgewichtsfeuchte und eine Dimensionsstabilisierung erreicht werden. Gleichzeitig wird die Beständigkeit gegen holzzerstörende Pilze teilweise verbessert. Bei der Acetylierung wird z. B. die sorptiv aktive Oberfläche reduziert (Popper und Bariska 1972, 1973, 1975). Eine weitere Möglichkeit ist z. B. das Ausfüllen der Zellwandhohlräume (z. B. mit Polyäthylenglykol).

Thermomechanisch verdichtetes Holz hat eine etwas geringere Gleichgewichtsfeuchte als normales Vollholz. Erfolgt eine hydrothermische Vorbehandlung und Verdichtung, wird die Gleichgewichtsfeuchte gegenüber normalem Holz deutlich reduziert (Navi und Girardet 2000).

Unterhalb des Fasersättigungsbereiches erfolgt der Feuchtetransport im Holz durch Diffusion. Diffusion tritt z. B. auch in Baukonstruktionen bei Dif-

Tabelle 3.1. Feuchtegehalt von Holzwerkstoffen für Bauzwecke (Zusammenstellung der Angaben verschiedener Autoren)

Material	Holzfeuchte in %
Sperrholz	5–15
Flachpressspanplatten	9 ± 4
Strangpressplatten	9 ± 4
Hartfaserplatten	5 ± 3
MDF	9 ± 4
Fichte (bei 20 °C/65 % r. L.)	12
Brettschichtholz (Feuchte ab Werk)	10 ± 2

Tabelle 3.2. Diffusionswiderstand verschiedener Holzwerkstoffe (Jensen u. Kehr 1999 sowie Merz, Fischer, Brunner u. Baumberger 1997)

Werkstoff		Rohdichte in kg/m³	Diffusionswiderstandszahl
Kiefer	radial	470	55
	tangential	–	100
MDF		470	20
		900	50
Spanplatte		470	20
		900	360
Spanplatte aus Strands		470	65
		900	1400
Massivholzplatte			40/400
Faserdämmplatte		175	50
Hartfaserplatte		1000	120

Tabelle 3.3. Einfluss der Feuchte auf die Diffusionswiderstandszahl von Fichte (Cammerer, in Niemz 1993)

Feuchte in %	Diffusionswiderstandszahl
4	230
6	160
8	110
10	80
16	18

ferenzen in der relativen Luftfeuchtigkeit zwischen zwei Seiten eines Elementes auf. Kenngröße ist die Wasserdampfdiffusionswiderstandszahl (nach DIN 4108 T4). Diese steigt deutlich mit abnehmender Holzfeuchte und zunehmender Rohdichte (Tabellen 3.2, 3.3). Leimfugen oder Oberflächenbeschichtungen können zu einem Feuchtestau führen. Bei Massivholzplatten ist ein Einfluss der Anzahl der Schichten vorhanden, die Diffusionswiderstandszahl steigt mit zunehmender Anzahl an Schichten.

Wasseraufnahme durch Kapillarkräfte

Holzwerkstoffe können bei Wasserlagerung oder Schlagregen auch Wasser durch Kapillarkräfte aufnehmen.

Die Geschwindigkeit der Wasseraufnahme wird dabei entscheidend beeinflusst durch:

- die Dichte des Materials (mit zunehmender Dichte sinkt die Aufnahmegeschwindigkeit)
- die Holzart (bei Massivholzplatten)
- eine vorhandene Oberflächenbeschichtung
- die Abmessungen der Bauteile (Abb. 3.2)

Kenngröße für die Wasseraufnahme durch kapillare Zugspannungen (tropfbar flüssiges Wasser wie Schlagregen) ist der Wasseraufnahmekoeffizient. Dieser wird nach prEN ISO 15148 bestimmt und in kg/($m^2 \times \sqrt{s}$) angegeben.

Er beträgt nach eigenen Messungen:

Bei Fichte:		*Bei Buche:*	
Längs:	0,017	Längs:	0,044
Radial:	0,003	Radial:	0,005
Tangential:	0,004	Tangential:	0,004

Die Wasseraufnahme längs ist pro Zeiteinheit deutlich höher als radial und tangential. Diese Differenzierung gilt auch für die Feuchteaufnahme aus der Luft. Daher wird bei großen Querschnitten, wie sie z.B. im Bauwesen (Brettschichtholz) vorkommen, nur nach einer sehr langen Lagerdauer die Gleichgewichtsfeuchte über dem gesamten Querschnitt erreicht. Dies gilt auch für die Feuchteaufnahme bei Wasserlagerung.

Unter realen Bedingungen schwankt die Feuchte meist nur in den Randzonen stärker. Es kommt infolgedessen auch bevorzugt zur Spannungsausbildung in diesen Zonen. Abbildung 3.5 zeigt die Feuchteänderung von Fichte bei Wasseraufnahme durch Sorption und bei Wasserlagerung sowie die Feuchteänderung einer Massivholzplatte aus Fichte des Formats 1 m × 1 m × 0,06 m in Abhängigkeit von der Zeit.

Quellen und Schwinden

Bei der Feuchteänderung kommt es innerhalb des hygroskopischen Bereiches zum Quellen (Feuchteaufnahme) bzw. Schwinden (Feuchteabgabe). Es treten Längen- und Dickenquellungen auf. Die Längenquellung von MDF ist etwas geringer als die von Spanplatten. Bei OSB in Orientierungsrichtung der Späne ist sie niedriger als senkrecht dazu. Senkrecht zur Plattenebene ist die Quellung (Dickenquellung) bei Spanplatten und MDF deutlich höher als bei Vollholz senkrecht zur Faserrichtung. Sie wird durch die Verleimungsgüte und den Anteil an Hydrophobierungsmittel bestimmt. Dies ist auf das Rückquellen der beim Pressen verdichteten Partikel zurückzuführen (spring back-Effekt). Dieser Effekt tritt auch bei der Befeuchtung von verdichtetem Vollholz (Pressvollholz) auf. Auch dieses Holz quillt bei Wasserlagerung stärker als unverdichtetes Holz, wenn es nicht spezifisch modifiziert wurde. Navi und Girardet (2000) geben z.B. an, dass die Quellung senkrecht zur Faserrichtung bei Wasserlagerung auf ca. 50% steigt (unbehandeltes Holz ca. 8%). Bei hydrothermischer Vorbehandlung und Verdichtung betrug das Rückquellen nach Wasserlagerung dagegen nur noch ca. 11%.

Wird die Probe am Quellen/Schwinden behindert (z.B. auch bei senkrecht zueinander verklebten Schichten in Massivholzplatten), entstehen innere Spannungen, die zu plastischen Verformungen und bei Überschreiten der Festigkeit schließlich zu Rissen führen können. So markieren sich beispiels-

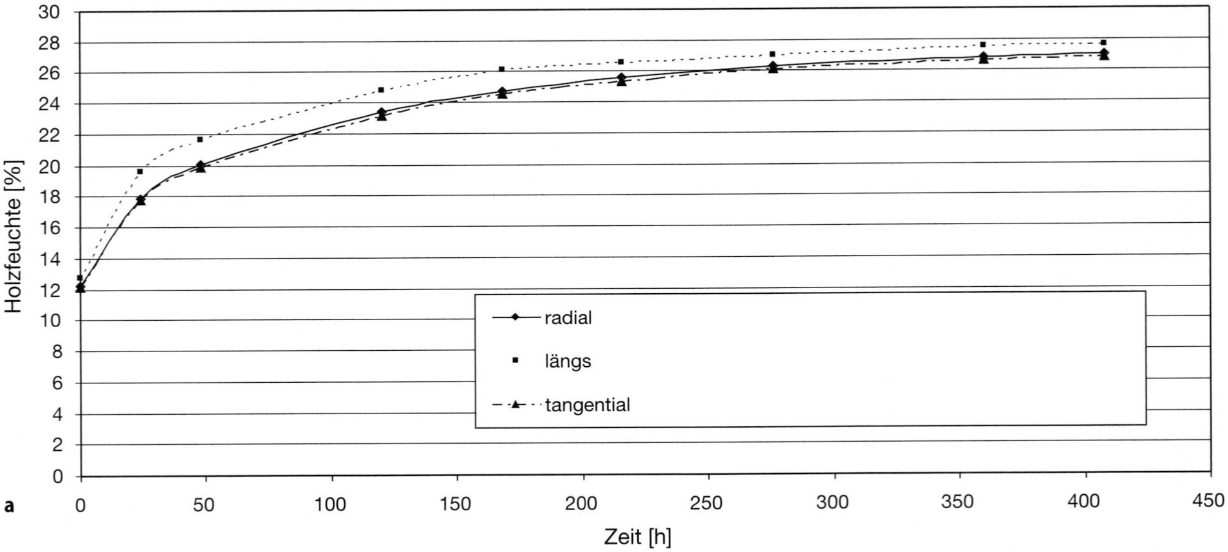

a

Abb. 3.5 a–c. Feuchteänderung von Holz und Holzwerkstoffen. **a** Wasseraufnahme durch Sorption bei Fichtenholz: radial, längs und tangential (Würfel 5 × 5 × 5 cm; restliche Flächen jeweils isoliert) bei Lagerung im Klima 20 °C/95 % r.L.

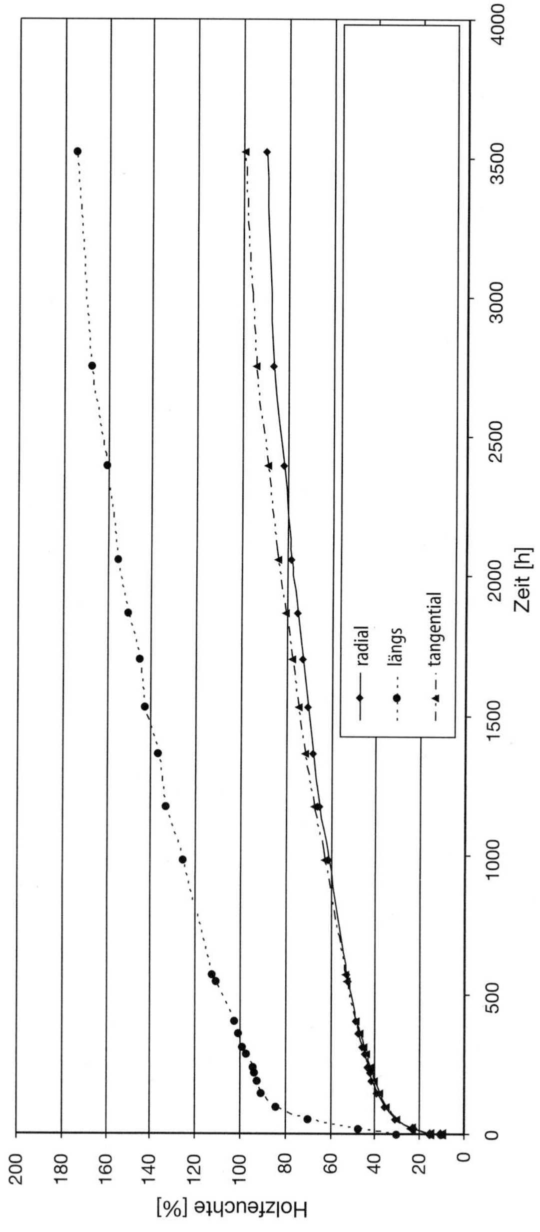

Abb. 3.5 b. Wasseraufnahme durch Kapillarkräfte (Lagerung unter Wasser) bei Fichtenholz: radial, längs und tangential (Würfel 5 × 5 × 5 cm; restliche Flächen jeweils isoliert)

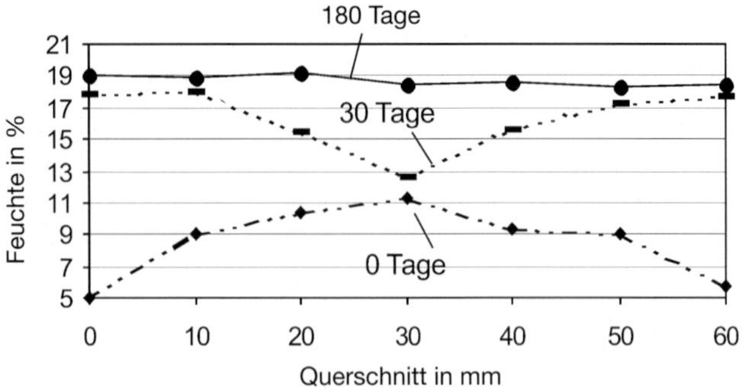

Abb. 3.5 c. Feuchteänderung einer Massivholzplatte (1 m × 1 m × 0,06 m) bei Lagerung in einem Klima von 2 °C und 90 % rel. Luftfeuchte

weise bei Massivholzplatten die senkrecht zur Decklage liegenden Lagen (Radial- oder Tangentialschnitt) bei Befeuchtung oder Trocknung durch das wesentlich größere Quell- bzw. Schwindmaß und eintretende plastische Verformungen. Bei extremen klimatischen Schwankungen (feucht/trocken) kommt es zur Rissbildung in diesen Lagen.

Neben den inneren Spannungen entstehen bei fester Einspannung der Proben auch erhebliche Quelldrücke. Ein hoher Anteil des durch die Einlagerung des Wassers in das Mikrosystem des Holzes auftretenden Quelldruckes wird durch innere Reibung und plastische Verformungen abgebaut. Der an der Gesamtprobe messbare Quelldruck ist daher deutlich niedriger als der theoretisch berechenbare. Eigene Messungen ergaben einen Quelldruck von 0,25 – 0,40 N/mm^2 für MDF mit 600 kg/m^3. Der Quelldruck ist in feuchter Luft höher als bei Wasserlagerung. Mit zunehmender Dichte des Holzes steigt der Quelldruck, er ist in Faserrichtung höher als senkrecht dazu.

Tabelle 3.4 zeigt die differenzielle Quellung (prozentuale Quellung in %/% Feuchteänderung) für ausgewählte Holzwerkstoffe.

Tabelle 3.4. Prozentuale Quellung in %/% Feuchteänderung für ausgewählte Holzwerkstoffe

Material		Quell-/Schwindmaß in %/%	
		in Plattenebene/Länge	Senkrecht zur Plattenebene/ Faserrichtung
Sperrholz		0,02	0,30
Spanplatte	Phenolharz	0,025	0,45
	Andere Harze	0,015 (0,30)	0,70 (0,85)
Brettschichtholz [a]		0,01	0,24
MDF		0,015 ... 0,020	(0,80)
Massivholzplatten		0,016 ... 0,040	0,3 ... 0,5

( ) unveröffentlichte Messungen Niemz.
[a] Gfeller (2000).

Einfluss der Holzfeuchte

Formbeständigkeit

Neben der Dicken- und Längenquellung bei Feuchteänderung kommt es bei der Lagerung von Holzwerkstoffen in einem Differenzklima (z. B. die eine Seite feucht, die andere trocken) zu Spannungen und zur Verformung (Plattenverzug). Ursache ist dabei die unterschiedliche Gleichgewichtsfeuchte und damit das differenzierte Quellen der Schichten. Insbesondere bei einem asymmetrischen Plattenaufbau (z. B. Postforming-Platten, Laminatböden, unterschiedlich beschichtete Möbelfronten) treten diese Probleme auf. Aber auch bei Spanplatten oder MDF mit einem asymmetrischen Rohdichteprofil oder Massivholzplatten mit deutlichen Differenzen in der Jahrringlage zwischen den beiden Decklagen. Die Spannungen können durch Freischneiden und Messung der Dehnung und des *E*-Moduls der Schichten bestimmt werden (Niemz 1997). Der Widerstand gegen solche klimabedingten Formänderungen wird auch als Formbeständigkeit bezeichnet. Die Formänderung bei Differenzklima wird entscheidend beeinflusst durch die

- Plattendicke
- Symmetrie des Plattenaufbaus
- Gleichgewichtsfeuchte und Längenquellung
- Lage und Orientierung der Partikel (bei OSB und LSL)
- Faserorientierung und Plattenaufbau bei Massivholzplatten

MDF erwiesen sich dabei nach Untersuchungen von Jensen (1994; Abb. 3.6) als deutlich formstabiler als Spanplatten, was mit der geringeren Feuchteänderung (niedrigere Gleichgewichtsfeuchte) und Längenquellung begründet wurde. Zudem erwies sich die Verformung bei MDF im Vergleich zur Spanplatte als stärker reversibel. OSB haben eine deutliche Richtungsabhängigkeit. Beschichtungen bewirken durch die reduzierte Feuchteaufnahme eine Erhöhung der Formbeständigkeit. Nach Jensen und Krug (1999) bzw. Jensen (1994) ergibt sich folgende Rangordnung bezüglich der Formbeständigkeit (Verformung von oben nach unten zunehmend):

- MDF
- Spanplatte
- Massivholzplatte
- LSL

Mechanisch-physikalische Eigenschaften

Die Holzfeuchte beeinflusst (wie bei Vollholz) alle mechanisch-physikalischen Eigenschaften. Die Festigkeit und der *E*-Modul steigen vom darrtrockenen Zustand bis etwa 10 % Holzfeuchte etwas an, danach kommt es zu einem deutlichen Abfall (Abb. 3.7).

Ferner ergeben sich folgende Auswirkungen:

- Die Wärmeleitzahl steigt mit zunehmender Holzfeuchte.
- Die Schallgeschwindigkeit fällt mit zunehmender Holzfeuchte.

Abb. 3.6. Formänderung von Spanplatten und MDF in Abhängigkeit von der Feuchtedifferenz der Außenzonen (Jensen u. Kehr 1995)
B – Bestimmtheitsmaß

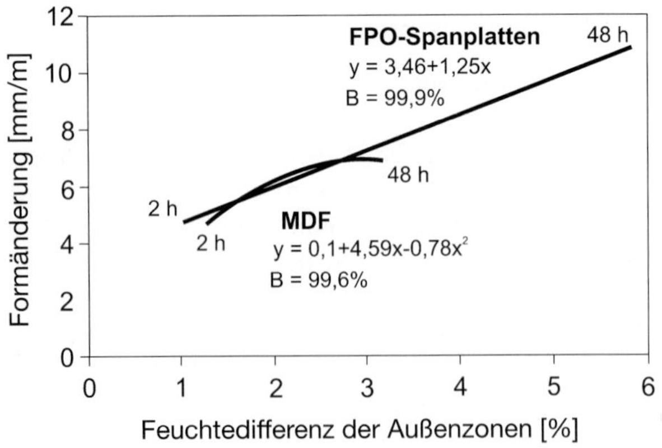

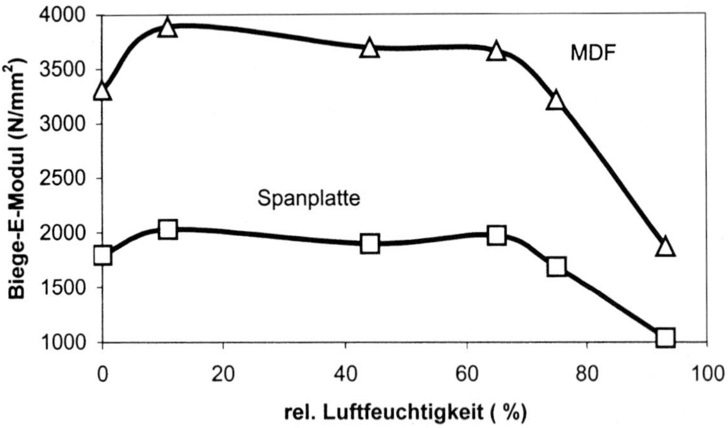

Abb. 3.7. Einfluss der Holzfeuchte auf die Biegefestigkeit und den *E*-Modul von MDF und Spanplatten (UFB) (Popper, Niemz und Eberle 2001)

- Bei Klimawechsel kann es, insbesondere bei harnstoffharzverleimten Materialien, zu einer Zerstörung der Leimfuge durch Hydrolyse oder mechanische Spannungen kommen.
- Mit erhöhter Holzfeuchtigkeit steigt die Gefahr des Angriffs von Pilzen (abhängig von Pilzart und Umgebungsbedingungen).

3.2.2 Rohdichte

Grundlagen
Die Rohdichte von Holzwerkstoffen berechnet sich zu

$$\rho = \frac{m}{V} \quad \text{in kg/m}^3 \tag{3.2}$$

ρ Rohdichte
m Masse
V Volumen

Für Span- und Faserplatten wird zu Kontrollzwecken meist die Flächendichte m_F verwendet:

$$m_F = \frac{m}{F} \quad \text{in kg/m}^2 \tag{3.3}$$

Die Rohdichte wird meist graphimetrisch bestimmt. Die Flächenmasse wird online durch Messung der Absorption von Röntgen oder γ-Strahlen (vergl. Niemz und Sander (1990); Niemz (1993)) ermittelt; unter Berücksichtigung der Dicke kann daraus die Rohdichte berechnet werden. Mit der Röntgenmethode wird durch schichtweises Durchstrahlen (Messung der Schwächung der Strahlung) auch das Rohdichteprofil senkrecht zur Plattenebene im Labor bestimmt. Bei der online-Messung des Rohdichteprofils wird dafür der Rückstreueffekt der Strahlung genutzt.

Spanplatten und MDF haben ein typisches Rohdichteprofil senkrecht zur Plattenebene, das durch Partikelstruktur, Feuchte und Presstechnik in weiten Grenzen variiert werden kann. Der Gradient von Mittelschicht-/Deckschichtrohdichte kann zwischen 1:1,3 … 1:1,5 bei MDF und 1:1,7 … 1:2 bei Spanplatten liegen (Autorenkollektiv 1990).

Die Rohdichte von Brettschichtholz und Sperrholz liegt im Bereich der Dichte des eingesetzten Holzes. Bei Partikelwerkstoffen kann die Rohdichte von 150 kg/m^3 bis 1050 kg/m^3 variieren. Abbildung 3.8 zeigt ein typisches Rohdichteprofil von Spanplatten.

Einfluss von Rohdichte und Rohdichteprofil
Die Rohdichte beeinflusst alle mechanisch-physikalischen Eigenschaften. So steigen z. B. die Festigkeit, die Schallgeschwindigkeit und die Wärmeleitfähigkeit mit Erhöhung der Rohdichte.

Durch Erhöhung der Deckschichtrohdichte bei Holzwerkstoffen können die Biegefestigkeit und der Biege-E-Modul erhöht werden, gleichzeitig wirkt sich eine geschlossene Deckschicht positiv auf die Beschichtbarkeit aus. Für die Schmalflächenbearbeitung wird meist ein relativ homogenes Rohdichteprofil mit einer geschlossenen, nicht zu porigen Mittelschicht angestrebt. Abbildung 3.9 zeigt den Einfluss der mittleren Rohdichte auf die Biegefestigkeit von Spanplatten. Die Rohdichte ist eine der dominierenden Einflussgrößen. Mit zunehmender Rohdichte steigen alle Festigkeitseigenschaften.

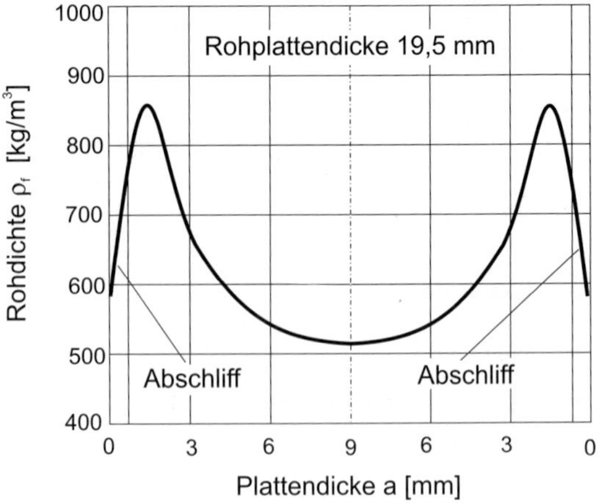

Abb. 3.8. Typisches Rohdichteprofil einer Spanplatte, senkrecht zur Plattenebene

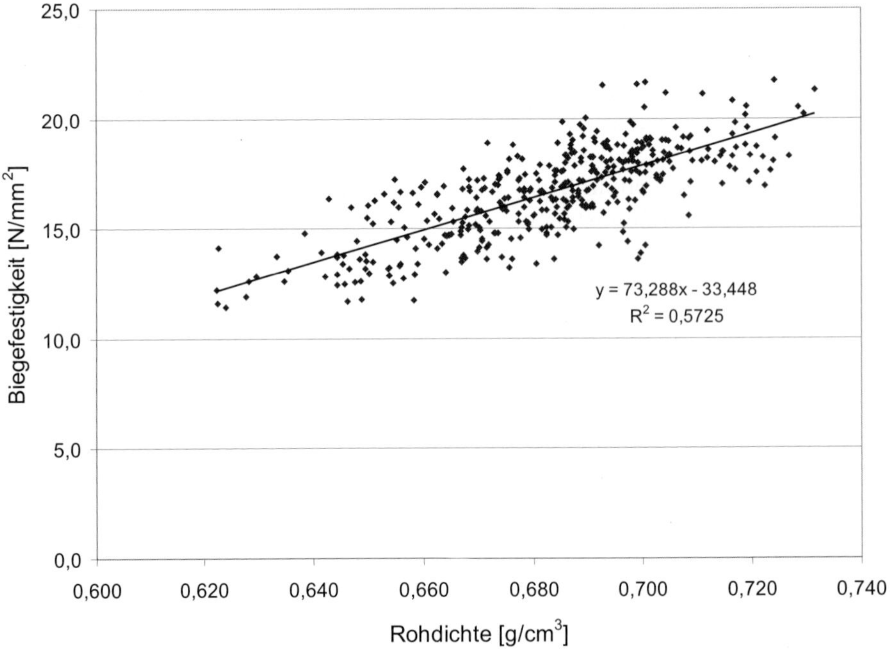

Abb. 3.9. Einfluss der Rohdichte auf die Biegefestigkeit von Spanplatten

3.2.3 Sonstige Eigenschaften

3.2.3.1 *Thermische Eigenschaften*

Die Wärmeleitzahl λ (W/mK) ist die Wärmemenge, die durch einen Würfel mit 1 m Kantenlänge bei einer Temperaturdifferenz von 1 K in einer Stunde hindurchfließt. Sie steigt mit zunehmender Holzfeuchte und Rohdichte.

Holz und Holzwerkstoffe sind schlechte Wärmeleiter. Faserstoff, Späne (als Schüttstoff) und Faserplatten geringer Dichte sind gut als Wärmedämmstoffe geeignet und werden daher zunehmend zur Wärmeisolation eingesetzt. Tabelle 3.5 zeigt die Wärmeleitzahl ausgewählter Holzwerkstoffe.

Die spezifische Wärmekapazität (in kJ/kgK) ist die Wärmemenge, die erforderlich ist, um 1 kg um 1 K zu erwärmen. Diese ist bei Holz und Holzwerkstoffen vergleichsweise hoch. Dies, in Verbindung mit der geringen Wärmeleitzahl, bringt bei der Verwendung von Holzwerkstoffen zur Wärmedämmung deutliche Vorteile im Vergleich zu Schaumstoffen oder Mineralwolle. Abbildung 3.10 zeigt den Temperaturgang durch eine Konstruktion mit Faserdämmmaterial und Mineralwolle. Wie aus der Abbildung ersichtlich, sind die eff. Temp. beim Dämmmaterial auf Faserbasis wesentlich geringer. Ebenso wird die Frequenz verschoben.

Die Wärmeausdehnung ist im Vergleich zur Ausdehnung durch Feuchteänderungen gering, kann aber z. B. bei Parkett durchaus eine gewisse Bedeutung haben. Sie beträgt bei Span- und Faserplatten $10-15 \cdot 10^{-6}$ m/mK, bei Vollholz in Abhängigkeit von der Holzart und der Faserrichtung in Faserrichtung $3{,}15-4 \cdot 10^{-6}$ m/mK, senkrecht zur Faserrichtung $16-40 \cdot 10^{-6}$ m/mK.

Holz und Holzwerkstoffe sind brennbar (meist Baustoffklassen B2, normal entflammbar, oder B1, schwer entflammbar, z. B. Holzwolleleichtbauplatten). Zementgebundene Spanplatten gehören zur Baustoffklasse A2 (nicht brennbar).

Holzstäube, wie sie bei der Span- und insbesondere bei der Faserplattenherstellung im Trockenverfahren auftreten, sind je nach Zusammensetzung des Staub-Luftgemisches hoch explosiv (Niemz 1993).

Bei Erhöhung der Temperatur von Holzwerkstoffen nimmt die Festigkeit ab (Niemz 1993). Bei relativ großen Querschnitten (Brettschichtholz) erreicht die

Tabelle 3.5. Wärmeleitzahl von Holzwerkstoffen (Richtwerte)

Material	Wärmeleitzahl in W/mK
Spanplatte	0,12–0,14
Sperrholz	0,14
Poröse Faserplatte	0,05
MDF	0,125
Zementgebundene Spanplatte	0,24–0,28
Massivholzplatte	0,12–0,14

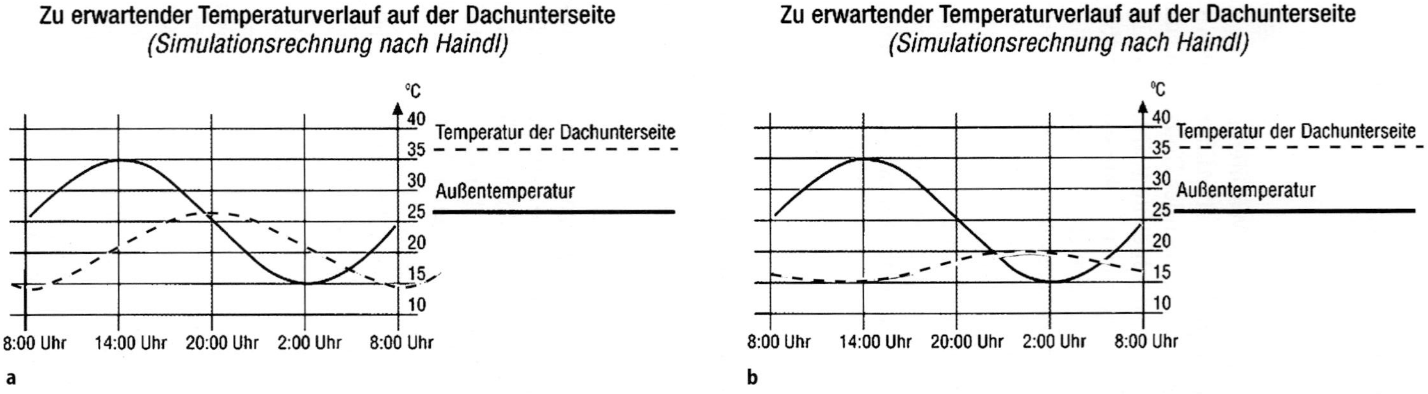

Abb. 3.10 a, b. Temperaturgang in einer Dachkonstruktion beim Einsatz von Cellulosefasern im Vergleich zu Mineralwolle als Dämmmaterial. **a** 40 mm Mineralwolle, **b** 40 mm Cellulosefasern

Temperatur im Inneren maximal 100 °C, da sich außen eine Holzkohleschicht bildet. Nach Glos und Henrici (in Niemz 1993) ergeben sich folgende Eigenschaftsänderungen bei 100 °C, bezogen auf 20 °C (in Klammern Daten für kleine Proben):

- Biegefestigkeit 72% (45%)
- Zugfestigkeit 92% (89%)
- Druckfestigkeit 56% (49%)
- Zug-*E*-Modul 88% (-)

Die geringe Wärmeleitung des Holzes, die geringe Wärmeausdehnung und die Ausbildung einer Holzkohleschicht am Rand wirken sich bei großen Querschnittsabmessungen sehr positiv auf den Feuerwiderstand aus. Bei entsprechenden Dimensionen können sich daher Holzkonstruktionen im Brandfall günstiger verhalten als solche aus nichtbrennbaren Baustoffen, da sich z.B. Stahl bei hohen Temperaturen stark ausdehnt und die Festigkeit verliert.

3.2.3.2
Elektrische Eigenschaften

Der elektrische Widerstand und auch die dielektrischen Eigenschaften des Holzes werden bei Holzwerkstoffen genutzt zur:

- Bestimmung der Holzfeuchte (elektrischer Widerstand, Dielektrizitätskonstanten)
- Vorwärmung von Vliesen (dielektrische Eigenschaften) mit Hochfrequenz-Energie (HF) (Umpolarisation der Wassermoleküle im Hochfrequenz-Feld; durch die entstehende Reibung kommt es zur Erwärmung)
- Fertigung von Platten mit reduziertem elektrischen Widerstand; dabei wird Ruß zugegeben, und der elektrische Widerstand auf 10^5 - 10^9 Ω reduziert. Dadurch werden elektrostatische Aufladungen verhindert.

Zunehmende Bedeutung gewinnt das Verhalten von Holzwerkstoffen gegenüber elektromagnetischen Wellen, wie sie z.B. von Mobilfunkgeräten oder Rundfunksendern erzeugt werden. Die Frequenz der Wellen liegt im Bereich von 10–100 kHz bis zu 150–300 GHz. Im kHz-Bereich befinden sich Lang- und Mittelwellensender, im MHz-Bereich Kurz- und Ultrakurzwellensender sowie das Fernsehen. Mobilfunkgeräte sind im unteren GHz-Bereich angeordnet. Hochfrequente elektromagnetische Wellen verhalten sich ähnlich wie Licht, das von Materialien gespiegelt werden kann (Reflexion) oder durch diese hindurchdringt (Transmission). Beides ist abhängig von der Art und der Struktur des Materials, aber auch von der Polarisation der elektromagnetischen Wellen. Pauli und Moldan (2000) führten umfangreiche Untersuchungen zum Abschirmverhalten verschiedener Baustoffe durch.

Die Dämpfung steigt mit der Frequenz. Dabei wurde festgestellt, dass konventionelle Leichtbauweisen (Dichte 170 kg/m^3) den hochfrequenten Wellen keinen Widerstand leisten. Eine Wand aus massivem Holz, Lehmsteinen und

Dämmung aus Faserdämmplatten (400 kg/m^3) hatte eine analoge Dämmung wie eine Wand aus 160 mm dicker Tanne (Blockwand) (Pauli und Moldan (2000)). Die Dämpfung betrug im MHz-Bereich zwischen 3–11 dB und stieg bei 10 GHz auf 38 dB.

Zur Transmissionsdämpfung können Metallgewebe, metallische Beschichtungen oder auch spezielle textile Materialien (z. B. Baumwolle mit eingearbeiteten Metallfasern) verwendet werden. Durch Einarbeitung entsprechender Materialien in Holzkonstruktionen kann also die Abschirmwirkung erhöht werden.

3.2.3.3
Oberflächeneigenschaften

Kenngrößen sind hier die Rauigkeit (Abb. 3.11) und die Welligkeit (Abb. 3.12). Als Richtwerte für die zulässige Rautiefe nach Wasserlagerung und erneuter Trocknung gibt Böhme (1980) für Frontflächen von Möbeln bei Furnierbeschichtung 60–80 µm, bei Dekorfolien mit Finisheffekt 40–60 µm

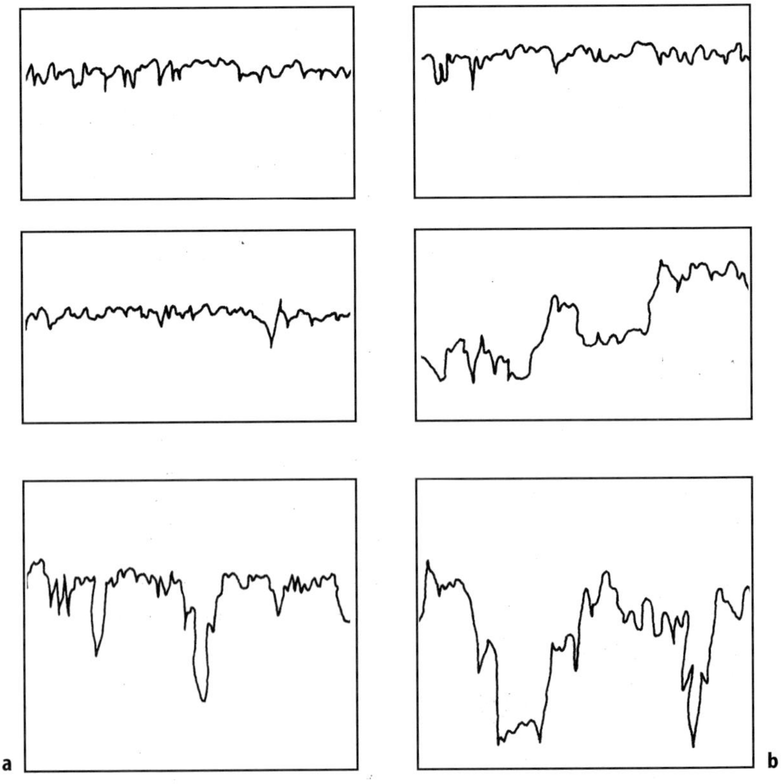

Abb. 3.11 a, b. Rauigkeit verschiedener Spanplatten im trockenen **a** und nassen Zustand **b** (Böhme 1980)

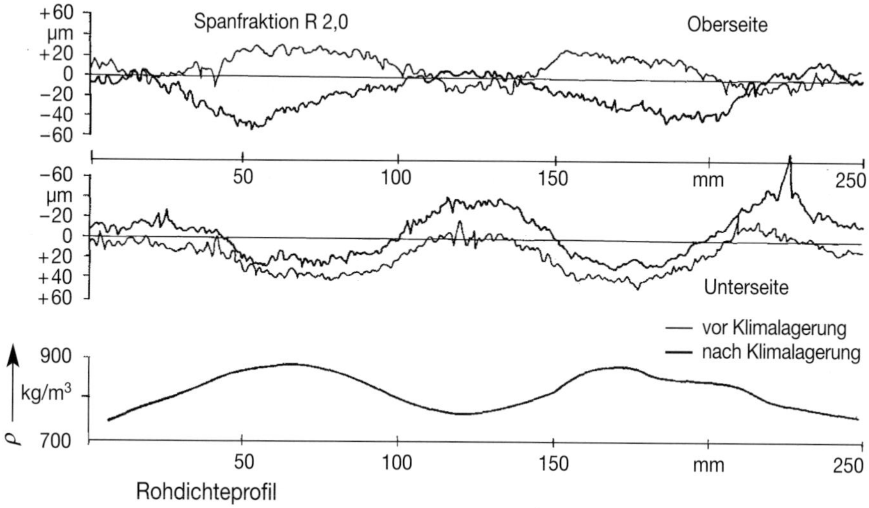

Abb. 3.12. Einfluss von Rohdichteschwankungen auf die Welligkeit von Spanplatten (Devantier und Niemz 1989)

an (Frontflächen). Für die Prüfung dieser Eigenschaften werden Tastschnittgeräte (optisch oder mechanisch abtastend) eingesetzt. Die wichtigsten Kenngrößen für die Oberflächeneigenschaften enthält ISO 4287/1. Die Welligkeit ist insbesondere an polierten Fronten deutlich erkennbar (großwellige Dickenschwankungen). Sie wird z. B. hervorgerufen durch Dichteschwankungen und Schwankungen im Quell- und Schwindverhalten.

3.2.3.4
Akustische Eigenschaften von Holzwerkstoffen

Kenngrößen sind hier

- Schallgeschwindigkeit
- Schallabsorption
- Schalldämmung

Die Schallgeschwindigkeit kann zur Ermittlung des dynamischen *E*-Moduls benutzt werden. Dabei gilt stark vereinfacht:

$$v = \sqrt{\frac{E}{\rho}} \tag{3.4}$$

$$E = v^2 \cdot \rho$$

E dynamischer E-Modul (N/mm^2)
v Schallgeschwindigkeit (m/s)
ρ Rohdichte (kg/m^3)

Untersuchungen dazu führten u. a. Grundström, Niemz und Kucera (2000) sowie Burmester (1968) durch. Es konnte eine straffe Korrelation zwischen

Schallgeschwindigkeit und E-Modul sowie Querzugfestigkeit festgestellt werden. Die Güte der Korrelation schwankt je nach Plattenstruktur, wobei sehr große Unterschiede im Korrelationskoeffizienten existieren.

Umfangreiche Untersuchungen zur Nutzung von Schallgeschwindigkeit und Eigenfrequenz für die Bestimmung der Eigenschaften von Holzwerkstoffen wurden u. a. von Kruse (1997) und Schulte (1997) durchgeführt.

Zur Bestimmung von Plattenreißern wird bei der Herstellung von Holzwerkstoffen die Schallschwächung beim Übergang Luft – Festkörper industriell genutzt. Ist ein Riss in der Platte vorhanden, so tritt die Schallschwächung zweifach auf (Niemz 1993, Niemz und Sander 1990). Das Verhältnis der am Empfänger ankommenden Schallenergie beträgt daher zwischen einer fehlerfreien und einer fehlerhaften Platte etwa 10:1.

Abbildung 3.13 zeigt die Korrelation zwischen dem aus der Schallgeschwindigkeit berechneten E-Modul und dem nach DIN am Biegestab bestimmten.

Für die Schallgeschwindigkeit von Holzwerkstoffen gelten folgende Richtwerte:

- Spanplatte: in Plattenebene ca. 2000 – 2500 m/s, senkrecht zur Plattenebene ca. 500 – 600 m/s
- MDF: ca. 2500 m/s in Plattenebene
- Sperrholz: ca. 4000 m/s in Plattenebene
- Massivholzplatten: 4000 – 5000 m/s in Plattenebene

Die Werte sind stark abhängig von der Struktur und variieren in einem breiten Bereich.

Der Schallabsorptionsgrad (Verhältnis der nicht reflektierten zur auftreffenden Schallleistung) liegt bei Spanplatten bei 30 %, bei Vollholz (Kiefer) bei 10 – 11 %, bei Hartfaserplatten bei 5 – 8 %, bei Faserplatten niedriger Dichte bei 20 – 30 %. Er kann durch Lochen und Schlitzen auf 60 – 80 % erhöht werden.

Der dynamische E-Modul kann auch aus der Eigenfrequenz einer zum Schwingen angeregten Probe bestimmt werden.

Für die Eigenschwingung gilt bei Biegeschwingungen erster Ordnung:

$$E = \frac{4 \cdot \pi^2 \cdot l^4 \cdot f^2 \cdot \rho}{m_n^4 \cdot i^2} \cdot \left(1 + \frac{i^2}{l^2} \cdot K_1\right) \cdot 10^{-9} \tag{3.5}$$

E E-Modul in N/mm^2
ρ Rohdichte in kg/m^3
l Stablänge in mm
K_1 Konstante (abhängig von der Ordnung der Schwingung)
m_n Konstante (abhängig von der Ordnung der Schwingung)
f Eigenfrequenz in s^{-1}
i Trägheitsradius; $i^2 = h^2/12$ in mm^2
h Probendicke in mm

Dabei gilt für Biegeschwingungen 1. Ordnung:

$K_1 = 49{,}8$
$m_n^4 = 500{,}6$

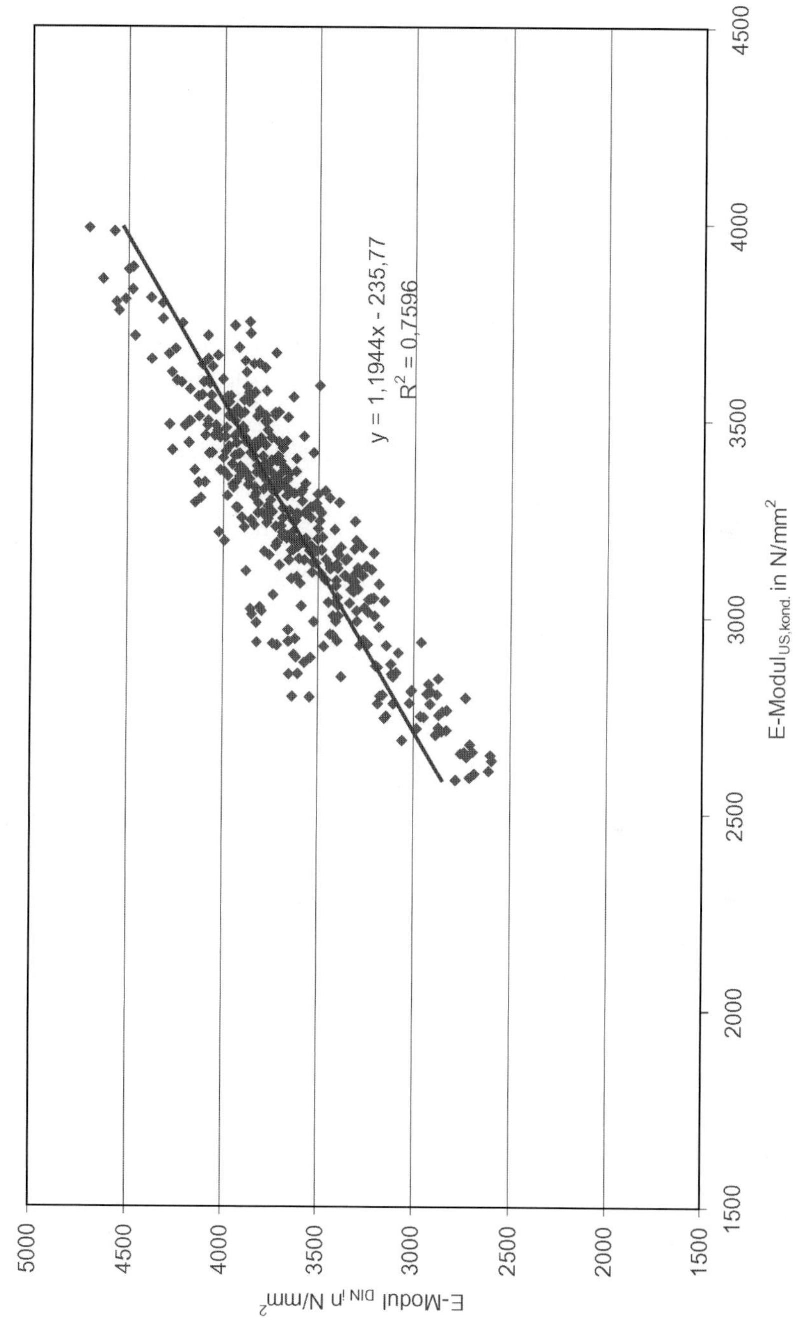

Abb. 3.13. Korrelation zwischen dem aus der Schallgeschwindigkeit berechneten *E*-Modul und dem nach DIN am Biegestab bestimmten *E*-Modul für Spanplatten

3.2.3.5 *Alterung und Beständigkeit*

Im trockenen Klima gilt Holz als sehr beständig (dauerhaft). Durch klimatische Einwirkungen (UV-Strahlen der Sonne, Klimawechsel, Niederschläge) kommt es zu Farbveränderungen in der Oberfläche und durch die Kombination von Befeuchtung (Regen) und Trocknung (Sonnenstrahlen) zur Rissbildung. Lignin wird durch die UV-Strahlung abgebaut, die Oberfläche vergraut. Zusätzlich kommt es durch Schimmelpilze (Bläue- bzw. Vergrauungspilze) zu Farbveränderungen, die Oberfläche färbt sich grau bis schwarz (Sell, Fischer, Wigger (2001). Risse treten bei Überschreiten der Querzugfestigkeit oder der Bruchdehnung auf. Holzwerkstoffe werden zunehmend auch für Fassaden eingesetzt. Sell (1999) gibt dabei folgende Richtlinien für die Einsetzbarkeit als Fassade an:

- anwendbar mit Schutz der Schmalflächen: dreischichtige Massivholzplatten
- anwendbar bei Schutz von Schmal- und Breitflächen: Sperrholz, Faserplatten
- nicht anwendbar: einschichtige Massivholzplatten, Spanplatten mit synthetischen Klebstoffen, LVL

Zu beachten ist auch das Quellverhalten. Bei Massivholzplatten kommt es insbesondere bei breiten Lamellen und tangential liegenden Jahrringen (z. B. Seitenbretter) zu Rissen. Die Risse sind in Tangentialrichtung stärker ausgeprägt und länger als in Radialrichtung. Teilweise werden daher Platten mit stehenden Jahrringen in den Randzonen verwendet. Aber auch die Längenquellung ist durch Ausgleichsfugen zu berücksichtigen.

3.3 Elastomechanische und rheologische Eigenschaften

3.3.1 Übersicht

Die elastomechanischen und rheologischen Eigenschaften von Holzwerkstoffen werden unterteilt in:

- Elastische Eigenschaften (E-Modul, Schubmodul, Poisson'sche Konstanten)
- Festigkeitseigenschaften

Bedingt durch den orthotropen Aufbau des Holzes (unterschiedliche Eigenschaften in den Hauptschnittrichtungen längs, radial, tangential) sind, je nach Auflösungsgrad der Struktur des nativen Holzes und der Struktur des daraus gefertigten Holzwerkstoffes, auch die Eigenschaften von Holzwerkstoffen mehr oder weniger orthotrop. Bei Furnierschichtholz, Massivholzplatten und auch bei OSB ist ein deutlicher Einfluss in der Orientierung der Decklagen zur Belastungsrichtung vorhanden. Senkrecht zur Faserrichtung (Probenlängsachse) belastete Lagen (z. B. Mittellagen bei Massivholzplatten, querliegende Lagen bei LVL) haben deutlich niedrigere Festigkeitseigenschaften als in Faserrichtung belastete Lagen. Werkstoffe auf Vollholzbasis (Brettschichtholz, Massivholzplatten) sind aus diesem Grunde empfindlich gegen Schub und gegen Zug senkrecht zur Faser.

Bei konventionellen Span- und Faserplatten sind herstellungsbedingt in Fertigungsrichtung etwa um 10% höhere mechanische Eigenschaften und eine niedrigere Quellung vorhanden als senkrecht dazu. Dies ist auf eine gewisse Partikelorientierung beim Streuvorgang zurückzuführen. Abbildung 3.14 zeigt die Hauptrichtungen der Belastung bei Holzwerkstoffen, Abb. 3.15 ein typisches Poldiagramm der Eigenschaften (*E*-Modul) von Vollholz und Furnierplatten (Sperrholz).

Infolge des viskoelastischen Charakters von Holzwerkstoffen sind alle Eigenschaften zusätzlich zeitabhängig. Dies gilt sowohl für die Kenngrößen des

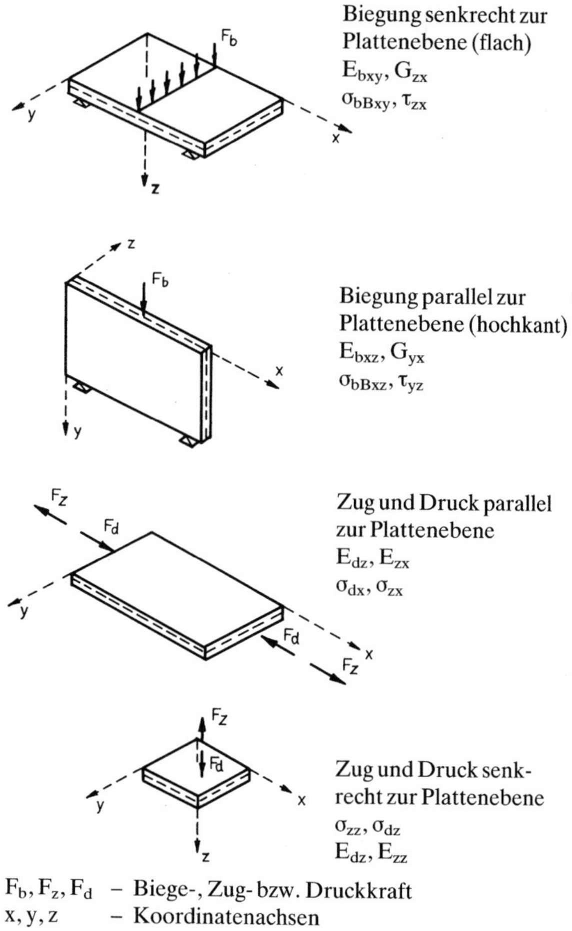

Abb. 3.14. Belastungsrichtungen bei Holzwerkstoffen (Niemz 1993)

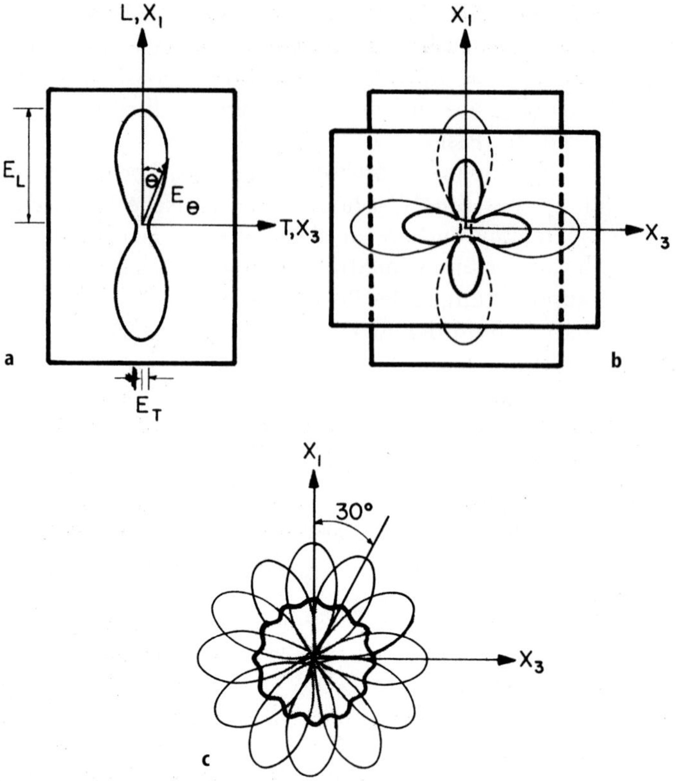

Abb. 3.15 a–c. Polardiagramm des *E*-Moduls von Holz (Bodig und Jayne 1993). **a** Furnier, **b** Sperrholz (Mittellage querverleimt), **c** unter einem Winkel von 30 Grad verleimte Furnierlagen

Abb. 3.16. Einfluss der Dauer der Lasteinwirkung auf die Eigenschaften (Bodig und Jayne 1993)

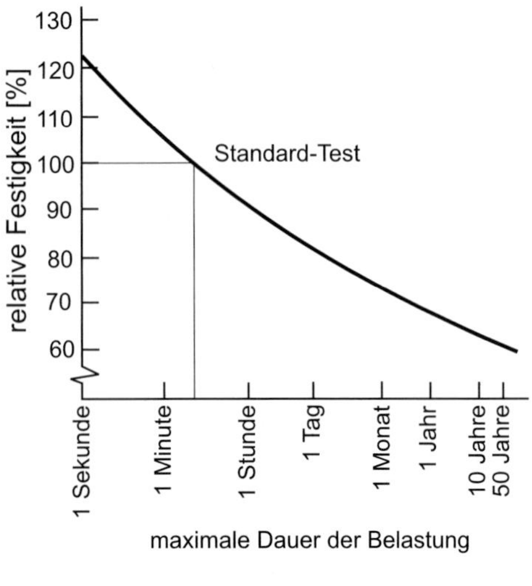

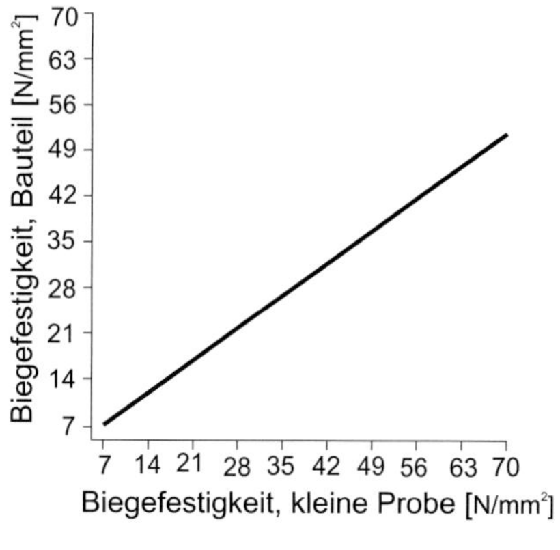

Abb. 3.17. Beziehungen zwischen dem *E*-Modul kleiner Proben und dem *E*-Modul großer Proben (Dobbin, in Niemz 1993) für Spanplatten

elastischen Verhaltens (*E*-Modul, Schubmodul) als auch für die Festigkeit (z. B. Biege-, Zug-, Druckfestigkeit).

In Abhängigkeit von der Geschwindigkeit der Lasteinwirkung wird zwischen statischer und dynamischer Beanspruchung unterschieden. Der Zeiteinfluss ist auch bei allen klassischen mechanischen Prüfungen vorhanden (Abb. 3.16). Daher ist die Zeitdauer bis zum Bruch genormt (z. B. nach EN 310 bei der Biegeprüfung 60 s ± 30 s).

Zusätzlich werden alle mechanischen Eigenschaften durch folgende Parameter beeinflusst:

- Holzfeuchte (mit zunehmender Holzfeuchte, etwa oberhalb von 5–8 %, sinkt die Festigkeit, vgl. Abb. 3.7)
- Temperatur (die Festigkeit sinkt mit steigender Temperatur)
- mechanische oder klimatische Vorbeanspruchungen (z. B. bei Lagerung im Wechselklima)
- Bauteilgröße (Abb. 3.17)

Madson und Buchanan (1986) geben für Holz folgende Beziehung für die Bauteilgröße an:

$$\frac{\sigma_2}{\sigma_1} = \left(\frac{V_1}{V_2}\right)^m \cong \left(\frac{l_1}{l_2}\right)^{m_l} \cdot \left(\frac{b_1}{b_2}\right)^{m_b} \cdot \left(\frac{d_1}{d_2}\right)^{m_d} \quad (3.6)$$

V Volumen des Prüfkörpers
σ vorhandene Spannungen
l, b, d Länge, Breite, Dicke des Prüfkörpers

Für die 10 %-Fraktile gilt beispielsweise:

$m_l = 0{,}15$

$m_b = 0{,}10$

Nach Untersuchungen von Burger und Glos (1996) sinkt bei Bauholz die Festigkeit mit zunehmender Länge der Proben. Da breitere Proben weniger Äste haben, steigt die Festigkeit mit zunehmender Breite.

Nach Weibull (Theorie des schwächsten Kettengliedes) ergibt sich:

$$\frac{\sigma_2}{\sigma_1} = \left(\frac{V_1}{V_2}\right)^{l/k} = \left(\frac{V_1}{V_2}\right)^m \tag{3.7}$$

σ vorhandene Spannungen
k Formparameter der Weibull-Verteilung
m Exponent

Gehri (1993) gibt für Furnierschichtholz für den Einfluss der Höhe für m einen Wert von 0,2 an.

Für Spanplatten ermittelte Böhme (2000) folgende Eigenschaftsänderungen bei mittelgroßen Proben gegenüber kleinen Proben:

- Verringerung der Biegefestigkeit um 10%
- Erhöhung des Biege-E-Moduls 11–12%
- Verringerung der Zugfestigkeit um 1%
- Erhöhung der Druckfestigkeit um 18%
- Reduzierung der Scherfestigkeit parallel zur Plattenebene um 24%
- Reduzierung der Scherfestigkeit senkrecht zur Plattenebene um 4%

Nachfolgend werden, weitgehend materialunabhängig, die Grundlagen der Bestimmung der mechanischen Eigenschaften von Holzwerkstoffen vorgestellt. In den Anhängen ist eine Übersicht zu den wesentlichen geltenden Normen enthalten.

Für Holzwerkstoffe im konstruktiven Einsatz sind in Deutschland bauaufsichtliche Zulassungen vom Institut für Bautechnik, Berlin, erforderlich.

Dabei gelten dann herstellerspezifische Daten (s. auch Tabellen in den Anhängen), die über den in den Normen fixierten Mindestwerten liegen.

3.3.2 Elastizitätsgesetz/Spannungs-Dehnungs-Diagramm

Die Elastizität ist die Eigenschaft fester Körper, eine durch äußere Kräfte bewirkte Verformung wieder rückgängig zu machen. Geht diese Verformung nach Entlastung vollständig zurück, so spricht man von einem ideal elastischen Körper. Zwischen Spannung und Dehnung besteht bei ideal elastischen Körpern ein linearer Zusammenhang (Hooke'sches Gesetz). Abbildung 3.18 zeigt das Spannungs-Dehnungs-Diagramm.

Für die Dehnung gilt bei Normalspannungen:

$$\varepsilon = \frac{\Delta l}{l} \tag{3.8}$$

ε Dehnung (–)
Δl Längenänderung
l Anfangslänge

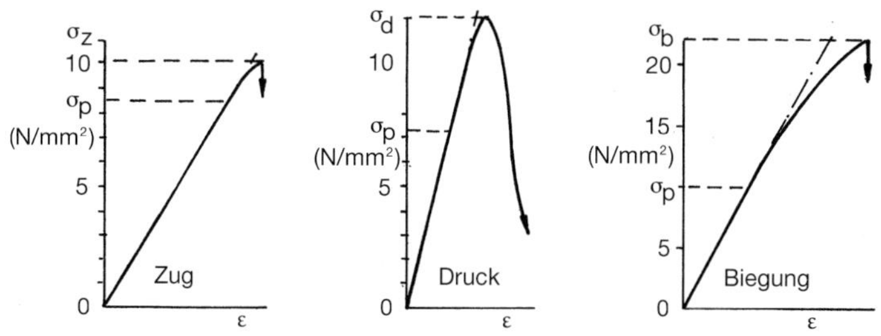

Abb. 3.18. Spannungs-Dehnungs-Diagramm einer Spanplatte nach Plath (in Niemz, 1993). σ_p – Proportionalitätsgrenze, σ_z – Zugfestigkeit, σ_d – Druckfestigkeit, σ_b – Biegefestigkeit

Innerhalb des Hooke'schen Bereiches gilt (Hooke'sches Gesetz):

$$\sigma = \varepsilon \cdot E \tag{3.9-1}$$

σ Spannung; Normalspannung (N/mm²)
ε Dehnung (–)
E Elastizitätsmodul (N/mm²)

Abbildung 3.19 zeigt die Koordinatenachsen (vgl. auch Abb. 3.14). Strenggenommen gilt nach der Theorie der orthotropen Elastizität das verallgemeinerte Hooke'sche Gesetz.

Für orthotrope Körper gilt unter $s_{ij} = s_{ji}$ (aber $\mu_{ij} \neq \mu_{ji}$)

$$\begin{bmatrix} \varepsilon_1 \\ \varepsilon_2 \\ \varepsilon_3 \\ \gamma_{23} \\ \gamma_{13} \\ \gamma_{12} \end{bmatrix} = \begin{bmatrix} S_{11} & S_{12} & S_{13} & 0 & 0 & 0 \\ S_{21} & S_{22} & S_{23} & 0 & 0 & 0 \\ S_{31} & S_{32} & S_{33} & 0 & 0 & 0 \\ 0 & 0 & 0 & S_{44} & 0 & 0 \\ 0 & 0 & 0 & 0 & S_{55} & 0 \\ 0 & 0 & 0 & 0 & 0 & S_{66} \end{bmatrix} \cdot \begin{bmatrix} \sigma_1 \\ \sigma_2 \\ \sigma_3 \\ \tau_{23} \\ \tau_{13} \\ \tau_{12} \end{bmatrix} \tag{3.9-2}$$

Unter Verwendung des Nachgiebigkeitstensors folgt in Voigt'scher Matrix-Schreibweise:

$$\begin{bmatrix} \varepsilon_1 \\ \varepsilon_2 \\ \varepsilon_3 \\ \hdashline \gamma_{23} \\ \gamma_{13} \\ \gamma_{12} \end{bmatrix} = \left[\begin{array}{ccc:ccc} \frac{1}{E_1} & -\frac{\mu_{21}}{E_2} & -\frac{\mu_{31}}{E_3} & 0 & 0 & 0 \\ -\frac{\mu_{12}}{E_1} & \frac{1}{E_2} & -\frac{\mu_{32}}{E_3} & 0 & 0 & 0 \\ -\frac{\mu_{13}}{E_1} & -\frac{\mu_{23}}{E_2} & \frac{1}{E_3} & 0 & 0 & 0 \\ \hdashline 0 & 0 & 0 & \frac{1}{G_{23}} & 0 & 0 \\ 0 & 0 & 0 & 0 & \frac{1}{G_{13}} & 0 \\ 0 & 0 & 0 & 0 & 0 & \frac{1}{G_{12}} \end{array}\right] \cdot \begin{bmatrix} \sigma_1 \\ \sigma_2 \\ \sigma_3 \\ \hdashline \tau_{23} \\ \tau_{13} \\ \tau_{12} \end{bmatrix} \tag{3.9-3}$$

γ Schubverzerrungen, τ Schubspannungen

In der Matrix sind:

S_{ii} für $i = 1, 2, 3$ Dehnungszahlen
S_{ii} für $i = 4, 5, 6$ Gleitzahlen
S_{ik} für $i = 1, 2, 3$ Querdehnungszahlen; $i \neq k$

Dabei gilt:

Für die E- und G-Moduli:

$$E_1 = \frac{\sigma_1}{\varepsilon_1}, \quad E_2 = \frac{\sigma_2}{\varepsilon_2}, \quad E_3 = \frac{\sigma_3}{\varepsilon_3}$$

$$G_{12} = \frac{\tau_{12}}{\gamma_{12}}, \quad G_{13} = \frac{\tau_{13}}{\gamma_{13}}, \quad G_{23} = \frac{\tau_{23}}{\gamma_{23}}$$

Für die Elastizitätskoeffizienten:

$$S_{11} = \frac{1}{E_1}, \quad S_{22} = \frac{1}{E_2}, \quad S_{33} = \frac{1}{E_3}$$

$$S_{44} = \frac{1}{G_{23}}, \quad S_{55} = \frac{1}{G_{13}}, \quad S_{66} = \frac{1}{G_{12}}$$

$$S_{12} = \frac{-\mu_{21}}{E_2}, \quad S_{13} = \frac{-\mu_{31}}{E_3}, \quad S_{23} = \frac{-\mu_{32}}{E_3}$$

$$S_{21} = \frac{-\mu_{12}}{E_1}, \quad S_{13} = \frac{-\mu_{13}}{E_1}, \quad S_{32} = \frac{-\mu_{23}}{E_2}$$

μ Poisson'sche Konstante
G Schubmodul

Es gibt also 3 E-Moduli, 3 Schubmoduli und 6 Poisson'sche Konstanten (davon sind 3 wegen der Symmetriebedingungen voneinander unabhängig).

Für die Poisson'schen Konstante gilt:

$$\mu_k = -\frac{s_{12} + s_{13} + s_{23}}{s_{11} + s_{22} + s_{33}} < 0{,}5 \tag{3.9-4}$$

Die Proportionalitätsgrenze liegt für Spanplatten unter Zugbelastung bei 90%, unter Druck bei 70%, unter Biegung bei 40% der Bruchlast. Es handelt sich hierbei um Richtwerte, abhängig von der Struktur und der Holzfeuchte (Niemz 1993).

Bei Holzwerkstoffen kann die Dehnung in der äußeren Randzone nach Gl. (3.9-5) bestimmt werden.

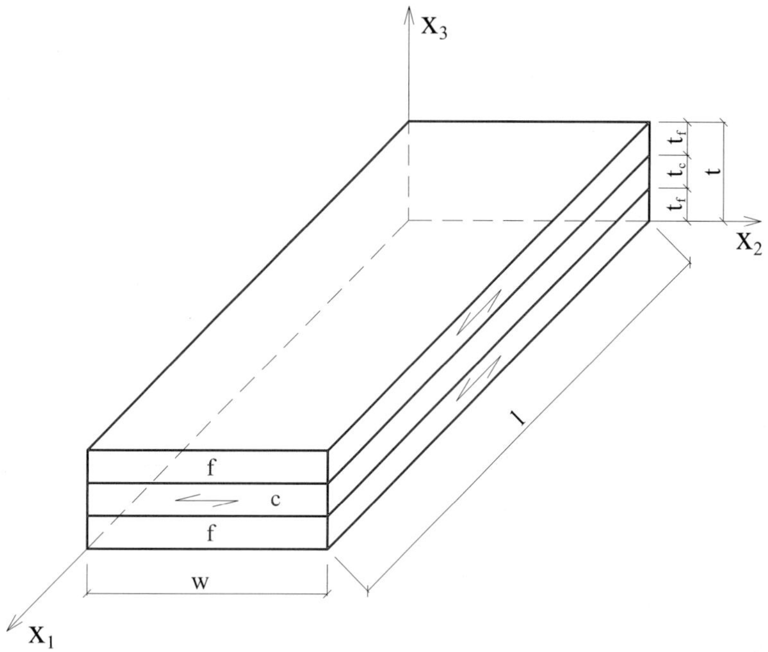

Abb. 3.19. Zuordnung der Koordinatenachsen (häufig gilt für die Indizes auch: $x_1 \triangleq x$ = in Herstellungsrichtung oder in Faserrichtung der Decklagen; $x_2 \triangleq y$ = senkrecht zur Herstellungsrichtung oder zur Faserrichtung der Decklagen; $x_3 \triangleq z$ = senkrecht zur Plattenebene)

Es gilt nach DIN 53452:

$$\varepsilon = \frac{6 \cdot d \cdot f_{\max}}{l_s^2} \cdot 100\,(\%) \qquad (3.9\text{-}5)$$

ε Randfaserdehnung
$f_{\max}$ maximale Durchbiegung
l_s Stützweite
d Plattendicke

3.3.3
Kenngrößen und deren Bestimmung

Die meist genutzten Kenngrößen sind der Elastizitäts- und der Schubmodul.

E-Modul

Der Elastizitätsmodul wird bei Normalspannungen (Zug, Druck) aus der Gl. (3.9-1) (Abb. 3.20) nach dem Hooke'schen Gesetz bestimmt. Die Kraft muss dabei unterhalb der Proportionalitätsgrenze liegen. Häufig wird er durch Biegebelastung (Drei- oder Vierpunktbelastung) ermittelt. Bei Dreipunktbelas-

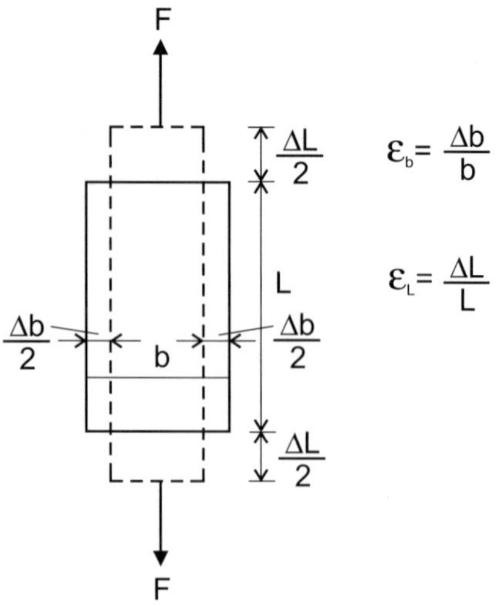

Abb. 3.20. Zugbelastung einer Probe

tung ist der bestimmte E-Modul vom Verhältnis Stützweite zu Dicke abhängig. Er steigt bis zu einem Verhältnis Stützweite/Dicke von etwa 15–20 an. Bei geringerem Verhältnis treten starke Schubverformungen auf.

Die E-Moduli können auch durch Messung der Schallgeschwindigkeit (Gl. (3.4)) oder der Eigenfrequenz (Gl. (3.5)) bestimmt werden; diese Werte sind meist etwas höher. Bei geschichteten Holzwerkstoffen treten stärkere Abweichungen auf, da diese Gleichung strenggenommen nur für homogene Werkstoffe gültig ist (vgl. 3.2.3.4).

Schubmodul (*G*)

Wirkt ein Kräftepaar analog Abb. 3.21a, treten Schubspannungen auf. Schubspannungen sind auch bei Biegung vorhanden, wenn Querkräfte auftreten (z.B. bei Dreipunktbelastung, Flächenlast).

Schubspannungen können insbesondere bei sandwichartig aufgebauten Werkstoffen (im Vergleich zur Deckschicht wesentlich schubweichere Mittellagen) zum Schubbruch führen. Bei Holzwerkstoffen tritt dies zum Teil bei extremen Unterschieden in der Festigkeit von Deck- und Mittelschicht auf. Aber auch bei Sperrholz und bei Massivholzplatten kommt es z.B. bei kurzen Stützweiten zum so genannten Rollschub in den Lagen mit senkrecht zur Probenlängsachse liegenden Lagen (Auftreten von Rollschub in der RT-Ebene durch Abgleiten der Jahrringe an der Grenze Früh-Spätholz; s. Abb. 3.22a und b). Auch bei Brettschichtholz kann es zu Schubbrüchen kommen.

Die Bestimmung des Schubmoduls kann an Schubwürfeln (Abb. 3.21a), aber auch z.B. am Biegestab bei einseitiger Einspannung (Abb. 3.21b), oder bei Dreipunktbiegung durch Reduzierung der Stützweite und Berechnung nach Timoshenko (Abb. 3.23) erfolgen. Dabei gilt:

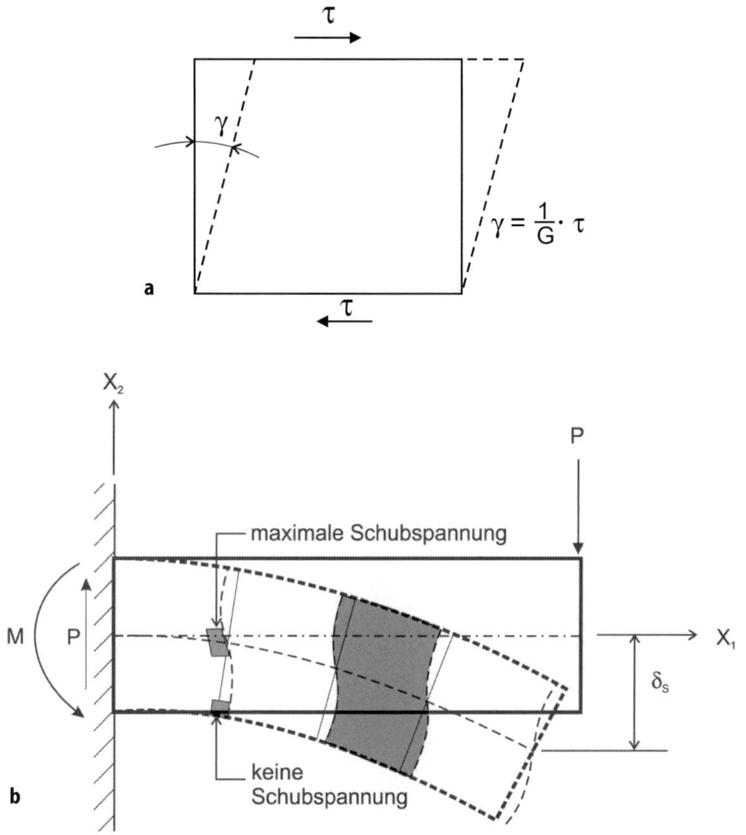

Abb. 3.21 a, b. Prinzip der Schubverformung. **a** Schubwürfel, **b** Schubspannung in einem einseitig eingespannten Biegebalken (Bodig und Jayne 1993)

$$f_{\text{ges}} = f_{\text{B}} + f_{\text{S}}$$

$$f_{\text{ges}} = \frac{F \cdot l_{\text{s}}^3}{48\,E \cdot I} + \frac{3}{10} \cdot \frac{F \cdot l_{\text{s}}}{G \cdot A} \tag{3.10}$$

f_{ges} Gesamt-Durchbiegung
f_{B} Durchbiegung aus reiner Biegung
f_{S} Durchbiegung aus Schub
G Schubmodul (N/mm^2)
F Kraft (N)
l_{s} Stützweite (mm)
I Trägheitsmoment (mm^4)
E E-Modul bei reiner Biegung (N/mm^2)
A Probenquerschnitt (mm^2)

Die bei Dreipunktbiegung ermittelte Durchbiegung beinhaltet auch Querkräfte. Sie setzt sich daher stets aus beiden Komponenten, reine Biegung und

a

b

Abb. 3.22 a, b. Versagen von Holzwerkstoffen durch Schubspannungen senkrecht zur Faserrichtung (Rollschub in RT-Ebene; rolling shear). **a** Massivholzplatten bei Dreipunkt-Biegung, **b** Furnierschichtholz (Kerto)

Schub, zusammen. Somit ist dieser E-Modul abhängig vom Verhältnis Stützweite zu Dicke. Durch Variation dieses Verhältnisses können über eine Bestimmung des komplexen E-Moduls (Biegung und Schubanteil) die beiden Komponenten Schubmodul und E-Modul bei reiner Biegung erfasst werden.

Bodig und Jayne (1993) geben für den Schubeinfluss auf den Biege-E-Modul folgende Beziehung für verschiedene Belastungsfälle an:

$$\frac{E_{\text{komplex}}}{E} = \frac{(l/h)^2}{(l/h)^2 + C} \tag{3.11}$$

E_{komplex}	E-Modul unter Berücksichtigung des Schubanteils
$E \mapsto E$-Modul	bei reiner Biegung
l/h	Verhältnis Stützweite zu Dicke der Probe
C	Belastungsabhängige Konstante (s. Abb. 3.24)

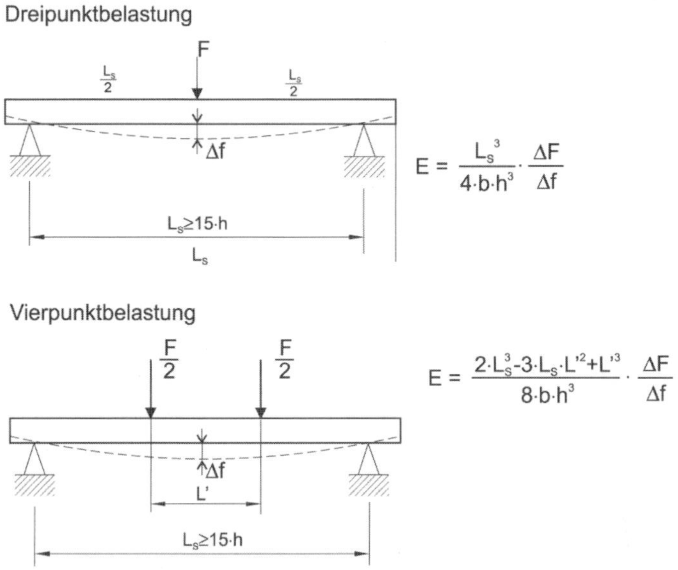

Abb. 3.23. Bestimmung des Biege-E-Moduls bei Dreipunkt- (mit Schubverformung) und Vierpunktbelastung (Durchbiegungsmessung im querkraftfreien Bereich) (Niemz 1993)

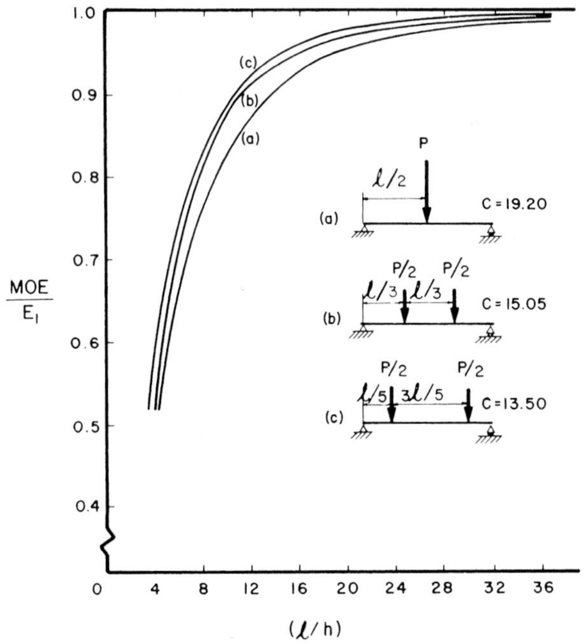

Abb. 3.24. Verhältnis E_{komplex} (MOE) zu $E_{\text{reine Biegung}}$ (E_I) in Abhängigkeit vom Verhältnis Stützweite zu Dicke (Bodig und Jayne 1993)

Tabelle 3.6. Ausgewählte Kenngrößen von Holzwerkstoffen (Fa. Siempelkamp u. a.)

Eigenschaft	Spanplatte	MDF	OSB (Europa)	LVL	LSL	Massivholzplatte	PSL
Rohdichte in kg/m^3	680–700	760–790	660–700	660–700	650	450	660
E-Modul in N/mm^2	2600–3200	4000–4500	–	–	12000	–	14000–15500
– parallel [a]	–	–	7000	13000–16000	–	5000–7000	–
– senkrecht [a]	–	–	1850	–	–	1000–3000	–
Biegefestigkeit in N/mm^2	20–22	33–38		–	–	–	–
– parallel [a]	–	–	36	–	–	30–50	60–65
– senkrecht [a]	–	–	20–25	–	–	10–30	–
Schubmodul in N/mm^2	–	–	–	–	–	–	–
– flach	100–180	100–200	ca. 300	ca. 500	–	ca. 200	700–800
– hochkant	1000–1500	600–1000	1100	ca. 500	ca. 2300	600–700	–

[a] Biegung jeweils senkrecht zur Plattenebene, parallel = in Herstellungsrichtung (Faserrichtung der Decklagen, Orientierungsrichtung der Partikel), senkrecht = Faserrichtung senkrecht zur Herstellungsrichtung (Faserrichtung der Decklagen, Orientierungsrichtung der Partikel).

Poisson'sche Konstante

Bei Belastung kommt es zu einer Formänderung in und senkrecht zur Lastrichtung der Probe. Bei Druck wird eine Probe kürzer und breiter, bei Zugbelastung länger und schmaler. Dabei gilt:

$$\frac{\Delta b}{b} = -\mu \cdot \frac{\Delta l}{l} \qquad \mu = \frac{\varepsilon_{\text{quer}}}{\varepsilon_{\text{längs}}} \tag{3.12}$$

μ Poisson'sche Konstante (–)
ε Dehnung (%)
$l, \Delta l$ Länge der Probe, Längenänderung (mm)
$b, \Delta b$ Breite der Probe, Breitenänderung (mm)

Die elastomechanischen Eigenschaften variieren in Abhängigkeit von der Struktur in einem weiten Bereich. Tabelle 3.6 zeigt einige orientierende Kennwerte (nach Fa. Siempelkamp u. a.).

3.3.4 Rheologische Eigenschaften

Holzwerkstoffe sind viskoelastische Materialien. Alle Eigenschaften sind also zeitabhängig. Es wird unterschieden:

- Kriechen
- Spannungsrelaxation
- Dauerstandfestigkeit

Kriechen

Wird eine Probe durch eine konstante Last beansprucht, so steigt die Formänderung mit der Zeit an. Dabei treten folgende Phasen auf:

- Primärkriechen
- Sekundärkriechen
- Tertiärkriechen

In der Primärphase steigt die Kriechverformung zunächst stetig an, es kommt zu einem Ausrichten/Verstrecken der Moleküle (Niemz, 1993) und zu ersten Mikrobrüchen. In der Sekundärphase kommt es zu einer Stabilisierung der Kriechverformung. Wird die Spannung erhöht, kommt es zum Tertiärkriechen und schließlich zum Bruch. Dieser zeichnet sich bereits frühzeitig durch einen progressiven Anstieg der Kriechverformung ab (Abb. 3.25).

Kenngröße für die Kriechverformung ist der Kriechfaktor oder die Kriechzahl. Dabei gilt:

$$F = \frac{f_t}{f_0}$$

$$\varphi = \frac{f_t - f_0}{f_0} \qquad (3.13)$$

F Kriechfaktor
φ Kriechzahl
f_t zeitabhängige Durchbiegung
f_0 elastische Durchbiegung

Abb. 3.25. Phasen der Kriechverformung (Niemz 1993)

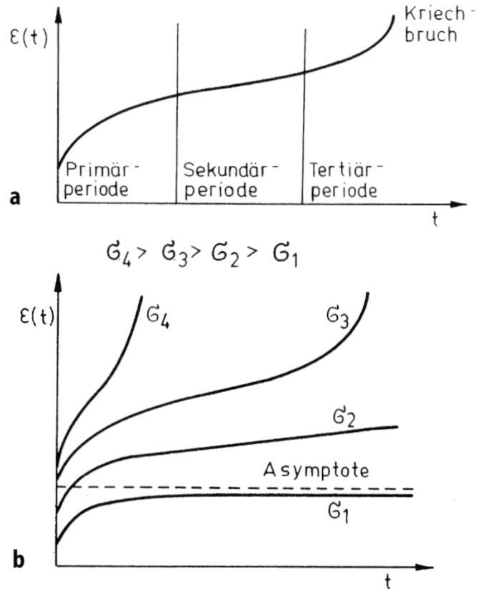

Einflussfaktoren

Allgemeine Grundlagen
Bei Holzwerkstoffen wird die Struktur des nativen Holzes weitgehend aufgelöst, das Material dadurch homogenisiert. Die Kriechverformung von Vollholz wird sehr stark durch den Faser-Lastwinkel beeinflusst. Nach Untersuchungen von Niemz (1982) wird senkrecht zur Faserrichtung etwa die 8fache Kriechzahl erreicht wie parallel zur Faserrichtung. Dadurch ist z. B. bei Massivholzplatten, OSB und LVL ein deutlicher Einfluss der Orientierungsrichtung der Decklagen vorhanden. Erfolgt die Krafteinleitung senkrecht zur Faserrichtung, ist die Kriechverformung also deutlich höher als bei paralleler Krafteinleitung. Mit zunehmendem Aufschluss der Struktur des Holzes steigt daher die Kriechverformung an. Folgende Rangordnung ergibt sich bezüglich der Größe der Kriechverformung (von oben nach unten zunehmend):

- Vollholz
- Schichtholz/LVL/Parallam
- Sperrholz/Massivholzplatte
- OSB
- Spanplatte
- MDF/Faserplatte

Das Verhältnis der Kriechverformung von Holz: Spanplatte: Faserplatte beträgt etwa 1:4:5.

Mit zunehmender Holzfeuchte steigt die Kriechverformung im Konstantklima deutlich an. Im Wechselklima (wechselnde Luftfeuchtigkeit trocken/feucht) kommt es zur Überlagerung des Quellverhaltens und damit entstehender Spannungen/Dehnungen und des Kriechens. Dieser Effekt wird auch als mechanosorptives Kriechen bezeichnet. Dadurch kann die Kriechverformung z. B. bei Vollholz und teilweise bei Massivholzplatten (Decklagen parallel zur Probenlängsachse (Dube in IHD-Holzwerkstoffkolloquium 1999), Abb. 3.26, Abb. 3.27) bei **Biegebelastung**

- in der Trocknungsphase (Kriechen und Schwinden des Holzes) steigen
- und in der Durchfeuchtungsphase (Kriechen und Quellen) sinken.

Dieser Effekt bei Biegebelastung wird als Kriechphänomen bezeichnet. Bei Spanplatten und MDF tritt er nicht auf. Der Effekt wird deutlich durch die Dauer der Klimaeinwirkung, den Probenquerschnitt und die Höhe der Last beeinflusst (Hanhijärvi 1995).

Bei großen Querschnitten kommt es nur in den Randzonen zur Feuchteänderung, was sich auf den Verlauf der Verformung auswirkt (Relation der Verformungsanteile von Kriechen und Quellen/Schwinden ändert sich).

Bei **Zugbelastung** steigt dagegen die Dehnung der Probe in der Adsorptionsphase (Probe quillt und wird länger durch den Kriechvorgang). In der Desorptionsphase wird die Probe durch das Schwinden kürzer und das Kriechen länger. Die Gesamtverformung steigt bei mittlerer Last in der Befeuch-

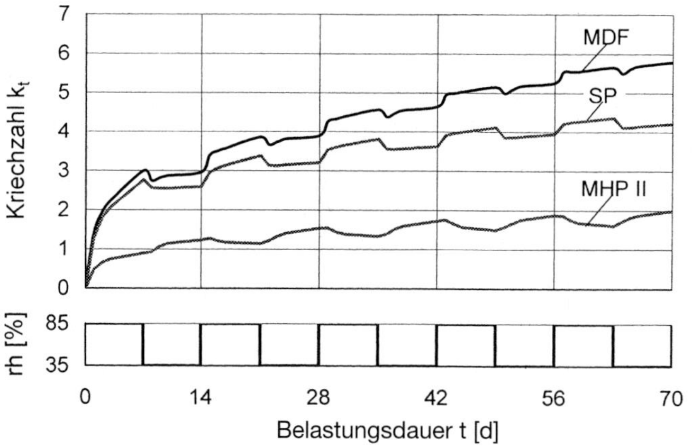

Abb. 3.26. Vergleich der Kriechverformung von Spanplatten (SP), MDF und dreischichtigen Massivholzplatten (MHP) im Wechselklima bei 20 °C/85 % rel. Luftfeuchte und 20 °C/35 % rel. Luftfeuchte, unter einem Belastungsgrad von 35 % der Bruchlast (Dube in IHD-Holzwerkstoff-Kolloquium 1999)

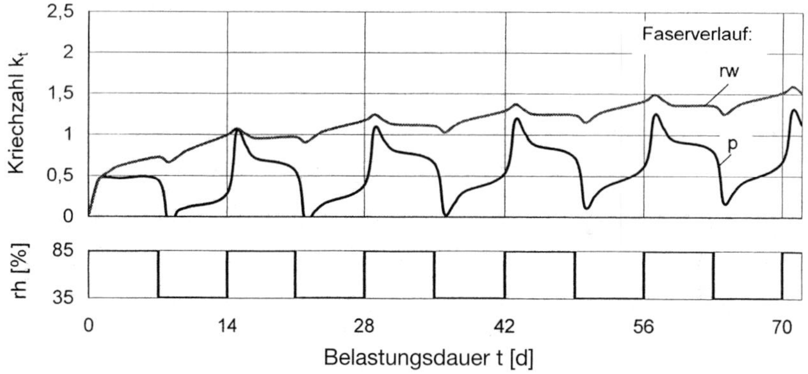

Abb. 3.27. Vergleich der Kriechverformung von dreischichtigen Massivholzplatten im Wechselklima bei 20 °C/85 % rel. Luftfeuchte und 20 °C/35 % rel. Luftfeuchte, und einem Belastungsgrad von 35 % der Bruchlast bei Belastung in (p) und senkrecht (rw) zur Faserrichtung der Decklagen (Dube in IHD-Holzwerkstoff-Kolloquium 1999)

tungsphase und sinkt in der Trocknungsphase. Die Abnahme in der Desorptionsphase ist niedriger als der Anstieg in der Adsorptionsphase (Hanhijärvi 1995).

Bei **Druckbelastung** steigt die Kriechverformung in der Trocknungsphase (Probe schwindet und kriecht, wird also kürzer); in der Befeuchtungsphase wird sie durch das Quellen länger und das Kriechen kürzer.

Der Gesamteffekt ist also analog der Zugbelastung, die Verformung erfolgt aber in umgekehrter Richtung (Hanhijärvi 1995).

Die gesamte Kriechverformung bei Klimawechsel (Hüllkurve von Adsorption und Desorption) steigt dagegen kontinuierlich mit der Zeit an. Analoge Effekte treten bei der Spannungsrelaxation auf. Bei Vollholz, Brettschichtholz und Sperrholz ist die Kriechverformung im Wechselklima höher als im Konstantklima. Bei Spanplatten ist im Allgemeinen die Kriechverformung im Konstantklima höher als im Wechselklima (gleiche Sorptionsmaxima vorausgesetzt).

Die Gesamtverformung setzt sich zusammen aus:

- elastischer Verformung
- elastischer Nachwirkung
- plastischer Verformung; diese bleibt nach Entlastung vorhanden (Abb. 3.28)

An der plastischen Verformung sind auch Mikrobrüche beteiligt. Sie steigt mit zunehmender Feuchte.

Der Klebstoff wirkt sich deutlich auf das Kriechverhalten aus. Bei PF-Harzen wirkt sich deren hygroskopisches Verhalten deutlich auf die Kriechverformung aus. Harnstoffharz kriecht weniger als Phenolharz oder Isocyanat; PVA-Klebstoffe neigen sehr stark zum Kriechen.

Die Kriechverformung steigt über Jahre hinweg an (Abb. 3.29).

Eine Erhöhung der Last bewirkt einen Anstieg der Kriechverformung. Eine zusammenfassende Darstellung enthalten Gressel (1971) und Niemz (1993).

Tabelle 3.7 zeigt orientierende Richtwerte für die Kriechverformung nach 140 Tagen Belastung. Diese Kennwerte erhöhen sich bei zusätzlicher Klimabelastung analog Tabelle 3.8.

Durch Oberflächenbeschichtung und die damit einhergehende Reduzierung der Feuchteaufnahme kann das Kriechverhalten vermindert werden.

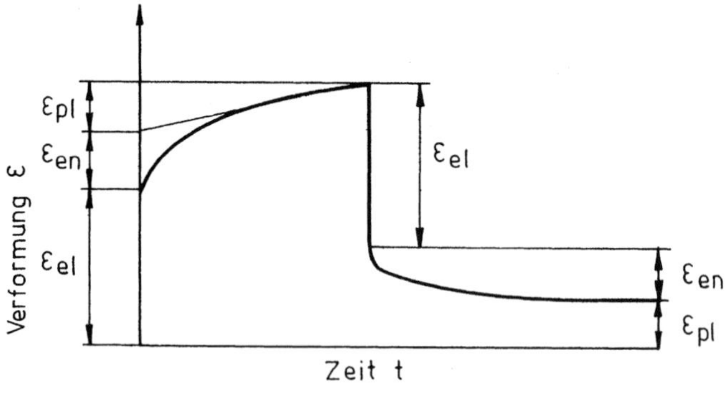

ε_{el} quasi-elastische Verformung
ε_{en} verzögerte elastische Verformung
ε_{pl} plastische Verformung

Abb. 3.28. Komponenten der Kriechverformung

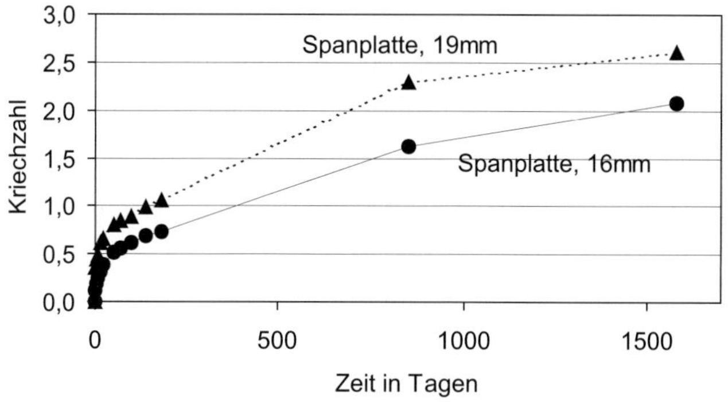

Abb. 3.29. Kriechverformung von Spanplatten im natürlichen Wechselklima (im Freien unter Dach) als Funktion der Zeit

Tabelle 3.7. Kriechzahlen von Holzwerkstoffen im Normalklima (20 °C/50 % rel. Luftfeuchte), zusammengestellt von Niemz

Werkstoff		Kriechzahl
Vollholz	in Faserrichtung	0,1 – 0,3
	Senkrecht zur Faserrichtung	0,8 – 1,3–1,6
Spanplatten		0,4 – 0,6
MDF		0,4 – 0,6
Hartfaserplatten		0,5 – 0,7
Massivholzplatte (einschichtig)		0,20
Massivholzplatte (dreischichtig)		0,25 – 0,30
Sperrholz		0,3 – 0,5

Tabelle 3.8. Korrekturfaktoren für den Klimaeinfluss auf die Kriechverformung (bezogen auf 20 °C/50 % r. L.)

Klima	Vollholz	Spanplatte	Massivholzplatte
Konstantklima	Korrekturfaktor		
50 % r. L.	1	1	1
60 % r. L.	1,2 – 1,3	1,4 – 1,5	k. A.[a]
70 % r. L.	1,4 – 1,5	2,0 – 2,5	k. A.
80 % r. L.	1,8 – 2,0	3,0 – 4,0	k. A.
Natürliches Wechselklima			
Freibewitterung	3,0 – 4,0	4,0 – 10,0	4,0 – 10,0
im geschlossenen Raum	1,4 – 1,6	2,0 – 3,0	2,0 – 2,5

[a] k. A.: keine Angaben, Schätzwert etwa Mittelwert zwischen Spanplatte und Vollholz.

Spannungsrelaxation

Wird eine Probe konstant verformt, so sinkt die zur Aufrechterhaltung der Verformung erforderliche Spannung mit zunehmender Zeit ab. Man spricht dabei von Spannungsrelaxation.

Spannungsrelaxation tritt z.B. bei vorgespannten Holzkonstruktionen wie Brücken auf, sie liegt etwa in der Größenordnung der Kriechverformung.

Abbildung 3.30 zeigt einen Versuchsaufbau zur Bestimmung der Spannungsrelaxation nach Popper, Gehri und Eberle (1999).

Abbildung 3.31 zeigt die Spannungsrelaxation bei Druckbelastung im Wechselklima. In der Trocknungsphase sinkt die Spannung (hervorgerufen durch das Schwinden), in der Befeuchtungsphase steigt sie. Mit steigender Zyklenanzahl sinkt die Spannung deutlich ab. Zwischen Konstant- und Wechselklima bestehen deutliche Unterschiede (Abb. 3.32). Die Spannung reduziert sich bei vorgespanntem Brettschichtholz nach 70 Tagen wie folgt (Popper, Gehri und Eberle 1999):

- im Normalklima bei 65% r.L. um 10%
- im Konstantklima bei 88% r.L. um 48%
- bei Befeuchtung von 65% auf 88% r.L. um 25%
- bei Trocknung von 88% auf 65% r.L. um –60%

Die Verbindungen müssen also kontrolliert nachgespannt werden; häufig werden die Vorspannelemente eingeklebt (Popper, Gehri und Eberle 1998). Dabei zeigte sich, dass z.B. beim Einleimen von Buchenholz mit 0,5 N/mm² Vorspannung in Brettschichtholz mindestens ein Bewehrungsfaktor von 0,4% (Volumen des eingeklebten Vorspannelementes zum Volumen des zu bewehrenden Holzes (ohne Bohrung) erforderlich ist. Die durch die Armierung erreichbare Dimensionsstabilisierung betrug etwa 83%.

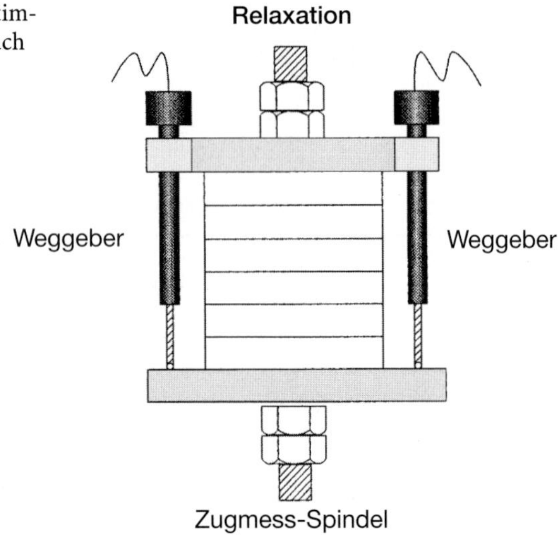

Abb. 3.30. Versuchsaufbau zur Bestimmung der Spannungsrelaxation nach Popper, Gehri und Eberle (1999)

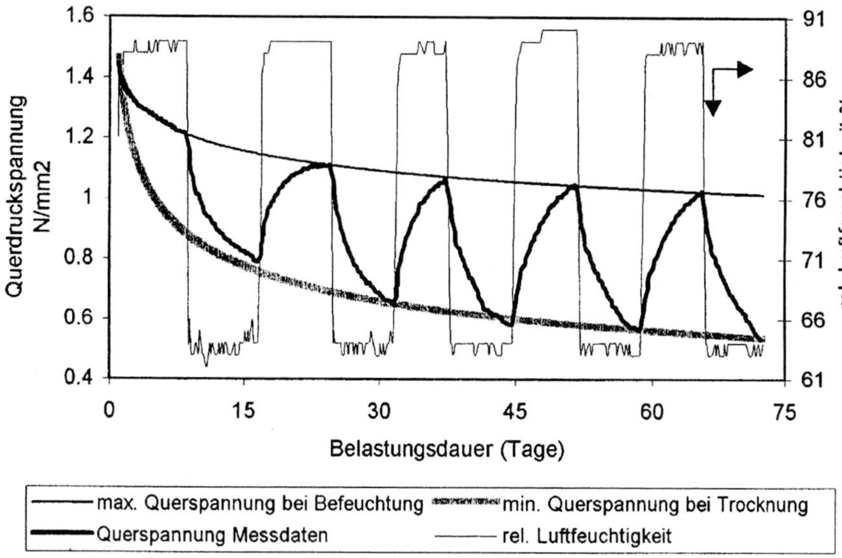

Abb. 3.31. Spannungs- und Feuchteverlauf in Abhängigkeit von der Zeit bei Brettschichtholz nach Popper, Gehri und Eberle (1999)

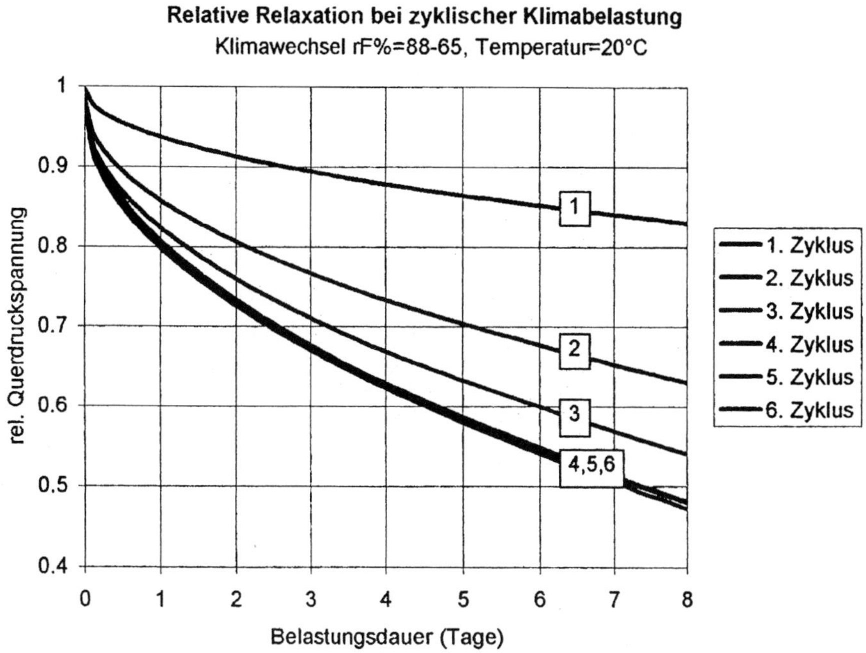

Abb. 3.32. Relaxation von Brettschichtholz bei konstanter und zyklischer Klimabeanspruchung nach Popper, Gehri und Eberle (1999)

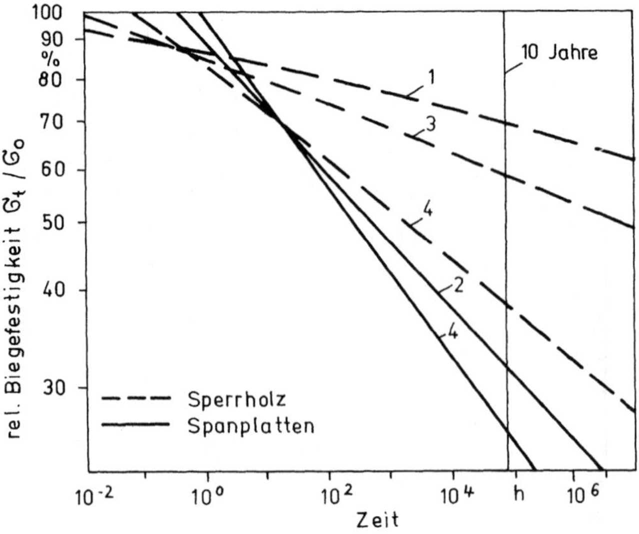

1 30%/20°C *3* 80%/20°C bis 30%/20°C (Wechselklima)
2 65%/20°C *4* 80%/20°C

Abb. 3.33. Dauerstandfestigkeit von Holz nach Steller und Lexa (1987)

Dauerstandfestigkeit
Die Dauerstandfestigkeit ist die Spannung, mit der ein Werkstoff bei unendlich langer Belastungsdauer gerade noch belastet werden kann ohne zu brechen. Auch hier wirken die gleichen Einflussgrößen, die bereits für das Kriechen und die Relaxation beschrieben wurden. Die Dauerstandfestigkeit liegt im Normalklima bei ca. 60% der Kurzzeitfestigkeit (Abb. 3.33).

Rheologische Modelle
Zur Beschreibung des rheologischen Verhaltens werden oft rheologische Ersatzmodelle verwendet. Diese bestehen aus elastischen (Federn) und viskosen Elementen (zähes Fließen in einem Dämpfer), die in verschiedenen Kombinationen zusammengeschaltet werden. Häufig wird das Burgers-Modell verwendet. Abbildung 3.34 zeigt ein solches für Holz nach Bodig und Jayne (1993).

3.3.5 Festigkeitseigenschaften

Die Festigkeit ist die Grenzspannung, bei welcher ein Prüfkörper unter Belastung bricht. Es wird nach der Geschwindigkeit des Lasteintrages unterschieden zwischen:

- statischer Festigkeit (langsamer Kraftanstieg bis zum Bruch)
- dynamischer Festigkeit (schlagartige Krafteinwirkung oder wechselnde Belastung)

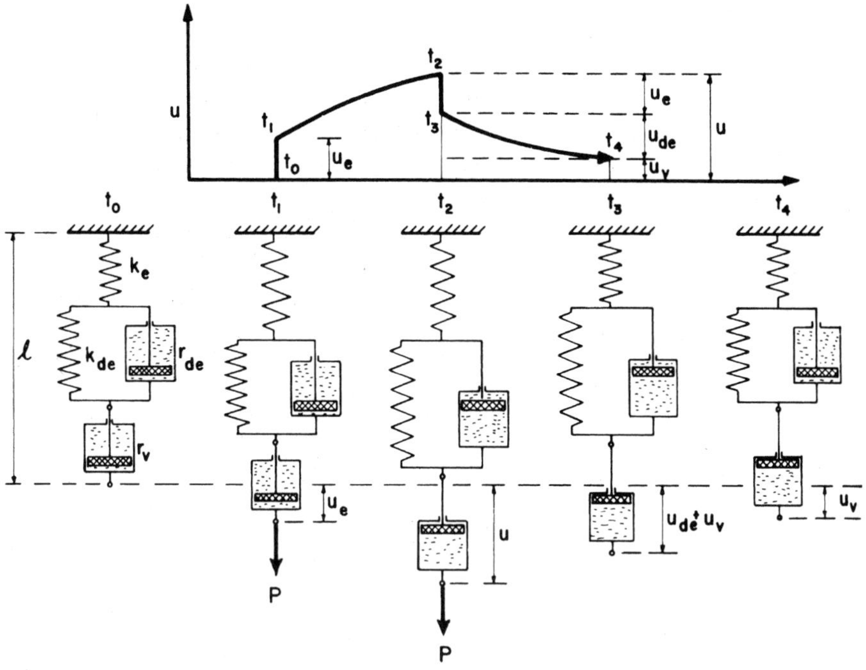

Abb. 3.34. Burgers-Modell für das viskoelastische Verhalten von Holz nach Bodig und Jayne (1993)

Nach Richtung der Krafteinleitung wird ferner unterteilt in

- Zugfestigkeit
- Druckfestigkeit
- Biegefestigkeit
- Scherfestigkeit
- Spaltfestigkeit
- Torsionsfestigkeit
- Haltevermögen von Verbindungsmitteln (Schrauben, Nägel, etc.)

Da Holzwerkstoffe eine erhebliche Streuung der Eigenschaften aufweisen, wird in der Praxis mit Sicherheitszugaben gearbeitet. Im Bauwesen wird meist die so genannte 5% Fraktile (oder charakteristischer Wert) verwendet (Abb. 3.35). Unter Voraussetzung einer Normalverteilung berechnen sich diese folgendermaßen:

- unteres 5%-Quantil:

$$Lq_{5\%} = x - s \cdot t \qquad (3.14)$$

- oberes 5%-Quantil:

$$Lq_{5\%} = x + s \cdot t \qquad (3.15)$$

s Standardabweichung
t Wert der t-Verteilung (DIN EN 326-1), dabei muss die Anzahl der Messwerte, die Irrtumswahrscheinlichkeit (im Allgemeinen 5%) und die Aussagewahrscheinlichkeit (im Allgemeinen 95%) berücksichtigt werden.
Angaben zur Berechnung charakteristischer Kennwerte für Holzwerkstoffe enthält DIN EN 1058.

Die Holzeigenschaften (für Bauholz) sind wie folgt verteilt:

Tabelle 3.9. Verteilungsmodelle zur Beschreibung der Holzeigenschaften (Steiger 1996)

Merkmal	Verteilungsmodell
Holzfeuchte	Normalverteilung
Dichte	Normalverteilung
E-Modul	Normalverteilung
Schallgeschwindigkeit	Normalverteilung
Festigkeit	Log-Normalverteilung (2-parametrisch)
Volumeneinfluss	Weibull-Verteilung

Für den Variationskoeffizienten der Eigenschaften gelten bei Zugbelastung folgende Richtwerte (Niemz 1993):

- fehlerfreies Holz 20%
- visuell sortiertes Holz 40%
- Sperrholz 18%
- Spanplatte (OSB) 12%
- MDF 8%

Der erforderliche Stichprobenumfang für wissenschaftliche Untersuchungen berechnet sich zu:

$$n_{\min} = \frac{v^2 \cdot t^2}{p_\mu^2} \tag{3.16}$$

$n_{\min}$ Mindestanzahl der Prüfkörper
v Variationskoeffizient
t errechneter Kennwert für den Vergleich mit der t-Verteilung; für statistische Sicherheit (S = 95%) gilt $t = 2$
p_μ relativer Vertrauensbereich des Mittelwertes in %

Die zulässigen Spannungen werden aus den charakteristischen Werten (5%-Fraktile) berechnet. Dabei werden die charakteristischen Werte durch einen Sicherheitsbeiwert γ abgemindert. Für diesen gilt (IHD-Holzwerkstoff-Kolloquium 1999)

- für Massivholzplatten $\gamma = 2{,}5$
- für etablierte Holzwerkstoffe $\gamma = 2{,}0$
- für neuartige Werkstoffe $\gamma = 5$

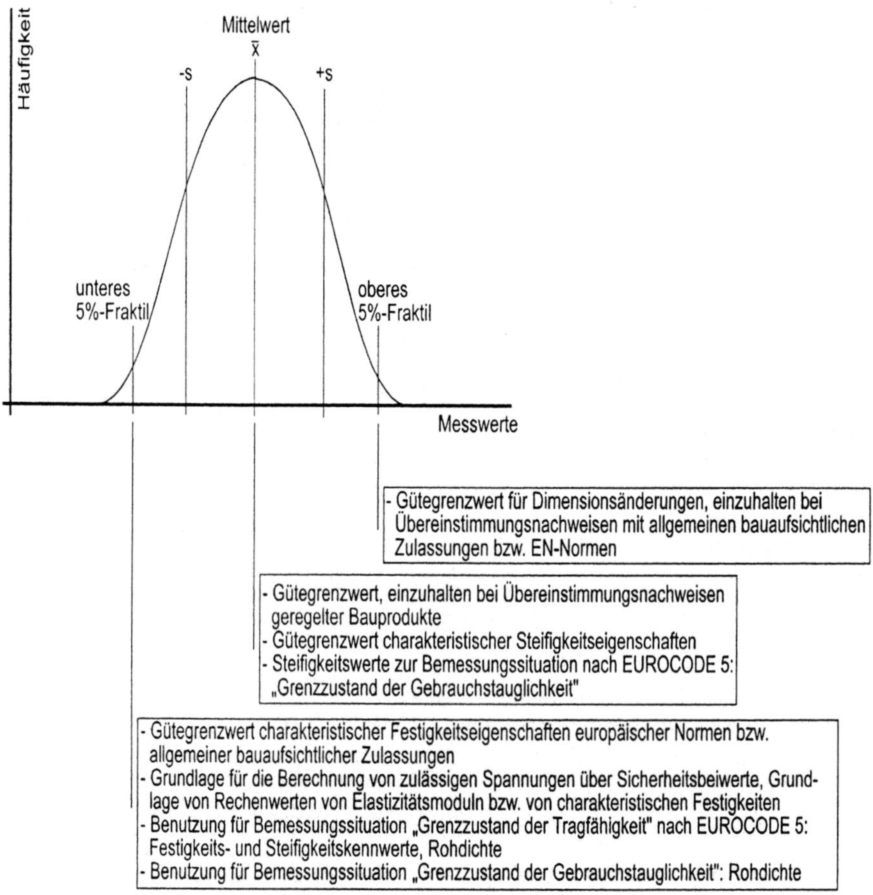

Abb. 3.35. Mittelwerte und 5% Fraktile (Tobisch in IHD-Holzwerkstoff-Kolloquium 1999)

3.3.5.1
Zugfestigkeit

Die Zugfestigkeit berechnet sich nach Gl. (3.17) zu:

$$\sigma_{zB} = \frac{F_{max}}{A} \tag{3.17}$$

F_{max} Bruchkraft
A Querschnittsfläche der Probe (Länge · Breite)
σ_{zB} Zugfestigkeit in N/mm²

Bei Holzwerkstoffen wird die Zugfestigkeit in (z.B. ASTM D 1037-72a, DIN 52377 für Sperrholz, Abb. 3.36a) und insbesondere senkrecht zur Plattenebene (z.B. bei Spanplatten, MDF, Abb. 3.36b) geprüft. Bei Prüfung der Zugfestig-

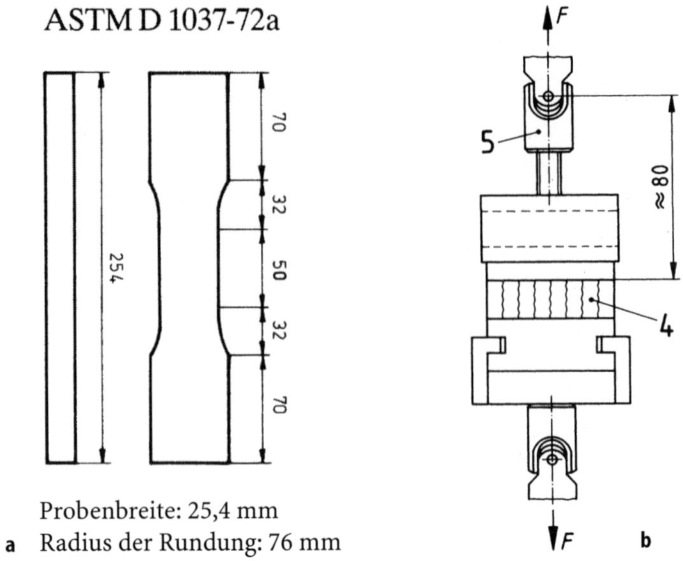

Abb. 3.36 a, b. Prüfkörper zur Ermittlung der Zugfestigkeit (Niemz 1993). **a** in Plattenebene, **b** senkrecht zur Plattenebene. 4 – Prüfkörper, 5 – kardanische Aufhängung

keit in Plattenebene sind so genannte Schulterstäbe (mit Verjüngung, d. h. Sollbruchstelle in Probenmitte) zu verwenden (Abb. 3.36 a).

Die Zugfestigkeit senkrecht zur Plattenebene wird bei Span- und Faserplatten durch Verleimung der Probe zwischen 2 Klötzen geprüft (z. B. DIN 52365, Abb. 3.36 b). Zur Prüfung feuchtebeständiger Verklebungen (V100) wird die Querzugfestigkeit nach Lagerung im kochenden Wasser geprüft (DIN 68763). Dazu werden die mit zwei Jochen (z. B. Holz, Aluminium) verklebten Proben 20 bei ± 5 °C in Wasser gelagert, das in 1 – 2 Stunden auf 100 °C erhitzt wird. Danach erfolgt die eigentliche 2stündige Lagerung im kochenden Wasser. Dann werden die Proben in Wasser bei 20 ± 5 °C eine Stunde angekühlt und anschließend im feuchten Zustand geprüft.

Die Zugfestigkeit wird, bedingt durch die Anisotropie der Eigenschaften des Vollholzes, wesentlich durch die Orientierung der Strukturelemente beeinflusst. Sind diese in Belastungsrichtung orientiert (z. B. bei Furnierschichtholz in Richtung der Lagen, bei OSB in Orientierungsrichtung der Späne), wird eine deutlich höhere Festigkeit erreicht als senkrecht dazu. Senkrecht zur Plattenebene ist die Festigkeit deutlich geringer als parallel dazu. Schulte (1997) ermittelte für Spanplatten einen Wert von 0,44 – 0,68 N/mm^2, bei MDF von 0,47-0,99 N/mm^2.

Die Querzugfestigkeit korreliert straff mit der Scherfestigkeit parallel zur Plattenebene.

3.3.5.2
Druckfestigkeit

Die Druckfestigkeit (σ_{dB}) berechnet sich analog Gl. (3.17). Bei Druckbelastung ist zwischen der Belastung in und senkrecht zur Plattenebene (Pressrichtung) zu unterscheiden. Bei Druck senkrecht zur Plattenebene wird meist die Spannung bei einer bestimmten Verdichtung/Zusammendrückung (z.B. 5%) geprüft, da sich Holzwerkstoffe und Holz stark zusammendrücken lassen und kein eigentlicher Bruch entsteht (Abb. 3.37, Abb. 3.38).

Die Druckfestigkeit senkrecht zur Plattenebene liegt bei Werkstoffen auf Partikelbasis (Spanplatte, MDF, Parallam) über der von Vollholz (insbesondere Nadelholz). Die Ursache liegt in der höheren Rohdichte der Holzwerkstoffe im Vergleich zum Nadelholz. Bei pressvergütetem Sperrholz können extrem hohe Druckfestigkeiten erreicht werden. Parallam wird im Holzbau teilweise zur Übertragung von Druckkräften senkrecht zur Faser verwendet, da die Druckfestigkeit bei Vollholz sehr gering ist. Bei der Beschichtung von Spanplatten mit Kunstharzlaminaten kommt es durch die geringe Druckfestigkeit zu Dickenänderungen. Auch bei Faserdämmplatten ist eine Mindestdruckfestigkeit aus verarbeitungstechnischer Sicht erforderlich.

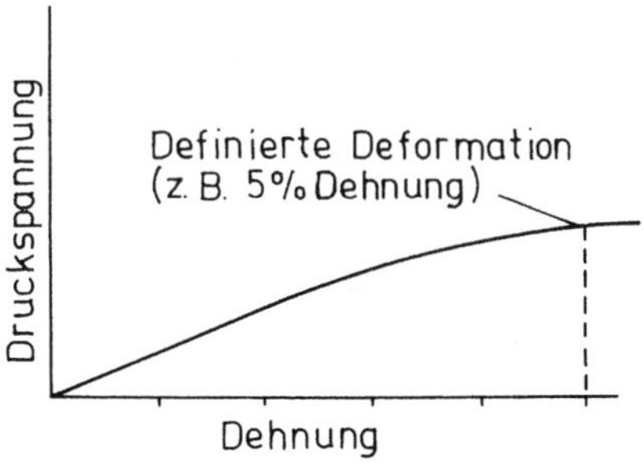

Abb. 3.37. Spannungs-Dehnungs-Diagramm bei Druck senkrecht zur Plattenebene

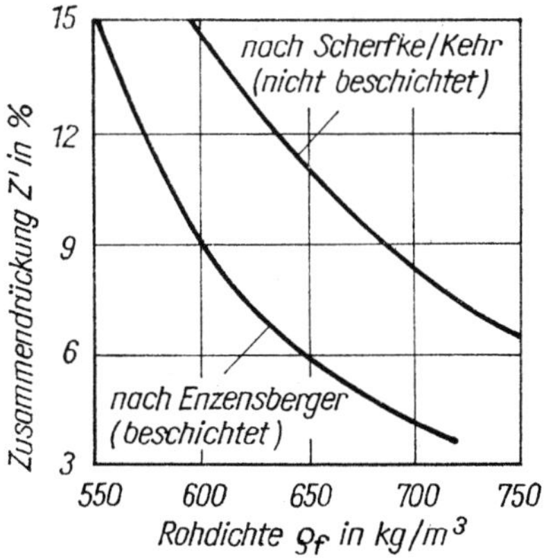

Abb. 3.38. Zusammendrückung einer Spanplatte bei der Beschichtung in Abhängigkeit der Rohdichte (konstanter Pressdruck) (Autorenkollektiv 1990)

3.3.5.3
Biegefestigkeit

Die Biegefestigkeit berechnet sich nach Gl. (3.18) zu:

$$\sigma_{bB} = \frac{M_b}{W_b} \tag{3.18}$$

M_b Biegemoment
W_b Widerstandsmoment
σ_{bB} Biegefestigkeit in N/mm²

Die gebräuchlichsten Belastungsfälle sind der Dreipunkt-Versuch (Träger auf 2 Stützen mit mittiger Einzellast) und der Vierpunkt-Versuch (Träger auf 2 Stützen und Krafteinleitung über 2 Kräfte, Abb. 3.39a). Bei Biegung treten Zug- und Druckspannungen in den Randzonen auf. Je nach Belastungsfall

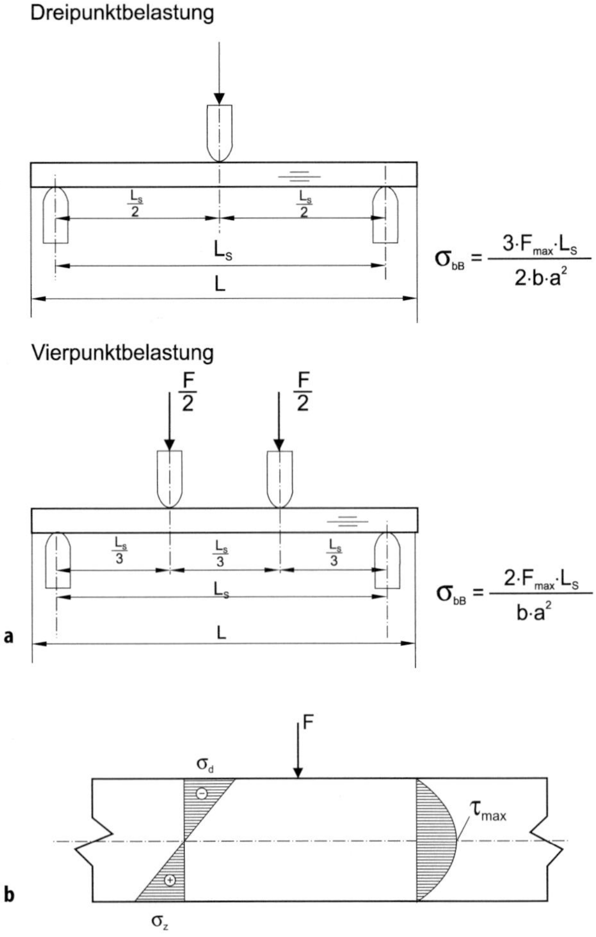

Abb. 3.39 a, b. Biegung im Drei- und Vierpunkt-Biegeversuch. **a** Belastungsschema, **b** Normal- und Schubspannungsverteilung über der Probendicke (im Bereich der Querkräfte, z. B. in Plattenmitte bei Dreipunktbiegung)
τ – Schubspannung
σ_z – Zug-, σ_d – Druckspannung

sind bei Vorhandensein von Querkräften Schubspannungen vorhanden, die in der neutralen Faser das Maximum erreichen (Abb. 3.39b).

Bei der Vierpunktbelastung ist der mittlere Bereich zwischen den beiden Kräften schubspannungsfrei. Schubspannungen treten dort nur in den Randbereichen zwischen Auflager und Krafteintrag auf. Daher kann bei Vierpunktbelastung unter Zugrundelegung der Durchbiegung im schubspannungsfreien Bereich ein *E*-Modul bei reiner Biegung ermittelt werden.

Bei Dreipunktbelastung ist das Ergebnis dagegen durch die auftretenden Querkräfte immer vom Schubeinfluss überlagert. Der Biege-*E*-Modul ist also in diesem Falle vom Verhältnis Stützweite/Dicke abhängig. Da bei Holzpartikelwerkstoffen (Spanplatten, MDF) die Druckfestigkeit größer oder gleich der Zugfestigkeit ist, kommt es hier nicht zu einer Verschiebung der Spannungs-Nulllinie wie bei Vollholz (s. Abb. 3.40).

Bei Holzpartikelwerkstoffen kommt es beim Bruch zu plastischen Verformungen (Verschiebung der Partikel, Niemz 1993). Beim Bruch selbst kann von einem ideal plastischen Verhalten ausgegangen werden. Erste Brucherscheinungen sind bereits bei einem Belastungsgrad von 20% der Bruchlast nachweisbar (Niemz 1993). Bei Spanplatten ist die Biegefestigkeit deutlich höher als die Zug- und Druckfestigkeit.

Folgende Verhältnisse wurden ermittelt:

- Biegefestigkeit: Zugfestigkeit in Plattenebene = 1,7 – 2,0 : 1
- Biegefestigkeit: Druckfestigkeit in Plattenebene = 1,3 – 1,5 : 1

Bei durch Schichten aufgebauten Holzwerkstoffen wie LVL, Sperrholz und Massivholzplatten kommt es durch die stark unterschiedlichen Schichteigen-

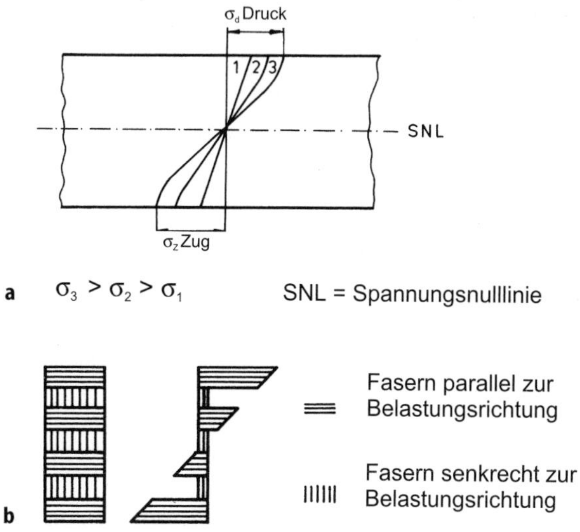

Abb. 3.40 a, b. Spannungsverteilung über der Plattendicke bei Biegung von Holzwerkstoffen. **a** bei Spanplatten, **b** bei geschichteten Holzwerkstoffen (Lagenhölzer, Massivholzplatten)

a

b

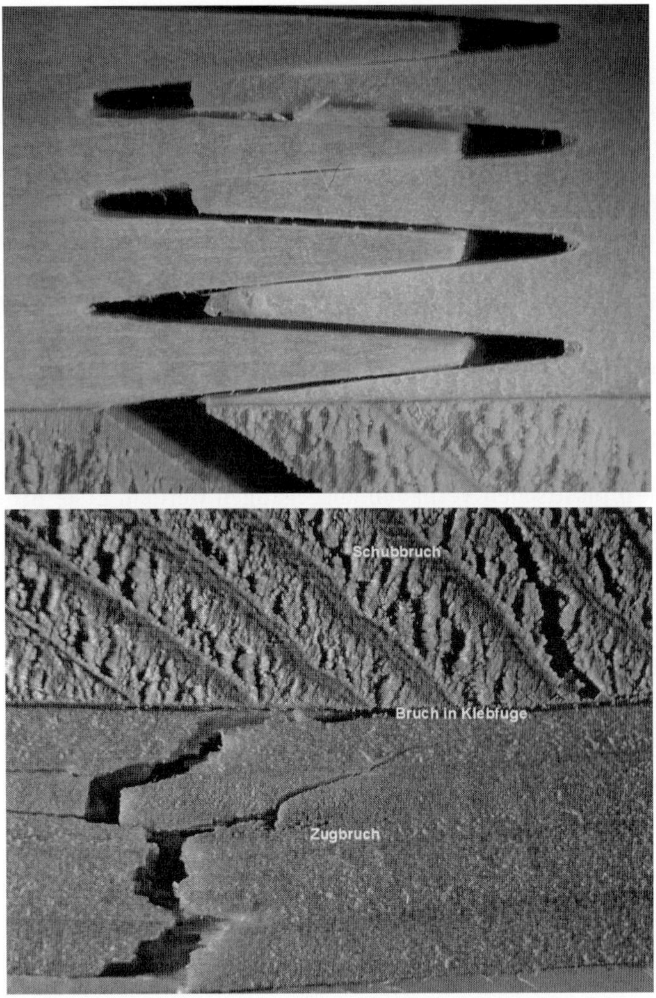

Abb. 3.41 a, b. Typische Bruchbilder bei einer Massivholzplatte. **a** Zugbruch in Keilzinken, **b** Zugbruch im Holz der Zugzone und Schubbruch der Mittellage entlang der Grenze Frühholz/Spätholz

schaften parallel und senkrecht zur Faser zu der in Abb. 3.40 b dargestellten Spannungsverteilung.

Bei Massivholzplatten und LVL kann es in den senkrecht zur Faserrichtung belasteten Lagen zum Schubbruch (rolling shear) kommen (vergl. Abb. 3.22 a, b).

Der Anteil der Schubverfomung steigt bei Reduzierung der Stützweite. Ebenso kommt es teilweise zum Zugbruch der Keilzinkenverbindung oder des Holzes (Abb. 3.41 a, b).

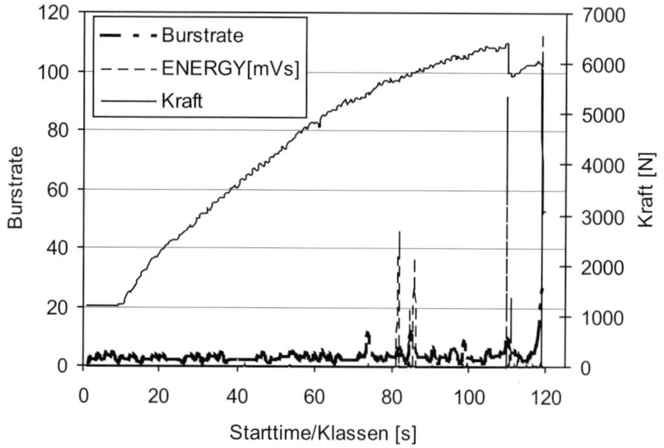

Abb. 3.42. Spannungs-Dehnungsdiagramm einer Massivholzplatte und zugeordnete Schallemissionssignale

Im Biegeversuch ist im Spannungs-Dehnungsdiagramm auch deutlich der Bruch der Lagen zu erkennen (Abb. 3.42). Der Bruch der Lagen kann durch Schallemissionsanalyse erfasst werden.

Auch bei Spanplatten und MDF kommt es teilweise zum Schubbruch, wenn die Querzugfestigkeit/Scherfestigkeit zu gering ist.

Bei geschichteten Holzwerkstoffen (Lagenhölzer, Massivholzplatten) werden *E*-Modul und Biegefestigkeit maßgeblich durch den *E*-Modul und die Festigkeit der Decklagen beeinflusst. Der Bruch tritt häufig (insbesondere bei kleinen Stützweiten und relativ schubweicher Mittellage) durch Schubbruch auf (z. B. bei Massivholzplatten).

Tabelle 3.10. Festigkeitseigenschaften ausgewählter Holzwerkstoffe

	Spanplatte	MDF	Kunstharzvergütetes Presslagenholz	Sperrholz	Vollholz (Fichte)	Massivholzplatte
Rohdichte in kg/m³	700	750	1360–1370	500–600	450	450
Zugfestigkeit in N/mm²	8–10	22,8	130–210	30–60	80	28,2[a]
Druckfestigkeit in Plattenebene in N/mm²	8–16	23,3	150–320	20–40	40	25,6
Biegefestigkeit in N/mm²	15–25	34,5	170–260	30–60	68	30–50[b]

[a] JHD-Testreport No. 13081, Dresden 1999; Plattendicke kleiner 20 mm, Decklagen parallel.
[b] Messungen ETH Zürich, Biegung senkrecht zur Plattenebene, Decklagen parallel.

3.3.5.4
Scherfestigkeit

Die Scherfestigkeit ist der Widerstand, den ein Körper einer Verschiebung zweier aneinander liegender Flächen entgegensetzt. Bei Scherbelastung wirken zwei gegenläufig angreifende Kräftepaare (Abb. 3.43). Die Scherfestigkeit parallel zur Plattenebene korreliert mit der Querzugfestigkeit. Schulte (1997) z.B. ermittelte für Spanplatten und MDF eine Scherfestigkeit von 1,13–3,91 N/mm^2. Der Mittelwert aller geprüften Möbelspanplatten lag bei 1,63 N/mm^2, bei MDF bei 2,5 N/mm^2. Die Bruchposition lag bei Spanplatten zwischen 10–90%, bei MDF zwischen 15–85% der Plattendicke.

Die Scherfestigkeit berechnet sich nach Gl. 3.19 zu:

$$\sigma_{\text{scher}} = \frac{F_{\max}}{a \cdot b} \tag{3.19}$$

σ_{scher} Scherfestigkeit in N/mm^2
$F_{\max}$ Bruchlast
a, b Querschnittsabmessungen

Die Scherfestigkeit korreliert mit dem Schubmodul parallel zur Plattenebene, ebenso wie die Zugfestigkeit senkrecht zur Plattenebene (Abb. 3.44).

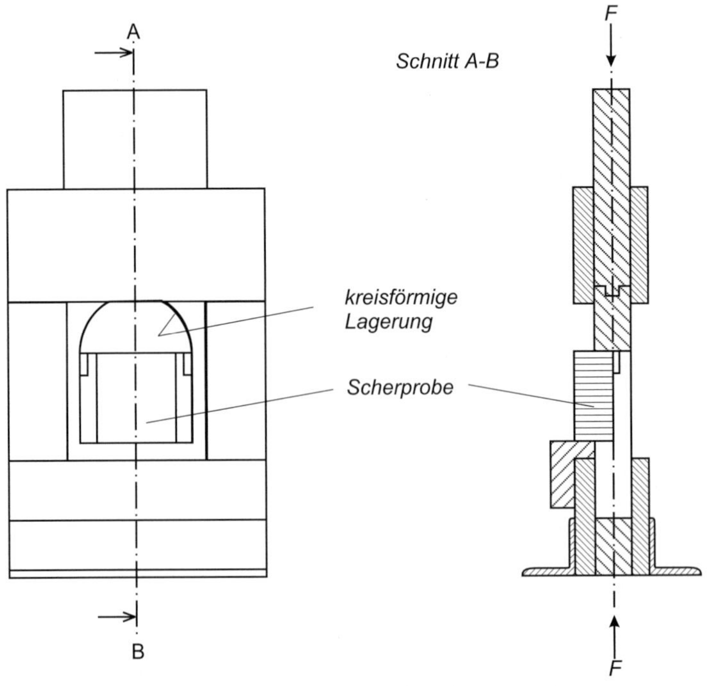

Abb. 3.43. Prinzip zur Bestimmung der Scherfestigkeit (DIN 52367)

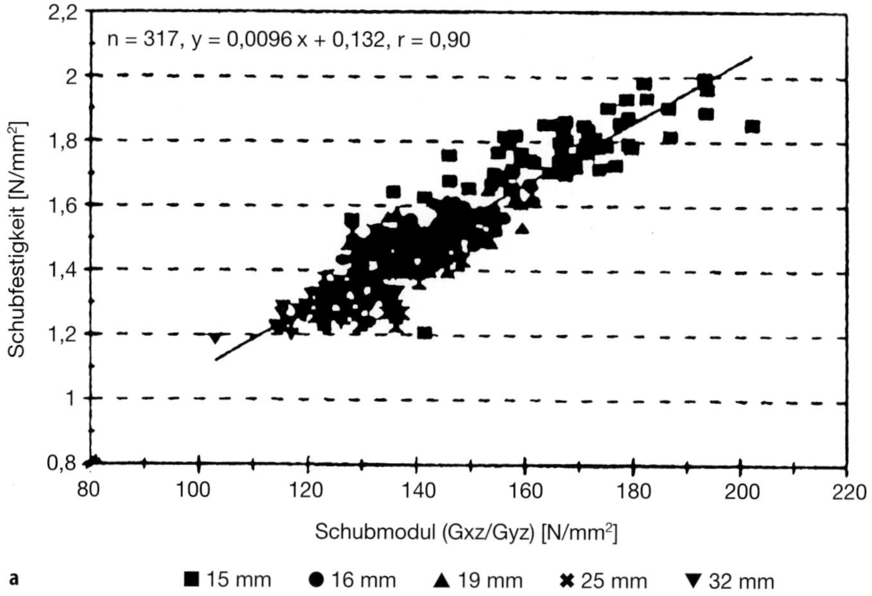

a

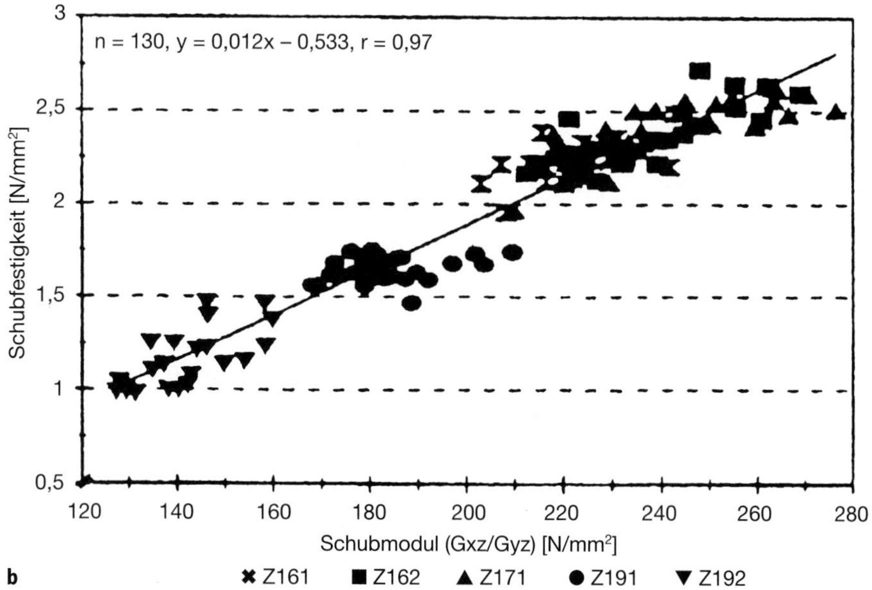

b

Abb. 3.44. Korrelation zwischen Scherfestigkeit und Schubmodul von Spanplatten **a** und MDF **b** nach Schulte (1997)

Tabelle 3.11. Schraubenausziehwiderstand von Spanplatten und MDF (Autorenkollektiv, Lexikon der Holztechnik 1990)

Material	Ausziehwiderstand[a] in N/mm	
	Parallel zur Plattenebene	Senkrecht zur Plattenebene
Spanplatte, 650 – 700 kg/m³	50 – 80	35 – 60
MDF, 730 – 780 kg/m³	5 – 85	40 – 70

[a] Holzschrauben, Form B (Spanplattenschraube) 4×40 mm, vorgebohrt mit 0,8×Durchmesser der Schraube.

3.3.5.5
Ausziehwiderstand von Nägeln und Schrauben

Der Schrauben- bzw. Nagelausziehwiderstand ist die Kraft, die zum Herausziehen einer Schraube oder eines Nagels aus dem Holz unter definierten Bedingungen (Vorbohren, Einschraub- oder Einschlagtiefe) erforderlich ist. Wichtige Einflussgrößen sind u.a. die Rohdichte, das Rohdichteprofil senkrecht zur Plattenebene und die Verbindungsmittelart. Der Schraubenausziehwiderstand korreliert mit der Querzugfestigkeit bei Spanplatten und MDF.

Zur Veranschaulichung sind in Tabelle 3.11 ausgewählte Richtwerte aufgeführt. Im Holzbau werden oft Spezialschrauben mit hoher Tragfähigkeit eingesetzt.

3.3.5.6
Härte

Die Härte ist der Widerstand, den Holz dem Eindringen eines härteren Materials entgegensetzt.

Die am häufigsten benutzte Methode ist die Prüfung nach Brinell. Dabei wird eine Stahlkugel (z.B. 2,5 oder 10 mm Durchmesser) mit einer materialabhängigen, konstanten Kraft belastet und der Durchmesser des Kugeleindruckes nach Entlastung bestimmt. Moderne Messverfahren erlauben es, durch Messung der Kraft und der Eindringtiefe die Brinellhärte zu berechnen (Stübi und Niemz 2000).

Die Härte berechnet sich wie folgt:

- unter Verwendung des Durchmessers des Eindruckes

$$HB = \frac{2F}{\pi \cdot D(D - \sqrt{D^2 - d^2})} \tag{3.20}$$

- unter Verwendung der Eindrucktiefe

$$HB = \frac{F}{D \cdot \pi \cdot h} \tag{3.21}$$

HB Härte nach Brinell (N/mm²)
F Kraft (N)
D Kugeldurchmesser (mm)
d Kalottendurchmesser (mm)
h Eindringtiefe (mm)

Bei Holzwerkstoffen beeinflusst auch das Rohdichteprofil senkrecht zur Plattenebene die gemessene Härte. Tabellen 3.12 und 3.13 zeigen einige Größenordnungen bezüglich Brinellhärte.

Tabelle 3.12. Einfluss der Holzfeuchte auf die Brinellhärte bei 500 N Belastung (Stübi und Niemz 2000)

Spanplatte 19 mm (HF-gebunden)		Spanplatte 16 mm (PF-gebunden)		Massivholzplatte (Fichte) 25 mm	
Feuchte in %	Brinellhärte in N/mm^2	Feuchte in %	Brinellhärte in N/mm^2	Feuchte in %	Brinellhärte in N/mm^2
0	45,6 v = 18,0 %	0	85,1 v = 17,4 %	0	19,4 v = 31,6 %
7,7	33,5 v = 14,6 %			8,8	14.6 v = 23,2 %
8,2	44,0 v = 18,9 %	9,4	38,5 v = 24,4 %	10,5	15,6 v = 24,4 %
12,7	24,6 v = 12,2 %	16,3	26,7 v = 14,2 %	16,9	12,5 v = 16,8 %
17,45	18,0 v = 17,2 %	27,5	19,7 v = 15,8 %	24,12	10,4 v = 14,4 %

v: Variationskoeffizient.

Tabelle 3.13. Brinellhärte von HDF-Platten und Laminatböden (Sonderegger und Niemz 2001)

Material	Plattendicke in mm	Rohdichte in kg/m^3	H_B in N/mm^2 bei $F_p = 500$ N	H_B in N/mm^2 bei $F_p = 750$ N	H_B in N/mm^2 bei $F_p = 1000$ N
HDF unbeschichtet (Nadelholz)	6,5	821...836...857 v = 1,2 %	34,8...48,9...63,7 v = 12,1 %	38,4...47,4...59,3 v = 10,4 %	37,1...47,8...65,6 v = 10,1 %
HDF unbeschichtet (Nadelholz)	7,5	802...821...835 v = 1,3 %	37,9...49,0...67,3 v = 13,2 %	36,9...47,2...60,2 v = 11,0 %	35,6...46,3...56,1 v = 8,4 %
MDF unbeschichtet (Buche)	18	780...800...807 v = 1,0 %	50,8...62,6...74,3 v = 8,7 %	50,1...61,5...76,0 v = 8,8 %	51,9...60,7...75,5 v = 8,5 %
HDF laminiert (glatt)	7	901...917...927 v = 0,9 %	51,5...71,3...98,4 v = 12,8 %	53,1...69,2...96,5 v = 12,4 %	52,2...67,6...86,8 v = 10,7 %
Spanplatte laminiert	7	851...857...872 v = 0,8 %	32,3...40,3...51,0 v = 9,2 %	29,2...36,0...43,6 v = 8,4 %	30,9...35,0...39,5 v = 6,0 %

F_p: Prüfkraft.

3.3.5.7
Sonstige Eigenschaften

Schlagzähigkeit
Die Schlagzähigkeit ist der Widerstand gegenüber einer schlagartigen Belastung mittels Pendelschlagwerk. Sie wird bei Holzwerkstoffen wenig geprüft.

Niemz (1993) gibt folgende Werte an (Tabelle 3.14):

Tabelle 3.14. Bruchschlagzähigkeit von Holz und Holzwerkstoffen

Material	Schlagzähigkeit in J/cm^2
Fichte	4,0 – 5,0 [a]
Spanplatte	0,41
MDF	1,63
Sperrholz (fünflagig)	2,07
Verleimte Hartfaserplatte (25 mm dick)	2,4 – 2,9
Massivholzplatte (dreischichtig 9/9/9 mm; Decklagen parallel)	2,7 – 2,8

[a] Sell 1989.

Reibungsbeiwerte
Der Koeffizient der Haftreibung beträgt für

- MDF auf MDF 0,52
- Spanplatte auf Spanplatte 0,58
- Sperrholz auf Sperrholz 0,19

Bruchzähigkeit (K_{IC})/Bruchenergie
Im Rahmen der Einführung neuer Berechnungsmethoden für die Dimensionierung von Holzkonstruktionen gewinnt die Bruchzähigkeit auch in der Holzforschung zunehmend an Bedeutung.

Gegenstand der Bruchmechanik ist die Entwicklung analytischer Modelle des Bruchvorganges sowie von Kenngrößen und Prüfmethoden zur bruchsicheren Gestaltung von Werkstoffen und Bauteilen. Unter der Bruchzähigkeit versteht man den kritischen Spannungsintensitätsfaktor K_{IC}, bei dem Gewaltbruch eintritt. Der Wert von K_{IC} gibt Aufschluss 'darüber, welchen Widerstand ein Material der Ausbreitung eines Risses entgegensetzt. Neben der Bruchzähigkeit wird häufig die Bruchenergie geprüft. Abbildung 3.45 zeigt eine mögliche Probenform (CT-Probe nach

Abb. 3.45. CT-Probe zur Bestimmung der Bruchzähigkeit

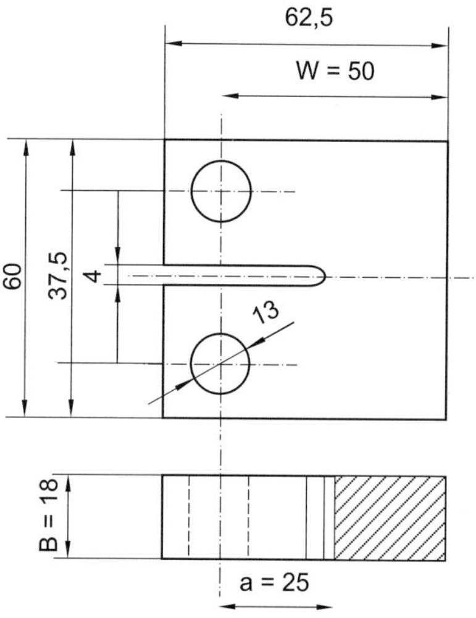

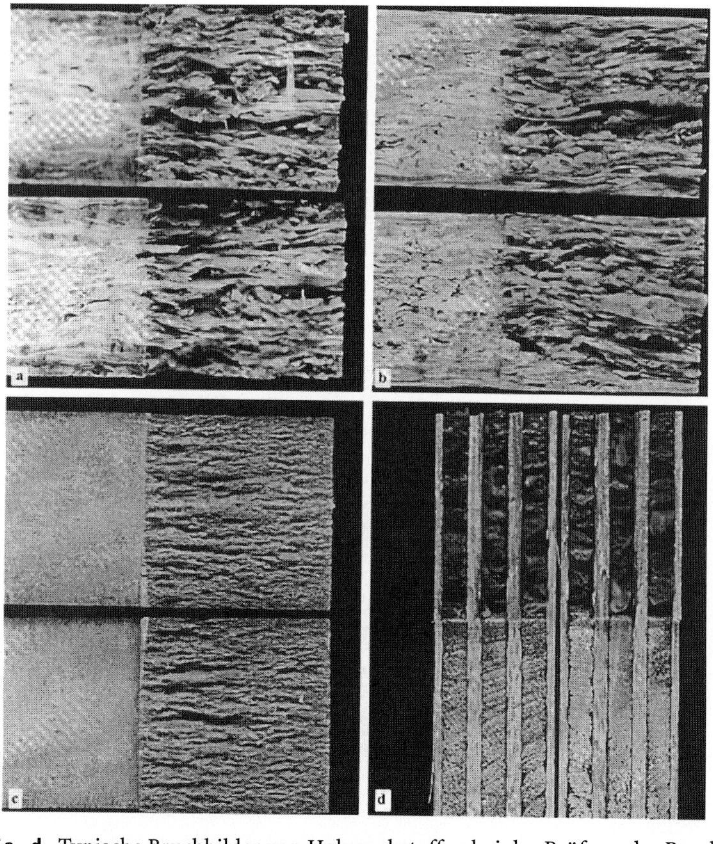

Abb. 3.46 a–d. Typische Bruchbilder von Holzwerkstoffen bei der Prüfung der Bruchzähigkeit, **a** OSB, **b** Spanplatte, **c** MDF, **d** Sperrholz

ASTM E 399), Abb. 3.46 typische Bruchbilder, Tabelle 3.15 ausgewählte Kennwerte.

$$K = \frac{P}{B \cdot \sqrt{W}} \cdot Y$$

$$K = \sigma \cdot \sqrt{a} \cdot f\left(\frac{a}{W}\right) \tag{3.22}$$

K Spannungsintensität (MPa $\cdot \sqrt{m}$)
σ Spannung (MPa)
a Risslänge (mm)
P Kraft (N)
B Dicke (mm)
W Probenweite (mm)
Y Geometriefaktor ($Y = f(a/W)$)

Tabelle 3.15. Bruchzähigkeit K_{IC} verschiedener Holzwerkstoffe (zusammengestellt von Niemz)

Material		Dicke in mm	Rohdichte in kg/m³	K_{IC} in MPa$\sqrt{m}$
Spanwerkstoffe				
Spanplatte, FPY	x	25	630	0,68
	s			0,04
OSB, parallel	x	22	720	1,55
	s			0,25
OSB, senkrecht	x	22	720	2,08
	s			0,29
MDF	x	25	710	1,81
	s			0,33
Sperrholz				
Birke, 21 Lagen	x	28	699	4,22
	s			0,32
Birke, 17 Lagen	x	24	735	3,93
	s			0,31
Okume, 7 Lagen	x	15	495	2,19
	s			0,31
Nadelholz, 7 Lagen	x	18	583	2,09
	s			0,31
Massivholzplatten				
3-schichtig, Riss in Decklagen-richtung	x	15	450	1,61
	s			0,37

x – Mittelwert, s – Standardabweichung.

3.4 Modellierung der Eigenschaften

Es bestehen folgende Möglichkeiten der Modellierung der Eigenschaften von Holzwerkstoffen:

a) Experimentelle Modelle zur Bestimmung der Eigenschaften von Holzwerkstoffen mittels multipler Regression, Klassifikation, Fuzzy (siehe z. B. Ritter, Hänsel, Niemz und Landmesser 1989; Lobenhoffer 1990; Schweitzer 1993).

Dabei werden wesentliche technologische und Qualitätsparameter erfasst und miteinander korreliert.

Die Güte dieser Modelle wird stark durch die Anzahl der gewählten Datensätze und die Streubreite der Eigenschaften im durchgeführten Versuch bestimmt ($r^2 = 0{,}5 - 0{,}8$). Diese Modelle werden heute bereits zur Anlagensteuerung eingesetzt. Teilweise werden so genannte Nonsenskorrelationen bestimmt (statistisch gesicherter Zusammenhang, der aber physikalisch nicht relevant ist; tritt z. B. bei geringer Streuung der verwendeten Messwerte teilweise auf). Weitere Fortschritte sind insbesondere auf dem Gebiet der Klassifizierung und der Fuzzy Logic zu erwarten, da diese Methoden auch die Einbeziehung unscharfer Parameter (auch qualitative Angaben wie z. B. Holzqualität, geschätzter Rindenanteil) ermöglichen (Schweitzer 1993; Niemz, Körner, Schweitzer 1992).

b) Analytische Modelle (siehe z. B. Hänsel 1990; Niemz 1993; Bodig und Jayne 1993; Thömen 2000).

Dies kann sowohl eine Modellierung auf Basis der Mikrostruktur (Späne, Klebfugen, Festigkeitsausbildung zwischen den Partikeln) als auch der Makrostruktur (Dichteprofil, Festigkeitsprofil senkrecht zur Plattenebene, meist basierend auf der Laminattheorie) sein. Bei der Modellierung der Festigkeit sind dabei Versagenskriterien erforderlich (z. B. ideal plastische Verformung beim Bruch von Spanplatten und MDF (Niemz 1993). Diese Modellbildung befindet sich noch in der Anfangsphase. Von Niemz (1993) wurden entsprechende Modelle für ausgewählte Holzwerkstoffe zusammengestellt. Die Abweichung zwischen den berechneten und den gemessenen Eigenschaften betrug ca. 10–25 %.

Thömen (2000) entwickelte ein Modell zur Simulation des Heißpressvorganges.

4 Technologie der Herstellung von Holzwerkstoffen

4.1 Allgemeine Entwicklungstendenzen

Die Holzwerkstoffindustrie ist innerhalb der Holzindustrie einer der am weitesten entwickelten und automatisierten Bereiche. So hat eine kostenoptimale Spanplattenanlage heute eine Kapazität von ca. 1000–2000 m^3/Tag und darüber.

Abbildung 4.1 zeigt den Arbeitseingang in der EU 1996 für verschiedene Bereiche. Es ist deutlich zu erkennen, dass bezüglich des Arbeitseinganges die Möbel-, die Bauelemente- und die Holzwerkstoffindustrie dominieren. Innerhalb der Holzwerkstoffe kommt den Spanplatten eine führende Rolle zu (Abb. 4.2).

Der generelle Trend geht zur Diversifizierung und zur Fertigung von Produkten mit hoher Wertschöpfung. Dabei gewinnen MDF, OSB und insbeson-

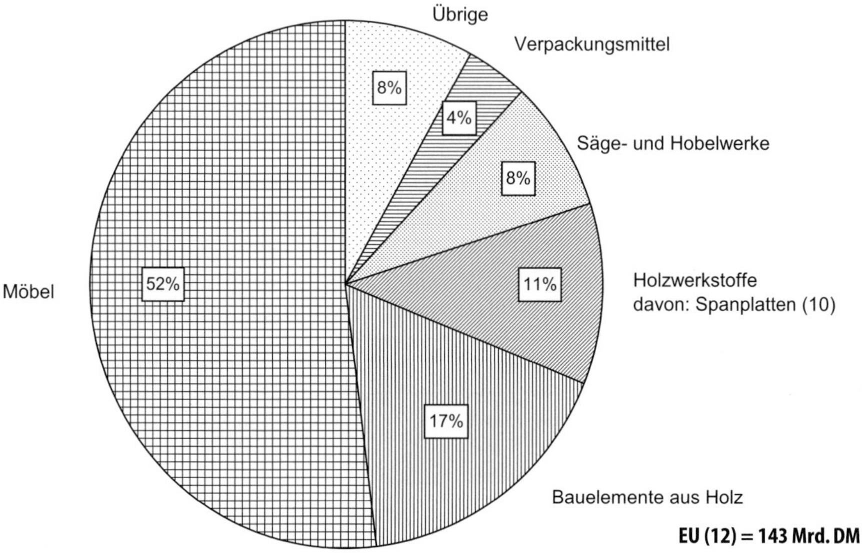

Abb. 4.1. Arbeitseingang der Holzindustrie der EU 1996 (Deppe und Ernst 2000)

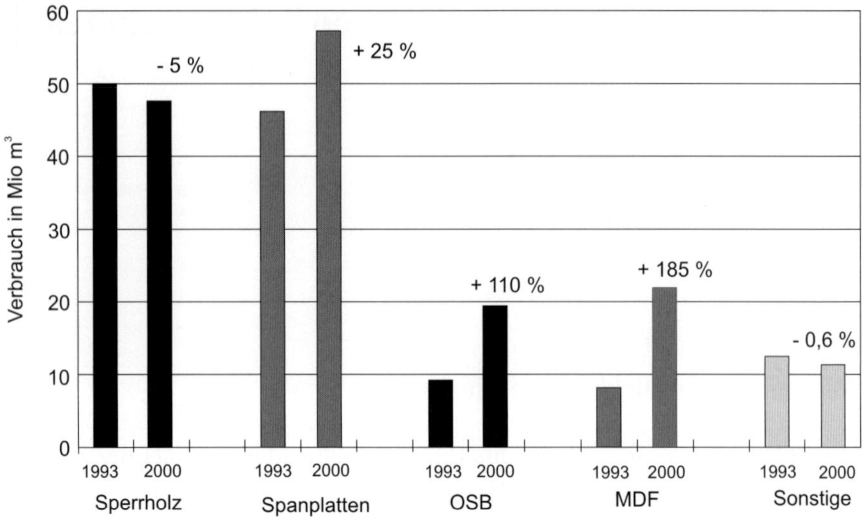

Abb. 4.2. Holzwerkstoffproduktion in Europa (Deppe und Ernst 2000)

dere auch Werkstoffe auf Massivholzbasis sowie Dämmstoffe auf Basis von Holzfaserstoff auf Grund ökologischer Anforderungen an Bedeutung. Tabelle 4.1 zeigt die Produktion und Wertschöpfung für ausgewählte Produkte.

Insbesondere im Bereich der Massivholzplatten und der Spezialplatten liegt ein großes Entwicklungspotential.

Tabelle 4.1. Produktion von Holzwerkstoffen in Europa (1993) nach Deppe u. Ernst (2000)

Werkstoff	Mio m^3	Mia DM
Spanplatten	24,9	9,3
MDF	2,9	1,7
Massivholzplatten und sonstige Holzwerkstoffe	2,9	7,6

Tabelle 4.2. Holzausnutzung für verschiedene Holzwerkstoffe (Fa. Siempelkamp)

Material	Holzausnutzung in %
Sägeholz	40–50
Sperrholz	50–60
Spanplatte (mit Rinde)	88–93
OSB	80–85
MDF	87–90
LSL	80–85

Ursachen für die zunehmende Bedeutung der Holzwerkstoffproduktion sind auch

- die relativ hohe Holzausnutzung (Tabelle 4.2)
- die Möglichkeit der Verwertung von Holzresten, insbesondere bei Spanplatten
- die Möglichkeit, die Eigenschaften in weiten Bereichen zu variieren sowie vollholzanaloge Eigenschaften zu erreichen.

4.2 Technologie der Fertigung von Holzwerkstoffen

4.2.1 Werkstoffe auf Vollholzbasis

4.2.1.1 *Brettschichtholz*

Als Ausgangsrohstoff dienen getrocknete Bretter (Feuchte ca. 10 ± 2 %). Diese werden teilweise nach der Festigkeit sortiert (z. B. nach EN 338 nach den Klassen C 14, C 18, C 22, C 24, C 27 für Nadelholz oder D 50, D 60, D 70 für Laubholz) und gehobelt. Anschließend wird durch Keilzinkung eine Längsverbindung der Bretter vorgenommen. Die Größe und die Orientierung der Keilzinken kann variieren. Als Klebstoff werden PVA-Leime, PUR und PF-Harze eingesetzt.

Die verklebten Lamellen werden dann abgelängt und gehobelt. Das Brettschichtholz wird unter Verwendung der genannten Klebstoffe in

- Vertikalpressen
- Horizontalpressen oder
- Formpressen

verklebt. Der Aufbau wird zweckmäßigerweise so vorgenommen, dass in den hochbeanspruchten Randzonen die festeren Lamellen eingesetzt werden. Der Druck wird mechanisch oder hydraulisch aufgebracht. Wird bei Raumtemperatur gepresst, beträgt die Presszeit 4 bis 8 Stunden. Abbildung 4.3 zeigt den technologischen Ablauf.

Nach einer ähnlichen Technologie werden lamellierte Profile (z. B. für Fensterkanteln) hergestellt.

Generell ist bei der Verklebung von Lamellen zu statisch beanspruchten Elementen zu berücksichtigen, dass ein Versatz der Klebfugen der Längsverbindung (Keilzinkung) erfolgt (vergl. Abb. 2.3, 2.4).

Abb. 4.3. Technologischer Ablauf der Fertigung von Brettschichtholz

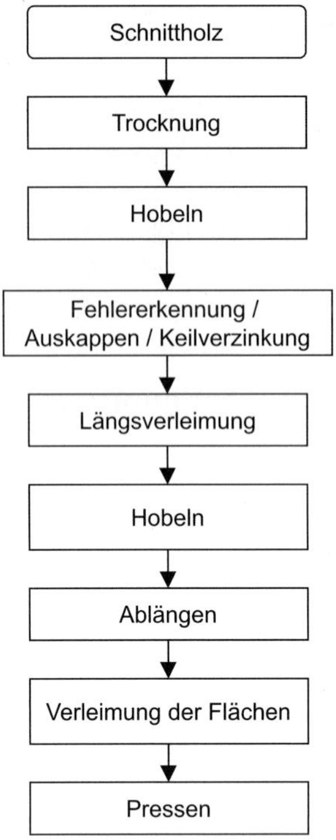

4.2.1.2
Massivholzplatten

Massivholzplatten werden nach 2 Methoden hergestellt:

- Blockverfahren
- Durchlaufverfahren

Beim **Blockverfahren** werden analog der Fertigung der Mittellagen von Tischlerplatten (Stäbchensperrholz) zunächst Bretter (möglichst parallel besäumte Seitenware mit liegenden Jahrringen, Brettdicke 2–3 cm) in Blockpressen verklebt (Abb. 4.4). Abbildung 4.5 zeigt eine mögliche Variante für den technologischen Ablauf beim Blockverfahren.

Anschließend werden diese Blöcke parallel zur Pressrichtung mit Bandsägen oder Dünnschnittgattern aufgetrennt. Die Brettdicke entspricht dann der Breite der Lamellen. Bei Verwendung von Seitenbrettern erhält man dadurch weitgehend stehende Jahrringe in den Lagen und sehr schmale (2–3 cm breit) Lamellen. Dadurch wird die Formbeständigkeit erhöht.

Die Lagen werden in Etagenpressen zu Platten verpresst, danach formatiert und geschliffen. Als Klebstoffe kommen je nach klimatischen Anforderungen Harnstoffharze, PUR, PVA oder auch Melaminharze zum Einsatz.

Abb. 4.4. Blockpresse

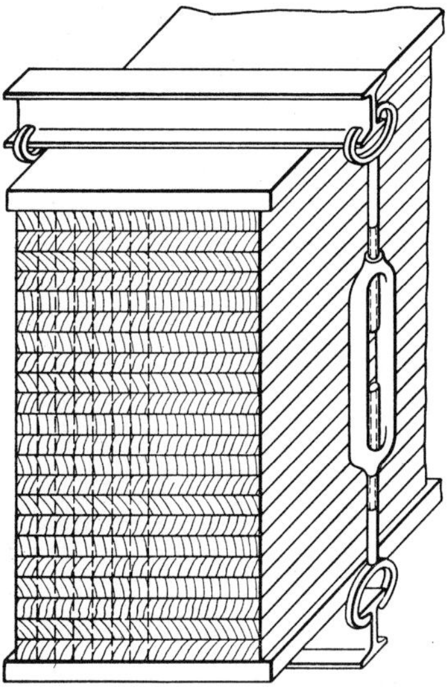

Beim **Durchlaufverfahren** (Abb. 4.6) werden einzelne Bretter an den Schmalflächen beleimt, dann unter Einwirkung von Druck und Wärme (teilweise mit Hochfrequenzpressen) verklebt und abgelängt. Die Verklebung kann kontinuierlich oder taktweise erfolgen. Je nach Presstechnik werden anschliessend die Lagen teilweise geschliffen (Dickenkalibrierung zwecks Vermeidung des Absatzes an den Stoßfugen) oder auch ungeschliffen (bei exaktem Fügen der Bretter) mit den Mittellagen verklebt. Dazu setzt man Etagenpressen, teilweise auch Vakuumpressen ein. Der Pressdruck beträgt 4–10 bar. Dann werden die Platten formatiert und geschliffen. Zur Erhöhung der Formbeständigkeit wenden einzelne Hersteller folgende Maßnahmen an:

- Verwendung stehender Jahrringe (Sortierung, Riftschnitt oder Einsatz von Seitenware und Blockverleimung)
- Auftrennen einer dickeren Platte in 2 Decklagen
- Schlitzen der Mittellage (senkrecht zur Plattenebene)

Teilweise werden die Lamellen keilverzinkt, um die erforderliche Länge zu erhalten.

Vielfach werden auch Bauelemente größerer Dicke als Hohlkastensystem gefertigt. Dabei werden teilweise die Hohlräume mit Sand zur Schalldämmung oder mit Fasermaterial zwecks Wärmedämmung verfüllt. Das Verpressen solcher Elemente (bis zu 50 cm dick und mehr) erfolgt durch Etagenpressen oder Vakuumpressen. Bei letzterem Verfahren wird eine Kunststoffmatte aufgelegt und durch Vakuum der erforderliche Pressdruck aufgebracht.

Abb. 4.5. Technologischer Ablauf beim Blockverfahren

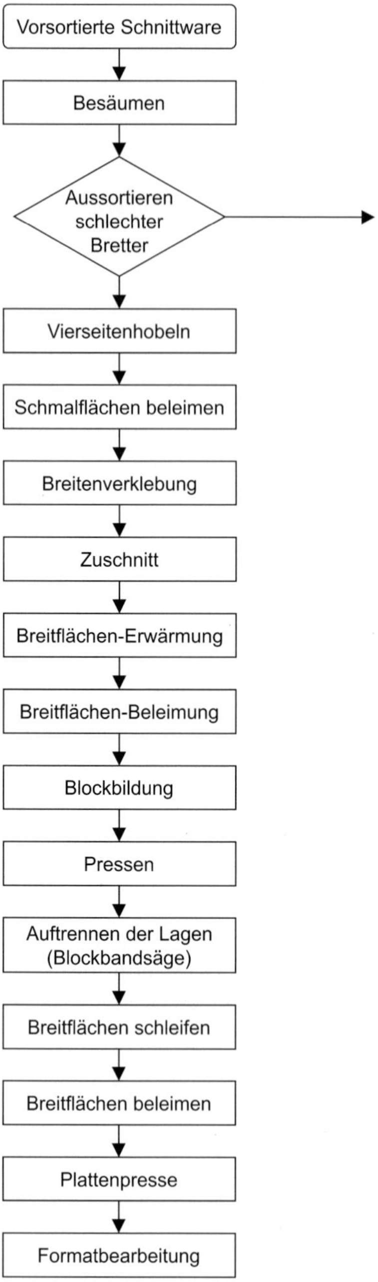

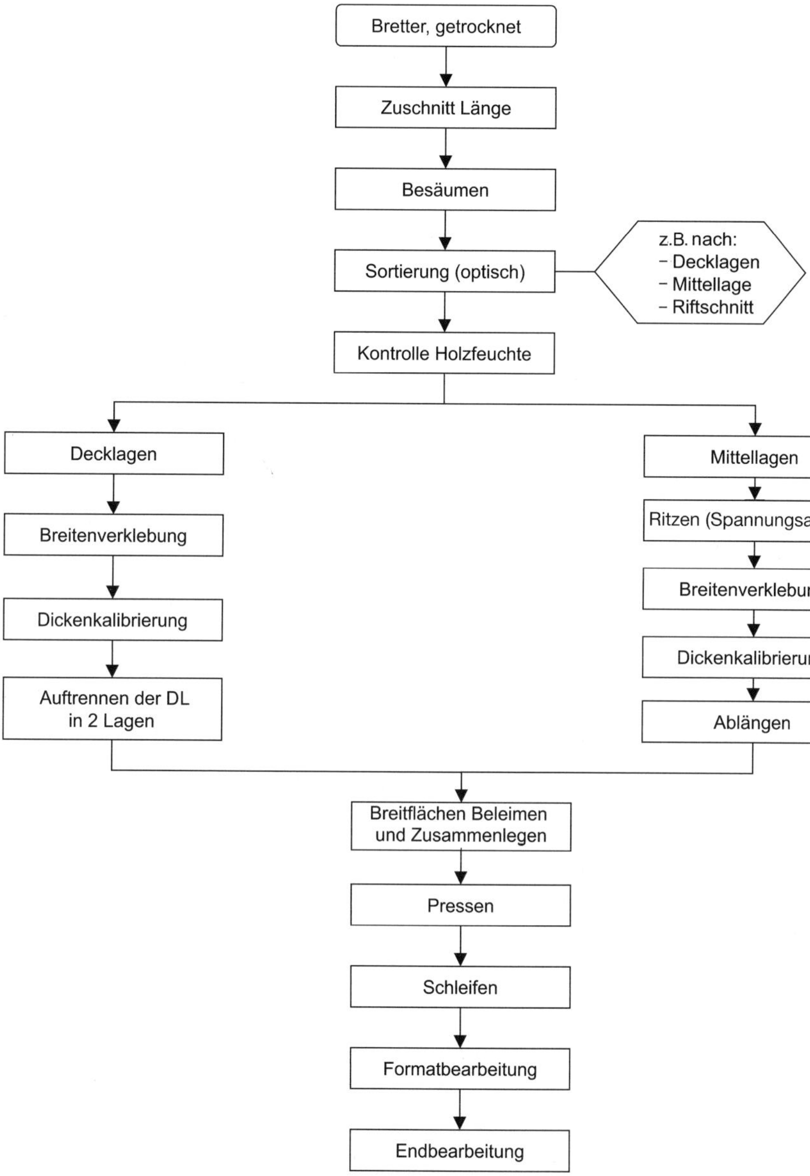

Abb. 4.6. Technologischer Ablauf beim Durchlaufverfahren

4.2.2
Werkstoffe auf Furnierbasis (Lagenhölzer)

4.2.2.1
Technologische Grundoperationen

Als Basismaterial für die Herstellung von Lagenhölzern dient das Schälfurnier. Als Rohstoffe werden eingesetzt:

- Nadelhölzer (z. B. Fichte, Radiata Pine, Lärche)
- Laubhölzer hoher Dichte (z. B. Buche) für Baufurniersperrholz, Laubhölzer niedriger Dichte (z. B. Pappel) für Ski- oder Snowboardkerne.

Rundholzlagerung

Die Rundholzlagerung dient dem Ausgleich von Lieferschwankungen. Insbesondere in warmen Jahreszeiten muss das Holz z. B. durch Berieselung geschützt werden, um Rissbildung und Pilzbefall zu vermeiden.

Zunehmende Bedeutung hat die Lagerung von Holz in abgedeckten (eingeschweißten) Folien gewonnen. Dadurch wird die Sauerstoffzufuhr unterbrochen, der CO_2-Gehalt steigt, und der Befall mit Pilzen verhindert. Die Stämme oder auch Bretter werden dabei allseitig in Folien eingeschweißt. Diese Technologie wurde zunächst für die Konservierung von Holz nach Sturmschäden angewandt, sie wird heute z. T. auch für andere Zwecke (Transport, Konservierung) genutzt.

Dämpfen

Das Dämpfen erfüllt im Wesentlichen folgende Funktionen:

- Plastifizierung des Holzes, um eine gute Qualität des Schälfurniers zu erreichen
- Abbau innerer Spannungen
- Ausgleich von Farbveränderungen.

Der Furnierblock muss durch den Dämpfprozess im Inneren erwärmt und plastifiziert werden (Abb. 4.7).

Der Dämpfzeitrichtwert φ beträgt bei Birke und Erle 0,8 h/cm, bei Kiefer und Fichte 0,9 h/cm, bei Eiche 1,0 h/cm und bei Buche 1,1 h/cm. Die Dämpfzeit t_D ergibt sich zu

$$t_D = \frac{d}{2} \cdot \varphi \qquad d = \text{Stammdurchmesser in cm}$$

Es gibt 2 grundsätzliche Dämpfverfahren:

- Direktes Dämpfen: Dabei wird entölter Wasserdampf unmittelbar in die Dämpfgruben eingeleitet (Abb. 4.8 a)
- Indirektes Dämpfen: Dabei wird das in der Dämpfkammer befindliche Wasserbad durch ein Heizsystem erhitzt und durch den Dampf das über dem Wasserbad gestapelte Holz erwärmt (Abb. 4.8 b).

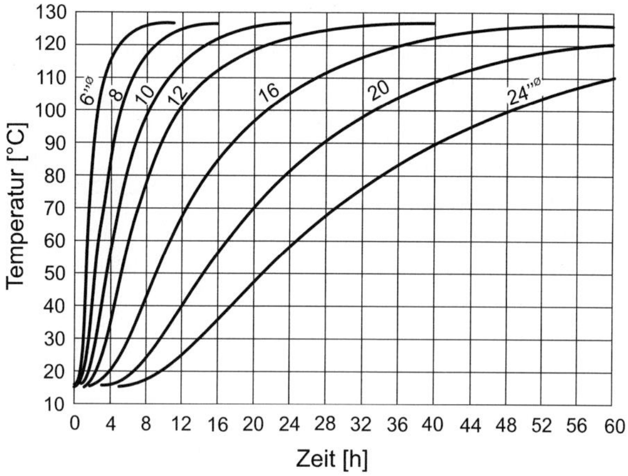

Abb. 4.7. Temperaturverlauf beim Dämpfen eines Furnierblockes (Kollmann 1962)

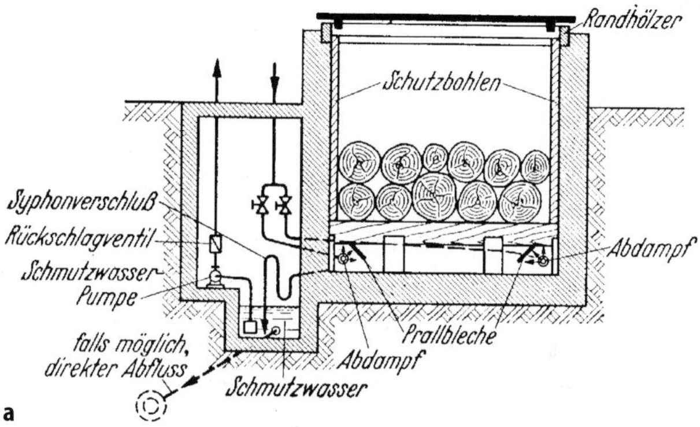

a

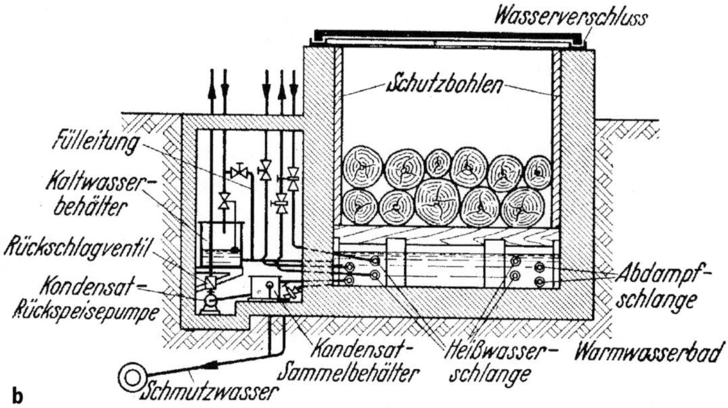

b

Abb. 4.8 a, b. Verfahren zum Dämpfen von Furnierblöcken. **a** Direktes Dämpfen, **b** Indirektes Dämpfen (Kollmann 1962)

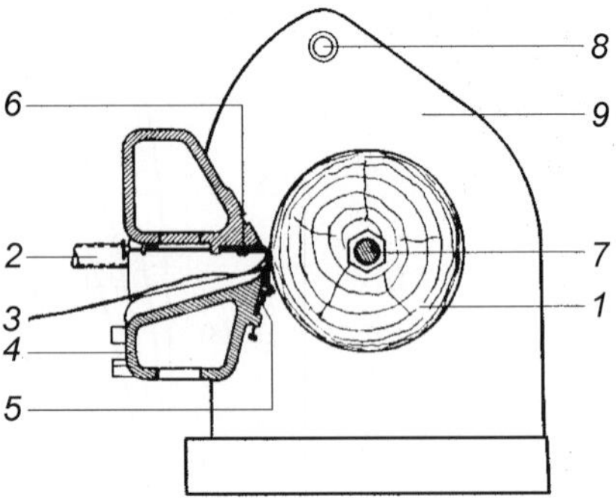

Abb. 4.9. Aufbau einer Schälmaschine (Fa. Keller). *1* Rundholz, *2* Spindel für Messervorschub, *3* Furnier, *4* Messerträger, *5* Schälmesser, *6* Druckleiste, *7* Spindel mit Mitnehmer, *8* Zuganker, *9* Ständer

Zuschnitt

Nach dem Dämpfen werden die Blöcke abgelängt, um den schälfähigen Teil des Holzes herauszutrennen.

Schälen

Beim Schälen wird ein endloses Furnierband erzeugt. Abbildung 4.9 zeigt den Aufbau einer Schälmaschine. Die Qualität des Furniers wird wesentlich durch die Winkel am Messer beeinflusst. Das Vorspalten des Holzes wird über die Druckleiste vermindert.

Die Furnierdicke beträgt bis zu einigen mm. Das Furnier wird in bestimmten Abständen abgelängt und Fehler werden ausgeklippt.

Bei Tischlerplatten (Stäbchensperrholz) erfolgt die Herstellung der Mittellagen nach dem Blockverfahren (Abschn. 4.2.1.2).

Trocknen

Das Furnier wird auf 8–12% Holzfeuchte getrocknet. Dies erfolgt in Durchlauftrocknern, wobei das Furnier entweder auf Bändern (Bandtrockner) oder Rollen gefördert wird.

Beleimen

Mittels Leimauftragswalzen werden die Furniere beleimt. Teilweise erfolgt ein Beleimen der Schmalflächen. Abbildung 4.10 zeigt verschiedene Systeme von Walzenbeleimmaschinen für die Breitflächenbeleimung (Kollmann 1962).

Zusammenlegen

Je nach dem herzustellenden Material (Schichtholz, weitgehend faserparallele Lagen; Sperrholz, Lagen abwechselnd senkrecht zueinander orientiert) erfolgt ein Zusammenlegen der Furniere. Bei LVL werden die Lagen zum Teil geschäftet, um eine höhere Festigkeit zu erreichen.

Verpressen

Nach dem Zusammenlegen werden die Lagen zunächst (meist kalt) vorverpresst. Zum Pressen werden Einetagenpressen, Mehretagenpressen und für LVL auch kontinuierliche Pressen eingesetzt. Formteile (Formsperrholz) werden in speziell gefertigten Pressgesenken hergestellt. Die Formen werden schrittweise optimiert.

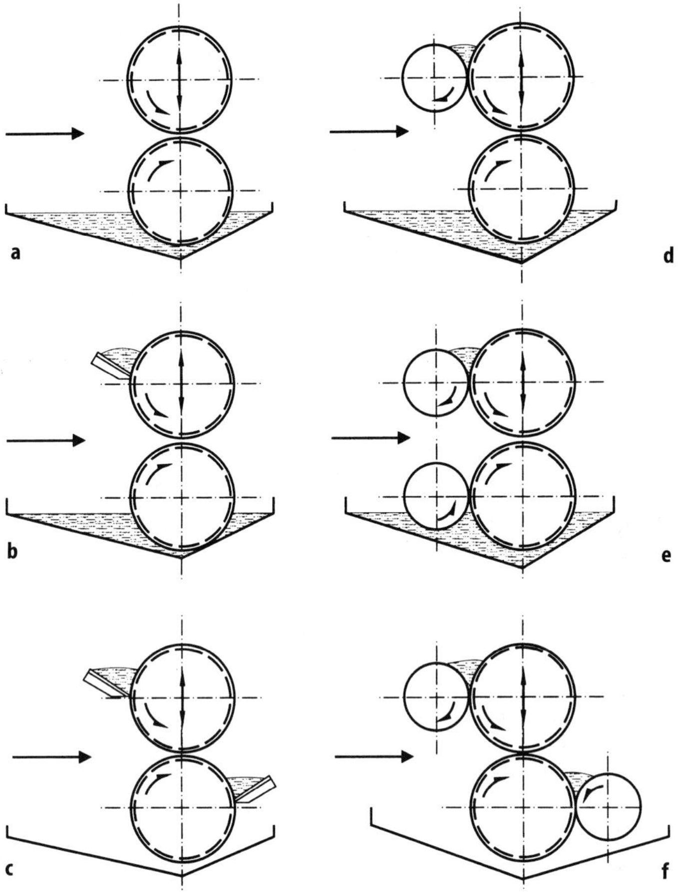

Abb. 4.10 a – f. Systeme der Walzenbeleimung (Kollmann 1965)

Folgende spezifische Pressdrücke werden verwendet (Tabelle 4.3):

Tabelle 4.3. Spezifischer Pressdruck und Temperatur bei der Sperrholzherstellung (Autorenkollektiv 1975)

Holzart	Weichholz	Hartholz
Spezifischer Pressdruck	8 – 12 bar	12 – 18 bar
Klebstoff	Harnstoffharz	Phenolharz
Temperatur	90 – 110 °C	135 – 165 °C

Durch Erhöhung des Pressdruckes kann verdichtetes Lagenholz gefertigt werden (Dichte bis zu 1300 kg/m^3, bei Kunstharzpresslagenholz bis 1400 kg/m^3). Bei Presslagenholz beträgt der spezifische Pressdruck 80–200 bar, bei kunstharzvergütetem Presslagenholz 100–250 bar.

4.2.2.2
Fertigungsablauf

Die Abbildungen 4.11 bis 4.14 zeigen den technologischen Ablauf der Herstellung von Furnier, Sperrholz, Furnierschichtholz (**L**aminated **V**eneer **L**umber (LVL)) und Furnierstreifenholz (**P**arallel **S**trand **L**umber, (PSL oder Parallam)). Bei LVL erfolgt teilweise eine Sortierung der Lagen mit Ultraschall nach der Festigkeit. Die Lagen werden auch geschäftet, um eine hohe Festigkeit zu erreichen.

Bei Parallam wird das getrocknete Furnier in Streifen geschnitten, mit PF-Harz beleimt (Eintauchen, Festharzanteil 5–6%), zusammengelegt und verpresst. Die Streifen müssen dabei ebenso wie bei LVL so angeordnet werden, dass die Stöße versetzt sind, um eine Schwächung zu verhindern. Danach werden mittels Bandsägen die gewünschten Elemente herausgeschnitten.

Abb. 4.11. Technologischer Ablauf der Herstellung von Schälfurnier

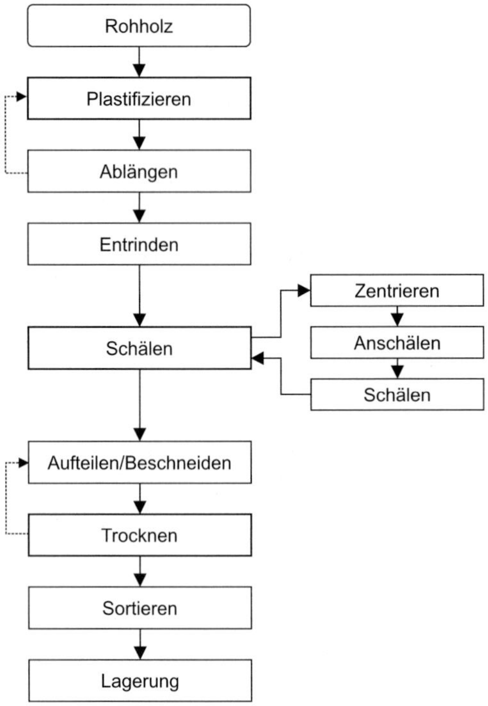

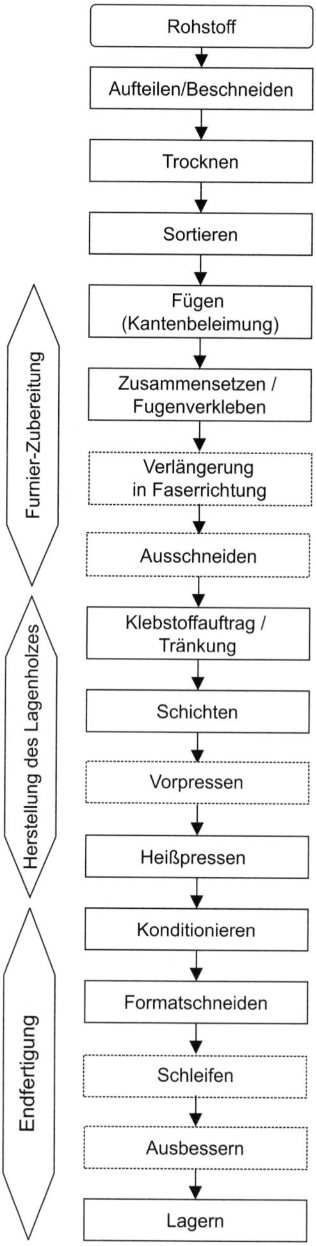

Abb. 4.12. Technologischer Ablauf der Herstellung von Sperrholz

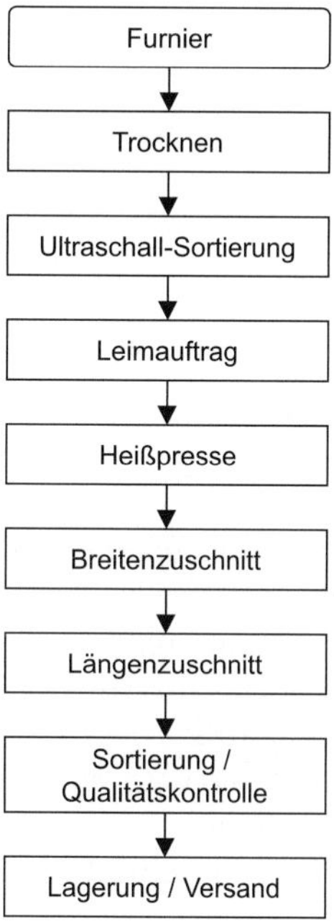

Abb. 4.13. Technologischer Ablauf der Herstellung von LVL

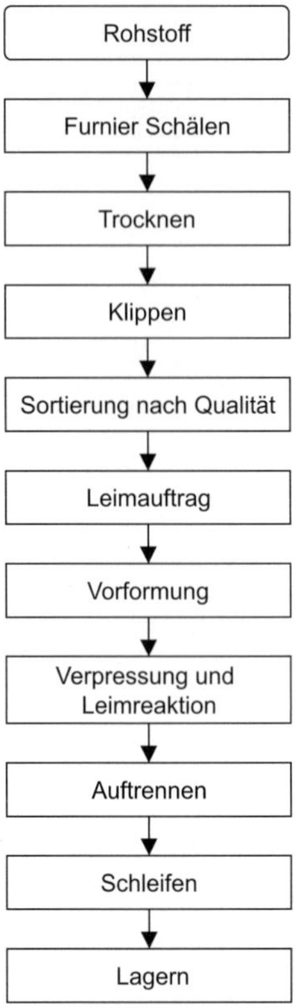

Abb. 4.14. Technologischer Ablauf der Herstellung von Parallam

4.2.3 Werkstoffe auf Spanbasis

4.2.3.1 *Technologische Grundoperationen*

Allgemeine Grundlagen

Als Basismaterial für Holzwerkstoffe auf Spanbasis dienen Partikeln unterschiedlicher Größe. Diese reicht von 300 mm bei Laminated Strand Lumber (LSL), bis zu einigen Zehntel mm bei Spanplatten mit feinspaniger Oberfläche für den Möbelbau.

Tabelle 4.4 zeigt eine Übersicht spanförmiger Partikel (zusammengestellt von Niemz).

Rohstoffe

Holz

Als Rohstoff werden Holz und verholzte Pflanzen (z. B. Bagasse, Stroh) eingesetzt.

Tabelle 4.4. Kenngrößen von Spänen (Richtwerte, zusammengestellt von Niemz)

Partikelart	Spanlänge (l in mm)	Spanbreite (b in mm)	Spandicke (d in mm)	Schlankheitsgrad ($\lambda = l/d$)	Streudichte in kg/m³
Sonderwerkstoffe					
Strands für LSL	300	25	0,8–1	300	50–70
Strands für OSB	40–80	4–10	0,3–0,8	50–130	30–50
Wafer	36–72	12–35	kA	45–90	40–60
Scrimber	kA				
übliche Spanplatten					
De-Normalspäne	5–10	–	0,2–0,3	20–50	60–120
De-Feinstspäne	3–6	–	0,1–0,25	15–40	120–180
Schleifstaub	0,4–0,6	–	–	–	160–200
Mi-Einheitsspäne	8–15	1,5–3,5	0,25–0,4	30–60	40–140
Mi-Schneidspäne	8–15	2,0–4,0	0,4–0,6	20–40	48–180
Mi-Schlagspäne	8–15	1,5–3,5	0,5–2,0	5–50	100–180
Abfallspäne					
Fräs-; Hobelspäne	5–15	2,5–5	0,25–0,8	5–60	50–130
Gattersägespäne	2–5	1,0–2	0,4–1	2–10	120–180

kA – keine Angaben, De – Deckschicht, Mi – Mittelschicht.

Die Biegefestigkeit von Spanplatten ist bei gleicher Rohdichte um so höher, je niedriger die Rohdichte des eingesetzten Holzes ist. Der für die Erzielung einer gleichen Plattenqualität erforderliche Materialeinsatz steigt daher mit abnehmender Rohdichte des eingesetzten Holzes. Kehr (Autorenkollektiv 1969) gibt Richtwerte gemäß Tabelle 4.15 an.

Während für OSB und LSL hochwertige Holzsortimente (Waldholz) üblich sind, gewinnt bei konventionellen Spanplatten die Verwendung von Holzresten (Späne, Spreissel, Hackschnitzel aus der Schnittholzproduktion) und Altholz (Recyclingholz, Abb. 4.16) an Bedeutung. Abbildung 4.15 zeigt die Entwicklung des Holzeinsatzes für Spanplatten nach Marutzky (in Deppe u. Ernst 2000). Der erhöhte Einsatz von Recyclingholz ist auf die deutlich niedrigeren Preise zurückzuführen. Nach Rümler (1998) betrug 1998 der Preis je Tonne für

- Waldindustrieholz 95 DM
- Industrierestholz 75 DM
- Recyclingholz 30 DM

Auch die Verwertung der im Haushaltsmüll vorhandenen Holz- und Papieranteile ist prinzipiell möglich.

Derzeit laufen erhebliche Bemühungen zur stofflichen Wiederverwertung von Gebrauchtholz (Deppe und Ernst 2000; Ernst; Roffael und Weber 1999).

Tabelle 4.5. Richtwerte für die Rohdichte wichtiger Holzarten, die Eigenschaften der daraus gefertigten Spanplatten und den Holzverbrauch (Kehr, in Autorenkollektiv 1975)

Holzart	Pappel	Fichte	Kiefer	Erle	Birke	Eiche	Rotbuche
Darrdichte in kg/m^3	390	430	490	490	610	650	680
pH-Wert	6,1–8,1	5,3–5,7	4,7–5,1	5,3–5,8	4,9–5,8	3,9–4,6	5,5–5,9
Biegefestigkeit in N/mm^2	27,0–32,0	27,0–30,0	29,0–32,0	25,0–29,0	23,0–27,0	19,0–23,0	18,0–22,0
Querzugfestigkeit in N/mm^2	0,30–0,60	0,55–0,65	0,60–75	0,65–0,85	0,50–0,85	0,50–0,70	0,80–1,10
Holzverbrauch je m^3 Spanplatte in fm	2,0–2,2	1,6–1,8	1,5–1,7	1,5–1,7	1,2–1,4	1,1–1,4	1,1–1,3

Plattenrohdichte: 640–650 kg/m^3.

Folgende Verfahren zur Verwertung von Altholz sind bekannt:

1. Verfahren ohne Auflösung des Holzgefüges

- Sandberg (1963): Mit Dampf zerkleinerte Reste; 2 bis 10 bar Überdruck, während 0,5–4 h behandeln; nur für HF-Harze.
- Michanikl und Böhme (zitiert in Roffael 1997): Imprägnierung mit Lösung (u. a. Harnstoff), danach Dampfbehandlung; industriell eingesetzt.

2. Verfahren mit Auflösung des Holzgefüges

- Roffael und Dix (1993): Chemische oder chemo-mechanische Behandlung von Holzstücken analog Zellstoffherstellung, Gewinnung von Fasermaterial und Ablauge (Streckmittel für Leim).

Holzlagerung

Das Holz wird sortimentspezifisch (Rundholz, Schwarten und Spreissel, Hackschnitzel, Späne) gelagert. Dabei ist zu beachten, dass bei zu langer Lagerdauer mit Lagerverlusten zu rechnen ist. Zudem steigt bei trockenem Holz der erforderliche Energieaufwand für die Zerspanung. Späne werden zweckmäßigerweise in überdachten Hallen oder Bunkern gelagert. Durch die trockneren Säge- oder Frässpäne der Holzbearbeitung kann Trocknungsenergie eingespart werden.

Die Rohstofflagerung dient auch dem Abbau von Zuckern im Holz bei der Herstellung von zementgebundenen Platten. Bei diesen Materialien ist auch der Fällzeitpunkt (Jahreszeit) von Bedeutung.

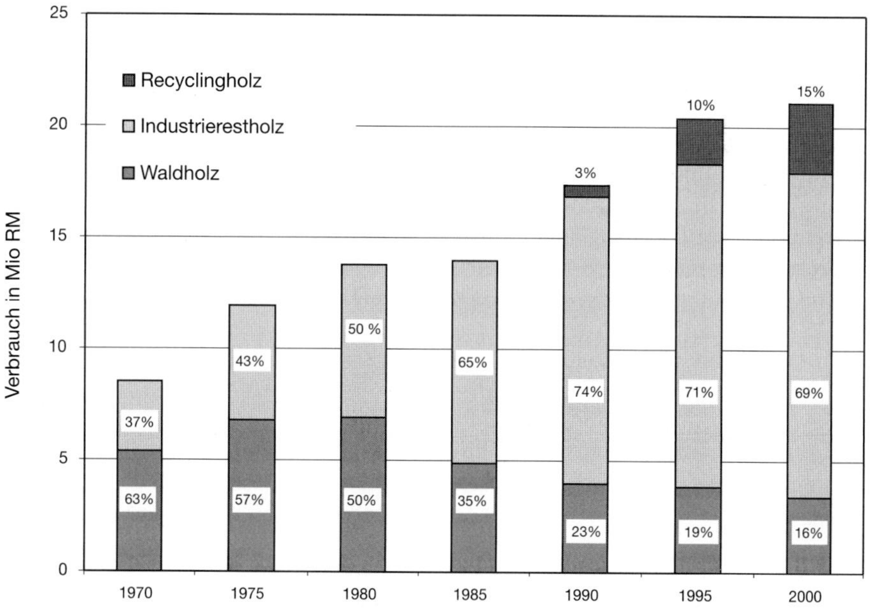

Abb. 4.15. Entwicklung des Rohstoffeinsatzes für Spanplatten (Marutzky, in Deppe u. Ernst 2000)

Abb. 4.16. Verwertung von Recyclingmaterial in einem Spanplattenwerk (Glunz AG)

Bindemittel

Als Bindemittel können eingesetzt werden:

- Synthetische Klebstoffe (Phenolharz, Harnstoffharz, Isocyanat, Mischharze)
- Pflanzliche und tierische Leime (Tannine, Glutin, Stärke), wobei bisher nur Tannine eine größere Bedeutung erlangt haben. Im Rahmen der wachsenden Bedeutung ökologischer Aspekte gewinnt jedoch die Verwendung dieser Klebstoffe zumindest forschungsseitig an Bedeutung.

Zerspanung

Die Güte der Späne beeinflusst entscheidend die Qualität der Spanplatten (s. Tabelle 4.6). Dies gilt sowohl für die Festigkeit als auch für die Oberflächenqualität. Für eine hohe Biegefestigkeit müssen Späne mit einem großen Schlankheitsgrad (Verhältnis Länge/Dicke), für eine hohe Querzugfestigkeit eher kubischere Späne und für eine hohe Oberflächenqualität sehr dünne Späne eingesetzt werden. Abbildung 4.17 zeigt eine Klassifizierung der Partikeln.

Tabelle 4.6. Einfluss der Spanart auf die Festigkeit von Spanplatten (Kehr, in Autorenkollektiv 1975)

Spanart	Rohdichte in kg/m^3	Biegefestigkeit in N/mm^2	Querzugfestigkeit in N/mm^2
Schneidspan, 0,3 mm dick	580	24,0	0,6
Schlagspan, 0,7 mm dick	600	13,5	0,7

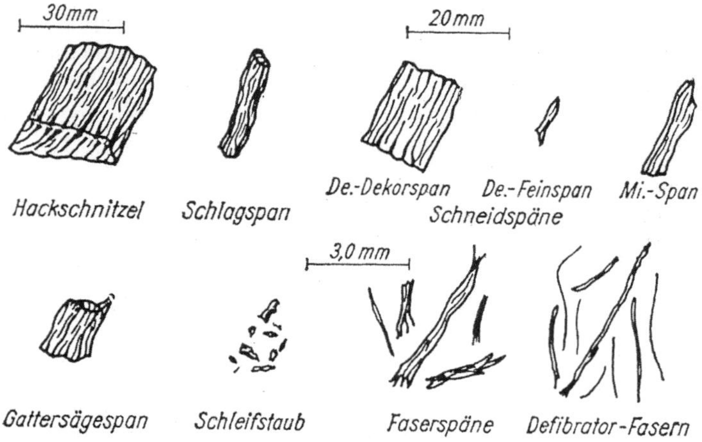

Abb. 4.17. Klassifizierung von Partikeln (Kehr, in Autorenkollektiv 1975)

Zur Zerspanung werden eingesetzt:

- Bei Rundholz (Schichtholz), Langholz, Schwarten und Spreisseln als Ausgangsmaterial
  1. Messerwellenzerspaner (es wird abgelängtes Holz der Messerwelle zugeführt, z.B. 2 m lang; siehe Abb. 4.18b)
  2. Messerscheibenzerspaner (es wird abgelängtes Rundholz einer Messerscheibe zugeführt, siehe Abb. 4.18a; Bedeutung heute nur noch für Spezialprodukte, z.B. auch für LSL)

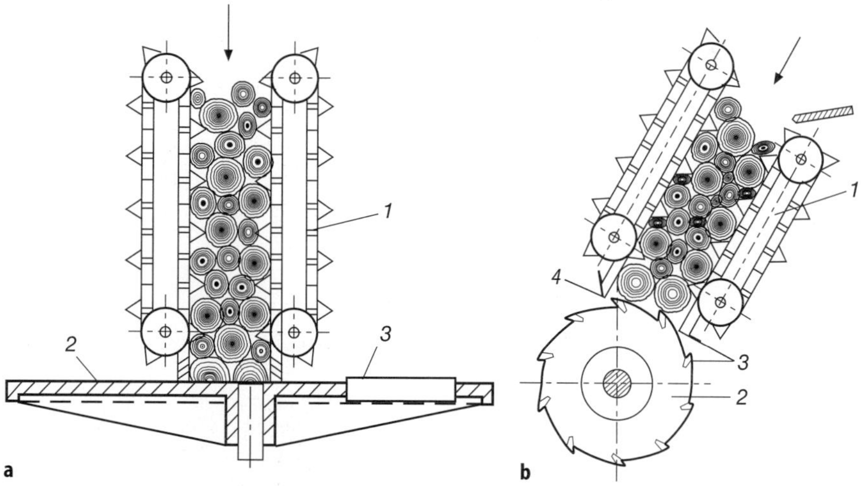

Abb. 4.18a, b. Zerspaner. **a** Messerscheibenzerspaner: *1* Zuführungseinrichtung, *2* Messerscheibe, *3* Messer. **b** Wellenzerspaner: *1* Zuführungseinrichtung, *2* Messerwelle, *3* Messer, *4* Gegenmesser (Autorenkollektiv (1975))

3. Messerkopfzerspaner (für Langholz, Schwarten und Spreissel); dabei fräst entweder der bewegliche Messerkopf abschnittsweise das Holz oder der mit Holz beladene Trog wird auf den feststehenden Messerkopf abgesenkt. Es erfolgt jeweils eine abschnittsweise Zerspanung; wird relativ kurzes Holz eingesetzt, entstehen z.B. bei Strands für OSB relativ viele kurze Späne

- Bei Hackschnitzeln: Messerringzerspaner (Abb. 4.19), das Hacken erfolgt mit Messerscheiben oder Messerwellenhackern (Abb. 4.20)

Abb. 4.19 a, b. Messerringzerspaner. **a** schematische Darstellung, **b** Foto eines Messerringzerspaners (Fa. Maier)

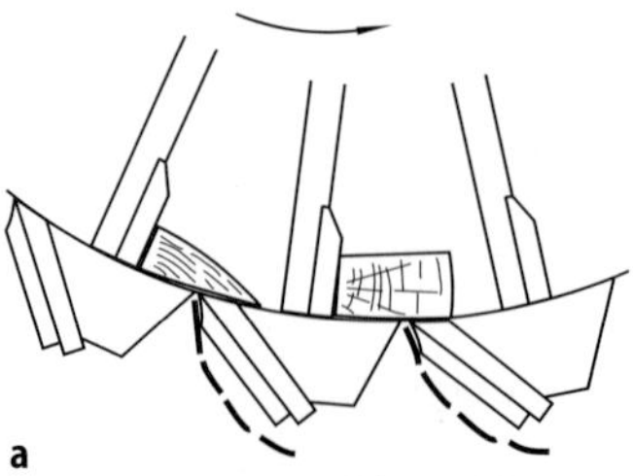

a

b

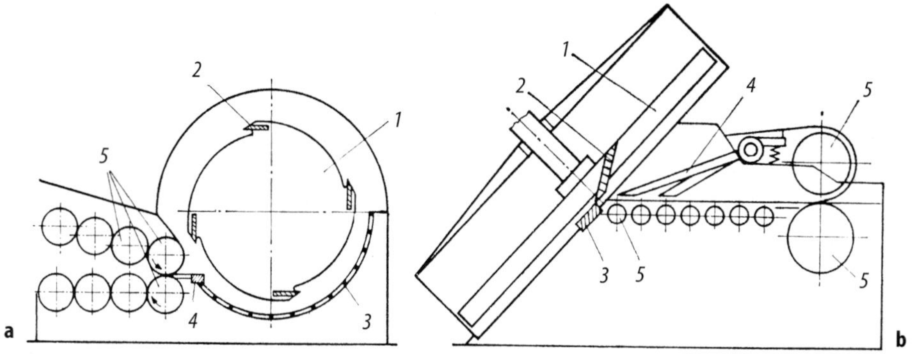

Abb. 4.20 a, b. Hacker. **a** Zylinderhacker: *1* Rotor, *2* Hackmesser, *3* Nachzerkleinerungsrost, *4* Gegenmesser, *5* Einzugswalzen. **b** Scheibenhacker: *1* Messerscheibe, *2* Hackmesser, *3* Gegenmesser, *4* Niederhalter, *5* Einzugswalzen (Autorenkollektiv (1990))

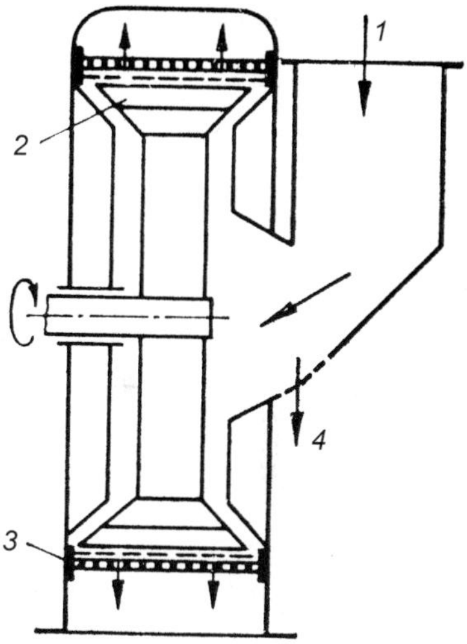

Abb. 4.21. Schlagkreuzmühle (Bauart Condux). Wichtigste Aggregate: *1* Materialzugabe, *2* Schlagkreuz, *3* Siebkorb mit Reibelementen, *4* Abscheidung von Fremdkörpern

Zur Nachzerkleinerung werden Mühlen, z. B. Hammermühlen, Schlagkreuzmühlen (Abb. 4.21), Zahnscheibenmühlen oder Refiner verwendet.

Altholz wird in der Regel zunächst durch Brecher vorzerkleinert und mit Prallhammermühlen nachzerkleinert. Danach werden Fremdstoffe über Sichter und Metallabscheider ausgeschieden. Abbildung 4.22 zeigt einen Walzenbrecher.

Trocknung

Bei der Trocknung werden die Späne auf die für die Verklebung erforderliche Sollfeuchte gebracht. Diese wird durch den Klebstoff und die gewählte Verfah-

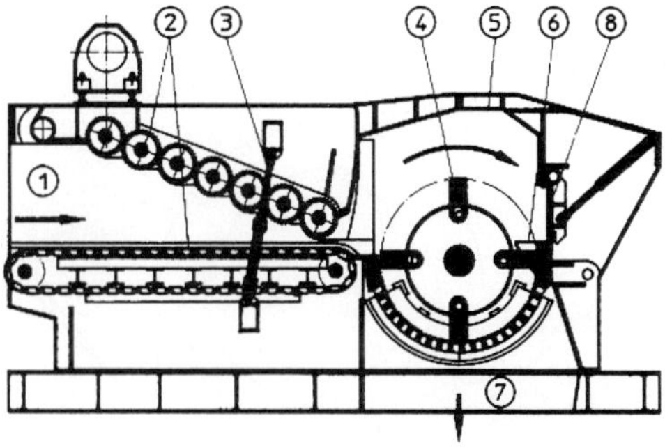

Abb. 4.22. Walzenbrecher (Bauart Pallmann). Wichtigste Aggregate: *1* Förderrichtung, *2* Einzugseinrichtung, *4* Rotor

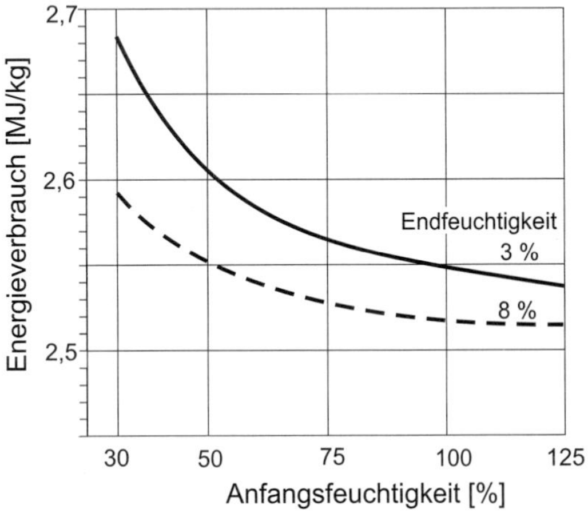

Abb. 4.23. Energieverbrauch je kg Wasserverdunstung bei der Spantrocknung in Abhängigkeit von der Anfangs- und der Endfeuchte (May, WKI aus Gfeller, 2000)

renstechnologie mit beeinflusst. Als Richtwerte gelten (Kehr, in Autorenkollektiv 1969):

- für die Decklagen 1 – 8 %
- für die Mittellagen ca. 4 – 6 %

Abbildung 4.23 zeigt den erforderlichen Energieverbrauch für die Trocknung pro kg verdunstetes Wasser in Abhängigkeit von der Anfangs- und der Endfeuchte der Späne.

Die Holzfeuchte nach der Trocknung beeinflusst auch die Festigkeit der daraus gefertigten Platten (Tabelle 4.7).

Wir unterscheiden folgende Trocknertypen:

- Stromtrockner (z. B. für MDF eingesetzt) (Abb. 4.24)
- Düsenrohrtrockner, direkt beheizt, derzeit kaum noch eingesetzt (Abb. 4.25)

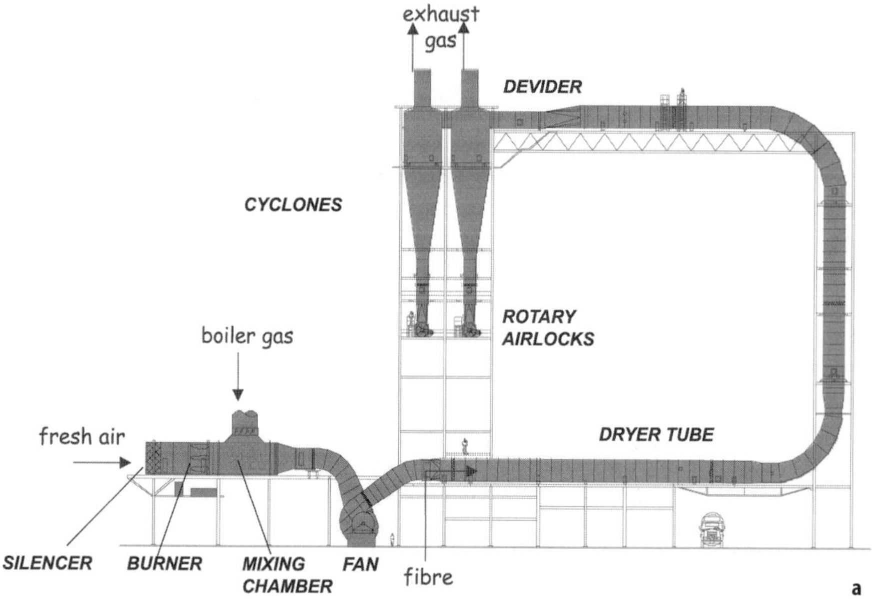

a

b

Abb. 4.24 a, b. Stromtrockner für MDF (Fa. Büttner). **a** Prinzipskizze, **b** Ansicht

Tabelle 4.7. Einfluss der Spanfeuchte nach dem Trocknen auf die Festigkeit von harnstoffharzverleimten Spanplatten (Autorenkollektiv (1975))

Eigenschaft	Mittlere Spanfeuchte in %				
	8,0	11,0	13,5	16,0	18,0
Biegefestigkeit in N/mm^2	23,6	26,4	24,8	24,4	19,0
Querzugfestigkeit in N/mm^2	0,38	0,55	0,65	0,34	0,17

Abb. 4.25. Düsenrohrtrockner (Autorenkollektiv (1975))

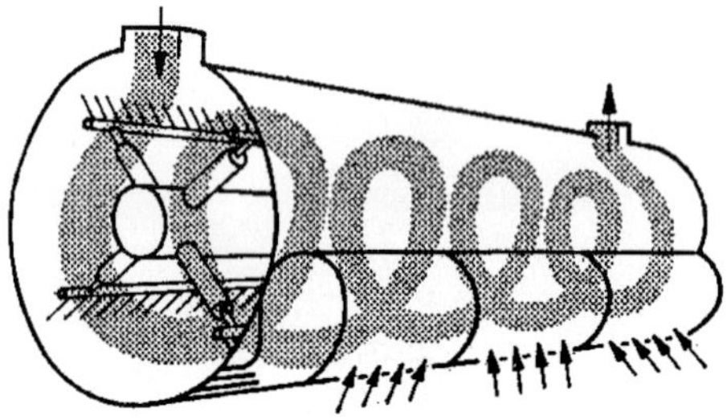

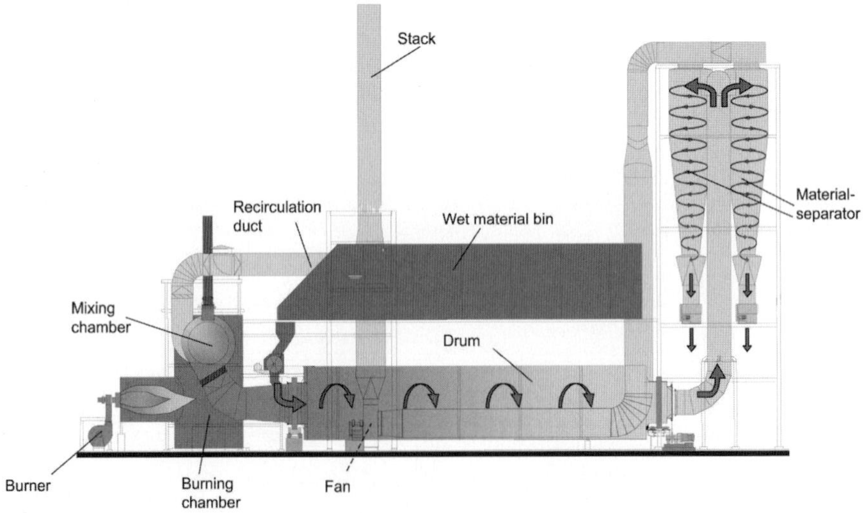

Abb. 4.26. Trommeltrockner für Strands (Fa. Büttner)

Abb. 4.27. Röhrentrommeltrockner (Büttner)

- Zug-Trommeltrockner (Abb. 4.26)
- Röhren-Trommeltrockner, indirekt beheizt (Abb. 4.27)

OSB-Späne müssen sehr schonend getrocknet werden (relativ geringe Durchlaufgeschwindigkeit), um eine Nachzerkleinerung durch den Transport zu vermeiden. Abbildung 4.28 zeigt eine Übersicht zu verschiedene Trocknertypen.

Trockner werden mit umfangreichen Abgasreinigungsanlagen betrieben, um Staub- und Geruchsemissionen zu reduzieren. Üblich sind (nach Gfeller 2000):

- Zyklonenstaubung (in der Regel nicht genügend)
- Nasswaschanlagen (keine ausreichende Entfernung von Aerosolen)
- Gewebefilter (nur bei indirekt beheizten Trocknern)
- Elektronassfilter.

Auch geschlossene Systeme im Umluftbetrieb (ecoDry-System) sind im Einsatz.

Bedingt durch die hohen Temperaturen besteht Brand- und Explosionsgefahr. Entsprechende Messsyteme (z. B. Funkenerkennung) sind daher erforderlich.

Trocknertyp	**Schema**	**Temp.-bereich**	**Verweil-zeit**	**Verdampf. leistung**
Rohrbündel-trockner	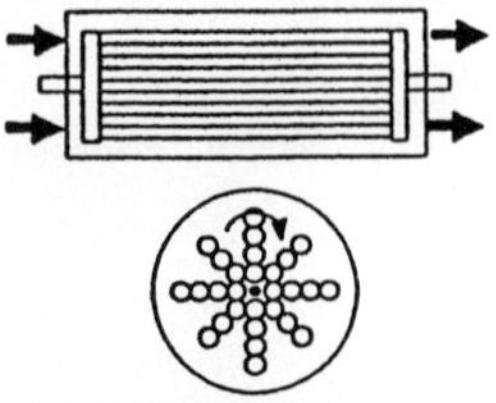	bis 200 °C	bis 30 min	1 – 9 t/h
Röhrentrommel-trockner	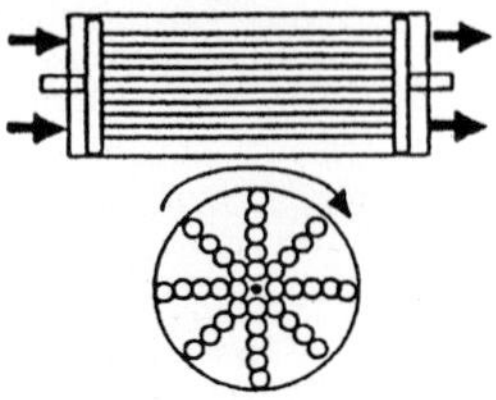	bis 160 °C	k. A.	10 – 18 t/h
Einwegtrommel-trockner	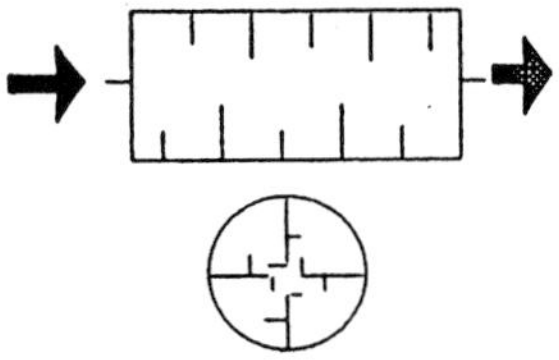	bis 400 °C	20 – 30 min	bis 40 t/h
Dreiwegtrommel-trockner	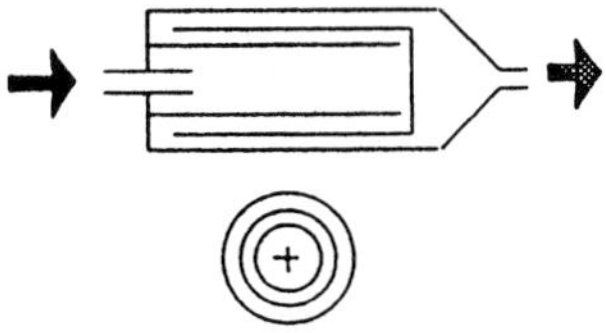	bis 400 °C	5 – 7 min	bis 25 t/h
Stromtrockner	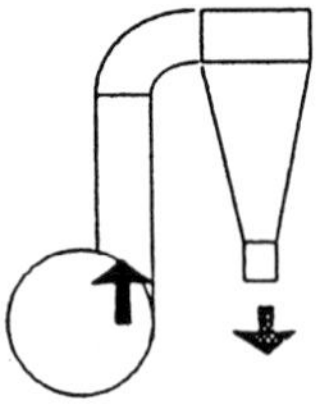	bis 500 °C	ca. 20 s	2 – 14 t/h
Düsenrohr-trockner		ca. 500 °C	0,5 – 3 min	bis 10 t/h

Abb. 4.28. Übersicht zu Trocknertypen (WKI, Braunschweig)

Sortieren der Späne

Die nachfolgende Sichtung dient der Entfernung von Grob- und Feinanteilen, welche die Plattenqualität oder den Leimanteil (Feingut) beeinflussen. Abbildung 4.29 zeigt Grenzen für Grob- und Feingut nach Jensen (zitiert in Autorenkollektiv 1969).

Das Sortieren erfolgt z.B. durch Sieben (Plan- oder Wurfsiebmaschinen, Sortierung nach der Maschenweite der Siebe) oder Sichten im Luftstrom.

Beim Sichten werden die Späne durch ihre unterschiedliche Schwebegeschwindigkeit im aufsteigenden Luftstrom getrennt. Die Schwebegeschwindigkeit ergibt sich nach Rackwitz (1967) zu:

$$v_s = 0{,}135 \cdot \sqrt{\rho \cdot d} \qquad (4.1)$$

v_s Schwebegeschwindigkeit
ρ Dichte des Spanes
d Dicke des Spanes

Abbildung 4.30 zeigt schematisch einige Sichtverfahren.

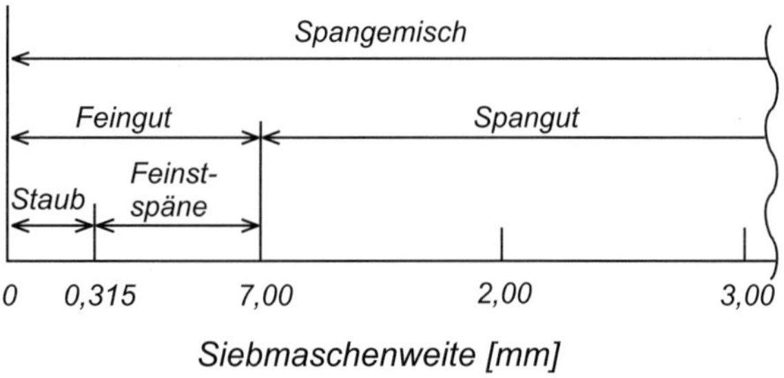

Abb. 4.29. Staub- und Feingutgrenzen (aus Autorenkollektiv, Lexikon der Holztechnik 1990)

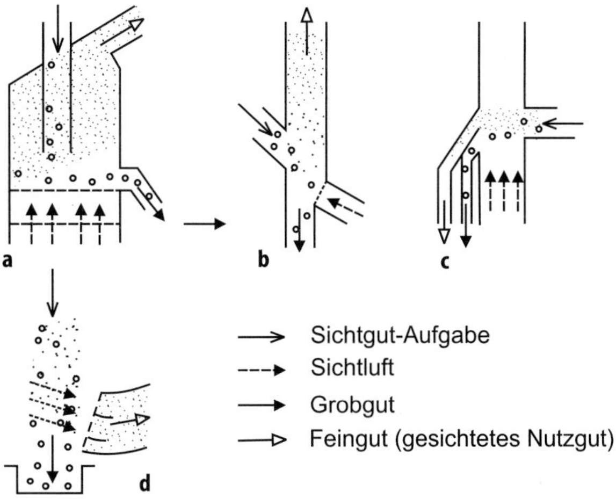

Abb. 4.30 a–d. Sichtverfahren, schematisch (Autorenkollektiv, Lexikon der Holztechnik 1990). **a** Schwebesichter, **b** Steigrohrsichter, **c** Querstromsichter, **d** Schwergutsichter

Dabei werden Grobgut oder auch mineralische Verunreinigungen ausgeschieden. Es erfolgt weitgehend eine Sortierung nach der Partikeldicke (s. Gl. (4.1)).

Siebsichtmaschinen dienen dem Ausscheiden großflächiger Späne. Meist sind Siebe mit unterschiedlicher Maschenweite übereinander angeordnet.

Die Charakterisierung der Späne erfolgt durch Siebfraktionierung (Siebkennlinien) oder durch Messung der Spangeometrie (insbesondere der Spandicke).

Bei der Siebfraktionierung wird die Summenhäufigkeit des Siebdurchganges über der Maschenweite (0,1–4 mm Maschenweite, s. Autorenkollektiv: Lexikon der Holztechnik 1990) aufgetragen.

Beleimen

Die Beleimung umfasst die Prozessstufen:

- Herstellung der Leimflotte = Mischen von Leim, Wasser, Paraffin, Härter und Zusatzstoffen (z. B. Puffermittel, Fungizide)
- Dosierung der Leimflotte
- Dosierung der zu beleimenden Späne
- Leimauftrag und Vermischen von Spänen und Leim

Der Leim muss dabei möglichst gleichmäßig auf die relativ große spezifische Oberfläche der Späne aufgebracht werden. Es erfolgt nur ein punkt- bzw. stellenweiser Leimauftrag. Dies wird durch Zerteilen (z. B. Sprühen) und Verteilen (Abstreifen durch Reibeffekte der Partikeln untereinander) erreicht.

Die Spanoberfläche von 100 g darrtrockenen Spänen berechnet sich nach Klauditz (ohne Berücksichtigung der Randflächen) nach Gl. (4.2).

$$A_{sp} = \frac{0{,}2}{\rho_{dtr} \cdot d} \tag{4.2}$$

A_{sp} spezifische Oberfläche von 100 g dtr. Holz in $m^2/100$ g
d Spandicke in mm
ρ_{dtr} Darrdichte in g/cm^3

Folgende Leimauftragsmengen gelten als Richtlinien (Tabelle 4.8 a; Gfeller 2000).

Bei gleicher Festharzdosierung (Festharz bezogen auf die Masse darrtrockene Späne) sinkt mit abnehmender Spangröße die Menge des aufgetragenen Klebstoffes je m^2 Spanoberfläche. Dies ist darauf zurückzuführen, dass die spezifische Oberfläche mit abnehmender Spandicke und Rohdichte des Holzes steigt (Tabelle 4.8 b).

Zudem wird Feingut in Beleimmaschinen (technisch bedingt) bezogen auf die Partikelmasse stark überbeleimt. So wurden z. B. bei 8 % dosiertem Festharzanteil an großen Partikeln 2–3 % Festharz, bei kleinen bis über 40 % Festharz bestimmt.

Tabelle 4.8. Leimauftragsmengen und Verteilung des Leimes auf Spänen
a: Leimauftragsmengen in % Festharz bez. auf dtr. Späne (Gfeller 2000)

Typ	Harnstoffharz		Phenolharz		Isocyanat	
	De	Mi	De	Mi	De	Mi
V20	10–12	6–8	9–10	6–7	3–4	2–3,5
V100	–	–	9–12	7–9	6–8	5–7

b: Festharzauftragsmasse in g/m² dtr. Späne in Abhängigkeit von Festharzanteil und Spandicke (Autorenkollektiv, Lexikon der Holztechnik 1990)

Holzart	Festharzanteil in g/100 g dtr. Späne	Festharz in g/m² bei Spandicke in mm		
		0,2	0,4	0,6
Kiefer	7	3,4	6,9	10,3
	10	4,9	9,8	14,7
Rotbuche	7	4,8	9,5	14,3
	10	6,8	13,6	20,4

Für die Beleimung sind folgende Systeme bekannt (Abb. 4.31):

- schnell laufende Ringmischer mit Leimzugabe über Hohlwelle (Innenbeleimung, Zentrifugalprinzip)
- schnell laufende Ringmischer mit Leimzugabe von außen (Außenbeleimung, Versprühen über Düsen).
  Der Leim wird bei schnell laufenden Mischern durch Mischwerkzeuge gleichmäßig verteilt (Wischeffekt).
  Die Mischer werden gekühlt, um Verschmutzungen der Wände und Werkzeuge zu vermeiden.
- Langsam laufende, großvolumige Mischer für Wafer und OSB (dabei wird der Leim pulverförmig oder flüssig zugegeben, es wird auf eine möglichst geringe Nachzerkleinerung der Partikeln orientiert).

Streuung

Nach der Beleimung und Dosierung erfolgt das Streuen. Dabei wird die für die spätere Platte erforderliche Masse an beleimten Partikeln gleichmäßig verteilt. Regelgröße ist die Flächenmasse.

Streumaschinen bestehen aus:

- Dosiervorrichtungen
- Verteilvorrichtungen

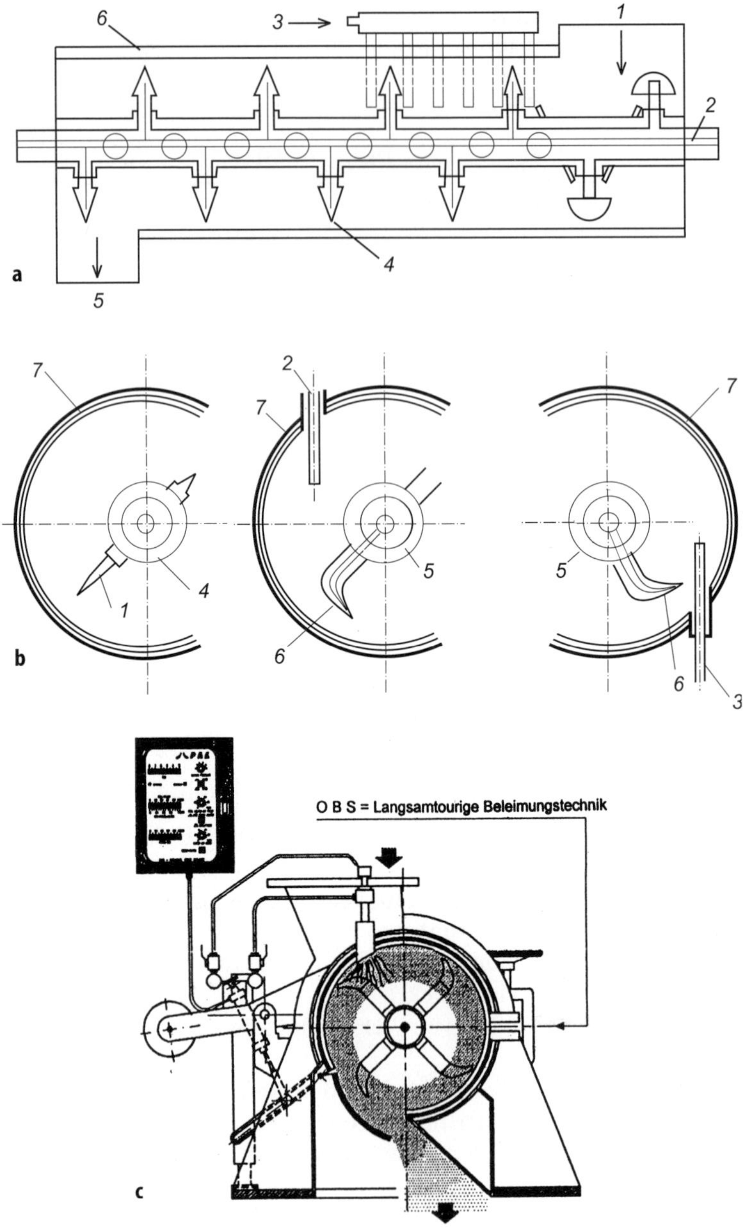

Abb. 4.31 a–c. Beleimmaschinen. **a** Ringmischer (Autorenkollektiv, Lexikon der Holztechnik 1990): *1* Spaneintrag, *2* gekühlte Mischwerkwelle, *3* Leimzugabe, *4* Mischwerkzeug, *5* Spanaustrag, *6* gekühlter Trogmantel des Mischzylinders. **b** Prinzipien der Außen- und Innenbeleimung: *1* Leimzugabe von innen über Hohlwelle durch Leimschleuderröhrchen, *2* von außen oben, *3* von außen unten, *4* Mischwerkwelle (nicht gekühlt), *5* Mischwerkwelle gekühlt, *6* gekühlte Mischwerkzeuge, *7* gekühlter Mischzylinder. **c** Langsam laufender Mischer für Wafer und Strands, (Fa. PAL) (Autorenkollektiv, Lexikon der Holztechnik, 1990)

- Vorrichtungen zum Werfen (Streuen) der Späne
- Streuunterlagen (z. B. Bleche, Stahlbänder, Siebbänder, Textilbänder)

Es werden 2 grundsätzliche Prinzipien der Streuung unterschieden:

- Wurfsichtstreuung (z. B. Rollenstreusysteme mit speziell profilierten Walzen, um die Partikeln nach der Größe zu separieren). Die Partikeln erhalten einen kinetischen Impuls, größere Partikeln fallen weiter als kleinere (Abb. 4.32). Bekannte Prinzipien sind z. B. das Walzensieb (SpiRoll von Rauma) oder strukturierte Walzen Face. C (Dieffenbacher). Auch kombinierte Wurf- und Walzensichtung (Classiformer) sind im Einsatz. Der Feinheitsgrad der Separierung wird durch die Anzahl der Wurfwalzen gesteuert.
- Windsichtstreuung: es erfolgt eine Separierung der Späne nach der spezifischen Oberfläche; kleine Partikeln werden vom Windstrom weiter transportiert als große (Abb. 4.33).

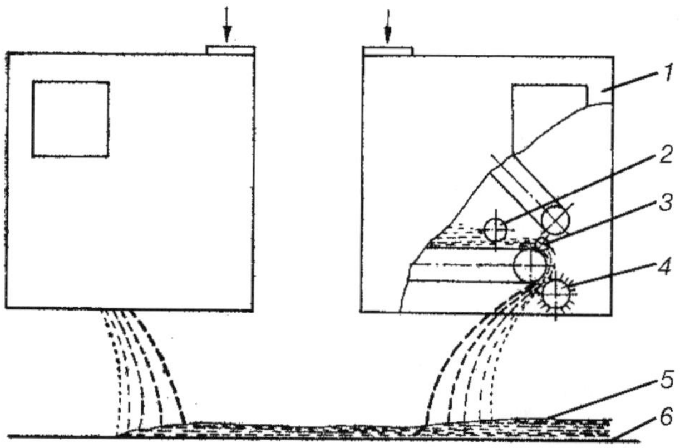

Abb. 4.32. Wurfsichtstreuprinzip. *1* Streumaschine, *2* Egalisierwalze, *3* Abwurfbürstenwalze, *4* Streuwalze, *5* Spanvlies, *6* Formband

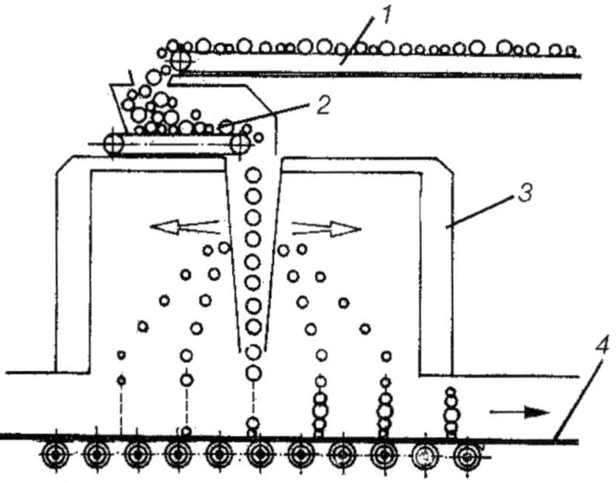

Abb. 4.33. Windsichtstreuprinzip. *1* Spangemischzuführung, *2* Spandosierung, *3* Windstreukammer, *4* Formband

Häufig werden auch kombinierte mechanisch und nach dem Windsichtverfahren arbeitende Systeme eingesetzt.

In der Mittellage werden z. T. nur Auflösewalzen eingesetzt, da hier keine separierende Streuung notwendig ist. Teilweise erfolgt eine zusätzliche Steuerung des Querprofiles.

Pressen

Beim Pressen ist zwischen Vor- und Hauptpressen (Heißpressen) zu unterscheiden. Vorpressen dienen der Erzielung einer Mindestfestigkeit des Spanvlieses und der Reduzierung der Presszeit beim Heißpressen. Sie können taktweise oder kontinuierlich arbeiten. Der spezifische Pressdruck liegt bei 10–40 bar. Durch den Heißpressvorgang wird das Bindemittel ausgehärtet und die Platte in ihrer Struktur fixiert. Durch Variation von Vliesfeuchte, Schließgeschwindigkeit, Presstemperatur und Partikelgeometrie kann das Rohdichteprofil senkrecht zur Plattenebene und damit die Plattenqualität in weiten Bereichen variiert werden. Der Pressprozess gliedert sich in

- Druckaufbauphase (Schließzeit der Presse, durch diese wird das Dichteprofil beeinflusst)
- Druckhaltungsphase (in der Plattenmitte muss eine Temperatur von ca. 100 °C erreicht werden, um das Wasser zu verdampfen)
- Druckentlastungsphase, schrittweise (in Abhängigkeit vom Gegendruck, der durch das verdampfende Wasser entsteht).

Heißpressen werden ausgeführt als

- Mehretagenpressen
- Einetagenpressen und insbesondere als
- kontinuierlich arbeitende Pressen.

Kontinuierlich arbeitende Pressen erzeugen eine endlose Platte. Folgende Systeme sind im Einsatz:

- Konti-Pressen auf der Basis der Einetagenpresse mit kontinuierlichem Durchlauf der Platten
- Kalanderpressen (für dünne Platten, Abb. 4.34)
- Strangpressen (nach dem System Kreibaum) (Abb. 4.35)

Mehretagenpressen

Mehretagenpressen (Abb. 4.36, 4.52) werden mit Breiten bis zu 2650 mm gefertigt. Sie haben meist Simultanschließeinrichtungen. Einige Richtwerte für die spezifische Presszeit bei 180 °C Presstemperatur (nach Gfeller 2000):

- UF- und MUF-Leime: 0,18–0,22 min/mm Plattendicke
- PF-Leime: 0,20–0,22 min/mm Plattendicke
- MDI: 0,18–0,20 min/mm Plattendicke

Diese Werte beziehen sich auf die Plattenrohdicke mit Schleifzugabe. Diese beinhaltet Dickentoleranzen der Platten und die so genannte Presshaut. Sie ist

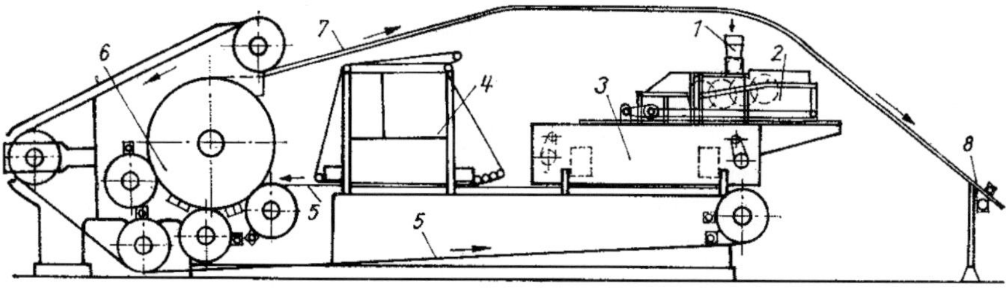

Abb. 4.34. Kalanderpresse (Fa. Bison). *1* Zufuhr beleimter Partikeln, *2* Dosierbunker, *3* Vliesbildung nach Windsichtstreuverfahren, *4* Hochfrequenzvorwärmung, *5* Stahlband, *6* Walzenpresse, *7* Überführung der fertigen Platte, *8* Besäumsäge

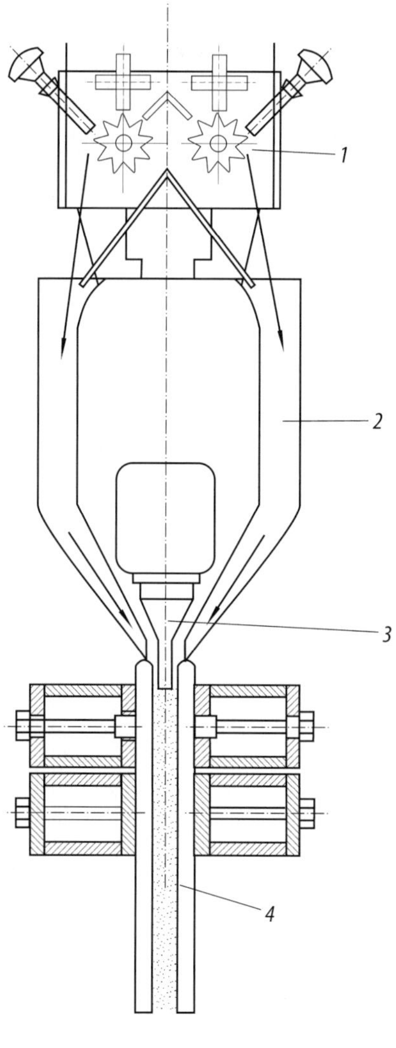

Abb. 4.35. Strangpresse Typ Okal (Fa. Otto Kreibaum). *1* Spandosierung, *2* Einfallkanal, *3* Kolben, *4* Formkanal

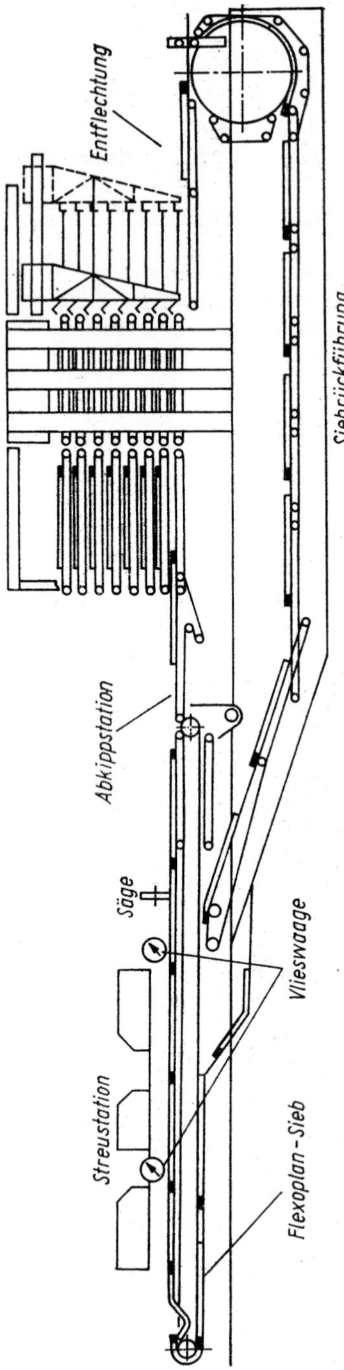

Abb. 4.36. Etagenpresse (Flexoplan, Schenk)

bei Mehretagenpressen immer größer als bei Einetagen- und kontinuierlich arbeitenden Pressen. Sie beträgt ca. 0,7–2 mm.

Als Transportunterlagen dienen Bleche oder Stahlsiebe.

Einetagenpressen

Einetagenpressen werden in der Regel mit obenliegender Hydraulik ausgeführt. Die Breite beträgt bis zu 2650 mm, die Länge bis zu über 60 m. Bei 220 °C gelten nach Gfeller (2000) folgende Richtwerte für die spezifische Presszeit:

- UF- und MUF-Leime: 0,12–0,14 min/mm Plattendicke
- PF-Leime: 0,15–0,18 min/mm Plattendicke
- MDI: 0,12–0,14 min/mm Plattendicke

Die Schleifzugaben sind wesentlich geringer (30–50%) als bei Mehretagenpressen, da die Dicke über die Ansteuerung der einzelnen Presszylinder gesteuert werden kann.

Kontinuierlich arbeitende Pressen (CPS-Presssystem)

Diese sind heute in neuen Anlagen am häufigsten im Einsatz. Sie ermöglichen sehr geringe Dickentoleranzen. Die Produktivität hängt ab von der Heizzeit, die zur Aushärtung des Leimes erforderlich ist. Um eine hohe Produktivität zu erreichen, benötigt man eine möglichst lange Presse. So beträgt die Pressenlänge je nach Kapazität derzeit 38 bis 45 m (für OSB auch über 60 m). Bei dünnen MDF beträgt die Länge 15–25 m. Das Prinzip beruht darauf, dass das Vlies auf einer Transportunterlage in die Presse eingeführt wird und durch Pressplatten ein Druck auf die sich durch die Presse bewegende Pressunterlage ausgeübt wird. Die Wärme wird von den Pressplatten über die Transportunterlage auf das Vlies übertragen. Die Pressen unterteilen sich in den Hochdruckbereich, den Kalibrierbereich und die Entgasung. Die Kraft wird über einzeln ansteuerbare Presszylinder eingebracht. Das Rohdichteprofil ist mit diesen Anlagen in einem weiten Bereich variabel.

Es gibt verschiedene Systeme, denen das Prinzip endloser Stahlbänder, die auf stationären Pressplatten abgestützt sind, gemeinsam ist. Unterschiedlich gelöst ist die Verminderung der Reibung zwischen Stahlbändern und Pressplatten und der Abbau thermisch bedingter Spannungen in den Pressen. Bekannt sind die Systeme

- Hydrodyn-Verfahren (zur Wärmeübertragung und als Gleitmittel dient ein Ölfilm, nur wenig eingesetzt)
- Kettenausführung (durchlaufende Stahlbänder und Abstützung über kalibrierte Stahlstangen) (Abb. 4.37a)

Die Fa. Metso setzt das küsters press®-System mit Rückkühlung im zweiten Drittel der Presse ein (Abb. 4.37b). Dabei werden Heiz- und Kühlzone getrennt. Kontinuierliche Pressen ermöglichen die geringsten Dickenschwankungen, sie dominieren heute in modernen Anlagen.

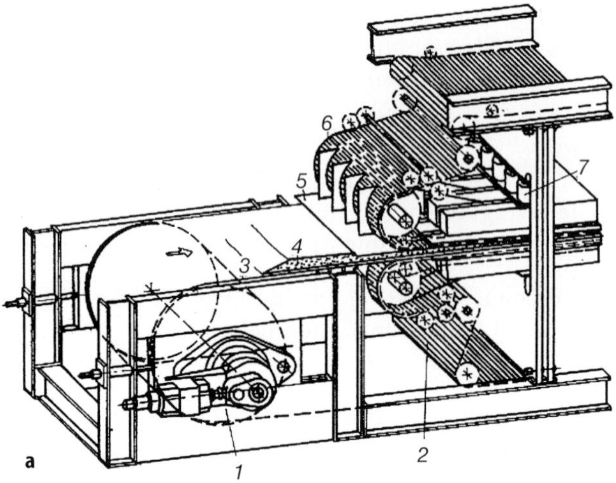

a

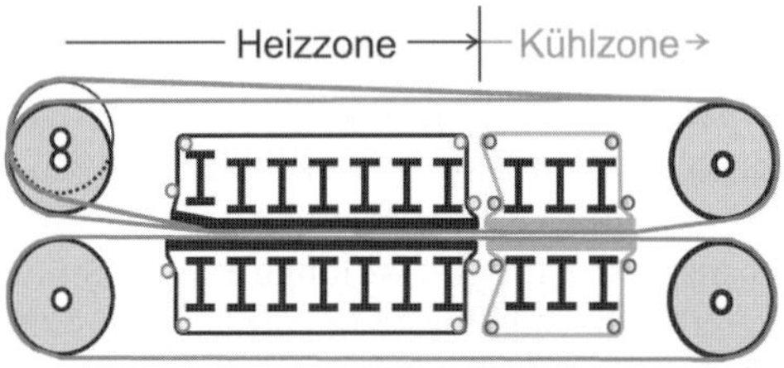

b

c

Abb. 4.37 a–e. *Abbildungslegende siehe Seite 127.*

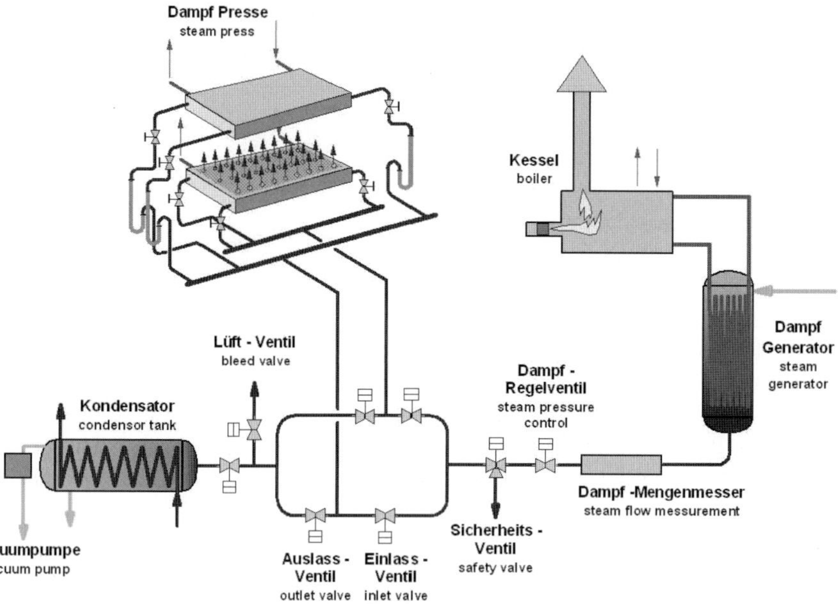

d

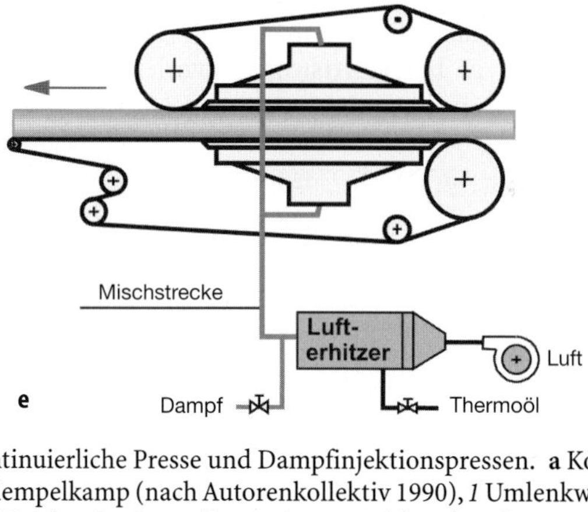

e

Abb. 4.37 a–e. Kontinuierliche Presse und Dampfinjektionspressen. **a** Kontinuierlich arbeitende Presse, Fa. Siempelkamp (nach Autorenkollektiv 1990), *1* Umlenkwalze, *2* oberer Stabteppich, *3* unteres Heizband, *4* Spanvlies, *5* oberes Heizband, *6* oberer Stabteppich, *7* Presshydraulik über der oberen Heizplatte; **b** Küsters press mit Kühlzone, Fa. Metso; **c** Dampfinjektionspresse, Fa. Siempelkamp; **d** Funktionsprinzip der Dampfinjektionspresse. Fa. Siempelkamp; **e** Conti-Therm (Vliesvorwärmung), Fa. Siempelkamp

Vorteile sind u.a. (Beck und Bluthardt 2001):

- 10–20% Kapazitätssteigerung
- geringere Gefahr von Plattenreissern
- einstellbare Plattenfeuchte, verbesserte Weiterverarbeitung
- Reduzierung des Energieverbrauches (bis zu 40%)
- Reduzierung der Formaldehydemission der Presse
- Geringere Brandgefahr

Pressen von Spezialprodukten (LSL, OSB)
Zum Pressen werden heute Taktpressen und auch kontinuierliche Pressen eingesetzt. Teilweise werden bei großen Plattendicken (z.B. bei LSL) Dampfinjektionspressen (Abb. 4.37c, 4.37d) verwendet. Dabei wird über Bohrungen in den Pressplatten Heißdampf eingebracht, um die Aushärtung zu beschleunigen. Zur Beschleunigung des Pressvorganges werden auch Bandvorpressen eingesetzt (Conti-Therm, Fa. Siempelkamp, Abb. 4.37e), die eine wesentliche Beschleunigung der Durchwärmung des Vlieses ermöglichen.

Kühlen und Konditionieren
Die Temperatur der Platten nach dem Pressen beträgt über 100°C, wobei in den Randzonen Temperaturen bis zu 150°C, in der Plattenmitte um 120°C erreicht werden (Kehr, in Autorenkollektiv 1975). Außerdem ist ein deutliches Feuchteprofil über der Plattendicke vorhanden (Abb. 4.38). Bei Lagerung der heißen Platten kommt es bei Harnstoffharzverleimung zur Hydrolyse. Die

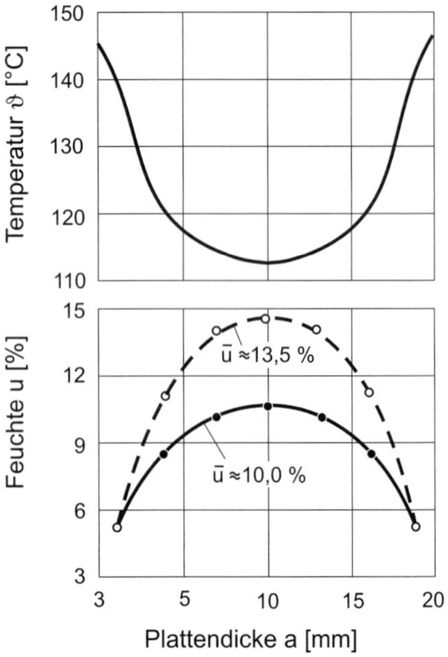

Abb. 4.38. Feuchte- und Temperaturprofil einer Spanplatte nach dem Pressen (Kehr, in Autorenkollektiv 1975), Heizplattentemperatur 155°C, Presszeit 7 min, Rohdichte der Platten 600–650 kg/m³

Platten müssen daher in Kühlsternen gekühlt werden (ca. 70 °C). Bei PF-verleimten Platten wird dagegen auf das Kühlen verzichtet, da durch die Lagerung bei erhöhter Temperatur ein Vergütungseffekt erzielt wird (Nachhärtung der Harze).

Auch das Feuchteprofil sollte vor dem Schleifen ausgeglichen werden, um die Oberflächengüte zu verbessern und Spannungen abzubauen. Nach dem Kühlen erfolgt meist eine mehrtägige Konditionierung.

Besäumen, Schleifen

Die Platten werden anschließend besäumt und auf die endgültige Dicke geschliffen. Dabei wird die Presshaut entfernt und eine Dickenkalibrierung (Ausgleich von Dickenschwankungen) vorgenommen.

4.2.3.2
Fertigungsablauf

In den Abbildungen 4.39 und 4.40 ist der Fertigungsablauf von Spanplatten nach dem Flach- und Strangpressverfahren schematisch dargestellt.

Die kostenoptimale Fertigungskapazität einer Spanplattenanlage liegt heute bei mindestens 1000 m^3 Tagesleistung.

Folgende Material- und Energieverbräuche können als Richtwerte für Spanplatten und MDF gelten:

Tabelle 4.9. Material- und Energieverbrauch für Spanplatten und MDF (Richtwerte)

Kostenquelle	Spanplatte	MDF
Energieverbrauch	110 kWh/m^3	300 - 400 kWh/m^3
Leim (Festharz)	50 - 60 kg/m^3	70 kg/m^3
Holz	1,8 - 1,9 m^3/m^3	2 m^3/m^3

4.2.3.3
Spezielle Holzspanwerkstoffe

Dazu zählen:

- Spanformteile
- Anorganisch gebundene Holzwerkstoffe, wobei als Bindemittel Gips oder Zement eingesetzt werden
- Waferboard
- Oriented Strand Board (OSB)
- Laminated Strand Lumber (LSL)
- Scrimber

Die Grundoperationen für die Herstellung dieser Holzwerkstoffe sind ähnlich denen der klassischen Spanplatten.

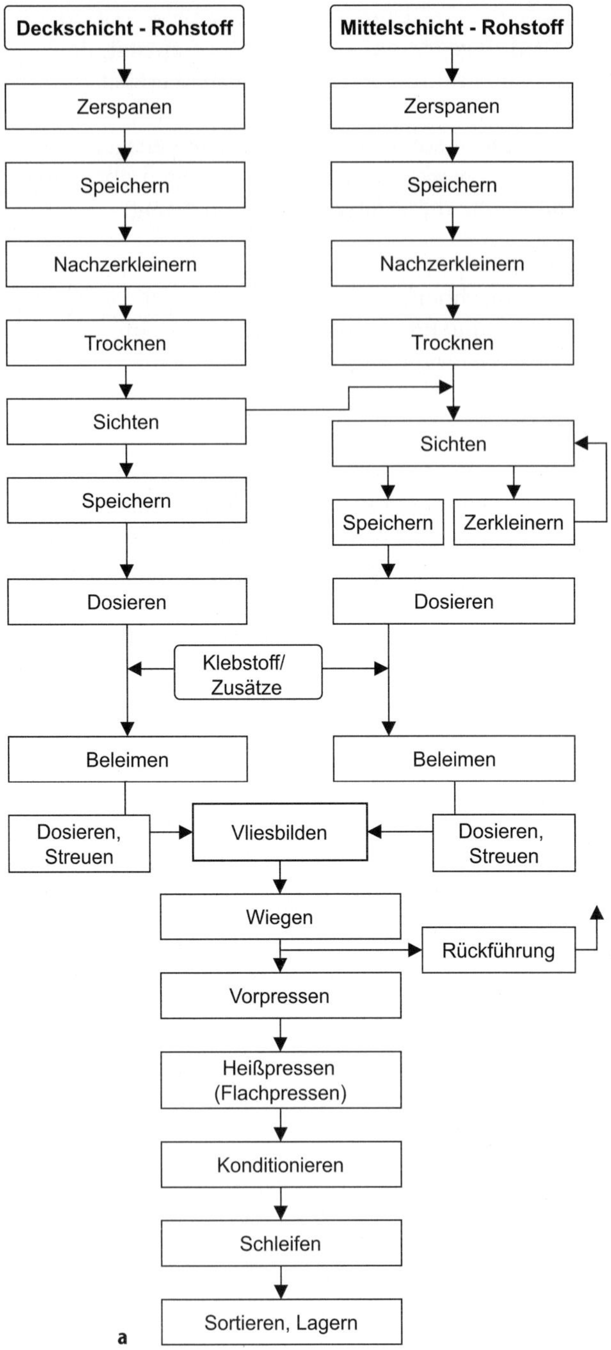

a

Abb. 4.39 a, b. Herstellung von Spanplatten. **a** Fertigungsablauf für Spanplatten nach dem Flachpressverfahren

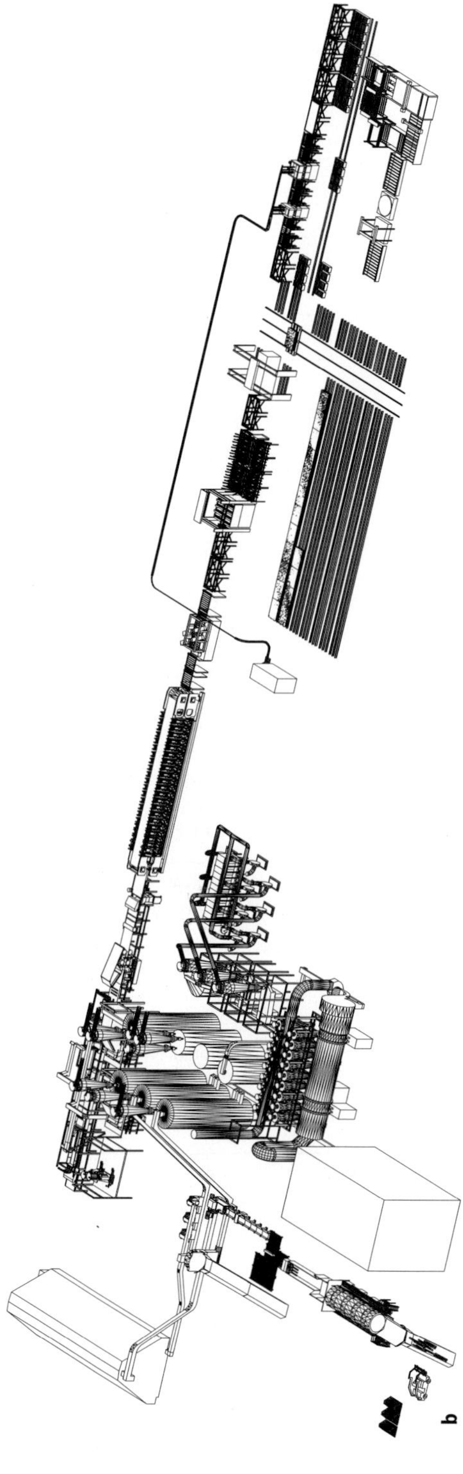

b

Abb. 4.39 b. 3D-Darstellung einer Spanplattenanlage (Fa. Dieffenbacher)

Abb. 4.40. Fertigungsablauf für Spanplatten nach dem Strangpressverfahren

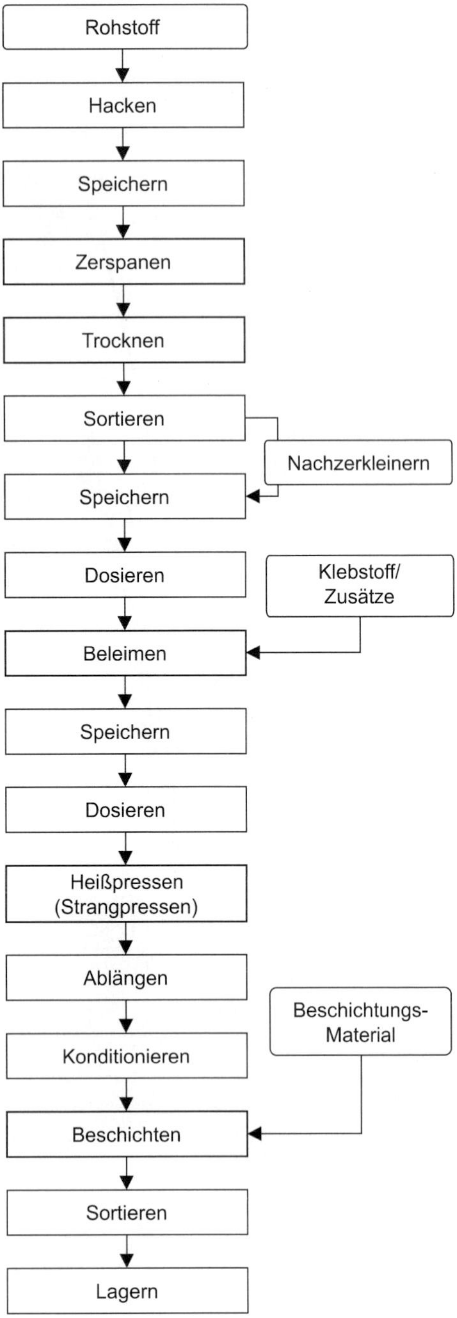

Spanformteile

Spanformteile (zwei- oder dreidimensional) sind meist oberflächenbeschichtet, sie werden im Gegensatz zu Spanplatten nach dem Pressen in ihrer Gestalt nicht verändert.

Der Festharzanteil liegt bei 15–30 %, eine Steigfähigkeit des Span-Leimgemisches wie bei Kunstharzpressmassen ist daher nicht gegeben. Die Dichte liegt bei 700–900 kg/m^3. Die Herstellung ist im Vergleich zur Spanplatte wenig automatisiert.

Anorganisch gebundene Holzwerkstoffe

Dazu zählen z.B. zement- und gipsgebundene Holzwerkstoffe. Es werden span- oder faserförmige (auch Holzwolle) Partikel eingesetzt. Der Anteil an Holz beträgt 20 Masseprozent, der Anteil an mineralischen Bindemitteln 60 %. 20 % sind gebundenes Wasser.

Die Späne werden mit den Bindemitteln gemischt, gestreut und später in Paketen bei erhöhter Temperatur (60–70 °C) ausgehärtet.

Waferboard/Scrimber

Bei der Herstellung von Waferboards werden flächige Partikeln meist auf Scheibenzerspanern gefertigt. Bei Scrimber werden durch Quetschen von Rundholz langfaserige Partikel erzeugt und anschließend wieder zu Profilen verklebt.

OSB/LSL

Als Ausgangsmaterial dient entrindetes Rundholz. Zur Zerspanung werden Trommel-, Scheiben- (Abb. 4.41) oder Messerringzerspaner eingesetzt. Auch Systeme zur Verarbeitung von Altholz (Fa. Meier) auf Messerringbasis sind im Angebot. Entstehendes Feingut wird ausgesondert. Es kommt Holz mit einer Dichte von 400–700 kg/m^3 zum Einsatz. Die Holzfeuchte muss über 60 % liegen, um den Feingutanteil zu reduzieren. Das Feingut wird ausgesiebt.

Die Trocknung erfolgt spanschonend in Trommeltrocknern. Die Beleimung erfolgt in langsam laufenden Mischern, wobei häufig auch Pulverleim zugegeben wird.

Die Spanorientierung beim Streuen erfolgt in Längsrichtung durch Schlitzsiebe oder Scheibenstreuköpfe (Abb. 4.42), die Querorientierung in der Mittellage durch Scheibensegmente.

Zum Pressen werden heute auch kontinuierliche Pressen, bei großen Dicken Dampfinjektionspressen (Abb. 4.37 c, 4.37 d) und teilweise spezielle Vorpressen (Abb. 4.37 e) verwendet (vergl. Abschn. Pressen).

Die Abb. 4.43 und 4.44 zeigen den technologischen Ablauf der Herstellung von OSB/LSL und Scrimber.

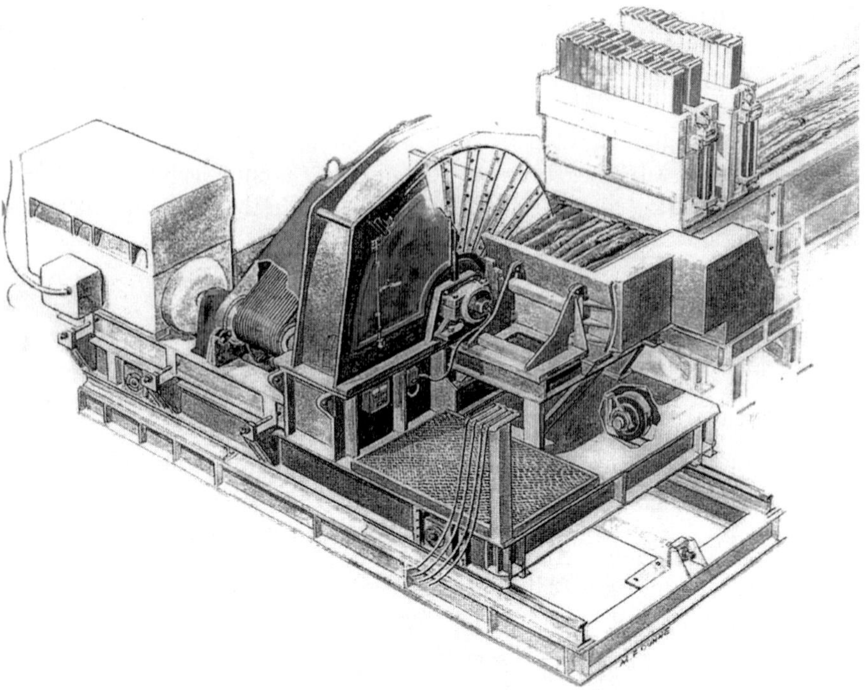

Abb. 4.41. Disc type longflaker für die Herstellung von Strands für OSB (Scheibenzerspaner), Fa. CAE

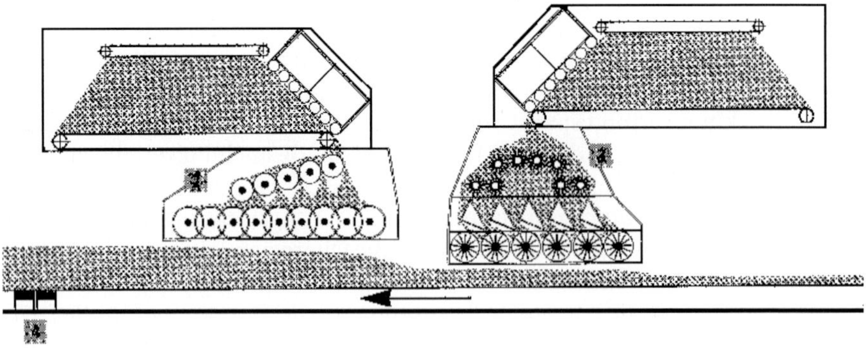

Abb. 4.42. Spanorientierung bei der OSB-Herstellung (Dieffenbacher)

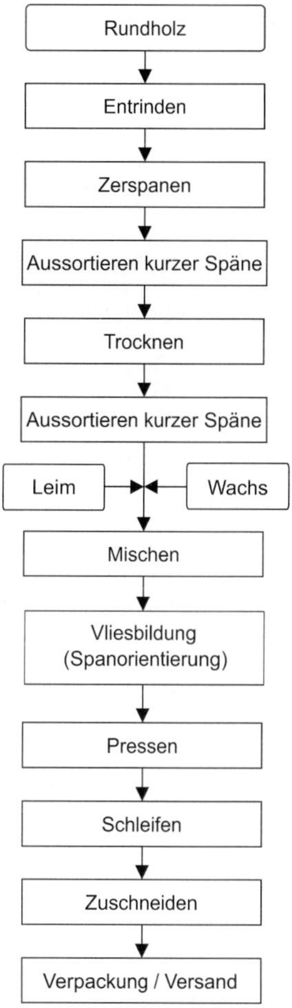

Abb. 4.43. Vereinfachtes Schema der Herstellung von OSB und LSL

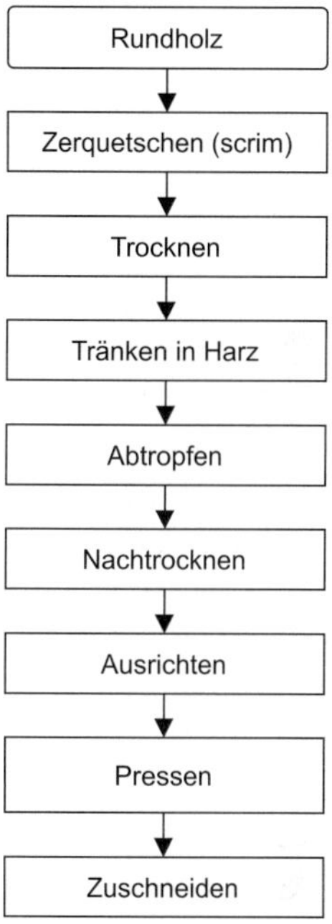

Abb. 4.44. Vereinfachtes Schema der Herstellung von Scrimber

4.2.4 Werkstoffe auf Faserbasis

4.2.4.1 *Technologische Grundoperationen*

Allgemeine Grundlagen

Allen Produkten gemeinsam ist, dass das Holz bis hin zu Fasern, Faserbündeln oder Faserbruchstücken aufgeschlossen wird. Abbildung 4.45 zeigt Defibratorfaserstoff und vergleichsweise dazu andere Partikeln.

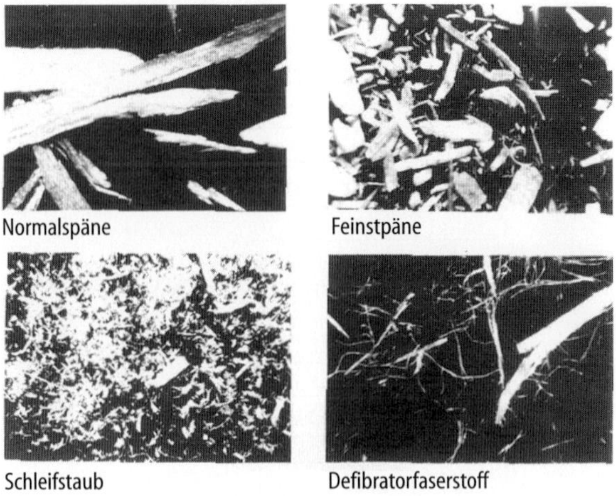

Abb. 4.45. Faserstoff und Späne verschiedener Abmessungen (Niemz 1985)

Wir unterscheiden 2 grundsätzlich unterschiedliche Verfahren:

- Das Nassverfahren: dabei erfolgt die Vliesbildung im wässrigen Medium durch Sedimentation aus einer Fasersuspension; zu dieser Gruppe zählen
  - poröse Faserplatten (Dämmplatten, Rohdichte unter 350 kg/m^3 meist etwa 150 kg/m^3) und
  - harte Faserplatten (Rohdichte 950–1050 kg/m^3)
- Das Trockenverfahren: dabei erfolgt die Vliesbildung mit trockenem (beleimten) Faserstoff (ca. 6–12% Holzfeuchte) mechanisch oder pneumatisch
  - MDF (Medium Density Fiberboard, Rohdichte 150–700–800 kg/m^3)
  - HDF (High Density Fiberboard, Rohdichte 800 bis >900 kg/m^3)

Die Dichte der MDF variiert heute in einem weiten Bereich. Es sind für Spezialzwecke Rohdichten von ca. 150 kg/m^3 (Dämmplatten) und ca. 350–380 kg/m^3 (Dach- oder Wandplatten) im Einsatz bzw. in Entwicklung. In Südamerika werden aus Radiata Pine Platten für die Möbelindustrie in den folgenden Dichtestufen gefertigt:

- super leicht 480 kg/m^3
- leicht 600 kg/m^3
- Standard 725 kg/m^3

Rohstoffe

Holz

Als Rohstoff für Faserplatten können Holz und holzhaltige Materialien (Einjahrespflanzen) eingesetzt werden.

Als Ausgangsmaterial dienen meist entrindete Hackschnitzel. Der Faserstoff wird aus diesen durch Mahlprozesse nach meist hydrothermischer Vorbehandlung hergestellt. Die Streudichte der Fasern beträgt je nach Aufschlussgrad zwischen 15–25–30 kg/m^3.

Für die Faserstoffausbeute entscheidend ist der Anteil an Festigkeitsgeweben: Libriformfasern der Laubhölzer, Spätholztracheiden der Nadelhölzer; siehe Lampert (1966). Bei Einjahrespflanzen ist der Faseranteil deutlich geringer als bei Holz. Aus Nadelhölzern werden längere Fasern als aus Laubhölzern erzeugt. Lampert (1966) gibt folgende Werte für die Faserlänge an:

- **Nadelholz:** Fichte: 3,5 – 5 mm; Kiefer: 3,5 – 6 mm; Tanne: 3,5 – 6 mm
- **Laubholz:** Aspe: 1 – 1,25 mm; Pappel: 1,5 mm; Birke: 1,2 – 1,5 mm; Buche 1,0 – 1,2 mm

Der Schlankheitsgrad der Fasern (Verhältnis Länge/Dicke) liegt bei Nadelhölzern etwa bei 100, teilweise auch deutlich höher. Bei Laubholz liegen die Werte darunter, z. B. bei Buche bei 38 – 60. Die Faserdicke ist für die Kompressibilität (Zusammendrückung bei Beschichtung, z. B. bei Laminatböden) von Bedeutung (Deppe u. Ernst 1996).

Die Faserlängen variieren mit der Baumhöhe und dem Baumalter. So gibt Lampert (1966) für Buche nach 5 Jahren Faserlängen von 500 µm, nach 45 Jahren von 850 µm an. Mit steigender Baumhöhe nimmt z. B. bei Kiefer die Faserlänge ab. Mit zunehmendem Alter steigt sie an bis zu einem Maximum (das etwa bei 50 – 80 Jahren erreicht wird), danach fällt sie. Lampert gibt z. B. im 1. Jahrring für Kiefer Faserlängen von 0,9 – 1 mm, im 10. – 20 Jahrring von 2,5 – 3,0 mm und im 50. Jahrring von 3,5 – 4,5 mm an. Dies verdeutlicht den Einfluss von relativ jungem (juvenilem) Holz, das insbesondere in der Plantagenwirtschaft (z. B. Radiata Pine) verwendet wird.

Beim Nassverfahren wird eine starke Fibrillierung und damit Verfilzung der Fasern angestrebt, beim Trockenverfahren orientiert man dagegen auf eine geringe Fibrillierung.

Daher sind Laubholzfasern sehr gut für das Trockenverfahren geeignet, wobei heute sowohl Laub- als auch Nadelhölzer beim Trockenverfahren eingesetzt werden. Tabelle 4.10 zeigt die Abmessungen und die Streudichte von Faserstoff (hydrothermisch vorbehandelt) und vergleichsweise von anderen Feinstpartikeln.

Tabelle 4.11 zeigt ausgewählte Verbrauchskennziffern für Spanplatten und Faserplatten.

Kleb- und Zusatzstoffe

Hartfaserplatten nach dem *Nassverfahren* können ohne Klebstoffe (Aktivierung holzeigener Bindekräfte), oder mit einem sehr geringen Zusatz an Klebstoffen (z. B. Phenolharz) hergestellt werden. Wird kein Klebstoff eingesetzt, werden die Platten meist thermisch nachvergütet. Der Klebstoffanteil (meist Phenolharz) beträgt ca. 1 – 3 %; dieser wird durch Zugabe von Chemikalien (auch als Fällmittel bezeichnet; z. B. $AlSO_4$) auf die Fasern ausgefällt. Zusätzlich wird Paraffin als Hydrophobierungsmittel eingesetzt. Mit zunehmendem Klebstoffanteil steigt die Festigkeit, die Quellung sinkt (s. Autorenkollektiv 1975).

Tabelle 4.10. Abmessungen von Partikeln (Lexikon der Holztechnik 1990)

Partikelart	Streudichte in kg/m³	Abmessungen		Schlankheit	Streuverhalten
		Länge in mm	Dicke in mm		
Faserstoff (hydrothermische Plastifizierung)	15–40	0,4–0,6	–	–	nicht rieselfähig
Normalspäne	70–180	5–10	0,2–0,3	20–50	rieselfähig
Feinstspäne	120–240	3–6	0,1–0,25	15–40	rieselfähig
Faserspäne (Spanfaserstoff)					
geringer Zerfaserungsgrad	80–160	3–6	0,1–0,25	15–40	rieselfähig
starker Zerfaserungsgrad	40–100	3–6	0,08–0,2	20–40	bedingt rieselfähig
Schleifstaub	160–200	0,4–0,6	–	–	rieselfähig

Tabelle 4.11. Ausbeute bei der Herstellung verschiedener Holzwerkstoffe (Autorenkollektiv 1975)

Spanplatten (nach E. Kehr)

Holzart	Fichte		Kiefer		Eiche	Rotbuche
Rohdichte Holz in kg/m³	440		490		650	680
Rohdichte Platte in kg/m³	600	700	600	700	700	700
Holzverbrauch in rm/m³	2,4	2,8	2,1	2,4	2,0	1,8

rm – Raummeter (Holzvolumen einschließlich Hohlräume im Stapel).

Harte Faserplatten (nach E. Kehr)

Verfahren	Nassverfahren	Trockenverfahren
Holzeinsatz in t atro Holz mit Rinde/t Faserplatten	1,15	1,10
Holzverbrauch in m³Holz/t Faserplatten	2,3–2,9	2,1–2,2

Bei *MDF (Trockenverfahren)* wird in der Regel Harnstoffharz als Klebstoff und Paraffin als Hydrophobierungsmittel verwendet. Teilweise kommen auch Melamin und Phenolharz oder Isocyanate zum Einsatz. Die Verwendung holzeigener Bindekräfte durch spezielle Zerfaserungsverfahren (Aktivierung der Hemicellulosen durch spezielle Druck-Wärme-Vorbehandlung) und enzymatische Vorbehandlung des Holzes ist in der Anfangsphase (Wagenführ et al. 1989). Prinzipiell sind auch Tannine verwendbar und im industriellen Einsatz.

Ferner werden Härter und Formaldehydfänger verwendet, und z.T. Feuerschutzmittel eingesetzt.

Bei MDF sind folgende Klebstoffanteile üblich:

- Harnstoffharz: 10–12% (bei HDF und Spezialplatten z.B. mit geringer Rohdichte teilweise deutlich darüber; bis zu 16%)
- Melaminharz: 10–12%
- PUR/MDI: 2–6%
- Phenolharz: 6–8%

Die Preisrelation der Klebstoffe beträgt etwa: UF:MDI:PF = 1:4:2.

Bei Harnstoffharz wird dieses zweckmäßigerweise mit 2–8% Melaminharz modifiziert.

Als Härter dient meist Ammoniumsulfat (Deppe u. Ernst 1996).

Paraffin wird als Flüssigparaffin bei der Zerfaserung oder als Dispersion (bei Harnstoffharzen, Melaminharzen) der Leimflotte zugegeben. Der Paraffinanteil beträgt 0,3–2% (bez. auf darrtrockene Partikel). Der erforderliche Zusatz an Feuerschutzmitteln beträgt 12–20% (bez. auf darrtrockene Fasern; Deppe u. Ernst 1996).

Zerfasern

Die Zerfaserung erfolgt beim Nass- und beim Trockenverfahren nach den gleichen Grundprinzipien.

Als Rohmaterial werden größtenteils Hackschnitzel (teilweise Zugabe von Abfallspänen) verwendet. Diese werden bei der MDF-Herstellung meist entrindet. Danach werden die Hackschnitzel gewaschen. Mit der Zerfaserung (Defibrierung) soll eine schonende Zerlegung des vorzerkleinerten Holzes in einzelne Fasern und Faserbündel erfolgen. Durch die hydrothermische Vorbehandlung wird eine Erweichung des Lignins in der Mittellamelle vorgenommen. Abbildung 4.46 zeigt eine Übersicht zu verschiedenen Zerfaserungsaggregaten (Refinern).

In der Praxis werden für die Zerfaserung von Holz meist folgende Verfahren eingesetzt:

a) Das Defibratorverfahren (Einscheibenverfahren, Abb. 4.47)

Dabei werden die Hackschnitzel im Vorwärmer plastifiziert (Erweichung der Mittellamelle) und zwischen einer festen und einer rotierenden Mahlscheibe zerkleinert.

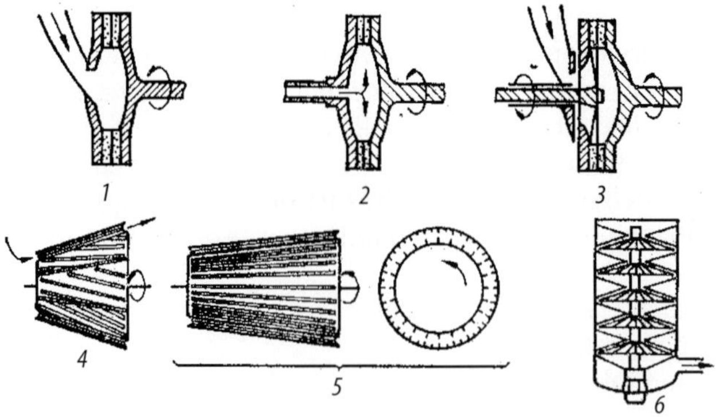

Abb. 4.46. Refiner-Typen (Autorenkollektiv, Lexikon der Holztechnik 1990). *1* Refiner nach Voith, Sprout-Waldron u.a. mit einer beweglichen Scheibe, *2* Southerland-Refiner mit Hohlachse und einer beweglichen Scheibe, *3* Bauer-Refiner mit zwei sich entgegengesetzt drehenden Scheiben, *4* Clafin-Refiner, *5* Hydrorefiner mit Stoffzufuhr am schmalen Ende, *6* Fritz-Refiner mit 10 Mahlscheiben

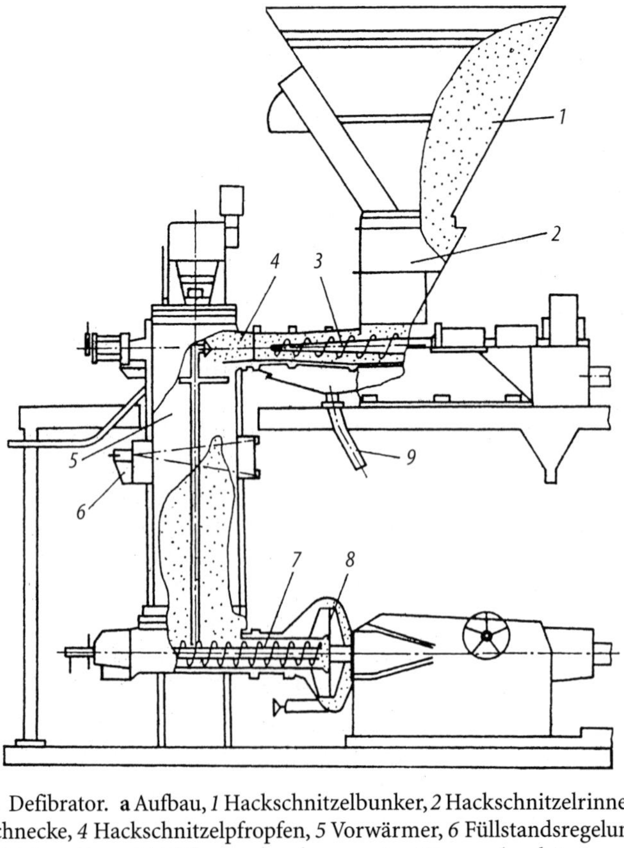

Abb. 4.47 a, b. Defibrator. **a** Aufbau, *1* Hackschnitzelbunker, *2* Hackschnitzelrinne, *3* Pfropfen- und Speiseschnecke, *4* Hackschnitzelpfropfen, *5* Vorwärmer, *6* Füllstandsregelung, *7* Förderschnecke, *8* Mahlscheiben, *9* Abführung des abgepressten Wassers (nach Lampert (1965))

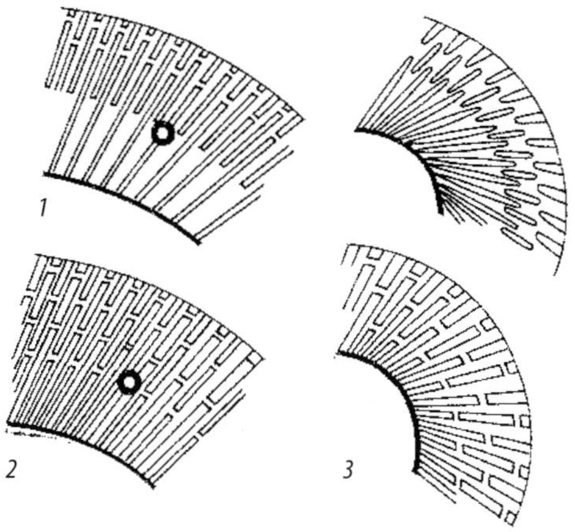

b

Abb. 4.47 b. Mahlscheiben (nach Lampert 1966). *1, 2* für Kiefer, *3* für Rotbuche

Wesentliche Einflussgrößen auf die Faserstoffqualität sind (Autorenkollektiv 1975):

- Zeit und Dampfdruck im Vorwärmer
- Zerfaserungsdruck
- Abstand der Zerfaserungsscheiben (bestimmt Faserdicke)
- Drehzahl und Zustand der Zerfaserungsscheiben
- Rohstoffart und -feuchte

b) Sonstige Zerfaserungsverfahren

- Masonite Verfahren (Dämpfen und explosionsartige Druckentlastung; Abb. 4.48)

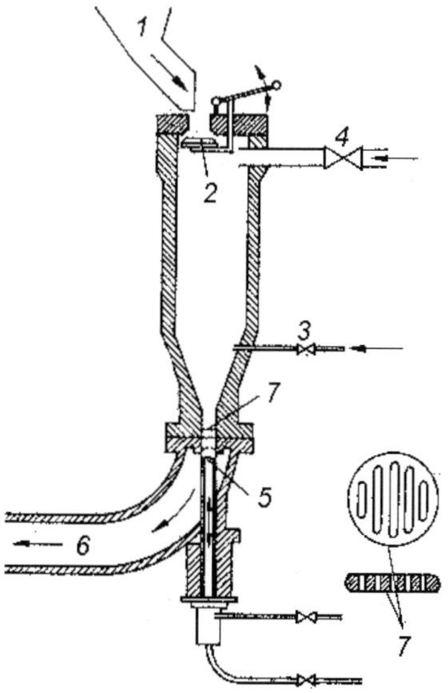

Abb. 4.48. Masonite-Verfahren (Autorenkollektiv, Lexikon der Holztechnik (1990)). *1* Hackschnitzelzuführung, *2* Einlassventil, *3* Dampfventil, *4* Hochdruckdampfventil, Bodenventil, *6* Faserstoff-Transportleitung, *7* geschlitzte Platte

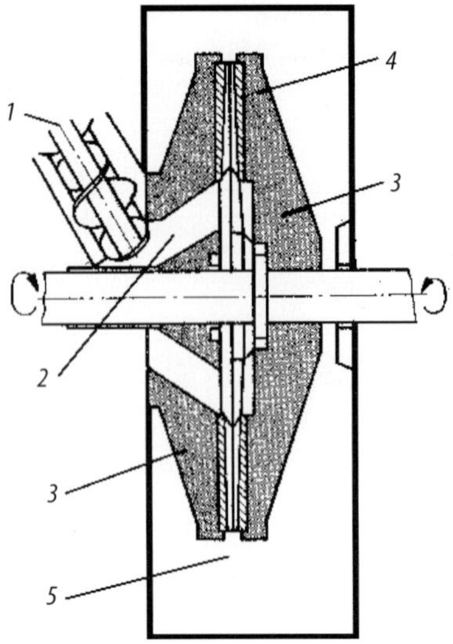

Abb. 4.49. Bauer-Verfahren (Autorenkollektiv, Lexikon der Holztechnik (1990)). *1* Zuführung der Hackschnitzel über Förderschnecke, *2* Eintrag zur Zerfaserung, *3* Mahlscheiben, *4* Mahlscheibensegmente, *5* Austritt des Faserstoffes

- Bauer Verfahren (Dämpfen und Zerfasern mit 2 gegenläufig arbeitenden Mahlscheiben; Abb. 4.49, auch als Doppel-Scheibenverfahren bezeichnet).
- Verfahren des chemischen Holzaufschlusses (Biffar-Verfahren); diese haben eine geringere Bedeutung.

Als Kenngrößen für die Beurteilung des Faserstoffes dienen z.B.

beim Nassverfahren

- der Mahlgrad (Zerfaserungsgrad) nach Schopper-Riegeler (°SR); (Messung des Entwässerungsverhaltens)

beim Trockenverfahren (MDF)

- die trockene Siebfraktionierung (Holzfeuchte 5–10%, meist unter Verwendung von Siebhilfen, um ein Agglomerieren der Partikeln zu verwenden)

Nach der Zerfaserung wird beim Nass- und beim Trockenverfahren eine grundsätzlich unterschiedliche Technologie der Vliesbildung angewendet.

Nassverfahren

Im Nassverfahren werden harte Faserplatten und Faserdämmplatten gefertigt. Die Produktion harter Faserplatten nach dem Nassverfahren ist rückläufig, gefertigt werden zunehmend Spezialprodukte für den Dachbereich (z.B. diffusionsoffen, diffusionsdicht, mehrlagig verklebte Faserplatten für Fußboden-

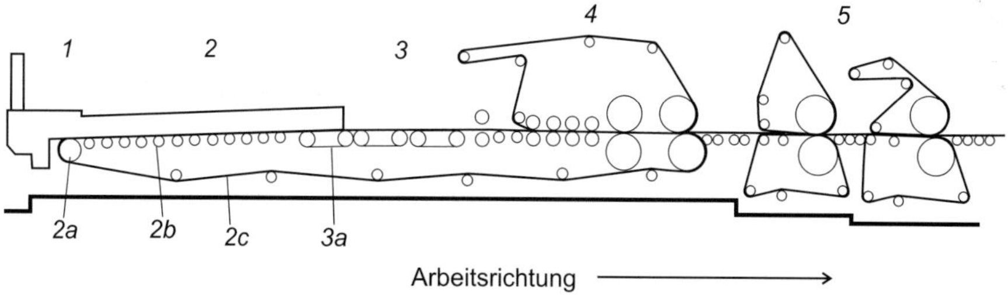

Abb. 4.50. Langsiebmaschine (Autorenkollektiv 1975). *1* Stoffauflauf, *2* Registerpartie, *2a* Brustwalze, *2b* Rollenbahn, *2c* Langsieb, *3* Saugpartie mit Sauger, *3a* mehrere Sauger mit perforierten Gummituch, *4* Gautschpartie (Vorpressen), *5* Presspartie mit Walzenpressen

platten oder Schuhabsätze). Faserplatten niedriger Dichte gewinnen als Dämmplatten (Wärmedämmung, Schallschluckung bei Decken) im Rahmen der Verwendung ökologischer Baustoffe wieder zunehmend an Bedeutung.

Aufbereiten des Faserstoffes
In dem der Zerfaserung (ggf. Nachzerfaserung) angeschlossenen System von Bütten wird der Faserstoff gemischt, bevorratet und mit Wasser auf eine Stoffkonzentration von 0,8–1,5–2,5% bei 30–60°C aufgeschwemmt. Gleichzeitig werden je nach Technologie Klebstoff, Fällmittel und Zusatzstoffe zugegeben.

Vliesbilden
Die Vliesbildung erfolgt kontinuierlich durch Sedimentation der Fasern aus der Suspension auf ein umlaufendes Siebband. Das Entwässern geschieht durch freien Ablauf des Wassers sowie Absaugen und Abpressen des Wassers bis auf einen Trockengehalt von 35–50%.

Als Formmaschine wird dabei meist das Langsieb (Abb. 4.50) verwendet. Die Geschwindigkeit der Entwässerung wird entscheidend durch den Mahlgrad des Faserstoffes beeinflusst.

Trocknen und Pressen
Bei der Herstellung von porösen Faserplatten (Dämmplatten) werden diese in Mehretagen- oder Einbahntrocknern bei 150–170°C (max. 250°C) auf 1–4% getrocknet.

Werden Hartfaserplatten gefertigt, so werden die Faservliese in Mehretagenpressen unter Einwirkung von Druck weiter entwässert, verdichtet und durch Aushärtung des Klebstoffes oder Wirkung holzeigener Bindekräfte ausgehärtet. Beim Pressen wird zur Entwässerung ein Beilagesieb verwendet, auf dem das Vlies transportiert und gepresst wird. Es dient der Entwässerung beim Pressen. Abbildung 4.51 zeigt ein typisches Pressdiagramm, Abb. 4.52 eine Mehretagenpresse.

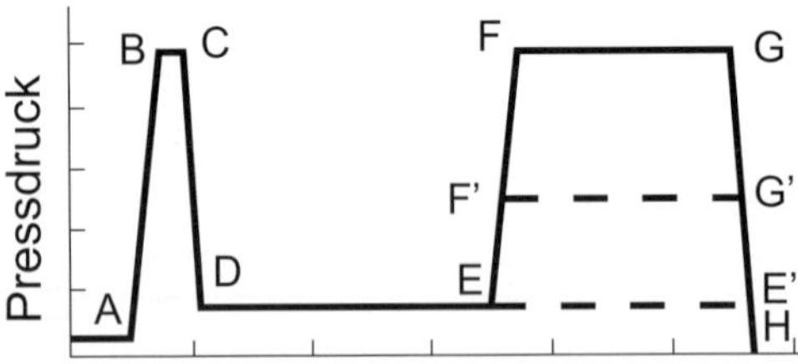

Abb. 4.51. Pressdiagramm für harte Faserplatte nach dem Nassverfahren. 0A – Schliessen der Presse, AB – 1. Verdichtungsstufe, BC – 1. Hochdruckstufe (A–C – Entwässerung), CD – Druckreduzierung, DE – Trocknungsstufe, EF – 2. Verdichtungsstufe, FG – 2. (Härten) Hochdruckstufe, GH – Öffnen der Presse

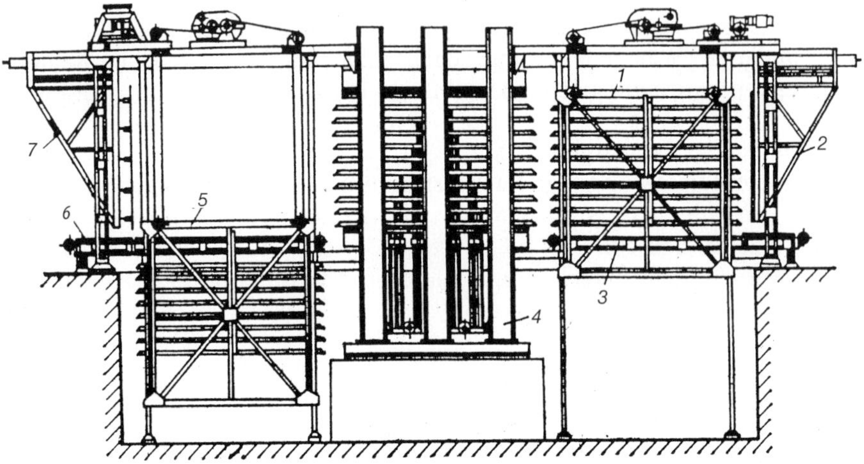

Abb. 4.52. Mehretagenpresse (Autorenkollektiv, Lexikon der Holztechnik (1999)). *1* Beschickkorb, *2* Einschubarm, *3* Kettenförderer, *4* Heißpresse, *5* Entleerungskorb, *6* Kettenförderer, *7* Auszugsarm

Vergüten, Konditionieren, Lagern

Die Vergütung kann durch *thermische Nachbehandlung* (bei 160–180 °C in Kammern) oder durch *Imprägnieren* erfolgen (extraharte Platten). Extraharte Platten werden durch erhöhten Klebstoffanteil und/oder nachträgliches Imprägnieren mit oxydierbaren Harzen und anschließende thermische Behandlung hergestellt. Auch eine Imprägnierung durch Tauchen oder Aufwalzen ist möglich (Autorenkollektiv 1975).

Konditionieren und Lagern

Auf Grund der geringen Feuchte der Platten nach dem Pressen oder Vergüten, müssen die Platten auf die Auslieferungsfeuchte von 4–7–10 % konditioniert werden (Konvektions- oder Kontaktbefeuchtung).

Trockenverfahren (MDF-Technologie)

Die Technologie des Trockenverfahrens ähnelt bis zur Zerfaserung der des Nassverfahrens. Tabelle 4.9 zeigt einen Vergleich von Material- und Energieverbrauch von Spanplatten und MDF. MDF sind deutlich kostenintensiver. Folgende wesentliche Unterschiede sind vorhanden (s. Tabelle 4.9, S. 129).

Beleimung der Fasern

Die Beleimung der Fasern erfolgt meist nach dem Blowline-System (Blasleitungs-Beleimung). Das Prinzip des Verfahrens besteht darin, dass der Leim nach der Zerfaserung in den Faserstrom eingedüst wird, welcher sich mit hoher Geschwindigkeit (150–500 m/s) bewegt. Der Dampfdruck im Mahlscheibengehäuse drückt den Faserstoff durch ein Ventil und weiter durch die Blasleitung in den Trockner. Wegen der hohen Turbulenzen in der Leitung kommt es zu einer gleichmäßigen Leimverteilung. Durch Verringerung des Rohrquerschnittes an der Eindüsstelle kann die Geschwindigkeit des Faserstoffes weiter erhöht werden. Abbildung 4.53 zeigt das Prinzip. Mit diesem Prinzip wird eine leimfleckenfreie Beleimung ermöglicht. Da der Leim auf die 100–110 °C heißen Fasern auftrifft, kommt es zu einer gewissen Vorhärtung (der pH-Wert der Fasern liegt im sauren Bereich, die Härtung beginnt also beim Auftreffen des Leimes auf die Fasern). Diese kann durch Zugabe von Puffermitteln (z. B. Alkali) reduziert werden (Deppe u. Ernst 1995). Der Faserstoff durchläuft danach im beleimten Zustand den Trockner. Dadurch ist im Vergleich zu den ebenfalls eingesetzten Ringmischern ein um ca. 10% höherer Leimanteil notwendig.

Teilweise werden aus Kostengründen (geringerer Leimverbrauch) auch schnell laufende Ringmischer (vergl. Abb. 4.31) analog der Spanbeleimung eingesetzt. Bei diesen kommt es allerdings zur Leimfleckenbildung, so dass sie bisher überwiegend in der Mittelschicht eingesetzt werden. Bis in die 80er-Jahre war allerdings der Einsatz von speziellen Ringmischern zur Faserbeleimung üblich.

Trocknung

Die Trocknung der Fasern erfolgt meist in Stromtrocknern (Abb. 4.54). Dies erlaubt den Einsatz relativ niedriger Temperaturen von etwa 160 °C.

Es werden Ein- und Zweistufentrockner eingesetzt. Der Faserstoff wird auf 5–10% getrocknet. Beim Einstufentrockner wird der Faserstoff sehr schnell getrocknet, so dass oft eine Übertrocknung der Oberfläche auftritt, während der Kern feucht bleibt. Zur Vermeidung derartiger Effekte dient der Zweistufentrockner. Dabei wird der Faserstoff in der ersten Phase weniger stark heruntergetrocknet.

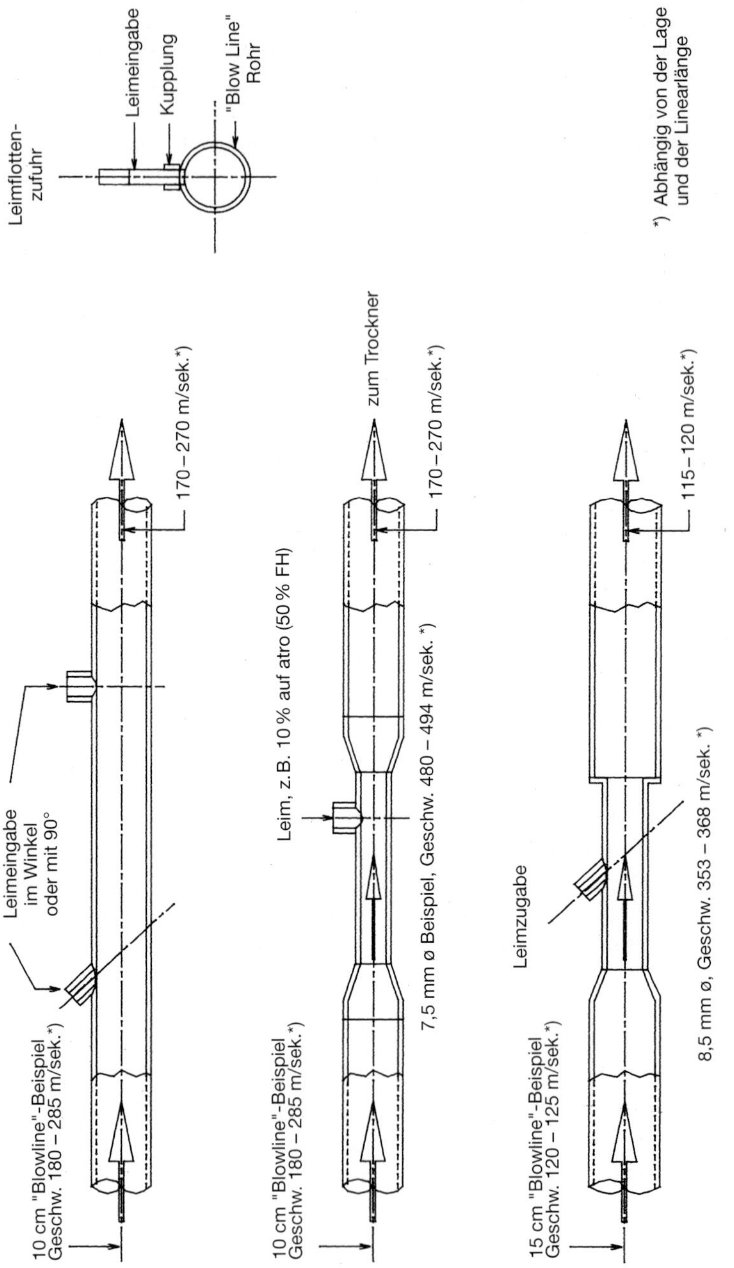

Abb. 4.53. Blowline-System (Deppe und Ernst 1995)

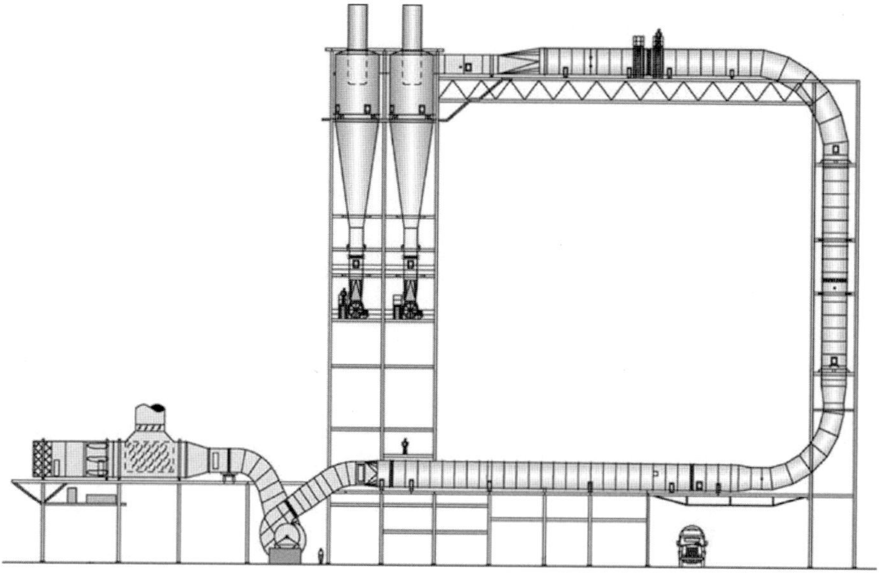

Abb. 4.54. Faserstofftrockner (Fa. Büttner)

Vliesbildung
Da Faserstoff nicht rieselfähig ist, müssen andere Streusysteme als bei Spänen eingesetzt werden. Folgende Prinzipien haben sich bewährt:

- Die pneumatische Vliesbildung (Abb. 4.55) mit nachgeschalteten mechanischen Rakelwalzen zum Vergleichmäßigen des überschüssigen Fasermaterials (Prinzip der kombinierten Masse- und Volumendosierung), auch als Felterprinzip bezeichnet (z. B. System Weyerhaeuser, System Meiler, Pendistor-System der Fa. Fläkt); s. Autorenkollektiv, Lexikon der Holztechnik 1990)
- Die mechanische Vliesbildung (heute meist eingesetzt). Dabei sind Faseragglomerate vor der Vliesbildung aufzulösen (z. B. Fa. Dieffenbacher, Abb. 4.56). Die Vergleichmäßigung erfolgt analog dem Felterprinzip durch Abrakeln überschüssigen Faserstoffes (Volumendosierung).

Pressen, Kühlen, Konditionieren
Die Fertigung in diesen Prozessstufen erfolgt analog der Spanplattenherstellung (vergl. 4.2.3).

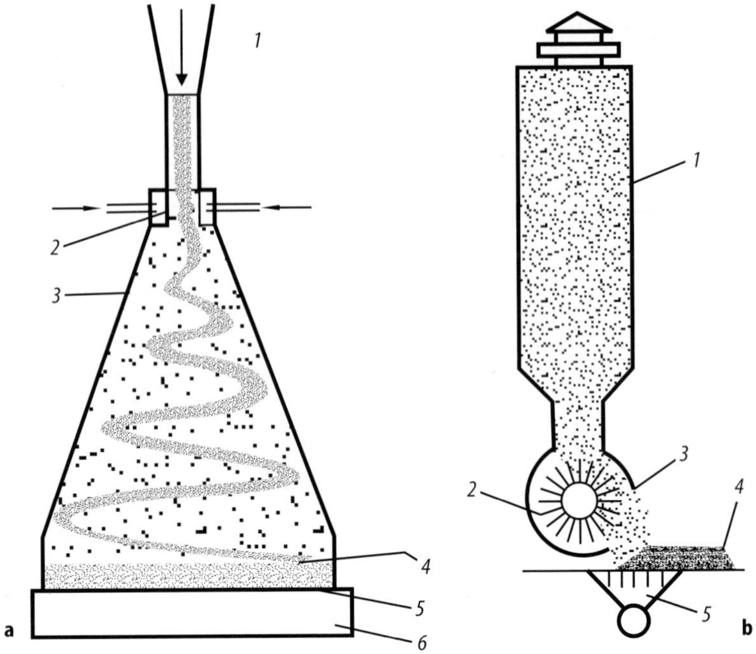

Abb. 4.55 a, b. Pneumatische Vliesbildung (Autorenkollektiv, Lexikon der Holztechnik). **a** Pendistor (Fa. Fläkt), *1* primärer Luftstrom mit Faserzuführung, *2* Blaskästen mit Düsen für Impuls-Steuer-Luftstrahlen, *3* Faserstoff, *4* Faservlies, *5* Langsieb, *6* Saugkasten. **b** Felter nach Weyerhaeuser, *1* Felterschacht zum Verteilen des Faserstoffes, *2* Bürstenwalze, *3* Metallsieb, *4* Faservlies, *5* Absaugung

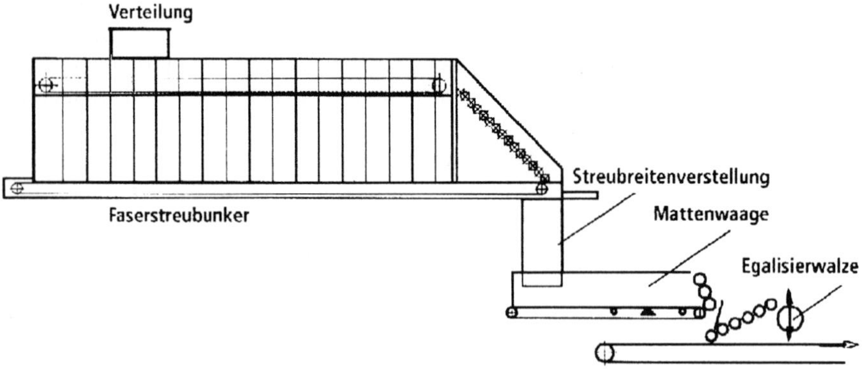

Abb. 4.56. Mechanische Vliesbildung, Fa. Dieffenbacher

4.2.4.2
Fertigungsablauf

Abbildung 4.57 zeigt den Fertigungsablauf für die Herstellung von Faserplatten nach dem Nassverfahren, Abb. 4.58 nach dem Trockenverfahren (MDF).

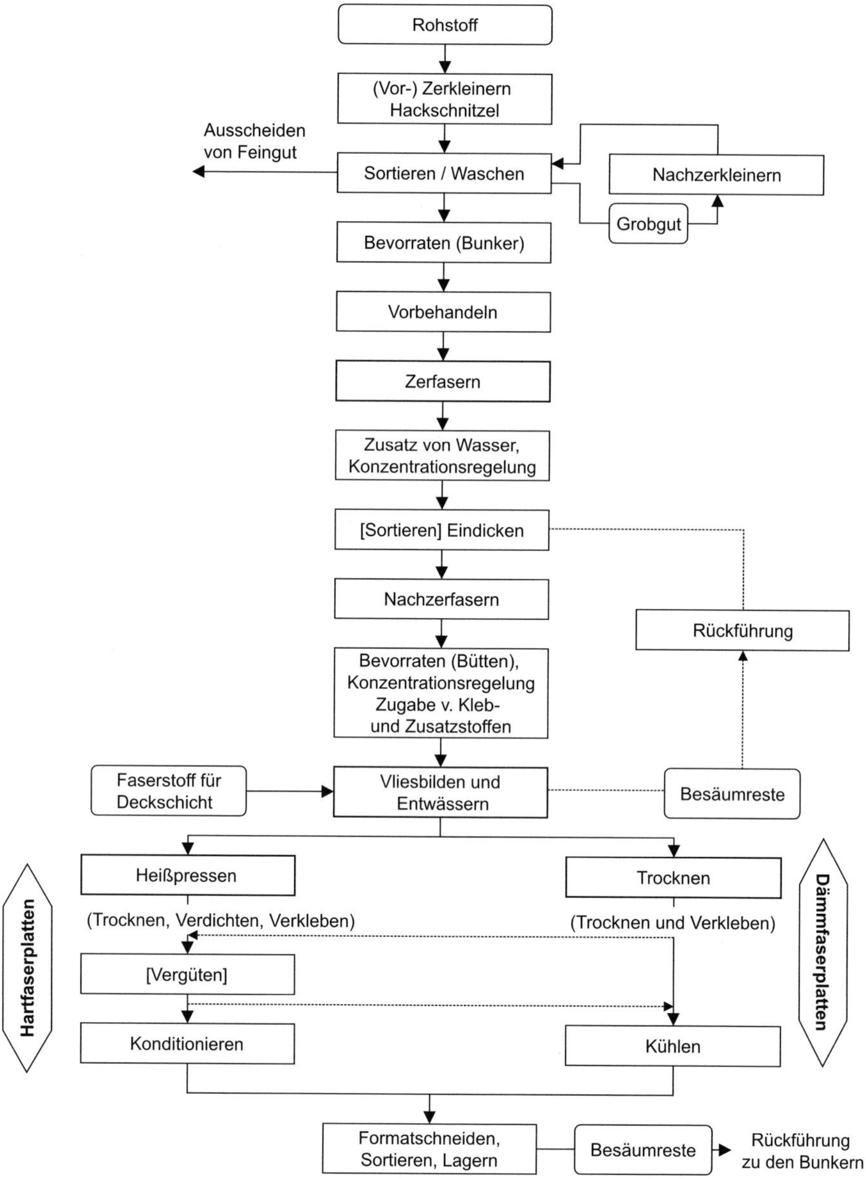

Abb. 4.57. Fertigungsablauf bei der Herstellung von Faserplatten im Nassverfahren

Abb. 4.58 a, b. Fertigungsablauf bei der Herstellung von MDF-Platten.
a Fertigungsablauf bei der Herstellung von MDF

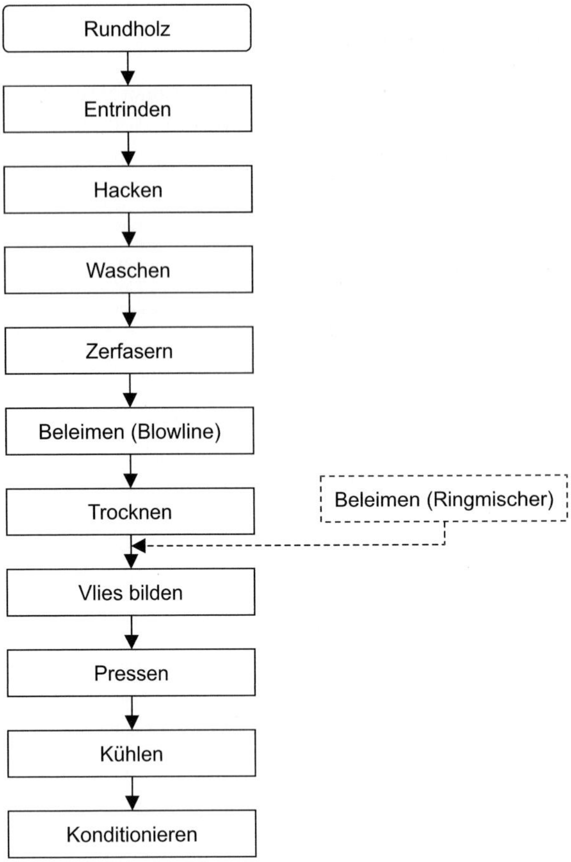

a

4.2.4.3
Sonderverfahren

Auf Basis der Faserstofftechnologie können auch Formteile nach

- der Urformtechnologie und
- der Umformtechnologie hergestellt werden.

Bei der *Urformtechnologie* werden die beleimten Partikeln in ein Gesenk gestreut und unter Einwirkung von Druck und Wärme das Formteil gebildet.

Bei der *Umformtechnologie* werden ebene Platten nach Vorbehandlung durch Befeuchten bzw. Dämpfen in Presswerkzeugen unter Einwirkung von Druck und Wärme geformt. Auch ein Prägen ist möglich, um die Oberflächenstruktur zu beeinflussen.

Möglich ist auch die Zugabe von 10–25% eines thermoplastischen Klebstoffes (teils in Kombination mit Duroplasten), und eine anschließende Verformung.

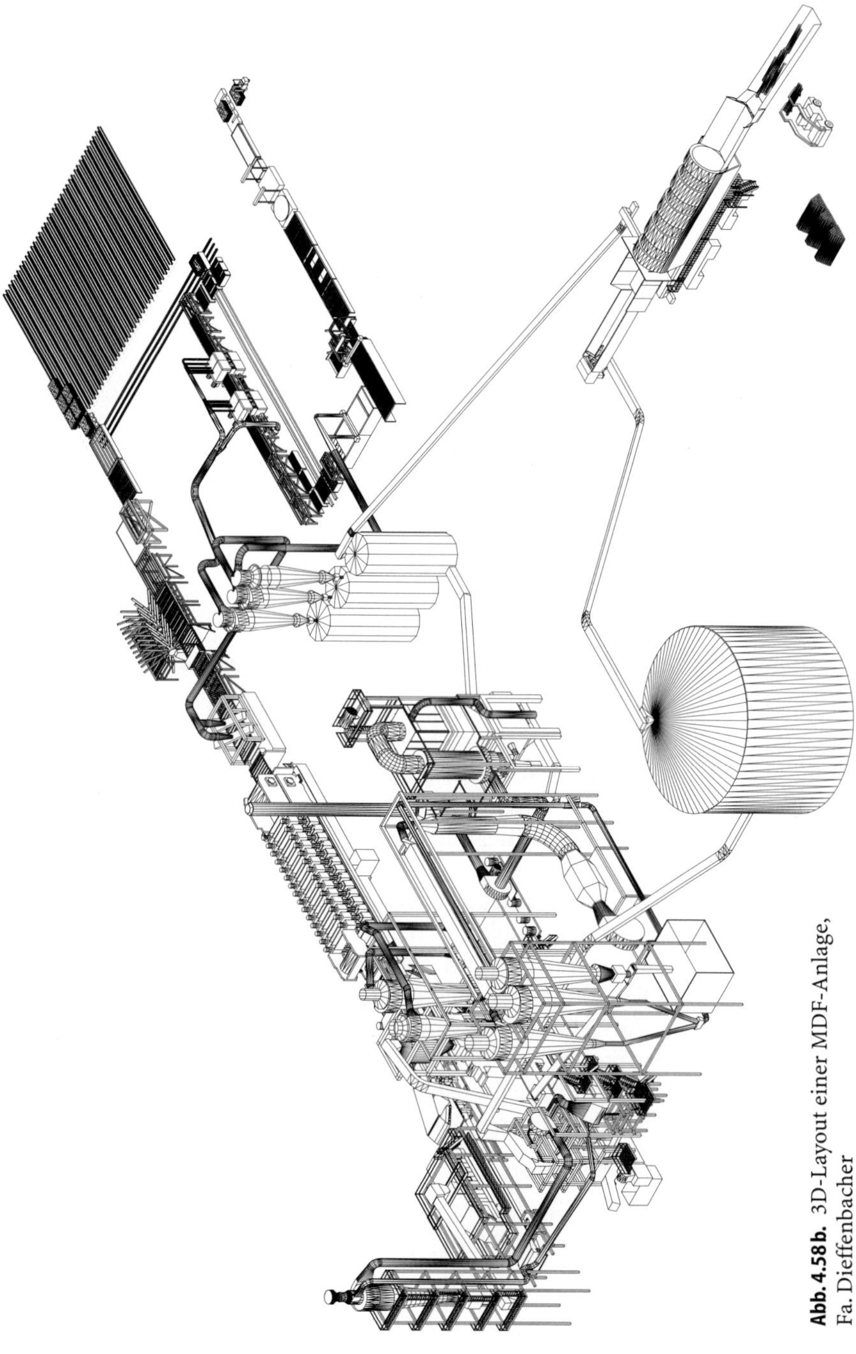

Abb. 4.58b. 3D-Layout einer MDF-Anlage, Fa. Dieffenbacher

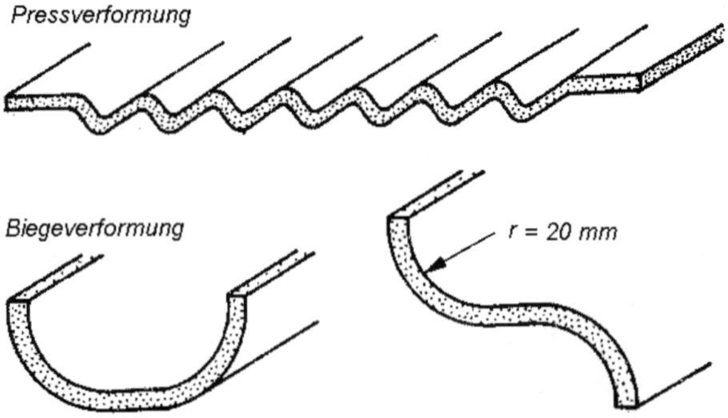

Abb. 4.59. Durch Heißpressen und Biegen nachverformte Holzpartikelwerkstoffe (nach Kehr, in Autorenkollektiv 1990)

Abbildung 4.59 zeigt mögliche Formen (Autorenkollektiv, Lexikon der Holztechnik 1990).

4.2.5 Verbundwerkstoffe

4.2.5.1 *Technologische Grundoperationen*

Verbundwerkstoffe bestehen meistens aus folgenden Materialkombinationen:

- Kombinationen hochfester Decklagen mit einer weniger festen Mittellage (z. B. Span- oder Faserplatten niedriger Dichte, Schaumstoffe, Waben); genutzt wird hier das Sandwichprinzip bei Verbundplatten (Beschichtung mit Glasfasern oder Kohlenfasern, TJI-Träger mit Furnierschichtholz-Zuggurten und OSB-Steg), da bei Biegung die Maximalspannungen in den Decklagen auftreten.
- Kombination mehrerer Schichten unterschiedlicher Materialien, um spezifische Eigenschaften zu erzielen (z. B. Verwendung härterer Decklagen bei Parkett, Verbindung weicher und harter Holzlagen zur Optimierung der Dichte und des Schwingungsverhaltens von Ski- und Snowboardkernen).
- Vorspannung oder Verstärkung von Brettschichtholz im Bauwesen (eingeklebte, vorgespannte Stahlstäbe zur Erhöhung der Stützweite oder der tragenden Breite bei Brettschichtholzkonstruktionen, Aufbringen von Glasfaserlaminaten zur Erhöhung der Tragfähigkeit).

Die Grundoperationen bestehen aus

- der Herstellung der Deck- und Mittellagen
- der Verbindung (Verklebung der Lagen).

Herstellung der Lagen
Soweit klassische Holzwerkstoffe (Spanplatten, Faserplatten, Stabmittellagen bei Tischlerplatten) eingesetzt werden, erfolgt deren Fertigung nach der in Abschn. 4.2.1 – 4.2.3 beschriebenen Technologie.

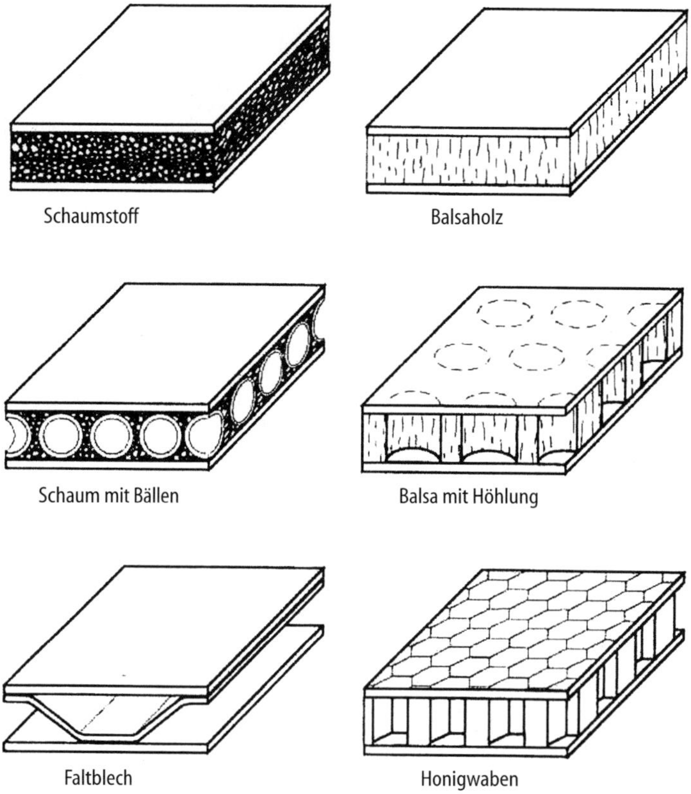

Abb. 4.60. Ausgewählte Wabensysteme (Altenbach, Altenbach und Rikards 1996)

Als Sonderwerkstoffe für extrem leichte Mittellagen kommen z. B. in Frage: Papier- oder auch Kunststoffwaben, Schaumstoffe, Balsa oder spezielle Hohlraumkonstruktionen (Abb. 4.60). Als Decklagen werden auch Glas- oder Kohlefasern, verbunden mit Polyester oder anderen Klebstoffen eingesetzt, wenn ein sehr hoher E-Modul und hohe Festigkeiten erreicht werden sollen.

Die Wabensysteme müssen hohen Druck, und je nach Belastung auch Schubkräfte übertragen. Waben auf Papierbasis (Wellen- oder Sechseckform) werden aus kunstharzimprägnierten Papieren gefertigt. Dabei werden die Papiere imprägniert, getrocknet, gekühlt und in einer Maschine mit Stirnradwalzen zu halben Waben geformt. Die Parallelflächen werden dann beleimt, zugeschnitten und anschließend zu den gewünschten Mittellagen geformt. Abbildung 4.61 zeigt ein solches Verfahrensschema. Auch Mittellagen aus Balsa sind für Verbundkonstruktionen üblich, da Holz eine z. B. bessere Schwingungsdämpfung aufweist als Kunststoff.

Beim PepCore-System werden thermoplastische Kunststoffe erhitzt und auf das bis zu 20-fache der ursprünglichen Dicke axial verstreckt.

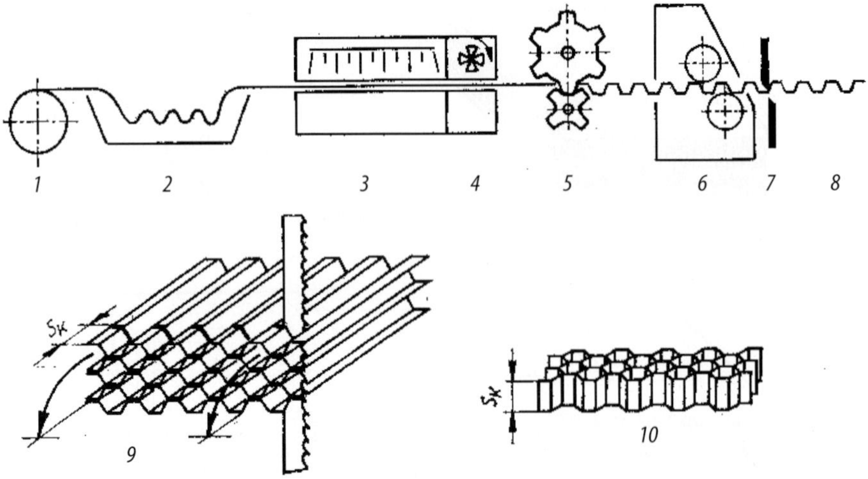

Abb. 4.61. Fertigungsablauf bei der Herstellung von Waben (Autorenkollektiv 1975). *1* Papierrolle, *2* Imprägnierung, *3* Trocknung, *4* Kühlen, *5* Stirnradwalzen, *6* Beleimung, *7* Schere, *8* vorgeformte Papierbahn, *9* Zusammenlegen und Verleimen der Bahnen zum Block und Auftrennen des Blocks in Waben der gewünschten Dicke, *10* Waben der gewünschten Dicke

Klebstoffe

Je nach den klimatischen Anforderungen werden Verklebungen der Verleimungsarten V20 oder V100 eingesetzt. Bei der Verstärkung mit Glas- oder Kohlefasern werden meist Polyester oder Epoxydharze verwendet. Vielfach stellt die Kraftübertragung, insbesondere bei Einwirkung von Schubspannungen, ein Problem dar. Diese ist beispielsweise bei Wabenverbindungen von der Klebnahtbreite abhängig. Die Berechnung kann über die Sandwichtheorie erfolgen (Altenbacher, Altenbacher und Rolands 1996).

Dies gilt u. a. auch bei der Herstellung von Doppel-T-Trägern, bei denen sich Gurte und Steg wesentlich in den Eigenschaften unterscheiden.

Bei Verstärkungen mit Glas- oder Kohlefasern wird die Festigkeit des Verbundes entscheidend durch das Verhältnis der Bewehrungsdicke zur Holzdicke und den Eigenschaften der Bewehrung beeinflusst.

4.2.5.2
Fertigungsablauf

Die Fertigung von Verbundelementen erfolgt kontinuierlich oder diskontinuierlich. Abbildung 4.62 zeigt den Fertigungsablauf für die Herstellung von Trägern, mit Gurten aus Furnierschichtholz und Stegen aus OSB.

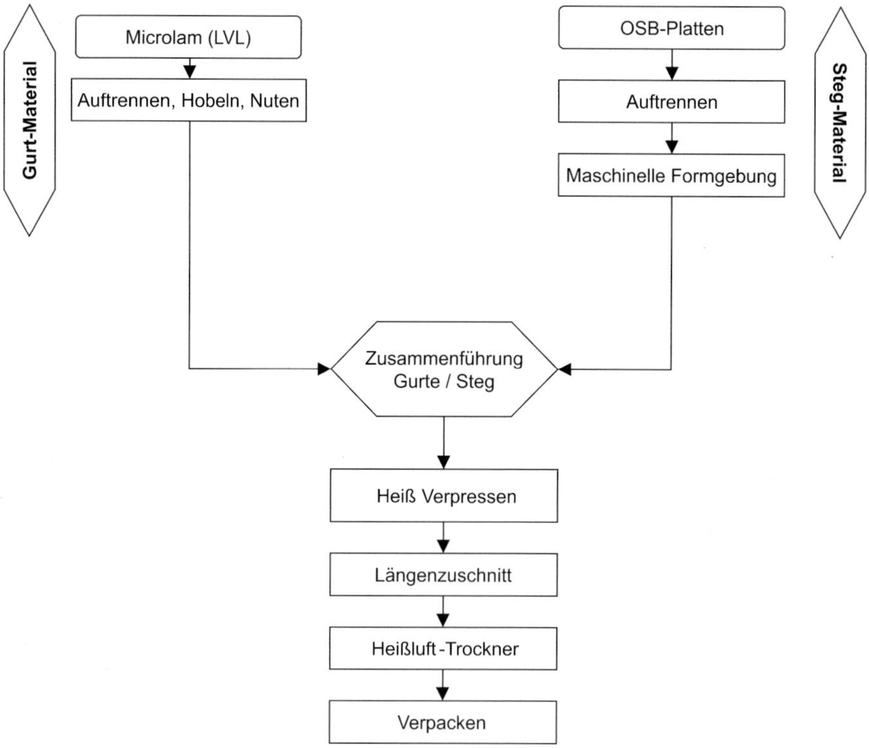

Abb. 4.62. Herstellung von TJI-Trägern

4.2.6 Anlagen zur Prozesssteuerung und -überwachung (Prozessleitanlagen)

Zur Überwachung und Steuerung von Holzwerkstoffanlagen wird heute eine Vielzahl von Messgeräten eingesetzt, die online arbeiten. Tabelle 4.12 zeigt eine Übersicht zu den in Span- und Faserplattenanlagen verwendeten Geräten, Abb. 4.63 ein Prozessleitsystem. Eine Beschreibung der Funktionsprinzipien ausgewählter Geräte ist in Niemz und Sander (1990) vorhanden.

Die gesamte Anlage wird vielfach durch Prozessleitsysteme überwacht und gesteuert. Diese übernehmen folgende Aufgaben:

- Überwachung relevanter Messgrößen (Trendanzeige)
- Verwaltung von Rezepturdaten für automatischen Sortimentswechsel
- Vorausberechnung der Platteneigenschaften mittels Regression, Klassifikation und auch Fuzzy, wobei meist das erstgenannte Verfahren eingesetzt wird (s. Lobenhoffer (1990), Schweitzer (1993); von Haas (1998). Dabei erfolgt auf der Basis einer kontinuierlichen, zeitlich synchronisierten Datenerfassung eine Abschätzung der zu erwartenden Qualität (siehe auch Niemz 1985).

Tabelle 4.12. Auswahl in der Holzwerkstoffindustrie eingesetzter online-Messgeräte

Messgröße	Messprinzip
Furnier und Sperrholz	
Blockvermessung und Zentrierung	Lasertechnik, Licht
Fehlererkennung und Ausklippen	CCD-Technik
Plattenreißer	Ultraschall
Vermessung des Formates	CCD-Technik
Festigkeitssortierung	Ultraschall
Massivholzplatten/Brettschichtholz	
Festigkeitssortierung	Stressgrading, Röntgen, CCD-Technik
Logscanning (Erkennung innerer Defekte)	Röntgentomographie
Fehlererkennung im Brett, Zuschnittoptimierung	CCD-Technik, Röntgen
Formatmessung	CCD-Technik
Span- und Faserplatte	
Holzfeuchtigkeit	elektr. Widerstand, dielektrisch, NIR-Spektroskopie, Mikrowellen
Flächendichte	Röntgen-, Gammastrahlen
Dicke	Lasertechnik, inkrementale Wegmessung
Plattenreißer	Ultraschall
Querzugfestigkeit	Ultraschall (nur bedingt im Einsatz)
Biegefestigkeit/*E*-Modul	Stress Grading
Oberflächenfehler	CCD-Technik
Rohdichteprofil (senkrecht)	Röntgenrückstreuung
Brand- und Explosionsschutzsysteme	Infrarot-Strahlung

Teilweise werden diese Daten auch für eine Prozessoptimierung (Kostenrechnung) genutzt.

Die mögliche Kosteneinsparung durch eine verbesserte Prozessüberwachung und -steuerung beträgt 1–4%.

Schweitzer (1993) ermittelte unter Nutzung der in einer Industrieanlage erfassten Datensätze für Spanplatten die in Tabelle 4.13 dargestellten Korrelationskoeffizienten für ausgewählte Platteneigenschaften. Mittels Clusteranalyse konnten bessere Ergebnisse erzielt werden als mittels Regression. Insgesamt wird die Güte des Modells entscheidend durch die Streuung der Prozessparameter im Messzeitraum beeinflusst. Ist diese zu gering, werden vielfach so genannte Nonsenskorrelationen (fehlerhafte, aber statistisch gesicherte Zusammenhänge, z.B. Festigkeit sinkt mit Klebstoffanteil) oder nur niedrige Bestimmtheitsmaße erzielt.

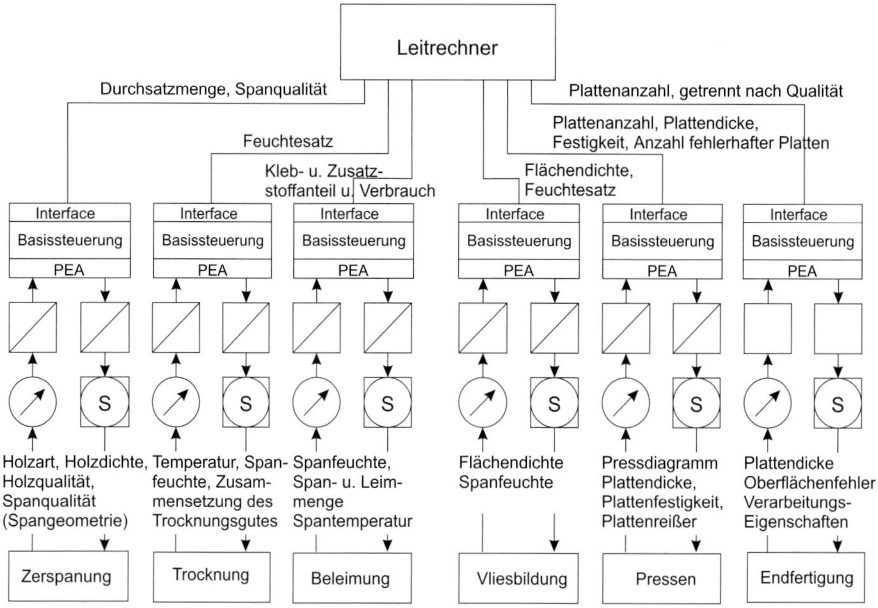

Abb. 4.63. Prozessleitsystem (Niemz und Sander 1990)

Tabelle 4.13. Ergebnisse der Modellierung der Spanplattenfertigung mittels multipler Regression (Schweitzer 1993)

Zielgröße	Bestimmtheitsmaß in %	Anzahl signifikanter Parameter
Querzugfestigkeit	81	11
Dickenquellung	82	9
Biegefestigkeit	83	11

5 Einsatzmöglichkeiten von Holzwerkstoffen

Holzwerkstoffe werden in der Möbelindustrie und in zunehmendem Umfang auch im Bauwesen eingesetzt (Abb. 5.1; Tab. 5.2, Tab. 5.3). In Deutschland wurden 1998 ca. 52% der Spanplatten in der Möbelindustrie, 40% im Bauwesen eingesetzt. Der Anteil im Bauwesen steigt.

Für beide Bereiche werden Platten mit spezifischen Eigenschaften produziert. Während in der Möbelindustrie Anforderungen an Oberflächenqualität (z.B. Rauigkeit, Welligkeit, Wegschlagvermögen von Klebstoffen, Kaschierfähigkeit), Profilierbarkeit und Lackierbarkeit wichtig sind, kommt es bei den im Bauwesen eingesetzten Platten auf statische Eigenschaften, Klimabeständigkeit und z.T. auch auf das Brandverhalten an (Niemz, Bauer 1991; Niemz, Bauer, Fuchs 1992).

Der überwiegende Anteil der Platten wird bereits beim Hersteller veredelt (oberflächenbeschichtet, zu Bauteilen verarbeitet), um eine hohe Wertschöpfung zu erzielen.

Dabei wird zunehmend versucht, neue Produktnischen in den Bereichen Bau und Möbel zu erschließen. Die größten Zuwächse verzeichnen MDF und OSB.

Engineered Wood Products haben, ausgenommen Furnierschichtholz (LVL), in Europa noch eine relativ geringe Bedeutung. Sie werden aber verstärkt im Bauwesen für Spezialzwecke (z.B. Parallam als Verstärkung von Brettschichtholz zur Aufnahme von Druckkräften, LVL für den statischen Einsatz im Bauwesen) eingesetzt. Eine gewisse Bedeutung haben auch folgende Produkte erlangt:

- Spezialsperrholz (Kunstharz-Presslagenhölzer für den Formenbau, mit Dichten von 1050–1400 kg/m^3; Abb. 5.2)
- Spanplatten mit reduziertem elektrischen Widerstand
- leichte Spanplatten und MDF
- Spanplatten hoher Dicke, z.B. Homogen 80 (80 mm dick, Fa. Homoplax, Fideris/Schweiz) für den Hausbau
- Massivholzplatten für tragende Zwecke im Bauwesen (Abb. 5.3–5.5)
- Bausysteme aus Holz und Holzwerkstoffen, z.B. Hohlkastensysteme (Abb. 5.6), Steko-System (Abb. 5.7), Träger aus OSB bzw. OSB-LVL
- Verstärktes Brettschichtholz (z.B. mit Glas- oder Kohlenfasern verstärkte Decklagen, Verstärkung mit Stahl oder Hartholzstäben)
- Hohlprofile auf der Basis von LVL (Abb. 5.9). Diese ermöglichen eine wesentliche Reduzierung des Materialeinsatzes.

Abbildung 5.8 zeigt eine moderne Konstruktion aus Brettschichtholz.

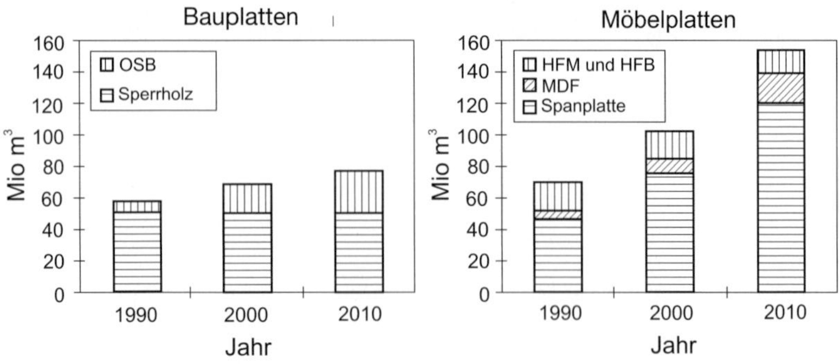

Abb. 5.1. Produktion von Bau- und Möbelplatten in den USA (Deppe und Ernst (2000))

Bedeutend ist der Einsatz von Holzwerkstoffen in der Möbelindustrie. Eingesetzt werden Spanplatten, MDF, HDF, Sperrholz und zunehmend Massivholzplatten (Abb. 5.10).

Von vielen Firmen werden heute komplette Bausysteme für den Fertighausbau (zunehmend mehrgeschossig) angeboten.

Im Bereich MDF und OSB wird versucht, neue Absatzmärkte zu erschließen (MDF mit extrem niedriger Dichte als Dämmmaterial, diffusionsoffene und diffusionsdichte Platten).

Für den Zeitraum 1993 bis 2000 ergab sich nach Deppe und Ernst (2000) folgender prognostizierter Zuwachs:

- Sperrholz: −5%
- Spanplatten: +25%
- OSB: +110%
- MDF: +185%
- Sonstige: −0,6%

Abb. 5.2. Einsatz von Kunstharz-Presslagenholz (obo-Festholz) im Formenbau (Fa. Otto Bosse, Deutschland)

Abb. 5.3. Fertigteilhaus aus Massivholzplatten (Fa. Schilliger AG, Schweiz)

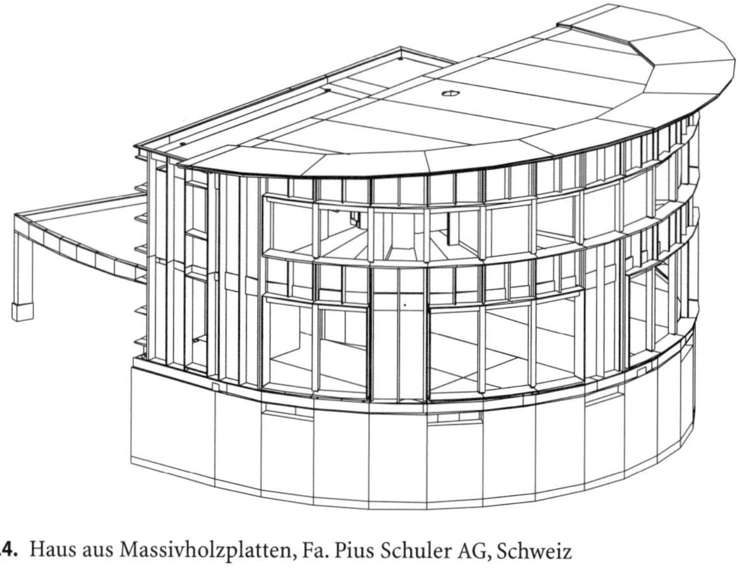

Abb. 5.4. Haus aus Massivholzplatten, Fa. Pius Schuler AG, Schweiz

Abb. 5.5. Dachkonstruktion aus Massivholzplatten, Fa. Pius Schuler AG, Schweiz

Abb. 5.6. Decke in Hohlkastenkonstruktion, Fa. Lignatur, Schweiz

Abb. 5.7. Steko-Bausystem, Fa. Steko, Schweiz

Abb. 5.8. Brücke aus Brettschichtholz, Fa. Blumer, Schweiz

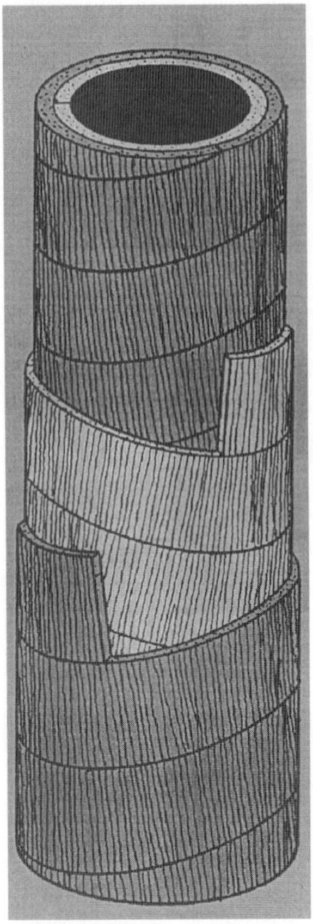

Abb. 5.9. Rohrförmiges LVL nach Kavai, Sasaki und Yamauchi (2001)

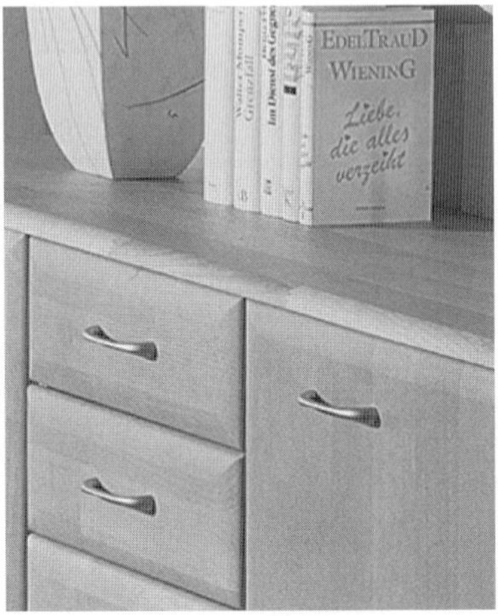

Abb. 5.10. Möbelfront aus Massivholzplatten (Europamöbel)

Tabelle 5.1 zeigt eine Übersicht.

Tabelle 5.1. Produktion von Holzwerkstoffen in Europa (in 1000 m^3)

Werkstoff	Jahr			
	1991	1993	1995	1997
Spanplatte	25 200	26 100	28 400	29 700
davon OSB	–	–	303	690
Sperrholz	2 200	2 400	2 600	2 300
HFH	1 400	1 600	1 700	1 900
MDF	2 000	2 700	3 800	5 500

Tabelle 5.2. Einsatzmöglichkeiten plattenförmiger Holzwerkstoffe im Bauwesen (Merz, Fischer, Brunner und Baumberger, Lignum 1997)

Faserplatten	MDF	**Spanplatten**	Spanplatte	Homogen80	Triply OSB/4	Intrallam P	**Sperrholz**	Bau-Furniersperrholz	Kerto-Q	**Massivholzplatten**	Rohrex 3S/5S	Schuler 3S/5S	K1 Multiplan 3S	WIEHAG-Profiplan 3S/5S
Konstruktiver Holzbau														
Biegeträger									•					
Knotenplatten					•	•		•	•		•	•	•	•
Decken-, Dach-, Wandbeplankungen	•		•		•	•		•	•		•	•	•	•
Aussteifende Scheiben	•		•	•	•	•		•	•		•	•	•	•
Tragende Wände (ohne Unterkonstruktion)				•		•			•		•	•	•	•
Tragende Beplankungen (Tafelelemente)					•	•			•		•	•	•	•
Stege für zusammengesetzte Querschnitte			•		•	•		•	•		•	•	•	•
Bewitterte Bauteile									•					
Verkleidung, Ausbau														
Fassaden								•	•		•		•	•
Innenverkleidungen	•		•		•	•		•						
Bodenplatten, Verlegeplatten	•		•		•				•					

Tabelle 5.3. Einsatzmöglichkeiten stabförmiger Elemente im Bauwesen (Merz, Fischer, Brunner und Baumberger, Lignum 1998)

Brett- bzw. Kantholzbasis	Vollholz gemäß SIA 164	Schillinger SKV Kreuzbalken	Seubert Kreuzbalken	BSH gemäß Norm SIA 164	BSH gemäß DIN 1052-1/A1	**Furnierbasis**	Kerto-S Furnierschichtholz	Swedlam-S Furnierschichtholz	**Zusammengesetzte Träger**	LIGNATUR LKT Kastenträger	Welsteg-Träger	KIT Stegträger
Bauteile												
Vollwandträger				•	•		•	•				
Unterzüge	•	•	•	•	•		•	•		•		
Pfetten	•	•	•	•	•		•	•		•		
Sparren/Sparrerpfetten	•	•	•	•	•		•	•		•	•	•
Balken	•	•	•	•	•		•	•		•	•	•
Stützen	•	•	•	•	•		•	•		•		
Ständer im Holzrahmenbau	•			•							•	•
Fachwerkstäbe	•	•	•	•	•		•	•		•		
Gurte von zusammengesetzten Trägern	•			•	•		•	•				
Stege von zusammengesetzen Tägern				•	•		•	•		•		
Rippen für Rippenplatten	•	•	•	•	•		•	•		•	•	•
Gebogene Bauteile				•	•							
Klimabereich												
Direkt bewitterte Bauteile (Klimabereich 1) [a]	•	•	•	•	•		•					

[a] Nur mit entsprechend chemischen Holzschutz.

Literatur zu Teil 1

Die Literatur ist nachfolgend nach Fachbüchern sowie Zeitschriftenaufsätzen und Dissertationen geordnet, um einen leichten Einstieg in weiterführende Arbeiten zu finden.

Fachbücher

Altenbach H, Altenbach J, Rikards R (1996) Einführung in die Mechanik der Laminat- und Sandwichtragwerke. Stuttgart, Deutscher Verlag der Grundstoffindustrie

Autorenkollektiv (1976) Taschenbuch der Holztechnologie. Leipzig, Fachbuchverlag

Autorenkollektiv (1975) Werkstoffe aus Holz. Leipzig, Fachbuchverlag

Autorenkollektiv (1984) Holzbearbeitung. Leipzig, Fachbuchverlag

Autorenkollektiv (1990) Holzlexikon. DRW-Verlag, Stuttgart

Autorenkollektiv (1990) Lexikon der Holztechnik. 4. Aufl. Leipzig, Fachbuchverlag

Baldwin RF (1981) Plywood Manufacturing Practices. Miller Freemann, San Francisco

Becker, Braun (1988) Kunststoff-Handbuch. Kap. 7. Duroplastische Holzleime und Holzwerkstoffe. Carl Hanser Verlag, München

Bodig J, Jayne A (1993) Mechanics of wood and wood composites. Krieger, Florida

Böhme P (1980) Industrielle Oberflächenbehandlung von plattenförmigen Holzwerkstoffen. Fachbuchverlag, Leipzig

Deppe HJ, Ernst K (1996) MDF-Mitteldichte Faserplatten. DRW-Verlag, Stuttgart

Deppe HJ, Ernst K (2000) Taschenbuch der Spanplattenfertigung. 4. Aufl. DRW-Verlag, Stuttgart

Ernst K, Roffael E, Weber A (1999) Umweltschutz in der Holzwerkstoffindustrie. Institut für Holzbiologie und Holztechnologie. Universität Göttingen

Gfeller B (2000) Herstellung von Holzwerkstoffen. Vorlesungsskript SH Holz, Biel

Jaine B (1972) Theory and design of wood and fiber composite materials. Syracruse University Press

Kollmann F (1951) Technologie des Holzes und der Holzwerkstoffe (Bd. 1). Springer Verlag, Berlin

Kollmann F (1955) Technologie des Holzes und der Holzwerkstoffe (Bd. 2). Springer Verlag, Berlin

Kollmann F (1962) Furniere, Lagenhölzer und Tischlerplatten. Springer Verlag, Berlin

Kollmann F (1966) Holzspanwerkstoffe. Springer Verlag, Berlin

v. Halasz R, Scheer C (1986) Holzbau-Taschenbuch. Berlin, Architektur techn. Wissenschaften

Kollmann F (1962) Furniere, Lagenhölzer, Tischlerplatten. Springer Verlag, Berlin

Kollmann F (1966) Holzspanwerkstoffe, Springer Verlag

Kollmann F, Coté W (1966) Principels of Wood Science and Technology. (Bd.1), Springer Verlag, Berlin

Kollmann F, Coté W, Kuenzi E, Stamm A (1975) Principels of Wood Science and Technology. (Bd. 1), Springer Verlag, Berlin

Lampert H (1966) Faserplatten. Fachbuchverlag, Leipzig

Marutzky R (1997) Moderne Feuerungstechnik zur energetischen Verwertung von Holz und Holzabfällen. Springer & VDI-Verlag, Düsseldorf

Marutzky R, Seeger K (1999) Energie aus Holz und anderer Biomasse. DRW-Verlag, Stuttgart

Meloney T (1993) Modern Particleboard and Dry Process Fiberboard Manufacturing. Miller Freeman, San Francisco
Niemz P (1993) Physik des Holzes und der Holzwerkstoffe. DRW-Verlag, Stuttgart
Niemz P, Sander D (1990) Prozessmesstechnik in der Holzindustrie. Fachbuchverlag, Leipzig
Paulitsch M (1989) Moderne Holzwerkstoffe. Springer-Verlag, Berlin
Paulitsch M (1986) Methoden der Spanplattenuntersuchung. Springer-Verlag, Berlin
Pozgaj A, Chonovec D, Kurjatko S, Babiak M (1997) Struktura a vlasnosti dreva. 2. Auflage Proroda, Bratislava
Scheibert W (1958) Spanplatten. Fachbuchverlag, Leipzig
Sell J (Eigenschaften und Kenngrößen von Holzarten. Baufachverlag, Zürich
Soiné HG (1995) Holzwerkstoffe. DRW-Verlag, Stuttgart
Willeitner H, Schwab E (1981) Holz- Außenanwendung im Hochbau.
Verlagsanstalt Alexander Koch, Stuttgart
Zeppenfeld G (1991) Klebstoffe in der Holz- und Möbelindustrie. Fachbuchverlag, Leipzig

Fachzeitschriften und Tagungsbände

Autorenkollektiv (2000) Materialkombinationen und Holzwerkstoffe. Herausforderungen für die Holzwirtschaft? Tagungsband, 6. Internationales Symposium für die Holzwirtschaft, SH Holz Biel (16.–17.6.2000)
Beck P, Bluthardt G (2001) Metso Kühlungstechnologie; Firmenschrift, Metso
Bösch H (1999) Fassadenverkleidungen. Lignatec 8/1999; Lignum, Zürich
Breu Th, Burgener, A, Fischer J, Reimer J (2000) Holz-Faserprodukte. Lignatec 10/2000, Zürich
Burger N, Glos P (1996) Einfluss der Holzabmessungen auf die Zugfestigkeit von Bauschnittholz. Holz als Roh- und Werkstoff. Bd 54, S 333–340
Burmester A (1975) Zur Dimensionsstabilisierung von Holz. Holz als Roh- und Werkstoff, Berlin Bd 33, S 335–335
Burmester (1968) Untersuchungen über den Zusammenhang zwischen Schallgeschwindigkeit und Rohdichte, Querzug- sowie Biegefestigkeit von Spanplatten. Holz als Roh- und Werkstoff, Berlin Bd 26, S 113–117
Cheret P, Heim F, Radovicz B (1997) Holzbauhandbuch. Reihe 1: Entwurf und Konstruktion. Folge 3: Bauen mit Holzwerkstoffen. Informationsdienst Holz
Deppe HJ (1996) Zum Einsatz von Massivholzplatten im Möbelbau. Holz-Zentralblatt. Bd 122, S 90, 1389, 1394, 1395
Devantier B, Niemz P (1989) Untersuchungen zur Ermittlung struktureller Einflüsse auf die Oberflächenunruhe von Spanplatten. Holz als Roh- und Werkstoff, Berlin Bd 47, S 21–26
Eldag H (1997) Engineered Wood Products. Holz-Zentralblatt, Stuttgart. S 1577, 1644, 1645
Ernst K, Roffael E, Weber A (1998) Umweltschutz in der Holzindustrie. Institut für Holzbiologie und Holztechnologie, Göttingen
Gehri E (1999) Grundlagen zum Materialverhalten. Tagungsband 31. SAH-Fortbildungskurs, Reinfelden 3., 4.–11.1999
Gehri E (1995) Holztragwerke Entwurfs- und Konstruktionslösungen. Lignatec, Zürich
Görlacher R (1990) Klassifizierung von Brettschichtholz-Lamellen durch Longitudinalschwingungen. Forschungsbericht, Universität Karlsruhe
Graf E, Meili M (2001) Holzzerstörende Pilze und Insekten. Lignatec 14/2001, Lignun, Zürich
Grundström F, Niemz P, Kucera LJ (1999) Schalluntersuchungen an Spanplatten. Bestimmung der Platteneigenschaften durch eine Kombination aus Schallgeschwindigkeit und Eigenfrequenz. Holz-Zentralblatt, Stuttgart. Bd 124, S 1734, 1736

Guss LM (1994) Engineered wood products: a bright future or a myth. Proc-Wash-State-Univ-Int-Partboard/Compos-Mater-Symp. Pullman, Wash. The Symposium. Bd 28, S 71–88

Hänsel A, Niemz P (1990) Bearbeitungseigenschaften von Holzwerkstoffen. Holz- und Möbelindustrie, Stuttgart. Bd 5, S 632–634

Hänsel A, Niemz P, Bernatowicz G (1991) Über die Mikromechanik der Spanplatten. Anals of Warsaw Agriculture University, Nr. 41. S 113–116

Holzwerkstoffe auf Furnierbasis. Tagungsmaterial, 25. Fortbildungskurs der Schweizerischen Arbeitsgemeinschaft für Holzforschung, 3., 4.–11. 1993, Weinfelden

Holzwerkstoffe auf Furnierbasis (1993). Tagungsband, Weinfelden 3., 4.–11.1993

IHD-Holzwerkstoff-Kolloqium (1999) Tagungsband 3. Dresden, 9. 12. 1999

Jensen U (1994) Ermittlungen und Vergleich des Stehvermögens von MDF und Spanplatten. Vortrag, Mobil Oil Holzwerkstoff Syposium, Bad Wildungen

Jensen U, Kehr E (1995) Gegenüberstellung des Stehvermögens von MDF, Spanplatten und OSB. Holz-Zentralblatt, Stuttgart. Bd 105, S 1614

Jensen U, Kehr E (1999) Hygroskopisches Verhalten von MDF und Spanplatten. Holz-Zentralblatt, Stuttgart. Bd 25, S 350

Jensen U, Krug D (1999) Vergleich von Holzwerkstoffen für den Bau. Holz-Zentralblatt, Stuttgart. S 30, 32

Julia TA (1995) Engineered wood and the consumer: communicating product attributes and environmental considerations to a skeptical public. Proc-Wash-State-Univ-Int-Partboard/Compos-Mater.-Symp. Pullman, Wash. The Symposium. Bd 29, S 111–121

Kawi S, Sasaki H, Yamauchi H (2001) Bio-mimetic Approche for the development of New Composite products. Proceedings, First International Conference of the European Society of Wood Mechanics. Lausanne 19.–21.4.

Keith EL (1994) Designing with wood structural panels. Wood-Design-Focus Bd 5:1, S 13–17

Lehmann E; Vontobel P; Niemz P, Haller P (2000) The method of neutron radiography and ist use for wood properties analysis. Proceedings, Wood and Wood Fiber Composites, Stuttgart 13.–15.4.2000

Marutzky R (1997) Moderne Feuerungstechnik zur energetischen Verwertung von Holz und Holzabfällen. Springer-VDI-Verlag, Düsseldorf

Marutzky R (1990) Verwertung und Entsorgung von Rest- und Abfallstoffen in der Forst- und Holzwirtschaft. WKI-Bericht Nr. 22, Braunschweig

Merz K, Fischer J, Brunner R, Baumberger M (1997) Holzprodukte für den statischen Einsatz, Teil 1 Plattenförmige Holzprodukte. Lignatec 5/1997, Zürich

Merz K, Fischer J, Brunner R, Baumberger M (1998) Holzprodukte für den statischen Einsatz, Teil 2 Stabförmige Holzprodukte. Lignatec 7/1998, Zürich

Merz K, Fischer J, Strahm B, Schuler B (1999) Holzprodukte im statischen Einsatz. Teil 3. Bausysteme für Wand, Decke, Dach. Lignatec 9/1999, Zürich

Michanikl A, Böhme C (1996) Wiedergewinnung von Spänen und Fasern aus Holzwerkstoffen. Holz- und Kunststoffverarbeitung. Bd. 4, S 50–55

Navi P, Girardet F (2000) Effects of Thermo-Hydromechanical Treatment on the Structure and Properties of Wood. Holzprodukte im statischen Einsatz.

Niemz P (1989) Zum Anwendung der Schallemissionsanalyse in der Holzforschung. Holz-Zentralblatt, Stuttgart. Bd 112, S 1704

Niemz P (1992) Stand und Tendenzen des Messgeräteeinsatzes und der Prozessmodellierung in der Spanplattenfertigung. Holz-Zentralblatt, Stuttgart. Bd 8, S 106–108

Niemz P (1997) Ermittlung von Eigenspannungen in Holz und Holzwerkstoffen. Holz-Zentralblatt, Stuttgart. Bd 122, S 84, 86

Niemz P (1999) Entwicklungstendenzen bei Holzwerkstoffen. Holz-Zentralblatt, Stuttgart. Bd 124, S 1726, 1727

Niemz P (2001) Wasseraufnahme von Holz und Holzwerkstoffen. Holz-Zentralblatt, Stuttgart. Bd 6, S 100

Niemz P, Bauer S (1991) Beziehungen zwischen Struktur und Eigenschaften von Spanplatten. Teil 2. Schubmodul, Scherfestigkeit, Biegefestigkeit, Korrelation der Eigenschaften untereinander. Holzforschung und Holzverwertung, Wien. Bd 43: 3, S 68–70

Niemz P, Bauer S, Fuchs I (1992) Beziehungen zwischen Struktur und Eigenschaften von Spanplatten. Teil 3. Zerspanungsverhalten. Holzforschung und Holzverwertung, Wien. Bd 44: 1, S 12–14

Niemz P, Diener M (1999) Vergleichende Untersuchungen zur Ermittlung der Bruchzähigkeit an Holzwerkstoffen. Holz als Roh und Werkstoff, Berlin. Bd 57, S 222–224

Niemz P, Diener M, Pöhler E (1997) Untersuchungen zur Ermittlung der Bruchzähigkeit an MDF-Platten. Holz als Roh- und Werkstoff, Berlin 55, S 327–330

Niemz P, Körner S, Schweitzer F (1992) Neue Wege zur Prozessmodellierung bei der Herstellung von Spanplatten mittels Fuzzy-Logic. Holz-Zentralblatt, Stuttgart Bd 17, S 286–288

Niemz P, Kucera L, Vidaure S, Bäuker E (1996) MDF geringer Dichte aus Pinus radiata. MDF-Magazin (HK, Holz-Zentralblatt) 1996, S 75–78

Niemz P, Kucera LJ (1999) Gleichgewichtsfeuchte von Holzwerkstoffen. Holz-Zentralblatt, Stuttgart. Bd 124, S 100

Niemz P, Kucera LJ (2000) Quellung von Spanplatten und Sperrholz. Holz-Zentralblatt, Stuttgart. Bd 125, S 368

Niemz P, Landmesser W, Hänsel A, Ritter C (1989) Vergleichende Untersuchungen für die Modellierung der Spanplattenherstellung. Teil 2. Holztechnologie, Leipzig 30: 4, S 182–185

Niemz P, Landmesser W, Hänsel A, Ritter C (1989) Vergleichende Untersuchungen zur Anwendbarkeit verschiedener Methoden für die Modellierung der Spanplattenherstellung. Teil 1. Holztechnologie, Leipzig 30 (1989) 3, S 148–152

Niemz P, Poblete H (1996) Untersuchungen zur Dimensionsstabilität von mitteldichten Faserplatten (MDF) und Spanplatten. Holz als Roh- und Werkstoff. Bd 54, S 141–144

Niemz P, Poblete H, Viduaure S (1997) Untersuchungen zum Kriechverhalten von MDF und Spanplatten im Normalklima. Holz als Roh- und Werkstoff, Berlin. Bd 55, S 341–342

Niemz P, Schweitzer F (1990) Einfluss ausgewählter Strukturparameter auf die Zug- und Druckfestigkeit von Spanplatten. Holz als Roh- und Werkstoff, Berlin. Bd 48, S 361–364

Niemz P, Bauer S (1990) Beziehungen zwischen Struktur und Eigenschaften von Spanplatten. Teil 1. Schraubenausziehwiderstand. Holzforschung und Holzverwertung, Wien. Bd 42: 5, S 89–93

Pauli P, Moldan D (2000) Reduzierung hochfrequenter Strahlung im Bauwesen. Universität der Bundeswehr, Neubiberg

Popper R, Gehri E, Eberle G (1998) Querbewehrung von Kantholzplatten mit Holzstäben. Zwangsbeanspruchung infolge Feuchtigkeit. Drevarsky Vyskum, Bratislava. Bd 43: 1. S 27–36

Popper R, Gehri E, Eberle G (1999) Mechanosorptive Eigenschaften von bewehrtem Brettschichtholz: Relaxation bei zyklischer Klimabelastung. Drevarsky Vyskum, Bratislava. Bd 44: 1, S 1–11

Popper R, Niemz P, Eberle G (2001) Festigkeits- und Feuchteverformänderungen entlang der Sorptionsisotherme. Holzforschung und Holzverwertung, Wien. Bd 1, S 16–18

Popper R, Bariska M (1972) Die Azylierung des Holzes. 1. Mitteilung. Holz als Roh-und Werkstoff, Berlin. Bd 30, S 289–294

Popper R, Bariska M (1973) Die Azylierung des Holzes. 2. Mitteilung. Holz als Roh- und Werkstoff, Berlin. Bd 31, S 65–70

Popper R, Bariska (1975) Die Azylierung des Holzes. 3. Mitteilung. Holz als Roh- und Werkstoff, Berlin. Bd 33, S. 415–419

Rackwitz G (1967) Die Sichtung der Holzspäne. Holz als Roh- und Werkstoff, Berlin, Bd 26, S 188–193

Radovicz B, Cheret P, Heim F (1997) Holzbauhandbuch. Reihe 4 Baustoffe. Teil 4 Holzwerkstoffe. Folge 1, Konstruktive Holzwerkstoffe. Informationsdienst Holz

Ritter C, Landmesser W, Niemz P, Hänsel A (1990) Vergleichende Untersuchungen für die Anwendbarkeit verschiedener Methoden zur Modellierung der Spanplattenfertigung. Teil 3. Holztechnologie, Leipzig. Bd 3, S 23–25

Roffael E (1997) Zur stofflichen Verwertung von Holzwerkstoffen. Vortrag Mobil Oil Holzwerkstoffsymposium, Bonn

Roffael E, Dix B (1993) Ablaugen aus Recyclingspänen als Streckmittel in Holzwerkstoffen. (DE-PS 44334422C2)

Rümler R (1998) Aufbereitung/ Verwertung von Gebrauchtholz für die Holzwerkstoffindustrie. Vortag, Mobil Oil Symposium für die Holzwerkstoffindustrie, Stuttgart

Sandberg G (1963) Verfahren der Wiedergewinnung von Spanmaterial aus mit Bindemitteln ausgehärteten Abfällen, Sägespänen usw. zur Herstellung von Spanplatten und ähnlichen geleimten Holzkonstruktionen. (DE-AS 1201045)

Schwab E, Gyamfi A (1985) Verhalten von Furnierlagenholz bei schlagartiger Beanspruchung. Holz als Roh- und Werkstoff. Bd 43, S 455–461

Schweitzer F, Niemz P (1990) Grundlegende Untersuchungen zum Einfluss wichtiger Parameter auf die Ausbreitungsgeschwindigkeit von Ultraschallwellen in einschichtigen Spanplatten. Holzforschung und Holzverwertung, Wien. Bd 42:5, S 87–89

Schweitzer F, Niemz P (1991) Untersuchungen zum Einfluss ausgewählter Strukturparameter auf die Porosität von Spanplatten. Holz als Roh- und Werkstoff, Berlin. Bd 49: 1, S 27–29

Sharp D (1994) Composite structural wood products – manufacturing and application. Journal-of-the-Institute-of-Wood-Science. Bd 13, S 442–446

Sell J, Fischer J, Wigger U (2001) Oberflächenschutz von Holzfassaden. Lignatec 13/2001, Lignum, Zürich

Sell J, Graf E, Richter S, Fischer J (1995) Holzschutz im Bauwesen EMPA/Lignum-Richtlinie, Lignatec, 1/1995 Lignum, Zürich

Sell J (1999) Coastings of wood besed panels. Tagungsband, 2. Europäisches Holzwerkstoffsymposium, Hannover

Stanzl-Tschegg SE, Tan DM, Tschegg EK (1995) New splitting method for wood fracture characterization. Wood Science and Technology, Bd 29, S 30–50

Starecky A, Niemz P (2000) Einfluss des Probenformates auf die Dickenquellung. Holz-Zentralblatt, Stuttgart. Bd 125, S 1640

Steller S, Lexa J (1987) Problematik der Lebensdauer von Holz und Holzkonstruktionen. Bauforschung und Baupraxis, Berlin. Bd 105

Stübi T, Niemz P (2000) Neues Messgerät zur Bestimmung der Härte. Holz-Zentralblatt, Stuttgart. Bd 125, S 1524, 1526

Taylor S, Bender D, Kline D, Kline K (1992) Comparing length effect models for lumber tensile strength. For-Prod-J. Madison, Forest Products Research Society. Bd 42 (2), S 23–30

Taylor SE, Triche M, Bender D, Woeste F (1995) Monte-Carlo simulation methods for engineered wood systems For-Prod-Journ. Madison, Forest Products Society. Bd 45 (7/8), S 43–50

Timmermann K, Meierhofer U (1994) Verstärkte Kunststoffe in Holztragwerken. Bericht 115/32, EMPA; Dübendorf 11/1994

Valentin GH, Boström L, Gustafsson PJ, Ranta-Maunus A (1991) Application of fracture mechanics to timber structures RILEM state of the art-report. Valtio Teknillinen Tutkimuskeskus Statens Tekniska Forskingscentral Technical Research Centre of Finland, Espoo

Vlosky R, Smith P, Blankenhorn P, Haas M (1994) Laminated veneer lumber: a United States market overview. Wood-and Fiber Science. Bd 26:4, S 456–466
Walters R, Davis E (1995) Manufacturing engineered wood products: is it for everyone. Proc. Wash. State Univ. Int-Partboard/Compos-Material Symp. Pullman, Wash. The Symposium. Bd 29, S 129–139
Wagenführ A, Pecina H, Kühne G (1989) Enzymatische Hackschnitzelmodifizierung für die Holzwerkstoffherstellung. Holztechnologie, Leipzig. Bd. 30: 2, S 62–65

Dissertationen

Dunky M (1999) Leime und Holzwerkstoffe. Habilitation, Universität für Bodenkultur, Wien
Gressel P (1971) Untersuchungen über das Zeitstandsbiegeverhalten von Holzwerkstoffen in Abhängigkeit von Klima und Belastung. Diss. Uni Hamburg
Hanhijärvi A (1995) Modelling of creep deformation mechanism in wood. Diss. Technical research Centre of Finland, Espoo
Hänsel A (1987) Grundlegende Untersuchungen zur Optimierung der Struktur von Spanplatten. Diss. TU Dresden
Hänsel A (1990) Wege zur Weiterentwicklung von Gestaltung, Herstellung und Verarbeitung von Holzwerkstoffen. Habilitation, TU Dresden
Kruse K (1997) Entwicklung eines Verfahrens der berührungslosen Ermittlung von Schallgeschwindigkeiten zur Bestimmung mechanischer Eigenschaften an Holzwerkstoffplatten und dessen Integration in die Prozesskontrolle. Diss. Universität Hamburg
Lechner P (1985) Analyse des Holzaufschlusses in der Faserplattenindustrie. Diss. TU Dresden
Lobenhoffer H (1990) Qualitätsbedingte Regelung des Formstranges. Diss. Uni Göttingen
Müller M (1998) Möglichkeiten der Herstellung stärkegebundener Formkörper als Variante biologisch abbaubarer Holzwerkstoffe. Diss. TU Dresden
Niemz P (1982) Untersuchungen zum Kriechverhalten von Spanplatten unter besonderer Berücksichtigung des Einflusses der Werkstoffstruktur. Diss. TU Dresden
Niemz P (1985) Ein Beitrag zur stofflich-strukturellen und prozesstechnischen Weiterentwicklung der Spanplattenfertigung. Habilitation, TU Dresden
Richter Ch (1988) Stoffliche und prozesstechnische Grundlagen der Substitution von Asbest in Faser-Zement-Werkstoffen. Diss. TU Dresden
Schulte M (1997) Zerstörungsfreie Prüfung elastomechanischer Eigenschaften von Holzwerkstoffplatten durch Auswertung des Eigenschwingungsverhaltens und Vergleich mit zerstörenden Prüfmethoden. Diss. Universität Hamburg
Schweitzer F (1993) Modellierung des Heisspressvorganges zur Herstellung von Spanplatten. Diss. TU Dresden
Steiger R (1996) Mechanische Eigenschaften von Schweizer Fichten-Bauholz bei Biege-, Zug-, Druck- und kombinierter Belastung. Diss. ETH Zürich
Thömen H (2000) Modeling the physical process in natural fiber composites during batch an continuous pressing. PHD thesis, Oregon State University
von Haas G (1998) Untersuchungen zur Heißpressung von Holzwerkstoffmatten unter besonderer Berücksichtigung des Verdichtungsverhaltens, der Permeabilität, der Temperaturleitfähigkeit und der Sorptionsgeschwindigkeit. Diss. Universität Hamburg
Wagenführ A (1988) Praxisrelevante Untersuchungen zur Nutzung biologischer Wirkprinzipien. Diss. TU Dresden

Anhang 1: Wichtige Normen zu Holz und Holzwerkstoffen, einschließlich deren Prüfung

1. Vollholz

DIN 4076 T1	1985-10	Benennung und Kurzzeichen auf dem Holzgebiet: Holzarten
DIN 68252 T1	1978-01	Begriffe für Schnittholz; Form und Masse
DIN 68256	1976-04	Gütemerkmale von Schnittholz
DIN 4074 T1	1989-09	Sortierung von Nadelholz nach der Tragfähigkeit, Nadelschnittholz
DIN 4074 T2	1958-12	Bauholz für Holzbauteile
DIN 4074 T3	1989-09	Sortierung von Nadelholz nach der Tragfähigkeit, Sortiermaschinen
DIN 52180 T1	1977-11	Prüfung von Holz, Probennahme
DIN 52181	1975-08	Bestimmung der Wuchseigenschaften von Nadelholz
DIN 52182	1976-09	Prüfung von Holz, Bestimmung der Rohdichte
DIN 52183	1977-11	Prüfung von Holz, Bestimmung des Feuchtigkeitsgehaltes
DIN 52184	1979-05	Prüfung von Holz, Bestimmung der Quellung und Schwindung
DIN 52185	1976-09	Prüfung von Holz, Bestimmung der Druckfestigkeit parallel zur Faserrichtung
DIN 52186	1978-06	Prüfung von Holz, Bestimmung der Biegefestigkeit
DIN 52187	1979-05	Prüfung von Holz, Bestimmung der Scherfestigkeit in Faserrichtung
DIN 52188	1979-05	Prüfung von Holz, Bestimmung der Zugfestigkeit parallel zur Faser
DIN 52189 T1	1981-12	Prüfung von Holz, Schlagbiegeversuch, Bruchschlagarbeit
DIN 52192	1979-05	Prüfung von Holz, Druckversuch quer zur Faserrichtung
DIN 68367	1976-01	Bestimmung von Gütemerkmalen von Laubholz

Verzeichnis Internationaler Normen der ISO für Vollholz
(DIN-Normen zum selben Thema in Klammern)

* ISO 1030	1975-12	Nadelschnittholz; Fehler; Messung (DIN 52181)
* ISO 1031	1974-12	Nadelschnittholz; Fehler; Begriffe und Definitionen (DIN 68256)
* ISO 1032	1974-12	Nadelschnittholz; Abmessungen; Begriffe und Definitionen (DIN 68252 T1)
* ISO 2300	1973-12	Laubschnittholz; Fehler; Begriffe und Definitionen (DIN 68256)
* ISO 2301	1973-08	Laubschnittholz; Fehler; Messung (DIN 68367)
* ISO 3129	1975-11	Holz; Probenahmeverfahren und allgemeine Forderungen für physikalische und mechanische Prüfungen (DIN 52180 T1)
* ISO 3130	1975-11	Holz; Feuchtigkeitsbestimmung bei physikalischen und mechanischen Prüfungen (DIN 52183)

* ISO 3131	1975-11	Holz; Dichtebestimmungen bei physikalischen und mechanischen Prüfungen (DIN 52182)
* ISO 3132	1975-11	Holz; Bestimmung der Druckfestigkeit senkrecht zur Faserrichtung (DIN 52192)
* ISO 3133	1975-11	Holz; Bestimmung der Biege(bruch)festigkeit bei statischer Belastung (DIN 52186)
* ISO 3345	1975-09	Holz; Bestimmung der maximalen Zugspannung (Bruchspannung) parallel zur Faser (DIN 52188)
* ISO 3347	1976-01	Holz; Bestimmung der höchsten Scherspannung (Scherbruchspannung) parallel zur Faser (DIN 52187)
* ISO 3348	1975-08	Holz; Bestimmung der Schlagbiegefestigkeit (DIN 52189 T1)

2. Holzwerkstoffe

Allgemein

DIN 4076-5	1981-11	Benennungen und Kurzzeichen auf dem Holzgebiet; Übersicht über die genormten Kurzzeichen
DIN EN 310	1993-08	Holzwerkstoffe; Bestimmung des Biege-Elastizitätsmoduls und der Biegefestigkeit; Deutsche Fassung EN 310: 1993
DIN EN 317	1993-08	Spanplatten und Faserplatten; Bestimmung der Dickenquellung nach Wasserlagerung; Deutsche Fassung EN 317: 1993
DIN EN 319	1993-08	Spanplatten und Faserplatten; Bestimmung der Zugfestigkeit senkrecht zur Plattenebene; Deutsche Fassung EN 319: 1993
*EN 321 Vorlage	2000-11	Holzwerkstoffe – Bestimmung der Feuchtebeständigkeit durch Zyklustest
DIN EN 322	1993-08	Holzwerkstoffe; Bestimmung des Feuchtegehaltes; Deutsche Fassung EN 322: 1993
DIN EN 323	1993-08	Holzwerkstoffe; Bestimmung der Rohdichte; Deutsche Fassung EN 323: 1993
DIN EN 324-1	1993-08	Holzwerkstoffe; Bestimmung der Plattenmasse; Teil 1: Bestimmung der Dicke, Breite und Länge; Deutsche Fassung EN 324-1: 1993
DIN EN 324-2	1993-08	Holzwerkstoffe; Bestimmung der Plattenmasse; Teil 2: Bestimmung der Rechtwinkligkeit und der Kantengeradheit; Deutsche Fassung EN 324-2: 1993
DIN EN 325	1993-08	Holzwerkstoffe; Bestimmung der Masse der Prüfkörper; Deutsche Fassung EN 325: 1993
DIN EN 326-1	1994-08	Holzwerkstoffe – Probenahme, Zuschnitt und Überwachung – Teil 1: Probenahme und Zuschnitt der Prüfkörper sowie Angabe der Prüfergebnisse; Deutsche Fassung EN 326-1: 1994
*EN 326-2	2000-10	Holzwerkstoffe – Probenahme, Zuschnitt und Überwachung – Teil 2: Qualitätskontrolle in der Fertigung
*EN 326-3	1998-10	Holzwerkstoffe – Probenahme, Zuschnitt und Überwachung – Teil 3: Abnahmeprüfung einer Plattenlieferung
*EN 1058	1996-04	Holzwerkstoffe – Bestimmung der charakteristischen Werte der mechanischen Eigenschaften und der Rohdichte
*ENV 1156	1999-03	Holzwerkstoffe – Bestimmung von Zeitstandfestigkeit und Kriechzahl
*EN 12369 Vorlage	1998-10	Holzwerkstoffe – Charakteristische Werte für eingeführte Erzeugnisse
*E EN 13879	2000-07	Holzwerkstoffe – Bestimmung der Eigenschaften bei Hochkantbiegung

Holzfaserplatten

DIN 52350	1953-09	Prüfung von Holzfaserplatten; Probenahme, Dickenmessung, Bestimmung des Flächengewichtes und der Rohwichte
DIN 52351	1956-09	Prüfung von Holzfaserplatten; Bestimmung des Feuchtigkeitsgehaltes, der Wasseraufnahme und der Dickenquellung
DIN 52352	1953-09	Prüfung von Holzfaserplatten; Biegeversuch
DIN 68752	1974-12	Bitumen-Holzfaserplatten; Gütebedingungen
DIN 68753	1976-01	Begriffe für Holzfaserplatten
DIN 68754-1	1976-02	Harte und mittelharte Holzfaserplatten für das Bauwesen; Holzwerkstoffklasse 20
DIN 68755	1992-07	Holzfaserdämmplatten für das Bauwesen; Begriff, Anforderungen, Prüfung, Überwachung
**EN 316	1999-12	Holzfaserplatten; Definition, Klassifizierung und Kurzzeichen
DIN EN 318	1993-08	Faserplatten; Bestimmung von Maßänderungen in Verbindung mit Änderungen der relativen Luftfeuchte; Deutsche Fassung EN 318: 1993
DIN EN 320	1993-08	Faserplatten; Bestimmung des achsenparallelen Schraubenausziehwiderstands; Deutsche Fassung EN 320: 1993
DIN EN 321	1993-08	Faserplatten; Zyklustest im Feuchtbereich; Deutsche Fassung EN 321: 1993 (vergl. Vorlage EN 321: Holzwerkstoffe)
DIN EN 382-1	1993-08	Faserplatten; Bestimmung der Oberflächenabsorption; Teil 1: Prüfverfahren für Faserplatten nach dem Trockenverfahren; Deutsche Fassung EN 382-1: 1993
DIN EN 382-2	1994-02	Faserplatten; Bestimmung der Oberflächenabsorption; Teil 2: Prüfmethode für harte Platten; Deutsche Fassung EN 382-2: 1993
DIN EN 622-1	1997-08	Faserplatten – Anforderungen – Teil 1: Allgemeine Anforderungen; Deutsche Fassung EN 622-1: 1997
DIN EN 622-2	1997-08	Faserplatten – Anforderungen – Teil 2: Anforderungen an harte Platten; Deutsche Fassung EN 622-2: 1997
DIN EN 622-3	1997-08	Faserplatten – Anforderungen – Teil 3: Anforderungen an mittelharte Platten; Deutsche Fassung EN 622-3: 1997
DIN EN 622-4	1997-08	Faserplatten – Anforderungen – Teil 4: Anforderungen an poröse Platten; Deutsche Fassung EN 622-4: 1997
DIN EN 622-5	1997-08	Faserplatten – Anforderungen – Teil 5: Anforderungen an Platten nach dem Trockenverfahren (MDF); Deutsche Fassung EN 622-5: 1997

Spanplatten, OSB, zementgebundene Spanplatten

DIN 52360	1965-04	Prüfung von Holzspanplatten; Allgemeines, Probenahme, Auswertung
DIN 52361	1965-04	Prüfung von Holzspanplatten; Bestimmung der Abmessungen, der Rohdichte und des Feuchtigkeitsgehaltes
DIN 52362-1	1965-04	Prüfung von Holzspanplatten; Biegeversuch, Bestimmung der Biegefestigkeit
DIN 52364	1965-04	Prüfung von Holzspanplatten; Bestimmung der Dickenquellung
DIN 52365	1965-04	Prüfung von Holzspanplatten; Bestimmung der Zugfestigkeit senkrecht zur Plattenebene
DIN 52366	1996-03	Spanplatten – Bestimmung der Schichtfestigkeit von Strangpressplatten

DIN 52367-1	1980-08	Prüfung von Spanplatten; Bestimmung der Scherfestigkeit parallel zur Plattenebene
DIN EN 1087-1	1995-04	Spanplatten – Bestimmung der Feuchtebeständigkeit – Teil 1: Kochprüfung; Deutsche Fassung EN 1087-1: 1995
DIN 68762	1982-03	Spanplatten für Sonderzwecke im Bauwesen; Begriffe, Anforderungen, Prüfung
DIN 68763	1990-09	Spanplatten; Flachpressplatten für das Bauwesen; Begriffe, Anforderungen, Prüfung, Überwachung
DIN 68764-1	1973-09	Spanplatten; Strangpressplatten für das Bauwesen; Begriffe, Eigenschaften, Prüfung, Überwachung
DIN 68764-2	1974-09	Spanplatten; Strangpressplatten für das Bauwesen; Beplankte Strangpressplatten für die Tafelbauart
DIN 68771	1973-09	Unterböden aus Holzspanplatten
DIN EN 300	1997-06	Platten aus langen, schlanken, ausgerichteten Spänen (OSB) – Definitionen, Klassifizierung und Anforderungen; Deutsche Fassung EN 300: 1997
DIN EN 309	1992-08	Spanplatten; Definition und Klassifizierung; Deutsche Fassung EN 309: 1992
DIN EN 311	1992-08	Spanplatten; Abhebefestigkeit von Spanplatten; Prüfverfahren; Deutsche Fassung EN 311: 1992
*E DIN EN 311	2000-02	Spanplatten; Abhebefestigkeit von Spanplatten; Prüfverfahren
DIN EN 312-1	1996-11	Spanplatten – Anforderungen – Teil 1: Allgemeine Anforderungen an alle Plattentypen; Deutsche Fassung EN 312-1: 1996
DIN EN 312-2	1996-11	Spanplatten – Anforderungen – Teil 2: Anforderungen an Platten für allgemeine Zwecke zur Verwendung im Trockenbereich; Deutsche Fassung EN 312-2: 1996
DIN EN 312-3	1996-11	Spanplatten – Anforderungen – Teil 3: Anforderungen an Platten für Inneneinrichtungen (einschließlich Möbel) zur Verwendung im Trockenbereich; Deutsche Fassung EN 312-3: 1996
DIN EN 312-4	1996-11	Spanplatten – Anforderungen – Teil 4: Anforderungen an Platten für tragende Zwecke zur Verwendung im Trockenbereich; Deutsche Fassung EN 312-4: 1996
DIN EN 312-5	1997-06	Spanplatten – Anforderungen – Teil 5: Anforderungen an Platten für tragende Zwecke zur Verwendung im Feuchtbereich; Deutsche Fassung EN 312-5: 1997
DIN EN 312-6	1996-11	Spanplatten – Anforderungen – Teil 6: Anforderungen an hochbelastbare Platten für tragende Zwecke zur Verwendung im Trockenbereich; Deutsche Fassung EN 312-6: 1996
DIN EN 312-7	1997-06	Spanplatten – Anforderungen – Teil 7: Anforderungen an hochbelastbare Platten für tragende Zwecke zur Verwendung im Feuchtbereich; Deutsche Fassung EN 312-7: 1997
DIN EN 633	1993-12	Zementgebundene Spanplatten; Definition und Klassifizierung; Deutsche Fassung EN 633: 1993
DIN EN 634-1	1995-04	Zementgebundene Spanplatten – Anforderungen – Teil 1: Allgemeine Anforderungen; Deutsche Fassung EN 634-1: 1995
DIN EN 634-2	1996-10	Zementgebundene Spanplatten – Anforderungen – Teil 2: Anforderungen an Portlandzement (PZ) gebundene Spanplatten zur Verwendung im Trocken-, Feucht- und Außenbereich; Deutsche Fassung EN 634-2: 1996
DIN EN 1128	1995-11	Zementgebundene Spanplatten – Bestimmung des Stoßwiderstandes mit einem harten Körper; Deutsche Fassung EN 1128: 1995

DIN EN 1328	1996-09	Zementgebundene Spanplatten – Bestimmung der Frostbeständigkeit; Deutsche Fassung EN 1328: 1996

Sperrholz

DIN 4078	1979-03	Sperrholz; Vorzugsmaße
DIN 52371	1968-05	Prüfung von Sperrholz; Biegeversuch
DIN 52372	1977-09	Prüfung von Sperrholz; Bestimmung der Plattenmaße
DIN 52375	1977-08	Prüfung von Sperrholz; Bestimmung des Feuchtigkeitsgehaltes
DIN 52376	1978-11	Prüfung von Sperrholz; Bestimmung der Druckfestigkeit parallel zur Plattenebene
DIN 52377	1978-11	Prüfung von Sperrholz; Bestimmung des Zug-Elastizitätsmoduls und der Zugfestigkeit
DIN 68705-2	1981-07	Sperrholz; Sperrholz für allgemeine Zwecke
DIN 68705-3	1981-12	Sperrholz; Bau-Furniersperrholz
DIN 68705-4	1981-12	Sperrholz; Bau-Stabsperrholz, Bau-Stäbchensperrholz
DIN 68705-5	1980-10	Sperrholz; Bau-Furniersperrholz aus Buche
DIN 68705-5 Bbl 1	1980-10	Bau-Furniersperrholz aus Buche; Zusammenhänge zwischen Plattenaufbau, elastischen Eigenschaften und Festigkeiten
DIN 68708	1976-04	Sperrholz; Begriffe
DIN EN 313-1	1996-05	Sperrholz – Klassifizierung und Terminologie – Teil 1: Klassifizierung; Deutsche Fassung EN 313-1: 1996
**EN 313-2	1999-11	Sperrholz – Klassifizierung und Terminologie – Teil 2: Terminologie
DIN EN 314-1	1993-08	Sperrholz; Qualität der Verklebung; Teil 1: Prüfverfahren; Deutsche Fassung EN 314-1: 1993
DIN EN 314-2	1993-08	Sperrholz; Qualität der Verklebung; Teil 2: Anforderungen; Deutsche Fassung EN 314-2: 1993
**EN 315	2000-10	Sperrholz; Maßtoleranzen
DIN EN 635-1	1995-01	Sperrholz – Klassifizierung nach dem Aussehen der Oberfläche – Teil 1: Allgemeines; Deutsche Fassung EN 635-1: 1994
DIN EN 635-2	1995-08	Sperrholz – Klassifizierung nach dem Aussehen der Oberfläche – Teil 2: Laubholz; Deutsche Fassung EN 635-2: 1995
DIN EN 635-3	1995-08	Sperrholz – Klassifizierung nach dem Aussehen der Oberfläche – Teil 3: Nadelholz; Deutsche Fassung EN 635-3: 1995
DIN V ENV 635-4	1996-11	Sperrholz – Klassifizierung nach dem Aussehen der Oberfläche – Teil 4: Einflussgrößen auf die Eignung zur Oberflächenbehandlung – Leitfaden; Deutsche Fassung ENV 635-4 : 1996
**EN 635-5	1999-05	Sperrholz – Klassifizierung nach dem Aussehen der Oberfläche – Teil 5: Messverfahren und Angabe der Merkmale und Fehler
DIN EN 636-1	1997-02	Sperrholz – Anforderungen – Teil 1: Anforderungen an Sperrholz zur Verwendung im Trockenbereich; Deutsche Fassung EN 636-1: 1996
DIN EN 636-2	1997-02	Sperrholz – Anforderungen – Teil 2: Anforderungen an Sperrholz zur Verwendung im Feuchtbereich; Deutsche Fassung EN 636-2: 1996
DIN EN 636-3	1997-02	Sperrholz – Anforderungen – Teil 3: Anforderungen an Sperrholz zur Verwendung im Außenbereich; Deutsche Fassung EN 636-3: 1996
DIN EN 1072	1995-08	Sperrholz – Beschreibung der Biegeeigenschaften von Bau-Sperrholz; Deutsche Fassung EN 1072: 1995

DIN V ENV 1099	1998-02	Sperrholz – Biologische Dauerhaftigkeit – Leitfaden zur Beurteilung von Sperrholz zur Verwendung in verschiedenen Gefährdungsklassen; Deutsche Fassung ENV 1099: 1997

Massivholzplatten

*E EN 12775	1997-06	Massivholzplatten – Klassifizierung und Terminologie
*EN 13017-1	2001-03	Massivholzplatten – Klassifizierung nach dem Aussehen der Oberfläche – Teil 1: Nadelholz
*EN 13017-2	2001-03	Massivholzplatten – Klassifizierung nach dem Aussehen der Oberfläche – Teil 2: Laubholz
*E EN 13353-1	1999-01	Massivholzplatten – Anforderungen – Teil 1: Anforderungen zur Verwendung im Trockenbereich
*E EN 13353-2	1999-01	Massivholzplatten – Anforderungen – Teil 2: Anforderungen zur Verwendung im Feuchtbereich
*E EN 13353-3	1999-01	Massivholzplatten – Anforderungen – Teil 3: Anforderungen zur Verwendung im Außenbereich
*E EN 13354	1999-01	Massivholzplatten – Qualität der Verklebung – Prüfverfahren

Verklebung

DIN 53255	1964-06	Prüfung von Holzleimen und Holzverleimungen; Bestimmung der Bindefestigkeit von Sperrholzleimungen (Furnier- und Tischlerplatten) im Zugversuch und im Aufstechversuch
DIN EN 204	1991-10	Beurteilung von Klebstoffen für nichttragende Bauteile zur Verbindung von Holz und Holzwerkstoffen; Deutsche Fassung EN 204: 1991
DIN EN 205	1991-10	Prüfverfahren für Holzklebstoffe für nichttragende Bauteile; Bestimmung der Klebfestigkeit von Längsklebungen im Zugversuch; Deutsche Fassung EN 205: 1991
*E EN 13446	1999-05	Holzwerkstoffe – Bestimmung des Haltevermögens von Verbindungsmitteln

Holzschutz

DIN 68800-2	1996-05	Holzschutz – Teil 2: Vorbeugende bauliche Maßnahmen im Hochbau
DIN 68800-5	1978-05	Holzschutz im Hochbau; Vorbeugender chemischer Schutz von Holzwerkstoffen
E DIN 68800-5	1990-01	Holzschutz; Vorbeugender chemischer Schutz von Holzwerkstoffen
DIN EN 335-3	1995-09	Dauerhaftigkeit von Holz und Holzprodukten – Definition der Gefährdungsklassen für einen biologischen Befall – Teil 3: Anwendung bei Holzwerkstoffen; Deutsche Fassung EN 335-3: 1995
*ENV 12038	1996-07	Dauerhaftigkeit von Holz und Holzwerkstoffen – Holzwerkstoffplatten – Bestimmung der Beständigkeit gegen holzzerstörende Basidiomyceten

Formaldehydbestimmung

DIN EN 120	1992-08	Holzwerkstoffe; Bestimmung des Formaldehydgehaltes; Extraktionsverfahren genannt Perforatormethode; Deutsche Fassung EN 120: 1992
*ENV 717-1	1999-02	Holzwerkstoffe – Bestimmung der Formaldehydabgabe – Teil 1: Formaldehydabgabe nach der Prüfkammer-Methode
DIN EN 717-2	1995-01	Holzwerkstoffe – Bestimmung der Formaldehydabgabe – Teil 2: Formaldehydabgabe nach der Gasanalyse-Methode; Deutsche Fassung EN 717-2: 1994
DIN EN 717-3	1996-05	Holzwerkstoffe – Bestimmung der Formaldehydabgabe – Teil 3: Formaldehydabgabe nach der Flaschen-Methode; Deutsche Fassung EN 717-3: 1996
DIN EN 1084	1995-08	Sperrholz – Formaldehydabgabe-Klassen nach der Gasanalyse-Methode; Deutsche Fassung EN 1084: 1995

Holzbau

*EN 789	1997-07	Holzbauwerke – Prüfmethoden – Bestimmung der mechanischen Eigenschaften von Holzwerkstoffen
*ENV 1995-1-1	1994-06	Entwurf, Berechnung und Bemessung von Holzbauwerken – Teil 1-1: Allgemeine Bemessungsregeln für den Hochbau dazu: Nationales Anwendungsdokument (NAD) Richtlinie zur Anwendung von DINV ENV 1995 Teil 1-1 DIN, DGfH 1995
*EN 12871 Vorlage	2000-10	Holzwerkstoffe – Leistungsspezifikationen und Anforderungen für tragende Platten zur Verwendung in Fußböden, Wänden und Dächern
*ENV 12872	2000-12	Holzwerkstoffe – Leitfaden für die Verwendung von tragenden Platten in Böden, Wänden und Dächern
*E EN 13810-1	2000-04	Holzwerkstoffe – Schwimmend verlegte Fußböden – Teil 1: Leistungsspezifikationen und Anforderungen
*E EN 13810-2	2000-04	Holzwerkstoffe – Schwimmend verlegte Fußböden – Teil 2: Prüfverfahren
*E EN 13986	2000-10	Holzwerkstoffe zur Verwendung im Bauwesen – Eigenschaften, Bewertung der Konformität und Kennzeichnung

Legende

*	Nicht in DIN Taschenbuch 31 oder 60 enthalten
**	DIN-Norm gegenüber Norm in DIN Taschenbuch 31 oder 60 neu überarbeitet
V	Vornorm
E	Entwurf
„Vorlage“	Fortgeschrittenes Dokument; Änderungen aber nicht ausgeschlossen

Anhang 2:
Übersichten zu den Eigenschaften von Holzwerkstoffen

Tabelle 1

Eigenschaften zugelassener Werkstoffe nach Radovicz, Cheret, Heim (1997)			Grundlage für Verwendung	Abmessungen		
Holzwerkstoff				Dicke [mm]	Breite [mm]	Länge [mm]
Mehrschichtplatten						
Dold	3-lagig	p[1] s[2]	Z-9.1-258	13 ... 52	bis 2500/3000	bis 5000
	5-lagig	p s		35 ... 55	bis 2500/3000	bis 5000
Kaufmann	3-lagig	p s	Z-9.1-242	20 ... 75	bis 2000	bis 25000
	5-lagig	p s		35 u. 40	bis 2000	bis 25000
Tilly	3-lagig	p s	Z-9.1-320	17 ... 26	1250	bis 5000
Schwörer	3-lagig	p s	Z-9.1-209	16 ... 40	2500	bis 5000
Bau-Furniersperrholz						
übliche Platte		p s	DIN 68705-3	8 ... 40	1000 ... 1500	2500 ... 3500
APA		p s	Z-9.1-43	8 ... 19		
Cofi		p s	Z-9.1-7	7,5 ... 31,5		
Vänerply		p s	Z-9.1-6	7 ... 25		
Bau-Furnierschichtholz aus Buche						
Platten aus Buche-Furnieren		p s	DIN 68705-5	10 ... 40	1000 ... 1500	2500 ... 3500
Furnierschichtholz						
Kerto S		p s	Z-9.1-100	21 ... 75	bis 1820	bis 23000
Kerto Q		p s	Z-9.1-100	21 ... 69	bis 1820	bis 23000
Kerto T		p	Z-9.1-291	39 ... 75	bis 2000	bis 23000
Microllam LVL		p s	Z-9.1-245	44 ... 89	150 ... 610	bis 20000
Furnierstreifenholz						
Parallam PSL			Z-9.1-241	44 ... 483 (Höhe)	40 ... 280	bis 20000
Spanstreifenholz						
Intrallam LSL			Z-9.1-323	32 ... 89	bis 2400	bis 10670
OSB-Platten						
Agepan Triply		p s	Z-9.1-326	8 ... 22	bis 2500	bis 5000
Sterling OSB		p s	Z-9.1-275	8 ... 25	bis 2500	bis 5000
Kronospan		p s		8 ... 30	bis 2620	bis 5100

Holzbauhandbuch, Reihe 4, Teil 4, Folge 1 Konstruktive Holzwerkstoffe

Tabelle 1 (Fortsetzung)

Zulässige Spannungen

Biegung rechtwinklig zur Plattenebene (PE) [MN/m²]	Biegung in Plattenebene [MN/m²]	Zug in Plattenebene [MN/m²]	Druck in Plattenebene [MN/m²]	Druck rechtwinkl. zur Plattenebene [MN/m²]	Abscheren in Plattenebene [MN/m²]	Abscheren rechtwinkl. zur Plattenebene [MN/m²]
Mehrschichtplatten						
17 … 3[3]	8,5 … 2,5[3]	6 … 1,5[3,4]	7,5 … 3,5[3]	k. A.	0,4	0,8 … 0,3[3]
4 … 11[3]	6 … 11[3]	2 … 3[3]	5 … 12[3]		0,4	0,7 … 0,9[3]
6 … 8[3]	6	4 … 3[3,4]	10 … 6,5[3]		0,6	0,7
4 … 3[3]	3,5 … 2[3]	2 … 5[3]	5,5 … 7[3]		0,6	0,5 … 0,4
18 … 9[3]	8 … 4[3]	8 … 3,3[3,4]	9 … 5[3]	k. A.	0,9	2 … 1[3]
2,5 … 8[3]	3,5 … 6[3]	3,5 … 5,5[3,4]	5 … 10[3]		0,9	2 … 1[3]
12	9	8,5[4]	8,5		0,9	1,6
5	5	4[4]	4		0,9	1,6
20 … 16[3]	12 … 8[3]	6,5 … 3,6[3,4]	11 … 7[3]	k. A.	0,9	1,6 … 1,8[3]
4,5 … 9[3]	6 … 9[3]	0,9 … 2,4[3,4]	7 … 10[3]		0,9	2,2 … 1,5[3]
10,5 … 21[3]	5 … 13,5[3]	2,5 … 7,7[3,4]	5,5 … 7,5[3]	k. A.	0,9	1,4 … 2[3]
3 … 8,5[3]	4,5 … 6[3]	2,4 … 4,7[3,4]	4,7 … 13[3]		0,9	1,2 … 2[3]
Bau-Furniersperrholz						
13	9	8	8	3	0,9	1,8 bzw. 3[5]
5	6	4	4	3	0,9	1,8 bzw. 3[5]
5 … 8[6]	4 bzw. 6[6]	3 … 5[6]	4 bzw. 5[6]	2	0,4	1,5
2 bzw. 4[6]	3	2 bzw. 3[6,7]	3 bzw. 4[6]	2	0,4	1,5
13 bzw. 7[8]		8 bzw. 5[8,7]	8 bzw. 6[8]	2	0,5	1,5
2 bzw. 4[8]		3	4	2	0,5	1,5
13	9	8	8	3	0,9	1,8 bzw. 3[5]
2,5 bzw. 5[5]	6	4	4	3	0,9	1,8 bzw. 3[5]
BFU-Buche						
18 … 29[3]	13 … 20[3]	13 … 20[3]	7 … 10[3]	4,5	1,2	3 bzw. 4[5]
5 … 17[3]	9 … 14[3]	9 … 14[3]	5 … 10[3]	4,5	1,2	3 bzw. 4[5]
Furnierschichtholz						
20	20 … 14[9]	16 bzw. 11[9]	16 bzw. 11[9]	3	0,9	2
k. A.	k. A.	0,2	3	3	k. A.	k. A.
11	15 … 11[9]	12 bzw. 8[9,1]	12 bzw. 8[9,1]	3	0,6	2,2
4	2,5	2,5	5	3	0,6	2,2
13	13	9	11	2	0,9	0,9
21	21 … 17[9]	17	19	3,3 bzw. 4,5[11]	1,3	2,5
–	–	–	–	2 bzw. 3,3[12]	–	–
Furnierstreifenholz						
21	19 … 21[9]	18	20	1,6 … 4,6[13]	1,0	2,8
Spanstreifenholz						
10,4[15,17] bzw. 12,5[16,17]	10 … 16[9,17]	10[15,17] bzw. 12[16,17]	12[15] bzw. 13[16]	k. A.	1,3[15] bzw. 1,8[16]	5[15] bzw. 4[16]
OSB-Platten						
8	4,8	2,6[17]	4,5	k. A.	0,4	2,0
3,6	2,6	1,6[17]	2,8	k. A.	0,4	2,0
4,6 bzw. 4,2[18]	3,3	2,0[17]	3,2	k. A.	0,35 bzw. 0,30[18]	1,2
2,4 bzw. 2,2[18]	2,4 bzw. 2,2[18]	1,4[17]	2,6 bzw. 2,2[18]	k. A.	0,32 bzw. 0,30[18]	1,8

Tabelle 1 (Fortsetzung)

Eigenschaften zugelassener Werkstoffe nach Radovicz, Cheret, Heim (1997)	Grundlage für Verwendung	Abmessungen		
Holzwerkstoff		Dicke [mm]	Breite [mm]	Länge [mm]
Flachpressplatten				
	DIN 68763	4 ... 50	1850 ... 2800	bis 14000
Harte Holzfaserplatten				
	DIN 68754	3,2 ... 8	1220 ... 2050	bis 4000
Mittelharte Holzfaserplatten				
	DIN 68754	5 ... 16	1250 ... 2050	bis 14000
Weiche Holzfaserdämmplatten				
poröse Holzfaserplatten	DIN 68750	6 ... 18	1250	2500
bituminierte Holzfaserplatten	DIN 68752	7 ... 20	1250	2500
Wärmedämmplatten	DIN 68755	20 ... 100	1250	2500
Zementgebundene Flachpressplatten				
Agepan	Z-9.1-324	8 ... 40	1250	2600, 3100
Betontyp	Z-9.1-89	12 ... 25	1250	3200, 3350
Cetris	Z-9.1-267	8 ... 40	1250	6500
Cospan	Z-9.1-328	15 ... 25	3000	6500
Cospanel	Z-9.1-340	20 ... 25	3000	2600, 3100
Duripanel	Z-9.1-120	8 ... 40	1250	2600, 3100
Fulgurit-Isopanel	Z-9.1-173	8 ... 40	1250	2600, 3200
ISB-Panel	Z-9.1-285	8 ... 30	1250	2600 bis 3100
Masterpanel und Masterpanel C	Z-9.1-325 u. -384	8 ... 40	1250	2600 bis 3050
Viroc	Z-9.1-200	8 ... 25	1250	2600 bis 3050
Gipsgebundene Flachpressplatten				
Sasmox	Z-9.1-336	10 ... 18	1250	2500
Gipsfaserplatten				
Fermacell	Z-9.1-187	20 ... 18	1000 und 1245	1500 bis 3500
Gipskartonplatten	**DIN 18180**			
Knauf	Z-9.1-199	9,5 ... 25	625 od. 1250	2000 ... 4000
Rigips	Z-9.1-204			
Cyproc	Z-9.1-221 u. -246			
Industriegruppe Gipskartonplatten	Z-9.1-318 u. -319			
Holzwolle-Leichtbauplatten				
	DIN 1101	15 ... 100	500	2000

Holzbauhandbuch, Reihe 4, Teil 4, Folge 1 Konstruktive Holzwerkstoffe

Tabelle 1 (Fortsetzung)

Zulässige Spannungen

Biegung rechtwinklig zur Plattenebene (PE) [MN/m²]	Biegung in Plattenebene [MN/m²]	Zug in Plattenebene [MN/m²]	Druck in Plattenebene [MN/m²]	Druck rechtwinkl. zur Plattenebene [MN/m²]	Abscheren in Plattenebene [MN/m²]	Abscheren rechtwinkl. zur Plattenebene [MN/m²]
Flachpressplatten						
4,5 ... 2 [19]	3,4 ... 1,4 [19]	2 ... 1,25 [19]	3 ... 1,75 [19]	2,5 ... 1,5 [19]	0,4 ... 0,3 [19]	1,8 ... 1,2 [19]
Harte Holzfaserplatten						
8 bzw. 6 [20]	5,5 bzw. 4 [20]	4	4	3	0,4	1,5
Mittelharte Holzfaserplatten						
2,5	2	2	2	2	0,3	0,8
Weiche Holzfaserdämmplatten						
–	–	–	–	–	–	–
Zementgebundene Flachpressplatten						
2,5 ... 1,8 [19]	2,1 ... 1,8 [19]	1 ... 0,8 [19]	3,5	k. A.	k. A.	2
1,8	k. A.	0,8	k. A.	k. A.	k. A.	k. A.
1,8 ... 1,5 [19]	1,8 ... 1,5 [19]	0,8	3	2	0,6	1,5
1,5	1,2 [19]	0,7	2,5	k. A.	0,2	1,2
1,4	1,4	0,6	2,3	k. A.	0,2	0,5
1,8 ... 1,5 [19]	1,8 ... 1,5 [19]	0,8 ... 0,6 [19]	3	2	0,6	1,8
1,8 ... 1,5 [19]	1,8 ... 1,5 [19]	0,8 ... 0,6 [19]	3	2	0,6	1,8
2,2	1,6 ... 1,4 [19]	0,5	2,3 ... 2 [19]	2	0,4	1,3
3 ... 1,8 [19]	2,8 ... 1,8 [19]	1,1 ... 0,8 [19]	4,5 bzw. 3,5 [19]	k. A.	k. A.	2,5 ... 2 [19]
2,2	2,0	0,8	3,2	k. A.	0,6	1,4
Gipsgebundene Flachpressplatten						
1,3	1,2	0,5	2	k. A.	0,2	1
Gipsfaserplatten						
siehe [21]	←	←	←	←	←	←
Gipskartonplatten						
siehe [21,22]	←	←	←	←	←	←
Holzwolle-Leichtbauplatten						
–	–	–	–	–	–	–

Tabelle 1 (Fortsetzung)

Eigenschaften zugelassener Werkstoffe nach Radovicz, Cheret, Heim (1997)			Grundlage für Verwendung	Rechenwerte für Elastizitäts- und Schubmoduln	
Holzwerkstoff				Biegung rechtwinklig zur Plattenebene [MN/m²]	Biegung in Plattenebene [MN/m²]
Mehrschichtplatten				**Mehrschichtplatten**	
Dold	3-lagig	p[1]	Z-9.1-258	9000 ... 6000[3]	5500 ... 2000[3]
		s[2]		1000 ... 5000[3]	3000 ... 8000[3]
	5-lagig	p		6000 ... 9000[3]	6000
		s		3000 ... 1500[3]	1500 ... 5000[3]
Kaufmann	3-lagig	p	Z-9.1-242	10400 ... 7000[3]	6800 ... 3500[3]
		s		800 ... 3600[3]	3200 ... 6500[3]
	5-lagig	p		8000	8000
		s		3200	3200
Tilly	3-lagig	p	Z-9.1-320	10000 ... 9500[3]	7000 ... 5000[3]
		s		1000 ... 3500[3]	4500 ... 6500[3]
Schwörer	3-lagig	p	Z-9.1-209	7800 ... 10000[3]	3800 ... 8000[3]
		s		700 ... 5200[3]	3000 ... 7700[3]
Bau-Furniersperrholz				**Bau-Furniersperrholz**	
übliche Platte		p	DIN 68705-3	8000 bzw. 5500[5]	4500
		s		400 bzw. 1500[5]	1000 bzw. 2500[5]
APA		p	Z-9.1-43	7000 bzw. 8000[6]	5000
		s		400 bzw. 2000[6]	1000 bzw. 3500[6]
Cofi		p	Z-9.1-7	9000 bzw. 7000[8]	
		s		400 bzw. 3000[8]	
Vänerply		p	Z-9.1-6	8000 bzw. 5500[5]	4500
		s		400 bzw. 3000[5]	1000 bzw. 2500[5]
Bau-Furnierschichtholz aus Buche				**BFU-Buche**	
Platten aus Buche-Furnieren		p	DIN 68705-5	5900 ... 9600[3]	4400 ... 6600[3]
		s		650 ... 4000[3]	3000 ... 4700[3]
Furnierschichtholz				**Furnierschichtholz**	
Kerto S		p	Z-9.1-100	13000	13000
		s		0	0
Kerto Q		p	Z-9.1-100	10000	10000
		s		2000	2000
Kerto T		p	Z-9.1-291	10000	10000
Microllam LVL		p	Z-9.1-245	14500	14500
		s		–	–
Furnierstreifenholz				**Furnierstreifenholz**	
Parallam PSL			Z-9.1-241	14500	14500
Spanstreifenholz				**Spanstreifenholz**	
Intrallam LSL			Z-9.1-323	9500[15,17] bzw. 11500[16,17]	8700[15,17] bzw. 10500[16,17]
OSB-Platten				**OSB-Platten**	
Agepan Triply		p	Z-9.1-326	6500 bzw. 7000[18]	4700
		s		2800	2600
Sterling OSB		p	Z-9.1-275	3800 bzw. 4100[18]	3100 bzw. 3500[18]
		s		1300 bzw. 1600[18]	2100 bzw. 2000[18]
Kronospan		p			
		s			

Holzbauhandbuch, Reihe 4, Teil 4, Folge 1 Konstruktive Holzwerkstoffe

Tabelle 1 (Fortsetzung)

Druck/Zug in Plattenebene [MN/m²]	Schub bei Biegung rechtwinklig zur PE [MN/m²]	Schub bei Biegung in Plattenebene [MN/m²]
1500 ... 3000 [3]	k. A.	600
1000 ... 4000 [3]		600
3000 ... 2000 [3]		600
2000 ... 2500 [3]		600
k. A.	k. A.	600 ... 750 [3]
		600 ... 750 [3]
		700
		700
k. A.	k. A.	600 ... 650 [3]
		600 ... 650 [3]
k. A.	k. A.	600 ... 730 [3]
		600 ... 670 [3]
4500	250	500
1000 bzw. 2500 [5]	250	500
5000	100	200
3500	100	200
5000	70	500
3500	70	500
4500	250	500
1000 bzw. 2500 [5]	250	500
4400 ... 6600 [3]	400	700
3000 ... 4700 [3]	400	700
13 000	500	500
0	0	500
10 000	500	500
2000	500	500
10 000	500	500
11 000	750	750
–	–	–
14 500	750	750
Z: 10 000 [15,17] bzw. 12 500 [16,17]	2300 [15] bzw. 2100 [17]	k. A.
D: 4200 / Z: 4000	300	1100
D: 2400 / Z: 2600	300	1100
D: 2900 / Z: 3200, 3500 [18]	230 bzw. 130 [18]	1100 bzw. 900 [18]
D: 2300, 2800 / Z: 2200 [18]	230 bzw. 130 [18]	1000 bzw. 900 [18]

Tabelle 1 (Fortsetzung)

Eigenschaften zugelassener Werkstoffe nach Radovicz, Cheret, Heim (1997)	Grundlage für Verwendung	Rechenwerte für Elastizitäts- und Schubmoduln	
Holzwerkstoff		Biegung rechtwinklig zur Plattenebene [MN/m²]	Biegung in Plattenebene [MN/m²]
Flachpressplatten		**Flachpressplatten**	
	DIN 68763	3200 ... 1200 [19]	2200 ... 800 [19]
Harte Holzfaserplatten		**Harte Holzfaserplatten**	
	DIN 68754	4000 bzw. 3500 [20]	2500 bzw. 2000 [20]
Mittelharte Holzfaserplatten		**Mittelharte Holzfaserplatten**	
	DIN68754	1500	1000
Weiche Holzfaserdämmplatten		**Weiche Holzfaserdämmplatten**	
poröse Holzfaserplatten	DIN 68750	–	–
bituminierte Holfaserplatten	DIN 68752		
Wärmedämmplatten	DIN 68755		
Zementgebundene Flachpressplatten		**Zementgebundene Flachpressplatten**	
Agepan	Z-9.1-324	6000	6000
Betontyp	Z-9.1-89	4500	k. A.
Cetris	Z-9.1-267	4500	4500
Cospan	Z-9.1-328	4500	4000
Cospanel	Z-9.1-340	5000	5000
Duripanel	Z-9.1-120	4500	4500
Fulgurit-Isopanel	Z-9.1-173	4500	4500
ISB-Panel	Z-9.1-285	6000	4500
Masterpanel und Masterpanel C	Z-9.1-325 u. -384	7000 bzw. 6000 [19]	7000 bzw. 6000 [19]
Viroc	Z-9.1-200	5000	5000
Gipsgebundene Flachpressplatten		**Gipsgebundene Flachpressplatten**	
Sasmox	Z-9.1-336	4200	4200
Gipsfaserplatten		**Gipsfaserplatten**	
Fermacell	Z-9.1-187	←	←
Gipskartonplatten		**Gipskartonplatten**	
Knauf	Z-9.1-199	←	←
Rigips	Z-9.1-204		
Cyproc	Z-9.1-221 u. -246		
Industriegruppe Gipskartonplatten	Z-9.1-318 u. -319		
Holzwolle-Leichtbauplatten		**Holzwolle-Leichtbauplatten**	
	DIN 1101	–	–

Tabelle 1 (Fortsetzung)

Druck/Zug in Plattenebene [MN/m²]	Schub bei Biegung rechtwinklig zur PE [MN/m²]	Schub bei Biegung in Plattenebene [MN/m²]
2200 … 900 [19]	200 bzw. 100 [19]	100 bzw. 450 [19]
2500 bzw. 2000 [20]	200	1250 bzw. 1000 [20]
1000	100	500
–	–	–
5000 k. A. D: 1500 / Z: 4500 D: 1500 / Z: 5500 Z: 5000 D: 1500 / Z: 4500 D: 1500 / Z: 4500 Z: 3000 Z: 6000 bzw. 5000 [19] D: 2500 / Z: 5000	k. A.	2000 k. A. k. A. k. A. 1000 1500 k. A. k. A. 2400 bzw. 2000 [19] k. A.
4200	1500	k. A.
←	←	←
←	←	←
–	–	–

Tabelle 1 (Fortsetzung)

Eigenschaften zugelassener Werkstoffe nach Radovicz, Cheret, Heim (1997)			Grundlage für Verwendung	Physikalische Eigenschaften		
Holzwerkstoff				Rohdichte nach Lagerung in Klima 20/65 [kg/m³]	Schwind- und Quellwert [%]	Wärmeleitfähigkeit [W/(mK)]
Mehrschichtplatten				**Mehrschichtplatten**		
Dold	3-lagig	p [1] s [2]	Z-9.1-258	400 … 500	0,02	0,14
	5-lagig	p s		400 … 500	0,02	0,14
Kaufmann	3-lagig	p s	Z-9.1-242	400 … 500	0,02	0,14
	5-lagig	p s		400 … 500	0,02	0,14
Tilly	3-lagig	p s	Z-9.1-320	400 … 500	0,02	0,14
Schwörer	3-lagig	p s	Z-9.1-209	400 … 500	0,02	0,14
Bau-Furniersperrholz				**Bau-Furniersperrholz**		
übliche Platte		p s	DIN 68705-3	450 … 800	0,02	0,15
APA		p s	Z-9.1-43	450 … 700	0,02	0,15
Cofi		p s	Z-9.1-7	450 … 700	0,02	0,15
Vänerply		p s	Z-9.1-6	450 … 700	0,02	0,15
Bau-Furnierschichtholz aus Buche				**BFU-Buche**		
Platten aus Buche-Furnieren		p s	DIN 68705-5	700 … 850	0,02	0,15
Furnierschichtholz				**Furnierschichtholz**		
Kerto S		p s	Z-9.1-100	480 … 580	0,01 0,32	0,14
Kerto Q		p s	Z-9.1-100	480 … 580	0,01 0,03	0,14
Kerto T		p	Z-9.1-291	410 … 480	0,01 bzw. 0,32 [10]	0,14
Microllam LVL		p s	Z-9.1-245	500 … 600	0,01 bzw. 0,32 [10]	0,14
Furnierstreifenholz				**Furnierstreifenholz**		
Parallam PSL			Z-9.1-241	600 … 700	0,01 bzw. 0,30 [14]	0,14
Spanstreifenholz				**Spanstreifenholz**		
Intrallam LSL			Z-9.1-323	600 … 700	k. A.	k. A.
OSB-Platten				**OSB-Platten**		
Agepan Triply		p s	Z-9.1-326	600 … 700	0,35 0,35	0,13
Sterling OSB		p s	Z-9.1-275	620 … 680	0,35 0,35	0,13
Kronospan		p s		640 … 700		0,12

Tabelle 1 (Fortsetzung)

Wasserdampfdiffusions-widerstandszahl	Baustoffklasse bzw. Feuerwiderstandsklasse nach DIN 4102	Formaldehydemission bzw. -gehalt	Erlaubte mechanische Verbindungsmittel
50/400	B2	E1	Nägel, Klammern, Holzschrauben
50/400	B2		
50/400	B2	E1	
50/400	B2		
50/400	B2	E1	
50/400	B2	E1	
50/400	B2	E1	Nägel, Klammern, Holzschrauben
50/400	B2	E1	
50/40	B2	E1	
50/60	B2	E1	
50/400	B2	E1	Nägel, Holzschrauben, Stabdübel
80	B2	E1	Nägel, Klammern, Holzschrauben, Bolzen Stabdübel, Einlassdübel Typ A
60	B2	E1	
80	B2	E1	
80	B2	E1	
50/100	B2	E1	siehe Furnierschichtholz
k. A.	B2	E1	siehe Furnierschichtholz
50/100	B2	E1	Nägel, Klammern, Holzschrauben
226/317	B2	E1	
300	B2	E1	

Tabelle 1 (Fortsetzung)

Eigenschaften zugelassener Werkstoffe nach Radovicz, Cheret, Heim (1997)	Grundlage für Verwendung	Physikalische Eigenschaften		
Holzwerkstoff		Rohdichte nach Lagerung in Klima 20/65 [kg/m³]	Schwind- und Quellwert [%]	Wärmeleitfähigkeit [W/(mK)]
Flachpressplatten		**Flachpressplatten**		
	DIN 68763	700 ...550	0,35	0,13
Harte Holzfaserplatten		**Harte Holzfaserplatten**		
	DIN 68754	800 ... 1100	k. A.	0,17
Mittelharte Holzfaserplatten		**Mittelharte Holzfaserplatten**		
	DIN68754	650 ... 800	k. A.	0,17
Weiche Holzfaserdämmplatten		**Weiche Holzfaserdämmplatten**		
poröse Holzfaserplatten	DIN 68750	200 ... 300	k. A.	0,047 ... 0,058
bituminierte Holfaserplatten	DIN 68752	200 ... 500		0,047 ... 0,058
Wärmedämmplatten	DIN 68755	150 ... 450		0,040 ... 0,070
Zementgebundene Flachpressplatten		**Zementgebundene Flachpressplatten**		
Agepan	Z-9.1-324	1250 ... 1450	0,03	0,35
Betontyp	Z-9.1-89	1150 ... 1500	0,03	0,35
Cetris	Z-9.1-267	1150 ... 1450	0,03	0,35
Cospan	Z-9.1-328	1300 ... 1500	0,03	0,35
Cospanel	Z-9.1-340	1300 ... 1600	0,03	0,35
Duripanel	Z-9.1-120	1000 ... 1300	0,03	0,35
Fulgurit-Isopanel	Z-9.1-173	1000 ... 1300	0,03	0,35
ISB-Panel	Z-9.1-285	1150 ... 1450	0,03	0,35
Masterpanel und Masterpanel C	Z-9.1-325 u. -384	1250 ... 1450	0,03	0,35
Viroc	Z-9.1-200	1250 ... 1450	0,03	0,35
Gipsgebundene Flachpressplatten		**Gipsgebundene Flachpressplatten**		
Sasmox	Z-9.1-336	1150 ... 1400	k. A.	0,35
Gipsfaserplatten		**Gipsfaserplatten**		
Fermacell	Z-9.1-187	1120 ... 1250	k. A.	0,35
Gipskartonplatten		**Gipskartonplatten**		
Knauf	Z-9.1-199	850 ... 1100	k. A.	0,21
Rigips	Z-9.1-204			
Cyproc	Z-9.1-221 u. -246			
Industriegruppe Gipskartonplatten	Z-9.1-318 u. -319			
Holzwolle-Leichtbauplatten		**Holzwolle-Leichtbauplatten**		
	DIN 1101	300 ... 570	k. A.	0,090

Holzbauhandbuch, Reihe 4, Teil 4, Folge 1 Konstruktive Holzwerkstoffe

Tabelle 1 (Fortsetzung)

Wasserdampfdiffusions-widerstandszahl	Baustoffklasse bzw. Feuerwiderstandsklasse nach DIN 4102	Formaldehydemission bzw. -gehalt	Erlaubte mechanische Verbindungsmittel
50/100	B2	E1	Nägel, Klammern, Holzschrauben
70	B2	E1	Nägel, Klammern, Holzschrauben
70	B2	E1	Nägel, Klammern, Holzschrauben
5 5 5	B2 B2 B2	E1	Breitkopfnägel
20/50 20/50 20/50 20/50 20/50 20/50 20/50 20/50 20/50 20/50	B1 B1 B1 B1 B1 B1 B1 B1 B1 B1	– – – – – – – – – –	Klammern, Nägel (mit Vorbohrung), Holz-Schrauben (mit Vorbohrung) selbstbohrende Schrauben
10/25	A2	–	Nägel, Klammern, selbstbohrende Holzschrauben
10	A2	–	Nägel, Klammern
8	A2	–	Nägel, Klammern
2/5	B1	–	Leichtbauplattennägel

Tabelle 1 (Fortsetzung)

Eigenschaften zugelassener Werkstoffe nach Radovicz, Cheret, Heim (1997) Holzwerkstoff			Grundlage für Verwendung	Hauptanwendungsbereich
Mehrschichtplatten				**Mehrschichtplatten**
Dold	3-lagig	p[1] s[2]	Z-9.1-258	Tragende und aussteifende Beplankung von Holztafeln für Holzhäuser in Tafelbauart, Dach- und Deckenscheibe
	5-lagig	p s		
Kaufmann	3-lagig	p s	Z-9.1-242	
	5-lagig	p s		
Tilly	3-lagig	p s	Z-9.1-320	
Schwörer	3-lagig	p s	Z-9.1-209	
Bau-Furniersperrholz				**Bau-Furniersperrholz**
übliche Platte		p s	DIN 68705-3	Tragende und aussteifende Beplankung von Holztafeln für Holzhäuser in Tafelbauart, Dach- und Deckenscheibe
APA		p s	Z-9.1-43	
Cofi		p s	Z-9.1-7	
Vänerply		p s	Z-9.1-6	
Bau-Furnierschichtholz aus Buche				**BFU-Buche**
Platten aus Buche-Furnieren		p s	DIN 68705-5	Verstärkung von Ausklinkungen und Durchbrüchen
Furnierschichtholz				**Furnierschichtholz**
Kerto S		p s	Z-9.1-100	Biegeträger, Balken, Balkenverstärkungen, Stützen, Fachwerkstäbe, Scheiben, Platten, flächige Tragelemente
Kerto Q		p s	Z-9.1-100	
Kerto T		p	Z-9.1-291	Balken, Stützen, Rippen für Holzrahmenbauart, Biegeträger, Fachwerkstäbe, Pfetten
Microllam LVL		p s	Z-9.1-245	
Furnierstreifenholz				**Furnierstreifenholz**
Parallam PSL			Z-9.1-241	Pfetten, Biegeträger, Fachwerkstäbe, Stützen, Schwellen
Spanstreifenholz				**Spanstreifenholz**
Intrallam LSL			Z-9.1-323	Biegeträger, Scheiben, Pfetten, Stiele
OSB-Platten				**OSB-Platten**
Agepan Triply		p s	Z-9.1-326	Tragende und aussteifende Beplankung von Holztafeln für Holzhäuser in Tafelbauart Dach und Deckenscheibe
Sterling OSB		p s	Z-9.1-275	
Kronospan		p s		(nach Zulassung entsprechend)

Holzbauhandbuch, Reihe 4, Teil 4, Folge 1 Konstruktive Holzwerkstoffe

Tabelle 1 (Fortsetzung)

Eigenschaften zugelassener Werkstoffe nach Radovicz, Cheret, Heim (1997)	Grundlage für Verwendung	Hauptanwendungsbereich
Holzwerkstoff		
Flachpressplatten		**Flachpressplatten**
	DIN 68763	Tragende und aussteifende Beplankung von Holztafeln für Holzhäuser in Tafelbauart, Dach und Deckenscheibe
Harte Holzfaserplatten		**Harte Holzfaserplatten**
	DIN 68754	Tragende und aussteifende Beplankung von Holztafeln für Holzhäuser in Tafelbauart
Mittelharte Holzfaserplatten		**Mittelharte Holzfaserplatten**
	DIN 68754	Tragende und aussteifende Beplankung von Holztafeln für Holzhäuser in Tafelbauart
Weiche Holzfaserdämmplatten		**Weiche Holzfaserdämmplatten**
poröse Holzfaserplatten	DIN 68750	Wärmedämmung, Luft- und Tittschall-dämmung
bituminierte Holfaserplatten	DIN 68752	
Wärmedämmplatten	DIN 68755	
Zementgebundene Flachpressplatten		**Zementgebundene Flachpressplatten**
Agepan	Z-9.1-324	Tragende und aussteifende Beplankung von Holztafeln für Holzhäuser in Tafelbauart
Betontyp	Z-9.1-89	
Cetris	Z-9.1-267	
Cospan	Z-9.1-328	
Cospanel	Z-9.1-340	
Duripanel	Z-9.1-120	
Fulgurit-Isopanel	Z-9.1-173	
ISB-Panel	Z-9.1-285	
Masterpanel und Masterpanel C		Z-9.1-325 u. -384
Viroc	Z-9.1-200	
Gipsgebundene Flachpressplatten		**Gipsgebundene Flachpressplatten**
Sasmox	Z-9.1-336	Mittragende und aussteifende Beplankung von Wandtafeln für Holzhäuser in Tafelbauart
Gipsfaserplatten		**Gipsfaserplatten**
Fermacell	Z-9.1-187	Mittragende und aussteifende Beplankung von Wandtafeln für Holzhäuser in Tafelbauart
Gipskartonplatten		**Gipskartonplatten**
Knauf	Z-9.1-199	Mittragende und aussteifende Beplankung
Rigips	Z-9.1-204	von Wandtafeln für Holzhäuser in Tafelbauart.
Cyproc	Z-9.1-221 u. -246	Aussteifende Beplankung von hölzernen
Industriegruppe Gipskartonplatten	Z-9.1-318 u. -319	Decken und geneigten Dächern
Holzwolle-Leichtbauplatten		**Holzwolle-Leichtbauplatten**
	DIN 1101	Putzträger und Wärmedämmung

Anmerkungen

[1] Parallel zur Faserrichtung der äußeren Bretter bzw. Deckfurniere oder der Späne der Deckschicht.
[2] Rechtwinklig zur Faserrichtung der äußeren Bretter bzw. Deckfurniere oder der Späne der Deckschicht.
[3] In Abhängigkeit von Dicke und Aufbau.
[4] Aus dem Zulassungsbescheid kann die zulässige Spannung für Zug unter dem Winkel α (Winkel der Faserrichtung der äußeren Bretter und der Kraftrichtung) entnomen werden.
[5] Erster Wert bei 3-lagigen, zweiter bei 5- und mehrlagigen Platten.
[6] In Abhängigkeit von der Anzahl der Furnierlagen.
[7] Die zulässige Spannung für Zug unter 45° zur Faserrichtung der Deckfurniere beträgt 1 MN/m^2. Zwischenwerte dürfen geradlinig eingeschaltet werden.
[8] Erster Wert bei 3-lagigen, zweiter Wert bei 4- und mehrlagigen Platten.
[9] In Abhängigkeit von der Höhe.
[10] Erster Wert in Richtung der Deckfurniere, zweiter Wert rechtwinklig zur Richtung der Deckfurniere.
[11] Druck parallel zur Leimfuge, erster Wert gilt für den Endbereich des Balkens, zweiter Wert gilt für den Mittelbereich des Balkens.
[12] Druck rechtwinklig zur Leimfuge, erster Wert gilt für den Endbereich des Balkens, zweiter Wert gilt für den Mittelbereich des Balkens.
[13] In Abhängigkeit von der Beanspruchungsrichtung zu den Breitseiten der Furnierstreifen sowie von der Holzart.
[14] Erster Wert in Längsrichtung, zweiter Wert rechtwinklig zur Längsrichtung.
[15] LSL 1.3 E.
[16] LSL 1.5 E.
[17] Aus dem Zulassungsbescheid kann die zulässige Spannung unter dem Winkel α (Winkel zwischen der Spanrichtung der Deckschicht und der Beanspruchungsrichtung) entnommen werden.
[18] Erster Wert gilt für den Dickenbereich von 8 bis 16 mm, zweiter Wert gilt für den Dickenbereich < 16 bis 22 mm.
[19] In Abhängigkeit vom Dickenbereich.
[20] Erster Wert gilt für die Dicken bis 4 mm, zweiter Wert gilt für über 4 mm
[21] In dem Zulassungsbescheid sind keine zulässigen Spannungen und Rechenwerte für den Elastizitäts- und Schubmodul angegeben, sondern die zulässige Last (zul. F_H) in Wandelementebene in Abhängigkeit von der Plattendicke sowie dem Aufbau und den Abmessungen der Elemente aufgeführt. Aufgrund des Zulassungsbescheides dürfen die Platten auch für die Knickaussteifung verwendet werden.
[22] In den Zulassungsbescheiden sind Bedingungen aufgeführt, unter welchen die Platten zum Aussteifen von hölzernen Decken und geneigten Dächern verwendet werden dürfen.

Tabelle 2

Vergleich der Eigenschaften von anorganisch und mit Harnstoffharz gebundenen Spanplatten nach Hänsel (1990)

Eigenschaft	Gipsfaserplatte	Gipsspanplatte	Zement-spanplatte	harnst. Spanplatte
Rohdichte in kg/m³	1100 bis 1200	1100 bis 1200	1100 bis 1300	550 bis 750
Biegefestigkeit in N/mm²	6 bis 7	3 bis 9	9 bis 13	12 bis 30
E-Modul in N/mm²	3000 bis 4000	2500 bis 4000	4000 bis 6000	1600 bis 4500
Querzugfestigkeit in N/mm²	0,4 bis 0,6	0,3 bis 0,6	0,4 bis 0,8	0,3 bis 1,0

Tabelle 3

Eigenschaften von Verstärkungsmaterialien nach Altenbach, Altenbach, Rikards (1996)

Faserwerkstoff	Faserdurchmesser in µm	*E*-Modul in kN/mm²	Zugfestigkeit in N/mm²
Glasfasern	7–13	72–86	3100–4850
Borfasern	100–400	400–550	3500–3516
Kohlenfasern	5–10	180–700	1400–5413

Tabelle 4

Eigenschaften von Matrixwerkstoffen nach Altenbach, Altenbach, Rikards (1996)

Matrix	Dichte in g/cm³	*E*-Modul in kN/mm²	Zugfestigkeit in N/mm²
UP-Harze	1,2–1,3	3–4,2	40–70
Epoxid-Harze	1,1–1,6	3–6	30–100
Bala	0,1–0,19	2–6	8–18
PUR-Schaum	0,03–0,07	0,025–0,060	
Polystyren	0,03–0,07	0,02–0,03	0,25–1,25

Tabelle 5

Übersicht zu den Eigenschaften der Massivholzplatten nach Niemz

Material	Eigenschaft	Biegung in Plattenebene		Biegung senkrecht zur Plattenebene	
		Decklage parallel	Decklage senkrecht	Decklage parallel	Decklage senkrecht
3 schichtig	Rohdichte in kg/m³	454,39	472,60	462,53	465,90
60 mm dick	Biegefestigkeit in N/mm²	41,14	33,70	44,68	10,93
(20/20/20)	*E*-Modul DIN in N/mm²	6793,00	4978,42	7161,80	675,36
	n	21	21	21	21
3 schichtig	Rohdichte in kg/m³	428,49	423,67	412,73	431,09
60 mm dick	Biegefestigkeit in N/mm³	23,10	39,75	32,83	27,21
(10/40/10)	*E*-Modul DIN in N/mm²	3757,55	5796,41	5397,34	2914,77
	n	21	21	21	21
5 schichtig	Rohdichte in kg/m³	456,36	437,74	449,53	448,74
60 mm dick	Biegefestigkeit in N/mm²	44,60	29,68	47,52	18,94
(12/12/12/12/12)	*E*-Modul DIN in N/mm²	6974,35	4515,78	7607,32	2423,74
	n	21	21	21	21
3 schichtig	Rohdichte in kg/m³	431,68	441,95	445,16	450,14
30 mm dick	Biegefestigkeit in N/mm²	37,07	25,61	53,14	11,62
(10/10/10)	*E*-Modul DIN in N/mm²	6386,32	3746,32	7896,22	626,03
	n	21	21	21	21
3 schichtig	Rohdichte in kg/m³	452,79	467,14	477,99	455,55
27 mm dick	Biegefestigkeit in N/mm²	49,30	27,99	54,74	12,99
(8,5/10/8,5)	*E*-Modul DIN in N/mm²	7063,27	4417,39	8907,60	758,68
	n	57	57	47	45
3 schichtig	Rohdichte in kg/m³	491,64	502,33	481,58	497,05
15 mm	Biegefestigkeit in N/mm²	43,01	32,05	52,94	21,18
(3,5/8/3,5)	*E*-Modul DIN in N/mm²	5901,30	4434,26	7423,42	1660,65
	n	61	61	34	54

( ) = Dicke der Lamellen in mm. n = Probenanzahl.

Tabelle 6

Eigenschaften von Schichtholz im Vergleich zu Rotbuchenvollholz (nach Cramer aus Autorenkollektiv, 1975)

Bezeichnung	Rohdichte [kg/m³]	Feuchte [%]	Biegefestigkeit [N/mm²]	Druckfestigkeit [N/mm²]	Zugfestigkeit [N/mm²]
Rotbuche (Vollholz)	6000 … 770	7 … 10	85,0 … 140,0	50,0 … 72,0	50,0 … 147,0
Schichtholz Rotbuchenfurniere je cm Plattendicke					
5	650 … 750	4 … 7	120,0 … 143,0	70,0 … 81,0	80,0 … 135,0
20	750 … 850	4 … 7	140,0 … 180,0	80,0 … 100,0	130,0 … 187,0
40	850 … 950	4 … 7	150,0 … 200,0	150,0 … 110,0	140,0 … 174,5

Tabelle 7

Eigenschaften von Presslagenholz und Kunstharz-Presslagenholz. Feuchte 7 % ± 3 % (nach Autorenkollektiv, 1975)

Bezeichnung	Rohdichte [kg/m³]	Biegefestigkeit [N/mm²]	Druckfestigkeit [N/mm²]	Zugfestigkeit [N/mm²]	Wasseraufnahme [%]	Dickenquellung [%]
Press-Schichtholz	800 … 1000	190,0	60,0	160,0 … 170,0	35	25
nach TGL 18983[a]	> 1000 … 1200	180,0 … 210,0	60,0 … 80,0	160,0 … 170,0	25 … 30	15 … 20
	> 1200 … 1400	210,0 … 250,0	70,0 … 100,0	170,0 … 220,0	20 … 25	10 … 15
Press-Sperrholz	800 … 1000	80,0 … 90,0	230,0 … 250,0	70,0 … 75,0	40 … 50	15 … 20
nach TGL 18983	> 1000 … 1200	130,0	230,0	75,0	40	20
Kunstharz-Pressschichtholz						
nach *Kollmann*	1300 … 1400	342,5	142,0	250,0	8 … 17	
nach TGL 18983	1100 … 1200	190,0	140,0	100,0	8 … 15	2 … 18
	> 1200 … 1300	200,0	150,0	110,0	6 … 12	2 … 14
	> 1300 … 1400	240,0	190,0	140,0	5 … 10	2 … 15
Kunstharz-Pressperrholz						
nach *Kollmann*	1420	200,5	315,5	147,0		
nach TGL 18983	1100 … 1200		230,0	70,0	12 … 20	9 … 18
	> 1200 … 1300	120,0	250,0	80,0	7 … 13	6 … 15
	> 1300 … 1400		300,0	90,0	3 … 11	3 … 16
Kunstharz-Presssternholz						
nach *Kollmann*	1350 … 1400	187,0	286,0	150,0		

[a] Norm der ehemaligen DDR.

Tabelle 8

Eigenschaften (Richtwerte) von Sperrholz aus Rotbuche in Abhängigkeit von Plattenaufbaufaktor (nach Kirchner), $\varrho = 714\ kg/m^3$

Aufbaufaktor $d = a_1/a$	Zugfestigkeit [N/mm^2]	Druckfestigkeit [N/mm^2]
0,30 … 0,40	44,5	28,5
0,40 … 0,50	55,0	33,5
0,50 … 0,60	65,5	38,5
0,60 … 0,70	76,0	44,0

Aufbaufaktor $d_b = I_1/I$	Biegefestigkeit [N/mm^2]	Biege-Elastizitätsmodul [kN/mm^2]
0,00 … 0,10	28,0	1,5
0,10 … 0,20	37,5	2,7
0,20 … 0,30	47,0	3,9
0,30 … 0,40	56,5	5,1
0,40 … 0,50	66,0	6,2
0,50 … 0,60	75,5	7,4
0,60 … 0,70	85,0	8,6
0,70 … 0,80	94,5	9,8
0,80 … 0,90	104,5	10,9
0,90 … 1,00	114,0	12,1

a_1 Summe der Dicke aller faserparallel beanspruchten Furnierlagen.
a gesamte Plattendicke.
I_1 Summe der Trägheitsmomente aller faserparallel beanspruchten Furnierlagen.
I Trägheitsmoment des gesamten Plattenquerschnittes.

Tabelle 9

Wasserdampf-Diffusions-Widerstandsfaktoren von Sperrholz nach Cammerer aus Autorenkollektiv (1975)

Holzart	Plattendicke [mm]	Furnierlagen-anzahl	Verklebung	Diffusions-Widerstandsfaktor
Rotbuche	5,8	3	120	67 … 72
Limba	6,3	3	AW 100	114 … 130
	6,9	5	AW 100	162 … 171
Okumé (Decklagen)	5,7	3	I 20	86 … 162
Fichte (Innenlage)	5,5	3	AW 100	75 … 90

Tabelle 10

Eigenschaften von OSB nach DIN EN 300 (Dicke 10 … 18 mm)

Material	Biegefestigkeit		*E*-Modul	
	In Orientierungsrichtung N/mm²	Senkrecht zur Orientierungsrichtung N/mm²	In Orientierungsrichtung N/mm²	Senkrecht zur Orientierungsrichtung N/mm²
OSB 1	18	9	2500	1200
OSB 2	20	10	3500	1400
OSB 3	20	10	3500	1400
OSB 4	28	15	4800	1900

Tabelle 11

Ausgewählte Eigenschaften von Spezialspanplatten (Angaben Fa. Schlingmann/D)

Material	Einsatz	Rohdichte kg/m³	Biegefestigkeit N/mm²	*E*-Modul N/mm²	Elektr. Widerstand ≤ kΩ
Doppelbodenplatte (38 mm dicke, Buche);	Computerböden, (reduzierter elektrischer Widerstand)	780	17	3400	500
Leichte tragende Platten (FD-L); 15 mm dick)	Möbelbau, Türen	550	8		
Leichte Platte (BSL-L), 16 mm	Türmittellagen, Mitnahmemöbel	400	4,8		

Tabelle 12

Charakteristische Festigkeits- und Steifigkeitskennwerte und charakteristische Rohdichtekennwerte für Flachpressplatten nach DIN 68 763[d, e] (Deppe und Ernst (2000))

		Flachpressplatten nach DIN 68 763					
		Plattendicke [mm]					
Plattenbeanspruchung		unter 13	>13–20	>20–25	>25–32	>32–40	>40–50
Biegung	$f_{m,k}$	15,0	13,3	11,7	10,0	8,3	6,7
Abscheren[a]	$f_{v,k}$[b]	1,6	1,6	1,6	1,2	1,2	1,2
Biege-E-Modul	$E_{m,mean}$	3750	3300	2800	2550	1900	1400
Schubmodul	G_{mean}	200	200	200	100	100	100
Scheibenbeanspruchung							
Biegung	$f_{m,k}$	11,4	10,0	8,4	7,0	5,0	5,0
Zug	$f_{t,k}$	10,0	9,0	8,0	7,0	6,0	5,0
Druck	$f_{c,k}$	12,0	11,0	10,0	9,0	8,0	7,0
Abscheren	$f_{v,k}$[c]	7,2	7,2	7,2	4,8	4,8	4,8
Biege-*E*-Modul	$E_{m,mean}$	2200	1900	1600	1300	1000	800
Zug-*E*-Modul	$E_{t,mean}$	2200	2000	1700	1400	1100	900
Druck-*E*-Modul	$E_{c,mean}$	2200	2000	1700	1400	1100	900
Schubmodul	G_{mean}	1100	1000	850	700	550	450
Rohdichte	ρ_k	650	600	550	550	500	500

[a] Die Scher- bzw. Schubbeanspruchung II zur Plattenebene wird auch als „rolling shear“ bezeichnet.

[b] In Eurocode 5 Teil 1-1 wird der zugehörige Bemessungswert mit $f_{v.90.d}$ bezeichnet.

[c] In Eurocode 5 Teil 1-1 wird der zugehörige Bemessungswert mit $f_{v.0.d}$ bezeichnet.

[d] Eurocode 5, Stepp 4, Tab. 3.4.3 (Quelle: Nationales Anwendungsdokument, ARGE Holz, Düsseldorf 1995, S. 28.).

[e] Für Flachpressplatten nach DIN 68 763 gelten die für Spanplatten nach prEN 312-4 angegebenen Beiwerte k_{mod}.

Tabelle 13

Charakteristische Werte von Platten nach EN 312-6: Spanplatten – Hochbelastbare Platten für tragende Zwecke im Trockenbereich (Deppe und Ernst (2000))

Dicke [mm]	Charakteristische Rohdichte [kg/m³] und Festigkeit [N/mm²]					
	Rohdichte	Biegung	Zug	Druck	Schub quer zur Plattenebene	Schub in Plattenebene
t_{nom}	ϱ	f_m	f_t	f_c	f_v	f_r
>6 bis 13	650	16,5	10,5	14,1	7,8	1,9
>13 bis 20	600	15,0	9,5	13,3	7,3	1,7
>20 bis 25	550	13,3	8,5	11,8	6,8	1,7
>25 bis 32	550	12,5	8,3	12,2	6,5	1,7
>32 bis 40	500	11,7	7,8	11,9	6,0	1,7
>40	500	10,0	7,5	10,4	5,5	1,7

Dicke [mm]	Mittlere Steifigkeitswerte [N/mm²]		
	Biegung	Zug und Druck	Schub quer
t_{nom}	E_m	E_t, E_c	G_v
>6 bis 13	4400	2500	1200
>13 bis 20	4100	2400	1150
>20 bis 25	3500	2100	1050
>25 bis 32	3300	1900	950
>32 bis 40	3100	1800	900
>40	2800	1700	880

Tabelle 14

Charakteristische Werte von Platten nach EN 312-6: Spanplatten – Hochbelastbare Platten für tragende Zwecke im Feuchtbereich (Deppe und Ernst, 2000)

Dicke [mm]	Charakteristische Rohdichte [kg/m³] und Festigkeit [N/mm²]					
	Rohdichte	Biegung	Zug	Druck	Schub quer zur Plattenebene	Schub in Plattenebene
t_{nom}	ρ	f_m	f_t	f_c	f_v	f_r
>6 bis 13	650	18,3	11,5	15,5	8,6	2,4
>13 bis 20	600	16,7	10,6	14,7	8,1	2,2
>20 bis 25	550	15,4	9,8	13,7	7,9	2,0
>25 bis 32	550	14,2	9,4	13,5	7,4	1,9
>32 bis 40	500	13,3	9,0	13,2	7,2	1,9
>40	500	12,5	8,0	13,0	7,0	1,8

Dicke [mm]	Mittlere Steifigkeitswerte [N/mm²]		
	Biegung E_m	Zug und Druck E_t, E_c	Schub quer G_v
>6 bis 13	4600	2600	1250
>13 bis 20	4200	2500	1200
>20 bis 25	4000	2400	1150
>25 bis 32	3900	2300	1100
>32 bis 40	3500	2100	1050
>40	3200	2000	1000

Tabelle 15

Vergleich der Eigenschaften von Spanplatten, MDF und verschiedenen OSB (Siempelkamp)

		Spanplatte Europa	MDF Europa	OSB gute amerikanische Platte	OSB gute europäische Platte	OSB optimiert
Spanlänge	[mm]			75	80–100	75
Spanbreite	[mm]		4–40	5–30	5–30	
Spandicke	[mm]		0,75	0,65	0,33	
Spandicke MS	[mm]				0,55	
Leimart DE		UF	UF	Phenol	MUPF	MUPF/MUPF + ISO
Leimart MS				Phenol/ISO	MUPF/ISO	MUPF/ISO/MUPF + ISO
Plattendicke	[kg/m^3]	680–700	760–790	ca. 640	660–700	660–700
Biegefestigkeit	[N/mm^2]	20–22	33–38			
Biegefestigkeit parallel	[N/mm^2]			39	36	65
Biegefestigkeit senkrecht	[N/mm^2]			16	20–25	34
Biege-*E*-Modul	[N/mm^2]	2600–3200	4000–4500			
Biege-*E*-Modul parallel	[N/mm^2]			7000	6000–7500	8500
Biege-*E*-Modul senkrecht	[N/mm^2]			1850	2500–3200	4000
Querzugfestigkeit	[N/mm^2]	0,6	0,79	0,47	0,7	1,4
Dickenquellung	[24 h/%]	19[b]	12[b]	16[a]	8–10[b]	7,5–8[b]
Kochfestigkeit				0,02–0,04*	0,15–0,2*	

[a] Messung nach ASTM 1037, Probengröße 152 × 152 mm.
[b] Messung nach EN, Probengröße 50 × 50 mm.
* in US-Norm nicht gefordert, nach EN 300 gefordert.

Tabelle 16

Vergleich von Balkenmaterial aus Massivholz und unterschiedlichen „strand"-Platten (Siempelkamp)

		Balken aus 3D-Strands Fichte	Massivholz Fichte	EN 300[b] OSB 4 (18–25 mm)
E-Modul	[N/mm²]	12900	11000[a]	4800/1900
Biegefestigkeit	[N/mm²]	70	78[a]	26/14
querzugfestigkeit	[N/mm²]	0,8–1,0	2,7[a]	0,4
24 h-Quellwert	[%]	9–13	3–5	12
V100-Querzugf.	[N/mm²]	0,3–0,4		0,13
Dichte	[kg/m³]	660–690	470[a]	

[a] Mittelwerte nach Kollmann.
[b] OSB für tragende Zwecke im Feuchtebereich.

Tabelle 17

Eigenschaften von nach dem Mende-Verfahren hergestellten dünnen Spanplatten (nach Autorenkollektiv, 1975)

Platten-dicke	Rohdichte	Biege-festigkeit	*E*-Modul	Zugfestigkeit ⊥ zur Platten-ebene	Dickenquellung	
					2 h	24 h
[mm]	[kg/m³]	[N/mm²]	[N/mm²]	[N/mm²]	[%]	[%]
2,3 … 4,5	630 … 750	18,0 … 30,0	1900 … 3300	0,9 … 1,5	2 … 5	10 … 14

Tabelle 18

Eigenschaften von stranggepressten Spanplatten (nach Autorenkollektiv, 1975)

Eigenschaft		Plattentyp				
Nach DIN 68764 Blatt 1		Mindestwerte (Plattenmittelwerte) der nicht beplankten Rohplatte				
		Vollplatte		Röhrenplatte		
		bis zu 16	16 … 25	bis zu 30,0	>30 ... 45	>45 .. 70
Biegefestigkeit senkrecht zur Herstellrichtung	[N/mm²]	5,0	4,0	4,0	2,5	1,0

Richtwerte		Richtung[a]	Beplankung mit 1 mm BU-Furnier	2,5 mm Faserplatte
Biegefestigkeit	[N/mm²]	p	28,0	17,0
		s	5,5	20,0
Druckfestigkeit in	[N/mm²]	p	–	11,0
Plattenebene		s	–	18,0
Zugfestigkeit	[N/mm²]	p	–	9,0
in Plattenebene		s	–	10,0
Druckfestigkeit[b] senkrecht zur Plattenebene	[N/mm²]		–	3,5
Elastizitätsmodul	[MN/mm²]	p	4,0	2,0 … 5,0
(Biegung)		s	1,0	2,5 … 4,0
Längenquellung in % bei Erhöhung		p	0,04 … 0,08	
der Feuchte um 1%		s	0,03 … 0,06	
Mittleres Schalldämmmaß in dB			23 … 26	

[a] Bezogen auf Herstellrichtung der rohen Platten; p – parallel, s – senkrecht.
[b] Bei 1% Stauchung.

Tabelle 19

Ausgewählte Eigenschaften von speziellen MDF

Material	Rohdichte kg/m³	Biegefestigkeit N/mm²	*E*-Modul N/mm²	Diffusionswiderstandszahl	Wärmeleitzahl W/mK
MDF (Fibranova)					
Superleicht	480	24	2200		
Leicht	600	36	2600		
Standard	725	36	3000		
MDF (Dachplatte)					
DWD, Glunz	k. A.	21	2300	10,5	0,07

Tabelle 20

Eigenschaften von Holzfaserplatten unterschiedlicher Rohdichte und Nenndicke, die nach verschiedenen Verfahren hergestellt wurden (nach Autorenkollektiv, 1975)

Eigenschaft		Plattentyp					
		Nassverfahren			Trockenverfahren		
		extrahart (gehärtet)[1]	hart[a]	porös[a]	hart (Fr)	hart (Tü)	hart (Ro)
Dicke	[mm]	3,2 … 6,0	3,15 … 3,22 (2,0 … 5,0)	6 … 12 … 20	3,2	5,0	3,9 (6,2)
Rohdichte	[kg/m³]	950 … 1200	900 … 1050 (2,0 … 3,5)	180 … 350	1003	998	1042 (4,1)
Biegefestigkeit	[N/mm²]	50,0 … 80,0	40,0 … 50,0 (6,0 … 10,0)	2,0 … 3,0	45,7 (8,2)	33,2 (8,4)	42,4 (16,3)
Zugfestigkeit parallel zur Plattenebene	[N/mm²]	30,0 … 55,0	20,0 … 25,0 (8,0 … 12,0)	1,0 … 2,0	26,4 (7,3)	21,8 (10,4)	21,5 (19,5)
Zugfestigkeit senkrecht zur Plattenebene	[N/mm²]	0,5 … 0,3	0,8 … 1,0 (15,0 … 20,0)	0,05 … 0,15	0,98 (18,8)	0,46 (23,5)	0,40 –
Druckfestigkeit parallel zur Plattenebene	[N/mm²]	50 … 60	24 … 26 (7,0 … 10,0)	0,8 … 1,5 … 2,0	39,4 (9,9)	27,3 (16,3)	– –
Wasseraufnahme nach 24 h Wasserlagerung	[%]	10 … 18	17 … 30 (5,0 … 12,0)	1,5 … 6,0	29,9 (6,7)	31,0 (7,7)	33,0 (9,1)
Dickenquellung nach 24 h Wasserlagerung	[%]	5 … 15	12,0 … 18,0 (5,0 … 15,0)	0,8 … 1,8	13,9 (6,1)	23,4 (10,5)	22,9 (8,8)

[a] Durchschnittswerte.
( ) Variationskoeffizient in %.
Fr, Tü, Ro – Herstellerländer.

Tabelle 21

Angaben zur Formbeständigkeit von MDF im Vergleich zu anderen Plattenwerkstoffen [a]. (nach Deppe, 1987)

Werkstoffe	Dicke [mm]	Rohdichte [kg/m³]	Maximale Formänderung [mm] nach Tagen [d] [b,e]
MDF	19	750	1,35 [d]
Standard-Spanplatte [c]	19	700	2,60
Gipsfaserplatte	16	1200	0,60 [d]
Gipsspanplatte	19	1100	0,60 [d]

[a] Angabe bezogen auf Lagerung in einem Differenzklima (20°C/30% – 98% rel. Luftfeuchte).
[b] Gemessen nach dem Verfahren von F. Walter u. R. Rinkefeil (Holztechnologie 1961).
[c] Spanplatte in Standardausführung mit PF-Verleimung.
[d] Mittl. Summenwerte nach 7d Differenzklimalagerung bezogen auf eine einheitliche Plattendicke von 19 mm.
[e] Die Formbeständigkeit als Maßzahl ist theoretisch erfassbar (Tong/Suchsland, 1993), da sie nicht nur vom Feuchtegradienten abhängig ist.

Tabelle 22

Eigenschaften von MDF und Spanplatten (nach Deppe, 1987)

Eigenschaften		MDF [a] Plattendicke (mm)			Spanplatte Plattendicke (mm)		
		16	19	25	16	19	25
Rohdichte	[kg/m³]	795	732	736	720	700	680
Biegefestigkeit	[N/mm²]	42 [b]	39	32	22	20	18
Elastizitätsmodul (× 10^2)	[N/mm²]	36 [c]	30	29	30	27	25
Querzugfestigkeit (V20)	[N/mm²]	0,9	1,1 [d]	0,6	0,65	0,60	0,35
Dickenquellung (24 h)	%	5,8	4,7 [e]	5,0	10,00	10,00	10,00
Plattenfeuchte	%	7,2	7,4	7,5	7,50	7,50	7,50

[a] Angabe arithm. Mittelwerte (bei MDF Werte von 13 europäischen Industrieerzeugnissen).
[b] Messung nach DIN 52362, Bl. 1 Ausg. Apr. 1965.
[c] Mindestanforderungen nach US-Standard ASSN-A.208.
[d] Werte bei Vielschichtplatten.
[e] Nach Gehrts (1987) ist die durchschnittliche Dickenquellung mit rund 4,0% anzusetzen. Nach Grigoriou (1983) weisen MDF-Platten allgemein niedrigere Quellwerte auf als Spanplatten.

Anhang 3: Tabellarische Übersicht zu Prüfmethoden für Holzwerkstoffe

Nachstehend sind in übersichtlicher und größtenteils tabellarischer Form weitere Informationen zu den einzelnen Prüfverfahren zusammengestellt. Die Reihenfolge der einzelnen Kapitel und der Tabellen orientiert sich dabei an Kapitel 3 des Textes. Verschiedene weitere Prüfmethoden wurden an den geeigneten Stellen eingefügt.

1. Physikalische Eigenschaften

a) Verhalten gegenüber Feuchte

Tabelle 1. Feuchtigkeit und Wassergehalt

Messgröße	Dimension	Beschreibung	Normen und Literatur
Gleichgewichtsfeuchte (in unterschiedlichen Klimata oder im Normklima)	%	$u = \frac{m_u - m_o}{m_o} \cdot 100$ m_u Masse feucht m_o Masse absolut trocken	prEN 322 Niemz und Kucera (1999, 2000), Niemz und Poblete (1995), Wu und Suchsland (1996a)
Gleichgewichtsfeuchte bei unterschiedlichen Temperaturen	%	Je höher die Temperatur, desto niedriger ist bei gleicher relativer Luftfeuchte die Gleichgewichtsfeuchtigkeit.	Drewes (1985)
Sorptionsisotherme: $\Delta u/\Delta$% relative Luftfeuchte	Änderung der Plattenfeuchte in unterschiedlichen Klimata (einmalige Veränderung des Klimas, Außenklima, Wechselklima) bei konstanter Temperatur. Die Desorptionskurve bei der Hystereseschleife liegt jeweils oberhalb der Adsorptionskurve. Die Hysterese verkleinert sich mit höherer Temperatur (Weichert 1963).		Gressel (1984b), Halligan und Schniewind (1972, 1974), Jensen und Kehr (1999), Kollmann und Schneider (1958), Kossatz u.a. (1982), Lee und Biblis (1976), Neusser und Zentner (1975), Niemz u.a. (1998), Roffael und Schneider (1978, 1979, 1980, 1981), Schneider (1973), Schneider u.a. (1982), Seifert (1972), Suchsland (1972), Watkinson und Gosliga (1990)

Tabelle 1 (Fortsetzung)

Messgröße	Dimension	Beschreibung	Normen und Literatur
Geschwindigkeit der Sorption	$t(\Delta u/2)$	Halbwertszeit: Zeitspanne, nach der die Änderung der Materialfeuchtigkeit zur Hälfte erreicht ist.	Dosoudil (1969), Kossatz u. a. (1982), Lundgren (1958), Perkitny und Szymankiewicz (1963), Schwab und Schönewolf (1980)
c) Sorptionsisothermen bei unterschiedlichen Temperaturen		auch mathematische Beschreibung der Zusammenhänge möglich. Isostere: Kurven gleicher Materialausgleichsfeuchte; Isopsychren: Kurven gleicher relativer Luftfeuchtigkeiten.	Drewes (1985), Greubel und Drewes (1987)
Gleichgewichtsfeuchte im Wechselklima: Verlauf der Plattenfeuchte bei periodischer Einwirkung unterschiedlicher Umgebungsklimata.			
a) Außenklima			Gressel (1984b), Kratz (1975)
b) definiertes Wechselklima			Gressel (1984b), Niemz (2001)
Differenzklima		Auf die beiden Oberflächen der Platten wirken unterschiedliche Klimata, z. B. wird die Platte über Wasser gelagert und die zweite Oberfläche durch Silicagel ausgetrocknet. Dabei stellt sich über den Plattenquerschnitt ein bestimmter Feuchtegradient ein (Gressel 1984 b).	
Wasseraufnahme bei Wasserlagerung:			Kollmann und Dosoudil (1978), Neusser u. a. (1960)
		a) zeitlicher Verlauf	Dosoudil (1969), Niemz (2001)
		b) einseitige Wasserlagerung	Greubel (1988 a + b)
Wasseraufnahme und ihre Verteilung über die Plattendicke			Xu u. a. (1996)

Unterhalb von ca. 40% relativer Luftfeuchtigkeit besteht zwischen Spanplatten, die mit Phenolharzen mit unterschiedlichem Alkaligehalt gebunden sind, praktisch noch kein Unterschied in der Höhe der Plattenfeuchte. Bei höheren Luftfeuchtigkeiten stellt sich aufgrund des Alkaligehaltes jedoch eine deutlich höhere Plattenfeuchte abhängig von der Alkalimenge und im Vergleich zu alkalifreien Platten (z. B. UF-gebunden) oder Holz ein. Bei 95% rel. Luftfeuchte sind die Ausgleichsfeuchten der PF-gebundenen Platten ca. doppelt so hoch wie die der alkalifreien Platten. Je höher der Alkaligehalt in der Platte, desto höher ist die Plattenfeuchte bei hohen relativen Luftfeuchtigkeiten der Umgebungsluft (Roffael und Schneider 1980, Roffael u. a. 1988). Verschiedene Holzarten haben dagegen kaum einen Einfluss auf das Sorptionsverhalten.

Tabelle 2. Hygroskopische Eigenschaften

Messgröße Dimension	Beschreibung	Normen und Literatur
Dimensionsänderung in unterschiedlichen Klimata		
a) Dickenquellung	% bezogen auf Änderung der Plattenfeuchte oder auf Änderung der relativen Luftfeuchtigkeit	prEN 317, prEN 318, Boehme 1991 a), Dosoudil (1969), Halligan (1970), Neusser u. a. (1960, 1965 b), Neusser und Zentner (1975), Niemz u. a. (1998), Niemz und Kucera (2000), Niemz und Poblete (1996 a), Schneider u. a. (1982), Schwab und Schönewolf (1980)
	Einwirkung von Wasserdampf auf die Oberfläche	Grigoriou (1982)
b) Längenänderung	% bezogen auf Änderung der Plattenfeuchte oder auf Änderung der relativen Luftfeuchtigkeit	Dosoudil (1969), Lang und Loferski (1995), Neusser und Zentner (1975), Niemz u. a. (1998), Niemz und Kucera (2000), Wu und Suchsland (1996 b), Xu und Suchsland (1991)
Einfluss eines Wechselklimas	Außenklima oder definiertes Wechselklima (Längen- bzw. Dickenquellung und -schwindung)	Gressel (1984 a+b) Kollmann und Dosoudil (1978) Suchsland (1973)
Dimensionsänderung bei Wasserlagerung		
a) Dickenquellung in kaltem Wasser (20 °C)	% Dickenzunahme nach bestimmter Wasserlagerungszeit	prEN 317, Boehme (1991 a+c), Kollmann und Dosoudil (1978), Neusser u. a. (1960, 1965 a+b), Schneider u. a. (1982)
	zeitlicher Verlauf (Quellgeschwindigkeit, Quellungskurven)	Dosoudil (1969), Roffael und Schneider (1983), Schwab und Schönewolf (1980)
b) Dickenquellung bei höherer Temperatur	z. B. Kochquellung (10 min in kochendem Wasser); 1–2 Tage bei 43 °C; 4–24 h bei 66 °C	Beech (1975), Lehmann (1978), Neusser u. a. (1960)
c) Dickenquellung bei anschließender Trocknung bzw. Rückklimatisierung		Boehme (1991 b)
d) Dickenquellung bei verschiedenen Wasserlagerungs-Trocknungs-Zyklen		Lehmann (1978)
Dickenquellung in Abhängigkeit des Dichteprofils		Winistorfer und Xu (1996), Xu und Winistorfer (1995 a+b)

Tabelle 2 (Fortsetzung)

Messgröße Dimension	Beschreibung	Normen und Literatur
Dickenquellung einzelner Schichten einer mehrlagigen Platte		Wang und Winistorfer (1998)
Dickenquellung (Kantenquellung) von Laminatfußböden		EN 13329
Längenänderung bei Wasserlagerung (%)		Neusser u. a. (1960), Suchsland (1970)
	in Abhängigkeit der Strandanordnung	Geimer (1979)
	Vakuum-Druck-Tränkung	Heebink (1967), Saums und Turner (1961)
Quellungsdruck	Spannungen, die bei einer Quellungsbehinderung senkrecht oder parallel zur Plattenebene auftreten.	Oertel (1967 a), Stegmann und Kratz (1967), Wnuk (1964)
Saugvermögen	Die Platte wird mit einer Kante unter Wasser getaucht: gemessen wird die Steighöhe des Wassers im über dem Wasserspiegel liegenden Plattenteil	Krames und Krenn (1986), Neusser u. a. (1960)
Stehvermögen (Formbeständigkeit)	Fähigkeit einer Platte, ihre ebene Form bzw. die vorgegebene Flächenform unter verschiedenen klimatischen Bedingungen, jedoch ohne zusätzliche äußere Belastung, beizubehalten bzw. nur wenig und reversibel zu ändern.	Boehme (1982 a+b), Dobrowolska u. a. (1986, 1988), Jensen und Kehr (1994, 1995 a+b), Lang u. a. (1995), Suchsland (1990)

Nach Schwab und Schönewolf (1980) stehen bei der Verwendung von Spanplatten zwei Kenngrößen im Vordergrund:

- Wie schnell folgt die Quellung einer Klimaänderung (Quellgeschwindigkeit)?
- Welches Endquellmaß wird nach einer langfristigen Klimaänderung erreicht?

Die Angabe eines differentiellen Quellmaßes ist jedoch nur bedingt möglich, weil meist in einem größeren Bereich kein linearer Zusammenhang zwischen Quellmaß und Materialfeuchte besteht bzw. diese Abhängigkeit bei verschiedenen Plattentypen unterschiedlich verlaufen kann.

Die Dickenquellung von Holzspanplatten setzt sich aus zwei Komponenten zusammen:

- der reinen Holzquellung
- dem Deformationsrückgang (Springback, Relaxation eingefrorener Spannungen durch das feuchtebedingte Erweichen der Plattenstruktur).

Nach Ernst (1967) haben ca. 80–90% der Dickenquellung ihre Ursache in diesem Deformationsrückgang. Stark verdichtete Platten weisen ein höheres Bestreben zum Spannungsabbau auf als Platten mit niedriger Dichte.

Die Dickenquellung von Spanplatten gibt demnach auch Aufschluss über die Qualität des Verbundes der verleimten Späne untereinander bei Einwirkung von Wasser. In den verschiedenen Qualitätsnormen werden daher maximal zulässige Werte für die Dickenquellung in kaltem Wasser (20 °C) nach unterschiedlichen Zeiten angegeben. Neben verschiedenen Parametern, die die Dickenquellung beeinflussen, wird sie auch durch die Prüfmethode selbst wesentlich beeinflusst (Boehme 1991 a). So ist z. B. bekannt, dass eine senkrechte Lagerung der Prüfkörper an den unteren Messpunkten zu höheren Quellwerten führt (Neusser u. a. 1960). Auch die Probengröße (25 · 25 mm nach DIN 52364, 50 · 50 mm nach EN 317 oder 100 · 100 mm) bzw. die Lage der jeweiligen Messpunkte (Starecki und Niemz 2000) beeinflussen die gemessene Quellung.

b) Diffusionsverhalten

Tabelle 3. Diffusionsverhalten

Messgröße	Dimension	Beschreibung	Normen und Literatur
Diffusion von Wasserdampf			
a) Diffusionswiderstandszahl μ		Beschreibt das Diffusionsverhalten von Holzwerkstoffen, starker Einfluss der Plattendichte	DIN 53122, DIN 52615, Cammerer (1970), Drewes (1984), Jensen und Kehr (1999), Kießl und Möller (1989 a)
b) Durchlässigkeit	kg/ $(m^2 \cdot h)$	Messwert gilt für einen bestimmten Prüfkörper mit bekannter Dicke und für eine gegebene Wasserdampfpartialdruckdifferenz	Beldi und Szabo (1986), Bolton und Humphrey (1994), Futo (1970), Ziegler (1957)
c) Diffusionstransportkoeffizient		Beschreibung von Wasserdampfdiffusionsvorgängen in Baustoffen unter Berücksichtigung von Materialfeuchtigkeiten, Temperatur und Temperaturgradienten	Cai und Wang (1994), Kießl und Möller (1989 b)

Tabelle 3 (Fortsetzung)

Messgröße	Dimension	Beschreibung	Normen und Literatur
Wasseraufnahmekoeffizient	kg/ ($m^2 \cdot h$)	beschreibt Kapillartransport ohne Feuchtegefälle; Werte in Plattenebene größer als senkrecht zur Plattenebene	DIN 52617 Kießl und Möller (1989 a)
Gas- (Luft-)-durchlässigkeit	l/ ($m^2 \cdot h$)	Messwert gilt für einen bestimmten Prüfkörper mit bekannter Dicke und für ein gegebenes Druckgefälle (Partialdruckdifferenz)	Futo (1970)
Diffusion von Gasen			
Permeabilität einer Faser-, Span- oder OSB-Matte	m^2	s. auch Teil III, Kapitel 3.4.4. b	Haas u. a. (1998)

c) Rohdichte

An dieser Stelle werden die verschiedenen Prüfverfahren zur Ermittlung der Dichte, der Dichteverteilung und des Dichteprofils über den Plattenquerschnitt beschrieben. Über die Dichte als zentrale Größe und ihren Einfluss auf die Eigenschaften von Holzwerkstoffen wird in Teil III, Kap. 4 ausführlich berichtet.

Tabelle 4. Plattendichte und Dichteprofil

Messgröße	Dimension	Beschreibung	Normen und Literatur
Rohdichte	kg/m^3 g/cm^3	$\rho = \frac{m}{V}$ m Masse V Volumen	EN 323
Rohdichteverteilung über die Plattenfläche		insbesondere abhängig von Ungenauigkeiten in der Streuung	Neusser u. a. (1972), Suchsland (1962), Suchsland und Xu (1989), Xu und Steiner (1995)
Flächengewicht	kg/m^2	$m_f = \frac{m}{A}$ A Plattenfläche	DIN 52350

Tabelle 4 (Fortsetzung)

Messgröße	Dimension	Beschreibung	Normen und Literatur
Bestimmung des Rohdichteprofils:			
a) alte mechanische Verfahren			
Hobel- bzw. Schleifverfahren		schichtweises Abtragen	Plath und Schnitzler (1974), Polge und Lutz (1969), Stevens (1978)
Sägeverfahren		Auftrennen in einzelne Schichten	Plath und Schnitzler (1974)
Drehmomentmessung beim Bohren		Drehmoment beim senkrechten Bohren durch eine Platte als Maß für die Plattendichte	Paulitsch und Mehlhorn (1973), Winistorfer u. a. (1995)
b) radiometrische Methoden:			
Röntgenstrahlen		Abschwächung des Strahles durch die Materie	Henkel (1969), Nearn und Bassett (1968), Polge und Lutz (1969), Steiner u. a. (1978 a + b)
β-Strahlen			Kleuters (1964)
χ-Strahlen			Laufenberg (1986), May u. a. (1976), Ranta und May (1978), Soine (1990), Winistorfer u. a. (1986)
online-Messung während der Plattenherstellung		mittels Röntgenstrahlen, Messort am Pressenauslauf oder beim Kühlstern nach der Presse	Dueholm (1995, 1996), Warnecke (1995)

Großes Interesse besteht daran, das Rohdichteprofil an der fertigen Platte unmittelbar nach dem Verlassen der Presse zu messen bzw. überhaupt die Ausbildung des Dichteprofils während des Pressvorganges zu verfolgen. Dueholm (1995, 1996) entwickelte eine Methode zur Bestimmung des Rohdichteprofils als online-Messung an der gerade aus einer kontinuierlichen Presse herausfahrenden Platte, wobei er die Dämpfung und Rückstrahlung von Röntgenstrahlen ausnutzt.

Winistorfer u. a. (1993) berichteten über eine Möglichkeit, die Ausbildung des Rohdichteprofils bereits während der Heißpressung zu verfolgen.

d) Sonstige Eigenschaften

Thermische und wärmetechnische Eigenschaften

Tabelle 5. Thermische und wärmetechnische Eigenschaften

Messgröße	Dimension	Beschreibung	Normen und Literatur
spezifische Wärme (spezifische Wärmekapazität)	J/(kg · K)	$c = \frac{Q}{m \cdot \Delta T}$ Q Wärmemenge (J) m Masse des Probekörpers (kg) ΔT Temperaturdifferenz (K)	Kühlmann (1962), Sampathrajan u. a. (1992)
thermische Ausdehnung	1/K	Messung beim Abkühlen einer bei 105 °C gedarrten Probe $\alpha = \frac{\Delta l}{l_0 \cdot \Delta T}$ Δl Längenänderung (m) l_o Bezugslänge (m) ΔT Temperaturdifferenz (K)	
Wärmeleitfähigkeit (Wärmeleitzahl)	J/(m · s · K)	$\lambda = \frac{Q \cdot d}{A \cdot \Delta t \cdot \Delta T}$ d Probendicke (m) A Probenquerschnitt (m^2) Δt Zeitdauer (s) ΔT Temperaturdifferenz	DIN 52612, Cammerer (1970), Kamke und Zylkowski (1989), Kollmann und Malmquist (1956), Kühlmann (1962), Nanassy und Szabo (1978), Place und Maloney (1975), Sampathrajan u. a. (1992), Schneider und Engelhardt (1977)
Temperaturleitfähigkeit	m^2/s	$\alpha = \frac{\lambda}{c \cdot \rho}$ c spezifische Wärme ρ Probendichte (kg/m^3)	Sampathrajan u. a. (1992)
Wärmeübergangskoeffizient α	J/(s · m^2 · K)		
Wärmedurchgangskoeffizient	J/(s · m^2 · K)	$k = \frac{Q}{A \cdot \Delta t \cdot \Delta T}$ k beinhaltet den zweimaligen Wärmeübergang sowie die Wärmeleitfähigkeit des Materials	

Elektrische Eigenschaften

Tabelle 6. Elektrische Eigenschaften

Messgröße	Dimension	Beschreibung	Normen und Literatur
spezifischer Durchgangs-widerstand normal zur Plattenebene	$\frac{(\Omega \cdot cm^2)}{cm}$	Messung zwischen zwei plattenförmigen Elektroden an den beiden Oberflächen der Platten	Lambuth (1989)
Oberflächen-widerstand	Ω	s. Teil II, Abschn. 2.7.5.	
Durchschlags-spannung	V	Prüfung erfolgt bei bestimmter Plattendicke und -feuchtigkeit	ÖNORM B 3005

Abmessungen und Maßtoleranzen

Tabelle 6. Abmessungen und Maßtoleranzen

Messgröße	Dimension	Beschreibung	Normen und Literatur
Länge, Breite, Dicke	mm	Vorzugsmaße (Dicke): DIN 68760	EN 324-1, DIN 52361, DIN 52350
Maßtoleranzen		Zulässige Abweichungen von den Nennmaßen sind in den einzelnen Qualitätsnormen festgelegt.	
Form und Gestalt			
Ebenheit, Krümmung		Schüssel-, sattel- oder propellerförmige Verformung (Plattenverzug)	Allan (1979), Plotnikov und Niemz (1988)
Geradlinigkeit	mm	Aus- bzw. Einbuchtungen von Schnittkanten	EN 324-2 ÖNORM B 3003 ÖNORM B 3009
Recht-winkeligkeit	mm	zulässige Abweichung, bezogen auf eine vorgegebene Schenkel-länge	EN 324-2 ÖNORM B 3003 ÖNORM B 3009
Parallelität	mm	Kriterium für Schnittkanten	ÖNORM B 3003 ÖNORM B 3009

Ursachen für die Abweichung der Plattengestalt von der Ebenheit bzw. das Auftreten einer Krümmung (Plattenverzug) liegen im Wesentlichen in einem unsymmetrischen Aufbau oder unterschiedlichen Bedingungen an den beiden Plattenoberflächen:

- unterschiedliche Temperaturen an den beiden Plattenoberflächen
- unterschiedliche relative Luftfeuchtigkeiten (Stehvermögen)
- unterschiedliche Dicke, Art und Festigkeit (*E*-Modul) von Beschichtungen, z.B. verschieden dicke Furniere oder Furniere aus unterschiedlichen Holzarten.

Ein klassisches Beispiel eines asymmetrischen Aufbaues sind Dreischicht-Fertigparkettelemente. Sie bestehen üblicherweise aus einer 4 mm dicken Hartholz-Trittlage, einer 9–11 mm dicken Mittellage (Fichtestäbchen, MDF, Sperrholz) sowie einem 2 mm dicken Gegenzugfurnier (meist Pappel oder Fichte). Bei diesem asymmetrischen Aufbau ist die richtige Einstellung der Verarbeitungsbedingungen (Leimauftragsmengen in den beiden Leimfugen, Presstemperaturen oben bzw. unten) entscheidend für die Produktion ebener Elemente.

Ein weiterer Grund für Krümmungen kann in der falschen, weil nicht vollkommen ebenen Lagerung der Platten unmittelbar nach der Herstellung und während des Reife- und Abkühlvorganges liegen.

Oberflächeneigenschaften

Tabelle 8. Oberflächenbeschaffenheit

Messgröße	Beschreibung	Normen und Literatur
Oberflächenstruktur und Fehler	• bei Spanplatten: durchschnittliche Spangröße der Deckschicht, großflächige Späne, Staubanteil, Spanausriss, poröse Stellen, Schleiffehler (Rattermarken, Schleifschläge, unausgeschliffene Stellen), Vertiefungen; • bei MDF: grobe Fasern, Leimflecken; • Prüfung: durch visuelle Kontrolle	Niemz u.a. (1988) DIN 68761 T.4
Sortierung nach Aussehen bei Lagenholz	visuelle Kontrolle der Holzarten und der Furnierqualitäten der Decklagen sowie der sonstigen Oberflächenbeschaffenheit (Holzfehler, Äste, Harzgallen u.a.)	DIN 68705 T.2 bis 5 ÖNORM B 3008 ÖNORM B 3021 ÖNORM B 3022
Farbe, Farbabsorption, Verfärbung bei Lagenholz	a) visueller Vergleich b) Farbmessgeräte mit EDV-Auswertung	DIN 68705 T.2 bis 5 ÖNORM B 3021 ÖNORM B 3022 Sandermann und Lüthgens (1953)

Tabelle 8 (Fortsetzung)

Messgröße	Beschreibung	Normen und Literatur
a) Oberflächenrauheit (kurzwellige Dickenschwankungen) b) Oberflächenruhe (-unruhe) bzw. Welligkeit (mittel- und langwellige Dickenschwankungen). Dimensionen: µm bzw. µm/mm	a) Abtastmethoden (Tastschnittgerät); gemeinsame oder getrennte Auswertung von Tastschnittlinien bezüglich Rautiefen und Welligkeit. Maximale Rautiefen, mittlere Rautiefen; PV (peak valley)-Wert	Allan (1979), Deppe und Schmid (1998), Devantier und Niemz (1989), Hiziroglu (1996), Hiziroglu und Graham (1998), Neusser (1963), Neusser und Krames (1967, 1971), Polovtseff (1972), Westkämper und Riegel (1992), DIN 4768 T.1, ÖNORM B 3003 und B 3009
	b) Reflexionsmethode	Neusser (1962), Neusser und Krames (1967, 1971)
	c) Abbildungsverfahren (Pastentest)	Neusser und Krames (1967), Neusser und Schall (1973)
	d) berührungsloses Laserverfahren (Optical Profilometer)	Lemaster und Beall (1996)
	Rauigkeit von gefrästen Oberflächen (Platteninnenzone)	Jensen und Kowalewitz (1997)
Porigkeit (%) (Porosität)	Porengrößenverteilung, Quecksilberporosimetrie	Schneider (1982), Schweitzer und Niemz (1991)
Saugvermögen der Oberfläche	Cobbtest Toluoltest: prEN 382 Wegschlagen eines Lösungsmittels; Testflüssigkeiten Alkohol, Toluol, Öle	Kufner (1969) Hoag (1992)
Lackierbarkeit von Spanplatten	Ermittlung der für einen bestimmten glänzenden Lackauftrag benötigten Lackmenge unter speziell vorgegebenen Prüfbedingungen	Neusser und Schall (1973) ÖNORM B 3006 ÖNORM B 3009
Fehlstellenerkennung an Holzoberflächen mit digitaler Bildverarbeitung	Klassifikation von Profilbrettern, Sortierung von Parkettlamellen, Inspektion von Spanplatten nach dem Schleifen oder Beschichten, Bestimmung der Oberflächenrauheit von Furnieren	Faust (1987), Fuchs und Henkel (1986), Mehlhorn und Plinke (1985), Plinke (1988, 1989, 1990), Plinke und Mehlhorn (1990), Schwarz (1988), Schwarz u. a. (1988)
Impuls-Thermographie	kurzfristige und geringfügige Erwärmung der Oberfläche mit anschließender thermographischer Auswertung	Meinlschmidt und Sembach (1999)

Prüfung von Schmalflächen und Kanten

Tabelle 9. Prüfung von Schmalflächen und Kanten

Messgröße	Beschreibung	Normen und Literatur
Schmalflächenfestigkeit	Abhebefestigkeitsprüfung an den Schmalflächen mehrerer miteinander verleimter Spanplattenproben	Clad und Pommer (1978, 1980), Huber und Münz (1976), Merkel und Mehlhorn (1980), Münz (1984)
Kantenausbrüche	Abtasten der Werkstückkanten während des Bearbeitungsvorganges und Aufzeichnen des Kantenverlaufes in Abhängigkeit der Kantenlänge oder des Vorschubs	Dubenkropp (1980), Michailow und Niemz (1991)
	Ausmessen der Größe und der Gestalt von Kantenausbrüchen mittels Messmikroskopes	Tröger u.a. (1979)
	Prüfung auf Kantenausbruch mittels Schallemission	Michailow u.a. (1990)
	Optoelektronische Auswertung (CCD-Zeilenkamera)	Fuchs und Raatz (1996), Zischanek (1988)
	photooptische Beurteilung	Tröger (1971)
Schwächung der Plattenfestigkeit durch eingebrachte Verbindungsmittel	Prüfung der Querzugfestigkeit nach Eindrehen einer Schraube in die Schmalfläche der Probe (edge splitting tendency)	Didriksson u.a. (1974)
Schmalflächenporosität		Bachmann (1969)
Welligkeit von Schmalflächen		Tröger u.a. (1979)

Akustische und schalltechnische Eigenschaften

Tabelle 10. Akustische und schalltechnische Eigenschaften

Messgröße	Dim.	Beschreibung	Normen und Literatur
Schall-absorptions-grad		$\alpha = \frac{W_o - W_r}{W}$ W_o auftreffende Schallenergie (J) W_r reflektierte Schallenergie (J)	ÖNORM B 3005
Schall-dämmung	dB	$D = {}^{10}\lg \frac{I_1}{I_2}$ I_1 Schallstärke vor der Wand ($J/s \cdot m^2$) I_2 Schallstärke hinter der Wand ($J/s \cdot m^2$)	ÖNORM B 3002 ÖNORM B 3005 ÖNORM B 3008
Dämpfungs-faktor		$\eta' = \frac{\Lambda}{\pi}$ Λ logarithmisches Dämpfungsdekrement	
Körperschall-geschwindig-keit	m/s	$c = (E/\rho)^{1/2}$ Korrelationen zwischen der Körperschallgeschwindigkeit und verschiedenen mechanischen Eigenschaften der Platten, z. B. Querzugfestigkeit.	Bucur (1992), Burmester (1968), Carll und Link (1988), Dunlop (1980), Greubel (1989b), Grundström u. a. (1999), Kruse u. a. (1996), Niemz und Poblete (1996b), Schweitzer und Niemz (1990)
Körperschallgeschwindigkeit in Abhängigkeit verschiedener Strukturparameter (Spandicke, Holzdichte, Verhältnis DS/MS)			Bucur (1992), Bucur u. a. (1998), Niemz und Plotnikov (1988)
Körperschallgeschwindigkeit in Abhängigkeit der Spanorientierung			Geimer (1979), Wang und Chen (2001)
Körperschallgeschwindigkeit steigt mit Rohdichte der untersuchten Plattenschicht			Kruse u. a. (1996), Niemz und Poblete (2000)
Oberflächenschallgeschwindigkeit			Bucur (1992)

Tabelle 10 (Fortsetzung)

Messgröße	Dim.	Beschreibung	Normen und Literatur
Schall-emissions-analyse		Abstrahlung von Schallwellen im hörbaren und im Ultraschallbereich (> 20 kHz), die durch mikroskopische Brüche, Reibung von Bruchflächen u. a. Effekte verursacht wird. Auswertung: Impulssumme, Ereignissumme, Impuls- und Ereignisrate, Amplituden- und Energieverteilung, Frequenzanalyse; Schallemission setzt bei Spanplatten bei 10–30% der Bruchlast ein. Starke Streuung der Messergebnisse zwischen einzelnen Prüfkörpern.	Bucur (1992), Niemz u. a. (1989, 1997 c), Niemz und Hänsel (1987, 1988 a + b), Niemz und Lühmann (1992)
		Schallemission während Biegeprüfung von Spanplatten	Hänsel und Niemz (1989)
		Schallemission während Querzugprüfung von Spanplatten	Beall (1986 a)
		Schallemission während Kriechprüfung von Spanplatten	Morgner u. a. (1980)
		Schallemission während der Lagerung im Feuchtklima	Beall (1986 b)
Ermittlung von Verleimungsfehlern und Fehlstellen in Platten (z. B. Spaltererkennung mittels Ultraschall)			Pizurin und Sobasko (1979)

Alterung und Beständigkeit

Tabelle 11. Beständigkeit gegen Umwelteinflüsse und biologischem Angriff

Einflussart	Beschreibung	Normen und Literatur
Hydrolyse	Einwirkung von Feuchtigkeit und Wasser, s. Teil III, Kap. 5	
energiereiche Strahlen	Auswirkung ähnlich wie bei Holz, hohe Strahlungsdosen führen zu einer Verschlechterung der Eigenschaften	Lawniczak u. a. (1964)
chemische Zerstörung	Prüfung von Möbeloberflächen: Verhalten bei chemischer Beanspruchung	DIN 68861 T.1
Schädlinge	a) Pilze	Dix und Roffael (1996), Hadi u.a. (1995), Neusser und Schedl (1970)
	b) Bakterien	
	c) Insekten	
	d) Termiten	Hadi u. a. (1995)

2. Elastomechanische und rheologische Eigenschaften

a) Dauerstands- und Kriechverhalten

Tabelle 12. Dauerstands- und Kriechverhalten

Messgröße	Beschreibung	Normen und Literatur
1. Biegebeanspruchung		
Kriechverhalten im Konstantklima	Durchbiegung als Funktion der Zeit bei vorgegebener Last; a) Kriechfaktor = f_t/f_o f_t = Durchbiegung zum Zeitpunkt t, f_o = rein elastische Kurzzeitdurchbiegung b) Kriechzahl (relatives Kriechen) $\varphi = (f_t - f_o)/f_o$ c) Kriechmodul (t) = aufgebrachte Spannung/Durchbiegung (t). Kriechverhalten ist abhängig von der Höhe der Belastung.	Boehme (1990a+b), Clad (1979), Clad und Schmidt-Hellerau (1981), Dinwoodie u.a. (1981, 1991a+b), Gressel (1972, 1984a, 1986), Grigoriou (1987), Kehr (1993), Kehr und Dube (1998), Kokocinski und Struk (1989), Kratz (1969), Kufner (1970), Lyon und Barnes (1978), Niemz (1983a+b, 1985), Niemz u.a. (1997b), Petrovic (1986), Pierce u.a. (1979), Schober (1988)
Kriechverhalten bei höheren Temperaturen und höheren Feuchtigkeiten (s. auch Teil III, Kap. 5)		Pu u.a. (1992a+b)
Kriechverhalten im Außenklima (ggf. unter Dach) bzw. im definierten Wechselklima	Durchbiegung ist auch abhängig von der Probenfeuchte. Einfluss von Temperatur und Feuchtigkeit auf das Biegeverhalten: s. Teil III, Kap. 5.	Boehme (1992), Boehme und Harbs (1984), Clad und Schmidt-Hellerau (1981), Dube und Kehr (1996, 1997), Fernandez-Golfin und Diez Barra (1998), Gressel (1972, 1984a), Kratz (1969), Martensson (1988), Martensson und Thelanderson (1990), Möhler und Ehlbeck (1968), Niemz (1985) Tang u.a. (1997), Yeh u.a. (1990)
2. Scherung		McNatt (1978a)
3. Zug		Lundgren (1957), Martensson (1988), McNatt (1975)
4. Druck		Martensson und Thelanderson (1990)
5. Spannungsrelaxation	Spannung als Funktion der Zeit bei vorgegebener Verformung $\sigma = f(t)$ bei ε = const.	Martensson (1988), Martensson und Thelanderson (1990), Plath und Albers (1968)

Tabelle 13. Theoretische Beschreibung des Biegekriechverhaltens

Größe	Beschreibung	Normen und Literatur
1. Kriechkurven (Zeitdehnlinien)	$\varepsilon(t) = \varepsilon_o + \varepsilon_{kr}(t)$	
a) Regressionslinien	• Potenzfunktion • Exponentialfunktion • Polynome 2. oder höheren Grades • Kombination verschiedener Funktionen	Gressel (1984 a), Kufner (1970), Niemz (1983 a), Petrovic (1986), Smulski (1989), Steller u. a. (1990). OSB und Sperrholz: Laufenberg (1987), Laufenberg und McNatt (1989).
b) mathematische Beschreibung des Kriechverhalten	Berechnung der Koeffizienten verschiedener Gleichungsansätze auf Basis gemessener Werte	Dinwoodie u. a. (1981, 1990 b), Gressel (1984 a), Kufner (1970), Pierce u. a. (1979, 1985). OSB und Sperrholz: Laufenberg und McNatt (1989)
Theoretische Modelle für das Kriechverhalten	Modellhafte Beschreibung und Erklärung der Kriechverformung	Niemz (1981), Raczkowski (1969), Regiel (1964)
2. Zeitbruchlinien (Zeitstandfestigkeit)	Abhängigkeit der Belastung von der Zeit, nach der der Bruch eintritt (linearer Verlauf bei logarithmischer Zeitachse)	Clad (1979), Kalina (1972), Kufner (1970), Lyon und Barnes (1978), McNatt (1975), Pierce u. a. (1986)
3. Rheologische Modelle zur Beschreibung des Kriechverhaltens	Elastische Komponente: kristalline Cellulose; viskoelastischer und plastischer Anteil: Lignin, Hemicellulose, nichtkristalline Cellulose	Dinwoodie u. a. (1990 a)

b) Festigkeitseigenschaften

Zug- und Druckfestigkeit

Tabelle 14. Zug- und Druckbeanspruchung

Messgröße	Dimension	Beschreibung	Normen und Literatur
1. Belastung in Plattenebene			
Zugfestigkeit	N/mm^2	$\sigma_{zB} = \frac{P_{max}}{a \cdot b}$	DIN 52377, Carll und Link (1988), Gressel (1981), Liiri u. a. (1980), McNatt und Superfesky (1984), Niemz und Schweitzer (1990), Winter und Frenz (1954)
Zug-*E*-Modul	N/mm^2	$E_z = \frac{(P_2 - P_1) \cdot 1}{a \cdot b \cdot (l_2 - l_1)}$	
Druck-festigkeit	N/mm^2	$\sigma_{dB} = \frac{P_{max}}{a \cdot b}$	DIN 52376, Biblis und Lee (1987), Carll und Link (1988), Gressel (1981), Kufner (1968a, 1975), McNatt und Superfesky (1984), Niemz und Schweitzer (1990), Winter und Frenz (1954)
Druck-*E*-Modul	N/mm^2	$E_d = \frac{(P_2 - P_1) \cdot h}{a \cdot b \cdot (h_2 - h_1)}$	
Knickbean-spruchung			Kufner (1968b)
2. Belastung senkrecht zur Plattenebene			
Querzug-festigkeit, *E*-Modul	N/mm^2	$\sigma_{zBq} = \frac{P_{max}}{A}$	EN 319, DIN 52365, Boehme (1996), Knowles (1981), Noack und Schwab (1972)
		Zusammenhang zwischen Querzugfestigkeit, Dichte-profil und Bruchzone	Schulte und Frühwald (1996)
Querzug-festigkeit bei Brettschicht-holz	N/mm^2	Holz höherer Festigkeits-klassen muss nicht höhere Querzugfestigkeiten auf-weisen, wie üblicherweise in EN 1194 berechnet wird.	EN 1193, EN 1194 Blaß und Schmid (2001)
V100-Prüfung	N/mm^2	Vorbehandlung der Proben durch 2 h Kochen, je nach Plattenart ggf. mit anschlie-ßen der Rücktrocknung	EN 1087-1 Boehme (1988a, b, d)
		dicke OSB	Boehme (2001)

Tabelle 14 (Fortsetzung)

Messgröße	Dimension	Beschreibung	Normen und Literatur
on line-Querzugprüfung	N/mm^2		Blum und Epple (1997), Epple und Blum (1997)
Abhebefestigkeit	N/mm^2	$\sigma_{Abh} = \frac{P_{max}}{A}$	EN 311 Noack und Schwab (1977)
Querdruckfestigkeit, Querdruck-*E*-Modul	N/mm^2	Querdruckspannung bei einer Stauchung von 1 %, 2 % bzw. 5 %	ÖNORM B 3003, B 3006, Albers (1971 a), Gressel (1981), Kufner (1968 a), Plath und Albers (1968)
Verhalten unter Punktlast (Stempeldruck)	N/mm^2		ÖNORM B 3003, B 3006, Gressel (1981), Neusser (1966)

Biegefestigkeit

Tabelle 15. Biegeprüfungen

Messgröße	Dimension	Beschreibung	Normen und Literatur
1. Flachbiegeprüfung (Biegung senkrecht zur Plattenebene)			
Biegefestigkeit	N/mm^2	$\sigma_{bB} = \frac{3 \cdot P_{max} \cdot L_s}{2 \cdot b \cdot a^2}$	EN 310, Boehme (1992), Bradtmüller u. a. (1997), Gressel (1981), McNatt u. a. (1990), McNatt und Superfesky (1984)
Biege-*E*-Modul	N/mm^2	$E_b = \frac{\Delta P \cdot L_s^3}{4 \cdot a^2 \cdot b \cdot \Delta f}$	EN 310 Boehme (1992), Gressel (1981)
Poisson-Konstante			Moarcas und Irle (1999)
Vergleich von kleinen Proben und großen Platten			McNatt (1984), McNatt u. a. (1990)
Prüfung dünner Platten			Boehme (1988 c, 1989), Neusser und Schall (1974), Noack u. a. (1984), Plath (1973)
2. Prüfung hochkant			
Biegefestigkeit	N/mm^2	$\sigma_{bB,hk} = \frac{3 \cdot P_{max} \cdot L_s}{2 \cdot b^2 \cdot a}$	ÖNORM B 3003, B 3006, B 3009, Gressel (1981)

Tabelle 15 (Fortsetzung)

Messgröße	Dimension	Beschreibung	Normen und Literatur
Biege- *E*-Modul	N/mm^2	$E_{b,hk} = \frac{\Delta P \cdot L_s^3}{4 \cdot a \cdot b^3 \cdot \Delta f}$	ÖNORM B 3003, B 3006, B 3009, Gressel (1981)
3. dynamischer *E*-Modul			
Biegeprüfung	N/mm^2	E_{dyn} = Funktion (f_g^2) Prüfung an ganzen Platten	Greubel und Merkel (1987), Mehlhorn und Merkel (1986) Oertel (1967b)

Scherfestigkeit

Tabelle 16. Scher- und Schubbeanspruchung

Messgröße	Dimension	Beschreibung	Normen und Literatur
1. Scherfläche in Plattenebene			
a) Druckscher- festigkeit	N/mm^2	$\tau = \frac{P_{max}}{F}$	
α) Krafteinleitung direkt auf die Probe; die Bruchfläche ist damit vorgegeben (Blockscherfestigkeit)			DIN 52367 T.1, Gressel (1975), Hall und Haygreen (1983), Hall u. a. (1984), Kollmann und Krech (1959), Kufner (1968a), Liiri u. a. (1980), Meierhofer u. a. (1977), Noack und Schwab (1972), Suchsland (1977)
β) Krafteinleitung auf die Probe, jedoch keine Vorgabe der Bruchfläche			Boehme (1980)
χ) Krafteinleitung über aufgeklebte Joche, damit keine Vorgabe der Bruchfläche			ASTM D 1037 Interlaminar Shear Test EN 789, McNatt (1978a)
b) Zugscher- festigkeit von Sperrholz	N/mm^2	$\tau = \frac{P_{max}}{F}$	DIN 53255, EN 314 T.1+2, Keylwerth (1958), Liiri u. a. (1980), Neusser (1975), River (1981)
Einfluss der Fugendicke			Clad (1958)
Druckscherfestigkeit von Massivholzplatten			ÖNORM B 3024, Teischinger u. a. (1998)
2. Scherfläche normal zur Plattenebene			
a) Kraftrichtung in Plattenebene	N/mm^2		ASTM D 1037 Edgewise Shear Test, EN 789, ÖNORM B 3003, B 3006, Ehlbeck und Colling (1985), Gressel (1981), Hunt u. a. (1980)
b) Kraftrichtung normal zur Plattenebene	N/mm^2		

Torsionsverhalten

Tabelle 17. Torsionsbeanspruchung

Messgröße	Dimension	Beschreibung	Normen und Literatur
Verdrehung in Plattenebene, Torsionsscherfestigkeit	N/mm²	$\tau = \frac{4{,}8 \cdot M_d}{b^3}$	Gaudert (1974), Gertjejansen und Haygreen (1971), Kufner (1975), Liiri u.a. (1980), Shen und Carroll (1969, 1970)
Torsionsmodul	N/mm²	$T = 7{,}2 \frac{M_d \cdot l}{\beta \cdot b^4}$ β Verdrehungswinkel im Bogenmaß	
Verdrillung einer stabförmigen Probe in Längsachse, Schubmodul G	N/mm²	$\tau = \frac{k_1 \cdot M_d}{b \cdot a^2}$ k_1 Faktor für das Breiten/Dickenverhältnis der Probe	Bröker und Schwab (1988) Liiri u.a. (1980), Möhler und Hemmer (1977) Shen (1970)

Verhalten von Verbindungsmitteln

Tabelle 18. Ausziehwiderstand von Nägeln und Schrauben

Messgröße	Dimension	Beschreibung	Normen und Literatur
Schraubenhaltevermögen senkrecht bzw. parallel zur Plattenebene	N/mm	$\sigma = \frac{P_{max}}{l}$ l wirksame Länge	EN 320, ÖNORM B3003, B3006, B3008, Bachmann (1975), Bröker und Krause (1991), Carroll (1970, 1972), Eckelman (1975, 1988), Niemz und Bauer (1990), Noack und Schwab (1977), Rajak und Eckelman (1993), Tröger und Meindl (1984), Winter und Frenz (1954)
Nagelausziehwiderstand	N/mm	$\sigma = \frac{P_{max}}{l}$ l wirksame Länge	ÖNORM B3003, B3006, B3008, Chow u. a. (1988), Sekino und Morisaki (1987), Winter und Frenz (1954)
	N/mm²	$\sigma = \frac{P_{max}}{\pi \cdot l \cdot d}$ d Nageldurchmesser	
Nageldurchzugskraft N			Chow u. a. (1988), Kufner (1968 a)

Tabelle 18 (Fortsetzung)

Messgröße	Dimension	Beschreibung	Normen und Literatur
Dorn- bzw. Nageldurchdrückkraft	N/mm^2	$\sigma = \frac{P_{max}}{d_N^2 \cdot \pi/4}$ d_N Durchmesser des Nagelkopfes	Chow (1974), Chow u. a. (1988), Walters und Norton (1975)
Lochleibungsfestigkeit	N/mm^2	$\sigma = \frac{P_{max}}{a \cdot d_S}$ a Plattendicke d_S Stiftdurchmesser	ÖNORM B3003, B3006, B3008, Blaß und Werner (1988), Gressel (1981), Möhler u. a. (1978)
Dübelhaltevermögen			Eckelman und Cassens (1985)
Klammernausziehwiderstand	N		Chow u. a. (1988), Yamada u. a. (1991)

Härte

Tabelle 19. Härteprüfungen

Messgröße	Dimension	Beschreibung	Normen und Literatur
Brinellhärte	N/mm^2	Last, bezogen auf die Kugelkalotte	in Anlehnung an DIN 50351, Starecki (1979)
Jankahärte	N	Erforderliche Kraft zum Eindrücken einer Kugel bis zu ihrem Äquator	Chow (1976)
Höpplerhärte	mm	Eindringtiefe des Kegels bzw. bleibende Verformung bei bestimmter Last	Noack und Stöckmann (1966)
Pendelhärte (Schaukelhärte)		Prüfung von beschichteten Platten	DIN 53157, Starecki (1979)
Ritzhärte			DIN 53799
Mikrohärteprüfung (Rockwell-Diamantkegel)	N/mm^2	Kraft bezogen auf die berührende Fläche	Eyerer und Böhringer (1976)
Vickershärte (Mikrohärte)		Prüfung von beschichteten Platten	Starecki (1979), Neusser u. a. (1974)
Einstichprüfung (Durometer)			Hoag (1992)
Stempeldruckhärte		s. Tabelle 14	
Kugelfallhärte		s. Tabelle 20	

Schlagzähigkeit und stoßförmige Belastungen

Tabelle 20. Stoßförmige Belastung

Messgröße	Dimension	Beschreibung	Normen und Literatur
1. Fallversuche			
Sandsacktest oder Sack mit Schrotkugeln	m	Maximale Fallhöhe bis zum Auftreten einer bestimmten Verformung oder sichtbarer Veränderungen	Johnson und Haygren (1974), Lyons u.a. (1975), Superfesky (1975)
Kugelfallversuch	m	Maximale Fallhöhe bis zum Auftreten einer bestimmten Verformung oder sichtbarer Veränderungen	DIN 52302, ÖNORM B3003, Janowiak und Pellerin (1990), Superfesky (1975), Winter und Heyer (1957)
Schlagprüfung	N	Maximale Kraft, bei der noch keine Beschädigung der Oberfläche eintritt	DIN 53799
Brucharbeit	Nm	Energieaufnahme bis zum Erreichen der Höchstkraft während des Durchschlags	Schneider (1966)
Durchschlagsarbeit	Nm	Brucharbeit plus weitere Energie, die zum Durchtritt des Fallkörpers durch den Prüfkörper erforderlich ist	Schneider (1966)
Stoßmodul	Nm/mm	$IM = \frac{\text{kinetische Energie}}{\text{Verformung}}$	Johnson und Haygreen (1974)
Durchstechversuch		Prüfkörper: dreiseitige Stahlpyramide, Messung der Energie bezogen auf die Länge des entstandenen ypsilonförmigen Risses	Dosoudil (1954)
2. Schlagbiegeprüfung, Schlagbiegearbeit, Schlagzähigkeit	Nm oder N/m (Nm/mm^2)		DIN 52189, ÖNORM B3003, Kufner (1968b), Niemz (1992), Winter und Frenz (1954)

Bruchzähigkeit, Bruchenergie

Tabelle 21. Bruchzähigkeit (fracture toughness)

Material bzw. Beschreibung	Normen und Literatur
Materialkenngröße, die das Verhalten eines Werkstoffes gegenüber der Ausbreitung eines Risses kennzeichnet.	
Reine Phenolharze	Charalambides und Williams (1995)
Spanplatten	Ehart u. a. (1996, 1997), Niemz und Schädlich (1992), Stanzl-Tschegg u. a. (1995)
MDF	Niemz u. a. (1997 a), Niemz und Diener (1999)
Sperrholz	Niemz und Diener (1999)
Schichtholz	Lei und Wilson (1979)
OSB	Niemz und Diener (1999)
Flakeboard	Lei und Wilson (1981)
Vollholzverleimungen	River (1994), River u. a. (1989, 1994), Schmidt und Frazier (1998), Suzuki und Iwakiri (1986), Suzuki und Schniewind (1984), White und Green (1980)
Parallam	Ehart u. a. (1998)

Dynamische Belastungen

Tabelle 22. Dynamische Belastungen

Messgröße	Beschreibung	Normen und Literatur
1. Wechselbelastung:		
Biegung	Lastwechselkurve (Wöhlerkurve) $\sigma = A - B \cdot \lg N$ σ Spannung N Lastwechselzahl, bei der der Bruch eintritt	Bao und Eckelman (1995), Bao u. a. (1996), Cai u. a. (1996), Kollmann und Krech (1961), Nagasawa u. a. (1981), Okuma (1976), Thompson u. a. (1996)
Zug/Druck		Gillwald (1966), Suzuki und Saito (1986)
2. Wechselbelastung mit längerzeitiger periodischer Be- und Entlastung		Möhler und Ehlbeck (1968), Schober (1988)
3. Schwellbelastung:		
a) Biegung		Tanaka und Suzuki (1984)
b) Zugbelastung parallel Plattenebene		Kollmann und Krech (1961), McNatt (1970, 1978 b), McNatt und Werren (1976)
c) Querzug		Suzuki und Saito (1984, 1986)
d) Scherbelastung parallel Plattenebene		McNatt (1970, 1978 b), McNatt und Werren (1976)

c) Zerstörungsfreie Prüfungen

Zerstörungsfreie Messmethoden lassen sich auf die Nutzung physikalischer Grundeffekte und den Einfluss von Strukturparametern des Holzes und umweltbedingte Einflüsse zurückführen. Zur Messung werden vielfach mehrere physikalische Eigenschaften genutzt, um eine höhere Genauigkeit der Eigenschaftsbestimmung zu erreichen. Die Ermittlung der Eigenschaften erfolgt dann meist auf mathematischem Weg (Niemz 1995).

Tabelle 23. Zerstörungsfreie Messmethoden

Messgröße	Beschreibung	Literatur
1. Prüfung elastischer Eigenschaften:		
Durchschallung mit Ultraschall	Körperschallgeschwindigkeit Fehlstellenortung Festigkeitssortierung	
Resonanzfrequenz mit mechanischer Anregung	Messung des dynamischen *E*-Moduls an Spanplatten	Greubel (1989 a + b, 1991), Greubel und Merkel (1987), Greubel und Wissing (1995), Mehlhorn und Merkel (1986), Ross und Pellerin (1988)
Resonanzfrequenz (elektroakustische Anregung)	Bestimmung des *E*-Moduls von Leimfugen bei Sperrholzverleimungen	Becker und Pechmann (1972)
Geschwindigkeit von Spannungswellen	Vorhersage von Festigkeitswerten	Bender u. a. (1990)
2. Durchstrahlung mit Gammastrahlen	Strahlenquelle z. B. ^{241}Americium. Bestimmung des Dichteprofils über der Plattenbreite. Die Strahlungsabsorption ist ein Maß für die Plattenmasse je Flächeneinheit.	Greubel (1991)
3. Fehlstellenortung	zur Erkennung von Rissen und Fehlverleimungen in Holzwerkstoffen	
Durchstrahlung mit Ultraschall		Kleinschmidt (1981), Pizurin und Sobasko (1979)
Holographie		Neumann und Breuer (1979)
Computer-Tomographie	Erstellung von dreidimensionalen Modellbildern	Funt und Bryant (1987), Müller und Teischinger (2001), Wimmer u. a. (2000)

Literatur zu Anhang 3

Albers K (1971) Holz Roh. Werkst. 29, 94–96
Allan D (1978) in: Spanplatten heute und morgen. DRW-Verlag, Stuttgart, S. 304–325
Bachmann G (1969) Holzindustrie 23, 205–207
Bachmann G (1975) Holztechnol. 16, 85–89
Bao Z, Eckelman C (1995) For. Prod. J. 45: 7/8, 59–63
Bao Z, Eckelman C, Gibson H (1996) Holz Roh. Werkst. 54, 377–382
Beall FC (1986a) For. Prod. J. 36: 7/8, 29–33
Beall FC (1986b) J. Acoustic Emission 5 (2), 71–76
Becker HF, Pechmann G (1972) Holz Roh. Werkst. 30, 303–308
Beech JC (1975) Holzforschung 29, 11–18
Beldi F, Szabo J (1986) Holztechnol. 27, 29–31
Bender DA, Burk AG, Taylor SE, Hooper JA (1990) For. Prod. J. 40: 3, 45–47
Biblis EJ, Lee AWC (1987) For. Prod. J. 37: 6, 49–53
Blaß HJ, Werner H (1988) Holz Roh. Werkst. 46, 472
Blaß HJ, Schmid M (2001) Holz Roh. Werkst. 58, 456–466
Blum R, Epple A (1997) Proceedings Workshop on Non-Destructive Testing of Panel Products, Llandudno, North Wales, 10–17
Boehme C (1980) Holzforsch. Holzverwert. 32, 16–19
Boehme C (1982a) Holz Roh. Werkst. 40, 89–100
Boehme C (1982b) Holz Roh. Werkst. 40, 133–144
Boehme C (1988a) Holz Roh. Werkst. 46, 276
Boehme C (1988b) Holz Roh. Werkst. 46, 310
Boehme C (1988c) Holz Zentr. Bl. 114, 1657–1658
Boehme C (1988d) Holz- und Kunststoffverarbeitung 23, 158–159
Boehme C (1989) Holz Roh. Werkst. 47, 185–190
Boehme C (1990a) Holz Roh. Werkst. 48, 201–205
Boehme C (1990b) Holz Roh. Werkst. 48, 209–216
Boehme C (1991a) Holz Roh. Werkst. 49, 239–241
Boehme C (1991b) Holz Roh. Werkst. 49, 261–269
Boehme C (1991c) Holz Zentr. Bl. 117, 1984
Boehme C (1992) Holz Roh. Werkst. 50, 158–162
Boehme C (1996) Holz Zentr. Bl. 122, 1284–1285
Boehme C (2001) Holz- und Kunststoffverarbeitung 36: 4, 72–76
Boehme C, Harbs C (1984) Holz Roh. Werkst. 42, 335–341
Bolton AJ, Humphrey PE (1994) Holzforschung 48, Suppl. 95–100
Bradtmüller JP, Hunt MO, Fridley KJ, McCabe GP (1997) For. Prod. J. 47: 9, 70–77
Bröker F-W, Krause HA (1991) Holz Roh. Werkst. 49, 381–384
Bröker F-W, Schwab E (1988), Holz Roh. Werkst. 46, 47–52
Bucur V (1992) Wood Fiber Sci. 24, 337–346
Bucur V, Ansell MP, Barlow CY, Pritchard J, Garros S, Deglise X (1998) Holzforschung 52, 553–561

Burmester A (1968) Holz Roh. Werkst. 26, 113–117
Cai L, Wang F (1994) Holz Roh. Werkst. 52, 304–306
Cai Z, Bradtmüller JP, Hunt MO, Fridley KJ, Rosowsky DV (1996) For. Prod. J. 46: 10, 81–86
Cammerer WF (1970) Holz Roh. Werkst. 28, 420–423
Carll CG, Link CL (1988) For. Prod. J. 38: 1, 8–14
Carroll MN (1970) For. Prod. J. 20: 3, 24–29
Carroll MN (1972) For. Prod. J. 22: 8, 42–46
Charalambides MN, Williams JG (1995) Polym.Composites 16: 1, 17–28
Chow P (1974) For. Prod. J. 24: 11, 41–44
Chow P (1976) For. Prod. J. 26: 7, 41–44
Chow P, McNatt JD, Lambrechts StJ, Gertner GZ (1988) For. Prod. J. 38: 6, 19–25
Clad W (1958) Holz Roh. Werkst. 16, 383–395
Clad W (1979) Holz Zentr. Bl. 105, 2298–2300
Clad W, Pommer EH (1978) Holz Roh. Werkst. 36, 383–392
Clad W, Pommer EH (1980) Holz Roh. Werkst. 38, 385–391
Clad W, Schmidt-Hellerau C (1981) Holz Roh. Werkst. 39, 217–222
Deppe H-J, Schmid K (1998) Holz Zentr. Bl. 124, 65–68
Devantier B, Niemz P (1989) Holz Roh. Werkst. 47, 21–26
Didriksson EIE, Nyren JO, Back EL (1974) For. Prod. J. 24: 7, 35–39
Dinwoodie JM, Higgins JA, Paxton BH, Robson DJ (1990 a) Holz Roh. Werkst. 48, 5–10
Dinwoodie JM, Higgins JA, Paxton BH, Robson DJ (1991 a) Wood Sci.Technol. 25, 383–396
Dinwoodie JM, Higgins JA, Robson DJ, Paxton BH (1990 b) Wood Sci. Technol. 24, 181–189
Dinwoodie JM, Paxton H, Pierce CB (1981) Wood Sci. Technol. 15, 125–144
Dinwoodie JM, Robson DJ, Paxton BH, Higgins JA (1991 b) Wood Sci. Technol. 25, 225–238
Dix B, Roffael E (1996) Holz Zentr. Bl. 122, 1372 und 1466
Dobrowolska E, Neumüller J, Kühne G (1986) Holztechnol. 27, 316–319
Dobrowolska E, Neumüller J, Kühne G (1988) Holztechnol. 29, 21–24
Dosoudil A (1954) Holz Roh. Werkst. 12, 55–64
Dosoudil A (1969) Holz Roh. Werkst. 27, 172–179
Drewes H (1984) Holz Roh. Werkst. 42, 111
Drewes H (1985) Holz Roh. Werkst. 43, 97–103
Dube H, Kehr E (1996) Holz Roh. Werkst. 54, 287–288
Dube H, Kehr E (1997) MDF-Magazin, 66–70
Dubenkropp, G (1980) Proceedings 6. Holztechnisches Kolloquium, Braunschweig, IX, 1–7
Dueholm S (1995) Holz- und Kunststoffverarb. 30, 1394–1398
Dueholm S (1996) Proceedings 30th Wash. State University Int. Particleboard/Composite Materials Symposium, Pullman, WA, 45–57
Dunlop JI (1980) Wood Sci. Technol. 14, 69–78
Eckelman CA (1975) For. Prod. J. 25: 6, 30–35
Eckelman CA (1988) For. Prod. J. 38: 5, 21–24
Eckelman CA, Cassens DL (1985) For. Prod. J. 35: 5, 55–60
Ehart R, Stanzl-Tschegg SE, Tschegg EK (1996) Wood Sci. Technol. 30, 307–321
Ehart R, Stanzl-Tschegg SE, Tschegg EK (1997) Proceedings 3rd Int. Conf. Development Forestry and Wood Science/Technology, Belgrade, I 597–604
Ehart R, Stanzl-Tschegg SE, Tschegg EK (1998) Wood Sci. Technol. 32, 43–55
Ehlbeck J, Colling F (1985) Holz Roh. Werkst. 43, 143–147
Epple A, Blum R (1997) Proceedings Mobil Oil-Holzwerkstoff-Symposium, Bonn
Ernst K (1967) Holztechnol. 8, 41–43
Eyerer P, Böhringer P (1976) Holz Roh. Werkst. 34, 251–260
Faust TD (1987) For. Prod. J. 37: 6, 34–40
Fernandez-Golfin Seco JI, Diez Barra MR (1998) Wood Sci. Technol. 32, 33–41

Fuchs I, Henkel M (1986) Holztechnol. 27, 87-90
Fuchs I, Raatz Ch (1996) Holz- und Kunststoffverarb. 31: 7/8, 56-58
Funt BV, Bryant EC (1987) For. Prod. J. 37: 1, 56-62
Futo LP (1970) Holz Roh. Werkst. 28, 423-429
Gaudert P (1974) For. Prod. J. 24: 2, 35-37
Geimer RL (1979) Proceedings 13th Wash. State University Int. Symposium on Particleboards, Pullman, WA, 105-125
Gertjejansen RO, Haygreen JG (1971) For. Prod. J. 21: 11, 59-60
Gillwald W (1966) Holz Roh. Werkst. 24, 445-449
Gressel P (1972) Holz Roh. Werkst. 30, 259-266
Gressel P (1975) Holz Roh. Werkst. 33, 393-398
Gressel P (1981) Holz Roh. Werkst. 39, 63-78
Gressel P (1984a) Holz Roh. Werkst. 42, 293-301
Gressel P (1984b) Holz Roh. Werkst. 42, 393-398
Gressel P (1986) Holz Roh. Werkst. 44, 133-138
Greubel D (1988a) Holz Roh. Werkst. 46, 346
Greubel D (1988b) Holz Roh. Werkst. 46, 401
Greubel D (1989a) Holz Roh. Werkst. 47, 99-102
Greubel D (1989b) Holz Roh. Werkst. 47, 273-277
Greubel D (1991) WKI-Bericht 25
Greubel D, Drewes H (1987) Holz Roh. Werkst. 45, 289-295
Greubel D, Merkel D (1987) Holz Roh. Werkst. 45, 15-22
Greubel D, Wissing S (1995) Holz Roh. Werkst. 53, 29-37
Grigoriou A (1982) Holzforsch. Holzverwert. 34, 1-3
Grigoriou A (1987) Holz Roh. Werkst. 45, 335-338
Grundström F, Niemz P, Kucera LJ (1999) Holz Zentr. Bl. 125, 1734-1736
Haas G v, Steffen A, Frühwald A (1998) Holz Roh. Werkst. 56, 386-392
Hadi YS, Darma IGKT, Febrianto F, Herliyana EN (1995) For. Prod. J. 45: 10, 64-66
Hall HJ, Haygreen JG (1983) For. Prod. J. 33: 9, 29-32
Hall HJ, Haygreen JG, Lee Y (1984) For. Prod. J. 34: 9, 49-52
Halligan AF (1970) Wood Sci. Technol. 4, 301-312
Halligan AF, Schniewind AP (1972) For. Prod. J. 22: 4, 41-48
Halligan AF, Schniewind AP (1974) Wood Sci. Technol. 8, 68-78
Hänsel A, Niemz P (1989) Holztechnol. 30, 92-95
Heebink BG (1967) For. Prod. J. 17: 9, 77-80
Henkel M (1969) Holztechnol. 19, 93-96
Hiziroglu S (1996) For. Prod. J. 46: 7/8, 67-72
Hiziroglu S, Graham M (1998) For. Prod. J. 48: 3, 50-54
Hoag M (1992) TAPPI 74: 10, 116-121
Huber H, Münz UV (1976), Holz Zentr. Bl. 102, 62-63
Hunt MO, McNatt JD, Fergus DA (1980) For. Prod. J. 30: 2, 39-42
Janowiak JJ, Pellerin RF (1990) For. Prod. J. 40: 6, 21-28
Jensen U, Kehr E (1994) Holz Roh. Werkst. 52, 315
Jensen U, Kehr E (1995a) Holz Roh. Werkst. 53, 369-376
Jensen U, Kehr E (1995b) Holz Zentr. Bl. 121, 1614-1616
Jensen U, Kehr E (1999) Holz Zentr. Bl. 125, 350
Jensen U, Kowalewitz D (1997) Holz Zentr. Bl. 123, 756-758
Johnson A, Haygreen JG (1974) For. Prod. J. 24: 11, 22-27
Kalina M (1972) Holztechnol. 13, 172-175
Kamke FA, Zylkowski SC (1989) For. Prod. J. 39: 5, 19-24
Kehr E (1993) Holz Roh. Werkst. 51, 229-234
Kehr E, Dube H (1998) Holz Zentr. Bl. 124, 212-214

Keylwerth R (1958) Holz Roh. Werkst. 16, 419–430
Kießl K, Möller U (1989a) Holz Roh. Werkst. 47, 317–322
Kießl K, Möller U (1989b) Holz Roh. Werkst. 47, 359–363
Kleinschmidt H-P (1981) Holz Zentr. Bl. 107, 2353
Kleuters W (1964) For. Prod. J. 14, 414–420
Knowles L (1981) For. Prod. J. 31: 12, 51–53
Kokocinski W, Struk K (1989) Holzforsch. Holzverwert. 41, 66–68
Kollmann F, Dosoudil A (1978) Holz Roh. Werkst. 36, 419–433
Kollmann F, Krech H (1959) Holz Roh. Werkst. 17, 326–327
Kollmann F, Krech H (1961) Holz Roh. Werkst. 19, 113–118
Kollmann F, Malmquist L (1956) Holz Roh. Werkst. 14, 201–204
Kollmann F, Schneider A (1958) Holz Roh. Werkst. 16, 117–122
Kossatz G, Drewes H, Kratz W, Mehlhorn L (1982) in: G. Ehlbeck, G. Steck (Hrgb.): Ingenieurholzbau in Forschung und Praxis, Bruderverlag, Karlsruhe, S 75 – 82
Krames U, Krenn K (1986) Holzforsch. Holzverwert. 38, 79–88
Kratz W (1969) Holz Roh. Werkst. 27, 380–387
Kratz W (1975) Holz Roh. Werkst. 33, 121–123
Kruse K, Bröker FW, Frühwald A (1996) Holz Roh. Werkst. 54, 295–300
Kufner M (1968a) Holz Roh. Werkst. 26, 253–260
Kufner M (1968b) Holz Roh. Werkst. 26, 388–393
Kufner M (1969) Holz Roh. Werkst. 27, 378–380
Kufner M (1970) Holz Roh. Werkst. 28, 429–446
Kufner M (1975) Holz Roh. Werkst. 33, 265–270
Kühlmann G (1962) Holz Roh. Werkst. 20, 259–270
Lambuth AL (1989) Proceedings 23rd Wash. State University Int. Particleboard/Composite Materials Symposium, Pullman, WA, 117–128
Lang EM, Loferski JR (1995) For. Prod. J. 45: 4, 67–71
Lang EM, Loferski JR, Dolan JD (1995) For. Prod. J. 45: 3, 67–70
Laufenberg TL(1986) For. Prod. J. 36: 2, 59–62
Laufenberg TL (1987) Proceedings 21st Wash. State University Int. Particleboard/Composite Materials Symposium, Pullman, WA, 297–313
Laufenberg TL, McNatt D (1989) Proceedings 23rd Wash. State University Int. Particleboard/Composite Materials Symposium, Pullman, WA, 257–266
Lawniczak M, Raczkowski J, Wojciechowicz B (1964) Holz Roh. Werkst. 22, 372–376
Lee W, Biblis EJ (1976) For. Prod. J. 26: 6, 32–35
Lehmann WF (1978) For. Prod. J. 28: 6, 23–31
Lei Y, Wilson JB (1979) For. Prod. J. 29: 8, 28–32
Lei Y, Wilson JB (1981) Wood Sci. 13, 151–156
Lemaster RL, Beall FC (1996) For. Prod. J. 46: 11/12, 73–78
Liiri O, Kivistö A, Tuominen M, Aho M (1980) Holz Roh. Werkst. 38, 185–193
Lundgren A (1958) Holz Roh. Werkst. 16, 122–127
Lundgren SA (1957) Holz Roh. Werkst. 15, 19–23
Lyon DE, Barnes HM (1978) For. Prod. J. 28: 12, 28–33
Lyons BE, Rose JD, Tissell JR (1975) For. Prod. J. 25: 9, 56–60
Martensson A (1988) Wood Sci. Technol. 22, 129–142
Martensson A, Thelandersson S (1990) Wood Sci. Technol. 24, 247–261
May H-A, Schätzler HP, Kühn W (1976) Kerntechnik 18, 491–494
McNatt D (1970) For. Prod. J. 20: 1, 53–60
McNatt D (1975) Forschungsbericht FPL 270, Forest Products Laboratory, Madison, WI
McNatt D (1978a) For. Prod. J. 28: 9, 34–36
McNatt D (1978b) Wood Sci. 11: 1, 39–41
McNatt D (1984) For. Prod. J. 34: 1, 50–54

McNatt D, Superfesky MJ (1984) Forschungsbericht FPL 446, Forest Products Laboratory, Madison, WI
McNatt D, Wellwood RW, Bach L (1990) For. Prod. J. 40: 9, 10 - 16
McNatt D, Werren F (1976) For. Prod. J. 26: 5, 45 - 48
Mehlhorn L, Merkel D (1986) Holz Roh. Werkst. 44, 217 - 221
Mehlhorn L, Plinke B (1985) Holz Roh. Werkst. 43, 403 - 407
Meierhofer UA, Sell J, Sommerer S (1977) Holzforsch. Holzverwert. 29, 6 - 8
Meinlschmidt P, Sembach J (1999) Holz Zentr. Bl. 125, 780
Merkel D, Mehlhorn L (1980) Holz- und Kunststoffverarb. 15, 810 - 812
Michailow W, Niemz P (1991) Holz- und Kunststoffverarb. 26, 741 - 743
Michailow W, Niemz P, Hänsel A (1990) Wiss. Ber. THZ 1256: 24, 51 - 53
Moarcas O, Irle M (1999) Wood Sci. Technol. 33, 439 - 444
Möhler K, Budianto T, Ehlbeck J (1978) Holz Roh. Werkst. 36, 475 - 484
Möhler K, Ehlbeck J (1968) Holz Roh. Werkst. 26, 118 - 124
Möhler K, Hemmer K (1977) Holz Roh. Werkst. 35, 473 - 478
Morgner W, Niemz P, Theis K (1980) Holztechnol. 21, 77 - 82
Münz UV (1984) Holz Zentr. Bl. 24, 361 - 364
Nagasawa C, Knmagai Y, Ono M (1981) Mokuzai Gakkaishi 27, 541 - 547
Nanassy AJ, Szabo T (1978) Wood Sci. 11: 1, 17 - 22
Nearn WT, Bassett K (1968) For. Prod. J. 18: 1, 73 - 74
Neumann W, Breuer K (1979) Kunststoffe 69, 167 - 171
Neusser H (1962) Holzforsch. Holzverwert. 14, 61 - 69
Neusser H (1963) Holzforsch. Holzverwert. 15, 83 - 88
Neusser H(1966) Holzforsch. Holzverwert. 18, 47 - 52
Neusser H (1975) Holzforsch. Holzverwert. 27, 1 - 8
Neusser H, Krames U (1967) Holzforsch. Holzverwert. 19, 97–115
Neusser H, Krames U (1971) Holz Roh. Werkst. 29, 103–118
Neusser H, Krames U, Haidinger K (1965a) Holzforsch. Holzverwert. 17, 43 - 53
Neusser H, Krames U, Haidinger K (1965b) Holzforsch. Holzverwert. 17, 57 - 69
Neusser H, Krames U, Kern K (1960) Holzforsch. Holzverwert. 12, 98 - 107
Neusser H, Schall W (1973) Holzforsch. Holzverwert. 25, 63 - 80
Neusser H, Schall W (1974) Holzforsch. Holzverwert. 26, 101 - 107
Neusser H, Schall W, Krames U (1974) Holzforsch. Holzverwert. 26, 78 - 97
Neusser H, Schall W, Zentner M (1972) Holzforsch. Holzverwert. 24, 1 - 9
Neusser H, Schedl W (1970) Holzforsch. Holzverwert. 22, 24 - 40
Neusser H, Zentner M (1975) Holzforsch. Holzverwert. 27, 26 - 39
Niemz P (1981) Holztechnol. 22, 215 - 221
Niemz P (1983a) Plaste Kautsch. 30, 703 - 704
Niemz P (1983b) Holztechnol. 24, 14 - 18
Niemz P (1985) Holztechnol. 26, 151–154
Niemz P (1992) Holz Roh. Werkst. 50, 185
Niemz P (1995) Holz Zentr. Bl. 121, 1181 - 1184 und 1242 - 1243
Niemz P (2001) Holz Zentr. Bl. 127, 100
Niemz P, Bauer S (1990) Holzforsch. Holzverwert. 42, 89 - 93
Niemz P, Diener M (1999) Holz Roh. Werkst. 57, 222–224
Niemz P, Diener M, Pöhler E (1997a) Holz Roh. Werkst. 55, 327 - 330
Niemz P, Hänsel A (1987) Holztechnol. 28, 293 - 297
Niemz P, Hänsel A (1988a) Holztechnol. 29, 79 - 81
Niemz P, Hänsel A (1988b) Holz Zentr. Bl. 114, 1667
Niemz P, Hänsel A, Schweitzer F (1989) Holztechnol. 30, 44 - 47
Niemz P, Kucera LJ (1999) Holz Zentr. Bl. 125, 100
Niemz P, Kucera LJ, Hebeisen S (1998) Holz Zentr. Bl. 124, 1772

Niemz P, Kucera LJ, Pridöhl E, Poblete H (1997c) Holz Roh. Werkst. 55, 149–152
Niemz P, Kucera LJ (2000) Holz Zentr. Bl. 126, 368
Niemz P, Landmesser W, Ramin R (1988) Holztechnol. 29, 17–20
Niemz P, Lühmann A (1992) Holz Roh. Werkst. 50, 191–194
Niemz P, Plotnikov S (1988) Holztechnol. 29, 207–209
Niemz P, Poblete H (1995) Holz Roh. Werkst. 53, 368
Niemz P, Poblete H (1996a) Holz Roh. Werkst. 54, 141–144
Niemz P, Poblete H (1996b) Holz Roh. Werkst. 54, 201–204
Niemz P, Poblete H (2000) Holz Zentr. Bl. 126, 402
Niemz P, Poblete H, Vidaure S (1997b) Holz Roh. Werkst. 55, 341–342
Niemz P, Schädlich S (1992) Holz Roh. Werkst. 50, 389–391
Niemz P, Schweitzer F (1990) Holz Roh. Werkst. 48, 361–364
Noack D, Roth W v, Wiemann D (1984) Holz Roh. Werkst. 42, 343–344
Noack D, Schwab E (1972) Holz Roh. Werkst. 30, 440–444
Noack D, Schwab E (1977) Holz Roh. Werkst. 35, 421–429
Noack D, Stöckmann (1966) Holz Roh. Werkst. 24, 474–480
Oertel J (1967a) Holztechnol. 8, 119–125
Oertel J (1967b) Holztechnol. 8, 157–160
Okuma M (1976) Mokuzai Gakkaishi 22, 303–308
Paulitsch M, Mehlhorn L (1973) Holz Roh. Werkst. 31, 393–397
Perkitny T, Szymankiewicz H (1963) Holztechnol. 4, 17–22
Petrovic S (1986) Holzforsch. Holzverwert. 38, 125–127
Pierce CB, Dinwoodie JM, Paxton BH (1979) Wood Sci. Technol. 13, 265–282
Pierce CB, Dinwoodie JM, Paxton BH (1985) Wood Sci. Technol. 19, 83–91
Pierce CB, Dinwoodie JM, Paxton BH (1986) Wood Sci. Technol. 20, 281–292
Pizurin AA, Sobasko VJ (1979) Holztechnol. 20, 22–25
Place TA, Maloney TM (1975) For. Prod. J. 25: 1, 33–39
Plath E (1973) Holz Roh. Werkst. 31, 397–402
Plath E, Albers K (1968) Holz Roh. Werkst. 26, 325–327
Plath E, Schnitzler (1974) Holz Roh. Werkst. 32, 443–449
Plinke B (1988) Proceedings FESYP-Tagung München, 124–139
Plinke B (1989) Holz Kunststoffverarb. 24, 165–169
Plinke B (1990) Holz Zentr. Bl. 116, 2133–2136
Plinke B, Mehlhorn L (1990) WKI-Bericht 23
Plotnikov S, Niemz P (1988) Holztechnol. 29, 311–313
Polge H, Lutz P (1969) Holztechnol. 10, 75–79
Polovtseff B (1972) Holzforsch. Holzverwert. 24, 97–107
Pu J, Tang RC, Davis WC (1992a) For. Prod. J. 42: 4, 49–54
Pu J, Tang RC, Price EW (1992b) For. Prod. J. 42: 11/12, 9–14
Raczkowski J (1969) Holz Roh. Werkst. 27, 232–237
Rajak ZIBHA, Eckelman CA (1993) For. Prod. J. 43: 4, 25–30
Ranta L, May HA (1978) Holz Roh. Werkst. 36, 467–474
Regiel WR (1964) Vysokomol. Soedin 6, 395
River BH (1981) Adhesive Age 12, 30–33
River BH, in: Pizzi A, Mittal KL (Hrgb.) Handbook of Adhesive Technology. Marcel Dekker, Inc., New York, Basel, Hong Kong, S 151–177
River BH, Ebewele RO, Myers GE (1994) Holz Roh. Werkst. 52, 179–184
River BH, Scott CT, Koutsky JA (1989) For. Prod. J. 39: 11/12, 23–28
Roffael E, Dix B, Buchholzer P (1988) Adhäsion 32: 12, 21–29
Roffael E, Schneider A (1978) Holz Roh. Werkst. 36, 393–396
Roffael E, Schneider A (1979) Holz Roh. Werkst. 37, 259–264
Roffael E, Schneider A (1980) Holz Roh. Werkst. 38, 151–155

Roffael E, Schneider A (1981) Holz Roh. Werkst. 39, 17–23
Roffael E, Schneider A (1983a) Holz Roh. Werkst. 41, 221–226
Ross RJ, Pellerin RF (1988) For. Prod. J. 38: 5, 39–45
Sampathrajan A, Vijayaraghavan NC, Swaminathan KR (1992) Bioresource Technol. 40, 249–251
Sandermann W, Lüthgens M (1953) Holz Roh. Werkst. 11, 435–440
Saums WA, Turner HD (1961) For. Prod. J. 11, 406–408
Schmidt RG, Frazier CE (1998) Poster Presentation 52th Forest Products Society Annual Meeting, Merida (Mexico)
Schneider A (1973) Holz Roh. Werkst. 31, 425–429
Schneider A (1982) Holz Roh. Werkst. 40, 415–420
Schneider A, Engelhardt F (1977) Holz Roh. Werkst. 35, 273–278
Schneider A, Roffael E, May HA (1982), Holz Roh. Werkst. 40, 339–344
Schneider H (1966) Holz Roh. Werkst. 24, 41–52
Schober B (1988) Holztechnol. 29, 82–85
Schulte M, Frühwald A (1996) Holz Roh. Werkst. 54, 289–294
Schwab E, Schönewolf R (1980) Holz Roh. Werkst. 38, 209–215
Schwarz W (1988) Holztechnol. 29, 120–123
Schwarz W, Emminger K, Jawinski G (1988) Holztechnol. 29, 201–204
Schweitzer F, Niemz P (1990) Holzforsch. Holzverwert. 42, 87–89
Schweitzer F, Niemz P (1991) Holz Roh. Werkst. 49, 27–29
Seifert J (1972) Holz Roh. Werkst. 30, 99–111
Sekino N, Morisaki S (1987) Mokuzai Gakkaishi 33, 694–701
Shen KC (1970) For. Prod. J. 20: 11, 16–20
Shen KC, Carroll MN (1969) For. Prod. J. 19: 8, 17–22
Shen KC, Carroll MN (1970) For. Prod. J. 20: 6, 53–55
Smulski SJ (1989) Wood Fiber Sci. 21, 45–54
Soine H (1990) Holz und Kunststoffverarb. 25: 2, 191–193
Stanzl-Tschegg SE, Tan DM, Tschegg EK (1995) Wood Sci. Technol. 29, 30–50
Starecki A (1979) Holztechnol. 20, 108–111
Starecki A, Niemz P (2000) Holz Zentr. Bl. 126, 1640
Stegmann G, Kratz W (1967) Adhäsion 11, 11–18
Steiner PR, Chow S, Nguyen D (1978a) For. Prod. J. 28: 12, 33–34
Steiner PR, Jozsa LA, Parker ML, Chow S (1978b) Wood Sci. 11, 48–55
Steller S, Mackuliak V, Sedlar J (1990) Holzforsch. Holzverwert. 42, 95–98
Stevens RR (1978) For. Prod. J. 28: 9, 51–52
Suchsland O (1962) Quaterly Bulletin Mich. Agricult. Exp. Station 45: 11, 104–121
Suchsland O (1970) For. Prod. J. 20: 6, 26–29
Suchsland O (1972) For. Prod. J. 22: 11, 28–32
Suchsland O (1973) For. Prod. J. 23: 7, 26–30
Suchsland O (1977) For. Prod. J. 27: 1, 32–36
Suchsland O (1990) For. Prod. J. 40: 9, 39–43
Suchsland O (1989) Xu H, For. Prod. J. 39: 5, 29–33
Superfesky M (1975) Forschungsbericht FPL 260, Forest Products Laboratory, Madison, WI
Suzuki M, Iwakiri S (1986) Mokuzai Gakkaishi 32, 242–248
Suzuki M, Schniewind AP (1984) Mokuzai Gakkaishi 30, 60–67
Suzuki S, Saito F (1984) Mokuzai Gakkaishi 30, 799–806
Suzuki S, Saito F (1986) Mokuzai Gakkaishi 32, 801–807
Tanaka A, Suzuki M (1984) Mokuzai Gakkaishi 30, 807–813
Tang RC, Pu JH, Price EW (1997) For. Prod. J. 47: 7/8, 100–106
Teischinger A, Fellner J, Eberhardsteiner (1998) Holzforsch. Holzverwert. 50, 99–103

Thompson RJH, Bonfield PW, Dinwoodie JM, Ansell MP (1996) Wood Sci. Technol. 30, 293–305
Tröger F, Meindl K (1984) Holz Roh. Werkst. 42, 153
Tröger J (1971) Holztechnologie 12, 766–769
Tröger J, Kröppelin D, Läuter G (1979) Holztechnol. 20, 3–5
Walters CS, Norton HW (1975) For. Prod. J. 25: 11, 21–26
Wang S, Winistorfer PM (1998) Proceedings Second European Panel Products Symposium, Llandudno, North Wales, 275
Wang S-Y, Chen B-J (2001) Holzforschung 55, 97–103
Warnecke T (1995) Holz- und Kunststoffverarb. 30, 1380–1383
Watkinson PJ, Gosliga NL v (1990) For. Prod. J. 40: 7/8, 15–20
Westkämper E, Riegel A (1992) Holz Roh. Werkst. 50, 475–478
White MS, Green DW (1980) Wood Sci. 12, 149–153
Wimmer RR, Paulus M, Winistorfer P, Downes G (2000) Proceedings Fifth Pacific Rim Bio-Composites Symposium, Canberra, Australien, 776
Winistorfer PM, Davis WC, Moschler WW Jr (1986) For. Prod. J. 36: 11/12, 82–86
Winistorfer PM, Depaula EVCM, Bledsoe BL (1993) Proceedings 27th Wash. State University Int. Particleboard/Composite Materials Symposium, Pullman, WA, 45–54
Winistorfer PM, Xu W (1996) For. Prod. J. 46: 6, 69–72
Winistorfer PM, Xu W, Wimmer R (1995) For. Prod. J. 45: 6, 90–93
Winter H, Frenz W (1954) Holz Roh. Werkst. 12, 348–357
Winter H, Heyer S (1957) Holz Roh. Werkst. 15, 51–58
Wnuk M (1964) Holztechnol. 5, 88–99
Wu Q, Suchsland O (1996a) Wood Fiber Sci. 28, 227–239
Wu Q, Suchsland O (1996b) For. Prod. J. 46: 11/12, 79–83
Xu H, Suchsland O (1991) For. Prod. J. 41: 6, 39–42
Xu W, Steiner PR (1995) Wood Fiber Sci. 27, 160–167
Xu W, Winistorfer PM (1995a) For. Prod. J. 45, 10, 67–71
Xu W, Winistorfer PM (1995b) Wood Fiber Sci. 27, 119–125
Xu W, Winistorfer PM, Moschler WW (1996) Wood Fiber Sci. 28, 286–294
Yamada V, Syed BM, Steele PH, Lyon DE (1991) For. Prod. J. 41: 6, 15–20
Yeh MC, Tang RC, Hse CY (1990) For. Prod. J. 40: 10, 51–57
Ziegler RD (1957), TAPPI 40, 881–884
Zischanek D (1988) Holztechnol. 29, 299–302

Anhang 4: Allgemeine Literatur zu Bindemitteln und Holzwerkstoffen (Bücher und Übersichtsartikel)

Adam W (1988) Melaminharze. In: Woebcken W (Hrgb.) Duroplaste (Kunststoff-Handbuch Bd. 10), S. 413 - 50, Carl Hanser Verlag München Wien

Bachmann A, Bertz T (1970) Aminoplaste. ehem. VEB Verlag für Grundstoffindustrie, Leipzig

Baldwin RF (1995) Plywood and Veneer-based products. Manufacturing practices. Miller Freeman Inc., San Francisco, USA

Barbu MC (1999) Materiale compozite din Lemn (rumänisch). Editura Luxlibris, Brasov, Rumänien

Baumann H (1967) Leime und Kontaktkleber. Springer-Verlag, Berlin

Bandel A (1995) Gluing Wood. CATAS srl, Udine

Bosshard HH (1984) Holzkunde; Band 3: Aspekte der Holzbearbeitung und Holzverwertung. Birkhäuser Verlag, Basel, Boston, Stuttgart

Brode GL (1978) Phenolic Resins. In: Kirk RE und Othmer DF (Hrgb.) Encyclopedia of Chemical Technology. 3. Auflage, S. 384 - 416, J. Wiley, New York

Brunnmüller F (1974) Aminoplaste. In: Bartholomé E, Biekert E, Hellmann H, Ley H (Hrgb.) Ullmanns Enzyklopädie der Technischen Chemie, Bd. 8, S. 403 - 424, Verlag Chemie, Weinheim/Bergstr., BRD

Deppe HJ, Ernst K (2000) Taschenbuch der Spanplattentechnik. 4. Auflage, DRW-Verlag, Stuttgart

Diem H, Matthias G (1985) Amino Resins. In: Gerhartz W (Hrgb.) Ullmann's Encyclopedia of Industrial Chemistry, Vol. A 2, S.115 - 141, VCH Verlagsgesellschaft mbH, Weinheim, BRD

Dunky M (1988) Aminoplastleime. In: Woebcken W (Hrgb.) Duroplaste (Kunststoff-Handbuch Bd. 10), S. 593 - 614, Carl Hanser Verlag München Wien

Dunky M (1994) Harnstoff-Formaldehyd-Leime: Ein ewig junges Bindemittel für Holzwerkstoffe. Holzforsch. Holzverwert. 46, 94 - 98

Dunky M (1996) Urea-Formaldehyde Glue Resins. In: Salamone JC (Hrgb.) Polymeric Materials Encyclopedia, CRC Press Inc., Boca Raton, Fl, Vol. 11

Dunky M (1997) Proceedings 3rd Int. Conf. Development Forestry and Wood Science/Technology, Belgrade, I 385 - 392

Dunky M (1998) Proceedings 52th Forest Products Society Annual Meeting, Merida (Mexico)

Dunky M (1998) Urea-Formaldehyde (UF-) Glue Resins. Int. J. Adhesion Adhesives 18, 95 - 107

Dunky M (2000) (Hrgb.) State of the Art-Report, COST-Action E13, part I (Working Group 1 Adhesives), European Commission (vorläufige Fassung)

Dunky M, Müller R (1988) Spanplatten. In: Woebcken W (Hrgb.) Duroplaste (Kunststoff-Handbuch Bd. 10), S. 629 - 670, Carl Hanser Verlag München Wien

Ernst K, Roffael E, Weber A (1998) Umweltschutz in der Holzwerkstoffindustrie. Institut für Holzbiologie und Holztechnologie der Georg-August-Universität Göttingen

Gardziella A, Haub H-G (1988) Phenolharze (PF). In: Woebcken W (Hrgb.) Duroplaste (Kunststoff-Handbuch Bd. 10), S. 12 - 40, Carl Hanser Verlag München Wien

Hesse W (1979) Phenolharze. In: Bartholomé E, Biekert E, Hellmann H, Ley H (Hrgb.) Ullmanns Enzyklopädie der Technischen Chemie, Bd. 18, S. 245–257, Verlag Chemie, Weinheim/Bergstr., BRD

Hesse W (1965) Phenolic Resins. In: Gerhartz W (Hrgb.) Ullmann's Encyclopedia of Industrial Chemistry, Vol. A 19, S.371–385, VCH Verlagsgesellschaft mbH, Weinheim, BRD, 1991

Houwink R, Salomon G (1965) Adhesion and Adhesives. Vol. 1 Adhesives, Elsevier Publ. Company, Amsterdam, London, New York

Houwink R, Salomon G (1967) Adhesion and Adhesives. Vol. 2 Applications, Elsevier Publ. Company, Amsterdam, London, New York

Kelly MW (1977) Critical Literature Review of Relationsships between Processing Parameters and Physical Properties of Particleboard. Gen. Techn. Report FPL-10, Forest Products Laboratory, Madison, WI

Knop A, Pilato LA (1985) Phenolic Resins. Springer-Verlag, Berlin, Heidelberg, New York, Tokyo

Knop A, Scheib W (1979) Chemistry and Application of Phenolic Resins. Springer-Verlag, Berlin, Heidelberg, New York

Köhler R, Skark L (1968) Duroplastische Kunststoffe für die Holzverleimung und Holzveredlung. In: Vieweg R, Becker E (Hrgb.) Duroplaste (Kunststoff-Handbuch Band X), S 228–277, Carl Hanser Verlag München

Kollmann F (1966) Holzspanwerkstoffe. Springer-Verlag, Heidelberg

Kollmann F, Kuenzi EW, Stamm AJ (1975) Principles of Wood Science and Technology, Vol. 2: Wood Based Materials. Springer-Verlag, Heidelberg

Lederer K (1984) Aminoplaste. In: Batzer H (Hrgb.): Polymere Werkstoffe, Bd. III, S 95–291, Thieme-Verlag, Stuttgart

Lederer K (1984) Phenol-Formaldehyd-Harze. In: H. Batzer (Hrgb.) Polymere Werkstoffe, Bd. III, S 109–123, Thieme-Verlag, Stuttgart

Maloney TM (1993) Modern Particleboard and Dry Process Fiberboard Manufacturing. Miller Freeman Inc., San Francisco

Marra AA (1992) Technology of Wood Bonding. Van Nostrand Reinhold, New York

Meyer B (1979) Urea-Formaldehyde-Resins. Addison-Wesley Publ. Co., Advanced Book Program, London

Moslemi A(1974) Particleboard, Vol. 1 + 2, Southern Illinois Press, Carbondale und Edwardsville, Ill., USA

Müller R, Dunky M (1988) Sperrholz. In: Woebcken W (Hrgb.) Duroplaste (Kunststoff-Handbuch Bd. 10), S. 691–703, Carl Hanser Verlag München Wien

Paulitsch M (1986) Methoden der Spanplattenuntersuchung. Springer-Verlag, Berlin, Heidelberg, New York, Tokyo

Paulitsch M (1989) Moderne Holzwerkstoffe. Springer-Verlag, Berlin, Heidelberg, New York, London, Paris, Tokyo

Petersen H (1988) Harnstoffharze (UF). In: Woebcken W (Hrgb.) Duroplaste (Kunststoff-Handbuch Bd. 10), S. 51–70, Carl Hanser Verlag München Wien

Petersen H (1987) Amino-Harze. In: Bartl H und Falbe J (Hrgb.) Makromolekulare Substanzen, S. 1811–1890. K.H. Büchel u.a. (Hrgb.) Methoden der Organischen Chemie (Houben-Weyl), Bd. E20. G. Thieme Verlag

Pizzi A (1983) Wood Adhesives, Chemistry and Technology. Marcel Dekker Inc., New York

Pizzi A (1989) (Hrgb.) Wood Adhesives, Chemistry and Technology, Volume 2. Marcel Dekker Inc., New York und Basel

Pizzi A (1994) Advanced Wood Adhesives Technology. Marcel Dekker Inc., New York, Basel, Hong Kong

Pizzi A (2000) Tannery row – The story of some natural and synthetic wood adhesives. Wood Sci. Technol. 34, 277–316

Pizzi A, Mittal KL (1994) (Hrgb.) Handbook of Adhesive Technology, Marcel Dekker, New York, Basel, Hong Kong
Plath E (1951) Die Holzverleimung. Wissenschaftliche Verlagsges mbH, Stuttgart
Plath E, Plath L (1963) Taschenbuch der Kitte und Klebstoffe. Wissenschaftliche Verlagsges mbH, Stuttgart
Rayner CAA (1965) Synthetic organic adhesives. In: Houwink R und Salomon G (Hrgb.): Adhesion and Adhesives, Bd. 1, Elsevier Publ. Company, New York, S 186–352
Roffael E (1982) Die Formaldehydabgabe von Spanplatten und anderen Werkstoffen. DRW-Verlag, Stuttgart
Roffael E (1993) Formaldehyde Release from Particleboard and other Wood Based Panels. Malayan Forest Records No. 37, Forest Research Institute Malaysia (Hrgb.), Kuala Lumpur
Sellers T Jr (1985) Plywood and Adhesive Technology. Marcel Dekker, Inc., New York und Basel
Soiné H (1995) Holzwerkstoffe, Herstellung und Verarbeitung. DRW-Verlag, Leimfelden-Echterdingen
Toscha O (1998) Grundlagen der handwerklichen Holzverleimung. Druckerei-Verlag Hans Rösler KG, Augsburg
Ubdegraff IH, Moore ST, Herbes WF, Roth PB (1978) Amino Resins and Plastics. In: Kirk RE und Othmer DF (Hrgb.) Encyclopedia of Chemical Technology. 3. Auflage, S 440–469, J. Wiley, New York
Williams LL, Updegraff IH, Petropoulos JC (1985) Amino Resins. In: American Chemical Society
Zeppenfeld G (1991) Klebstoffe in der Holz- und Möbelindustrie. Fachbuchverlag Leipzig

Teil 2
Bindemittel und Verleimung

Aufgabe der Bindemittel ist die Gewährleistung des Zusammenhaltes der jeweiligen Strukturelemente (Späne, Strands, Fasern, Holzlamellen, Furniere u. ä.) und damit die Ausbildung des Holzwerkstoffes. Je nach Anwendungszweck kommen dabei unterschiedliche Bindemittel zum Einsatz.

Tabelle 0.1. Einsatzgebiete verschiedener Bindemittel bei der Herstellung der unterschiedlichsten Arten von Holzwerkstoffen

Typ	V20	V100	V313	FP	MDF	PLW	HLB	MH	Furn	Möb.
UF	x				x	x	(x)	x	x [a]	x [a]
mUF	x [b]				x					
MF/MUF		x [c]	x		x	x	x	x		
MUPF		x			x	x				
PF/P		x		x	x	x				
RF							x			
PMDI	x	x			x		x			
PVAc								x	x	x
hist.nat.BM										x
nat.BM	x	x	x		x	x				
anorg.BM		x			x [d]					
Aktivierung				x	x					

UF:	Harnstoff-Formaldehyd-Leimharz
mUF:	melaminverstärkte UF-Leime
MF/MUF:	Melamin- bzw. Melamin-Harnstoff-Formaldehyd-Leimharz; der Einsatz von MF-Harzen ist nur bei Abmischung mit UF-Harzen gegeben
MUPF:	Melamin-Harnstoff-Phenol-Formaldehyd-Leimharz
PF/PUF:	Phenol- bzw. Phenol-Harnstoff-Formaldehyd-Leimharz
RF:	Resorcin-(Phenol-)Formaldehyd-Leimharz
PMDI:	Polymethylendiisocyanat
PVAc:	Polyvinylacetatleim (Weißleim)
hist.nat.BM:	historische, natürliche Bindemittel, z. B. Stärke-, Glutin- oder Kaseinleime
nat.BM:	neuere natürliche Bindemittel (Tannin, Lignin, Kohlehydrate)
anorg.BM:	anorganische Bindemittel: Zement, Gips
Aktivierung:	Aktivierung holzeigener Bindemittel

V20:	Spanplatten nach DIN 68761 (T.1 und 4, FPY, FPO), DIN 68763 (V20) bzw. EN 312-2 bis 4 bzw. -6
V100:	Spanplatte nach DIN 68763 bzw. EN 312-5 und 7, Option 2 (Querzugprüfung nach Kochprüfung nach EN 1087-1)
V313:	Spanplatte nach EN 312-5 und 7, Option 1 (Zyklustest nach EN 321)
FP:	Hartfaserplatte nach dem Nassverfahren (EN 622-2)
MDF:	Mitteldichte Faserplatte nach EN 622 Teil 5: je nach Plattenart (Einsatz im Trocken- oder im Feuchtbereich) werden unterschiedliche Bindemittel eingesetzt.
PLW:	Sperrholz nach EN 636 mit unterschiedlichen Wasserfestigkeiten (plywood), danach richtet sich die Auswahl des erforderlichen Bindemittels
HLB:	konstruktiver Holzleimbau
MH:	Massivholzplatten nach ÖNORM B 3021 bis B 3023
Furnierung:	Furnierung bzw. Kaschierung von Spanplatten
Möbel:	Möbelherstellung

[a] Teilweise Pulverleime.

[b] Platten mit reduzierter Dickenquellung, z. B. für den Einsatz als Trägerplaten für Laminatfußböden.

[c] Nur als MUF+PMDI möglich.

[d] Spezielles Herstellverfahren.

Tabelle 0.2 fasst verschiedene Punkte des Anforderungsprofils an Leimharze und Bindemittel zusammen.

Tabelle 0.2. Anforderungsprofil an Leimharze und Bindemittel

Zusammensetzung
Feststoffgehalt
Eigenfarbe
Geruch
Reinheit
je nach Anwendungszweck und Lagerbedingungen ausreichende Lagerstabilität
einfache Verarbeitbarkeit
Transport- und Verarbeitungsrisiken
Verleimungsqualität
Klimabeständigkeit
Aushärtecharakteristik: Reaktivität, Durchhärtung, Vernetzung
Viskosität
Verträglichkeit für Zusatzstoffe
Kaltklebrigkeit
ökologisches Verhalten
keine oder geringe Abspaltung und Emission belästigender und/oder gesundheitsschädlicher Bestandteile oder Begleitstoffe: VOC, Lösungsmittel, Formaldehyd

1 Formaldehyd-Kondensationsharze

Kondensationsharze auf Basis von Formaldehyd entstehen durch die Reaktion von Formaldehyd mit verschiedenen Verbindungen wie Harnstoff, Melamin, Phenol oder Resorcin sowie mit Kombinationen dieser Verbindungen. Allen Formaldehyd-Kondensationsharzen ist das Merkmal des duroplastischen Aushärtens gemeinsam. Sie bestehen in Liefer- und Verarbeitungsform aus linearen oder verzweigten oligomeren bzw. polymeren Molekülen und liegen in wässriger Lösung bzw. als Dispersion von Molekülen in wässrigen Lösungen der gleichen Molekülart vor. Beim Aushärtungsprozess gehen sie in unlösliche und unschmelzbare dreidimensionale Netzwerke über. Je nach Art des Harzes und des eingesetzten Härtungskatalysators laufen diese Reaktionen im sauren (UF, MF, MUF, MUPF), im alkalischen (PF, PUF) oder im neutralen Bereich (RF, PRF) ab. Moderne Analysenverfahren ergaben in den letzten 20 Jahren detaillierte chemische und physikalisch-chemische Ergebnisse betreffend der Zusammensetzung und der Struktur der Formaldehyd-Kondensationsharze (s. Teil II, Kap. 3).

Bedingt durch umweltrelevante Forderungen, v.a. hinsichtlich der nachträglichen Formaldehydabgabe aus Holzwerkstoffen, kam es seit Ende der 70er-Jahre bei den aminoplastischen Harzen zu einer weitgehenden Veränderung der Zusammensetzung und damit der Herstellung und der Anwendungseigenschaften. Dies betraf insbesondere die deutliche Absenkung des Molverhältnisses F/U bzw. $F/(NH_2)_2$ als Maß für den Gehalt an Formaldehyd im Leimharz; damit konnte eine weitgehende Absenkung der Abspaltung von Formaldehyd bei der Verarbeitung sowie bei der späteren Verwendung der mit solchen Harzen hergestellten Platten als Möbel, Fußbodenplatten, Wandpaneele o.ä. erreicht werden. Aufgrund der praktisch nicht aufspaltbaren Bindung zwischen Formaldehyd und einem phenolischen Ring (C-C-Bindung) ist bei Phenolharzen im Gegensatz zu den aminoplastischen Harzen von vornherein keine wesentliche nachträgliche Formaldehydabgabe gegeben.

Alterungsverhalten
Formaldehyd-Kondensationsharze sind keine stabilen Verbindungen, sie reagieren auch bei Raumtemperatur während der Lagerung langsam weiter. Für den dabei auftretenden Viskositätsanstieg spielt die Lagertemperatur eine entscheidende Rolle. Je höher diese Temperatur, desto rascher ist der Viskositäts-

anstieg und desto kürzer ist demnach die zulässige Lagerzeit; eine Temperaturerhöhung um 10° verkürzt die mögliche Lagerzeit auf ca. die Hälfte bis ein Drittel des ursprünglichen Wertes, zusätzlich ist die laufende Erwärmung des Harzes im Tank wegen der ungenügenden Wärmeableitung nach außen zu beachten. Erreicht ein Leim in einem Lagertank ca. 28 °C, ist wegen der raschen Eigenerwärmung des Tanks nur mehr mit einer verbleibenden Lagerungsdauer von maximal wenigen Tagen bis zum Ende der Verarbeitbarkeit zu rechnen. Danach besteht die Gefahr, dass das Leimharz nicht mehr aus dem Tank gepumpt, sondern nur mehr bergmännisch entfernt werden kann. Bei der Lagerung von Leimharzen ist zu beachten, dass sich die zulässigen Lagerfristen, wie sie vom Hersteller angegeben werden, üblicherweise auf eine Lagertemperatur von 20 °C beziehen. Eine Einhaltung dieser Temperatur ist insbesondere in der Sommerzeit jedoch meist nur schwierig möglich. Nähere Details zu den bei den einzelnen Harzen während der Alterung zu beobachtenden Reaktionen finden sich in Teil II, Abschn. 1.1 bis 1.4.

Formaldehydarme UF- und MUF-Leime haben eine kürzere Lebensdauer als Leime mit hohem Molverhältnis. Die günstigsten Lagerbedingungen bei UF-Harzen liegen bei einem pH-Wert um 8, bei MUF-Harzen um 9. Bei Phenolharzen kann eine ausreichende Lagerstabilität nur durch Lagerung bei Temperaturen nicht über 20 °C erreicht werden, eine Beeinflussung durch den pH-Wert ist nicht möglich. Mit folgender Lebensdauer kann bei den verschiedenen Leimtypen gerechnet werden:

- UF-Leime: 1 bis 3 Monate, die langen Zeiten gelten bei formaldehydreichen Harzen, die kurzen Zeiten bei formaldehydarmen Spanplattenleimen.
- MUF-Leime: je nach Formaldehydgehalt und Kondensationsgrad (Ausgangsviskosität) 1 bis 2 Monate.
- PF-Leime: bei hohem Alkaligehalt (> 8 %) mehrere Monate, bei niedrigem Gehalt (< 4 %) maximal ein Monat bei Raumtemperatur.

Kondensationsharze werden sowohl in flüssiger als auch in pulverförmiger Form geliefert. Die Vorteile der Pulverleime bestehen in ihrer guten Lagerstabilität, wodurch auch längere Transportwege, z. B. bei Überseetransport, möglich sind. Demgegenüber stehen die erhöhten Herstellkosten infolge des Versprühens sowie die aufwendigere Verpackung. Pulverleime sind meist mindestens ein Jahr lagerfähig, solange sie trocken und unter Ausschluss von Feuchtigkeit und geschützt gegen direkte Sonneneinstrahlung gelagert werden. Hinweise für die günstigste Lagerungsart finden sich üblicherweise in den verschiedenen technischen Merkblättern oder anwendungstechnischen Hinweisen der Leimhersteller (Dunky und Schörgmaier 1995).

1.1 Harnstoff-Formaldehyd-(UF-)Leimharze

Harnstoff-Formaldehyd-(UF-)Harze (Dunky 1988, 1998, Pizzi 1983a, 1994 c+e, weitere Übersichtsartikel s. Teil I, Kap. 10) stellen die für die Holzwerkstoffindustrie wichtigste Gruppe der aminoplastischen Bindemittel dar. Sie weisen eine Reihe verschiedener Vorteile auf, die wesentlich auch zu ihrer weiten Verbreitung beigetragen haben (Tabelle 1.1).

Neben dieser großen Zahl von Vorteilen weisen UF-Harze jedoch auch verschiedene Nachteile auf, die allerdings durch entsprechende Maßnahmen mehr oder minder verhindert und beseitigt werden können (Tabelle 1.2).

Tabelle 1.1. Allgemeine Eigenschaften und Vorteile von UF-Leimen

- wässriges System, anfängliche Wasserlöslichkeit, keine organischen Lösungsmittel
- einfache Handhabung und Verarbeitung
- vielseitige Möglichkeiten der Anwendung und der Anpassung an die jeweiligen Aushärtungsbedingungen
- variable Einsetzbarkeit bei der Verarbeitung verschiedenster Hölzer (optimale Restholzverwertung)
- Kalt- und Heißverleimung möglich (unter Variation der Leimtypen sowie der Härtertypen und -mengen)
- für Hochfrequenzhärtung geeignet
- einfacher Wechsel von Leimsystemen innerhalb der Gruppe der aminoplastischen Harze möglich
- gute Kombinierbarkeit mit anderen Bindemittelsystemen, z.B. Isocyanat oder PVAc-Leim (Weißleim)
- Kaltklebrigkeit möglich bei speziellen Leimeinstellungen
- hohe Reaktivität bei langer Gebrauchsdauer (Topfzeit) der Leimflotte
- schnelle und vollständige Aushärtung (hohe Produktivität, z.B. in der Spanplattenindustrie)
- duroplastisches Verhalten der ausgehärteten Leimfuge
- hohe Festigkeit der Verleimung
- farblose ausgehärtete Leimfuge
- hohe thermische Beständigkeit bei Ausschluss von hydrolytischem Angriff
- wenig Lagerhaltungsprobleme (zulässige Lagerdauer muss allerdings beachtet werden)
- keine besondere Probleme bei Reinigung und Instandhaltung von Verarbeitungsgeräten
- keine besondere Abwasserproblematik
- problemarme Entsorgung nach Aushärtung
- keine Probleme bei der Schleifstaubverbrennung im Gegensatz zu z.B. Phenolharzen wegen deren Alkaligehaltes
- Unbrennbarkeit
- gute Beschichtbarkeit von UF-gebundenen Spanplatten
- weit verbreitete und gesicherte Verfügbarkeit
- niedriger Preis im Vergleich zu anderen Bindemitteln

Tabelle 1.2. Nachteile von UF-Leimharzen und erforderliche Maßnahmen

a) Empfindlichkeit gegen Einwirkung von Feuchtigkeit und Wasser, insbesondere bei höheren Temperaturen: Abhilfe durch Einbau von Melamin und teilweise Phenol in das UF-Harz (melaminverstärkte UF-Leime, MUF/MUPF-Harze für Platten zur Verwendung im Feuchtbereich, z. B. nach EN 312-5 bzw. -7, Zugabe von Melamin in Sperrholzflotten, s. Teil II, Abschn. 1.2).

b) Abspaltung von Formaldehyd während der Verarbeitung: dieses Problem wurde durch die massive Reduzierung des Molverhältnisses F/U bzw. $F/(NH_2)_2$ mehr oder minder gelöst; entsprechende Belüftungen an den Maschinen und Anlagen sind aber dennoch empfehlenswert, ggf. sind entsprechende Abluftreinigungsanlagen erforderlich.

c) Nachträgliche Formaldehydabgabe: dieses Problem wurde seit Ende der 70er-Jahre intensiv in der chemischen und der holzverarbeitenden Industrie bearbeitet und ist im Wesentlichen gelöst. Dieser Erfolg war durch die oben bereits erwähnte Minimierung des Formaldehydanteiles im Harz möglich. Die Überwindung der dabei aufgetretenen Probleme, insbesondere hinsichtlich des Verlustes an Reaktivität bzw. des geringeren Vernetzungsgrades, war zentrale Aufgabe der chemischen Entwicklung der vergangenen Jahre und Jahrzehnte. Diese Veränderung der UF-Leimharze betraf nicht nur Spanplattenleime, sondern praktisch alle eingesetzten Typen, auch für die Sperrholz- und Möbelherstellung.

Geschichte der UF-Leime

Bereits 1877 berichtete C. Goldschmidt über erste Arbeiten an Reaktionen zwischen Harnstoff und Formaldehyd, aber erst 1918 findet sich das erste wichtige Patent betreffend UF-Harze von H. John. In der Folge waren es die Arbeiten von F. Pollak, K. Ripper, C. Ellis, A. Gams, G. Widmer und vieler anderer Wissenschafter und Chemiker, die die Grundlage für die industrielle Markteinführung der UF-Harze legten. Eine ausführliche Zusammenfassung der Entwicklungsgeschichte findet sich bei B. Meyer (1979).

1931 wurde bei der damaligen IG Farbenindustrie in Ludwigshafen der erste UF-Holzleim hergestellt. Der bis heute ungebrochene großindustrielle Einsatz von UF-Leimen in der Holzwerkstoffindustrie, insbesondere bei der Herstellung von Span- und MDF-Platten, erfuhr die größten Steigerungen in den letzten 40 Jahren durch die rasante Mengenentwicklung der Span- und MDF-Platte.

1.1.1 Chemie der UF-Leime, Herstellungsrezepturen und Kondensationsführung

Die zwei Hauptreaktionen bei der Herstellung von UF-Leimen sind die Methylolierung von Harnstoff (Reaktion des Formaldehydes mit dem Harnstoff) und die eigentliche Kondensationsreaktion. Beide sind in ihrem Reaktionsverlauf, ihren Steuerungsmöglichkeiten sowie hinsichtlich der Qualität und quantitativen Zusammensetzung ihrer einzelnen Bestandteile und Reaktionsprodukte von verschiedenen Parametern abhängig:

- Molverhältnis F/U der beiden Ausgangskomponenten Harnstoff und Formaldehyd
- pH-Wert
- Temperatur
- Konzentration der Reaktionslösung
- Zeitdauer der Reaktion
- Art und Menge der Katalysatoren und Reaktionsbeschleuniger (Säuren, Laugen, Ammonsalze)
- Verunreinigungen und Begleitstoffe in den Rohstoffen (Gehalt an Restmethanol und Ameisensäure im Formalin, Pufferverhalten, Biuretgehalt im Harnstoff).

Die Reaktion zwischen Harnstoff und Formaldehyd verläuft bei der herkömmlichen und seit langem bekannten Kochweise im Wesentlichen in zwei Schritten:

- alkalische Methylolierung: Bildung von Mono-, Di- und Trimethylolharnstoffen sowie formaldehydreichen Mehrkernverbindungen.
- saure Kondensation: Bildung von löslichen bzw. unlöslichen (dispergierten) linearen und verzweigten Ketten unterschiedlicher Molmassen.

Beide Reaktionen finden bei deutlichem molaren Überschuss an Formaldehyd statt (F/U = 1,8–2,5). Eine Umsetzung von Harnstoff mit Formaldehyd bei in etwa äquimolaren Verhältnissen würde ohne diese vorherige alkalische Methylolierung rasch zu wasserunlöslichen Methylenharnstoffen führen, die sich im Kessel absetzen. Über die gezielte Herstellung von Methylenharnstoffen für mögliche verschiedene Einsatzzwecke (Fasern, Packungsmaterialien für chromatographische Säulen, Weißpigmente u.a.) berichten unter anderen Renner (1971) und Stuligros (1988). Im Gegensatz dazu berichteten Rogers-Gentile u.a. (2000) über alkalisch und sauer kondensierte UF-Harze mit hohem Molverhältnis (F/U = 2,0) für die Herstellung von Fasern.

Die verschiedenen Reaktionsschritte und die entsprechenden Formelschemata bei der Umsetzung von Harnstoff und Formaldehyd werden ausführlich in der aminoplastchemischen Fachliteratur beschrieben (s. Teil I, Kap. 10, Allgemeine Literatur zu Bindemitteln und Holzwerkstoffen). Die Verfolgung der Reaktionen ist mittels verschiedener Verfahren möglich, z.B. mittels Messung der Viskosität (Mehdiabadi u.a. 1998), des Trübungspunktes und der Wasserverträglichkeit (Braun und Günther 1982) oder über GPC-Messungen (s. Teil II, Abschn. 1.1.7). Siimer u.a. (1999) verfolgen den Gehalt verschiedener Strukturelemente während der nach unterschiedlichen Rezepturen und Kochweisen erfolgten Herstellung von UF-Harzen.

In der Fachliteratur sind nur wenige praxiserprobte bzw. als praxisgerecht zu beurteilende Reaktions- und Kochvorschriften beschrieben. Der Großteil der Rezepturen, insbesondere die derzeit bei den einzelnen Herstellern eingesetzten Herstellungsvorschriften, sind im vertraulichen Eigentum dieser Firmen und für Außenstehende nicht zugänglich. Im Nachstehenden soll dennoch versucht werden, die wesentlichen Kriterien der UF-Leimharzherstellung darzustellen.

Als grundlegendes Beispiel für die Herstellung eines UF-Leimes beschreiben Horn u. a. (1978) einen Dreistufenprozess:

1. *Methylolierung:* Harnstoff wird in schwach alkalischem Milieu mit Formaldehyd bei erhöhter Temperatur zur Reaktion gebracht. Dabei entstehen in Abhängigkeit des eingesetzten Molverhältnisses F/U (üblicherweise F/U > 1,8) niedermolekulare Methylolharnstoffe.
2. *Kondensation:* durch die weitere Reaktion der Methylolharnstoffe untereinander werden in schwach saurem Milieu komplizierte Gemische von Kondensationsprodukten mit unterschiedlichen Molmassen gebildet, wobei die Reaktion bei Erreichen des gewünschten Endpunktes (Trübungspunkt, Wasserverträglichkeit o. ä.) durch Laugenzugabe gestoppt wird.
3. *Nachkondensation:* durch Zusatz von Harnstoff zur gegebenenfalls aufkonzentrierten Reaktionslösung wird das Molverhältnis des fertigen Leimes eingestellt; je nach dem eingestellten Endmolverhältnis F/U stellt sich ein entsprechender Gehalt an freiem Formaldehyd sowie eine bestimmte Reaktivität ein. Letztere kann auch durch die Wahl bestimmter Bedingungen und Kochweisen bei der Leimherstellung beeinflusst werden.

Die klassische UF-Kondensation findet sich auch bei Go (1991) in Form eines Mehrstufenprozesses beschrieben:

- Anfangs-F/U = 2,0
- alkalische Methylolierung bei einem pH-Wert >7,0; Endpunktsbestimmung über Trübungspunkt oder nach Zeit
- saure Kondensation bei pH ca. 5,5
- Viskosität als Kriterium für das Abstoppen dieser Reaktion durch Neutralisation auf pH > 7,0
- nachträgliche Harnstoffzugabe zur Einstellung des Endmolverhältnisses F/U = kleiner 1,0 bis 1,40
- Abkühlen der Reaktionslösung.

Ein mehrstufiger Prozess, bei dem eine nachträgliche Harnstoffzugabe in mehreren Stufen erfolgt, wird von Graves (1985) beschrieben. In den einzelnen Stufen, in denen durch die schrittweise Zugabe von Harnstoff das Molverhältnis gegenüber der ersten sauren Reaktion bereits herabgesetzt ist, erfolgt eine weitere Kondensation. Dadurch wird die letzte Stufe der Harnstoffzugabe im Vergleich zur nachträglichen Harnstoffzugabe bei der herkömmlichen Kondensationsweise deutlich verringert, wodurch insbesondere der Gehalt an Methylolgruppen im fertigen Harz abnimmt. Graves (1985) führt die nachträgliche Formaldehydabgabe vor allem auf den Gehalt an Methylolgruppen zurück, deutet andererseits aber auch darauf hin, dass die Methylolgruppen eine entscheidende Rolle bei der Aushärtung des Harzes und damit bei der Festigkeitsausbildung spielen.

Rammon u. a. (1986) variierten bei der UF-Harzsynthese das Endmolverhältnis, das Molverhältnis und den pH-Wert während der sauren Kondensationsstufe, den Kondensationsgrad sowie die Konzentration der Reaktionslösung und untersuchten mittels ^{13}C-NMR die Auswirkungen dieser Parameter auf die molekularen Strukturen der entstehenden Harze. Obwohl bei der Variation des Endmolverhältnisses das Molverhältnis in der sauren Kondensationsstufe konstant war, ergibt sich bei einem höheren Molverhältnis, welches gleichbedeutend mit einer niedrigeren nachträglichen Harnstoffzugabe ist, ein etwas höherer Verzweigungsgrad, gemessen als Verhältnis der Methylenbrücken in linearen Ketten bzw. in Verzweigungsstellen. Ein größerer Einfluss wird erwartungsgemäß dann erreicht, wenn das Kondensationsmolverhältnis variiert wird. Bei einem hohen Molverhältnis F/U = 3,0 war die Kondensationsgeschwindigkeit deutlich niedriger: in der gleichen Zeitspanne war ein deutlich geringerer Fortschritt des Kondensationsgrades gegeben, gemessen als zeitlicher Anstieg des Anteiles an Methylenbrücken im Harz. Der hohe Anteil an Methylolgruppen behindert offensichtlich durch intramolekulare Brückenbildung eine rasche Kondensationsreaktion. Bei einem niedrigen Kondensationsmolverhältnis hingegen ist eine deutlich erhöhte Kondensationsgeschwindigkeit gegeben. Ein hoher pH-Wert während der alkalischen Methylolierung führt überdies zu einer Bildung von zyklischen Uronstrukturen, wie sie üblicherweise nur im stark sauren Bereich und einem hohen F/U beobachtet werden. Je länger die saure Kondensation, desto höher ist der Kondensationsgrad, messbar unter anderem als niedrigere Anzahl an verbleibenden Methylolgruppen bzw. höhere Anzahl an Methylenbrücken.

Neben dieser klassischen Kochweise mit einer alkalischen Methylolierung und einer oder mehreren sauren Kondensationsstufen werden in der Literatur auch verschiedene andere Kondensationsverfahren beschrieben.

Triazinonringe bilden sich bei der Reaktion von Harnstoff mit einem Überschuss an Formaldehyd im basischen Bereich bei Anwesenheit von Ammoniak oder eines primären oder eines sekundären Amins (USP 2 605 253, USP 2 683 134, Christjanson u. a. 1993, Siimer u. a. 1992, s. auch Teil II, Abschn. 1.1.5). Über IR- bzw. ^{13}C-NMR-Analysen solcher Triazinon-Harze berichten Su u. a. (1995), über ^{1}H-NMR-Analysen Christjanson u. a. (1993). Die Modifizierung von herkömmlichen UF-Harzen mit Triazinongruppen ergibt einen Abfall der mechanischen Eigenschaften, allerdings auch eine deutliche Reduktion der nachträglichen Formaldehydabgabe (Reiska u. a.1992).

Sehr niedrige pH-Werte während der Kondensationsreaktion bei Vorliegen eines Molverhältnisses F/U > 3,0 führen zu so genannten Uronharzen (DE 2 207 921, DE 2 550 739, USP 4 410 685). Über die IR- bzw. ^{13}C-NMR-Analyse solcher Uronharze berichten Gu u. a. (1995, 1996 a – c) und Su u. a. (1995).

Hse u. a. (1994) beschreiben Kochungen von UF-Harzen bei unterschiedlichen Molverhältnissen (F/U = 2,5 bis 4,0) und verschiedenen pH-Wert-Einstellungen. Bei einem niedrigen pH = 1,0 entstehen aus zwei Dimethylolen am gleichen Harnstoffmolekül durch intramolekulare Wasserabspaltung bevorzugt Uronstrukturen, die mittels ^{13}C-NMR nachgewiesen wurden. Bei weniger sauren pH-Werten treten diese Uronstrukturen nicht mehr auf. Aufgrund der Tatsache, dass in Uronringen zwei Moleküle Formaldehyd gebunden sind, diese Struktur aber nicht zur Kettenbildung beiträgt, ergibt sich bei Uronharzen im Gegensatz zum analytisch messbaren ein niedrigeres wirksames Molverhältnis. Dies führt einerseits zu längeren Gelierzeiten auf Grund des geringeren Formaldehydangebotes (deutlich niedrigerer Gehalt an freiem Formaldehyd bei im Vergleich zu herkömmlichen Harzen gleichem analytisch messbaren Molverhältnis), andererseits aber auch zu entsprechend niedrigeren Emissionsraten an Formaldehyd aus der fertigen Platte. Ein Vergleich von Uronharzen und Harzen herkömmlicher alkalisch/saurer Kochweise ist demnach nur unter Berücksichtigung dieses wirksamen und zur Kettenbildung bzw. zur Aushärtung beitragenden Molverhältnisses zulässig. Je höher der Grad der Uronbildung, desto größer ist die Differenz zwischen diesem wirksamen und dem analytischen messbaren Molverhältnis.

Zur Herstellung von Uronharzen wird üblicherweise Formalin vorgelegt, aufgeheizt und auf einen entsprechend niedrigen pH-Wert eingestellt (ca. 1,0). Danach wird Harnstoff zugegeben, um das gewünschte Molverhältnis einzustellen, sowie auf die gewünschte Zielviskosität kondensiert. Es kann auch nach einer bestimmten Zeit weiterer Harnstoff zugegeben und der pH-Wert auf schwach sauer zur Weiterführung der sauren Kondensation gestellt werden. Am Ende dieser Stufe wird alkalisch gestellt und die erforderliche Menge an zweitem Harnstoff zugegeben. Solcherart hergestellte Harze weisen einen hohen Anteil an hydrolysebeständigen Methylenbrücken auf, hingegen nur einen geringen Anteil an Methylenätherbrücken bzw. verbleibenden nichtreagierten Methylolgruppen.

Nach Soulard u. a. (1998, 1999) liegen die für eine Uronbildung günstigen pH-Werte bei größer 6 und kleiner 4; bei diesen Bedingungen verschiebt sich das Gleichgewicht zwischen Uronen und N,N′-Dimethylolharnstoffen zu ersteren Strukturen. Herstellungsrezepturen für eine maximale Ausbeute an solchen Uronstrukturen werden angegeben. Nachteilig ist insbesondere aber das für die bevorzugte Uronbildung erforderliche hohe Molverhältnis und damit die hohe nachträgliche Formaldehydemission aus Platten, die mit Hilfe solcher uronreichen Harze hergestellt wurden. Die Autoren betonen ganz offen, dass Uronharze noch nicht in all ihren Eigenschaften und Eigenheiten bekannt und viele Fragen noch offen sind. Theoretisch kann bei einem Uronharz ein etwas höheres Molverhältnis eingesetzt werden, weil die Urongruppe für ihren Aufbau zwei Moleküle Formaldehyd benötigt. Vom theoretischen Standpunkt sind bezüglich des Kettenaufbaues ein Molekül Harnstoff und ein Uronring praktisch gleichwertig. Verzweigungen sind eher am Harnstoffmolekül möglich, sofern nicht der Uronring bei einer Reaktion aufgespalten wird.

Wesentliches Merkmal aller Reaktionsvorschriften zur Herstellung von UF-Leimen ist die teilweise Zugabe von Harnstoff nach der eigentlichen sauren Kondensationsstufe. Eine direkte Kondensation eines UF-Harzes bei einem niedrigen Molverhältnis von z. B. F/U = 1,1 ist nicht möglich. Es würden sich sehr rasch wasserunlösliche Methylenharnstoffe bilden, die sich aus der Reak-

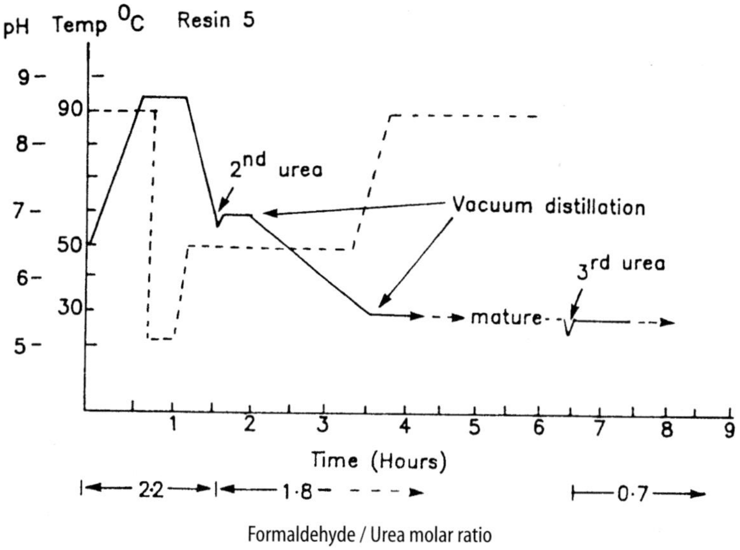

Abb. 1.1. Temperatur/pH-Wert-Profil einer UF-Herstellung (Pizzi u.a. 1994a). ——— Temperatur; - - - pH-Wert

tionslösung absetzen und so zur Inhomogenität des Ansatzes führen. Ein gewisser Anteil an freiem Harnstoff im fertigen Leim hilft, den nach der Herstellung des Harzes noch vorhandenen freien Formaldehyd sowie den bei der Heißhärtung des Leimes freiwerdenden Formaldehyd zu binden. Der nachträgliche Harnstoff reagiert aber auch mit den Methylolgruppen des Harzes und verringert damit die Vernetzungsmöglichkeiten bei der Aushärtung.

Pizzi u.a. (1994a) beschreiben verschiedene Rezepturen für UF-Leime mit niedriger nachträglicher Formaldehydabgabe (Abb. 1.1). Es werden insbesondere verschiedene Möglichkeiten der Leimflottenzusammensetzung beschrieben. So wird z.B. zu einem UF-Harz mit einem extrem niedrigen Molverhältnis weit unter 1,0 ein niedermolekulares Harnstoff-Formaldehyd-Gemisch mit hohem Molverhältnis (Beschleuniger) zugegeben und so das Molverhältnis wieder angehoben. Damit verbessern sich erwartungsgemäß auch die Verarbeitungseigenschaften des Harzes. Auch die Zumischung eines kleinen Anteiles (z.B. 10%) eines UF-Harzes mit höherem Molverhältnis (F/U = ca. 1,3) zu einem sehr formaldehydarmen Harz kann diesen Effekt der Wiederanhebung des Molverhältnisses und der Verbesserung der Verarbeitungseigenschaften bewirken. Weitere beispielhafte Rezepturen für UF-Harze finden sich bei Kim (1999) und Pizzi (1999).

Ferg u.a. (1993a+b) beschreiben eine schrittweise Zugabe des nachträglichen Harnstoffs, der zur Absenkung des Molverhältnisses zugegeben wird, und vergleichen die solcherart gewonnenen Harze mit Harzen, bei denen die Harnstoffzugabe in einem Schritt durchgeführt wurde.

UF-Kondensate mit einem extrem niedrigen Molverhältnis (F/U im Bereich 0,4) können als Formaldehydfänger eingesetzt werden (Pizzi u.a. 1994a). Sie werden üblicherweise vor der Verarbeitung mit dem Bindemittel abgemischt und senken damit das Gesamtmolverhältnis in der Flotte.

Die Reaktion zwischen Harnstoff und Formaldehyd ist eine Gleichgewichtsreaktion, die im einfachsten Fall (Methylolierung von Harnstoff) je nach Formaldehydangebot sowie den sonstigen Bedingungen eine bestimmte Gleichgewichtskonstante ergibt:

$$K_1 = \frac{k_1}{k_2} = \frac{[UF]}{[U] \cdot [F]}$$

Ähnliche Gleichungen können auch für die anderen möglichen Methylolierungsstufen angegeben werden (Tomita und Hirose 1976).

Formaldehyd liegt im Leimharz in verschiedenen Formen mit unterschiedlicher Bindung vor. In UF-Harzmolekülen sind Harnstoffreste durch Methylen- bzw. Methylenätherbrücken verknüpft; ein Teil des Formaldehyds liegt in Form von Methylolgruppen (N-Methylol-Formaldehyd) vor, die sich bevorzugt an den beiden Enden des Harzmoleküles (Mono- oder Dimethylolgruppen), aber auch innerhalb der Kette an Stelle des zweiten stickstoffgebundenen Wasserstoffatoms (Verzweigungsstelle) befinden. Die Methylolgruppen ihrerseits stehen mit dem freien Formaldehyd in der wässrigen Phase im Gleichgewicht. Die Bestimmung der Anteile dieser einzelnen Strukturelemente ist durch die Kombination von chemischen Analysen und Resonanzspektroskopie möglich (s. Teil II, Abschn. 3.2 und 3.3.1).

Infolge der Gleichgewichtseinstellung zwischen den einzelnen Bestandteilen eines UF-Reaktionsgemisches ist auch ein insbesondere vom Molverhältnis abhängiger Anteil an freiem Formaldehyd gegeben (Abb. 1.2). Die bei verschiedenen Untersuchungen zum Teil gegebenen Schwankungen bei gleichem Molverhältnis F/U können auf verschiedene Kondensationsweisen und Herstellungsbedingungen, unterschiedliches Alter der Proben sowie auch auf sicher nicht völlig identische Analysenbedingungen zurückzuführen sein.

Die bei der Kondensationsreaktion entstehenden Methylen- oder Methylenätherbrücken beeinflussen je nach Ausmaß ihrer Anwesenheit die Eigenschaften des Leimharzes bzw. der daraus hergestellten Platten. Methylenbrücken entstehen bevorzugt, wenn der pH-Wert in der sauren Kondensationsphase niedrig ist. Die Bildung von Ätherbrücken kann aber nie völlig ausgeschlossen werden. Da Formaldehyd aber bei den üblichen niedrigen Molverhältnissen ohnedies Mangelware ist und pro Ätherbrücke zwei Formaldehydmoleküle verbraucht werden, ist die Bildung der Ätherbrücken durchwegs unerwünscht. Zusätzlich stellen Ätherbrücken thermisch instabile Strukturen dar. Es ist zwar eine Umwandlung in die thermisch stabileren Methylenbrücken möglich, der dabei freiwerdende Formaldehyd wird aber nur zum Teil wieder ins Harz eingebaut; der Rest geht für die Reaktion verloren und erhöht die Formaldehydabgabe während der Aushärtung.

Abb. 1.2. Abhängigkeit des Gehaltes an freiem Formaldehyd verschiedener UF-Leime vom Molverhältnis F/U (Dunky 1985a). D1: Dunky u.a. (1981); D2: Dunky (1985a); M: Mayer (1978); P: Petersen u.a. (1972); S: Sundin (1978)

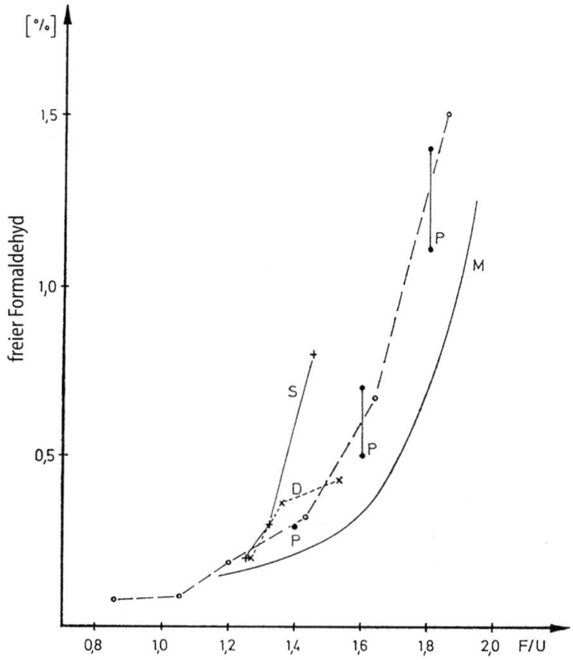

Technische Herstellung

Die technische Herstellung der UF-Leime erfolgt diskontinuierlich oder kontinuierlich in wässrigem Medium. Je nach vorgegebener Reaktionsweise bzw. der vorhandenen Produktionseinrichtung ist eine vielfältige Gestaltung der Herstellung möglich. An dieser Stelle soll lediglich ein Verweis auf verschiedene allgemeine Literaturstellen erfolgen (Brunnmüller 1974, B. Meyer 1979, Diem und Matthias 1985).

1.1.2 Alterung von UF-Leimharzen

Wie alle Formaldehyd-Kondensationsharze unterliegen auch UF-Harze einer insbesondere temperaturbedingten Weiterkondensation während der Alterung. Das Alterungsverhalten von UF-Leimen wurde mehrmals bereits mittels GPC (s. auch Teil II, Abschn. 3.3.2.1) untersucht (Braun und Bayersdorf 1980b, Cazes und Martin 1977, Dunky und Lederer 1982). Während der Alterung werden vor allem Monomere (Harnstoff und seine Methylolverbindungen) verbraucht, gleichzeitig erfolgt eine Weiterkondensation, die zu einer entsprechenden Molekülvergrößerung und Viskositätszunahme führt. Der dispergierte, eher höhermolekulare Anteil im Harz (Dunky und Lederer 1982) nimmt zu, der wasserlösliche und eher niedermolekulare Anteil entsprechend ab (Roffael und Schriever 1987, 1988a, Schriever und Roffael 1985, 1987, 1988), auch die Wasserverträglichkeit sinkt.

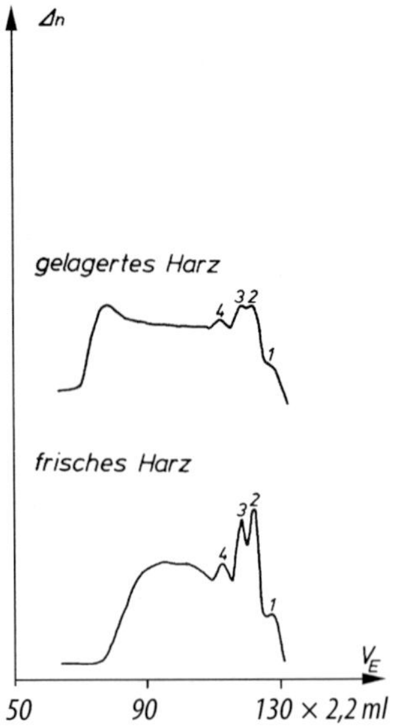

Abb. 1.3. Gelchromatogramme eines frischen UF-Harzes und eines UF-Harzes nach mehrmonatiger Lagerung (Braun und Bayersdorf 1980b). *1*: Harnstoff, *2*: Monomethylolharnstoff, *3*: Dimethylolharnstoff, *4*: Dimere

Abbildung 1.3 zeigt den gelchromatographischen Vergleich eines frischen und eines über mehrere Monate bei Raumtemperatur gelagerten UF-Harzes (Braun und Bayersdorf 1980b). Der Anteil der Monomeren nimmt ab, daneben ist ein signifikantes Anwachsen des Anteils an hochmolekularen Produkten erkennbar.

Der langfristige Abbau des Monomerpeaks ist in Abb. 1.4 erkennbar (Dunky und Lederer 1982). Der Leim wurde im Originalzustand (ca. 66% Trockensubstanz) bei Raumtemperatur gelagert. Der Anteil des niedermolekularen Peaks ist nach ein bis zwei Wochen am größten, d.h. in dieser Zeit bilden sich aus dem nachträglich zugegebenem Harnstoff und dem im Leim vorhandenen freien Formaldehyd niedermolekulare Methylolverbindungen. Jener Teil des freien Formaldehyds, der noch nicht reagiert hat, entweicht bei der der GPC-Analyse vorangehenden Gefriertrocknung und scheint deshalb nicht im Chromatogramm auf. Bei längerer Lagerung wird der niedermolekulare Peak wieder kleiner; dies deutet darauf hin, dass praktisch kein freier Formaldehyd

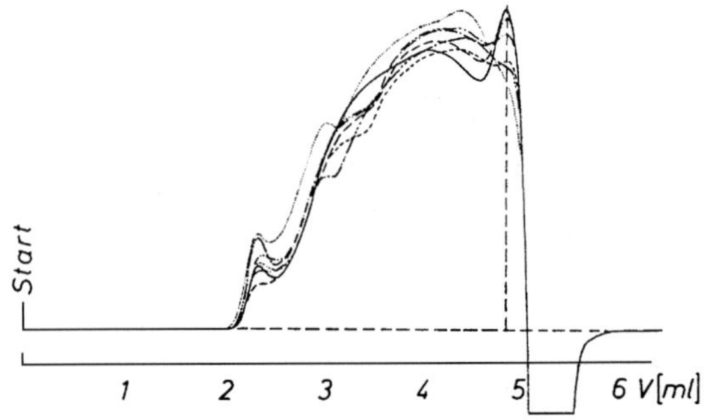

Abb. 1.4. Verfolgung der Alterung eines UF-Leimes bei Raumtemperatur über mehrere Monate mittels GPC (Dunky und Lederer 1982)

mehr zur Reaktion zur Verfügung steht und dass eine verstärkte Weiterkondensation der niedermolekularen Anteile des UF-Harzes stattfindet. Parallel dazu kann eine leichte Vergrößerung des offensichtlich an der Ausschlussgrenze der Säulenkombination auftretenden Peaks verfolgt werden, was auf die Bildung entsprechender hoher Molmassen hinweist.

Siimer u.a. (1999) verfolgten die Verschiebungen in den Anteilen an einzelnen Strukturelementen in verschieden hergestellten UF-Harzen während der gesamten technisch sinnvollen Lagerzeit der Harze:

- kontinuierliche Abnahme des Anteils an Methylolgruppen
- Anstieg des Anteils an Methylenbrücken infolge der Reaktion zwischen Methylolgruppen und dem freiem Harnstoff
- Anstieg des Gehaltes an mono- und disubstituiertem Harnstoff
- Abnahme des Gehaltes an nicht reagiertem Harnstoff.

1.1.3
Hydrolyse von UF-Harzen

Ausgehärtete UF-Harze sind wegen der teilweise umkehrbaren Reaktion zwischen Harnstoff und Formaldehyd nicht hydrolysestabil und unterliegen bei Einwirkung von Feuchtigkeit und Wasser, insbesondere bei höheren Temperaturen, einer chemischen Zersetzung. Diese ist immer auch mit einer Freisetzung von Formaldehyd und damit einer entsprechenden Emission in die Umgebung verbunden. Diesen Umstand benutzten Myers (1982) sowie Myers und Koutsky (1987) für ihre Untersuchungen zur Hydrolyseanfälligkeit ausgehärteter UF-Harze. Sofern nicht erhebliche Mengen an physikalisch absorbiertem Formaldehyd („freier Formaldehyd") vorliegen und sofern von einem ausreichenden Aushärtungsgrad ausgegangen wird, kann die Menge an freigesetztem Formaldehyd als Maß für den Hydrolysewiderstand eines gehärteten Harzes dienen. Bei einem bestimmten Ausmaß der Zerstörung der ausgehärteten Struktur des Harzes ist auch ein entsprechender Festigkeitsverlust der Leimfuge unausweichlich. Insbesondere die Methylolgruppen, daneben auch Methylenätherbrücken und andere Zwischenprodukte der Harzsynthese, können wieder leicht aufgespalten werden. Diese an den C-N-Bindungen auftretende Reaktion ist umso stärker, je mehr verbleibende Wasserstoffatome vorhanden sind; ein tertiäres vernetztes Stickstoffatom verfügt demnach über die deutlich stabilsten Bindungen. Die sauerstofffreie Methylenbrücke zeigt im Vergleich zur Methylenätherbrücke eine deutlich höhere Hydrolysebeständigkeit.

Je nach Harztyp kommt es nach Myers (1982, 1985) zu unterschiedlichen Hydrolysereaktionen, die zum Teil Reaktionen erster Ordnung darstellen, aber auch parallel laufende Reaktionen mit unterschiedlichen Geschwindigkeitskonstanten sein können. Wesentliche Einflussparameter sind:

- Temperatur,
- pH-Wert sowie
- Aushärtegrad des Harzes.

Insbesondere ist es die zum Aushärten erforderliche Säure, die ihrerseits auch die Hydrolysereaktion katalysiert. Die einzelnen in mehr oder minder ausgehärteten UF-Strukturen enthaltenen Molekülsegmente und Bindungen zeigen überdies deutliche Unterschiede in ihrer Anfälligkeit gegenüber hydrolytischer Spaltung. Ätherbrücken und acetalische Verbindungen sind, wie bereits erwähnt, weitaus hydrolyseempfindlicher als Methylenbrücken. Auch Fleischer und Marutzky (2000) weisen darauf hin, dass es sich bei der Hydrolyse von UF-Harzen um einen komplexen Prozess handelt, der nicht auf einzelne Reaktionen reduziert werden kann. Strukturelle Parameter wie Vernetzungsgrad und relative Häufigkeit einzelner Strukturelemente, die nicht zuletzt durch das Molverhältnis F/U und die Härtungsbedingungen bestimmt werden, spielen eine entscheidende Rolle. Die Geschwindigkeit der Hydrolyse wird vor allem durch die Temperatur beeinflusst, weniger vom pH-Wert; bei Holzwerkstoffen kann die Pufferkapazität des Holzes den Einfluss des pH-Wertes abschwächen.

Die Abb. 1.5 und 1.6 zeigen, wie durch niedrigere pH-Werte bzw. höhere Temperaturen die infolge von Hydrolse freigesetzte Formaldehydmenge zunimmt (Myers 1982).

Der hydrolytische Abbau des Harzes ist auch mit einer Schwächung der Bindefestigkeit verbunden (Abb. 1.7). Dabei können bei an sich gleichen experimentellen Bedingungen unterschiedliche Festigkeitsverluste bei einzelnen Harzen auftreten (Myers 1982).

Einen ähnlichen Zusammenhang beschreiben Yamaguchi u.a. (1989). Sie lagerten UF-gebundenes Sperrholz in wässrigen Pufferlösungen mit unter-

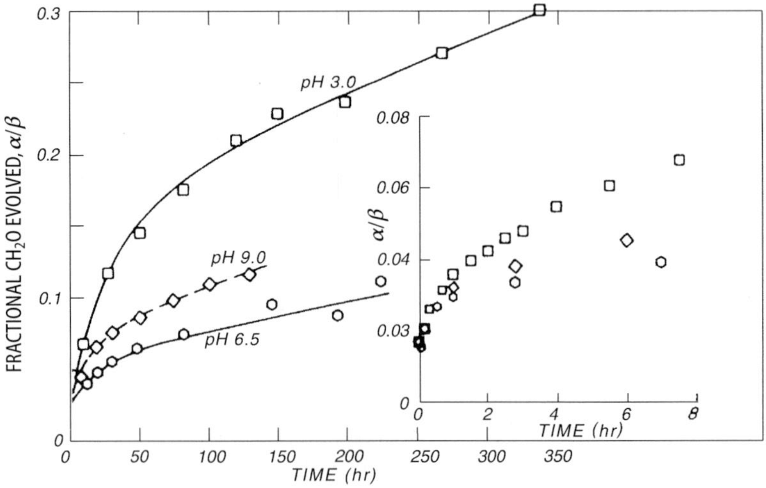

Abb. 1.5. Einfluss des pH-Wertes auf den infolge der Hydrolyse freigesetzten Anteil α/β an chemisch gebundenem Formaldehyd (Myers 1982). α Menge an freigesetztem Formaldehyd (g), β ursprüngliche Gesamtmenge an gebundenem Formaldehyd (g)

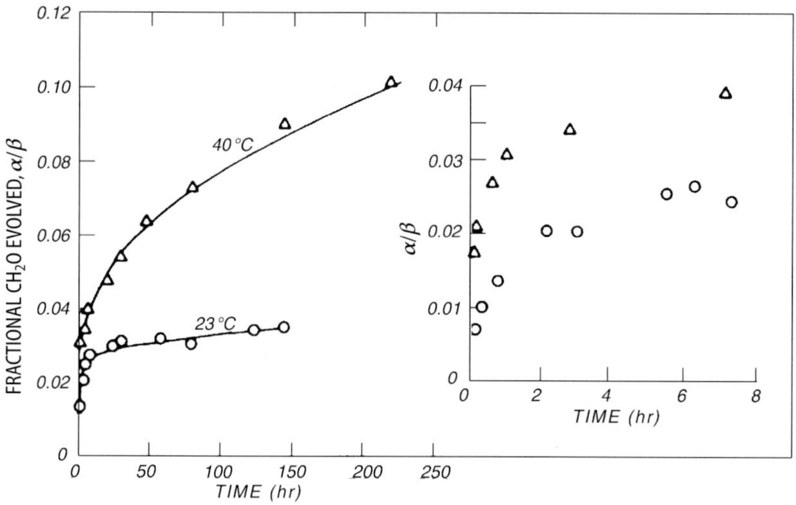

Abb. 1.6. Einfluss der Temperatur bei konstantem pH-Wert auf den durch Hydrolyse freigesetzten Anteil α/β an chemisch gebundenem Formaldehyd (Myers 1982). α Menge an freigesetztem Formaldehyd (g), β ursprüngliche Gesamtmenge an gebundenem Formaldehyd (g)

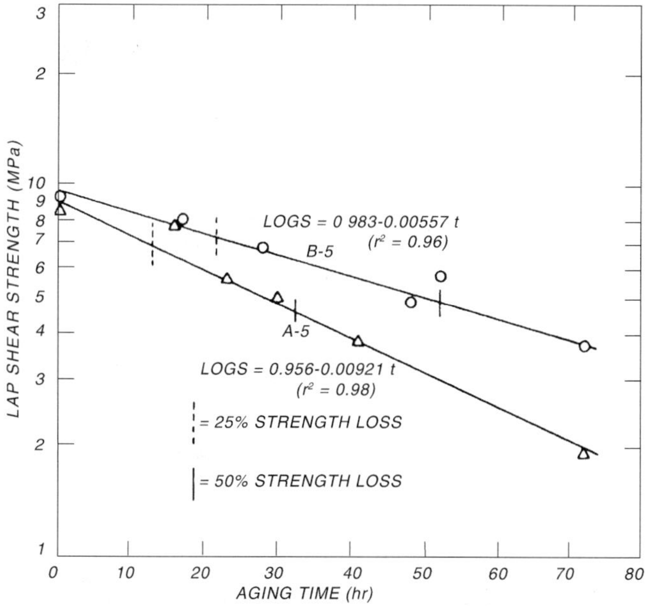

Abb. 1.7. Abbau der Bindefestigkeit im Laufe der Zeit am Beispiel der beiden Harze A-5 und B-5 (Myers 1982). Hydrolysebedingungen: 40 °C, pH = 3,0

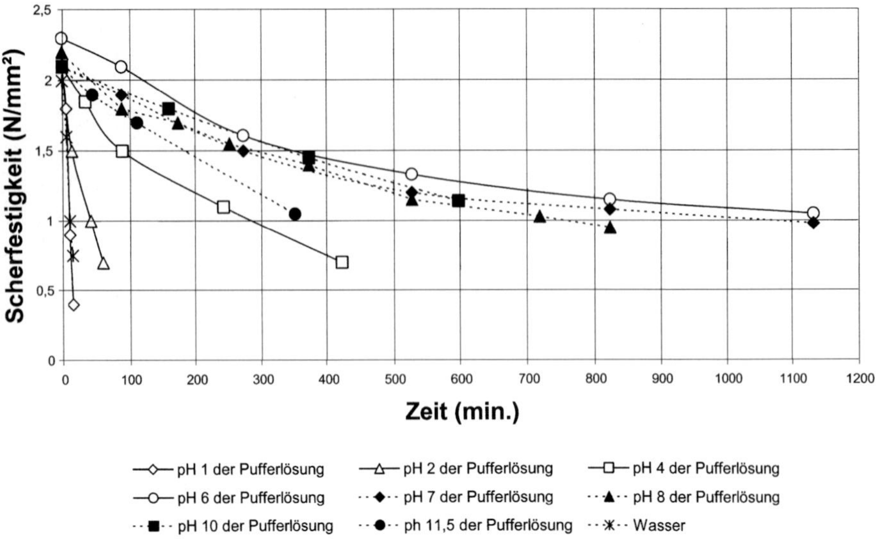

Abb. 1.8. Abfall der Bindefestigkeit im Laufe der Zeit bei Lagerung der UF-gebundenen Sperrholzproben in wässrigen Pufferlösungen mit unterschiedlichen pH-Werten bzw. in Wasser (Yamaguchi u. a. 1989)

schiedlichem pH-Wert bei 80 °C. Der rascheste Abbau an Bindefestigkeit ergab sich im sauren Bereich, der langsamste Abbau bei neutralem pH-Wert. Bemerkenswert ist, dass es auch bei höheren alkalischen pH-Werten (vor allem bei pH = 11,5) zu einer merklichen Hydrolyse und damit einem Festigkeitsverlust kommt. Auch die Lagerung in reinem Wasser ohne Neutralisation der Leimfuge zeigt einen raschen Festigkeitsverlust, offensichtlich ist die Leimfuge nach dem Aushärten sauer genug, um die bereits erwähnten ungünstigen sauren Bedingungen zu ergeben (Abb. 1.8).

Je höher der Anteil an abgebautem Harz ist, desto größer ist auch der Festigkeitsverlust (Yamaguchi u. a. 1989). Die einzelnen Symbole in Abb. 1.9 stehen für die unterschiedlichen pH-Werte der Pufferlösungen während der Lagerung.

Neben diesem chemischen Abbau kann es aber auch zu einer mechanischen Schädigung der Leimfuge infolge wiederholter Quell-Schwind-Spannungen kommen, wobei direkt Bindungen in der Leimfuge zerstört werden können. Welcher dieser beiden Effekte:

- mechanische Schädigung
- hydrolytischer Abbau

die größeren Auswirkungen hat, kann nicht eindeutig gesagt werden; es ist zu vermuten, dass beide Ursachen zu einer Schädigung einer UF-Verleimung beitragen (s. auch Teil III, Abschn. 5.1). Die Beständigkeit einer UF-gebundenen Leimfuge ist damit sowohl von der chemischen Hydrolysebeständigkeit des

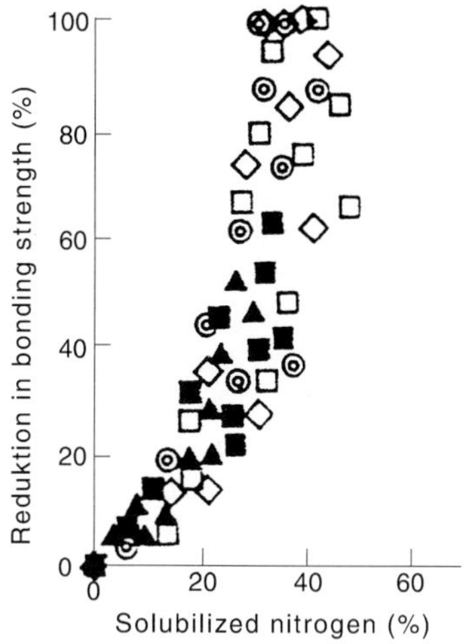

Abb. 1.9. Zusammenhang zwischen der Menge des durch Hydrolyse der UF-Harzes freigesetzten Stickstoffes und dem Verlust an Bindefestigkeit (Yamaguchi u. a. 1989)

ausgehärteten Harzes als auch von der Fähigkeit der Leimfuge abhängig, den infolge der wiederholten Quell- und Schwindbewegungen auftretenden Spannungen teilweise nachzugeben und damit Spannungsspitzen und Rissbildungen zu vermeiden. Auf diesen verschiedenen Zerstörungsmechanismen beruhen auch die verschiedenen Gegenmaßnahmen zur Verbesserung der Wasserbeständigkeit einer ausgehärteten UF-Leimflotte (s. Teil II, Abschn. 1.1.5).

Die Hydrolyse selbst kann an verschiedenen Stellen des ausgehärteten Harzes angreifen; sie kann an den betroffenen Holzwerkstoffen durch Messung der Formaldehydabgabe (unter Berücksichtigung möglicher Wechselwirkungen zwischen Formaldehyd und Holz sowie der gegebenen Diffusionsbedingungen), Verfolgung des Abfalls der mechanischen Eigenschaften oder durch die Verfolgung der Gasdurchlässigkeit (Na u. a. 1996) bestimmt werden.

Weitere Literaturhinweise: Dutkiewicz (1983), Franke und Roffael (1998 a + b), Kavvouras u. a. (1998), Troughton (1969 b).

1.1.4 Härtung von UF-Harzen

1.1.4.1 *Härter und ihre Reaktionen zur Initiierung der Aushärtereaktion*

Die bei den UF-Harzen im sauren Bereich ablaufende Härtungsreaktion wird entweder durch die Reaktion des freien Formaldehyds im UF-Harz mit so genannten Härtern (vor allem Ammoniumsalzen) oder durch die direkte Zugabe von Säuren (Vor- oder Gegenstrichverfahren) gestartet.

Die üblicherweise eingesetzten latenten Härter sind durchwegs Ammoniumsalze auf Basis von Ammonchlorid, Ammonsulfat oder Ammonnitrat, letzteres gelangt überwiegend nur in bereits flüssiger Lieferform zur Anwendung. Ammonchlorid war bis Anfang der 90er-Jahre der üblicherweise eingesetzte Härter, musste aber auf Grund einer im Brandfall nicht völlig auszuschließenden Gefahr einer Dioxinbildung (Strecker und Marutzky 1994, Vehlow 1990) hauptsächlich durch Ammonsulfat, in geringem Ausmaß auch durch Ammonnitrat ersetzt werden. In der industriellen Praxis ist die Erfahrung gegeben, dass Ammonchlorid und Ammonnitrat eine bessere Wirkung als Härter besitzen als Ammonsulfat. Dies zeigte sich auch in verschiedenen Schwierigkeiten bei der Umstellung von Ammonchlorid auf Ammonsulfat zu Beginn der 90er-Jahre, wobei z. B. manchmal eine um ca. 20% höhere Härterdosierung bei Ammonsulfat verglichen mit der ursprünglichen Ammonchloridmenge erforderlich war. Die unterschiedlichen Praxiserfahrungen mit den verschiedenen Härtern wurden auch bei Laboruntersuchungen nachvollzogen (Mansson 1997).

Die beiden Reaktionsgleichungen (I) und (II) beschreiben die Reaktion von Ammonchlorid bzw. Ammonsulfat mit dem freien Formaldehyd des Leimes unter Freisetzung von Salz- bzw. Schwefelsäure, die ihrerseits die saure Härtungsreaktion initiieren:

$$4\,NH_4Cl + 6\,HCHO \Rightarrow 4\,HCl + (CH_2)_6N_4 + 6\,H_2O \qquad \text{(I)}$$

$$2\,(NH_4)_2SO_4 + 6\,HCHO \Rightarrow 2\,H_2SO_4 + (CH_2)_6N_4 + 6\,H_2O \qquad \text{(II)}$$

Die Geschwindigkeit der Aushärtereaktion steigt stark mit einer höheren einwirkenden Temperatur; die Reaktion startet, sobald Leim und Härter miteinander in Berührung kommen, wobei die Geschwindigkeit des pH-Abfalls insbesondere vom verfügbaren Gehalt an freiem Formaldehyd im Leimharz abhängt. Da dieser bei Absenkung des Molverhältnisses F/U im Rahmen der Minderung der nachträglichen Formaldehydabgabe ebenfalls abnimmt und damit eine rasche Reaktion mit dem Härter behindert wird, kommt es zu einer verlangsamten Aushärtung solcher formaldehydarmen Harze.

Eine weitere Art der Umsetzung des Härters zur entsprechenden Säure wird von Poblete und Roffael (1985) bzw. Roffael (1993) in Form der direkten Hydrolyse des Härters bei Einwirkung von Wasser beschrieben (Reaktionsgleichung III am Beispiel von Ammonsulfat):

$$(NH_4)_2SO_4 + 2\,H_2O \Rightarrow 2\,NH_4OH + H_2SO_4 \qquad \text{(III)}$$

Je höher die zugegebene Menge an Härter, z. B. Ammonchlorid, ist, desto kürzer ist die Gelierzeit, wobei eine solche Abhängigkeit aber nur bei Zugabemengen bis ca. 1% Härterfeststoff/Festharz gegeben ist. In diesem Bereich ist eine deutliche Absenkung der Heißgelierzeit gegeben. Höhere Härtermengen ergeben keine weitere Absenkung der Heißgelierzeit; bei sehr großen Härtermengen kann die höhere Konzentration an Ammoniumionen sogar wieder eine leichte Verzögerung der Aushärtereaktion bewirken. Der in einer Spanplatten-Mittelschichtflotte übliche Härteranteil (1,5 bis 3% Härterfeststoff/Festharz) liegt jedoch immer im horizontalen Bereich der Kurve. Je höher die Härterdosierung, desto steiler ist auch der pH-Abfall nach der Härterzugabe (Tanaka und Takashima 1966).

Bei der Wahl der richtigen Härtermenge muss in manchen Fällen auch das Säurepotential des Holzes berücksichtigt werden. Dies ist insbesondere in der MDF-Produktion bei Einsatz von UF-Harzen erforderlich; in Fällen, in denen die aufgeschlossene Faser über ein ausreichend hohes Säurepotential verfügt, werden heute MDF-Platten bei Einsatz von UF-Harzen ohne jegliche Zugabe an Härter produziert. In diesen Fällen kann dennoch eine geringe Härterzugabe aus Sicherheitsgründen (bei Schwankungen der Acidität der Fasern) sinnvoll sein. Zu beachten ist jedenfalls auf der einen Seite die Vermeidung von Voraushärtungen im Fasertrockner und in der Matte vor der Presse, auf der anderen Seite eine unvollkommene Härtung, die sich vor allem in einer erhöhten Dickenquellung bzw. nachträglichen Formaldehydabgabe auswirken kann.

Eine erhöhte Härterzugabe bewirkt im Allgemeinen wegen der verstärkten Reaktion des Ammoniumions mit dem freien Formaldehyd eine Verringerung der nachträglichen Formaldehydabgabe (L. Plath 1968, Petersen u.a. 1974). Wegen der hinsichtlich der Variation der Härtermenge gegebenen engen technologischen Grenzen ist allerdings eine auf diese Weise ins Gewicht fallende Einflussnahme auf die nachträgliche Formaldehydabgabe nur bedingt möglich.

Je höher die Temperatur, desto größer ist der Gehalt an freiem Formaldehyd im Leim, desto rascher ist demnach die Umsetzung des Härters mit dem freien Formaldehyd des Leimes und damit der Abfall des pH-Wertes (Abb. 1.10, Higuchi und Sakata 1979). Dadurch wird auch die eigentliche Aushärtungsreaktion beschleunigt. In der Auftragung ln (1/Gelierzeit) vs. $1/T$ mit T als absoluter Temperatur (K) ist ein mehr oder minder linearer Zusammenhang gegeben, aus dem auch eine scheinbare Aktivierungsenergie berechnet werden kann.

Für die Aushärtung eines Harzes sind sowohl ein niedriger pH-Wert, der durch Reaktion des Härters mit dem freien Formaldehyd oder durch direkte Säurezugabe entsteht, als auch das Vorhandensein von endständigen reaktiven Gruppen, wie z.B. Methylolgruppen, erforderlich. Je niedriger der pH-Wert der Leimflotte, desto kürzer ist die erforderliche Aushärtezeit. Im Laufe der Standzeit einer mit Härter versehenen Flotte verringert sich deren Gelierzeit, wobei diese Verkürzung am markantesten bei unverstärkten UF-Harzen ist (Roffael und Schriever 1988b).

Es war die Aufgabe der Leimentwicklung der letzten 25 Jahre, dem Umstand der formaldehydärmeren Einstellung der Leimharze Rechnung zu tragen und durch entsprechend verbesserte Herstellungs- und Verarbeitungstechnologien sowie durch den Einsatz geeigneter Härter/Beschleunigersysteme diesen Verlust an Reaktivität wieder soweit wie möglich wettzumachen. Verbesserte

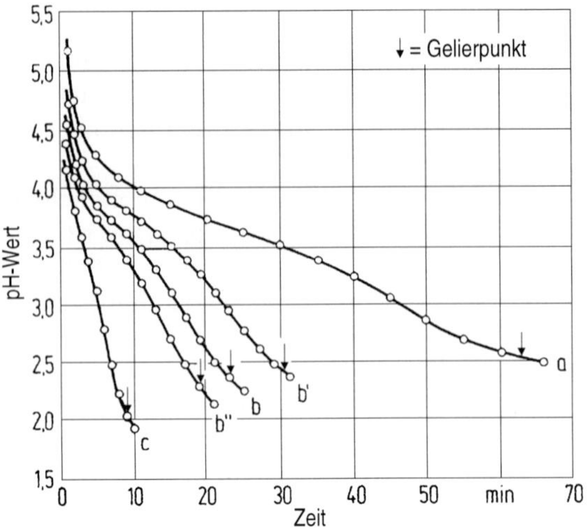

Kurve	Menge an zugegebenem Ammonchlorid (Massenanteil in %)	Temperatur (°C)
a	1	30
b	1	40
b′	0,5	40
b″	2	40
c	1	50

Abb. 1.10. Abfall des pH-Wertes während der Aushärtung eines UF-Harzes. Die Pfeile kennzeichnen die eingetretene Gelierung (Higuchi und Sakata 1979)

Kondensationsverfahren waren auch erforderlich, um trotz des deutlich niedrigeren Angebotes an Formaldehyd im Leimharz eine ausreichende dreidimensionale Vernetzung und damit adäquate Platteneigenschaften zu erzielen. So ist es z.B. günstig, die Reaktion so zu steuern, dass die Verbindung der Harnstoffreste vorwiegend über Methylenbrücken und nicht über Methylenätherbrücken erfolgt.

Roffael u.a. (1995) untersuchten den Einfluss steigender Mengen an verschiedenen Härtungsbeschleunigern auf den pH-Wert und die Pufferkapazität der wässrigen Auszüge der UF-verleimten Spanplatten. Der pH-Wert fällt leicht ab, die Pufferkapazität nimmt geringfügig zu. Die Art des Härters (Ammonchlorid oder Ammonnitrat) hat jedoch nur einen geringen Einfluss.

In der Literatur finden sich auch Arbeiten mit neuen Härtungssystemen, wie z.B. Polyhydrazinen (Tomita u.a. 1989, Miyake u.a. 1989a + b) oder mit Wasserstoffperoxid (Chapman und Jenkin 1984, Su u.a. 1995). TG-DSC-Untersuchungsergebnisse der Aushärtung verschiedener UF-Harze mit H_2O_2 sind in Abb. 3.41 (s. Teil II, Abschn. 3.4.2) dargestellt. Solche Härtersysteme werden in der industriellen Praxis bei der Härtung von UF-Leimharzen derzeit jedoch nicht eingesetzt.

Weitere Literaturhinweise: Elbert (1995), Kehr u.a. (1993, 1994), Tohmura u.a. (1998, 2001).

1.1.4.2
Topfzeit und Reaktivität bei schnellen Leimsystemen

Reaktive Leimsysteme bestehen oft aus zwei flüssigen Komponenten:

- hochviskoser Leim (meist UF, ggf. auch MUF, abhängig von der gewünschten Verleimungsklasse)
- hochviskoser, gefüllter Härter.

Die Leimflotte besteht nur aus diesen beiden Komponenten, eine Zugabe von weiteren Flottenbestandteilen (z.B. Streckmehl) ist nicht vorgesehen. Abbildung 1.11 zeigt den Zusammenhang zwischen der Topfzeit und der Aushärtezeit bei verschiedenen Härtermengen für verschiedene solcher UF-Leimflottensysteme. Je höher die Härterdosierung ist, desto rascher verläuft die Aushärtereaktion: der gewünschten Verkürzung der erforderlichen Presszeit steht dabei jedoch eine entsprechende Verkürzung der Topfzeit gegenüber. Bei solchen reaktiven Leimflotten ist eine Kühlung des Rohleimes sowie der Leimflotte in der Leimauftragsmaschine auf Temperaturen von unter 15 °C erforderlich, um eine für die Verarbeitung ausreichende Topfzeit sicherzustellen (Dunky und Petrovic 1998, Petrovic und Dunky 1997).

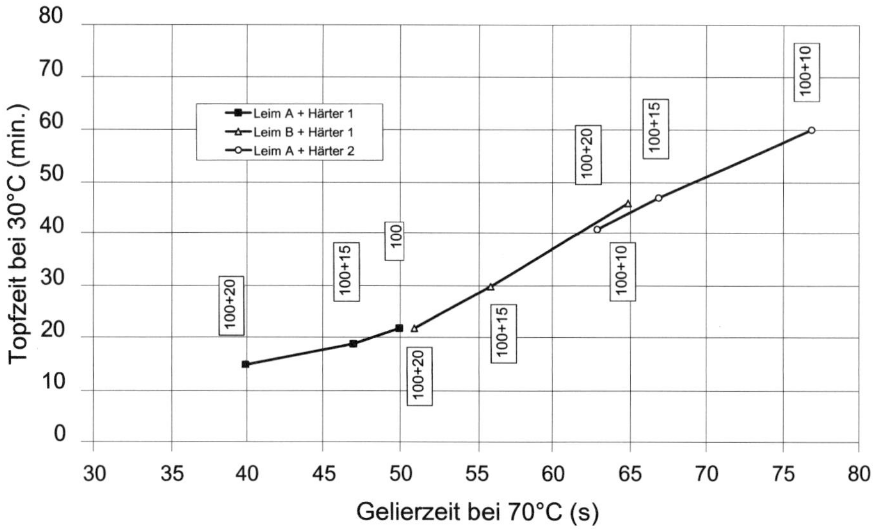

Abb. 1.11. Zusammenhang zwischen der Topfzeit und der Aushärtezeit bei verschiedenen Härtermengen (100 + x) für verschiedene Leimflottensysteme (Petrovic und Dunky 1997)

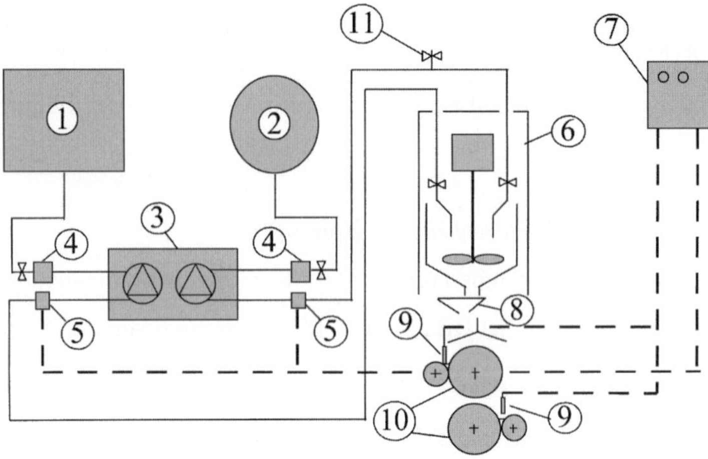

Abb. 1.12. Leimflottenmischanlage für zwei flüssige Komponenten:
a) hochviskoser Leim, b) hochviskoser Härter (Petrovic und Dunky 1997). Die Abmischung im Mischkopf erfolgt unmittelbar über der Leimauftragsmaschine, um den Vorrat an fertiger Leimflotte so gering wie möglich zu halten. *1* Leimbehälter, *2* Härterbehälter, *3* Doppelkolbenpumpe, *4* Filter, *5* Durchflusswächter, *6* Mischkopf, *7* Schaltschrank, *8* Wechselverteiler (dosiert frische Leimflotte abwechselnd zu den oberen bzw. unteren Rollenpaaren der Leimauftragsmaschine), *9* Niveausonden, *10* Leimauftragswalzen, *11* Entlüftungsventil

Die Verarbeitung solcher schnellen Leimflotten erfolgt mit speziellen Leimflottenmischanlagen (s. Abb. 1.12). Vorteil dieser Zweikomponentenmischer ist die Tatsache, dass beide flüssigen Komponenten (Leim, hochviskoser Härter) getrennt gepumpt und erst unmittelbar oberhalb der Leimauftragsmaschine vermischt werden. Damit ist die Menge an abgemischter Leimflotte praktisch auf den in der Leimauftragsmaschine gegebenen Vorrat beschränkt.

1.1.4.3
Beschleuniger

Der freie Formaldehyd, der für die Reaktion mit dem latenten Härter erforderlich ist, liegt bei einem gegebenen Molverhältnis F/U im Gleichgewicht mit den Methylolgruppen. Je niedriger das Molverhältnis, desto niedriger ist auch der Gehalt an freiem Formaldehyd (Abb. 1.2). Der z. B. für die Mittelschicht von Spanplatten üblichen Menge an Härter von 2,5 % Ammonsulfat/UF-Festharz (= 0,013 mol Ammonsulfat bzw. 0,026 mol an Ammoniumgruppen, jeweils bezogen auf 100 g Flüssigleim) steht bei einem formaldehydarmen E1-Leim nur eine verfügbare Menge von max. 0,1 % an freiem Formaldehyd (= ca. 0,003 mol) bei niedriger Temperatur gegenüber (erst bei höherer Temperatur steigt der Gehalt an freiem Formaldehyd auf das Zwei- bis Dreifache). Die Geschwindigkeit der pH-Abnahme und damit der Aushärtereaktion ist also durch das zu geringe Angebot an freiem Formaldehyd begrenzt. Stellt man nun bei der Verarbeitung kurzfristig gezielt ein größeres Angebot an freiem Formaldehyd zur Verfügung, kann die Reaktion mit dem Härter entsprechend rascher erfolgen. Dies kann z.B. durch die Zugabe eines UF-Vorkondensates mit hohem Formaldehydanteil erfolgen (EP 436485). Üblicherweise wird mit einer Zugabemenge von 1,0–1,5% an Vorkondensat (in flüssiger Lieferform) bezogen auf Flüssigleim eine ausreichende Beschleunigung erreicht, wobei der Gehalt an freiem Formaldehyd im Vergleich zum UF-Leim ca. verdoppelt bis verdreifacht wird. Die durch die zugegebene Vorkondensatmenge gegebene Erhöhung des Molverhältnisses F/U der Flotte um ca. 0,02 und die damit möglicherweise höhere nachträgliche Formaldehydabgabe kann durch Zugabe geringer Mengen an Harnstoff oder eines Formaldehydfängers wieder wettgemacht werden. Eine Erhöhung des Gehaltes an freiem Formaldehyd durch Erhöhung des Molverhältnisses F/U des Leimes wäre allerdings nicht machbar. Die Verdoppelung bis Verdreifachung des Gehaltes an freiem Formaldehyd entspräche einer Steigerung des Molverhältnisses F/U um ca. 0,2; dies würde zu einer viel zu hohen nachträglichen Formaldehydabgabe führen.

Ähnliche Strategien zur Verbesserung der Herstellung formaldehydarmer Platten wurden auch von Pizzi (1994e) beschrieben. Er verwendet niederkondensierte UF-Präpolymere mit einem Molverhältnis F/U > 2 als Beschleuniger und niedrig kondensierte UF-Kondensate mit einem hohen Harnstoffüberschuss (F/U = 0,4 bis 0,5) als Fänger. Solche UF-Kondensate mit einem deutlichen molaren Formaldehydunterschuss werden auch industriell als Formaldehydfänger eingesetzt.

1.1.4.4
Verfolgung der Aushärtereaktion

Zur Verfolgung des Aushärtevorganges eines UF-Harzes nutzten Chow und Steiner (1975) verschiedene Methoden wie DTA, TG und IR-Spektroskopie (Abb. 1.13). Root und Soriano (2000) verfolgen die Aushärtung von UF-Harzen mittels Protonen-NMR (low resolution ^{1}H-NMR).

Starkopf (1992) verfolgt die Viskositätsänderung von UF-Harzen während des Härtungsprozesses, wobei er diese Messungen bei verschiedenen Temperaturen durchführt. Die Abweichungen der gemessenen Werte von den mittels der Gleichung:

$$\eta^{(n-1)} = \eta_0^{(n-1)} + (n-1)\,kt$$

mit: η Viskosität
η_0 Ausgangsviskosität
t Zeit
k Geschwindigkeitskonstante
n Reaktionsordnung

bestimmten Werte liegen vor allem in den unterschiedlichen Schergeschwindigkeiten begründet, die aus messtechnischen Gründen erforderlich waren. Die reziproke Zeit zum Erreichen einer praktisch unendlichen Viskosität (ent-

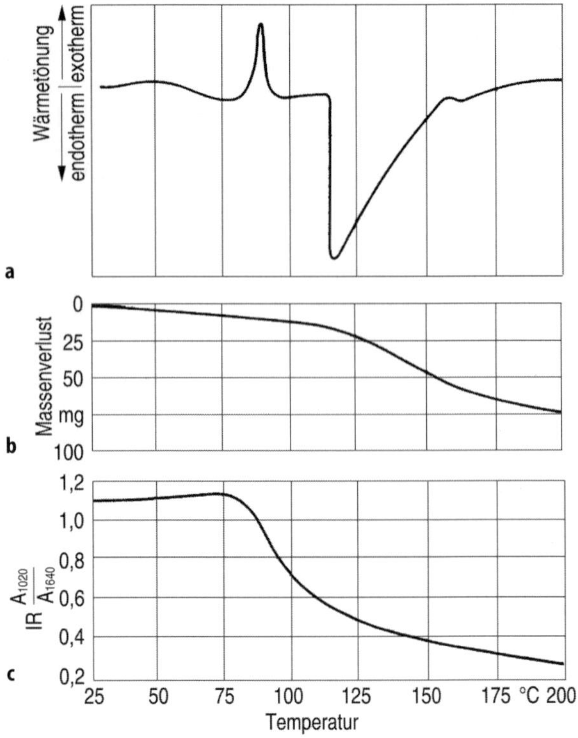

Abb. 1.13 a–c. Verfolgung der Aushärtung eines UF-Leimes mittels Differentialthermoanalyse DTA **a**, Thermogravimetrie TG **b** und Infrarotspektroskopie IR **c** (Chow und Steiner 1975). Die beiden Banden bei 1020 cm^{-1} und 1640 cm^{-1} stellen die C-O-Streckschwingungen der Methylolgruppe bzw. der Carbonylgruppe des Harnstoffs dar. Das Verhältnis dieser beiden Intensitäten ist ein Maß für das Fortschreiten der Aushärtung

spricht in etwa dem Gelpunkt) kann dabei als „relative Geschwindigkeitskonstante" $k_{rel} = 1/t_\infty$ aufgefasst werden. Bei Auswertung der Temperaturabhängigkeit dieser Geschwindigkeitskonstanten ergibt sich eine Aktivierungsenergie von 49 bis 62 kJ/mol.

Über den Viskositätsanstieg verschiedener UF-Leimflotten mit der Zeit hatten auch bereits Sullivan und Harrison (1965) berichtet, wobei sie Härterart, Temperatur, Streckmittelart und verschiedene inerte Zusatzstoffe wie Salze variierten. Ähnliche Ergebnisse werden auch von Kulichikhin u.a. (1996) sowie Voit u.a. (1995) berichtet.

Abbildung 1.14 zeigt ebenfalls den Anstieg der Viskosität eines mit Härter versehenen UF-Leimes mit der Zeit (Sodhi 1957). Charakteristisch ist, dass die Viskosität zu Beginn der einsetzenden Härtungsreaktion nahezu konstant bleibt bzw. nur geringfügig ansteigt, dann jedoch mit fortschreitender Zeit immer rascher zunimmt. Bis zu einer bestimmten Viskosität der Flotte ist kein oder nur ein geringer Einfluss auf die erzielbare Bindefestigkeit erkennbar. Bei einer übermäßig angestiegenen Viskosität fällt die Bindefestigkeit der Verleimung jedoch stark ab. Eine dafür wesentliche Ursache ist die mit steigender Viskosität schlechter werdende Benetzung der unbeleimten Gegenseite. Abbildung 1.14 beschreibt als ein Beispiel von vielen den grundsätzlichen Zusammenhang zwischen den einzelnen Größen. Die absoluten Messgrößen

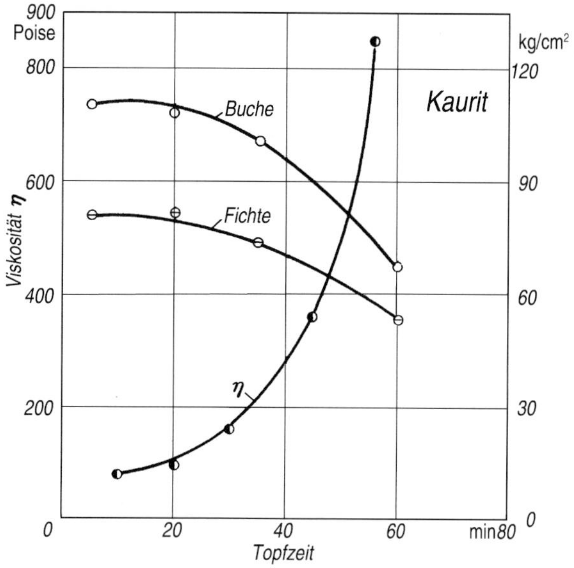

Abb. 1.14. Abhängigkeit der Viskosität der Leimflotte bzw. der erzielbaren Bindefestigkeit einer mit Härter versehenen UF-Leimflotte von der Zeit (Sodhi 1957)

hängen von einer Vielzahl von Faktoren ab (Leimviskosität, Härterart und -menge, Temperatur usw.).

Auf der anderen Seite ist zu beachten, dass die Viskosität der Leimflotte bzw. die Viskosität des dieser Leimflotte zugrundeliegenden Leimes mit höherer Temperatur, wie sie bei der Erwärmung einer Leimfuge auftritt, abnimmt. In dieser Zeit kann ein verstärktes Eindringen des Leimes in die Holzoberfläche erfolgen. Mit fortschreitender Presszeit wird die temperaturbedingte Viskositätsabnahme durch die fortschreitende Aushärtungsreaktion wieder kompensiert bzw. es überwiegt ab einem bestimmten Zeitpunkt die starke Viskositätszunahme infolge der Aushärtung.

Die Aktivierungsenergien der einzelnen Reaktionen bei der Bildung und Aushärtung von UF-Harzen können mittels DSC-Messungen (Sebenik u. a. 1982), mittels Gelierzeitmessungen (Higuchi u. a. 1979, Higuchi und Sakata 1979) oder durch Verfolgung des Anstieges der Festigkeit von Verleimungen (Humphrey und Bolton 1979) ermittelt werden. Weitere Hinweise zur Aktivierungsenergie bei UF-Reaktionen finden sich bei Halasz u. a. (2000), de Jong und de Jonge (1952, 1953), Price u. a. (1980), Steiner und Warren (1987), Yamaguchi u. a. (1989) sowie Yin u. a. (1995). Mizumachi (1973) untersucht das Aushärteverhalten eines UF-Harzes bei Zugabe von Mehl verschiedener asiatischer Holzarten. Je nach Holzart konnte eine Erhöhung oder ein Absinken der Aktivierungsenergie festgestellt werden, bei einigen Holzarten war kein Unterschied gegeben. Der Autor weist aber selbst darauf hin, dass Holz die Aushärtereaktion eines UF-Harzes auf unterschiedliche Art beeinflussen kann, ohne dass damit auch immer eine Änderung der Aktivierungsenergie verbunden sein muss.

Eine weitere Möglichkeit der Verfolgung der Aushärtungsreaktion war von Steiner (1974) durch die Umsetzung der jeweils noch verbleibenden Methylole mit Brom und anschließender Analyse mittels Röntgenspektroskopie vorgeschlagen worden. Bei Auftragung dieser Werte über der Zeit ergeben sich Kurven, die den Abfall der noch verbleibenden Methylolgruppen beschreiben.

1.1.4.5
Härtervorstrich- und -gegenstrichverfahren

Sehr kurze Presszeiten können insbesondere auch bei niedrigen Temperaturen erreicht werden, wenn die zur sauren Härtung des UF-Harzes erforderliche Säuremenge nicht erst über die Reaktion des Härters (Ammoniumsalz) mit dem freien Formaldehyd des Leimharzes entsteht, sondern direkt zugegeben wird. Wegen der kurzen Aushärtezeit ist dabei jedoch ein Untermischen der Härtersäure zum Leim in einem Vorratsbehälter oder auch nur in der Leimauftragsmaschine nicht möglich. Die Verarbeitung erfolgt vielmehr durch einen zeitlich oder örtlich getrennten Auftrag von Leim und Härter.

Das Härtervorstrichverfahren wird bei Rollenheißkaschieranlagen sowie beim Aufleimen von Kunststofflaminaten (cpl, hpl) in kontinuierlichen Doppelbandpressen oder Taktpressen eingesetzt. Eine Anwendungsmöglichkeit ist auch in der Türenindustrie gegeben. Zuerst erfolgt die Aufbringung der ggf. eingedickten und damit höherviskosen Härterlösung mittels Auftragswalze (ca. 10 – 15 g/m^2), sodann wird nach einem Abtrocknen der Plattenoberfläche (z.B. Wartestrecke von einigen Metern, ggf. unterstützt durch IR-oder Wärme-Strahler) die ohne Härter angesetzte Leimflotte aufgetragen. Das Auflegen der zu verleimenden Beschichtung (Folie, Kunststofflaminat) muss so rasch wie möglich erfolgen (z.B. kontinuierlich von der Rolle). Das Abtrocknen des Härterauftrages ist erforderlich, um die Gefahr des Verschleppens von Härterspuren in die Leimauftragsmaschine zu vermeiden. Die Mischung der Leimflotte auch nur mit Spuren der stark sauren Härterlösung würde eine starke Herabsetzung der Topfzeit der Flotte bewirken und könnte nach kurzer Zeit zum Aushärten des sich in der Leimauftragsmaschine befindlichen Leimvorrates führen. Als Vorstrichhärter werden durchwegs wässrige Lösungen von organischen Säuren, z. B. Maleinsäure, Maleinsäureanhydrid oder anderen in Lösung sauer wirkenden Substanzen eingesetzt. Durch Zugabe von Verdickungsmitteln kann die Viskosität der Härterlösung angehoben werden, um ein zu starkes Eindringen in die Plattenoberfläche und damit einen Härtermangel in der Leimfuge zu vermeiden.

Beim Härtergegenstrichverfahren wird auf der einen Werkstückoberfläche die ohne Härter angesetzte Leimflotte aufgetragen, auf der anderen die wässrige Härterlösung. Sobald die beiden Oberflächen zusammengelegt werden und damit Leim und Härter in Kontakt kommen, läuft die Aushärtungsreaktion auf Grund der sauren Einstellung des Härters auch bei Raumtemperatur sehr rasch ab. Das Zusammenlegen der beiden Werkstücke muss daher entsprechend rasch erfolgen. Je nach Zusammensetzung des Härters ist eine bestimmte zulässige geschlossene Wartezeit möglich; je länger diese zulässige Wartezeit ist, desto länger ist dann aber auch die erforderliche Presszeit. Als grobe Faustformel kann man vom Dreifachen der zulässigen Wartezeit als erforderliche Presszeit ausgehen.

Bei beiden Verfahren sind Verleimungen bei Raumtemperatur möglich. Beim Rollenheißkaschieren (Vorstrichverfahren) wird die an sich rasche Aushärtung noch durch eine entsprechende Einbringung von Wärme beschleunigt, z. B. in einer kontinuierlichen Durchlaufpresse oder über den kurzzeitigen Kontakt mit den Rollen der Kalanderpresse. Die Presszeit beim Gegenstrichverfahren, welches üblicherweise bei Raumtemperatur durchgeführt wird, wird meist mit dem Zwei- bis maximal Dreifachen der Topfzeit der Flotte bei Raumtemperatur (Leimflotte +20% Härterlösung als grobe Nachstellung der in der Leimfuge gegebenen Mischungsverhältnisse) abgeschätzt, nach dieser Zeit ist eine ausreichende Festigkeit der Leimfuge für eine Entnahme des Werkstückes aus der Presse und für eine etwaige Weiterbearbeitung gegeben. Die endgültige Durchhärtung des Harzes nimmt allerdings eine deutlich längere Zeit in Anspruch. Das Gegenstrichverfahren wird nur in der handwerklichen Praxis sowie in Sonderfällen bei Blockverleimungen (Verleimungen einer Vielzahl von dicken Lamellen) angewendet.

1.1.4.6
Nachreifung (s. auch Teil III, Abschn. 3.5)

UF-gebundene Platten erhalten den überwiegenden Teil ihrer Festigkeiten bereits während des Heißpressvorganges. Ein zusätzlicher Festigkeitsanstieg während der Stapelreifung ist im Gegensatz zu melamin- oder phenolhaltigen Leimsystemen bei UF-gebundenen Platten nur in geringem Ausmaß gegeben. Während der Stapelreifung ist vorwiegend ein Ausgleich der im Querschnitt der Platten gegebenen unterschiedlichen Feuchtigkeiten gegeben.

Zum Einfluss der Stapelreifung auf eine mögliche Absenkung der Formaldehydabgabe gibt es unterschiedliche Erfahrungen. L. Plath (1968) berichtete, dass dieser Effekt eher nicht zu erwarten ist. Der während der Aushärtung nicht umgesetzte Fänger (z. B. Harnstoff) kann jedoch im Stapel eine langsame Reaktion mit dem freien Formaldehyd eingehen; die nachträgliche Formaldehydabgabe nimmt dadurch deutlich ab. Ein merklicher Ausdampfeffekt aus einem dichten Stapel ist jedoch nicht zu erwarten.

1.1.4.7
Säurepotential in der Leimfuge

Bei der sauren Härtung sowohl von aminoplastischen als auch – in den seltenen Fällen dieser Anwendung – von phenoplastischen Harzen verbleibt der saure Katalysator (oder die bei der Umsetzung des Katalysators entstehende Säure) in der Leimfuge bzw. im leimfugennahen Holz, wo er je nach Säurepotential sogar Zerstörungen in der Holzsubstanz hervorrufen kann. Dieses Säurepotential addiert sich zu dem bereits dem Holz inhärenten Säuregehalt, messbar als pH-Wert < 7 von wässrigen Auszügen von reinem Holz. An Spanplatten können ebenfalls an wässrigen Auszügen pH-Werte in der Größenordnung von 4–5 gemessen werden (Paulitsch 1972). Zusätzlich kann auch durch das Furnieren mit UF-Harzen ein weiteres Säurepotential in die Platte eingebracht und damit der pH-Wert weiter abgesenkt werden (Roffael und Miertzsch 1992).

Myers (1983) weist darauf hin, dass die Zerstörung einer Leimbindung sowohl durch eine säurebedingte Hydrolyse der der Leimfuge benachbarten Zellwand als auch durch einen hydrolytischen Abbau des Harzes selbst hervorgerufen werden kann; durch einen Abbau des in der Leimfuge verbleibenden Säurepotentials und damit einer Ausbildung einer neutralen Leimfuge ist eine deutliche Verbesserung der Beständigkeit dieser Leimfuge erzielbar, insbesondere auch bei UF-gebundenen Holzwerkstoffen. Die Menge des zugegebenen sauer wirkenden Härters (Ammonsalze wie Ammonchlorid oder Ammonsulfat, freie Säuren, sauer wirkende Substanzen) sollte deshalb immer auf die gewünschten bzw. erforderlichen Härtungsbedingungen abgestimmt sein und nie unter dem Motto „je mehr desto besser" erfolgen. Zu hohe Härterdosierungen können eine Versprödung der Leimfuge sowie ein hohes verbleibendes Säurepotential in der Leimfuge hervorrufen. Dies ist insbesondere auch bei säurehärtenden Phenolharzen der Fall gewesen, wo pH-Werte der Leimfuge in der Größenordnung von 1 eingestellt werden. Die Neutralisation der Leimfuge darf aber erst nach Beendigung der Aushärtereaktion stattfinden, um nicht die saure Aushärtung selbst zu verzögern oder gar zu verhindern. Bei der Auswahl dafür geeigneter Zusätze sind somit folgende Gesichtspunkte zu berücksichtigen:

- Die Reaktion mit dem sauren Härter darf nur mit einer Geschwindigkeit erfolgen, die die Aushärtung selbst nicht be- oder verhindert.
- Das Reaktionsprodukt zwischen Härter und Zusatz darf seinerseits nicht wieder den Abbau beschleunigen.
- Es dürfen keine wesentlichen Nachteile bei der Verarbeitung oder hinsichtlich der erzielbaren Bindefestigkeiten auftreten.
- Die Kosten für den Zusatz müssen niedrig sein.
- Es dürfen nur geringe Mengen an Zusatz erforderlich sein.

Higuchi und Sakata (1979) tränkten Sperrholzproben in einer wässrigen Natriumbicarbonatlösung und erzielten dadurch wirklich eine signifikante Verbesserung der Wasserbeständigkeit. Eine weitere Möglichkeit besteht in der Verwendung von feinen porösen Glaspulvern, die langsam mit der in der Leimfuge verbleibenden Säure reagieren, ohne aber die deutlich rascher ablaufende saure Härtung zu beeinflussen (Higuchi u.a. 1980, Ezaki u.a. 1982, Myers und Koutsky 1990). Andere Zusatzstoffe sind Aluminiumpulver bzw. Magnesiumoxid, insbesondere letzteres reagiert jedoch zum Teil zu rasch mit der bei der Härtung entstehenden Säure und verzögert dadurch die Aushärtung (Myers und Koutsky 1990). Dutkiewicz (1984) erhielt gute Resultate, indem er die verbleibende Säure durch Zugabe von Polymeren, die Amino- oder

Amidogruppen enthielten, neutralisiert. Er findet insbesondere gute Resultate mit Polyacrylamid oder Polymethacrylamid. Die Verwendung von Härtern, die als solche weniger sauer reagieren und damit einen nicht so tiefen pH-Wert in der gehärteten Leimfuge ergeben, scheitert jedoch erwartungsgemäß an der zu erwartenden langsameren Aushärtegeschwindigkeit (Myers und Koutsky 1990).

1.1.5
Modifizierung von UF-Leimen

Harze, die lediglich aus Harnstoff und Formaldehyd als harzbildende Bestandteile bestehen, stellen die mengenmäßig überwiegend eingesetzten Leime für Span- und MDF-Platten dar. Sie weisen neben den vielen positiven Eigenschaften, die letztendlich für den weitverbreiteten Einsatz dieser Harze entscheidend sind, aber auch verschiedene Nachteile auf, wie z.B. eine erhöhte Sprödigkeit oder einen geringen Widerstand gegen hydrolytischen Einfluss durch erhöhte Luftfeuchtigkeit oder Wasser, insbesondere im Zusammenhang mit höheren Temperaturen. In speziellen Anwendungsfällen ist daher eine Modifikation der UF-Leimharze zu empfehlen bzw. erforderlich. Chemische Modifikationen betreffen z.B. den Einbau von Melamin zur Verbesserung der Feuchte- und Wasserbeständigkeit, die Sulfitierung von Methylolgruppen oder die Cokondensation mit Ammoniak oder Aminen. Eine Plastifizierung auf physikalischem Weg ist z.B. durch Zugabe von geringen Mengen Weißleim (Polyvinylacetatdispersion) sowie von Streck- und Füllmitteln (s. Teil II, Abschn. 2.7.1) möglich.

1.1.5.1
Cokondensation mit Melamin

Die beschränkte Hydrolysebeständigkeit von ausgehärteten UF-Harzen kann durch eine in unterschiedlicher Form erfolgende Zugabe von Melamin verbessert werden. Reine Melamin-(MF-)Leimharze werden aus Kostengründen allerdings nicht alleine, sondern immer in Kombination mit UF-Harzen eingesetzt. Lediglich im Bereich der Papierimprägnierung kommen reine Melaminharze zur Herstellung von KT-Folien und Laminaten zum Einsatz. Eine ausführliche Beschreibung melaminhaltiger Leime (melaminverstärkte Spanplatten- und MDF-Leime, MUF/MUPF-Leime mit hohem Melaminanteil, Zugabe von Melamin über den Härter bei Sperrholzflotten, Zugabe von Melaminsalzen u.a.) erfolgt in Teil II, Abschn. 1.2.

1.1.5.2
Zugabe von partiell hydrolysierten Polyamiden

Partiell hydrolysierte Polyamide mit einem verbleibenden Polymerisationsgrad von $n = 1 - 3$ sind in ihrer Salzform wasserlöslich und verfügen über eine Vielzahl an NH-Gruppen, die mit Formaldehyd oder Methylolgruppen eines

UF-Harzes reagieren und somit die Wasserfestigkeit des UF-Harzes erhöhen können (Wang und Pizzi 1997b).

1.1.5.3
Ersatz von Formaldehyd durch andere Aldehyde

Wang und Pizzi (1997a) ersetzen Formaldehyd durch Succinaldehyd OHC-CH_2-CH_2-CHO, einem Dialdehyd mit einer kurzen Kohlenwasserstoffkette. Dadurch wird eine gewisse Flexibilisierung des ausgehärteten Harnstoffharzes erreicht; dies sollte zum einen interne Spannungen abbauen, zum anderen durch das im Vergleich zu Formaldehyd hydrophobere Verhalten des Succinaldehyds eine gewisse Wasserabweisung bewirken.

1.1.5.4
Ersatz von Formaldehyd durch Furfural und Furfurylalkohol

Mehrmals wurde versucht, Formaldehyd durch Furfural oder Furfurylalkohol zu ersetzen (He u.a. 1993, Schneider u.a. 1996, Tang u.a. 1995). Eine industrielle Anwendung solcher Systeme ist derzeit jedoch nicht gegeben.

Schneider u.a. (1996) beschreiben die Modifizierung eines UF-Harzes mit einem nicht näher spezifiziertem Polyfurfurylalkohol, fanden insgesamt jedoch keine Verbesserungen im Vergleich zur Nullprobe. Die Ursachen dafür dürften offensichtlich in einem unter den gewählten Bedingungen ungenügendem Aushärten sowie in einem übermäßigen Wegschlagen des Harzes ins Holz und damit einer verhungerten Leimfuge gelegen sein.

Weitere Literaturhinweise: Kim u.a. (1998)

1.1.5.5
Sulfitierung von Methylolgruppen

Die Sulfitierung erfolgt durch nachträgliche Umsetzung eines UF-Harzes mit Pyrosulfit. Dadurch wird im Allgemeinen eine bessere Wasserverdünnbarkeit bzw. Waschbarkeit erzielt.

1.1.5.6
Einbau von speziellen Harnstoffoligomeren

Die Zugabe von verzweigten Oligoharnstoffen, wie z.B. Triäthylentetraharnstoff, ermöglicht eine verbesserte Ausbildung eines dreidimensionalen Netzwerkes (Higuchi u.a. 1979). Harnstoffoligomere mit flexiblen Zwischenketten, wie z.B. Hexamethylendiharnstoff (Higuchi u.a. 1979), bewirken einen Abbau der im Harz während der Aushärtung entstehenden inneren Spannungen und erhöhen dadurch die Widerstandsfähigkeit gegen zyklische Klimaschwankungen.

1.1.5.7
Cokondensation mit Aminen oder Ammoniak

Der Einbau flexibler di- und trifunktioneller Amine (z.T. mit Harnstoffendgruppen) oder der Einsatz von HCl-Salzen von Aminen als Härter (z.B. Hexamethylendiamin-hydrochlorid, welches in das Harz eingebaut wird) kann ausgehärtete UF-Harze widerstandsfähiger gegen zyklische Quell- und Schwindbewegungen machen. Durch den Einbau solcher flexiblen Gruppen werden die im Harz während der Aushärtung entstehenden inneren Spannungen abgebaut und somit die Widerstandsfähigkeit gegen zyklische Klimaschwankungen erhöht (Ebewele 1995, Ebewele u.a. 1991a + b, 1993, 1994, River u.a. 1994).

Über die Zugabe von Ammoniak bei der UF-Harzherstellung wurde bereits in Teil II, Abschn. 1.1.1 berichtet.

1.1.5.8
Modifizierung mit Acrylamid

Reiska u.a. (1992) berichten in ihren Arbeiten über die Zugabe von Triazinonharzen zu nicht modifizierten UF-Harzen; bei Anwesenheit von Acrylamid wird der Abfall der mechanischen Festigkeiten im Vergleich zum Ausgangsharz deutlich verlangsamt. Genaue Ursachen für diesen Effekt werden jedoch nicht angegeben. Es ist zu vermuten, dass Acrylamid über die Amidgruppe chemisch in das Harz eingebaut wird und möglicherweise eine zusätzliche Vernetzung über die Aufspaltung der Doppelbindung des Acrylrestes erfolgt.

1.1.5.9
Modifizierung mit Resorcin

Die nachträgliche Reaktion eines UF-Harzes mit Resorcin findet im sauren Bereich vor allem als Reaktion des Resorcins mit den Methylolgruppen statt, während im alkalischen Bereich die Abspaltung von Formaldehyd aus den Methylolen und die Reaktion von Resorcin mit diesem freigewordenen Formaldehyd überwiegt (Higuchi und Sakata 1984). Die Zugabe von Resorcin zu einem kalthärtenden UF-Harz ergibt zwar (allerdings bei preislich praktisch nicht mehr akzeptierbaren Zugabemengen) eine deutliche Verbesserung der nach einer Kochvorbehandlung der Proben verbliebenen Zugscherfestigkeit von Sperrholz; deutlich bessere Ergebnisse, insbesondere hinsichtlich des Holzbruchanteiles, erhalten Higuchi und Sakata (1984) jedoch bei Einsatz von Resorcin in Form eines Harnstoff-Resorcin-Formaldehyd-Kondensationsproduktes, auch wenn dieses anschließend wieder mit einem reinen UF-Harz zur Einstellung des gewünschten Resorcingehaltes in der fertigen Leimmischung abgemischt wird (Abb. 1.15).

Abbildung 1.16 zeigt die Abhängigkeit der Gelierzeit eines UF-Harzes, eines RF-Harzes sowie einer Mischung eines UF-Harzes mit Resorcin vom pH-Wert (Higuchi und Sakata 1984).

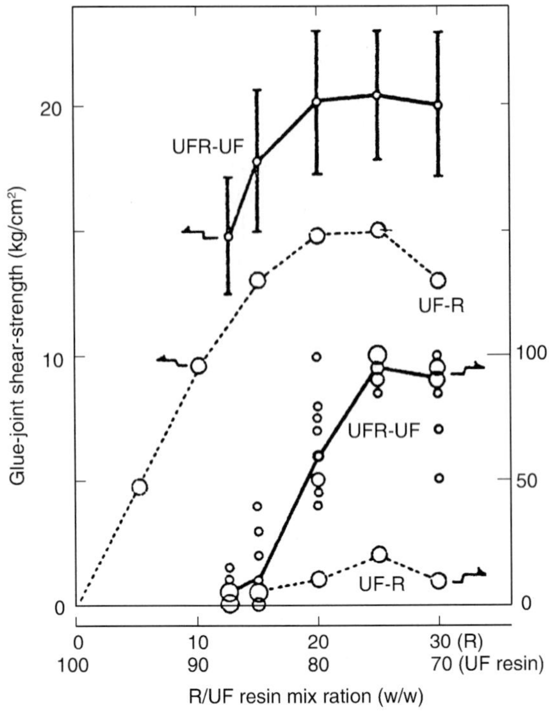

Abb. 1.15. Abhängigkeit der Bindefestigkeit von Sperrholzverleimungen vom Resorcinanteil in modifizierten UF-Harzen unterschiedlicher Herstellungsart (Higuchi und Sakata 1984)

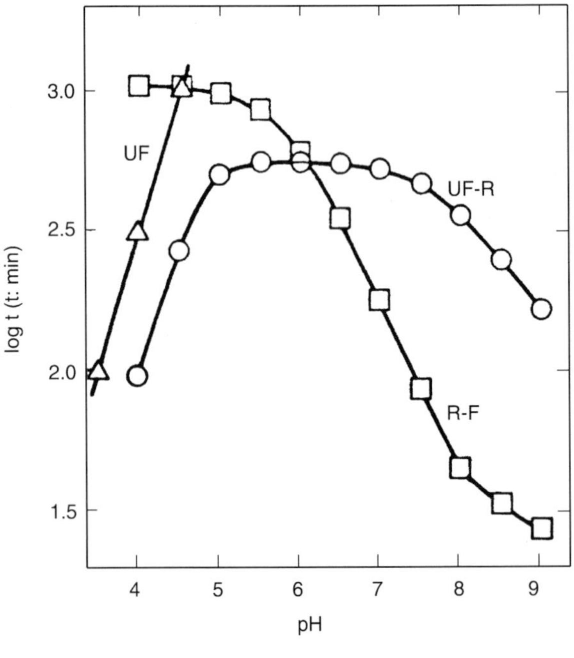

Abb. 1.16. Abhängigkeit der Gelierzeit eines UF-Harzes, eines RF-Harzes sowie einer Mischung eines UF-Harzes mit Resorcin vom pH-Wert (Higuchi und Sakata 1984). UF-R: Mischung aus 77,5 GT des UF-Harzes und 22,5 GT Resorcin

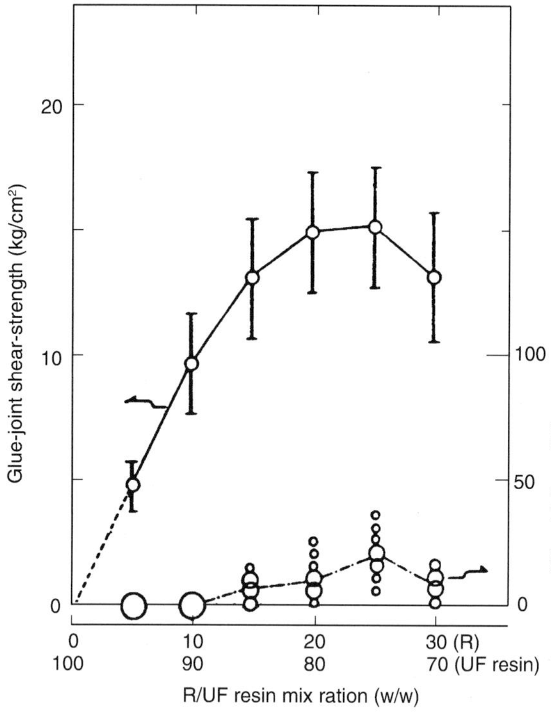

Abb. 1.17. Verbesserung der Scherfestigkeit und des Holzbruchanteils von Dreischichtsperrholz in Abhängigkeit des Resorcinanteils in einer UF-Resorcin-Mischung (Higuchi und Sakata 1984). Vorbehandlung vor der Prüfung: 72 h Kochen

In Abbildung 1.17 ist die Verbesserung der Scherfestigkeit und des Holzbruchanteils von Dreischichtsperrholz in Abhängigkeit des Resorcinanteils in einer UF-Resorcin-Mischung dargestellt (Higuchi und Sakata 1984).

Scopelitis (1992) bzw. Scopelitis und Pizzi (1993b) gehen bei der Modifizierung von UF-Harzen mit Resorcin von der Überlegung aus, dass die dem modifizierten Harz zugrundeliegenden UF-Ketten durch die Resorcinmoleküle vor einem zu starken Angriff von Wasser geschützt werden müssen. Dies bedeutet aber, dass ein bestimmter Resorcingehalt nicht unterschritten werden darf; es würde dann nicht zu einem schrittweisen Absinken der Wasserbeständigkeit, sondern zu einem plötzlichen Zusammenbruch des Systems kommen. Durch gezielte Erhöhung des Verzweigungsgrades der zugrundeliegenden UF-Harze (dies erfolgt ebenfalls durch Zugabe geringer Mengen an Resorcin bzw. eines Tannins) gelingt es, den erforderlichen Gehalt an endständigem Resorcin auf die Größenordnung von 12–13% zu drücken.

Die Modifizierung von UF-Harzen mit Resorcin wurde großtechnisch bisher jedoch noch nicht eingesetzt; eine Verbesserung der mechanisch-technologischen Eigenschaften ist möglich, gleichzeitig wirkt Resorcin als Formaldehydfänger. Nachteilig sind jedoch die hohen Kosten für das Resorcin.

Weitere Literatur- und Patenthinweise: Blomquist und Olson (1964), Kehr u.a. (1994), Lee u.a. (1994), Roffael (1980), Roffael u.a. (1993, 1995b), Roffael und Dix (1991), Steiner und Chow (1974), DE 1102394 (1957), USP 4032515 (1975).

1.1.5.10
Modifizierung mit polyphenolischen Substanzen (Tanninen)

Tannine können in vielfältiger Weise zur Modifizierung von UF-Harzen sowie gemeinsam mit UF-Harzen eingesetzt werden (Dix und Marutzky 1987, Dunky 1993, Grigoriou 1990, Kehr u.a. 1994, Passialis u.a. 1988, Roffael u.a. 1993, 1995b). Kondensierte Tannine verringern die anfänglich hohe Formaldehydabgabe aus UF-gebundenen Holzwerkstoffen bei einer Messung in einem Prüfraum, wobei diese Wirkung allerdings nach einer Woche wieder verloren geht (Cameron und Pizzi 1986). In DE 4431316/EP 699510 wird ebenfalls Tannin als Formaldehydfänger beschrieben, wobei die Zugabe pulverförmig zu den Spänen vor der Beleimung in einer Größenordnung von 0,5% bezogen auf Späne erfolgt.

1.1.5.11
Isocyanat (PMDI) als Beschleuniger und Verstärker für UF-Leime

Kombinations- bzw. Mischverleimungen werden zur Absenkung der hohen Kosten einer reinen Isocyanatverleimung eingesetzt. Bei der Kombinationsverleimung werden das UF-Harz und das PMDI ohne vorherige Vermischung gleichzeitig oder nacheinander auf die Späne gesprüht (z.B. PMDI im Vorsprühverfahren, Hse u.a. 1995, Kehr u.a. 1994). Beim heute üblichen Untermischverfahren erfolgt eine Eindüsung des PMDI in das UF-Harz unter hohem Druck (Deppe 1977, 1983a + b, Deppe und Ernst 1971). PMDI wirkt dabei als Beschleuniger und als Verstärker für UF-Leime. Die Beschleunigung erfolgt durch Abmischung von UF-Harz und PMDI knapp vor dem Beleimungsmischer in der Mittelschicht, wobei meist eine Größenordnung von 0,5% PMDI/atro Span neben der üblichen oder geringfügig abgesenkten Mittelschicht-UF-Beleimung eingesetzt wird. Es wird über Verkürzungen der spezifischen Presszeiten in der Größenordnung bis zu 1 s/mm berichtet (Dunky 1997).

Die verstärkende Wirkung von PMDI als zusätzliche Quervernetzung des aminoplastischen Harzes bzw. als Bindemittel selbst wurde vor allem bei der Entwicklung formaldehydarmer Verleimungen vorgeschlagen. Dabei wird die niedrige nachträgliche Formaldehydabgabe durch eine entsprechende formaldehydarme Einstellung des aminoplastischen Harzes erreicht (Molverhältnis $F/U < 1{,}0$); die beim Einsatz solcher Harze mangelnden Eigenschaften der Platten (niedrige Querzugfestigkeit, hohe Dickenquellung) werden durch die Zugabe von PMDI wieder ausgeglichen (Dunky 1986, Tinkelenberg u.a. 1982, EP 25245). Des Weiteren wird durch die bessere Quervernetzung eine Verbesserung der Beständigkeit gegenüber der Einwirkung von Feuchtigkeit und Wasser erzielt (Deppe und Stolzenburg 1984, Pizzi u.a. 1993b). Entscheidend für diese guten Ergebnisse ist auch die Tatsache, dass die Reaktion der Isocyanatgruppen mit den Methylolgruppen eines UF-Harzes um eine Zehnerpotenz rascher erfolgt als die Reaktion mit Wasser (Pizzi und Walton 1992).

Mischungen von aminoplastischen Harzen und PMDI sind allerdings nur wenige Stunden stabil, die Abmischung dieser beiden Komponenten erfolgt demnach immer erst kurz vor der Verarbeitung beim Plattenhersteller, üblicherweise on line mittels Hochdruckverdüsung des PMDI in den Flüssigharzstrom knapp vor dem Beleimmischer.

Weitere Literaturhinweise: Adcock u.a. (1999)

1.1.5.12
Zugabe von Sojaprotein

Lorenz u.a. (1999) berichten, dass bis zu 50% Sojaprotein (bezogen auf UF-Festharz) zu einem UF-Harz zugegeben werden können. Dabei kommt es aber insbesondere bei höheren Zugabemengen zu einem Absinken der Reaktivität. Die nachträgliche Formaldehydabgabe wird durch die Zugabe nicht verbessert.

1.1.6
Formaldehydgehalt und Molverhältnis

Das Molverhältnis F/U der UF-Harze hat sich in den letzten beiden Jahrzehnten weitgehend zu niedrigen Werten verschoben, insbesondere bei den Spanplatten- und MDF-Leimen. Hauptursache für diese Veränderungen war die angestrebte Verringerung der nachträglichen Formaldehydabgabe. Tabelle 1.3 fasst die derzeit üblichen Molverhältnisse zusammen, mit denen die aktuellen Bestimmungen der nachträglichen Formaldehydabgabe (Bundesgesundheitsblatt Nr. 10/1991 als Ergänzung zur Deutschen Chemikalienverbotsverord-

Tabelle 1.3. Derzeitige übliche Molverhältnisse von UF-Leimharzen

F/U = 1,55 bis 1,85	klassischer UF-Sperrholzleim, insbesondere in Kombination mit Melamin für wasserfeste Verleimungen, kalthärtende Leimsysteme
F/U = 1,2 bis 1,55	formaldehydarme Sperrholzleime bzw. Sperrholzleime, die mit speziellen Härtern (Formaldehydfängern) verarbeitet werden.
F/U = 1,35 bis 1,6	ehemaliger „E3"-Spanplattenleim [a]
F/U = 1,15 bis 1,3	ehemaliger „E2"-Spanplattenleim [a]
F/U = 1,03 bis 1,10	„E1"-Spanplatten- und MDF-Leim
F/U < 1,00	Spanplatten- und MDF-Leime mit extrem niedrigem Formaldehydgehalt, meist modifiziert oder verstärkt.

[a] E2, E3: Emissionsklassen der ehemaligen „Richtlinie über die Verwendung von Spanplatten hinsichtlich der Vermeidung unzumutbarer Formaldehydkonzentrationen in der Raumluft" (ETB-Richtlinie 1980).

nung 1993) erfüllt werden können. Bei weiteren Verschärfungen dieser Grenzwerte, die derzeit in Diskussion bzw. auf freiwilliger Basis in Kraft sind (Dunky 1995, s. auch Teil II, Abschn. 5.2.4), ist eine weitere Absenkung des Molverhältnisses erforderlich, parallel dazu aber meist auch entsprechende Verstärkungen oder Modifizierungen des Harnstoffharzes. Über den Zusammenhang zwischen dem Molverhältnis und der nachträglichen Formaldehydabgabe wird in Teil III, Abschn. 2.2.3 ausführlich berichtet.

Weitere Literaturhinweise: Marutzky u.a. (1978).

1.1.7 Ergebnisse molekularer Charakterisierung

Die molekulare Charakterisierung untersucht die Molmassenverteilung und die verschiedenen Molmassenmittel (z.B. mittels Gelpermeationschromatographie, s. Teil II, Abschn. 3.3.2) und deren Zusammenhänge mit der Zusammensetzung und der Kochweise des Harzes.

Der Kondensationsverlauf von Leimharzen, insbesondere die saure Reaktionsstufe bei UF-Harzen, wurde bereits in mehreren Arbeiten untersucht und beschrieben (Armonas 1970, Braun und Bayersdorf 1980a+b, Dunky u.a. 1981, Hope u.a. 1973, Tsuge u.a. 1974). Dunky u.a. (1981) verfolgten den Aufbau der höheren Kondensationsstufen mittels GPC mit DMSO als Elutionsmittel und fanden eine deutliche Verschiebung der Elutionskurven zu niedrigeren Elutionsvolumina, also zu höheren Molmassen (Abb. 1.18).

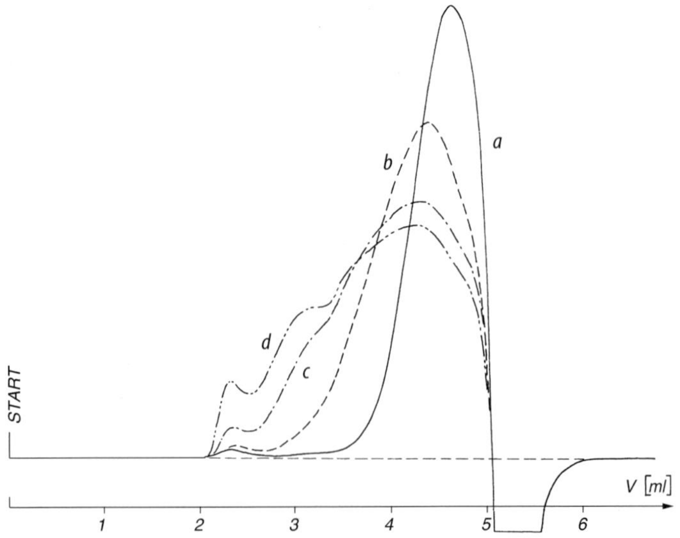

Abb. 1.18. Gelchromatogramme verschiedener saurer Kondensationsstufen eines UF-Harzes mit einem Molverhältnis F/U = 1,9 (Dunky u.a. 1981).
a: alkalisches Vorkondensat; *b*: saure Kondensationsdauer 2 min; *c*: 4 min; *d*: 5 min

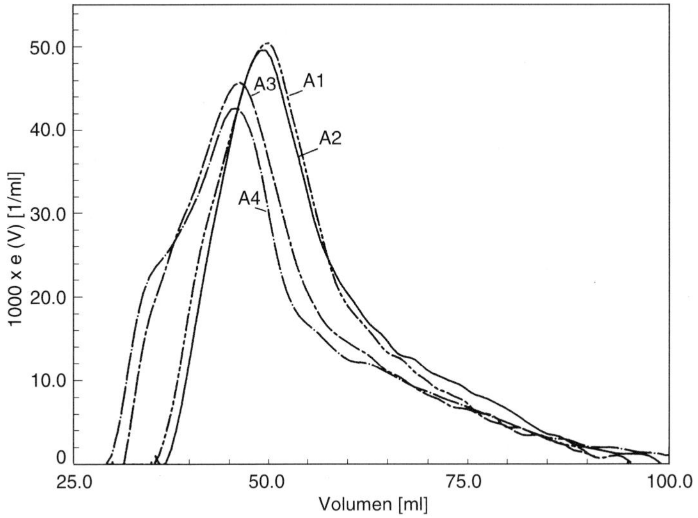

Abb. 1.19. Chromatogramme unterschiedlich hoch kondensierter UF-Harze (Billiani u.a. 1990)

Bei Billiani u.a. (1990) finden sich verschiedene GPC-Kurven unterschiedlich hoch kondensierter UF-Harze (Abb. 1.19). Innerhalb dieser Reihe ist ebenfalls eine Verschiebung der Chromatogramme zu kleineren Elutionsvolumina und somit zu höheren Molmassen zu beobachten. Bei den beiden am höchsten kondensierten Proben ist eine hochmolekulare Schulter im Chromatogramm erkennbar (bei ca. 35 ml Elutionsvolumen), die auf die Ausschlussgrenze dieser Säulenkombination hinweist. Der niedermolekulare Bereich der Chromatogramme (ca. 75–100 ml) hingegen zeigt ein ausgeprägtes Tailing. Da nach der sauren Kondensationsstufe kein Harnstoff zugegeben wurde, ist kein niedermolekularer Harnstoff- bzw. Harnstoffmethylolpeak vorhanden.

Bei der alkalischen Umsetzung von Harnstoff und Formaldehyd entstehen neben den monomeren Harnstoffmethylolen auch oligomere Kondensationsverbindungen, die nach Braun und Günther (1982) aber nicht über Tetramere hinausgehen (Abb. 1.20).

Günther (1984) beschreibt die Verschiebung der Peaks in der GPC bei der Verfolgung der Kondensation eines UF-Schaumharzes (Abb. 1.21).

Bei Dunky u.a. (1981) finden sich GPC-Kurven unterschiedlich hoch kondensierter UF-Leime verschiedener Molverhältnisse F/U. Je höher der Kondensationsgrad ist, desto weiter sind diese Chromatogramme zu kleineren Elutionsvolumina verschoben. Dabei ist auch ein wachsender Peak an der Ausschlussgrenze ein Hinweis für einen größeren Anteil an hohen Molmassen, auch wenn dabei keine Auftrennung nach Molmassen mehr möglich ist. Katuscak u.a. (1981) beschreibt ebenfalls die Zunahme der Molmassen mit

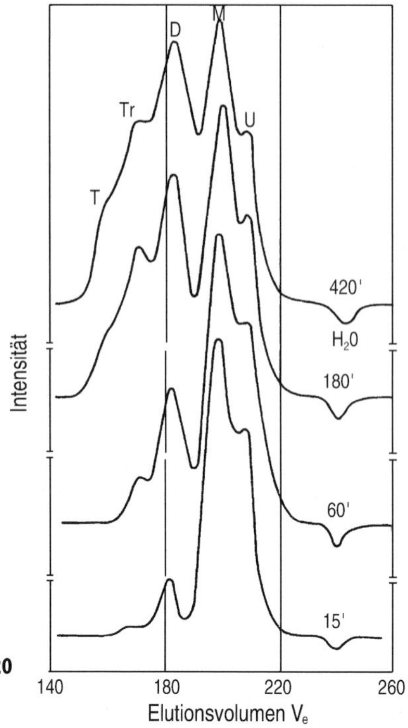

1.20

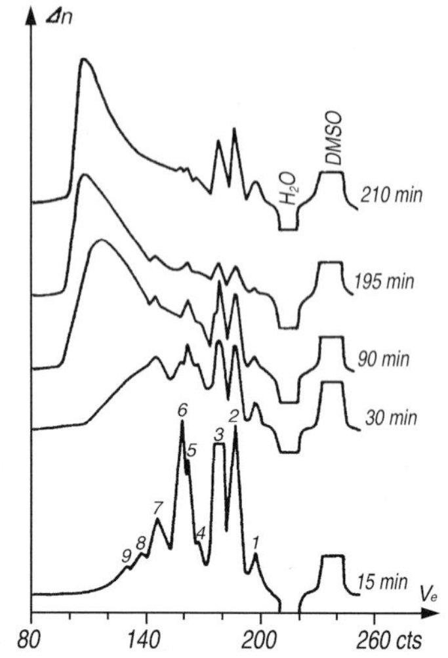

1.21

Abb. 1.20. Gelchromatogramme von UF-Kondensaten nach unterschiedlich langer alkalischer Kondensation bei pH = 8 und einem Molverhältnis F/U = 2,0; Reaktionstemperatur 90 °C (Braun und Günther 1982)

Abb. 1.21. Gelchromatogramme von Harnstoff-Formaldehyd-Kondensaten nach verschiedenen Reaktionszeiten (Günther 1984).
Peakzuordnung: *1* Harnstoff, *2* Monomethylolharnstoff, *3* N,N′-Dimethylolharnstoff, *4* keine exakte Zuordnung, *5* Monomethylol-Oxymethylendiharnstoff, *6* N,N′-Dimethylol-Oxymethylendiharnstoff, *7* Trimere, *8* Tetramere, *9* Pentamere

unterschiedlich langen Reaktionszeiten und errechnet über eine Kalibrierkurve die zugehörigen differentiellen und integralen Molmassenverteilungen.

Billiani u.a. (1990) haben zum ersten Mal UF-Harze mittels GPC-Lichtstreuungskopplung (GPC-LALLS, s. Teil II, Abschn. 3.3.2.3) untersucht. Abbildung 1.22 zeigt ein solches Chromatogramm mit der Konzentrationskurve e (V), aufgenommen mittels eines Differentialrefraktometers, sowie der Lichtstreukurve (reduzierte Streuintensität E (V)). Wie zu erwarten war, ergibt die daraus errechnete Molmassenmittelwertskurve lg M_w (V) nur im Bereich der kleinen Elutionsvolumina, d.h. der hohen Molmassen, sinnvolle Werte. Der niedrigste Bereich des Gewichtsmittels, welcher auf diese Weise zugänglich ist, liegt bei ca. 10 000 g/mol.

UF-Kondensate, die in schwach alkalischem (pH = 8), neutralem (pH = 7) bzw. schwach saurem Medium (pH = 6) hergestellt wurden, unterscheiden sich

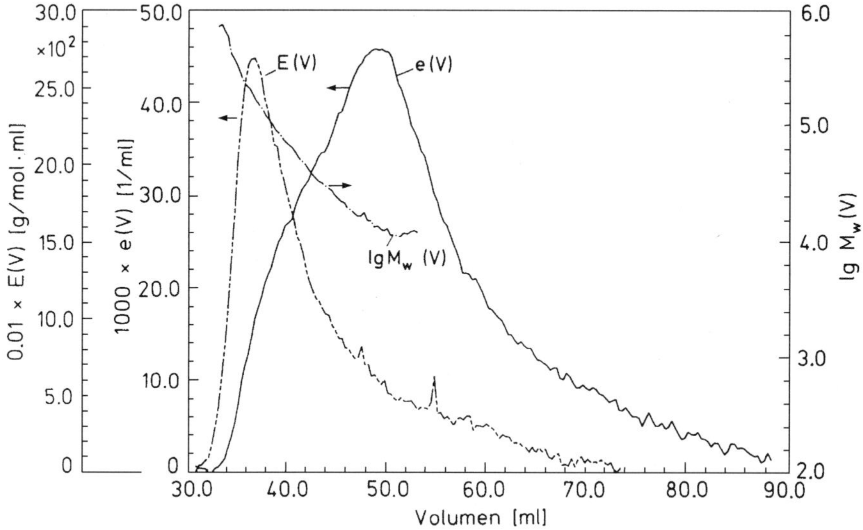

Abb. 1.22. Untersuchung eines UF-Leimharzes mittels GPC gekoppelt mit Laser-Lichtstreuung (LALLS). Darstellung der Funktionen e(V) = Konzentrationssignal, E(V) = reduzierte Streuintensität und lg M_w(V) = Molmassengewichtsmittel für das jeweilige Elutionsvolumen V (Billiani u.a. 1990)

Abb. 1.23. Gelchromatogramme von Harnstoff-Formaldehyd-Kondensaten (F/U = 2,0; 90 °C, 2 h Reaktionszeit, unterschiedliche pH-Werte), getrennt auf Merckogel 6000 (Merck, Darmstadt) mit DMF als Elutionsmittel (Braun und Bayersdorf 1980a).
U: Harnstoff; FU: Monomethylolharnstoff; FUF: Dimethylolharnstoff; *1*, *2*, *3*, *4*: Anzahl der Harnstoffeinheiten der Oligomeren

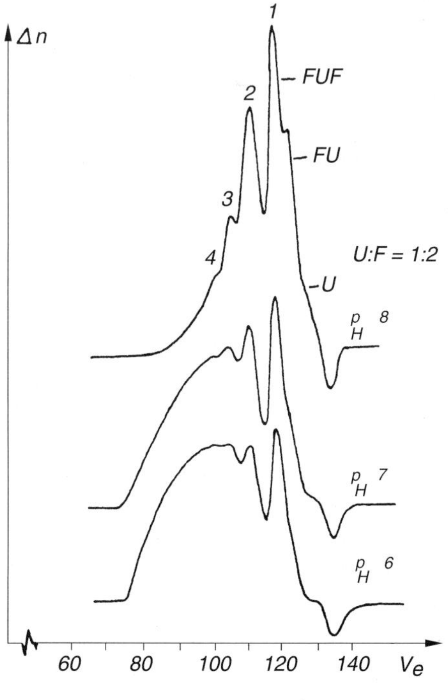

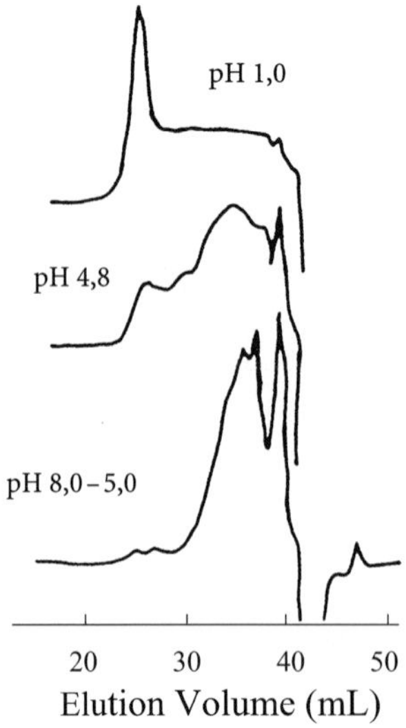

Abb. 1.24. Gelchromatogramme von Harnstoff-Formaldehyd-Kondensaten (F/U = 3,0), hergestellt bei unterschiedlichen pH-Werten (Hse u.a. 1994)

trotz gleicher Reaktionszeiten in ihren Chromatogrammen deutlich (Abb. 1.23). Das im alkalischen Medium hergestellte Harz enthält nur sehr wenig höhermolekulare Anteile, im wesentlichen sind Dimere vertreten. In der Monomerfraktion sind Mono- und Dimethylolharnstoff teilweise getrennt. Mit fallendem pH-Wert nimmt der Kondensationsgrad deutlich zu, die Chromatogramme verschieben sich dabei zu niedrigeren Elutionsvolumina (Braun und Bayersdorf 1980a).

Abbildung 1.24 zeigt drei Chromatogramme von UF-Harzen mit dem Molverhältnis F/U = 3 (also noch vor der nachträglichen Harnstoffzugabe), die bei unterschiedlichen pH-Werten hergestellt wurden (Hse u.a. 1994). Beim extrem niedrigen pH-Wert von 1,0 findet überwiegend eine Kondensationsreaktion statt, die zu hohen Molmassen führt und einen ausgeprägten Peak an der Ausschlussgrenze der Säule ergibt. Die Variante mit alkalischer Methylolierung bei pH = 8,0 und anschließender schwach saurer Kondensation bei pH = 5,0 ergibt hingegen vorwiegend Methylole der niedrigen Kondensationsstufen. Diese Unterschiede in der Molmassenverteilung sind allerdings auch auf die unterschiedlichen Viskositäten der Harze zurückzuführen. Ob bei gleichen Viskositäten der Harze (und natürlich auch bei gleichem Festharzgehalt, der allerdings bei Größenordnungen an freiem Formaldehyd von 5–7% problematisch zu bestimmen ist) auch ein gleicher Kondensationsgrad gegeben ist oder ob die Korrelation zwischen Viskosität und Kondensationsgrad bei den einzelnen Kochweisen unterschiedlich ist, wird von den Autoren nicht berichtet. Nicht überraschend hingegen ist die Tatsache, dass bei der Variante mit pH = 1,0 und F/U = 2,5 die Reaktion nicht beherrscht werden konnte und der Ansatz gelierte.

Tabelle 1.4 gibt einen Überblick über in der Literatur berichtete Molmassenmittelwerte von UF-Harzen. Die Genauigkeit dieser Werte hängt bei den

Tabelle 1.4. Molmassen von UF-Harzen

Messmethode	Zahlenmittel	Gewichtsmittel	Literaturhinweis
VPO/DO[a]	224–516	–	Dunky und Lederer (1982)
LALLS[b]	–	3300– 19200	Dunky und Lederer (1982)
GPC-LALLS[c]	–	700–120000	Billiani u.a. (1990)

[a] Vapor pressure osmometry/Dampfdruckosmometrie.
[b] Low angle laser light scattering (Laser-Lichtstreuung).
[c] GPC gekoppelt mit Laser-Lichtstreuung.

direkten Methoden zur Bestimmung der Molmassenmittelwerte sowie bei der GPC-LALLS von etwaigen Assoziaten der Moleküle im gelösten Zustand ab. Bei konventionellen GPC-Auswertungen ist zusätzlich noch die Eignung der für die Auswertung eingesetzten Kalibrierfunktion zu berücksichtigen. Da definierte höhermolekulare UF-Verbindungen praktisch nicht zur Verfügung stehen, muss hier die GPC-Kalibrierung mit chemisch unterschiedlichen Substanzen erfolgen, die sich jedoch auch bei gleicher Molmasse in ihrem hydrodynamischen Volumen und damit in ihrem Verhalten bei der GPC-Trennung unterscheiden können. Diese Unsicherheit in der Kalibrierkurve geht direkt in die Berechnung der verschiedenen Molmassenmittelwerte aus den Chromatogrammen ein und führt nicht selten zu ungenauen bis falschen Ergebnissen. Insbesondere Chromatogramme, bei denen ein deutlicher Peak an der Ausschlussgrenze auftritt, sind in dieser Weise nicht mehr auswertbar. Aus diesem Grund wurden solche Daten auch nicht in Tabelle 1.4 aufgenommen.

Wird ein UF-Harz über seine Wasserverträglichkeit von üblicherweise ca. 100–200% verdünnt, flockt der Leim aus; die dispergierte Phase setzt sich langsam ab bzw. kann abzentrifugiert werden. In diesem dispergierten Anteil von UF-Leimen sind bevorzugt die höheren Molmassen des Harzes enthalten, wie GPC-Untersuchungen gezeigt haben (Abb. 1.25).

Online-Lichtstreumessungen im Eluat ermöglichen eine recht gute Abschätzung der höchsten Molmassen, die in UF-Harzen auftreten können (Billiani u.a. 1990). Im Bereich, in dem die Molmassenfunktion einen stetigen, mehr oder minder linearen Verlauf aufweist (s. Abb. 1.22), liegen die höchsten Molmassen in der Größenordnung von ca. 500000 g/mol. Dieses Ergebnis bestätigt bereits früher berichtete Ergebnisse von Dunky und Lederer (1982), bei denen dieselbe Größenordnung der Molmassen aus der Kombination von GPC und offline-Lichtstreuung an Leimharzen erhalten wurde. Weitere Hinweise auf solche hohen Molmassen finden sich in der Literatur auch bei Dankelman u.a. (1976). Er vermutete auf Basis von GPC-Untersuchungen Molmassen bis ca. 100000 g/mol, nahm dabei jedoch an, dass diese Moleküle trotz klarer Lösung nicht molekular dispers, sondern als Aggregate vorliegen. Angesichts der beim Durchgang durch die GPC-Säulen wirkenden Scher- und

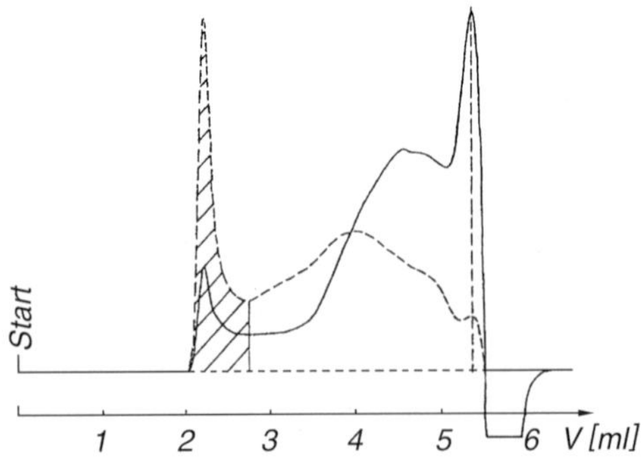

Abb. 1.25. GPC-Kurven des dispergierten und des löslichen Anteiles eines UF-Harzes nach Trennen der beiden Phasen durch Verdünnen und Zentrifugieren (Dunky und Lederer 1982)

Dehnströmungen (Huber und Lederer 1980) kann jedoch eher ausgeschlossen werden, dass es sich hierbei um Aggregate mit schwachen Wechselwirkungskräften handelt; es liegt nahe anzunehmen, dass die gemessenen Molmassen weitgehend die makromolekulare Struktur der UF-Harze richtig beschreiben.

Katuscak u.a. (1981) beziffern die höchsten in ihren Untersuchungen vorkommenden Molmassen mit 30000 bis 40000 g/mol, wobei sie diese Werte mittels externer Kalibrierung ermittelten. Die niedrigsten Molmassen, die noch mit ausreichender Genauigkeit bei den Ergebnissen von Billiani u.a. (1990) mittels GPC-LALLS abschätzbar sind, liegen im Bereich von 3200–6000 g/mol.

Kolloidales Verhalten

passt.

Grunwald (1999a + b) weist darauf hin, dass einige typische Eigenschaften von UF-Harzen sich auch durch den Einsatz moderner analytischer Methoden (IR, NMR, GPC, HPLC u.a.) nicht vollständig erklären lassen. Verschiedene Sachverhalte deuten seiner Meinung nach eher auf ein kolloidales Verhalten hin:

- der diskontinuierliche Viskositätsanstieg während der Aushärtereaktion
- die bekannte Mindestkonzentration, die vorliegen muss, damit ein UF-Harz überhaupt geliert
- elektronenmikroskopische Aufnahmen von ausgehärteten Harzen, die zusammengeflossene Sol-Strukturen zeigen.

Grunwald (1999a + b) schlägt deshalb zur Charakterisierung von UF-Harzen ein dreischaliges Modell vor:

- innere Struktur: Strukturelemente
- äußere Struktur: Molmassenverteilung
- kolloide Struktur.

Mittels Ultrazentrifuge (40000 U/min, 16 Stunden) konnte Grunwald (1999b) ein UF-Harz in vier Fraktionen trennen. Fraktion 1 war klar, Fraktion 2 nahezu klar, Fraktion 3 milchig weiß und Fraktion 4 fest und milchig.

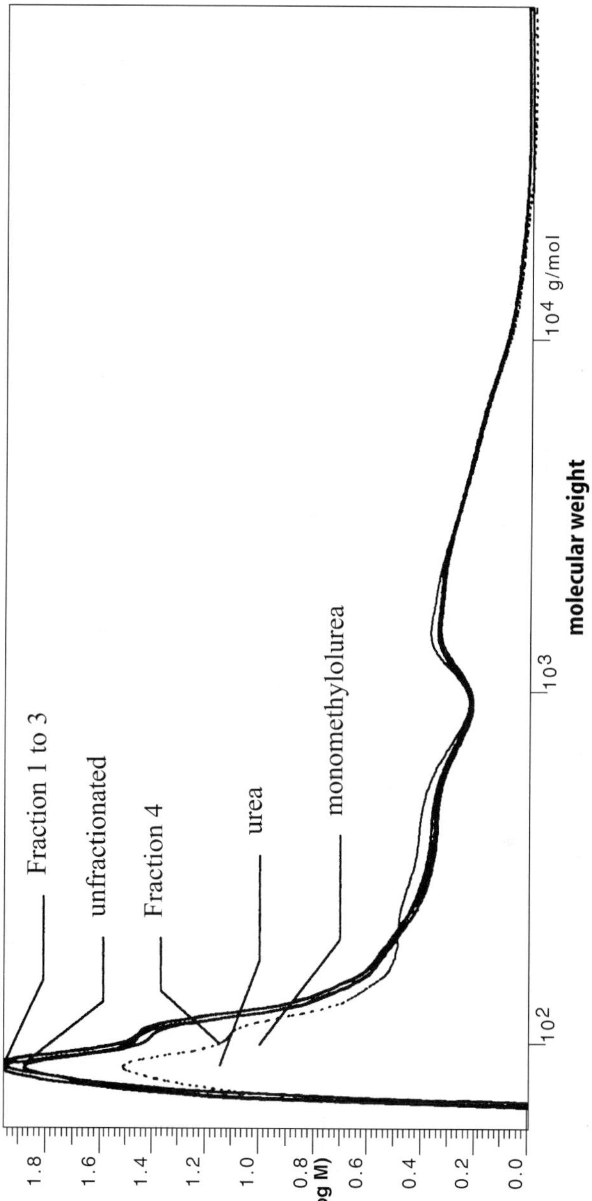

Abb. 1.26. Molmassenverteilungen auf Basis von GPC-Untersuchungen an fraktionierten Proben sowie an der unfraktionierten Probe (Grunwald 1999b)

Überraschenderweise zeigten sich bei der GPC-Analyse (Abb. 1.26) sowie bei den NMR-Untersuchungen nur unwesentliche Unterschiede zwischen den Fraktionen 1 bis 3. Lediglich Fraktion 4 zeigt leichte Unterschiede in der GPC.

1.1.8 Beeinflussung der technologischen Eigenschaften von UF-Leimen

1.1.8.1 *Einfluss des Molverhältnisses F/U*

Formaldehyd ist die eigentliche reaktive Komponente in einem UF-Harz und bewirkt die dreidimensionale Vernetzung des Harzes bei der Aushärtung. Eine Absenkung des Molverhältnisses F/U hat demnach eine schlechtere Ausbildung des räumlichen Netzwerkes zur Folge. Dies führt üblicherweise zu geringeren Bindefestigkeiten, wie einige Arbeiten bei Spanplatten und Sperrholz gezeigt haben (Dunky 1985 a, Dunky u. a. 1981, Dunky 1992 a, Mayer 1978, Nakarai und Watanabe 1961), eine ausführliche Beschreibung dieser Zusammenhänge erfolgt in Teil III, Abschn. 2.2.3.

Die Auswirkung der Absenkung des Molverhältnisses auf die Eigenschaften und insbesondere auf die Reaktivität und das Aushärteverhalten von UF-Leimen ist zentrales Thema vieler Untersuchungen in der Fachliteratur und Entwicklungen auf dem Gebiet der UF-Leime in den vergangenen Jahrzehnten. Nachstehend werden einige dieser Arbeiten präsentiert, weitere Ergebnisse sind der angegebenen Fachliteratur zu entnehmen (Myers 1984; Marutzky und Ranta 1979, Roffael 1976). Tabelle 1.5 stellt übersichtlich den Einfluss des Molverhältnisses F/U auf verschiedene Eigenschaften von UF-Leimen zusammen.

Tabelle 1.5. Einfluss des Molverhältnisses auf verschiedene Eigenschaften von UF-Leimen

Bei Herabsetzung des Molverhältnisses	
sinken	• die Reaktivität des Harzes • die Viskosität des Harzes, wenn die Kondensation des eigentlichen Harzkörpers unverändert bleibt und die Einstellung des Molverhältnisses durch eine nachträgliche Harnstoffzugabe erfolgt • der Vernetzungsgrad des ausgehärteten Harzes
steigen	• die Wasseraufnahme des ausgehärteten Harzes • die aus einer Platte mittels Wassers herauslösbaren Anteile (Harzverlust, extrahierbare Anteile) auf Grund eines höheren Anteiles an niedrigmolekularen Resten bzw. des schwächeren Vernetzungsgrades bei der Aushärtung • die Gelierzeit einer Leimflotte

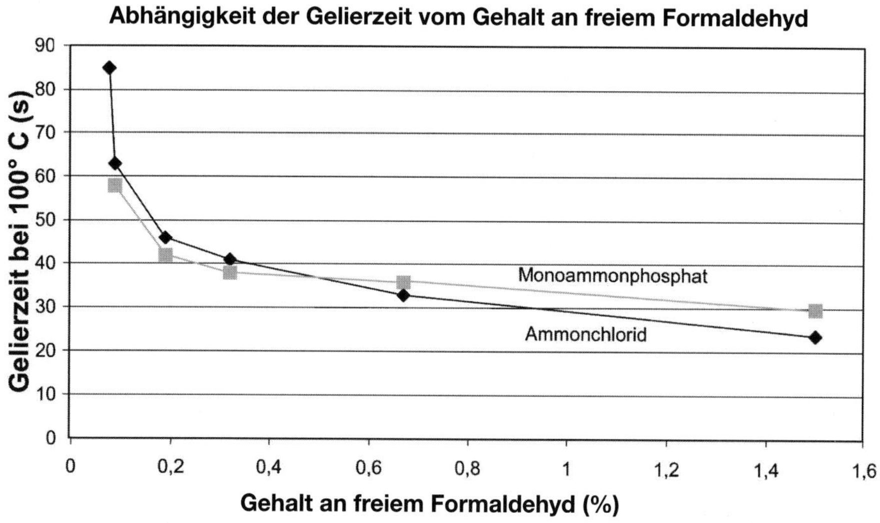

Abb. 1.27. Abhängigkeit der Heißgelierzeit bei 100 °C vom Gehalt an freiem Formaldehyd beim Einsatz von Ammonchlorid und Monoammonphosphat als Härter. Härterzugabe: 100 g Leim + 10 g einer 15 %igen Härterlösung (Dunky 1985 a)

Der Einfluss des Formaldehydgehaltes auf die Aushärtung eines UF-Harzes zeigt sich auch bei der Auftragung der gemessenen Gelierzeiten in Abhängigkeit des Gehaltes an freiem Formaldehyd im Leimharz (Abb. 1.27). Oberhalb ca. 0,2 % ist bei Ammonchlorid und Monoammonphosphat nur eine geringe Abhängigkeit der Gelierzeit festzustellen, bei niedrigeren Gehalten an freiem Formaldehyd steigt sie jedoch stark an bzw. übersteigt mit Werten von > 5 min den Bereich des technischen Einsatzes (Dunky 1985 a).

Der am Ende der Kondensation zur Einstellung des gewünschten Molverhältnisses zugegebene Harnstoff bewirkt eine deutliche Abnahme der Viskosität, weil damit der viskositätsbestimmende Anteil an vorkondensiertem Harz abnimmt. Zusätzlich wird nach Staudinger und Wagner (1954) die Viskosität eines Harzes vor allem durch intermolekulare Wechselwirkungen zwischen Methylolgruppen verursacht; der Gehalt dieser Gruppen wiederum sinkt mit einem niedrigeren Molverhältnis.

Die Zugabe von Harnstoff nach der sauren Kondensation bewirkt meist eine Verbesserung der Lagerstabilität. Es ist aber aus der Praxis bekannt, dass formaldehydarme Leime, z. B. UF-E1-Spanplattenleime, im Vergleich zu UF-Sperrholzleimen mit hohem Molverhältnis deutlich geringere Lagerfähigkeiten aufweisen. Dies hat seine Ursache darin, dass beim formaldehydarmen Leim der im Harz vorhandene kondensierte Harzgrundkörper relativ hoch kondensiert sein muss, um trotz der hohen Harnstoffzugabe noch eine Viskosität des Leimes in üblicher Höhe (300 – 600 mPa · s) zu gewährleisten. Eine gesteigerte Zugabe von nachträglichem Harnstoff verringert auch den höhermolekularen dispergierten Anteil des Harzes (Dunky 1985 a).

Über das Benetzungsverhalten von Holzoberflächen durch UF-Leime mit unterschiedlichen Molverhältnissen F/U bzw. verschiedenen Kondensationsgraden (Viskositäten) berichten Scheikl und Dunky (1996b). Untersucht wurden zwei Serien von UF-Leimen: die eine bestand aus sechs Harzen mit konstantem Molverhältnis, jedoch unterschiedlicher Viskosität; dabei sollte speziell der Einfluss der Viskosität und damit des Kondensationsgrades auf das Benetzungsverhalten untersucht werden. Das Molverhältnis F/U = 1,3 wurde durch eine nachträgliche Harnstoffzugabe (ca. 15% bezogen auf das kondensierte Harz) zu den eigentlichen, unterschiedlich hoch kondensierten Harzen eingestellt. Die verschiedenen Viskositäten der Leime ergaben sich vor allem durch die unterschiedlich weit geführten Kondensationen der Harzgrundkörper. Die nachträgliche Harnstoffzugabe verringerte jedoch die Viskosität der Harze beträchtlich und überlagerte damit zum Teil den eigentlichen gewünschten Messeffekt (Abb. 1.28).

Auch bei der zweiten Serie war dieser an sich nicht erwünschte Nebeneffekt gegeben und nicht vermeidbar. Zu einem Harzgrundkörper wurden durch unterschiedliche Mengen an nachträglichem Harnstoff (5–20%) verschiedene Molverhältnisse eingestellt. Die Viskosität der entstandenen Leime sank durch die Harnstoffzugabe stark ab; zusätzlich musste auch Wasser zugegeben werden, um den Festharzgehalt konstant zu halten. Je höher der Anteil an diesem nachträglich zugegebenen Harnstoff ist, desto stärker ist der Viskositätsabfall. Eine direkte Kondensation bei einem niedrigen Molverhältnis ist jedoch nicht möglich, weil sich durch die Bildung von unlöslichen Methylenharnstoffen Trübungen bzw. Ausfällungen bilden und das Reaktionsgemisch damit nicht homogen bleibt.

Die gemessenen Kontaktwinkel steigen (d.h. cos θ fällt) mit zunehmendem Molverhältnis; dies deutet auf ein schlechteres Benetzungsverhalten hin (Abb. 1.29). Das Benetzungsverhalten von UF-Leimen wird überwiegend aber durch den Kondensationsgrad und die die Viskosität beeinflussende Anwesenheit niedermolekularer Anteile im UF-Harz bestimmt.

Ferg (1992) bzw. Ferg u.a. (1993a + b) untersuchten eine Reihe von UF-Harzen (s. auch Teil II, Abschn. 1.1.1) mittels ^{13}C-NMR und bestimmen für jedes Harz die Anteile verschiedener chemischer Strukturelemente. Die untersuchten Molverhältnisse überspannen den Bereich von 1,8 bis 0,7 hinunter. Parallel dazu bestimmten sie an Laborspanplatten, die unter Einsatz dieser Harze als Bindemittel hergestellt worden waren, die Querzugfestigkeit sowie die nachträgliche Formaldehydabgabe. Verschiedene Gleichungen beschreiben die Korrelationen zwischen diesen Prüfergebnissen und den aus den NMR-Messungen über die Peakhöhenverhältnisse berechneten Anteilen bzw. Mengenverhältnissen einzelner Strukturelemente, wie z.B.

- freier Harnstoff bezogen auf die gesamte Harnstoffmenge
- Methylenbrücken an Verzweigungsstellen bezogen auf die Gesamtanzahl an Methylenbrücken
- Summe Methylenbrücken bezogen auf Summe Methylole

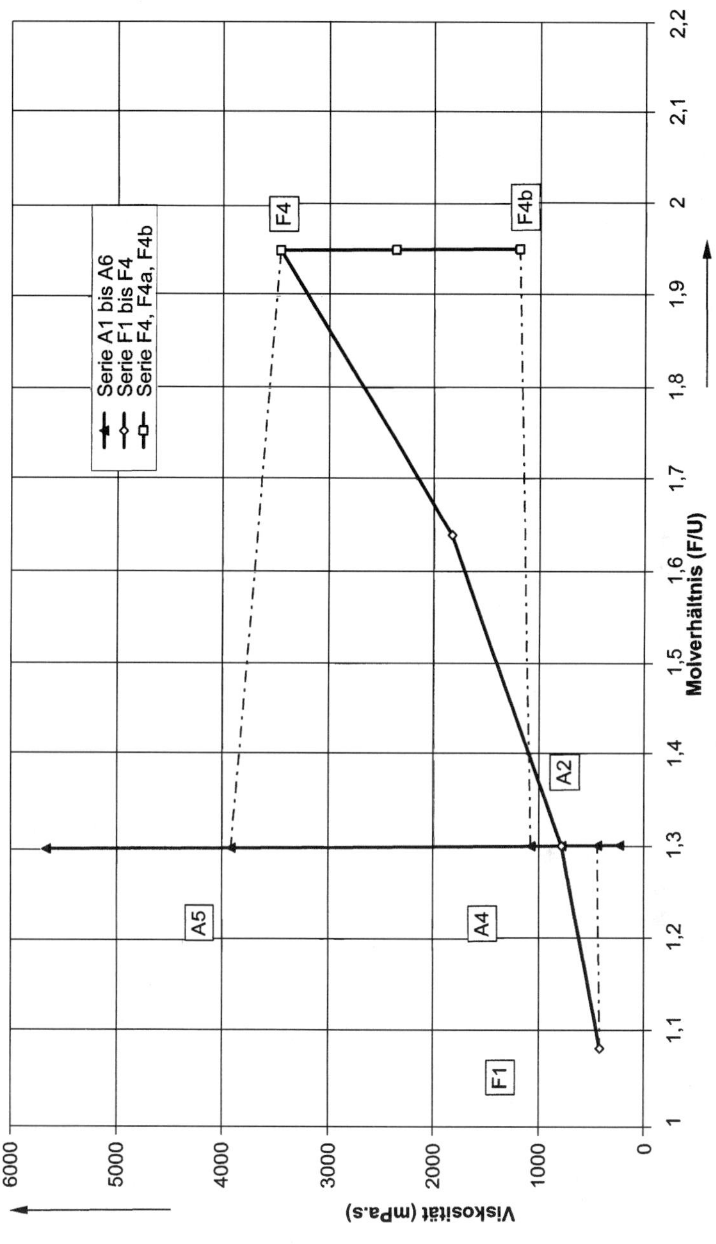

Abb. 1.28. Übersicht über die verschiedenen Molverhältnisse und Viskositäten der von Scheikl und Dunky (1996b) untersuchten UF-Harze

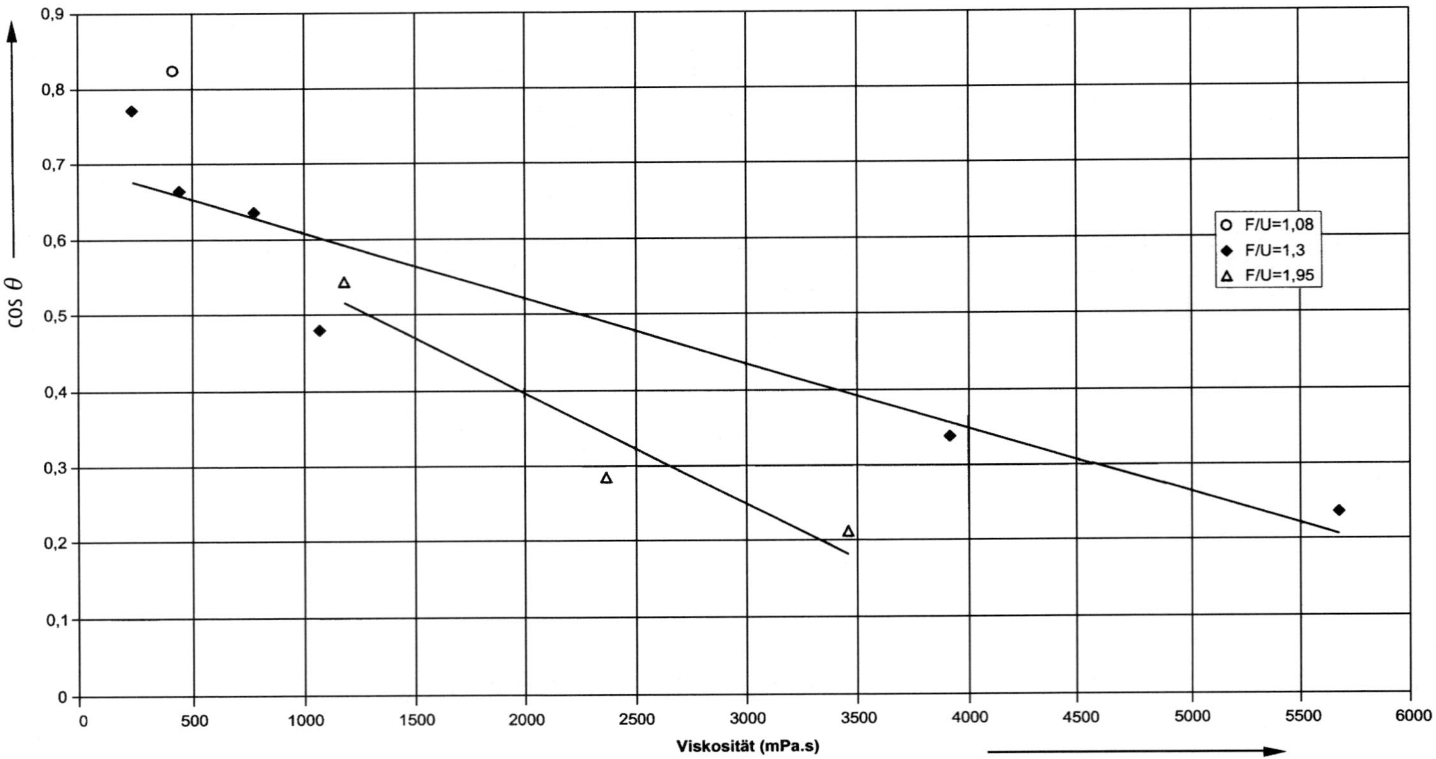

Abb. 1.29. Abhängigkeit des Cosinus des dynamischen Kontaktwinkels θ von der Viskosität und dem Molverhältnis von UF-Harzen (Scheikl und Dunky 1996b)

und geben Hinweise darauf, welche chemischen Gruppen und Strukturelemente tatsächlich und in welchem Ausmaß zu den physikalischen Eigenschaften des gehärteten Harzes beitragen. Zu beachten ist bei diesen Ergebnissen jedoch, dass der untersuchte Bereich des Molverhältnisses sehr breit ist. Ob auf Basis dieser Werte auch in engen Molverhältnisbereichen verlässliche Aussagen möglich sind, z.B. im „E1"-Bereich (F/U = 1,03 – 1,10), bedarf noch weiterer Untersuchungen. Jeder Hinweis jedoch darauf, welche Strukturelemente einen Einfluss auf die Eigenschaften des gehärteten Harzes bzw. der damit gebundenen Platten ausüben, ist ein wertvoller Beitrag bei der Voraussage von Eigenschaften von Holzwerkstoffen (s. auch Teil III, Abschn. 2.2.5).

Die mittels Schälchenmethode (Trocknen bei 120 °C, 120 min) gemessene Trockensubstanz des Leimes wird durch eine nachträgliche Harnstoffzugabe insofern beeinflusst, als sich ein Teil dieses Harnstoffes während dieser Messung zersetzt und damit nicht erfasst wird. Die Vorausberechnung der Trockensubstanz bei der Harnstoffzugabe ist demnach nur bedingt möglich.

1.1.8.2
Einfluss des Kondensationsgrades

Der Kondensationsgrad beeinflusst insbesondere die Viskosität eines Harzes, wenn man vom gleichen Festharzgehalt ausgeht (Dunky u.a. 1981; Dunky 1985a + b; Scheikl und Dunky 1996b). Je höher der Kondensationsgrad, je geringer also die Wasserverträglichkeit, desto höher ist die Viskosität des Leimes.

Die Reaktivität eines UF-Harzes wird durch den Kondensationsgrad kaum beeinflusst. Lediglich bei Harzen mit hohem Molverhältnis und Kaltgelierzeiten von weniger als einer Stunde ist eine Korrelation zwischen dem bereits während der Harzherstellung erreichten Kondensationsgrad und der für eine vollständige Gelierung noch erforderlichen Zeitspanne gegeben.

Der bei der Verdünnung des Harzes fällbare Anteil steigt mit steigendem Kondensationsgrad (Dunky 1986). Auch bei der Alterung eines Harzes bilden sich Harzanteile mit höherem Kondensationsgrad; dadurch erhöht sich ebenfalls der dispergierte Anteil des Harzes (Roffael und Schriever 1987, 1988a, Schriever und Roffael 1985, 1987, 1988). Den Zusammenhang zwischen den Trübungstemperaturen als Endpunkt der sauren Kondensation und den mittels GPC/LALLS gemessenen Molmassenmittelwerten zeigt Abb. 1.30 (Billiani u.a. 1990).

Katuscak u.a. (1981) beschreiben den Anstieg der aus den GPC-Daten berechneten Molmassenmittelwerten (Abb. 1.31). Das Gewichtsmittel steigt deutlich rascher als das Zahlenmittel, wodurch sich mit fortschreitender Kondensation auch ein Anstieg der Polydispersität ergibt.

Über den Einfluss des Kondensationsgrades und damit der Viskosität auf das Benetzungsverhalten von UF-Leimen unterschiedlicher Zusammensetzung wurde bereits weiter oben berichtet. Der Kondensationsgrad und damit die Molmassenverteilung sind aber auch eine entscheidende Größe hinsicht-

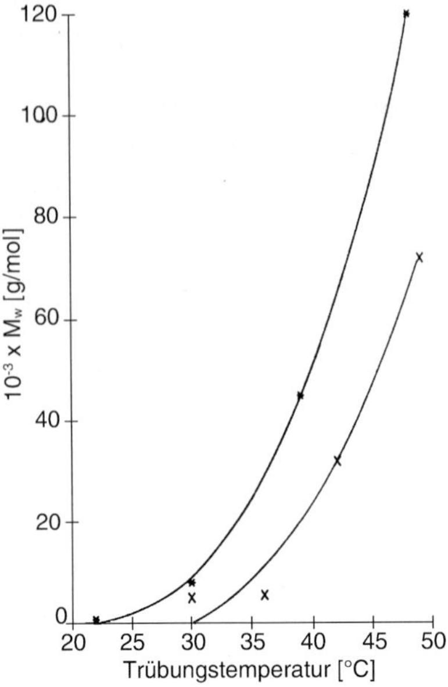

Abb. 1.30. Zusamenhang zwischen der Trübungstemperatur als Maß für den Kondensationsfortschritt des Harzes in der sauren Kondensationsstufe und den mittels GPC/LALLS gemessenen Molmassenmittelwerten (Billiani u.a. 1990)

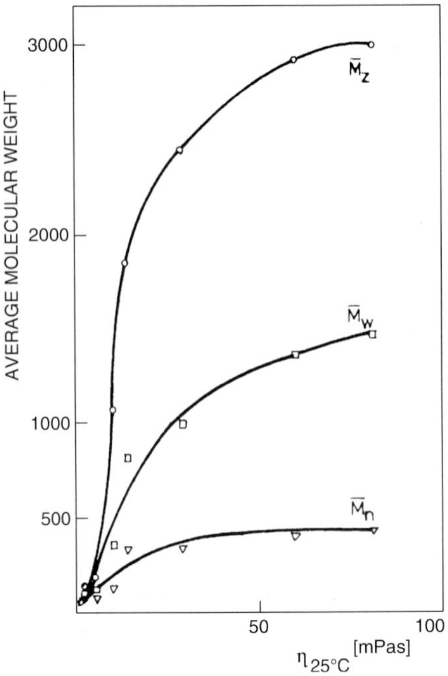

Abb. 1.31. Zusammenhang zwischen Zahlen-, Gewichts- und Zentrifugenmittel (alle berechnet aus GPC-Daten) und der Viskosität der Reaktionslösung, aus der die Proben entnommen wurden (Katuscak u.a. 1981)

lich des Eindringverhaltens eines Leimes ins Holz, wobei hier pauschal verschiedene Unterschiede zwischen Kondensationsgrad und Molmassenverteilung unberücksichtigt bleiben sollen. Scheikl und Dunky (1996a, 1998) haben UF-Leime mit unterschiedlichem Kondensationsgrad des Grundharzes (vor der nachträglichen Harnstoffzugabe) und damit auch unterschiedlicher Viskosität des fertigen Harzes hinsichtlich ihres Eindringverhaltens in verschiedene Holzoberflächen untersucht, insbesondere im Vergleich von Früh- und Spätholz; dabei konnte ein enger Zusammenhang zwischen der Leimviskosität und der Geschwindigkeit des Eindringens des Leimes in die Holzoberfläche gefunden werden. Je höher der Kondensationsgrad bzw. die Viskosität, desto langsamer verläuft die Abnahme des Kontaktwinkels bei der statischen Messung (Abb. 1.32) und damit des verbleibenden Tropfenvolumens (Abb. 1.33); das Eindringen eines Harzes ins engporige Spätholz erfolgt dabei langsamer als ins weitporige Frühholz. Es ist aus der Praxis bekannt, dass die Viskosität bzw. der Kondensationsgrad der Harze auch auf die Eigenschaften der zu verleimenden Holzarten abgestimmt werden muss, z.B. bei der Herstellung von Spanplatten aus Spänen unterschiedlicher Holzarten (Dunky 1998).

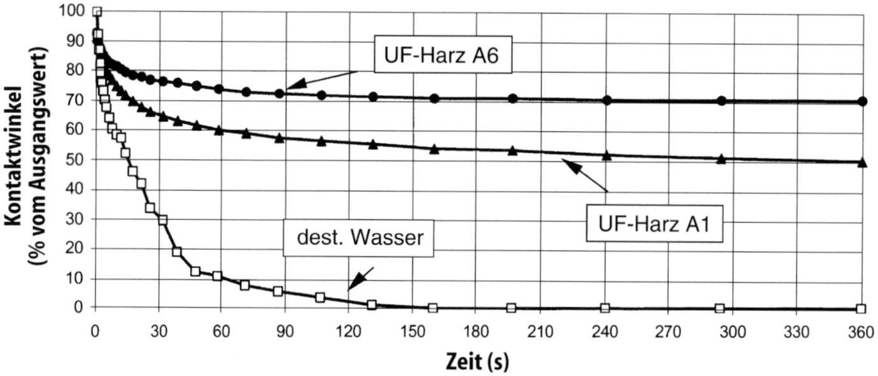

Abb. 1.32. Statische Kontaktwinkel in Abhängigkeit der Zeit. Buche, Holzfeuchtigkeit u = 3% (Scheikl und Dunky 1996a)

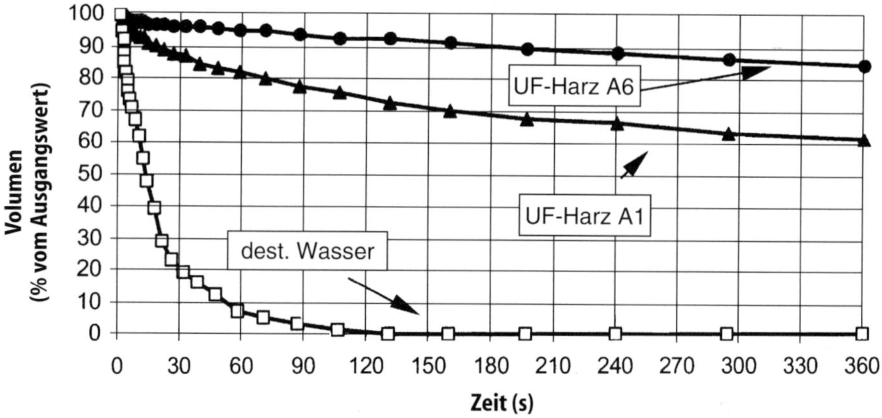

Abb. 1.33. Tropfenvolumen in Abhängigkeit der Zeit. Buche, Holzfeuchtigkeit u = 3% (Scheikl und Dunky 1996a)

1.1.9 Kaltklebeeigenschaften von UF-Leimen

Leime mit ausgeprägter Kalt- oder Nassklebrigkeit werden dann eingesetzt, wenn die zu verleimenden Werkstoffteile ihre relative Lage zueinander möglichst ohne Einwirkung von Fremdkräften (Druck, mechanische Fixierung) beibehalten sollen. Als Kaltklebrigkeit oder Kaltklebekraft wird demnach die Eigenschaft eines Klebstoffes oder Leimes bezeichnet, in noch feuchtem Zustand, also noch vor dem Abbinden bzw. chemischen Aushärten, die zu verbindenden Werkstoffteile (Späne, Furniere) durch Kohäsion zusammenzuhalten. Diese Forderung tritt z. B. auf, wenn kalt vorgepresste Spankuchen vor der Heißpresse von einem Streuband auf ein anderes übergeben werden, wobei manchmal Verbindungsstellen frei überbrückt werden müssen. Dabei muss die Festigkeit des Spankuchens groß genug sein, um sowohl bei einer solchen Übergabe von einem Band auf das nächste nicht zu brechen, als auch eventuellen Druckkräften auf die Schmalseite beim Herunterschieben ausreichenden Verformungswiderstand bieten zu können.

Geringfügige Unterschiede in den Geschwindigkeiten der Transportbänder können erhebliche Zugkräfte auf den kalt vorverdichteten Spankuchen ausüben, wobei es bei fehlender oder ungenügender Kaltklebrigkeit zu einer Beschädigung des Spankuchens oder zumindest zu Rissen an der Oberfläche kommen kann. Insbesondere auch bei der Herstellung von Spanformteilen ist eine hohe Kaltfestigkeit des Kuchens erforderlich, wenn die einzelnen Pressteile nach der kalten Vorverdichtung in der Vorpresse von dieser in die eigentliche Heißpresse übergeführt werden, wobei dies bei manchen Teilen händisch oder sogar mit Hilfe von Saughebern erfolgt.

Ein weiteres Beispiel für hohe Anforderungen an die Kaltklebrigkeit eines Leimes bzw. einer Leimflotte ist bei der Furniersperrholzherstellung in Mehretagenpressen gegeben. Hier ist es oft erforderlich, dass die einzelnen geschichteten Furnierpakete nach dem Vorpressvorgang eine bereits mehr oder minder kompakte Platte darstellen, um so in die relativ geringen lichten Höhen der offenen Etagen zu passen.

Relativ hohe Kaltfestigkeiten speziell in der Deckschicht gestreuter und vorverdichteter Spankuchen sind in schnelllaufenden kontinuierlichen Pressen erforderlich, um ein Ausblasen der Deckschicht im Einlaufmaul infolge der dort herrschenden Luftströmungsverhältnisse zu vermeiden. Ein Nachteil einer hohen Kaltklebrigkeit kann sich jedoch in Form von Anbackungen zeigen, z. B. im Streubunker.

Eine erhöhte Kaltklebrigkeit einer Leimflotte kann sowohl durch eine entsprechende Kochweise des UF-Leimes selbst als auch durch Zugabe verschiedener Zusatzstoffe erzielt werden; bei der Spanplattenfertigung wird praktisch immer nur der erste Weg eingeschlagen, bei der Sperrholzherstellung ist hingegen auch der zweite Weg möglich.

Es ist allgemein bekannt, dass für die Kaltklebrigkeit insbesondere der höher- bzw. hochmolekulare Anteil eines Leimharzes verantwortlich ist, wie dies auch bereits in älteren Patenten beschrieben wird (EP 1596, DE 2655327). Daneben kann die Kaltklebrigkeit eines Leimes auch durch gezielte Kochbedingungen beeinflusst werden. Geeignete Zusatzstoffe sind z. B. Polyvinylalkohole, Lignine und Sulfitablaugen in verschiedener Form, insbesondere auch in Pulverform (DE 2354928, DE 2745809).

Die Kaltklebrigkeit zeigt ein deutlich zeitabhängiges Verhalten. Verschiedene Leime unterscheiden sich einerseits in der Höhe der maximal erreichbaren Kaltklebekraft, andererseits im zeitlichen Ablauf des Ansteigens, des Maximums und des anschließenden Absinkens der Kaltklebrigkeit. Die kaltklebende Wirkung soll im Bereich der Vorpresse und des Transportes des vorgepressten Kuchens in die Heißpresse am höchsten sein. Ein früheres Auftreten der Kaltklebrigkeit kann zu Anbackungen in den Streumaschinen führen, eine zu späte Entwicklung der Kaltklebrigkeitskräfte bringt keinen Beitrag bei der Stabilisierung des Spankuchens auf seinem Transport in die Heißpresse.

Einen wesentlichen Faktor bei der Ausbildung einer ausreichenden Kaltklebrigkeit spielt dabei das Abtrockenverhalten des auf die Holzoberfläche aufgebrachten Leim(flotten)films. Sobald dieser Film beginnt anzutrocknen, steigt die Kaltklebrigkeit und die erzielbare Kaltfestigkeit. Exakt in dieser Phase muss das Vorverdichten des Spankuchens bzw. des geschichteten Furnierpaketes erfolgen. Ab einem gewissen Zeitpunkt ist der Leimauftrag dann bereits soweit abgetrocknet, dass diese Klebrigkeit wieder abnimmt bzw. gänzlich verschwindet. Es ist deshalb die Aufgabe bei der Leimentwicklung und Kochung, dem Leim nicht nur zu einer hohen Kaltklebrigkeit an sich zu verhelfen, sondern diese auch in ihrer Zeitabhängigkeit richtig einzustellen.

Einige der in der Literatur beschriebenen Prüfverfahren zur Beurteilung der Kaltklebeeigenschaften eines Leimes bzw. einer Leimflotte lehnen sich an die Praxis der Spanplattenherstellung an, wie z. B. die Biegebeanspruchung kalt vorgepresster Spanvliese (Udvardy und Plester 1972; EP 1596), der so genannte Tablettenversuch (DE 2745809), die Messung der Rückfederung eines kalt vorgepressten Spankuchens (DE 2747830) oder die Querzugbeanspruchung eines Spankuchens unter Eigenlast (Udvardy und Plester 1972). Alle diese Verfahren haben den Nachteil, dass verschiedene Einflussfaktoren, wie vor allem Form, Größe und Beschaffenheit der Späne, Probleme bei der Reproduzierbarkeit ergeben können. Dies gilt auch für den praxisbezogenen Laborversuch bei der Vorpressung beleimter Sperrholzfurniere, wobei hier zusätzlich noch Unterschiede in der Beurteilung durch das üblicherweise deutlich kleinere Format eines solchen Laborversuches im Vergleich zu den üblichen industriellen Maßen gegeben ist.

Die Ergebnisse von idealisierten Prüfungen, die ohne Späne durchgeführt werden, sind andererseits meist nur schlecht auf die wahren Verhältnisse in einem verdichteten Spanvlies übertragbar, wie z. B. die Querzugfestigkeit „verleimter" Hölzer (Udvardy und Plester 1972), die Prüfung der Scherfestigkeit bei einfachen Zugscherproben oder geschäfteten Proben (Neumann und Müller 1979) oder die so genannte Walzenspaltmethode (Clad 1985, DE 2746165).

Der Zusammenhalt eines vorverdichteten Spanvlieses wird im Allgemeinen durch eine Erhöhung des Vorpressdruckes und der Dauer seiner Einwirkung sowie durch eine Erhöhung des Beleimungsgrades besser; ab einer bestimmten Feuchtigkeitsmenge, die mit der Leimflotte auf die Späne aufgebracht wird, kann die Kaltklebrigkeit allerdings wieder abnehmen. Beeinflusst wird hierbei insbesondere das Abtrockenverhalten des aufgebrachten Leimfilms und damit der Zeitpunkt der Ausbildung der maximalen Kaltklebekraft. Dieses Maximum ist abhängig von mehreren Faktoren und liegt bei 15–20 % Festharz/atro Span; solche Beleimungsgrade sind z. B. bei Spanformteilen gegeben.

1.1.10 Verarbeitungsfähige Leimflotten

Beispiele für Leimflotten in der Spanplatten-Herstellung finden sich in Teil III, Abschn. 3.2.2. Leimflotten in der Sperrholz- und Massivholzplattenherstellung, in der Möbelfertigung und im Tischlerhandwerk bestehen grundsätzlich aus dem Leim (Flüssigleim oder mit Wasser angesetzter Pulverleim), dem Streck- oder Füllmittel (s. Teil II, Abschn. 2.7.1) und dem Härter (Tabelle 1.6). Daneben ist eine Vielzahl von weiteren Komponenten möglich, wie z.B. zusätzliches Verdünnungswasser, Farbstoffe, Netz- und Trennmittel.

Tabelle 1.6. UF-Leimflotten für die Sperrholz-, Parkett- und Möbelherstellung

Komponente/Flotte	A	B	C	D	E
UF-Leim (1)	100	100	100	–	–
UF-Leim (2)	–	–	–	100	–
UF-Leim (3)	–	–	–	–	100
Streckmittel (4)	20	40	10	–	–
Wasser	–	10–20	–	–	–
Härterlösung (5)	10	–	–	–	–
Härterlösung (6)	–	20	–	–	–
Härter pulverförmig (7)	–	–	3	–	–
Härter pulverförmig (8)	–	–	–	25	–
Härter flüssig (9)	–	–	–	–	10–20

(1) UF-Leim mit F/U = ca. 1,3.
(2) UF-Leim mit F/U = ca. 1,5 bis 1,6.
(3) Hochviskoser UF-Leim mit F/U = ca. 1,3 bis 1,4.
(4) Streckmittel: Roggen- oder Weizenmehl, verschiedene Industriemehle, ggf. mit anorganischen Anteilen.
(5) z.B. Ammonsulfatlösung (20%).
(6) z.B. Ammonsulfat-Harnstoff-Lösung (20%/20%).
(7) z.B. Ammonsulfat pulverförmig.
(8) Konfektionierter Pulverhärter, enthält Härtersubstanz, Formaldehydfänger, Streckmittel und andere Zusatzstoffe.
(9) Hochviskoser gefüllter Härter, enthält anorganische Füllmittel oder organische Verdicker sowie eine Härtersubstanz, ggf. auch Formaldehydfänger und andere Zusatzstoffe.

Flotte A: Standardflotte.
Flotte B: Flotte mit höherem Streckungsgrad.
Flotte C: Flotte mit hohem Festharzgehalt, ergibt eine verbesserte Wasserbeständigkeit der Leimfuge.
Flotte D: Zweikomponentenflotte: flüssiger Leim + pulverförmiger konfektionierter Härter, keine Zugabe weiterer Komponenten erforderlich.
Flotte E: Zweikomponentensystem: flüssiger hochviskoser Leim + flüssiger hochviskoser Härter; die Abmischung der beiden Komponenten erfolgt üblicherweise direkt über der Leimauftragsmaschine.

Leim- und Härtertyp sowie die geeignete Flottenzusammensetzung sind abhängig vom Verleimungszweck, der angestrebten Verleimungsgüte (Beanspruchungsklasse der Verleimung), den gegebenen Verarbeitungsbedingungen (Pressenart, Presstemperatur, erforderliche Topfzeit) sowie der gewünschten Presszeit.

1.2 Melamin- und Melaminmischharze

1.2.1 Chemie der Melamin- und Melaminmischharze

Das eingesetzte Bindemittel hat entscheidenden Einfluss auf die Eigenschaften der damit hergestellten Holzwerkstoffe. Je nach den verschiedenen Anforderungen werden unterschiedliche Bindemitteltypen eingesetzt. Möbelplatten und Platten für den Innenausbau sind meist mit Harnstoffharzen (UF) gebunden; zur Verbesserung der Beständigkeit gegenüber dem Einfluss von Wasser oder Feuchtigkeit (Hydrolysebeständigkeit, Quellungsvergütung) werden modifizierte aminoplastische Harze (melaminverstärkte UF-Harze, MUF, MUPF) oder Phenolharze eingesetzt.

Ausgehärtete UF-Harze sind wegen der umkehrbaren Reaktion zwischen Harnstoff und Formaldehyd nicht hydrolysestabil und unterliegen bei Einwirkung von Feuchtigkeit und Wasser, insbesondere bei höheren Temperaturen, einer chemischen Zersetzung. Bei einem bestimmten Ausmaß der Zerstörung der ausgehärteten Struktur des Harzes ist auch ein entsprechender Festigkeitsverlust der Leimfuge unausweichlich. Insbesondere die Methylolgruppen, daneben auch Methylenätherbrücken und andere Zwischenprodukte der Harzsynthese, können wieder leicht aufgespalten werden.

Je nach Harztyp kommt es zu unterschiedlichen Hydrolysereaktionen. Wesentliche Einflussparameter sind:

- Temperatur,
- pH-Wert sowie
- Aushärtegrad des Harzes.

Die Unterschiede in der Hydrolysebeständigkeit einzelner Harze liegen insbesondere in der unterschiedlichen molekularen Struktur begründet (Abb. 1.34).

Die beschränkte Hydrolysebeständigkeit von ausgehärteten UF-Harzen kann demnach durch eine in unterschiedlicher Form erfolgende Zugabe von Melamin verbessert werden. Reine Melaminharze (MF) werden aus Kostengründen allerdings als Leime praktisch nicht alleine eingesetzt; sie haben jedoch eine breite Anwendung als Imprägnier- und Tränkharze. Aus den gleichen Gründen wird auch immer nur der unbedingt erforderliche Anteil an Melamin eingesetzt; oberstes Ziel der Entwicklung bei melaminhaltigen Leimen ist demnach die Minimierung und Optimierung der eingesetzten Melaminmenge.

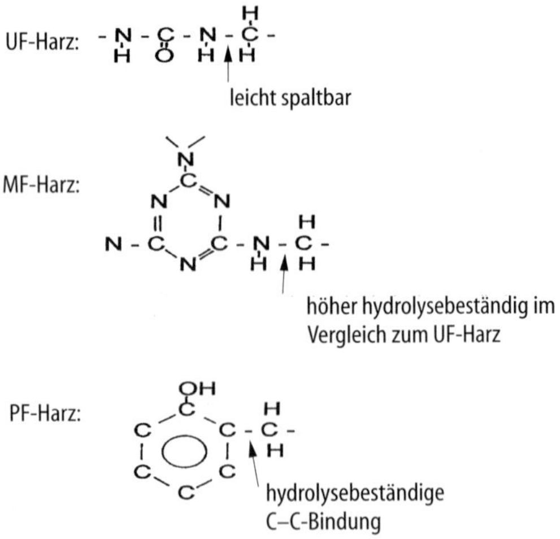

Abb. 1.34. Hydrolysebeständigkeit auf molekularer Ebene

Ein weiterer wichtiger Einsatzzweck verstärkter und modifizierter Leime ist die Reduzierung der Dickenquellung der damit hergestellten Platten. Das massive Aufkommen der Laminatfußböden hat die Dickenquellung von Span- und insbesondere MDF/HDF-Platten als Trägerplatten für die Laminatfußböden in den Mittelpunkt des Interesses gestellt, wobei die in der Praxis gegebenen Anforderungen in einem relativ breiten Bereich schwanken können. Je nach gegebener Anforderung (diese können zwischen „kleiner 4%" und „maximal 12%" liegen) müssen geeignete Bindemittel in der entsprechenden Menge eingesetzt werden. Ein wesentlicher, allerdings nicht der einzige Parameter ist der Melamingehalt der eingesetzten Bindemittel. Dieser kann je nach Erfordernis im Bereich weniger Prozent bis deutlich über 20% liegen. Je höher die Anforderungen, je niedriger also die geforderte Dickenquellung, desto höher muss der Anteil des Melamins in der Platte sein (Quillet 1999). Dabei ist zu berücksichtigen, dass die eingebrachte Melaminmenge sowohl vom Melaminanteil des Leimes als auch vom Beleimungsgrad abhängt. Welche Strategie:

- Leim mit hohem Melaminanteil, dafür jedoch ein niedriger Beleimungsgrad
- Leim mit niedrigerem Melaminanteil, dafür jedoch ein höherer Beleimungsgrad

die besseren Ergebnisse bringt, ist nicht zuletzt auch eine kaufmännische Frage. Wegen der hohen Kosten für das Melamin muss, wie bereits weiter oben erwähnt, der Melamingehalt immer gerade so hoch wie erforderlich, aber so niedrig wie möglich liegen. Daneben spielen die Kochweise des Harzes und der Beleimungsgrad in der Trägerplatte eine wesentliche Rolle, weiters auch natürlich die Herstellungstechnologie für die Platte (Pressdruckprofil, Rohdichteverteilung, Faser- bzw. Spanaufbereitung).

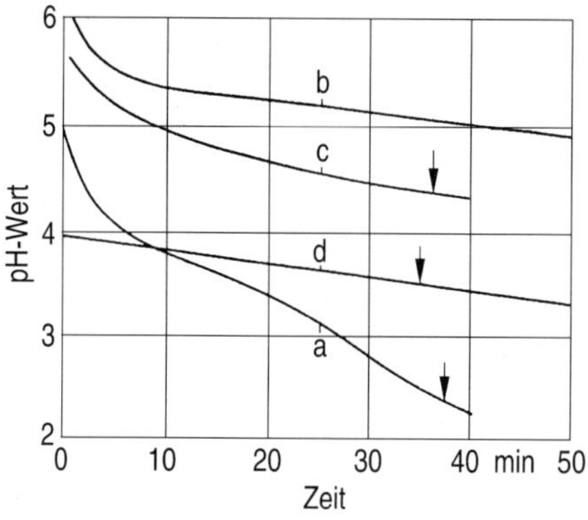

Abb. 1.35. Abfall des pH-Wertes eines UF-Leimes nach Härterzugabe bei gleichzeitiger Anwesenheit von Melamin (Higuchi u.a. 1979). *a* 35 °C, 1% NH_4Cl, keine Melaminzugabe, *b* mit Melaminzugabe, *c* wie b, aber 50 °C, *d* 40 °C; 0,1 mol HCl, mit Melaminzugabe. Die Pfeile kennzeichnen die eingetretene Gelierung. Bei *b*) ist während der betrachteten Zeitspanne keine Gelierung eingetreten

Melaminverstärkte Harnstoffharzleime für Span- und MDF-Platten enthalten bis zu 10% Melamin, bezogen auf Lieferform, wobei dieses Melamin während der Kondensation zugegeben und chemisch einkondensiert wird. Dabei bleibt im Wesentlichen das Molverhältnis konstant, wobei es nunmehr als $F/(NH_2)_2$ an Stelle von F/U berechnet wird.

Melamin-Harnstoff-Mischharze (MUF-Harze) für Platten zur Verwendung im Feuchtbereich (z.B. Platten nach EN 312-5 bzw. -7 oder nach EN 622-5) enthalten bis 30% Melamin bezogen auf Flüssigleim. Die Verstärkung des UF-Harzes beruht auf der durch die aromatische Ringstruktur des Melamins bewirkten höheren Hydrolysebeständigkeit der C-N-Bindungen zwischen Melamin und der Methylolgruppe sowie der Pufferwirkung und dem damit verbundenen langsameren Abfall des pH-Wertes in der Leimfuge (Chow 1973, Dunky 1984, Higuchi u.a. 1979). Dieser langsamere pH-Abfall verursacht jedoch auch ein Absinken der Aushärtegeschwindigkeit und damit ein Ansteigen der Gelierzeit bzw. der erforderlichen Presszeit (Abb. 1.35 und 1.36). Die Verarbeitung selbst erfolgt bei den MUF-Harzen jedoch in sehr ähnlicher Weise wie bei den UF-Harzen, üblicherweise wird wegen der schlechteren Reaktivität die Härterzugabe deutlich erhöht, sie liegt üblicherweise bei 3–4% Härterfeststoff/Festharz.

Die Verzögerung der Aushärtung bei Zugabe von Melamin zu einem UF-Harz zeigt sich auch bei DTA-Messungen in der Verschiebung des exothermen bzw. des endothermen Peaks zu längeren Zeiten und damit zu höheren Temperaturen (Abb. 1.37). Eine genauere Beschreibung der diesen beiden Peaks zugrunde liegenden Reaktionen wird von den Autoren jedoch nicht gegeben.

Aarts u.a. (1995) verfolgten die Herstellung von MF-Harzen mittels verschiedener Methoden. Mit ^{13}C-NMR untersuchten sie den Verlauf der Kon-

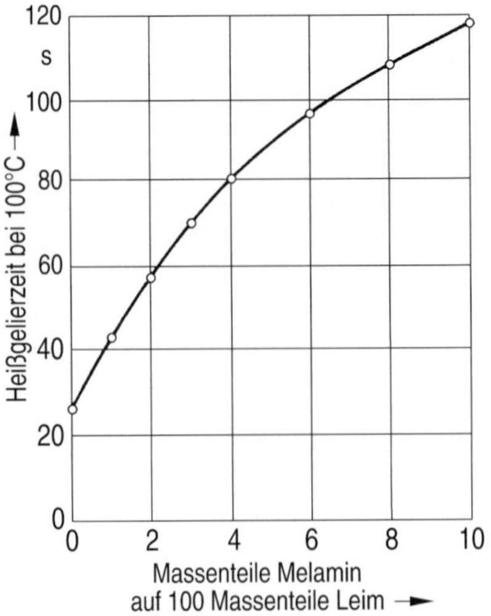

Abb. 1.36. Anstieg der Heißgelierzeit bei 100 °C eines UF-Leimes mit F/U = 1,9 bei Zugabe von steigenden Mengen Melamin (Dunky 1984). Härterzugabe: 10 % einer 15 %igen Ammonchloridlösung, bezogen auf Flüssigleim

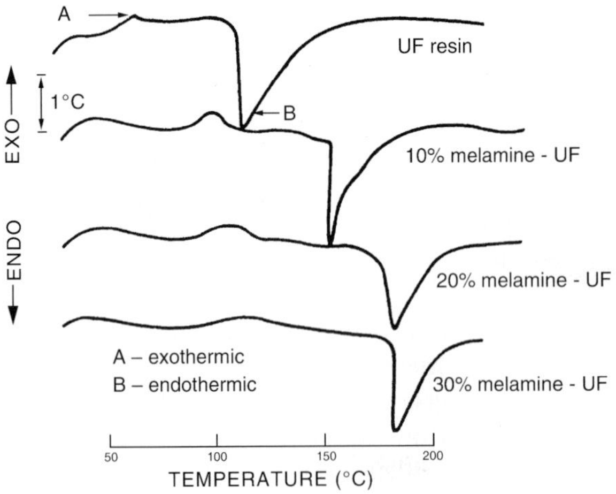

Abb. 1.37. Anstieg der DTA-Peaktemperaturen der exothermen bzw. der endothermen Reaktion bei der Zugabe von Melamin zu einem UF-Harz (Troughton und Chow 1975)

zentrationen verschiedener Strukturelemente in Abhängigkeit der Kondensationsdauer (Abb. 1.38).

Die Wasserverträglichkeit (in der Form Trockensubstanz bezogen auf (1 + Wasserverträglichkeit)) kann in einer linearen Gleichung mit dem Gehalt an Methylen- bzw. Methylenätherbrücken (positives Argument) sowie an Methylolgruppen (deutlich kleineres, jedoch negatives Argument) verknüpft werden (Aarts u. a. 1995). Abbildung 1.39 zeigt den Zusammenhang zwischen den Konzentrationen an Methylen- bzw. Methylenätherbrücken in MF-Harzen (F/M = 1,7) und den während des Reaktionsverlaufes konstant gehaltenen pH-Werten. Je niedriger der pH-Wert während der Reaktion, desto größer ist der Anteil der Methylenbrücken in Vergleich zu den Ätherbrücken.

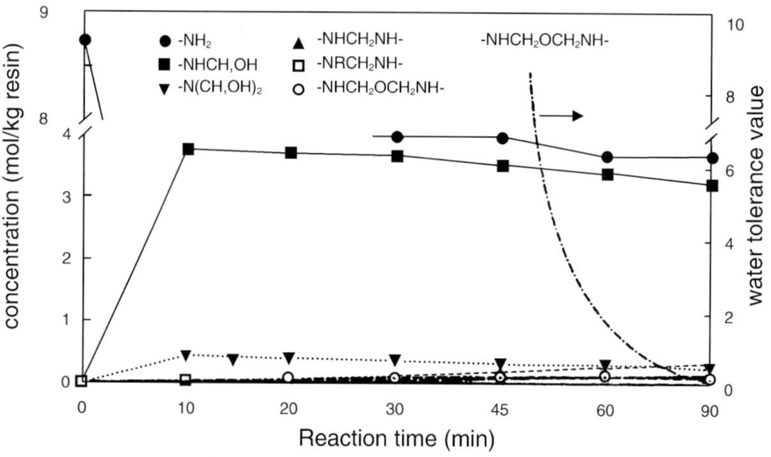

Abb. 1.38. Konzentrationsverlauf verschiedener Strukturelemente in einem MF-Harz in Abhängigkeit der Reaktionszeit. Molverhältnis F/M = 1,7; Trockensubstanz = 50%; pH-Wert = 8,0; Reaktionstemperatur 95 °C (Aarts u. a. 1995)

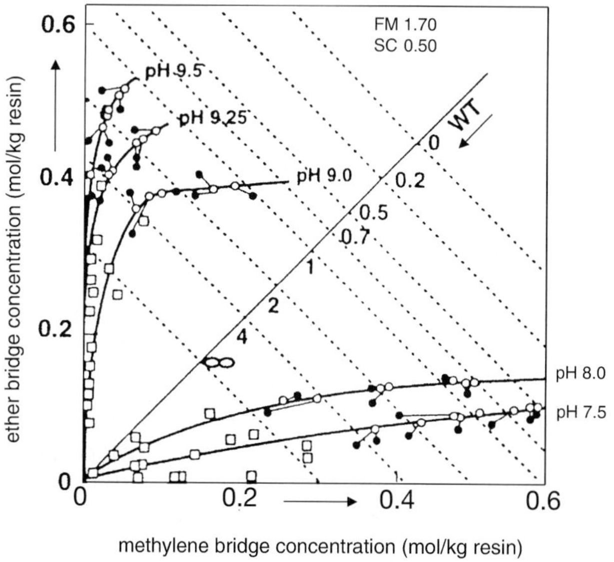

Abb. 1.39. Konzentrationen an Methylen- bzw. Methylenätherbrücken in MF-Harzen (F/M = 1,7), die bei verschiedenen während der Kondensation konstant gehaltenen pH-Werten hergestellt wurden (Aarts u. a. 1995). ● experimentell bestimmte Konzentrationen an Methylen- bzw. Methylenetherbrücken; □ detto, jedoch noch bei unendlicher Wasserverträglichkeit; ○ experimentell bestimmte Wasserverträglichkeit; ——— Achse der Wasserverträglichkeit (WT); - - - - - Linien konstanter Wasserverträglichkeit; ●——○ Hinweis auf zusammengehörige Konzentrationen und Wasserverträglichkeiten. FM: Molverhältnis F/M; SC: Festharzgehalt der Reaktionslösung

Die grundlegenden Reaktionen der MF-Herstellung bestehen wie bei den UF-Harzen aus der Methylolierung und der anschließenden Kondensation. Die Reaktion von Formaldehyd mit den Aminogruppen des Melamins führt zu Methylolen, wobei sich je nach Formaldehydüberschuss ein entsprechender durchschnittlicher Methylolierungsgrad bzw. eine Verteilung über die einzelnen Methylolierungsstufen einstellt. Ist genügend Formaldehyd vorhanden, kann auch eine vollständige Methylolierung des Melamins (Hexamethylolmelamin HMM) stattfinden. Bei der Herstellung von Leimen ist ein solch hoher Methylolierungsgrad unüblich und muss wegen der schlechten Wasserlöslichkeit des HMM auch vermieden werden. Bei der im Gegensatz zu UF-Harzen durchwegs im alkalischen Bereich stattfindenden Kondensationsreaktion bilden sich unter Wasserabspaltung Methylen- bzw. Methylenätherbrücken, gleichzeitig steigt die Molmasse der Ketten und die durchschnittliche Molmasse des Harzes. Die Aushärtungsreaktion erfolgt jedoch bei allen MF- und MUF-Harzen im sauren Bereich, wenngleich die pH-Werte nicht so stark absinken wie bei der Härtung von UF-Harzen.

Weitere Literaturhinweise: Nusselder (1998), Nusselder u.a. (1998), Pizzi (1994d+f).

Herstellungsrezepturen für melaminverstärkte Leime bzw. MF-/MUF-Leime
Die Herstellung von melaminverstärkten Leimen bzw. von MUF-Harzen kann auf verschiedene Art erfolgen:

a) Cokondensation von Melamin, Harnstoff und Formaldehyd in einem mehrstufigen Prozess: die dabei möglichen Variablen sind

- die Mengenverhältnisse der einzelnen Komponenten sowie deren Reihenfolge bei der Zugabe, wobei diese gegebenenfalls auch in mehreren Schritten erfolgen kann, sowie
- die verschiedenen Herstellparameter, wie z.B. Temperatur und pH in den einzelnen Reaktionsstufen.

In der Patentliteratur sind verschiedene Rezepturen beschrieben (DE 2455420, DE 3442454, EP 62389, USP 4123579, USP 5681917); die meisten industriell bei der Produktion solcher Harze eingesetzten Rezepturen sind allerdings im Eigentum der Leimhersteller und deshalb nicht öffentlich zugänglich.

Eine ausführliche Übersicht über verschiedene Reaktionsmöglichkeiten bei der Herstellung von MUF-Harzen haben Mercer und Pizzi (1994) zusammengestellt. Sie vergleichen insbesondere die Reihenfolge der Zugabe von Melamin bzw. Harnstoff (in zwei Teilmengen I und II) und finden die besten Ergebnisse hinsichtlich verschiedener Platteneigenschaften für die Variante Harnstoff I/Melamin/Harnstoff II.

b) Abmischung eines MF- oder MUF-Harzes mit einem UF-Harz mit den entsprechenden Zusammensetzungen, um beim gewählten Mischungsverhältnis die gewünschte Zusammensetzung des MUF-Harzes zu erzielen (Maylor 1995, DE 3116547, EP 52212). Der Vorteil dieser Herstellungsvariante liegt in der einfachen Wahl des Verstärkungsgrades (= Melamingehalt), insbesondere wenn die Abmischung erst beim Kunden und je nach Anforderungen an die zu produzierenden Platten erfolgt. Je höher der Melamingehalt in der Leimmischung, desto niedrigere 24 h-Dickenquellwerte können erzielt werden. Braun und Ritzert (1987) finden in ihren Untersuchungen an Formmassen bei der Prüfung verschiedener mechanischer und elektrischer Eigenschaften jedoch einen Vorteil von direkt gekochten (cokondensierten) MUF-Harzen gegenüber MF + UF-Mischungen.

c) Zugabe von Melamin (z.B. pulverförmig über einen konfektionierten Härter) oder eines Melaminharzes/Melaminharnstoffmischharzes (flüssig oder pulverförmig) bei der Vorbereitung der Leimflotte. Solche Flotten werden vor allem in der Sperrholzindustrie eingesetzt. Je nach Höhe der Melamin- bzw. MF/MUF-Harz-Dosierung und des Streckungsgrades können unterschiedliche Beständigkeitsklassen in der Verleimung erreicht werden. Als Kriterien gelten das Streckungsverhältnis Streckmittel zu Summe Festharz (inkl. Melamin) sowie das molare Gesamtverhältnis Formaldehyd zu Amidgruppen $F/(NH_2)_2$.

Im Falle der Zugabe von reinem Melamin bei der Flottenaufbereitung wird dieses erst während der Aushärtung des UF-Harzes ins Harz eingebaut, dabei entsteht ein ausgehärtetes MUF-Mischharz. Untersuchungen, wieweit dabei das Melamin tatsächlich chemisch eingebaut wird, wurden in der Fachliteratur bisher nicht beschrieben. Die Untersuchung von Bruchflächen von Platten, die mit solchen Systemen verleimt wurden, lassen jedoch vermuten, dass ein gewisser Anteil des Melamins nicht in das UF-Harz eingebaut wird. Melamin zeigt sich in diesem Fall als weiße, nicht aufgeschmolzene Punkte. Dies ist möglicherweise insbesondere dann der Fall, wenn das eingesetzte UF-Harz zu wenig freien Formaldehyd bzw. Methylolgruppen für die Reaktion mit dem Melamin besitzt bzw. eine zu niedrige Presstemperatur gegeben war.

MUF-Harze werden auch zur Herstellung von Spanplatten mit einer so niedrigen Formaldehydabgabe, wie sie nahezu dem natürlichen Holz entspricht bzw. wie sie bei PF- bzw. PMDI-gebundenen Platten gegeben ist, eingesetzt. Diese Harze zeichnen sich durch einen zum Teil hohen Melaminanteil und ein Molverhältnis $F/(NH_2)_2$ weit unter 1,0 aus (Dunky 1994, Lehmann 1997, Rammon 1997, Wolf 1997).

MF-Harze werden durch die Reaktion zwischen Melamin und Formaldehyd im alkalischen Bereich hergestellt, wie z.B. von Mercer und Pizzi (1996) beschrieben wurde. Dabei wird üblicherweise die gesamte Melaminmenge in einem Schritt zugegeben. In dieser Arbeit wird auch die Möglichkeit beschrieben, Melamin in mehreren Schritten zuzugeben, wobei dadurch dann das Molverhältnis F/M schrittweise abgesenkt wird. Ob solche Herstellungsrezepturen in der industriellen Praxis eingesetzt werden, ist nicht bekannt.

Zusätze von Melaminsalzen (Acetate, Formiate oder Oxalate) zu UF-Harzen in der Sperrholzherstellung wirken sich in zweierlei Hinsicht günstig aus: einmal wirken sie durch die zugrundeliegende Säure als effiziente Härter, zum anderen verbessern sie auch bereits bei niedrigen Zusatzmengen (z.B. 10%)

durch Copolymerisation des Melamins die Festigkeitswerte von UF-Harzen, sodass vergleichbare Werte wie bei kommerziellen MUF-Harzen mit deutlich höherem Melaminanteil erreicht werden (Cremonini und Pizzi 1997, 1999, Kamoun und Pizzi 1998, Prestifilippo u.a. 1996). Die Melaminsalze werden direkt bei der Verarbeitung der UF-Harze zur Flotte zugegeben. Durch unterschiedliche Herstellungs-, Aufbereitungs- und Trocknungsbedingungen der Melaminsalze können verschieden starke Härterwirkungen eingestellt werden, sodass teilweise keine zusätzliche Zugabe eines üblichen Härters auf Basis eines Ammoniumsalzes erforderlich ist. Die mögliche Zugabemenge an Melaminsalz hängt zum einen vom Molverhältnis des UF-Leimes ab; dieses bestimmt den Gehalt an freien reaktiven Methylolgruppen, an die sich das Melamin anlagern kann und ist damit einer der limitierenden Faktoren für die maximal mögliche Melaminzugabe. Ein zweiter limitierender Faktor besteht im Restsäuregehalt der Melaminsalze, der zu einer Voraushärtung des Leimansatzes führen kann. Infolge der chemischen Zusammensetzung der Melaminsalze ist bei höheren gewünschten Melamindosierungen die gleichzeitige Säuredosierung zum Teil so hoch, dass ebenfalls die Gefahr einer Voraushärtung bzw. Überhärtung besteht.

Der Grund für die deutlich niedrigeren Melaminmengen, die bei der Zugabe über Melaminsalze im Vergleich zu herkömmlichen MUF-Harzen zur Erzielung der gleichen Eigenschaften (Zyklustest an Sperrholz) erforderlich sind, liegen nach Prestifilippo u.a. (1996) darin, dass durch die nachträgliche Zugabe des Melaminsalzes zu einem UF-Harz Melamin jeweils nur bevorzugt an den UF-Kettenenden angelagert wird. Bei der MUF-Herstellung hingegen entstehen Harnstoff-Melamin-Cokondensationsketten bzw. ist es nicht zu vermeiden, dass Melamin mit Formaldehyd unter Bildung von MF-Oligomeren innerhalb einer MUF-Kette reagiert. In beiden Fällen wird pro Kette ein Mehrfaches an Melamin benötigt als bei der gezielten nachträglichen Aufpfropfung von Melamin. Bei der Aushärtung reagieren nun bevorzugt die endständigen Melaminmoleküle, während solche im Inneren der MUF-Kette aus sterischen Gründen eher nicht bzw. seltener zur Vernetzung beitragen.

Weinstabl u.a. (2000) synthetisierten und charakterisierten verschiedene Melaminsalze und untersuchten die Auswirkung dieser Verbindungen auf die Wasserfestigkeit von UF-Harzen. Eingesetzte Säuren waren z.B. Essigsäure, Ameisensäure, Weinsäure, Milchsäure und andere. Ziel war insbesondere eine im Vergleich zum reinen Melamin deutlich verbesserte Löslichkeit in Wasser. Die Charakterisierung erfolgte durch chemische Verfahren (Titration), NMR, HPLC und Elementaranalyse.

Die Verfolgung der Kondensationsreaktion verschiedener MF-Harze wurde z.B. von Braun u.a. (1982) durchgeführt. Die Wasserlöslichkeit der MF-Kondensate steigt mit steigendem Formaldehydanteil im Reaktionsgemisch; im Verlaufe der Reaktion nimmt sie stetig ab, bis sich die Lösung beim Abkühlen auf Raumtemperatur auch bereits ohne zusätzliche Wasserzugabe eintrübt.

Cokondensation von Harnstoff, Melamin und Formaldehyd
Im Gegensatz zu Braun u. a. (1985) konnten Braun und Ritzert (1988) anhand von Modellsubstanzen einen eindeutigen Nachweis der Existenz kovalenter Bindungen zwischen Harnstoff und Melamin über Methylenbrücken erbringen. Nusselder u. a. (1998) gelingt dieser Nachweis mittels HPLC bzw. deren Kopplung mit Massenspektroskopie. Die Bildung eines echten Mischharzes ist also auch bei der industriellen Kochweise bei der gemeinsamen Kondensation von Harnstoff und Melamin anzunehmen. Demgegenüber gibt es noch keinen eindeutigen Nachweis einer chemischen Bindung zwischen dem UF- und dem MF-Anteil, wenn vor der Aushärtungsreaktion lediglich eine Mischung dieser beiden Harze vorliegt. Möglicherweise härten beide Harze getrennt voneinander aus und liegen lediglich in Form zweier einander durchdringender Netzwerke vor.

Zwischen Mischungen von Harzen (z. B. MF + UF) und echten Cokondensationsharzen (z. B. MUF) kann durch Einsatz zweier unterschiedlicher Detektoren (RI, UV) unterschieden werden (Grunwald 1998).

Melamin-Harnstoff-Phenol-Formaldehyd-Harze (MUPF)
(teilweise auch als PMUF bezeichnet)
MUPF-Harze werden vorwiegend bei der Herstellung von V100-Spanplatten nach DIN 68763 und von Platten für tragende Zwecke zur Verwendung im Feuchtbereich nach EN 312-5, Option 2, bzw. hochbelastbare Platten für tragende Zwecke zur Verwendung im Feuchtbereich nach EN 312-7, Option 2, eingesetzt. Für den Einsatz von MUPF-Leimen für solche Platten sind bauaufsichtliche Zulassungen der Platten (üblicherweise als „Leimzulassung" bezeichnet) durch das Institut für Bautechnik in Berlin erforderlich, im Rahmen der Zulassung sind umfangreiche Prüfungen zur Beurteilung des Wasser- und Witterungseinflusses auf die MUPF-verleimten Platten durchzuführen (EN 312-7: Anhang A, 1977, Deppe und Schmidt 1979, 1983, Deppe und Stolzenburg 1984). Über die Eigenschaften solcherart gebundener Platten und den Vergleich zu anderen feuchtebeständigen Platten existiert ein umfangreiches Schrifttum (Clad und Schmidt-Hellerau 1977). Bei der Herstellung von V100-Platten liegen die erforderlichen Beleimungsgrade durchwegs im Bereich von 13–15% (Kehr und Hoferichter 1997). Dabei werden Trocken-Querzugfestigkeiten in der Größenordnung von mindestens 0,8 N/mm^2 erreicht. Die nach der Kochprüfung verbleibende Restfestigkeit liegt jedoch meist nur in der Größenordnung von 20–30% bezogen auf die Trockenfestigkeit, was einer V100-Festigkeit von 0,2–0,3 N/mm^2 entspricht (vorgeschriebener Mindestwert 0,2 N/mm^2).

Die Herstellung von MUPF-Leimen wird ausführlich in der Patentliteratur beschrieben (z. B. DE 2020481, DE 3125874, DE 3145328). Die industriell angewendeten Herstellrezepturen für MUPF-Harze sind wie bei den verschiedenen UF- oder MUF-Harzen jedoch nicht allgemein zugänglich.

Das den MUPF-Harzen zugrundeliegende Konzept ist eine Cokondensation von geringen Mengen an Phenol (3–8% bezogen auf den MUPF-Flüssigleim) mit dem MUF-Harz. Diese ist bei der nachträglichen Zugabe von Phenol oder eines PF-Harzes zu einem MUF-Harz eher nicht zu erwarten. Nach Prestifilippo und Pizzi (1996) ergibt die einfache Zumischung eines PF-Harzes am Ende der MUF-Herstellung (MUF + PF → PMUF oder MUPF) keine verbesserten Eigenschaften im Vergleich zu den zugrundeliegenden MUF-Harzen, diese Möglichkeit der Herstellung wird von Maylor (1995) jedoch empfohlen. Auch die Zugabe von Phenol zu einem MUF-Harz am Ende der MUF-Herstellung ergibt unzureichende Harzeigenschaften (Cremonini u.a. 1996b).

Da MUF-Harze im sauren Bereich gehärtet werden, Phenolharze in diesem pH-Bereich aber ein Minimum an Reaktivität besitzen, besteht die Gefahr, dass das Phenol oder das Phenolharz nicht oder nur in sehr geringem Ausmaß über kovalente Bindungen an die MUF-Ketten gebunden wird. Die Phenolkomponente verbleibt dann bestenfalls als Seitenkette am MUF-Harz, ohne ihre eigentliche Aufgabe einer Verbesserung der Wasserbeständigkeit erfüllen zu können. Es besteht vielmehr die Gefahr, dass freies Phenol im ausgehärteten Harz verbleibt und mit der Zeit aus der Platte abgegeben werden kann.

Cremonini u.a. (1996b) beschreiben verschiedene Herstellmethoden für MUPF-Harze. Die besten Eigenschaften werden erzielt, wenn zuerst Phenol und ein Teil des Formaldehyds reagieren und erst danach die übrigen Komponenten zugegeben werden. Auf diese Weise wird eine Blockcopolymerisation des Phenolharzes mit Melamin bzw. der MUF-Komponente sichergestellt.

Phenol-Melamin-Harze (PMF)

PMF-Harze werden überwiegend im ostasiatischen Raum bei der Herstellung von wasserbeständigen MDF-Platten bzw. bei Betonschalungs-Sperrholz eingesetzt. Infolge des fehlenden bzw. nur in geringer Menge vorhandenen Harnstoffes liegt die nachträgliche Formaldehydabgabe aus solchen Platten allerdings deutlich über dem E1-Bereich (Maylor 1995). Durch eine entsprechende Zugabe von Harnstoff kann das Molverhältnis im Harz abgesenkt werden, sodass die nachträgliche Formaldehydabgabe dann den E1-Vorschriften entspricht. Solche Harze werden in der Literatur zum Teil ebenfalls als PMUF bezeichnet.

Die Herstellung von PMF-Harzen kann auf zwei verschiedene Art erfolgen:

- direkte Kondensation von Phenol, Melamin und Formaldehyd: BP 1057400
- Abmischung eines PF- und eines MF-Harzes: Higuchi u.a. (1994).

Über eine mögliche Cokondensation zwischen der Melamin- und der Phenolkomponente bei der Harzherstellung bzw. der Aushärtung finden sich in der Fachliteratur unterschiedliche Angaben. Nach Braun und Krauße (1982, 1983) bzw. Braun und Ritzert (1984a+b) hat die Analyse der Molekülstruktur dieser Harze im flüssigen bzw. im ausgehärteten Zustand ergeben, dass keine Cokondensation zwischen Phenol und Melamin, sondern zwei getrennte Harze vorliegen. Die Ursache dafür liegt in den unterschiedlichen Reaktivitäten der

Phenol- bzw. Melaminmethylole in Abhängigkeit des pH-Wertes. Auch bei der Aushärtung ist keine Cokondensation gegeben, im ausgehärteten Zustand existieren vielmehr zwei separate, sich jedoch durchdringende Netzwerke.

Auch Higuchi u.a. (1994) nehmen an, dass bei der Aushärtung eines PMF-Harzes unter sauren Bedingungen vor allem die Melaminkomponente das dreidimensionale Netzwerk bildet, während ein großer Teil der Phenolkomponente ungehärtet bleibt. Die Autoren untersuchten das Härtungsverhalten ihres als PF + MF hergestellten PMF-Harzes und zeigten, dass im industriell üblichen sauren Verarbeitungbereich (pH = 5) die Aushärtungsgeschwindigkeit der MF-Komponente deutlich höher ist als die der PF-Komponente. Im leicht alkalischen Milieu (pH = 8,5) reagieren beide Komponenten etwa gleich rasch, bei stärker alkalischen Bedingungen (pH = 10) überwiegt die PF-Reaktion. Im Gegensatz zu den weiter oben genannten Autoren fanden Higuchi u.a. (1994) bei Modellreaktionen zwischen Phenolmethylolen und Melamin mittels ^{1}H-NMR Hinweise für eine Cokondensation über eine Methylenbrückenbindung zwischen dem Phenolkern und der Amidogruppe des Melamins.

Bei Vorliegen saurer Bedingungen unterscheiden Roh u.a. (1989) zwei Stufen in der Aushärtung: in der ersten, raschen Stufe überwiegt die Kondensation des Melamins, erst in einer zweiten, langsameren Phase wird Phenol verstärkt in das Netzwerk eingebaut. Die Aushärtegeschwindigkeit des Phenolharzanteiles im PMF-Harz ist jedoch bei weitem höher als bei einem separaten PF-Harz. Bei dem von Roh u.a. (1989) untersuchten PMF-Harz handelte es sich offensichtlich um eine Mischung zweier separat hergestellter MF- bzw. PF-Harze.

Im alkalischen Milieu konnten Roh u.a. (1990a+b) eine Cokondensation zwischen Phenol und Melamin bei der Bildung des unlöslichen Anteiles eines PMF-Harzes nachweisen; auch die Aushärtung eines PMF-Harzes bei pH = 8,5 erfolgte hauptsächlich durch die Bildung von Dimethylenätherbrücken zwischen Phenol und Melamin. Bei diesem pH-Wert sind die beiden Reaktionen (Melamin- bzw. Phenolkondensation) in etwa gleich schnell, daneben tritt auch eine Cokondensation auf. Bei einem höheren pH-Wert von 10 überwiegt vorerst die phenolische Reaktion, im letzten Teil der Aushärtung aber wieder die Melaminkondensation.

Ein PMUF-Harz mit einem deutlich höheren Phenol- (>10%) und Melaminanteil (>25%) beschreibt EP 915141. Bei der Herstellung erfolgt zuerst eine PF-Kondensation, gefolgt von einer Zugabe von Melamin und weiterem Formaldehyd mit anschließender weiterer Kondensation. Inwieweit in diesem Schritt eine Cokondensation zwischen Phenol und Melamin über Methylen- oder Methylenätherbrücken stattfindet, wird nicht beschrieben. Am Ende der eigentlichen Kondensationsreaktion wird Harnstoff zur Absenkung des Molverhältnisses zugegeben.

Weitere Literaturhinweise: Roh u.a. (1987a+b), Sidhu und Steiner (1995), Tomita und Matsuzaki (1985).

1.2.2
Alterungsverhalten

Ähnlich den UF-Harzen reagieren auch Melaminharze selbst bei Raumtemperatur langsam unter Molekülvergrößerung weiter. Dabei steigt die Viskosität des Leimes zuerst langsam, dann immer schneller an. Je höher die Temperatur, desto rascher erfolgt dieser Anstieg.

MUF- und MUPF-Leime verfügen im Allgemeinen über eine geringere Lagerstabilität im Vergleich zu UF-Leimen. Neben der Kochweise des Harzes ist vor allem der End-pH-Wert ein entscheidender Parameter für die Verbesserung der Lagerstabilität.

Zusätzlich kann bei Melaminharzen das Phänomen der Thixotropie auftreten (Binder u.a. 2001, Giordano 1991, Jahromi 1999a+b, Jahromi u.a. 1999). Dabei steigt die Viskosität infolge einer bestimmten Anordnung der Molekülketten (ähnlich einer kristallinen Struktur) und der dadurch gegebenen Ausbildung von starken intermolekularen Kräften innerhalb weniger Tage reversibel sehr stark an. Im Extremfall kann es zu einem reversiblen Gelzustand kommen, das Harz ist in diesem Zustand nicht mehr fließfähig. Durch Einwirkung mechanischer Kräfte bzw. bei Zufuhr von Wärme wird der Leim wieder fließfähig.

1.2.3
Hydrolyse von Melamin- und Melaminmischharzen

MUF- und MUPF-Harze zeichnen sich im Vergleich zu UF-Harzen durch eine deutlich verbesserte Hydrolysestabilität aus. Diese steigt mit zunehmendem Melamingehalt im Harz. Der Grund dafür liegt in der durch die konjugierten Doppelbindungen des Melamins bewirkten Stabilisierung der C-N-Bindung zwischen der Amidgruppe des Melamins und dem Formaldehyd.

Literaturhinweise: Troughton (1969a+b).

1.2.4
Härtung von Melamin- und Melaminmischharzen

Die Aushärtung von MF-und MUF-Harzen erfolgt analog zu den UF-Harzen durch Zugabe von Härtern (durchwegs Ammonsalzen), die mit dem freien Formaldehyd des Leimes reagieren. Die dabei entstehende Säure bewirkt die Initiierung der sauren Aushärtereaktion. Im Gegensatz zu reinen UF-Harzen ist dabei allerdings ein deutlich langsamerer Abfall des pH-Wertes der Leimflotte gegeben. Der pH-Wert eines ausgehärteten MF- oder MUF-Leimes liegt eher im pH-Bereich 3–4, im Vergleich zu pH-Werten in der Größenordnung von 2 bei den UF-Harzen.

Melaminharze mit einem deutlichen molaren Unterschuss an Formaldehyd können unter sauren Bedingungen durch Zugabe von Hexamethylentetramin ausgehärtet werden (Pizzi u.a. 1996). Dabei ist jedoch nicht so sehr die Vernetzung über den durch den Zerfall von Hexamethylentetramin entstehenden Formaldehyd von entscheidender Bedeutung; die Vernetzung erfolgt vielmehr überwiegend über Aminodi- ($-CH_2-NH-CH_2-$) und Aminotrimethylenbrücken ($-CH_2-N(CH_2-)-CH_2-$), die bei der Zersetzung von Hexamethylentetramin entstehen. Die genauen Zerfallsreaktionen werden im Detail bei Kamoun und Pizzi (2000) beschrieben. Die Vernetzungsreaktionen von Phenolharzen bzw. Tanninen mittels Hexamethylentetramin werden in Teil II, Abschn. 1.3.3 und 2.3.1.8 beschrieben.

1.2.5 Modifizierung von Melamin- und Melaminmischharzen

1.2.5.1 *Zugabe von Tanninen*

Erhöhung des Kondensationsgrades eines MUPF-Harzes durch Zugabe von Tannin, um das zu rasche Eindringen des Harzes in mit Feuerschutzsalzen behandelte Furniere zu unterbinden (Cremonini u.a. 1996a). Ersatz von Phenol in einem PMUF-Harz durch ein Quebrachotannin (TMUF-Harz) (Cremonini u.a. 1996c).

1.2.5.2 *Zugabe von Lignin*

Lignin in den verschiedensten Formen kann in geringen Mengen wie bei UF-Harzen als Leimstreckungs- bzw. Leimersatzmittel wirken, wobei die Zugabemengen üblicherweise 10% nicht überschreiten.

1.5.2.3 *Verstärkung durch Isocyanat*

Wie bei UF-Harzen kann auch bei MF- und MUF-Harzen durch die Zugabe von Isocyanat (insbesondere PMDI) eine zusätzliche Vernetzung des aminoplastischen Netzwerkes erfolgen; dies ist besonders bei formaldehydarmen Harzen interessant (Abb. 1.40). Der Einsatz eines MUF-Mischharzes gemeinsam mit PMDI ermöglicht die Herstellung von V100-Spanplatten nach DIN 68763 (Deppe 1985, Deppe und Hoffmann 1984, Wittmann 1983).

Weitere Literaturhinweise: Cremonini u.a. 1996a, Deppe (1983a+b).

1.2.6 Formaldehydgehalt und Molverhältnis

Die molare Charakterisierung von melaminverstärkten Leimen und MUF-Harzen erfolgt durch das Molverhältnis $F/(NH_2)_2$ oder das dreifache Molver-

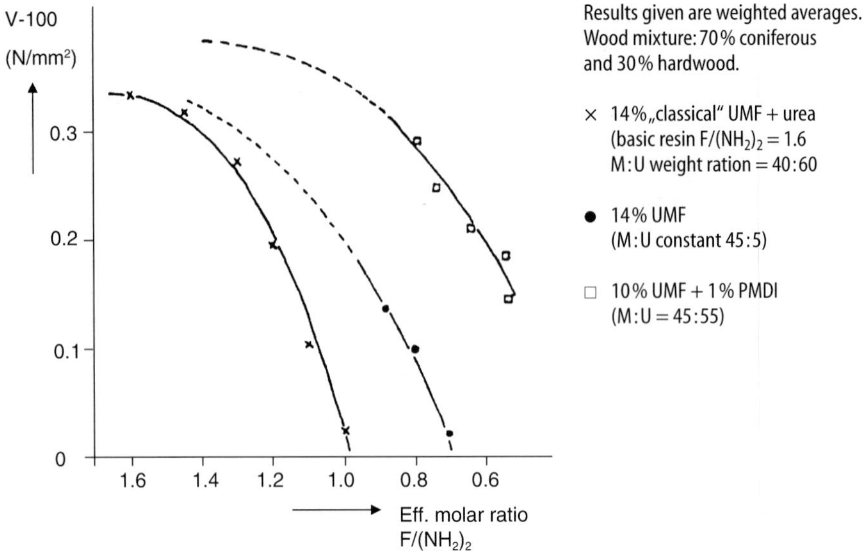

Abb. 1.40. V100-Festigkeit in Abhängigkeit des Molverhältnisses $F/(NH_2)_2$ beim Einsatz von MUF/PMDI-Mischverleimungen (Tinkelenberg u. a. 1982)

hältnis F:U:M. Der Massenanteil von Melamin wird entweder auf Lieferform, auf den Festharzgehalt oder auf die Summe Harnstoff + Melamin bezogen. Tabelle 1.7 stellt eine Übersicht über übliche Melamingehalte und Molverhältnisse $F/(NH_2)_2$ der derzeit in Verwendung befindlichen melaminverstärkten UF-Leime bzw. MUF-Harze zusammen.

Tabelle 1.7. Melamingehalt und Molverhältnisse $F/(NH_2)_2$ von melaminverstärkten UF-Leimen und MUF-Harzen

Anwendung	Melamingehalt (%) bezogen auf Flüssigleim	Molverhältnis $F/(NH_2)_2$
E1-Span- und MDF-Platten	2 bis 8	1,02 bis 1,10
Trägerplatten für Laminatfußböden	4–23 [a]	0,95 bis 1,10
E1-Span- und MDF-Platten für die Verwendung im Feuchtbereich	17 bis 23	1,05 bis 1,15
„F-Null"-Platten	8 bis 23	0,70 bis 0,95
„wasserfeste" Massivholzplatten	ca. 23	1,20 bis 1,40

[a] Abhängig von der geforderten maximalen Dickenquellung der Platten.

1.2.7
Ergebnisse molekularer Charakterisierung

MF- und MUF-Harze lassen sich mit den verschiedenen Molmassenbestimmungsmethoden untersuchen, wobei in der Literatur sowohl Messungen der Molmassenverteilung als auch Direktbestimmungen von Molmassenmittelwerten beschrieben werden (Tabelle 1.8).

Wie bei den UF-Harzen bereits beschrieben, kann auch ein MF- oder MUF-Harz durch Verdünnung über seine Wasserverträglichkeit hinaus in eine wässrige und eine dispergierte Phase getrennt werden, wobei in der letzteren wieder verstärkt die höheren Molmassen angereichert sind (Abb. 1.41). Beispiele weiterer GPC-Chromatogramme finden sich in Teil II, Abschn. 3.3.2.1.

Tabelle 1.8. Molmassen von MF-und MUF-Harzen

Messmethode	Zahlenmittel	Gewichtsmittel	Literaturhinweis
VPO/DO [a]	230–2580	–	Braun und Pandjojo (1979)

[a] Vapor pressure osmometry/Dampfdruckosmometrie.

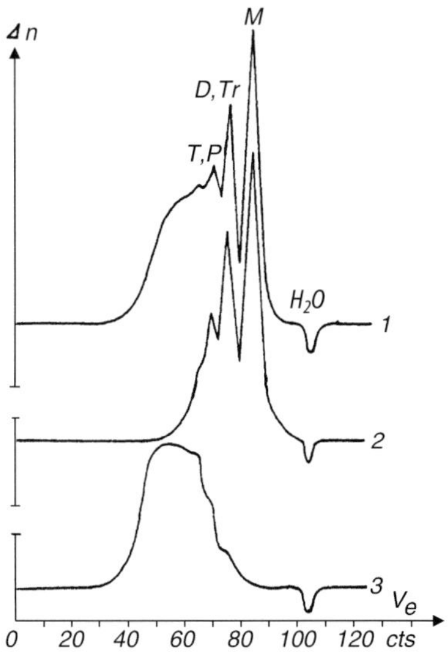

Abb. 1.41. Gelchromatogramme eines MF-Kondensates (Braun u.a. 1982). *1* Ausgangsharz, *2* wasserlöslicher Anteil, *3* dispergierter Anteil

1.2.8
Beeinflussung technologischer Eigenschaften von Melamin- und Melaminmischharzen

1.2.8.1
Einfluss des Melamingehaltes

Je höher der Melamingehalt, desto besser ist die Wasserbeständigkeit der ausgehärteten Harze und desto geringer ist die Feuchteempfindlichkeit der damit hergestellten Platten.

Chow und Pickles (1976) messen die Hydrolyseempfindlichkeit von ausgehärteten MUF-Harzen, zu denen KBr zugegeben worden war. Unter den Testbedingungen wird ein Teil dieses KBr herausgelöst; die Menge an verbleibendem KBr wird bestimmt und ist ein Maß für die Hydrolysebeständigkeit des ausgehärteten Harzes. Abbildung 1.42 zeigt den Anstieg der Hydrolysebeständigkeit von MUF-Harzen in Abhängigkeit des Melamingehaltes für verschiedene Hydrolysebedingungen. Über den Einfluss des Melamingehaltes auf diverse Platteneigenschaften wird in Teil III, Abschn. 2.2.2 berichtet.

Einen ähnlichen Zusammenhang beschreiben Neusser und Schall (1972). Sie untersuchten die Hydrolyseanfälligkeit von mit UF-Leimen verleimten Buche-Furnierzugscherproben, wobei dem UF-Leim steigende Mengen eines

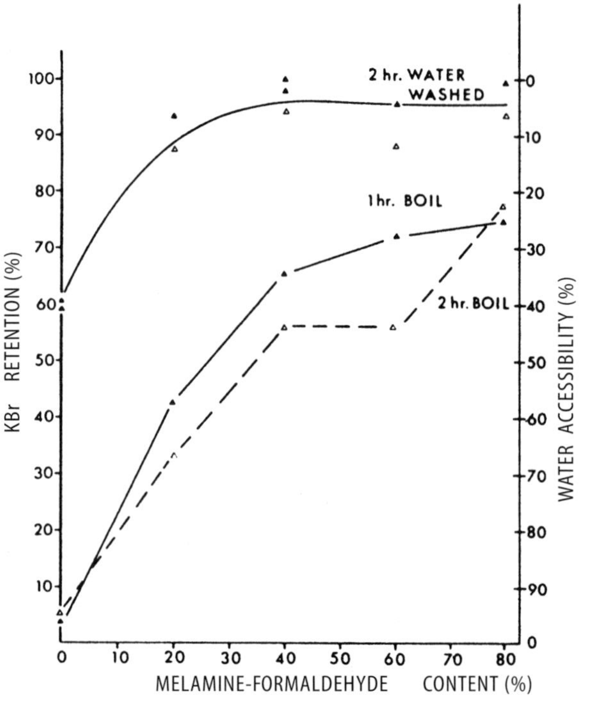

Abb. 1.42. Anstieg der Hydrolysebeständigkeit von MUF-Harzen in Abhängigkeit des Melamingehaltes für verschiedene Hydrolysebedingungen (Chow und Pickles 1976)

Abb. 1.43. Festigkeitsabfall von Buche-Furnierzugscherproben unter Einwirkung von feuchter Hitze ($u = 14\%$) bei 108 °C und anschließender 24 h-Wasserlagerung bei 20 °C (Neusser und Schall 1972)

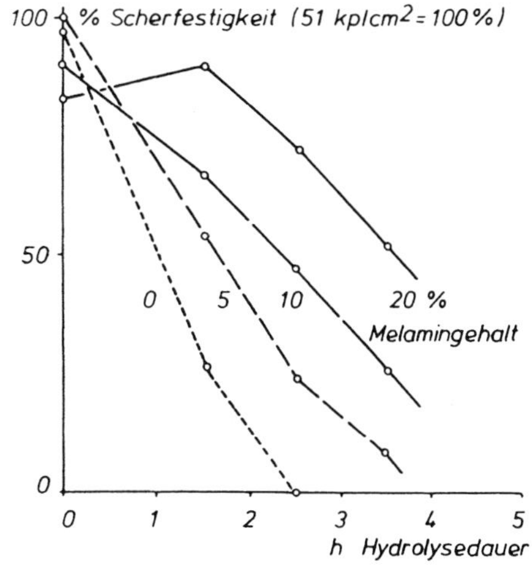

pulverförmigen MF-Harzes zugegeben worden waren (Abb. 1.43). Als Testbedingung diente 108 °C bei einer Holzfeuchte von 14%. Trockene Hitze ($u = 0\%$) von ebenfalls 108 °C bewirkte im Versuchszeitraum selbst beim reinen Harnstoffharz keine Festigkeitsverminderung.

1.2.8.2
Einfluss des Molverhältnisses

Wie bei allen aminoplastischen Harzen ist auch bei den als Holzleimen eingesetzten MUF- und MUPF-Harzen das Molverhältnis $F/(NH_2)_2$ entscheidend für die Reaktivität, die erreichbare Netzwerksdichte und die dabei zu erwartende Bindefestigkeit. Wird das Molverhältnis zwecks Verminderung der nachträglichen Formaldehydabgabe gesenkt, leiden sowohl Reaktivität als auch der erzielbare Aushärtungsgrad (Netzwerksdichte). Auch bei den Melaminharzen bestehen wie bei den UF-Harzen verschiedene Möglichkeiten zur Absenkung des Flottenmolverhältnisses, wie eine formaldehydarme Einstellung des Leimes selbst oder eine entsprechende Zugabe von Formaldehydfängern. Die Maßzahlen des Molverhältnisses $F/(NH_2)_2$ sind in der gleichen Größenordnung wie beim Molverhältnis F/U der UF-Harze. Eine ausführliche Beschreibung dieser Einflüsse ist in Teil III, Abschn. 2.2.3 gegeben.

Die Gelierzeit von MUF-Harzen steigt mit sinkendem Molverhältnis, wie analog in Teil II, Abschn. 1.1.8.1 beschrieben. Auch bei den MUF/MUPF-Harzen erfolgt üblicherweise eine Zugabe von Harnstoff nach der eigentlichen Harzkondensation, um die gewünschten niedrigen Molverhältnisse einzustellen und die Lagerstabilität der Harze zu verbessern.

1.2.8.3
Einfluss des Kondensationsgrades

Wie bei allen aminoplastischen Leimen steigt bei konstantem Festharzgehalt auch bei den MUF/MUPF-Harzen die Viskosität mit höherem Kondensationsgrad. Bei Mischung von MF- und UF-Harzen ist der Kondensationsgrad der beiden Komponenten entsprechend des gewählten Mischungsverhältnisses entscheidend. Über das Eindringverhalten von MUF/MUPF-Harzen ins Holz wurde bisher in der Literatur noch nicht berichtet, es ist jedoch zu erwarten, dass es den gleichen Gesetzmäßigkeiten wie bei den UF-Leimen unterliegt. Unabhängig vom Melamingehalt kann bei einer gegebenen Herstellrezeptur der Kondensationsgrad mehr oder minder frei gewählt werden, wobei sich dann die Wasserverdünnbarkeit sowie die Viskosität entsprechend ergeben.

1.2.9
Kaltklebeeigenschaften von Melamin- und Melaminmischharzen

Die Kaltklebeeigenschaften von MUF-Leimen unterliegen im Wesentlichen den gleichen Gesetzmäßigkeiten wie UF-Leime. Auch hier ist ein hoher Kondensationsgrad meist gleichbedeutend mit einer erhöhten Kaltklebrigkeit. Die Erfahrungen betreffend der Zeitabhängigkeit der Kaltklebrigkeit bei UF-Leimen gelten auch bei Melaminleimen sinngemäß.

1.2.10
Verarbeitungsfähige Leimflotten

Leimflotten mit MUF- und MUPF-Harzen in der Spanplatten-, OSB- und MDF-Herstellung sind im Prinzip ähnlich aufgebaut wie bei allen anderen aminoplastischen Leimen (s. Teil III, Abschn. 3.2.2). Unterschiede bestehen vor allem im üblicherweise höheren Beleimungsgrad bei Einsatz von melaminhaltigen Leimen (bis ca. 14% Festharz/atro Span oder atro Faser). Die Ursache darin liegt in den deutlich höheren Anforderungen bei „feuchte- oder wasserbeständigen" Platten (Platten für die Verwendung im Feuchtbereich). Auch die Härterdosierung liegt deutlich höher als bei UF-Leimen, in der Spanplatten-Mittelschichtflotte werden üblicherweise 3–4% Härterfeststoff/Festharz zugegeben. Die höheren Beleimungsgrade ergeben auch entsprechend höhere Feuchtigkeiten der beleimten Späne.

Leim- und Härtertyp sowie die geeignete Flottenzusammensetzung in der Sperrholz- und Massivholzplattenherstellung (Beispiele s. Tabelle 1.9) sind abhängig vom Verleimungszweck, der angestrebten Verleimungsgüte (Beanspruchungsklasse der Verleimung), den gegebenen Verarbeitungsbedingungen (Pressenart, Presstemperatur, erforderliche Topfzeit) sowie der gewünschten Presszeit.

Tabelle 1.9. Melaminhaltige Leimflotten für die Sperrholz-, Parkett- und Möbelherstellung

Komponente/Flotte	A	B	C	D	E
UF-Leim (1)	100	–	–	–	–
UF-Leim (2)	–	100	–	–	–
MF-Pulverleim (3)	30–50	–	–	–	–
MUF-Leim (4)	–	–	100	–	–
MUF-Leim (5)	–	–	–	100	–
MUPF-Leim (6)	–	–	–	–	100
Streckmittel (7)	10–20	5–10	5–10	–	5–15
Wasser	15–25	–	–	–	–
Härter pulverförmig (8)	6	–	4–5	–	4–5
Härter pulverförmig (9)	–	15	–	–	–
Härter flüssig (10)	–	–	–	15–25	–

(1) UF-Leim mit F/U = ca. 1,3.
(2) UF-Leim mit F/U = ca. 1,7.
(3) Sprühgetrocknetes Melaminharz, ggf. auch MUF-Pulverleim.
(4) Ca. 20–23% Melamin, bezogen auf flüssigen Leim.
(5) Wie (4), aber in hochviskoser Einstellung.
(6) $F/(NH_2)_2$ ca. 1,3–1,5.
(7) Streckmittel: Roggen- oder Weizenmehl, verschiedene Industriemehle, ggf. mit anorganischen Anteilen.
(8) z.B. Ammonsulfat; bei Flotte A kann gegebenenfalls eine Härterlösung (z.B. 20%) eingesetzt werden, dabei ist dann die zugegebene Wassermenge entsprechend zu verringern.
(9) Melamin : Ammonsulfat (5:1).
(10) Hochviskoser Härter, enthält meist u.a. anorganische Füllmittel oder organische Verdicker, Resorcin und eine freie Säure oder eine sauer wirksame Substanz, um eine rasche Aushärtung zu ermöglichen.

Flotte A: Mischung eines UF-Flüssigleimes mit einem MF-Pulverharz.
Flotte B: Einbringen von Melamin in einen UF-Leim über die Härtermischung.
Flotte C: Standardflotte mit einem MUF-Leim; bei Bedarf können Formaldehydfänger und andere Zusatzstoffe zugegeben werden.
Flotte D: Zweikomponentensystem: flüssiger hochviskoser Leim + flüssiger hochviskoser Härter; die Abmischung der beiden Komponenten erfolgt üblicherweise direkt über der Leimauftragsmaschine.
Flotte E: Wie Flotte C, aber Einsatz eines MUPF-Leimes anstelle eines MUF-Leimes aus Gründen einer höheren Beständigkeit der Leimfuge; bei Bedarf können wieder Formaldehydfänger und andere Zusatzstoffe zugegeben werden.

1.3 Phenolharze

Phenol-Formaldehyd-Leime (PF-Leime) stellen neben den aminoplastischen Harzen (UF, MF/MUF) eine weitere große und bedeutende Gruppe von Holzbindemitteln dar. PF-Harze werden eingesetzt, wenn wasser- und witterungsbeständige Verleimungen gefordert werden, wobei es sich hier vor allem um heißhärtende PF-Leime für die Herstellung von Spanplatten, Faserplatten, OSB und Sperrholz handelt. Über phenolharzgebundene Holzwerkstoffplatten existiert bereits seit Jahrzehnten ein umfangreiches Schrifttum (Clad und Schmidt-Hellerau 1965, Deppe und Ernst 1963, Jellinek und Müller 1982, Müller 1988, s. auch Allgemeine Literatur Teil I, Kap. 10).

In letzter Zeit wird auch das günstige Verhalten der Phenolharze hinsichtlich ihrer nachträglichen Formaldehydabgabe zur Herstellung von Holzwerkstoffen mit äußerst geringer Formaldehydemission genutzt („F-Null"). Dabei ist bei solchen Platten im Vergleich zu den PF-gebundenen V100-Platten wegen der höheren Anforderungen an die Trockenfestigkeit in der Möbelherstellung zum Teil ein höherer Beleimungsgrad erforderlich. Probleme können ggf. beim Beschichten solcher Platten infolge der alkalischen Oberfläche auftreten, auch die deutlich dunklere Farbe der Platten ist zu berücksichtigen.

Die auch in der Kälte reagierenden säurehärtenden Phenolharze werden wegen der Gefahr der allmählichen Schädigung der Holzsubstanz durch die für die Verleimung verwendeten Säurehärter (s. Teil II, Abschn. 1.3.3) nur mehr in wenigen Spezialfällen eingesetzt (Vick 1988). Tabelle 1.10 fasst die Vor- und Nachteile von Phenolharzen als Bindemittel für Holzwerkstoffe zusammen. Preislich liegen PF-Harze zwischen den UF- und den MUF-Harzen.

Tabelle 1.10. Vor- und Nachteile von PF-Harzen

Vorteile:

- geringe bis weitgehend fehlende Formaldehydabgabe
- hohe Feuchtigkeits- und Witterungsbeständigkeit PF-gebundener Platten
- niedrige Dickenquellung PF-gebundener Platten

Nachteile:

- im Vergleich zu aminoplastischen Harzen langsamere Härtung
- Probleme bei Verarbeitung verschiedener saurer Holzarten (z. B. Eiche, Birke, Edelkastanie)
- hohe Feuchtigkeitsaufnahme bei Lagerung der Platten bei höherer relativer Luftfeuchtigkeit infolge der Hygroskopizität des eingesetzten Alkalis (NaOH)
- dunkle Farbe der Leimfuge: z. B. charakteristisches Abzeichnen der Leimfuge bei hellem AW100-Furniersperrholz, dunkle Oberfläche PF-gebundener Spanplatten

1.3.1
Chemie der Phenolharze, Herstellungsrezepturen und Kondensationsführung

Die klassische Einteilung bei den PF-Harzen in A- (Resol), B- (Resitol) und C- (Resit) Zustand ist bei den PF-Leimen nicht zielführend, weil alle PF-Leime als wasserlösliche Resole vorliegen. Der B-Zustand wird erst in der Heißpresse durchlaufen. Noch vor dem Ende der Presszeit muss mehr oder minder der C-Zustand erreicht werden, wenn man von der möglichen Nachreifung der Platten im Stapel infolge einer weiteren und vollständigen Aushärtung der Leime absieht. Der bei den Phenolleimen übliche Viskositätsbereich liegt bei ca. 200 bis ca. 1300 mPa · s.

1.3.1.1
Kochweisen und Rezepturen

Die Kochweise von PF-Harzen ist ein mehrstufiger Prozess, wobei die Temperaturführung sowie der Zeitpunkt, die Reihenfolge und die Menge der einzelnen Zugabe- bzw. Teilzugabemengen entscheidend ist. So kann z.B. die Natronlauge in mehreren Schritten bei einzelnen Kondensationsstufen zugegeben werden. Im Wesentlichen können zwei Schritte unterschieden werden:

- Methylolierung als nucleophile Anlagerung von Formaldehyd an das in wässriger alkalischer Lösung vorliegende Phenolat-Anion. Eine bevorzugte ortho- oder para-Substitution ist nicht sehr ausgeprägt, eine Beeinflussung ist aber durch eine entsprechende Katalysatorwahl möglich (Peer 1959, 1960). Die Methylolierung ist stark exotherm und erfordert eine sorgfältige Regelung der Reaktortemperatur, andernfalls eine unbeherrschbare Reaktion zu einem Reaktorunfall führen kann (Kumpinsky 1994). Höhere Alkalikonzentrationen und niedrigere Temperaturen führen bevorzugt zur Bildung von Methylolgruppen und deren intramolekularen Stabilisierung mit den phenolischen OH-Gruppen und nicht zu einer Weiterkondensation.
- Kondensation: die Weiterkondensation der Phenolmethylole zu höhermolekularen Resolen erfolgt unter Bildung von Methylen- und Ätherbrücken, wobei letztere unter stark alkalischen Bedingungen jedoch weitgehend verhindert werden. Niedrigere Alkalikonzentrationen und höhere Temperaturen (Rückfluss) fördern die Kondensationsreaktion. In dieser zweiten Reaktionsstufe werden kettenförmige Moleküle gebildet, die nach wie vor noch freie Methylolgruppen tragen und deshalb bei entsprechend langer Reaktionsdauer bis zur vollständigen Aushärtung des Harzes weiterreagieren könnten. Da jedoch das Harz bei der Verarbeitung in einem fließfähigen Zustand vorliegen muss, wird die Reaktion rechtzeitig durch Abkühlen des Ansatzes abgebrochen.

Phenolharzleime sind wässrige alkalische Lösungen, die aus oligomeren bis polymeren Ketten bestehen. Daneben sind je nach Kochweise und dem gegebenen Molverhältnis kleine Anteile an nicht umgesetztem Phenol und an freiem Formaldehyd sowie an den verschiedenen einkernigen Methylolverbindungen vorhanden. Die Reaktionsführung muss im Wesentlichen so erfolgen, dass nur minimale Reste an freiem Formaldehyd oder nicht reagiertem Phenol im Harz verbleiben (s. Teil I, Abschn. 1.3.1.6).

Die Eigenschaften der Harze werden im Wesentlichen durch das Molverhältnis und die Konzentration der beiden Ausgangsstoffe Phenol und Formaldehyd, die Art und Menge des Katalysators (überwiegend Natriumhydroxyd „Alkali") sowie durch die Reaktionsbedingungen (Temperatur, Dauer der Reaktion) bestimmt. Die Reaktion selbst wird im wässrigen System ohne Zugabe von organischen Lösungsmitteln durchgeführt.

Alkalisch härtende PF-Harze für die Holzwerkstoffindustrie werden technisch in der Regel mit einem Molverhältnis F/P = 1,8 – 3,0 hergestellt. Die verschiedenen Reaktionsschritte und die entsprechenden Formelschemata werden ausführlich in der phenoplastchemischen Fachliteratur beschrieben (s. Allgemeine Literatur, Teil I, Kap. 10). Wie bei allen anderen Formaldehyd-Kondensationsharzen sind auch bei den Phenolharzen nur wenige praxiserprobte bzw. als praxisgerecht zu beurteilende Reaktions- und Kochvorschriften in der Fachliteratur beschrieben. Die meisten Rezepturen sind im vertraulichen Eigentum der Hersteller und damit auch in Fachkreisen nicht allgemein bekannt.

Müller (1988) beschreibt eine allgemeine Kochweise von PF-Leimen, bei der Phenol in den Reaktor gefüllt, die für die erste Reaktionsstufe erforderliche Menge an Natronlauge zugegeben, auf 50 – 60 °C aufgeheizt und sodann kontinuierlich Formaldehydlösung innerhalb 1 bis 3 Stunden langsam zudosiert wird. Die Temperatur des Ansatzes wird dabei mit Hilfe der bei der Methylolierungsreaktion freiwerdenden Wärme weiter erhöht und durch eine entsprechende Einstellung und Regelung der Zugabegeschwindigkeit des Formalins auf dem jeweils gewünschten Wert gehalten. Nach Beendigung des Formalinzulaufes wird der Ansatz so lange weiter bei erhöhter Temperatur gehalten, bis der freie Formaldehyd nahezu völlig verbraucht ist. Danach wird durch Zugabe von weiterer Natronlauge der gewünschte Alkaligehalt eingestellt. Die eigentliche Kondensation erfolgt im Anschluss daran über einen Zeitraum von mehreren Stunden, wobei die Molekülgrößen und die Viskosität kontinuierlich zunehmen. Sobald die gewünschte Viskosität als Endpunkt der Kondensation erreicht ist, muss der Ansatz so rasch wie möglich abgekühlt werden, um die Kondensationsreaktion abzubrechen und eine unerwünschte Weiterführung der Kondensation zu vermeiden.

Ebenfalls eine zweistufige Zugabe des Alkali wird von Sellers (1985) beschrieben. Formaldehyd, Phenol und Wasser werden im Reaktor vorgelegt. Danach wird langsam ein Teil des Alkali zugegeben, wobei die Temperatur zuerst bei ca. 45 – 50 °C gehalten wird, um sie danach auf 80 bis 95 °C ansteigen zu lassen. Bei dieser Temperatur wird auf eine bestimmte Viskosität kondensiert, die Temperatur auf 65 – 75 °C abgesenkt und weiterkondensiert. Durch Zugabe der zweiten Hälfte des Alkali sinkt die Viskosität des Ansatzes wieder, es wird nochmals weiterkondensiert; bei Erreichen der gewünschten Endviskosität wird der Ansatz so rasch wie möglich gekühlt.

Die früher übliche Kochweise, bei der Phenol und die gesamte Formaldehydmenge vorgelegt und mit Alkali versetzt wurden, wird heute bei großen Ansätzen auf Grund der hohen Exothermie der Methylolierungsreaktion nicht mehr eingesetzt. Eine solche Kochweise wird von Sellers (1985) wie folgt beschrieben:

- Vorlage von Formalin und Phenol
- langsame Zugabe der gesamten Alkalimenge unter gleichzeitiger Temperatursteigerung bis 80 – 95 °C
- Kondensationsreaktion
- Kühlen auf 70 – 85 °C und weitere Kondensation bis zur gewünschten Viskosität. Die Temperaturreduktion ist erforderlich, um zum Ende der Kondensationsreaktion hin eine niedrigere Reaktionsgeschwindigkeit einzustellen.

Nachteil dieser Kondensationsweise ist die niedrige Reaktivität der Harze, Vorteil ist die gute Lagerstabilität.

Geteilte Alkalizugaben werden auch von Haupt und Sellers (1994b) oder von Walsh und Campbell (1986) beschrieben. Dabei wird zu Beginn nur ein Teil des Alkali zugegeben, dann wird auf eine bestimmte Viskosität kondensiert. Bei der Zugabe der restlichen Alkalimenge sinkt die Viskosität des Harzes wieder, sodann wird weiter auf die gewünschte Endviskosität kondensiert. Diese zweite Alkalizugabe kann auch in mehreren Schritte mit dazwischen erfolgender weiterer Kondensation erfolgen.

Gollob (1982) beschreibt zwei verschiedene Kochweisen (Abb. 1.44). Bei der einen Kochweise wird mit einer bestimmten Geschwindigkeit direkt auf Rückfluss aufgeheizt, bei der anderen wird bei 60 °C eine Methylolierungsphase eingehalten. Niedrige Temperaturen bevorzugen die Methylolierung anstelle der

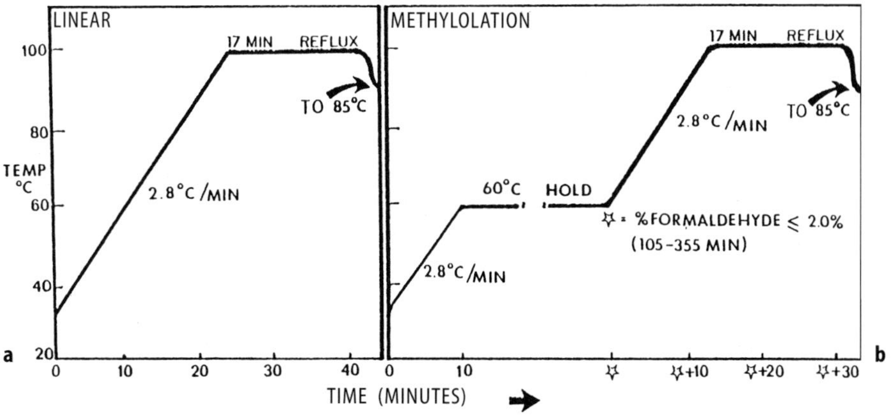

Abb. 1.44 a, b. Temperaturprogramm zweier Kochstrategien für Phenolharze (Gollob 1982). **a** Aufheizen auf Rückfluss, **b** Methylolierungsstufe bei 60 °C, danach erst Aufheizen auf Rückfluss. Die weitere Kondensationsphase bei 85 °C wird in Abb. 1.45 dargestellt

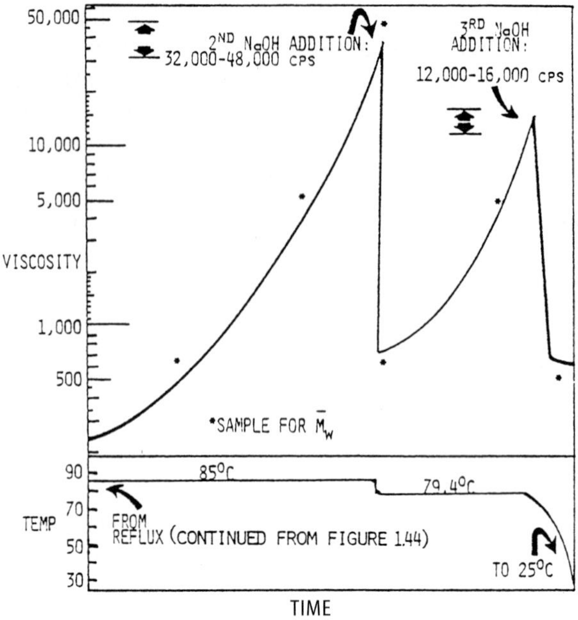

Abb. 1.45. Temperatur- und Viskositätsverlauf während der Kondensationsphase der Phenolharzkochung bei 85 °C, als Weiterführung der beiden Kochstrategien aus Abb. 1.44 (Gollob 1982)

Kondensationsreaktion. Gollob (1982) variiert das Molverhältnis F/P (1,9 bzw. 2,2 bzw. 2,5), die Menge des gesamten eingesetzten Alkali (45 % bzw. 60 % bzw. 75 %, jeweils bezogen auf die Phenolmenge) sowie dessen Aufteilung auf die drei Stufen der Alkalizugabe.

Nach einer bestimmten Dauer der Rückflussphase (17 min) wird auf 85 °C gekühlt und danach auf eine bestimmte Viskosität kondensiert. Durch Zugabe der zweiten Alkalimenge sinkt die Viskosität deutlich ab, anschließend wird bei ca. 80 °C wiederum auf eine bestimmte Viskosität kondensiert. Zuletzt erfolgt die Zugabe der dritten Alkalimenge und die Abkühlung des Ansatzes (Abb. 1.45). Auch in USP 3 342 776 (1967) wird ein solcher Methylolierungsschritt bei ca. 65 °C über mehrere Stunden erwähnt.

USP 4 433 120 (1981) beschreibt ein Phenolharz für Waferboard, welches sowohl hochmolekulare als auch gezielt niedermolekulare Anteile enthält. Die Kondensation erfolgt im Wesentlichen in zwei Schritten: im ersten Schritt wird ein hochmolekulares PF-Harz auf üblichem Weg hergestellt; danach werden nochmals Phenol, Formaldehyd und Alkali zugegeben und bei niedrigerer Temperatur eine Nachmethylolierung durchgeführt. Chen und Rice (1976) beschreiben ein Phenolharz, welches ein Cokondensationsprodukt aus einem linearen, nichtvernetzenden und einem verzweigten, vernetzbaren Phenolharz darstellt. Dieses Harz soll speziell über einen hohen Widerstand gegen Austrocknen nach dem Bindemittelauftrag auf ein Furnier verfügen. Weitere beispielhafte Rezepturen für PF-Harze finden sich bei Chen und Chen (1988), Pizzi (1999) und Pizzi u. a. (1997).

Bei der Verleimung von feuchten Furnieren ($u > 8\%$) besteht die Gefahr, dass ein herkömmliches Phenolharz zu stark ins Holz eindringt und damit eine verhungerte Leimfuge entstehen kann. Zusätzlich wirkt die hohe Wassermenge der Aushärtung entgegen. Für solche Verleimungszwecke empfehlen Steiner u.a. (1991) ein zweiphasiges PF-System, welches zum einen aus einem hochkondensierten PF-Harz besteht, welches nicht mehr löslich, sondern in hochalkalischen Lösungen nur mehr quellbar ist. Die zweite Phase ist ein übliches PF-Harz.

USP 4 824 896 (1988) beschreibt ein zweiphasiges PF-Harz, bestehend aus einem hochkondensierten Phenolharz in wässriger Lösung und einer PF-Dispersion, die mit dieser Lösung vermischt wird. Die disperse Phase wird aus einer wässrigen PF-Lösung mittels Fällung, Sprüh- oder Gefriertrocknung hergestellt, wobei während dieses Schrittes eine teilweise Vernetzung des Harzes auftreten kann. Einsatzzweck eines solchen Harzes ist die Verleimung von feuchten Furnieren zu Sperrholz; bei solchen Verleimungen muss ein übermäßiges Wegschlagen des Leimes ins Holz vermieden werden, wobei eine wesentliche Eigenschaft des Harzes seine hohe Reaktivität und damit seine rasche Aushärtung darstellt.

Weitere Literaturhinweise: Gollob (1989), Pizzi (1983b, 1994a+g).

1.3.1.2
Alkali

Als Katalysator wird bei der Phenolharzherstellung überwiegend Natronlauge NaOH („Alkali“) in der Menge von bis zu einem Mol je Mol Phenol (Molverhältnis NaOH/P) bei Mittelschichtharzen (Gesamtalkali ca. 10% bezogen auf Flüssigleim) eingesetzt; bei den früheren hochalkalischen Harzen lag dieses Molverhältnis bei bis zu 1,3 Mol, entsprechend einem Gesamtalkaligehalt von ca. 13%. Bei Deckschichtharzen werden ca. 0,5 Mol Alkali pro Mol Phenol (ca. 5% Gesamtalkali) zugegeben. Der pH-Wert eines Phenolharzes liegt im Bereich von 10–13. Das Alkali liegt im PF-Leim zum größten Teil als Natriumhydroxid vor, zum kleineren Teil als Alkaliphenolat. Der Einsatz von Alkali ist erforderlich, um das Harz über die Phenolatbildung wasserlöslich zu halten und damit einen möglichst hohen Kondensationsgrad bei technisch vertretbarer Viskosität durch Ausnutzung der viskositätsabsenkenden Wirkung des Alkali zu erreichen. Weiters bewirkt das Alkali die basische Katalyse der PF-Kondensation. Der erforderliche Gehalt an NaOH hängt von den gewünschten Eigenschaften des Harzes ab. Je höher der Kondensationsgrad, desto kürzer ist die Aushärtezeit in der Heißpresse, desto höher ist aber auch die Viskosität des Harzes bei gleichem Festharzgehalt und gleichem Alkaligehalt. Eine zu hohe, bei der Anwendung nicht mehr akzeptable Viskosität und eine damit auch zu kurze Lebensdauer des Harzes (Lagerstabilität) kann theoretisch durch eine erhöhte Zugabe von NaOH, durch Herabsetzen des Festharzgehaltes oder durch Zugabe anderer Stoffe wie z.B. Harnstoff vermieden werden. All diesen Maßnahmen sind jedoch Grenzen gesetzt, wobei dies sowohl den Wasserhaushalt der beleimten Späne bei zu niedriger Trockensubstanz der Harze als auch die Molekülgröße als solche betrifft, die z.B. entscheidend für das Eindringen des Leimes ins Holz ist. Zu hohe Alkaligehalte haben auch negative Auswirkungen auf die Reaktivität, wie Abb. 1.67 (s. Teil II, Abschn. 1.3.3.1) zeigt (Pizzi und Stephanou 1993, 1994a + b).

Das in der fertigen Platte vorhandene Alkali bringt verschiedene Nachteile der PF-gebundenen Platten mit sich:

- hohe Feuchtigkeitsaufnahme (Ausgleichsfeuchtigkeit) bei Lagerung der PF-gebundenen Platten bei hoher relativer Luftfeuchtigkeit infolge der hohen Hygroskopizität der Leimfuge (May und Roffael 1986); dies kann insbesondere zu einer Verringerung der Festigkeit führen
- stärkeres Kriechen der Holzwerkstoffe,
- starke Zunahme des Eindringvermögens ins Holz, verbunden mit einem raschen Abtrocknen der Oberfläche
- Gefahr von Alkaliausblühung an der Oberfläche,
- möglicherweise Probleme bei der Beschichtung der alkalischen Oberfläche der Platte mit den üblichen säurehärtenden UF-Leimen,
- Probleme beim Verbrennen des Schleifstaubes infolge des chemischen Angriffes der möglicherweise nicht alklibeständigen Kesselausmauerung
- Neigung zu Rostbildung bei metallischen Verbindungsmitteln wie Schrauben, Nägeln oder Beschlägen,
- Wirkungsverlust verschiedener Fungizide und Insektizide.

Aus diesen Gründen wurde der auf atro Platte bezogene Alkaligehalt bestimmten Höchstwerten unterworfen, z.B. 1,7% in der Deckschicht (rechnerisch ermittelt) sowie 2,0% über den gesamten Querschnitt einer Spanplatte (analytisch ermittelt) nach EN 312-5 bzw. 7 (DIN 68763) oder einer OSB nach EN 300. PF-Leime für die Mittelschicht von Spanplatten und für Sperrholz enthalten bis ca. 10% Gesamtalkali (gerechnet als NaOH), dies entspricht einem Gehalt an freiem Alkali von ca. 8%, Leime für die Spanplattendeckschichten und für MDF-Platten liegen bei 3–5% Gesamtalkali (ca. 2–4% freies Alkali). Frühere Werte lagen für die Spanplattenmittelschicht bei bis zu 13% Gesamtalkali (ca. 11% freies Alkali). Mit der Verringerung des Alkaligehaltes nahm allerdings die Reaktivität der PF-Harze ab. Bei Neutralisation des Alkaligehaltes mittels Säure sind die Resolmoleküle nicht mehr wasserlöslich und fallen aus der Lösung aus.

Weitere Literaturhinweise: May (1985, 1987).

1.3.1.3
Andere basische Reaktionskatalysatoren

Neben Natronlauge (Alkali) können prinzipiell auch andere basische Katalysatoren bei der Harzherstellung eingesetzt werden, wie z.B. Bariumhydroxid $Ba(OH)_2$ (Astarloa-Aierbe u.a. 1998, Duval u.a. 1972, Wagner und Greff 1971),

Abb. 1.46. GPC-Kurven von mit verschiedenen basischen Katalysatoren hergestellten Phenolharzen (So und Rudin 1990)

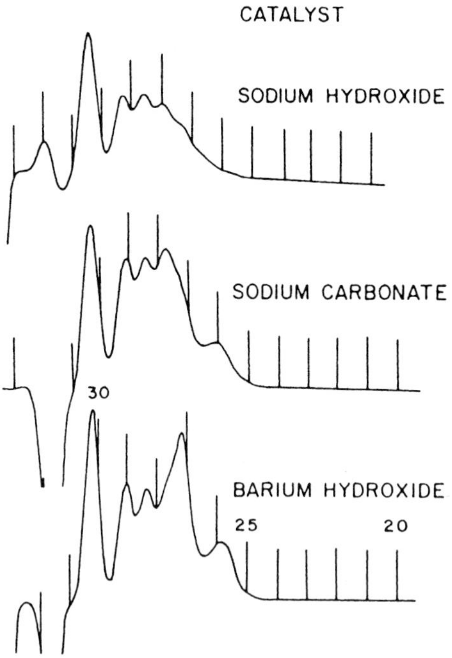

Lithiumhydroxid LiOH (Duval u.a. 1972), Zirkoniumhydroxid (Duval u.a. 1972), Natriumcarbonat Na_2CO_3, Zinkacetat (Astarloa-Aierbe u.a. 1999), Triäthylamin (Astarloa-Aierbe 2000a + b, Kaledkowski u.a. 2000, Shafizadeh u.a. 1999), andere Alkylamine (Kaledkowski u.a. 2000), Ammoniak NH_3 (Duval u.a. 1972, Shafizadeh u.a. 1999) oder Hexamethylentetramin (Wagner und Greff 1971). Durch die Wahl des eingesetzten Katalysators kann dabei gezielt Einfluss auf die Harzeigenschaften genommen werden. Wagner und Greff (1971) untersuchten die Auswirkungen verschiedener alkalischer Katalysatoren (NaOH, $Ba(OH)_2$, Hexa) auf die Molmassenverteilung (GPC) und verschiedene Strukturelemente (NMR) dieser Harze. Hexa als Katalysator ergab z.B. eine breitere Molmassenverteilung bei niedrigen Kondensationsgraden. Im Bereich der Holzwerkstoffleime wird jedoch praktisch ausschließlich Natriumhydroxid als Katalysator eingesetzt. Abbildung 1.46 zeigt GPC-Kurven von mit verschiedenen basischen Katalysatoren hergestellten Phenolharzen (So und Rudin 1990). Man erkennt, dass die Chromatogramme zwar ähnlich sind, sich jedoch in einzelnen Peaks unterscheiden. Nähere Erklärungen werden von den Autoren dazu nicht gegeben.

Alkalihydroxide sind die wirksamsten Katalysatoren bei der Herstellung und Aushärtung von Phenolresolen, weil sie das Phenolharz auch noch bei höheren Molmassen in Lösung halten. Die bereits genannten Nachteile des Alkali haben jedoch bereits mehrmals zu Versuchen geführt, Natronlauge bei der Kondensation von PF-Leimen zu ersetzen und so alkalifreie PF-Leime herzustellen. So würde ein Ersatz oder Teilersatz von NaOH durch Ammoniak verschiedene Vorteile mit sich bringen. Ammoniak ist ein Gas, es entweicht beim Pressen und trägt in der fertigen Platte nicht zur Basizität und zur Hygroskopizität bei. Solange es gelingt, den pH-Wert im Leim während des Pressvorganges ausreichend lange so hoch zu halten, dass die Aushärtereaktion schnell genug abläuft, ist ein Katalysator, der in der fertigen Spanplatte nicht mehr vorhanden ist, von großem Vorteil (Oldörp und Miertzsch 1997).

Bei ihren Versuchen zur Entwicklung einer Kondensationsmethode für alkaliarme, reaktive Phenolharze für Span- und Faserplatten konnten Oldörp (1997) bzw. Oldörp und Miertzsch (1997) bis auf ein Achtel das gesamte in einem alkalisch härtendem Phenolharz vorhandene NaOH durch Ammoniak ersetzen. Bei einem Festharzgehalt von 50% enthält dieser PF-Leim somit nur mehr 1,07% NaOH bezogen auf Flüssigleim. Die Biegefestigkeit von Spanplatten, die mit diesem alkaliarmen Phenolharz gebunden waren, lag deutlich über der Mindestanforderung für den Normtyp V100 nach DIN 68763/EN 312-5 bzw 312-7 (Option 2) und war vergleichbar mit den Werten, die mit einem kommerziellen PF-Leim erreicht wurden. Für eine Verwendung als Mittelschichtleim reichte die Reaktivität dieses alkaliarmen Leimes jedoch nicht aus. Eine Mischung aus $^2/_3$ des alkaliarmen Leimes und $^1/_3$ eines kommerziellen PF-Leimes konnte hingegen als Mittelschichtleim eingesetzt werden. Spanplatten mit dieser Leimmischung in der Mittelschicht und dem alkaliarmen Phenolharz in der Deckschicht erfüllten beinahe die Anforderungen für den Normtyp V100, wobei der Alkaligehalt in der Gesamtplatte lediglich 0,40% betrug.

1.3.1.4
Verfolgung der Kondensationsreaktion

PF-Mittelschichtharze weisen im Allgemeinen die höchsten Molmassen auf und ermöglichen damit eine rasche Aushärtung. Sie enthalten höhere Alkalianteile als DS-Harze, damit bleibt das Harz auch bei einem höherem Kondensationsgrad noch wasserlöslich. Je höher der bereits bei der Leimherstellung erzielte Kondensationsgrad ist, desto kürzer ist die Aushärtungszeit und damit die erforderliche Presszeit bei der Herstellung von Holzwerkstoffen. Die technisch machbaren Grenzen im Kondensationsgrad der Harze liegen einerseits in der Viskosität der Harze selbst (Pumpfähigkeit, Lagerstabilität), andererseits in einem ungenügenden Fluss unter Wärmeeinwirkung, wodurch die Benetzung der nicht beleimten Gegenseite bzw. das Eindringen des Leimes ins Holz be- oder sogar verhindert wird. Dadurch ist die Gefahr einer ungenügenden Bindefestigkeit gegeben. Die Herabsetzung der Viskosität durch Einstellung eines niedrigeren Festharzgehaltes ist de facto nicht möglich; da MS-Harze üblicherweise nur einen Festharzgehalt von 45–48% aufweisen, ist die Feuchtigkeit der beleimten Späne im Vergleich zu UF-beleimten Spänen ohnedies deutlich höher und würde bei einem niedrigeren Festharzgehalt weiter ansteigen. Eine Möglichkeit der Viskositätsabsenkung besteht in der Zugabe

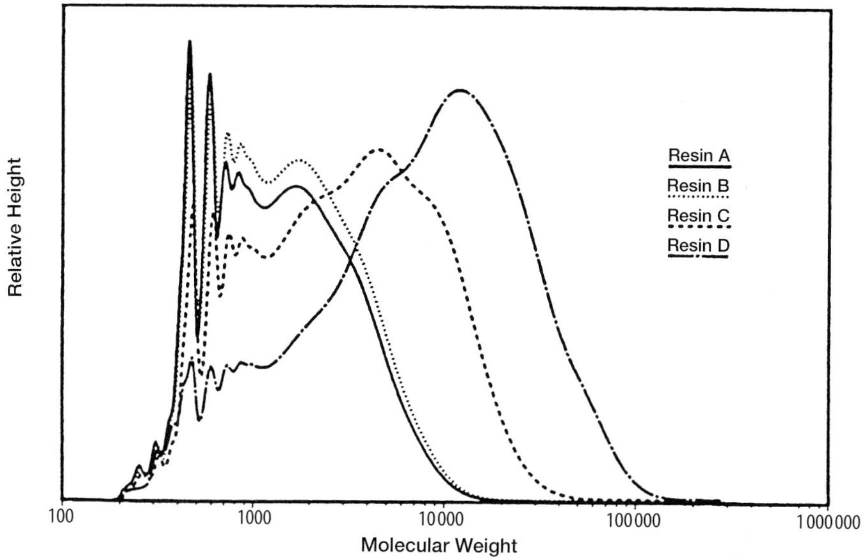

Abb. 1.47. Molmassenverteilungen von verschieden hoch kondensierten PF-Harzen, gemessen mittels GPC an acetylierten Proben (Ellis und Steiner 1990)

von Harnstoff zum fertigen hochkondensierten PF-Harz. Abbildung 1.47 zeigt die mittels Gelchromatographie gemessenen Molmassenverteilungen von verschieden hoch kondensierten PF-Harzen (Ellis und Steiner 1990).

Weitere Beispiele für die Verfolgung der Kondensationsreaktion zeigen die Abb. 1.48 bis 1.52. Der niedermolekulare Peak (Phenol) in Abb. 1.48 wird mit steigender Reaktionszeit schrittweise abgebaut, während die kurzkettigen Phenolresole zu Beginn der Reaktion zunehmen. Je länger die Kondensation dauert, desto weiter verschiebt sich die Molmassenverteilung zu höheren Werten.

Auch in Abb. 1.49 wird der niedermolekulare Phenolpeak schrittweise abgebaut, parallel dazu wächst der höher- bzw. hochmolekulare Anteil im Chromatogramm. Der Anteil der niedermolekularen Methylole steigt zu Beginn der Reaktion, um bei längerer Dauer der Kochung infolge der Weiterreaktion wieder abzunehmen.

Deckschichtharze sind hingegen eher niedermolekular, insbesondere auf Grund ihres niedrigen Alkaligehaltes. Da die Deckschichten genügend Wärmezufuhr in der Heißpresse erfahren, ist eine erhöhte Aushärtegeschwindigkeit nicht erforderlich, wegen der Gefahr von Voraushärtungen sogar eher unerwünscht.

Die beiden Abb. 1.51 und 1.52 (Gobec 1997) verfolgen die Synthese eines Phenolharzes (Molverhältnis F/P = 1,7; NaOH-Gehalt des Harzes 4%). In Abb. 1.51 sind die niedermolekularen Umsetzungsschritte nach Zugabe der ersten Alkalimengen dokumentiert. Hier können noch teilweise gut getrennte

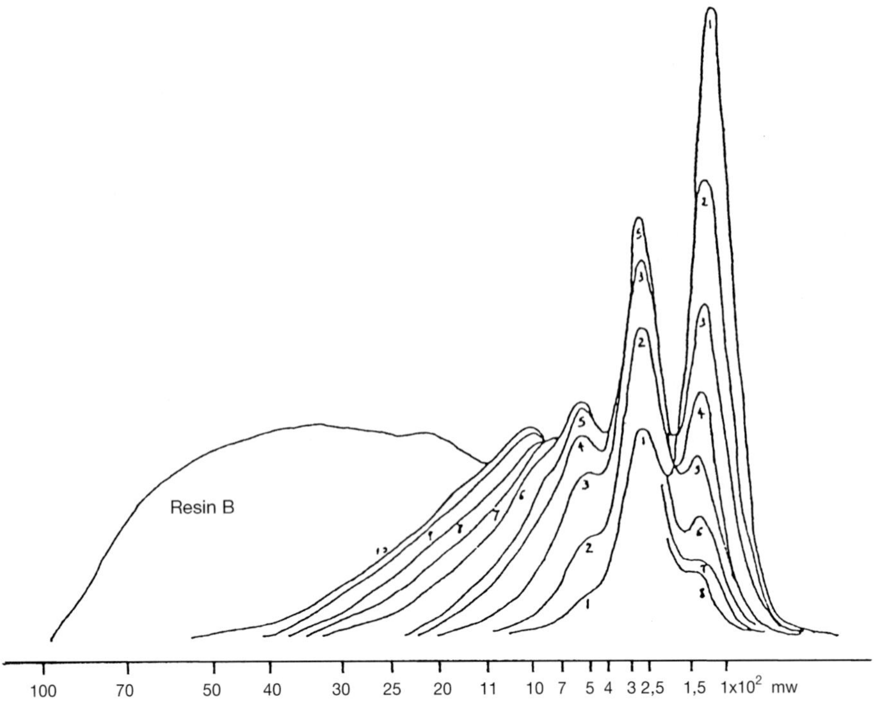

Abb. 1.48. Gelchromatogramme unterschiedlicher Kondensationsstufen (Kim u. a. 1983)

Abb. 1.49. Verschiebung der Molmassenverteilung eines ammoniakkatalysierten Phenolresols, dargestellt als Funktion des GPC-Verteilungskoeffizienten K in Abhängigkeit der Kondensationsdauer (Duval u. a. 1972)

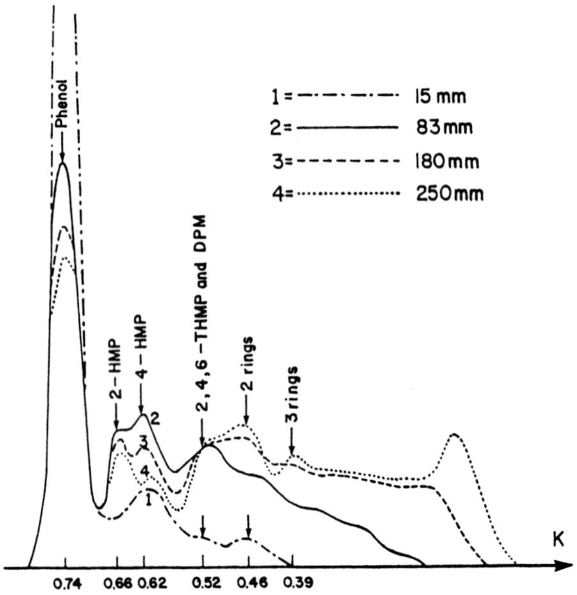

Abb. 1.50. Verschiebung der Molmassenverteilung eines mit Natronlauge katalysierten Phenolresols, dargestellt als Funktion des GPC-Verteilungskoeffizienten K in Abhängigkeit der Kondensationsdauer (Duval u.a. 1972)

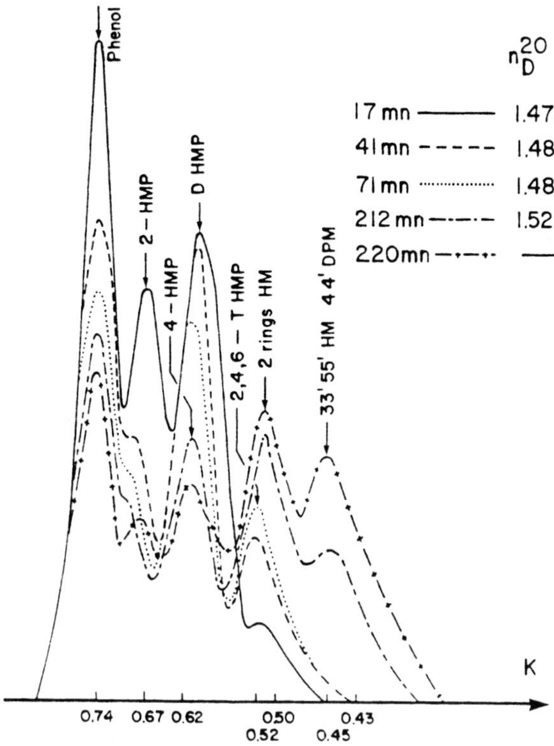

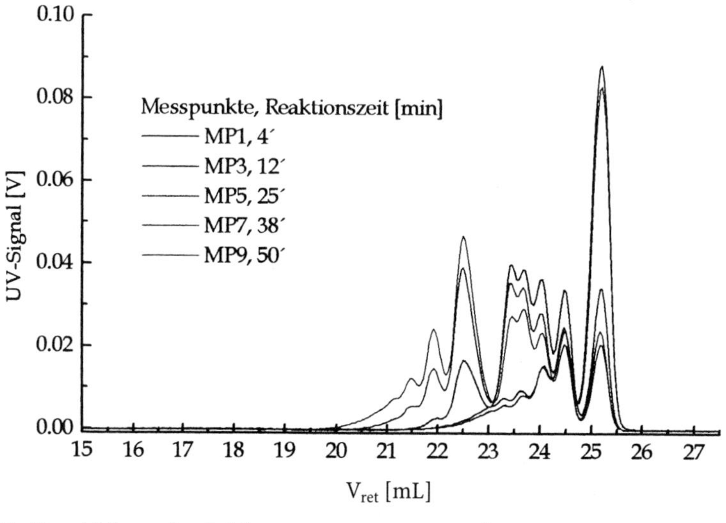

Abb. 1.51. Verschiebung der Gelchromatogramme von Proben aus niedermolekularen Umsetzungsschritten (Gobec 1997)

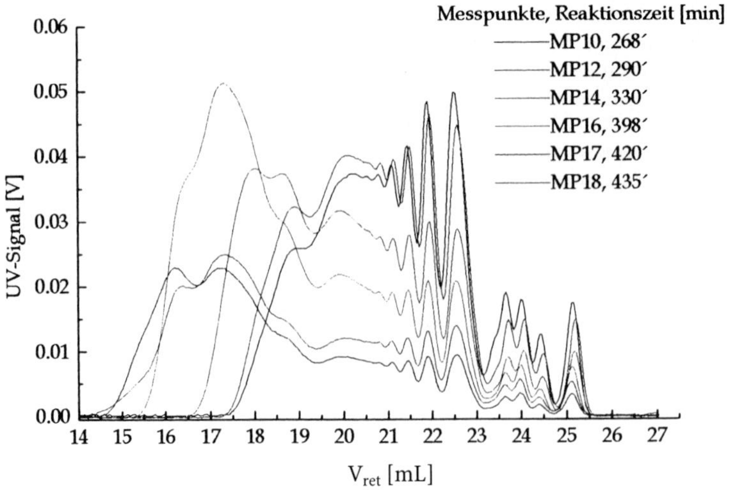

Abb. 1.52. Verschiebung des Gelchromatogramme von Proben, die zu bestimmten Zeiten einer Phenolharzkochung entnommen wurden (Gobec 1997)

Peaks erhalten werden. Eine nahezu base line-Auftrennung ist jedoch nur für den Phenolpeak (V_{ret} = ca. 25 ml) möglich. Aus der Auswertung der relativen Peakflächen kann das Fortschreiten der Reaktion verfolgt werden. Der Gehalt an Phenol nimmt stark ab, zu Beginn der Reaktion werden vor allem monomere Phenolmethylole gebildet, bei den längeren Umsetzungszeiten schließlich auch Zwei- und Dreikernverbindungen.

Für Abb. 1.52 wurde die Kondensation des Harzes bis zum Gelpunkt fortgesetzt, wodurch sich die Chromatogramme weiter zu niedrigeren Elutionsvolumina verschieben. Dabei zeigte sich das Problem, dass höhere Molmassen (ab ca. einem Elutionsvolumina <14,5 ml) nicht mehr gelöst werden, wodurch auch die unterschiedlichen Gesamtflächen der Chromatogramme erklärbar ist. Die Ausschlussgrenze der eingesetzten Säulenkombination lag bei diesen Untersuchungen bei ca. 12 ml, die Moleküle bei 14,5 ml wären an sich noch im selektiven Bereich der Säulenkombination gelegen.

Nieh und Sellers (1991) variieren bei der PF-Herstellung das Molverhältnis F/P (2,0 bis 2,5), die Molmasse der Harze sowie die Viskosität und stellen mit diesen verschiedenen Harzen Flakeboards her, um Korrelationen zwischen den Eigenschaften der Harze und der daraus hergestellten Platten zu erfassen. Überraschenderweise ergaben sich bei GPC-Untersuchungen an Phenolharzen, die unter gleichen Bedingungen und zur gleichen Endviskosität gekocht worden waren, deutliche Unterschiede in den aus der GPC berechneten Molmassenmittelwerten, die mit kleinen Schwankungen der Kochweise kaum erklärbar sind.

Abbildung 1.53 zeigt den Zusammenhang zwischen der während der Kochung eines PF-Harzes ansteigenden Viskosität und den aus der GPC (Kali-

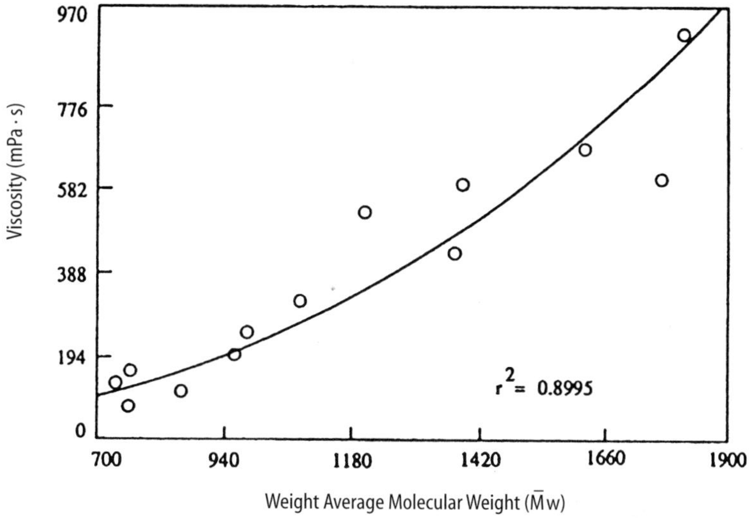

Abb. 1.53. Zusammenhang zwischen der während der Kochung eines PF-Harzes ansteigenden Viskosität und den aus der GPC (Kalibrierung mit Natriumpolystyrolsulfonaten) berechneten Gewichtsmittelwerten (Nieh und Sellers 1991)

brierung mit Natriumpolystyrolsulfonaten) berechneten Gewichtsmittelwerten. Auch wenn die absoluten Molmassenwerte möglicherweise einen systematischen Fehler auf Grund einer ungenauen oder falschen Kalibrierung aufweisen, ist das Ansteigen der Molmassenwerte mit dem Kondensationsgrad und der damit ebenfalls steigenden Viskosität eindeutig gegeben.

Haupt und Waago (1995) verfolgten die Kondensationsreaktion, indem sie die zeitlichen Veränderungen der mittels GPC ermittelten Zahlenmittel (Steigung der Ausgleichsgeraden des Zahlenmittels vs. Zeit) als relative Geschwindigkeitskonstante betrachten und diese in Abhängigkeit verschiedener Parameter darstellen, wie z.B. des pH-Wertes während der Kondensation (Abb. 1.54) oder des Molverhältnisses F/P (Abb. 1.55). Die Viskosität der Harze steigt exponentiell mit dem Gewichtsmittel der mittels GPC ermittelten Molmassen, in der halblogarithmischen Austragung ergibt sich ein linearer Zusammenhang (Abb. 1.56, Haupt und Waago 1995).

Weitere Literaturhinweise: Cazes und Martin (1977), So und Rudin (1990).

1.3.1.5
Sprühgetrocknete PF-Harze

PF-Pulverleime werden durch Sprühtrocknung wässriger Phenolharze hergestellt. Diese wässrigen Harze können sehr hoch kondensiert werden, die geringe Lagerstabilität der flüssigen Vorprodukte spielt keine Rolle; zusätzlich

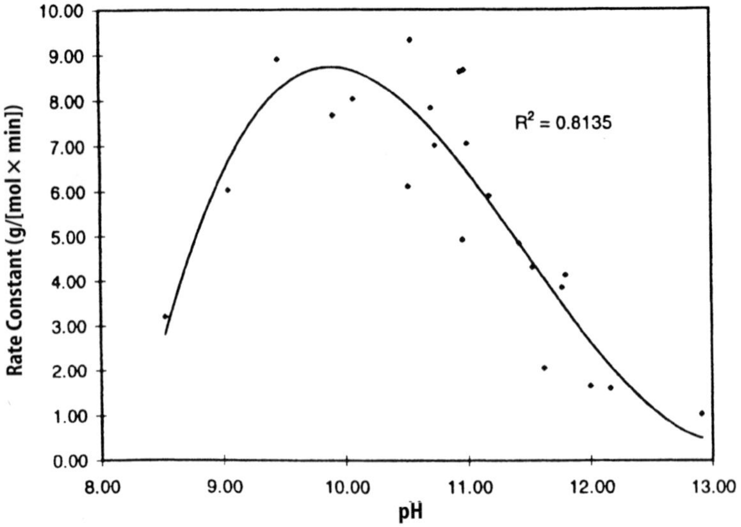

Abb. 1.54. Abhängigkeit der relativen Geschwindigkeitskonstante der PF-Reaktion vom pH-Wert während der Kondensation (Haupt und Waago 1995)

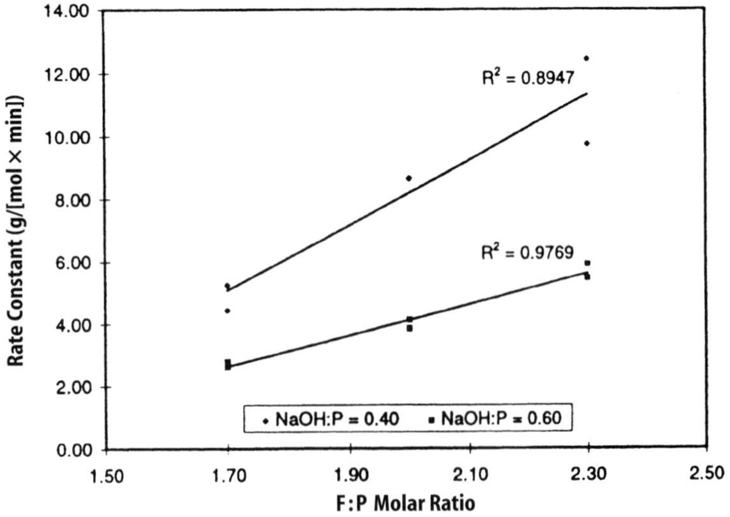

Abb. 1.55. Abhängigkeit der relativen Geschwindigkeitskonstante der PF-Reaktion vom Molverhältnis F/P während der Kondensation (Haupt und Waago 1995)

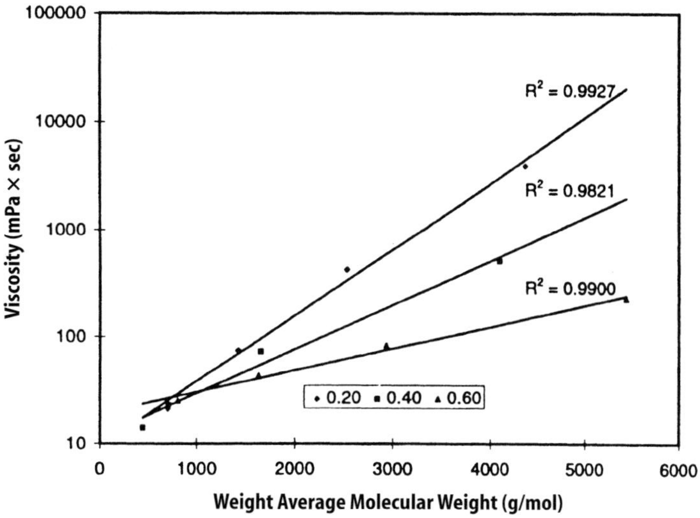

Abb. 1.56. Anstieg der Viskosität der PF-Harze mit dem Gewichtsmittel der mittels GPC ermittelten Molmassen (Haupt und Waago 1995)

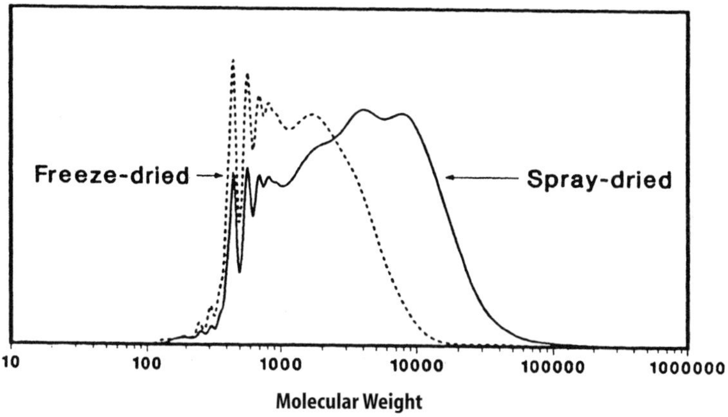

Abb. 1.57. Vergleich der Molmassenverteilung eines PF-Leimes nach Sprüh- bzw. Gefriertrocknung (Ellis und Steiner 1991)

erfährt das Harz jedoch während des Versprühens nochmals einen thermischen Schock, der eine weitere Kondensation bewirkt.

Bei der Sprühtrocknung verschiebt sich die Molmassenverteilung im Vergleich zur schonenden Gefriertrocknung zu höheren Werten (Abb. 1.57, Ellis und Steiner 1991), wobei dieser Anstieg umso höher ist, je schärfer die Trocknungsbedingungen sind, z.B. bei höheren Eingangstemperaturen am Sprühtrockner (Abb. 1.58, Ellis 1996).

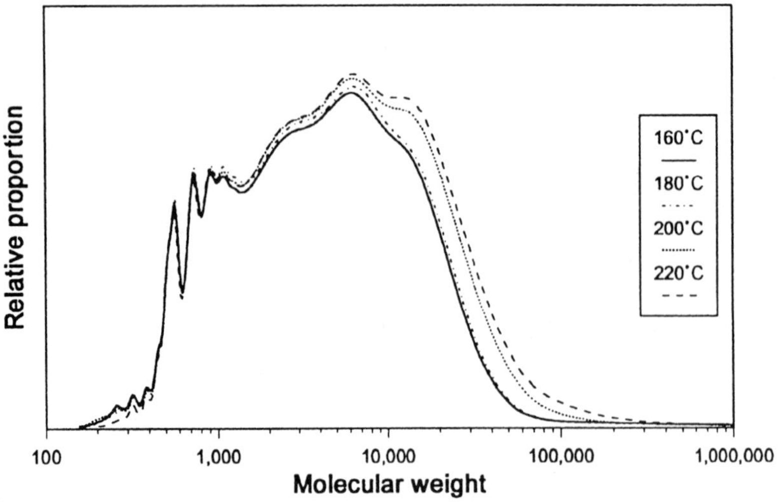

Abb. 1.58. Verschiebung der Molmassenverteilung eines PF-Leimes beim Sprühtrocknen in Abhängigkeit der Eingangstemperatur am Trockner. Die Analyse mittels GPC erfolgte an acetylierten Proben (Ellis 1996)

Eine Rezeptur für ein versprühbares PF-Harz wird beispielhaft bei Ellis (1996) beschrieben. Die pulverförmigen Harze sind wegen der fast völligen Abwesenheit von Wasser über Monate lagerstabil. Dem Kondensationsgrad der pulverförmigen Harze ist jedoch insofern eine Grenze gesetzt, als das Pulver in der Heißpresse aufschmelzen muss, um zu verfließen und damit die unbeleimte Gegenseite benetzen zu können. Diese Fähigkeiten gehen mit einem höherem Kondensationsgrad schrittweise verloren. Damit wird aber auch z. B. die Benetzung der Gegenseite behindert. Für ein ausreichendes Verflüssigen und Fließen ist auch eine bestimmte Feuchtigkeit der unbeleimten Strands erforderlich. Liegt diese zu niedrig, können die oben erwähnten Vorgänge be- oder sogar verhindert werden. Hochkondensierte PF-Pulverharze sind auf Grund ihrer hohen Reaktivität auch nicht für den Einsatz in der Deckschicht geeignet, weil eine zu große Gefahr für Voraushärtungen besteht.

Pulverförmige PF-Harze werden vorwiegend bei der Herstellung von Waferboards und OSB-Platten eingesetzt. Die Vorteile für den Einsatz pulverförmiger PF-Harze im Vergleich zu Flüssigleimen sind:

- ein niedrigerer erforderlicher Beleimungsgrad infolge des praktisch vernachlässigbaren Wegschlagens des Pulvers ins Holz; es besteht keine signifikante Absorption des PF-Harzes aus der Leimfuge ins benachbarte Holz; damit kann kein „Verhungern“ der Leimfuge auftreten (Lambuth 1987)
- eine bessere Harzverteilung auf den großflächigen Spänen
- eine deutlich niedrigere Feuchtigkeit der beleimten Strands und damit kürzere Presszeiten (keine Behinderung der Aushärtung durch Wasser)

- eine geringere Verschmutzung der Beleimungstrommeln
- eine bessere Lagerstabilität.

Die erforderlichen Beleimungsgrade beim Einsatz von PF-Pulverleimen bei der Herstellung von OSB liegen in der Größenordnung bis 2–3% herab, abhängig von den Qualitätsanforderungen an die Platten.

1.3.1.6
Eigenschaften alkalischer PF-Leime

Tabelle 1.11 stellt die üblichen Eigenschaften verschiedener PF-Leime übersichtlich zusammen.

Der Gehalt an freien Monomeren (Formaldehyd, Phenol) hängt vom Harztyp und der Herstellungsweise ab. Übliche Werte sind:

- freier Formaldehyd: <0,3 bis 0,5%
- freies Phenol: <0,1 bis 0,3%

Die Emission von freiem Phenol aus PF-gebundenen Platten darf laut RAL-Umweltzeichen UZ 76 (1995) 14 μg/m^3 Raumluft in einem Prüfraum nicht überschreiten.

Tabelle 1.11. Eigenschaften von PF-Leime

Messwert	Spanplatte MS	Spanplatte DS	AW100-Sperrholz
Festharzgehalt (%)	46–48	ca. 45	46–48
Gesamtalkali (%)	7–9	3–4	7–8
freies Alkali (%)	6–8	2–3	6–7
Viskosität (mPa·s)	300–700	300–500	500–900
Dichte (g/ml)	ca. 1,23	ca. 1,18	ca. 1,23

MS: Mittelschicht; DS: Deckschicht.
AW100-Sperrholz nach DIN 68705.

1.3.1.7
Technische Herstellung

Die technische Herstellung der PF-Leime erfolgt überwiegend diskontinuierlich in wässrigem Medium. Je nach vorgegebener Reaktionsweise bzw. vorhandenen Produktionseinrichtungen ist eine vielfältige Gestaltung der Herstellung möglich. An dieser Stelle soll lediglich ein Verweis auf verschiedene Literaturstellen erfolgen (Knop und Pilato 1985, Knop und Scheib 1979).

1.3.2 Alterungsverhalten

Die Lagerfähigkeit flüssiger PF-Leime ist je nach Kondensationsgrad, Alkaligehalt und Viskosität auf wenige Wochen bis einige Monate beschränkt, weil die Viskosität während der Lagerung zunimmt und die Harze schließlich wegen der zu hohen Viskosität nicht mehr verarbeitet werden können. Alkaliarme Harze weisen eine deutlich schlechtere Lagerstabilität als alkalireiche auf.

Abbildung 1.59 zeigt die HPLC-Chromatogramme eines PF-Resols direkt nach der Herstellung (*A*) und nach vier Wochen Lagerung (*B*). Es ist ersichtlich, dass durch die Alterung die Anteile an hochreaktiven Methylolphenolen abnehmen und höhermolekulare Kondensationsprodukte entstehen.

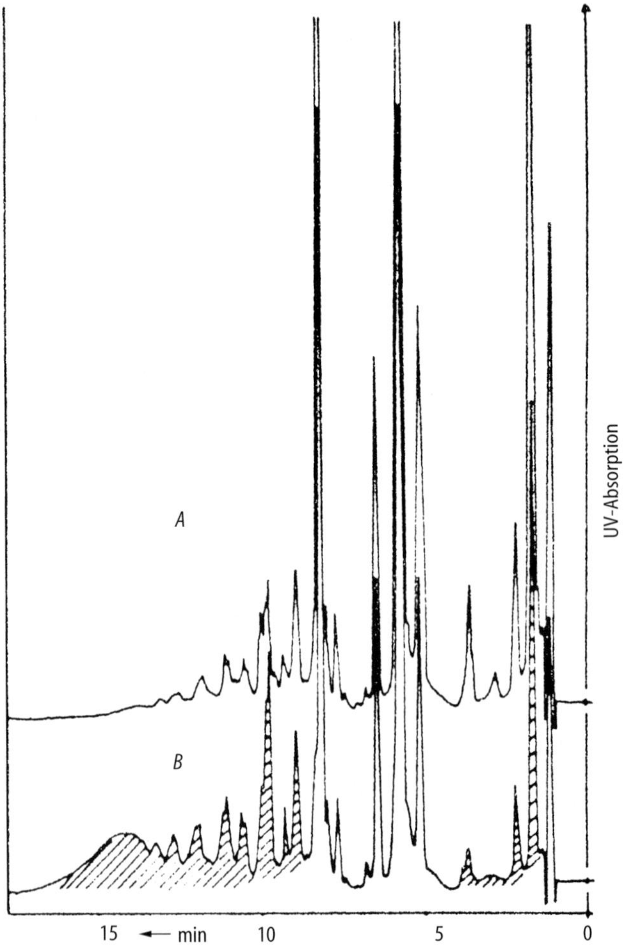

Abb. 1.59. HPLC-Chromatogramme eines PF-Resols direkt nach der Herstellung (*A*) und nach vier Wochen Lagerung (*B*) (Werner und Barber 1982)

1.3.3
Härtung von Phenolharzen

Die Aushärtung eines Phenolharzes kann als Umwandlung von unterschiedlich großen Molekülen über Kettenverlängerung, Kettenverzweigung und Vernetzung zu einem letztlich dreidimensionalen Netzwerk mit theoretisch unendlich großer Molmasse beschrieben werden. Die Aushärtungsgeschwindigkeit hängt von einer Reihe von Faktoren ab, wie der Molmasse des Harzes, der molekularen Struktur der Harze und den Anteilen der einzelnen Strukturelemente (alle wiederum abhängig von der Herstellungsart des Harzes, Harzkonzentration, Molverhältnis, Alkaligehalt u.a.) sowie von möglichen Katalysatoren und Additiven.

1.3.3.1
Alkalische Härtung

Alkalische PF-Resole besitzen reaktive Methylolgruppen in ausreichender Anzahl und können damit ohne weitere Zugabe von Formaldehyd, einer Formaldehydquelle oder von Katalysatoren aushärten. Die Initiierung der Härtungsreaktion erfolgt lediglich durch eine entsprechende Wärmezufuhr. Die Kondensation schreitet dabei durch weitere Verknüpfung der kettenförmigen Resolmoleküle bis zur Ausbildung eines dreidimensionalen vernetzten Molküls fort. Die für die Vernetzung wirksamen Gruppen sind die Methylolgruppen, die unter Wasserabspaltung zu Methylen- und Methylenätherbrücken reagieren. Unter dem Einfluss hoher Härtungstemperaturen (>140 °C) kann dabei eine Ätherbrücke unter Formaldehydabspaltung in eine Methylenbrücke umgewandelt werden. Die untere Temperatur für eine ausreichende Reaktionsgeschwindigkeit beträgt ca. 100 °C. Gegebenenfalls kann Pottasche (Kaliumcar-

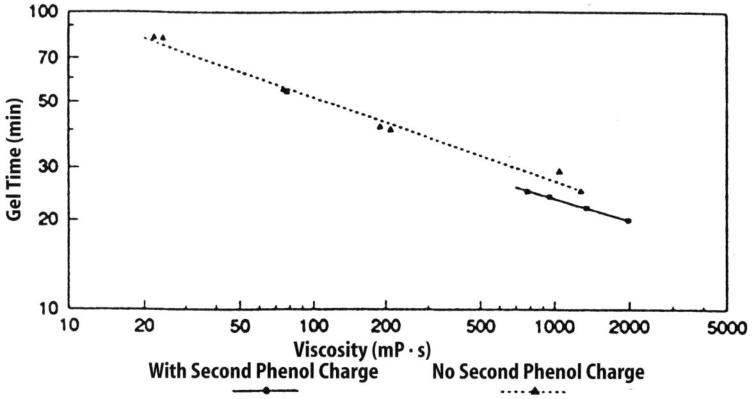

Abb. 1.60. Abhängigkeit der Gelierzeit eines alkalischen Phenolharzes von der Viskosität des Harzes (Haupt und Sellers 1994b)

bonat) in wässriger 50%iger Lösung als Härtungsbeschleuniger eingesetzt werden.

Alkalische PF-Harze weisen im Vergleich zu säurehärtenden UF-Harzen geringere Härtungsgeschwindigkeiten auf, ihr Einsatz als Bindemittel erfordert deshalb vergleichsweise längere Presszeiten bzw. höhere Presstemperaturen. Die erforderlichen Aushärtezeiten sind dabei um so kürzer, je höher der Kondensationsgrad der Harze ist, weil sich das Harz dabei bereits näher zum Endpunkt des unendlichen Netzwerkes verschiebt (Haupt und Sellers 1994b, Park u.a. 1998).

Die Aushärtung von Phenolharzen kann mittels Festkörper-NMR anhand des Mengenverhältnisses von Methylenbrücken zu aromatischen Ringen verfolgt werden (So und Rudin 1985, 1990). Abbildung 1.61 zeigt dieses Verhältnis in Abhängigkeit des Molverhältnisses F/P. Erwartungsgemäß steigt die auf die aromatischen Phenolringe bezogene Konzentration an Methylenbrücken mit höherem Molverhältnis, gleichbedeutend mit einer höheren Vernetzungsdichte.

Young (1985) nimmt die Konzentration von 2,4,6-trisubstituierten Phenolen (mol/mol Phenol) als Maß für die Aushärtung eines Phenolharzes. Diese Konzentration ist proportional der Konzentration der Methylenbrücken im aushärtenden bzw. ausgehärteten Harz (Abb. 1.62).

Ein weiteres Beispiel für den Gehalt an Methylenbrücken als Maß für die Vernetzung und Aushärtung eines Phenolharzes zeigt Abb. 1.63 (Young 1985). Parallel mit dem Anstieg der Konzentration an Methylenbrücken sinkt die Konzentration der Struktur $-CH_2O-$, die sowohl in Methylolgruppen als auch in Methylenätherbrücken enthalten ist.

Bezieht man diese einzelnen Konzentrationen an Methylenbrücken auf die maximale Konzentration (= „100% Aushärtung"), so kann man diese Werte den Aushärtekurven der DMA gegenüberstellen, wie Abb. 1.64 zeigt (Young 1985). Die hier gleichlaufende chemische und mechanische Aushärtung steht zum Teil jedoch im Widerspruch mit der von Geimer u.a. (1990) mittels DSC

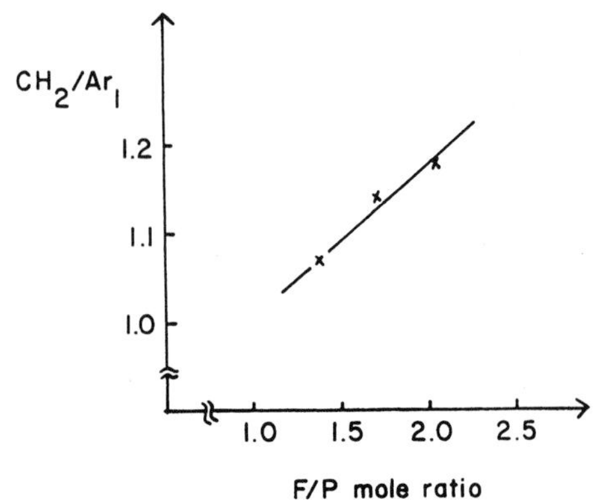

Abb. 1.61. Vernetzungsdichte eines ausgehärteten Phenolharzes, ausgedrückt als Mengenverhältnis von Methylenbrücken und aromatischen Phenolringen, in Abhängigkeit des Molverhältnisses F/P (So und Rudin 1990)

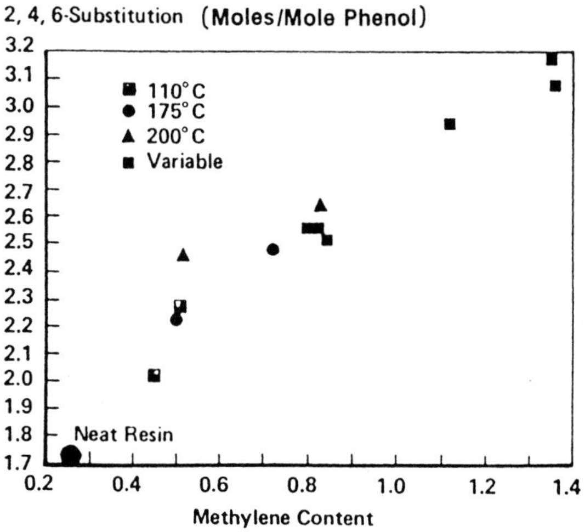

Abb. 1.62. Verhältnis der Konzentration an trisubstituierten Phenolen und Methylenbrücken als Maß für die Aushärtung eines Phenolharzes (Young 1985)

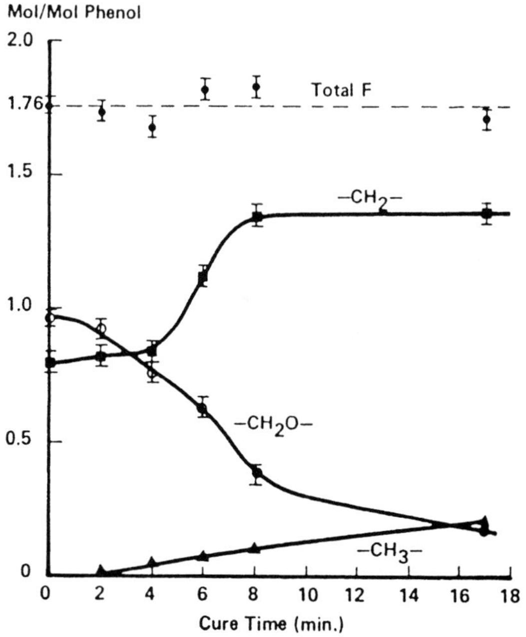

Abb. 1.63. Mittels NMR bestimmte Konzentrationen an einzelnen Strukturelementen in einem alkalischen Phenolharz während der Aushärtung (Young 1985)

gemessenen deutlich geringeren chemischen Aushärtung im Vergleich zur mechanischen DMA-Aushärtung. Möglicherweise ist aber auch der Anstieg der Methylenbrückenkonzentration nicht gleichbedeutend mit einem entsprechenden thermischen Aushärtungsgrad, wie er mit der DSC gemessen wird.

Chow und Hancock (1969) verfolgen die Aushärtung von Phenolharzen mittels Veränderungen von IR-Absorptionsverhältnissen im wässrigen Ex-

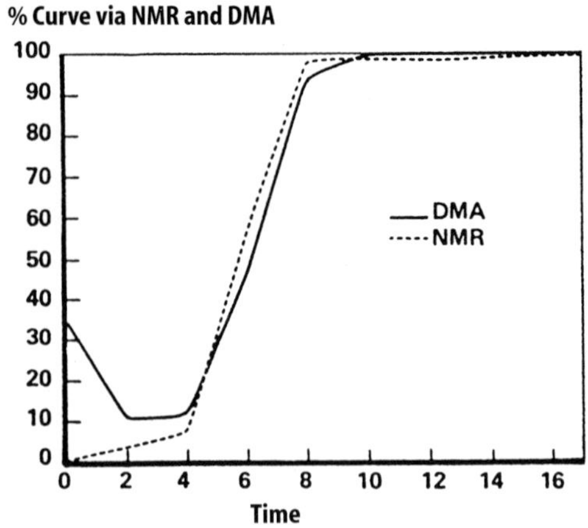

Abb. 1.64. Vergleich der mittels NMR gemessenen Methylenbrückenkonzentration als Maß für die chemische Aushärtung und der mittels DMA gemessenen mechanischen Aushärtung am Beispiel eines alkalischen Phenolharzes (Young 1985)

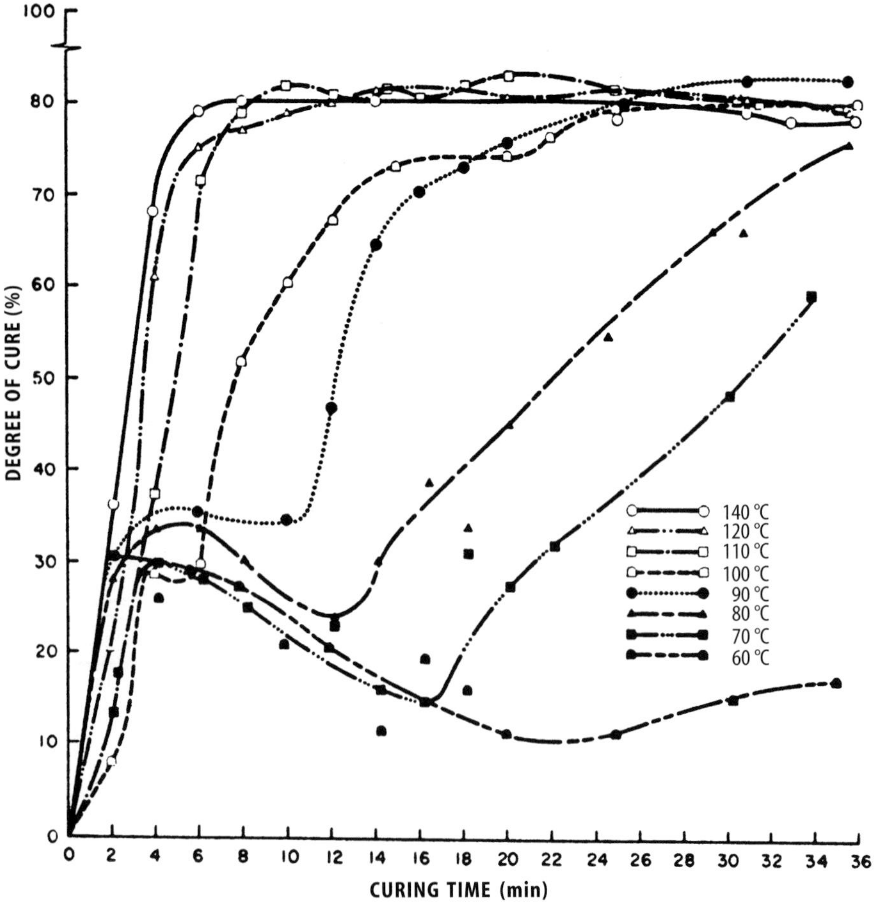

Abb. 1.65. Abhängigkeit des Aushärtungsgrades von der Zeit bei verschiedenen Temperaturen (Chow und Hancock 1969)

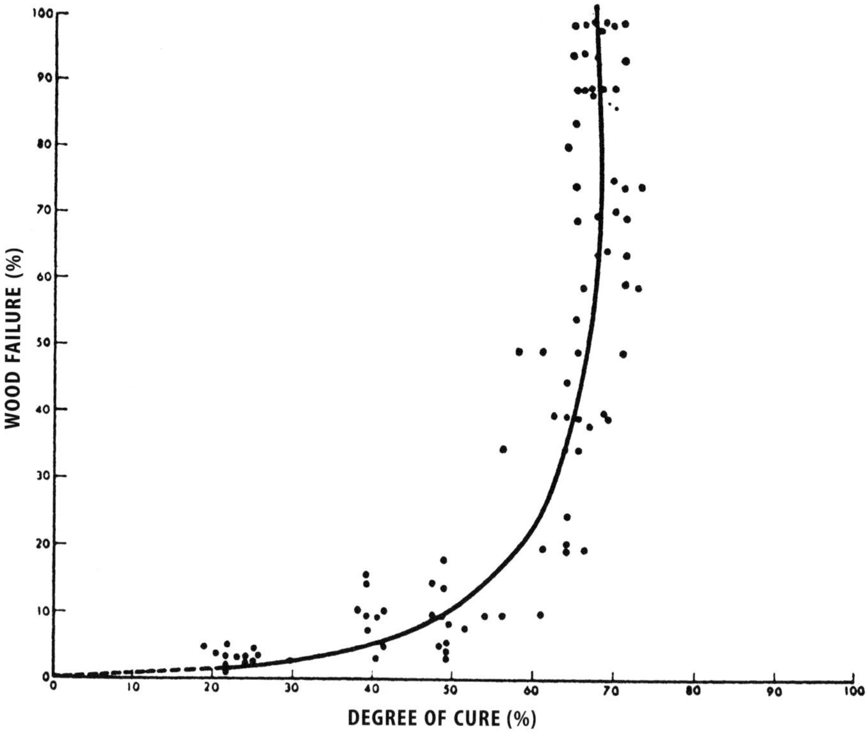

Abb. 1.66. Zusammenhang zwischen Aushärtungsgrad und Holzbruchanteil nach Wasserlagerung (Chow und Hancock 1969)

trakt der teilgehärteten Harze. Je höher die Temperatur, desto rascher erfolgt die Aushärtung (Abb. 1.65).

Der auf diese Weise bestimmte Aushärtungsgrad zeigt auch gute Übereinstimmung mit den nach bestimmten Zeiten erreichbaren Bindefestigkeiten und Holzbruchanteilen im trockenen Zustand bzw. nach Wasserlagerung (Abb. 1.66). Bei einem Härtungsgrad von ca. 65 % ist bereits eine optimale Verleimung mit hoher Festigkeit und maximalem Holzbruch gegeben.

Schmidt (1998) sowie Schmidt und Frazier (1998 a + b) deuten das mittels Festkörper-NMR gemessene Verhältnis von Methylolgruppen und Methylenbrücken als Maß für den Fortschritt des Aushärteprozesses. Eine andere von diesen Autoren beschriebene Methode für die Verfolgung der Aushärtung nutzt die Relaxationszeiten in NMR-Messungen als Maß für die Änderungen der während der Aushärtung sinkenden Beweglichkeit des entstehenden Netzwerkes.

Pizzi und Stephanou (1993) untersuchten die Abhängigkeit der Gelierzeit eines alkalischen Phenolharzes vom pH-Wert. Überraschenderweise fanden sie einen bis dahin in der Literatur nie erwähnten steilen Anstieg der Gelierzeit im Bereich hoher pH-Werte (10–13). Exakt dieser pH-Wertbereich ist

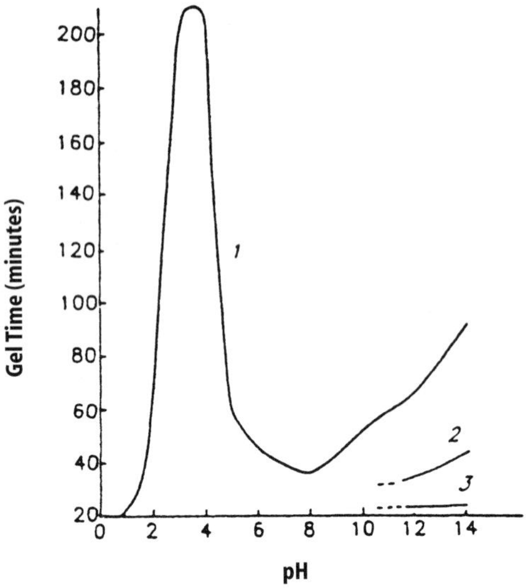

Abb. 1.67. Abhängigkeit der Gelierzeit von Phenolharzen vom pH-Wert (Pizzi und Stephanou 1993). *1* PF-Leim, *2* PF-Leim + 2,5% Propylencarbonat, *3* PF-Leim + 5% Propylencarbonat

aber bei den derzeit in der Praxis eingesetzten PF-Leimen mit Alkaligehalten zwischen 3 und 8% gegeben (Abb. 1.67).

Handelsübliche Phenolharzleime weisen pH-Werte von 10–13 auf, liegen also im Bereich dieses steil ansteigenden Gelierzeitastes. Eine Absenkung des pH-Wertes auch nur in die Nähe des Neutralbereiches zur Beschleunigung ist jedoch bei solchen Harzen nicht möglich, weil es dabei spontan zu einem Ausfallen des Harzes kommt.

Eine Änderung des pH-Wertes der Harze ist jedoch möglich und sogar wahrscheinlich, wenn das Harz in Kontakt mit einer Holzoberfläche kommt. Speziell bei eher sauren Hölzern und bei Mengenverhältnissen, wie sie bei der Holzverleimung üblicherweise gegeben sind (hoher Anteil an Holz im Vergleich zum Harz), kann der pH-Wert des Harzes deutlich abgesenkt werden (Pizzi und Stephanou 1994a).

PF- und RF-Harze härten auch durch Zugabe von Hexamethylentetramin (s. auch Teil II, Abschn. 2.3.1.8). Im Gegensatz zur bisher angenommenen Vernetzung über Formaldehyd als Zerfallsprodukt von Hexamethylentetramin finden Pizzi und Tekely (1996) vor allem die Bildung von Benzylaminbrücken, während Methylenbrücken im ausgehärteten Harz deutlich weniger vertreten sind. Diese Benzylaminbrücken sind ausreichend stabil und erfahren nur in geringem Ausmaß eine Umformung zu Methylenbrücken. Der nur geringe Zerfall des Hexamethylentetramins unter anderem zu Formaldehyd führt auch zu einer deutlich niedrigeren Formaldehydabgabe aus den gehärteten Harzen und den damit hergestellten Platten.

Weitere Literaturhinweise: Lenghaus u.a. (2000), Mussatti und Macosko (1973), Rose und Shaw (1999).

1.3.3.2
Säurehärtende Phenolharze

Phenolharze lassen sich mit hoher Reaktivität auch im sauren Milieu aushärten, wobei die Aushärtegeschwindigkeit proportional zur Wasserstoffionenkonzentration ist, auch bei hohen Katalysatormengen (Abb. 1.68).

Die Initiierung der Härtungsreaktion durch Säure hat jedoch wegen der Gefahr der Holzschädigung (Egner 1952, Egner und Sinn 1953, A. Müller 1953, E. Plath 1953a+b, Sodhi 1957) bereits vor langer Zeit fast vollständig an Bedeutung verloren. Die Geschwindigkeit, mit der die Hydrolyse des Holzes erfolgt, hängt von der Säureart und ihrer Konzentration, der Temperatur und den Feuchtigkeitsverhältnissen in der Leimfuge ab. Vick (1984, 1987) konnte jedoch bei Alterungstests zeigen, dass sich verschiedene Holzarten unterschiedlich gegenüber Säureeinfluss verhalten. Der Widerstand gegen Hydrolyse ist um so größer, je höher der Gehalt an α-Zellulose und Lignin und je niedriger der Gehalt an Pentosanen ist (Campbell und Bamford 1939).

Vick (1988) setzt ein säurehärtendes Pressmassen-PF-Harz bei der Holzverleimung ein und findet sowohl bei der trockenen als auch bei der nassen Scherfestigkeitsprüfung durchwegs sehr hohe Holzbruchanteile.

Pizzi u. a. (1986) beschreiben ein Verfahren zur Neutralisation von säuregehärteten PF-Leimharzfugen, um Säureschädigungen des Holzes zu vermeiden. Zur Neutralisation wird ein Komplex aus Morpholin und einer schwachen Säure zugegeben. Bei den hohen Temperaturen, bei denen auch die Aushärtung bei gleichzeitiger Zugabe einer starken Säure (z. B. p-Toluolsulfonsäure) stattfindet, zerfällt dieser Komplex; die schwache Säure im Komplex wird durch die starke Säure ersetzt, wodurch der pH-Wert der Leimfuge steigt. Damit sind weniger bzw. praktisch keine Säureschädigungen der Leimfuge zu erwarten.

Einen anderen Zugang zur Vermeidung dieser Probleme suchte Christiansen (1985). Um zu vermeiden, dass die verbleibende Säure aus der Leimfuge in das

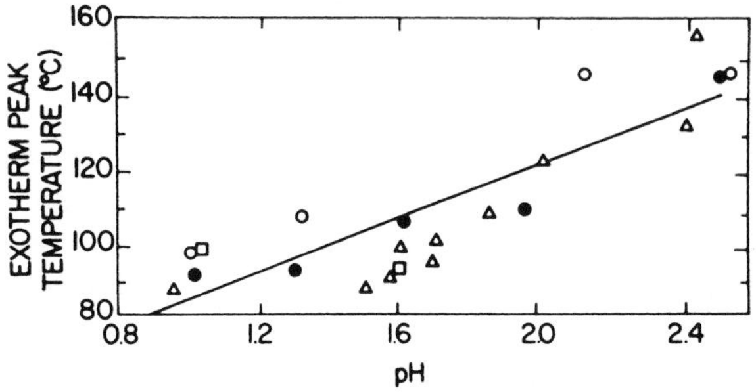

Abb. 1.68. Mit Toluolsulfonsäure katalysiertes Phenolharz: Abhängigkeit der DSC-Peaktemperatur als Maß für die Aushärtungsgeschwindigkeit vom pH-Wert der Leimflotte (Christiansen 1985). Drei verschiedene Proben wurden schrittweise bzw. für jeden einzelnen DSC-Lauf (△) angesäuert

leimfugennahe Holz wandern und dort eine Schädigung des Holzes hervorrufen kann, versucht er, diese Säure direkt in der Leimfuge zu halten. Dies sollte auf zweierlei Art erfolgen:

- Einbau der Säure auf chemische Weise ins Harz, z.B. bei Verwendung organischer Säuren mit phenolähnlicher Struktur und entsprechenden reaktiven Stellen
- physikalisches Festhalten des Härters in der Leimfuge durch Verhinderung der Diffusion.

Die Ergebnisse der Versuche von Christiansen (1985) waren jedoch nicht erfolgreich. Es war nicht möglich, hochmolekulare Säuren (z.B. Polystyrolsulfonsäuren) physikalisch im ausgehärteten Phenolharz zu fixieren und an einer verstärkten Migration in die Leimfuge zu hindern. Auch das chemische Einkondensieren von Härtern ins Phenolharz ergab keine Vorteile in der Dauerhaftigkeit der getesteten Holzwerkstoffe bei Kurzzeitbewitterung gegenüber herkömmlichen Säuren.

Eine Möglichkeit bestünde im Einsatz von organischen Substanzen als Härter, die bei Raumtemperatur neutral sind, in der Wärme dissoziieren und dabei die erforderliche Härterwirkung entfalten, beim anschließenden Abkühlen aber wieder rekombinieren und sich demnach wieder neutral verhalten.

Weitere Literaturhinweise: Deppe und Schmidt (2000), Gollob u.a. (1985a), Maciel u.a. (1984).

1.3.3.3
Aktivierungsenergien bei der Aushärtung von Phenolharzen

Die Aushärtegeschwindigkeit eines Harzes kann auf verschiedene Weise definiert und gemessen werden, wie z.B. als thermische Umsetzung in der DSC oder als Zunahme der unter bestimmten Bedingungen erreichten Bindefestigkeit, beide in Abhängigkeit der Zeit. Führt man diese Messungen bei unterschiedlichen Temperaturen durch, kann die Temperaturabhängigkeit der Aushärtegeschwindigkeit Φ in Form der Gleichung von Arrhenius:

$$\Phi = A \cdot \exp\,(-E_a/RT)$$

dargestellt werden. Die scheinbare Aktivierungsenergie E_a kann dann aus der Steigung der ermittelten Ausgleichsgeraden berechnet werden. Tabelle 1.12 fasst verschiedene in der Literatur berichtete Werte zusammen.

Lu und Pizzi (1998a) weisen darauf hin, dass lignocellulosische Substrate einen deutlichen Einfluss auf das Aushärteverhalten von PF- und UF-Harzen haben. Die Ursache dafür wird in der komplexen Übergangsphase der Harze gesehen, die sich in diesen Fällen aus der speziellen Wechselwirkung zwischen Harz und Substrat ergibt. Die Polykondensation von PF-Harzen weist in Anwesenheit von Holz deutlich niedrigere Aktivierungsenergien als das PF-Harz

Tabelle 1.12. Aktivierungsenergien von PF-Harzen

Produkt	Messmethode	Aktivierungs-energie (kJ/mol)	Literatur
flüssiges PF-Harz	Anstieg der Scherfestigkeit unter verschiedenen Bedingungen	93–98	Wang u.a. (1995)
flüssiges PF-Harz	DSC	80	Wang u.a. (1995)
flüssiges PF-Resol	Dynamische Rotations-viskosimetrie	58,6	Rose und Shaw (1999)
flüssiges PF-Resol	Fouriertransform-IR	49,6	Carotenuto und Nicolais (1999)
PF-Pulver	Messungen der Festigkeits-zunahme von Verleimungen bei unterschiedlichen Temperaturen	96 („reactivity index")	Humphrey und Ren (1989)
PF-Harz + Holzmehl	Restlöslichkeit kleiner Moleküle als Maß für den Aushärtungsgrad	47 (reines Harz) 28 (Douglas Fir)	Chow (1969)
PF-Pulver + Holzmehl	DSC-Untersuchungen an reinen PF-Harzen und an Mischungen mit verschie-denen Holzarten	75 (reines Harz) 59–109 (je nach Holzart)	Mizumachi und Morita (1975)
PF-Harz: - alleine - mit Holzmehl	DSC	 99,9 50,4	Pizzi u.a. (1994b)

alleine auf (Pizzi u.a. 1994b). Dabei handelt es sich vor allem um eine katalytische Aktivierung der Kondensation des PF-Harzes durch Kohlehydrate, wie z.B. kristalline und amorphe Cellulose und Hemicellulose. Die Errichtung von kovalenten Bindungen zwischen dem PF-Harz und Holz, speziell Lignin, spielt jedoch nur eine untergeordnete Rolle.

1.3.3.4
Beschleunigung der Aushärtung von Phenolharzen

Die Beschleunigung der Aushärtung von Mittelschicht-Phenolharzen erfolgt zum einen durch einen möglichst hohen Kondensationsgrad der Harze; zum anderen wurde die Zugabe verschiedener Katalysatoren oder Beschleuniger vorgeschlagen, wie z.B. Resorcin, Isocyanat oder verschiedener meta-funktioneller Aromaten (Lambuth 1987, Saeki 1979). In die Praxis haben diese Varianten wegen der damit verbundenen hohen Kosten kaum Eingang gefunden. Über den Einsatz von Resorcin als Härtungsbeschleuniger für Phenolharze wird in Teil II, Abschn. 1.3.4.4 näher berichtet.

Eine andere Möglichkeit besteht in der Zugabe von OH-reichen Verbindungen (z.B. 3% Polyvinylalkohol) zu langsam aushärtenden PF-Harzen. Dabei wird ein gewisser Beschleunigungseffekt infolge einer homogenen Katalyse durch die OH-Gruppen festgestellt. Bei bereits reaktiven PF-Leimen ist eine Beschleunigung der Aushärtung auf diesem Wege jedoch nicht mehr gegeben (Gay und Pizzi 1996).

Von verschiedenen Autoren wird eine deutliche Beschleunigung der Aushärtung von Phenolharzen durch Zugabe von Propylencarbonat beschrieben (Pizzi u.a. 1997, Pizzi und Stephanou 1993, 1994b, Park u.a. 1998, 1999, Park und Riedl 2000a+b, Riedl und Park 1998, Steiner u.a. 1993, Tohmura 1998, Tohmura und Higuchi 1995, USP 4 977 231). Die genaue Wirkungsweise von Propylencarbonat ist jedoch noch umstritten (Abb. 1.69). Pizzi (1998) wies darauf hin, dass eine Vernetzung über Propylencarbonat nur zusätzlich wirkt und weder schnell genug noch ausreichend ist, um eine entsprechende Vernetzung ohne die eigentliche Aushärtung über Methylenbrücken zu bewirken.

Durch die Zugabe von Propylencarbonat wird die Gelierzeit im Vergleich zur Nullprobe deutlich abgesenkt, wobei dieser Effekt nach Pizzi und Stephanou (1993, 1994b) um so stärker ist, je mehr Propylencarbonat zugegeben wird (Abb. 1.67). Die Autoren weisen auch darauf hin, dass früher der Anstieg der Gelierzeit bei pH-Werten höher als 8 nicht bekannt war; man war vielmehr

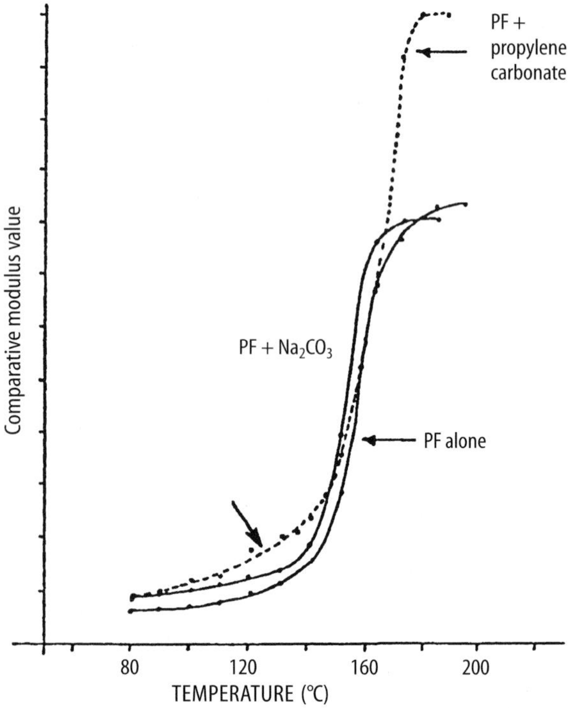

Abb. 1.69. Vergleich des Anstieges des Speichermoduls als Funktion der Temperatur, gemessen mittels TMA (Messmethode hier ähnlich der DMA, s. Teil II, Abschn. 3.4.3); Bindemittel: PF-Harz, PF-Harz + Natriumcarbonat, PF-Harz + Propylencarbonat. Der Pfeil deutet auf eine zusätzliche Beschleunigung der Aushärtung beim Einsatz von Propylencarbonat hin, verursacht durch die bei der Abmischung des PF-Harzes mit Propylencarbonat auftretende Exothermie (Pizzi 1998)

immer von einem kontinuierlichen Absinken der Gelierzeiten bei steigendem pH-Wert ausgegangen. Das untersuchte Phenolharz scheint jedoch sehr niedrig kondensiert zu sein. Andernfalls wäre es nicht möglich gewesen, den pH-Wert in den neutralen und insbesondere in den sauren Bereich abzusenken, ohne dass das Harz ausflockt.

Die Zugabe verschiedener Carbonate als beschleunigende Katalysatoren ist zum Teil allgemein bekannt:

Pottasche (Kaliumcarbonat): wird üblicherweise in der Spanplattenindustrie in der Mittelschichtflotte zugegeben, die Dosierung beträgt ca. 5% einer 50%igen Lösung, bezogen auf den Flüssigleim. Park u.a. (1999) sowie Park und Riedl (2000a+b) verglichen die beschleunigende Wirkung von Propylencarbonat, Kaliumcarbonat und Natriumcarbonat.

Natriumcarbonat: Einsatz bei der Sperrholzherstellung (Higuchi u.a. 1994, Park u.a. 1999, Tohmura 1998). Laut Pizzi (1998) ist bei Einsatz von Natriumcarbonat lediglich eine katalytische Wirkung, nicht jedoch eine zusätzliche Vernetzung gegeben.

Natrium- und Kaliumhydrogencarbonat, Guanidincarbonat (Zhao u.a. 2000) sowie Formamid sollen ebenfalls eine beschleunigende Wirkung zeigen. Letzteres wirkt über seinen Zerfall in Ameisensäure und Ammoniak und der anschließend raschen Reaktion dieses freigesetzten Ammoniaks mit den Methylolgruppen des Phenolharzes. Wenn im Rahmen dieser Raktionen auch eine Verzweigung stattfindet (Ammoniak kann mit zwei, aber auch mit drei Methylolgruppen reagieren), ist eine höhere Vernetzungsdichte im ausgehärteten Harz möglich. Daneben kann Formamid aber auch direkt mit seiner NH_2-Gruppe mit zwei PF-Methylolgruppen reagieren (Pizzi u.a. 1997).

Higuchi u.a. (1994) zeigen, dass das Alkalimetallion an sich keinen Beitrag zur Beschleunigung der Aushärtung eines Phenolharzes liefert.

Die von Pizzi und Stephanou (1994c) beschriebene Beschleunigung von Phenolharzen mit Essigsäure- und Maleinsäureanhydrid (nicht jedoch durch die entsprechenden Säuren) erfolgt wie bei der Esterbeschleunigung durch direkten Angriff am aromatischen Phenolring.

Glycerintriacetat (Triacetin) kann durch eine zusätzliche bewirkte Vernetzung der PF-Ketten eine deutliche Verkürzung der Gelierzeit bewirken, wobei über Zugabemengen bis zu 15% berichtet wurde (Pizzi u.a. 1993a, 1997, Zhao u.a. 1999, 2000).

Methylformiat: s. Teil III, Abschn. 3.4.6 (Humphrey und Chowdhury 2000). Auch Holzinhaltsstoffe können einen Einfluss auf die Aushärtungsgeschwindigkeit von PF-Harzen haben, wie z.B. Tohmura (1998) anhand der beschleunigenden Wirkung von Extrakten der Holzart Merbau zeigt. Pizzi u.a. (1994b) fanden eine katalytische Aktivierung der Autokondensation von Phenolharzen bei Anwesenheit von Holzsubstanz und damit eine raschere Aushärtung.

1.3.3.5
Nachreifung

Da Phenolharze nur thermisch härten, kommt der Nachreifung im Stapel eine besondere Bedeutung zu. Im Gegensatz zu UF-Harzen sollen PF-gebundene Platten so heiß wie möglich eingestapelt werden, um einen ausreichenden Nachreifeeffekt zu erzielen. Es ist allerdings auch der Effekt bekannt, dass zu heiße Einstapeltemperaturen eine Holzschädigung hervorrufen können, die insbesondere im Inneren des Stapels auftritt (Bilderrahmeneffekt, s. auch Teil III, Abschn. 3.5).

Lamberts und Pungs (1978) haben vorgeschlagen, die Nachhärtung von PF-gebundenen Spanplatten durch ein Hochfrequenzfeld zu unterstützen. Dieses Verfahren hat sich jedoch in der industriellen Praxis nicht durchgesetzt.

1.3.4
Modifizierung von Phenolharzen

Phenolharze können prinzipiell auf vielfache physikalische bzw. chemische Weise modifiziert werden, im Bereich der PF-Holzleime sind jedoch nur wenige Varianten industriell üblich.

1.3.4.1
Nachträgliche Zugabe von Harnstoff zu hochkondensierten PF-Harzen (PUF-Harze)

Die Zugabe von Harnstoff zu Phenolharzen kann verschiedene Effekte bewirken:

- Herabsetzung des Gehaltes an freiem Formaldehyd, Zugabe in einer Menge bis zu ca. 2% bezogen auf Lieferform, insbesondere bei PF-Harzen mit niedrigem Alkaligehalt
- Verringerung der Leimviskosität (USP 5011886, EP 146881)
- Beschleunigung der Aushärtung
- Verbilligung der PF-Harze.

Bereits Anfang der 70er-Jahre wurden bis zu 10% des Phenols durch Harnstoff ersetzt, wobei dieser Harnstoff jedoch verständlicherweise nicht zur Wasserbeständigkeit des Harzes und des damit hergestellten Sperrholzes beiträgt. Nach Angaben von Sellers u.a. (1994) enthalten OSB-PF-Harze im Allgemeinen 10–20% Harnstoff bezogen auf Festharz. Diese Zugabe von Harnstoff ergibt eine beträchtliche Absenkung des Formaldehydgeruches in den Anlagen sowie eine deutliche Verbilligung des Harzes. Die Zugabe des Harnstoffes erfolgt am Ende der Kondensation und bewirkt eine markante Absenkung der Viskosität infolge der wasserstoffbrückenbrechenden Wirkung von Harnstoff (Gramstad und Sandstroem 1969). Der Phenolharzkörper selbst kann damit deutlich höher kondensiert werden (USP 5011886, EP 146881). Die Zugabe des Harnstoffes erfolgt bei Temperaturen von maximal 60°C, wobei keine signifikante Cokondensation mit dem Phenolharz auftritt. Der Harnstoff setzt sich lediglich mit dem im Harz vorhandenen freien Formaldehyd zu Methylolen um, die bei dem gegebenen alkalischen pH-Wert jedoch nicht weiterreagieren (Kim u.a. 1990). Erst bei erhöhter Temperatur während der Aushärtung wird nach Angaben von Scopelitis und Pizzi (1993b) ein Phenol-Harnstoff-Cokondensationsprodukt gebildet.

Kim u.a. (1996) untersuchten den Einfluss verschiedener Harnstoffmengen, die am Ende der PF-Kondensation zugegeben werden. Die Eigenschaften der damit hergestellten Platten nehmen graduell mit steigendem Harnstoffgehalt ab. Die Ursache dafür könnte in einem „Verdünnungseffekt“ des PF-Harzes durch Harnstoff liegen, wobei über eine Verbesserung der Cokondensation zwischen dem PF-Harz und Harnstoff auch eine Optimierung des Harnstoffeinsatzes möglich sein sollte. Oldörp und Marutzky (1998) wiederum finden eine Verbesserung der Platteneigenschaften bei steigendem Harnstoffgehalt. Da jedoch praktisch der gesamte eingesetzte Harnstoff aus den Platten wieder extrahiert werden kann, findet offensichtlich keine Cokondensation des Harnstoffes mit dem Phenolharz statt.

Im Gegensatz dazu wiesen Zhao u.a. (1999) mittels ^{13}C-NMR nach, dass bei harnstoffmodifizierten PF-Harzen zumindest ein Teil des Harnstoffes in einer Cokondensation gebunden ist. Daneben liegt speziell bei höheren Harnstoffdosierungen aber noch ein Teil des Harnstoffes in ungebundener Form vor. Je höher das Kondensationsmolverhältnis F/P bei der ursprünglichen Reaktion zwischen Phenol und Formaldehyd ist, desto geringer ist dieser Restanteil an nichtreagiertem Harnstoff.

Weitere Literaturhinweise: Deppe und Hoffmann (1986).

Cokondensation zwischen Phenol und Harnstoff
(ebenfalls als PUF-Harze bezeichnet)
Eine Cokondensation zwischen Phenol und Harnstoff kann auf zwei verschiedene Weisen durchgeführt werden:

- saure Umsetzung von Methylolphenolen mit Harnstoff: Tomita und Hse (1991, 1992, 1993), Tomita u.a. (1994a+b)
- saure Umsetzung von UFC (Formurea, UF-Vorkondensat) mit Phenol mit einer anschließender alkalischer Reaktionsstufe (Tomita und Hse 1991, Ohyama u.a. 1995).

Die von Tomita und Hse (1991, 1998) auf diese beiden Arten hergestellten cokondensierten Phenol-Harnstoff-Harze unterscheiden sich in ihrem Aushärteverhalten nicht wesentlich von reinen Phenolresolen, zeigten aber schwächere Bindefestigkeiten bei Sperrholzverleimungen sowohl im trockenen Zustand als auch nach Kochvorbehandlung.

Über die Kinetik der Cokondensation von Monomethylolphenolen und Harnstoff berichten Pizzi u.a. (1993a) und Yoshida u.a. (1995), über Modellreaktionen zum Nachweis einer Harnstoff-Phenol-Formaldehyd-Cokondensation (Reaktion von Harnstoff mit Methylolphenolen) Tomita und Hse (1991, 1992, 1998).

Durch eine Zugabe von Harnstoff (bis ca. 5%) und seine alkalische Reaktion mit den Methylolgruppen der PF-Ketten kann es zu einer Verdoppelung der Molekülgröße kommen (Pizzi u. a. 1993 a). Dies ist aber nur bei pH-Werten der Fall, die niedriger als bei herkömmlichen PF-Harzen liegen, weil sonst das chemische Gleichgewicht auf der Seite der Reaktionsausgangsstoffe liegt. Die Ursache für diese Molekülgrößenverdopplung liegt in der gegenüber Phenol höheren Reaktivität des Harnstoffes gegenüber Formaldehyd bzw. jeder anderen Formaldehydquelle bei nicht allzu starken alkalischen Bedingungen.

Pizzi u. a. (1993 a) beschreiben eine PUF-Cokondensation wie folgt: Phenol, Natronlauge (30%) und Formalin (37%) werden vorgelegt. Nach 10 Minuten Rühren bei 30 °C wird Harnstoff zugegeben und die Temperatur innerhalb 30 Minuten auf Rückfluss (hier 94 °C) erhöht und 30 Minuten gehalten. Sodann wird weiteres Formalin dosiert. Bei dem gegebenen alkalischen pH-Wert wird bei Rückfluss solange kondensiert, bis eine Viskosität von 500–800 mPa · s erreicht wird, worauf der Ansatz abgekühlt wird. Die Molverhältnisse F/P lagen bei diesen Kochungen zwischen 1,2 und 2,8. Der molare Harnstoffanteil variierte zwischen 6 und 42% und betrug bei der einen näher beschriebenen Kochung 24%, jeweils bezogen auf das eingesetzte Phenol. Je höher das Molverhältnis F/P, desto höher waren der in der TMA (s. Teil II, Abschn. 3.4.3) erreichte Speichermodul sowie die Querzugfestigkeiten von Laborspanplatten unter trockenen Bedingungen bzw. nach Kochvorbehandlung. Ursache dafür ist insbesondere der höhere Vernetzungsgrad bei höheren Molverhältnissen. Die Gelierzeiten der verschiedenen Harze sinken mit steigendem Molverhältnis und mit steigendem Harnstoffanteil. Auch der erzielbare maximale Speichermodul steigt mit höherem Harnstoffanteil, was die Autoren mit einer höheren Vernetzungsdichte erklären.

Zwischen Mischungen von PF-und UF-Harzen bzw. einem PUF-Harz kann man in der GPC mittels des Einsatzes zweier Detektoren unterscheiden. Der RI-Detektor analysiert das gesamte Konzentrationssignal, der UV-Detektor nur den PF-Anteil. Bei einem PUF-Harz müssen beide Detektoren die gleiche Molmassenverteilung zeigen, bei PF + UF unterschiedliche (Grunwald 2000).

1.3.4.2
PMF/PMUF/MUPF-Harze

Diese Harztypen enthalten im Allgemeinen mehr Melamin als Phenol und werden deshalb bei den Melamin- und Melaminmischharzen (Teil II, Abschn. 1.2.1) ausführlich beschrieben.

1.3.4.3
Zugabe von Tanninen

Die Zugabe von Tanninen zu PF-Leimen kann zur Beschleunigung der Aushärtung (Kulvik 1977) bzw. als Ersatz für Phenol oder PF-Harz (Chen 1982, Dix und Marutzky 1982, Drilje 1975, Grigoriou u. a. 1987, Long 1991, Suomi-Lindberg 1985) erfolgen. Nähere Details sowie ausführliche Zusammenfassungen und Literaturübersichten finden sich bei Dunky (1993) und Pizzi (1983b, 1994a, 1994i) sowie in Teil II, Abschn. 2.3.1.

1.3.4.4
Chemische Modifizierung mit Resorcin (Phenol-Resorcin-Harze PRF)

Oldörp und Miertzsch (1997) beschreiben B-Zeit-Messungen an PF-Harzen verschiedenen Alkaligehaltes, bei denen 5 bzw. 10% des Festharzes durch festes Resorcin ersetzt wurden. Ob sich eine Zugabe von Resorcin positiv auf die Reaktivität des Phenolharzes auswirkt, hängt auch entscheidend davon ab, ob freier Formaldehyd und Methylolgruppen in ausreichender Menge als Reaktionspartner zur Verfügung stehen. Die Zugabe von Resorcin führte nicht zu einer einheitlichen Verkürzung der B-Zeiten, weder in Abhängigkeit der Resorcinmenge (auch im Vergleich zur Nullprobe) noch bei den verschiedenen PF-Harzen. Dies dürfte zumindest in letzterem Fall jedoch auf unterschiedliche Zusammensetzungen der Ausgangsharze zurückzuführen sein. Weitere Details werden in Teil II, Abschn. 1.4 beschrieben.

1.3.4.5
Zugabe von Ligninen

Die Zugabe von verschiedenen Lignintypen kann

- als Streckmittel (z.B. basisches Na-Ligninsulfonat) zur Erhöhung der Kaltklebrigkeit bzw. Herabsetzung der Kosten des Leimes
- als chemische Modifizierung, wobei die Ligninkomponente in das PF-Harz eingebaut wird,

erfolgen. Die Grundidee für die Zugabe von Lignin basiert auf der chemischen Ähnlichkeit zwischen PF-Harzen und Lignin bzw. zwischen Phenol und der Phenylpropaneinheit des Lignins. Das Lignin kann dabei zu Beginn oder im Laufe der Kondensationsreaktion zugegeben werden, auch eine Zugabe zum fertigen Harz mit einem anschließenden weiteren Umsetzungsschritt ist möglich. Inwieweit die Ligninkomponente wirklich in das PF-Harz eingebaut wird oder doch nur als ein neutraler Füllstoff vorliegt, ist abhängig von der eingesetzten Rezeptur, teilweise aber nicht eindeutig geklärt.

In der Praxis der Holzwerkstoffproduktion wird derzeit Lignin, wenn überhaupt, nur mehr oder minder als neutraler Füllstoff mit dem Ziel der Herabsetzung der Kosten eingesetzt. Die entscheidende Frage ist jeweils, wieviel Phenol oder Phenolharz durch die Ligninkomponente ersetzt werden kann, ohne dass es zu einem nicht mehr tolerierbaren Abfall der Eigenschaften des Harzes selbst (übermäßig verringerte Reaktivität, längere Aushärtezeiten und damit längere Presszeiten) oder der damit produzierten Holzwerkstoffe kommt (schlechtere Wasserbeständigkeit, verringerte mechanische Eigenschaften). Die in der Literatur berichteten Austauschraten liegen in einem breiten Rahmen zwischen 10 und 70%. Da in solchen ligninhaltigen Harzen, welche Rezeptur auch immer eingesetzt wird und wie hoch die Austauschrate

Tabelle 1.13. Übersicht über die Einsatzmöglichkeiten von Lignin in Phenolharzen

1. Zugabe von Ligninen zu PF-Harzen: • Karatex-Verfahren: Abmischung von Alkali- und Erdalkaliligninsulfonaten mit einer bestimmten Molmassenverteilung mit PF-Harzen (Forss und Fuhrmann 1979) • PF-Leim + Ligninsulfonatpulver: Herabsetzung der Feuchtigkeit der beleimten Späne (DE 2447590) • Mischung von verschiedenen Lignintypen mit PF-Harzen: Ayla (1982), Calvé (1988, 1991), Kazayawoko u.a. (1990), Roffael u.a. (1974), Roffael und Rauch (1971a+b, 1972, 1973a+b), Sanjuan u.a. 1999, Zhao u.a. (1994)
2. Ersatz von Phenol in PF-Harzen durch Lignin: • direkte Reaktion von Lignin, Phenol und Formaldehyd: Buchholz u.a. (1995), Chen (1995), Danielson und Simonson (1998), Olivares u.a. (1988), Özmen u.a. (2000), Pecina (1990), Pecina u.a. (1991), Pecina und Bernaczyk (1991a), Pecina und Kühne (1992a+b, 1995), Sellers u.a. (1994), Trosa und Pizzi (1998) • Vorreaktion der Ligninkomponente mit Phenol: alkalische Umsetzung von Sulfitablauge mit Phenol, erst nach diesem Schritt wird Formaldehyd zugegeben: Özmen u.a. (2000), Vazquez u.a. (1999), USP 3597375, USP 3658638 • Vorreaktion der Ligninkomponente mit Formaldehyd (Chen 1987, Wooten u.a. 1988, Zhao u.a. 1994), ggf. nach vorheriger alkalischer Hydrolyse (Kuo u.a. 1991).

von Phenol oder Phenolharz zur Ligninkomponente auch ist, nach wie vor eben Phenol und Formaldehyd enthalten sind, kann hier nicht von einem Bindemittel auf Basis von nachwachsenden Rohstoffen gesprochen werden.

In der chemischen Fachliteratur ist eine Vielzahl von Arbeiten und Patenten verfügbar, die den Einsatz von Ligninen unterschiedlichster Form in Phenolharzen beschreibt, eine kurze Übersicht ist in Tabelle 1.13 zusammengestellt. Limitierende Faktoren für den Einsatz einer Ligninkomponente sind neben den oben beschriebenen möglichen Nachteilen auch die meist nur geringen realisierbaren Austauschraten, zum Teil teure und mühsame Vorbehandlungen des Lignins (z.B. Ultrafiltration) sowie eine entsprechend aufwendige Herstellungsweise des modifizierten PF-Harzes. Ausführliche Zusammenstellungen der Fach- und Patentliteratur finden sich bei Botello u.a. (1998), Dunky (1992b), Chen (1996) und Pizzi (1983b, 1994a+i).

1.3.4.6
Zugabe von Acetonharzen

Durch die Zugabe von neutralen Aceton-Formaldehyd-Harzen zu den alkalischen PF-Harzen kann die Aushärtezeit des PF-Harzes deutlich verkürzt werden (Pecina und Bernaczyk 1991b, Steiner 1977).

1.3.4.7
Alkylierte Phenole

Erhöhung des Widerstandes gegen Abtrocknen (better dryout resistance) sowie längere geschlossene Wartezeit (Chen and Rice 1975, Rice and Chen 1974).

1.3.4.8
Teilweiser Ersatz von Phenol durch p-Aminophenol oder Anilin

Samal u.a. (1996).

1.3.4.9
Cashew Nut Shell Liquid (CNSL)

CNSL wird aus den Schalen der Cashewnuss gewonnen und enthält als Hauptprodukte Cardol und Cardanol. Auf Grund des phenolischen Charakters sind ähnliche Reaktionen wie bei Phenol möglich bzw. kann ein teilweiser Ersatz von Phenol in Resolen vorgenommen werden (Mahanwar und Kale 1996, Nguyen u.a. 1996).

1.3.4.10
Furfural

Max. 25 Mol-% Ersatz von Formaldehyd durch Furfural (Kim u.a. 1994).

1.3.4.11
Isocyanat

Deppe und Ernst (1971) hatten darauf hingewiesen, dass auch eine getrennte Versprühung eines (offensichtlich alkalireichen) Phenolharzes und von PMDI nicht möglich ist, weil offensichtlich das Isocyanat bereits vor der Verpressung nahezu vollständig mit dem Phenolharz reagiert bzw. es zu einer durch den Alkalianteil des Harzes katalysierten Reaktion des PMDI mit Wasser kommt. In DE 2724439 wird jedoch ein solches System beschrieben, bei dem die Späne zuerst mit Isocyanat und danach mit dem alkaliarmen Phenolharz besprüht wurden. Nähere Erklärungen für die mögliche Vorreaktion zwischen Isocyanat und Phenolharz bzw. deren Vermeidung werden jedoch weder in der oben genannten Literaturstelle noch im Patent genannt. Eine ähnliche Vorbehandlung der Späne mit PMDI wird in DE 1669759 beschrieben.

Auch Hse u.a. (1995) berichteten über eine Kombinationsverleimung mit PMDI und einem Phenolharz, wobei das PMDI vor dem Phenolharz auf die Späne gesprüht wurde. Sowohl in einer konventionellen Presse als auch beim Dampfinjektionsverfahren wurden deutlich höhere Querzugfestigkeiten im Vergleich zu reinen PF- bzw. PMDI-gebundenen Platten gefunden. Die von Pizzi u.a. (1993b) und Pizzi und Walton (1992) beschriebene gemeinsame Anwendung von PMDI und eines Phenolharzes zeichnet sich durch hohe Bindefestigkeiten, kurze Presszeiten und eine im Vergleich zu herkömmlichen

PF-Verleimungen höhere Toleranz gegenüber hohen Feuchtigkeiten aus und wurde industriell speziell bei der Sperrholzherstellung aus schwierig zu verleimenden Furnieren eingesetzt. Entscheidend für diese guten Ergebnisse ist auch die Tatsache, dass die Reaktion der Isocyanatgruppen mit den Methylolgruppen des PF-Harzes um eine Zehnerpotenz rascher erfolgt als die Reaktion mit Wasser.

Batubenga u. a. (1995) beschleunigen die Reaktion von MDI mit der benzolischen OH-Gruppe in einem Phenolharz durch Zugabe von üblichen Beschleunigern für die Urethanbildung, wie Triäthylamin oder Dibutylzinndilaureat (DBTDL). Diese Kombination ermöglicht auch bei eher langsam reagierenden PF-Harzen eine kurze Presszeit bei der Spanplattenherstellung.

Weitere Literaturhinweise: DE 1653169 (1968), DE 2716971 (1977).

1.3.4.12
(Teilweiser) Ersatz von Phenol durch verschiedene Substanzen auf natürlicher Basis

- Kohlehydrate: Christiansen und Gillespie (1986), Clark u. a. (1988), Conner (1988), Conner u. a. (1985, 1986, 1989), Drury u. a. (1990), Jokerst (1989), Jokerst und Conner (1988), Sellers und Bomball (1990)
- Sojaproteine: Dunn u. a. (1995)
- Klebstoffe auf Weizenproteinbasis: Krug und Sirch (1999)
- Teere: Teilweiser Ersatz von Phenol und Formaldehyd durch Teere, die bei der Pyrolyse von Biomasse unter Ausschluss von Sauerstoff entstehen (Himmelblau 1995, s. auch Teil II, Abschn. 2.3.5.2)
- Extrakte aus verschiedenen Biomasserückständen: Chen u. a. (2000).

1.3.5
Formaldehydgehalt und Molverhältnis

Wegen der hydrolysestabilen C–C-Bindung zwischen dem aromatischen Phenolkern und der Methylolgruppe ist es nicht möglich, das Molverhältnis F/P auf herkömmliche Weise durch Hydrolyse des Harzes (Freisetzung der Monomeren mit anschließender chemischer quantitativer Analyse) zu bestimmen. Eine exakte Bestimmung des Molverhältnisses eines Phenolharzes ist nur mittels ^{13}C-NMR möglich; bei dieser Methode werden die verschiedenen Strukturelemente des Harzes erfasst, sodann lässt sich durch die geeignete Zusammenfassung einzelner Strukturelemente zu Teilsummen das Molverhältnis F/P berechnen. Dieses liegt im Allgemeinen im Bereich 1,8 bis 2,5. Umemura u. a. (1996) erwähnen z. B. ein Phenolharz mit F/P = 2,0 in ihren Untersuchungen. Je höher das Molverhältnis ist, desto höher ist die Aushärtungsgeschwindigkeit eines solchen Harzes und desto länger ist die Lagerstabilität des Harzes. Üblicherweise ist dann aber auch ein höherer Gehalt an freiem Formaldehyd im Harz gegeben, das ausgehärtete Harz ist infolge der höheren Netzwerksdichte auch deutlich spröder.

1.3.6
Ergebnisse molekularer Charakterisierung

Die Molmassenverteilung von PF-Harzen kann in eleganter Weise durch die Gelpermeationschromatographie (s. Teil II, Abschn. 3.3.2.1) ermittelt werden, verschiedene Chromatogramme sind auch in Teil II, Abschn. 1.3.1 gegeben. In Abb. 1.70 ist die Molmassenverteilung eines PF-Leimes dargestellt, wobei diese Harz sowohl einen hohen Kondensationsgrad mit entsprechend hohen Molmassen als auch einen ausgeprägten Anteil an niedermolekularen Species (Trimeren) aufweist. Die Analyse erfolgte in acetylierter Form mittels GPC (Ellis und Steiner 1991).

Ellis (1993) synthetisierte zwei PF-Leime mit hohen bzw. niedrigen Molmassen (Abb. 1.71) und stellte daraus verschiedene Mischungen mit unterschiedlichen Molmassenverteilungen her. Durch die Ausprüfung von mit diesen Harzen hergestellten Waferboardplatten konnte er zeigen, dass die Molmassenverteilung einen entscheidenden Einfluss auf die Eigenschaften der Platten nehmen kann. Harze mit niedrigen Molmassen dringen offensichtlich zu stark ins Holz ein, wodurch wahrscheinlich verhungerte Leimfugen auftreten können. Der Autor findet die besten Platteneigenschaften bei einer Dominanz an höheren Molmassen (s. auch Teil III, Abschn. 2.3.3).

Abbildung 1.72 zeigt Gelchromatogramme dreier handelsüblicher Sperrholz-PF-Leime (Bain und Wagner 1984). Die Proben weisen zwar den gleichen Bereich von Molmassen auf, die Verteilung ist beim Harz 3 jedoch im niedermolekularen Bereich im Vergleich zu den beiden anderen Harzen deutlich stärker ausgeprägt.

PF-Harze, die im Nassverfahren zur Herstellung von Hartfaserplatten eingesetzt werden, sind üblicherweise sehr hochmolekular, um einen hohen Fällungsgrad bei Zugabe von Säure zu ergeben.

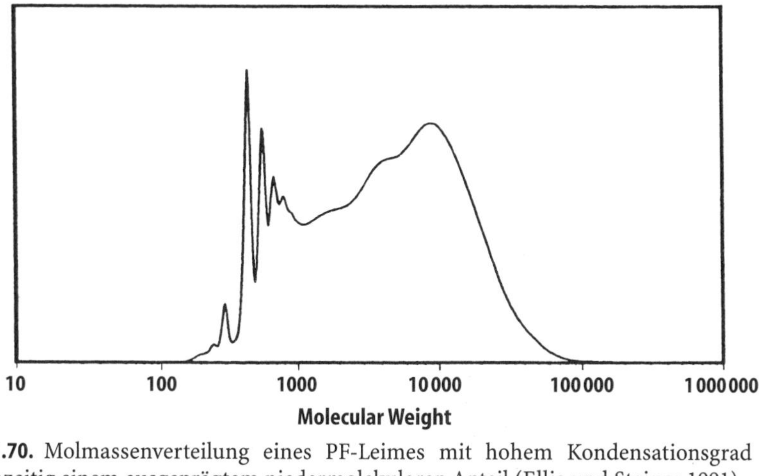

Abb. 1.70. Molmassenverteilung eines PF-Leimes mit hohem Kondensationsgrad und gleichzeitig einem ausgeprägtem niedermolekularen Anteil (Ellis und Steiner 1991)

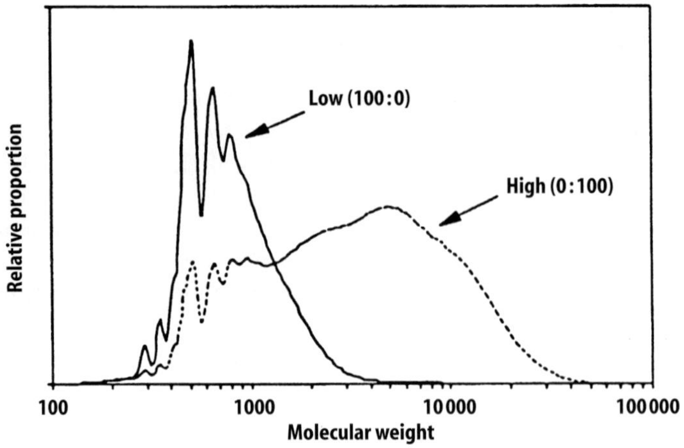

Abb. 1.71. Molmassenverteilung von zwei nieder- bzw. hochmolekularen PF-Leimen (Ellis 1993)

Abb. 1.72. Gelchromatogramme dreier Sperrholz-PF-Leime (Bain und Wagner 1984)

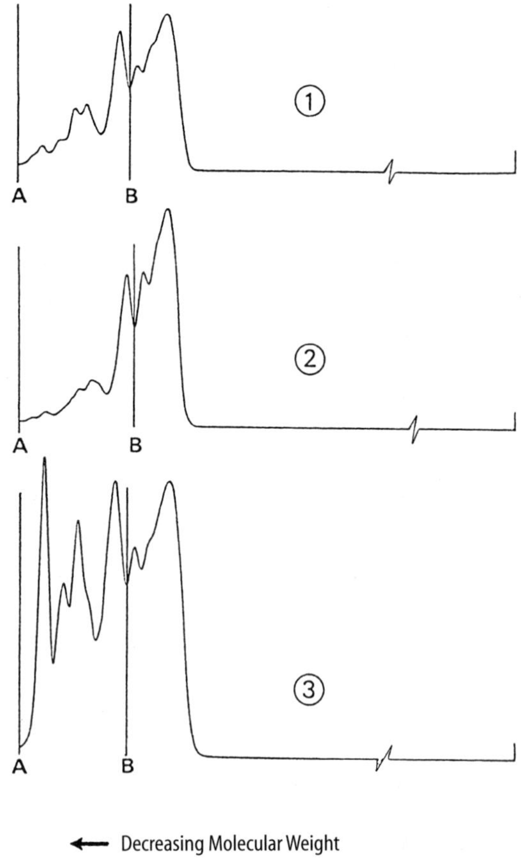

Tabelle 1.14. Molmassen von PF-Harzen

Messmethode	Zahlenmittel	Gewichtsmittel	Literaturhinweise
GPC (PS-Kalibrierung)	600–2600	1000–4900	Stephens und Kutscha (1987)
GPC an Pulverharzen in acetylierter Form und PS-Kalibrierung[a]	760–1300	1600–5600	Ellis (1993)
GPC an Pulverharzen in acetylierter Form und PS-Kalibrierung[a]	1100–1700	2400–18700	Ellis und Steiner (1990)
GPC an Pulverharzen in acetylierter Form und PS-Kalibrierung[a]	900–1700	2200–19000	Ellis und Steiner (1992)
GPC-LALLS	–	33000–203000	Gollob (1982)
GPC-LALLS	–	36000–191000	Gollob u.a. (1985b)
GPC-LALLS	–	30000–200000	Christiansen und Gollob (1985)
GPC-LALLS	–	5600–99200	Wellons und Gollob (1980)
GPC-LALLS	–	3100–84500	Wellons und Gollob (1980)
GPC (Paraffinkalibrierung)	590–760	1130–1690	Montague u.a. (1971)
GPC (PS-Kalibrierung)	781–954	2717–3113	Holopainen u.a. (1997)
GPC (PEO-Kalibrierung)	200–540	225–5300	Riedl und Calvé (1991)
GPC (PEG-Kalibrierung in verschiedenen Eluenten)	335–2180	1420–11900	Riedl u.a. (1990)
Lichtstreuung	–	2200–114000	Kim u.a. (1992)
VPO/DO[b]	420–460	–	Gnauck u.a. (1980)
VPO/DO[b]	550–1200	–	Kamide und Miyakawa (1978)
VPO/DO[b]	950–5600	–	Chow u.a. (1975)

[a] Die Molmasse der nichtacetylierten Form beträgt ca. 60% der acetylierten Form. Die Kalibrierung erfolgte unter Verwendung von Polystyrolstandards mit enger Molmassenverteilung.
[b] Vapor pressure osmometry/Dampfdruckosmometrie.

Tabelle 1.14 fasst einige der in der Fachliteratur berichteten Molmassenmittelwerte zusammen. Der Vollständigkeit halber wurden trotz der möglichen Ungenauigkeiten bei der Berechnung auch Mittelwerte in diese Tabelle aufgenommen, die aus GPC-Kurven mit traditioneller Kalibrierung berechnet worden waren.

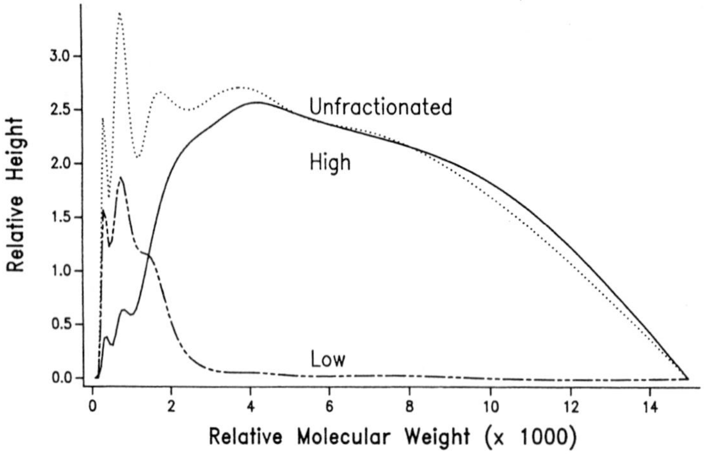

Abb. 1.73. Molmassenverteilung von PF-Leimen: Vergleich der unfraktionierten Probe mit dem hoch- bzw. dem niedermolekularen Anteil im Harz (Stephens und Kutscha 1987)

Abbildung 1.73 vergleicht die Molmassenverteilungen eines unfraktionierten PF-Harzes und seiner hochmolekularen bzw. niedermolekularen Fraktionen (Stephens und Kutscha 1987). Die Trennung der beiden Phasen erfolgte mittels Diafiltration (s. Teil III, Abschn. 2.3.3).

In Abb. 1.74 werden die GPC-Kurven eines alkalischen PF-Harzes und des daraus mittels Oxalsäure gefällten hochmolekularen Anteiles verglichen (Du-

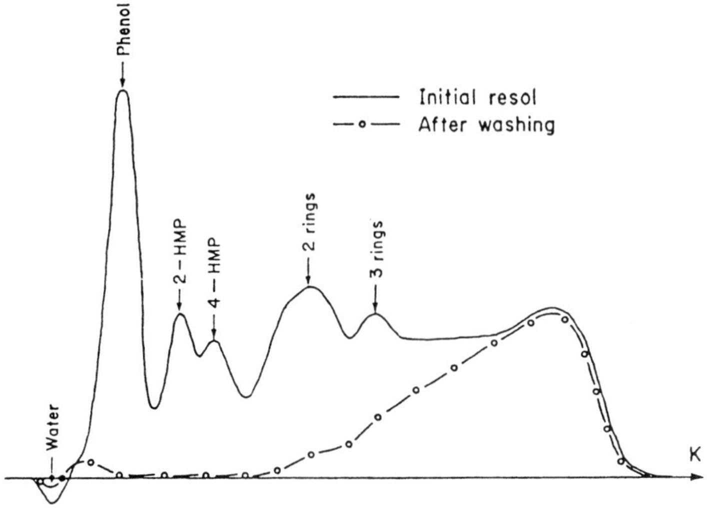

Abb. 1.74. GPC-Kurve eines alkalischen PF-Harzes und des daraus mittels Oxalsäure gefällten hochmolekularen Anteiles (Duval u. a. 1972). Die Abszisse verläuft bei der Auftragung des Verteilungsfaktors K in der umgekehrten Richtung wie bei der üblichen Auftragung des Elutionsvolumens

val u. a. 1972). Nahezu der gesamte niedermolekulare Anteil bleibt in Lösung, während bevorzugt Harzanteile mit höherer Molmasse ausfallen.

1.3.7
Beeinflussung technologischer Eigenschaften von PF-Leimen

1.3.7.1
Einfluss des Molverhältnisses F/P

Abbildung 1.75 zeigt den Vergleich der GPC-Kurven zweier Harze, die sich in ihrem Molverhältnis F/P unterscheiden, während die anderen Harzparameter (Kondensationsweise, Alkaligehalt) nicht verändert wurden. Der größere hochmolekulare Anteil bei Harz 1 lässt sich mit einem etwas höheren Kondensationsgrad erklären, der an sich aber unabhängig vom Molverhältnis gewählt werden kann. Im niedermolekularen Bereich fehlen beim höheren Molverhältnis die Peaks für freies Phenol und die verschiedenen monomeren Methylole. Auffallend ist, dass die einzelnen Peaks beim höheren Molverhältnis jeweils um einen kleinen Betrag des Elutionsvolumens verschoben sind. Diese Verschiebung entspricht einer zusätzlichen Molmasse von ca. einer Methylolgruppe ($\Delta M = 30$).

Hse (1972) berichtet über steigende Kontaktwinkel mit fallendem Molverhältnis F/P. Tohmura u. a. (1992) zeigen, dass die Aushärtegeschwindigkeit eines Phenolharzes (dargestellt als reziproke Gelierzeit bei 120 °C) im

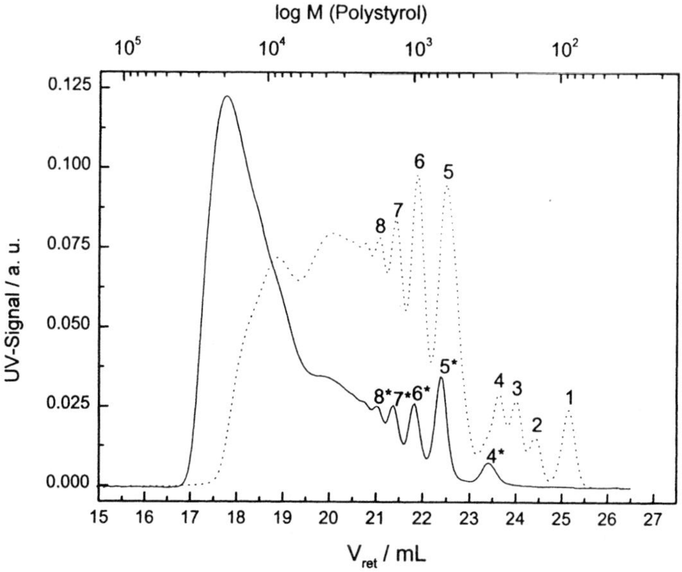

Abb. 1.75. Vergleich zweier GPC-Kurven von PF-Harzen mit unterschiedlichem Molverhältnis F/P (Gobec u. a. 1997)

gesamten untersuchten Bereich von F/P = 1 bis 4 mit dem Molverhältnis ansteigt.

1.3.7.2
Einfluss des Kondensationsgrades

Ellis und Steiner (1992) untersuchten verschiedene PF-Pulverharze mittels der so genannten TMA-Methode (s. Teil II, Abschn. 3.4.3.2), bei der das Fließverhalten aufgeschmolzener Pulverharze beurteilt werden kann. Je höher die im Harz vorhandenen Molmassen sind, desto höher ist sein Schmelzpunkt, d.h. desto später schmilzt unter den Messbedingungen das Harz auf und desto langsamer erfolgt das Fließen. Abbildung 1.76 vergleicht mehrere PF-Pulverharze mit unterschiedlicher Molmassenverteilung hinsichtlich dieses Fließverhaltens. Von C1 bis C4 vergrößert sich der Anteil an mittleren und höheren Molmassen; es ist aber zu beachten, dass auch das kochkondensierte Harz C4 noch einen ausgeprägten Anteil an Molmassen unter 1000 aufweist. Dieser niedermolekulare Anteil ist hingegen bei Harz L4 in Abb. 1.77 nur in sehr ge-

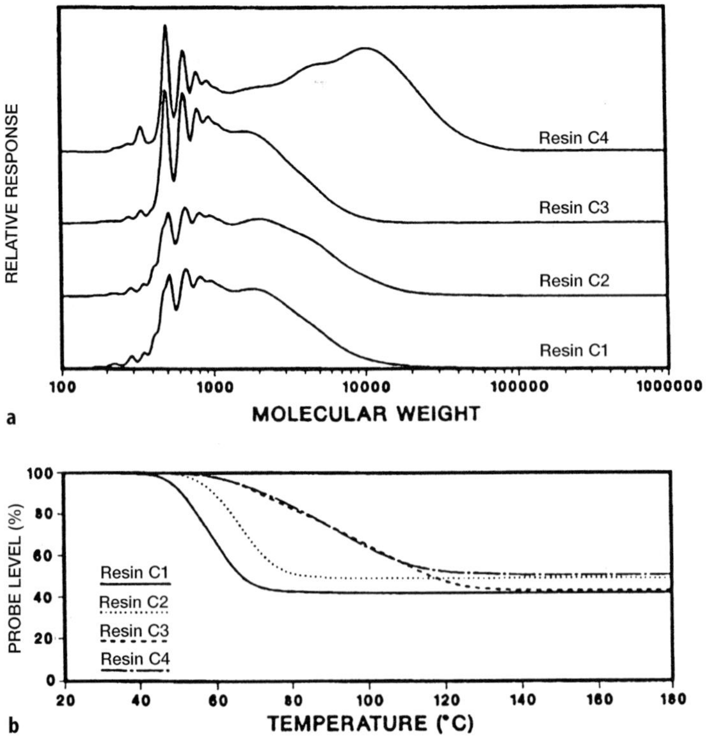

Abb. 1.76a, b. Molmassenverteilungen handelsüblicher PF-Leime sowie ihr Verhalten bei der TMA-Prüfung (Ellis und Steiner 1992). C1: Deckschichtharz; C2: Deck- und Mittelschichtharz; C3, C4: Mittelschichtharze

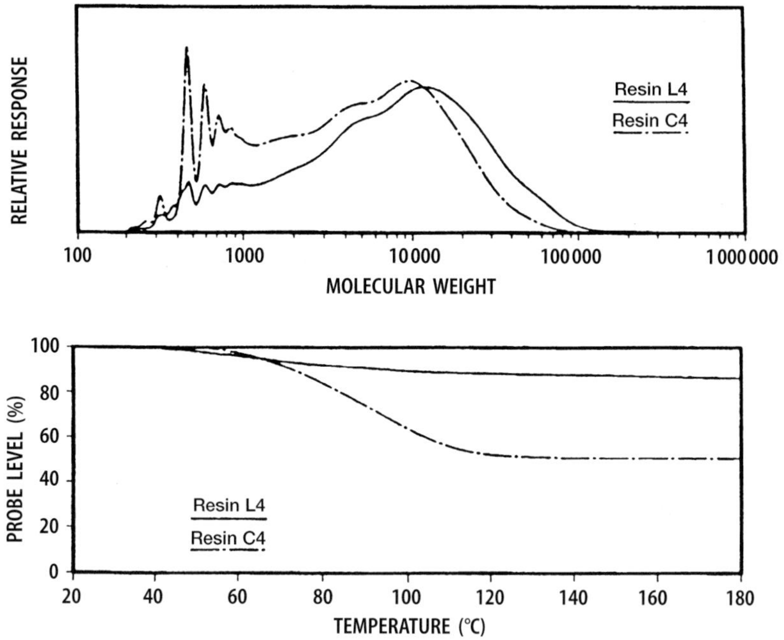

Abb. 1.77. Vergleich zweier PF-Leime hinsichtlich ihrer Molmassenverteilung sowie ihres Verhaltens bei der TMA-Prüfung (Ellis und Steiner 1992)

ringem Ausmaß gegeben. Dementsprechend ist praktisch kaum ein Fließen des Harzes gegeben, insbesondere auch kaum ein Aufschmelzen im üblichen Temperaturbereich 60–120 °C. Der mittel- und hochmolekulare Anteil hingegen ist bei beiden Harzen in Abb. 1.77 in etwa gleich hoch.

Haupt und Sellers (1994 a) zeigten, dass die Kontaktwinkel von Phenolharzen stark von der Viskosität des Harzes abhängen (Abb. 1.78), wobei wiederum eine strenge Abhängigkeit zwischen der Viskosität und der Molmasse besteht (ausgedrückt als Molmassengewichtsmittel, berechnet aus GPC-Daten, Abb. 1.79).

Je höher die Molmassen, desto geringer ist das Eindringvermögen des Harzes ins Holz (Johnson und Kamke 1992, 1994). Je nach der Porosität der zu verleimenden Holzarten muss ein entsprechender höhermolekularer Anteil im Harz enthalten sein, um ein übermäßiges Eindringen ins Holz und damit eine verhungerte Leimfuge zu vermeiden. Bei der Beaufschlagung des Spankuchens durch Dampf (Dampfinjektionsverfahren) wird das Eindringverhalten deutlich verstärkt, wobei die Unterschiede zwischen unterschiedlich hoch kondensierten Harzen kleiner werden.

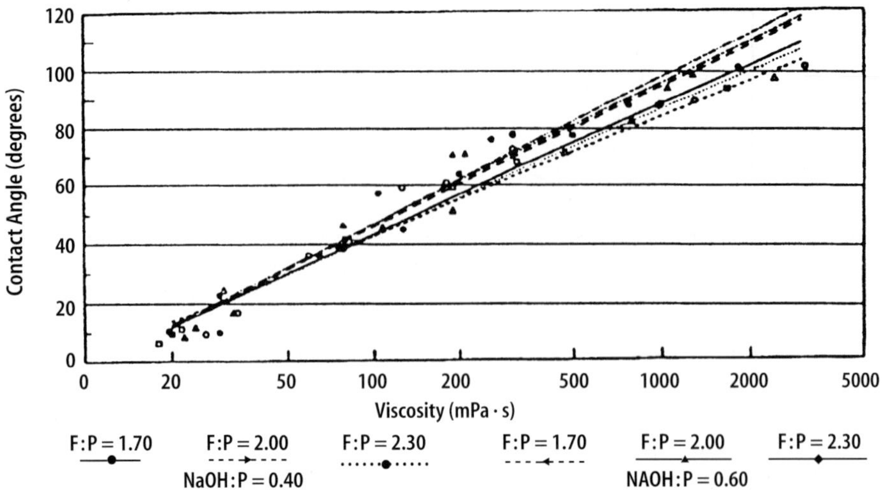

Abb. 1.78. Abhängigkeit des Kontaktwinkels von Phenolharzen von der Viskosität der Harze (Haupt und Sellers 1994a). Ein höherer Alkaligehalt führt zu geringfügig höheren Kontaktwinkeln, das Molverhältnis F/P hat keinen eindeutigen Einfluss

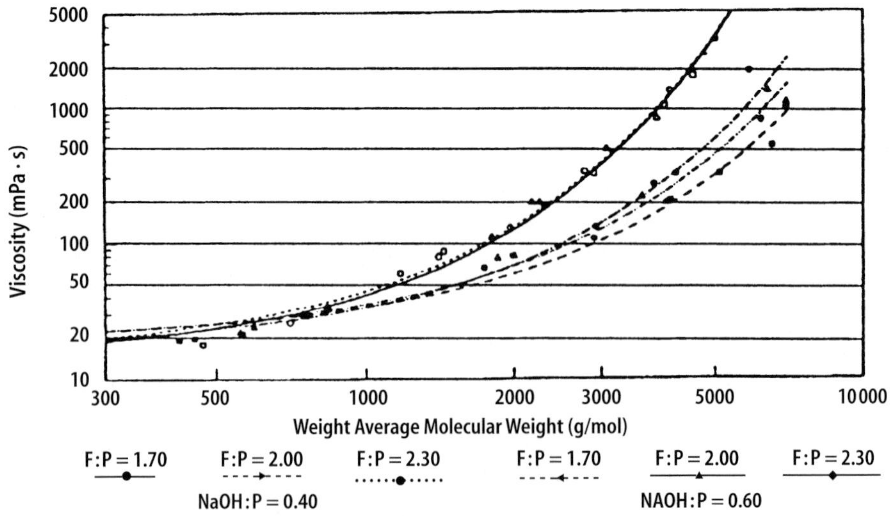

Abb. 1.79. Zusammenhang zwischen dem aus GPC-Daten berechneten Molmassen-Gewichtsmittel in logarithmischer Auftragung und der Viskosität der Harze (Haupt und Sellers 1994a). Niedrigere Alkalianteile führen bei gleicher Molmasse zu vergleichsweise höheren Viskositäten

1.3.7.3
Einfluss des Alkaligehaltes

Die Verwendung von Alkali bei der Kondensation von PF-Harzen ist notwendig, um einen optimalen Kondensationsgrad bei einem möglichst hohen Festharzgehalt und gleichzeitig einer technisch noch vertretbaren Viskosität zu erreichen. Je höher der Alkaligehalt im Harz, desto höher kann kondensiert werden, desto rascher erfolgt damit die Aushärtung in der Presse. Mittelschichtharze weisen deshalb durchwegs einen höheren Alkaligehalt als Deckschichtharze auf. Hse (1972) findet bei einem höherem Molverhältnis NaOH/P höhere Kontaktwinkel, entsprechend einer schlechteren Benetzbarkeit.

1.3.8
Kaltklebeeigenschaften von PF-Leimen

PF-Leime haben im Allgemeinen keine bzw. eine rasch verschwindende Kaltklebrigkeit (Lambuth 1987). Dies hat früher des öfteren zu Problemen geführt, wenn z.B. bei der Übergabe von Spankuchen von einem Band auf das andere oder in die Presse der Zusammenhalt des Spankuchens ungenügend war. Dieser Erfahrung widerspricht jedoch die Tatsache, dass gerade Phenolharze beim Einsatz in der Sperrholzindustrie eine ausgezeichnete Kaltklebrigkeit aufweisen. Harnstoffmodifizierte PF-Leime, wie sie in den letzten Jahren teilweise eingesetzt werden, verfügen über eine ausreichende Kaltklebrigkeit.

1.3.9
Verarbeitungsfähige Leimflotten

Wie bereits zu Beginn von Teil II, Abschn. 1.3 erwähnt, werden PF-Leime überwiegend zur Herstellung feuchtebeständiger Holzwerkstoffe (V100 bzw. V100G nach DIN 68763; Option 2 Kochtest nach EN 312-5 bzw. -7) eingesetzt. Daneben wird manchmal auch die extrem niedrige nachträgliche Formaldehydabgabe der PF-gebundenen Platten für den Einsatz in der Möbelindustrie genutzt.

Für die Mittelschicht bei Spanplatten werden alkalireiche Harze verwendet (früher bis ca. 11%, nunmehr ca. 7–9% Alkali), für die Spanplatten-Deckschicht bzw. für MDF-Platten eher alkaliarme Harze (3–5% Alkali), insbesondere im Hinblick auf eine Verbesserung der Beschichtbarkeit sowie wegen der geringeren erforderlichen Reaktivität.

Da alkalische Phenolharze rein thermisch aushärten, sind hohe Presstemperaturen und eine ausreichende Nachreifung erforderlich. Dabei ist jedoch eine mögliche Hydrolyse (Verfärbung) der Holzsubstanz (Bilderrahmeneffekt) sowie die mögliche Abspaltung von Ameisen- bzw. Essigsäure zu beachten. Grundlegende Untersuchungen zum Einsatz von Phenolharzen in der Holzwerkstoffindustrie finden sich in der Fachliteratur (Clad 1967).

Tabelle 1.15 stellt PF-Leimflotten für die Herstellung verschiedener Holzwerkstoffe zusammen.

Tabelle 1.15. Beispiele von Phenolharzleimflotten für Spanplatten, OSB und Sperrholz

Komponente	Spanplatte MS	Spanplatte DS	OSB MS	OSB DS	AW 100-Sperrholz
PF-Leim A	100	–	–	–	–
PF-Leim B	–	100	–	100	–
PF-Leim C	–	–	–	–	100
PF-Pulverharz	–	–	100	–	–
Wasser	–	–	–	–	–
Pottasche 50%	6	–	–	–	6
Streckmittel	–	–	–	–	10–15

PF-Leim A: mittlerer Alkaligehalt (8–10%).
PF-Leim B: niedriger Alkaligehalt (3–5%).
PF-Leim C: mittlerer Alkaligehalt (6–8%).
PF-Pulverharz: für Pulverbeleimung, keine Zugabe von Wasser bzw. kein Auflösen des Pulvers in Wasser vor der Beleimung.
Streckmittel: z.B. Kokosnussschalenmehl.

1.4 Resorcin- und Phenolresorcinharze

Resorcinformaldehyd-(RF) und Phenolresorcinformaldehydharze (PRF) werden als kalthärtende Bindemittel vor allem im konstruktiven Holzleimbau, für Keilzinkenverbindungen und andere Verleimungen für den Einsatz im Außenbereich eingesetzt. Der Einbau von Resorcin bewirkt eine deutliche Erhöhung der Reaktivität, auch kalthärtende Harze sind somit herstellbar. Die ausgehärteten Leimfugen zeichnen sich durch eine hohe Festigkeit und durch eine sehr gute Wasser- und Wetterbeständigkeit unter den verschiedensten Klimabedingungen aus (Dinwoodie 1983, Kreibich 1984, Pizzi 1983b, 1994b+h).

1.4.1 Chemie der Resorcin- und Phenolresorcinharze, Herstellungsrezepturen und Kondensationsführung

Die Reaktion von Resorcin mit Formaldehyd unterliegt den gleichen grundlegenden Bedingungen wie die Reaktion zwischen Phenol und Resorcin. Die Reaktion ergibt in der ersten Stufe bei einem in etwa äquimolaren Verhältnis der Einsatzstoffe lineare Ketten (Pizzi u.a. 1979). Die Anlagerung von Formaldehyd erfolgt dabei vorzugsweise an den Positionen 4 und 6 am aromatischen Ring, während die Position zwischen den beiden Hydroxylgruppen sterisch behindert ist. Die Reaktion von Resorcin mit Formaldehyd ist unter vergleichbaren Bedingungen ca. 10- bis 15-mal so schnell wie die Reaktion zwischen

Phenol und Formaldehyd (Marra 1956, Roussow u. a. 1980). Aus diesem Grund sind Resorcinresole nicht stabil, sondern lediglich Resorcinnovolake, die sich durch einen Formaldehydunterschuss auszeichnen und damit keine freien Methylolgruppen enthalten. Die Struktur eines Resorcinharzes zeigt demnach im wesentlichen Resorcinmoleküle, die durch Methylenbrücken miteinander verbunden sind.

Die Reaktion von Resorcin mit Formaldehyd wird durch das Molverhältnis F/R, die Konzentration der Lösung, den pH-Wert, die Temperatur sowie die eingesetzten Katalysatortypen und Alkohole beeinflusst. Die Herstellung erfolgt im Wesentlichen in alkalischem Milieu, wobei der molare Formaldehydunterschuss zu linearen Ketten mit Resorcinendgruppen führt.

Auf Grund des hohen Preises und der beschränkten Verfügbarkeit von Resorcin hat es bereits frühzeitig Anstrengungen gegeben, die herausragenden Eigenschaften des Resorcins und die günstigen Kosten eines Phenolharzes zu verbinden. Dabei genügt es, wenn Resorcin nur an den entscheidenden und bei der Aushärtung reaktiven Stellen vorhanden ist. PRF-Harze werden überwiegend durch die Aufpfropfung von Resorcin auf reaktive Methylolgruppen niedrigkondensierter Phenolresole hergestellt. Ziel jeder PRF-Weiterentwicklung ist die Optimierung (im Sinne einer Minimierung) des erforderlichen Resorcingehaltes, ohne dass es jedoch zu einer Einschränkung in den Anwendungseigenschaften kommt. Reine RF-Harze werden nur in speziellen Fällen verwendet, z. B. bei der Keilzinkenherstellung.

Bei den heutigen PRF-Harzen liegt der Anteil an Resorcin bei 16–18%, bezogen auf das flüssige Harz (Pizzi 1994h). Eine grundlegende Rezeptur für ein PRF-Harz ist bei Pizzi (1983b) beschrieben. Eine weitere Möglichkeit der Absenkung des erforderlichen Resorcingehaltes liegt im Einsatz von verzweigten PRF-Harzen; als Verzweigungspunkte dienen Resorcin, aber auch Melamin oder Harnstoff (Pizzi 1989, Scopelitis 1992, Scopelitis und Pizzi 1993a).

Weitere Literaturhinweise: Sebenik u. a. (1981).

1.4.2 Härtung von Resorcin- und Phenolresorcinharzen

Während der Aushärtung erfolgt eine Fortführung der Kondensationsreaktion, die schließlich zur Bildung von hochmolekularen Species führt. Die Ausbildung der Bindefestigkeit erfolgt wie bei allen anderen Kondensationsharzen insbesondere über Nebenvalenzkräfte (van der Waalssche Kräfte, Wasserstoffbrückenbindungen, elektrostatische Kräfte) zwischen dem Bindemittel und den aktiven Stellen der Holzoberfläche. Unter Berücksichtigung der Wasserabsorption aus der Leimfuge ins Holz, die wiederum von der originären Holzfeuchtigkeit abhängt, bildet sich schließlich die Festigkeit der chemisch ausgehärteten Leimfuge aus.

Die hohe Reaktionsfähigkeit von Resorcin ist entscheidend für das kalthärtende Verhalten der Resorcin- und der Phenolresorcinharze. Die Härtungsgeschwindigkeit von RF-Harzen ist im stark sauren Bereich bzw. unter neutral bis leicht alkalischen Bedingungen am höchsten. Ein Minimum der Reaktionsfähigkeit liegt im pH-Bereich 3–5.

Die Aushärtung von RF- und PRF-Harzen wird meist durch die Zugabe von Paraformaldehyd als Vernetzer (Härter) eingeleitet. Bei der Abmischung von RF- und PRF-Harzen mit festem Paraformaldehyd erfolgt eine Depolymerisation des letzteren zu Formaldehyd. Die Menge an vorhandenem Paraformaldehyd und seine Zersetzungsgeschwindigkeit haben dabei einen entscheidenden Einfluss auf die Härtungsgeschwindigkeit der Harze (Steiner 1992). Der freiwerdende Formaldehyd reagiert rasch mit dem Harz, was zur Gelierung und Aushärtung führt. Während die C–C-Bindung zwischen dem phenolischen Kern und Formaldehyd (als Methylenbrücke) hydrolysestabil ist, kann ein Teil des im Vergleich zu den phenolischen Komponenten üblicherweise im molaren Überschuss vorhandene Formaldehyd zur nachträglichen Formaldehydabgabe beitragen. Über verschiedene Einflussfaktoren auf die Zersetzung von festem Paraformaldehyd (Teilchengröße, Zusammenhänge zwischen Zersetzungs- und Aushärtegeschwindigkeit) berichtete Steiner (1992). Eine andere Möglichkeit besteht in der Verwendung von Resorcin oder einem Resorcinnovolak als Härter eines Phenolresols oder eines Phenolresols als Härter eines PRF-Harzes (Pizzi 1983b). In diesem Falle erfolgt die Cokondensation und damit die Bildung des PRF-Harzes erst im Zuge der Aushärtung.

1.4.3
Modifizierung von Resorcin- und Phenolresorcinharzen

1.4.3.1
Modifizierung mit Harnstoff

Verzweigte RF- und PRF-Harze: s. Teil II, Abschn. 1.4.1.
Modifizierung von UF-Harzen mit Resorcin: s. Teil II, Abschn. 1.1.5.9.

URF-Harze:
Harnstoff-Resorcin-Formaldehydharze werden ebenfalls in der Literatur beschrieben (Pizzi 1983b, 1994h, USP 4032515). Diese Harze beruhen auf dem Effekt, dass nach der Härtung des Harzes das Resorcinnetzwerk, welches selbst undurchdringlich für Wasser ist, die aminoplastischen Bindungen vor dem Angriff von Wasser schützt. Der Resorcingehalt solcher Harze darf aber nur so weit abgesenkt werden, als dieser Schutz unter wässrigen Bedingungen weiterhin gegeben ist. Scopelitis und Pizzi (1993a+b) geben diesen minimalen Resorcingehalt mit 10,6% Resorcin im flüssigen Harz an. Dieser Wert liegt deutlich niedriger als der mit 16–18% angegebene Resorcingehalt üblicher PRF-Leime.

1.4.3.2
Kalt härtende Tannin-Resorcin-Formaldehydharze (TRF)

Bildung von Resorcin durch intermolekulare Umlagerungen des Tannins (Pizzi 1992, 1994h, Pizzi u.a. 1988, Roux 1989).

1.4.3.3
Kalt härtende Lignin-Resorcin-Formaldehydharze (LRF)

Die Herstellung erfolgt durch Aufpfropfung von Resorcin auf ein Bagasselignin. Als erster Schritt wird das Lignin methyloliert, danach bilden sich Methylenbrücken zwischen dem Lignin und dem zugegebenen Resorcin (Klashorst u.a. 1985, Truter u.a. 1994). Durch direkte Zugabe von Paraformaldehyd kann die Aushärtung bei Raumtemperatur erzielt werden. Die Verarbeitung ist aber auch nach dem so genannten „Honeymoon-Verfahren" (Gegenstrichverfahren) möglich. Die eine Bindemittelkomponente stellt das Harz mit untergemischtem Härter dar (beim Original-pH-Wert des Harzes), die andere Bindemittelkomponente das auf einen hohen pH-Wert eingestellte gleiche Harz (oder ggf. ein anderes Harz mit z.B. unterschiedlichem Resorcingehalt). Die Auftragung dieser beiden Bindemittelkomponenten erfolgt getrennt auf die beiden Werkstückhälften, erst bei der Verarbeitung werden die beiden Bindemittelkomponenten durch das Zusammenlegen der beiden Werkstückhälften miteinander vermischt, wodurch die Aushärtereaktion nunmehr mit hoher Geschwindigkeit ablaufen kann.

1.4.3.4
Resorcin-Furfural-Harze, Phenol-Resorcin-Furfural-Harze, Phenol-Resorcin-Formaldehyd-Furfural-Harze

Pizzi u.a. (1984h).

1.4.3.5
Tannin-Resorcin-Furfural-Harze

Pizzi und Roux (1978).

1.4.3.6
Alkylresorcin

Christiansen (1984), River (1986).

1.4.3.7
Soja-Proteine

Durch die Modifizierung von PRF-Harzen durch Soja-Proteine gewinnt man sehr rasch abbindende Harze, die speziell bei der Keilzinkung und auch zur Verleimung von feuchtem Holz eingesetzt werden können (Clay u.a. 1999).

1.4.4 Verarbeitungsfähige Leimflotten

Bei der Verarbeitung von RF- bzw. PRF-Harzen werden Füllstoffe (Holzmehl, verschiedene Nussschalenmehle, Kaolin) sowie Paraformaldehyd als Vernetzer (Härter) zugegeben. Dieser Vernetzer ist erforderlich, weil aus Gründen ihrer hohen Reaktivität Resorcinmethylole nicht lagerstabil sind und deshalb diese Harze mit einem Formaldehydunterschuss und demnach endständigen Resorcingruppen hergestellt werden. Je nach Härtermenge ergeben sich bei Raumtemperatur Gelierzeiten von wenigen Stunden und Durchhärtezeiten von maximal einem Tag.

Handelsübliche Härter bestehen insbesondere aus Mischungen von Füllstoffen und Paraformaldehyd (Pizzi 1983b). Die Dosiermenge dieses konfektionierten Härters liegt meist in der Größenordnung von 20%, bezogen auf das Flüssigharz. Im Falle von Phenolresolen oder PRF-Harzen als Härter erfolgt die Abmischung meist im Verhältnis 1:1 (der Härter wirkt hier als Harzbestandteil). Zweck der Füllstoffzugabe ist die Erzielung einer bestimmten Flottenviskosität, einer Verstärkung der Leimfuge, von fugenfüllenden Eigenschaften sowie einer Verbilligung der Leimflotte.

Beim so genannten „Honeymoon"-System können PRF-Harze mit einem Resorcingehalt von nur 8–9% eingesetzt werden. Die Verarbeitung erfolgt in Form eines Gegenstrichverfahrens. Als zweite Komponente können PRF-Harze ohne Härter, aber in hochalkalischer pH-Einstellung (Baxter und Kreibich 1973, Kreibich 1974, Pizzi u.a. 1983, Stephanou und Pizzi 1993) oder Tanninlösungen (Pizzi u.a. 1980, Pizzi und Cameron 1984) eingesetzt werden. Bei der Verwendung von Tannin als zweite Komponente existieren zwei Varianten der Durchführung:

a) Komponente 1: Extraktlösung (Mimosatannin) mit hohen pH-Wert und damit hoher Reaktivität
Komponente 2: PRF-Harz + Härter (Paraform); der Härter ist im Überschuss vorhanden, weil er auch für die Aushärtung des Tannins dient. Das PRF-Harz selbst verfügt wegen der Einstellung auf seinen Standard-pH-Wert nur über eine geringe Reaktivität.

b) Komponente 1: Extraktlösung wie bei Variante a)
Komponente 2: kalthärtendes Tannin-Resorcin-Formaldehyd-Harz (pH = 7,5–7,9) + Härter.

Beim Zusammenfügen der jeweils mit einer der beiden Komponenten beleimten Holzoberflächen wird die rasche Aushärtung durch die Reaktion der Extraktlösung mit Paraform erzielt. Die Aushärtung erfolgt innerhalb von 5–10 Minuten, die Einspannzeiten bis zur möglichen Weiterverarbeitung betragen nur ca. 30 Minuten.

Literatur

Aarts VMLJ, Scheepers ML, Brandts PM (1995) Proceedings 1995 European Plastic Laminates Forum, Heidelberg, 17-25
Adcock T, Wolcott MP, Peyer SM (1999) Proceedings Third European Panel Products Symposium, Llandudno, North Wales, 67-76
Armonas JE (1970) For. Prod. J. 20: 7, 22-27
Astarloa-Aierbe G, Echeverria JM, Martin MD, Etxeberria AM, Mondragon I (2000a) Polymer 41, 6797-6802
Astarloa-Aierbe G, Echeverria JM, Martin MD, Mondragon I (1998) Polymer 39, 3467-3472
Astarloa-Aierbe G, Echeverria JM, Mondragon I (1999) Polymer 40, 5873-5878
Astarloa-Aierbe G, Echeverria JM, Vazquez A, Mondragon I (2000b) Polymer 41, 3311-3315
Ayla C (1982) Holzforschung 36, 93-98
Bain DR, Wagner J-D (1984) Polymer 25, 403-404
Batubenga DB, Pizzi A, Stephanou A, Krause R, Cheesman P (1995) Holzforschung 49, 84-86
Baxter GF, Kreibich RE (1973) For. Prod. J. 23: 1, 17-22
Billiani J, Lederer K, Dunky M (1990) Angew. Makromol. Chem. 180, 199-208
Binder WH, Mijatovic J, Kubel F, Kantner W (2001) Proceedings COST E13-Tagung Edinburgh
Blomquist RF, Olson WZ (1964) For. Prod. J. 14, 461-466
Botello JI, Molina MJ, Rodriguez F, Gilarranz MA, Oliet M (1998) Inv. Téc. Papel 137, 515-535
Braun D, Abrão M de L, Ritzert H-J (1985) Angew. Makromol. Chem. 135, 193-210
Braun D, Bayersdorf F (1980a) Angew. Makromol. Chem. 85, 1-13
Braun D, Bayersdorf F (1980 b) Angew. Makromol. Chem. 85, 183-200
Braun D, Günther P (1982) Kunststoffe 72, 785-790
Braun D, Günther P, Pandjojo W (1982) Angew. Makromol. Chem. 102, 147-157
Braun D, Krauße W (1982) Angew. Makromol. Chem. 108, 141-159
Braun D, Krauße W (1983) Angew. Makromol. Chem. 118, 165-182
Braun D, Pandjojo W (1979), Angew. Makromol. Chem. 80, 195-205
Braun D, Ritzert H-J (1984a) Angew. Makromol. Chem. 125, 9-26
Braun D, Ritzert H-J (1984b) Angew. Makromol. Chem. 125, 27-36
Braun D, Ritzert H-J (1987) Kunststoffe 77, 1264-1267
Braun D, Ritzert H-J (1988) Angew. Makromol. Chem. 156, 1-20
Brunnmüller F (1974) Aminoplaste. In: Bartholomé E, Biekert E, Hellmann H, Ley H (Hrsg.): Ullmanns Enzyklopadie der Technischen Chemie, Bd. 8, S. 403-424, Verlag Chemie, Weinheim/Bergstr., BRD
Buchholz RF, Doering GA, Whittemore CA (1995) Proceedings Wood Adhesives, Portland, OR, 241-246
Bundesgesundheitsblatt Nr. 10 (Oktober 1991), Bekanntmachungen des Bundesgesundheitsamtes
Calvé LR, Shields JA, Blanchette L, Fréchet JMJ (1988) For. Prod. J. 38: 5, 15-20
Calvé LR, Shields JA, Sudan KK (1991) For. Prod. J. 41: 11/12, 36-42
Campbell WG, Bamford KF (1939) J. Soc. Chem. Ind. 58: 5, 180-185
Cameron FA, Pizzi A (1986) in: Meyer B, Kottes Andrews BA, Reinhardt RM (Hrsg.): Formaldehyde Release from Wood Products, ACS Symposium Series 316, American Chemical Society, Washington, DC
Carotenuto G, Nicolais L (1999) J. Appl. Polym. Sci. 74, 2703-2715
Cazes J, Martin N (1977) Proceedings 11th Wash. State Univ. Int. Symposium on Particleboards, Pullman, WA, 209-222
Chapman KM, Jenkin DJ (1984) Proceedings 4th Int. Symposium Adhesion Adhesives for Structural Materials, Wash. State Univ., Pullman, WA

Chen CM (1982) Holzforschung 36, 65–70
Chen CM (1987) For. Prod. J. 37: 1, 39–43
Chen CM (1995) Holzforschung 49, 153–157
Chen CM (1996) Holzforsch. Holzverwert. 48, 58–60
Chen CM, Chen SL (1988) For. Prod. J. 38: 5, 49–52
Chen CM, Chen H, Liao TM-Y (2000) For. Prod. J. 50: 9, 70–74
Chen CM, Rice JT (1975) For. Prod. J. 25: 6, 40–44
Chen CM, Rice JT (1976) For. Prod. J. 26: 6, 17–23
Chow S (1969) Wood Sci. 1, 215–221
Chow S (1973) Holzforschung 27, 64–68
Chow S, Hancock WV (1969) For. Prod. J. 19: 4, 21–29
Chow S, Pickles KJ (1976) Wood Sci. 9, 80–83
Chow S, Steiner PR (1975) Holzforschung 29, 4–10
Chow S, Steiner PR, Troughton GE (1975) Wood Sci. 8, 343–349
Christiansen AW (1984) Int. J. Adhesion Adhesives 4: 3, 109–119
Christiansen AW (1985) For. Prod. J. 35: 9, 47–54
Christiansen AW, Gillespie RH (1986) For. Prod. J. 36: 7/8, 20–28
Christiansen AW, Gollob L (1985) J. Appl. Polym. Sci. 30, 2279–2289
Christjanson P, Siimer K, Suurpere A (1993) Transactions Tallinn Techn. Univ. 744, 24–33
Clad W (1967) Holz Roh. Werkst. 25, 137–147
Clad W (1985) Holz Zentr. Bl. 111, 1455
Clad W, Schmidt-Hellerau C (1965) Holz Zentr. Bl. 91, Beilage 349–352
Clad W, Schmidt-Hellerau C (1977) Proceedings 11th Wash. State Univ. Int. Symposium on Particleboards, Pullman, WA, 33–61
Clark RJ, Karchesy JJ, Krahmer RL (1988) For. Prod. J. 38: 7/8, 71–75
Clay JD, Vijayendran B, Moon J (1999) Proceedings ANTEC '99, 1298–1301
Conner AH (1988) Proceedings 22th Wash. State University Int. Particleboard/Composite Materials Symposium, Pullman, WA, 133–143
Conner AH, Lorenz LF, River BH (1989) Carbohydrate-modified phenol-formaldehyde resins formulated at neutral conditions. In: Hemingway RW, Conner AH, Branham SJ (Hrsg.): Adhesives from Renewable Ressources, ACS Symp. Series 385, Am. Chem. Soc., Washington, D.C., 355–369
Conner AH, River BH, Lorenz LF (1985) Proceedings Wood Adhesives 1985, Madison, WI, 227–236
Conner AH, River BH, Lorenz LF (1986) J. Wood Chem. Technol. 6, 591–613
Cremonini C, Pizzi A (1997) Holzforsch. Holzverwert. 49, 11–15
Cremonini C, Pizzi A (1999) Holz Roh. Werkst. 57, 318
Cremonini C, Pizzi A, Tekely P (1996a) Holz Roh. Werkst. 54, 43–47
Cremonini C, Pizzi A, Tekely P (1996b) Holz Roh. Werkst. 54, 85–88
Cremonini C, Pizzi A, Zanuttini R (1996c) Holz Roh. Werkst. 54, 282
Danielson B, Simonson R (1998) J. Adhesion Sci. Technol. 12, 923–939 und 941–946
Dankelman W, Daemen JMH, de Breet AJJ, Mulder JL, Huysmans WGB, de Wit J (1976) Angew. Makromol. Chem. 54, 187–201
Deppe H-J (1977) Holz Roh. Werkst. 35, 295–299
Deppe H-J (1983a) Holz Zentr. Bl. 109, 677–678
Deppe H-J (1983b) Adhäsion 27: 10, 16–19
Deppe H-J (1985) Holz Zentr. Bl. 111, 1433–1435
Deppe H-J, Ernst K (1963) Holz Roh. Werkst. 21, 129–132
Deppe H-J, Ernst K (1971) Holz Roh. Werkst. 29, 45–50
Deppe H-J, Hoffmann A (1984) Holz Roh. Werkst. 42, 389–392
Deppe H-J, Hofmann A (1986) Holz Zentr. Bl. 112, 1443–1444
Deppe H-J, Schmidt K (1979) Holz Roh. Werkst. 37, 287–294

Deppe H-J, Schmidt K (1983) Holz Roh. Werkst. 41, 13 – 19
Deppe H-J, Schmidt K (2000) Holz Zentr. Bl. 126, 158 – 159
Deppe H-J, Stolzenburg R (1984) J. Appl. Polym. Sci. 40, 41 – 48
Deutsche Chemikalien-Verbotsverordnung (ChemVerbotsV) 1993
Diem H, Matthias G (1985) Amino Resins. In: Gerhartz W (Hrsg.): Ullmann's Encyclopedia of Industrial Chemistry, Vol.A 2, S.115 – 141, VCH Verlagsgesellschaft mbH., Weinheim, BRD
Dinwoodie JM (1983) in: Wood Adhesives Chemistry and Technology, Bd. 1, Pizzi A (Hrsg.), Marcel Dekker, New York, 1 – 58
Dix B, Marutzky R (1982) Adhäsion 26: 12, 4 – 10
Dix B, Marutzky R (1987) Tanninformaldehydharze als Bindemittel für Holzwerkstoffe. WKI-Bericht 18, Braunschweig
Drilje RM (1975) FAO-Bericht World Consultation on Wood Based Panels, New Dehli
Drury RL, Hipple BJ, Tippit PS, Dunn LB Jr, Karcher LP (1990) Proceedings Wood Adhesives, Madison, WI, 54 – 60
Dunky M (1984) unveröffentlicht
Dunky M (1985 a) Holzforsch. Holzverwert. 37, 75 – 82
Dunky M(1985 b) unveröffentlicht
Dunky M (1986) unveröffentlicht
Dunky M(1992 a) Proceedings Jahrestagung des Verbandes Leobener Kunststofftechniker (VLK), Leoben
Dunky M (1992 b) Einsatz von Lignin und Ligninderivaten als Bindemittel für Holzwerkstoffe. Interner Bericht Krems Chemie AG, 54 Seiten
Dunky M (1993) Einsatz von Tanninen als Bindemittel für Holzwerkstoffe. Interner Bericht Krems Chemie AG, 94 Seiten
Dunky M (1994) unveröffentlicht
Dunky M (1995) Proceedings Wood Adhesives 1995, Portland, OR, 77 – 80
Dunky M (1997) unveröffentlicht
Dunky M Lederer K (1982) Angew. Makromol. Chem. 102, 199 – 213
Dunky M, Lederer K, Zimmer E (1981) Holzforsch. Holzverwert. 33, 61 – 71
Dunky M, Petrovic S (1998) Drvna Industrija 49, 209 – 219
Dunky M, Schörgmaier H (1995) Holzforsch. Holzverwert. 47, 26 – 30
Dunn LB, Karcher LP, Majewski SL (1995) Proceedings Wood Adhesives 1995, Portland, OR, 151 – 154
Dutkiewicz J (1983) J. Appl. Polym. Sci. 28, 3313 – 3320
Dutkiewicz J (1984) J. Appl. Polym. Sci. 29, 45 – 55
Duval M, Bloch B, Kohn S (1972) J. Appl. Polym. Sci. 16, 1585 – 1602
Ebewele RO (1995) J. Appl. Polym. Sci. 58, 1689–1700
Ebewele RO, Myers GE, River BH, Koutsky JA (1991 a) J. Appl. Polym. Sci. 42, 2997 – 3012
Ebewele RO, River BH, Myers GE, Koutsky JA (1991 b) J. Appl. Polym. Sci. 43, 1483 – 1490
Ebewele RO, River BH, Myers GE (1993) J. Appl. Polym. Sci. 49, 229 – 245
Ebewele RO, River BH, Myers GE (1994) J. Appl. Polym. Sci. 52, 689 – 700
Egner K (1952) Holz Zentr. Bl. 79, 1857
Egner K, Sinn H (1953) Holz Zentr. Bl. 80, 1679
Elbert AA (1995) Holzforschung 49, 358 – 362
Ellis S (1993) For. Prod. J. 43: 2, 66 – 68
Ellis S (1996) For. Prod. J. 46: 9, 69 – 75
Ellis S, Steiner PR (1990) Proceedings Wood Adhesives 1990, Madison, WI, 76 – 85
Ellis S, Steiner PR (1991) Wood Fiber Sci. 23: 1, 85 – 97
Ellis S, Steiner PR (1992) For. Prod. J. 42: 1, 8 – 14
ETB-Richtlinie (1980) „Richtlinie über die Verwendung von Spanplatten hinsichtlich der Vermeidung unzumutbarer Formaldehydkonzentrationen in der Raumluft", herausge-

geben vom Ausschuss für Einheitliche Technische Baubestimmungen, 1980, Beuth-Verlag, Berlin, Köln
Ezaki K, Higuchi M, Sakata I (1982) Mok. Kogyo 37, 225–230
Ferg EE (1992) Thesis, University of the Witwatersrand, Johannesburg, South Africa
Ferg EE, Pizzi A, Levendis DC (1993a) J. Appl. Polym. Sci. 50, 907–915
Ferg EE, Pizzi A, Levendis DC (1993b) Holzforsch. Holzverwert. 45, 88–92
Fleischer O, Marutzky R (2000) Holz Roh. Werkst. 58, 295–300
Forss KG, Fuhrmann AGM (1979) For. Prod. J. 29: 7, 39–42
Franke R, Roffael E (1998a) Holz Roh. Werkst. 56, 79–82
Franke R, Roffael E (1998b) Holz Roh. Werkst. 56, 381–385
Gay K, Pizzi A (1996) Holz Roh. Werkst. 54, 278
Giordano R, Grasso A, Wanderlingh F, Wanderlingh U (1991) Progr. Colloid Polym. Sci. 84, 487–493
Gnauck R, Ziebarth G, Wittke W (1980) Plaste Kautsch. 27, 427–428
Go AT (1991) Proceedings 25th Wash.State University Int. Particleboard/Composite Materials Symposium, Pullman, WA, 285–299
Gobec G (1997) Dissertation, Montanuniversität Leoben
Gobec G, Dunky M, Zich T, Lederer K (1997) Angew. Makromol. Chem. 251, 171–179
Gollob L (1982) Thesis Oregon State University, Corvallis OR
Gollob, L (1989) The Correlation between Preparation and Properties in Phenolic Resins. In: Pizzi A (Hrsg.): Wood Adhesives, Chemistry and Technology, Vol. 2, Marcel Dekker Inc., New York, Basel, 121–153
Gollob L, Kelley StS, Ilcewicz LB, Maciel GE (1985a) Proceedings Wood Adhesives 1985, Madison, WI, 314–327
Gollob L, Krahmer RL, Wellons JD, Christiansen AW (1985b) For. Prod. J. 35: 3, 42–48
Gramstad T, Sandstroem J (1969) Spectrochim. Acta 25A, 31–36
Graves G (1985) Proceedings Wood Adhesives in 1985: Status and Needs, Madison, WI, 27–33
Grigoriou A (1990) Holz Roh. Werkst. 48, 377–380
Grigoriou A, Voulgaridis E, Passialis C (1987) Holzforsch. Holzverwert. 39, 9–11
Grunwald D (1998) WKI-Kurzbericht 9
Grunwald D (1999a) WKI-Kurzbericht 16
Grunwald D (1999b) Proceedings 2nd European Wood-Based Panel Symposium, Hannover
Grunwald D (2000) persönliche Mitteilung
Gu J, Higuchi M, Morita M, Hse C-Y (1995) Mokuzai Gakkaishi 41, 1115–1121
Gu J, Higuchi M, Morita M, Hse C-Y (1996a) Mokuzai Gakkaishi 42, 149–156
Gu J, Higuchi M, Morita M, Hse C-Y (1996b) Mokuzai Gakkaishi 42, 483–488
Gu J, Higuchi M, Morita M, Hse C-Y (1996c) Mokuzai Gakkaishi 42, 992–997
Günther P (1984) Dissertation, TH Darmstadt
Halasz L, Vorster O, Pizzi A, van Alphen J (2000) J. Appl. Polym. Sci. 75, 1296–1302
Haupt RA, Sellers T Jr (1994a) For. Prod. J. 44: 2, 69–73
Haupt RA, Sellers T Jr (1994b) Ind. Eng. Chem. Res. 33, 693–697
Haupt RA, Waago S (1995) Proceedings Wood Adhesives 1995, Portland, OR, 220–226
He Z, Elder ThJ, Conner AH (1993) Proceedings 47th Annual Meeting Forest Products Society, Clearwater Beach, FL
Higuchi M, Kuwazuru K, Sakata I (1980) Mokuzai Gakkaishi 26, 310–314
Higuchi M, Sakata I (1979) Mokuzai Gakkaishi 25, 496–502
Higuchi M, Sakata I (1984) Mokuzai Gakkaishi 30, 384–390
Higuchi M, Shimokawa H, Sakata I (1979) Mokuzai Gakkaishi 25, 630–635
Higuchi M, Tohmura S, Sakata I (1994) Mokuzai Gakkaishi 40, 604–611
Himmelblau A (1995) Proceedings Wood Adhesives 1995, Portland, OR, 155–162
Holopainen T, Alvila L, Rainio J, Pakkanen TT (1997) J. Appl. Polym. Sci. 66, 1183–1193

Hope P, Stark BP, Zahir SA (1973) Br. Polym. J. 5, 363–378
Horn V, Benndorf G, Rädler KP (1978) Plaste Kautsch. 25, 570–575
Hse Ch-Y (1972) Holzforschung 26, 82–85
Hse Ch-Y, Geimer RL, Hsu WE, Tang RC (1995) For. Prod. J. 45: 1, 57–62
Hse Ch-Y, Xia Z-Y, Tomita B (1994) Holzforschung 48, 527–532
Huber Ch, Lederer K (1980) J. Polym. Sci., Polym. Lett. Ed. 18, 535–540
Humphrey PE, Bolton AJ (1979) Holzforschung 33, 129–133
Humphrey PE, Chowdhury MJA (2000) Proceedings Fifth Pacific Rim Bio-Composites Symposium, Canberra, Australien, 227–234
Humphrey PE, Ren S (1989) J. Adhesion Sci. Technol. 3, 397–413
Jahromi S (1999a) Macromol. Chem. Phys. 200, 2230–2239
Jahromi S (1999b) Polymer 40, 5103–5109
Jahromi S, Litvinov V, Geladé E (1999) J. Polym. Sci., Part B Polymer Physics 37, 3307–3318
Jellinek K, Müller R (1982) Holz Zentr. Bl. 108, 727–728
Johnson StE, Kamke FA (1992) J. Adhesion 40, 47–61
Johnson StE, Kamke FA (1994) Wood Fiber Sci. 26, 259–269
Jokerst RW (1989) For. Prod. J. 39: 10, 35–38
Jokerst RW, Conner AH (1988) For. Prod. J. 38: 2, 45–48
de Jong JI, de Jonge J (1952) Rec. Trav. Chim. Pays-Bas 71, 643–660
de Jong JI, de Jonge J (1953) Rec. Trav. Chim. Pays-Bas 72, 139–151
Kaledkowski B, Hepter J, Gryta M (2000) J. Appl. Polym. Sci. 77, 898–902
Kamide K, Miyakawa Y (1978) Makromol. Chem. 179, 359–372
Kamoun C, Pizzi A (1998) Holz Roh. Werkst. 56, 86
Kamoun C, Pizzi A (2000) Holzforsch. Holzverwert. 52, 16–19 und 66–67
Katuscak S, Thomas M, Schiessl O (1981) J. Appl. Polym. Sci. 26, 381–394
Kavvouras PK, Koniditsiotis D, Petinarakis J (1998) Holzforschung 52, 105–110
Kazayawoko J-SM, Riedl B, Poliquin J (1990) Proceedings Wood Adhesives 1990, Madison, WI, 31–34
Kehr E, Hoferichter E (1997) Holz Roh. Werkst. 55, 34
Kehr E, Riehl G, Roffael E, Dix B (1993) Holz Roh. Werkst. 51, 365–372
Kehr E, Riehl G, Hoferichter E, Roffael E, Dix B (1994) Holz Roh. Werkst. 52, 253–260
Kim MG (1999) J. Polym. Sci., Part A: Polym. Chem. 37, 995–1007
Kim MG, Amos LW, Barnes EE (1983) ACS Div. Polym. Chem., Polym. Prepr. 24: 2, 173–174
Kim MG, Amos LW, Barnes EE (1990) Ind. Eng. Chem. Res. 29, 2032–2037
Kim MG, Boyd G, Strickland R (1994) Holzforschung 48, 262–267
Kim MG, Nieh WL, Sellers T Jr, Wilson WW, Mays JW (1992) Ind. Eng. Chem. Res. 31, 973–979
Kim MG, Wasson L, Burris M, Wu Y, Watt Ch, Strickland RC (1998) Wood Fiber Sci. 30, 238–249
Kim MG, Watt Ch, Davis ChR (1996) J. Wood Chem. Technol. 16: 1, 21–34
Klashorst GH van der, Cameron FA, Pizzi A (1985) Holz Roh. Werkst. 43, 477–481
Knop A, Pilato L (1985) (s. Allgemeine Literatur, Teil I, Kap. 10.)
Knop A, Scheib W (1979) (s. Allgemeine Literatur, Teil I, Kap. 10.)
Kreibich RE (1974) Adhesives Age 17, 26–30
Kreibich RE (1984) in: Wood Adhesives: Present and Future (Pizzi A, Hrsg.), Appl. Polym. Symp. 40, 1–18
Krug D, Sirch H-J (1999) Holz Zentr. Bl. 125, 773
Kulichikhin SG, Voit VB, Malkin AY (1996) Rheol. Acta 35, 95–99
Kulvik E (1977) Adhesive Age 20, 33–34
Kumpinsky E (1994) Ind. Eng. Chem. Res. 33, 285–291
Kuo M, Hse ChY, Huang D-H (1991) Holzforschung 45, 47–54
Lamberts K, Pungs L (1978) Holz Roh. Werkst. 36, 299–304

Lambuth AL (1987) Proceedings 21st Wash. State University Int. Particleboard/Composite Materials Symposium, Pullman, WA, 89–100
Lee TW, Roffael E, Dix B, Miertzsch H (1994) Holzforschung 48, Suppl. 101–106
Lehmann G (1997) Proceedings Tagung Klebstoffe für Holzwerkstoffe und Faserformteile, Braunschweig
Lenghaus K, Qiao GG, Solomon DH (2000) Polymer 41, 1973–1979
Long R (1991) Holz Roh. Werkst. 49, 485–487
Lorenz LF, Conner AH, Christiansen AW (1999) For. Prod. J. 49: 3, 73–78
Lu X, Pizzi A (1998) Holz Roh. Werkst. 56, 339–346
Maciel GE, Chuang I, Gollob L (1984) Macromolecules 17, 1081–1087
Mahanwar PA, Kale DD (1996) J. Appl. Polym. Sci. 61, 2107–2111
Mansson B (1997) Tagungsband Klebstoffe für Holzwerkstoffe und Faserformteile, Klein J und Marutzky R (Hrsg.), WKI-Bericht 32, Braunschweig
Marra GG (1956) For. Prod. J. 6, 97–100
Marutzky R, Ranta L (1979) Holz Roh. Werkst. 37, 389–393
Marutzky R, Ranta L, Schriever E (1978) Holz Zentr. Bl. 104, 1747
May H-A (1985) Adhäsion 29, 12–15
May H-A (1987) Adhäsion 31, 35–38
May H-A, Roffael E (1986) Adhäsion 30: 1/2, 19–23
Mayer J (1978) Proceedings Int. Particleboard Symposium FESYP '78. Spanplatten heute und morgen. DRW-Verlag Stuttgart, 102–111
Maylor R (1995) Proceedings Wood Adhesives 1995, Portland, OR, 115–121
Mehdiabadi S, Nehzat MS, Bagheri R (1998) J. Appl. Polym. Sci. 69, 631–636
Mercer TA, Pizzi A (1994) Holzforsch. Holzverwert. 46, 51–54
Mercer TA, Pizzi A (1996) J. Appl. Polym. Sci. 61, 1697–1702
Meyer B (1979) Urea-Formaldehyde-Resins. Addison-Wesley Publ.Co., Advanced Book Program, London
Miyake K, Tomita B, Hse CY, Myers GE (1989a) Mokuzai Gakkaishi 35, 736–741
Miyake K, Tomita B, Hse CY, Myers GE (1989b) Mokuzai Gakkaishi 35, 742–747
Mizumachi H (1973) Wood Sci. 6, 14–18
Mizumachi H, Morita H (1975) Wood Sci. 7, 256–260
Montague PG, Peaker FW, Bosworth P, Lemon P (1971) Br. Polym. J. 3, 93–94
Müller A (1953) Holz Roh. Werkst. 11, 429–435
Müller R (1988) Phenoplast-Leime. In: Woebcken W (Hrsg.): Duroplaste (Kunststoff-Handbuch Bd. 10), S. 614–629, Carl Hanser Verlag, München, Wien
Mussatti FG, Macosko CW (1973) Polym. Eng. Sci. 13, 236–240
Myers GE (1982) Wood Sci. 15, 127–138
Myers GE (1983) For. Prod. J. 33, 4, 49–57
Myers GE (1984) For. Prod. J. 34: 5, 35–41
Myers GE (1985) Proceedings Wood Adhesives in 1985: Status and Needs, Madison, WI, 119–156
Myers GE, Koutsky JA (1987) For. Prod. J. 37: 9, 56–60
Myers GE, Koutsky JA (1990) Holzforschung 44, 117–126
Na JS, Ronze D, Zoulalian A (1996) Wood Fiber Sci. 28, 411–421
Nakarai Y, Watanabe T (1961) Wood Industry 16, 577–581
Neumann R, Müller V (1979) Holztechnol. 20, 99–103
Neusser H, Schall W (1972) Holzforsch. Holzverwert. 24, 108–116
Nguyen LH, Nguyen HN, Tan TTM, Griesser UJ (1996) Angew. Makromol. Chem. 243, 77–85
Nieh WL-S, Sellers T Jr (1991) For. Prod. J. 41: 6, 49–53
Nusselder JJH (1998) Proceedings Plastic Laminates Symposium, 105–113
Nusselder JJH, Aarts VMLJ, Brandts PM, Mattheij J (1998) Proceedings Second European Panel Products Symposium, Llandudno, North Wales, 224–232

Ohyama M, Tomita B, Hse CY (1995) Holzforschung 49, 87 – 91
Oldörp K (1997) Tagungsband Klebstoffe für Holzwerkstoffe und Faserformteile, Klein J und Marutzky R (Hrsg.), Braunschweig
Oldörp K, Marutzky R (1998) Holz Roh. Werkst. 56, 75 – 77
Oldörp K, Miertzsch H (1997) Holz Roh. Werkst. 55, 97 – 102
Olivares M, Guzman JA, Natho A, Saavedra A (1988) Wood. Sci. Technol. 22, 157 – 165
Özmen N, Lightbody AW, Tomkinson J, Cetin NS, Skinner J, Hale MD (2000), Proceedings Fourth European Panel Products Symposium, Llandudno, North Wales, 157 – 166
Park BD, Riedl B (2000 a) J. Appl. Polym. Sci. 77, 841 – 851
Park BD, Riedl B (2000 b) J. Appl. Polym. Sci. 77, 1284 – 1293
Park BD, Riedl B, Hsu EW, Shields J (1998) Holz Roh. Werkst. 56, 155 – 161
Park BD, Riedl B, Hsu EW, Shields J (1999) Polymer 40, 1689 – 1699
Passialis C, Grigoriou A, Voulgaridis E (1988) Holzforsch. Holzverwert. 40, 50 – 52
Paulitsch M (1972) Holz Roh. Werkst. 30, 437 – 439
Pecina H (1990) Holztechnol. 31, 181 – 184
Pecina H, Bernaczyk Z (1991 a) Holz Roh. Werkst. 49, 207 – 211
Pecina H, Bernaczyk Z (1991 b) Farbe + Lack 97, 1062 – 1064
Pecina H, Kühne G (1992 a) Holz Zentr. Bl. 118, 464 – 466
Pecina H, Kühne G (1992 b) Holzforsch. Holzverwert. 44, 39 – 43
Pecina H, Kühne G (1995) Ann. Warsaw Agricult. Univ. – SGGW, For. and Wood Technol. 46, 93 – 100
Pecina H, Kühne G, Bernaczyk Z, Wienhaus O (1991) Holz Roh. Werkst. 49, 391 – 397
Peer HG (1959) Rec. Trav. Chim. 78, 851
Peer HG (1960) Rec. Trav. Chim. 79, 825
Petersen H, Reuther W, Eisele W, Wittmann O (1972) Holz Roh. Werkst. 30, 429 – 436
Petersen H, Reuther W, Eisele W, Wittmann O (1974) Holz Roh. Werkst. 32, 402 – 410
Petrovic S, Dunky M, Proceedings 3rd Int. Conf.Development Forestry and Wood Science/ Technology, Belgrade, 1997, I 413 – 421
Pizzi A (1983 a) Aminoresin Wood Adhesives. In Pizzi, A. (Hrsg.): Wood Adhesives Chemistry and Technology, Marcel Dekker, New York, Basel, 59 – 104
Pizzi A (1983 b) Phenolic Resin Wood Adhesives. In Pizzi, A. (Hrsg.): Wood Adhesives Chemistry and Technology, Marcel Dekker, New York, Basel, 105 – 176
Pizzi A (1989) Fast-setting adhesives for fingerjointing and glulam. In: Wood Adhesives Chemistry and Technology, Bd. 2 (Pizzi A, Hrsg.), Marcel Dekker, New York, 229 – 306
Pizzi A (1992) Tannin structures and the formulation of wood adhesives. In: Hemingway RW, Laks PE (Hrsg.): Plant Polyphenols. 991 – 1004, Plenum Press, New York
Pizzi A (1994 a) Phenolic Resin Adhesives. In: Pizzi A, Mittal KL (Hrsg.): Handbook of Adhesive Technology. S. 329 – 346. Marcel Dekker, Inc., New York, Basel, Hong Kong
Pizzi A (1994 b) Resorcinol Adhesives. In: Pizzi A, Mittal KL (Hrsg.): Handbook of Adhesive Technology. S. 369 – 380. Marcel Dekker, Inc., New York, Basel, Hong Kong
Pizzi A (1994 c) Urea-Formaldehyde Adhesives. In: Pizzi A, Mittal KL (Hrsg.): Handbook of Adhesive Technology. S. 381–392. Marcel Dekker, Inc., New York, Basel, Hong Kong
Pizzi A (1994 d) Melamine-Formaldehyde Adhesives. In: Pizzi A, Mittal KL (Hrsg.): Handbook of Adhesive Technology. S. 393 – 403. Marcel Dekker, Inc., New York, Basel, Hong Kong
Pizzi A (1994 e) Urea-Formaldehyde Adhesives. In: Pizzi (Hrsg.): Advanced Wood Adhesives Technology. S. 19 – 66. Marcel Dekker Inc., New York, Basel, Hong Kong
Pizzi A (1994 f) Melamine-Formaldehyde Adhesives. In: Pizzi (Hrsg.): Advanced Wood Adhesives Technology. S. 67 – 88. Marcel Dekker Inc., New York, Basel, Hong Kong
Pizzi A (1994 g) Phenolic Resins Wood Adhesives. In: Pizzi (Hrsg.): Advanced Wood Adhesives Technology. S. 89 – 147. Marcel Dekker Inc., New York, Basel, Hong Kong

Pizzi A (1994h) Resorcinol Adhesives. In: Pizzi (Hrsg.): Advanced Wood Adhesives Technology. S. 243-272. Marcel Dekker Inc., New York, Basel, Hong Kong
Pizzi A (1998) Proceedings Forest Products Society Annual Meeting, Merida (Mexico), 13-30
Pizzi A (1999) J. Appl. Polym. Sci. 71, 1703-1709
Pizzi A, Cameron (1984) For. Prod. J. 34: 9, 61-68
Pizzi A, Cameron FA, Goulding TM, Kes E, Westhuizen PK vd (1983) Holz Roh. Werkst. 41, 61-63
Pizzi A, Cameron FA, Orovan E (1988) Holz Roh. Werkst. 46, 67-71
Pizzi A, Garcia R, Wang S (1997) J. Appl. Polym. Sci. 66, 255-266
Pizzi A, Horak M, Ferreira D, Roux DG (1979) J. Appl. Polym. Sci. 24, 1571-1578
Pizzi A, Lipschitz L, Valenzuela J (1994a) Holzforschung 48, 254-261
Pizzi A, Mtsweni B, Parsons W (1994b) J. Appl. Polym. Sci. 52, 1847–1856
Pizzi A, Orovan E, Cameron FA (1984) Holz Roh. Werkst. 42, 467-472
Pizzi A, Rossouw D du T, Knuffel W, Singmin M (1980) Holzforsch. Holzverwert. 32, 140-150
Pizzi A, Roux DG (1978) J. Appl. Polym. Sci. 22, 1945-1954
Pizzi A, Stephanou A (1993) J. Appl. Polym. Sci. 49, 2157–2170
Pizzi A, Stephanou A (1994a) Holzforschung 48, 35-40
Pizzi A, Stephanou A (1994b) Holzforschung 48, 150-156
Pizzi A, Stephanou A (1994c) J. Appl. Polym. Sci. 51, 1351-1352
Pizzi A, Stephanou A, I.Antunes I, de Beer G (1993a) J. Appl. Polym. Sci. 50, 2201-2207
Pizzi A, Tekely P (1996) Holzforschung 50, 277-281
Pizzi A, Tekely P, Panamgama LA (1996) Holzforschung 50, 481-485
Pizzi A, Valenzuela J, Westermeyer C (1993b) Holzforschung 47, 68-71
Pizzi A, Vosloo R, Cameron FA, Orovan E (1986) Holz Roh. Werkst. 44, 229-234
Pizzi A, Walton T (1992) Holzforschung 46, 541-547
Plath E (1953a) Holz Roh. Werkst. 11, 392-400
Plath E (1953b) Holz Roh. Werkst. 11, 466-471
Plath L (1968) Holz Roh. Werkst. 26, 125-128
Poblete H, Roffael E (1985) Holz Roh. Werkst. 43, 57-62
Prestifilippo M, Pizzi A (1996) Holz Roh. Werkst. 54, 272
Prestifilippo M, Pizzi A, Norback H, Lavisci P (1996) Holz Roh. Werkst. 54, 393-398
Price AF, Cooper AR, Meskin AS (1980) J. Appl. Polym. Sci. 25, 2597-2611
Quillet S (1999) Proceedings 2nd European Wood-Based Panel Symposium, Hannover
RAL-Umweltzeichen UZ 76: Emissionsarme Holzwerkstoffplatten. RAL Deutsches Institut für Gütesicherung und Kennzeichnung e.V., Sankt Augustin 2000
Rammon RM (1997)Proceedings 31st Wash. State University Int. Particleboard/Composite Materials Symposium, Symposium, Pullman, WA, 177-181
Rammon RM, Johns WE, Magnuson J, Dunker AK (1986) J. Adhesion 19, 115-135
Reiska R, Vares T, Starkopf J-A (1992) Transactions Tallinn Techn. Univ. 731, 31-37
Renner A (1971) Makromol. Chem. 149, 1-27
Rice JT, Chen CM (1974) For. Prod. J. 24: 3, 20-26
Riedl B, Calvé L (1991) J. Appl. Polym. Sci. 42, 3271-3273
Riedl B, Park B-D (1998) Proceedings Forest Products Society Annual Meeting, Merida (Mexico), 115–121
Riedl B, Vohl MJ, Calvé L (1990) J. Appl. Polym. Sci. 39, 341-353
River BH (1986) For. Prod. J. 36: 4, 25-34
River BH, Ebewele RO, Myers GE (1994) Holz Roh. Werkst. 52, 179-184
Roffael E (1976) Holz Roh. Werkst. 34, 385-390
Roffael E (1980) Adhäsion 24, 422-424
Roffael E (1993) Formaldehyde Release from Particleboard and other Wood Based Panels. Malayan Forest Records No. 37, Forest Research Institute Malaysia (Ed.), Kuala Lumpur

Roffael E, Dix B (1991) Adhäsion 35: 10, 36-39
Roffael E, Dix B, Kehr E (1995) Holz Roh. Werkst. 53, 315-320
Roffael E, Dix B, Miertzsch H, Schwarz T, Kehr E, Scheithauer M, Hoferichter E (1993) Holz Roh. Werkst. 51, 197-207
Roffael E, Miertzsch H (1992) Holz Roh. Werkst. 50, 172
Roffael E, Rauch W (1971 a) Holzforschung 25, 112-116
Roffael E, Rauch W (1971 b) Holzforschung 25, 149-155
Roffael E, Rauch W (1972) Holzforschung 26, 197-202
Roffael E, Rauch W (1973 a) Holzforschung 27, 178-179
Roffael E, Rauch W (1973 b) Holzforschung 27, 214-217
Roffael E, Rauch W, Beyer S (1974) Holz Roh. Werkst. 32, 225-228
Roffael E, Schriever E (1987) Holz Roh. Werkst. 45, 508
Roffael E, Schriever E (1988 a) Holz Roh. Werkst. 46, 146
Roffael E, Schriever E (1988 b) Holz Roh. Werkst. 46, 232
Rogers-Gentile V, East GC, McIntyre JE, Snowden P (2000) J. Appl. Polym. Sci. 77, 64-74
Roh J-K, Higuchi M, Sakata I (1987 a) Mokuzai Gakkaishi 33, 193-198
Roh J-K, Higuchi M, Sakata I (1987 b) Mokuzai Gakkaishi 33, 963-968
Roh J-K, Higuchi M, Sakata I (1989) Mokuzai Gakkaishi 35, 320-327
Roh J-K, Higuchi M, Sakata I (1990 a) Mokuzai Gakkaishi 36, 36-41
Roh J-K, Higuchi M, Sakata I (1990 b) Mokuzai Gakkaishi 36, 42-48
Root A, Soriano P (2000) J. Appl. Polym. Sci. 75, 754-765
Rose JL, Shaw MT, Proceedings ANTEC '99, 961-965
Roussow D du T, Pizzi A, McGillivray G (1980) J. Polym. Sci., Chem. Ed. 18, 3323-3343
Roux DG (1989) in: Hemingway RW, Conner AH (Hrsg.): Adhesives from Renewable Resources. ACS Symposium Series Nr. 385, American Chemical Society, Washington, D.C.
Saeki Y (1979) Proceedings Weyerhaeuser Sci. Symp., 315-324
Samal RK, Senapati BK, Patniak LM, Debi R (1996) J. Polym. Mater. 13, 169-172
Sanjuan R, Rivera J, Fuentes FJ (1999) Holz Roh. Werkst. 57, 418
Scheikl M, Dunky M (1996 a) Holz Roh. Werkst. 54, 113-117
Scheikl M, Dunky M (1996 b) Holzforsch. Holzverwert. 48, 55-57
Scheikl M, Dunky M (1998) Holzforschung 52, 89-94
Schmidt RG (1998) Thesis, Virginia Polytechnic Institute, Virginia State University
Schmidt RG, Frazier CE (1998 a) Wood Fiber Sci. 30, 250-258
Schmidt RG, Frazier CE (1998 b) Int. J. Adhesion Adhesives 18, 139-146
Schneider MH, Chui YH, Ganev StB (1996) For. Prod. J. 46: 9, 79-83
Schriever E, Roffael E (1985) Holz Roh. Werkst. 43, 68
Schriever E, Roffael E (1987) Holz Roh. Werkst. 45, 508
Schriever E, Roffael E (1988) Adhäsion 32: 5, 19-24
Scopelitis E (1992) M. Sc. Thesis, University of the Witwatersrand, Johannesburg
Scopelitis E, Pizzi A (1993 a) J. Appl. Polym. Sci. 47,351-360
Scopelitis E, Pizzi A (1993 b) J. Appl. Polym. Sci. 48, 2135-2146
Sebenik A, Osredkar U, Vizovisek I (1981) Polymer 22, 804-806
Sebenik A, Osredkar U, Zigon M, Vizovisek I (1982) Angew. Makromol. Chem. 102, 81-85
Sellers T Jr (1985) Plywood and Adhesive Technology. Marcel Dekker, Inc., New York, Basel
Sellers T Jr, Bomball WA (1990) For. Prod. J. 40: 2, 52-56
Sellers T Jr, Kim MG, Miller GD, Haupt RA, Strickland RC (1994) For. Prod. J. 44: 4, 63-68
Shafizadeh JE, Guionnet S, Tillman MS, Seferis JC (1999) J. Appl. Polym. Sci. 73, 505-514
Sidhu A, Steiner P (1995) Proceedings Wood Adhesives 1995, Portland, OR, 203-214
Siimer K, Christjanson P, Starkopf J-A (1992) Transactions Tallinn Techn. Univ. 731, 21-30
Siimer K, Pehk T, Cristjanson P (1999) Macromol. Symp. 148, 149-156
So S, Rudin A (1985) J. Polym. Sci., Polym. Lett. Ed. 23, 403-407
So S, Rudin A (1990) J. Appl. Polym. Sci. 41, 205-232

Sodhi JS (1957) Holz Roh. Werkst. 15, 261–263
Soulard C, Kamoun C, Pizzi A (1998) Holzforsch. Holzverwert. 50, 89–94
Soulard C, Kamoun C, Pizzi A (1999) J. Appl. Polym. Sci. 72, 277–289
Starkopf J-A (1992) Transactions Tallinn Techn. Univ. 731, 38–43
Staudinger H, Wagner K (1954) Makromol. Chem. 12, 168–235
Steiner PR (1974) Wood Sci. 7, 99–102
Steiner PR (1977) For. Prod. J. 27: 9, 38–43
Steiner PR (1992) Wood Fiber Sci. 24, 73–78
Steiner PR, Chow S (1974) Wood Fiber 6, 57–65
Steiner PR, Troughton GE, Andersen AW (1991) Proceedings Adhesives and Bonded Wood Products, Seattle, WA, 205–214
Steiner PR, Troughton GE, Andersen AW (1993) For. Prod. J. 43: 10, 29–34
Steiner PR, Warren SR (1987) For. Prod. J. 37: 1, 20–22
Stephanou A, Pizzi A (1993) Holzforsch. Holzverwert. 45, 73–74
Stephens RS, Kutscha NP (1987) Wood Fiber Sci. 19, 353–361
Strecker M, Marutzky R (1994) Holz Roh. Werkst. 52, 33–38
Stuligross JP (1988) Thesis University of Wisconsin, Madison, WI
Su Y, Ran Qu, Wu W, Mao X (1995) Thermochim. Acta 253, 307–316
Sullivan JD, Harrison WL (1965) For. Prod. J. 15, 480–484
Sundin B (1978) Proceedings Int. Particleboard Symposium FESYP '78. Spanplatten heute und morgen. DRW-Verlag Stuttgart, 112–120
Suomi-Lindberg L (1985) Paperi ja Puu 2, 65–69
Tanaka A, Takashima K (1966) Mokuzai Gakkaishi 12, 272–276
Tang Q, Elder T, Conner AH (1995) Proceedings Wood Adhesives 1995, Portland, OR, 235–239
Tinkelenberg A, Vassen HW, Suen KW, Leusink PGJ (1982) J. Adhesion 14, 219–231
Tohmura S (1998) J. Wood Sci. 44, 211–216
Tohmura S, Higuchi M (1995) Mokuzai Gakkaishi 41, 1109–1114
Tohmura S, Higuchi M, Sakata I (1992) Mokuzai Gakkaishi 38, 59–66
Tohmura S, Hse C-Y, Higuchi M (1998) Proceedings Forest Products Society Annual Meeting, Merida (Mexico), 93–100
Tohmura S, Hse C-Y, Higuchi M (2000) J. Wood Sci. 46, 303–309
Tomita B, Hirose Y (1976) J. Polym. Sci., Polym. Ed. 14, 387–401
Tomita B, Hse Ch-Y (1991) Proceedings Adhesives and Bonded Wood Products, Seattle, WA, 462–479
Tomita B, Hse Ch-Y (1992) J. Polym. Sci., Part A, Polym. Chem. 30, 1615–1624
Tomita B, Hse Ch-Y (1993) Mokuzai Gakkaishi 39, 1276–1284
Tomita B, Hse Ch-Y (1998) J. Adhesion Adhesives 18, 69–79
Tomita B, Matsuzaki T (1985) Ind. Eng. Chem. Prod. Res. Dev. 24, 1–5
Tomita B, Ohyama M, Hse Ch-H (1994a) Holzforschung 48, 522–526
Tomita B, Ohyama M, Itoh A, Doi K, Hse Ch-H (1994b) Mokuzai Gakkaishi 40, 170–175
Tomita B, Osawa H, Hse CY, Myers GE (1989) Mokuzai Gakkaishi 35, 455–459
Trosa A, Pizzi A (1998) Holz Roh. Werkst. 56, 229–233
Troughton GE (1969a) Wood Sci. 1, 172–176
Troughton GE (1969b) J. Inst. Wood Sci. 23: 4/5, 51–56
Troughton GE, Chow S (1975) Holzforschung 29, 214–217
Truter P, Pizzi A, Vermaas H (1994) J. Appl. Polym. Sci. 51, 1319–1322
Tsuge M, Miyabayashi T, Tanaka S (1974) Jap. Analyst 23, 1146–1150
Udvardy O, Plester G (1972) Proceedings 6th Wash. State Univ. Int. Symposium on Particleboards, Pullman, WA, 13–23
Umemura K, Kawai S, Sasaki H, Hamada R, Mizuno Y (1996) J. Adhesion 59, 87–100
Vazquez G, Rodriguez-Bona C, Freire S, Gonzalez-Alvarez J, Antorrena G (1999) Bioresource Technol. 70, 209–214

Vehlow J (1990) in: Marutzky R (Hrsg.): Verwertung, Vermeidung und Entsorgung von Rest- und Abfallstoffen in der Forst- und Holzwirtschaft, WKI-Bericht 22, Braunschweig, 191–212
Vick CB (1984) For. Prod. J. 34: 10, 37–44
Vick CB (1987) For. Prod. J. 37: 10, 43–48
Vick CB (1988) For. Prod. J. 38: 11/12, 8–14
Voit VB, Glukhikh VV, Balakin VM, Glazunova IE, Kulichikhin SG (1995) Int. Polymer Sci. Technol. 22, T/90–92
Wagner ER, Greff RJ (1971) J. Polym. Sci., A1, 9, 2193–2207
Walsh AR, Campbell AG (1986) J. Appl. Polym. Sci. 32, 4291–4293
Wang S, Pizzi A (1997a) Holz Roh. Werkst. 55, 9–12
Wang S, Pizzi A (1997b) Holz Roh. Werkst. 55, 91–95
Wang X-M, Riedl B, Christiansen AW, Geimer RL (1995) Wood Sci. Technol. 29, 253–266
Weinstabl A, Binder WH, Gruber H, Kantner W (2001) J. Appl. Polym. Sci. 81, 1654–1661
Wellons JD, Gollob L (1980) Proceedings Wood Adhesives 1980, Madison, WI, 17–22
Werner W, Barber O (1982) Chromatographia 15, 101–106
Wittmann O (1983) Holz Roh. Werkst. 41, 431–435
Wolf F (1997) Proceedings First European Panel Products Symposium, Llandudno, North Wales, 243–249
Wooten AL, Sellers T Jr, Tahir PM (1988) For. Prod. J. 38: 6, 45–46
Yamaguchi H, Higuchi M, Sakata I (1989) Mokuzai Gakkaishi 35, 801–806
Yin S, Deglise X, Masson D (1995) Holzforschung 49, 575–580
Yoshida Y, Tomita B, Hse Ch-Y (1995) Mokuzai Gakkaishi 41, 652–658
Young RH (1985) Proceedings Wood Adhesives in 1985: Status and Needs, Madison, WI, 267–276
Zhao C, Pizzi A, Garnier S (1999) J. Appl. Polym. Sci. 74, 359–378
Zhao C, Pizzi A, Kühn A, Garnier S (2000) J. Appl. Polym. Sci. 77, 249–259
Zhao L, Griggs BF, Chen C-L, Gratzl JS, Hse C-Y (1994) J. Wood Chem. Technol. 14, 127–145

Patente:

BP 1 057 400 (1967) Ibigawa Electrical Industry Co.

DE 1 102 394 (1957) BASF AG
DE 1 653 169 (1968) BASF AG
DE 1 669 759 (1968) BASF AG
DE 2 020 481 (1970) BASF AG
DE 2 207 921 (1972) BASF AG
DE 2 354 928 (1973) BASF AG
DE 2 447 590 (1974) K. G. Forss und A. G. M. Fuhrmann (Finnland)
DE 2 455 420 (1974) Lentia GmbH
DE 2 550 739 (1975) BASF AG
DE 2 655 327 (1976) VEB Leuna-Werke
DE 2 716 971 (1977) Rütgerswerke AG
DE 2 724 439 (1977) Dt.Novopan GmbH.
DE 2 745 809 (1977) BASF AG
DE 2 746 165 (1977) BASF AG
DE 2 747 830 (1977) BASF AG
DE 3 116 547 (1981) BASF AG
DE 3 125 874 (1981) BASF AG
DE 3 145 328 (1981) BASF AG
DE 3 442 454 (1984) BASF AG
DE 4 431 316 (1994) Schlingmann

EP 1 596 (1978) BASF AG
EP 25 245 (1980) Methanol Chemie Nederland V. o. F.
EP 52 212 (1981) BASF AG
EP 62 389 (1982) Methanol Chemie Nederland V. o. F.
EP 146 881 (1984) RWE-DEA AG
EP 436 485 (1990) Krems Chemie AG
EP 699 510 (1995) Schlingmann
EP 915 141 (1998) Arc Resin Corp.

USP 2 605 253 (1950) Röhm & Haas Co.
USP 2 683 134 (1951) Allied Chemical & Dye Corp.
USP 3 342 776 (1967) Monsanto
USP 3 597 375 (1969) Georgia Pacific Corp.
USP 3 658 638 (1970) Georgia Pacific Corp.
USP 4 032 515 (1975) Koppers Company, Inc.
USP 4 123 579 (1978) Westinghouse Electric Corp.
USP 4 410 685 (1982) Borden Inc.
USP 4 433 120 (1981) Borden Chemical Company Ltd.
USP 4 824 896 (1988) M. R. Clarke, P. R. Steiner, A. W. Anderson
USP 4 977 231 (1989) Georgia Pacific Corp.
USP 5 011 886 (1990) RWE-DEA AG
USP 5 681 917 (1996) Georgia-Pacific Resins, Inc.

2 Sonstige Bindemittel und Zusatzstoffe

2.1 Isocyanat-Bindemittel

Isocyanat-Bindemittel auf Basis von PMDI (Polymethylendiisocyanat) werden seit mehr als 25 Jahren in der Holzwerkstoffindustrie eingesetzt, vorwiegend für die Herstellung von Holzwerkstoffen für den Einsatz im Feuchtbereich (z.B. Spanplatten nach EN 312-5 bzw. -7), aber auch für „formaldehydfrei" verleimte Platten sowie für verschiedene schwer zu verleimende Einjahrespflanzen, wie z.B. Stroh oder Bagasse. Die guten Anwendungseigenschaften von PMDI und von damit hergestellten Holzwerkstoffen sind insbesondere auch in den speziellen Eigenschaften dieses Klebstoffes begründet, die sich deutlich von denen anderer Bindemittel, wie z.B. den Kondensationsharzen, unterscheiden. PMDI zeichnet sich vor allem auch durch sein gutes Benetzungsverhalten einer Holzoberfläche im Vergleich zu den verschiedenen wässrigen Kondensationsharzen aus. Zusätzlich ist ein gutes Eindringvermögen in die Holzoberfläche gegeben. Die Ursache dafür scheint vor allem in der kleinen Molekülmasse zu liegen. PMDI hat offensichtlich die Fähigkeit, nicht nur in die makroskopischen Hohlräume des Holzes, sondern auch auf molekularer Ebene in die Polymerstrukturen des Holzes einzudringen. Dies ermöglicht eine gute mechanische Verankerung, möglicherweise ist durch diese Durchdringung dieser beiden Netzwerke eine Verfestigung der Holzsubstanz gegeben. Roll (1995) weist jedoch darauf hin, dass diese gute Benetzung bzw. das starke Eindringen in die Holzoberfläche auch Anlass zu verhungerten Leimfugen geben kann. Infolge der hohen Reaktivität und der niedrigen Molmasse scheint es zur Ausbildung einer speziellen Grenzschicht zwischen Holz(oberfläche) und dem Bindemittel zu kommen. Wenn die Aushärtung rascher erfolgt als die thermodynamisch bedingte Entmischung während des Aushärtevorganges, entsteht ein Polyharnstoff/Biuret-Netzwerk, welches das „Polymernetzwerk" des Holzes durchdringt. Dabei könnten sowohl kovalente Bindungen als auch Nebenvalenzkräfte mithelfen, diese Entmischungsreaktion während der Aushärtung zu verhindern.

Johns (1989) konnte zeigen, dass Isocyanate die Fähigkeit besitzen, sich auf einer Holzoberfläche gut zu verteilen. 2 bis 3% an versprühtem Isocyanat reichen bereits aus, um eine vollständige Filmbildung auf Strands zu erreichen.

Bei der Verwendung von Phenolharzen konnten demgegenüber selbst bei einem Beleimungsgrad von 6% nur einzelne Tröpfchen, aber kein durchgehender Leimfilm festgestellt werden. Die gute Beweglichkeit von MDI beruht laut Johns (1989) auf mehreren Ursachen:

- MDI enthält kein Wasser, kann also bei Absorption von Wasser durch das Holz nicht an Beweglichkeit verlieren
- der niedrigeren Oberflächenspannung (ca. 0,050 N/m) im Vergleich zu Wasser (0,076 N/m)
- der niedrigen Viskosität.

Die wesentlichen Nachteile von PMDI liegen

- in seinem Klebeverhalten gegenüber allen anderen Oberflächen (Schriever 1986), wie auch z.B. Pressblechen, was den Einsatz spezieller Trennmittel oder Trennschichten (Prather u.a. 1995) oder spezieller PMDI-Typen (Bolangier 1997) erfordert
- in der Toxizität und dem niedrigen Dampfdruck des monomeren MDI, was spezielle Aufwendungen bei der Verarbeitung erfordert.

Allgemeine Literaturhinweise: Ball und Redman (1978, 1979), Deppe (1977), Deppe und Ernst (1971), Dollhausen (1983), Ernst (1985), Frisch u.a. (1983), Grunwald (2000), Hunt u.a. (1998), Kraft u.a. (1985), Lay und Cranley (1994), Loew und Sachs (1977), Pizzi (1994e), Sachs (1977, 1983, 1985), Sachs und Larimer (1997), Schauerte u.a. (1983), Schriever (1982, 1986), Wittmann (1976).

2.1.1 Chemie der Isocyanat-Bindemittel

Das industriell durch Phosgenierung von Diaminodiphenylmethan und verschiedener bei dessen Herstellung auftretender Nebenprodukte erhaltene PMDI enthält herstellungsbedingt eine Mischung von drei verschiedenen Isomeren sowie Triisocyanate, höhere Polyisocyanate und als Verunreinigungen oder Modifikationen Polyharnstoffe, Carbodiimide, Uretonimine, Uretdione und verschiedene chlorierte Verbindungen (Twitchett 1974). Der NCO-Gehalt bei handelsüblichem PMDI liegt bei 30–33%, der HCl-Gehalt üblicherweise unter 200 ppm.

Die Struktur und die Molmasse von PMDI hängt von der Anzahl der aromatischen Ringe im Molekül ab (Grunwald 1999). Bei PMDI hat die Verteilung der drei monomeren Isomere einen großen Einfluss auf die Qualität des entstehenden Produktes, weil sich die Reaktivitäten der einzelnen Isomere (4,4′-, 2,4′- und 2,2′-MDI) deutlich unterscheiden (Schreyer u.a. 1989). Je größer der Anteil der 2,2′- und 2,4′-Isomere, desto weniger reaktiv ist die Rezeptur. Dies könnte beim Einsatz als Bindemittel zu unterschiedlichen Bindefestigkeiten und auch zu einem Verbleib der weniger reaktiven Isomere in dem damit hergestellten Werkstoff führen.

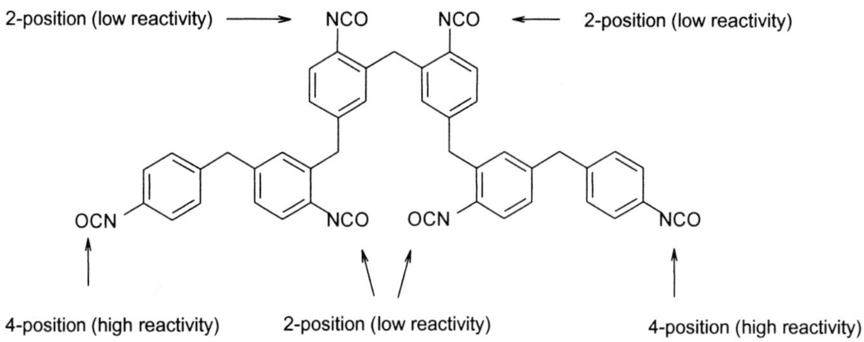

Abb. 2.1. Hexa-Isocyanat in PMDI

Des Weiteren enthält PMDI Isocyanate mit höheren Molmassen (Triisocyanate, Tetraisocyanate, höhere Polyisocyanate, Abb. 2.1), wobei die Struktur und die Molmasse von der Anzahl der Phenylgruppen abhängt. Diese Verteilung beeinflusst in großem Maße die Reaktivität und die üblichen bindemitteltechologischen Kennwerte wie Viskosität, Fließ- und Benetzungsverhalten und Eindringvermögen in die Holzoberfläche. Ein Beispiel einer GPC-Trennung zweier Isocyanattypen ist in Abb. 2.2 dargestellt. Die Analyse erfolgte nach Derivatisierung der Proben, um die reaktive Isocyanatgruppe zu blocken (Schulz und Salthammer 1999).

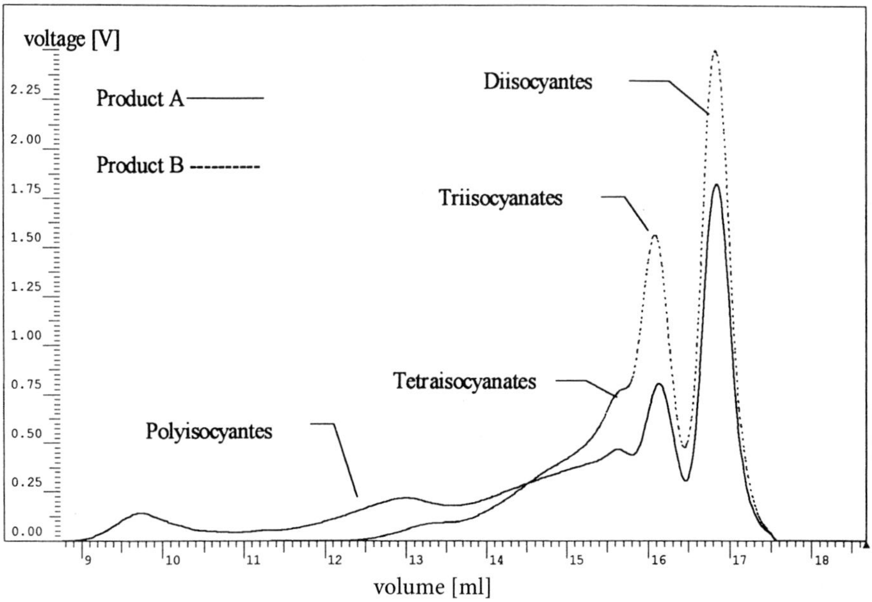

Abb. 2.2. GPC-Trennung zweier Isocyanattypen (Grunwald 1999)

Tabelle 2.1. Analysenverfahren für PMDI

Verfahren	Beschreibung	Literatur
1 grundlegende Kennwerte		
a NCO-Gehalt	a) Reaktion mit Aminen b) potentiometrische Titration c) Bestimmung über IR	a) + b) Evtushenko u.a. (2000) c) Latawlec (1991) Zharkov u.a. (1987)
b Acidität	Restgehalt an Salzsäure	
c Dichte		
d Viskosität		
e Härtungsverlauf („Gelierzeit“)		Grunwald (1999)
2 molekulare Charakterisierung		
a Molmassenverteilung	GPC	Grunwald (1999)
b Isomerenverteilung	NMR oder HPLC	Grunwald (1999) Schreyer u.a. (1989)
c chemische Modifikationen	HPLC	Schreyer u.a. (1989)
3 Zusatzstoffe, Reststoffe aus der Herstellung		
a Reststoffe	GC-MS	Grunwald und Uhde (1999)

Die derzeit möglichen Analysenverfahren für PMDI sind in Tabelle 2.1 zusammengestellt.

2.1.2 Härtung von Isocyanat-Bindemitteln

Die Isocyanatgruppen im PMDI zeichnen sich durch ihre hohe Reaktivität gegenüber allen Verbindungen, die aktiven Wasserstoff enthalten, aus. Die wesentliche Härtungsreaktion verläuft über Wasser zur Amidbildung unter gleichzeitiger Abspaltung von Kohlendioxid; das Amid seinerseits reagiert wieder mit einer weiteren Isocyanatgruppe zur Polyharnstoffstruktur weiter. Die auf diese Weise entstandene ausgehärtete Leimfuge ermöglicht die Verleimung auf Basis der verschiedenen physikalischen Klebetheorien.

$$\mathrm{R{-}N{=}C{=}O + H_2O \rightarrow R{-}NH_2 + CO_2}$$

$$\mathrm{R{-}NH_2 + O{=}C{=}N{-}R' \rightarrow R{-}NH{-}(C{=}O){-}NH{-}R'}$$

Die Reaktion einer Isocyanatgruppe mit einer Hydroxylgruppe führt zur so genannten Urethanbindung:

$$\mathrm{R{-}N{=}C{=}O + HO{-}R' \rightarrow R{-}NH{-}(C{=}O){-}O{-}R'}$$

Eine solche Reaktion kann theoretisch auch zwischen einer Isocyanatgruppe und einer OH-Gruppe der Zellulose oder des Lignins unter Ausbildung einer kovalenten Bindung stattfinden (s. Teil II, Abschn. 6.1.5.1). Solche Bindungen sind ganz allgemein von höherer Dauerhaftigkeit als rein physikalische. Gelingt es, die Reaktion der Isocyanatgruppen des PMDI mit Wasser zu unterdrücken, müsste demnach die Chance auf die Bildung solcher kovalenter Bindungen und damit die Qualität der Verleimung steigen. Dadurch sollten höhere Festigkeiten und insbesondere eine höhere Feuchtebeständigkeit erzielbar sein. Die Frage, ob solche kovalenten Bindungen wirklich vorliegen oder nicht, ist in der Literatur jedoch noch nicht eindeutig beantwortet (s. auch Teil II, Abschn. 6.1.5.1).

Reagiert eine Isocyanatgruppe mit einem der beiden Wasserstoffatome in der Polyharnstoffstruktur, ergibt sich eine Verzweigung in Form einer Biuretgruppe:

$$\mathrm{R''{-}N{=}C{=}O + R{-}NH{-}(C{=}O){-}NH{-}R' \rightarrow R{-}\underset{\begin{array}{c}|\\ (C{=}O){-}NH{-}R''\end{array}}{N}{-}(C{=}O){-}NH{-}R'}$$

Die als Bindemittel eingesetzten Isocyanate sind Mischungen von Diisocyanaten und Polyisocyanaten mit mehreren (3–7) Isocyanatgruppen. Auf diese der Verzweigung ähnlichen Art ist dann auch eine entsprechende Vernetzung zu einem dreidimensionalen Molekül möglich. Für die Aushärtung von PMDI ist Wasser erforderlich, welches entweder gemeinsam mit dem PMDI aufgebracht wird (Besprühung der Späne mit einer wässrigen Dispersion von PMDI) oder im Holz in ausreichender Menge als Feuchtigkeit vorhanden ist.

Während der Aushärtung von PMDI entstehen nach den Untersuchungen von Frazier u.a. (1996) Urethane, Polyharnstoffe, Biurete und Triurete/Polyurete. Der Anteil der einzelnen Verbindungen hängt von den Verarbeitungs- und Aushärteparametern ab. Die Netzwerkausbildung wird insbesondere vom Verhältnis Isocyanat/Wasser beeinflusst; eine Urethanbildung scheint bei niedermolekularen Isocyanaten, wie z.B. den üblichen industriellen PMDI-Typen, schon unter relativ milden Bedingungen möglich zu sein. Auch kann angenommen werden, dass eine Urethanbildung vor allem mit Lignin erfolgt, diese Bindung scheint aber bei höheren Temperaturen (120 °C) bei längerer Temperatureinwirkung nicht stabil zu sein.

Hydrophobe Polyole müssten in der Lage sein, Wasser von der Holzoberfläche zu verdrängen und damit die Reaktion der Isocyanatgruppen mit dem Polyol und der Holzoberfläche zu verstärken (Kramer 1998). Umemura u.a. (1999) verglichen die Reaktion von Isocyanat mit Wasser und mit geringen Mengen an Polyolen mit Hilfe der DMA. Die Bindefestigkeit und die thermische Stabilität erhöhten sich bei der Zugabe von Dipropylenglykol mit Molmassen im Bereich 400–1000. Bei Polyolen des Glycerintyps waren diese Vorteile nicht mehr so stark ausgeprägt, Bisphenol A- und Pentaerythrit-Polyole ergaben keine Vorteile gegenüber den aus der Reaktion mit Wasser entstandenen Polyharnstoffstrukturen.

Üblicherweise werden bei der Verarbeitung von PMDI bei der Herstellung von Holzwerkstoffen (Spanplatten, MDF, OSB, verschiedene Engineered Wood Products) keine Härter oder Beschleuniger zugegeben. Über spezielle Zusatzstoffe kann jedoch eine deutliche Beschleunigung der Aushärtung erreicht werden (Larimer 1999). Dies wäre vor allem bei kalt härtenden Isocyanatbindemitteln interessant. Aber auch z.B. bei der Spanplattenherstellung wäre eine Beschleunigung der Aushärtung (Verkürzung der Presszeit) oder eine Absenkung der Presstemperatur möglich. Übliche Katalysatoren sind tertiäre Amine (z.B.Triäthanolamin, Triäthylamin, N,N-Dimethylcyclohexylamin) und Metallkatalysatoren, z.B. organische Zinn-, Blei-, Cobalt- und Quecksilberverbindungen (Dibutylzinndilaurat, Cobaltoktoat, Zinnoktoat) (Abbate und Ulrich 1969, Frisch u.a. 1983, Gudehn 1984, Lay und Cranley 1994, Palardy u.a. 1990).

Weitere Literaturhinweise: Chelak und Newman (1991), Harper u.a. (1998).

2.1.3
Modifizierung von Isocyanat-Bindemittel bzw. Kombination mit anderen Bindemitteln

PMDI kann wie in der Schaumstoffherstellung bei der Aushärtung auch mit Polyolen bzw. Polyolgemischen reagieren. Durch die Polyolkettenlänge und durch das Verhältnis primärer zu sekundärer und tertiärer Hydroxylgruppen kann das Abbindeverhalten gesteuert werden (Milota und Wilson 1985).

Die Zugabe geringer Mengen PMDI insbesondere zu aminoplastischen, aber auch zu phenoplastischen Bindemitteln führt zu einer beschleunigten Aushärtung und zu einer besseren Quervernetzung. Dies lässt sich üblicherweise auch in eine kürzere Presszeit bzw. die Erzielung einer höheren Verleimungsklasse (höhere Beständigkeit gegenüber Einwirkung von Feuchtigkeit oder Wasser) umsetzen (s. auch Teil II, Abschn. 1.1.5.11, 1.2.5.3 und 1.3.4.11). Pizzi und Walton (1992) berichteten, dass die Reaktion der Isocyanatgruppen mit den Methylolgruppen eines UF- bzw. eines PF-Harzes um eine Zehnerpotenz rascher erfolgt als die Reaktion mit Wasser.

2.1.4
Einsatz und Verarbeitungseigenschaften von Isocyanat-Bindemitteln

Im Vergleich zu anderen Bindemitteln ergeben sich für PMDI verschiedene Vorteile, aber auch manche Nachteile (Tabelle 2.2).

Marcinko u.a. (1994, 1995) fanden bei ihren Untersuchungen mittels Festkörper-^{13}C-NMR, DSC, Fluoreszenzmikroskopie und DMA, dass PMDI 5–10-mal weiter ins Holz eindringt als PF-Leime. Diese Tatsache beruht auf der einen Seite auf der niedrigen Molmasse sowie auf der anderen Seite auf der im

Tabelle 2.2. Vor- und Nachteile von PMDI im Vergleich zu anderen Bindemitteln, insbesondere UF-Harzen

Vorteile	• hohe Lagerstabilität • formaldehydfreie Verleimung • hohe Reaktivität • hohe Bindefestigkeiten • hohe Feuchtigkeitstoleranz der Verklebung • geringer Klebstoffverbrauch
Nachteile	• hoher Preis • Verwendung meist nur in der Mittelschicht, bei Einsatz in der Deckschicht sind spezielle Trennmittel erforderlich • Einsatz von Emulgatoren (EMDI) oder spezieller Dosier- und Beleimungstechniken • Notwendigkei höherer Arbeitsschutzmaßnahmen: niedriger, jedoch sehr wohl vorhandener Dampfdruck

Vergleich zu wässrigen Kondensationsharzen deutlich besseren Benetzungsfähigkeit. Dadurch lassen sich mit PMDI auch schwer benetzbare Oberflächen, wie z.B. von Stroh, gut verleimen. Nach Larimer (1999) sind die Benetzungswinkel mit PMDI auf verschiedenen Oberflächen deutlich niedriger als bei UF-Harzen: auf Holz 20° gegenüber ca. 100°, auf Weizenstroh ca. 60° gegenüber ca. 120°, alle Winkel gemessen nach 12 Sekunden.

Für die Herstellung von Sperrholz mit PMDI als Bindemittel empfiehlt Dix (1986a+b, 1987a–d) die Zugabe von Streckmitteln (verschiedene Lignine, Tannin, Maisstärke). Auch EP 234 459 empfiehlt die Zugabe von Streckmittelmischungen auf Basis von wasserlöslicher Stärke und verschiedenen Mehlen. Modifiziertes PMDI (emulgiertes Isocyanat, EMDI, emulsion polymer isocyanate EPI, Vick 1984) ergibt verbesserte Bindefestigkeiten im Vergleich zu nichtemulgiertem PMDI (Dix 1986b, 1987d). Sellers (1989 b) setzte Mischungen aus PMDI und Furfural bei der Sperrholzherstellung ein. Jackowski und Smulski (1988) beschreiben den Einsatz von emulgiertem PMDI bei der Herstellung von Flakeboards. Bei der OSB-Herstellung wird PMDI in Europa insbesondere in der Mittelschicht zur Erzielung der Qualitäten OSB 3 und OSB 4 nach EN 300 eingesetzt.

Weitere Literaturhinweise: Hawke u.a. (1992, 1993), Sun u.a. (1994a+b).

2.2 Polyurethan-Bindemittel

Polyurethan-Bindemittel entstehen durch die Reaktion von verschiedenen Isocyanattypen mit Polyolverbindungen. Charakteristisch ist die polare Urethangruppe, die das Haften auf verschiedenen Werkstoffen ermöglicht. Je nach Wahl der Ausgangskomponenten lassen sich kautschukartig-elastische bis spröd-harte Klebfugen erzielen. Je nach den an den Polymerketten vorhandenen Endgruppen ergeben sich reaktive oder physikalisch abbindende Klebstoffe.

Allgemeine Literaturhinweise: Festel u.a. (1997), Gallagher (1982), Lay und Cranley (1994).

2.2.1 Reaktive härtende Polyurethansysteme

2.2.1.1 *Einkomponentensysteme*

Durch einen Überschuss an Isocyanat entstehen bei der Umsetzung von Isocyanat und Polyolen (Polyester- oder Polyätherpolyolen) Ketten mit end- und gegebenenfalls seitenständigen Isocyanatgruppen, die mit der Feuchtigkeit der zu verleimenden Holzoberflächen reagieren können und so über diese Additionsreaktion zu einem ausgehärteten System führen. Es muss also zumindest eine der beiden Oberflächen die zum Aushärten erforderliche Wassermenge liefern, also porös und feuchtigkeitshaltig sein. Wegen der hohen Viskositäten dieser Bindemittel ist oft eine Verdünnung mit organischen Lösungsmitteln oder die Anwendung bei höheren Temperaturen erforderlich. Die Klebstoffe können zusätzlich noch verschiedene weitere Komponenten enthalten, wie Verlaufmittel, Füllstoffe, Antioxydantien, Bakterizide oder Farbstoffe. Der Klebfilm erreicht nach wenigen Stunden die erforderliche Anfangsfestigkeit und härtet innerhalb weniger Tage aus. Beim Abbinden entsteht aus der Reaktion der Isocyanatgruppe mit der Feuchtigkeit CO_2, das ein Aufschäumen der Klebfuge bewirken kann. Die Klebfugen selbst sind weitgehend feuchtigkeits- und hydrolysebeständig. Durch eine Vorbehandlung der zu verleimenden Oberflächen mit einem Primer auf Basis eines Resorcin-Formaldehyd-Vorkondensates erzielten Vick und Okkonen (2000) eine deutlich verbesserte Bindefestigkeit.

Literaturhinweise: Chang und Schneidinger (1991), Fock und Schedlitzki (1988), Lay und Cranley (1994), Vick und Okkonen (1998).

2.2.1.2 *Zweikomponentensysteme*

Komponente I: Polyol oder Polyamine.
Komponente II: Isocyanat.
Die Aushärtung wird durch die Vermischung der beiden Komponenten in Gang gesetzt. Infolge der niedrigen Viskositäten der beiden Einzelkomponenten können sie lösungsmittelfrei verarbeitet werden. Das Mengenverhältnis der beiden Komponenten bestimmt die Eigenschaften der Klebfuge. Lineare Polyole und

ein geringer Isocyanatüberschuss ergeben flexible Klebfugen, verzweigte Polyole und ein höheres Isocyanatangebot harte und sprödere Klebfugen.

Die Gebrauchsdauer der Zweikomponentensysteme wird durch die Reaktivität der beiden Komponenten, durch die Temperatur und die Zugabe von Katalysatoren bestimmt und liegt zwischen 0,5 und 12 Stunden. Die Aushärtung erfolgt bei Raumtemperatur innerhalb 3 bis 20 Stunden.

2.2.2 Physikalisch abbindende Polyurethane

2.2.2.1 *PUR-Lösungsmittelklebstoffe*

Polyurethan-Lösungsmittelklebstoffe werden durch die Reaktion von Isocyanaten (MDI, TDI) mit einem Überschuss an höhermolekularen Polyesterdiolen, also mit endständigen OH-Gruppen, hergestellt. Bei manchen Typen werden durch die Zugabe geringer Mengen kurzkettiger Diole als Kettenverlängerer gezielt so genannte Hartsegmente eingebaut, die einerseits die Wärmebeständigkeit und die Festigkeit erhöhen, jedoch andererseits die Löslichkeit herabsetzen. Die Polyurethane sind damit an sich nicht reaktiv, die OH-Gruppen können jedoch mit geeigneten Isocyanaten vernetzt werden. Infolge der hohen Molmassen und der damit hohen Viskosität muss eine Verdünnung mit Lösungsmitteln erfolgen. Je nach chemischer Zusammensetzung der beiden Reaktanten besitzt das Polymere unterschiedliche Kristallinität, Thermoplastizität und Löslichkeit. Die Abbindung erfolgt thermoplastisch durch Verdampfen bzw. Entfernung des Lösungsmittels aus der Klebfuge, also gleich wie bei Lösungsmittelklebstoffen. Nach dem Auftrag der Klebstofflösung und dem Abdunsten des Lösungsmittels erhält man blockfreie Filme, die kurz vor dem Fügen aktiviert werden.

Gegebenenfalls kann zusätzlich Isocyanat in Form einer zweiten Komponente als Vernetzer zugegeben werden. Dies bewirkt hohe Endfestigkeiten bei gesteigertem Wärmestandverhalten und eine verbesserte Beständigkeit gegen Wasser, Weichmacher und Öle. Die Verarbeitung erfolgt wie bei den Zweikomponentensystemen. Die Geschwindigkeit der Vernetzungsreaktion kann so eingestellt werden, dass auch nach dem Trocknen der Klebschicht genügend Zeit zur Weiterverarbeitung gegeben ist.

2.2.2.2 *PUR-Dispersionsklebstoffe*

Wesentlicher Vorteil ist die Vermeidung von organischen Lösungsmitteln. Bei der Herstellung der PUR-Dispersionen werden PUR-Prepolymerschmelzen, meist auf Basis der aliphatischen Isocyanate Hexamethylendiisocyanat (HDI) und Isophorondiisocyanat (IPDI), sowie kristallisierender Polyester in Wasser unter Verwendung von in die Polymerkette eingebauten Emulgatoren dispergiert. Die interne Hydrophilierung kann durch den statistischen Einbau ionischer Gruppen in die Polymerkette oder durch lange Polyätherreste an den Kettenenden erfolgen. Es resultieren lagerstabile Dispersionen mit Feststoffgehalten von 40–50 Massenprozent, in denen das Polymer in diskreten Teilchen von 100–200 nm Durchmesser vorliegt. Im Gegensatz zu Lösungsmittelsystemen sind auch bei hohen Feststoffgehalten niedrige Verarbeitungsviskositäten realisierbar. Durch Anwendung höherer Temperaturen im Vergleich zu lösungsmittelhaltigen Systemen können vergleichbare Trocknungsgeschwindigkeiten erreicht werden. Die Verarbeitung erfolgt wie bei den PUR-Lösungsmittelklebstoffen. Durch Zugabe emulgierbarer Polyisocyanate als Vernetzer ist eine Verbesserung der Wärmebeständigkeit, der Beständigkeit gegen Quellung und Hydrolyse sowie gegen Weichmacher und Öle möglich.

2.3 Bindemittel auf Basis nachwachsender Rohstoffe

Der Einsatz von Bindemitteln auf Basis nachwachsender Rohstoffe ist seit Jahrtausenden gegeben, hat aber in den letzten Jahrzehnten durch das Aufkommen der synthetischen Bindemittel stark an Bedeutung verloren. Nichtsdestotrotz ist gerade in der jüngsten Vergangenheit eine starke Beschäftigung in Wissenschaft und Forschung mit solchen „natürlichen“ Bindemitteln zu verzeichnen, sei es in alleiniger Form oder in Kombination mit synthetischen Bindemitteln.

Einem breiteren Einsatz stehen verschiedene Probleme und Vorurteile entgegen:

- der Einsatz natürlicher Bindemittel ist auf den gegebenen Anlagen der Holzverleimung und Holzwerkstoffherstellung möglich, benötigt aber in manchen Fällen verschiedene Adaptierungen der Anlagen
- die Herstellkosten für natürliche Bindemittel liegen zum Teil noch deutlich über denen der synthetischen Bindemittel
- hinsichtlich verschiedener Parameter, wie Toxizität und Bioabbaubarkeit, bestehen noch kontroverse Meinungen
- der Einsatz gemeinsam mit synthetischen Bindemitteln ist aus technologischen Gründen für beide Bindemittelarten oft vorteilhaft, beraubt die natürlichen Bindemittel allerdings des Argumentes „Bio“
- der Einsatz natürlicher Bindemittel, auch in Kombination mit synthetischen Bindemitteln, ermöglicht die Lösung verschiedener spezieller Verleimungsprobleme
- nach wie vor ist bei vielen Arten natürlicher Bindemittel noch kein zufriedenstellender Technologiestand hinsichtlich Eigenschaften der Bindemittel, Anwendung und Eigenschaften des damit hergestellten verklebten Produktes erreicht worden

- es bestehen zum Teil weiterhin große regionale Unterschiede in Gewinnung, Eigenschaften und Anwendung der natürlichen Bindemittel
- eine kontinuierliche und qualitativ gleichbleibenden Versorgung des Marktes mit natürlichen Bindemitteln scheint gegeben zu sein, muss aber in einzelnen Fällen noch nachgewiesen werden, insbesondere hinsichtlich geografischer und klimatischer Gegebenheiten oder bestehender Erntebedingungen.

2.3.1 Tannine

Über Tannine besteht ein umfangreiches Schrifttum, welches in diesem Rahmen nicht vollständig zitiert werden kann. Nachstehend sollen deshalb die wesentlichen Grundzüge des Einsatzes von Tanninen in der Holzwerkstoffindustrie beschrieben werden.

Allgemeine Literaturhinweise: Dunky (1993 a), Pizzi (1983, 1994 c + f), Tomkinson (2001).

2.3.1.1 *Chemie der Tannine*

Tannine (Gerbstoffe) sind Polyhydroxyphenole, die in Wasser, Alkoholen und Aceton löslich sind und Eiweiß koagulieren, wodurch aus Häuten Leder entsteht (Ledergerbung). Tannine werden durch Extraktion aus Hölzern, Rinden, Blättern und Früchten gewonnen.

Nebenbestandteile dieser Extrakte sind Zucker, Pektine und andere polymere Kohlehydrate, Aminosäuren und andere Substanzen. Der Anteil an Nicht-Tanninen kann die Verleimfestigkeit, Holzausriss und Wasserbeständigkeit von Holzverleimungen negativ beeinflussen. Polymere Kohlehydrate erhöhen insbesondere die Viskosität der Extrakte, wobei ab einem bestimmten Anteil ein dramatischer Abfall der Eigenschaften der Leimfuge auftritt. Der Anteil an Kohlehydraten beträgt in der Rinde bis zu 35%.

Einflüsse auf den Tanningehalt sind:

- Holzart, Schwankungen sind jedoch auch innerhalb einer Holzart möglich
- Baumalter
- Gewinnungsstelle innerhalb des Baumes: Holz (Kern, Splint), Rinde, Blätter, Früchte
- Zeitspanne zwischen Baumschlägerung und Extraktion.

Vom chemischen Standpunkt aus können die Tannine in hydrolysierbare und kondensierte Typen eingeteilt werden. Erstere sind Mischungen einfacher phenolischer Verbindungen, wie Pyrogallol, Ellagsäure und Gallussäure, sowie anderer Phenolcarbonsäuren und deren Ester. Sie weisen gegenüber Formaldehyd nur eine geringe Reaktivität auf und sind deshalb für die Herstellung von Bindemitteln nicht geeignet. Lediglich für den Ersatz von Phenol in PF-

Harzen können bis zu einem gewissen Grad auch hydrolysierbare Tannine eingesetzt werden.

Kondensierte Tannine bestehen aus Flavonoid-Einheiten unterschiedlicher chemischer Struktur und variierender Kondensationsgrade. In den Extrakten sind daneben auch niedermolekulare Flavonoide (Mono- bzw. Diflavonoide), Kohlehydrate (hydrocolloid gums), Zucker sowie Amino- und Iminosäuren enthalten. Die Grundstrukturen der kondensierten Tannine (Abb. 2.3) sind:

A-Ring: Resorcin, Phloroglucin
B-Ring: Pyrogallol, Catechin, p-Phenol.

Nach der chemischen Struktur des A-Ringes unterscheidet man zwei Haupttypen:

- Resorcintyp: Mimosa/Wattle tree, Quebracho, Douglas Fir, Fichte
- Phloroglucintyp (Pinustyp): die meisten Kiefernarten, wie Pinus radiata, Pinus patula, Pinus elliotti, Pinus taeda, Pinus pinaster, Pinus halepensis und Pinus echinata.

Pinus brutia und Pinus poderosa stellen Mischtypen mit überwiegendem Resorcincharakter dar.

Nachteile des Phloroglucintyps ist die deutlich geringere Ausbeute bei der Extraktion sowie die um ein Mehrfaches höhere Reaktivität des A-Ringes mit Formaldehyd, wodurch sich äußerst geringe Topfzeiten der Mischung ergeben. Nachteile der Polyphenole sind allgemein die hohe Viskosität der Lösungen im technischen Konsistenzbereich sowie die kurze Topfzeit. Die maximale Konzentration üblicher Tanninlösungen liegt im Bereich von ca. 40%. Durch selektive Entfernung der polymeren Kohlehydrate könnte die Viskosität abgesenkt und damit die mögliche Konzentration angehoben werden. Solche Reinigungsstufen (z.B. Ultrazentrifuge, Guangcheng u.a. 1988, Yazaki 1983, 1984) wurden wegen der hohen Kosten bisher jedoch noch nicht in die industrielle Praxis übergeführt. Eine weitere Möglichkeit liegt in einer Verbesserung der Extraktionsbedingungen, um den Anteil an Nichtgerbstoffen im Extrakt möglichst niedrig zu halten (s. Abschn. 2.3.1.3). Der Kondensationsgrad der Polyphenole ist abhängig von der Art und Herkunft der Tannine und hat Einfluss auf die Viskosität der Extraktlösung sowie auf die Vernetzbarkeit.

Abb. 2.3. Grundstrukturen der kondensierten Tannine und Bezeichnung der reaktiven Stellen

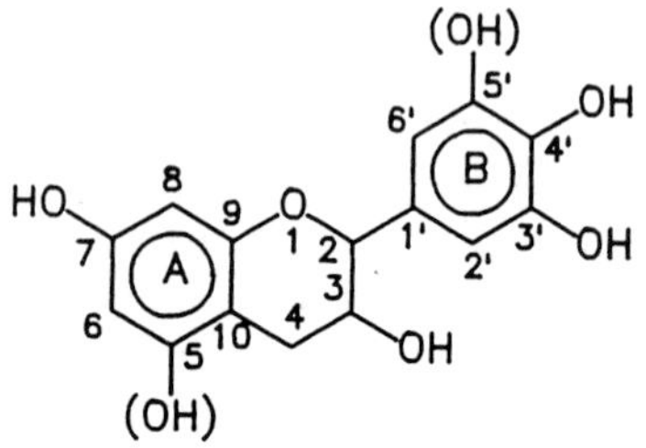

2.3.1.2
Molmassen und Viskosität

Das Maximum in der Molmassenverteilung der kondensierten Tannine liegt je nach Typ bei einem Kondensationsgrad von 4 bis 8 (in seltenen Fällen bei 15) Einheiten. Die Flavonoid-Struktureinheit hat eine Molmasse von ca. 300; das Maximum in der Molmassenverteilung liegt demnach im Bereich von 1200 bis 2400 (bis 4500). Die in der Literatur beschriebenen Molmassenverteilungen von Kieferntanninen liegen im Bereich <3500 bis 35000. Für diese Tannintypen werden auch verschiedene Zahlenmittelwerte (ca. 1000–5000) und Gewichtsmittelwerte der Molmassen (ca. 4000–15000) angegeben, wobei diese jedoch zum Teil an acetylierten Proben gemessen bzw. aus GPC-Daten berechnet wurden und deshalb nur bedingt aussagekräftig sind.

Probleme bei der Molmassenbestimmung sind durch Aggregatbildung und Assoziationen infolge verschiedener Nebenvalenzbindungen gegeben. Die Proben können sich weiters durch Einwirkung von Hitze, durch Oxidation, enzymatische Einwirkung, pH-Verschiebung und Lichteinwirkung während der Lagerung verändern; zusätzlich ist möglicherweise auch eine chemische Veränderung durch die Extraktion selbst bzw. die nachfolgende Aufbereitung der Extrakte gegeben.

Die Viskosität von Tanninlösungen steigt meist mit höheren pH-Werten (Ayla 1980, Dunky 1993 b, Plomley 1966, Suomi-Lindberg 1985), zum Teil ist bei einigen Tannintypen aber keine eindeutige Abhängigkeit der Viskosität vom pH-Wert gegeben (Dunky 1993 b, Kruse und Hasener 2000). Die Viskosität einer Extraktlösung steigt mit dem Feststoffanteil und insbesondere auch bei Anwesenheit von polymeren Kohlehydraten, die bei der Extraktion der Rinde neben dem Tannin ebenfalls herausgelöst worden sind. Tanninextrakte sind meist keine Newton'schen Flüssigkeiten, sondern weisen zum Teil strukturviskoses bzw. thixotropes Verhalten auf (Yazaki 1984). Einflussgrößen sind die angewandte Schergeschwindigkeit und die Temperatur. Die Verringerung der Viskosität von Tanninextrakten ist auf mehrere Wege möglich:

- Verdünnung (Herabsetzung des Feststoffgehaltes)
- Abbau der hochmolekularen Kohlehydrate
- Zugabe von Wasserstoffbrückenbrechern
- Modifizierung des Extraktes: Sulfit, Bisulfit, Essigsäureanhydrid, NaOH.

2.3.1.3
Vorkommen

Tabelle 2.3 gibt eine Übersicht über verschiedene kondensierte Tanninarten. 90% der Tanninproduktion entfallen auf kondensierte Tannine (ca. 350000 jato). Kieferntannine werden ausführlich in Tabelle 2.4 beschrieben.

Technisch eingesetzt werden derzeit die Tannine aus Mimosa, Quebracho und Kiefer (Pinus radiata). Die Gewinnung erfolgt ausschließlich in der südlichen Hemisphäre.

Tabelle 2.3. Vorkommen von kondensierten Tanninen

Holzart	Baumteil	Gerbstoffgehalt (%)	Land	Literaturhinweise
Akazie	Rinde	22–48	Brasilien, Südafrika, Indien	Guangcheng (1988) Pizzi (1978) Yazaki und Hillis (1980)
Quebracho (Schinopsis)	Holz	14–25 (–30)	Argentinien, Paraquay, Brasilien	Long (1991a+b)
Douglasie (Douglas fir)	Rinde			Lelis und Roffael (1995) Weißmann und Ayla (1984a)
Hemlock (Tsuga)	Rinde	10–15	Nordamerika	
Hickorynuss (pecan nut)	Mark		USA	Bucar und Tisler (1997) Chen (1982c) Pizzi u.a. (1994) Pizzi und Stephanou (1993a)
Fichte (picea abies)	Rinde	7–25	Europa	Dix u.a. (1998, 1999) Dix und Marutzky (1983, 1984b, 1985, 1987, 1988) Roffael (1976b) Roffael u.a. (2000) Schmidt u.a. (1984) Tisler (1992) Tisler u.a. (1986, 1998) Weißmann (1981) Yazaki und Collins (1994b)
Lärche	Rinde		China	Lu u.a. (1995) Lu und Shi (1995)

Aktuelle Entwicklungsarbeiten betreffen die Gewinnung und Verwendung von Tanninen aus in Europa heimischen Holzarten, wie Kiefer (Pinus sylvestris) oder Fichte (Picea abies) (Dunky 1997, Dix und Marutzky 1983, Tisler u.a. 1998).

Kieferntannine

Kieferntannine weisen überwiegend Phloroglucin-Charakter auf; gegenüber Extrakten anderer Holzarten sind verschiedene Nachteile gegeben:

- eine hohe Reaktivität des A-Rings gegenüber Formaldehyd, dadurch sind sehr kurze Topfzeiten des Bindemittels in Einsatzform gegeben
- niedriger Gehalt an Polyphenolen im Extrakt-Feststoff: 50–60% (Stiasnyzahl)

- ein hoher Anteil an inaktiven Stoffen (Zucker, hochpolymere Kohlenhydrate) verringert Binde- und Wasserfestigkeiten, zusätzlich wird die Viskosität der Extrakte erhöht
- hohe Molmassen der Polyphenole, dadurch ist im Vergleich mit anderen Extrakten eine hohe Viskosität der Extrakte bei gleichem Feststoff gegeben
- schlechte Vernetzung mit Formaldehyd auf Grund der Größe und Gestalt der Polyphenole
- niedrigere Ausbeuten bei der Extraktion
- schlechte Löslichkeit der Tannine.

Tabelle 2.4 gibt eine Übersicht über die verschiedenen Kieferntanninarten.

Tabelle 2.4. Kieferntanninarten

Typ	Vorkommen und Eigenschaften	Literaturhinweise
Pinus brutia	Mittelmeerraum, Mischung aus Resorcin- und Phloroglucintyp	Ayla (1980, 1984) Ayla und Parameswaran (1980) Ayla und Weißmann (1981, 1982) Pizzi (1982 a + b) Weißmann und Ayla (1980)
Pinus canariensis	Kanarische Inseln	Weißmann und Ayla (1984 b)
Pinus halepensis	SO-Europa, Griechenland	Grigoriou (1997) Grigoriou u. a. (1987) Passialis u. a. (1988) Tisler u. a. (1983) Voulgaridis u. a. (1985) Weißmann und Ayla (1984 a)
Pinus pinaster	Nordspanien	Hemingway und McGraw (1977) Pizzi (1980 a + b) Vazquez u. a. (1986, 1987 a, 1993, 1996, 2000) Yazaki und Collins (1994 b)
Pinus radiata	Gewinnung aus der Rinde; Chile, Australien, Neuseeland	Berg u. a. (1998), Crammond and Wilcox (1992), Dix und Marutzky (1983), Hall u. a. (1960), Inoue u. a. (1998), Kim und Mainwaring (1995 a + b, 1996), Pizzi (1982 a + b), Pizzi u. a. (1994), Pizzi und Stephanou (1993 a), Weißmann und Ayla (1982 b), Yazaki (1983, 1984, 1985 a + b, 1987), Yazaki und Collins (1994 a + b), Yazaki und Hillis (1977, 1980)
Pinus sylvestris	Rinde enthält nur 3–4 (< 10 %) Tannin	Dix und Marutzky (1983, 1984 b, 1987, 1988) Weißmann und Ayla (1982 a) Yazaki und Collins (1994 b)
Pinus taeda	USA (Loblolly pine)	Chen (1982 a, 1991 a + b, 1993) Hemingway und McGraw (1976)

2.3.1.4
Extraktion

Die Gewinnung der Tannine erfolgt durch Extraktion des Holzes bzw. der Rinde. Geeignete Lösungsmittel sind Wasser (ggf. alkalisch eingestellt), Alkohole (Dix und Marutzky 1984b) oder Aceton. Über den Einsatz von überkritischem CO_2 wurde bisher noch nicht berichtet. Im Gegensatz zu den alkalilöslichen Tanninen sind die ebenfalls phenolischen Ligninbausteine nicht im alkalischen wässrigen Milieu löslich, es tritt aber eine partielle Hydrolyse der Kohlehydrate auf. Nach Suomi-Lindberg (1985) ist nicht die Trocknung der Rinde, wohl aber die Zerkleinerung die Voraussetzung für eine hohe Extraktionsausbeute.

Einflussfaktoren auf die Extraktion sind:

- Temperatur: Chen (1982c), Dix und Marutzky (1983, 1984b), Inoue u.a. (1998), Liiri u.a. (1982)
- Zugabe verschiedener Chemikalien, z.B.
  - Alkali NaOH bzw. Natriumcarbonat: Chen (1982c, 1991a+b), Chen und Pan (1991), Dix und Marutzky (1884 b), Liiri u.a. (1982), Suomi-Lindberg (1985), Vazquez u.a. (1986, 1987b, 1989, 1996), Voulgaridis u.a. (1985), Yazaki (1985a+b), Yazaki und Collins (1994a)
  - Natriumsulfit bzw. Natriumbisulfit: Anderson u.a. (1961), Dix und Marutzky (1983, 1984 b), Hall u.a. (1960)
- Zeitdauer der Extraktion: Vazquez u.a. (1996), Yazaki (1985b)
- Konzentration der Extraktlösung: Verhältnis der Menge an trockener Rinde zum Extraktionsmittel (Yazaki 1985b)
- Eigenschaften des Rohstoffes: Holzart, Alter, Zeitspanne ab Schlägerung, Lagerbedingungen, Teilchengröße.

In den Handel kommen entweder aufkonzentrierte Extraktlösungen oder sprühgetrocknete Pulver. Die Aufkonzentrierung erfolgt vorzugsweise über Eindampfen bei erhöhter Temperatur. Eine Reinigung der Extrakte, z.B. zur Abtrennung der Kohlehydrate oder sonstiger Begleitstoffe aus dem Extraktionsprozess ist zwar labormäßig möglich, wird großtechnisch aber nicht durchgeführt. Beschrieben werden z.B. eine Mikro- und Ultrafiltration (Yazaki 1983, 1984, 1985a, Yazaki und Hillis 1980, Guangcheng 1988), sowie ein saures Fällen mit anschließendem Abfiltrieren oder Zentrifugieren (Suomi-Lindberg 1985, Vazquez u.a. 1989).

2.3.1.5
Modifizierung von Tanninextrakten

Die Modifizierung der Tanninextrakte hat vor allem die Aufgabe, die bei manchen Extrakttypen übermäßig hohe Viskosität abzusenken und damit eine verbesserte Verarbeitbarkeit, aber auch eine längere Topfzeit und eine verbesserte Netzwerksbildung zu erreichen.

Ursachen für die hohe Viskosität der Extraktlösungen sind:

- hochmolekulare Kohlehydrate,
- Wasserstoffbrücken- und andere Nebenvalenzbindungen und
- hochmolekulare Tannine (Yazaki und Hillis 1980, Pizzi 1978).

Die Viskosität der Extraktlösungen bzw. von Tanninlösungen hängen überdies auch stark vom Feststoffgehalt und vom pH-Wert ab (Dunky 1993b).

Die Modifizierung kann auf verschiedene Arten erfolgen. Die Herabsetzung der Viskosität durch Verdünnung der Tanninlösung ist im Prinzip möglich, die zulässige Grenze ist jedoch durch den Feuchtehaushalt der Leimfuge (Feuchtigkeit der beleimten Späne) sowie durch den für eine Verleimung erforderlichen Mindestgehalt an aktivem Bindemittel gegeben. Durch die Einwirkung von Natronlauge (Saayman und Brown 1977) wird vor allem ein Abbau der polymeren Kohlehydrate bewirkt, wobei dies allerdings nur bis zu einer gewissen Grenze möglich ist. Bei länger andauernder alkalischer Einwirkung kann es durch eine Kondensation der Polyflavanoide wieder zu einem Viskositätsanstieg kommen. Am wirkungsvollsten lässt sich die Viskosität von Tanninlösungen durch Zugabe von Substanzen verringern, die die in den Polyflavonoiden vorhandenen Wasserstoffbrückenbindungen aufbrechen können. Einfachster Vertreter dieser Substanzen ist Harnstoff (Ayla und Weißmann 1981); eine übermäßige Zugabe kann sich allerdings negativ auf die Verleimfestigkeiten auswirken (Dix und Marutzky 1984a).

Die Sulfitierung (Zugabe von Sulfit oder Bisulfit) von Tanninen (Pizzi und Merlin 1981) bewirkt ebenfalls eine Verringerung der Viskosität und eine Verbesserung der Löslichkeit:

- Aufbrechen der hydrophoben Ätherbrücken im heterozyklischen Pyranring unter Anlagerung von Sulfonsäureguppen
- Bildung von Sulfonatgruppen und neuen OH-Gruppen
- Verminderung der Steifigkeit und der sterisch behindernden Flavonoidstruktur infolge der Öffnung des heterozyklischen Ringes
- teilweise saure Hydrolyse der polymeren Kohlehydrate.

Durch die Erhöhung der Löslichkeit und die Absenkung der Viskosität sind Tanninlösungen mit einem höheren Feststoffgehalt möglich; dies führt zum Vorteil eines geringeren Volumenschwundes und zu besseren fugenfüllenden Eigenschaften. Nachteil der Einführung von Sulfonsäuregruppen in die Flavonoidstruktur sind eine Verminderung der Wasserbeständigkeit der Leimfuge durch die Bildung leicht löslicher Produkte. Sulfite können auch bereits dem Extraktionsmittel zugegeben werden.

Yazaki und Hillis (1980) trennen verschiedene Rindenextrakte durch Ultrafiltration nach ihrer Molekülgröße in fünf verschiedene Klassen, wobei sich die jeweiligen Anteile u.a. mit geänderten Extraktionsbedingungen verschieben. So steigt z.B. der Anteil der hochmolekularen Fraktion mit höherer Extraktionstemperatur. Hohe Ausbeuten an heißwasserlöslichen Anteilen ergaben sich aus Kiefernrinden; die extrem hohe Viskosität von unbehandelten

Extrakten begrenzt jedoch ihre wirtschaftliche Anwendung. Durch Ultrafiltration konnten die außergewöhlich hohen Viskositäten der 100 °C-Extrakte durch Entfernung entweder der methanolunlöslichen Anteile (v. a. Zucker) bzw. der hochmolekularen Tanninfraktionen (Molmassen $>10^6$) verringert werden. Beide Komponenten bestimmen entscheidend die Viskosität.

Pizzi und Stephanou (1992) setzten Extrakte mit Essigsäure- bzw. Maleinsäure sowie Natronlauge um, um die Viskosität abzusenken. Über die Umsetzung von Tanninen mit Phenol berichteten Santana u. a. (1995). Barbosa u. a. (2000) setzten Mimosatannin mit Adipinsäureester um, um damit die hohe Sprödigkeit der mit Formaldehyd ausgehärteten Tannine zu vermeiden.

2.3.1.6
Analyse von Tanninen und Extrakten

Tabelle 2.5 gibt eine Übersicht über verschiedene Analysenmöglichkeiten an Tanninen und Extrakten.

2.3.1.7
Aushärteverhalten

Die flavonoideigene Polymerisation reicht nicht aus, um wasserbeständige Verleimungen zu erzielen. Zu diesem Zweck ist die Vernetzung über Methylen- oder andere Brücken in Form einer Polykondensation erforderlich. Um eine ausreichende Vernetzungsdichte zu gewährleisten, muss eine ausreichende Zahl von reaktiven Stellen an den Flavonoidmolekülen zur Verfügung stehen.

Tannine reagieren auf Grund ihres phenolischen Charakters ähnlich wie Phenol mit Formaldehyd entweder im basischen oder im sauren Milieu, wobei in der industriellen Anwendung bei weitem die basischen Bedingungen überwiegen. Die nucleophilen Zentren des A-Ringes sind dabei reaktiver als die des B-Ringes. Formaldehyd reagiert mit Tannin in einer exothermen Reaktion unter Ausbildung von Methylenbrücken, insbesondere zwischen den reaktiven Stellen der A-Ringe. Die reaktiven Stellen der B-Ringe reagieren erst ab ca. pH = 10 (Pizzi 1979b + c), wobei dann jedoch die gegebene Reaktivität des A-Ringes gegenüber Formaldehyd so hoch ist, dass diese Bindemittellösungen zu kurze Topfzeiten haben. Wegen der Größe und Gestalt der einzelnen Tanninmoleküle werden diese bereits bei einem niedrigen Kondensationsgrad unbeweglich, sodass die Bildung weiterer Methylenbrücken erschwert bzw. verhindert wird. Dies führt zu der für viele Tannine bekannten schwachen Aushärtung. Je höhermolekular das eingesetzte Tannin ist, desto früher tritt dieser Effekt ein. Da insgesamt aber nur eine begrenzte Zahl an Vernetzungsstellen vorhanden ist, ist der Bedarf an Formaldehyd gering und die Vernetzungsdichte im ausgehärteten Bindemittel relativ niedrig.

Die minimale Reaktionsgeschwindigkeit der Tannine ist im sauren Bereich gegeben: pH 4–4,5 bei Mimosatannin, pH 3,3–3,9 bei Kieferntannin. Bei einem neutralen pH-Wert ist eine rasche Reaktion von Formaldehyd mit den

Tabelle 2.5. Analysenmöglichkeiten an Tanninen und Extrakten

Verfahren	Wert	Beschreibung	Literatur
Trockensubstanz von Extrakten	%		
Feuchtebestimmung von (sprüh)-getrockneten Extrakten	%	DIN 52 183	
Gehalt an polyphenolischen Bestandteilen	%	Stiasny-Reaktion: Tannine werden durch Kondensation mit Formaldehyd im sauren Medium ausgefällt.	Dix und Marutzky (1983) Jung (1988) Jung und Roffael (1989 a) Weißmann (1983) Wissing (1955) Yazaki (1985 a + b)
Bestimmung der reaktiven Polyphenole mittels UV	%	Die mit dem Formaldehyd reagierenden Polyphenole werden nicht gravimetrisch, sondern über UV erfasst.	Prasetya und Roffael (1991) Roffael (1976 a)
Bestimmung der Nichtgerbstoffe	%	Behandlung der Extrakte nach der aus der Gerbstoffchemie bekannten Filtermethode	Jung (1988) Jung und Roffael (1989 a)
Molmassenbestimmung		Gelpermeationschromatographie	Calvé u. a. (1995) Dunky (1997) Fechtal und Riedl (1993) Jung und Roffael (1976 a) Yazaki und Hillis (1977, 1980)
chemische Zusammensetzung		Bestimmung von chemischen Strukturelementen mittels ^{13}C-NMR	Pizzi und Stephanou (1993 b) Thompson und Pizzi (1995 b)
Viskosität der Lösungen		pseudoplastisches Fließverhalten, zusätzlich zum Teil thixotrop	Yazaki (1984)
DSC		Verfolgung des Aushärteverhaltens unter verschiedenen Bedingungen	Calvé u. a. (1995) Fechtal und Riedl (1993) Lu u. a. (1995) Yazaki (1984)

Positionen 6 und 8 am A-Ring gegeben. Dies hat den Vorteil, dass kein (hoch)alkalischer pH wie bei den PF-Harzen zur Erzielung einer kurzen Aushärtezeit erforderlich ist und damit eine neutrale Leimfuge gegeben ist. Als Nachteil ist anzuführen, dass eine exakte pH-Einstellung bei der Aufbereitung der Bindemittel erforderlich ist. Im gesamten pH-Bereich zeigt sich eine starke Abnahme der Gelierzeiten mit steigendem pH-Wert. Die beiden Abb. 2.4

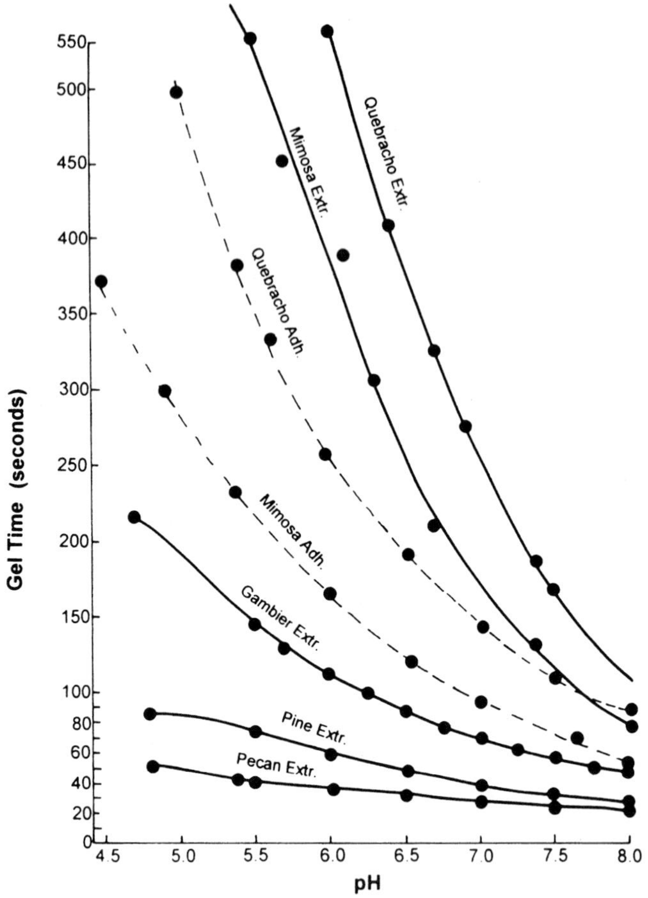

Abb. 2.4. Gelierzeiten verschiedener Tanninlösungen in Abhängigkeit des pH-Wertes im Bereich 4,5 bis 8,0 (Pizzi und Stephanou 1994)

und 2.5 zeigen solche Gelierzeiten verschiedener Tanninlösungen in Abhängigkeit des pH-Wertes (Abb. 2.4: pH = 4,5 bis 8,0, Abb. 2.5: pH = 7,0 bis 10,0).

Aus technischer Sicht ist natürlich keine beliebige Reduzierung der Gelierzeit möglich. Limitierende Faktoren sind die Topfzeit, die Viskosität der Tanninlösung sowie die Geschwindigkeit, mit welcher der bei der Verpressung entstehende Dampf aus dem Kuchen und der entstehenden Platte entweichen kann. Die limitierende Topfzeit kann dadurch ausgeschalten werden, dass die gesamte Flotte nicht in einem Ansatzbehälter gemischt, sondern der Vernetzer getrennt zugegeben wird. Das kann zum Einen dadurch erfolgen, dass Paraformaldehyd pulverförmig über eine kleine Dosierschnecke direkt zu den Spänen im Mischer zugegeben wird. Zum Anderen kann z. B. ein flüssiger Vernetzer, z. B. ein Harnstoff-Formaldehyd-Konzentrat über einen Statikmischer

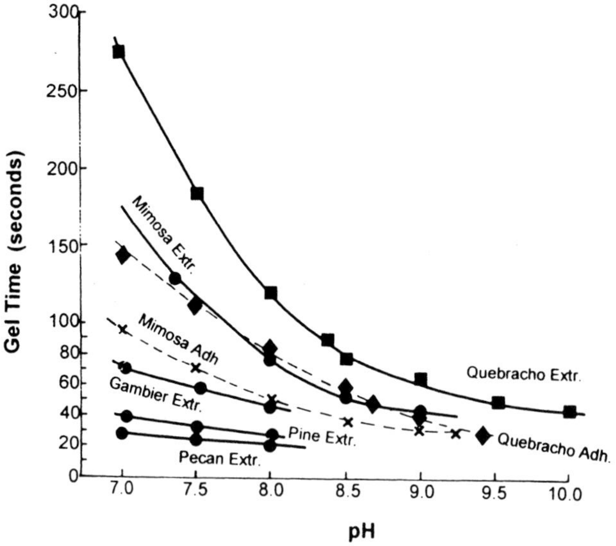

Abb. 2.5. Gelierzeiten verschiedener Tanninlösungen in Abhängigkeit des pH-Wertes im Bereich 7,0 bis 10,0 (Pizzi und Stephanou 1994)

knapp vor der Beleimungsmischer mit der Tanninlösung vermengt werden. Die mit höheren pH-Werten üblicherweise ansteigende Viskosität der Tanninlösung (auch bereits ohne Zugabe des Vernetzers) kann durch Zugabe von Wasser oder durch Erwärmen auf 30–35 °C abgefangen werden. Eine höhere Feuchtigkeit der beleimten Späne ist beim Einsatz von Tanninen als Bindemittel nicht nur kein Nachteil, sondern zur Sicherstellung eines ausreichenden Flusses der Tannins sogar erwünscht und notwendig (Pizzi 1993), sofern nicht bei der Verpressung Ausdampfprobleme gegeben sind. Das Ausdampfverhalten wiederum hängt von verschiedenen Parametern ab, wie z.B. dem Plattenaufbau, dem Verdichtungsverhältnis, dem Anteil an Feingut u.a.

Je nach ihrem molekularen Aufbau im A-Ring unterscheiden sich Tannine unterschiedlicher Herkunft bei der Umsetzung mit Formaldehyd sehr deutlich in ihrer Reaktionsgeschwindigkeit. Bei Mimosatannin (Resorcintyp des A-Ringes) ist die Gelierzeit unter gleichen Messbedingungen ca. 10–20-mal so lang wie bei verschiedenen Kieferntanninen (Phloroglucintyp des A-Ringes) (Plomley 1966). Die hohe Reaktivität der Kiefernextrakte ist technisch jedoch nur bedingt in raschere Presszeiten umzusetzen und bringt vor allem den Nachteil von sehr kurzen Topfzeiten mit sich. Innerhalb der Familie der Kieferntannine gibt es jedoch auch einzelne Arten (z.B. Pinus brutia), die im A-Ring einen bestimmten Anteil an Resorcintyp aufweisen und deren Reaktivität dementsprechend niedriger liegt (Ayla 1980, Ayla und Parameswaran 1980, Ayla und Weißmann 1981, Weißmann und Ayla 1980). Offensichtlich können aber auch unterschiedliche Standorte der gleichen Baumart unterschiedliche Reaktivitäten hervorrufen, ohne dass eindeutige Erklärungen dazu möglich sind. Diese unterschiedlichen Reaktivitäten sind eventuell auch vom Verzweigungsgrad der Tannine abhängig (Leyser und Pizzi 1990). Auch Chen (1992) fand deutlich unterschiedliche Reaktionsgeschwindigkeiten verschiedener Extrakte mit Paraformaldehyd.

Die Zugabe von Formaldehyd (oder ggf. eines anderen Aldehydes) ist erforderlich, um die Vernetzungsreaktion über Methylenbrücken zwischen den einzelnen reaktiven Stellen an den Tanninmolekülen zu ermöglichen. Formaldehyd kann dabei in verschiedener Form in das System eingebracht werden:

- Formaldehyd als wässrige Lösung: sehr rasche Verdampfung des Formalins in der Presse, damit sehr kurze Umsetzungszeit mit dem Harz, weil Formaldehyd rasch mit dem Dampf ausgetrieben wird. Dies führt zu einem niedrigen Vernetzungsgrad und zu einer schlechten Wasserbeständigkeit. Auch kann wegen der höheren Reaktivität die Gefahr einer zu kurzen Topfzeit der fertigen Leimflotte auftreten (Coppens u.a. 1980). Die durch den Einsatz von Formaldehyd (in welcher Form immer) als Vernetzer mögliche hohe nachträgliche Formaldehydabgabe aus den Platten kann durch eine gezielte Nachtemperung der Platten vermieden werden (Jung 1988, EP 365 708).
- Paraform: weniger reaktiv, dadurch werden annehmbare Topfzeiten erhalten. Nachteil ist, dass die Dosierung in fester Form erfolgen muss, weil Paraform nicht ausreichend wasserlöslich ist. Bei Einsatz der reaktiven Kiefern- und Pecan nut-Tannine können bei Verwendung von Paraformaldehyd und gleichzeitiger Zugabe von Harnstoff als Formaldehydfänger V100-Platten mit zum Teil sehr niedriger nachträglicher Formaldehydabgabe (Perforatorwert 0,5–6 mg je nach spezifischer Presszeit) hergestellt werden (Pizzi u.a. 1994).
- Hexamethylentetramin: zerfällt erst bei der Erwärmung des Bindemittels in der Heißpresse, dadurch lange Topfzeiten bei Raumtemperatur, aber rasche Aushärtung bei höheren Temperaturen (s. auch weiter unten).
- UF-Konzentrate (Long 1991 a+b, Pizzi und Sorfa 1979).
- Dimethylolharnstoff (Ayla und Weißmann 1982).
- längerkettige Vernetzer: Das rasche Anwachsen der Molekülgröße bei der beginnenden Vernetzung mit Formaldehyd führt dazu, dass die Abstände zwischen einzelnen reaktiven Stellen so groß werden, dass sie mit Methylenbrücken nicht mehr überbrückbar sind. Nur längerkettige Vernetzer können diese Distanzen überwinden und damit zusätzliche Vernetzungsstellen ermöglichen. Geeignet sind längerkettige Harnstoff- oder Phenolmethylole. Auch PF- bzw. PUF-Harze wurden als Vernetzer eingesetzt (Zhao u.a. 1995).
- Höhere Aldehyde konnten bisher als Vernetzer nicht erfolgreich eingesetzt werden (Pizzi u.a. 1980).

Über die Kinetik der Kondensation von Tanninen mit Formaldehyd und anderen Aldehyden (Reaktionen 2. Ordnung) berichteten Rossouw u.a. (1980).

Die Reaktion der Tannine mit Formaldehyd kann mittels DTA oder DSC (Jung 1988, Jung und Roffael 1989 a) verfolgt werden.

2.3.1.8
Aushärtung von Tanninen durch Zugabe von Hexamethylentetramin
(s. auch Teil II, Abschn. 1.2.4 und 1.3.3.1)

Tannine lassen sich auch mit Hexamethylentetramin vernetzen. Pizzi (1998) berichtete, dass die dabei gemessenen Gelierzeiten niedriger als bei Einsatz von Formaldehyd als Vernetzer sind. Zusätzlich weisen Platten, die mit Tannin und Hexamethylentetramin als Vernetzer hergestellt worden sind, sehr niedrige Formaldehydemissionen auf (Heinrich u.a. 1996, Pizzi 1994a + b, Pizzi u.a. 1997, Wang und Pizzi 1997, USP 5 532 330).

Beim Zerfall von Hexamethylentetramin wurde bisher üblicherweise vor allem von der Bildung von Formaldehyd und Ammoniak im sauren Bereich und von Formaldehyd und Trimethylamin im alkalischen Bereich ausgegangen. Tatsächlich wies jedoch Pizzi (1998) nach, dass bei der Aushärtung von Tanninen oder auch von MF-Harzen mit Hexamethylentetramin (s. Teil II, Abschn. 1.2.4) ein hoher Anteil an Di- und Trimethyleniminobrücken vorhanden ist. Dies ist insbesondere bei den reaktiven Tannintypen der Fall (Pizzi und Tekely 1995b). Die entsprechenden möglichen Zerfallsreaktionen von Hexamethylentetramin, die solche Aushärtereaktionen ermöglichen, werden ausführlich von Kamoun und Pizzi (2000), Pizzi (1998) und Pichelin u.a. (1999) beschrieben. Entgegen der herkömmlichen Meinung kann Hexamethylentetramin dabei auch ohne Zerfall in Formaldehyd und Ammoniak als Vernetzer wirken. Der Zersetzungsprozess verläuft vielmehr über die Bildung von sehr reaktiven Iminen, daneben kann auch ein allerdings nur sehr geringer Anteil an Iminomethylenbasen entstehen. Jede Komponente mit einer starken negativen Ladung (Tannine, Resorcin, Melamin u.a.) ist dabei unter alkalischen Bedingungen in der Lage, mit diesen Zwischenprodukten aus dem Hexamethylentetraminzerfall schneller zu reagieren als andererseits ein weiterer Abbau zu Formaldehyd stattfinden kann (Pichelin u.a. 1999). Nur wenn keine Komponente mit einer solchen starken negativen Ladung im Harzgemisch vorhanden ist, führt der Abbau des Hexamethylentetramins weiter in der bekannten Weise zu Formaldehyd.

Auch die während der Aushärtung einwirkende Temperatur spielt eine große Rolle (Heinrich u.a. 1996). Bei hohen Presstemperaturen zerfällt Hexamethylentetramin zu Formaldehyd; bei niedrigen Temperaturen bzw. kurzen Presszeiten überwiegt die Rekombinationsreaktion über Methylenbasen zu Benzylaminbrücken. Infolge des Fehlens von Formaldehyd bei der Vernetzung weisen solcherart hergestellte Holzwerkstoffe auch eine sehr niedrige Formaldehydabgabe auf.

Weitere Literaturhinweise: Pizzi (1994c), Pizzi u.a. (1994).

2.3.1.9
Autokondensation von Tanninen

Die autokatalytische Härtung von Tanninen ohne Zugabe von Formaldehyd oder eines anderen Aldehydes als Vernetzer ist möglich, wenn in Alkali gelöste Kieselsäure als Katalysator anwesend ist und gleichzeitig ein hoher pH-Wert eingestellt wird (Pizzi u. a. 1995). Der für eine ausreichende Autokondensation erforderliche pH-Wert liegt je nach Tannintype allerdings bei ca. 8–9 (Pecan), ca. 10 (Kiefer) bzw. zumindest 12 (Mimosa und Quebracho).

Weitere Literaturhinweise: Garcia u. a. (1997), Garcia und Pizzi (1998 a+b), Masson u. a. (1996), Meiklham u. a. (1994), Pizzi u. a. (1994), Pizzi und Meiklham (1995), Pizzi und Tekely (1995 a), Thompson und Pizzi (1995 a).

2.3.1.10
Einsatzmöglichkeiten und Verarbeitungseigenschaften von Tanninen, Kombination mit anderen Bindemitteln

Entscheidend für die Verwendung von Tanninen bzw. tanninhaltigen Extrakten als Bindemittel für Holzwerkstoffe ist der Gehalt an reaktiven Polyphenolen bzw. die Reaktivität der phenolischen Bestandteile gegenüber Formaldehyd. Daneben ist auch der Gehalt an nichtphenolischen Stoffen (Zucker, Kohlehydrate, Aminosäuren u. a.) von Bedeutung.

Tannine können entweder als alleiniges Bindemittel (mit einer Formaldehyd-Komponente als Vernetzer) oder in Kombination mit amino- oder phenoplastischen Harzen (z. T. auch mit zusätzlichem Formaldehyd) eingesetzt werden. Solche Mischungen werden als verstärkte Tanninharze bezeichnet. Die Mengen an zugegebenen synthetischen Harzen sind auf die jeweilige beabsichtigte Verstärkung abzustimmen; während der Abmischung darf noch keine endgültige Aushärtung erfolgen. Diese wird erst durch die weitere Zugabe von Formaldehyd, wiederum in seiner Funktion als Vernetzer, bei der Abmischung der verarbeitungsfähigen Bindemittelflotte in Gang gesetzt. Die Härterzugabe erfolgt bei Bedarf erst knapp vor dem Beleimungsmischer oder im Falle der getrennten Aufbringung der einzelnen Komponenten auf die Späne praktisch erst im Beleimmischer. Es ist nicht eindeutig geklärt, ob das synthetische Harz chemisch mit dem Tannin in Form einer echten Polycokondensation reagiert oder ob in der fertigen Leimfuge eher zwei unabhängige, wenngleich sich durchdringende Netzwerke vorliegen. Pizzi und Roux (1978 a) zeigten, dass z. B. Abmischung von Resorcin, Mimosaextrakt und Paraformaldehyd schlechte Leimfugeneigenschaften ergeben.

Die einfachste Flottenrezeptur besteht im Prinzip lediglich aus der Tanninlösung und pulverförmigem Paraformaldehyd als Vernetzer, daneben werden noch Paraffin als Hydrophobierungsmittel sowie ein Insektizid erwähnt; die Dosiermenge an Paraformaldehyd beträgt 14% Paraformaldehyd bezogen auf Tanninfeststoff (Pizzi u. a. 1981). Eine solch hohe Paraformaldehydzugabe bewirkt allerdings auch eine sehr hohe nachträgliche Formaldehydabgabe.

Eine Rezeptur für die Herstellung von Spanplatten mit niedriger nachträglicher Formaldehydabgabe wird von Dunky (1996, 1997) beschrieben:

100 kg	Kieferntanninlösung (Konzentration 40%)
3 kg	Paraformäquivalent als Vernetzer, zugegeben als Harnstoff-Formaldehyd-Konzentrat
7 kg	Harnstoff: zugegeben als fester Harnstoff zur Tanninlösung bzw. zum Teil enthalten im Harnstoff-Formaldehyd-Konzentrat.

Der Vorteil dieser Rezeptur liegt zum Einen in der einfacheren Dosierbarkeit des Vernetzers in seiner flüssigen Form (über einen Statikmischer knapp vor dem Beleimungsmischer) sowie in der niedrigen nachträglichen Formaldehydabgabe der Platten.

Für die Herstellung von Sperrholz wird zusätzlich noch Füllstoff zugegeben z. B.:

a) Coppens u. a. (1980):

100 kg	Mimosatanninpulver
100 kg	Wasser
2 kg	Füllstoff (Holzmehl)
1 kg	4n-NaOH
25 kg	Formalin (37%)

b) Yazaki und Collins (1994b):

100 kg	Tanninlösung (Konzentration 40%)
4 kg	Paraformaldehyd
10 kg	Macadamia-Nussschalenmehl

Über Kombinationen von Tanninen mit anderen synthetischen Harzen liegt eine große Anzahl an Berichten in der Fachliteratur vor, Tabelle 2.6 fasst die verschiedenen Kombinationsmöglichkeiten zusammen (s. auch Teil II, Abschn. 1.1.5.10, 1.2.5.1, 1.3.4.3 und 1.4.3).

2.3.1.11
Kombinationen von Tanninen und anderen natürlichen Bindemitteln

Stärke + Tannin: s. Teil II, Abschn. 2.3.3.1

Weitere Literaturstellen betr. Tannine und ihres Einsatzes in der Holzwerkstoffindustrie: Dix und Marutzky (1982), Jung und Roffael (1989b), Pizzi (1980a, 1982b, 1983, 1991, 1994a), Pizzi u. a. (1981), Roffael und Dix (1989, 1994), Roux u. a. (1975).

2.3.2
Lignine

Lignine haben polymeren phenolischen Charakter, sind in großer Menge verfügbar, billig und ein Abfallprodukt der Zellstoffindustrie. Deshalb besteht seit einigen Jahrzehnten ein großes Interesse für Verwertungsmöglichkeiten.

Tabelle 2.6. Kombinationen von Tanninen und synthetischen Harzen

Kombinationen	Beschreibung	Literatur
1. Tannin + aminoplastische Harze		
a) UF-Leime	UF-Harze mit endständigen Tanninmolekülen (Resorcintyp)	Pizzi 1979 (a)
	Zugabe von formaldehydreichen UF-Harzen	Ayla und Weißmann (1982) Pizzi (1978)
	Abmischungen Tannin + UF-Harz	Calvé u.a. (1995) Dix und Marutzky (1984a) Pizzi (198 a)
b) UF-Resorcin-Tannin	Gleichzeitige Umsetzung von UF-Methylol, Resorcin und Tannin; die fertige Mischung enthält ein UF-Harz mit Resorcin-Endgruppen, UF-vernetztes Tannin, freies Tannin sowie freies Resorcin. Die Aushärtung erfolgt bei Raumtemperatur unter Zugabe von Paraformaldehyd.	
	UF-Harz mit Resorcin-Endgruppen + Tannin: die Aushärtung erfolgt bei Raumtemperatur unter Zugabe von Paraformaldehyd.	
	Reaktion UF-Methylol + Tannin, danach Umsetzung der endständigen Methylolgruppen mit Resorcin. Die Aushärtung erfolgt bei Raumtemperatur unter Zugabe von Paraformaldehyd.	
c) Kieferntannin + MF/MUF-Harze	Getrennte Versprühung des MF/MUF-Harzes und der Tanninlösung	Pizzi (1982a)
2. Tannine + Phenolharze		
a) Cokondensation von Tanninen mit Phenol und Formaldehyd	Ersatz unterschiedlicher Mengen von Phenol durch Tanninextrakte	Chen (1982b+c, 1991a+b, 1992, 1993, 1994) Chen u.a. (1993) Chen und Nicholls (2000) Chen und Winistorfer (1993)
b) Tannine als Härtungsbeschleuniger für alkalisch härtende PF-Harze	Zusatz von 10–20%	Dix und Marutzky (1984b) Long (1991a+b) Trosa und Pizzi (1997)
c) niedrigmolekulare Polymethylolphenole (PMP)	Die vernetzenden Moleküle sind größer als Formaldehyd und können damit größere Distanzen zwischen einzelnen reaktiven Vernetzungsstellen überbrücken.	Ayla und Parameswaran (1980) Ayla und Weißmann (1982) Herrick und Bock (1958)

Tabelle 2.6 (Fortsetzung)

Kombinationen	Beschreibung	Literatur
d) PF-Resole mit Methylolgruppen; Mischungen von Tanninen und PF-Leimen; Ersatz von Phenol durch Tannine	Da die Reaktion von Tanninen mit PF-Resolen bzw. Formaldehyd im alkalischen Bereich stark beschleunigt und damit die Topfzeit herabgesetzt wird, wird vorzugsweise ein alkaliarmes PF-Harz eingesetzt.	Ayla und Parameswaran (1980) Ayla und Weißmann (1982) Dix und Marutzky (1984a) Saayman und Oatley (1976) Vazquez u.a. (1989, 1992, 1993)
3. Tannine + Harze auf Basis von Resorcin		
a) PF-Novolake mit Resorcin-Endgruppen, ggf. unter weiterer Umsetzung mit Resorcin nach Öffnung des heterozyklischen Ringes für warm- bzw. heißhärtende Resorcin-Tannin-Harze	Verringerung der erforderlichen Resorcinzugabe durch Modifizierung mit Sulfit (Bildung von Resorcin-Endgruppen aus dem Tanninmolekül durch Aufspaltung des heterozyklischen Ringes). Keine freien Methylolgruppen, die Zugabe von Formaldehyd ist für die Härtung erforderlich.	Pizzi und Daling (1980a+b) Pizzi und Roux (1978b) Pizzi und Scharfetter (1978)
b) Umsetzung von Tannin mit Resorcin	Umsetzungsprodukt aus Tannin und Resorcin vermag Resorcin in einem herkömmlichen PRF-Harz ersetzen.	Hemingway und Kreibich (1984) Kreibich und Hemingway (1985)
c) kalthärtende Tannin-Resorcin-Harze (TRF)	Bildung von Resorcin durch intermolekulare Umlagerungen des Tannins.	Gornik u.a. (2000) Pizzi u.a. (1988)
4. Tannine + Isocyanat (PMDI)		
Isocyanat als Vernetzer für die Polyflavonoide	Deutliche Verbesserung der Eigenschaften, zum Teil Reaktion der Isocyanatgruppen mit den OH-Gruppen der Tannine; für eine ausreichende Aushärtung des Tannins scheint jedoch die Zugabe einer Formaldehydkomponente als Vernetzer erforderlich zu sein.	Dix und Marutzky (1985) Grigoriou (1997) Lu und Pizzi (1998) Pizzi (1980b, 1981, 1982a, 1994c+f) Pizzi u.a. (1993a, 1994)
Zugabe von Tanninen zu PF/PMDI-Systemen	Tannin + Paraformaldehyd erhöht den Anteil an Metylolgruppen im System.	Pizzi u.a. (1993b)

Nachteil ist vor allem die im Vergleich zu Phenol niedrigere Reaktivität auf Grund der niedrigeren Anzahl an reaktiven Stellen im Molekül. Über Lignine unterschiedlichster chemischer Art und ihre Einsatzmöglichkeiten in der Holzwerkstoffindustrie (Bindemittel, Zusatz- und Streckmittel für andere Bindemittel, Ersatz für Rohstoffe in synthetischen Bindemitteln) existiert ein praktisch nicht mehr überschaubares Schrifttum. Tatsächlich realisierte Einsatzmöglichkeiten für Lignine in der Holzwerkstoffindustrie sind jedoch überraschend selten.

Allgemeine Literaturhinweise zu Ligninen und ihre Einsatzmöglichkeiten als Bindemittel(komponente) in der Holzwerkstoffindustrie: Dunky (1992), Pizzi (1994d+g), Tomkinson (2001).

2.3.2.1
Chemie und Aushärteverhalten der Lignine

Der größte Nachteil von Ligninen bei ihrem möglichen Einsatz als Bindemittel liegt in ihrer geringen Reaktivität und damit ihrer langsamen Aushärtung; dies ist die Folge der komplexen chemischen Struktur.

2.3.2.2
Verwendung von Lignin als alleiniges Bindemittel

Der Einsatz von Lignin als alleiniges Bindemittel ist im Prinzip möglich und wird von der Natur im Prinzip seit Jahrtausenden in perfekter Weise realisiert; erste technische Versuche erforderten aber wegen der im Vergleich zu PF-Harzen deutlich niedrigeren Aushärtungsgeschwindigkeit sehr lange und aus heutiger Sicht völlig inakzeptable Presszeiten (Pedersen-Verfahren). Es handelte sich dabei im Prinzip um eine Kondensation im stark sauren Bereich, die überdies zu Korrosionsproblemen an den Anlagen führten (DE 1 303 355). Die Holzspäne wurden mit Sulfitablauge (pH-Wert 3-4) besprüht und bei 180 °C heißgepresst. Danach wurden die Platten im Druckautoklaven bei 170–200 °C thermisch behandelt, wobei die Sulfitablauge unter Abspaltung von Wasser und SO_2 unlöslich wurde.

Shen (1974, 1977, DE 2 410 746, USP 4 265 846), Shen und Fung (1979) bzw. Shen u.a. (1979) modifizierten das Verfahren, indem sie die Späne mit Schwefelsäure enthaltender Sulfitablauge besprühen und bei über 210 °C verpressten. Zusätzlich hielten sie die kohlehydratreiche Fraktion der Sulfitablaugen im sauren pH-Bereich für weitaus reaktiver als die hochmolekulare Ligninfraktion. Einen ähnlichen Ansatz wählten Drechsel (1976) bzw. Drechsel u.a. (1978); sie verwendeten sprühgetrocknete Sulfitablauge mit zwei verschiedenen Korngrößen, wobei die Sulfitablauge vor der Versprühung mit Schwefelsäure angesäuert worden war. Trotz sehr langer Presszeiten (57 s/mm spezifische Presszeit bei einer Presstemperatur von 204 °C und einer Plattendicke von 9,5 mm) konnten nur in wenigen Fällen Platten hergestellt werden, die die Normanforderungen erfüllten.

Nimz (1983) bzw. DE 2 221 353 beschreiben die Vernetzung des Lignins nach vorangegangener Oxidation des phenolischen Ringes im Ligninmolekül mit Wasserstoffperoxid H_2O_2 in Gegenwart eines Katalysators, v. a. Schwefeldioxid (Nimz und Hitze 1980). Dabei kommt es zur Bildung von Phenoxyradikalen und damit zu einer radikalischen Kupplung (und nicht zu einer Kondensationsreaktion), wobei sich inter- und intramolekulare C–C-Bindungen bilden. Diese Reaktion erfordert an sich keine Wärmezuführung und keine sauren Bedingungen, wird aber durch erhöhte Temperatur (max. 70 °C) bzw. niedrigere pH-Werte stark beschleunigt. Damit können die Nachteile der oben erwähnten Verfahren von Pedersen bzw. Shen, nämlich die hohen erforderlichen Presstemperaturen, die langen Presszeiten sowie die Verwendung starker Mineralsäuren, vermieden werden (Nimz 1983, Nimz und Hitze 1980). Bei der Anwendung des Verfahrens werden die Späne mit Sulfitablauge (ca. 50 %ig, pH = 3 bis 4), die etwas SO_2 enthält, und mit einer 35 %igen Wasserstoffperoxidlösung bedüst und anschließend verpresst. Dabei kommt es wegen der starken exothermen Reaktion zu einer deutlich stärkeren Erwärmung der Mittelschicht der Spanplatte im Vergleich zu herkömmlichen Pressverfahren. Eine gewisse Temperatur, die jedoch weit unter den üblichen Presstemperaturen liegt, ist lediglich für die Initiierung der Reaktion erforderlich. Nachteil der Platten war insbesondere die niedrige Beständigkeit im Wasserquellungsversuch (Roffael und Roffael 1998).

Eine oxidative Aktivierung des Lignins kann auch auf biochemischem Weg erzielt werden. Dabei wird Sulfitablauge (Ligninsulfonat) mit Enzymen (Phenoloxidase Laccase) versetzt, wodurch eine Polymerisation durch einen oxidativen Radikalmechanismus initiiert wird. Die Enzyme werden aus Nährlösungen von Weißfäulepilzen (Hüttermann 1989) gewonnen. Bei der Herstellung des Zweikomponenten-Bindemittels wird die eine Komponente (feinstgemahlenes, teilweise wasserlösliches Lignin, aber auch Ligninsulfonat oder Kraftlignin) mit der zweiten Komponente (wässrige, ungereinigte Enzymlösung, wie sie nach dem Abfiltrieren des Pilzmycels aus dem Fermenter anfällt) vermischt. Während dieser Mischungsphase findet bereits eine Polymerisation der Ligninkomponente statt. Das Mischungsverhältnis von Lignin zur wässrigen Enzymlösung muss so gewählt werden, dass das fertige Bindemittel einerseits noch gut versprühbar ist und andererseits das enthaltene Wasser während der Presszeit nahezu vollständig verdampfen kann. Zu Beginn des Pressvorganges kann das Enzym seine Aktivität noch entfalten, weil es bis zu 65 °C stabil bleibt. Erst wenn diese Temperatur während der Verpressung überschritten wird, wird das Enzym deaktiviert. Zu diesem Zeitpunkt haben sich jedoch schon genügend Chinonmethide gebildet, die noch während des Pressvorganges bzw. während der Nachreifung die Vernetzung zu einem hochmolekularen Ligninkondensationsprodukt bewirken (Haars u. a. 1989, Hüttermann u. a. (1990), Kharazipour u. a. 1991 a+b, Nonninger 1997, DE 3 037 992, DE 3611676, DE 3621218, DE 3644397, USP 4432921). Weitere Ergebnisse zur enzymaktivierten Autocondensation von Ligninen finden sich bei Felby u. a. (1997) und Uyama u. a. (1996).

Weitere Literaturhinweise: Ayla und Nimz (1984), Grozdits und Chauret (1981).

2.3.2.3
Kombination von Ligninen mit anderen Bindemitteln

Die Kombination von Ligninen mit anderen Bindemitteln (z. B. UF- oder PF-Harzen) und deren Einsatz bei der Herstellung von Holzwerkstoffen werden in Teil II, Abschn. 1.2.5.2, 1.3.4.5 und 1.4.3.3 ausführlich beschrieben.

DE 3 644 397 beschreibt den Einsatz von über Enzyme (Laccase) aktiviertem Lignin, als zusätzliche Bindemittelkomponente werden jedoch Isocyanat, ein UF-Harz oder ein Melaminharz zugegeben. Ligninsulfonate können in einem geringen Ausmaß Tanninformaldehydharze ersetzen (Roffael und Dix 1991 a).

2.3.2.4
Verwendung von Lignin als Werkstoff

Lignincompounds (Abmischungen von Lignin mit Naturfasern) lassen sich thermoplastisch z. B. durch Spritzgießen zu verschiedensten Produkten verarbeiten (Nägele u. a. 1999). Vorteile dieser Lignincompounds liegen nach Angaben der Autoren v. a. im geringen Formschwund nach der Urformung, in der hohen Steifigkeit und in der guten Verbindung zwischen Trägerformteil und Holzfurnier im Falle einer Beschichtung.

2.3.3
Bindemittel auf Kohlehydratbasis

Holz enthält neben der Zellulose und dem Lignin auch noch erhebliche Anteile an Kohlehydraten (Polyosen), die einen relativ niedrigen Polymerisationsgrad besitzen. Ferner stellen einige natürliche Produkte wie Stärke ein Reservoir an Kohlehydraten dar. Neben den seit vielen Jahrzehnten v. a. in der Papierindustrie eingesetzten Stärke- und Zelluloseleimen hat es in den letzten Jahren große Anstrengungen gegeben, diese im Überfluss vorhandenen Rohmaterialien auch als Bindemittel für die Herstellung von Holzwerkstoffen zu nutzen; ein entscheidender Durchbruch bei diesen neuen Bindemitteln ist aber noch nicht erfolgt.

Allgemeine Überblicke über Kohlehydrate und ihre mögliche Anwendung als Bindemittel für Holz und Holzwerkstoffe: Baumann und Conner (1994), Chen (1996), Christiansen (1985), Conner (1989), Pizzi (1991), Tomkinson (2001).

2.3.3.1
Stärke- und Zelluloseleime

Stärke wird z. B. in der Papierherstellung als Streichmittel und als Bindemittel bei Anwendungen, die keine hohen Nassfestigkeiten erfordern, eingesetzt.

Für die Herstellung von Spanplatten können Bindemittel auf Basis von Stärke in Kombination mit Tannin eingesetzt werden (Dix u. a. 1997). Enzymatisch abgebaute sowie säurehydrolysierte Stärken ergaben in Kombination mit kommerziellen Tannintypen Leimharze mit für Spanplatten und MDF geeigneten Eigenschaften. Die modifizierten Stärken vermindern die Viskosität, verkürzen die Härtungsgeschwindigkeit und verlängern die Gebrauchsdauer des Tanninharzes.

Christiansen (1989) sowie Helm und Karchesy (1990) berichteten über Kondensationsprodukte zwischen Kohlehydraten (Glucose), Harnstoff, Phenol und Formaldehyd. Harnstoff und die eingesetzten Kohlehydrate reagierten dabei chemisch, es war aber keine Reaktion zwischen den Kohlehydraten und Phenol nachweisbar. Wird auf dieses Produkt noch Resorcin aufgepfropft, kann es zur Verleimung von Holz hoher Feuchtigkeit und bei Raumtemperatur für den Holzleimbau eingesetzt werden (Clark u. a. 1988, Karchesy u. a. 1989). Kuo u. a. (1994) konnten mehr als die Hälfte von Phenol durch Stärke (Maltodextrin) ersetzen. Zur Verbesserung der Bindefestigkeit von Stärkeleimen können Phenolharze zugegeben werden (Fidel u. a. 1992).

Weitere Literaturhinweise: Imam u. a. (1999), Pizzi (1991), Thole und Klabunde (1995).

2.3.3.2
Abbau von Kohlehydraten zu reaktiven niedermolekularen Verbindungen

Es ist vorgeschlagen worden, Bindemittel direkt auf Basis von Kohlehydraten einzusetzen. Die dabei herrschenden sauren Bedingungen haben allerdings zu einem Abbau der Kohlehydrate zu Furanzwischenprodukten geführt, die ihrerseits dann polymerisierten. Aufbauend auf dieser Tatsache können Kohlehydrate in situ zu Furan abgebaut und anschließend polymerisiert werden (Pizzi 1991). Eine andere Möglichkeit besteht im Aufbringen von polymerisationsfähigen Verbindungen wie Furfurylalkohol auf die mit Oxidationsmitteln vorbehandelten Oberflächen. Der polymerisierte Furfurylalkohol dient dann als Bindemittel zwischen den beiden Holzoberflächen (Philippou 1977).

Weitere Literaturhinweise zum Einsatz von Kohlehydraten als Bindemittel: Dao und Zavarin (1996), Drury u. a. (1990), Ellis und Paszner (1994), Hüttermann u. a. (2000), Joshi und Singh (1993), Philippou (1981), Sellers (1989b), Zu-Shan und Paszner (1988), EP 492 016, USP 5 017 319, WO 98/17727.

2.3.4
Bindemittel auf Proteinbasis

Allgemeine Literatur: Lambuth (1989b, 1994).

2.3.4.1
Historische natürliche Bindemittel (Kasein-, Glutin- und Blutalbuminleime)

Kaseinleime: Gewinnung aus dem Kasein der Milch. Die Verleimungen sind wasserfest und wenig fugenempfindlich, neigen aber wegen ihres alkalischen Charakters zu Holzverfärbungen.

Glutinleime bestehen hauptsächlich aus dem Glutin, einer hochmolekularen Eiweißsubstanz, die aus Haut, Leder und Knochen gewonnen werden kann (Haut-, Leder- und Knochenleim). Bei der Verarbeitung entsteht aus der Gallerte (Anwendungsform) durch Abkühlen unter den so genannten Gelierpunkt eine starke Anfangshaftung, die eine rasche Weiterverarbeitung der Werkstücke ermöglicht. Innerhalb einiger Stunden verdunstet das in diesem Leimfilm enthaltene Wasser, wodurch die wesentlich höhere Endfestigkeit erreicht wird (Stein 1994). Glutinleime eignen sich für alle Anwendungen, bei denen eine hohe Endfestigkeit und eine hohe Elastizität der Leimfuge gefordert wird. Auf Grund der Fähigkeit, Feuchtigkeit aufzunehmen, haben die Leimfugen ein ähnliches Ausdehnungsverhalten wie das Holz. Hiedurch entsteht eine dauerhafte elastische Verbindung, bei der keine Spannungsrisse auftreten.

Blutalbuminleime: Leim auf Eiweißbasis, Gewinnung aus Tierblut.

Historische natürliche Bindemittel werden insbesondere bei der Restaurierung alter Möbel eingesetzt, bei denen die Verwendung moderner synthetischer Leime aus Gründen der Originalität und des „Denkmalschutzes" nicht möglich ist (Triboulot u.a. 1996).

2.3.4.2
Klebstoffe auf Basis von Pflanzenproteinen

Krug und Sirch (1999) ersetzten unterschiedliche Anteile eines PF-Harzes bei der Herstellung von Laborspanplatten durch eine Bindemittelformulierung auf Basis von Weizenprotein. Während die Trockenfestigkeiten (Biegefestigkeit, Querzugfestigkeit) auch bei einer 50:50-Mischung noch durchwegs in Ordnung waren, zeigte sich bei allen hygroskopischen Prüfungen (24 h-Dickenquellung, Kochquerzug) ein eindeutiger negativer Einfluss durch den Ersatz des PF-Harzes. Genauere Angaben über die chemische Art und Zusammensetzung des Weizenprotein-Bindemittels werden von den Autoren jedoch nicht gemacht.

Ähnliche Arbeiten werden von Rühl und Sirch (1999) beschrieben. Sie verwendeten eine Kombination von 50% eines Phenolresorcinharzes und von 50% eines alkalisch hydrolysierten Soja- bzw. Weizenproteins. Da sich bei der Mischung dieser beiden Komponenten jedoch infolge veschiedener Nebenvalenzkräfte sofort ein Gel bilden würde, muss der Leimauftrag bei der untersuchten Keilzinkenverleimung getrennt auf die beiden Oberflächen erfolgen. Beide Seiten werden sodann unter Druck und teilweise unter Wärmezufuhr zusammengefügt. Während reine Sojaproteinverleimungen deutliche Festigkeitsverluste bei diesen Versuchen erlitten, war zwischen reinen PRF-Verleimungen und den oben beschriebenen Kombinationen keine Unterschiede gegeben.

Kreibich (2001) beschreibt ein „Honeymoon"-Leimsystem für Keilzinkung von ungetrocknetem Holz; dieses System besteht aus einem auf einen pH-Wert von 9–10 eingestelltem Sojaproteinhydrolysat mit unbegrenzter Topfzeit und einer konventionellen PRF-Leimflotte, welche zusätzliches Paraformaldehyd als Härter für das Proteinhydrolysat enthält. Die beiden Komponenten werden getrennt auf die beiden Profiloberflächen aufgetragen. Beim Fügen und Schließen der Keilzinkung vermischen sich die beiden Komponenten, wobei eine Erstarrung innerhalb weniger Sekunden erfolgt. Durch diese rasche Gelbildung wird ein Wegschlagen der Leimkomponenten in das nasse Holz verhindert. Die Gelierung und die Ausbildung der Endfestigkeit erfolgt anschließend in deutlich weniger als einer Stunde.

Weitere Literaturhinweise: Kuo u.a. (1998), Kuo und Stokke (2000), Sirch und Kehr (1997).

2.3.5 Sonstige Bindemittel aus nachwachsenden Rohstoffen

2.3.5.1 *Liquified wood*

Holz kann unter Einwirkung höherer Temperaturen in organischen Lösungsmitteln verflüssigt werden; unter Zugabe von sauren Katalysatoren läuft dieser Prozess bei ca. 150 °C ab, ohne Katalysatoren bei 240–270 °C (Shiriashi und Yoshioka 1998). Nach Neutralisation kann dieser Rohstoff mit Formaldehyd zu Resolen umgesetzt werden (Shiraishi 1992).

Eine andere Art des Aufschlusses von Holz besteht in der Umsetzung mit Phenol (Phenolation, phenolated wood) (Alma u.a. 1996a+b, Lin u.a. 1994, Yao u.a. 1996) und anschließender Umsetzung mit Formaldehyd. Dabei erfolgt eine Cokondensation zwischen dem verflüssigten Holz, dem bis dahin nicht umgesetzten Phenol und Formaldehyd (Lin u.a. 1995b, Ono u.a. 1994, Santana und Baumann 1996). Solche Produkte wurden auch für die Produktion von Pressmassen vorgeschlagen (Lin u.a. 1995a).

Weitere Literaturhinweise: Kurimoto u.a. (2000a+b), Yoshioka u.a. (1996).

2.3.5.2 *Pyrolyseprodukte*

Die durch Pyrolyse von Holz, Rinde oder verschiedenen Einjahrespflanzen gewonnenen phenolischen Anteile können als Ersatz von Phenol in PF-Harzen eingesetzt werden (Himmelblau 1995a+b, Himmelblau u.a. 2000, Himmelblau und Grozdits 1998, 1999, Roy u.a. 1999).

2.3.5.3
Extrakte aus Biomasserückständen

Durch Extraktion verschiedener Biomasserückstände erhielten Chen u.a. (2000) sowie Hsu und Chen (2000) copolymerisationsfähige Chemikalien, die jedoch nicht weiter chemisch analysiert wurden. Bei der Reaktion mit Phenol und Formaldehyd wurden 40% des Phenols durch die verschiedenen Extrakte ersetzt (Chen 1982d).

2.4
Schmelzkleber

Schmelzkleber sind thermoplastische Kunststoffe, die unter Temperatureinwirkung während der Verarbeitung flüssig werden und damit in den klebaktiven Aggregatzustand übergeführt werden; beim Abkühlen gehen sie wieder in den festen Zustand über und ergeben damit eine Verklebung. Da sie sich beim Erkalten schlagartig verfestigen, können mit Hilfe von Schmelzklebern Klebverbindungen in sehr kurzer Zeit hergestellt werden. Die Verflüssigung ist die wesentliche Voraussetzung dafür, die Klebflächen benetzen zu können. Schmelzkleber sind als thermoplastisches System wieder aufschmelzbar, auch im fertigen Werkstück. Die Haupteinsatzgebiete in der holzverarbeitenden Industrie liegen in der Kantenbeschichtung und in der Furnierzusammensetzung.

Schmelzkleber bestehen aus dem Klebgrundstoff (Basispolymer), Harzen, Füllstoffen, Pigmenten sowie verschiedenen anderen Zusätzen.

Vorteile von Schmelzklebern:

- Abwesenheit von Lösungsmittel, keine Verdampfung von Wasser oder anderen flüchtigen Verbindungen (Schmelzkleber bestehen aus 100% Feststoff), damit geringe Anforderungen an Arbeits- und Umweltschutz
- einfache Anwendung, kurze Abbindezeiten, hohe Geschwindigkeiten bei der Verarbeitung (Fügegeschwindigkeiten bis 100 m/min)
- rasche Ausbildung der Bindefestigkeit
- hohe Bindefestigkeiten
- hohe Flexibilität und Zähigkeit
- Anwendung für die verschiedensten Werkstoffe möglich, geringfügige Anforderungen an die Oberflächenvorbehandlung der zu verklebenden Werkstücke
- breite Formulierungsgrenzen (Farbe, Verarbeitungsviskosität, Anwendungstemperatur, Anwendungseigenschaften)
- praktisch unbegrenzte Lagerbeständigkeit sowie problemlose Lagerung
- zeitlich unbegrenzte Verarbeitbarkeit, keine Topfzeit
- keine Verunreinigung von Geräten, Werkstücken und der Umgebung, weil ein gezielter Klebstoffauftrag erfolgt

- gute Steuerung über Temperaturführung, damit gute Einsetzbarkeit in automatischen Fertigungssystemen.

Nachteile der Schmelzkleber:

- Tendenz zum kalten bzw. (lau)warmen Fluss: Schmelzkleber neigen unter mechanischer Beanspruchung zum Kriechen, auch weit unterhalb der Schmelztemperatur; Klebfugen können sich langsam lösen; erhöhte Temperaturen beschleunigen diesen Effekt exponentiell.
- wegen des thermoplastischen Verhaltens geringe Wärmebeständigkeit, Verlust an Bindefestigkeit bei Einwirkung von erhöhten Temperaturen.
- Temperaturempfindlichkeit der zu verklebenden Oberflächen muss berücksichtigt werden.

Allgemeine Literaturhinweise: Eib (1995), Heinrich (2000), Neusser u.a. (1973a+b), Pfuhl (2000), Pizzi (1994h), Quixley (1989).

2.4.1 Basispolymere

Das jeweilige Basispolymer bestimmt die Grundeigenschaften des Schmelzklebers, wobei durch die Wahl der Molmasse bzw. der Molmassenverteilung des Polymeren und durch die chemische Zusammensetzung des Klebstoffes entsprechende Variationen in den Eigenschaften erreicht werden können.

2.4.1.1 *Äthylen-Vinylacetat (EVA)*

Dieses Copolymer stellt die meist eingesetzte Type dar (ca. 80 %); es ist in Viskosität (Schmelzindex) und Acetatgehalt fast beliebig variierbar und verfügt über eine weitgehend amorphe Struktur und einen breiten Erweichungsbereich. Die Vinylacetatgruppen bewirken ein gutes Adhäsionsvermögen gegenüber vielen Werkstoffen. Eine Beschränkung des Einsatzes ist vor allem wegen der begrenzten Wärmebeständigkeit gegeben.

Mit höherem Vinylacetatanteil steigen die Adhäsionsfähigkeit, das Benetzungsvermögen und die Flexibilität, allerdings auch die Abbindezeit und der Preis. Die Wärmebeständigkeit und die Kohäsionseigenschaften sinken. Je höher die Molmassen im Copolymer sind, desto schlechter ist die Benetzungsfähigkeit, desto besser allerdings sind die Kohäsionseigenschaften sowie die Wärme- und Temperaturbeständigkeit und desto höher die Schmelzviskosität bei gegebener Temperatur. Dies ist z. B. bei der Kantenbeschichtung wichtig, um ein übermäßiges Absinken des Schmelzklebers in die poröse Kante der Spanplatte und damit das Auftreten einer verhunderten Klebfuge zu vermeiden.

2.4.1.2
Äthylen-Acrylsäureester-Copolymerisate EEA

Hohe Wärmebeständigkeit, hohe Elastizität bei niedrigen Temperaturen.

2.4.1.3
Thermoplastische PUR

Bestehen aus Pulyurethanpolymeren, die aber keine freien Isocyanatgruppen mehr enthalten, deshalb zeigen sie auch keine Vernetzungsreaktionen.

2.4.1.4
Polyamide PA

Polyamide entstehen durch die Reaktion von Diaminen mit Dicarbonsäuren. Je nach den gewünschten Eigenschaften werden die verschiedensten Kombinationen dieser beiden Ausgangsprodukte eingesetzt. Infolge des schmalen Erweichungsbereichs (schärferer Übergang zwischen elastischem und plastischem Bereich) ist eine kurze Verfestigungszeit gegeben. Der Erweichungspunkt liegt je nach Type im Bereich zwischen 105 und 190 °C. Der Einsatz erfolgt bei einer raschen gewünschten Verfestigung und insbesondere bei einer hohen geforderten Wärmebeständigkeit; Vorteile sind ferner die geringe Schmelzviskosität, hohe Festigkeiten, eine hohe Anfangsfestigkeit und eine gute Beständigkeit gegen Öl und Lösungsmittel, Nachteil ist der hohe Preis und die Anfälligkeit gegenüber Verkohlung bei hohen Temperaturen in Gegenwart von Luftsauerstoff. Die hohe Polarität kann überdies zu Problemen mit zu geringer Haftung auf vielen Werkstückoberflächen führen.

2.4.1.5
Thermoplastische (lineare, gesättigte) Polyester

Je nach chemischer Zusammensetzung sind sehr harte oder elastische Klebfugen möglich, wobei relativ hohe Schmelzviskositäten gegeben sind. Die Klebfugen sind gut beständig gegen Feuchtigkeit, Wasser und UV-Licht.

2.4.1.6
Amorphe Poly-α-olefine (APAO)

Eingesetzt wird vor allem Polypropylen mit seiner besseren Wärmebeständigkeit im Vergleich zu EVA; der Preis liegt zwischen EVA und PA. APAO zeigen gute Adhäsionseigenschaften zu unpolaren Oberflächen, eine gute Flexibilität und eine hohe Beständigkeit gegen Temperatur und Feuchtigkeit.

2.4.2
Zusammensetzung von Schmelzklebern

2.4.2.1
Polymer

Variation der Molmasse und der Molmassenverteilung sowie der chemischen Zusammensetzung (Viskosität, weichmachende Wirkung von Comonomeren u.a.). Einfluss auf Kohäsion, Adhäsion, Temperaturbeständigkeit und Alterungsverhalten.

2.4.2.2
Klebharz (Tackifier)

Zum Beispiel verschiedene Kohlenwasserstoffharze (Cumaron/Indenharze) bzw. modifizierte Kolophoniumester; Zweck der Zugabe sind Verbilligung, die Verbesserung verschiedener Eigenschaften wie Benetzung, Adhäsion, Klebrigkeit (hot tack), Elastizität oder Fließverhalten sowie die Verlängerung der zulässigen offenen Zeit. Der Gehalt an solchen Harzen in einer Schmelzkleberformulierung kann im Bereich 10–25% liegen.

2.4.2.3
Andere Bestandteile

- Wachse (Paraffinwachse, Kohlenwasserstoffharze, Polyäthylenharze): Erhöhung der Beständigkeit gegenüber Wasser und Feuchtigkeit (Hydrophobierung), Verbesserung der Feuchtebeständigkeit und des Glanzes, Verbilligung.
- anorganische Füllstoffe: Kalziumcarbonat (Kreide), Bariumsulfat (Schwerspat), Leichtspat u.a.; Senkung des Schrumpfes, erhöhte Füllung und Verstärkung, Verhinderung des Absackens des geschmolzenen Klebstoffes in rauhe Oberflächen, z.B. Schmalflächen von Spanplatten, Verbilligung; Füllstoffe dürfen sich beim Erhitzen nicht zersetzen und keine Gase (auch nicht Wasserdampf) abspalten (sorgfältige Trocknung erforderlich). Anteil im fertigen Schmelzkleber 35–40 (bis 50)%.
- Pigmente: dekorative Eigenschaften (Farbe), z.B. Titandioxid.
- Weichmacher: Verbesserung der Benetzbarkeit und der Flexibilität des Klebstoffes; Viskosität und Wärmebeständigkeit werden jedoch verringert, gleichzeitig kann kaltes Fließen auftreten. Zusätzlich begünstigen sie das Verblocken von mit Schmelzklebern vorbeschichteten Folien und Werkstoffen. In solchen Fällen ist die Verwendung der teureren Weichharze erforderlich.
- Stabilisatoren (Antioxidantien): Verbesserung des thermooxidativen Verhaltens (Wärme- und Alterungsbeständigkeit), Zugabemengen üblicherweise 0,2–0,5%.
- Alterungsschutzmittel: z.B. UV-Stabilisierung.

2.4.3 Eigenschaften und Verarbeitung

2.4.3.1 *Thermisches Verhalten*

Die Glastemperatur T_g bezeichnet den Übergang zum viskosen Verhalten des Schmelzklebers:

- hohe T_g: Gefahr der Versprödung der Fugen in der Kälte.
- niedrige T_g: kalter Fluss bereits bei niedrigen Temperaturen, keine nennenswerte Wärmestandfestigkeit.

Je höher die Glastemperatur, desto höher ist die Wärmestandfestigkeit (EVA 55–85 °C, PA 110–130 °C).

2.4.3.2 *Eigenschaften*

Tabelle 2.7 fasst übersichtsartig die Eigenschaften von Schmelzklebern zusammen.

Schmelzkleber weisen eine begrenzte Wärmestandfestigkeit der Verklebung auf. Eine ausreichende thermische Stabilität des Schmelzklebers soll in bestimmten Ausmaß gegeben sein (z. B. 24 Stunden bei Verarbeitungstemperatur).

2.4.3.3 *Verarbeitung*

Schmelzklebstoffe werden als Granulate, Patronen oder Pulver verarbeitet. Sie werden dazu in speziellen Geräten aufgeschmolzen und auf die Oberflächen aufgebracht. Dabei ist das je nach Klebstoff unterschiedliche Schmelz- und Fließverhalten zu beachten, insbesondere hinsichtlich der Benetzung der zweiten Werkstückoberfläche, auf die der Schmelzkleber nicht direkt aufgetragen wurde.

Verarbeitungstemperaturen:

- EVA: je nach Type zwischen 150 und 230 °C; hohe Temperaturabhängigkeit der Schmelzviskosität.
- PA: 120–230 °C; üblicherweise enger Schmelzbereich, niedrige Schmelzviskosität; Verarbeitungsviskositäten: 500–3000 (–10000) mPa · s.

Die Endfestigkeit wird durch Abkühlen der Klebfuge innerhalb weniger Sekunden bis Minuten erreicht. Beim Auftragen und Fügen ist darauf zu achten, dass:

- der Schmelzkleber auf die erforderliche Verarbeitungstemperatur erhitzt ist (meist 20–50° über der Temperatur des Schmelzbereiches)
- die Fügeteile die geforderte Mindesttemperatur haben

Tabelle 2.7. Eigenschaften von Schmelzklebern

Eigenschaft	Beschreibung
Viskosität	breiter Bereich: bei Kantenanwendung: 30000–180000 mPa · s, bei Profilanwendung 5000–40000 mPa · s, jeweils bei Anwendungstemperatur; bei niedrigeren Viskositäten üblicherweise bessere Benetzungseigenschaften; hohe Viskositäten wichtig bei schlechter Kantenqualität, Schmelzkleber mit niedrigen Viskositäten würden zu sehr in den Untergrund eindringen.
Dichte und Füllstoffgehalt	ungefüllt: 0,95 g/cm³; bei hohem Füllstoffgehalt: bis 1,6 g/cm³; ungefüllte Schmelzkleber weisen üblicherweise ein besseres Eigenschaftsprofil auf.
Erweichungspunkt	erlaubt Abschätzung der Wärmebeständigkeit: EVA: 55–85 °C PA: 130 °C APAO: bis 165 °C
Zugfestigkeit	beschreibt die Kohäsionsfestigkeit des Schmelzklebers; die Messung wird bevorzugt bei höherer Temperatur durchgeführt, damit sind auch Aussagen über die Wärmebeständigkeit möglich.
Anfangsfestigkeit (green strength)	üblicherweise bei hohen Schmelzviskositäten; auch möglich bei niedrigeren Viskositäten aber raschem Abbinden, wichtig bei dicken oder flexiblen Kanten, die andernfalls zurückspringen können.
Verfestigungszeit, Abbindezeit (setting time)	Sehr kurze Verfestigungszeit kann Benetzung verschlechtern
Verbleibende Klebrigkeit	Verschmutzungsgefahr bei weiteren Bearbeitungsschritten
Benetzungseigenschaften und Adhäsionsverhalten	Entscheidend für die Qualität der Verklebung
Thermische Stabilität	wichtig bei langsamen Prozessen bzw. Unterbrechungen der Verarbeitung
Geruch	abhängig von der Arbeitstemperatur; gute Absaugeinrichtungen bei der Anwendung wichtig
Fädenziehen	bei gefüllten Schmelzklebern üblicherweise kein Problem; Erhöhung der Verarbeitungstemperatur ist eine mögliche Abhilfe
Verblocken (Zusammenpacken der Granulatkörner)	abhängig von der verbleibenden Klebrigkeit, kann bei höheren Lagertemperaturen (Sommer) auftreten

- während der Verarbeitung nicht durch kalte Zugluft oder geringe Umgebungstemperaturen eine schnelle, oberflächliche Abkühlung der Klebschicht erfolgt (Bildung einer Haut auf der Klebschicht vermindert deren Klebrigkeit, weil die Benetzung der Gegenseite be- oder verhindert wird).

Schmelzklebstoffe haben eine sehr geringe offene Zeit, sodass das Fügen unmittelbar nach dem Auftragen erfolgen muss. Unmittelbar mit dem Fügen muss auch der erforderliche Pressdruck aufgebracht werden. Über eine entsprechende Temperaturführung und -regelung sind Schmelzkleber auch leicht in automatischen Fertigungssystemen einsetzbar.

Wichtige Parameter für die Verarbeitung sind:

- rheologische Maschinenlaufeigenschaften
- Endfestigkeit
- Langzeit- und Alterungsverhalten

Applikationsmethoden:

- Raupenauftrag
- Sprühauftrag
- Walzenauftrag
- Breitschlitzdüsenauftrag
- Foam Melt-Verfahren: mechanisches Aufschäumen mit inertem Gas, z.B. Stickstoff

2.4.3.4
Einsatzgebiete

- Kantenanleimung
- Profilummantelung
- Verpackung
- Montagehilfe
- Furnierzusammensetzung: Stumpfverleimung, Schmelzkleber-Zickzack-Fäden

2.4.4
Einkomponentige reaktive Schmelzkleber (Reaktions-Schmelzklebstoffe, Curing Hotmelts)

2.4.4.1
Zusammensetzung

Reaktions-Schmelzklebstoffe sind leicht schmelzbare Polyurethan-Präpolymere (Polyaddition von mehrwertigen Alkoholen und Isocyanat) mit reaktiven Isocyanat-Endgruppen (–N=C=O), welche mit der Feuchtigkeit des Holzes reagieren und damit die Aushärtung bewirken (feuchtigkeitshärtend). Dabei entsteht aus den oligomeren, niedrigviskosen Molekülen ein vernetztes Polymer. Dadurch ist keine Thermoplastizität mehr gegeben, die vernetzten Klebfugen können nicht mehr aufschmelzen und sind unlöslich (gute mechanische und chemische Beständigkeit).

2.4.4.2
Verarbeitung

Bei der Verarbeitung ist eine zweistufige Verklebung gegeben; die beiden Prozesse laufen parallel, jedoch mit unterschiedlicher Geschwindigkeit:

- rasches physikalisches Erstarren durch Abkühlen: dadurch wird eine hohe Anfangsfestigkeit für die rasche Weiterverarbeitung erreicht.
- langsameres chemisches Aushärten durch nachfolgende Vernetzung: die Reaktion der freien Isocyanatgruppen wird durch die Feuchtigkeit der Umgebung bzw. des Holzes initiiert. Die Härtungsgeschwindigkeit ist abhängig vom Feuchteangebot und der einwirkenden Temperatur, die Aushärtung ist nach wenigen Tagen abgeschlossen.

2.4.4.3
Vorteile gegenüber nicht reaktiven Hotmelts

- höhere Temperatur-, Feuchtigkeits- und Wasserdampfbeständigkeit
- höhere mechanische Festigkeit der Verklebung
- niedrigere Applikationstemperaturen: niedrigere Molmassen und Erweichungs- bzw. Schmelzpunkte. Verarbeitung von wärmeempfindlichen Substraten, wie z.B. PVC-Folien, möglich. Beispiel: Verarbeitungstemperatur ca. 70 °C bei einer gesicherten Wärmestandfestigkeit der Verklebung von ca. 120 °C.
- hohe Alterungsbeständigkeit.

2.4.4.4
Nachteile gegenüber nicht reaktiven Hotmelts

- enthalten monomere Isocyanate (Arbeitshygiene!)
- höhere Anforderung an Verpackung und Auftragstechnik: Ausschluss von Wasser durch wasserdichte Verpackung bzw. Verarbeitung unter Schutzgas. Lieferform in Metallgebinden, nicht als Granulat.
- höherer Preis.

2.4.4.5
Anwendung

- Kantenverklebung, wenn hohe Temperaturbeständigkeit und Feuchtefestigkeit erforderlich ist (Küche, Bad), Verarbeitungstemperaturen 120 – 160 °C.
- hochwertige Ummantelungen: Verarbeitungstemperaturen 100 – 130 °C, damit können auch thermoplastische Kunststoff-Folien verarbeitet werden.

- Ummantelung mit Furnieren für den Außenbereich.
- Auftragsarten: Düsenauftrag, Walzenauftrag, Spritzauftrag (vorgewärmte Spritzluft).

Weitere Literaturhinweise: Edelberg (1989), Erb und Brückner (1996), Frank (1992), Frank und Kunkel (1989), Heydt (1989 a + b), Higgins (1995), Hoffmann und Krebs (1995 a + b), Sonje (1992).

2.4.5 Zweikomponentige reaktive Schmelzkleber

Bestehen z.B. aus Polyamid + Epoxid als Vernetzer oder Polyolkomponente + Isocyanat. Die Verarbeitungstemperaturen betragen bis 200 °C, nach der Abmischung der beiden Komponenten ist nur eine bestimmte kurze Topfzeit gegeben. Vorteile dieser Klebstoffsysteme sind die gute Wärme-, Alterungs- und Langzeitstabilität infolge des duroplastischen Charakters.

2.5 Polyvinylacetatleime

PVAc-Leime sind nach den UF-Harzen die zweitwichtigsten Klebstoffe in der Möbelindustrie. Sie sind physikalisch abbindende Klebstoffe und zeichnen sich durch eine hohe Adhäsion gegenüber Holz, Holzwerkstoffen, Papier, Keramik, verschiedenen Kunststoffen und anderen Materialien aus. Wesentliche Vorteile sind insbesondere ihre physiologische Unbedenklichkeit, die anwendungsfertige Lieferform, die mehr oder minder unbegrenzte Lagerstabilität, die kurze Abbindezeit, das Fugenfüllvermögen, die farblose Leimfuge, die gute Wasserverdünnbarkeit und damit leichte Reinigung der Auftragsgeräte sowie die Verträglichkeit mit anderen wässrigen Klebstoffen. Nachteile sind das thermoplastische Verhalten und die Empfindlichkeit für ein Kriechen der Klebfuge.

Die übliche Anwendungsform bei der Holzverarbeitung ist die wässrige Dispersion (Weißleim).

Allgemeine Literaturhinweise: Geddes (1989, 1994), Goulding (1983), Heinrich (2000), Neusser (1957), Schall (1986 a + b, 1987 a + b), Zeppenfeld (1991).

2.5.1 Basispolymere

2.5.1.1 *Polyvinylacetat PVAc*

PVAc ist ein thermoplastisches Polymer; infolge seiner vielfältigen Varianten (Homo- oder Copolymerisat, unmodifiziert oder modifiziert, mit oder ohne Plastifizierungsmittel) ist es ein wichtiger Klebstoff mit unterschiedlichen

Verarbeitungs- und Klebeeigenschaften. Die Anwendungsbereiche umfassen die industrielle und handwerkliche Beschichtung von Holzwerkstoffen sowie den gesamten Bereich der Kaltverleimung bei den unterschiedlichsten Anwendungen. Die verschiedenen Klebstoffe auf Basis von PVAc unterscheiden sich je nach Zusammensetzung und Formulierung in:

- Viskosität
- Trocknungsgeschwindigkeit
- Farbe der getrockneten Klebfugen
- Flexibilität oder Sprödigkeit
- Härte oder Weichheit.

PVAc entsteht durch eine Radikalpolymerisation von Vinylacetat, wobei die Durchführung meist als Emulsionspolymerisation erfolgt: Dispergieren des monomeren VAc in Gegenwart von Emulgatoren, radikalische Initiierung (z.B. durch Benzoylperoxid) der Polymerisation zu hochmolekularen PVAc-Kettenmolekülen. Die Wahl des Katalysators, das Massenverhältnis des Katalysators zu den Monomeren und die Reaktionsbedingungen ermöglichen die Steuerung der Molmassenverteilung bzw. Molmassenmittelwerte sowie der möglichen Verzweigung. Man erhält wässrige Dispersionen hochmolekularer PVAc-Moleküle mit Teilchengröße von kleiner 10 μm, wobei hier die Größenangaben stark schwanken (1–2 μm bzw. 0,3–5 bzw. 5–10 μm), und einer Konzentration von ca. 50% (40–60%). Die Viskosität dieser Dispersionen hängt von der Konzentration, der Teilchengrößenverteilung und den eingesetzten Emulgatoren/Schutzkolloid ab.

Die Verleimungswirkung von PVAc beruht auf der Entfernung des Wassers durch Eindringen in die Oberfläche bzw. durch Verdunstung sowie die dadurch mögliche Filmbildung, die zur Ausbildung einer ordnungsgemäßen Leimfuge unter Pressdruck erfolgen muss. Die Endfestigkeit wird nach Abwanderung des restlichen Dispersionsmittels (Wasser) aus der Leimfuge erreicht. Je nach Zugabe von Weichmachern beträgt der Weißpunkt (Mindestfilmbildungstemperatur) 4–18 °C. Unterhalb des Weißpunktes erfolgt keine ordnungsgemäße Filmbildung mehr, sondern nur ein kreidiges Auftrocknen (krümelige weiße Klebfuge, starker Festigkeitsabfall). Einflussfaktoren auf die Abbindegeschwindigkeit sind:

- Saugfähigkeit der Holzoberflächen
- Holzfeuchtigkeit
- Luftfeuchtigkeit: Abdunsten von Wasser während der offenen Wartezeit
- Klebstoffauftragsmenge
- Temperatur des Klebstoffes, der Holzoberfläche und der Umgebung.

Einsatzgebiete:

- Tischlerhandwerk und Möbelindustrie: Vollholzarbeiten, Furnieren
- Do It Yourself-Bereich

Je nach den gegebenen Formulierungen des fertigen Klebstoffes können verschiedene Wasserfestigkeiten nach DIN 68602 (B1–B4) bzw. EN 204 (D1–D4) erzielt werden. Bei den Zweikomponenten-PVAc-Leime (B4-Leime) erfolgt die Quervernetzung der PVAc-Ketten durch Zugabe von härtenden Harzen, komplexbildenden Salzen (Chrom- oder Aluminiumverbindungen) oder Isocyanat.

2.5.1.2
Copolymere

Die zur Copolymerisation eingesetzten Comonomere (Acrylester wie Butylacrylat oder 2-Äthylhexylacrylat, Dialkylfumarate, Äthylen u.a.) ergeben meist einen flexibleren Aufbau des Copolymeren im Vergleich zu PVAc-Homopolymerisaten und damit eine niedrigere Glasübergangstemperatur, die wiederum eine niedrigere Mindestfilmtemperatur ermöglicht. Es kann durch die Copolymerisation aber auch eine Anhebung der Glasübergangstemperatur erreicht werden, z.B. mit Methacrylsäureester oder Dialkylmaleaten (Dibutylmaleat).

2.5.2
Zusammensetzung der PVAc-Leime

Zur Herstellung der Klebdispersionen werden den Polymerdispersionen verschiedene Modifizierungsmittel zugemischt.

2.5.2.1
Polymerdispersion

Homo- oder Copolymerisate (s. oben). Aufgabe des Polymers ist die eigentliche Ausbildung der Klebfestigkeit über die verschiedenen möglichen Bindungsmechanismen wie Nebenvalenzkräften, Wasserstoffbrückenbindungen aber auch mechanischer Verankerung. Das Antrocknen der PVAc-Emulsion muss dabei oberhalb der Mindestfilmtemperatur (Weißpunkt) erfolgen. Diese Temperatur wird wesentlich von der so genannten Glasübergangstemperatur T_g des Polymers bestimmt (glass transition temperature GTT, second order transition temperature). Sie ist die Grenze zwischen dem spröden und dem gummielastischen Zustand des Polymers und beträgt bei PVAc ca. 28 °C.

2.5.2.2
Weichmacher

Um die festen PVAc-Partikel zu verflüssigen, werden der Dispersion 10–50% Weichmacher zugesetzt. Art und Menge des Weichmachers haben wesentlichen Einfluss auf die Abbindegeschwindigkeit des Dispersionsklebstoffes. Weichmacher sind üblicherweise hochsiedende organische Substanzen, wie z.B. Glykolsäurebutylester, Dibutylphthylat, Dimethylphthalat u.a.; sie bewirken das Quellen und Weichwerden der PVAc-Teilchen und sichern damit die Filmbildung des abbindenden Klebstoffes bei Raumtemperatur bzw. bei niedrigen Temperaturen, die Klebrigkeit des nassen und abgebundenen Klebfilms und eine verbesserte Wasser- und Feuchtebeständigkeit der Klebfuge. Wichtig kann ihr Einsatz auch bei der Verklebung flexibler Materialien sein. Nachteile sind die Senkung der Temperaturbeständigkeit der Klebfuge, eine mögliche Weichmachermigration sowie ein erhöhter kalter Fluss. Zur Vermeidung der Weichmacherwanderung können auch spezielle Weichharze verwendet werden.

2.5.2.3
Härter/Vernetzer

Um das thermoplastische in ein duroplastisches Verhalten überzuführen und damit eine entsprechende Beständigkeit gegen Wassereinwirkung insbesondere bei höherer Temperatur zu erreichen, müssen die Polymerketten vernetzt werden.

Geeignete Vernetzer sind härtende Harze (z.B. auf Formaldehydbasis, Abbindung bei höherer Temperatur erforderlich), Isocyanat sowie komplexe Härternitratsalzlösungen auf Basis von Aluminium (Al III-Verbindungen, z.B. Aluminiumnitrat) oder Chrom (Cr III-Verbindungen, z.B. Chromnitrat).

2.5.2.4
Sonstige Bestandteile

- Füllstoffe: erhöhen den Feststoffanteil der Dispersion; eingesetzt werden üblicherweise Calciumcarbonat (Kreide), Calciumsulfat (Leichtspat), Tonerde und Bentonite; daneben sind auch organische Füllstoffe wie Holzmehl möglich. Zugabemengen: bis zu 50 %, bezogen auf PVAc. Zweck der Zugabe ist die Reduzierung der möglichen Eindringtiefe des Klebstoffes in die Holzoberfläche, eine thixotrope Einstellung des Klebstoffes, die Erzielung fugenfüllender Eigenschaften und insbesondere die Verbilligung. Weiters wird durch den Füllstoffgehalt die Erweichungstemperatur des abgebundenen Leimfilms erhöht (Bergin und Chow 1974). Nachteile sind die Anhebung des Weißpunktes und eine mögliche verstärkte Werkzeugabnutzung. Der Aschegehalt steigt mit dem Anteil an anorganischen Füllstoffen.
- Antischaummittel (Defoamer): zur Verhinderung der Bildung schaumiger Leime bei hochviskosen Dispersionen (Vermeidung eines unkontrollierten Klebstoffauftrages). Die Zugabe ist so niedrig wie möglich zu halten, um die Haftfestigkeit und das Benetzungsvermögen der Dispersion nicht zu gefährden.
- Stabilisatoren: gegen UV-Strahlen; die UV-Beständigkeit von PVAc stellt üblicherweise kein Problem dar.
- Dispergiermittel.
- Schutzmittel gegen biologischen Angriff: wichtig, wenn organische Füllmittel im Klebstoff enthalten sind.
- Verdickungsmittel (Hydroxyäthylzellulose, Carboxymethylzellulose u.a.): bewirken eine Erhöhung der Viskosität, eine Verlängerung der offenen Zeit

und eine Absenkung der Abbindegeschwindigkeit. Dadurch wird die Adhäsion an saugfähigen Oberflächen erhöht.

- Polyvinylalkohol: erhöht den Widerstand gegen kaltes Fließen, verringert aber die Widerstandsfähigkeit gegenüber Wassereinwirkung; bewirkt durch seine Hygroskopizität eine Verlängerung der zulässigen offenen Wartezeit; die Zugabe hochmolekularer PVAl-Anteile erhöht deutlich die Viskosität (Wirkung als Verdickungsmittel), was Klebstoffe mit niedrigerer Konzentration ermöglicht. Weitere Vorteile: gute Maschinenlaufeigenschaften, rasche Festigkeitsausbildung (green tack).
- Stärke: Zweck der Zugabe ist vor allem die Kostenreduktion, allerdings auf Kosten der Wasserbeständigkeit der Klebfuge. Deutliche Verlängerung der zulässigen offenen Wartezeit, Gefahr eines mikrobiellen Angriffes.
- Benetzungshilfen (Netzmittel): zur Verbesserung der Benetzung der Fügeteiloberflächen durch den Klebstoff sowie zur Verhinderung des Absetzens von Füllstoffen (Benetzung der Füllstoffoberfläche). Die Zugabe ist so gering wie möglich zu halten, um ein Schäumen der Dispersion in den Auftragsgeräten zu vermeiden.
- Farbstoffe und Beizfarben.
- Tackifier: verschiedene Harze, wie z.B. Kolophonium oder Kohlenwasserstoffharze; Zweck der Zugabe ist ein Absenken der Klebstoffkosten, die Erhöhung der Abbindegeschwindigkeit sowie die Verbesserung der Bindefestigkeit.
- Lösungsmittel (Alkohole, Ketone, Ester u.a.): haben eine ähnliche Wirkung wie Weichmacher; sie lösen oder quellen die PVAc-Partikel und erleichtern so die Filmbildung beim Abbinden. Der wesentliche Unterschied zu den Weichmachern besteht darin, dass sie während der offenen Zeit oder zu Beginn der Filmbildung verdunsten bzw. wegdiffundieren und die Klebfuge nicht plastifizieren.
- Flammschutzmittel.

2.5.3 Eigenschaften und Verarbeitung

2.5.3.1 *Eigenschaften*

Tabelle 2.8 fasst übersichtlich die Eigenschaften von PVAc-Leimen zusammen.

2.5.3.2 *Verarbeitung und Eigenschaften der hergestellten Verklebungen*

Die Formulierung des eingesetzten PVAc-Klebstoffes hängt stark auch von den Verarbeitungseigenschaften ab:

- Art der zu verleimenden Werkstoffe (Holz, Kunststoffplatten u.a.)
- Hart- oder Weichholz

Tabelle 2.8. Eigenschaften von PVAc-Leimen

Viskosität	je nach Formulierung und Konzentration 5000–50 000 mPa · s
Trockengehalt	üblicherweise 40–60%; Messung z.B. 1 Stunde bei 105 °C
Aschegehalt	abhängig vom Gehalt an anorganischen Füllstoffen
Dichte	abhängig vom Gehalt an insbesondere anorganischen Füllstoffen
pH-Wert	3–6 bei ungefüllten Leimen (Gefahr der Holzverfärbung); neutral bei kreidegefüllten Systemen
Minimale Filmbildungstemperatur	unterhalb der Mindestfilmtemperatur bildet sich nur ein kreidiger Auftrag, aber kein Klebfilm
Zulässige offene Zeit	beginnt mit dem Klebstoffauftrag, dieser muss bis zum Zeitpunkt des Kontaktes mit der zweiten Oberfläche noch klebrig sein; üblicherweise 5–30 Minuten, abhängig von der Klebstoffformulierung, den Eigenschaften der zu verleimenden Oberflächen und den Umgebungsbedingungen
Zulässige geschlossene Zeit	Zeitspanne zwischen dem Kontakt mit der zweiten Oberfläche und dem Beginn der eigentlichen Verleimung (Druckaufbau)
Klebrigkeit (Tack)	wirkt unmittelbar nach dem Zusammenfügen der beiden Oberflächen
Erforderliche Abbindezeit, Abbindegeschwindigkeit	abhängig von der Temperatur der zu verleimenden Holzoberflächen
Farbe	ohne Zugabe von Farbstoffen ist eine farblose Klebfuge gegeben; die saure Einstellung mancher PVAc-Leime kann jedoch in (seltenen) Fällen eine Holzverfärbung verursachen.
Geruch	abhängig von Lösungsmitteln und Restmonomeren
Benetzungseigenschaften	üblicherweise ist mit PVAc-Leimen eine gute Benetzung von Holzoberflächen gegeben; geringe Mengen an PVAc-Leimen werden manchmal zu UF-Leimen zur Verbesserung des Benetzungsverhaltens zugegeben.
Wasserbeständigkeit	abhängig von der Formulierung des Klebstoffes; eine deutlich Verbesserung der Wasserbeständigkeit ist durch Vernetzung möglich

- Oberflächenbeschaffenheit
- Erfordernis für fugenfüllende Eigenschaften des Klebstoffes und andere Parameter)
- Auftragsmethoden: händisch, Leimauftragsmaschinen usw.
- Anforderungen betreffend offener Wartezeit bzw. raschem Abbinden
- Anwendungsbedingungen: Temperaturen, Holzfeuchtigkeit
- mögliche Werkzeugabnutzung bei der Weiterverarbeitung.

Unmittelbar nach dem Auftragen auf die Holzoberfläche weisen wässrige Klebdispersionen keine Haftung und keine Kohäsion auf. Erst durch die Penetration des Wassers in die Holzoberfläche oder durch Verdunsten in die Umgebungsluft können die dispergierten Teilchen aggregieren; unter Einwirkung des Pressdruckes bildet sich danach der Klebfilm aus. Die Endfestigkeit wird erreicht, wenn das restliche Dispersionsmittel (v.a. Wasser) aus der Klebfuge herausdiffundiert ist.

Tabelle 2.9: Einflussfaktoren auf die Abbindegeschwindigkeit von PVAc-Dispersionsklebstoffen.

Die Abbindegeschwindigkeit ist eine direkte Funktion des Wasseraufnahmevermögens der zu verleimenden Oberflächen; je höher dieses ist, desto schneller kann der Klebstoffauftrag abtrocknen. Je höher die Holzfeuchte, desto geringer ist das Feuchtegefälle zwischen Klebstoffauftrag und Holz und damit die Abbindegeschwindigkeit. Ein Teil des Dispersionswassers kann auch während der offenen Wartezeit durch Verdunsten aus dem Klebstoffauftrag entfernt werden. Dabei ist insbesondere die Temperatur des Klebstoffauftrages und der Umgebung geschwindigkeitsbestimmend. Je höher die Klebstoffauftragsmenge, desto längere Zeiten sind für das ausreichende Abtrocknen des Klebfilms durch Abdunsten bzw. Eindringen in die Holzoberfläche erforderlich (Bierwirth 1994). Die Wahl der richtigen (= minimalen) Auftragsmenge ist demnach von entscheidender Bedeutung. Eine erhöhte Temperatur der Oberfläche und/oder des Klebstoffes vermindert die Viskosität des Leimauftrages (erhöhte Penetration) bzw. beschleunigt die Verdunstung des Wassers (rascheres Abtrocknen, aber auch Verkürzung der zulässigen offenen Wartezeit).

Je höher die Presstemperatur (bzw. insbesondere die Holztemperatur), desto rascher erfolgt das Abbinden in der Klebfuge. Höhere Abbindetemperaturen ergeben üblicherweise bessere Klebfestigkeiten, insbesondere bei vernetzenden Systemen.

Tabelle 2.9. Einflussfaktoren auf die Abbindegeschwindigkeit von PVAc-Dispersionsklebstoffen (nach Rabiej und Brown 1985 sowie Theiling 1972)

In der Klebstoffart begründete Einflussfaktoren:	Art des Polymersystems (Homopolymer, Copolymer) Schutzkolloidsystem Feststoffgehalt Teilchengröße der Dispersion Art und Menge der Modifizierungsmittel Viskosität des Klebstoffes
Anwendungsbedingungen:	Lage der Jahrringe (orthotrope Lage der zu verleimenden Oberflächen) Holzdichte Saugfähigkeit der zu verleimenden Oberflächen Anteil Früh- und Spätholz Material und Umgebungsfeuchte Auftragsmenge offene Wartezeit Temperaturen (Klebstoff, Holzoberfläche, Umgebung)

Die Eigenschaften der entstehenden Leimfuge (Festigkeit, Flexibilität, Wasserbeständigkeit u.a.) hängen im Wesentlichen von der Zusammensetzung und Formulierung der PVAc-Klebstoffe ab. Die Festigkeit einer PVAc-Verklebung sinkt wegen des thermoplastischen Verhaltens des Klebstoffes mit höherer Temperatur; je höher die Molmassen, desto geringer ist dieser Festigkeitsverlust. Zusätzlich unterliegen PVAc-Leimfugen unter dauernder Beanspruchung einem kalten Fluss, insbesondere bei Anwesenheit von Weichmachern. Beide Effekte beschränken demnach die Wärmebeständigkeit einer PVAc-Klebfuge sowie allgemein die Langzeitfestigkeit unter Dauerbeanspruchung bei höheren Temperaturen (>40 °C). Ist die Einsatztemperatur kontinuierlich über der üblichen Raumtemperatur, sollte das Basispolymer möglichst hochmolekular und kein Weichmacher in der Klebstoffformulierung enthalten sein. Weiters kann ein neutral eingestellter Klebstoff die Hydrolyse von PVAc verhindern, wobei die andernfalls entstehende Essigsäure als Weichmacher wirken könnte. Eine verbesserte Langzeit-Temperaturbeständigkeit kann auch durch die Zugabe geringer Mengen eines härtenden Kunstharzes erzielt werden. Dicke Klebfugen neigen eher zu kaltem Fluss. PVAc-Leimfugen sind gegen höhere Temperaturen beständig, wenn vernetzende System eingesetzt werden.

PVAc-Leimfugen lösen sich nicht in Wasser, quellen jedoch und verlieren dadurch stark an Festigkeit. Gegen organische Lösungsmittel (Ketone, Ester, aromatische Kohlenwasserstoffe) sind PVAc-Leimfugen nicht beständig, sie quellen stark bzw. werden zum Teil sogar aufgelöst.

2.6 Anorganische Bindemittel

2.6.1 Allgemeine Beschreibung

Typisch für anorganisch gebundene Platten ist der deutlich höhere Bindemitteleinsatz (bezogen auf die Masse der einzelnen Komponenten) verglichen mit organisch gebundenen Platten. Die Holzpartikel können, je nach Menge und Abmessungen, als Füllstoff oder Bewehrung dienen.

Das gute Brandverhalten mineralisch gebundener Platten ist auf ihren niedrigen Gehalt an organischem Material und auf das Kristallwasser im Bindemittel zurückzuführen (Topf 1989). Das Kristallwasser und chemisch gebundenes Wasser wird von Gips, Zement und Magnesit in unterschiedlichem Maße und mit unterschiedlicher Geschwindigkeit bei erhöhten Temperaturen abgegeben. Beide bewirken im Brandfalle eine mehr oder minder intensive Kühlung durch Verbrauch von Verdampfungswärme. Heizwert, Wärmeabgabe, Rauchentwicklung und Toxizität zeigen gute Korrelationen zum Holz-Bindemittel-Verhältnis. Das Brandverhalten hängt vor allem vom Holz-Bindemittel-Verhältnis ab, daneben auch von der Art und den Abmessungen der Holzpartikel, der Dichte der Platten, der Art der Beanspruchung und der Ventilation.

Anorganisch gebundene Holzwerkstoffe sind herkömmlichen Betonen dort überlegen, wo höhere Wärmeschutz-, aber nur relativ niedrige Festigkeitsanforderungen zu erfüllen sind.

Allgemeine Literaturhinweise: Sattler (1987), Simatupang und Lange (1992).

2.6.2
Zementgebundene Platten

Die Zementkomponente trägt zur hohen Witterungsbeständigkeit, Feuersicherheit (A2 nach DIN 4102) und zum hohen Widerstand gegen Pilz- und Insektenbefall bei. Durch die Holzkomponente ergeben sich gute elastomechanische Eigenschaften bei geringem Gewicht, eine gute Bearbeitbarkeit und eine verminderte Wärmeleitung.

2.6.2.1
Zementgebundene Spanplatten

Plattenzusammensetzung:

- 20 Masse-% Holz (= ca. 65 Vol.%)
- 60 Masse-% Zement
- 20 Masse-% chemisch und physikalisch gebundenes Wasser

Holzarten:

- Fichte, Kiefer
- Gefahr der Verzögerung der Abbindung des Zementes durch Holzinhaltsstoffe (v. a. Zucker)

Herstellung:

- Mischen von Holzspänen, Zement, Wasser und Zusatzstoffen
- Streuen auf Blechunterlagen (Schalblech)
- Kaltes Vorpressen (2,5 MPa), danach werden die Plattenstapel vor der Entnahme aus der Presse mechanisch fixiert
- Durchlauf durch Wämekanal (80 °C)
- Nachreifung 18–20 Tage

Die in der Regel langen Erhärtungszeiten der Zemente und ihre Empfindlichkeit gegenüber Holzinhaltsstoffen gelten als Nachteile bei der Plattenherstellung, Möglichkeiten der Presszeitverkürzung wurden von Simatupang und Geimer (1990) beschrieben.

Weitere Literaturhinweise: Badejo (1988), Beldi und Balint (1988, 1990), Chapola (1989), Evans (2000), Hachmi und Moslemi (1990), Kondrup (1990), Kühne und Meier (1990), Marutzky (1986), Miller und Moslemi (1991), Prasetya und Roffael (1993), Roffael und Dix (1991 b), Roffael und Sattler (1991), Schubert

u. a. (1990 a + b), Schubert und Simatupang (1992), Simatupang und Habighorst (1993), Wienhaus (1979), USP 3164511, USP 3271492.

2.6.2.2
Zementgebundene Faserplatten

Sattler (1990), Stuis (1990).

2.6.2.3
Holzwolle-Leichtbauplatten (zementgebundene Holzwolleplatten)

Solche Platten verbinden ausreichende Biegefestigkeit mit einer infolge ihrer offenen Oberflächenstruktur guten Putzhaftung und verfügen über eine poröse, wärmeschutztechnisch günstige Struktur. Die in der Regel ca. 50 cm langen, aus Rundholz hergestellten Holzspäne (Holzwolle) verleihen den Platten bei einer Dichte von nur ca. 300 kg/m^3 gute Wärmeschutzeigenschaften und eine für den Transport und die Manipulation ausreichende Biegefestigkeit. Wettbewerbsprodukte sind heute Kunstharzschäume und mineralische Faserdämmstoffe.

Weitere Literaturhinweise: Lee und Short (1989).

2.6.3
Magnesitgebundene Platten (magnesiagebundene Spanplatten)

Magnesiazement:

- bis 40 Masse-% Holzspäne
- auch Laubholz einsetzbar (geringere Empfindlichkeit gegenüber Holzinhaltsstoffen während der Abbindung)

Weitere Literaturhinweise: Simatupang (1988), DE 2451667.

2.6.4
Wasserglas als Bindemittel

Richter (1993), Richter u. a. (2001), Scheiding (2000), DE 4316901.

2.6.5
Gipsgebundene Platten

2.6.5.1
Gipsspanplatten

Die Herstellung erfolgt im Halbtrockenverfahren: Späne werden auf ca. 60–70% Restfeuchtigkeit getrocknet, Mischung des pulverförmigen Gipsbindemittels mit diesen feuchten Spänen, Spanfeuchte dient als Anmachwasser für den wasserfreien Gips. Gipsgebundene Spanplatten sind bei üblichem Holzanteil unbrennbar, jedoch nur sehr bedingt feuchtebeständig.

Weitere Literaturhinweise: Chen (1990), Duda und Hilbert (1990), Hilbert und Lempfer (1989), Hilbert und Schmitt (1990), Kasim und Simatupang (1989), Kossatz und Lempfer (1982, 1985a+b), Lempfer u.a. (1990), Sedding und Simatupang (1988), Simatupang und Geimer (1990), Simatupang und Lu (1985), Stuis (1989), Thole und Weiß (1992), Tröger (1987), Tröger und Scheicher (1988), Wilke (1988), USP 4328178.

2.6.5.2
Gipsfaserplatten

Einsatz vorwiegend von Altpapierfasern.

Weitere Literaturhinweise: Kirchner und Tröger (1986), Tröger und Kirchner (1986).

2.7
Zusatzstoffe

2.7.1
Streck- und Füllmittel

In der Holzwerkstoffindustrie wird üblicherweise zwischen Streck- und Füllmitteln unterschieden, wobei die Grenze zwischen diesen beiden Produktgruppen jedoch fließend ist. Streckmittel üben eine gewisse zusätzliche Klebkraft aus, während Füllmittel einerseits die Verarbeitungseigenschaften verbessern können (z.B. Viskositätseinstellung), andererseits aber vor allem aus Preisgründen zugegeben werden. Organische Mehle, wie sie meist als Streckmittel eingesetzt werden, sind in Wasser mehr oder minder stark quellbar. Zusätzlich verkleistern sie bei höherer Temperatur und ergeben damit einen bestimmten Eigenklebeeffekt. Qualitätskriterien für verschiedene Streckmehle werden bei Arnoldt (1964c, 1965), Haidinger (1963) und Neusser (1956) beschrieben:

- Feuchtigkeit
- Viskosität einer wässrigen Suspension, auch in Abhängigkeit der Zeit betrachtet
- Verkleisterungstemperatur: Viskositätsanstieg einer Mehlsuspension bei Erwärmung
- pH-Wert einer wässrigen Suspension
- Gehalt an anorganischen Bestandteilen (Aschegehalt): wichtig zur Beurteilung einer möglichen verstärkten Werkzeugabnutzung
- Schüttdichte
- Feinheit, Korngrößenverteilung, Siebanalyse
- Wasseraufnahmevermögen: erforderliche Wassermenge, um eine bestimmte Viskosität einer wässrigen Suspension einzustellen

- Eiweißgehalt: Maß für das Puffervermögen eines Streckmittels bei der Aushärtung von sauer härtenden Leimflotten
- Schaumbildungsfähigkeit

Tabelle 2.10 fasst verschiedene Streck- und Füllmittel übersichtsartig zusammen.

Die Aufgaben des Streckmittels sind:

- die Leimfuge weicher und besser bearbeitungsfähig zu machen: höhere Elastizität der Leimfuge und Verminderung der Sprödigkeit der ausgehärteten Leimfuge durch das Einlagern der Streckmittelteilchen zwischen die Leimmoleküle, Ausgleich von Schrumpfspannungen durch Verringerung der Volumenkontraktion.
- Einstellung einer bestimmten Flottenviskosität (z. B. 2000 – 4000 mPa · s für maschinellen Auftrag mittels Leimauftragsmaschine, 5000 – 8000 mPa · s für einen händischen Auftrag mittels Leimroller oder Leimspachtel).
- Durch ein Quellen des Streckmittels in den Holzzellen wird das Wegschlagen des Leimes ins Holz (insbesondere wenn der Leim durch das Erwärmen dünnflüssiger wird) und damit ein Leimdurchschlag durch dünne Deckfurniere verhindert.

Tabelle 2.10. Streck- und Füllmittel

Substanz	Beschreibung	Literatur
Roggenmehl	gegebenenfalls Mischungen verschiedener Mehltypen, manchmal auch unter Zugabe anorganischer Bestandteile	Arnoldt (1964 a) Neusser (1956)
Weizenmehl	gegebenenfalls Mischungen verschiedener Mehltypen, manchmal auch unter Zugabe anorganischer Bestandteile	Arnoldt (1964 a) Neusser (1956)
Eiweißreiche Mehle (Erbsen, Wicken, Bohnen)	Eiweißgehalt kann zu einer Pufferung der sauren Härtungsreaktion von aminoplastischen Harzen führen	Arnoldt (1964 a) Neusser (1956)
Holzmehl	verschiedene Holzarten	
Kokosnussschalenmehl	meist in Kombination mit Phenolharzen	
Nussschalenmehle	vor allem für quellungs- und witterungsbeständige Leimfugen	Sellers u. a. (1990) Sellers und Gardner (1989)
Cellulosefasern	verschiedene Holzarten	
Anorganische Stoffe: a) Gesteinsmehl b) Lenzin c) Kreide	Gefahr der Werkzeugabnutzung	

- Verlängerung der zulässigen offenen Wartezeit durch Bindung von Wasser und damit dessen Zurückhaltung im Leimauftrag
- Reduzierung der Leimflottenkosten (abhängig von den Preisen für Leim und Streckmittel)
- Beitrag zur Bindefestigkeit durch Reaktion z.B. von eiweißhaltigen Mehlen mit Bindemittelkomponenten bzw. durch die in der Wärme eintretende Verkleisterung
- Erzielung fugenfüllender Eigenschaften.

Je höher die Zugabe des Streck- oder Füllmittels, desto höher ist die Viskosität der Leimflotte, sofern nicht wiederum Verdünnungswasser zugegeben wird. Ein merklicher Zusammenhang zwischen der eingesetzten Streckmittelmenge und der nachträglichen Formaldehydabgabe von Sperrholz konnte bisher nicht festgestellt werden (Boehme 1994). Ein formaldehydsenkender Einfluss wäre z.B. nur bei eiweißhältigen Streckmitteln (Bohnen- oder Erbsenmehl) zu erwarten. Streck- und Füllmittel mit hohem Asche- und Silicagehalt können zu einer verstärkten Werkzeugabnutzung führen (Sellers 1989a, Sellers u.a. 1990).

Weitere Literaturhinweise: Arnoldt (1964b), Robertson und Robertson (1977, 1979), Sellers (1994), Stone und Robitschek (1978).

2.7.2
Hydrophobierungsmittel

Paraffine als Festwachs oder in Form von Dispersionen werden bei der Herstellung von Spanplatten und MDF zugegeben, um eine gewisse Hydrophobierung der Platten zu erreichen und vor allem die kurzzeitige Quellung und Wasseraufnahme zu verringern (2 h-Dickenquellung). Damit soll auch eine mögliche Verringerung von mechanischen Festigkeiten vermieden werden. Der Schutzeffekt nimmt bei längerer Wasserlagerung (z.B. 24 h-Dickenquellung) stark ab.

In den Dispersionen liegen die Paraffinteilchen in Größen von 1–2 μm vor; die Dispersionen sind bei einem Feststoffgehalt von ca. 60% noch dünnflüssig und leicht zu verarbeiten. Je nach eingesetztem Emulgator- und Stabilisatorsystem zeigen sie eine hohe Anfälligkeit gegen Scherkräfte. Dies bedingt eine sorgfältige Auswahl der eingesetzten Pumpen. Das direkte Versprühen heißer Paraffinschmelzen hat den Vorteil der Einsparung an Emulgatoren und Stabilisatoren sowie der Tatsache, dass mit der Dispersion kein zusätzliches Wasser auf die Späne gebracht wird. Nachteil ist die Erfordernis eines beheizbaren Lager-, Leitungs- und Dosiersystems. Ein weiterer Nachteil könnte die schwierigere gleichmäßige Verteilung einer geringen Menge an Paraffin auf den Spänen sein, verglichen mit den ca. doppelt so großen Dispersionsmengen.

Einflussparameter auf die Wirkung der Hydrophobierung sind die chemische Zusammensetzung des Paraffins (Schmelzpunkt meist 50–60°C, Öl-

Abb. 2.6. Verringerung der 24 h-Wasseraufnahme eines Flakeboards in Abhängigkeit der Paraffindosierung (Winistorfer u.a. 1996)

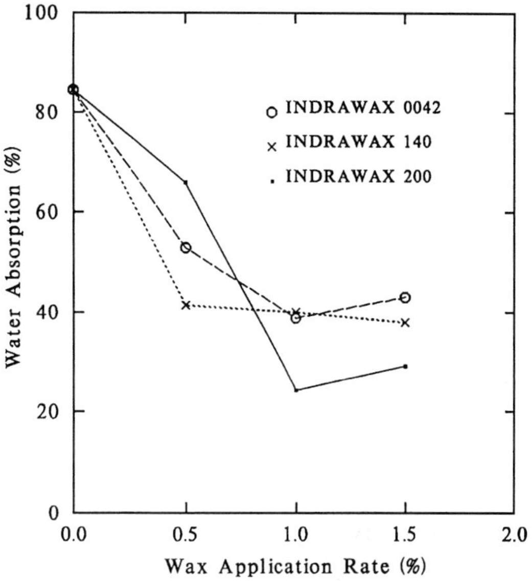

gehalt kleiner 5%) sowie die Zugabemenge (meist 0,4–1,0% Festparaffin bezogen auf atro Span bzw. Faser). Wird die Paraffindispersion mit dem Leim abgemischt, ist die Stabilität der Dispersion zu prüfen, dies ist besonders bei alkalischen Phenolharzen erforderlich. Heutzutage wird die Dispersion üblicherweise im Einfallsschacht oder über die ersten Leimrohre im Mischer versprüht, sodass keine Abmischung und damit auch keine spezielle Verträglichkeit mit dem Leim erforderlich ist. Heißwachs wird ebenfalls bevorzugt im Einfallsschacht des Spänemischers eingedüst. Bei höheren Temperaturen soll die Emulsion brechen, wodurch sich die Wachsteilchen agglomerieren und auf der Holzoberfläche ansammeln können. Bei der MDF-Herstellung wird Heißwachs oder die Dispersion zur Stopfschnecke des Refiners dosiert.

Bei steigender Paraffinzugabe steigt der Effekt der Hydrophobierung, wobei ein maximaler Effekt allerdings bereits bei einer Größenordnung von 1%/atro Holz gegeben ist (Abb. 2.6). Über die Verteilung des Hydrophobierungsmittels auf Spänen und Fasern wird in Teil II, Abschn. 4.3.1 berichtet.

Weitere Literaturhinweise: Amthor (1972), Amthor und Böttcher (1984), Craighead (1991), Hsu u.a. (1990), May u.a. (1983), May und Roffael (1983, 1984), Müller (1962), Pecina (1965), Roffael u.a. (1982), Roffael und May (1983), Schriever und Roffael (1984), Wittmann (1971).

2.7.3
Schutzmittel gegen Fäulnis und Pilze (Holzschutzmittel)

Die Verleimung von ausgerüstetem Holz stellt eine wesentliche Herausforderung der Holzwerkstoffindustrie dar, weil die Ablagerungen der Holzschutzmittelanteile (z.B. CCA) in den Zellhohlräumen des Holzes die üblichen Bindungsmechanismen auf Basis von Nebenvalenzbindungen deutlich erschweren bzw. mehr oder minder verhindern können. Vick und Kuster (1992) konnten zeigen, dass durch eine ausreichende mechanische Verankerung eines speziellen Phenolharzes ausreichende Verleimungsfestigkeiten auch bei CCA-ausgerüstetem Kiefernholz möglich ist. Eine andere Möglichkeit für eine deutliche Verbesserung der Verleimung bei Einsatz von MUF-, MF- und PRF-Harzen ergab sich durch die Vorbehandlung der zu verleimenden Oberflächen mit einem speziellen Resorcin-Formaldehyd-Vorkondensat als Primer (Vick 1995, 1997).

Verschiedene Schutzmittel, die über das Bindemittel aufgebracht werden, können durch ihr stark saures bzw. alkalisches Verhalten das Aushärten der verschiedenen Bindemittel beeinflussen.

Im Hinblick auf den Zeitpunkt gibt es drei Möglichkeiten der Schutzmittelzugabe:

- Tränkung vor der Verleimung
- Tränkung während der Verleimung: die Schutzmittel werden der Leimflotte zugegeben, sie diffundieren von der Leimfuge aus ins Holz
- Tränkung nach der Verleimung: hier sind mögliche Auswirkungen der Behandlungsmethode auf die Verleimfestigkeit zu berücksichtigen.

Tabelle 2.11. Schutzmittelbehandlung von Holzwerkstoffen

1. Oberflächenbehandlung durch Spritzen, Sprühen oder Streichen der fertigen Platte: Sperrholz: Eindringung nur in die Deckfurniere und Schnittkanten möglich, Einbringmengen nicht mit Vollholz vergleichbar.

2. Imprägnierung der Holzkomponente vor oder während der Herstellung der Holzwerkstoffen:
   a) Sperrholz:
      - Imprägnierung der Furniere: übliche Verfahren der Holzimprägnierung, zu beachten ist aber die meist verschlechterte Verleimbarkeit solcherart vorbehandelter Furniere.
      - Schutzmittelzugabe zur Leimflotte: beim Verleimungsprozess wandert das Schutzmittel unter dem Einfluss von Temperatur und Dampf in die beleimten Furniere und ermöglicht einen Vollschutz der Platte, ohne dass die Verleimungsqualität leidet. Zu beachten ist allerdings, ob die erforderliche Menge an Schutzmitttel auf diese Weise überhaupt eingebracht werden kann.
   b) Spanplatten: Zugabe des Schutzmittels zur Leimflotte, wandert bei der Heißverleimung in die Holzspäne.
   c) Faserplatten: Zugabe des Schutzmittels in den Stoffbrei.

Die Imprägnierung von Holz und Holzwerkstoffen kann vorzugsweise auch mittels überkritischem CO_2 erfolgen (Acda 1995, Acda u.a. 1996, 1997a+b, 2000). Über verschiedene Details der Imprägnierung von Holz und Holzwerkstoffen mit überkritischem CO_2 und insbesondere der dabei herrschenden Druckverhältnisse berichten Oberdorfer (2000) und Oberdorfer u.a. (2000).

Weitere Literaturhinweise: Chen und Nicholls (2000), DIBt-Holzschutzmittelverzeichnis (1999), Dix und Roffael (1996), Mengeloglu und Gardner (2000), Neusser und Schall (1978), Neusser und Schedl (1970), Oertel (1961), Sellers und Miller (1997), Vick (1990), Vick u.a. (1990), Zhang u.a. (1997).

2.7.4 Brand- und Feuerschutzmittel

Tabelle 2.12 beschreibt die Einteilung und Prüfung von Holzwerkstoffen hinsichtlich Entzündbarkeit und Brandverhalten.

Eine Erhöhung der Brandbeständigkeit bei Holzwerkstoffen kann auf verschiedene Weise erfolgen:

- Zusatz feuerhemmender Chemikalien (Brandschutzmittel) zu den Spänen während der Herstellung
- Verwendung mineralischer Bindemittel (Zement, Magnesit)
- Substitution des brennbaren Holzspanmaterials durch nicht brennbare anorganische Substanzen (z.B. Blähglimmer Vermiculit), insbesondere in den äußeren Plattenschichten.

Die verschiedenen Brandschutzmittel verfügen über unterschiedliche Wirkungsweisen:

- thermische Wirkungsweise: Wärmemenge wird andersweitig verbraucht, endotherme Reaktion v.a. im Bereich 200–300 °C, Borsäure, Phosphatsalze, Aluminiumhydroxid

Tabelle 2.12. Einstufung nach DIN 4102 „Brandverhalten von Baustoffen und Bauteilen“

B3: „leicht entflammbar“, nicht für Holzwerkstoffe zutreffend

B2: „normal entflammbar“
Alle ungeschützten rohen oder beschichteten Holzwerkstoffe, z.B. Rohspanplatten

B1: „schwer entflammbar“, Prüfung mittels Egner-Brandschachtes
- Rohspanplatten: nach Zugabe von Schutzmitteln, wie z.B. Borsäure, Diammonphosphat oder anderen handelsüblichen Brandschutzmitteln, Dosierung erfolgt pulverförmig zu den Spänen, ca. 10%/atro Span.
- Beschichtete Spanplatten: Beschichtung schäumt bei Feuereinwirkung auf und bildet eine Dämmschicht, die die Entflammung der Platte verzögert.

A2: „nicht brennbar“, meist Einsatz von anorganischen Bindemitteln

A1: „nicht brennbar“, mit Holzwerkstoffen nicht möglich

- chemische Wirkungsweise: Zugabe chemischer Verbindungen, bei deren thermischer Zersetzung nichtbrennbare Gase abgespalten werden, die den Sauerstoff so weit verdünnen, dass kein Fortschreiten des Brandes mehr möglich ist, v. a. Phosphor-Stickstoff-Verbindungen.
- mechanische Wirkungsweise: Platten werden mit einer thermisch schützenden Schicht versehen, um die Erwärmung entsprechend zu verzögern (v. a. mineralische Schichten).
- dämmschichtbildende Anstrichsysteme: schäumen bei ca. 120 – 130 °C auf das 30 – 40fache ihrer ursprünglichen Schichtdicke auf.

Als Brandschutzmittel bei der Herstellung von B1-Spanplatten werden immer wieder Borsäure, Aluminiumhydroxyd, Ammonpolyphosphate sowie Mono- und Diammonphosphat genannt. Hinweise gibt es hinsichtlich der Verwendung von Aluminiumhydroxyd gemeinsam mit Borsäure bzw. Ammonpolyphosphat, wobei offensichtlich auch synergistische Wirkungen bestehen. Ein Einsatz von Aluminiumhydroxyd alleine soll hingegen infolge der deutlich höheren erforderlichen Dosiermenge nicht vorteilhaft sein.

Wesentliches Merkmal der B1-Produktion mit Borsäure ist die niedrige Presstemperatur: bei einer kontinuierlichen Presse liegen die eingestellten Presstemperaturen im Bereich 170 – 180 °C (d. h. an der Plattenoberfläche entsprechend niedriger), bei einer Einetagenpresse im Bereich von ca. 155 °C. Das bedeutet natürlich entsprechend längere Presszeiten. Bei Einsatz von Borsäure werden durchwegs nicht reine Harnstoffharze, sondern MUF- bzw. MUPF-Leime mit hohem Melamingehalt oder UF-Leime in Kombination mit PMDI eingesetzt.

Weitere Literaturhinweise: Lobenhoffer (1977), Neusser und Schall (1978), Wang und Rao (1999).

2.7.5 Erhöhung der elektrischen Leitfähigkeit

Holzwerkstoffe können in bestimmten Maße elektrisch leitfähig ausgerüstet werden.

Der Zweck dieser Maßnahme ist die Vermeidung von elektrostatischen Aufladungen, z. B. bei Doppelböden in Büros, Computerräumen usw. Dies wird erreicht, indem kleinste leitfähige Teilchen, insbesondere Ruß oder Graphit in pulverförmiger Form zu den Spänen bei der Herstellung der Spanplatten zugegeben wird; die übliche Zusatzmengen betragen ca. 1 % Ruß bez. auf Span, die Dosierung kann vor, während oder nach der Beleimung erfolgen. Diese elektrisch leitfähigen Teilchen bilden ein zusammenhängendes elektrisch leitfähiges Netzwerk. Die Herstellung und die sonstigen Eigenschaften der Platten bleiben im Wesentlichen unverändert. Keine ausreichende Wirkung ergeben Metallpulver, leitfähige Metalloxide, leitfähige Salze oder wässrige Elektrolytlösungen.

Je nach Dosierung von Ruß können elektr. Widerstände von einigen 1000 Ohm/cm^2 Oberfläche bis einigen Mill. Ohm/cm^2 eingestellt werden. Eine amerikanische Empfehlung lautet: < 1 Mill. Ohm/cm^2, die tatsächlich gemessenen Werte liegen meist bei ca. 500 000 Ohm/cm^2. Die Prüfung erfolgt als Messung des Durchgangswiderstandes durch die Platte bei Anlegen zweier plattenförmigen Elektroden an die beiden Oberflächen der Platte, der Meßwert wird auf die Fläche der Elektroden bezogen.

Die elektrische Leitfähigkeit einer Platte steigt mit der Dichte. Der elektrische Widerstand ändert sich nur unwesentlich im Laufe der Zeit, solange keine wesentliche Änderung der Plattenfeuchte eintritt (Lambuth 1989 a). Ein Anstieg der Plattenfeuchte führt überraschenderweise zu einem erhöhten Durchgangswiderstand, wobei die Ursache dafür in einer infolge der Plattenquellung höheren Dicke der Platte liegen dürfte. Die Temperatur der Platte hat in weitem Rahmen keinen Einfluss auf die elektrische Leitfähigkeit.

Weitere Literaturhinweise: EP 141 315.

2.7.6 Salze

In den 80er-Jahren wurden in der Spanplattenindustrie aus Kostengründen teilweise Salze, insbesondere bei UF-Leimen oder bei UF-Leimflotten, zugegeben. Dabei kann das Salz, vorzugsweise NaCl oder $MgCl_2$, bereits zu Beginn der Kondensationsreaktion zwischen Harnstoff und Formaldehyd anwesend sein (DE 2 914 009). Die Zugabe kann aber auch durch Mischen mit dem fertigen Harz (DE 2 037 174, DE 2 745 951), durch getrenntes Aufsprühen einer Salzlösung auf die Späne vor oder nach deren Beleimung oder durch Aufbringen auf die Späne in Form einer salzhaltigen Wachsdispersion erfolgen. Dabei war es möglich, einen gewissen kleinen Teil des Festharzgehaltes (Beleimungsgrades) des UF-Harzes durch Salz zu ersetzen, ohne dass es zu Einbußen an Festigkeit gekommen ist. Das Ausmaß dieses Ersatzes war immer jedoch von verschiedenen anderen Parametern der Spanplattenherstellung abhängig. Ein Ersatz der gleichen Festharzmenge, wie an Salz zugegeben wurde, konnte nicht erreicht werden.

Die Wirkungsweise des Salzes ist nicht vollständig geklärt. Es ist jedoch mit Sicherheit keine katalytische Wirkung auf den Härtungsvorgang gegeben, weil es sich bei den zugegebenen Stoffen um inerte Salze handelt. Lediglich wenn zusätzlich zum Harz ein Gemisch aus Harnstoff und Formaldehyd in mehr oder minder monomerer Form zugegeben wird, kann eine Steigerung der Aushärtegeschwindigkeit erreicht werden (DE 2 745 951). Dies ist dann jedoch nicht auf die Wirkung des Salzes, sondern auf den in großer Menge vorliegenden freien Formaldehyd zurückzuführen.

Bei der Aufbereitung der Leimflotte wurde das Salz meist direkt dosiert, wobei die Zugabe in der Deckschichtflotte 1 – 3 Gew.-%, in der Mittelschichtflotte bis zu 10 Gew.-% betragen hat, jeweils bezogen auf den Flüssigleim.

Beim Ersatz von bis zu 10 Gew.-% UF-Leim durch Kochsalz fanden Roffael und Schneider (1983) bei Laborspanplatten keine Verschlechterung der Querzugfestigkeit, jedoch eine Erhöhung der Dickenquellung in Wasser sowie steilere Sorptionsisothermen bei relativen Luftfeuchtigkeiten über 76%, was seine Ursachen in der Hygroskopizität des zugegebenen Salzes hat.

2.7.7 Sonstige Zusatzstoffe

Bei der Verarbeitung von Leimen und der Herstellung der verschiedensten Arten von Holzwerkstoffen werden gelegentlich auch noch weitere Zusatzstoffe zugegeben.

Farbstoffe können einerseits zur Kennzeichnung von Platten dienen, wie es z.B. bei verschiedenen Spanplatten („wasserbeständig", brandgeschützt) der Fall ist. Zu Beginn der Umstellung der Spanplatten auf die Emissionsklasse E1 waren in den 80er-Jahren alle E1-Platten grün eingefärbt. Mit vollzogener Umstellung auf diese formaldehydarme Type und damit infolge des Wegfalls formaldehydreicherer Platten wurde diese Kennzeichnung obsolet.

Netzmittel senken die Oberflächenspannung des Leimes bzw. der Leimflotte und ermöglichen damit eine bessere Benetzung nicht beleimter Oberflächen, z.B. bei der Beschichtung von Spanplatten mit Furnieren mit einem hohen Gehalt an hydrophoben Holzinhaltsstoffen. Bei den Netzmitteln handelt es sich im Wesentlichen um oberflächenaktive Substanzen.

Trennmittel werden bei Problemen mit Kleben auf den Pressplatten oder an anderen Teilen der Herstellungsanlagen eingesetzt.

Literatur

Abbate FW, Ulrich H (1969) J. Appl. Polym. Sci. 13, 1929–1936
Acda MN (1995) Thesis, Oregon Starte University, Corvallis, OR
Acda MN, Morrell JJ, Levien KL (1996) Material Organism 30, 293–300
Acda MN, Morrell JJ, Levien KL (1997a) Wood Fiber Sci. 29,121–130
Acda MN, Morrell JJ, Levien KL (1997b) Wood Fiber Sci. 29, 282–290
Acda MN, Morrell JJ, Levien KL (2000) Wood Sci. Technol. 34, im Druck
Alma MH, Yoshioka M, Yao Y, Shiriashi N (1996a) J. Appl. Polym. Sci. 61, 675–683
Alma MH, Yoshioka M, Yao Y, Shiriashi N (1996b) Holzforschung 50, 85–90
Amthor J (1972) Holz Roh. Werkst. 30, 422–429
Amthor J, Böttcher P (1984) Holz Roh. Werkst. 42, 379–383
Anderson AB, Breuer RJ, Nicholls GA (1961) For. Prod. J. 11, 226–227
Arnoldt W (1964a) Holz Zentr. Bl. 90, Beilage 49, 271–273
Arnoldt W (1964b) Holztechnik 4, 205–208
Arnoldt W (1964c) Holz Roh. Werkst. 22, 8–13
Arnoldt W (1965) Adhäsion 9: 1, 3–12
Ayla C (1980) Thesis Universität Hamburg
Ayla C (1984) J. Appl. Polym. Sci.: Appl. Polym. Symp. 40, 69–78
Ayla C, Nimz HH (1984) Holz Roh. Werkst. 42, 415–419
Ayla C, Parameswaran N (1980) Holz Roh. Werkst. 38, 449–459

Ayla C, Weißmann G (1981) Holz Roh. Werkst. 39, 91 - 95
Ayla C, Weißmann G (1982) Holz Roh. Werkst. 40, 13 - 18
Badejo SOO (1988) Wood Sci. Technol. 22, 357 - 370
Ball GW, Redman RP (1978) Proceedings Int. Particleboard Symposium FESYP '78. Spanplatten heute und morgen. DRW-Verlag Stuttgart, 121 - 136
Ball GW, Redman RP (1979) Proceedings Mobil Oil Spanplattensymposium, Augsburg
Barbosa AP, Mano EB, Andrade CT (2000) For. Prod. J. 50: 9, 89 - 92
Baumann MG, Conner AH (1994) Carbohydrate polymers as adhesives. In: Pizzi A, Mittal KL (Hrsg.): Handbook of Adhesive Technology, Marcel Dekker, New York, Basel, Hong Kong, 299 - 313
Beldi F, Balint J (1988) Holztechnologie 29, 132–135
Beldi F, Balint J (1990) Holztechnologie 31, 19–23
Berg A, Westermeyer C, Valenzuela J (1998) Proceedings Forest Products Society Annual Meeting, Merida (Mexico), 122 - 126
Bergin EG, Chow S (1974) For. Prod. J. 24: 11, 45 - 49
Bierwirth T (1994) Holz Zentr. Bl. 120, 2307 - 2308
Boehme C (1994) Holz Zentr. Bl. 120, 1693 - 1694 und 1770
Bolangier L (1997) Tagungsband Klebstoffe für Holzwerkstoffe und Faserformteile, Klein J und Marutzky R (Hrsg.), Braunschweig
Bucar DG, Tisler V (1997) Holzforsch. Holzverwert. 48, 101 - 104
Calvé L, Mwalongo GCJ, Mwingira BA, Riedl B, Shields JA (1995) Holzforschung 49, 259–268
Chang CS, Schneidinger F (1991) TAPPI, 190 - 193
Chapola GBJ (1989) Wood Sci. Technol. 23, 131 - 138
Chelak W, Newman WH (1995) Proceedings 29rd Wash. State University Int. Particleboard/Composite Materials Symposium, Pullman, WA, 205 - 229
Chen C-M (1982a) For. Prod. J. 32: 2, 35 - 40
Chen C-M (1982b) For. Prod. J. 32: 11/12, 14 - 18
Chen C-M (1982c) Holzforschung 36, 65 - 70
Chen C-M (1982d) Holzforschung 36, 109 - 116
Chen C-M (1991a) Holzforschung 45, 7 - 11
Chen C-M (1991b) Holzforschung 45, 303 - 306
Chen C-M (1992) Holzforschung 46, 433 - 438
Chen C-M (1993) Holzforschung 47, 72 - 75
Chen C-M (1994) Holzforschung 48, 517 - 521
Chen C-M (1996) Holzforsch. Holzverwert. 48, 58 - 60
Chen C-M, Chen H-C, Liao TM-Y (2000) For. Prod. J. 50: 9, 70 - 74
Chen C-M, Chen T-Y, Dong J (1993) Holzforschung 47, 435 - 438
Chen C-M, Nicholls DL (2000) For. Prod. J. 50: 3, 81 - 86
Chen C-M, Pan JK (1991) Holzforschung 45, 155 - 159
Chen C-M, Winistorfer PM (1993) Holzforschung 47, 507 - 512
Chen T-Y (1990) Holz Roh. Werkst. 48, 467 - 471
Christiansen AW (1985) Proceedings Wood Adhesives 1985, Madison, WI, 211 - 226
Christiansen AW (1989) A glucose, urea, and phenol-based adhesive for bonding wood. In: Hemingway RW u. a. (Hrsg.): Adhesives from Renewable Resources. American Chemical Society, 370 - 386
Clark RJ, Karchesy JJ, Krahmer RL (1988) For. Prod. J. 38: 7/8, 71–75
Conner AH (1989) Carbohydrates in adhesives. Introduction and historical perspective. In: Hemingway RW, Conner AH, Branham SJ (Hrsg.): Adhesives from Renewable Ressources, ACS Symp. Series 385, Am. Chem. Soc., Washington, D.C., 271 - 288
Coppens HA, Santana MAF, Pastore FJ (1980) For. Prod. J. 30: 4, 38 - 42
Craighead PW (1991) Proceedings 25th Wash. State University Int. Particleboard/Composite Materials Symposium, Symposium, Pullman, WA, 181 - 204

Crammond PC, Wilcox ME (1992) Proceedings 26th Wash. State University Int. Particleboard/Composite Materials Symposium, Symposium, Pullman, WA, 172–188
Dao LT, Zavarin E (1996) Holzforschung 50, 470–476
Deppe H-J (1977) Holz Roh. Werkst. 35, 295–299
Deppe H-J, Ernst K (1971) Holz Roh. Werkst. 29, 45–50
DIBt (1999) Holzschutzmittelverzeichnis, Verzeichnis der Holzschutzmittel mit allgemeiner bauaufsichtlicher Zulassung und Auflistung der Holzschutzmittel mit RAL-Gütezeichen. Schriften des Deutschen Institutes für Bautechnik (DIBt) Reihe A–Heft 3, E. Schmidt-Verlag Berlin Bielefeld München
Dix B (1986a) Holz Roh. Werkst. 44, 228
Dix B (1986b) Holz Roh. Werkst. 44, 328
Dix B (1987a) Holz Roh. Werkst. 45, 350
Dix B (1987b) Holz Roh. Werkst. 45, 389
Dix B (1987c) Holz Roh. Werkst. 45, 428
Dix B (1987d) Holz Roh. Werkst. 45, 487–494
Dix B, Loth F, Roffael E (1997) Proceedings Tagung Klebstoffe für Holzwerkstoffe und Faserformteile, Braunschweig
Dix B, Marutzky R (1982) Adhäsion 26: 12, 4–10
Dix B, Marutzky R (1983) Holz Roh. Werkst. 41, 45–50
Dix B, Marutzky R (1984a) Holz Roh. Werkst. 42, 209–217
Dix B, Marutzky R (1984b) J. Appl. Polym. Sci., Appl. Poly. Symp. 40, 91–100
Dix B, Marutzky R (1985) Holz Roh. Werkst. 43, 198
Dix B, Marutzky R (1987) Holz Roh. Werkst. 45, 457–463
Dix B, Marutzky R (1988) Holz Roh. Werkst. 46, 19–25
Dix B, Okum J, Roffael E, Proceedings Fachtagung „Umweltschutz in der Holzwerkstoffindustrie", 1998, Göttingen, 162–169
Dix B, Okum J, Roffael E (1999) Holz Zentr. Bl. 125, 385 und 434–435
Dix B, Roffael E (1996) Holz Zentr. Bl. 122, 1372 und 1466
Dollhausen M (1983) Polyurethan-Klebstoffe. In: Oertel G (Hrsg.): Polyurethane (Kunststoff-Handbuch Bd. 7), 581–596, Carl Hanser Verlag München Wien
Drechsel ER (1976) Thesis University of Maine, Orono, ME
Drechsel ER, Kutscha NP, Shuler CE (1978) For. Prod. J. 28: 5, 36–38
Drury RL, Hipple BJ, Tippit PS, Dunn LB Jr, Karcher LP (1990) Proceedings Wood Adhesives, Madison, WI, 54–60
Duda A, Hilbert Th (1990) ZKG 43, 209–312
Dunky M (1992) Einsatz von Lignin und Ligninderivaten als Bindemittel für Holzwerkstoffe. Interner Bericht Krems Chemie AG, 54 Seiten
Dunky M (1993a) Einsatz von Tanninen als Bindemittel für Holzwerkstoffe. Interner Bericht Krems Chemie AG, 94 Seiten
Dunky M (1993b) unveröffentlicht
Dunky M (1996) unveröffentlicht
Dunky M (1997) unveröffentlicht
Edelberg R (1989) Adhäsion 33: 11, 14–16
Eib W (1995) Holz- und Kunststoffverarb. 30, 974–978
Ellis S, Paszner L (1994) Holzforschung 84, Suppl. 82–90
Erb A, Brückner P (1996) Holz Zentr. Bl. 122, 62
Evans P (2000) (Ed.): Workshop on Wood Cement Composites. Proceedings Fifth Pacific Rim Bio-Composites Symposium, Canberra, Australien
Evtushenko UM, Zaitzsev BE, Ivanov VM (2000) Proceedings Isocyanate 2000, Stockholm
Ernst K (1985) Holz Roh. Werkst. 43, 423–427
Fechtal M, Riedl B (1993) Holzforschung 47, 349–357
Felby C, Pedersen LS, Nielsen BR (1997) Holzforschung 51, 281–286

Festel G, Proß A, Stepanski H, Blankenheim H, Witkowski R (1997) Adhäsion 41: 5, 16 – 20
Fidel MM, Dolores HC, Bauza EB, Dionglay MSP (1992) FPRDI Journal 21: 1/2, 1 – 19
Fock J, Schedlitzki D (1988) Adhäsion 32: 10, 13 – 19
Frank H (1992) Holz- und Kunststoffverarb. 27, 846 – 847
Frank H, Kunkel D (1989) Holz- und Kunststoffverarb. 24, 656 – 657
Frazier CE, Schmidt RG, Ni J, Proceedings Third Pacific Rim Bio-Based Composites Symposium, Kyoto, Japan, 1996, 383 – 391
Frisch KC, Rumao LP, Pizzi A (1983) Diisocyanates as Wood Adhesives. In: Pizzi A (Hrsg.): Wood Adhesives, Chemistry and Technology, Marcel Dekker, New York, Basel, 289 – 318
Gallagher JA (1982) For. Prod. J. 32: 4, 26 – 33
Garcia R, Pizzi A (1998 a) J. Appl. Polym. Sci. 70, 1083 – 1091
Garcia R, Pizzi A (1998 b) J. Appl. Polym. Sci. 70, 1093 – 1109
Garcia R, Pizzi A, Merlin A (1997) J. Appl. Polym. Sci. 65, 2623 – 2633
Geddes KR (1989) The Chemistry of PVA. In: Pizzi A (Hrsg.): Wood Adhesives, Chemistry and Technology, Vol. 2, Marcel Dekker Inc., New York, Basel, 32 – 73
Geddes K (1994) Polyvinyl and Ethylene-Vinyl Acetates. In: Pizzi A, Mittal KL (Hrsg.): Handbook of Adhesive Technology, Marcel Dekker, New York, Basel, Hong Kong, 431 – 449
Gornik D, Hemingway RW, Tisler V (2000) Holz Roh. Werkst. 58, 23 – 30
Goulding TM (1983) Polyvinyl Acetate Wood Adhesives. In: Pizzi A (Hrsg.): Wood Adhesives, Chemistry and Technology, Marcel Dekker, New York, Basel, 319 – 350
Grigoriou AH (1997) Holz Roh. Werkst. 55, 269 – 274
Grigoriou AH, Voulgaridis E, Passialis C (1987) Holzforsch. Holzverwert. 39, 9 – 11
Grozdits GA, Chauret G (1981) For. Prod. J. 31: 2, 28 – 33
Grunwald D (1999) Proceedings 2nd European Wood-based Panel Symposium, Hannover
Grunwald D (2000) Polyurethane adhesives. In: Dunky M (Hrsg.): State of the Art-Report, COST-Action E13, part I (Working Group 1 Adhesives), European Commission (vorläufige Fassung)
Grunwald D, Uhde E (1999) pers. Mitteilung
Guangcheng Z, Yunlu L, Yazaki Y (1988) Holzforschung 42, 407 – 408
Gudehn A (1984) Thesis, University of Umea, Schweden
Haars A, Kharazipour A, Zanker H, Hüttermann A (1989) in: Hemingway RW, Conner AH (Hrsg.): Adhesives from Renewable Ressources. ACS-Symposium Series 385, 126 – 134
Hachmi M, Moslemi AA (1990) Holzforschung 44, 425 – 430
Haidinger K (1963) Holzforsch. Holzverwert. 15, 18 – 19
Hall RB, Leonard JH, Nicholis GA (1960) For. Prod. J. 10, 263 – 272
Harper D, Wolcott M, Rials T (1998) Proceedings Second European Panel Products Symposium, Llandudno, Wales, 193 – 204
Hawke RN, Sun BCH, Gale MR (1992) For. Prod. J. 42: 11/12, 61 – 68
Hawke RN, Sun BCH, Gale MR (1993) For. Prod. J. 43: 1, 15–20
Heinrich H (2000) Other woodworking adhesives. In: Dunky M (Hrsg.): State of the Art-Report, COST-Action E13, part I (Working Group 1 Adhesives), European Commission (vorläufige Fassung)
Heinrich H, Pichelin F, Pizzi A (1996) Holz Roh. Werkst. 54, 262
Helm RF, Karchesy JJ (1999) Proceedings Wood Adhesives 1990, Madison, WI, 50 – 53
Hemingway RW, Kreibich RE (1984) J. Appl. Polym. Sci., Appl. Polym. Symp. 40, 79 – 90
Hemingway RW, McGraw GW (1976) Appl. Polym. Symp. 28, 1349–1364
Hemingway RW, McGraw GW (1977) Proceedings TAPPI Forest Biol./Wood Chem. Conference, Madison
Herrick FW, Bock LH (1958) For. Prod. J. 8, 269 – 274
Heydt F (1989 a) Holz- und Kunststoffverarb. 24, 654 – 655
Heydt F (1989 b) Holz Zentr. Bl. 115, 1044

Higgins ED (1995) For. Prod. J. 45: 10, 72–76
Hilbert Th, Lempfer K (1989) Holz Roh. Werkst. 47, 199–205
Hilbert Th, Schmitt U (1990) Holz Roh. Werkst. 48, 41–46
Himmelblau DA (1995 a) Proceedings 49th Annual Meeting Forest Products Society, Portland, OR
Himmelblau DA (1995 b) Proceedings Wood Adhesives 1995, Portland, OR, 155–162
Himmelblau DA, Grozdits GA (1998) Proceedings Forest Products Society Annual Meeting, Merida (Mexico), 137–148
Himmelblau DA, Grozdits GA (1999) Proceedings 4th Biomass Conf. Am. 1: 1, 541–547
Himmelblau DA, Grozdits GA, Gibson MD (2000) Proceedings Wood Adhesives, South Lake Tahoe, NV
Hoffmann H, Krebs M (1995 a) Adhäsion 39: 5, 15–21
Hoffmann H, Krebs M (1995 b) Holz- und Kunststoffverarb. 30, 992–994
Hsu LC-Y, Chen C-M (2000) Proceedings Fifth Pacific Rim Bio-Composites Symposium, Canberra, Australien, 253–257
Hsu WE, Melanson RJ, Kozak PJ (1990) Proceedings 24th Wash. State University Int. Particleboard/Composite Materials Symposium, Symposium, Pullman, WA, 85–93
Hunt RN, Rosthauser JW, Gustavich WS, Haider KW (1998) Proceedings Forest Products Society Annual Meeting, Merida (Mexico), 65–80
Hüttermann A (1989) GIT Fachz. Lab. 943–950
Hüttermann A, Kharazipour A, Haars A, Nonninger K (1990) Holz- und Kunststoffverarb. 25, 1215–1219
Hüttermann A, Majcherczyk A, Braun-Lüllemann A, Mai C, Fastenrath M, Kharazipour A, Hüttermann J, Hüttermann AH (2000) Naturwissenschaften 87, 539–541
Imam SH, Mao L, Chen L, Greene RV (1999) Starch/Stärke 51, 225–229
Inoue S, Asaga M, Ogi T, Yazaki Y (1998) Holzforschung 52, 139–145
Jackowski JA, Smulski SJ (1988) For. Prod. J. 38: 2, 49–50
Johns WE (1989) The Chemical Bonding of Wood. In: Pizzi A (Hrsg.): Wood Adhesives, Chemistry and Technology, Vol. 2, Marcel Dekker Inc., New York, Basel, 75–96
Joshi L, Singh SP (1993) J. Timb. Dev. Assoc. (India) 39: 1, 19–23
Jung B (1988) Dissertation Georg-August-Universität Göttingen
Jung B, Roffael E (1989 a) Adhäsion 33: 7/8, 28–34
Jung B, Roffael E (1989 b) Adhäsion 33: 12, 33–37
Kamoun C, Pizzi A (2000) Holzforsch. Holzverwert. 52, 16–19 und 66–67
Karchesy JJ, Clark RJ, Helm RF, Ghodoussi V, Krahmer RL (1989) Fast-curing carbohydrate-based adhesives. In: Hemingway RW u. a. (Hrsg.): Adhesives from Renewable Resources. American Chemical Society, 387–394
Kasim A, Simatupang MH (1989) Holz Roh. Werkst. 47, 391–396
Kharazipour A, Haars A, Milstein O, Shekholeslami M, Hüttermann A (1991 a) Proceedings First Eur. Workshop Lignocell. Pulp, Hamburg, 103–115
Kharazipour A, Haars A, Shekholeslami M, Hüttermann A (1991 b) Adhäsion 35: 5, 30–36
Kim S, Mainwaring DE (1995 a) J. Appl. Polym. Sci. 56, 905–913
Kim S, Mainwaring DE (1995 b) J. Appl. Polym. Sci. 56, 915–924
Kim S, Mainwaring DE (1996) Holzforschung 50, 42–48
Kirchner B, Tröger F (1986) Holz Roh. Werkst. 44, 68
Kondrup C (1990) Holz Roh. Werkst. 48, 31–35
Kossatz G, Lempfer K (1982) Holz Roh. Werkst. 40, 333–337
Kossatz G, Lempfer K (1985 a) TIZ 109, 756–759
Kossatz G, Lempfer K (1985 b) Mittlgn. der Dt. Ges. f. Holzforschung 67, 16–20
Kuo M, Adams D, Myers D, Curry D, Heemstra H, Smith JL, Bian Y (1998) For. Prod. J. 48: 2, 71–75
Kou M, Liu Z, Jane J (1994) Proceedings Corn Utilization Conference V, St. Louis, MO

Kuo M, Stokke DD (2000) Proceedings Wood Adhesives, South Lake Tahoe, NV
Kraft KJ, Rubens R, Recker K, Ruprecht H-D, Sachs HI (1985) Polyurethane (PUR) and isocyanates as binders. In: Oertel G (Hrsg.): Polyurethane Handbook, 563–576, Carl Hanser Verlag München Wien
Kramer J (1998) Holz- und Kunststoffverarb. 33, 62–64
Kreibich RE (2001) Holz Zentr. Bl. 127, 36–38
Kreibich RE, Hemingway RW (1985) For. Prod. J. 35: 3, 23–25
Krug D, Sirch H-J (1999) Holz Zentr. Bl. 125, 773
Kruse K, Hasener J (2000) Proceedings Fourth European Panel Products Symposium, Llandudno, North Wales, 125–131
Kühne G, Meier W (1990) Holz Roh. Werkst. 48, 153–158
Kurimoto Y, Koizumi A, Doi S, Tamura Y (2000a) Proceedings Fifth Pacific Rim Bio-Composites Symposium, Canberra, Australien, 126–135
Kurimoto Y, Koizumi A, Doi S, Tamura Y, Ono H (2000b) Proceedings Fifth Pacific Rim Bio-Composites Symposium, Canberra, Australien, 625–634
Lambuth AL (1989a) Proceedings 23rd Wash. State University Int. Particleboard/Composite Materials Symposium, Pullman, WA, 117–128
Lambuth AL (1989b) Protein adhesives in wood. In: Pizzi A (Hrsg.): Wood Adhesives, Chemistry and Technology, Vol. 2, Marcel Dekker Inc., New York, Basel, 1–29
Lambuth AL (1994) Protein adhesives in wood. In: Pizzi A, Mittal KL (Hrsg.): Handbook of Adhesive Technology, Marcel Dekker, New York, Basel, Hong Kong, 259–281
Larimer DR (1999) Proceedings 2nd European Wood-based Panel Symposium, Hannover
Latawlec AP (1991) Analyst 116, 749–753
Lay DG, Cranley P (1994) Polyurethane Adhesives. In: Pizzi A, Mittal KL (Hrsg.): Handbook of Adhesive Technology, Marcel Dekker, New York, Basel, Hong Kong, 405–429
Lee AWC, Short PH (1989) For. Prod. J. 39: 10, 68–70
Lelis R, Roffael E (1995) Holz Roh. Werkst. 53, 12–16
Lempfer K, Hilbert Th, Günzerodt H (1990) For. Prod. J. 40: 6, 37–40
Leyser E v, Pizzi A (1990) Holz Roh. Werkst. 48, 25–29
Liiri O, Sairanen H, Kilpeläinen H, Kivistö A (1982) Holz Roh. Werkst. 40, 51–60
Lin L, Yoshioka M, Yao Y, Shiraishi N (1994) J. Appl. Polym. Sci. 52, 1629–1636
Lin L, Yoshioka M, Yao Y, Shiraishi N (1995a) J. Appl. Polym. Sci. 55, 1563–1571
Lin L, Yoshioka M, Yao Y, Shiraishi N (1995b) J. Appl. Polym. Sci. 58, 1297–1304
Lobenhoffer H (1977) Proceedings 11th Wash. State University Int. Symposium on Particleboards, Pullman, WA, 443–451
Loew G, Sachs HI (1977) Proceedings 11th Wash. State University Int. Symposium on Particleboards, Pullman, WA, 473–492
Long R (1991a) Holz Roh. Werkst. 49, 485–487
Long R (1991b) Adhäsion 35: 5, 37–39
Lu X, Pizzi A (1998) Holz Roh. Werkst. 56, 78
Lu Y, Shi Q (1995) Holz Roh. Werkst. 53, 17–19
Lu Y, Shi Q, Gao Z (1995) Holz Roh. Werkst. 53, 205–208
Marcinko JJ, Newman WH, Phanopoulos C (1994) Proceedings Second Pacific Rim Bio-Based Composites Symposium, Vancouver, Canada, 286–293
Marcinko JJ, Newman WH, Phanopoulos C, Sander MA (1995) Proceedings 29rd Wash. State University Int. Particleboard/Composite Materials Symposium, Pullman, WA, 175–183
Marutzky R (1986) Holz Zentr. Bl. 112, 1526–1528, 1570–1572 und 1858–1859
Masson E, Merlin A, Pizzi A (1996) J. Appl. Polym. Sci. 60, 263–269
May H-A, Roffael E (1983) Adhäsion 27: 9, 9–17
May H-A, Roffael E (1984) Adhäsion 28: 1/2
May H-A, Roffael E, Schriever E (1983) Adhäsion 27: 4, 16–21

Meikleham N, Pizzi A, Stephanou A (1994) J. Appl. Polym. Sci. 54, 1827–1845
Mengeloglu F, Gardner DJ (2000) For. Prod. J. 50: 2, 41–45
Miller DP, Moslemi AA (1991) For. Prod. J. 41: 3, 9–14
Milota M, Wilson JB (1985) For. Prod. J. 35: 7/8, 44–48
Müller H (1962) Holz Roh. Werkst. 20, 434–437
Nägele H, Pfitzer J, Inone E, Eisenreich N, Eyerer P (1999) Holz- und Kunststoffverarb. 34, 38–45
Neusser H (1956) Holz Roh. Werkst. 14, 475–482
Neusser H (1957) Holzforsch. Holzverwert. 9, 97–104
Neusser H, Schall W (1978) Holzforsch. Holzverwert. 30, 69–76
Neusser H, Haidinger K, Krames U, Schall W, Zentner M (1973a) Holzforsch. Holzverwert. 25, 29–34
Neusser H, Haidinger K, Krames U, Schall W, Zentner M (1973b) Holzforsch. Holzverwert. 25, 85–97
Neusser H, Schedl W (1970) Holzforsch. Holzverwert. 22, 24–40
Nimz HH (1983) Lignin-Based Wood Adhesives. In: Pizzi A (Hrsg.): Wood Adhesives, Chemistry and Technology. Marcel Dekker Inc., New York, Basel, 247–288
Nimz HH, Hitze G (1980) Cellulose Chem. Technol. 14, 371–382
Nonninger K (1997) Proceedings Tagung Klebstoffe für Holzwerkstoffe und Faserformteile, Braunschweig
Oberdorfer G (2000) Diplomarbeit, Oregon State University, Corvallis, OR, bzw. Universität für Bodenkultur, Wien
Oberdorfer G, Humphrey PE, Leichti RL, Morrell JJ (2000) Proceedings 31st Annual Meeting Int. Research Group on Wood Preservation, Kona, Hawaii
Oertel J (1961) Holztechnologie 2, 130–137
Ono H, Yamada T, Hatono Y (1994) Porceedings Int. Adhesion Symposium in Japan, Tokio, Japan, 231–232
Palardy RD, Grenley BR, Story FH, Yrjana WA (1990) Proceedings Wood Adhesives 1990, Madison, WI, 124–128
Passialis C, Grigoriou A, Voulgaridis E (1988) Holzforsch. Holzverwert. 40, 50–52
Pecina H (1965) Holztechnol. 6, 127–128
Pfuhl K (2000) Holz- und Kunststoffverarb. 35, 78–81
Philippou JL (1977) Thesis, University of California, Berkeley, CA
Philippou JL (1981) Wood Chem. Technol. 1, 199–221
Pichelin F, Kamoun C, Pizzi A (1999) Holz Roh. Werkst. 57, 305–317
Pizzi A (1978) For. Prod. J. 28: 12, 42–47
Pizzi A (1979a) J. Appl. Poly. Sci 23, 2777–2792
Pizzi A (1979b) J. Polym. Sci. Polym Lett. Ed. 17, 489–490
Pizzi A (1979c) J. Appl. Polym. Sci. 24, 1257–1268
Pizzi A (1980a) J. Macromol. Sci., Rev. Macromol. Chem. C18: 2, 247–315
Pizzi A (1980b) J. Appl. Polym. Sci. 25, 2123–2127
Pizzi A (1981) J. Macromol. Sci., Chem. C16, 7
Pizzi A (1982a) Holz Roh. Werkst. 40, 293–301
Pizzi A (1982b) Ind. Eng. Chem. Prod. Res. Dev. 21, 359–369
Pizzi A (1983) Tannin-Based Wood Adhesives. In: Pizzi A (Hrsg.): Wood Adhesives, Chemistry and Technology. Marcel Dekker Inc., New York, Basel, 177–246
Pizzi A (1991) Holzforsch. Holzverwert. 43, 83–87
Pizzi A (1993) pers. Mitteilung
Pizzi A (1994a) Holz Roh. Werkst. 52, 229
Pizzi A (1994b) Holz Roh. Werkst. 52, 286
Pizzi A (1994c) Tannin-Based Wood Adhesives. In: Pizzi A (Hrsg.): Advanced Wood Adhesives Technology, Marcel Dekker, New York, Basel, Hong Kong, 149–217

Pizzi A(1994d) Lignin-Based Wood Adhesives. In: Pizzi A (Hrsg.): Advanced Wood Adhesives Technology, Marcel Dekker, New York, Basel, Hong Kong , 219–242
Pizzi A (1994e) Diisocyanate Wood Adhesives. In: Pizzi A (Hrsg.): Advanced Wood Adhesives Technology, Marcel Dekker, New York, Basel, Hong Kong, 273–282
Pizzi A (1994f) Natural Phenolic Adhesives I: Tannin. In: Pizzi A, Mittal KL (Hrsg.): Handbook of Adhesive Technology, Marcel Dekker, New York, Basel, Hong Kong, 347–358
Pizzi A (1994g) Natural Phenolic Adhesives II: Lignin. In: Pizzi A, Mittal KL (Hrsg.): Handbook of Adhesive Technology, Marcel Dekker, New York, Basel, Hong Kong, 359–368
Pizzi A (1994h) Hot-Melt Adhesives. In: Pizzi A, Mittal KL (Hrsg.): Handbook of Adhesive Technology, Marcel Dekker, New York, Basel, Hong Kong, 451–457
Pizzi A (1998) Proceedings Forest Products Society Annual Meeting, Merida (Mexico), 13–30
Pizzi A, Daling GME (1980a) Holzforsch. Holzverwert. 32, 64–67
Pizzi A, Daling GME (1980b) J. Appl. Polym. Sci. 25, 1039–1048
Pizzi A, von Leyser EP, Valenzuela J, Clark JG (1993a) Holzforschung 47, 168–174
Pizzi A, Meiklham N (1995) J. Appl. Polym. Sci. 55, 1265–1269
Pizzi A, Meiklham N, Dombo B, Roll W (1995) Holz Roh. Werkst. 53, 201–204
Pizzi A, Merlin M (1981) Int. J. Adhesion Adhesives 1, 261
Pizzi A, Orovan E, Cameron FA (1988) Holz Roh. Werkst. 46, 67–71
Pizzi A, Rossouw D du T, Daling GME (1980) Holzforsch. Holzverwert. 32, 101–103
Pizzi A, Roux DG (1978a) J. Appl. Polym. Sci. 22, 1945–1954
Pizzi A, Roux DG (1978b) J. Appl. Polym. Sci. 22, 2717–2718
Pizzi A, Scharfetter H (1978) J. Appl. Polym. Sci. 22, 1745–1761
Pizzi A, Scharfetter H, Kes EW (1981) Holz Roh. Werkst. 39, 85–89
Pizzi A, Sorfa P (1979) Holzforsch. Holzverwert. 31, 113–115
Pizzi A, Stephanou A (1992) Holzforsch. Holzverwert. 44 , 62–68
Pizzi A, Stephanou A (1993a) Holzforsch. Holzverwert. 45, 30–33
Pizzi A, Stephanou A (1993b) J. Appl. Polym. Sci. 50, 2105–2113
Pizzi A, Stephanou A (1994) Holz Roh. Werkst. 52, 218–222
Pizzi A, Stracke P, Trosa A (1997) Holz Roh. Werkst. 55, 168
Pizzi A, Tekely P (1995a) J. Appl. Polym. Sci. 56, 633–636
Pizzi A, Tekely A (1995b) J. Appl. Polym. Sci. 56, 1645–1650
Pizzi A, Valenzuela J, Westermeyer C (1993b) Holzforschung 47, 68–71
Pizzi A, Valenzuela J, Westermeyer C (1994) Holz Roh. Werkst. 52, 311–315
Pizzi A, Walton T (1992) Holzforschung 46, 541–547
Plomley KF (1966) CSIRO Div. For. Prod. Techn. Paper 39
Prasetya B, Roffael E (1991) Holz Roh. Werkst. 49, 481–484
Prasetya B, Roffael E (1993) Holz Zentr. Bl. 119, 746–747
Prather R, Martone D, Nelson G (1995) Proceedings 29rd Wash. State University Int. Particleboard/Composite Materials Symposium, Pullman, WA, 165–174
Quixley NE (1989) Hotmelts for Wood Products. In: Pizzi A (Hrsg.): Wood Adhesives, Chemistry and Technology, Vol.2, Marcel Dekker Inc., New York, Basel, 211–227
Rabiej RJ, Brown PT (1985) Proceedings Wood Adhesives in 1985: Status and Needs, Madison, WI, 49–74
Richter C (1993) Holz Roh. Werkst. 51, 235–239
Richter C, Sterzig G, Brombacher V, Sterzik S (2001) Holz Zentr. Bl. 127, 287
Robertson JE, Robertson RR (1977) For. Prod. J. 27: 4, 30–38
Robertson JE, Robertson RR (1979) For. Prod. J. 29: 6, 15–21
Roffael E (1976a) Adhäsion 20, 306–311
Roffael E (1976b) Holzforschung 30, 9–14
Roffael E, Dix B (1989) Holz Zentr. Bl. 115, 2084–2085
Roffael E, Dix B (1991a) Holz Roh. Werkst. 49, 199–205

Roffael E, Dix B (1991b) Holz Roh. Werkst. 49, 373–376
Roffael E, Dix B (1994) Holz Zentr. Bl. 120, 90–93
Roffael E, Dix B, Okum J (2000) Holz Roh. Werkst. 58, 301–305
Roffael E, May H-A (1983) Proceedings 17th Wash. State University Int. Particleboard/Composite Materials Symposium, Symposium, Pullman, WA, 283–295
Roffael E, Roffael E (1998) Holz Zentr. Bl. 124, 427
Roffael E, Sattler H (1991) Holzforschung 45, 445–454
Roffael E, Schneider A (1983) Holz Zentr. Bl. 109, 1414
Roffael E, Schriever E, May H-A (1982) Adhäsion 26: 11, 10–19
Roll H (1995) Proceedings Holzwerkstoffsymposium der Mobil Oil AG, Magdeburg
Rossouw D du T, Pizzi A, McGillivray G (1980) J. Polym. Sci., Polym. Chem. Ed. 18, 3323–3343
Roux DG, Ferreira D, Hundt HKL, Malan E (1975) Appl. Polym. Symp. 28, 335–353
Roy C, Calve L, Lu X, Pakdel H, Amen-Chen C (1999) Proceedings 4th Biomass Conf. Am. 1: 1, 521–526
Rühl H, Sirch H-J (1999) Holz Zentr. Bl. 125, 518
Saayman HM, Brown CH (1977) For. Prod. J. 27: 4, 21–25
Saayman HM, Oatley JA (1976) For. Prod. J. 26: 12, 27–33
Sachs HI (1977) Holz Zentr. Bl. 103, 295–296 und 384
Sachs HI (1983) Bindung von forst- und landwirtschaftlichen Produkten. In: Oertel G (Hrsg.): Polyurethane (Kunststoff-Handbuch Bd. 7), S. 598–604, Carl Hanser Verlag München Wien
Sachs HI (1985) Holz Zentr. Bl. 111, 2101–2103
Sachs H, Larimer DR (1997) Tagungsband Klebstoffe für Holzwerkstoffe und Faserformteile, Klein J und Marutzky R (Hrsg.), Braunschweig
Santana MAE, Baumann MGD (1996) J. Wood Chem. Technol. 16, 1–19
Santana MAE, Baumann MGD, Conner AH (1995) Holzforschung 49, 146–152
Sattler H (1987) Holz- und Kunststoffverarb. 22, 366–369
Sattler H (1990) Holz Roh. Werkst. 48, 268
Schall W (1986a) Holzforsch. Holzverwert. 38, 97–117
Schall W (1986b) Holzforsch. Holzverwert. 38, 128–138
Schall W (1987a) Holzforsch. Holzverwert. 39, 24–50
Schall W (1987b) Holzforsch. Holzverwert. 39, 129–144
Schauerte K, Dahm M, Diller W, Uhlig K (1983) Rohstoffe. In: Oertel G (Hrsg.): Polyurthane (Kunststoff-Handbuch Bd. 7), S. 42–92, Carl Hanser Verlag München Wien
Scheiding W (2000) Holz Roh. Werkst. 58, 177–181
Schmidt O, Ayla C, Weißmann G (1984) Holz Roh. Werkst. 42, 287–292
Schreyer MN, Domke W-D, Stini S (1989) J. Chromatogr. Sci. 27, 262–266
Schriever E (1982) Holz Zentr. Bl. 108, 108–109
Schriever E (1986) Diisocyanat- und Polyurethanklebstoffe. WKI-Bericht Nr. 14, 2. Auflage
Schriever E, Roffael E (1984) Adhäsion 28, 11
Schubert B, Simatupang MH (1992) Holz Roh. Werkst. 50, 492
Schubert B, Wienhaus O, Bloßfeld O (1990a) Holz Roh. Werkst. 48, 185–189
Schubert B, Wienhaus O, Bloßfeld O (1990b) Holz Roh. Werkst. 48, 423–428
Schulz M, Salthammer T (1998) Fres. J. Anal. Chem. 362, 289–293
Sedding N, Simatupang MH (1988) Holz Roh. Werkst. 46, 9–13
Sellers T Jr (1989a) For. Prod. J. 39: 4, 39–41
Sellers T Jr (1989b) For. Prod. J. 39: 11/12, 53–56
Sellers T Jr, Gardner DJ (1989) For. Prod. J. 39: 3, 34–38
Sellers T Jr, Panel World 35 (1994) 3, 22–26
Sellers T Jr, Miller GD (1997) For. Prod. J. 47: 10, 73–76
Sellers T Jr, Miller GD, Nieh WL-S (1990) For. Prod. J. 40: 10, 23–28

Shen KC (1974) For. Prod. J. 24: 2, 38 – 44
Shen KC (1977) For. Prod. J. 27: 5, 32 – 38
Shen KC, Fung DPC (1979) For. Prod. J. 29: 3, 34 – 39
Shen KC, Calve L, Lau P (1979) Proceedings 13th Wash. State University Int. Symposium on Particleboards, Pullman, WA, 369–379
Shiraishi N (1992) Liquefaction of lignocellulosics in organic solvents and its application. In: Rowell RM u. a. (Hrsg.): Emerging Technologies for Materials and Chemicals from Biomass, American Chemical Society, 136 – 143
Shiriashi N, Yoshioka M (1998) Proceedings Forest Products Society Annual Meeting, Merida (Mexico), 81 – 85
Simatupang MH (1988) Holz Roh. Werkst. 46, 223–229
Simatupang MH, Geimer RL (1990) Proceedings Wood Adhesives 1990, Madison, WI, 169–176
Simatupang MH, Habighorst C (1993) Holz Roh. Werkst. 51, 247 – 252
Simatupang MH, Lange H (1992) Holz Zentr. Bl. 118, 324 – 326 und 358 – 360
Simatupang MH, Lu XX (1985) Holz Roh. Werkst. 43, 325 – 331
Sirch H-J, Kehr E (1997) Tagungsband Klebstoffe für Holzwerkstoffe und Faserformteile, Klein J und Marutzky R (Hrsg.) Braunschweig
Sonje Z (1992) Holz Roh. Werkst. 50, 401 – 406
Stein W (1994) Holz- und Kunststoffverarb. 29, 830 – 831
Stone JB, Robitschek P (1978) For. Prod. J. 28, 32 – 35
Stuis M (1989) Holz Roh. Werkst. 47, 191 – 196
Stuis M (1990) Holz Roh. Werkst. 48, 80
Sun BCH, Hawke RN, Gale MR (1994a) For. Prod. J. 44: 3, 34 – 40
Sun BCH, Hawke RN, Gale MR (1994b) For. Prod. J. 44: 4, 53 – 58
Suomi-Lindberg L (1985) Paperi ja Puu 67: 2, 65 – 69
Theiling EA (1972) Adhäsion 18, 428 – 432
Thole V, Klabunde S (1995) Holz- und Kunststoffverarb. 30, 615 – 617
Thole V, Weiß D (1992) Holz Roh. Werkst. 50, 241 – 252
Thompson D, Pizzi A (1995a) Holzforsch. Holzverwert. 47, 74 – 75
Thompson D, Pizzi A (1995b) J. Appl. Polym. Sci. 55, 107 – 112
Tisler V (1992) in: Hemingway RW, Laks PE (Hrsg.): Plant Polyphenols, Plenum Press, New York, 967 – 977
Tisler V, Ayla C, Weißmann G (1983) Holzforsch. Holzverwert. 35, 113 – 116
Tisler V, Devjak S, Merzelj F (1998) Holzforsch. Holzverwert. 50, 11 – 13
Tisler V, Galla E, Pulkkinen E (1986) Holz Roh. Werkst. 44, 427 – 431
Tomkinson J (2001) Adhesives based on natural ressources. In: Dunky M (Hrsg.): State of the Art-Report, COST-Action E13, part I (Working Group 1 Adhesives), European Commission (vorläufige Fassung)
Topf P (1989) Holz Roh. Werkst. 47, 415 – 419
Triboulot MC, Lavigne E, Monteau L, Boucher N, Pizzi A, Tekely P (1996) Holzforsch. Holzverwert. 48, 61 – 65
Tröger F (1987) Proceedings FESYP Technical Conference, München, 95 – 117
Tröger F (1986) Kirchner B Holz Roh. Werkst. 44, 68
Tröger F, Scheicher U (1988) Holz Roh. Werkst. 46, 201–206
Trosa A, Pizzi A (1997) Holz Roh. Werkst. 55, 306
Twitchett HJ (1974) Chem. Soc. Rev. 3, 209 – 230
Umemura K, Takahashi A, Kawai S (1999) J. Appl. Polym. Sci. 74, 1807 – 1814
Uyama H, Kurioka H, Sugihara J, Kobayashi S (1996) Bull. Chem. Soc. Jpn. 69, 189 – 193
Vazquez G, Antorrena G, Francisco JL, Gonzales J (1992) Holz Roh. Werkst. 50, 253 – 256
Vazquez G, Antorrena G, Francisco JL, Arias MC, Gonzales J (1993) Holz Roh. Werkst. 51, 221 – 224

Vazquez G, Antorrena G, Gonzales J, Alvarez JC (1996) Holz Roh. Werkst. 54, 93 - 97
Vazquez G, Antorrena G, Parajo JC (1986) Holz Roh. Werkst. 44, 415 - 418
Vazquez G, Antorrena G, Parajo JC (1987 a) Wood Sci. Technol. 21, 65 - 74
Vazquez G, Antorrena G, Parajo JC (1987 b) Wood. Sci. Technol. 21, 155 - 166
Vazquez G, Antorrena G, Parajo JC, Francisco JL (1989) Holz Roh. Werkst. 47, 491 - 494
Vazquez G, Freire S, Gonzales J, Antorrena G (2000) Holz Roh. Werkst. 58, 57 - 61
Vick CB (1984) For. Prod. J. 34: 9, 27 - 34
Vick CB (1990) For. Prod. J. 40: 11/12, 25 - 30
Vick CB (1995) For. Prod. J. 45: 3, 78 - 84
Vick CB (1997) For. Prod. J. 47: 7/8, 83 - 87
Vick CB, De Groot RC, Youngquist J (1990) For. Prod. J. 40: 2, 16 - 22
Vick CB, Kuster TA (1992) Wood Fiber Sci. 24, 36–46
Vick CB, Okkonen EA (1998) For. Prod. J. 48: 11/12, 71 - 76
Vick CB, Okkonen EA (2000) For. Prod. J. 50: 10, 69–75
Voulgaridis E, Grigoriou A, Passialis C (1985) Holz Roh. Werkst. 43, 269 - 272
Wang S, Pizzi A (1997) Holz Roh. Werkst. 55, 174
Wang S-Y, Rao Y-C (1999) Holzforschung 53, 547 - 552
Weißmann G (1981) Holz Roh. Werkst. 39, 457 - 461
Weißmann G (1983) Int. J. Adhesion and Adhesives 3, 31–35
Weißmann G, Ayla A (1980) Holz Roh. Werkst. 38, 307–312
Weißmann G, Ayla A (1982 a) Holz Roh. Werkst. 40, 13 - 18
Weißmann G, Ayla A (1982 b) Adhäsion 26: 6/7, 16 - 23
Weißmann G, Ayla A (1984 a) Holz Roh. Werkst. 42, 203–207
Weißmann G, Ayla A (1984 b) Holz Roh. Werkst. 42, 457 - 459
Wienhaus O (1979) Holztechnologie 20, 207 - 215
Wilke KD (1988) Holz Zentr. Bl. 114, 1768 - 1770
Winistorfer PM, Xu W, Helton CM (1996) For. Prod. J. 46: 3, 63 - 67
Wissing A (1955) Papperstidning 58, 745 - 750
Wittman O (1971) Holz Roh. Werkst. 29, 259 - 264
Wittman O (1976) Holz Roh. Werkst. 34, 427 - 431
Yao Y, Yoshioka M, Shiriashi N (1996) J. Appl. Polym. Sci. 60, 1939 - 1949
Yazaki Y (1983) Holzforschung 37, 87 - 90
Yazaki Y (1984) Holzforschung 38, 79 - 84
Yazaki Y (1985 a) Holzforschung 39, 79 - 83
Yazaki Y (1985 b) Holzforschung 39, 267 - 271
Yazaki Y (1987) Holzforschung 41, 23 - 26
Yazaki Y, Collins PJ (1994 a) Holz Roh. Werkst. 52, 185 - 190
Yazaki Y, Collins PJ (1994 b) Holz Roh. Werkst. 52, 307 - 310
Yazaki Y, Hillis WE (1977) Holzforschung 31, 20 - 25
Yazaki Y, Hillis WE (1980) Holzforschung 34, 125 - 130
Yoshioka M, Yao Y, Shiraishi N (1996) Liquefaction of wood. In: Hon DN-S (Hrsg.): Chemical modification of lignocellulosic materials. Marcel Dekker, Inc., New York, 185 - 196
Zeppenfeld G (1991) Klebstoffe in der Holz- und Möbelindustrie. Fachbuchverlag Leipzig
Zhang HJ, Gardner DJ, Wang JZ, Shi Q (1997) For. Prod. J. 47: 10, 69 - 72
Zhao L, Cao B, Wang F, Yazaki Y (1995) Holz Roh. Werkst. 53, 117 - 122
Zharkov VV, Tzsarfin MY, Vdovina SV (1987) Zh. Analyt. Chem. 42, 1704 - 1707
Zu-Shan C, Paszner L (1988) Holzforschung 42, 11 - 20

Patente:

DE 1 303 355 (1963) Dansk Spaanplade Kompagni (Pedersen A, Jul-Rasmussen J)
DE 2 037 174 (1970) Borden Inc.
DE 2 221 353 (1972) Helmitin-Werke (Nimz H, Razvi A, Mogharab I, Clad W)
DE 2 410 746 (1974) Shen KC
DE 2 451 667 (1974) Simatupang MH, Bröker FW, Schwarz GH
DE 2 745 951 (1977) Teukros AG
DE 2 914 009 (1979) Patentes Y. Noveades
DE 3 037 992 (1980) Haars A und Hüttermann A
DE 3 611 676 (1986) Pfleiderer AG (Hüttermann A, Milstein O, Haars A, Wehr K, Lovas G)
DE 3 621 218 (1986) Pfleiderer AG (Hüttermann A und Haars A)
DE 3 644 397 (1986) Pfleiderer AG (Haars A, Hüttermann A und Kharazipour A)
DE 4 316 901 (1993) Richter C, Bücking H-G

EP 141 315 (1984) BASF
EP 234 459 (1987) BAYER AG
EP 365 708 (1988) Kronospan Anstalt
EP 492 016 (1990) Shen KC

USP 3 164 511 (1965) Elmendorf A
USP 3 271 492 (1966) Elmendorf A
USP 4 265 846 (1979) Shen KC, Fung DPC, Calve L
USP 4 328 178 (1982) Kossatz G
USP 4 432 921 (1984) Haars A, Hüttermann A
USP 5 017 319 (1990) Shen KC
USP 5 532 330 (1996) Pizzi A, Roll W, Dombo B

WO 98/17727 (1997) Kronospan GmbH./Shen KC

3 Analytik und Prüfverfahren für Bindemittel und Holzwerkstoffe

Die Charakterisierung von flüssigen Klebstoffsystemen, insbesondere von Leimen auf Basis von Formaldehyd-Kondensationsprodukten, hat in den letzten zwei Jahrzehnten große Fortschritte gemacht. Die Bestimmung der Molmassenverteilung solcher polydispersen Systeme z.B. mittels Gelpermeationschromatographie lässt direkte Rückschlüsse auf den Kondensationsgrad zu und ist die Grundlage für Korrelationen zwischen dem molekularen Aufbau und den technologischen Eigenschaften solcher Harze. Spektroskopische Verfahren wie IR und NMR geben Aufschluss über die verschiedenen Strukturelemente in den Harzen, z.B. über die Art der Brückenbindung zwischen den einzelnen Monomeren. Aber auch die grundlegenden technologischen Laborkennwerte, insbesondere die Messung der Gelierzeit als Maß für die Reaktivität eines Leimsystems, lassen wichtige Rückschlüsse auf die Eigenschaften und Eignung der Harze zu. Nichtsdestotrotz besteht bei der Charakterisierung von Leimharzen nach wie vor ein großer Entwicklungsbedarf, insbesondere hinsichtlich der labormäßigen Voraussage von in der Praxis erzielbaren Bindefestigkeiten und Eigenschaften von Holzwerkstoffen.

In diesem Kapitel soll eine möglichst vollständige Erfassung aller bei der Analyse von Leimharzen und Bindemitteln zur Verfügung stehenden Methoden erfolgen, wobei auf der einen Seite viele Ergebnisse beschrieben werden, auf der anderen Seite auch immer wieder auf weiterführende Literatur verwiesen werden muss.

3.1 Laborkennwerte von Bindemitteln und Methoden zur Verfolgung der Herstellungsreaktion

3.1.1 Laborkennwerte

Die Bestimmung der üblichen Laborkennwerte an Flüssig- und Pulverleimen erfolgt im Rahmen der Chargen- und Lieferungsprüfung sowie zum Teil bei der Eingangskontrolle beim Verarbeiter; erfahrungsgemäß werden nur in der Spanplatten- und MDF-Industrie solche Eingangskontrollen durchgeführt. Verschiedene dieser Laborkennwerte werden vom Herstellerwerk in den mitgelieferten Zertifikaten bekanntgegeben und je nach Stand und Ausmaß der eingeführten Qualitätssicherungssysteme bei Kunden nochmals überprüft bzw. anerkannt. Verschiedene Laborkennwerte und die entsprechenden Bestimmungsmethoden sind genormt bzw. allgemein anerkannt; andere werden bei Bedarf zwischen Hersteller und Verarbeiter vereinbart, ebenso wie die zugehörigen Sollwerte und Schwankungsbereiche. Tabelle 3.1 gibt eine Übersicht über die für Leime auf Basis von Kondensationsharzen gebräuchlichen Laborkennwerte. Weitere ausführliche Beschreibungen dazu finden sich z.B. bei Neusser und Haidinger 1968.

Tabelle 3.1. Übliche Laborkennwerte für Leime auf Basis von Kondensationsharzen

Festharzgehalt (Trockensubstanz):
Üblicherweise wird die so genannte Schälchenmethode eingesetzt. Dabei werden ca. 1 g des Flüssigleimes in ein flaches Blechschälchen eingewogen und sodann meist zwei Stunden bei 120 °C getrocknet. Innerhalb dieser Zeit verdampft nicht nur das vorhandene Wasser vollständig, sondern es entweichen auch das bei der teilweisen thermischen Aushärtungsreaktion in dieser Zeitspanne freigewordene Wasser sowie flüchtige Anteile, wie z. B. ein Teil des noch im Leim vorhandenen freien Formaldehyds. Diese Ergebnisse sind mit unter anderen Messbedingungen (z. B. 1 h bei 80 °C und sodann 3 h bei 103 °C) ermittelten Werten der Trockensubstanz nicht unmittelbar vergleichbar. Je schärfer die Methode, je höher also die Trocknungstemperatur, desto niedriger sind die erhaltenen Werte. Auch verschiedene Detailbedingungen der Messung, wie Ab- oder Umlufteinstellung des Trockenschrankes, Anzahl der gleichzeitig gemessenen Schälchen, häufiges Öffnen des Trockenschrankes u. ä. können einen merklichen Einfluss auf die gemessene Trockensubstanz ausüben. Die höchsten Werte für die Trockensubstanz erhält man bei der Gefriertrocknung oder bei langsamem Trocknen über Phosphorpentoxid, weil hier praktisch keine Weiterkondensation des Harzes stattfindet. Diese Werte entsprechen in etwa der Summe der einzelnen mittels chemischer Analysen ermittelten Bestandteile des Harzes und liegen auf Grund der Mitberücksichtigung des Kondensationswassers ca. 10–12% (abs.) über dem mittels der Schälchenmethode gemessenen Wert.

Gibt man zur Probe einen geringen Anteil eines Härters (z. B. Ammonsulfat), so wird die Aushärtung während der Messung erheblich beschleunigt; dadurch entsteht ein deutlich höherer Anteil an Kondensationswasser, der unter den gegebenen Trocknungsbedingungen ebenfalls verdampft; die gemessene Trockensubstanz liegt dann um bis zu 10% (abs.) unter dem ursprünglichen Wert der Schälchenmethode.

Brechungsindex:
Messung mittels Abbé-Refraktometers an klaren, transparenten Lösungen, es besteht eine gute Korrelation zum Festharzgehalt, die allerdings für verschiedene Harze unterschiedlich sein kann. Der Brechungsindex kann bei Bedarf als Schnellmethode für den Festharzgehalt herangezogen werden.

Viskosität (EN 12092):
Die Messung erfolgt in Rotationsviskosimetern unterschiedlicher Bauart oder in Auslaufbechern („DIN-Becher") mit unterschiedlichen Düsendurchmessern (4 mm für Rohleime, 8 mm für mit Wasser angesetzte Pulverleime sowie für Leimflotten). Im Rotationsviskosimeter wird direkt die dynamische Viskosität in mPa · s (= cP) bestimmt. Auslaufbecher dienen meist zur innerbetrieblichen Prüfung beim Leimverbraucher. Eine Umrechnung der

Tabelle 3.1 (Fortsetzung)

Auslaufzeiten (s) in mPa · s ist nur möglich, wenn die für verschiedene Leimarten gültigen Umrechnungsfaktoren experimentell ermittelt wurden. Für Rohleime beträgt der Umrechnungsfaktor für die 4 mm-Düse ca. 5,5, bei Leimflotten für die 8 mm-Düse ca. 70–80. Bei gestreckten und damit höherviskosen Leimansätzen erfolgt jedoch oft kein kontinuierliches Ausfließen aus dem Becher, wodurch auch der Endpunkt der Messung (Abreißen des Leimfadens) nur schwer exakt zu bestimmen ist. Bei allen Messmethoden ist eine genaue Thermostatisierung erforderlich, die üblicherweise eingehaltene Temperatur bei Viskositätsmessungen beträgt 20 °C.

pH-Wert:
Bestimmung überwiegend mit Glaselektroden-Einstabmessketten ohne weitere Vorbereitung des Leimes.

Dichte und Schüttdichte:
Die Bestimmung der Dichte erfolgt üblicherweise mittels Spindeln (Aräometer), auch hier ist eine exakte Thermostatisierung der Probe unerlässlich. Bei einem Festharzgehalt von ca. 66% liegt die Dichte bei aminoplastischen Harzen im Bereich 1,28–1,30 g/cm^3, bei Phenolharzen mit einer Trockensubstanz von 45–48% bei ca. 1,20 g/cm^3. Die Dichte bei Flüssigleimen stellt jedoch wegen der geringen Abhängigkeit von den verschiedenen molekularen Parametern keine wirkliche qualitätsrelevante Größe dar. Die Schüttdichte von Pulverleimen liegt bei 0,5 bis 0,7 g/cm^3. Die Dosierung von Flüssigleimen und Pulvern sollte vorzugsweise gravimetrisch erfolgen, es sind aber auch volumetrische Leimflottenaufbereitungssysteme am Markt.

Aschegehalt:
Dient zur Bestimmung der anorganischen Bestandteile, Durchführung mittels Glühens im Tiegel. Je nach zu bestimmender Substanz ist das Material des Tiegels entsprechend zu wählen (z. B. Platin).

Reaktivität:
Die Gelierzeit ist die Zeitspanne von der Zugabe des Härters zur Leimlösung bei aminoplastischen Leimen (bei selbsthärtenden konfektionierten UF-Pulverleimen vom Zeitpunkt der Zugabe von Wasser) bzw. der entsprechenden Wärmezufuhr bei phenoplastischen Harzen bis zum Eintritt des Gelzustandes.

Gelierzeit bei höherer Temperatur: meist gemessen im siedenden Wasserbad bei 100 °C. Bei aminoplastischen Leimen wird eine bestimmte Menge einer Härterlösung zugegeben (z. B. 100 g Leim + 10 g einer 15%igen Ammonsulfatlösung), bei PF-Leimen erfolgt lediglich die Erwärmung im Wasserbad. Gegebenenfalls sind Abweichungen der Temperatur des siedenden Wasser wegen deutlich unterschiedlicher Seehöhe des Messortes zu berücksichtigen (Pizzi 1993). Je nach Anwendungszweck des Leimes oder der Leimflotte kann es sinnvoll sein, die Gelierzeit bei anderen Temperaturen als 100° zu messen, z. B. bei niedrigeren Temperaturen (z. B. bei 70 °C). Die gewählte Temperatur orientiert sich an den auf Grund der gegebenen Pressbedingungen zu erwartenden Temperaturen (z. B. an der unter Berücksichtigung des Temperaturverlaufes maximal erreichbaren Temperatur in einer Sperrholzleimfuge). Bei Phenolharzen wiederum ist eine höhere Temperatur (bevorzugt 110° als durchschnittliche maximale Temperatur im Spanplattenkern während der Verpressung) sinnvoll. Bei solchen Messungen über 100° ist allerdings der unterschiedliche Wärmeübergang zwischen einem Ölbad bzw. dem kochendem Wasserbad und der Eprouvette zu berücksichtigen.

Tabelle 3.1 (Fortsetzung)

Reaktivität (Fortsetzung)

Über Gelierzeitmessungen an verschiedenen Harzen bei Temperaturen zwischen 80 und 200 °C berichten Subiyanto u. a. (1988). Trotz der hohen Heizbadtemperaturen steigt die Temperatur in der Eprouvette wegen der Wasserverdampfung nicht über 100 °C.

Die Messung der Gelierzeit ist eine subjektive Methode, bei der verschiedene Fehlermöglichkeiten (z. B. unterschiedliche Leimmengen, Rührgeschwindigkeit bei manueller Durchführung) erheblichen Einfluss nehmen können; bei Vergleich von Werten, die von verschiedenen Personen gemessen wurden, können daher oft relativ große Schwankungen auftreten, vor allem bei längeren Gelierzeiten. Bei UF-Harzen mit niedrigem Molverhältnis empfiehlt sich zum besseren Erfassen der Gelierzeit die Zugabe von Methylorange als Indikator, wobei der Farbumschlag auf rot wenige Sekunden vor dem Gelieren eintritt. Verschiedentlich werden automatische Gelierzeitmesser am Markt angeboten, sie haben sich aber kaum durchsetzen können. Das Verhalten der Gelierprobe kann bei dieser automatischen Methode einen entscheidenden Einfluss auf das Ergebnis ausüben, z. B. infolge eines Aufschäumens während der Messung oder bei einem eher unscharfen Gelpunkt, wie dies oft bei melaminverstärkten Leimen der Fall ist.

Die an einer Probe gemessene Gelierzeit korreliert nur teilweise mit einer thermoanalytisch (z. B. DTA oder DSC, s. Teil II, Abschn. 3.4.1 und 3.4.2) ermittelten Reaktionsgeschwindigkeit. Dies überrascht deshalb nicht, weil die Gelierzeit im Wesentlichen die Sol-Gel-Umwandlung angibt; auch nach dem Gelieren in der Eprouvette können aber Härtungsreaktionen weiter ablaufen, sodass über die Bestimmung der Gelierzeit alleine keine endgültigen Schlüsse über die Vernetzungsgeschwindigkeit bei der Härtung gezogen werden können (Bolton und Irle 1987).

Ein weiterer zu beachtender Umstand ist die Tatsache, dass das Gelieren in der Eprouvette in Anwesenheit der gesamten Wassermenge stattfindet; im Gegensatz dazu dringt bei einer Verleimung ein Teil des im Bindemittel enthaltenen Wassers ins Holz ein, wodurch sich der Festharzgehalt in der Leimfuge erhöht. Die Aushärtung unter den realen Bedingungen verläuft demnach unter zum Teil völlig unterschiedlichen Bedingungen im Vergleich zur Gelierzeitmessung ab. Diesbezüglich besteht auch ein wesentlicher Unterschied zwischen der Gelierzeitmessung und der B-Zeit-Methode.

B-Zeit: Messmethode zur Bestimmung des Aushärteverhaltens von Phenolharzen (DIN 16916). Die Durchführung erfolgt auf einem Heizblock mit flachen Vertiefungen. Übliche Plattentemperaturen sind 110 – 140 °C. Eine ähnliche Methode wird bei Ellis und Steiner (1991) beschrieben.

Topfzeit (Kaltgelierzeit): Die Aushärtezeit bei Temperaturen im Bereich von 20 bis 40 °C ist ein Maß für die Gebrauchsdauer einer Leimflotte, wobei diese erfahrungsgemäß je nach gegebenen Temperaturverhältnissen mit ca. zwei Drittel der Kaltgelierzeit abzuschätzen ist. Bei der Bestimmung der Kaltgelierzeit ist einer sorgfältigen Temperierung der Probe Rechnung zu tragen; insbesondere ist zu beachten, dass sich größere Leimansätze infolge der ungenügenden Wärmeabfuhr nach außen leicht erwärmen, wodurch die Härtungsreaktion beschleunigt wird (s. auch Neusser u. a. 1974). Dies ist insbesondere dann gegeben, wenn säurehaltige Härter eingesetzt und mit dem Leim in einem Vorratsbehälter abgemischt werden.

Weitere Literaturhinweise: Clad (1961)

Dispergierbare und lösliche Anteile aminoplastischer Harze:

Zur Trennung des löslichen und des dispergierten Anteiles in aminoplastischen Leimharzen wird der Leim mit ca. der dreifachen Menge an Wasser verdünnt, wobei das Harz ausflockt. Durch Zentrifugieren bzw. vorsichtiges Abdekantieren können die beiden Phasen getrennt werden (Dunky 1985 a), s. auch Teil II, Abschn. 1.1.7.

3.1.2
Methoden zur Verfolgung der Herstellungsreaktion

Die Aufgabe dieser Methoden ist die Verfolgung der einzelnen Schritte der Herstellungsreaktion von Kondensationsharzen, insbesondere die Bestimmung des richtigen Zeitpunktes des Abbruches der Kondensationsreaktion während der Leimherstellung, z.B. der sauren Kondensationsstufe bei UF-Harzen (s. auch Teil II, Abschn. 1.1.7 bzw. 1.3.1.1). Zu diesem Zweck sind je nach Harztyp verschiedene Methoden einsetzbar.

a) Trübungspunkt
Eine Reaktionsprobe wird aus dem Reaktor genommen und, ggf. nach Verdünnung, langsam abgekühlt. Die Temperatur, bei der die Probe eintrübt (Trübungspunkt), ist ein Maß für den bereits erfolgten Fortschritt der Reaktion. Je höher der Trübungspunkt, desto fortgeschrittener ist die Reaktion.

b) Wasserverträglichkeit
Bei der Bestimmung der Wasserverträglichkeit wird eine Probe schrittweise mit kaltem Wasser bis zur ersten bleibenden Trübung versetzt. Auch die umgekehrte Durchführung, nämlich die Vorlage einer bestimmten Wassermenge und die Zugabe von heißer Reaktionslösung so lange, bis die Mischung wieder klar wird, ist möglich. Zwischen dem Trübungspunkt und der Wasserverträglichkeit besteht im Allgemeinen ein guter Zusammenhang, der jedoch nicht immer linear ist.

c) Viskosität
Die Verfolgung der Viskosität kann sowohl bei aminoplastischen als auch bei phenoplastischen Harzen erfolgen. Eine Probe der Reaktionslösung wird dabei aus dem Reaktor entnommen und auf eine bestimmte Temperatur abgekühlt (z.B. 40 °C oder Raumtemperatur), anschließend wird mit einem geeigneten Verfahren die Viskosität bestimmt, z.B. mittels Auslaufbechers, mittels Rotationsviskosimeters oder mittels der Gardner-Methode; bei letzterer wird die Geschwindigkeit des Aufsteigens von Luftblasen in der Reaktionslösung mit der Geschwindigkeit in Testflüssigkeiten bekannter Viskosität verglichen.

3.2
Chemische Untersuchungsmethoden an Leimharzen

Chemische Untersuchungsmethoden werden mit wenigen Ausnahmen durchwegs nur im Herstellerwerk durchgeführt; zum einen sind diese Analysen bereits relativ aufwendig, zum anderen handelt es sich bei den gemessenen Werten um Teile der Rezeptur, die üblicherweise dem Kunden nicht oder nur in Ausnahmefällen (z.B. Melamingehalt von melaminverstärkten UF-Leimen) bekannt sind bzw. mitgeteilt werden.

Eine der wichtigsten Aufgaben der chemischen Analytik ist die Ermittlung der Zusammensetzung von Leimharzen, wobei diese Aufgabe sowohl im Rahmen der Chargen- und Lieferungsprüfungen als auch bei der Analyse von Fremdprodukten gegeben ist. Eine Vereinfachung dieser Aufgabe ist z. B. durch den Einsatz von Geräten zur CHN-Elementaranalyse möglich (Rybicki und Kambanis 1979).

Tabelle 3.2. Chemische Untersuchungsmethoden an Kondensationsharzen

Gehalt an Stickstoff: Methode nach Kjeldahl (ggf. mit automatischem Aufschluss) bzw. mittels Elementaranalyse (CHN).
Gehalt an Harnstoff: Berechnung aus dem Stickstoffgehalt, sofern andere Stickstoffquellen bekannt oder vernachlässigbar sind (N-Gehalt aus Härtern oder Katalysatoren der Herstellung) bzw. berücksichtigt (z. B. Melamin) werden.
Gehalt an Formaldehyd (Gesamtformaldehyd): Hydrolyse der aminoplastischen Leime mit konzentrierter Schwefel- oder Phosphorsäure, wobei Methylole, Methoxymethylgruppen, Methylenäther- und Methylenbrücken unter Formaldehydbildung gespalten werden (Gollob und Wellons 1980, Schindlbauer u. a. 1979, Schröder u. a. 1976). Diese Analysenmethode ist nur bei aminoplastischen Harzen anwendbar; eine Hydrolyse von phenoplastischen Harzen ist nicht möglich. Die Bestimmung des Gesamtformaldehyds bei PF-Harzen ist nur über ^{13}C-NMR möglich.
Gehalt an Melamin: Bestimmung UV-photometrisch bei 237 nm nach Hydrolyse in verdünnter Salzsäure (Marutzky u. a. 1978, Schröder u. a. 1976). Diese Methode ist bei hohen Melaminwerten jedoch ungenau. Eine verbesserte Methode, die aber sehr zeitaufwendig ist, verläuft über die Abspaltung der Amidgruppen vom heterozyklischen Melaminring und deren Umsetzung zu Silbercyanuraten. Weitere Methoden werden von Hirt u. a. (1954), Stafford (1945) sowie Widmer (1956) beschrieben.
Gehalt an Phenol: Bestimmung ist nur über ^{13}C-NMR möglich.
Gehalt an Resorcin in PRF-Harzen: IR-photometrische Bestimmung (Chow und Steiner 1978)
Gesamtalkaligehalt: über Aschegehalt
Gehalt an freiem Alkali: üblicherweise gerechnet als NaOH, Bestimmung mittels Titration
Molverhältnisse: F/U: bei reinen UF-Harzen $F/(NH_2)_2$ oder F/NH_2 oder F : U : M bei melaminverstärkten UF-Leimen und MUF-Harzen F/P bei PF-Harzen NaOH/P als molares Verhältnis des Alkalianteiles in PF-Harzen bezogen auf den Phenolanteil.

Tabelle 3.2 (Fortsetzung)

Gehalt an freiem Formaldehyd:
Der im Leim verbleibende freie Formaldehyd ist abhängig vom Molverhältnis des Leimharzes, wie in Abb. 1.2 (Teil II, Abschn. 1.1.1) für UF-Leimharze gezeigt wird. Der Gehalt an freiem Formaldehyd wird für die Einstufung des Harzes in den Sicherheitsdatenblätter herangezogen (< 0,2 %: „nicht kennzeichnungspflichtig"; > 0,2 %: „reizend"; > 1,0 %: „gesundheitsgefährlich" („ehemals mindergiftig")).

Die Bestimmung des freien Formaldehyds erfolgt meist nach der sogenannten Sulfitmethode, wobei geringfügig unterschiedliche Ausführungsvarianten bestehen. Die Bestimmung von 0,1 bis ca. 1,0 % an freiem Formaldehyd neben ca. 20 % an N-Methylol-Formaldehyd, wie es z. B. in UF-Harzen der Fall ist, ist nicht nur aus diesen Konzentrationsunterschieden heraus an sich problematisch; durch die Umsetzung des freien Formaldehyds mit einem entsprechenden Reagens wird zusätzlich der Gleichgewichtszustand im Harz gestört, wodurch die Möglichkeit der Abspaltung von Formaldehyd aus den Methylolgruppen und der Neubildung von freiem Formaldehyd gegeben ist. Die Einhaltung einer möglichst niedrigen Analysentemperatur sowie die Beachtung der starken Temperatur- und Zeitabhängigkeit des Ergebnisses bei dieser Methode ist bei der Durchführung jedenfalls unerlässlich, um gesicherte Ergebnisse zu erhalten. Eine ausführliche und kritische Bewertung dieser Methode im Vergleich zu anderen Methoden findet sich bei Käsbauer u. a. (1976), weitere Analysenvorschriften beschreiben Groh u. a. (1981), Schindlbauer u. a. (1979) sowie Schröder u. a. (1976).

Gehalt an freiem, nicht umgesetztem Harnstoff:
Ein Teil des nach der sauren Kondensation zugegebenen Harnstoffes (nachträglich zugegebenen Harnstoffes) bleibt als solcher im Reaktionsgemisch, ohne dass sich eine Umsetzung mit dem vorhandenen freien Formaldehyd bzw. die Anlagerung an Methylolgruppen ergibt. Dieser Anteil an freiem Harnstoff sinkt im Laufe der Lagerzeit der Harze ab, ohne jedoch auf Null zu gehen. Die Bestimmung des freien Harnstoffes kann mittels der Ureasemethode erfolgen (Berger 1974).

Gehalt an freiem Phenol:
Bestimmung photometrisch nach DIN 16916, mittels isokratischer HPLC oder mittels Gradienten-HPLC (Werner und Barber 1982), mittels IR (Panetti u. a. 1981) oder mittels GPC (Braun und Ritzert 1985).

Gehalt an Methylolgruppen:
Diese Methode liefert nur bei Abwesenheit von Methylenätherbrücken und verätherten (methylierten) Methylolen richtige Werte, weil diese Gruppen unter den Analysenbedingungen miterfasst werden (Horn u. a. 1978, Käsbauer u. a. 1976, Schindlbauer u. a. 1979, Schröder u. a. 1976). Natürlich wird bei dieser Methode auch immer der freie Formaldehyd des Harzes mitbestimmt.

3.3 Physikalisch-chemische Untersuchungen

3.3.1 Spektroskopische Untersuchungen

3.3.1.1 *Infrarot-Spektroskopie (IR, FTIR)*

UF-Harze:
Schmolke u.a. (1987) untersuchten die säurekatalysierte Kondensation bei UF-Harzen; je nach Molverhältnis F/U finden sie lineare Methylenharnstoffe bzw. Ätherstrukturen. Zyklische Verbindungen (Urone) werden jedoch nur bei sehr sauren Bedingungen gebildet. Myers (1981) untersuchte UF-Modellverbindungen und UF-Harze während der Aushärtereaktion. Abbildung 3.1 zeigt die FTIR-Spektra (Fourier-Transform-Infrarotspektroskopie) dreier unterschiedlicher UF-Harze (Su u.a. 1995).

Weitere Literaturhinweise: Becher (1956 a+b), Becher und Griffel (1958a–c), Braun und Bayersdorf (1979a, 1980b), Braun und Günther (1982, 1984), Chow und Steiner (1975), Chow und Troughton (1969), Ferg (1992), Jada (1988), Lady u.a. (1960), Meyer (1979), Myers (1982), Noble u.a. (1974), Scopelitis und Pizzi (1993b), Umemura u.a. (1996b)

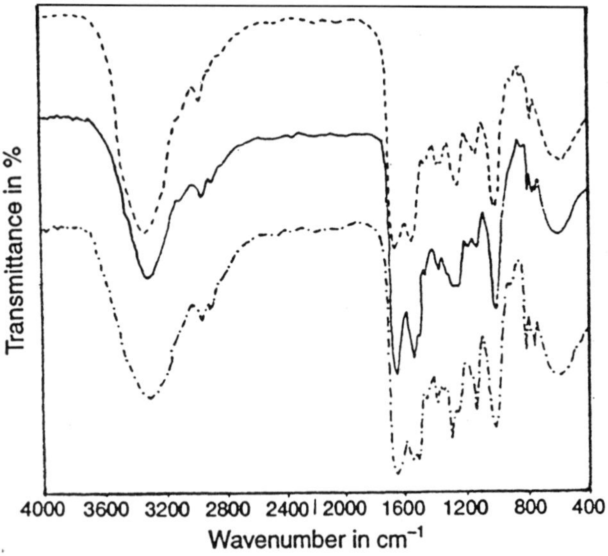

Abb. 3.1. FTIR-Spektra dreier unterschiedlicher UF-Harze (Su u.a. 1995). - - - - - - UF-Harz mit linerarer Struktur; ——— UF-Harz mit Uronringen; – · – · – · UF-Harz mit Triazinonringen

MF- und MUF-Harze:
Braun und Legradic (1973), Braun und Ritzert (1988)

PF-Harze:
Die IR-Methode dient zur Bestimmung des Substitutionstyps am aromatischen Kern sowie des Anteils an Methylen- und Ätherbrücken. Ferner kann die Anwesenheit von Methylolgruppen nachgewiesen werden. Abildung 3.2 zeigt die Spektren zweier verschiedener PF-Harze (Roczniak u.a. 1983).

Panetti u.a. (1981) nutzen die IR-Spektroskopie zur Bestimmung von freiem Phenol in PF-Harzen. Die IR-Spektroskopie kann auch zur Bestimmung des Beleimungsgrades von Spänen herangezogen werden (s. Teil II, Abschn. 4.2).

Weitere Literaturhinweise: Carotenuto und Nicolais (1999), Christiansen (1984), Ebewele u.a. (1982, 1986), Gay und Pizzi (1996), Grenier-Loustalot u.a. (1996b), Holopainen u.a. (1998), Hsu (1991), Katovic (1967), Manfredi u.a (1999), Myers u.a. (1993), Pizzi u.a. (1994b), Pizzi und Stephanou (1993), Quinn u.a. (1968), Samal u.a. (1996), Schürmann und Vogel (1996), So und Rudin (1990), Umemura u.a. (1995b, 1996c)

PMF-Harze:
Sidhu und Steiner (1995)

PRF-Harze:
Bei Phenol-Resorcinharzen verfolgt Chow (1977) die Veränderungen im IR-Spektrum als Maß für die Aushärtung des Harzes, wobei er die Abnahme der für Resorcin charakteristischen Bande als Maß für den Aushärtungsgrad heranzieht. Wird kein Paraformaldehyd zum Harz bei der Härtung zugegeben, ist diese nur unvollständig im Sinne eines Novolaks, die Resorcinbande erfährt dabei praktisch keine Veränderung. Bei Zugabe von Paraformaldehyd bewirkt dieser durch die Reaktion mit dem Harz, insbesondere auch mit den reaktiven Stellen des Resorcins, die Härtung des Harzes, die Intensität der Resorcinbande nimmt signifikant ab.

Weitere Literaturhinweise: Scopelitis (1992), Scopelitis und Pizzi (1993a)

3.3.1.2
^{1}H-NMR (Kernresonanzspektroskopie)

Die Kernresonanzspektroskopie ermöglicht die Bestimmung verschiedener Molekülgruppen im Harz, wie z.B. der einzelnen Methylole, Ätherbrücken oder Methylenbrücken. Dadurch ist eine detaillierte Aussage über die im Harz vorliegenden Bindungsarten möglich.

UF-Harze:
Giraud u.a. (1997) untersuchten das Aushärteverhalten verschiedener Harze mittels so genannter Impuls-Protonen-NMR. Dabei wird die Zeitabhängigkeit

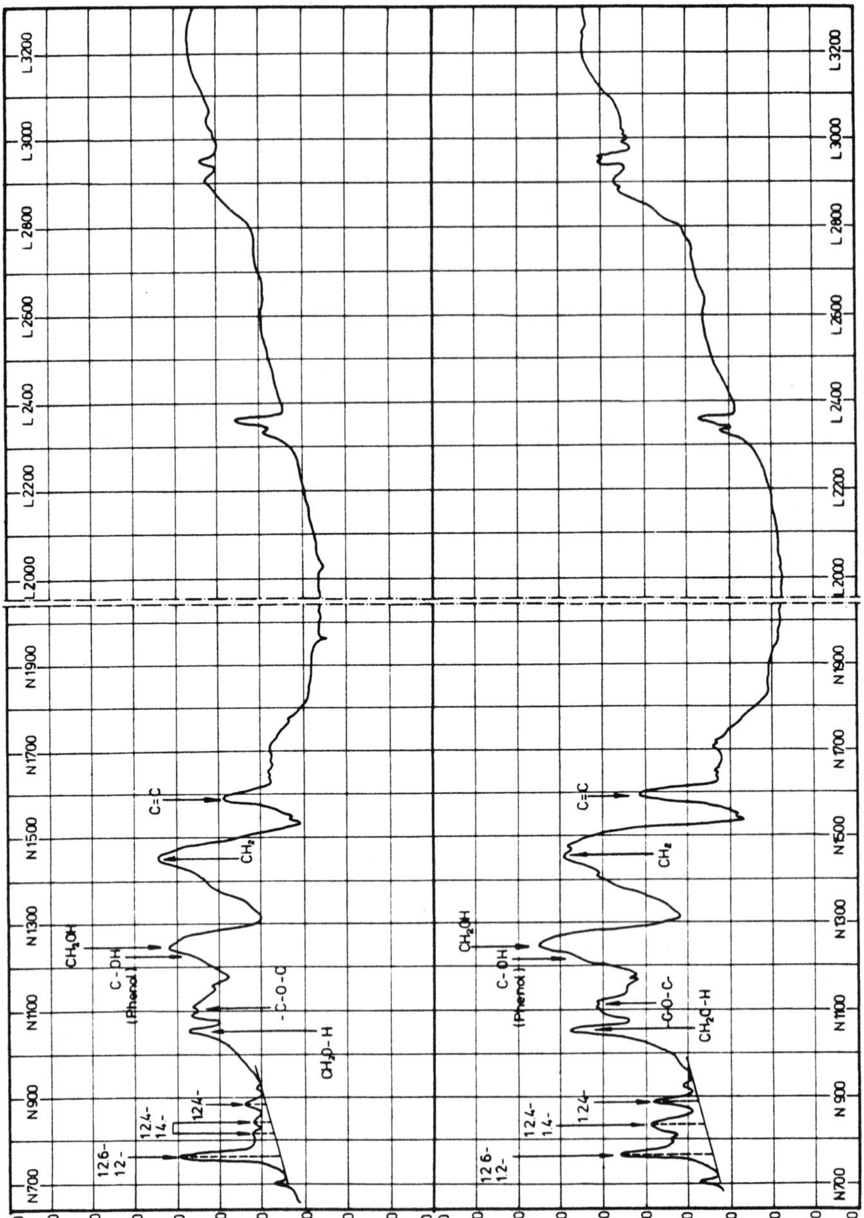

Abb. 3.2 a, b. IR-Spektren zweier Phenolharze: **a** orthoreiches Resol, **b** Resol (Roczniak u. a. 1983)

der Mobilität von Protonen der festen Phase mit denen der flüssigen Phase verglichen. Verfolgt man dieses Signal während eines Härtungsvorganges, so erhält man eine sigmoidförmige Kurve, deren Wendepunkt als Gelierzeit betrachtet werden kann. Über ähnliche Untersuchungen berichteten auch Root und Soriano (2000).

Weitere Literaturhinweise: Chiavarini u.a. (1975, 1978), Dankelman u.a. (1976), Dankelman und de Wit (1976), Duclairoir und Brial (1976), Grunwald (1996), Grunwald und Oldörp (1997), Horn u.a. (1978), Kambanis und Vasishth (1991), Kumlin und Simonson (1978b), Richard und Gourdenne (1976), Taylor u.a. (1982), Tomita und Hirose (1976).

MF/MUF-Harze:
Braun und Legradic (1973), Chiavarini u.a. (1976), Scheepers u.a. (1995a), Schindlbauer und Anderer (1980), Tomita (1977).

PF-Harze:
Christiansen (1984), Christiansen und Gollob (1985), Ellis (1993), Ellis und Steiner (1990, 1991, 1992), Goetzky und Pasch (1986a+b), Gollob (1982), Grenier-Loustalot u.a. (1994), Kim u.a. (1983, 1992), King u.a. (1974), McGraw (1989), Mechin u.a. (1984), Neiss und Vanderheiden (1994), Pasch u.a. (1985), Roczniak u.a. (1983), Samal u.a. (1996), Steiner (1975), Wagner und Greff (1971), Woodbrey u.a. (1965), Yazaki u.a. (1994).

PMF-Harze:
Higuchi u.a. (1994), Roh u.a. (1990a+b).

3.3.1.3
^{13}C-NMR

Wie bei der Protonen-NMR ist es auch mittels ^{13}C-NMR möglich, verschiedene Molekülgruppen und Strukturen im Harz zu bestimmen. Insbesondere können damit die verschiedenen Arten, in denen Formaldehyd im Harz eingebaut ist, bestimmt werden.

UF-Harze:
Tabelle 3.3 fasst einige mittels ^{13}C-NMR in UF-Harzen bestimmbare Strukturelemente übersichtlich zusammen.

Abbildung 3.3 zeigt ein klassisches ^{13}C-NMR–Spektrum eines UF-Harzes, wobei den einzelnen Banden die entsprechenden chemischen Strukturelemente zugeordnet wurden (Szesztay u.a. 1994)

Weitere Literaturhinweise: Braun und Günther (1982), Breet u.a. (1977), Chuang und Maciel (1992, 1994b), Ebdon und Heaton (1977), Ferg (1992), Ferg u.a. (1993a+b), Grunwald (1996), Grunwald und Oldörp (1997), Hse u.a.

Tabelle 3.3. Strukturlemente in UF-Harzen, bestimmbar mittels ^{13}C-NMR

Methylenbrücken:	$-NHCH_2NH-$ $-N(CH_2-)CH_2NH-$ $-N(CH_2-)CH_2N(CH_2-)-$
Methylolgruppen:	$-NHCH_2OH$ $-NHCH_2OCH_2OH$ $-N(CH_2-)CH_2OH$ $-N(CH_2-)CH_2OCH_2OH$
Methylierte Methylole (Äther):	$-NHCH_2OCH_3$ $-N(CH_2-)CH_2OCH_3$
Methylenätherbrücken:	$-NHCH_2OCH_2NH-$ $-N(CH_2-)CH_2OCH_2NH-$ $-N(CH_2-)CH_2OCH_2N(CH_2-)-$
Freier Formaldehyd und Acetalgruppen:	$HOCH_2OH$ $HOCH_2OCH_2OH$ $=NCH_2OCH_2OH$ $HOCH_2OCH_3$ $-CH_2OCH_2OCH_3$
Carbonyl-Kohlenstoff:	$=N(C=O)N=$ Uronstruktur $H_2N(C=O)NHCH_2OH$ $H_2N(C=O)NH_2$

(1994), Jada (1990), Kim (1999, 2000), Kim und Amos (1990), Maciel u.a. (1983), Meyer (1979), Meyer u.a. (1984), Miyake u.a. (1989), Myers und Koutsky (1990), Oldörp (1997), Pizzi (1999), Pizzi u.a. (1994a), Rammon u.a. (1986), Scopelitis und Pizzi (1993b), Sebenik u.a. (1982), Siimer u.a. (1999), Taylor u.a. (1982), Tohmura u.a. (1998), Tomita und Hatono (1978), Valdez (1995).

MF/MUF-Harze:
Die Versuche von Braun u.a. (1985) zum Nachweis von Cokondensationsverbindungen zwischen Harnstoff und Melamin über Methylen- oder Methylenätherbrücken war wegen des Fehlens geeigneter Modellsubstanzen bei den damaligen Untersuchungen sowie wegen der Vielzahl der nicht eindeutig zuordenbaren NMR-Signale nicht erfolgreich. Ähnliche Probleme ergaben sich auch bei Tomita und Hse (1995a + b).

Weitere Literaturhinweise: Aarts u.a. (1995), Breet u.a. (1977), Cremonini u.a. (1996a + b), Maylor (1995), Mercer und Pizzi (1994, 1996 a + b), Scheepers u.a. (1995a), Schindlbauer und Anderer (1979), Tomita und Ono (1979).

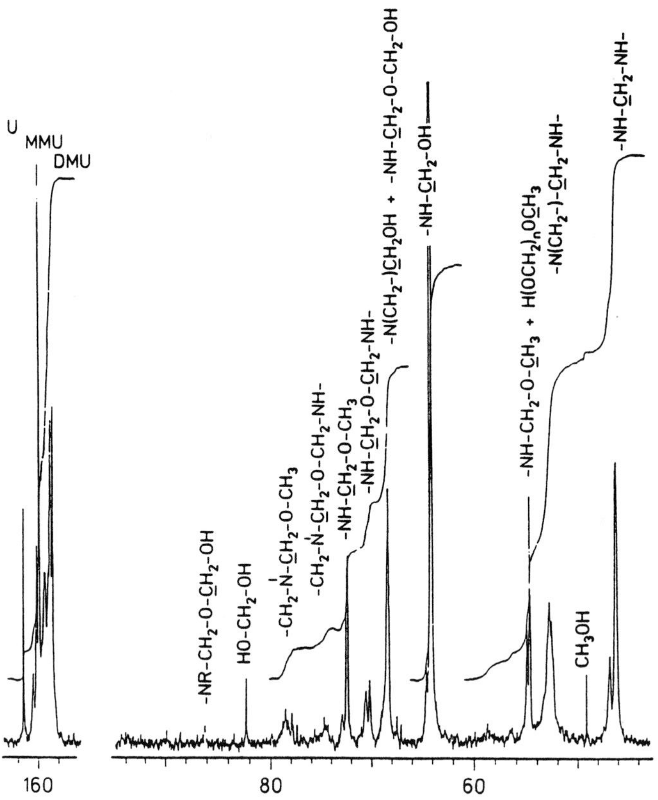

Abb. 3.3. ^{13}C-NMR-Spektrum eines UF-Harzes (Szesztay u. a. 1994)

MUPF/PMF/PMUF-Harze:

Tomita (1983) beschäftigte sich mit dem Nachweis von Methylenbrücken zwischen dem Stickstoffatom des Harnstoffs oder des Melamins und dem aromatischen Phenolring-Kohlenstoff. Er konnte entsprechende ^{13}C-Signale bei der Reaktion zwischen Methylolphenol und Harnstoff nachweisen, nicht jedoch bei der Reaktion von Methylolharnstoff mit Phenol bzw. von Phenol- und Harnstoffmethylolen miteinander. Er fand kovalente Bindungen zwischen Phenol- und Melaminmethylolen, wobei die Reaktion zwischen den Phenolmethylolen und den nichtsubstituierten Amidgruppen des Melaminmethylols stattfinden dürfte. Die Reaktion zwischen Methylolmelamin und Phenol selbst hatte keine Methylenbrücken zwischen diesen beiden harzbildenden Komponenten ergeben.

Auch Braun und Unvericht (1995) konnten in ihren Untersuchungen an PMF-Formmassen (in der Arbeit als MPF bezeichnet) die Entstehung von Verknüpfungsprodukten zwischen beiden Harztypen in der Schmelze nachweisen, auch ohne Verwendung saurer Härter; bei der Vernetzung solcher Mischharze liegt das modifizierende Phenolharz demnach nicht als separates, interpenetrierendes Netzwerk, sondern kovalent in das MF-Netzwerk eingebunden vor.

Weitere Literaturhinweise: Braun und Ritzert (1984), Cremonini u. a. (1996b).

PF-Harze:
Tabelle 3.4. faßt einige mittels ^{13}C-NMR in PF-Harzen bestimmbare Strukturelemente übersichtlich zusammen.

Tabelle 3.4. Strukturelemente in PF-Harzen (Panamgama und Pizzi 1995)

Methylenbrücken	Ph-CH_2-Ph
Methylole	Ph-CH_2OH (ortho oder para) Ph-$(CH_2OH)_2$
Acetal- und Ätherstrukturen	Ph-CH_2-O-CH_2OH (ortho oder para) Ph-CH_2-O-CH_2-O-CH_2OH (ortho oder para) Ph-(CH_2-O-$CH_2OH)_2$ Ph-CH_2-O-CH_2-Ph
Besetzte Stellen am Phenolring	
Freie ortho-Positionen am Phenolring	
Freie meta-Positionen am Phenolring	
Freie para-Positionen am Phenolring	

Weitere Literaturhinweise: Astarloa-Aierbe (1998b, 1999, 2000), Breet u.a. (1977), Christiansen (1984), Fisher u.a. (1995), Goetzky und Pasch (1986b), Grenier-Loustalot (1994), Holopainen u.a. (1997, 1998), Kamide und Miyakawa (1978), Kim u.a. (1979, 1983, 1990, 1992), Kim und Amos (1991), Luukko u.a. (1998), Mechin u.a. (1984, 1986), Myers u.a. (1993), Neiss und Vanderheiden (1994), Pasch u.a. (1983, 1985), Peterson (1985), Pizzi (1999), Pizzi u.a. (1997), Pizzi und Stephanou (1993), Pizzi und Tekely (1996), So und Rudin (1985, 1990), Sojka u.a. (1979), Umemura u.a. (1996c), Valdez (1995), Werstler (1986), Yazaki u.a. (1994).

PUF-Harze:
Zhao u.a. (1999) weisen mittels ^{13}C-NMR nach, dass bei harnstoffmodifizierten PF-Harzen zumindest ein Teil des Harnstoffes in einer Cokondensationsreaktion gebunden wird.

Weitere Literaturhinweise: Tomita u.a. (1994a+b).

PRF-Harze:
Scopelitis und Pizzi (1993 a), Sebenik u. a. (1981).

Tannine:
Pizzi und Stephanou (1994 a + b), Thompson und Pizzi (1995).

3.3.1.4
^{15}N-NMR

UF-Harze:
Ebdon u. a. (1984), Chuang u. a. (1985), Chuang und Maciel (1994 a), Myers (1985).

MUF-Harze:
Ebdon u. a. (1988).

3.3.1.5
Festkörper-NMR (CP-MAS-NMR)

Charakterisierung chemischer funktioneller Gruppen in festen Proben, z. B. an ausgehärteten UF-Harzen oder an gehärteten PF-Filmen.

UF-Harze: Jada (1990), Maciel u. a. (1983), Tohmura u. a. (1998).

MF-Harze: Pizzi u. a. (1996).

MUPF-Harze: Cremonini u. a. (1996 b).

PF-Harze:
Fyfe u. a. (1980, 1983), Gollob u. a. (1985 a), Grenier-Loustalot (1996 b), Kim u. a. (1997), Maciel u. a. (1983, 1984), Schmidt u. a. (1995), Schmidt und Frazier (1998 a + b).

PF-Novolak: Ottenbourgs u. a. (1998).

PMDI: Frazier u. a. (1996), Marcinko u. a. (1994), Schmidt (1998).

Tannine: Pizzi (1998), Pizzi und Tekely (1995), Kamoun und Pizzi (2000 a).

3.3.1.6
Raman-Spektroskopie

Bestimmung von freiem Melamin in MF-Harzen: Scheepers u. a. (1995 b).
Untersuchung der Aushärtung von MF-Harzen: Scheepers u. a. (1993).
Hill u. a. (1984) unterscheiden mittels Laser-Raman-Spektroskopie bei der Aushärtung eines UF-Harzes zwischen Methylen- und Methylenätherbrücken (Abb. 3.4).

Weitere Literaturhinweise: Koutsky (1985), Meyer (1979), DE 2 207 921.

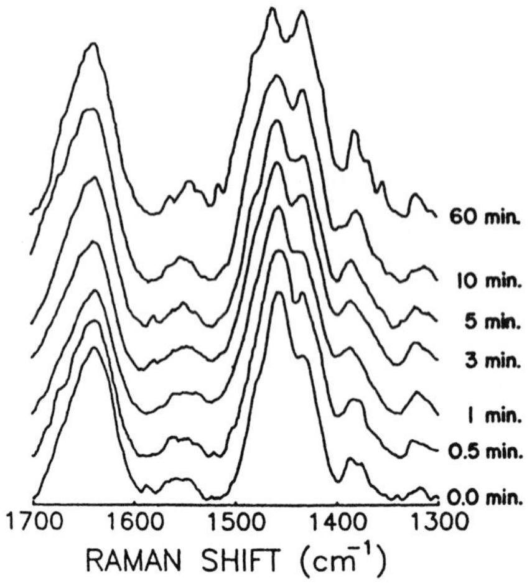

Abb. 3.4. Laser-Raman-Spektroskopie an einem UF-Harz während der Aushärtung (Hill u. a. 1984). Anwachsen des Peaks bei 1430 cm^{-1} (Methylenbrücken) auf Kosten der Methylenätherbrücken (1455 cm^{-1})

3.3.1.7
MALDI-Massenspektrometrie

PF-Harze: Pasch u. a. (1996).

PMF-Harze: Braun und Unvericht (1995).

3.3.1.8
UV-Spektroskopie

PF-Harze:
Chow und Hancock (1969) bestimmten den Aushärtegrad des eingesetzten Phenolharzes mittels des Verhältnisses der beiden Wellenlängen 287 nm und 302 nm an wässrigen Extrakten teilausgehärteter Leimfugen. Dabei wird der Effekt ausgenutzt, dass eine steigende Substitution am aromatischen Phenolring eine Verstärkung der Absorption und gleichzeitig eine Verschiebung zu längeren Wellenlängen (287 nm $\rightarrow$ 302 nm) bewirkt. Abbildung 3.5 zeigt solche Veränderungen im UV-Spektrum eines PF-Harzes mit unterschiedlichen Aushärtezeiten. Je weiter die Aushärtung mit längerer Dauer der Härtungsreaktion fortgeschritten ist, desto stärker nimmt die Extinktion bei 287 nm im Vergleich zu 302 nm ab.

3.3.2
Ermittlung der Molmassenverteilung von Bindemitteln, insbesondere von Kondensationsharzen

Wie alle synthetischen Oligomeren und Polymeren sind auch die Formaldehyd-Kondensationsharze nicht aus einheitlichen Molekülen aufgebaut, sondern stellen ein breites Spektrum von Molmassen mit überdies unterschiedlicher chemischer Zusammensetzung dar. Auch sind wegen der zahlreichen möglichen Reaktionen zwischen den monomeren Harzbestandteilen und den

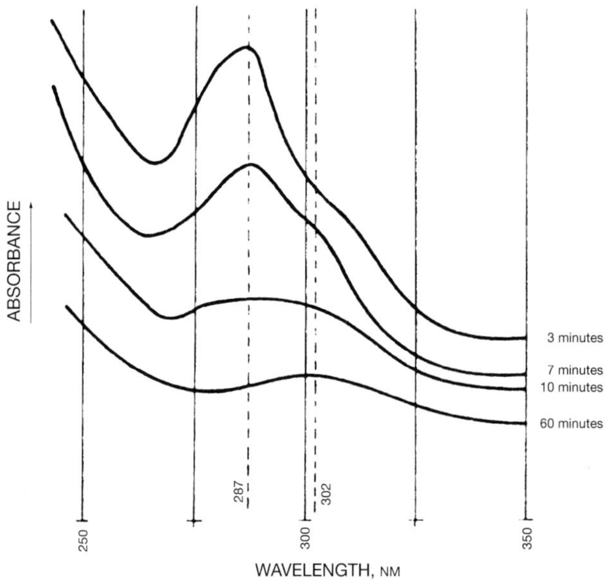

Abb. 3.5. Veränderungen im UV-Spektrum eines PF-Harzes mit unterschiedlichen Aushärtezeiten (Chow und Hancock 1969). Das Verhältnis der Absorptionen bei 287 nm und 302 nm nimmt mit fortschreitender Aushärtung ab

verschiedenen niedermolekularen Verbindungen unterschiedliche Brücken zwischen den einzelnen Monomeren sowie Verzweigungsstellen möglich.

Die Molmassenverteilung eines Bindemittels ist eine der wichtigsten Kenngrößen, die das Verhalten und die Eignung beim Einsatz für eine Verleimung beeinflussen. Viskosität, Fließverhalten, Benetzung und Eindringverhalten in die Holzoberfläche korrelieren direkt mit dem Aussehen dieser Verteilung. Die für eine Verleimung optimale Molmassenverteilung ist wiederum von einer Reihe von Faktoren abhängig, wie Bindemitteltyp, Holzart, Oberflächenbeschaffenheit der zu verleimenden Holzteile, Verarbeitungsbedingungen sowie den gewünschten Eigenschaften.

3.3.2.1
Gelpermeationschromatographie

Die Bestimmung der Molmassenverteilung ist mittels Gelpermeationschromatographie (GPC, Gelchromatographie, Gelfiltration, Ausschlusschromatographie, size exclusion chromatography SEC) möglich (Heitz 1970, 1973b, Moore 1964, Ouano u. a. 1975, Yau u. a. 1979). Dabei erfolgt die Auftrennung der einzelnen molekular uneinheitlichen Molmassen im Wesentlichen entsprechend ihres hydrodynamischen Volumens in der Lösung. Die verschiedenen Moleküle eluieren dabei in der Reihenfolge sinkender Molmassen aus der chromatographischen Säule. Die Konzentrationsbestimmung erfolgt je nach gewähltem Lösungs- und Elutionsmittel refraktometrisch oder mittels eines UV-Detektors.

Probleme ergeben sich bei den verschiedenen Kondensationsharzen dadurch, dass insbesondere höhere Molmassen (höhere Kondensationsgrade) in vielen üblichen und in der GPC bevorzugten Lösungsmitteln (z.B. Tetrahydrofuran THF) nicht löslich sind und es deshalb des Einsatzes spezieller Lösungsmittel oder Lösungsmittelgemische mit ihren spezifischen Nachteilen (z.B. hohe Viskosität und niedriges Brechungsinkrement bei Dimethylsulfoxid DMSO bei der Analyse von UF-Harzen) bedarf. Ausführliche Lösungsversuche mit unterschiedlichen Lösungsmitteln beschreiben Katuscak u.a. (1981). Die hohe Reaktivität der funktionellen Gruppen erfordert des Weiteren eine exakte Einhaltung der Analysenvorschriften, insbesondere der Trocknungs- und Vorbereitungsschritte, um eine zufriedenstellende Reproduzierbarkeit der Ergebnisse garantieren zu können.

Physikalische Assoziationen, die durch polare Gruppen hervorgerufen werden, können zu hohe Molmassen vortäuschen; sie sollten in der GPC auf Grund der dabei herrschenden Schergeschwindigkeiten allerdings auseinanderbrechen und damit die Molmassenverteilung nicht verfälschen (Huber und Lederer 1980).

Allgemeines Problem bei der GPC ist die Kalibrierung der Säulen, sofern nicht mittels Lichtstreu-Detektion (LALLS) gearbeitet wird (s. Teil II, Abschn. 3.3.2.3). Die für die Kalibrierung erforderlichen Standards mit enger Molmassenverteilung sind für Kondensationsharze nur im niedermolekularen Bereich handelsüblich verfügbar bzw. im Labor herstellbar. Im mittleren und höheren Molmassenbereich muss auf chemisch verwandte oder chemisch ähnliche Substanzen zurückgegriffen werden, wobei Unterschiede im hydrodynamischen Verhalten auch bei gleicher Molmasse nie auszuschließen sind. Dementsprechend sind auch alle aus einem Chromatogramm mittels externer Kalibrierkurven berechneten Molmassenmittelwerte eher nur als grobe Schätzungen zu sehen.

Die Probenvorbereitung umfasst in den meisten Fällen die Gefriertrocknung der flüssigen Harze. Auf diese Weise wird vermieden, dass Wasser in der auf die chromatographische Säule aufgebrachten Lösung enthalten ist, abgesehen von den unvermeidlichen geringen Resten aus der Trocknung. Die Wassermengen, die ohne Trocknung der Harze in der injizierten Lösung vorhanden wären, könnten trotz ihrer absolut gesehen geringen Menge im Laufe der Zeit eine Schädigung der chromatographischen Säulen verursachen. Zusätzlich ruft Wasser bei der Detektion im Allgemeinen einen negativen Peak hervor, der gegebenenfalls andere positive Peaks überdecken und somit die Form des Chromatogramms verändern kann (Alliet 1967).

UF-Harze:

Speziell bei der Analyse von UF-Harzen stellt sich das Problem der schlechten Löslichkeit in vielen gängigen Lösungsmitteln. So sind selbst in Dimethylformamid (DMF) höhere UF-Molmassen bereits unlöslich (Dunky und Lederer 1982), nicht einmal bei der Verwendung von Dimethylsulfoxid (DMSO) kann eine gelegentliche Unlöslichkeit der höchsten Molmassen ausgeschlossen werden (Dunky 1980, Kumlin und Simonson 1981b). Letztere bevorzugen eine Mischung von DMSO und Wasser (90:10 Gew.%), weil in einem solchen Gemisch das Brechungsinkrement der gelösten UF-Harze deutlich höher als in reinem DMSO ist. Andere in der Fachliteratur beschriebene Lösungs- und Elutionsmittel, wie Wasser (Hope u.a. 1973, Dankelman u.a. 1976), wässrige LiBr- oder LiCl-Lösungen (Aldersley u.a. 1969, Hope u.a. 1973), Äthylenglykol (Käsbauer u.a. 1976, Schindlbauer u.a. 1979) oder N,N′-Dimethylacetamid (Hlaing u.a. 1986) vermögen ebenfalls immer nur einen Teil des UF-Harzes, bevorzugt die niedrigen Molmassen, zu lösen.

Obwohl in DMF oft nicht alle Harzanteile löslich sind, wird es bevorzugt in der GPC eingesetzt (Billiani u.a. 1990, Hope u.a. 1973, Armonas 1970, Richard und Gourdenne 1976), weil es hinsichtlich der Wahl der chromatographischen Säulen mehr Möglichkeiten offenlässt und die Säulen eine deutlich längere Lebensdauer im Vergleich zu z.B. DMSO als Elutionsmittel besitzen. Weitere Möglichkeiten bestehen in der Verwendung eines DMSO/DMF-Gemisches als Lösungsmittel und von DMF als Elutionsmittel oder von DMSO als Lösungsmittel und eines DMSO/DMF-Gemisches als Elutionsmittel. DMSO als Lösungsmittel und DMF als Elutionsmittel kann zu Ausfällungen auf der Säule führen (Mori 1982). Eines der grundlegenden Probleme von Dunky (1980) bei seinen GPC-Untersuchungen mit DMSO war, dass zu diesem Zeitpunkt keine fertig gepackten Säulen in DMSO handelsüblich erhältlich waren und er deshalb die von ihm verwendeten Säulen selbst füllen musste. Die Form der damals eingesetzten Säulen basierte auf den Erfahrungen von Heitz (1973a); diese gewendelten Teflonschläuche zeichneten sich durch einen geringen Innendurchmesser (2 mm) und damit ein sehr kleines Volumen aus (ca. 6 ml Elutionsvolumen bis zu den niedermolekularen Anteilen der Probe).

Ludlam und King (1984) benutzten eine 0,1n-LiCl-Lösung in DMF als Elutionsmittel; die Auflösung der Proben erfolgte vorzugsweise in einer 1n-LiCl-DMF-Lösung, die nach dem Auflösevorgang mit reinem DMF verdünnt wurde. LiCl wirkt als Wasserstoffbrückenbrecher und verbessert damit die Löslichkeit wesentlich.

Wie bereits ausgeführt, stellt die Kalibrierung von GPC-Säulen mit externen Standards bei allen Kondensationsharzen insofern ein Problem dar, als geeignete Standards nur in sehr beschränktem Maße verfügbar sind, und auch das nur im niedermolekularen Bereich. Die drei Abb. 3.6 bis 3.8 zeigen solche Kalibrierkurven mit externen Standards.

In Abb. 3.7 sind die Molmassen der Standards als solche im Diagramm eingetragen, ohne jedoch eine mögliche Solvatation der Proben zu berücksichtigen (Ludlam und King 1984). Die verschiedenen Standards und die Polyäthylenglykole passen in ihrer Molmassen-Elutionsvolumen-Beziehung nicht zusammen. In Abb. 3.8 wurde von den Autoren eine Solvatation der einzelnen Substanzen bei Aufstellung der Kalibrierbeziehung A berücksichtigt, nunmehr liegen alle Substanzen auf einer einheitlichen Kalibrierkurve. Für die Kurve B wurden willkürlich ausgewählte UF-Oligo- und Polymere, deren Elutionsvolumen in solvatisierter Form aus der Kurve A entnommen wurde,

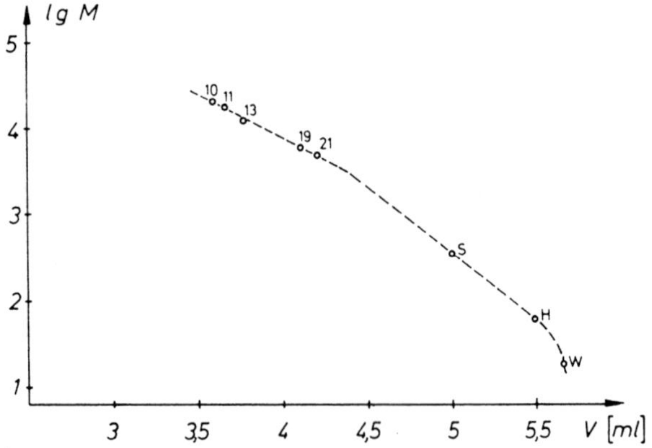

Abb. 3.6. Kalibrierfunktion lg *M* vs. Elutionsvolumen *V* (ml) für eine 2 m-Säule mit FRACTOGEL PVAc 300000 in DMSO (Dunky und Lederer 1982). Die Zahlen bezeichnen einzelne Fraktionen des Polyfructosans Sinistrin mit enger Molmassenverteilung (Nitsch u. a. 1979); S: Saccharose; H: Harnstoff; W: Wasser

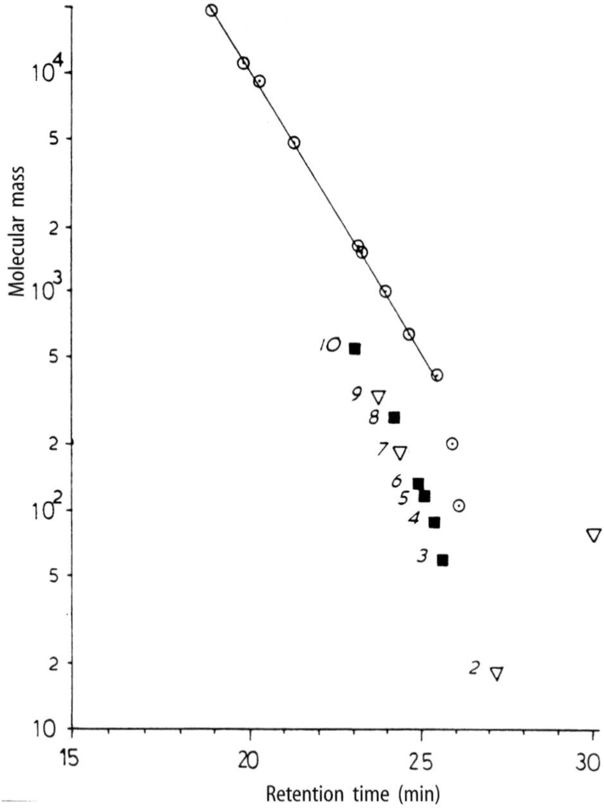

Abb. 3.7. Kalibrierkurve verschiedener Substanzen, wobei das Molekulargewicht dieser Substanzen in ihrer unsolvatisierten Form eingesetzt wurde (Ludlam und King 1984). ⊙ Polyäthylenglykole; ■ Harnstoffverbindungen: *3* Harnstoff, *4* MMU, *5* DMU, *6* MDU, *8* Trimethylentetraharnstoff, *10* Heptamethylenoctaharnstoff; ▽ andere Standards: *1* DMSO, *2* Wasser, *7* Glucose, *9* Sucrose

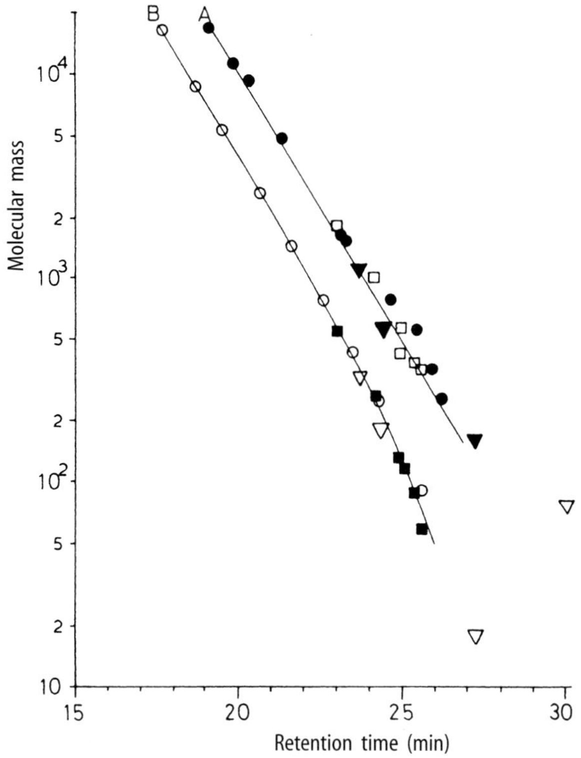

Abb. 3.8. Kalibrierkurve verschiedener Substanzen, wobei das Molekulargewicht dieser Substanzen einmal in ihrer solvatisierten Form (Kurve A), bei Kurve B in der unsolvatisierten Form eingetragen wurde (Ludlam und King 1984).
Kalibrierkurve A: ● Polyäthylenglykole (alle endständigen OH-Gruppen als solvatisiert angenommen); □ Harnstoffverbindungen (alle NH- und alle OH-Gruppen als solvatisiert angenommen); ▼ andere Standards (alle OH-Gruppen als solvatisiert angenommen).
Kalibrierkurve B in unsolvatisierter Form: ■ Harnstoffverbindungen; ▽ andere Standards; ○ berechnete Molmassen von unsolvatisierten UF-Oligomeren

nunmehr wieder der Molmasse der unsolvatisierten Form zugeordnet. Diese Datenpunkte stimmen damit auch mit den Standards in ihrer unsolvatisierten Form (Abb. 3.7) überein.

Abbildung 3.9 bringt ein weiteres Beispiel einer Kalibrierkurve für UF-Harze, als Elutionsmittel wurde von Katuscak u.a. (1981) DMSO eingesetzt.

Die folgenden drei Abbildungen zeigen verschiedene Gelchromatogramme an UF-Harzen. Abbildung 3.10 stellt die Chromatogramme verschiedener damals handelsüblicher UF-Leime zusammen (Dunky und Lederer 1982). Die Leime A, G und L wurden jeweils mit einer nachträglichen Harnstoffzugabe hergestellt, dies ist im niedermolekularen Bereich durch einen entsprechend hohen Peak ersichtlich. Bei Leim D fehlt diese nachträgliche Harnstoffzugabe, dieser Leim hat ein entsprechend hohes Molverhältnis (F/U = 1,92). Leim L ist

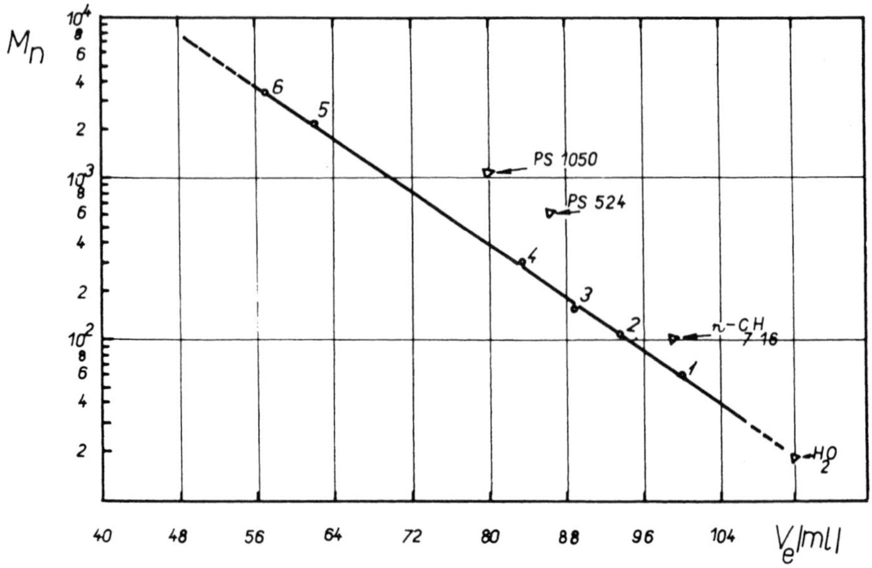

Abb. 3.9. GPC-Kalibrierkurve mit DMSO als Elutionsmittel (Katuscak u. a. 1981). *1* Harnstoff; *2* DMU; *3* und *4* UF-Fraktionen, gewonnen mittels präparativer GPC; *5* und *6* Fraktionen aus handelsüblichen Leimen, gewonnen mittels Fällungsfraktionierung. Die Molmassenbestimmung (Zahlenmittel M_N) der Fraktionen erfolgte mittels Dampfdruckosmometrie

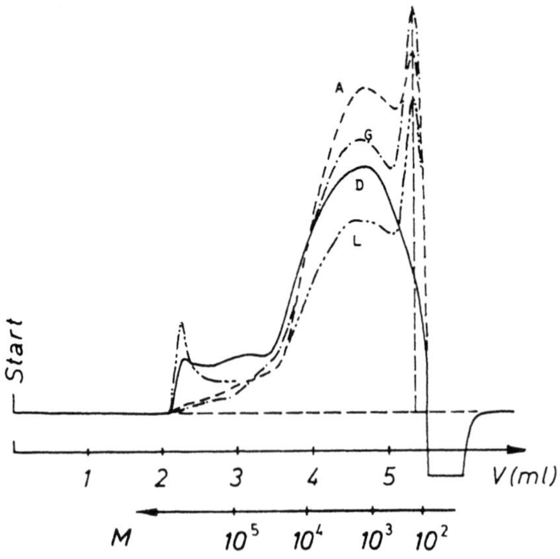

Abb. 3.10. Gelchromatogramme von handelsüblichen UF-Leimen; die Molmassenskala bezieht sich auf die in Abb. 3.6 dargestellte Kalibrierkurve (Dunky und Lederer 1982)

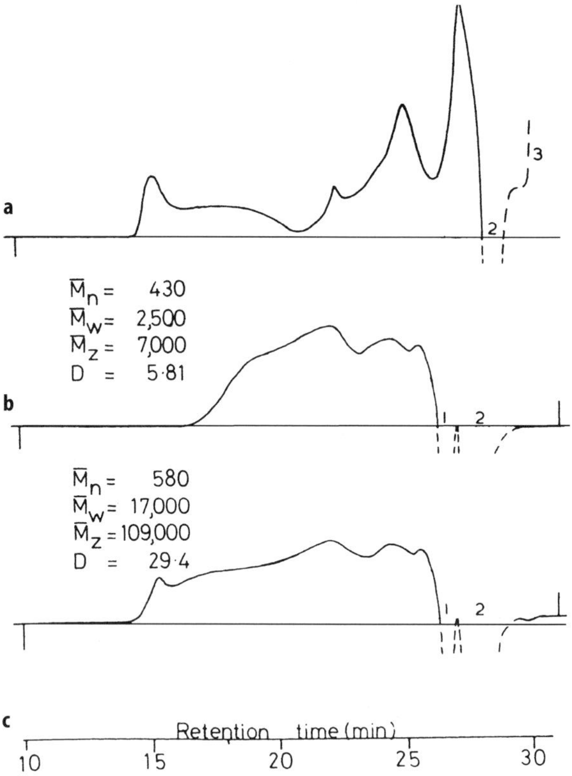

Abb. 3.11 a–c. Chromatogramme eines frischen **a** und **b** und eines gealterten **c** UF-Harzes mit verschiedenen Lösungs- und Elutionsmitteln (Ludlam und King 1984). **a** Lösungsmittel: DMSO/DMF (1:10), Elutionsmittel: DMF **b, c** Lösungs- und Elutionsmittel: 0,1n LiCl-DMF, Peaks: *1* LiCl; *2* Wasser; *3* DMSO

am höchsten kondensiert, dies zeigt sich in einem Peak an der Ausschlussgrenze. Die unter dem Elutionsvolumen eingezeichnete Molmassenskala wurde aus der in Abb. 3.6 dargestellten Kalibrierfunktion abgeleitet. Diese Methode der Auswertung ermöglicht sicher nur eine grobe Abschätzung des in UF-Harzen vorliegenden Bereiches des Molgewichtes und wird speziell im Bereich hoher Molgewichte wegen der unterschiedlichen Art der Verzweigung in höherkondensierten Harzen und den zur Kalibrierung verwendeten Substanzen unverlässlich sein. Der breite negative Peak bei ca. 6 ml stammt von den in der getrockneten Probe vorhandenen Resten an Wasser (Alliet 1967).

Die Form der Chromatogramme kann stark vom gewählten Lösungsmittel bzw. Elutionsmittel abhängig sein (Abb. 3.11). Werden UF-Harze in der LiCl-DMF-Lösung gelöst und wird diese Mischung auch als Elutionsmittel eingesetzt, so tritt am Ende des Chromatogrammes ein großer negativer Peak auf, der von Konzentrationsunterschieden an LiCL herrührt (Ludlam und King 1984). Dies bedeutet, dass ein Teil des Salzes am UF-Harz assoziiert ist und mit diesem entsprechend der Molmassen des Harzes durch die Säule transportiert wird. Eine zusätzliche Zugabe von LiCl zur UF-Lösung kann diesen Effekt teil-

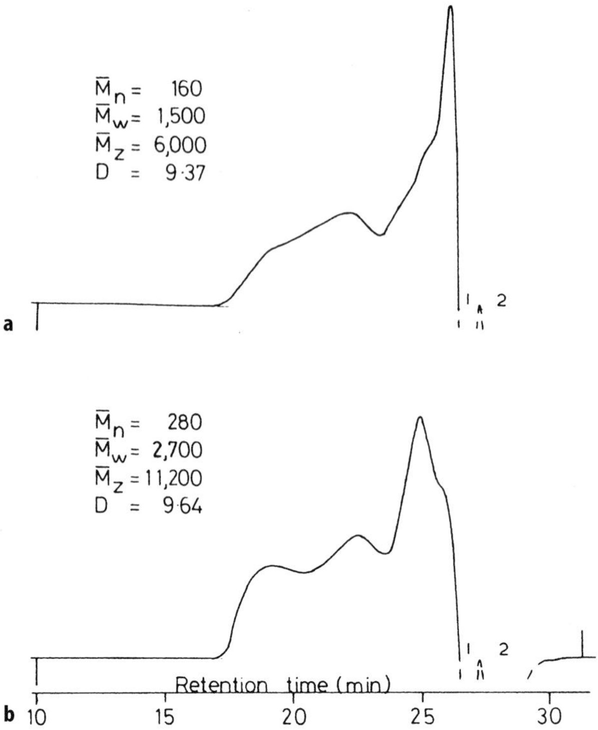

Abb. 3.12 a, b Chromatogramme eines frischen **a** und eines gealterten **b** UF-Harzes (Ludlam und King 1984). Lösungs- und Elutionsmittel: 0,1n LiCl-DMF, Peaks: *1* LiCl; *2* Wasser

weise oder ganz aufheben, dies ist jedoch abhängig von der gelösten Struktur des UF-Moleküle.

Auch die Zugabe von DMSO anstelle von LiCl zur Verbesserung der Löslichkeit der Harze kann zu ungewollten Effekten führen, wie z. B. einem deutlichen Peak an der Ausschlussgrenze in Abb. 3.11; hier werden offensichtlich zusätzliche Harzanteile mit noch höheren Molmassen in Lösung gebracht. Die beiden Chromatogramme **a** und **b** in Abb. 3.11 zeigen insbesondere im niedermolekularen Bereich ein vollkommen unterschiedliches Bild dieses ohne nachträgliche Harnstoffzugabe hergestellten UF-Harzes.

Das frische Harz in Abb. 3.12 zeigt einen ausgeprägten niedermolekularen Peak, hervorgerufen durch die nachträgliche Harnstoffzugabe (Ludlam und King 1984). Im Laufe der sechsmonatigen Alterung wird dieser Peak deutlich kleiner, das Maximum verschiebt sich zu einem kleineren Elutionsvolumen entsprechend höheren Molmassen. Ursache dafür ist offensichtlich die Reaktion des freien Harnstoffes mit dem freien Formaldehyd des Harzes bzw. mit anderen reaktiven Stellen. Die Verteilung im mittleren und höheren Molmassenbereich wird deutlich ausgeprägter. Die aus den Chromatogrammen berechneten Mittelwerte steigen mit der Lagerzeit der Proben an.

a 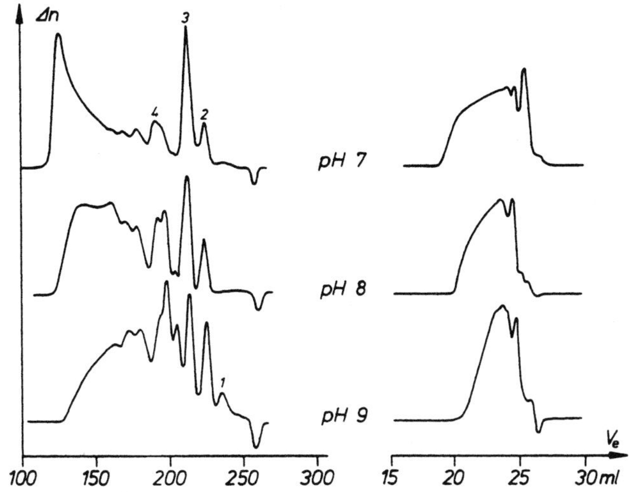 b

Abb. 3.13 a, b Gelchromatogramme der Umsetzungen von Harnstoff und Melamin mit Formaldehyd bei Variation des pH-Wertes der Ansätze (Braun u. a. 1985).
a: Säulensatz mit niedriger Ausschlussgrenze, **b**: Säulensatz mit hoher Ausschlussgrenze, Elutionsmittel: DMF
1 Harnstoff, *2* Monomethylolharnstoff, *3* Dimethylolharnstoff, *4* monomere Methylolmelamine, dimere Methylolmelamine

Weitere Literaturhinweise: Braun und Bayersdorf (1979 a, 1980 a + b), Braun und Günther (1982), Dankelman und de Wit (1976), Dunky u. a. (1981), Grunwald (1996), Hlaing u. a. (1986), Hse u. a. (1994), Matsuzaki u. a. (1980), Oldörp (1997), Richard und Gourdenne (1976), Schindlbauer und Schuster (1981), Taylor u. a. (1980 b), Tsuge u. a. (1974 b).

MF- und MUF-Harze:
Eine der interessantesten Aufgaben bei der Analyse von MUF-Harzen ist die Verfolgung der möglichen Cokondensation von Harnstoff, Melamin und Formaldehyd bzw. der Mischung von UF- und MF-Harzen. Ob und wie weit bei verschiedenen Kochweisen wirklich eine Cokondensation auftritt oder ob es sich um mehr oder minder getrennte Netzwerke handelt, die sich durchdringen aber eher nicht miteinander reagieren, ist derzeit nur teilweise geklärt (Braun u.a. 1982, 1985, Braun und Legradic 1972, 1973, Braun und Pandjojo 1979 a + b, Braun und Ritzert 1988).

Abbildung 3.13 zeigt Gelchromatogramme von Umsetzungen von Harnstoff, Melamin und Formaldehyd, wobei verschiedene pH-Werte in den Ansätzen gegeben waren. Die eine Säulenkombination trennt auf Grund ihrer niedrigen Ausschlussgrenze gut die niedermolekularen Bestandteile der Harze, während die andere Säulenkombination über eine höhere Ausschlussgrenze verfügt und damit Aussagen über höhere Molmassen und damit die Molmassenverteilung zulässt. Alle Harze enthalten erwartungsgemäß die monomeren

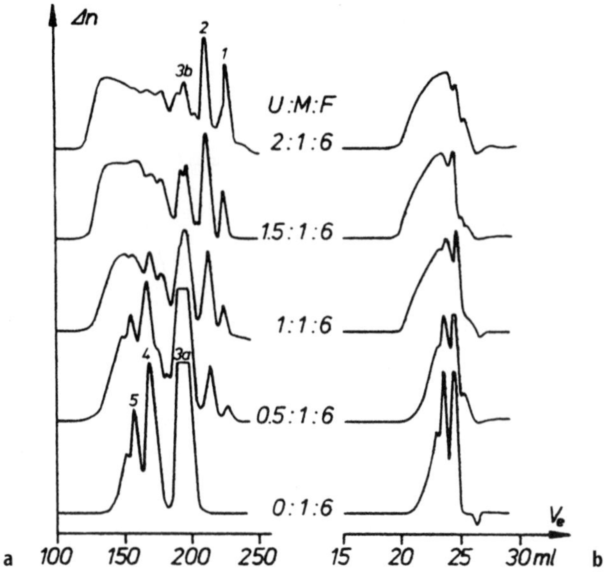

Abb. 3.14 a, b Gelchromatogramme verschiedener MUF-Harze, die sich in ihrem Molverhältnis U:M:F unterscheiden (Braun u.a. 1985).
a Säulensatz mit niedriger Ausschlussgrenze, **b** Säulensatz mit hoher Ausschlussgrenze, Elutionsmittel: DMF
1 Monomethylolharnstoff, *2* Dimethylolharnstoff, *3a* monomere Methylolmelamine, *3b* monomere Methylolmelamine, dimere Methylolharnstoffe, *4* dimere Methylolmelamine, *5* trimere Methylolmelamine

Methylolverbindungen des Harnstoffs und des Melamins. Ein eindeutiger Nachweis einer Cokondensation ist mit diesen Säulenkombinationen jedoch nicht möglich (Braun u.a. 1985).

Die Gelchromatogramme verschiedener MUF-Harze, die sich in ihrem Molverhältnis U:M:F unterscheiden, sind in Abb. 3.14 dargestellt. Beim reinen Melaminharz sind maximal Vierkernverbindungen vertreten, dies war wegen des hohen Formaldehydangebotes auch nicht anders zu erwarten. Je höher die zusätzlich zugegebene Harnstoffmenge ist, desto höher ist der erreichbare Kondensationsgrad, erkennbar an einer Verschiebung der Chromatogramme zu niedrigeren Elutionsvolumina. Dies ist sowohl mit der Säulenkombination mit der niedrigen als auch mit der hohen Ausschlussgrenze gut zu erkennen (Braun u.a. 1985).

Durch Einsatz zweier unterschiedlicher Detektoren (RI, UV) kann Grunwald (1998) Mischungen von Harzen (z.B. MF + UF) von echten Cokondensationsharzen (z.B. MUF) unterscheiden.

Weitere Literaturhinweise: Anderson u.a. (1970), Dunky (1985b), Feurer und Gourdenne (1974a+b), Matsuzaki u.a. (1980), Maylor (1995), Merz und Raschdorf (1972), Tomita und Ono (1979), Tsuge u.a. (1974a).

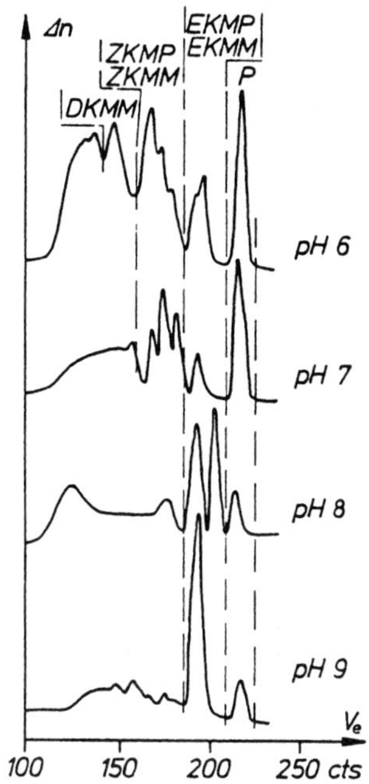

Abb. 3.15. Gelchromatogramme der Kondensationsprodukte von Phenol, Melamin und Formaldehyd unter Variation des pH-Wertes (Braun und Ritzert 1984).
Molverhältnis P:M:F = 1:1:4. Reaktion: 2 Stunden bei 90 °C unter Variation des pH-Wertes. Elutionsmittel: DMF
P: Phenol, EKMP: Einkernmethylolphenole, EKMM: Einkernmethylolmelamine, ZKMP: Zweikernmethylolphenole, ZKMM: Zweikernmethylolmelamine, DKMM: Dreikernmethylolmelamine

PMF-Harze:
In den beiden Abb. 3.15 und 3.16 sind Ergebnisse von unter verschiedenen Bedingungen durchgeführten Reaktionen zwischen Melamin, Phenol und Formaldehyd zusammengefasst. Abbildung 3.15 zeigt die Gelchromatogramme der Kondensationsprodukte von Phenol, Melamin und Formaldehyd unter Variation des pH-Wertes (Braun und Ritzert 1984). Bei den beiden niedrigen pH-Werten ist ein hoher Anteil an monomerem Phenol gegeben, bei diesen Bedingungen scheint also nur Melamin in nennenswertem Umfang zu reagieren. Bei den beiden höheren pH-Werten ist ein deutlich niedrigerer Restgehalt an Phenol gegeben, gleichzeitig steigt der Anteil an höherkondensierten Produkten an. Offensichtlich ist die Reaktivität des Phenols gegenüber Formaldehyd höher geworden, während die des Melamins und der Melaminmethylole gesunken ist. Es gibt jedoch weder im sauren noch im alkalischen Bereich Hinweise für die Bildung von Cokondensaten zwischen Melamin und Phenol.

Abbildung 3.16 wiederum vergleicht verschiedene Gelchromatogramme der Kondensation von Phenol und Melamin mit Formaldehyd unter Variation des molaren Verhältnisses zwischen Phenol und Melamin (Braun und Ritzert 1984). Beim reinen MF-Harz sind Ein- und Zweikernmethylolmelamine die Hauptprodukte. Es haben sich noch relativ wenige Oligomere gebildet. Bei Zugabe von steigenden Mengen an Phenol kommt es zu einem Restbestand an nicht umgesetztem Phenol, welches eindeutig als gut getrennter Peak zu erkennen ist. Gleichzeitig ändert sich das Muster der Peaks der Einkernverbin-

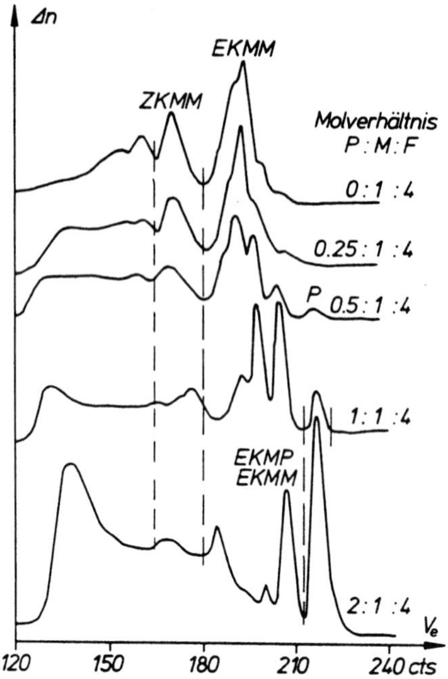

Abb. 3.16. Gelchromatogramme der Kondensation von Phenol und Melamin mit Formaldehyd bei 90 °C, pH-Wert = 8, Reaktionsdauer 2 Stunden unter Variation des Molverhältnisses P:M:F (Braun und Ritzert 1984).
P: Phenol, EKMP: Einkernmethylolphenole, EKMM: Einkernmethylolmelamine, ZKMP: Zweikernmethylolphenole, ZKMM: Zweikernmethylolmelamine, DKMM: Dreikernmethylolmelamine

dungen, was auf das Vorhandensein von monomeren Methylolphenolen hinweist.

Weitere Literaturhinweise: Feurer und Gourdenne (1974a+b)

PF-Harze:
Die in der Literatur beschriebenen GPC-Untersuchungen erfolgten an acetylierten Proben bzw. unter Zugabe von Salzen bzw. Säuren zum Elutionsmittel, um die Bildung von Assoziaten und das Vortäuschen höherer Molmassen zu unterbinden. Die begrenzte Löslichkeit der PF-Harze in THF beschränkte lange Zeit die Analysenmöglichkeiten auf eher niedermolekulare Anteile sowie auf Resole mit geringem Anteil an Alkali (<6 Gew.%). Erst Bain und Wagner (1984) sowie Riedl (Riedl und Calvé 1991; Riedl u.a. 1988, 1990) konnten durch die Zugabe eines Elektrolyten die Löslichkeit von Resolen mit hohem Alkaligehalt in THF deutlich verbessern. Dabei erwies sich das System THF/Trichloressigsäure (TCAA) dem System DMF/LiCl als überlegen, weil es auch die Bildung von Aggregaten verhindert. Die Zugabe von Salzen zur Steigerung der Löslichkeit und zur Vermeidung von Aggregaten bei PF-Harzen war früher auch schon von Walsh und Campbell (1986) vorgeschlagen worden.

Gobec u.a. (1997) trennen mittels GPC verschiedene PF-Leimharze, die nach der Gefriertrocknung in einem Lösungsmittelgemisch bestehend aus THF und 0,4% TCAA gelöst wurden. Eine Acetylierung der Proben wurde nicht durchgeführt. Für die Molmassenkalibrierung im mittel- und hochmo-

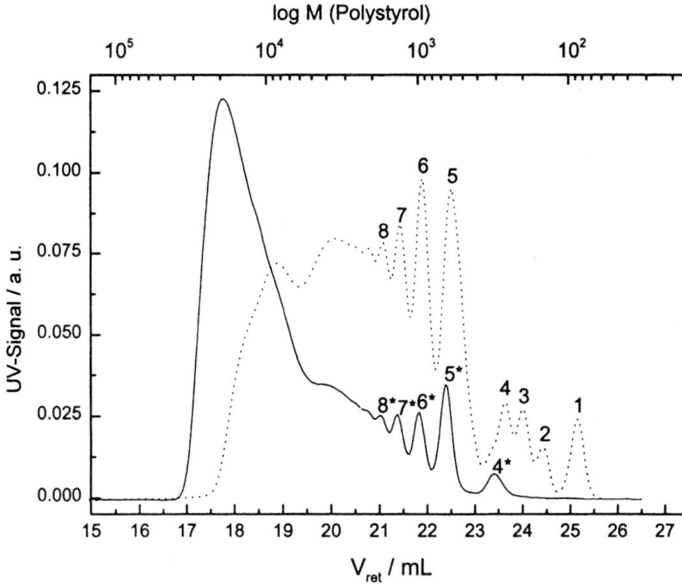

Abb. 3.17. Vergleich zweier Harze, die sich sowohl im Molverhältnis F/P (Harz 1 > Harz 2) als auch im Alkaligehalt (Harz 1 > Harz 2) deutlich unterscheiden (Gobec u.a. 1997). Harz 1: ——— ; Harz 2: ·······

lekularen Bereich wurden Polystyrol- bzw. Polyäthylenglykol-Standards gewählt; im niedermolekularen Bereich wurden definierte Zwischenprodukte der Resolsynthese als Vergleichssubstanzen eingesetzt.

Abbildung 3.17 zeigt den Vergleich zweier Harze, die sich sowohl im Molverhältnis F/P (Harz 1 > Harz 2) als auch im Alkaligehalt (Harz 1 > Harz 2) deutlich unterscheiden. Harz 1 weist einen größeren hochmolekularen Anteil als Harz 2 auf. Die verschiedenen in diesen beiden Harzen auftretenden niedermolekularen Verbindungen lassen sich sehr gut chromatographisch trennen, auch Strukturen mit 2 bis 5 miteinander verknüpften Phenolringen lassen sich noch eindeutig als Peaks erkennen, auch wenn dann keine Basislinien-Trennung mehr möglich ist. Bei Harz 2 mit dem niedrigeren Molverhältnis F/P scheint der Substitutionsgrad etwas geringer zu sein, weil die Peaks 5–8 eine um ca. 30 g/mol kleinere Molmasse besitzen als die Peaks 5*–8* des Harzes 1. Dieser Molmassenunterschied entspricht praktisch gerade einer Hydroxylgruppe ($\Delta M = 30$).

Abbildung 3.18 zeigt den Vergleich der Signale eines RI-Detektors und eines UV-VIS-Detektors (290 nm) am Beispiel eines hochkondensierten PF-Resols mit F/P = 1,7 und 4% Alkaligehalt (Gobec u.a. 1997). Aus dieser Abbildung geht hervor, dass die beiden Detektoren im hochmolekularen Bereich ca. bis zu den Peaks 4 bzw. 4* herab nahezu idente Signale liefern. Die Peaks 1–3 werden vom UV-VIS-Detektor (volle Linie) gut getrennt erkannt, aus dem RI-Signal (punktierte Linie) sind diese Peaks jedoch nicht abzuleiten, weil die Peaks

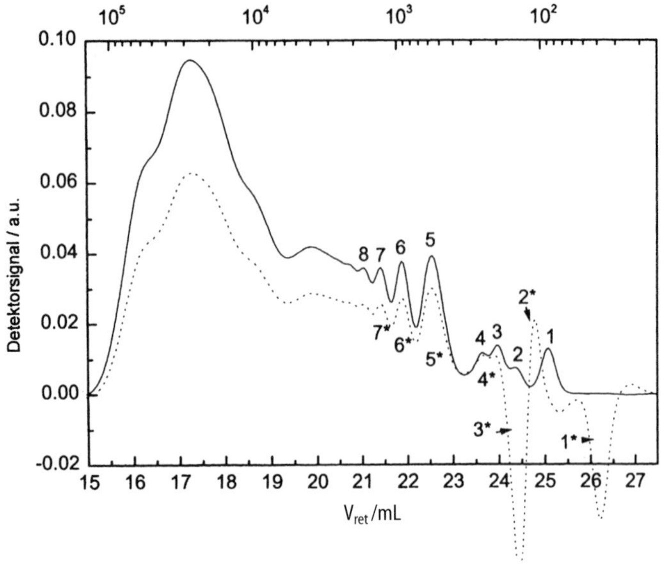

Abb. 3.18. Vergleich der Signale eines RI-Detektors und eines UV-VIS-Detektors (290 nm) am Beispiel eines hochkondensierten PF-Resols mit F/P = 1,7 und 4% Alkaligehalt (Gobec u.a. 1997)

in diesem Bereich durch Verunreinigungen (z.B. Wasser und Formaldehyd) überlagert werden.

In Abbildung 3.19 werden den einzelnen Peaks der Molmassenverteilung eines Phenolharzes (Molverhältnis F/P = 1,7; Alkalianteil 4%) die entsprechenden molekularen Strukturen zugeordnet (Gobec 1997).

Unter Verwendung verschiedener aromatischer und phenolischer Komponenten konnten Duval u.a. (1972) eine Kalibrierkurve für ihre GPC-Untersuchungen erstellen (Abb. 3.20). Die jeweiligen Molekülgrößen wurden auf Basis von Molekülmodellen berechnet; das Elutionsvolumen wird in Form eines Verteilungskoeffizienten *K* angegeben, der auf die Elutionsvolumina von Stickstoff (als kleines Molekül) und eines hochpolymeren Polystyrols bezogen ist.

In Abb. 3.21 ist eine kombinierte Polystyrol- und Polyäthylenglykol-Kalibrierung dargestellt (Gobec 1997). Im hochmolekularen Bereich unterscheiden sich die einzelnen Punkte nur wenig, allerdings liegen die PEG-Punkte im niedermolekularen Bereich näher an den tatsächlichen Werten der ebenfalls in dieser Abbildung dargestellten Reinsubstanzen.

Walsh und Campbell (1986) berichteten über High Pressure Size Exclusion Chromatography (HPSEC) an PF-Harzen unter Verwendung einer Bondagel E-125-Trennsäule (Fa.Waters Assoc.). Die Arbeit beschreibt die schnelle Erfassung der Molmassenverteilung eines PF-Harzes innerhalb weniger Minuten. Die Bodenzahl der Säule beträgt auf der anderen Seite allerdings nur 200, die

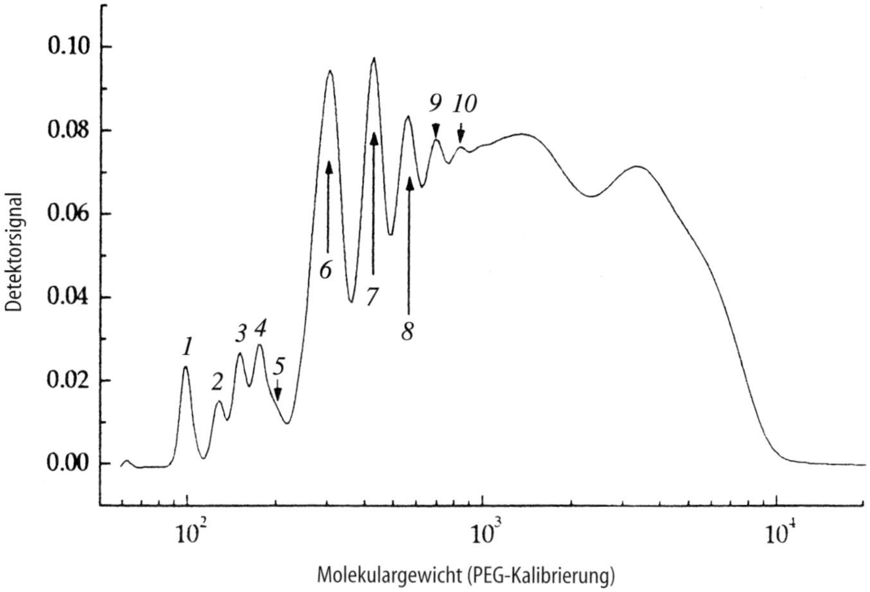

Abb. 3.19. Zuordnung der entsprechenden chemischen Strukturen zu den einzelnen Peaks einer Phenolharz-Molmassenverteilung (Gobec 1997). *1* Phenol; *2* 2-Hydroxymethylphenol; *3* 4-Hydroxymethylphenol; *4* 2,6-Dihydroxymethylphenol; *5* 2,4-Dihydroxymethylphenol bzw. Trihydroxymethylphenol; *6* 3,3′-5,5′-Tetrahydroxymethylphenol bzw. Zwei- oder Dreiringverbindungen; *7* Vierringverbindungen; *8* Vier- oder Fünfringverbindungen; *9* Fünfringverbindungen; *10* Sechsringverbindungen

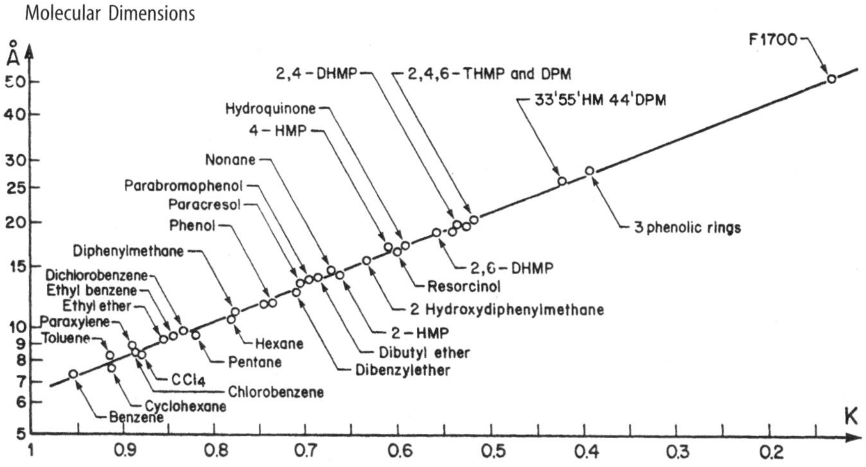

Abb. 3.20. Kalibrierkurve in Form der Darstellung von berechneten Moleküldimensionen in Abhängigkeit des Verteilungsfaktors *K* als Maß für das chromatographische Elutionsvolumen (Duval u. a. 1972)

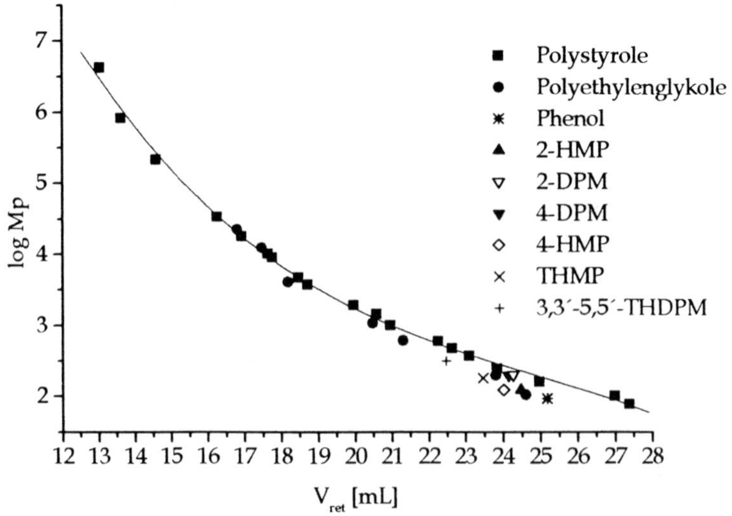

Abb. 3.21. Kombinierte Polystyrol- und Polyäthylenglykol-Kalibrierung. Zusätzlich sind verschiedene Reinsubstanzen eingezeichnet (Gobec 1997)

Kalibrierung wurde mit PS-Standards in THF als Lösungs- und Elutionsmittel durchgeführt. Als Lösungs- und Laufmittel für die Harze gelangte DMF-LiCl zum Einsatz. Die Chromatogramme in Abb. 3.22 verfolgen eine PF-Kondensationsreaktion mit geteilter Laugenzugabe. Mit fortschreitender Kondensation verschieben sich die Chromatogramme zu niedrigeren Elutionsvolumina. Trotz der niedrigen Bodenzahl ist eine ausreichende Unterscheidung zwischen den einzelnen Kondensationsstufen und einem industriellen Harz mit höheren Molmassen möglich.

Weitere Literaturhinweise: Aldersley u.a. (1969), Armonas (1970), Bain und Wagner (1984), Cazes und Martin (1977), Chiantore und Guaita (1991), Duval u.a. (1972), Ellis (1993, 1996), Ellis und Steiner (1990, 1991, 1992), Feurer und Gourdenne (1974 a), Gollob u.a. (1985 a), Haupt u.a. (1991), Haupt und Sellers (1994), Haupt und Waago (1995), Holopainen u.a. (1997), Ishida u.a. (1983), Kajita u.a. (1991), Kendall u.a. (1998), Kim u.a. (1983, 1990, 1992), Kim und Amos (1991), King u.a. (1974), Manfredi u.a. (1999), Matsuzaki u.a. (1980), Montague u.a. (1971), Myers u.a. (1993), Park u.a. (1998), Parker (1982), Peterson (1985), Quinn u.a. (1968), Riedl u.a. (1988, 1990), Rudin u.a. (1983), So und Rudin (1990), Sue u.a. (1989), Tsuge u.a. (1972), Wagner und Greff (1971), Wilson u.a. (1979), Wilson und Krahmer (1978), Yamagishi u.a. (1996), Yazaki u.a. (1994), Yoshikawa u.a. (1971).

GPC an sprühgetrockneten Resolen

Riedl und Calvé (1991) sowie Riedl u.a. (1988, 1990) führten umfangreiche Untersuchungen an sprühgetrockneten Resolen durch. Je nach den eingesetz-

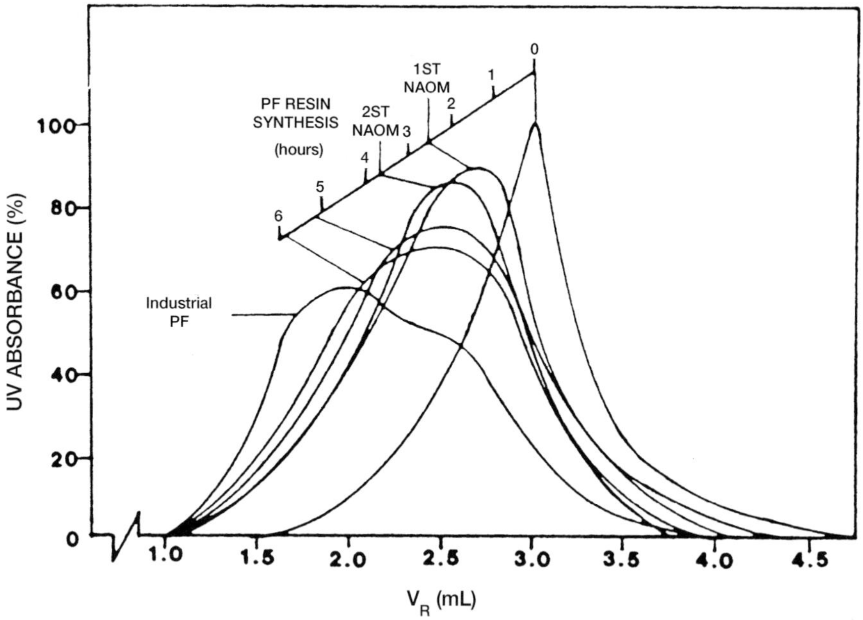

Abb. 3.22. Verfolgung einer PF-Kondensationsreaktion mit geteilter Laugenzugabe (Walsh und Campbell 1986)

ten Lösungs- und Elutionsmitteln werden unterschiedliche Formen an Chromatogrammen und an daraus berechneten Molmassenmittelwerten erhalten.

GPC an PF-Novolaken

Abbildung 3. 23 zeigt ein Gelchromatogramm eines PF-Novolaks, bei dem die einzelnen Phenolkerne durch Methylenbrücken miteinander verbunden sind. Eine größere Anzahl von Peaks ist in diesem Chromatogramm aufgetrennt, jedoch meist nicht bis zur Basislinie. Die einzelnen Peaks können den Baustei-

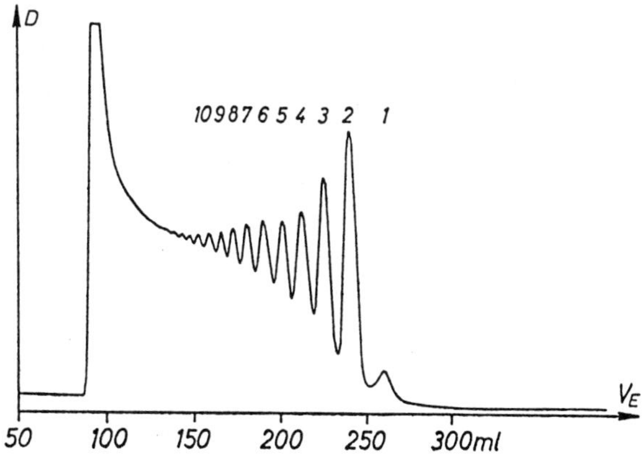

Abb. 3.23 Gelchromatogramm eines PF-Novolaks (Braun und Arndt 1978 a). GPC-Bedingungen: Merckogel PVA 6000, Elutionsmittel THF, Säule 200 × 1,5 cm

nen der homologen Reihe zugeordnet werden, die angegebenen Ziffern entsprechen der Anzahl der miteinander verknüpften Phenolbausteinen (Braun und Arndt 1978 a).

Weitere Literaturhinweise:
Braun u.a. (1972), Braun und Arndt (1978b, 1979), Yamagishi u.a. (1998).

PUF-Harze:
Zwischen Mischungen von PF-und UF-Harzen bzw. einem PUF-Harz kann man in der GPC mittels des Einsatzes zweier Detektoren unterscheiden. Der RI-Detektor analysiert das gesamte Konzentrationssignal, der UV-Detektor nur den PF-Anteil. Bei einem PUF-Harz müssen beide Detektoren die gleiche Molmassenverteilung zeigen, bei PF + UF unterschiedliche (Grunwald 2000).

Weitere Literaturhinweise: Tomita u.a. (1994b).

PRF-Harze: Scopelitis und Pizzi (1993 a).

3.3.2.2
Präparative GPC

Katuscak u.a. (1981) trennten verschiedene handelsübliche UF-Harze mittels einer präparativen GPC mit automatischem Probensammler; die Säulenlängen betrugen 120 bzw. 60 cm, das gesamte Elutionsvolumen der Säulenkombination ca. 110 ml.

Weitere Literaturhinweise: Wooten u.a. (1988).

3.3.2.3
GPC-Lichtstreuungskopplung (Low Angle Laser Light Scattering GPC-LALLS)

Wird im Eluat der GPC das Molmassengewichtsmittel direkt mittels Lichtstreuung ermittelt (Jordan 1980, Kaye und Havlik 1973, Lederer und Billiani 1987, Ouano 1976, Ouano und Kaye 1974), entfällt die mühselige und unsichere Kalibrierung der Säulen mit meist nur bedingt geeigneten Eichsubstanzen. Der wesentliche Vorteil der GPC-LALLS-Methode liegt deshalb darin, dass zu jeder Probe die zugehörige Molmassenmittelwertskurve als GPC-Kalibrierkurve direkt mitgemessen wird. Zusätzlich kann mit dieser Methode die Bandenverbreiterung in der gelchromatographischen Säule durch geeignete Auswerteverfahren kompensiert werden (Lederer u.a. 1986).

UF-Harze:
Abbildung 3.24 stellt mehrere mittels GPC-LALLS ermittelte Molmassenfunktionen in einem Diagramm dar (Billiani u.a. 1990). Die Harze innerhalb dieser Probenserie unterscheiden sich durch ihren unterschiedlichen Kondensationsgrad und damit auch in den entsprechenden Bereichen des Elutionsvolumens. Mit zunehmender Nummer in der Probenbezeichnung steigt der Kondensationsgrad und damit die Molmassen. Auf Grund der Tatsache, dass immer nur

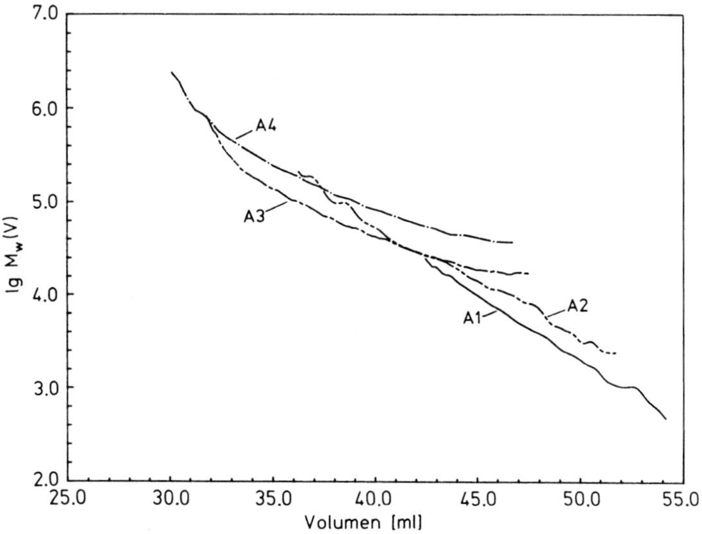

Abb. 3.24. Molmassenfunktionen lg $M_w(V)$ verschiedener UF-Leime (Billiani u. a. 1990)

ein Teil des gesamten Chromatogrammes für die direkt gemessene Kalibrierkurve auswertbar ist, kann eine über den gesamten Bereich des Elutionsvolumens gültige Kalibrierkurve nur durch die Zusammensetzung der einzelnen Teilkurven erhalten werden. Auf Grund der jedoch nicht für den gesamten Bereich des Chromatogrammes auswertbaren Lichtstreukurve ist eine Berechnung der Molmassenmittelwerte der Gesamtprobe nur bedingt möglich.

PF-Harze:
Um eine ausreichende Löslichkeit der gefriergetrockneten Phenolharzproben zu erzielen, verwendeten Christiansen und Gollob (1985), Gollob (1982) sowie Wellons und Gollob (1980a+b) Hexafluorisopropanol (HFIP) als Lösungsmittel und eine Mischung von Hexafluorisopropanol (HFIP) und 0,08% Natriumtrifluoressigsäure als Elutionsmittel. Mit diesen Gemisch können weitgehend Assoziate verhindert werden.

Abbildung 3.25 zeigt die GPC-LALLS-Chromatogramme zweier unterschiedlich hoch kondensierter Phenolharze. Im ersten Fall handelt es sich um ein niedermolekulares Harz. Der Konzentrationspeak (UV_{254}) ist deutlich ausgeprägter als der relativ schwache Lichtstreupeak (KMX-6). Demgegenüber ist das darunter dargestellte Harz deutlich höhermolekularer, der Lichtstreupeak ist relativ zum Konzentrationspeak größer, auch sind beide Kurven zu niedrigeren Elutionsvolumina verschoben (Gollob 1982).

Abbildung 3.26 zeigt eine typische Kalibrierkurve, wie sie bei einem GPC-LALLS-Lauf ausgewertet werden kann (Gollob 1982).

Aus den GPC-LALLS-Kurven lassen sich die Molmassengewichtsmittelwerte der einzelnen Proben berechnen (s. Teil II, Tabelle 1.14). Die höchsten Wer-

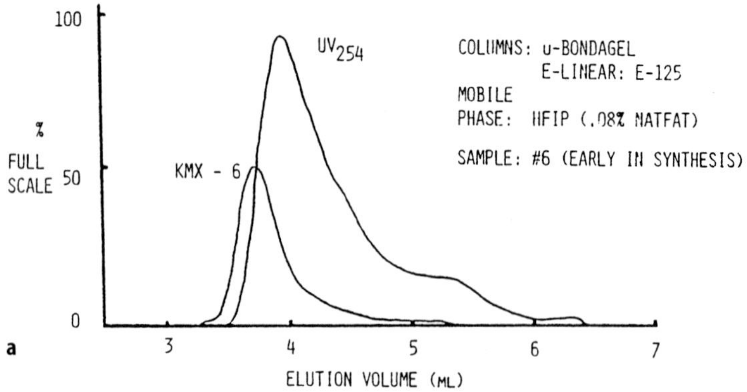

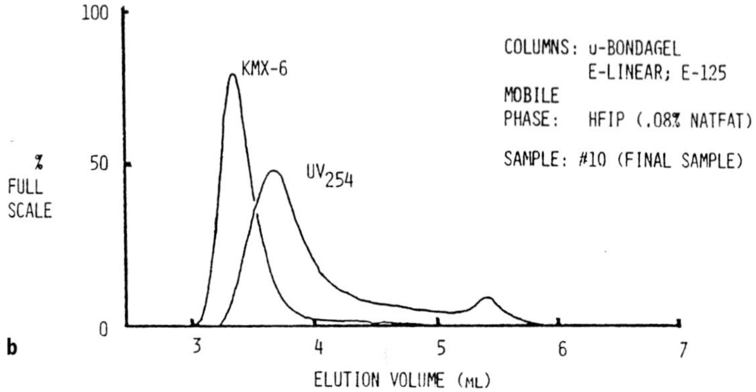

Abb. 3.25. GPC-LALLS-Chromatogramme zweier unterschiedlich hoch kondensierter Phenolharze (Gollob 1982)

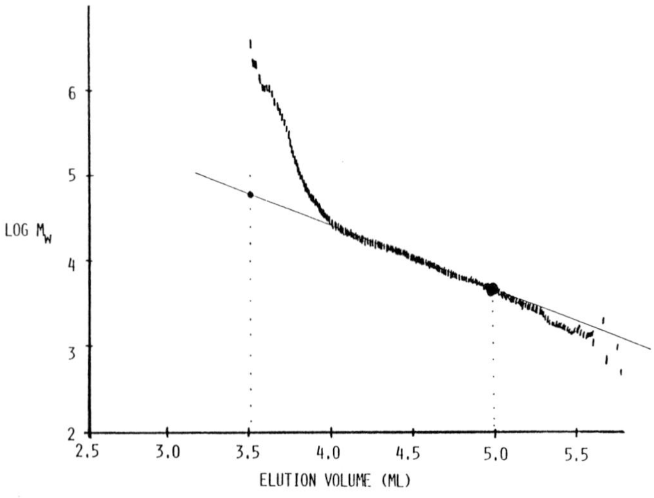

Abb. 3.26. Kalibrierkurve als Ergebnis eines GPC-LALLS-Laufes (Gollob 1982)

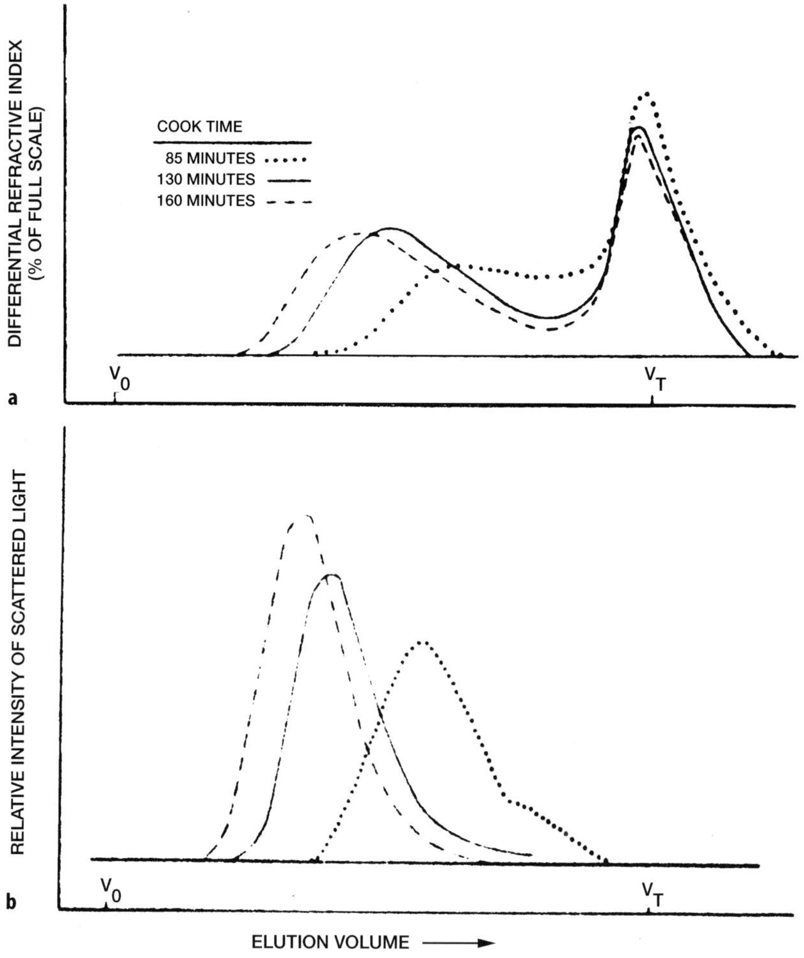

Abb. 3.27 a, b. GPC-LALLS-Untersuchung an zu unterschiedlichen Zeiten einer Phenolharzkochung entnommenen Proben (Wellons und Gollob 1980 a). **a** Konzentrationspeak; **b** Lichtstreupeak. Der große Peak bei V_T besteht jedoch nur zu ca. 15% aus Bestandteilen des Phenolharzes, er beruht vor allem auf Natriumacetat sowie verschiedenen Restlösungsmitteln der Probenvorbereitung

te liegen bei über 200 000 g/mol (Gollob 1982). Es ist anzunehmen, dass diese hohen Werte tatsächliche Molmassen und nicht nur Artefakte durch Assoziationen darstellen. Die höchsten Molmassen, die bei Auswertung der einzelnen GPC-LALLS-Chromatogramme festgestellt werden können, liegen im Bereich von einer Million.

Die beiden Abb. 3.27 und 3.28 beschreiben unterschiedlich hoch kondensierte Proben einer Phenolharzkochung. Je länger die Kochzeit, desto kürzer werden die Elutionszeiten in der chromatographischen Säule entsprechend

Abb. 3.28 Integrale Molmassenverteilung der Proben in Abb. 3.27 (Wellons und Gollob 1980a)

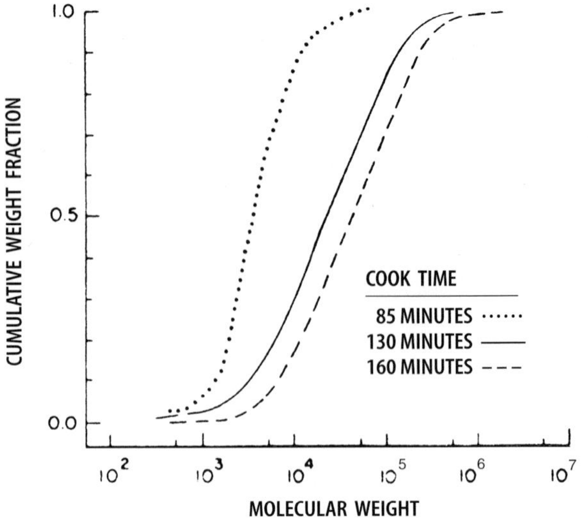

der höheren Molmassen und desto ausgeprägter wird der Lichtstreupeak. Die integrale Molmassenverteilung verschiebt sich demgemäß zu höheren Werten (Wellons und Gollob 1980 a).

Mbachu (1998) kombiniert in seiner „SEC^3-Methode" drei Detektoren (Refraktometer RI, Lichtstreudetektor und Viskositätsdetektor) und vermag damit nicht nur Aussagen über die Molmassenverteilung, sondern auch über die Gestalt und den Verzweigungsgrad der Proben zu treffen.

Weitere Literaturhinweise: Christiansen und Gollob (1985), Gollob u.a. (1985 a+b), Wellons und Gollob (1979).

3.3.2.4
Berechnung von Molmassenmittelwerten aus den Chromatogrammen

Die Berechnung des Zahlenmittels sowie des Gewichtsmittels ist prinzipiell möglich, wenn die zum Chromatogramm gehörige Kalibrierfunktion mit hinlänglicher Genauigkeit bekannt ist. Dies ist jedoch bei der herkömmlichen Kalibrierung mit chemisch oft nur ähnlichen oder überhaupt unterschiedlichen Substanzen nicht der Fall. Nur bei der on-line-Erstellung einer Kalibrierkurve durch GPC-LALLS wäre diese Berechnung durchführbar; hier ist jedoch zu beachten, dass diese Kalibrierkurve meist nur im höhermolekularen Bereich Gültigkeit besitzt. Der Vergleich verschiedener berechneter Mittelwerte ohne Kenntnis der Genauigkeit der Kalibrierfunktion sowie ohne gleichzeitigen Vergleich der unter den gleichen Voraussetzungen aufgenommenen Chromatogramme ist deshalb nur mit Vorbehalt möglich. Um zumindest bei den Phenolharzen einen Überblick über die in der Literatur berichteten Molmassen zu ermöglichen, wurden in Teil II, Abschn. 1.3.6 in der Tabelle 1.14 jedoch trotz der oben genannten Bedenken auch Werte aufgenommen, die aus GPC-Kurven berechnet worden waren.

3.3.3
Bestimmung von Molmassenmittelwerten durch direkte und indirekte Methoden

3.3.3.1
Dampfdruckosmometrie (DO, Vapor pressure osmometry VPO)

Die Dampfdruckosmometrie misst die Temperaturerhöhung, die in einem Lösungstropfen im Vergleich zum Tropfen mit reinem Lösungsmittel infolge der Dampfdruckerniedrigung in der Lösung und damit der Kondensation von Lösungsmittelmolekülen im Lösungstropfen auftritt. Die Dampfdruckerniedrigung ist proportional der Anzahl der gelösten Moleküle und damit eine Bestimmungsmöglichkeit für das Zahlenmittel der Molmasse.

UF-Harze:
Dunky (1980), Dunky u.a. (1981), Dunky und Lederer (1982) sowie Katuscak u.a. (1981) bestimmten die Zahlenmittel in DMSO als Lösungsmittel, wobei die Messtemperaturen 45 bzw. 90 °C betrugen. Als Vergleichssubstanzen kamen Benzil bzw. Harnstoff zum Einsatz. Selbst bei 90° konnte Dunky (1980) noch eine saubere Gleichgewichtseinstellung des Messsignals bei allen Konzentrationen erhalten; dies spricht gegen eine merkbare Weiterkondensation des gelösten Leimharzes in der hier mit ca. 12 Minuten relativ langen Messzeit.

Dunky (1982) untersuchte bei Verwendung von DMSO als Lösungsmittel die Abhängigkeit der Einstellzeit von der gewählten Messtemperatur. Diese Zeit wird erwartungsgemäß umso kürzer, je höher die Messtemperatur ist. Die gemessenen Molmassenmittelwerte werden dadurch nicht verändert.

MF/MUF-Harze:
Braun und Pandjojo (1979a), Dunky (1978).

PF-Harze:
Chow u.a. (1975), Duval u.a. (1972), Gnauck u.a. (1980), Gnauck und Habisch (1980), Ishida u.a. (1983), Kamide und Miyakawa (1978), Kim u.a. (1992), Kim und Amos (1991), Roczniak u.a. (1983), Sue u.a. (1989), Yazaki u.a. (1994).

3.3.3.2
Lichtstreuung

Mittels Lichtstreuung kann das Gewichtsmittel der Molmasse gemessen werden. Dies kann entweder an verschieden konzentrierten Lösungen einer Probe (off line) oder im Eluat der GPC (on line) erfolgen. Die on line Messung wurde bereits in Teil II, Abschn. 3.3.2.3 beschrieben.

UF-Harze:
Off line-Laserlichtstreuung (LALLS) von gefriergetrockneten UF-Proben in DMSO als Lösungsmittel (Dunky u. a. 1981, Dunky und Lederer 1982). Messwerte s. Tabelle 1.4 in Teil II, Abschn. 1.1.7.

PF-Harze:
Kim u. a. (1992). Messwerte s. Tabelle 1.14 in Teil II, Abschn. 1.3.6.

3.3.3.3
Viskosimetrische Untersuchungen

Die Staudinger-Mark-Houwink-Gleichung (SMH-Gleichung) beschreibt den Zusammenhang zwischen dem hydrodynamischen Volumen, gemessen als Grenzviskositätszahl, und der Molmasse (Zahlen- oder Gewichtsmittel). Diese Gleichung kann aufgestellt werden, wenn für verschiedene homologe Polymere oder für verschiedene Fraktionen einer Polymerprobe sowohl die Grenzviskositätszahl als auch ein Molmassenmittel gemessen werden und diese gegeneinander in einem halblogarithmischen Maßstab aufgetragen werden. Dabei ergibt sich ein mehr oder minder linearer Zusammenhang, der durch die SMH-Gleichung beschrieben wird:

$$[\eta] = K \cdot M^{a} \quad \text{bzw.} \quad \lg [\eta] = \lg K + a \cdot \lg M$$

mit $[\eta]$ Grenzviskositätszahl (ml/g)
K, a Konstanten
M Molmasse (g/mol)

Bei gleichzeitiger Verwendung eines Konzentrations-, eines Lichtstreu- und eines Viskositätsdetektors kann diese Gleichung on-line an einer Probe erstellt werden (s. Teil II, Abschn. 3.3.2.3) (Mbachu 1998).

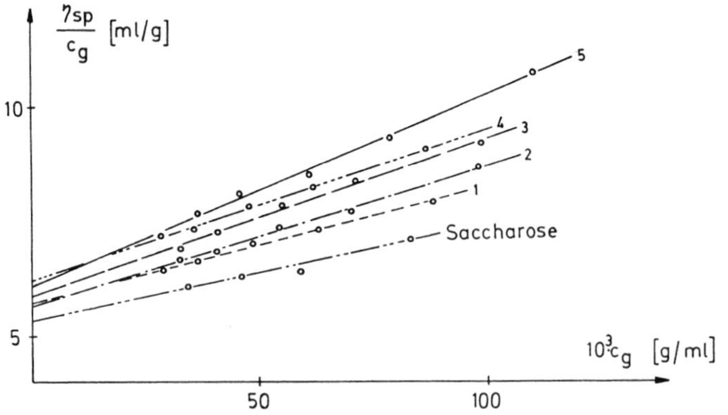

Abb. 3.29. Darstellung der reduzierten Viskositäten, aufgetragen in Abhängigkeit der Konzentration, sowie die Extrapolation nach Konzentration Null zur Bestimmung der Grenzviskositätszahl an vier UF-Leimen und an Saccharose (Dunky 1980).
Messbedingungen: KPG-Ubbelohde-Mikroviskosimeter Fa. Schott, Mainz, Kapillare 0,32 · 130 mm, 25 °C, Lösungsmittel DMSO

UF-Harze:
Abbildung 3.29 zeigt die Darstellung der reduzierten Viskositäten, aufgetragen in Abhängigkeit der Konzentration, sowie die Extrapolation nach Konzentration Null (Dunky 1980).

$$[\eta] = \lim_{c \to 0} \eta_{red} = \lim_{c \to 0} \frac{t - t_s}{t_s \cdot c} \text{ (ml/g)}$$

t Auslaufzeit der Probenlösung der Konzentration c (g/ml)
t_s Auslaufzeit des Lösungsmittels

Die Messung der Auslaufzeiten selbst sowie die Form der gewählten Auftragung sind ohne Probleme möglich, die extrapolierte Grenzviskosität zeigt jedoch nur eine schwache Abhängigkeit von der Molmasse der verschiedenen Proben in der Form der Staudinger-Mark-Houwink-Gleichung:

$$[\eta] = 4{,}4 \cdot M_w^{0{,}031} \text{ (ml/g)} .$$

Weitere Literaturhinweise: Inoue u.a. (1956), Staudinger und Wagner (1954), Stuligross (1988).

PF-Harze:
Abbildung 3.30 zeigt die Abhängigkeit der Grenzviskositätszahl von der Molmasse verschiedener Phenolharze (Kim u.a. 1992). Diese Autoren geben auch zwei Beispiele für die SMH-Gleichung an:

in THF als Lösungsmittel: $[\eta] = 0{,}77 \cdot M_w^{0{,}21}$
in Äthylacetat als Lösungsmittel: $[\eta] = 1{,}16 \cdot M_w^{0{,}15}$

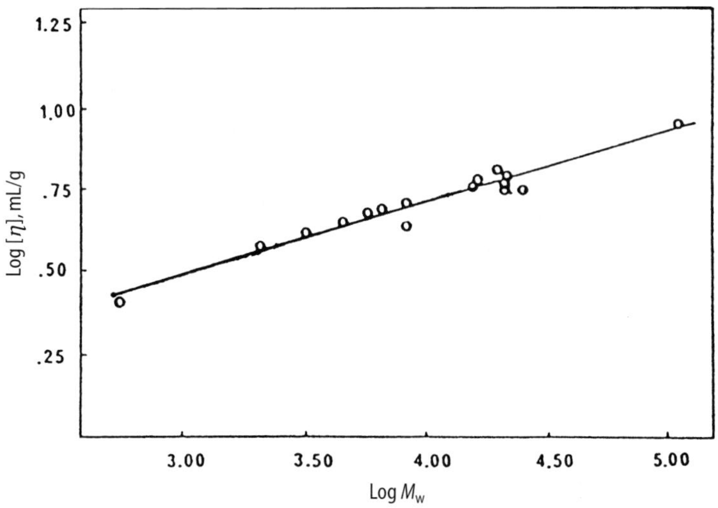

Abb. 3.30. Korrelation zwischen der Grenzviskositätszahl und der Molmasse verschiedener Fraktionen eines PF-Harzes in THF (Kim u.a. 1992)

Weitere Literaturhinweise: Kamide und Miyakawa (1978), Kim u.a. (1983), Kim und Amos (1991), Sue u.a. (1989).

3.3.3.4
Fraktionierungen

Duval u.a. (1972) wendeten eine Lösungs-/Fällungs-Gradientenelution zur Auftrennung von Phenolharzen in einzelne Molmassenfraktionen an. Dazu wurde eine kleine Probe eines Phenolharzes in einem geeigneten Lösungsmittel (THF) gelöst, sodann wurde Fällungsmittel (Cyclohexan) bis zum Erreichen des Fällungspunktes zugegeben. Diese Lösung wurde nunmehr auf eine mit einem inerten Material gepackten Säule aufgegeben und die Säule mit dem gleichen Lösungs-Fällungsmittelgemisch befüllt. Die Säule wurde anschließend mit einem Gradienten mit steigendem Lösungsmittelanteil eluiert. Dabei wurden die Fraktionen mit der besten Löslichkeit zuerst eluiert, danach schrittweise die jeweils schwerer löslichen Fraktionen. Die Molmassen der einzelnen Fraktionen wurden teilweise mittels Dampfdruckosmometrie bestimmt. Abbildung 3.31 zeigt die GPC-Kurven eines solcherart fraktionierten PF-Harzes sowie einzelner erhaltener Fraktionen.

Auch Katuscak u.a. (1981) beschreiben eine Fällungsfraktionierung im System DMSO-Aceton, wobei der erste Fraktionierungsschritt mit DMSO-Aceton mehrmals wiederholt wurde; dabei wurde immer die mittlere Fraktion bei der nächsten Fraktionierstufe als Ausgangsprobe eingesetzt.

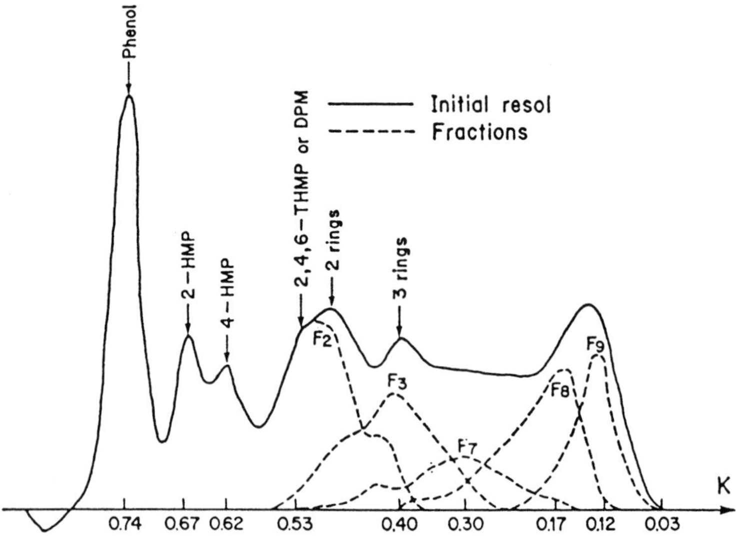

Abb. 3.31. GPC-Kurven eines PF-Harzes sowie einzelner mittels Gradientenfraktionierung gewonnener Fraktionen (Duval u.a. 1972)

Die Fraktionierung von Harzen ist auch mittels präparativer GPC möglich (s. Teil II, Abschn. 3.3.2.2).

Weitere Literaturhinweise: Gardikes und Konrad (1966).

3.3.3.5
Ultrazentrifuge

Wooten u.a. (1988) bestimmten die Zentrifugenmittel von mittels präparativer GPC gewonnenen PF-Fraktionen in einer Ultrazentrifuge.

Grunwald (1999 a+b) untersuchte industriell hergestellte UF-Harze mittels Ultrahochzentrifuge (U = 40000 min^{-1}, 8 h, 12 °C), allerdings ohne vorherige Verdünnung mit Wasser und der dadurch möglichen Ausflockung. Dabei kann das flüssige Harz in vier sichtbare Fraktionen zerlegt werden: Fraktion 1: klar; Fraktion 2: fast klar; Fraktion 3: milchig weiß; Fraktion 4: weiß-fest. Die Viskosität und die Trockensubstanz der ersten drei Fraktionen sind geringfügig niedriger als die Ausgangsprobe. Bei den anschließenden gelchromatographischen Untersuchungen zeigte sich jedoch, dass in den ersten drei Fraktionen quasi identische Molmassenverteilungen vorliegen. Auch in der vierten Fraktion sind nach wie vor niedermolekulare Anteile enthalten, wenngleich in einem etwas geringeren Ausmaß. Das UF-Harz wird also durch die Ultrazentrifuge nicht auf molekularer Ebene aufgetrennt. Diese Ergebnisse stehen im Widerspruch zu den unterschiedlichen Molmassenverteilungen, die an durch Wasserzugabe ausgeflockten UF-Harzen gefunden wurden (s. Teil II, Abschn. 1.1.7). NMR-Untersuchungen lassen ebenfalls keine merklichen Verschiebungen in der Verteilung der verschiedenen Strukturelemente erkennen.

3.3.4
Chromatographische Untersuchung niedermolekularer Anteile von Kondensationsharzen

3.3.4.1
Flüssigkeits-Chromatographie (HPLC)

Die Flüssigkeitschromatographie trennt die verschiedenen in einer Lösung vorhandenen Moleküle entsprechend ihrer verschiedenen Polaritäten, in Abhängigkeit der eingesetzten Säulen und der Lösungs- und Laufmittel.

UF-Harze:
Abbildung 3.32 zeigt die Auftrennung der verschiedenen bei der Umsetzung von Harnstoff und Formaldehyd entstehenden niedermolekularen Reaktionsprodukte (Ludlam u.a. 1986).

Abbildung 3.33 zeigt die Retentionsfaktoren $K' = (t_r - t_0)/t_0$ bei der flüssigkeits-chromatographischen Trennung der homologen Reihen der verschiedenen Methylole auf Basis von Harnstoff, Methylendiharnstoff, Oxymethylendiharnstoff und Uron (Ludlam u.a. 1986).

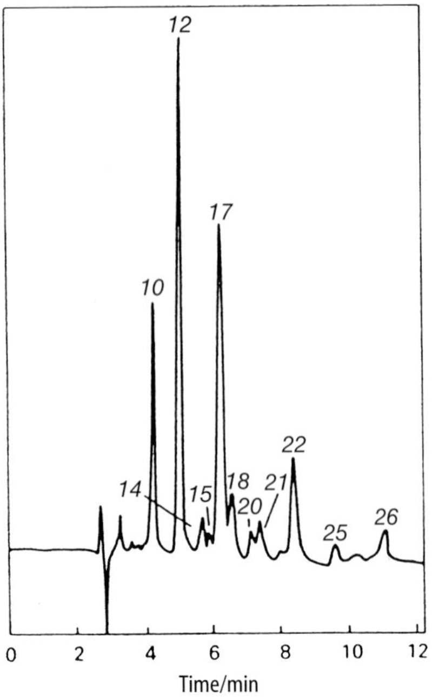

Abb. 3.32. Flüssigkeitschromatogramm einer UF-Reaktionsmischung: F/U = 1,4; Reaktionszeit: 2 h bei 70 °C bei pH = 9 (Ludlam u. a. 1986).
Peakidentifizierung: *10* Harnstoff, *12* Monomethylolharnstoff, *14* N,N-Dimethylolharnstoff, *15* Methylendiharnstoff, *17* N,N′-Dimethylolharnstoff, *18* Oxymethylendiharnstoff, *20* Monomethylolmethylendiharnstoff, *21* assym. Dimethylolmethylendiharnstoff, *22* Monomethyloloxymethylendiharnstoff, *25* Dimethylolmethylendiharnstoff, *26* Dimethyloloxymethylendiharnstoff

Präparative HPLC: Einsatz zur Anreicherung einzelner Substanzen einer Reaktionslösung. Die Durchführung erfolgt in im Vergleich zur analytischen HPLC deutlich größeren Säulen, z. B. Säulen 980 · 8 mm, Anionen- bzw. Kationen-Austauscherharze (Kumlin und Simonson 1978b).

Weitere Literaturhinweise: Beck und Leibowitz (1980), Dunky und Hluchy (1986), Kumlin und Simonson (1978a, 1980, 1981a), Ludlam u. a. (1986).

MF/MUF-Harze:
Tomita (1977) beschreibt die vollständige HPLC-Trennung aller möglichen monomeren Methylole des Melamins, inklusive der dabei auftretenden Isomeren. Der Peak für Hexamethylolmelamin bei ca. 17 ml Elutionsvolumen tritt bei dem in Abb. 3.34 gewählten Molverhältnis F/M = 5 noch nicht auf.

Weitere Literaturhinweise: Aarts u. a. (1995), Ebdon u. a. (1988), Nusselder (1998).

PF-Harze:
Gradientenelution mit verschiedenen Gradienten, z. B. Wasser-Acetonitril oder Wasser-THF. Isokratische Fahrweise z. B. mit einer Dichlormethan-Dioxan-Methanol-Mischung. Detektion mittels RI oder UV (254 nm).

Werner und Barber (1982) nutzten die isokratische bzw. die Gradienten-HPLC zur Bestimmung von freiem Phenol in Novolaken und Resolen. Much

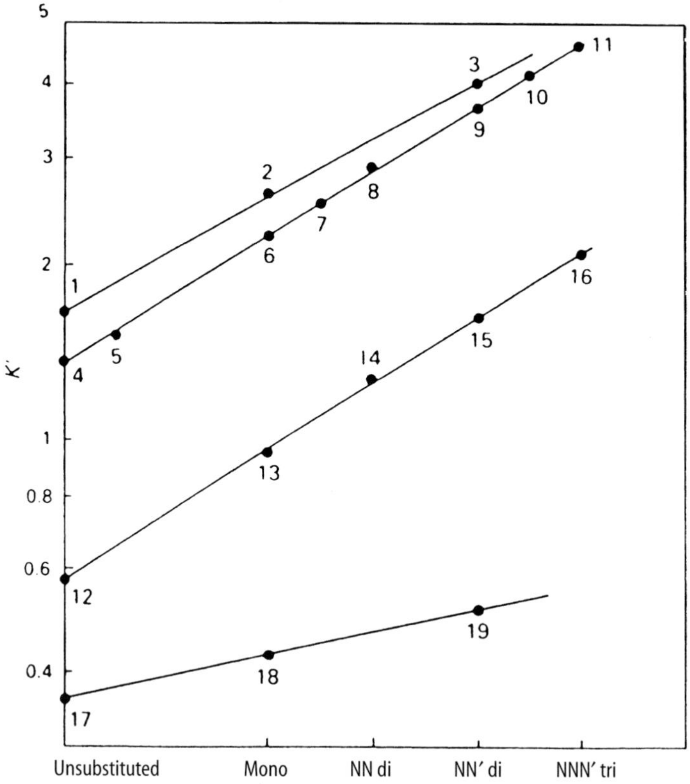

Abb. 3.33. Retentionsfaktoren $K' = (t_r - t_0)/t_0$ bei der flüssigkeitschromatographischen Trennung der homologen Reihen der verschiedenen Methylole auf Basis von Harnstoff [12], Methylendiharnstoff [4], Oxymethylendiharnstoff [1] und Uron [17] (Ludlam u.a. 1986)

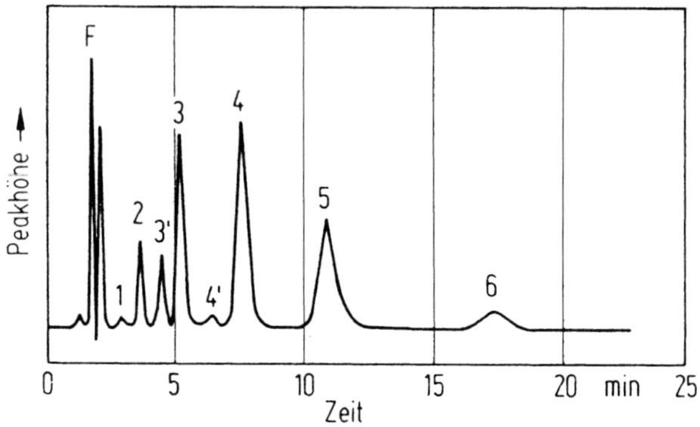

Abb. 3.34. HPLC an Melaminmethylolen (Tomita 1977). C18-Umkehrphase, Elutionsmittel Methanol-Wasser (5:95 Volumsteile). Die Ziffern bezeichnen die einzelnen Methylolierungsgrade, F = Formaldehyd. Probe: F/M = 5,0; die Lösung wurde bei pH = 9 bei 28 °C für 120 Stunden stehen gelassen

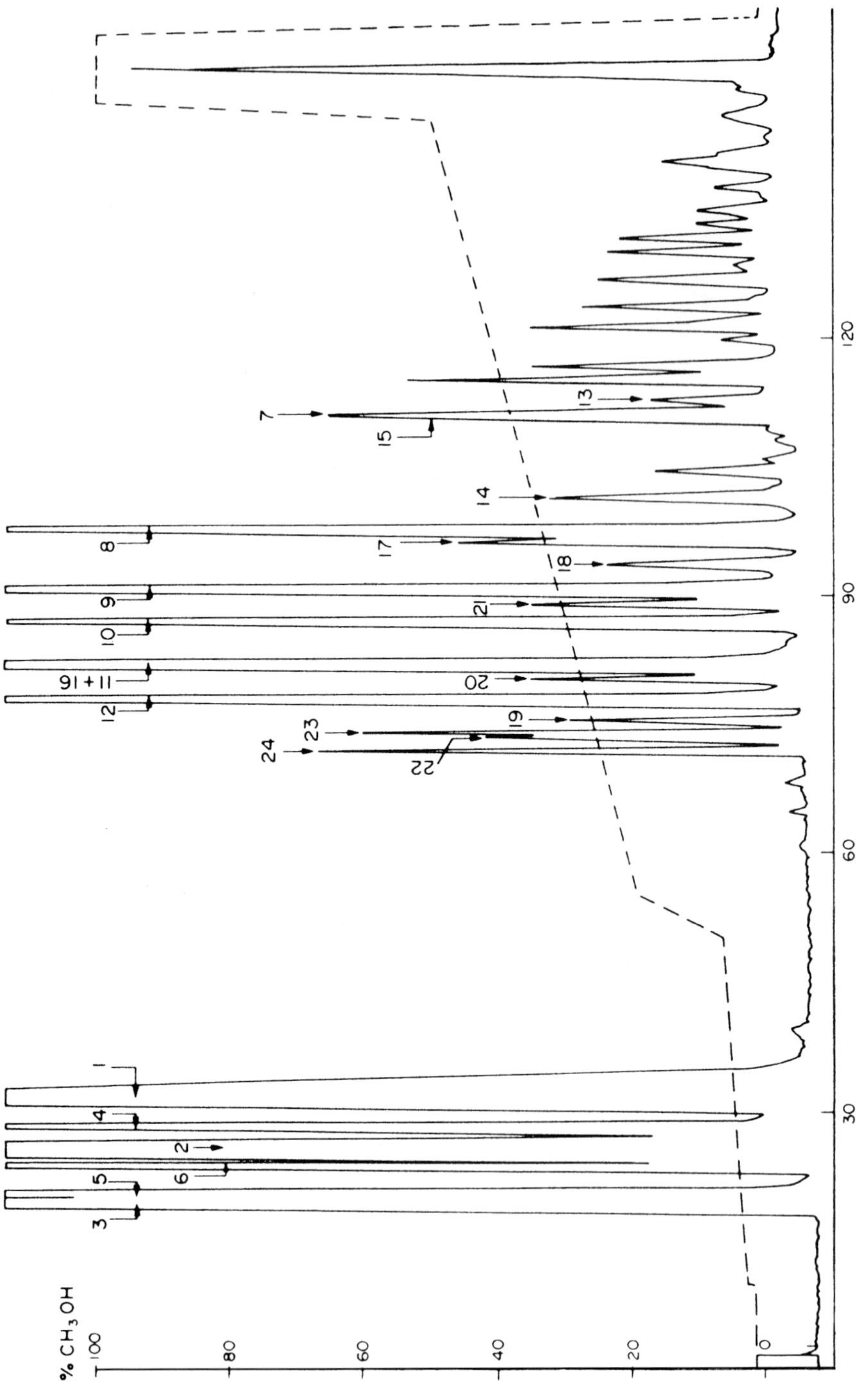

Abb. 3.35. HPLC-Chromatogramm eines PF-Harzes (Mechin u.a. 1984). Die Ziffern bezeichnen einzelne von den Autoren angegebene Strukturen

und Pasch (1982) untersuchten PF-Harze mittels HPLC, wobei sie zur Verkürzung der Analysenzeit die Gradientenmethode einsetzten. Als optimal erwies sich für ihre Zwecke das System Wasser-THF. Weiters wurden verschiedene Reinsubstanzen, wie sie auch in der Resolsynthese als Zwischenprodukte auftreten, charakterisiert. Dadurch konnten verschiedenen Peaks Standardsubstanzen zugeordnet werden.

Abbildung 3.35 zeigt ein HPLC-Chromatogramm eines PF-Harzes (Mechin u. a. 1984). Die Ziffern bezeichnen einzelne von den Autoren angegeben Strukturen.

Weitere Literaturhinweise: Astarloa-Aierbe u. a. (1998 a + b, 1999, 2000), Goetzky und Pasch (1986 a + b), Grenier-Loustalot u. a. (1994, 1996 a), Kendall u. a. (1998), Mechin u. a. (1986), Sebenik und Lapanje (1975).

RF- und PRF-Harze: Sebenik u. a. (1981).

3.3.4.2
Gas-Chromatographie (GC)

UF-Harze:
Analyse der monomeren UF-Verbindungen nach Derivatisierung mittels Silylierung (Dankelman und de Wit 1976). Auftrennung von Harnstoff, MMU und DMU, auch eine quantitative Auswertung ist möglich.

MF/MUF-Harze:
Trennung der niedermolekularen Methylolmelamine nach Silylierung (Merz und Raschdorf 1972).

PF-Harze:
Abbildung 3.36 zeigt ein GC-Chromatogramm eines PF-Harzes (Mechin u. a. 1984). Um die Flüchtigkeit der einzelnen Komponenten des Harzes zu erhöhen, war eine Modifizierung mittels Silylierung vor der Analyse erforderlich.

Weitere Literaturhinweise: Gnauck und Habisch (1980).

3.3.4.3
Gaschromatographie-Massenspektrometrie-Kopplung (GC-MS)

PF-Harze:
Chiantore und Guaita (1991), Gnauck und Habisch (1980).

3.3.4.4
Pyrolyse-Gaschromatographie (PGC)

UF-Harze: Noble u. a. (1974).

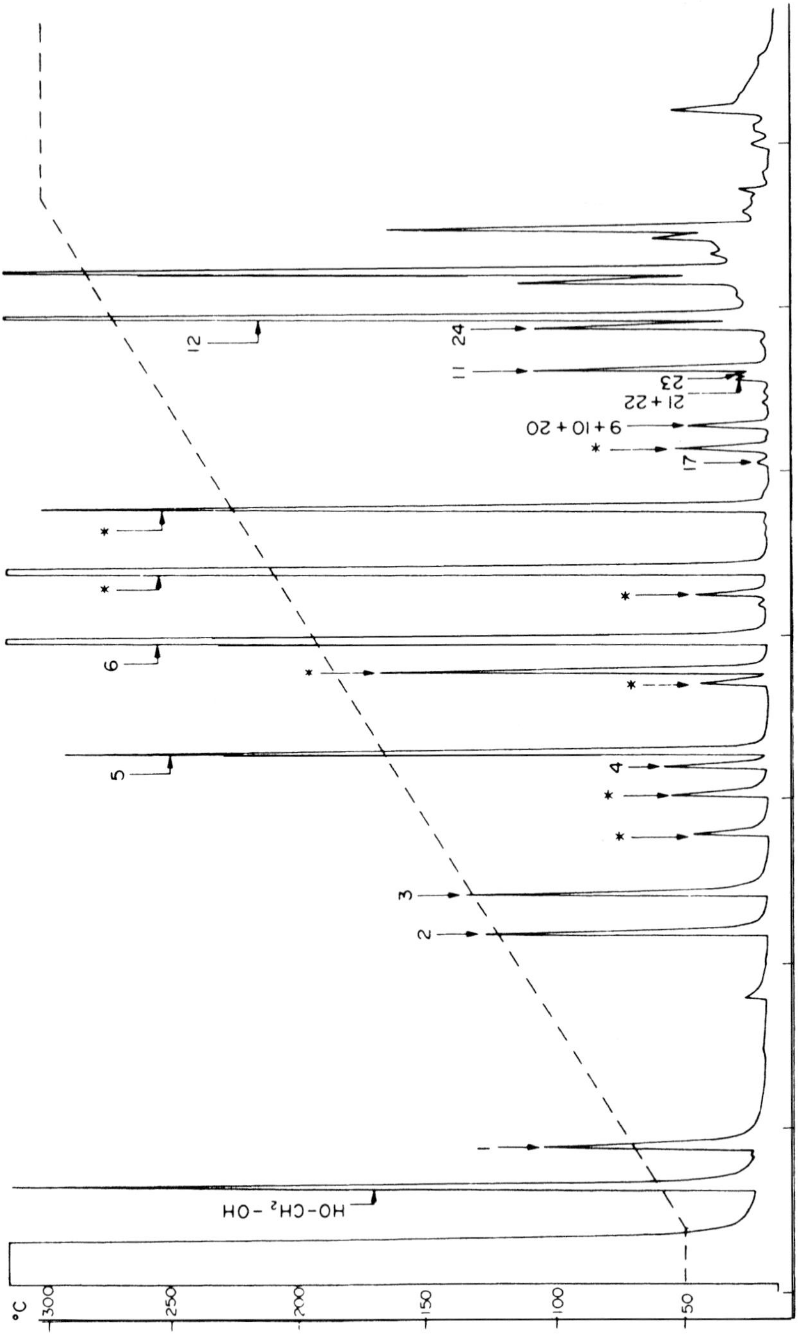

Abb. 3.36. GC-Chromatogramm eines PF-Harzes (Mechin u. a. 1984)

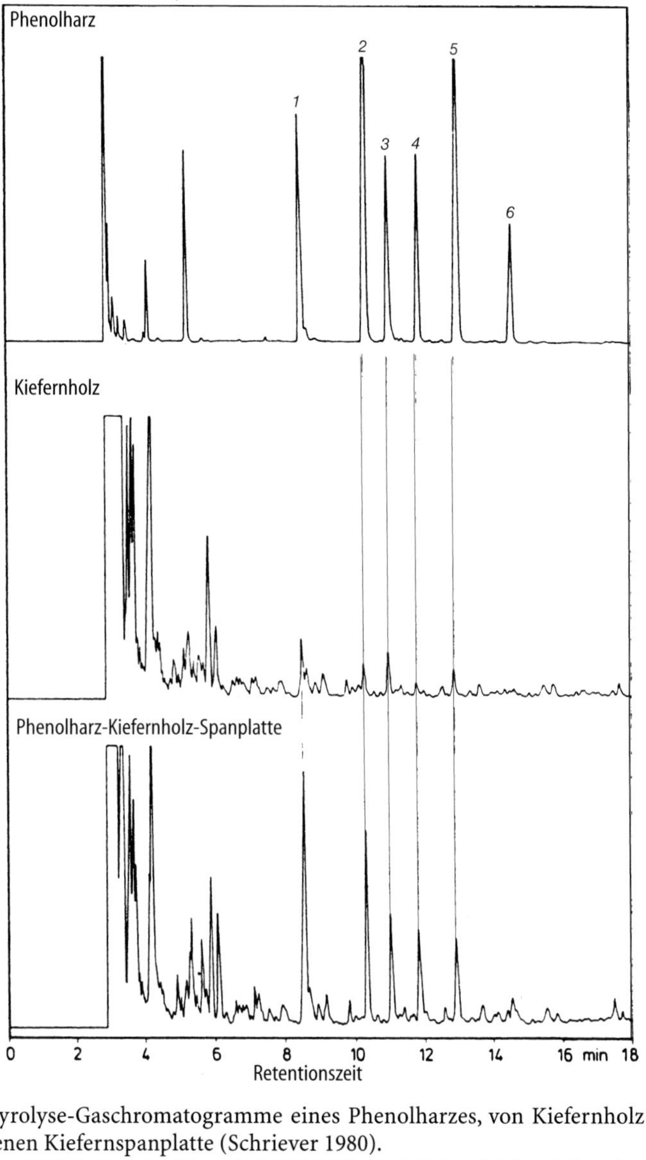

Abb. 3.37. Pyrolyse-Gaschromatogramme eines Phenolharzes, von Kiefernholz und einer PF-gebundenen Kiefernspanplatte (Schriever 1980).
Peakzuordnung: *1* Phenol; *2* o-Kresol; *3* p-Kresol; *4* 2,6-Xylenol; *5* 2,4-Xylenol; *6* Mesitol

PF-Harze:
Kettenspaltung zwischen den Phenolkernen, Nachweis von Phenol und verschiedenen mit Methylgruppen substituierten Phenolen (Probsthain 1976).

Abbildung 3.37 zeigt das Pyrolyse-Gaschromatogramm einer PF-gebundenen Kiefernspanplatte im Vergleich zum reinen PF-Harz und zu Kiefernholz. Die den verschiedenen Abbauprodukten des PF-Harzes zuordenbaren Peaks 1 bis 6 sind im reinen Kiefernholz nicht oder nur in unwesentlicher Menge vorhanden (Schriever 1980).

3.3.4.5
Dünnschichtchromatographie (DC)

UF-Harze:
Braun und Bayersdorf (1979 a+b), Braun und Günther (1982), Lee (1972), Ludlam (1973 a + b), Nair und Francis (1980).

MF/MUF-Harze:
Braun und Pandjojo (1975) trennten die einzelnen monomeren Melaminmethylole nach einer Silylierung, wobei diese Vorbehandlung zum Aufbrechen der Assoziationen und Verbesserung der Löslichkeit durchgeführt wurde; es gelang ihnen dabei, chromatographisch völlig getrennte Flecken der einzelnen Methylolierungsstufen zu erhalten. Durch Veränderung des Laufmittels war es schließlich möglich, diese Vorbehandlung wegzulassen und gleichzeitig die Auftrennung zu verbessern. Zweikernverbindungen scheinen mittels DC noch auftrennbar zu sein, eine exakte Zuordnung der einzelnen Flecken zu definierten Melaminmethylolen war jedoch wegen des Fehlens geeigneter Referenzsubstanzen nicht möglich (Braun und Pandjojo 1979 a+b).

3.3.4.6
Papierchromatographie

UF-Harze: Lee (1972), Taylor u.a. (1980 a).

PF-Harze: Freeman (1952 a + b), Pizzi und de Sousa (1992), Reese (1954).

3.4
Physikalische und thermische Methoden, insbesondere zur Verfolgung des Härtungsverlaufes und der Ausbildung der Festigkeit der Leimfuge

Härtende Harze, wie z.B. die Kondensationsharze auf Basis von Formaldehyd oder Isocyanate bilden während des Aushärtevorganges die gewünschte Festigkeit aus. Diese Kohäsion ist eine der wesentlichen Voraussetzungen für eine gute Qualität der Leimfuge. Der Aushärtevorgang kann je nach Bindemitteltyp bei verschiedenen Temperaturen und unterschiedlich schnell erfolgen.

Mittels thermischer Verfahren (DTA, DSC) kann die Reaktionswärme unter bestimmten Bedingungen ermittelt werden, wodurch wichtige Aussagen über den Ablauf insbesondere der Härtungsreaktion möglich sind, z.B. in Abhängigkeit der Härtermenge oder der Aufheizrate. Dabei kann z.B. der Temperaturanstieg in der Leimfuge oder in der Mittelschicht eines Spanplattenkuchens zumindest teilweise nachvollzogen werden.

Thermisch-mechanische Analysen wiederum verfolgen direkt die Entstehung der kohäsiven Festigkeit während des Aushärtens, manchmal jedoch unter Bedingungen, die nicht oder nur teilweise die Verhältnisse während der Holzverleimung berücksichtigen. Es hat deshalb nicht an Versuchen gefehlt, auch die bei der Holzverleimung gegebenen Rahmenbedingungen soweit wie möglich in die Verfolgung des Härtungsverlaufes im Labormaßstab einzubeziehen.

3.4.1
Differential-Thermoanalyse (DTA)

Bei der DTA wird eine kleine Probe eines Stoffes in einem Tiegel mit einer bestimmten Aufheizgeschwindigkeit erwärmt und der Temperaturverlauf dieser Probe im Vergleich zu einem Referenztiegel gemessen. Dieser kann entweder leer sein oder eine im betrachteten Temperaturbereich inerte Substanz enthalten. Tritt eine exotherme Reaktion auf, eilt die Temperatur des Tiegels der Temperatur des Ofen voraus; bei einer endothermen Reaktion, bei der Wärme verbraucht wird, bleibt sie zurück. Im Gegensatz zur DSC erfolgt jedoch kein automatischer Temperaturausgleich. Ausgewertet werden Anzahl, Lage und Form der Abweichungen in der Temperatur (Peaks). Weitere Details der Messstrategie und der möglichen Auswertungen bei der DTA finden sich in Teil II, Abschn. 3.4.2.

UF-Harze:
Umfassende Ergebnisse betreffend DTA-Analysen von UF-Harzen wurden von der Arbeitsgruppe von S. Chow und P. R. Steiner berichtet. Abbildung 3.38 vergleicht zwei DTA-Kurven, einmal ohne Zugabe von Härter (Ammonchlorid), einmal mit Zugabe. Der scharfe exotherme Peak bei knapp 80 °C bei Anwesenheit des Härters wird durch die katalytische Wirkung von Ammonchlorid und der dadurch bereits bei niedrigerer Temperatur stattfindenden Aushärtung hervorgerufen.

Je größer die Aufheizrate, desto höher ist die Peaktemperatur (Abb. 3.39). Diese Betrachtung ist wichtig, weil die in der Praxis auftretenden Aufheizraten z. B. bei der Spanplattenherstellung mit 50–70 °C/min deutlich über den maximalen bzw. üblicherweise angewendeten Aufheizraten bei der DTA-Methode bzw. auch bei allen anderen thermischen Untersuchungsverfahren liegen.

Weitere Literaturhinweise: Denisov (1978), Matsuda und Goto (1984), Mizumachi (1973), Ramiah und Troughton (1970).

MUF-Harze: Ramiah und Troughton (1970), Troughton und Chow (1975).

PF-Harze: Chow S. (1972), Chow S. u. a. (1975), Ramiah und Troughton (1970).

PRF-Harze: Chow S. (1977).

Abb. 3.38. DTA-Kurve eines UF-Harzes, einmal ohne und einmal mit Zugabe von Ammonchlorid als Härter (Chow und Steiner 1975)

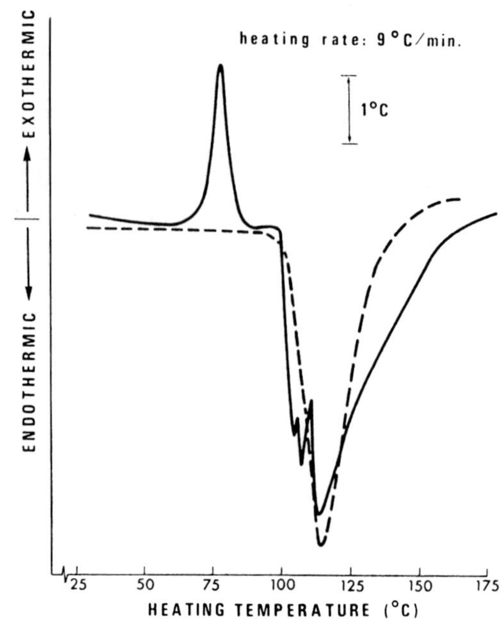

Abb. 3.39. Abhängigkeit der Peaktemperatur eines UF-Harzes bei Zugabe von Ammonchlorid als Härter von der Aufheizrate (Chow und Steiner 1975)

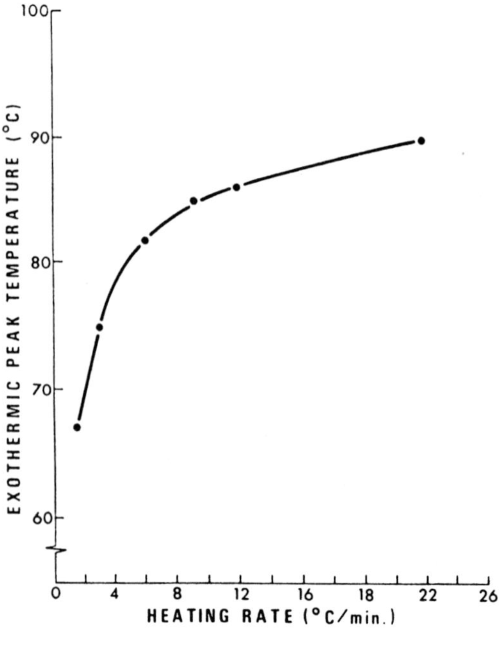

3.4.2
Dynamische Differenzkalorimetrie (Differential scanning calorimetry DSC)

Prinzipiell unterscheidet man zwei Messmethoden:

- dynamische Methode: die Probe wird bei einem konstanten Heizgradienten (oder mehrere Messungen mit unterschiedlichen Heizgradienten) bis zur vollständigen Vernetzung erwärmt; mit dieser Methode kann die Aufheizung eines Harzes in einer Presse zum Teil nachgefahren werden; es ist jedoch zu bedenken, dass die Aufheizraten in der DSC (und auch den anderen thermischen Verfahren) üblicherweise bei ca. 10 °C/min liegen, während in einer Spanplattenpresse Anstiege in der Größenordnung 50–70 °C/min möglich sind; bei dieser Methode ist auch die Auswertung der Aktivierungsenergie der dem DSC-Peak zugrunde liegenden Reaktion möglich;
- dynamisch-statische Methode: die Probe wird mit einer konstanten Heizrate auf eine bestimmte Temperatur aufgeheizt, welche höher ist als die in der dynamischen Messung ermittelten Starttemperatur der Vernetzungsreaktion. Diese Temperatur wird so lange konstant gehalten, bis keine exotherme Wärmetönung mehr vorhanden ist. Ausgewertet wird z.B. die Dauer dieses Reaktionsvorganges.

Ob die DSC in offenen Schälchen oder in druckdichten Schälchen (bzw. bei einem bestimmten Gegendruck in der Zelle) eingesetzt werden soll, ist je nach Betrachtungsweise zu entscheiden (Knappe u.a. 1971). In einem offenen System ohne Gegendruck kann das im Flüssigharz vorhandene Wasser verdampfen, dies führt zu einem großen endothermen Peak, der teilweise oder ganz die exotherme Aushärtungsreaktion oder endotherme Peaks aus anderen Reaktionen des Harzes überdecken kann.

Durch Einsatz druckdichter Tiegel (bzw. von Tiegeln, die bis zu einer bestimmten Temperatur druckdicht sind) bzw. durch Anlegen eines bestimmten Gegendrucks in der Messzelle (Kendall u.a. 1998) kann die Verdampfung des Wassers unterbunden werden. Um die eigentliche Härtungsreaktion zu erfassen, ist diese Messstrategie sicher besser geeignet, insbesondere dann, wenn die Aushärtereaktion bei Temperaturen unter oder um 100 °C abläuft. Liegt der Aushärtungspeak deutlich über 100 °C, ist eine solche Überdeckung des Peaks eher nicht gegeben. Es ist bei der Unterbindung der Wasserverdampfung allerdings auch zu bedenken, dass die Aushärtung dann unter Anwesenheit des gesamten im Flüssigleim vorhandenen Wassers stattfindet. Deshalb argumentierten insbesondere Chow und Steiner (1979), dass unter realen Verleimungsbedingungen bei Einwirkung von Temperatur und Druck die Verdampfung von Wasser nicht vernachlässigt werden darf. Es sei nicht auszuschließen, dass die Härtungsreaktionen in einem geschlossenen System ohne Wasserverdampfung anders verlaufen als in einem offenen System ähnlich einer Leimfuge, in dem zumindest ein Teil des Wassers verdampfen bzw. ins Holz wegschlagen kann. Um die realen Verhältnisse bei der Holzverleimung nachvollziehen zu können, plazierten Chow und Steiner (1979) die beiden

Temperaturfühler eines DTA-Gerätes zwischen zwei Furniere, wobei im Bereich des einen Fühlers ein Leimauftrag gegeben ist, im Bereich des anderen Fühlers jedoch nicht. Dabei werden ähnliche Kurven erhalten wie bei der Messung in offenen Schälchen.

Sprühgetrocknete PF-Harze zeigen ähnliche Kurvenverläufe in offenen oder geschlossenen Schälchen (bzw. bei Abwesenheit oder Anwesenheit eines Gegendruckes). Im Temperaturbereich unter 100 °C tritt ein breiter endothermer Peak auf, der das Aufschmelzen des Pulvers beinhaltet. Der eigentliche endotherme Aushärtungspeak liegt im Bereich 140–160 °C (Chow und Steiner 1979).

Die Peaktemperatur ist auch von der Aufheizrate abhängig. Je schneller aufgeheizt wird, desto höher ist erwartungsgemäß die Peaktemperatur, weil absolut gesehen weniger Zeit für die Reaktion des Harzes zur Verfügung steht.

Ausgewertet werden üblicherweise die Temperatur, bei der der Peak beginnt, die Peakmaximumtemperatur, die Steilheit des Anstieges sowie die Breite des Peaks.

Aus den Messdaten kann nach Korrektur bezüglich der Basislinie die Position der einzelnen Peakmaxima (meist ein oder zwei Peaks) sowie die Wärmetönung der Harzprobe ermittelt werden. Der thermische Aushärtungsgrad, der bis zu einer bestimmten Zeit bzw. bis zu einer bestimmten Temperatur gegeben ist, kann über die Peakflächen berechnet werden:

$$\alpha_{\mathrm{DSC}} = \frac{\Delta H_{\mathrm{T}}}{\Delta H_{\mathrm{total}}} \cdot 100\ (\%)$$

mit:
- α_{DSC} thermischer Aushärtungsgrad
- ΔH_{T} exothermer Wärmestrom [W/g] bis zur Temperatur T (= Teilfläche des exothermen Peaks bis zur Temperatur T)
- $\Delta H_{\mathrm{total}}$ gesamter Wärmestrom [W/g] (= Fläche des gesamten exothermen Peaks)

Trägt man den solcherart berechneten Aushärtungsgrad in Abhängigkeit der Temperatur auf, so erhält man eine sigmoide Kurve. Der Vergleich verschiedener solcher Kurven erlaubt eine Abschätzung des Aushärteverhaltens der gemessenen Probe. Dieser mittels DSC ermittelte thermische Aushärtungsgrad kann schließlich auch mit dem mechanischen Aushärtungsgrad (ermittelt durch DMA) verglichen und gegeneinander aufgetragen werden.

Die Nullinie in DSC-Kurven kann üblicherweise mit ausreichender Genauigkeit gelegt werden. Vick und Christiansen (1993) kühlen das Schälchen mit dem ausgehärteten Harz nach dem DSC-Lauf wieder auf Raumtemperatur ab und durchfahren mit demselben Schälchen nochmals die Temperaturkurve. Wenn das Harz beim ersten Lauf vollständig ausgehärtet wurde, darf kein weiteres Signal auftreten. Die dabei gewonnene Linie dient dann als Nulllinie für den ersten DSC-Lauf.

Bereits Schindlbauer u. a. (1976) haben die DSC benutzt, um Restwärmetönungen zu erfassen (Abb. 3.40).

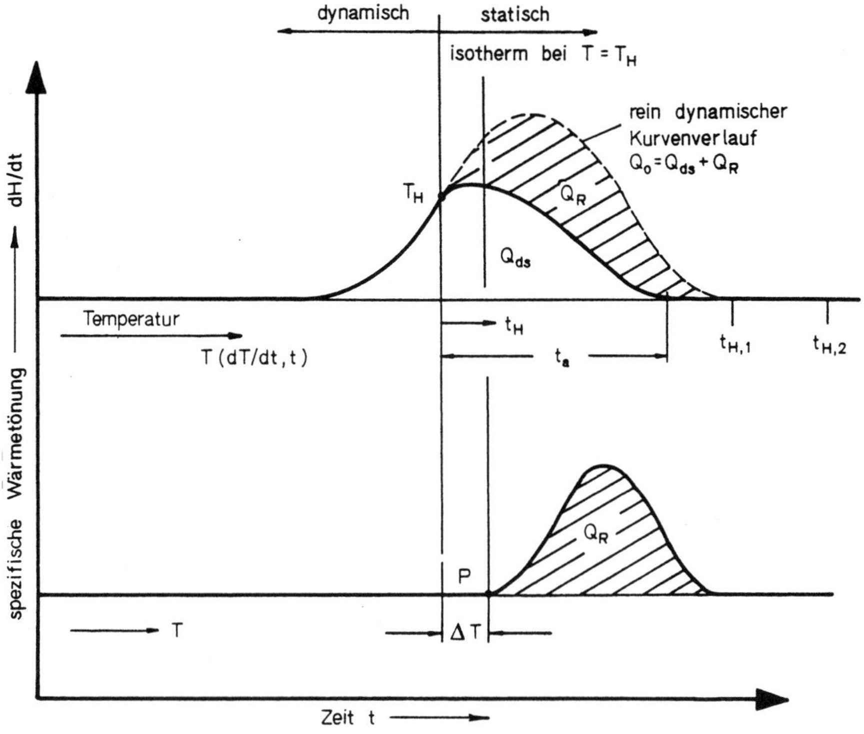

Abb. 3.40. DSC-Kurvenverlauf eines PF-Harzes nach der dynamisch-statischen Methode (oben) und zur Ermittlung der Restwärmetönung (unten) (Schindlbauer u.a. 1976)

UF-Harze:

Myers und Koutsky (1990) nutzten die druckdichte DSC zur Untersuchung mehrerer UF-Harze, die sich sowohl im Molverhältnis F/U als auch in der Kochweise unterscheiden. Als Härtungsbeschleuniger diente Ammonchlorid. Es ergab sich jeweils ein scharfer exothermer Peak, dessen Spitze bei den einzelnen Harzen im Bereich zwischen 75 und 100 °C lag. Es konnte allerdings keine Abhängigkeit der Peaktemperatur vom Molverhältnis der Harze gefunden werden. Nachträglich zu einem Harz zugegebener Harnstoff bewirkte eine Zunahme der Peaktemperatur im Vergleich zum Harz vor der Harnstoffzugabe. Auch die gemessenen exothermen Reaktionswärmen, bestimmt über die Fläche des Peaks, ergaben keine Korrelation mit dem Molverhältnis. Bei einer nachträglichen Harnstoffzugabe zu einem Harz wurden jedoch höhere Reaktionswärmen gemessen. Eine umfassende Abhängigkeit zwischen der Peaktemperatur bzw. der exothermen Reaktionswärme und der zugegebenen Menge an Ammonchlorid als Härter konnte ebenfalls nicht gefunden werden. Bei einigen Harzen sank die Peaktemperatur bei steigender Härterzugabe, bei manchen Harzen blieb sie konstant. Ein Zusammenhang mit dem Molverhältnis der Harze war auch hier nicht gegeben.

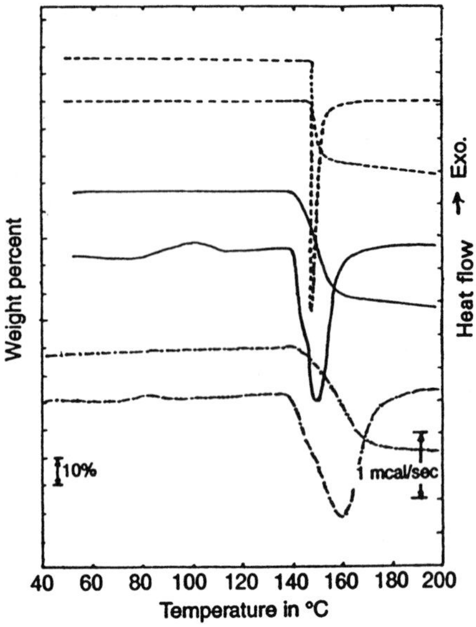

Abb. 3.41. TG-DSC-Untersuchung an einem Triazinon-UF-Harz (Su u.a. 1995).
- - - - - ohne Härterzugabe;
——— UF-Harz + H2O2;
–·–·–· UF-Harz + Ammonchlorid

Su u.a. (1995) verfolgten die Gewichtsabnahme sowie die exotherme Aushärtungsreaktion verschiedener UF-Harze mittels Thermogravimetrie (TG) gekoppelt mit DSC (Abb. 3.41). Während bei reinen UF-Harzen ohne Härterzugabe im Bereich unter ca. 100 °C kein exothermer Peak auftrat, bewirkte die Härterzugabe eine solche exotherme Reaktion; dabei liegt die Peaktemperatur beim Einsatz von H_2O_2 als Härter höher als bei Ammonchlorid. Im Bereich dieser Härtungsreaktion ist jedoch keine Gewichtsänderung der Gesamtprobe gegeben. Die steile Massenabnahme im Bereich ab ca. 140 °C sowie der zugehörige endotherme Peak beschreiben die Wasserverdampfung des offensichtlich bei dieser Temperatur aufgeplatzten Tiegels. Ein von Anfang an offener Tiegel hätte bereits auch bei Temperaturen unter 100 °C einen Gewichtsverlust und die dafür erforderliche Wärmezufuhr angezeigt; der im Vergleich zu einem solchen Verdampfungspeak eher kleine Aushärtungspeak wäre in solchen Fällen jedoch völlig überdeckt gewesen.

Abbildung 3.42 zeigt drei DSC-Läufe unterschiedlicher UF-Harze (Szesztay u.a. 1993). Im Temperaturbereich 80–85 °C charakterisiert der exotherme Peak die Aushärtereaktion. Der endotherme Peak im Bereich von 100–150 °C kann laut Meinung der Autoren der Zersetzung von Metylenätherbrücken zugeschrieben werden, der Startpunkt dieser Reaktion scheint von der inneren physikalischen Struktur des bereits vernetzten Harzes abzuhängen. Ob bei diesen Messungen jedoch ein endothermer Peak infolge von Wasserverdampfung auftreten kann oder nicht, wird von den Autoren nicht beschrieben. Ein weiterer endothermer Prozess tritt bei ca. 170 °C auf und beschreibt zusätzliche Zersetzungsvorgänge, höchstwahrscheinlich von Methylenbrücken.

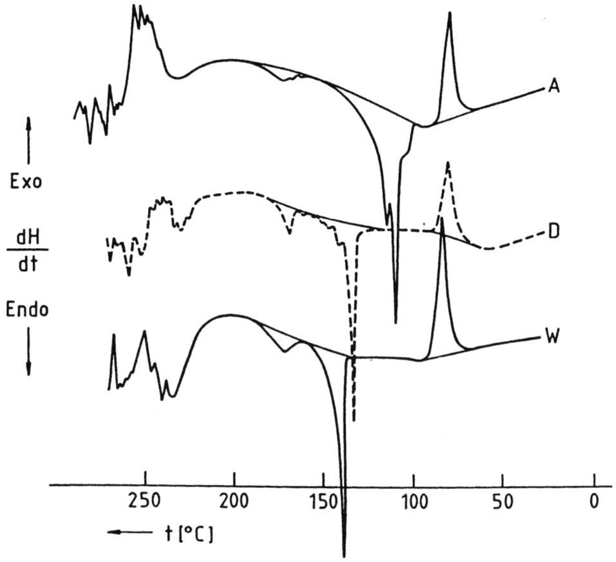

Abb. 3.42. DSC-Läufe dreier UF-Harze (Szesztay u. a. 1993)

Weitere Literaturhinweise: Chow und Steiner (1975), Schindlbauer u. a. (1976), Sebenik u. a. (1982), Szesztay u. a. (1996), Troughton und Chow (1975).

PF-Harze:

Christiansen und Gollob (1985) variierten bei ihren DSC-Untersuchungen an PF-Harzen, wie sie für die Holzverleimung eingesetzt werden, die beiden Molverhältnisse F/P bzw. NaOH/P sowie die Menge an erster Zugabe von HaOH. Je nach Harztyp traten bei diesen in druckdichten Edelstahlkapseln durchgeführten Unteruchungen ein oder zwei exotherme Peaks auf, die unterschiedlichen Reaktionen zugeordnet wurden. Der erste Peak lag in einem Temperaturbereich von 98 - 129 °C und beschreibt die Addition von Formaldehyd an Phenol. Der Methylolierungspeak ist umso ausgeprägter, je höher der Anteil an freiem Formaldehyd im Harz ist. Bei fehlendem freien Formaldehyd, z. B. infolge eines niedrigen F/P-Verhältnisses oder einer hohen anfänglichen NaOH-Zugabe, kann dieser Peak fehlen. Ein zweiter Peak bei 139 - 151 °C, der oft nur schwach ausgeprägt bzw. ggf. nur als Schulter des Methylolierungspeaks erkennbar ist, stellt die eigentliche Aushärtungsreaktion dar. Abbildung 3.43 zeigt verschiedene dieser DSC-Thermogramme an Phenolharzen mit unterschiedlicher Zusammensetzung (Aufheizrate 10 °C/min). Der exotherme Aushärtungspeak verschiebt sich mit niedrigerem F/P sowie höherem Gesamtalkalianteil zu höheren Temperaturen.

Ebenfalls druckdichte Kapseln wurden von Myers u. a. (1993) verwendet. Der chemische Aushärtungsgrad wurde durch integrale Verteilungen der Peakflächen dargestellt. Die Fläche unter dem oder den exothermen Aushär-

Abb. 3.43. DSC-Thermogramme an Phenolharzen mit unterschiedlicher Zusammensetzung (Christiansen und Gollob 1985)

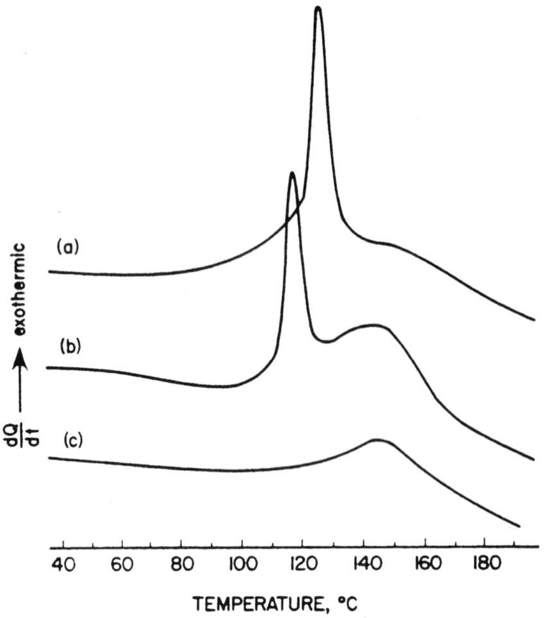

tungspeaks kann als Maß für die Reaktionswärme während der Aushärtung des Harzes angenommen werden. Der Aushärtungsgrad eines teilweise gehärteten Harzes kann damit aus der Differenz der gesamten Reaktionswärme der Aushärtung und der restlichen Reaktionswärme eines bis zu einem bestimmten Grad vorgehärteten Harzes bestimmt und als Prozentanteil an der gesamten Aushärtungswärme dargestellt werden.

Abbildung 3.44 zeigt die DSC-Ergebnisse an einem unterschiedlich lange vorgehärteten PF-Harz (Wang u. a. 1994). Je länger die Vorhärtung, desto kleiner ist erwartungsgemäß die Fläche unter dem exothermen Aushärtungspeak.

Je höher die Temperatur, desto weiter ist die Vorhärtung nach einer bestimmten Zeit fortgeschritten (Abb. 3.45). Der Anstieg im ersten Teil der Kurven kann als Härtungsgeschwindigkeit aufgefasst und in Abhängigkeit der Vorhärtetemperatur dargestellt werden (Abb. 3.46).

Schindlbauer u. a. (1976) arbeiteten mit druckdichten Zellen und variierten die Mengenverhältnisse an Formaldehyd, Phenol und NaOH. Es wurden dabei sowohl die üblichen dynamischen Aufheizprogramme als auch dynamisch-statische Temperaturverläufe gefahren. Der Aushärtungsgrad wurde in Abhängigkeit der Zeit, der Temperatur und der Aufheizrate ermittelt.

Vick und Christiansen (1993) untersuchten PF-Harze mittels DSC bei gleichzeitiger Anwesenheit von Holzschutzmitteln. Für Proben ohne Holzschutzmittel (reines Phenolharz, Phenolharz mit zusätzlicher NaOH-Dosierung, Phenolharz in Abmischung mit Streckmitteln) zeigt sich ein breiter exothermer Peak mit den Maxima bei 146–149 °C. Die Wasserverdampfung bei diesen Messungen wurde durch Einsatz druckdichter Kapseln unterbunden (Abb. 3.47).

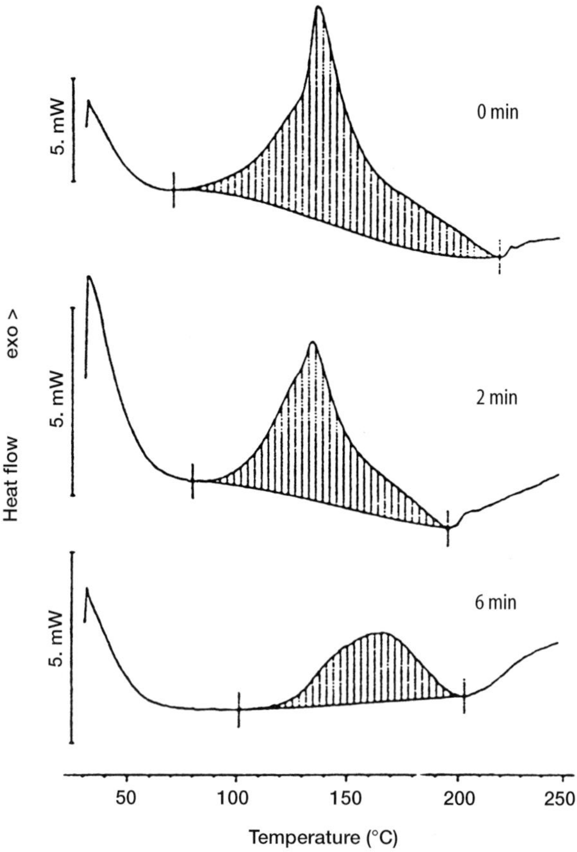

Abb. 3.44. DSC-Ergebnisse an einem unterschiedlich lange vorgehärteten PF-Harz (Wang u. a. 1994)

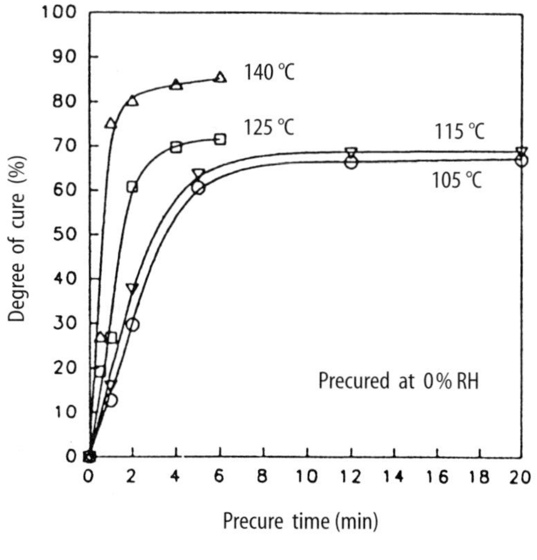

Abb. 3.45. Abhängigkeit des Vorhärtungsgrades von der Zeit bei unterschiedlichen Temperaturen (Wang u. a. 1994)

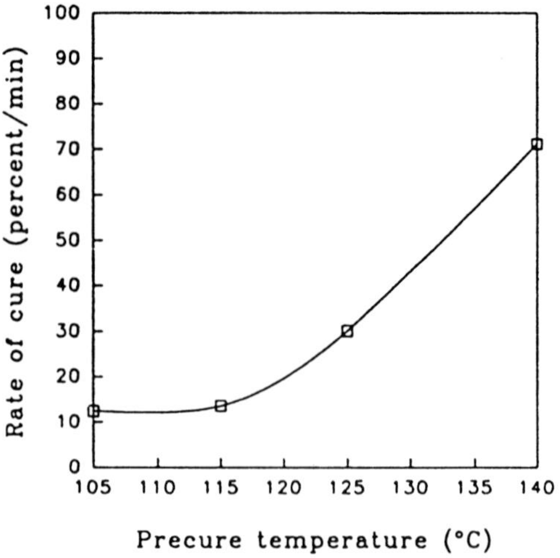

Abb. 3.46. Aushärtegeschwindigkeit als Funktion der Vorhärtetemperatur (Wang u. a. 1994)

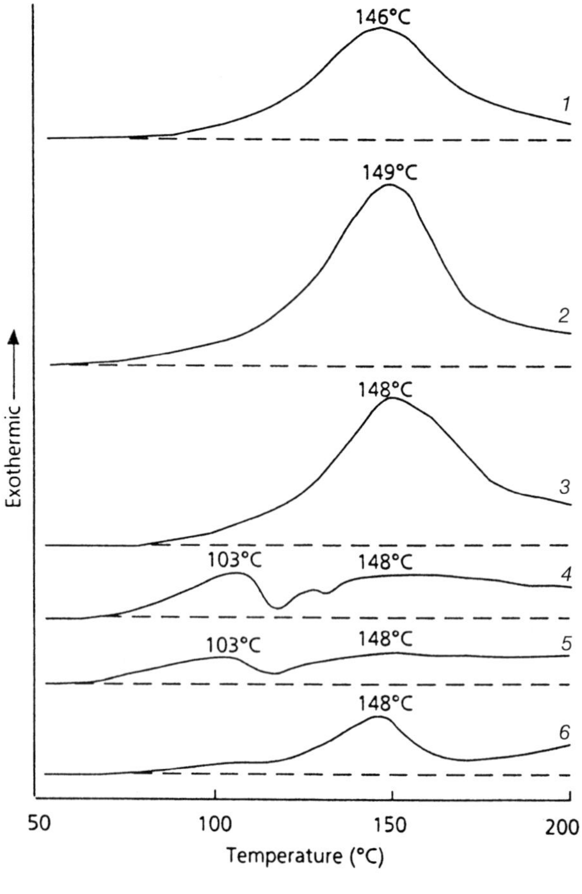

Abb. 3.47. DSC-Läufe von Phenolharzen und verschiedenen Füllstoffen (Vick und Christiansen 1993):
1 Phenolharz,
2 Phenolharz + zusätzliches NaOH,
3 Phenolharz + NaOH + Füllstoffe + Wasser,
4 Füllstoff „Co-Cob" + Weizenmehl + NaOH + Wasser,
5 Füllstoff „Co-Cob" + NaOH + Wasser,
6 Weizenmehl + NaOH + Wasser

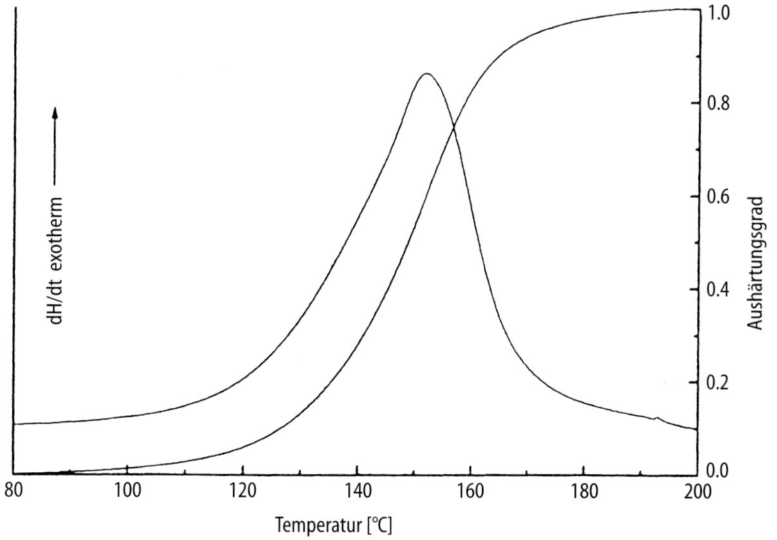

Abb. 3.48. DSC-Diagramm eines Phenolharzes mit einem niedrigen Molverhältnis (F/P = 1,7). Katalysatorgehalt: 4% NaOH (Gobec 1997)

Die beiden Phenolharze in Abb. 3.48 und 3.49 unterscheiden sich in ihrem Molverhältnis F/P. Das Harz mit dem niedrigeren F/P zeigt einen deutlich breiteren DSC-Peak als das Harz mit dem höheren Molverhältnis, die Aushärtung dieses zweiten Harzes erfolgt mehr oder minder schlagartig (Gobec 1997).

Geimer u.a. (1990) bzw. Christiansen u.a. (1993) untersuchten die auch in Teil II, Abschn. 3.4.4 beschriebenen Harze auch mittels druckdichter DSC. Dabei wurden die beiden Harze A und B wieder bei verschiedenen Temperaturen für bestimmte Zeiten einer Voraushärtung unterworfen. Die verbleibende Reaktionswärme (J/mg), gemessen als Peakfläche, wurde auch hier über der Temperatur aufgetragen. Im Gegensatz zu den DMA-Messungen kann aus diesen Ergebnissen jedoch nicht geschlossen werden, dass das Harz A reaktiver ist als das Harz B. Abbildung 3.50 zeigt die DSC-Kurven für die Vorhärtung bei 115 °C, die Kurven bei der 140 °C-Voraushärtung zeigen einen ähnlichen Verlauf.

Die nach bestimmten Zeiten gegebenen mechanischen bzw. chemischen Aushärtungsgrade können in einem Diagramm gegeneinander aufgetragen werden, wobei die Vorhärtungstemperatur als Parameter gegeben ist. Für die oben genannten Harze A und B stellen sich diese Kurven für die beiden Vorhärtungstemperaturen von 115 bzw. 140 °C wie in Abbildung 3.51 und 3.52 gezeigt dar (Geimer u.a. 1990). Bei einer Temperatur von 115 °C wird bereits bei einem geringen chemischen Aushärtungsgrad (12%) ein hoher mechanischer Aushärtungsgrad (ca. 60%) erreicht (Abb. 3.51). Die dafür erforderlichen Zeiten sind bei den beiden Harzen A und B jedoch deutlich unterschiedlich. Wäh-

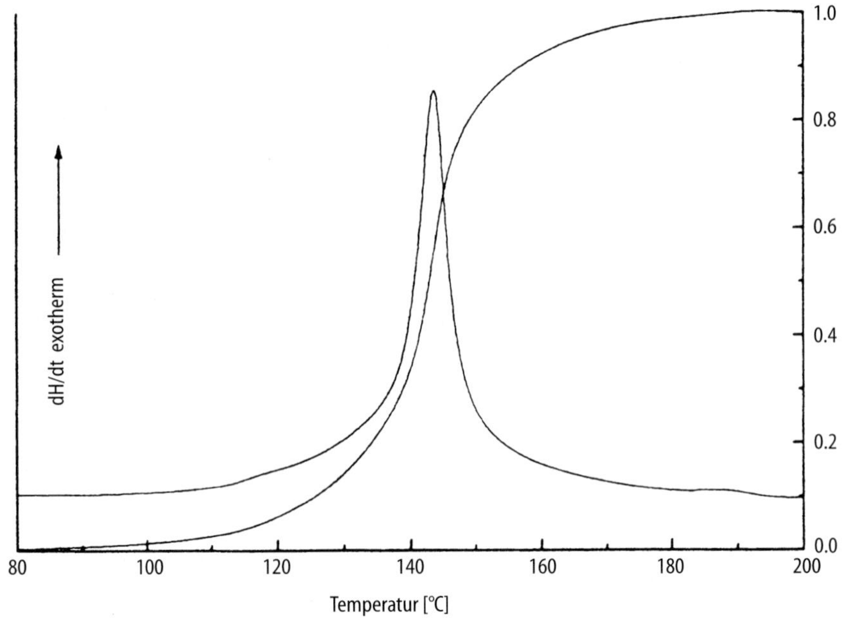

Abb. 3.49. DSC-Diagramm eines Phenolharzes mit einem hohen Molverhältnis (F/P = 2,5). Katalysatorgehalt: 4% NaOH (Gobec 1997)

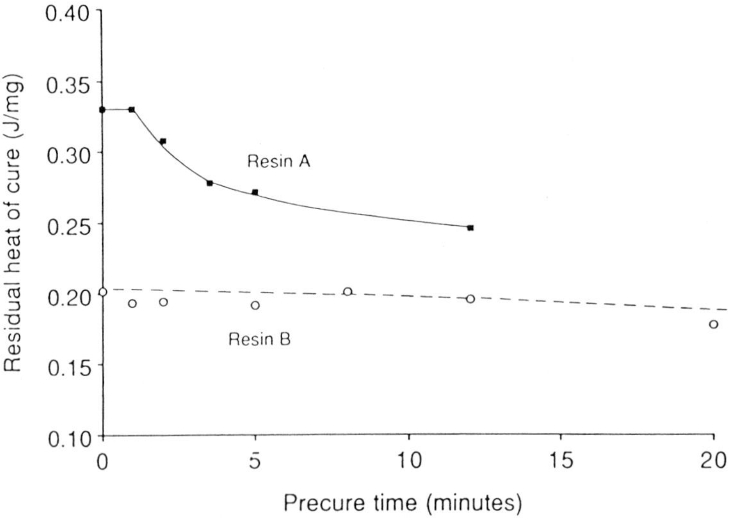

Abb. 3.50. Abhängigkeit der mittels DSC gemessenen verbleibenden Reaktionswärme bei der Aushärtung zweier Phenolharze nach unterschiedlich langer Vorhärtung bei 115 °C (Geimer u.a. 1990)

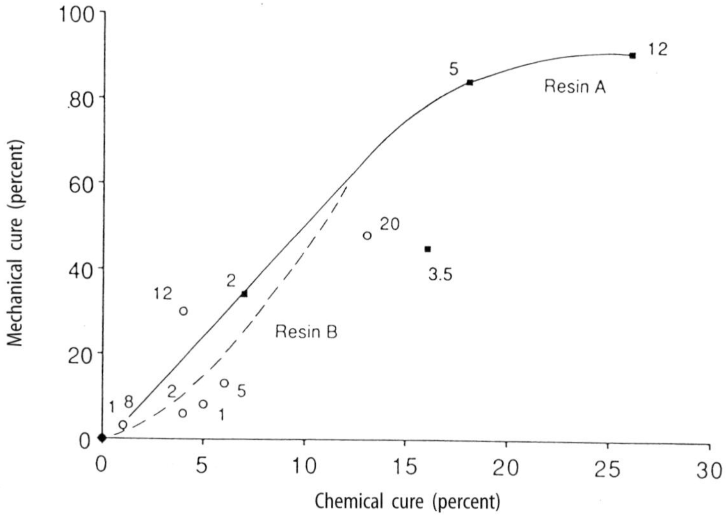

Abb. 3.51. Chemisch-mechanische Aushärtungskurven zweier Phenolharze bei einer Vorhärtungstemperatur von 115 °C (Geimer u.a. 1990). Die Ziffern im Diagramm geben die entsprechenden Vorhärtungszeiten in Minuten an

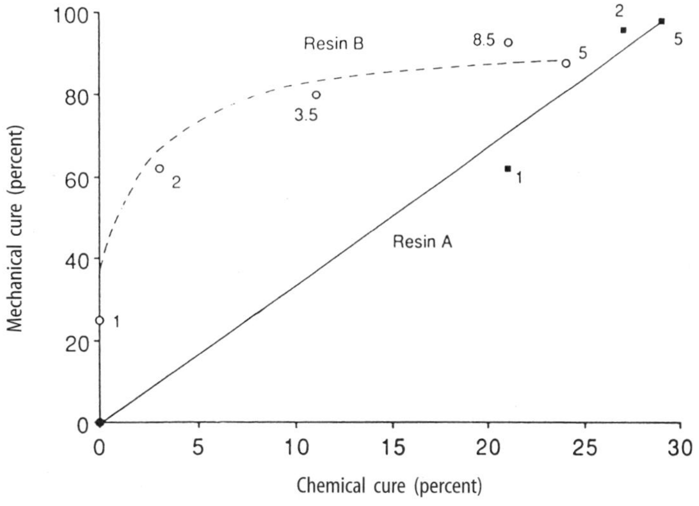

Abb. 3.52. Chemisch-mechanische Aushärtungskurven zweier Phenolharze bei einer Vorhärtungstemperatur von 140 °C (Geimer u.a. 1990). Die Ziffern im Diagramm geben die entsprechenden Vorhärtungszeiten in Minuten an

rend Harz A 85% seiner mechanischen Aushärtung in ca. 5 min erreicht, liegt diese bei Harz B auch nach 20 min nur bei ca. 50%.

Bei 140 °C hingegen erreichen beide Harze bereits nach ca. 5 min praktisch ihre maximale mechanische Aushärtung (Abb. 3.52). Zu diesem Zeitpunkt ist auch in etwa ein gleich großer chemischer Aushärtungsgrad der beiden Harze gegeben. Bei kürzeren Zeiten zeigt sich jedoch die deutlich raschere chemische Aushärtungsreaktion von Harz A.

Bemerkenswert bei diesen Ergebnissen von Geimer u.a. (1990) ist insbesondere, dass die volle mechanische Aushärtung bei nur ca. 25–30% chemischer Aushärtung gegeben ist. Entscheidend für diese Messungen und Ergebnisse ist auch die relative Luftfeuchtigkeit, der die Proben während der Vorhärtung bzw. vor den DMA- bzw. DSC-Messungen ausgesetzt sind. Die Ergebnisse bei Geimer u.a. (1990) deuten auf eine raschere Ausbildung der mechanischen Aushärtung, aber teilweise auch auf eine raschere chemische Umsetzung hin. Welche Faktoren dafür jedoch entscheidend sind, wird von den Autoren nicht eindeutig angegeben.

Diagramme zum Vergleich der chemischen Aushärtung, der mechanischen Härtung und der Ausbildung der Bindefestigkeit findet sich bei Geimer und Christiansen (1996) auf Basis von Daten von Geimer u.a. (1990) (Abb. 3.53) sowie bei Geimer und Christiansen (1991) (Abb. 3.54).

Weitere Literaturhinweise: Holopainen u.a. (1997), Hse (1971), King u.a. (1974), Park u.a. (1998, 1999 a+b), Peterson (1985), Pizzi u.a. (1994 b), Waage u.a. (1991), Wang u.a. (1995).

PMF-Harze: Sidhu und Steiner (1995).

PRF-Harze: Ebewele u.a. (1982, 1986).

PMDI:
DSC-Untersuchungen an PMDI mit Zugabe von Holz bzw. Holzkomponenten (abgemischt mit dem PMDI) zeigen eine zusätzliche Wärmetönung verglichen

Abb. 3.53. Vergleich der chemischen Aushärtung (DSC), der mechanischen Härtung (DMA) und der Ausbildung der Bindefestigkeit eines Phenolharzes (Geimer und Christiansen 1996)

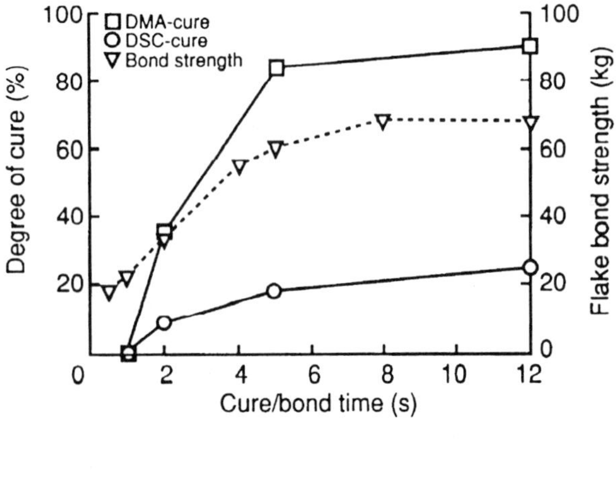

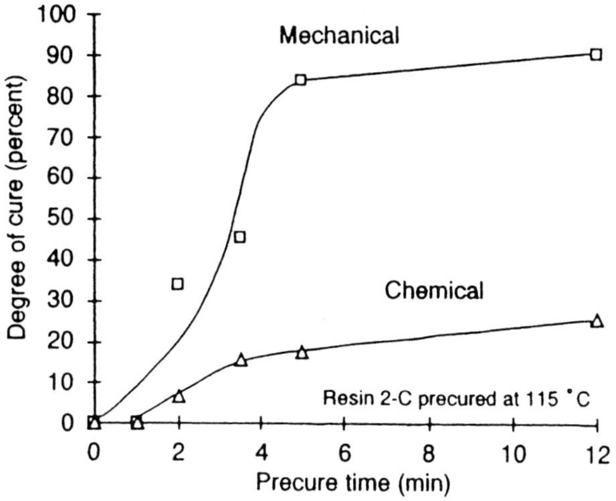

Abb. 3.54. Verlauf der chemischen und mechanischen Aushärtung im Laufe der Presszeit (Geimer und Christiansen 1991)

mit PMDI alleine ohne Zugabe. Dies wird von Marcinko u.a. (1994) als Beweis für die chemische Reaktion der Isocyanatgruppen mit Bestandteilen des Holzes, z.B. mit den OH-Gruppen der Cellulose, angesehen. Pizzi und Owens (1995) untersuchten das Aushärteverhalten von Mischungen von PMDI mit Wasser, Cellulose und Holzmehl mittels DSC.

3.4.3 Thermisch-mechanische Analyse (Thermal mechanical analysis TMA)

Unter dem Begriff „Thermisch-mechanische Analysen“ werden in der Literatur verschiedene Messverfahren beschrieben, die sich jedoch grundlegend unterscheiden.

3.4.3.1 *Erweichungspunktmessung*

s. Teil II, Abschn. 3.5.1.3.

3.4.3.2 *Beurteilung des Fließverhaltens*

Rosenberg (1978) bzw. Ellis und Steiner (1990, 1991) beschreiben unter diesem Namen eine Methode zur Beurteilung des Fließverhaltens von Leimen oder Pulverharzen unter Druck bei gleichzeitigem Anstieg der Temperatur nach einer vorgegebenen Rampe. Das Harz ist in einem senkrecht angeordneten zylinderförmigen Teströhrchen enthalten, auf der Oberfläche der Prüfsubstanz sitzt der Fühler unter einer bestimmten Last auf. Wenn das Harz aufschmilzt, beginnt es zu fließen, wodurch sich der Fühler nach unten bewegen kann. Gleichzeitig erfolgt beim Aushärten eine Volumenkontraktion, die eben-

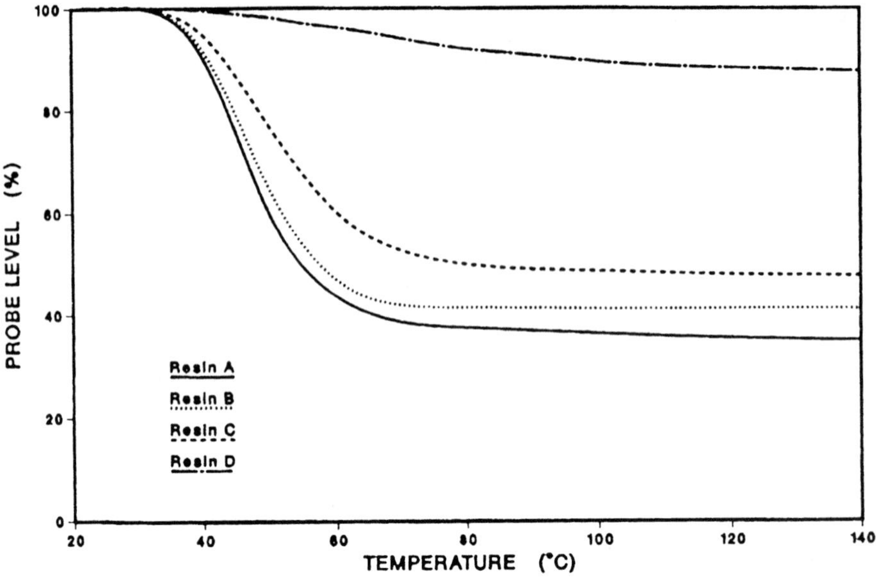

Abb. 3.55. Thermische mechanische Analyse an vier PF-Pulverleimen mit unterschiedlicher Fließfähigkeit (Ellis und Steiner 1990)

falls mitbestimmt wird. Abbildung 3.55 zeigt für verschiedene PF-Pulverharze mit unterschiedlicher Molmassenverteilung und damit unterschiedlicher Fließfähigkeit die zeitliche Abnahme der Probenhöhe, die durch Auflegen eines Tasters und dessen Bewegung gemessen und auf die ursprüngliche Probenhöhe bezogen wird. Die Molmassenverteilung der Harze verschiebt sich in der Reihenfolge A bis D zu höheren Werten, damit auch zu einem schlechteren Fließverhalten.

Abbildung 3.56 zeigt das nach einer bestimmten Vorhärtung (120 °C, unterschiedliche Zeiten) noch gegebene Ausmaß der Volumenkontraktion bis zum vollständigen Aushärten eines Phenolharzes bei 250 °C. Je weiter fortgeschritten bereits die Voraushärtung, desto geringer ist die noch verbleibende Volumenkontraktion.

In Abb. 3.57 ist das Maß dieser Nachhärtung in Abhängigkeit der Voraushärtung dargestellt. Diese kann durch das Verhältnis der Absorptionen bei 287 nm und 302 nm (s. Teil II, Abschn. 3.3.1.8) beschrieben werden (Rosenberg 1978).

Prüfung des Fließverhaltens mittels Plattenmethode

Bei dieser Methode wird eine geringe Menge eines pelletierten Pulverharzes zwischen zwei beheizten Glasplatten bei einer bestimmten Temperatur (z. B. 140 °C) und unter einer bestimmten Last aufgeschmolzen. Der nach einer vorgegebenen Zeit gegebene Durchmesser des aufgeschmolzenen und ausein-

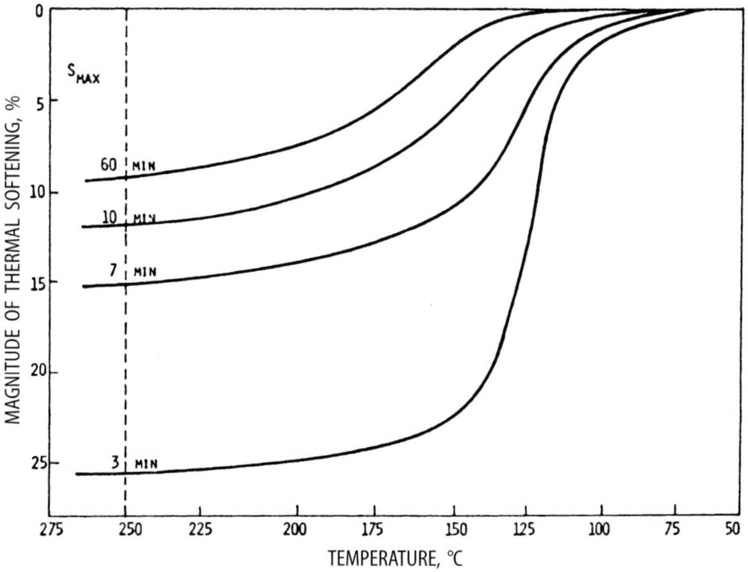

Abb. 3.56. Ausmaß der nach einer bestimmten Vorhärtung (120 °C, unterschiedliche Zeiten) noch gegebenen Volumenkontraktion eines Phenolharzes bis zum vollständigen Aushärten (Rosenberg 1978)

Abb. 3.57. Abhängigkeit der Nachhärtung vom Grad der gegebenen Vorhärtung, dargestellt als Verhältnis der Absorptionen bei 287 nm und 302 nm (Rosenberg 1978)

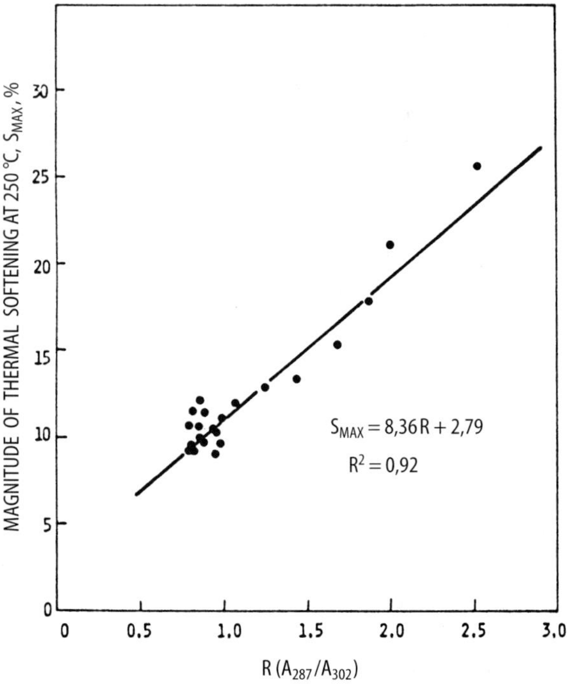

andergeflossenen Pulverharzes ist ein Maß für die Fließfähigkeit (Ellis und Steiner 1990, 1991).

3.4.3.3
Verfolgung der Aushärtung

Bei dieser Prüfmethode, die im Wesentlichen mit der weiter unten beschriebenen DMA/DMTA ident ist, verfolgt man die Aushärtung von Leimharzen in Anlehnung an die realen Bedingungen einer Verleimung zweier Holzproben. Dies kann isotherm oder unter Anwendung eines vorgegebenen Temperaturprogrammes erfolgen. Die aufgebrachte Biegespannung wirkt entweder als konstante oder schwingende Last.

Abbildung 3.58 verfolgt den relativen *E*-Modul (*E*-Modul bezogen auf die Differenz zwischen minimalem und maximalem *E*-Modul) in Abhängigkeit der steigenden Temperatur bei der Aushärtung eines UF-Harzes (Yin u.a. 1995). Da UF-Harze auch bei relativ niedrigen Zugaben eines Härters wie Ammonchlorid bereits rasch reagieren, ist bei den unterschiedlichen Härterdosierungen keine Abhängigkeit des Maximums der ersten Ableitung des zeitabhängigen *E*-Moduls gegeben.

Im Gegensatz dazu benötigen MUPF- oder MUF-Leime eine deutlich höhere Härterzugabe. Entsprechend dieser höheren Härtermengen verschieben sich die Aushärtekurven der TMA-Analyse zu niedrigeren Temperaturen (Abb. 3.59; das MUPF-Harz ist hier als PMUF bezeichnet).

Die TMA-Kurve kann in drei Teile geteilt werden. Der erste Teil beschreibt den niedrigen *E*-Modul des noch flüssigen Harzes, es kann keine Kraftübertragung zwischen den beiden Holzteilen erfolgen. Im zweiten Teil erhöht der Geliervorgang den *E*-Modul des Harzes und der Leimfuge. Die Gelierzeit kann als Zeitpunkt des ersten Anstieges der ersten Ableitung des zeitabhängigen Anstieges des *E*-Moduls beschrieben werden, die Aushärtezeit als Maximum. Nach Erreichen des Maximums (Ende des zweiten Teils der Kurve) kann der *E*-Modul infolge von Hydrolyseeffekten wieder leicht abfallen (dritter Teil der Kurve), insbesondere bei UF-Harzen und höheren Härtermengen (s. Abb. 3.58).

Die TMA kann auch unter isothermen Bedingungen gefahren werden. Auch bei dieser Messanordnung zeigt sich der Unterschied in der Reaktivität zwischen einem UF-Leim und einem MUPF-Harz (in Abb. 3.60 als PMUF bezeichnet). Je mehr Härter zugegeben wird, desto höher ist die Reaktivität des MUPF-Harzes und desto rascher erfolgt die Aushärtung (Yin u.a. 1995).

Der Verlauf von isothermen TMA-Analysen bei verschiedenen Temperaturen kann in Abhängigkeit der Zeit mit der Temperatur als Parameter dargestellt werden (Abb. 3.61). Aus dieser Zeitabhängigkeit kann auch eine scheinbare Aktivierungsenergie berechnet werden.

Weitere Literaturhinweise: Cremonini und Pizzi (1997), Garcia und Pizzi (1998), Kamoun u.a. (1998), Kamoun und Pizzi (2000b), Laigle u.a. (1998), Lu und Pizzi (1998), Pichelin u.a. (2000), Pizzi (1999), Zhao u.a. (1998, 1999)

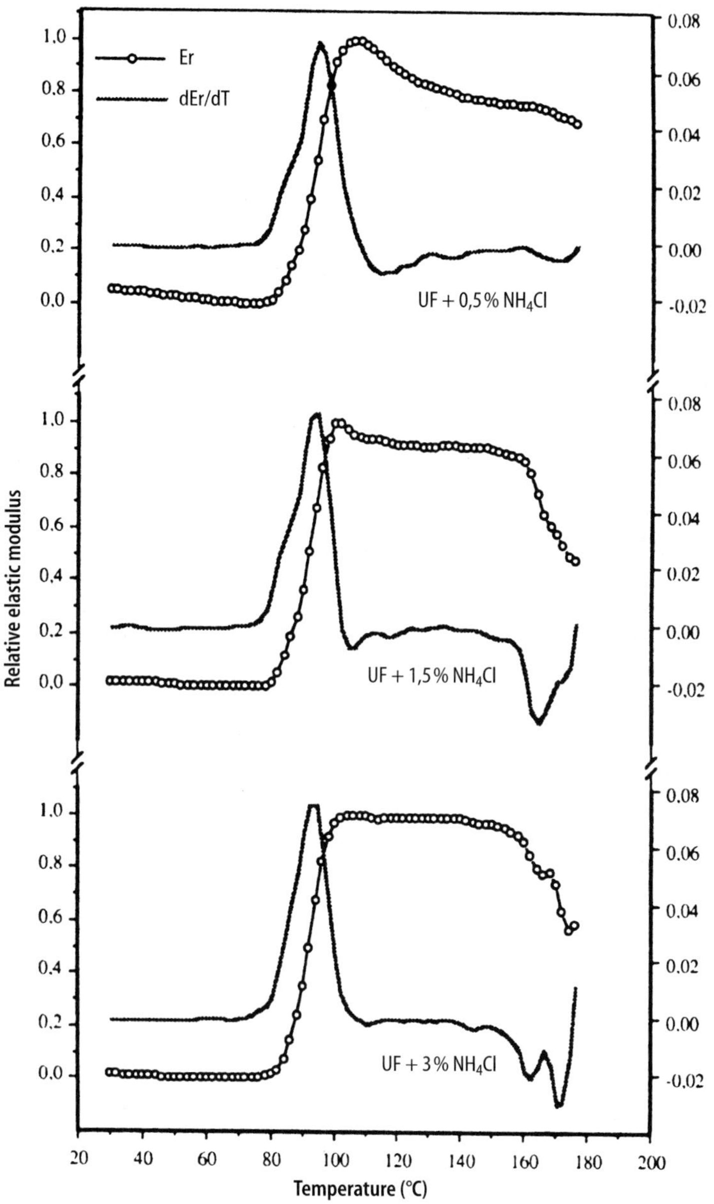

Abb. 3.58. Anstieg des relativen *E*-Moduls in einer TMA-Messung in Abhängigkeit der steigenden Temperatur für unterschiedliche Zugabemengen an Ammonchlorid als Härter für das untersuchte UF-Harz (Yin u. a. 1995)

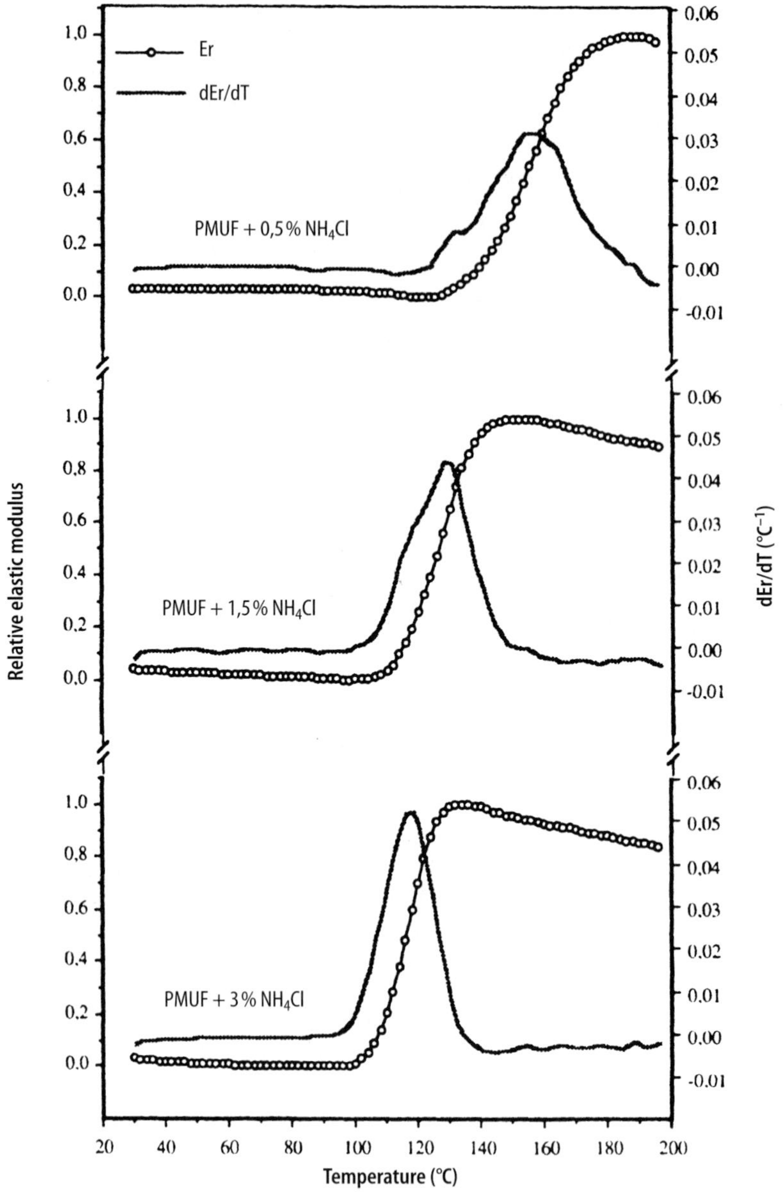

Abb. 3.59. Anstieg des relativen *E*-Moduls in einer TMA-Messung in Abhängigkeit der steigenden Temperatur für unterschiedliche Zugabemengen an Ammonchlorid als Härter für das untersuchte MUPF-Harz (Yin u. a. 1995)

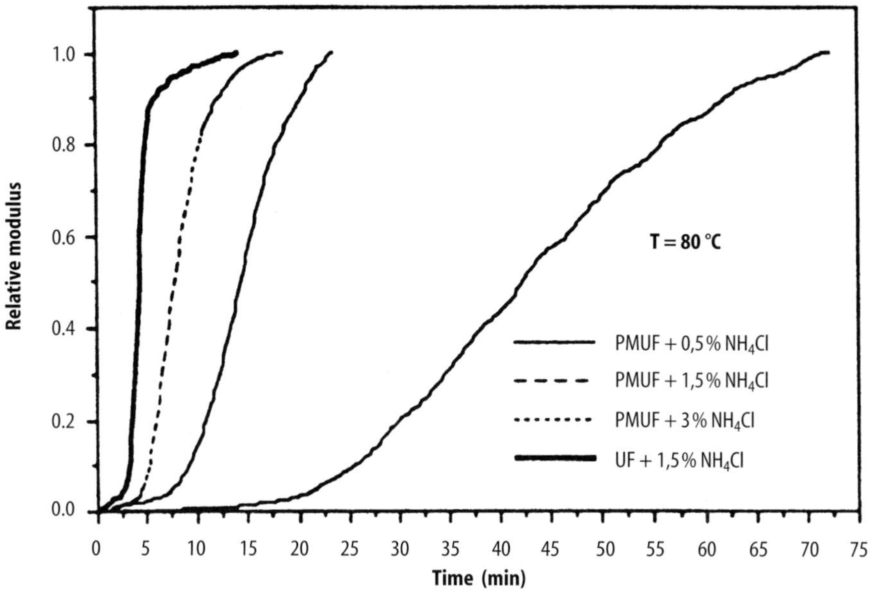

Abb. 3.60. Einfluss der Härtermenge bei der Aushärtung eines UF-Harzes und eines MUPF-Harzes (PMUF-Harzes) bei 80 °C, gemessen mittels TMA (Yin u. a. 1995)

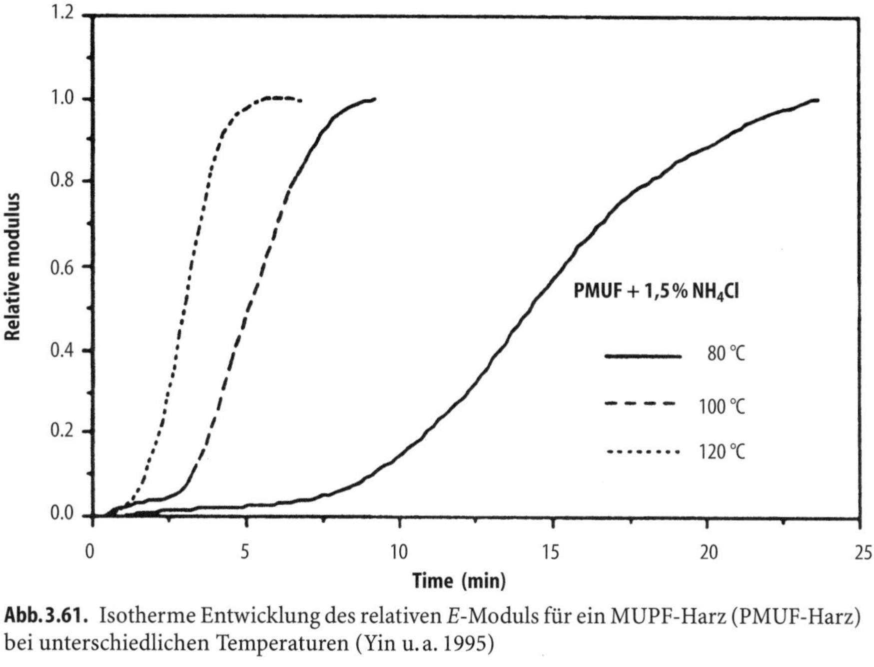

Abb. 3.61. Isotherme Entwicklung des relativen *E*-Moduls für ein MUPF-Harz (PMUF-Harz) bei unterschiedlichen Temperaturen (Yin u. a. 1995)

3.4.3.4
Thermisch-mechanische Analyse an ausgehärteten Proben

s. Teil II, Abschn. 3.5.2.1.

3.4.4
Dynamische mechanische Analyse (Dynamic mechanical analysis DMA) bzw. Dynamische mechanisch-thermische Analyse (Dynamic mechanical thermal analysis DMTA)

Die DMA/DMTA (in der Folge immer als DMA bezeichnet) misst die gespeicherte sowie die auf Grund molekularer Reibungsvorgänge in Wärme umgewandelte verlorene Energie einer schwingenden viskoelastischen Probe bei unterschiedlichen Temperaturen. Die gespeicherte Energie kann als E-Modul (bei Biegebeanspruchung) oder als Schubmodul (bei Scherbeanspruchung) dargestellt werden. Bei der Messdurchführung wird an eine Probe eine sinusförmige Spannung bzw. Dehnung angelegt und dabei die Temperatur entweder konstant gehalten (isotherme DMA) oder nach einem definierten Temperaturprogramm geändert (dynamische DMA). Bei der Aufbringung dieser Spannung ergibt sich eine Phasenverschiebung δ zwischen der Beanspruchung (Spannung) und der Reaktion (Dehnung). Mit Hilfe eines komplexen Ansatzes für σ^* und ε^* lässt sich ein komplexer dynamischer Modul für lineare viskoelastische Materialien definieren:

$$\frac{\sigma^*}{\varepsilon^*} = E^* = E' + iE''.$$

Dabei kann die sinusförmige Schwingung von σ in einen in Phase gelegenen und einen um 90° verschobenen Anteil zerlegt werden. Der Speichermodul E' ist ein Maß für die bei der Maximalamplitude jeder Schwingung gespeicherte und anschließend wieder gewonnene Energie. Der Verlustmodul E'' wiederum ist ein Maß für die Energie, die in Wärme umgewandelt wird und bei jeder Schwingung irreversibel verloren geht.

Der Quotient aus E' und E'' entspricht dem Tangens des Phasenwinkels der Verschiebung zwischen Spannung und Dehnung und wird als Verlustfaktor d bezeichnet:

$$d = \tan\delta = E''/E'$$

Als Startpunkt der Auswertung („nicht ausgehärteter Zustand“) kann das anfängliche Minimum der Schubmodulkurve herangezogen werden, welches bei der Messung von PF-Leimen in einem Temperaturbereich von 100–120 °C liegt. Dieses Minimum ergibt sich aus der Viskositätsabsenkung des Harzes, bevor es noch zu einer Aushärtungsreaktion kommt. Ist das Harz völlig ausgehärtet, erreicht die Schubmodulkurve ein Maximum, das als „100% Aushärtung“ bezeichnet werden kann. Nach diesem Maximum sinkt der Schubmodul

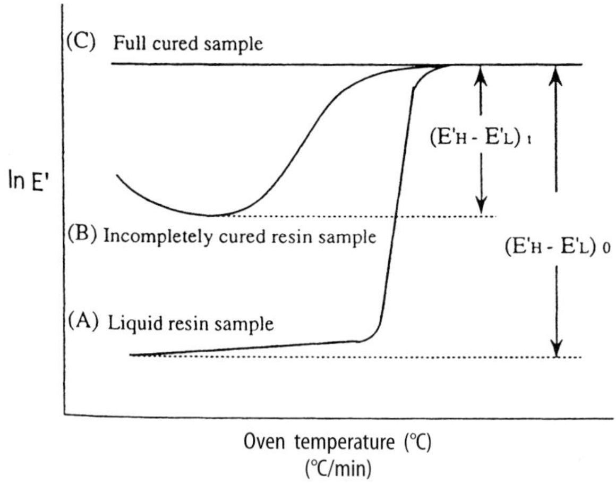

Abb. 3.62. Einfluss der Voraushärtung auf den Speichermodul E' (Umemura u.a. 1995a)

wieder mehr oder weniger stark, weil das auf dem Probestreifen ausgehärtete Harz infolge seiner Sprödigkeit bei der weiteren Schwingbewegung an Festigkeit verliert und überdies bei steigender Temperatur eine Zersetzung des Harzes beginnt.

Eine eingehende Beschreibung der verschiedenen Messstrategien sowie der auf die Ergebnisse einwirkenden Einflussgrößen findet sich bei Follensbee u.a. (1993). Dies betrifft insbesondere auch die Probenvorbereitung bei Phenolharzen, die einer kombinierten Trocknung, Vorhärtung und Konditionierung bei einer bestimmten Luftfeuchtigkeit unterworfen werden.

Die Vorhärtung der Probe kann nach Umemura u.a. (1995a) als relative Differenz der logarithmischen Speichermoduli aufgefasst und als „mechanischer Härtungsindex" (mechanical curing index MCI) ausgedrückt werden (Abb. 3.62):

$$MCI = \frac{\ln(E'_H/E'_L)_0 - \ln(E'_H/E'_L)_t}{\ln(E'_H/E'_L)_0} \cdot 100\ (\%)$$

mit: $E'_H \geq E'_L$
E'_H: maximaler Wert von E' bei hoher Temperatur
E'_L: minimaler Wert von E' bei niedriger Temperatur, unterschiedlich je nachdem, ob und wie lange eine Aushärtung erfolgt ist
Index 0: ohne Voraushärtung
Index t: Voraushärtezeit

UF-Harze:

Beispiele von DMA-Läufen in der Darstellung der drei Größen E', E'' und $\tan\delta$ in Abhängigkeit der Aufheiztemperatur (Aufheizrate 3 °C/min) finden sich in den beiden Abb. 3.63 und 3.64 (Umemura u.a. 1996a). In Abb. 3.63 wird ein flüssiges UF-Harz mit F/U = 1,7 unter Zugabe von Ammonchlorid als Härter untersucht, in Abb. 3.64 wurde das gleiche Harz vor dem DMA-Lauf im Vakuum in einem Exsikkator getrocknet.

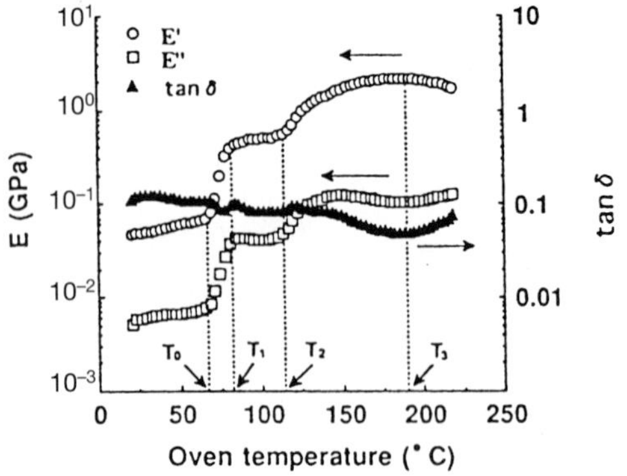

Abb. 3.63. Darstellung der drei Größen E', E'' und $\tan\delta$ als Funktion der Temperatur. UF-Harz mit F/U = 1,7; Zugabe von Ammonchlorid als Härter; keine Trocknung der Probe vor der Untersuchung; Aufheizrate 3 °C/min (Umemura u. a. 1996a)

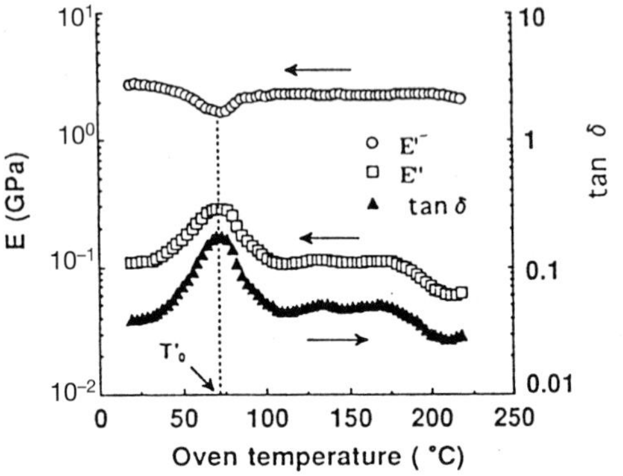

Abb. 3.64. Darstellung der drei Größen E', E'' und $\tan\delta$ als Funktion der Temperatur. UF-Harz mit F/U = 1,7; Zugabe von Ammonchlorid als Härter; Trocknung der Probe im Vakuum vor der Untersuchung; Aufheizrate 3 °C/min (Umemura u. a. 1996a)

In Abb. 3.63 sind doppelt sigmoide Kurven für E' und E'' mit dem Beginn des steilen Anstieges der Kurven bei T_0 und T_2 zu sehen. Im Allgemeinen durchlaufen härtbare Systeme die beiden Prozesse des Gelierens und des Aushärtens. Da Holzleime jedoch flüssige Systeme mit Wasser als Lösungsmittel darstellen, muss berücksichtigt werden, dass diese Reaktionen sowohl vom Harz als auch vom Lösungsmittel beeinflusst werden. Im Speziellen kann das Entweichen von Wasser aus dem härtenden System einen Phasenwechsel hervorrufen. Unterhalb T_0 können sich die Harzmoleküle in der wässrigen Lösung relativ frei bewegen. Der zu sehende leichte Anstieg der beiden Moduli kann auf die Verdampfung von Wasser zurückgeführt werden. Zwischen T_0 und T_1 steigen E' und E'' steil an. Das Harz geliert, die Beweglichkeit der Moleküle wird infolge ihrer steigenden Größe stark eingeschränkt. Es ist aus verschiedenen Untersuchungen und Erfahrungen bekannt, dass UF-Harze bei der Zugabe von Härtern bereits unter 100 °C gelieren können.

Zwischen T_1 und T_2 ist ein Plateau für E' bzw. E'' gegeben. Ob es in diesem Bereich zu einer nennenswerten Molekülvergrößerung kommt bzw. wie sich das noch vorhandene Wasser in der bereits gelierten Probe verhält, wird von den Autoren nicht eindeutig beantwortet. Oberhalb T_2 scheint ein verstärktes

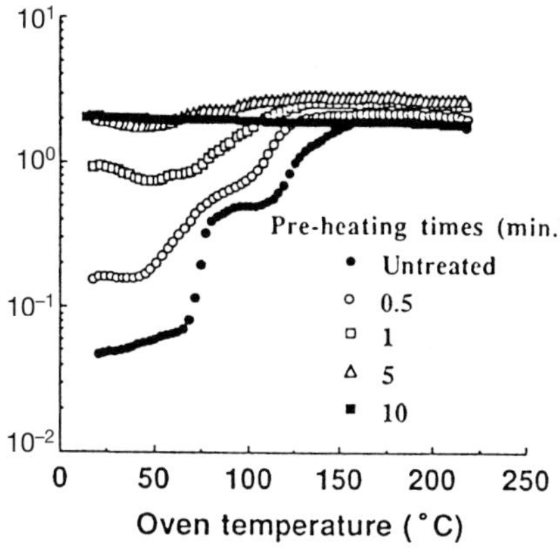

Abb. 3.65. Änderung des Speichermoduls E' während eines DMA-Laufes in Abhängigkeit der gegebenen Vorhärtezeit (Umemura u. a. 1996 a)

Verdampfen des noch vorhandenen Wassers gegeben zu sein. Dadurch wird die Struktur der UF-Moleküle unbeweglicher, sie ändert sich zu einem glasartigen Zustand. Oberhalb T_3 tritt bereits eine Zersetzung des Harzes und demzufolge ein Abfall von E' auf (Umemura u. a. 1996 a).

Härtet ein getrocknetes Harz im Zuge einer DMA-Messung, so verzeichnet der Speichermodul E' nach einem schwachen Abfall während der eigentlichen Aushärtung nur einen schwachen Anstieg, um dann über den gesamten weiteren Temperaturbereich konstant zu bleiben. E'' und tan δ zeigen bei der gleichen Temperatur einen eindeutigen Peak, der auf die stattgefundene Aushärtung hinweist (Abb. 3.64).

Je nach Ausmaß einer Vorhärtung fällt der Anstieg von E' unterschiedlich hoch aus (Abb. 3.65) (Umemura u. a. 1996 a).

Weitere Literaturhinweise: Leitner (1978), Umemura u. a. (1995 b).

MUF-Harze: Onic u. a. (1998).

PF-Harze:
Abildung 3.66 zeigt ein klassisches Beispiel eines DMA-Laufes eines Phenolharzes (Kim u. a. 1991). Ausgewertet werden können:

- Zeitpunkt des Maximums der Verlustmodulkurve
- Zeitpunkt des Maximums der tan δ-Kurve
- Zeitpunkte des Beginns des Anstieges dieser beiden Kurven
- Zeitpunkt des Wendepunktes der E-Modul- (bzw. Schubmodul-)kurve
- Steigung am Wendepunkt dieser Kurve (Härtungsgeschwindigkeit)
- E-Modul (Schubmodul) am Maximum der tan δ-Kurve
- maximaler E-Modul (Schubmodul).

Kim u. a. (1991) untersuchten PF-Harze im Temperaturbereich 110–225 °C. Zur Beschreibung der Netzwerksbildung wurde die Zeit herangezogen, welche bis zum Auftreten eines Peaks in der tan δ-Kurve vergeht. Bei niedrigeren Härtungstemperaturen trat die Glasbildung bei niedrigeren Temperaturen mit

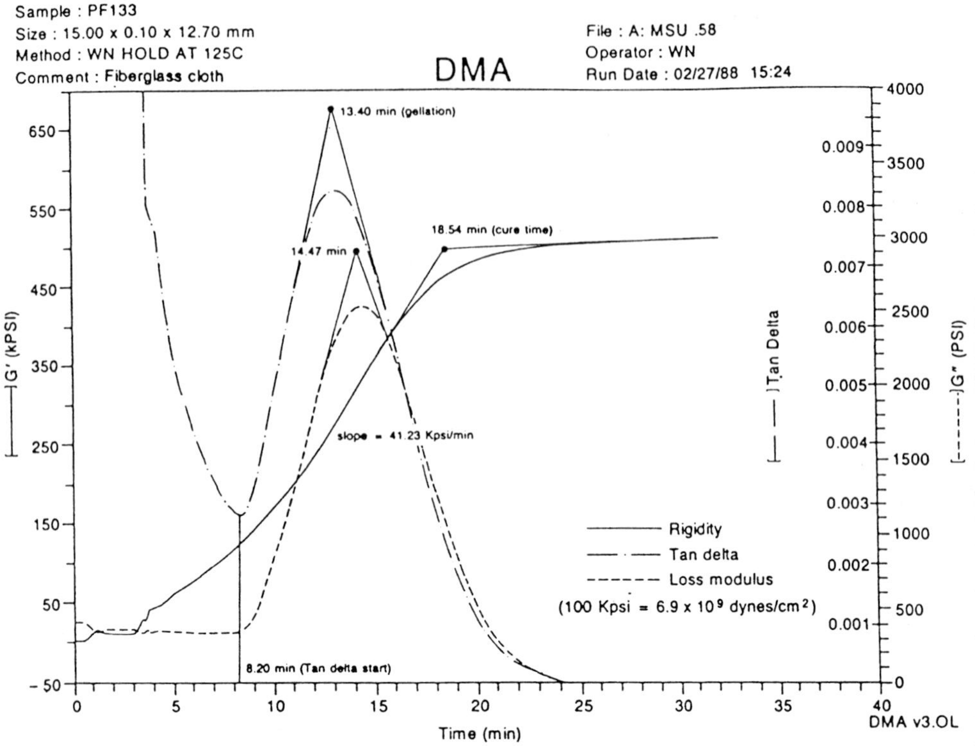

Abb. 3.66. DMA-Laufes eines Phenolharzes (Kim u. a. 1991)

höheren Intensitäten auf, während sie bei höheren Härtungstemperaturen bei höheren Temperaturen mit geringeren Intensitäten gegeben war.

Christiansen u. a. (1993), Follensbee u. a. (1993) sowie Geimer u. a. (1990) nutzten die DMA-Methode zur Beschreibung des Aushärteverhaltens von PF-Flüssigleimen, die zuvor einer definierten Vortrocknung bzw. Voraushärtung unterzogen worden waren. Der mechanische Aushärtungsgrad wurde dabei als Fläche unter der tan δ-Kurve eines isothermen DMA-Laufes, bei dem eine vollständige Aushärtung erreicht wird, dargestellt. Je höher die Vorhärtungstemperatur bzw. je länger die Vorhärtungszeit, desto weiter fortgeschritten ist bereits die Vorhärtung. Die Fläche unter der tan δ-Kurve ist demnach umso größer, je weniger Voraushärtung stattgefunden hat (Abb. 3.67).

Die beiden Abb. 3.68 und 3.69 zeigen zwei Phenolharze, die bei zwei verschiedenen Temperaturen (115 bzw. 140 °C) während unterschiedlich langer Zeiten vorausgehärtet wurden. Harz A (Resin A) ist nach diesen Ergebnissen deutlich reaktiver, auch bei der niedrigeren Temperatur (115 °C) ist nach ca. 5 min bereits ein Großteil der Aushärtungsreaktion erfolgt; Harz B (Resin B) benötigt dafür ein Mehrfaches dieser Zeit (Abb. 3.68).

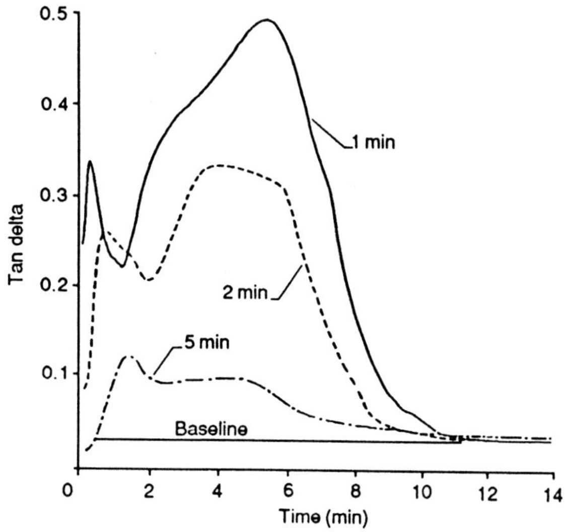

Abb. 3.67. Fläche unter der tan δ-Kurve in Abhängigkeit der Vorhärtezeit für Phenolharze. Isotherme DMA bei 150 °C (Christiansen u. a. 1993)

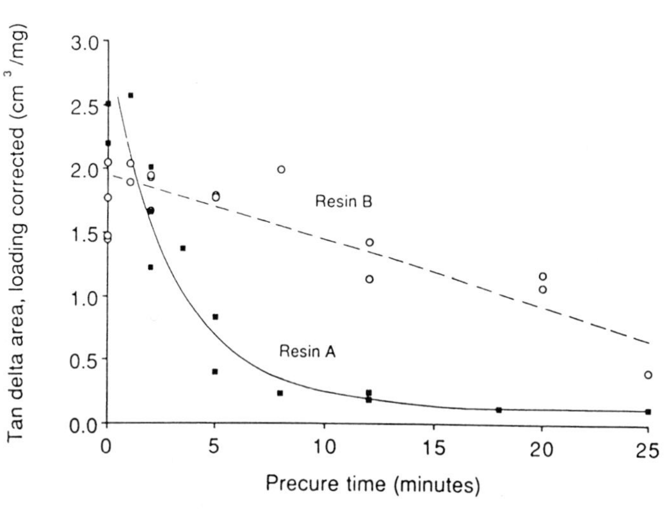

Abb. 3.68. Verbleibende Fläche unter der tan δ-Kurve als Maß für die unterschiedlich lange Voraushärtung zweier Phenolharze bei 115 °C (Geimer u. a. 1990)

Auch bei der höheren Temperatur (140 °C) bleibt ein eindeutiger Unterschied zwischen diesen beiden Harzen bestehen, wenngleich nunmehr auch das langsamere Harz B innerhalb von 5 min fast ausreagiert hat (Abb. 3.69).

Als mechanischer Aushärtungsgrad kann die Differenz zwischen der Fläche unterhalb der tan δ-Kurve eines nicht vorgehärteten Harzes und der verbleibenden Flächen nach definierter Vorhärtung, bezogen auf die Fläche der nicht vorgehärteten Probe, bezeichnet werden.

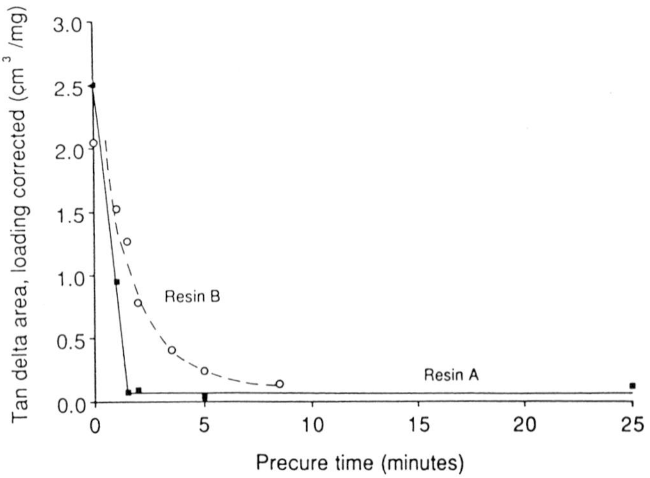

Abb. 3.69. Verbleibende Fläche unter der tan δ-Kurve als Maß für die unterschiedlich lange Voraushärtung zweier Phenolharze bei 140 °C (Geimer u. a. 1990)

Die DMA kann auch isotherm gefahren werden, wie die Beispiele in Abb. 3.70 und Abb. 3.71 zeigen.

Je höher die Messtemperatur, desto früher und steiler ist der Anstieg des Speichermoduls E' (Follensbee u. a. 1993). Auch das erreichbare Maximum von E' steigt mit der Temperatur (Abb. 3.71). Dieses Ergebnis stimmt mit der Überlegung überein, dass bei der höheren Messtemperatur ein höherer Aushärtungsgrad erreicht wird, bevor der Glaszustand erreicht wird und danach eine weitere Aushärtung wegen der entstehenden Unbeweglichkeit der Moleküle be- oder sogar verhindert wird.

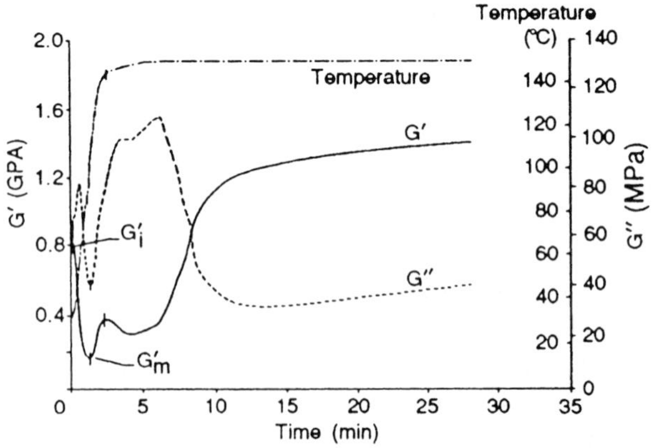

Abb. 3.70. Isotherme DMA bei 150 °C: Verlauf von G', G'' und der Temperatur in Abhängigkeit der Zeit (Christiansen u. a. 1993)

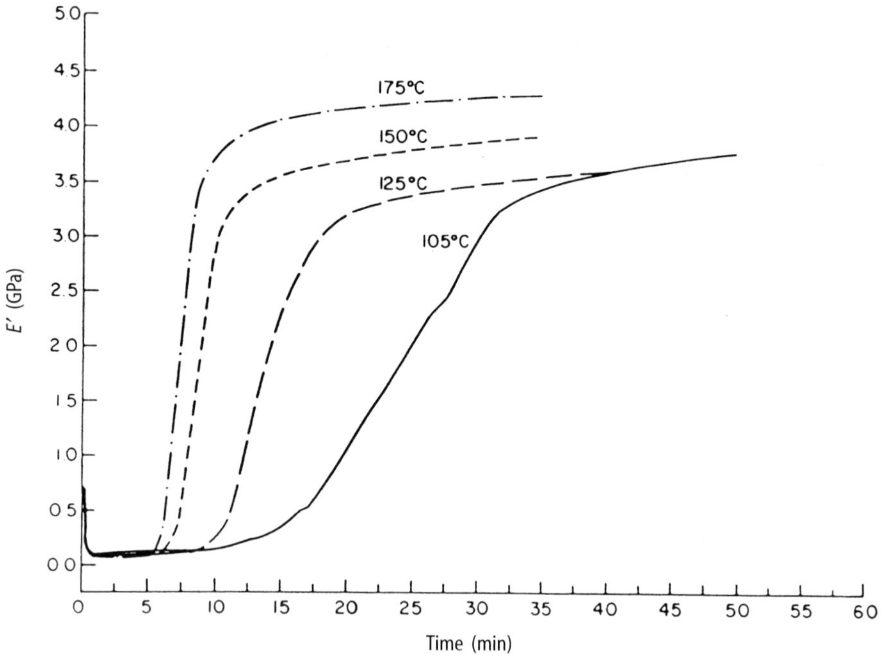

Abb. 3.71. Isotherme DMA an einem Phenolharz (Follensbee u. a. 1993)

Zu Beginn eines DMA-Laufes kann es zu einem kurzzeitigen Absinken der Frequenz und damit des gemessenen Moduls kommen (der Modul ist proportional dem Quadrat der Frequenz). Dies hat seine Gründe in einem Erweichen der Probe, die im frühen Stadium der Härtung noch thermoplastisches Verhalten zeigt. Während des Aufheizens eines härtbaren Systems laufen also zwei konkurrierende Vorgänge ab:

- Aushärtereaktion mit einer Kettenverlängerung und der Quervernetzung
- Erweichung der zum Teil nach wie vor thermoplastischen Anteile.

Umemura u. a. (1995 a) vergleichen alkalische Phenolresole mittels Temperaturgradienten-DMA und isothermer DMA, wobei sie insbesondere auch Voraushärtungen bei unterschiedlichen Temperaturen berücksichtigen. Abbildung 3.72 zeigt die drei Messgrößen E', E'' und $\tan\delta$ als Funktion der Temperatur bei der konventionellen DMA-Analyse (Aufheizrate 3 °C/min).

Im Vergleich dazu stellt Abb. 3.73 die zwei Messgrößen E' und $\tan\delta$ als Funktion der Zeit bei zwei unterschiedlichen Temperaturen bei einem isothermen DMA-Lauf dar. Je höher die Temperatur, desto rascher und desto schärfer erfolgt die Aushärtungsreaktion. Die maximalen E'-Werte werden dabei allerdings nur geringfügig beeinflusst.

Je länger eine Vorhärtung stattfindet, desto geringer sind dann die Veränderungen in der Probe während eines DMA-Laufes (Abb. 3.74).

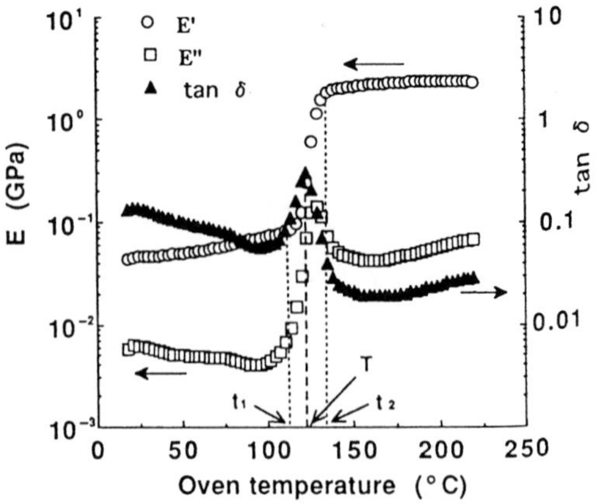

Abb. 3.72. DMA-Analyse eines alkalischen Phenolresoles, Aufheizrate 3 °C/min. Darstellung der drei Messgrößen E', E'' und $\tan\delta$ als Funktion der Temperatur (Umemura u. a. 1995 a). Die zwei Zeiten t_1 und t_2 stellen den Beginn und das Ende der Aushärtungsreaktion ($\tan\delta$-Peak) dar, T ist die $\tan\delta$-Peaktemperatur

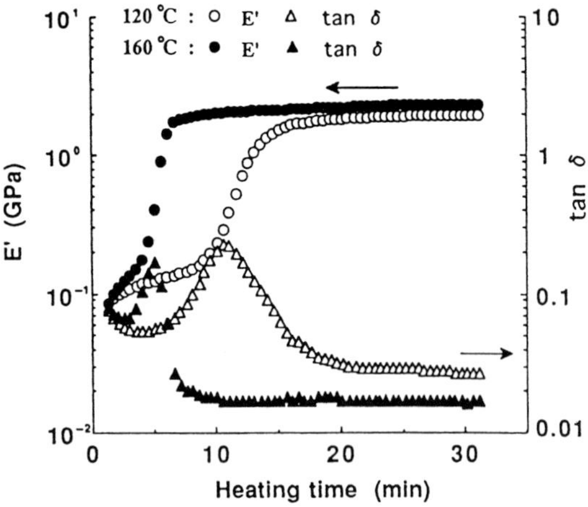

Abb. 3.73. Isotherme DMA: E' und $\tan\delta$ als Funktion der Zeit bei zwei unterschiedlichen Temperaturen (Umemura u. a. 1995 a)

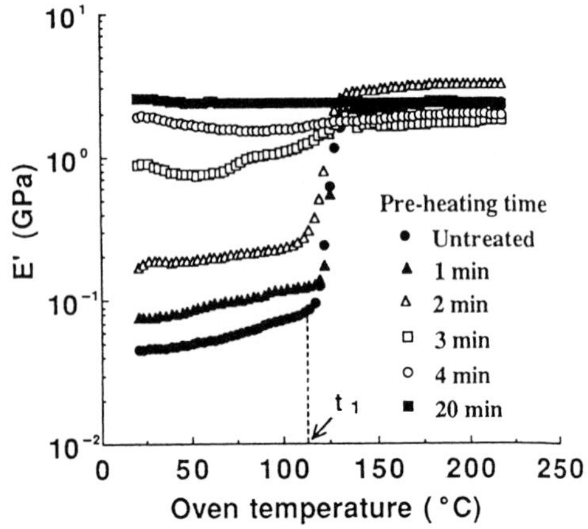

Abb. 3.74. Speichermodul E' als Funktion der Temperatur bei einem Temperaturgradienten-DMA-Lauf für verschieden Vorhärtungszeiten bei 160 °C. Aufheizrate 3 °C/min (Umemura u. a. 1995 a)

Abb. 3.75 a, b. Aushärtungsgrad (gemessen mittels DMA) bzw. Zugscherfestigkeiten von Proben, die in einer konventionellen Presse **a** bzw. in einer Dampfinjektionspresse **b** für bestimmte Zeiten ausgehärtet worden waren (Wang u. a. 1996)

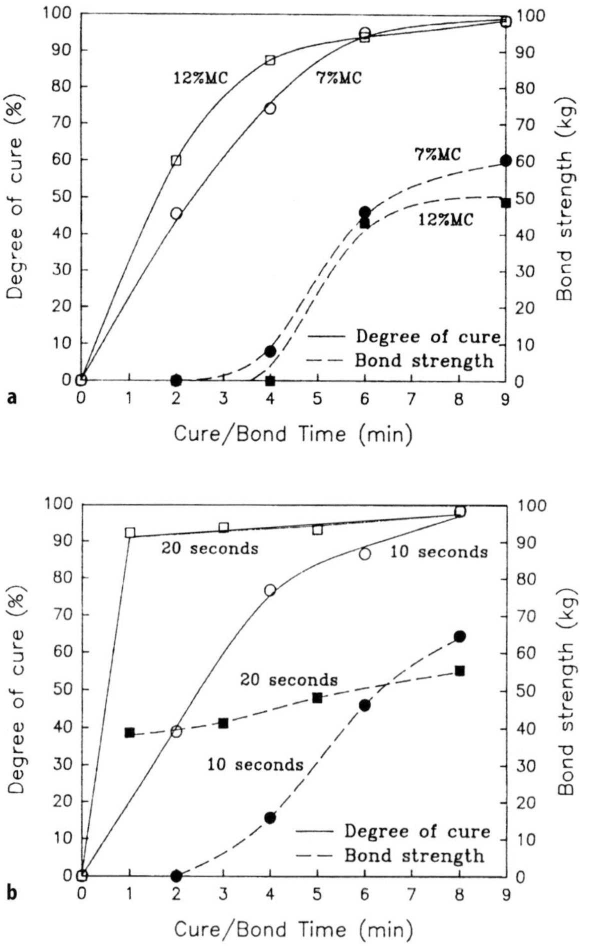

Wang u. a. (1996) vergleichen den mittels DMA gemessenen Aushärtegrad sowie die mittels Zugscherproben erfassbaren Bindefestigkeiten in Abhängigkeit der Presszeit für eine konventionelle Presse und eine Presse mit Dampfinjektion (Abb. 3.75). Die Feuchtigkeit der beleimten Späne betrug 7% bzw. 12%. Die Proben für die DMA und für die Zugscherversuche wurden jeweils in die Spankuchen eingelegt und dann in den beiden Pressen für die in den Diagrammen angegebenen Zeiten mitverpresst. Nach dieser bestimmten Presszeit wurden sie den Platten wieder entnommen, abgekühlt, auf eine bestimmte Feuchtigkeit konditioniert und geprüft.

Die DMA/DMTA wird üblicherweise unter Biegebeanspruchung durchgeführt, es ist aber auch eine Torsionsbewegung möglich. In so genannten Multiplex-Frequenzanalysen können während eines Laufes abwechselnd auch verschiedene Frequenzen angewendet werden.

Weitere Literaturhinweise: Gollob (1982), Gollob u. a. (1985 a), Manfredi u. a. (1999), Onic u. a. (1998), Waage u. a. (1991), Young u. a. (1981).

Tannine:
Untersuchung des Aushärteverhaltens eines mit Pecan nut-Tannin modifizierten PRF-Harzes in Abhängigkeit der Vernetzer- (Paraformaldehyd) und Katalysator- (NaOH) Zugabe (Bucar und Tisler 1997).

PMDI:
Umemura u. a. (1999) vergleichen die Reaktion von Isocyanat mit Wasser und mit geringen Mengen an Polyolen mit Hilfe der DMA (s. Teil II, Abschn. 2.1.2).

Weitere Literaturhinweise: Adcock u. a. (1999), Marcinko u. a. (1999).

3.4.5
Verfolgung der Ausbildung der kohäsiven Festigkeit

Humphrey und Bolton (1985) unterscheiden drei Bereiche während eines Pressvorganges:

- Wärme- und Wasser/Dampfbewegung: Die über die heißen Pressplatten eingebrachte Energie bewirkt eine Verdampfung des vorhandenden Wassers (Feuchtigkeit), wodurch sich ein Dampfdruckgradient normal zur Plattenebene einstellt. Dies führt neben der Wärmeleitung insbesondere zu einer Wärmebewegung über den Dampftransport (Dampfstoß). Dampfdruckgradienten in Plattenebene resultieren aus einem Dampfdruckabfall zu den Kanten der Platten hin. Die Gradienten von Temperatur, Feuchtigkeit und Dampfdruck sind also in drei Richtungen gegeben.
- Rheologisches Fließen während der Verdichtung: Die temperaturbedingte Erweichung der Holzstruktur und verschiedene Spannungsrelaxationsprozesse bewirken, dass sich die für die Komprimierung des Kuchens erforderlichen Drücke in Grenzen halten. Dies ist auch entscheidend für die Beständigkeit der ausgehärteten Leimfuge beim Öffnen der Presse. Die Plastifizierung und die damit verbundene Verdichtung der Matte und der Holzstruktur erfolgen in Abhängigkeit der jeweiligen Verhältnisse in den einzelnen Schichten der Platten. Dadurch werden die Struktur der Platte und die erzielbaren Festigkeiten beeinflusst; zusätzlich können durch eine entsprechende Wahl der Bedingungen diese Größen bewusst beeinflusst werden.
- Ausbildung der Bindefestigkeit: Die Geschwindigkeit, mit der die Bindungen zwischen den einzelnen Strukturelementen der Platte (Späne, Fasern) entstehen, ist entscheidend für den Zusammenhalt der Platte beim Öffnen der Presse. Diese Aushärtungsgeschwindigkeit hängt einerseits von der Reaktivität des eingesetzten Bindemittelsystems ab, andererseits von den in der Platte bzw. in den einzelnen Schichten der Platte gegebenen Bedingungen hinsichtlich Temperatur und Feuchte. Beim Öffnen der Presse müssen

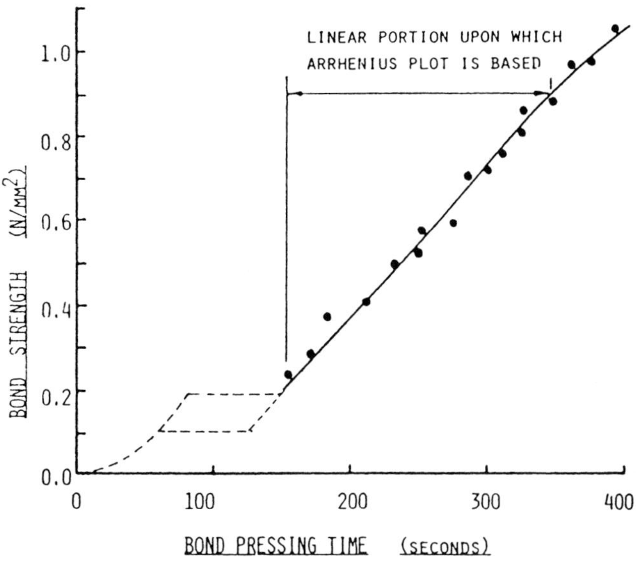

Abb. 3.76. Ausbildung der Bindefestigkeit eines UF-Harzes bei 70 °C (Humphrey und Bolton 1985)

die entstandenen Bindungen sowohl die elastische Rückfederung der Platte als auch die durch den Dampfdruck im Inneren der Platte gegebenen Spannungen aushalten.

Die Ausbildung der Bindefestigkeit durch Aushärten des eingesetzten duroplastischen Bindemittels kann z. B. mittels einer Reihe von Verpressungen und Prüfungen verfolgt werden. Diese Verpressungen erfolgen dabei isotherm bei verschiedenen Temperaturen und unterschiedlichen Zeiten. Abbildung 3.76 zeigt einen solchen Anstieg der Bindefestigkeit mit der Zeit, gemessen bei 70 °C (Bolton und Humphrey 1977, Humphrey und Bolton 1979, 1985). Die Autoren benutzten dafür beheizbare Joche, die direkt in einer Zugprüfmaschine montiert sind. Die Prüfung der Bindefestigkeit erfolgte nach einer bestimmten Presszeit unmittelbar nach Ende dieser Zeit ohne Verzögerung durch zusätzliche Manipulationen an der Probe. Damit wurde vermieden, dass sich die Bindefestigkeit während dieser Verzögerung bis zur Prüfung änderte. Die Kurve in Abb. 3.76 lässt sich in drei Abschnitte einteilen:

- nicht linearer Kurventeil bei niedrigen Temperaturen, der Anstieg wird mit der Zeit größer: einerseits ist ein Anstieg der Temperatur in der Leimfuge gegeben, andererseits steigt auch bei bereits konstanter Temperatur (isothermer Bereich der Messung) der Festigkeitsanstieg weiter an (Aushärtungsprozess bzw. Wasserentfernung werden schneller).
- Im Bereich von ca. 70 – 120 °C befindet sich ein Bereich schwankender bzw. gleichbleibender Festigkeiten. Die Länge dieses Bereiches wird bei höherer

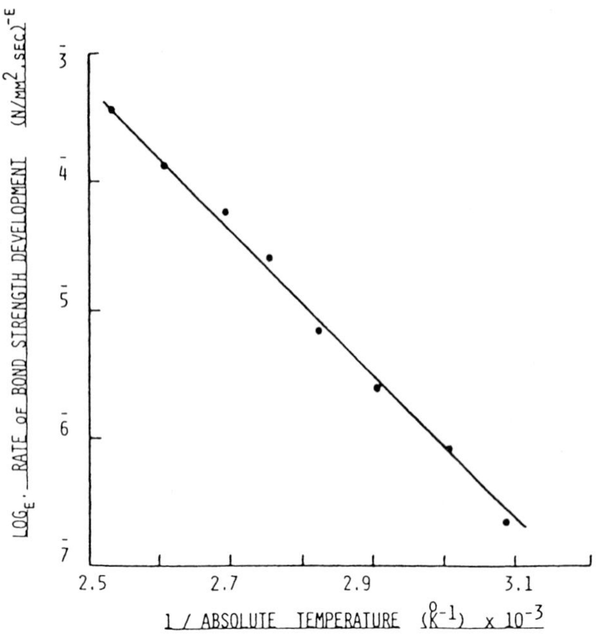

Abb. 3.77. Abhängigkeit der logarithmischen Abbindegeschwindigkeit von der reziproken absoluten Temperatur (Arrheniusdarstellung) (Humphrey und Bolton 1985)

Presstemperatur kürzer. Exakte Erklärungen für mögliche Ursachen für diesen Bereich sind nicht gegeben.

- Im Bereich höherer Temperaturen ist ein linearer Anstieg der Bindefestigkeit mit der Zeit gegeben.

Führt man diese Messungen bei verschiedenen Temperaturen durch, lässt sich die Steigung der Bindefestigkeitsausbildung bei den einzelnen Temperaturen über die Arrheniusgleichung als Funktion der Temperatur darstellen (Abb. 3.77). Die Steigung dieser Ausgleichsgeraden bezeichnen Humphrey und Ren (1989) als Reaktivitätsindex R_i in der Gleichung:

$$R_i = -\Delta(\ln K)/\Delta(1/T)$$

mit T absolute Temperatur
K Geschwindigkeit der Festigkeitsentwicklung.

Abbildung 3.78 zeigt eine Schar von Kurven, die die Ausbildung der Bindefestigkeit in einer Spanplatte bei unterschiedlichen Presstemperaturen beschreiben (Humphrey 1990).

Die so genannte „Automatic Bonding Evaluation System"-Methode (A.B.E.S.) (USP 5 176 028) verwendet eine Vorrichtung (Abb. 3.79), in der kleine Furnierstücke (z. B. 200 × 20 × 0,8 mm; 8 mm Überlappung) unter defi-

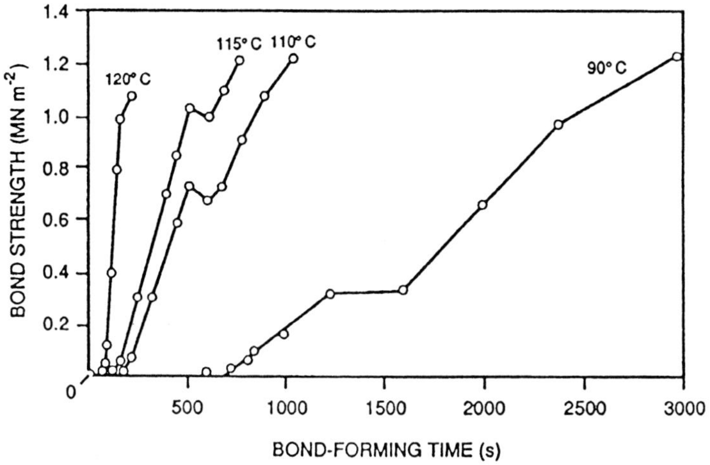

Abb. 3.78. Ausbildung der Bindefestigkeit in einer Spanplatte bei unterschiedlichen Presstemperaturen (Humphrey 1990)

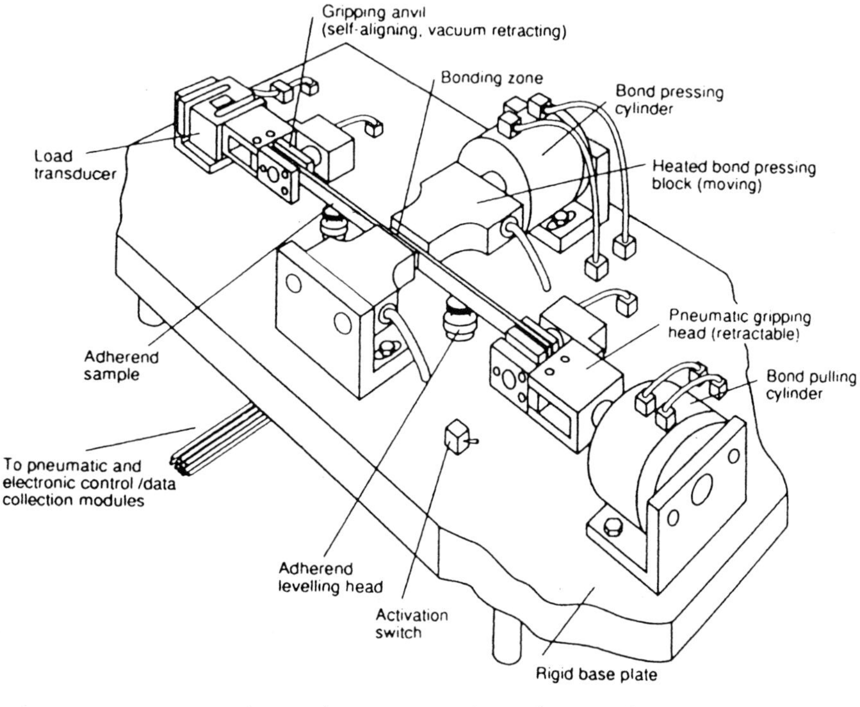

Abb. 3.79. Automatic Bonding Evaluation System (Humphrey 1996)

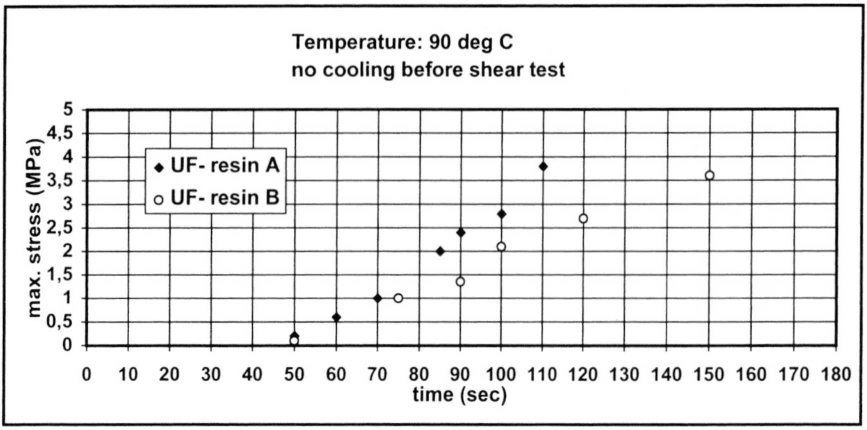

Abb. 3.80. Verfolgung des Anstieges der Bindefestigkeit zweier UF-Harze mittels der so genannten „Automatic Bonding Evaluation System"-Methode (A.B.E.S.). Die Messung der unterschiedliche Zeiten bei 90 °C gehärteten Proben wurde jeweils im warmen Zustand ohne vorherige Abkühlung durchgeführt (Dunky 1997)

nierten isothermen Bedingungen gepresst und anschließend sofort durch Scherbeanspruchung geprüft werden; dabei kann wahlweise eine kurzfristige Abkühlung der Probe stattfinden oder die Prüfung direkt an der heißen Probe erfolgen. Durch die Wiederholung dieser Versuche bei verschiedenen Temperaturen und bei unterschiedlichen Presszeiten kann der Anstieg der Bindefestigkeit als Maß für die Aushärtung des getesteten Bindemittels verfolgt werden.

Abbilddung 3.80 zeigt solche Versuchsergebnisse anhand zweier UF-Leime gleichen Molverhältnisses (F/U = 1,08), die jedoch nach unterschiedlichen Rezepturen gekocht wurden. Harz A zeichnet sich durch eine deutlich höhere Reaktivität im Vergleich zu Harz B aus. Es ist eindeutig der raschere Anstieg der Bindefestigkeit bei Harz A zu erkennen. Dieser Unterschied konnte auch in der Praxis der Spanplattenfertigung durch eine Absenkung der spezifischen Presszeit um ca. 0,5 s/mm verifiziert werden.

Geimer u. a. (1990) führten Verleimungen an Zugscherproben bei unterschiedlichen Temperaturen und relativen Luftfeuchtigkeiten durch und bestimmten die nach verschiedenen Zeiten erzielbaren Zugscherfestigkeiten (Abb. 3.81).

Wang u. a. (1995) variierten ebenfalls Presstemperatur und relative Luftfeuchtigkeit bei Zugscherverleimungen mit verschiedenen flüssigen Phenolharzen. Vor der Messung der nach einer bestimmten Zeit erreichten Bindefestigkeit wurden die Verleimungsproben jedoch abgekühlt und in einem vorgegebenen Klima konditioniert. Je nach Auftragungsart ergeben sich damit Kurvenscharen mit der relativen Luftfeuchtigkeit oder der Presstemperatur als Parameter (Abb. 3.82).

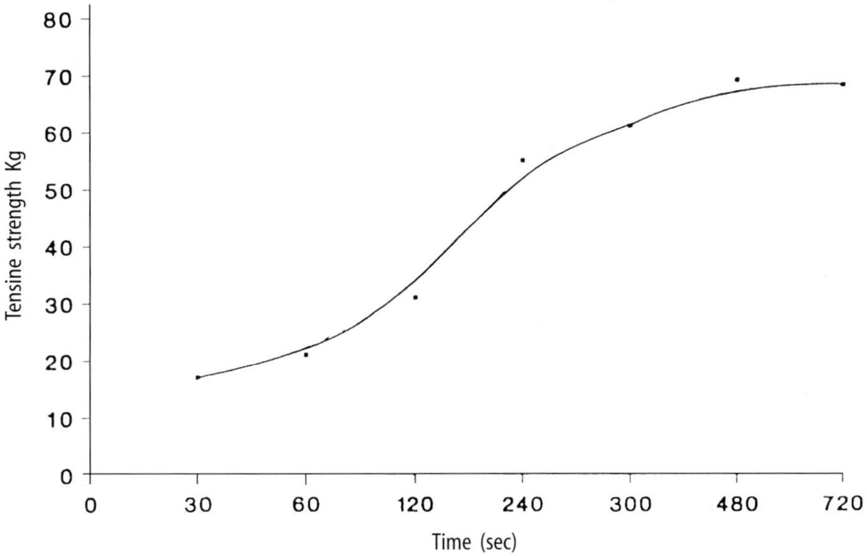

Abb. 3.81. Ausbildung der Zugscherfestigkeit nach unterschiedlichen Zeiten bei 115°C (Geimer u.a. 1990)

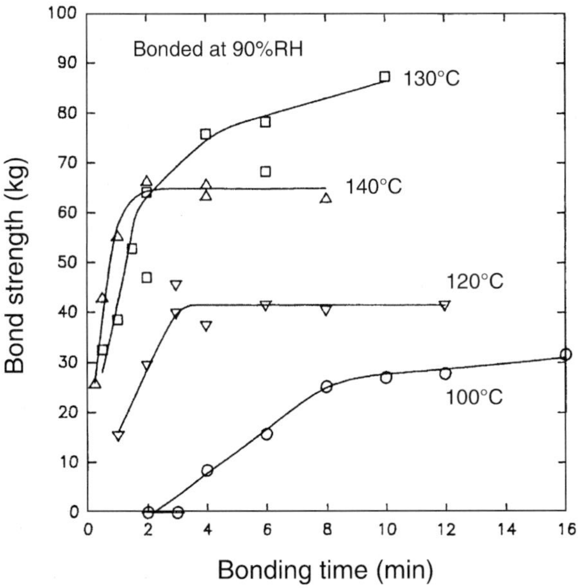

Abb. 3.82. Ausbildung der Bindefestigkeit mit der Verleimungsdauer für verschiedene Presstemperaturen (Wang u.a. 1995)

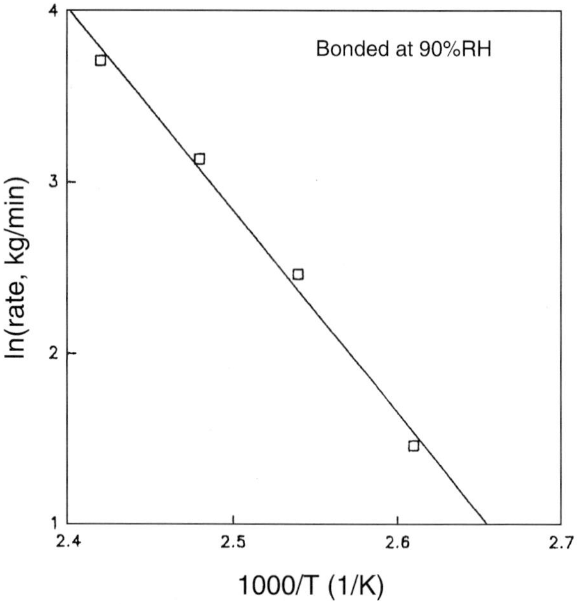

Abb. 3.83. Abhängigkeit der Festigkeitsausbildung von der reziproken absoluten Temperatur (Wang u. a. 1995)

Durch Auswertung der Temperaturabhängigkeit der Geschwindigkeit der Festigkeitsausbildung Φ (z. B. definiert als Bruchlastzunahme pro Minute) kann über die Gleichung von Arrhenius die scheinbare Aktivierungsenergie E_a berechnet werden (Abb. 3.83). Diese ergibt sich hier für die einzelnen Versuche mit 93–98 kJ/mol (s. Teil II, Abschn. 1.3.3.3).

Beall (1987, 1990) und Beall und Chen (1997) nutzten eine Ultraschallmethode, um die Verdichtung eines Spänekuchens und die Aushärtung des Bindemittels zu verfolgen. Akustische Signale mit fixer Frequenz wurden über die eine Pressplatte in einer Laborpresse eingebracht und bei der zweiten Pressplatte empfangen. Das empfangene Signal wird zu Beginn des Pressvorganges vor allem auch durch den Verdichtungsvorgang bestimmt. Die Harzaushärtung zeigt sich in einem Minimum der Empfängerkurve, als ausreichende Aushärtung bezeichnen die Autoren den Zeitpunkt ca. 30 s nach diesem Minimum (Plateaubildung in der Messkurve). Bei unterschiedlichen Plattendicken und unterschiedlichen Presstemperaturen verschieben sich diese Minima erwartungsgemäß in der entsprechenden Richtung.

Weitere Literaturhinweise: Denisov (1973, 1978), Neusser (1957), Sosnin und Denisov (1968), Wang u. a. (1996).

3.4.6
Torsionsanalyse (Torsional braid analysis TBA)

Die TBA misst die Dämpfung bei Torsionsschwingungen eines mit Harz getränkten Glasfaservlieses während der Harzhärtung. Gillham (1979, 1985) und

Enns und Gillham (1983) zeigten, dass sich bei der Aushärtung eines Harzes zwei Effekte unterscheiden lassen:

- Gelieren (chemische Vernetzung) und
- „Verglasung“ (physikalische Immobilisierung von Molekülsegmenten).

Das Gelieren tritt auf, wenn ein unendliches Molekülnetzwerk gebildet wird. Dabei wird die weitere und vollständige chemische Aushärtung jedoch stark behindert. Erst durch eine weitere Temperatursteigerung kann die für die möglichst vollständige chemische Vernetzung erforderliche Beweglichkeit der Moleküle wieder erreicht werden.

Das Signal bei einer TBA-Messung ist eine gedämpfte Sinusschwingung. Aus der Frequenz der Schwingung kann die so genannte relative Steifigkeit berechnet werden:

$$\text{relative Steifigkeit} = (1/P^2)$$

mit: P = Dauer einer Schwingung (s)

Die mechanische Dämpfung Δ wird aus den Amplituden zweier aufeinander folgender Schwingungen berechnet:

$$\Delta = (1/n) \cdot \ln (A_{\mathrm{i}}/A_{\mathrm{i+1}})$$

mit: A = Amplitude.

Mittels der TBA können sowohl das Aushärtungsverhalten eines härtbaren Systemes als auch die Eigenschaften im ausgehärteten Zustand untersucht werden (s. auch Teil II, Abschn. 3.5.2.3).

UF-Harze:
Abbildung 3.84 und Abb. 3.85 zeigen die Ergebnisse verschiedener TBA-Experimente. In der ersten Abbildung ist die entstehende Steifigkeit des mit einem UF-Harz getränkten Glasfaserstreifens in Abhängigkeit der steigenden Temperatur aufgetragen. Zu beachten ist das bei ca. 80 °C auftretende kleine Maximum der Kurve, für welches die Autoren jedoch keine schlüssige Erklärung anbieten können. Ähnliche Anomalien wurden aber auch bei anderen Autoren beschrieben, wie z. B. in Abb. 3.76 (Teil II, Abschn. 3.4.5).

In Abb. 3.85 sind isotherme TBA-Kurven für verschiedene in der Messzelle gegebene Temperaturen zusammengefasst. Je höher die Temperatur, desto früher erfolgt die Festigkeitsausbildung und desto größer ist die Steigung des Steifigkeitsanstieges (scheinbare Aktivierungsenergie, s. Teil II, Abschn. 3.4.5).

Weitere Literaturhinweise: Miyake u. a. (1989), Tomita u. a. (1994 b), Ohyama u. a. (1995).

MUF-Harze: Steiner und Warren (1981).

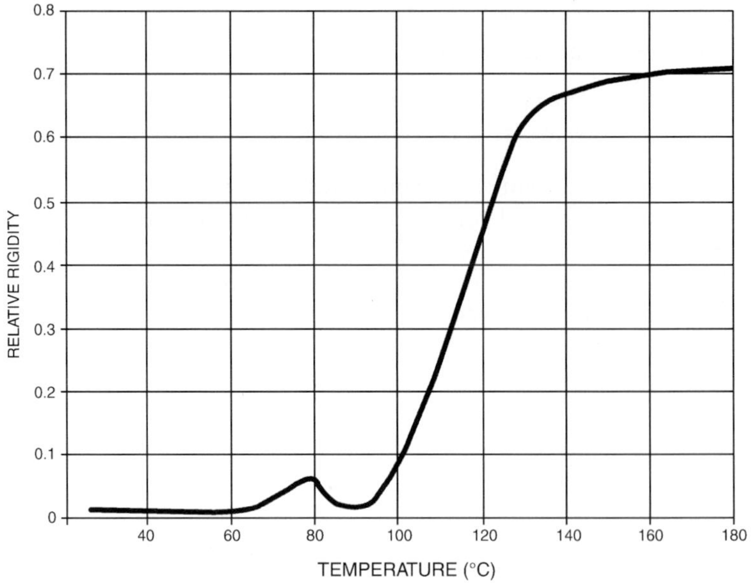

Abb. 3.84. TBA-Temperaturscan eines UF-Leimes. Aufheizrate 6 °C/min (Steiner und Warren 1987)

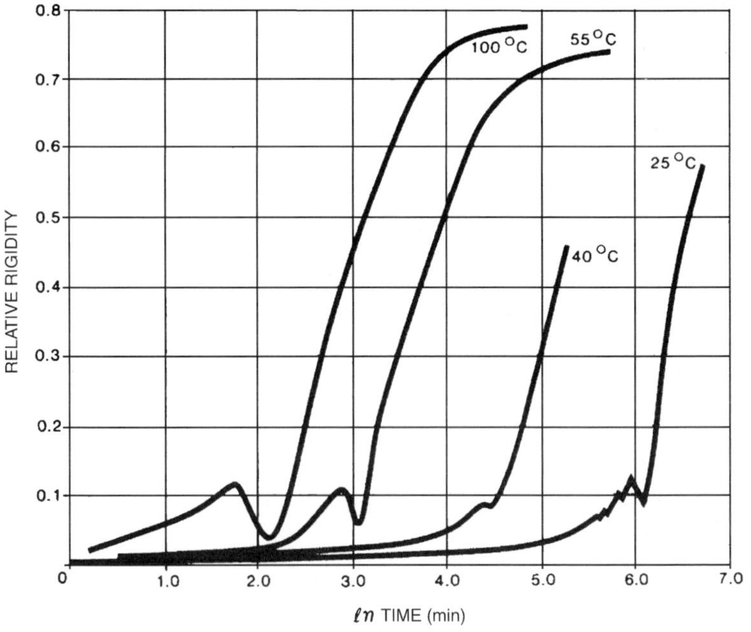

Abb. 3.85. Isotherme TBA-Kurven eines UF-Leimes bei verschiedenen Temperaturen (Steiner und Warren 1987)

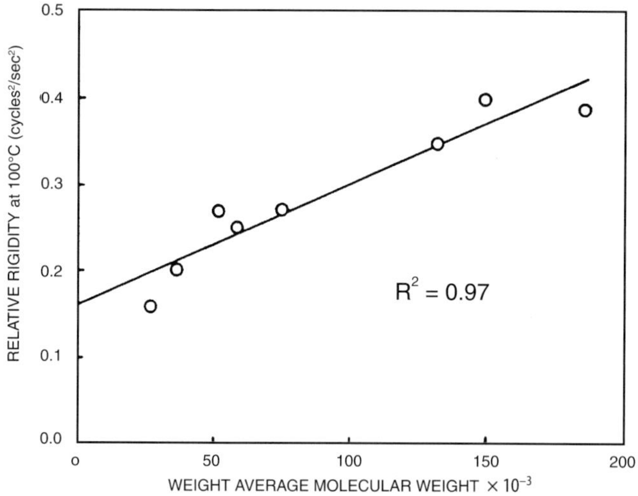

Abb. 3.86. Zusammenhang zwischen der relativen Steifigkeit bei 100 °C und dem Gewichtsmittel der Molmasse der untersuchten Phenolharze (Kelley u. a. 1986)

PF-Harze:
Abbildung 3.86 zeigt den Zusammenhang zwischen der relativen Steifigkeit und dem Gewichtsmittel der Molmasse bei verschiedenen Phenolharzen; dieser Zusammenhang gilt für eine Temperatur von 100 °C während der TBA-Messung bei einem konstanten Temperaturgradienten. Bei Erreichen dieser Temperatur ist das auf dem Träger befindliche Harz noch nicht ausgehärtet, sondern befindet sich in einem zähelastischen Zustand. Je höher die Molmasse des Harzes, desto rascher erfolgt seine Aushärtung und desto höher ist die bereits nach kurzer Zeit gegebene Steifigkeit (Kelley u. a. 1986). Bei der Untersuchung der verschiedenen ausgehärteten Harze war der Zusammenhang mit der Molmasse nicht mehr gegeben.

Weitere Literaturhinweise: Steiner und Warren (1981), Young u. a. (1981).

PUF-Harze: Ohyama u. a. (1995), Tomita u. a. (1994 b).

3.4.7 Dielektrische thermische Analyse (DETA), dielektrische Analyse (DEA)

Die DETA/DEA nutzt die Beweglichkeit von Ionen und die Orientierungsmöglichkeit von Dipolen in einem elektrischen Wechselfeld. Beide ändern sich, wenn das Harz aushärtet, diese Änderungen können gemessen und graphisch dargestellt werden.

Die Probe wird in einem elektrischen Wechselfeld aufgeheizt, es ist aber auch eine isotherme Fahrweise möglich. Gemessen werden die dielektrische Konstante e', der dielektrische Verlust e'' sowie der dielektrische Verlustfak-

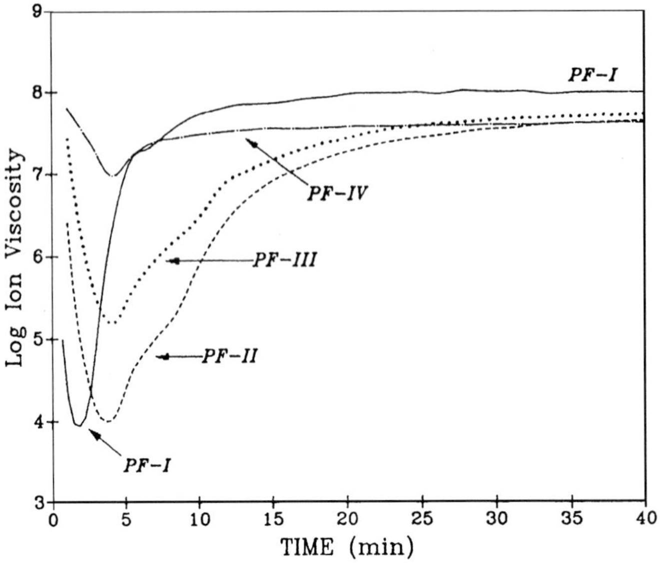

Abb. 3.87. Änderung der so genannten Ionenviskosität in Abhängigkeit der Zeit für vier unterschiedlich hoch kondensierte Proben (Rials 1990)

tor tan δ. Die Frequenz des Wechselfeldes kann in einem weiten Bereich gewählt werden. Die DETA/DEA misst dabei die Veränderungen des dielektrischen Verhaltens als Maß für die Beweglichkeit der Dipole und Ionen in Abhängigkeit der Zeit, der Frequenz und der Temperatur (z. B. Temperatur 30 bis 200 °C bei einem Temperaturanstieg von 5 °C/min).

PF-Harze:
Abbildung 3.87 zeigt die Änderung der so genannten Ionenviskosität in Abhängigkeit der Zeit, wobei die vier Proben jeweils rasch auf 150 °C aufgeheizt wurden und die Aushärtung dann bei dieser Temperatur erfolgte. Je höher der Kondensationsgrad der Proben (die einzelnen Proben wurden nacheinander während einer PF-Kochung gezogen), desto geringer war der Abfall der Kurve beim Aufheizen der Probe und desto rascher wurde ein konstanter Wert erreicht (Rials 1990).

UF-Harze: Wolcott und Rials (1995 a).

PF-Harze: King und Rice (1996).

PMDI: Wolcott und Rials (1995 a + b).

3.4.8
Thermogravimetrie (TG) bzw. Differentielle Thermogravimetrie (DTG)

UF-Harze:
Ein Beispiel einer TG-Analyse an einem UF-Harz ohne bzw. mit Härterzugabe findet sich in Abbildung 3.41 (Su u. a. 1995), s. Teil II, Abschn. 3.4.2.

Die beiden Abbildungen 3.88 und 3.89 zeigen die Massenabnahme eines UF- und eines MF-Harzes in Abhängigkeit der Temperatur (Hirata u. a. 1991). Das UF-Harz verliert einen Großteil seiner Masse im Temperaturbereich 220–280 °C, wobei hier auf Basis der differentiellen Darstellung des Massenverlustes offensichtlich mehrere Einzelreaktionen zu unterscheiden sind (Abb. 3.89). In Luft ist bei beiden Harzen ein stärkerer Massenverlust gegeben, wahrscheinlich treten hier neben der eigentlichen Pyrolyse auch noch Oxidationsvorgänge auf.

Weitere Literaturhinweise: Braun und Günther (1984), Chow und Steiner (1975), Denisov (1978), Ramiah und Troughton (1970), Zeman und Tokarova (1992).

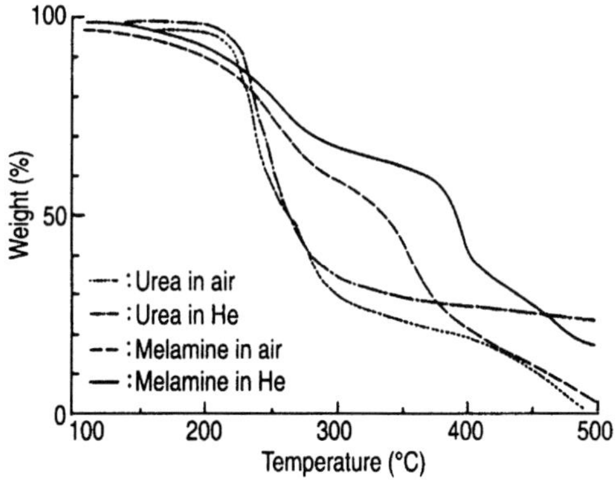

Abb. 3.88. Massenverlust eines UF-Harzes bzw. eines MF-Harzes in Abhängigkeit der Temperatur in Luft bzw. Helium (Hirata u. a. 1991). Gasdurchfluss 70–80 ml/min, Aufheizrate 1 °C/min

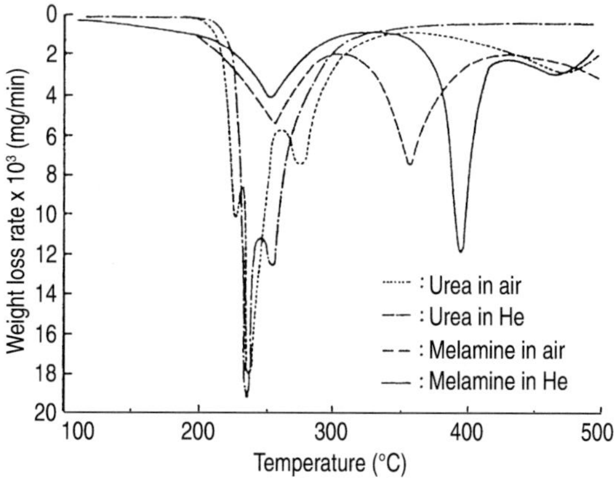

Abb. 3.89. Differentielle Darstellung des Massenverlustes aus Abb. 3.88 für ein UF-Harz bzw. ein MF-Harz (Hirata u. a. 1991)

MF/MUF-Harze: s. Abb. 3.88 und 3.89
Braun u.a. (1985), Braun und Ritzert (1984), Hirata u.a. (1991), Ramiah und Troughton (1970).

PF-Harze:
Chow (1972), Pizzi u.a. (1994 b), Ramiah und Troughton (1970), Samal u.a. (1996).

3.5 Untersuchungen an ausgehärteten Harzen

3.5.1 Chemische, physikalische und physikalisch-chemische Untersuchungen an ausgehärteten Bindemitteln

3.5.1.1 *Chemische Untersuchungen*

Eine zusammenfassende Beschreibung von Methoden zur Analyse verschiedener chemischer Anteile ausgehärteter UF-Harze (wie z.B. freier Formaldehyd und verbleibende Methylolgruppen) findet sich bei Schindlbauer u.a. (1979). Kratzl und Silbernagel (1968) bestimmen den Gesamtformaldehyd in (auch ausgehärteten) Leimen nach entsprechender Hydrolyse (s. auch Teil II, Abschn. 4.1.1.3).

3.5.1.2 *Restmonomere*

Emittierbare Restmonomere entweichen beim Einsatz der mittels der entsprechenden Bindemittel hergestellten Holzwerkstoffe. Eine Übersicht über dafür geeignete Messmethoden findet sich in Teil II, Kap. 5.

Es hat auch Versuche gegeben, den Gehalt an freiem Formaldehyd in ausgehärteten Leimharzen als Maß für die nachträgliche Formaldehydabgabe aus den damit hergestellten Holzwerkstoffen zu bestimmen. Dazu dienen im Prinzip ähnliche Messmethoden wie bei den Holzwerkstoffen, wobei eine bestimmte Art der Aufbereitung der gehärteten Harze erforderlich ist (Mahlen, Auswahl einer bestimmten Siebfraktion) (Scheithauer u.a. 1989). Zu bedenken ist hier, dass die effektive Formaldehydemission aus Holzwerkstoffen nicht nur vom Emissionspotential selbst (z.B. gemessen als Gehalt an freiem Formaldehyd in ausgehärteten Leimharzen), sondern auch vom Plattenaufbau und dem Diffusionsverhalten insbesondere der Deckschicht abhängt. Dies ist eine ähnliche Problematik wie bei der Beurteilung der nachträglichen Formaldehydabgabe über den Perforatorwert als Maß für das Emissionspotential (s. Teil II, Abschn. 5.2.3.1).

Gehalt an freiem Phenol in ausgehärteten Leimharzen: die Probenvorbereitung kann durch Eluation der gehärteten und gegebenenfalls gemahlenen Proben bzw. durch Ausgasen unter bestimmten Bedingungen erfolgen. Die quantitative Bestimmung des Phenols erfolgt dann vorzugsweise auf chromatographische oder spektroskopische Weise (s. Teil II, Abschn. 3.3.4.1 bzw. Teil II, Abschn. 5.3).

3.5.1.3
Erweichungstemperatur (T_g) (s. Teil II, Abschn. 3.4.3.1)

Ein Metallstempel drückt auf die in einer Eprouvette befindliche Probe, gemessen wird die Bewegung des Stempels während des Aufheizens der Probe (Chow und Pickles 1971, Chow 1973). Die Erweichungstemperatur T_g ist die Temperatur mit der stärksten Stempelbewegung pro Zeiteinheit (Maximum der ersten Ableitung).

Diese Methode ermöglicht die Abschätzung des amorphen Anteils in ausgehärteten Harzen. Je höher dieser Anteil ist, desto größer ist die während der Erwärmung der Probe mögliche Volumenreduktion bzw. desto niedriger ist die zugehörige Erweichungstemperatur. Zusätzlich wird diese Methode von Chow und Caster (1978) zur Voraussage der Eignung verschiedener Bindemittel unter Klimabeanspruchung genutzt (Abb. 3.90).

Weitere Literaturhinweise: Chow u.a. (1975), Pereira u.a. (1998), Steiner und Chow (1974).

3.5.1.4
Röntgen-Weitwinkelstreuung

Beurteilung des Kristallinitätsgrades ausgehärteter UF-Harze (Koutsky 1985).

3.5.2
Mechanische Prüfungen an ausgehärteten Bindemitteln

3.5.2.1
Thermische mechanische Analyse (TMA) (s. auch Teil II, Abschn. 3.4.3.4)

Eine konstante Zug- oder Druckspannung wird auf die Probe aufgebracht und die dabei entstehende Deformation als Funktion der Zeit gemessen. Bei einer gezielten Erwärmung ist auch die Bestimmung der Glasübergangstemperatur möglich.

PF-Harze:
Ellis und Steiner (1990), Katovic und Stefanic (1985), Schmidt und Frazier (1998b).

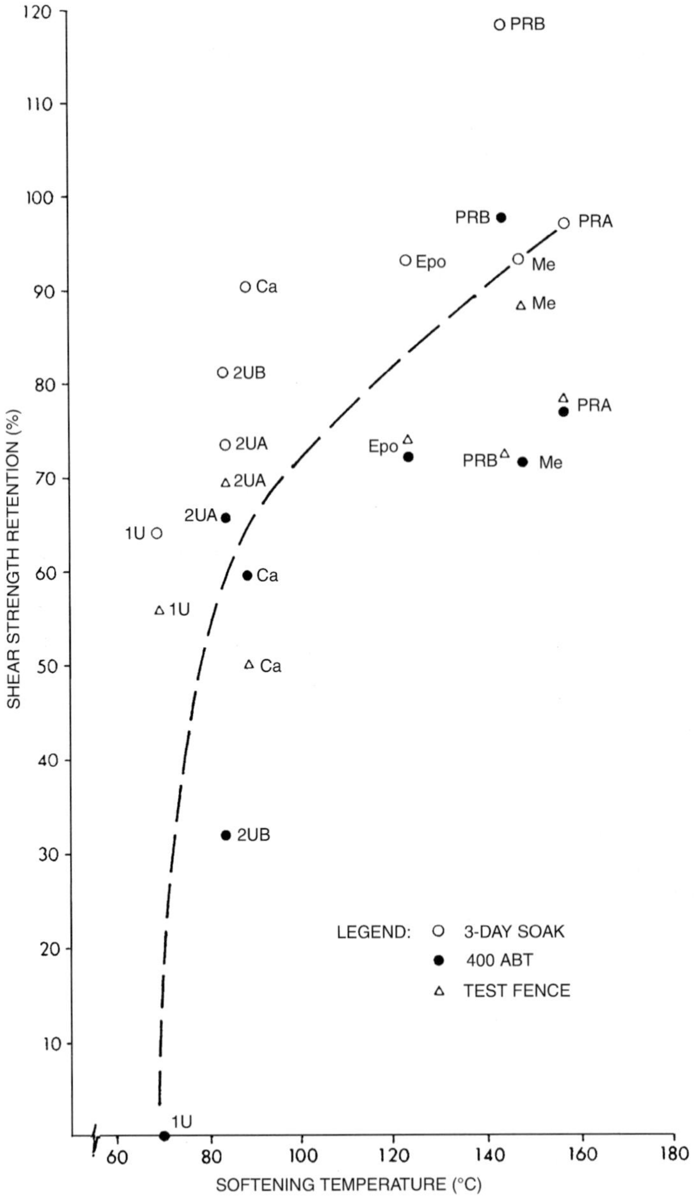

Abb. 3.90. Zusammenhang zwischen der Erweichungstemperatur verschiedener Bindemittel und der verbleibenden Scherfestigkeit von Holzverleimungen nach verschiedenen Vorbehandlungen (Chow und Caster 1978)

3.5.2.2
Dynamische mechanische thermische Analyse (DMTA)
(s. auch Teil II, Abschn. 3.4.4)

Eine sinusförmige Spannung wird auf die Probe aufgebracht (Zug-, Biege- oder Scherbeanspruchung) und der *E*-Modul bzw. Schubmodul sowie die Dämpfung der erzwungenen Schwingung als Funktion der Zeit bestimmt.

3.5.2.3
Torsionsanalyse (TBA) (s. auch Abschn. 3.4.6)

Gollob u. a. (1985 a), Kelley u. a. (1986).

3.5.2.4
Mechanische Prüfung ausgehärteter Proben unterschiedlicher Form, insbesondere Folien

Bolton und Irle (1987) stellten folienartige Zugprüfkörper durch Aushärtung von UF-Harzen bei Raumtemperatur bzw. erhöhter Temperatur zwischen zwei Glasplatten mit einem definierten Abstand von 0,33 mm her und untersuchten die Zugfestigkeit und den Zug-*E*-Modul dieser Proben bei trockener Prüfung bzw. nach vorhergehender Wasserlagerung. Ein eindeutiger Einfluss dieser wässrigen Vorbehandlung ist nur bei den mittels Ameisensäurezugabe bei Raumtemperatur gehärteten Proben gegeben, bei denen ein Abfall der Festigkeit auf weniger als ein Drittel des Ausgangswertes auftrat. Bei den bei höheren Temperaturen gehärteten Harzen war betreffend der verbleibenden Festigkeiten kein einheitlicher Trend gegeben. Der Zug-*E*-Modul hingegen fiel bei allen Proben mit Wasservorbehandlung mehr oder minder deutlich ab; auch hier ist der Abfall bei der bei Raumtemperatur gehärteten Probe am stärksten. Eine mögliche Erklärung liegt darin, dass die Festigkeit des polaren UF-Harzes

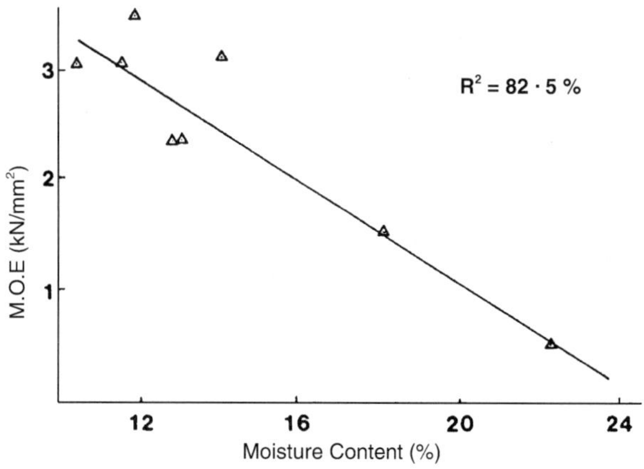

Abb. 3.91. Einfluss der Feuchtigkeit der Proben auf den Zug-*E*-Modul ausgehärteter UF-Harz-Filme (Bolton und Irle 1987)

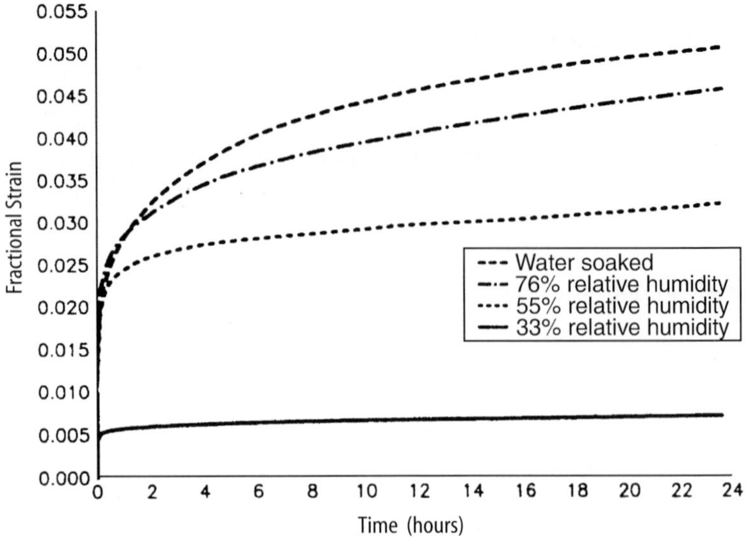

Abb. 3.92. Relatives Kriechen einer Folie aus einem ausgehärteten pulverförmigen PF-Harz bei Zugbeanspruchung in Abhängigkeit der Feuchtigkeit der umgebenden Luft bzw. bei Wasserlagerung (Irle und Bolton 1991)

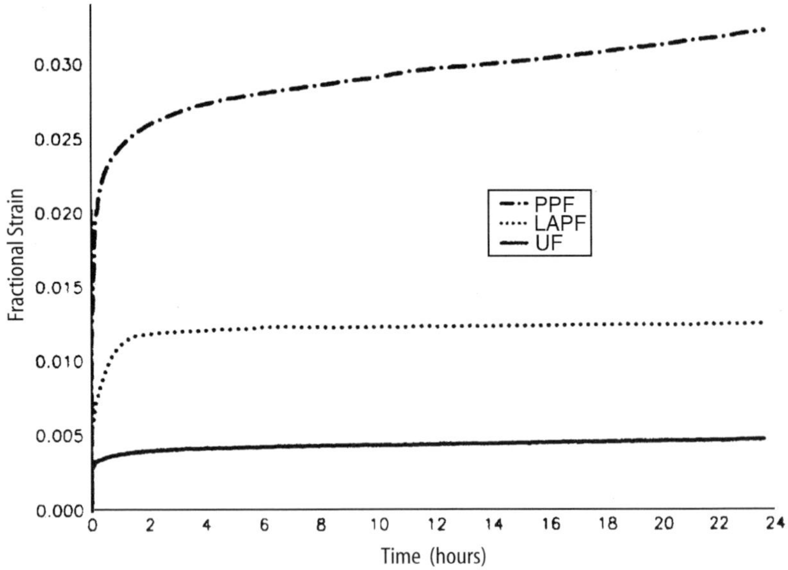

Abb. 3.93. Kriechverhalten von Folien dreier ausgehärteter Harze bei Zugbeanspruchung bei 55% relativer Luftfeuchtigkeit. PPF: pulverförmiges PF-Harz; LAPF: PF-Harz mit niedrigem Alkalianteil; UF: UF-Harz (Irle und Bolton 1991)

im trockenen Zustand nicht nur über kovalente Bindungen, sondern auch über Wasserstoffbrückenbindungen gegeben ist. Kann sich nun Wasser zwischen die einzelnen Ketten des ausgehärteten Harzes einlagern, werden diese Wasserstoffbrücken unterbrochen und eine leichtere Verschiebbarkeit der einzelnen Ketten untereinander unter Einwirkung einer äußeren Kraft ist möglich. Je höher die Aushärtetemperatur, desto höher ist im Allgemeinen der Aushärtegrad (Vernetzungsgrad) und desto niedriger ist der verbleibende Anteil an polaren reaktiven Gruppen. Damit sinkt der Beitrag an Wasserstoffbrückenbindungen, gleichzeitig wird durch die höhere Netzwerksdichte der Zutritt von Wassermolekülen sterisch behindert. Der Abfall des Zug-*E*-Moduls lässt sich gut mit der Feuchtigkeit der Zugproben nach der entsprechenden Vorbehandlung korrelieren, wie Abbildung 3.91 zeigt.

Irle und Bolton (1991) prüften auch das Kriechverhalten von ausgehärteten Filmen (UF und PF) bei Einwirkung unterschiedlicher Klimata bzw. nach Wasserlagerung (Abb. 3.92 und Abb. 3.93).

Untersuchungen zur Torsionsbeanspruchung rohrförmig ausgehärteter Proben (Clad 1965) scheiterten vor allem an Problemen der Probenvorbereitung, insbesondere der Homogenität der Proben.

Weitere Literaturhinweise: Dinwoodie (1977), Ploeg (1997).

Literatur

Aarts VMLJ, Scheepers ML, Brandts PM (1995) Proceedings 1995 European Plastic Laminates Forum, Heidelberg, 17–25
Adcock T, Wolcott MP, Peyer SM (1999) Proceedings Third European Panel Products Symposium, Llandudno, North Wales, 67–76
Aldersley JW, BertramVMR, Harper GR, Stark BP (1969) Br. Polym. J. 1, 101–109
Alliet D (1967) J. Polym. Sci., Pt. A-1, 5, 1783–1787
Anderson DG, Netzel DA, Tessari DJ (1970) J. Appl. Polym. Sci. 14, 3021–3032
Armonas JE (1970) For. Prod. J. 20: 7, 22–27
Astarloa-Aierbe G, Echeverria JM, Egiburu JL, Ormaetxea M, Mondragon I (1998a) Polymer 39, 3147–3153
Astarloa-Aierbe G, Echeverria JM, Martin MD, Mondragon I (1998b) Polymer 39, 3467–3472
Astarloa-Aierbe G, Echeverria JM, Mondragon I (1999) Polymer 40, 5873–5878
Astarloa-Aierbe G, Echeverria JM, Vazquez A, Mondragon I (2000) Polymer 41, 3311–3315
Bain DR, Wagner J-D (1984) Polymer 25, 403–404
Beall FC (1990) Proceedings Wood Adhesives, Madison, WI, 97–102
Beall FC, Chen L (1997) Proceedings Workshop on Non-Destructive Testing of Panel Products, Llandudno, North Wales, 49–60
Becher HJ (1956a) Chem. Ber. 89, 1593–1601
Becher HJ (1956b) Chem. Ber. 89, 1951–1959
Becher HJ, Griffel F (1958a) Chem. Ber. 91, 700–703
Becher HJ, Griffel F (1958b) Chem. Ber. 91, 2025–2031
Becher HJ, Griffel F (1958c) Chem. Ber. 91, 2032–2039
Beck KR, Leibowitz BJ (1980) J. Chromatogr. 190, 226–232

Berger HU (1974) Methoden der enzymatischen Analysen. Band II. Verlag Chemie, Weinheim, S 1839
Billiani J, Lederer K, Dunky M (1990) Angew. Makromol. Chem. 180, 199–208
Bolton AJ, Humphrey PE (1977) J. Inst. Wood Sci. 75: 5, 11–14
Bolton AJ, Irle MA (1987) Holzforschung 41, 155–158
Braun D, de L. Abrão M, Ritzert H-J (1985) Angew. Makromol. Chem. 135, 193–210
Braun D, Arndt J (1978a) Angew. Makromol. Chem. 73, 133–142
Braun D, Arndt J (1978b) Angew. Makromol. Chem. 73, 143–151
Braun D, Arndt J (1979) Fresenius Z. Anal. Chem. 294, 130–134
Braun D, Arndt J, Kämmerer H (1972) Angew. Makromol. Chem. 26, 181–185
Braun D, Bayersdorf F (1979a) Angew. Makromol. Chem. 81, 147–170
Braun D, Bayersdorf F (1979b) Angew. Makromol. Chem. 83, 21–36
Braun D, Bayersdorf F (1980a) Angew. Makromol. Chem. 85, 1–13
Braun D, Bayersdorf F (1980b) Angew. Makromol. Chem. 89, 183–200
Braun D, Günther P (1982) Kunststoffe 72, 785–790
Braun D, Günther P (1984) Angew. Makromol. Chem. 128, 1–14
Braun D, Günther P, Pandjojo PW (1982) Angew. Makromol. Chem. 102, 147–157
Braun D, Legradic V (1972) Angew. Makromol. Chem. 33, 193–196
Braun D, Legradic V (1973) Angew. Makromol. Chem. 34, 35–53
Braun D, Pandjojo W (1975) Z. Anal. Chem. 276, 205–207
Braun D, Pandjojo W (1979a) Angew. Makromol. Chem. 80, 195–205
Braun D, Pandjojo W (1979b) Fresenius Z. Anal. Chem. 294, 375–378
Braun D, Ritzert HJ (1984) Angew. Makromol. Chem. 125, 9–26
Braun D, Ritzert HJ (1985) Angew. Makromol. Chem. 135, 193–210
Braun D, Ritzert HJ (1988) Angew. Makromol. Chem. 156, 1–20
Braun D, Unvericht R (1995) Angew. Makromol. Chem. 226, 183–195
Breet AJJ de, Dankelman W, Huysmans WGB, de Wit J (1977) Angew. Makromol. Chem. 62, 7–31
Bucar DG, Tisler V (1997) Holzforsch. Holzverwert. 48, 101–104
Carotenuto G, Nicolais L (1999) J. Appl. Polym. Sci. 74, 2703–2715
Cazes J, Martin N (1977) Proceedings 11th Wash. State Univ. Int. Symposium on Particleboards, Pullman, WA, 209–222
Chiantore O, Guaita M (1991) J. Appl. Polym. Sci., Appl. Polym. Symp. 48, 431–440
Chiavarini M, Bigatto R, Conti N (1978) Angew. Makromol. Chem. 70, 49–58
Chiavarini M, Del Fanti N, Bigatto R (1975) Angew. Makromol. Chem. 46, 151–162
Chiavarini M, Del Fanti N, Bigatto R (1976) Angew. Makromol. Chem. 56, 15–25
Chow S (1972) Holzforschung 26, 229–232
Chow S (1973) Holzforschung 27, 64–68
Chow S (1977) Holzforschung 31, 200–205
Chow S, Caster RW (1978) For. Prod. J. 28: 6, 38–43
Chow S, Hancock WV (1969) For. Prod. J. 19: 4, 21–29
Chow S, Pickles KJ (1971) Wood Fiber 3, 166–178
Chow S, Steiner PR (1975) Holzforschung 29, 4–10
Chow S, Steiner PR (1978) Holzforschung 32, 120–122
Chow S, Steiner PR (1979) J. Appl. Polym. Sci. 23, 1973–1985
Chow S, Steiner PR, Troughton GE (1975) Wood Sci. 8, 343–349
Chow S, Troughton GE (1969) For. Prod. J. 19: 3, 24–26
Christiansen AW (1984) Int. J. Adhesion Adhesives 4, 109–119
Christiansen AW, Follensbee RA, Geimer RL, Koutsky JA, Myers GE (1993) Holzforschung 47, 76–82
Christiansen AW, Gollob L (1985) J. Appl. Polym. Sci. 30, 2279–2289
Chuang IS, Hawkins BL, Maciel GE, Myers GE (1985) Macromolecules 18, 1482–1485

Chuang IS, Maciel GE (1992) Macromolecules 25, 3204-3226
Chuang IS, Maciel GE (1994a) Polymer 35, 1621-1628
Chuang IS, Maciel GE (1994b) J. Appl. Polym. Sci. 52, 1637-1651
Clad W (1961) Holz Roh. Werkst. 19, 22-26
Clad W (1965) Holz Roh. Werkst. 23, 58-67
Cremonini C, Pizzi A (1997) Holzforsch. Holzverwert. 49, 11-15
Cremonini C, Pizzi A, Tekely P (1996a) Holz Roh. Werkst. 54, 43-47
Cremonini C, Pizzi A, Tekely P (1996b) Holz Roh. Werkst. 54, 85-88
Dankelman W, Daemen JMH, de Breet AJJ, Mulder JL, Huysmans WGB, de Wit J (1976) Angew. Makromol. Chem. 54, 187-201
Dankelman W, de Wit J (1976) Holz Roh. Werkst. 34, 131-134
Denisov OB (1973) Holztechnol. 14, 43-46
Denisov OB (1978) Holztechnol. 19, 139-141
Dinwoodie JM (1977) Holzforschung 31, 50-55
Duclairoir C, Brial J-C (1976) J. Appl. Polym. Sci. 20, 1371-1388
Dunky M (1978) unveröffentlicht
Dunky M (1980) Dissertation, Montanuniversität Leoben, Österreich
Dunky M (1982) unveröffentlicht
Dunky M (1985a) Holzforsch. Holzverwert. 37, 75-82
Dunky M (1985b) unveröffentlicht
Dunky M (1997) unveröffentlicht
Dunky M, Hluchy G (1986) unveröffentlicht,
Dunky M, Lederer K (1982) Angew. Makromol. Chem. 102, 199-213
Dunky M, Lederer K, Zimmer E (1981) Österr. Kunststoff-Z. 12: 1/2, 36-39
Duval M, Bloch B, Kohn S (1972) J. Appl. Polym. Sci. 16, 1585-1602
Ebdon JR, Heaton PE (1977) Polymer 18, 971-974
Ebdon JR, Heaton PE, Huckerby TN, O'Rourke WTS, Parkin J (1984) Polymer 25, 821-825
Ebdon JR, Hunt BJ, O'Rourke WT, Parkin J (1988) Br. Polym. J. 20, 327-334
Ebewele RO, River BH, Koutsky JA (1982) J. Appl. Polym. Sci. 14, 189-217
Ebewele RO, River BH, Koutsky JA (1986) J. Appl. Polym. Sci. 31, 2275-2302
Ellis S (1993) For. Prod. J. 43: 2, 66-68
Ellis S (1996) For. Prod. J. 46: 9, 69-75
Ellis S, Steiner PR (1990) Proceedings Wood Adhesives 1990, Madison, WI, 76-85
Ellis S, Steiner PR (1991) Wood Fiber Sci. 23: 1, 85-97
Ellis S, Steiner PR (1992) For. Prod. J. 42: 1, 8-14
Enns JB, Gillham JK (1983) J. Appl. Polym. Sci. 28, 2567-2591
Ferg EE (1992) Thesis, University of the Witwatersrand, Johannesburg, South Africa
Ferg EE, Pizzi A, Levendis DC (1993a) J. Appl. Polym. Sci. 50, 907-915
Ferg EE, Pizzi A, Levendis DC (1993b) Holzforsch. Holzverwert. 45, 88-92
Feurer B, Gourdenne A (1974a) ACS Polym. Prepr. 15: 2, 279-284
Feurer B, Gourdenne A (1974b) Bull. Soc. Chim. Franc. 12, 2845-2858
Fisher TH, Chao P, Upton CG, Day AJ (1995) Magn. Res. Chem. 33, 717-723
Follensbee RA, Koutsky JA, Christiansen AW, Myers GE, Geimer RL (1993) J. Appl. Polym. Sci. 47, 1481-1496
Frazier CE, Schmidt RG, Ni J (1996) Proceedings Third Pacific Rim Bio-Based Composites Symposium, Kyoto, Japan, 383-391
Freeman JH (1952a) Anal. Chem. 25, 955-958
Freeman JH (1952b) J. Am. Chem. Soc. 74, 6257-6260
Fyfe CA, McKinnon MS, Rudin A, Tchir WJ (1983) Macromolecules 16, 1216-1219
Fyfe CA, Rudin A, Tchir WJ (1980) Macromolecules 13, 1320-1322
Garcia R, Pizzi A (1998) J. Appl. Polym. Sci. 70, 1111-1119
Gardikes JJ, Konrad FM (1966) ACS-Preprints 26: 1, 131-137

Gay K, Pizzi A (1996) Holz Roh. Werkst. 54, 278
Geimer RL, Christiansen AW (1991) Proceedings Adhesives and Bonded Wood Products, Seattle, WA, 12–29
Geimer RL, Christiansen AW (1996) For. Prod. J. 46: 11/12, 67–72
Geimer RL, Follensbee RA, Christiansen AW, Koutsky JA, Myers GE (1990) Proceedings 24th Wash. State University Int. Particleboard/Composite Materials Symposium, Pullman, WA, 65–83
Gillham JK (1979) Polym. Eng. Sci. 19, 676–682
Gillham JK (1985) Br. Polym. J. 17, 224–229
Giraud S, Lefevre L, Sträcke P, Francois H, Merlin A, Pizzi A, Deglise X (1997) Holzforsch. Holzverwert. 49, 50–55
Gnauck R, Habisch D (1980) Plaste Kautsch. 27, 485–486
Gnauck R, Ziebarth G, Wittke W (1980) Plaste Kautsch. 27, 427–428
Gobec G (1997) Dissertation, Montanuniversität Leoben
Gobec G, Dunky M, Zich T, Lederer K (1997) Angew. Makromol. Chem. 251, 171–179
Goetzky P, Pasch H (1986a) Acta Polymerica 37, 510–512
Goetzky P, Pasch H (1986b) Acta Polymerica 37, 512–514
Gollob L (1982) Thesis Oregon State University, Corvallis OR
Gollob L, Kelley StS, Ilcewicz LB, Maciel GE (1985a) Proceedings Wood Adhesives 1985, Madison, WI, 314–327
Gollob L, Krahmer RL, Wellons JD, Christiansen AW (1985b) For. Prod. J. 35: 3, 42–48
Gollob L, Wellons JD (1980) For. Prod. J. 30: 6, 27–35
Grenier-Loustalot M-F, Larroque St, Grande D, Grenier Ph (1996a) Polymer 37, 1363–1369
Grenier-Loustalot M-F, Larroque St, Grenier Ph (1996b) Polymer 37, 639–650
Grenier-Loustalot M-F, Larroque St, Grenier Ph, Leca JP, Bedel D (1994) Polymer 35, 3046–3054
Groh G, Petersen H, Klug L (1981) Farbe + Lack 87, 744–747
Grunwald D (1996) Diplomarbeit, Technische Universität Braunschweig
Grunwald D (1998) WKI-Kurzbericht 9
Grunwald D (1999a) WKI-Kurzbericht 16
Grunwald D (1999b) Proceedings 2nd European Wood-Based Panel Symposium, Hannover
Grunwald D (2000) persönliche Mitteilung
Grunwald D, Oldörp K (1997) Tagungsband Klebstoffe für Holzwerkstoffe und Faserformteile, Klein J und Marutzky R (Hrsg.), Braunschweig
Haupt RA, Kabir FRA, Sellers T Jr (1991), Proceedings Adhesives and Bonded Wood Products, Seattle, WA, 450–461
Haupt RA, Sellers T Jr (1994) Ind. Eng. Chem. Res. 33, 693–697
Haupt RA, Waago S (1995) Proceedings Wood Adhesives 1995, Portland, OR, 220–226
Heitz W (1970) Angew. Chem. 82, 675–689
Heitz W (1973a) J. Chromatogr. 83, 223–231
Heitz W (1973b) Ber. Bunsen Ges. Phys. Chem. 77, 210–217
Higuchi M, Tohmura S, Sakata I (1994) Mokuzai Gakkaishi 40, 604–611
Hill ChG, Hedren AM, Myers GE, Koutsky JA (1984) J. Appl. Polym. Sci. 29, 2749–2762
Hirata T, Kawamoto S, Okuro A (1991) J. Appl. Polym. Sci. 42, 3147–3163
Hirt RC, King FT, Schmitt RG (1954) Anal. Chem. 26, 1273–1276
Hlaing T, Gilbert A, Booth C (1986) Brit. Polym. J. 18, 345–348
Holopainen T, Alvila L, Rainio J, Pakkanen TT (1997) J. Appl. Polym. Sci. 66, 1183–1193
Holopainen T, Alvila L, Rainio J, Pakkanen TT (1998) J. Appl. Polym. Sci. 69, 2175–2185
Hope P, Stark BP, Zahir SA (1973) Br. Polym. J. 5, 363–378
Horn V, Benndorf G, Rädler KP (1978) Plaste Kautsch. 25, 570–575
Hse Ch-Y (1971) For. Prod. J. 21: 1, 44–52
Hse Ch-Y, Xia Z-Y, Tomita B (1994) Holzforschung 48, 527–532

Hsu WE (1991) Proceedings Adhesives and Bonded Wood Products, Seattle, WA, 58–68
Huber Ch, Lederer K (1980) J. Polym. Sci., Polym. Lett. Ed. 18, 535–540
Humphrey PE (1990) Proceedings Wood Adhesives in 1990, Madison, WI, 86–90
Humphrey PE (1996) Proceedings Third Pacific Rim Bio-Based Composites Symposium, Kyoto, Japan, 366–373
Humphrey PE, Bolton AJ (1979) Holzforschung 33, 129–133
Humphrey PE, Bolton AJ (1985) Proceedings Wood Adhesives in 1985: Status and Needs, Madison, WI, 75–81
Humphrey PE, Ren S (1989) J. Adhesion Sci. Technol. 3, 397–413
Inoue M, Kawai M, Itow G (1956) Wood Industry 11, 85–89
Irle MA, Bolton AJ (1991) Holzforschung 45, 69–73
Ishida S, Kitagawa T, Nakamoto Y, Kaneko YK (1983) Polym. Bull. 10, 533–537
Jada SS (1988) J. Appl. Polym. Sci. 35, 1573–1592
Jada SS (1990) Macromol. Sci. Chem. A 27: 3, 361–375
Jordan RC (1980) J. Liqu. Chromatogr. 3, 439–463
Kajita H, Mukudai J, Yano H (1991) Wood Sci. Technol. 25, 239–249
Kambanis SM, Vasishth RC (1971) J. Appl. Polym. Sci. 15, 1911–1919
Kamide K, Miyakawa Y (1978) Makromol. Chem. 179, 359–372
Kamoun C, Pizzi A (2000a) Holzforsch. Holzverwert. 52, 16–19 und 66–67
Kamoun C, Pizzi A (2000b) Holz Roh. Werkst. 58, 288–289
Kamoun C, Pizzi A, Garcia R (1998) Holz Roh. Werkst. 56, 235–243
Käsbauer F, Merkel D, Wittmann O (1976) Z. Fres. Anal. Chem. 281, 17–21
Katovic Z (1967) J. Appl. Polym. Sci. 11, 85–93
Katovic Z, Stefanic M (1985) Ind. Eng. Chem., Prod. Res. Div. 24, 1117–1130
Katuscak S, Thomas M, Schiessl O (1981) J. Appl. Polym. Sci. 26, 381–394
Kaye W, Havlik AJ (1973) App. Opt 12, 541–546
Kelley SS, Gollob L, Wellons JD (1986) Holzforschung 40, 303–308
Kendall EW, Frei J, Trethewey BR Jr, Benton LD (1998) Proceedings Plastic Laminates Symposium, 81–95
Kim MG (1999) J. Polym. Sci., Part A: Polym. Chem. 37, 995–1007
Kim MG (2000) J. Appl. Polym. Sci. 75, 1243–1254
Kim MG, Amos LW (1990) Ind. Eng. Chem. Res. 29, 208–212
Kim MG, Amos LW (1991) Ind. Eng. Chem. Res. 30, 1151–1157
Kim MG, Amos LW, Barnes EE (1983) ACS Div. Polym. Chem., Polym. Prepr. 24: 2, 173–174
Kim MG, Amos LW, Barnes EE (1990) Ind. Eng. Chem. Res. 29, 2032–2037
Kim MG, Nieh WL, Meacham RM (1991) Ind. Eng. Chem. Res. 30, 798–803
Kim MG, Nieh WL, Sellers T Jr, Wilson WW, Mays JW (1992) Ind. Eng. Chem. Res. 31, 973–979
Kim MG, Tiedeman GT, Amos LW (1979) Proceedings Weyerhaeuser Sci. Symp., 263–289
Kim MG, Wu Y, Amos LW (1997) J. Polym. Sci., Part A: Polym. Chem. 35, 3275–3285
King PW, Mitchell RH, Westwood AR (1974) J. Appl. Polym. J. 18, 1117–1130
King RJ, Rice RW (1996) Mat. Res. Soc. Symp. Proc. 430, 601–605
Knappe W, Nachtrab G, Weber G (1971) Angew. Makromol. Chem. 18, 169–173
Koutsky JA (1985) Proceedings Wood Adhesives 1985, Madison, WI, 102–118
Kratzl K, Silbernagel H (1968) Holzforsch. Holzverwert. 20, 131–132
Kumlin K, Simonson R (1978a) Angew. Makromol. Chem. 68, 175–184
Kumlin K, Simonson R (1978b) Angew. Makromol. Chem. 72, 67–74
Kumlin K, Simonson R (1980) Angew. Makromol. Chem. 86, 143–156
Kumlin K, Simonson R (1981a) Angew. Makromol. Chem. 93, 27–42
Kumlin K, Simonson R (1981b) Angew. Makromol. Chem. 93, 43–54
Lady JH, Adams RE, Kesse I (1960) J. Appl. Polym. Sci. III, 7, 65–70
Laigle Y, Kamoun C, Pizzi A (1998) Holz Roh. Werkst. 56, 154

Lederer K, Billiani J (1987) Spectra 2000, 122: 6/7, 39–40
Lederer K, Imrich-Schwarz G, Dunky M (1986) J. Appl. Polym. Sci. 32, 4751–4760
Lee WY (1972) Anal. Chem. 44, 1284–1285
Leitner K (1978) Diplomarbeit Montanuniversität Leoben
Lu X, Pizzi A (1998) Holz Roh. Werkst. 56, 339–346
Ludlam PR (1973a) Analyst 98, 107–115
Ludlam PR (1973b) Analyst 98, 116–121
Ludlam PR, King JG (1984) J. Appl. Polym. Sci. 29, 3863–3872
Ludlam PR, King JG, Anderson RM (1986) Analyst 111, 1265–1271
Luukko P, Alvila L, Holopainen T, Rainio J, Pakkanen TT (1998) J. Appl. Polym. Sci. 69, 1805–1812
Maciel GE, Chuang I, Gollob L (1984) Macromolecules 17, 1081–1087
Maciel GE, Szeverenyi NM, Early ThA, Myers GE (1983) Macromolecules 16, 598–604
Manfredi LB, de la Osa O, Galego Fernández N, Vazquez A (1999) Polymer 40, 3867–3875
Marcinko JJ, Newman WH, Phanopoulos C (1994) Proceedings Second Pacific Rim Bio-Based Composites Symposium, Vancouver, Canada, 286–293
Marcinko JJ, Rinaldi PL, Bao S (1999) For. Prod. J. 49: 5, 75–78
Marutzky R, Ranta L, Schriever E (1978) Holz Zentr. Bl. 104, 1747
Matsuda H, Goto S (1984) Can. J. Chem. Eng. 62, 108–111
Matsuzaki T, Inoue Y, Ookubo T, Mori S (1980) J. Liquid Chromatogr. 3, 353–365
Maylor R (1995) Proceedings Wood Adhesives 1995, Portland, OR, 115–121
Mbachu R (1998) Panel World 39: 6, 30–32
McGraw GW, Landucci LL, Ohara S, Hemingway RW (1989) J. Wood Chem.Technol. 9: 2, 201–217
Mechin B, Hanton D, le Goff J, Tanneur JP (1984) Eur. Polym. J. 20: 4, 333–341
Mechin B, Hanton D, le Goff J, Tanneur JP (1986) Eur. Polym. J. 22: 2, 115–124
Mercer TA, Pizzi A (1994) Holzforsch. Holzverwert. 46, 51–54
Mercer TA, Pizzi A (1996a) J. Appl. Polym. Sci. 61, 1687–1695
Mercer TA, Pizzi A (1996b) J. Appl. Polym. Sci. 61, 1697–1702
Merz J, Raschdorf F (1972) Textilveredelung 7, 540–549
Meyer B (1979) Proceedings 13th Wash. State Univ. Int. Symposium on Particleboards, Pullman, WA, 343–354
Meyer B, Hermanns K, Smith DC (1984) J. Appl. Polym. Sci: Appl. Polym. Symp. 40, 27–39
Miyake K, Tomita B, Hse CY, Myers GE (1989) Mokuzai Gakkaishi 35, 742–747
Mizumachi H (1973) Wood Sci. 6, 14–18
Montague PG, Peaker FW, Bosworth P, Lemon P (1971) Br. Polym. J. 3, 93–94
Moore JC (1964) J. Polym. Sci. A2, 2, 835–841
Mori S (1982) pers. Mitteilung
Much H, Pasch H (1982) Acta Polym. 33, 366–369
Myers GE (1981) J. Appl. Polym. Sci. 26, 747–764
Myers GE (1982) Wood Sci. 15, 127–138
Myers GE (1985) For. Prod. J. 35: 6, 57–62
Myers GE, Christiansen AW, Geimer RL, Follensbee RA, Koutsky JA (1993) J. Appl. Polym. Sci. 43, 237–250
Myers GE, Koutsky JA (1990) Holzforschung 44, 117–126
Nair BR, Francis JD (1980) J. Chromatogr. 195, 158–161
Neiss TG, Vanderheiden EJ (1994) Macromol. Symp. 86, 117–129
Neusser H (1957) Holzforsch. Holzverwert. 9, 10–11
Neusser H, Haidinger K (1968) Holzforsch. Holzverwert. 20, 133–141
Neusser H, Schall W, Haidinger K (1974) Holzforsch. Holzverwert. 26, 63–74
Nitsch E, Iwanov W, Lederer K (1979) Carbohydrate Res. 72, 1–12
Noble W, Wheals BB, Whitehouse MJ (1974) Forensic Science 3, 163–174

Nusselder JJH, Aarts VMLJ, Brandts PM, Mattheij J (1998) Proceedings Second European Panel Products Symposium, Llandudno, North Wales, 224–232
Ohyama M, Tomita B, Hse CY (1995) Holzforschung 49, 87–91
Oldörp K (1997) Holz- und Kunststoffverarb. 32: 11, 52–54
Onic L, Bucur V, Ansell MP, Pizzi A, Deglise X, Merlin A (1998) J. Adhesion Adhesives 18, 89–94
Ottenbourgs B, Adriaensens P, Carleer R, Vanderzande D, Gelan J (1998) Polymer 39, 5293–5300
Ouano AC (1976) J. Chromatogr. 118, 303–312
Ouano AC, Barrall EM, Johnson JF (1975) In: Slade P-E (Hrsg.): Polymer Molecular Weights, Teil II, 287–378, Marcel Dekker, Inc., New York
Ouano AC, Kaye W (1974) J. Polym. Sci. 12, 1151–1162
Panangama LA, Pizzi A (1995) J. Appl. Polym. Sci. 55, 1007–1015
Panetti M, Cangelosi A, Ferrero F (1981) Annali Chim. 743–748
Park BD, Riedl B, Bae H-J, Kim YS (1999a) J. Wood Chem. Technol. 19, 265–286
Park BD, Riedl B, Hsu EW, Shields J (1998) Holz Roh. Werkst. 56, 155–161
Park BD, Riedl B, Hsu EW, Shields J (1999b) Polymer 40, 1689–1699
Parker RJ, Thesis MSc (1982) Oregon State University, Corvallis, OR
Pasch H, Goetzky P, Gründemann E (1985) Acta Polym. 36, 555–557
Pasch H, Goetzky P, Raubach H (1983) Acta Polym. 34, 150–152
Pasch H, Rode K, Ghahary R, Braun D (1996) Angew. Makromol. Chem. 241, 95–111
Pereira CMC, Carvalho LMH, Costa CAV (1998) Proceedings Second European Panel Products Symposium, Llandudno, North Wales, 269–274
Peterson MD (1985) Proceedings Wood Adhesives 1985, Madison, WI, 82–97
Pichelin F, Pizzi A, Frühwald A (2000) Holz Roh. Werkst. 58, 182–183
Pizzi A (1993) pers. Mitteilung
Pizzi A (1998) Proceedings Forest Products Society Annual Meeting, Merida (Mexico), 13–30
Pizzi A (1999) J. Appl. Polym. Sci. 71, 1703–1709
Pizzi A, Garcia R, Wang S (1997) J. Appl. Polym. Sci. 66, 255–266
Pizzi A, Lipschitz L, Valenzuela J (1994a) Holzforschung 48, 254–261
Pizzi A, Mtsweni B, Parsons W (1994b) J. Appl. Polym. Sci. 52, 1847–1856
Pizzi A, Owens NA (1995) Holzforschung 49, 269–272
Pizzi A, Stephanou A (1993) J. Appl. Polym. Sci. 49, 2157–2170
Pizzi A, Stephanou A (1994a) J. Appl. Polym. Sci. 51, 2109–2124
Pizzi A, Stephanou A (1994b) J. Appl. Polym. Sci. 51, 2125–2130
Pizzi A, de Sousa G (1992) Chem. Phys. 164, 203–216
Pizzi A, Tekely P (1995) J. Appl. Polym. Sci. 56, 1645–1650
Pizzi A, Tekely P (1996) Holzforschung 50, 277–281
Pizzi A, Tekely P, Panamgama LA (1996) Holzforschung 50, 481–485
Ploeg PJvd (1997) Proceedings Klebstoffe für Holzwerkstoffe und Faserformteile: Neue Entwicklungen, Applikationen und Analysetechniken, Braunschweig, (WKI-Bericht 32)
Probsthain K (1976) Kunststoffe 66, 379–380
Quinn EJ, Osterhoudt HW, Heckles JS, Ziegler DC (1968) Anal. Chem. 40, 547–551
Ramiah MV, Troughton GE (1970) Wood Sci. 3, 120–125
Rammon RM, Johns WE, Magnuson J, Dunker AK (1986) J. Adhesion 19, 115–135
Reese J (1954) Angew. Chem 66, 170–174
Rials TG (1990) Proceedings Wood Adhesives 1990, Madison, WI, 91–96
Richard B, Gourdenne A (1976) Proceedings FATIPEC-Congr., 550–553
Riedl B, Calvé L (1991) J. Appl. Polym. Sci. 42, 3271–3273
Riedl B, Calvé L, Blanchette L (1988) Holzforschung 42, 315–318
Riedl B, Vohl MJ, Calvé L (1990) J. Appl. Polym. Sci. 39, 341–353

Roczniak K, Biernacka T, Skarzynski M (1983) J. Appl. Polym. Sci. 28, 531–542
Roh J-K, Higuchi M, Sakata I (1990a) Mokuzai Gakkaishi 36, 36–41
Roh J-K, Higuchi M, Sakata I (1990b) Mokuzai Gakkaishi 36, 42–48
Root A, Soriano P (2000) J. Appl. Polym. Sci. 75, 754–765
Rosenberg GN (1978) Holzforschung 32, 92–96
Rudin A, Fyfe CA, Vines SM (1983) J. Appl. Polym. Sci. 28, 2611–2622
Rybicky J, Kambanis SM (1979) J. Appl. Polym. Sci. 24, 1523–1529
Samal RK, Senapati BK, Patniak LM, Debi R (1996) J. Polym. Mater. 13, 169–172
Scheepers ML, Adriaensens PJ, Gelan JM, Carleer RA, Vanderzande DJ, de Vries NK, Brandts PM (1995a) J. Polym. Sci., Part A: Polym. Chem. 33, 915–920
Scheepers ML, Gelan JM, Carleer RA, Adriaensens PJ, Vanderzande DJ, Kip BJ, Brandts PM (1993) Vibrat. Spectrosc. 6: 1, 55–69
Scheepers ML, Meier RJ, Markwort L, Gelan, JM, Vanderzande DJ, Kip BJ (1995b) Vibrat. Spectrosc. 9, 139–146
Scheithauer M, Merker O, Aehlig K, Hoferichter E (1989) Holz Roh. Werkst. 47, 457–461
Schindlbauer H, Anderer J (1979) Angew. Makromol. Chem. 79, 157–162
Schindlbauer H, Anderer J (1980) Fresenius Z. Anal. Chem. 301, 210–214
Schindlbauer H, Henkel G, Weiß J, Eichberger W (1976) Angew. Makromol. Chem. 49, 115–128
Schindlbauer H, Holzhöfer B, Schuster J (1979) Kunststoffe 69, 158–162
Schindlbauer H, Schuster J (1981) Kunststoffe 71, 508–513
Schmidt R (1998) Thesis, Virginia Polytechnic Institute, Virginia State University
Schmidt RG, Ballerini AA, Kamke FA, Frazier CE (1995) Proceedings Wood Adhesives 1995, Portland, OR, 182–185
Schmidt RG, Frazier CE (1998a) Wood Fiber Sci. 30, 250–258
Schmidt RG, Frazier CE (1998b) Int. J. Adhesion Adhesives 18, 139–146
Schmolke R, Dietrich K, Nastke R, Kunath D, Teige W (1987) Acta Polymerica 38, 574–579
Schriever E (1980) Holzforsch. 34, 177–180
Schröder E, Franz J, Hagen E (1976) Ausgewählte Methoden der Plastanalytik, S. 533. Akademieverlag Berlin
Schürmann BL, Vogel L (1996) J. Mat. Sci. 31, 3435–3440
Scopelitis E, Thesis MSc (1992) University of the Witwatersrand, Johannesburg
Scopelitis E, Pizzi A (1993a) J. Appl. Polym. Sci. 47, 351–360
Scopelitis E, Pizzi A (1993b) J. Appl. Polym. Sci. 48, 2135–2146
Sebenik A, Lapanje S (1975) J. Chromatogr. 106, 454–460
Sebenik A, Osredkar U, Vizovisek I (1981) Polymer 22, 804–806
Sebenik A, Osredkar U, Zigon M, Vizovisek I (1982) Angew. Makromol. Chem. 102, 81–85
Sidhu A, Steiner P (1995) Proceedings Wood Adhesives 1995, Portland, OR, 203–214
Siimer K, Pehk T, Cristjanson P (1999) Macromol. Symp. 148, 149–156
So S, Rudin A (1985) J. Polym. Sci., Polym. Lett. Ed. 23, 403–407
So S, Rudin A (1990) J. Appl. Polym. Sci. 41, 205–232
Sojka SA, Wolfe RA, Dietz EA Jr, Dannels BF (1979) Macromolecules 12, 767–770
Sosnin MI, Denisov OB (1968) Derevoobr. Prom., Moskva 17: 7, 15–16
Stafford RW (1945) Paper Trade J. 120, 51–55
Staudinger H, Wagner K (1954) Makromol. Chem. 12, 168–235
Steiner PR (1975) J. Appl. Polym. Sci. 19, 215–225
Steiner PR, Chow S (1974) Wood Fiber 6, 57–65
Steiner PR, Warren SR (1981) Holzforschung 35, 273-278
Steiner PR, Warren SR (1987) For. Prod. J. 37: 1, 20 - 22
Stuligross JP (1988) Thesis, University of Wisconsin - Madison, Madison, WI
Su Y, Ran Qu, Wu W, Mao X (1995) Thermochim. Acta 253, 307–316

Subiyanto B, Kawai S, Sasaki H, Kahar N, Ishihara S (1988) Mokuzai Gakkaishi 34, 333-336
Sue H, Ueno E, Nakamoto Y, Ishida S (1989) J. Appl. Polym. Sci. 38, 1305-1312
Szesztay M, Laszlo-Hedvig Z, Kovacsovics E, Tüdös F (1993) Holz Roh. Werkst. 51, 297-300
Szesztay M, Laszlo-Hedvig Z, Nagy P, Tüdös F (1996) Holz Roh. Werkst. 54, 399-402
Szesztay M, Laszlo-Hedvig Z, Takacs C, Gacs-Baitz E, Nagy P, Tüdös F (1994) Angew. Makromol. Chem. 215, 79-91
Taylor R, Pragnell RJ, McLaren JV (1980a) Analyst 105, 179-181
Taylor R, Pragnell RJ, McLaren JV (1980b) J. Chromatogr. 195, 154-157
Taylor R, Pragnell RJ, McLaren JV, Snape CE (1982) Talanta 29, 489-494
Thompson D, Pizzi A (1995) J. Appl. Polym. Sci. 55, 107-112
Tohmura S, Hse C-Y, Higuchi M (1998) Proceedings Forest Products Society Annual Meeting, Merida (Mexico), 93-100
Tomita B (1977) J. Polym. Sci., Polym. Chem. Ed. 15, 2347-2365
Tomita B (1983) ACS Polym. Chem., Polym. Prepr. 24: 2, 165-166
Tomita B, Hatono S (1978) J. Polym. Sci., Polym. Chem. Ed. 16, 2509-2525
Tomita B, Hirose Y (1976) J. Polym. Sci., Polym. Ed. 14, 387-401
Tomita B, Hse Ch-Y (1995a) Mokuzai Gakkaishi 41, 349-354
Tomita B, Hse Ch-Y (1995b) Mokuzai Gakkaishi 41, 490-497
Tomita B, Ohyama M, Hse Ch-H (1994a) Holzforschung 48, 522-526
Tomita B, Ohyama M, Itoh A, Doi K, Hse Ch-H (1994b) Mokuzai Gakkaishi 40, 170-175
Tomita B, Ono H (1979) J. Polym. Sci., Chem. Ed. 17, 3205-3215
Troughton GE, Chow S (1975) Holzforschung 29, 214-217
Tsuge M, Miyabayashi T, Tanaka S (1972) Nippon Kagaku Kaishi 4, 800-805
Tsuge M, Miyabayashi T, Tanaka S (1974a) Jap. Analyst 23, 1141-1145
Tsuge M, Miyabayashi T, Tanaka S (1974b) Jap. Analyst 23, 1146-1150
Umemura K, Kawai S, Mizuno Y, Sasaki H (1995a) Mokuzai Gakkaishi 41, 820-827
Umemura K, Kawai S, Mizuno Y, Sasaki H (1996a) Mokuzai Gakkaishi 42, 489-496
Umemura K, Kawai S, Nishioky R, Mizuno Y, Sasaki H (1995b) Mokuzai Gakkaishi 41, 828-836
Umemura K, Kawai S, Sasaki H, Hamada R, Mizuno Y (1996c) J. Adhesion 59, 87-100
Umemura K, Kawai S, Ueno R, Mizuno Y, Sasaki H (1996b) Mokuzai Gakkaishi 42, 65-73
Umemura K, Takahashi A, Kawai S (1999) J. Appl. Polym. Sci. 74, 1807-1814
Valdez D (1995) Proceedings (Technical Forum) Wood Adhesives 1995, Portland, OR, 193-200
Vick CB, Christiansen AW (1993) Wood Fiber Sci. 25, 77-86
Waage SK, Gardner DJ, Elder TJ (1991) J. Appl. Polym. Sci. 42, 273-278
Wagner ER, Greff RJ (1971) J. Polym. Sci., A1, 9, 2193-2207
Walsh AR, Campbell AG (1986) J. Appl. Polym. Sci. 32, 4291-4293
Wang X-M, Riedl B, Christiansen AW, Geimer RL (1994) Polymer 35, 5685-5692
Wang X-M, Riedl B, Christiansen AW, Geimer RL (1995) Wood Sci. Technol. 29, 253-266
Wang X-M, Riedl B, Geimer RL, Christiansen AW (1996) Wood Sci. Technol. 30, 423-442
Wellons JD, Gollob L (1979) Proceedings Weyerhaeuser Sci. Symp., 121-136
Wellons JD, Gollob L (1980a) Proceedings Wood Adhesives 1980, Madison, WI, 17-22
Wellons JD, Gollob L (1980b) Wood Sci. 13: 2, 68-74
Werner W, Barber O (1982) Chromatographia 15, 101-106
Werstler DD (1986) Polymer 27, 750-756
Widmer G (1956) Kunststoffe 46, 359-363
Wilson JB, Jay GL, Krahmer RL (1979) Adhes. Age 22: 6, 26-30
Wilson JB, Krahmer RL (1978) Proceedings 12th Wash. State University Int. Symposium on Particleboards, Pullman, WA, 305-315

Wolcott MP, Rials TG (1995a) Proceedings 29th Wash. State University Int. Particleboard/ Composite Materials Symposium, Pullman, WA, 185–193
Wolcott MP, Rials TG (1995b) For. Prod. J. 45: 2, 72–77
Woodbrey JC, Higgenbottom HP, Culbertson HM (1965) J. Polym. Sci. 3, 1079–1106
Wooten AL, Prewitt ML, Sellers T Jr, Teller DC (1988) J. Chromatogr. 445, 371–376
Yamagishi T, Nakatogawa T, Ikuji M, Nakamoto Y, Ishida S (1996) Angew. Makromol. Chem. 240, 181–186
Yamagishi T, Nomoto M, Yamashita S, Yamazaki T, Nakamoto Y, Ishida S (1998) Macromol. Chem. Phys. 199, 423–428
Yau WW, Kirkland JJ, Bly DD (1979): Modern Size Exclusion Chromatography, Wiley, New York
Yazaki Y, Collins PJ, Reilly MJ, Terrill SD, Nikpour T (1994) Holzforschung 48, 41–48
Yin S, Deglise X, Masson D (1995) Holzforschung 49, 575–580
Yoshikawa T, Kimura K, Fujimura S (1971) J. Appl. Polym. Sci. 15, 2513–2520
Young RH, Kopf PW, Salgado O (1981) Tappi 64, 127–130
Zeman S, Tokarova LA (1992) Thermochim. Acta 202, 181–189
Zhao C, Garnier S, Pizzi A (1998) Holz Roh. Werkst. 56, 402
Zhao C, Pizzi A, Garnier S (1999) J. Appl. Polym. Sci. 74, 359–378

Patente:

DE 2 207 921 (1972) BASF

USP 5 176 028 (1993) PE Humphrey

4 Chemische und physikalisch-chemische Untersuchungen an Holzwerkstoffen

4.1
Analyse des Rohleimes durch Untersuchung der fertigen Platte

Es ist möglich, direkt an Holzwerkstoffen verschiedene Analysen des eingesetzten Leimes durchzuführen. Damit können Informationen über die bei der Herstellung dieser Holzwerkstoffe eingesetzten Bindemittel erhalten werden. Zur Auswertung dieser Analysen sind jedoch meist verschiedene Annahmen zu treffen bzw. verschiedene Informationen als bekannt vorauszusetzen.

4.1.1
Bestimmung verschiedener Elemente und Moleküle

4.1.1.1
Stickstoffgehalt

Aus dem Stickstoffgehalt kann die Berechnung des Harnstoffgehaltes erfolgen (bei Abwesenheit von Melamin; bei MUF-Harzen erfolgt die Berechnung aus dem verbleibenden Stickstoffgehalt nach Abzug des Stickstoffanteils im Melamin). Weiters kann über den Stickstoffgehalt der Platte oder von beleimten Spänen der Beleimungsgrad abgeschätzt werden, wenn die Zusammensetzung des Leimes bekannt ist oder abgeschätzt werden kann. Der Stickstoffgehalt der unbeleimten Späne muss ebenfalls bestimmt und bei der Auswertung berücksichtigt werden. In grober Näherung kann bei Mittelschichtspänen (jedoch nicht bei feinen Deckschichtspänen) bzw. bei der Untersuchung der Mittelschicht einer Platte der Stickstoffgehalt des Holzes vernachlässigt werden.

4.1.1.2
Melamin

Die Bestimmung erfolgt UV-photometrisch nach saurem Aufschluss. Mit diesem Ergebnis kann der Verstärkungsgrad des eingesetzten UF-Leimes abgeschätzt werden.

4.1.1.3
Formaldehyd

Die Bestimmung des Gesamtformaldehyds erfolgt nach einem hydrolytischen Aufschluss wie z.B. bei Kratzl und Silbernagel (1968) beschrieben; bei Phenolharzen ist der Formaldehydgehalt hingegen nicht messbar, weil kein solcher hydrolytischer Aufschluss möglich ist.

4.1.1.4
CHN-Bestimmung (Elementaranalyse)

Insbesondere zur Bestimmung von Stickstoff (s. auch Abschn. 4.1.1.1) (Staudinger und Wagner 1954).

4.1.2
Analyse der Bindemitteltype und der Bindemittelverteilung in Holzwerkstoffen

Zu beachten ist, dass bei allen diesen Analysen eine einwandfreie Trennung des Bindemittels von umgebenden Holz meist nur bedingt möglich ist und damit ein Teil des Holzes bei der Analyse miterfasst wird.

4.1.2.1
Pyrolyse-Gaschromatographie

Qualitativer Nachweis von Bindemitteln in Holzwerkstoffen über den gaschromatographischen Nachweis charakteristischer Pyrolyseprodukte (Schriever 1980).

4.1.2.2
Hydrolyse mit nachfolgenden chemischen oder chromatographischen Analysen

Nowak-Ossorio und Braun (1982).

4.1.2.3
Schnelltests zur Erkennung des eingesetzten Bindemittels

- an beleimten Spänen: das auf Spänen vorhandene UF-Harz wird durch Wärmeeinwirkung ausgehärtet, danach erfolgt das Anfärben mit verschiedenen Reagenzien. Erfasst und beurteilt wird die Verteilung der Leimtröpfchen auf den Spänen (Gibson und Krahmer 1980, Ginzel und Stegmann 1970, Johansson 1988).
- an Leimfugen in Sperrholz oder Spanplatten: wahlweise erfolgt eine Anfärbung des Holzes oder des Bindemittels (Bosshard und Futo 1963, E. Plath und L. Plath 1959, Schriever 1981).

4.1.2.4
(Elektronen-) mikroskopische Untersuchungen der Leimfuge

Diese Untersuchungen dienen zur Beurteilung der Leimverteilung und des Eindringverhaltens des Leimes ins Holz, ggf. nach entsprechendem Anfärben des Leimes (Ellis und Steiner 1990, 1992, Johnson und Kamke 1992, 1994, Mallari u.a. 1986, Wassipaul 1982, Wellons u.a. 1983) (s. auch Teil II, Abschn. 4.2, Teil II, Abschn. 6.3.1 sowie Teil III, Abschn. 3.1.5).

4.2
Bestimmung des Beleimungsgrades

Die nachstehende Tabelle 4.1 fasst die unterschiedlichen Methoden zur Bestimmung des Beleimungsgrades übersichtlich zusammen.

Eine Übersicht über verschiedene optische Bestimmungsmethoden wurde von Kamke u.a. (2000) zusammengestellt.

Abbildung 4.1 zeigt die Korrelation zwischen dem dosierten Beleimungsgrad und dem spektroskopisch mittels NIR bestimmten Beleimungsgrad (Niemz u.a. 1992b).

Tabelle 4.1. Bestimmung des Beleimungsgrades an beleimten Spänen oder Fasern bzw. an einem Holzwerkstoff sowie des Leimauftrages bei Lagenholz

Methode	Beschreibung	Literaturhinweis
Berechnung des theoretischen Beleimungsgrades	aus den Einstell- und Messdaten der Leimflottenaufbereitung und -förderung sowie den entsprechenden Span- bzw. Holzmengen (Furniere, Holzlamellen usw.). Beleimungsgrad: %Festharz/atro Span Leimauftrag: g Leimflotte/m^2 Holzoberfläche oder m^2 Platte	
Abschätzung des Leimauftrages auf Holzoberflächen (Furniere, Vollholz)	a) Wiegen der auf eine bestimmte Holzfläche aufgetragenen Menge an Leimflotte (probeweise Beleimung einer Furnierfläche bekannter Größe) b) Beurteilung des Leimauftrages auf einer Spanplattenoberfläche oder einem Sperrholzfurnier mittels einer kalibrierten Leimspatel (Neigung der Leimspatel ist entscheidend; schiebende, nicht ziehende Bewegung) c) Röntgenmethode: Zugabe von KBr	Kasper und Chow (1980)

Tabelle 4.1 (Fortsetzung)

Methode	Beschreibung	Literaturhinweis
quantitative Bestimmung des Beleimungsgrades von Spänen	Festharzgehalt, bezogen auf die Masse des unbeleimten Spanes (einzelne Späne bzw. Spansortimente und -fraktionen)	
a) Stickstoff-bestimmung bei aminoplastischen Bindemitteln (UF, MF/MUF)	Die Bestimmung des Beleimungsgrades von Spanmischungen, einzelnen Spangrößenfraktionen bzw. Plattenabschnitten erfolgt durch die Messung des Stickstoffgehaltes, daraus kann bei Kenntnis des Stickstoffgehaltes der Leimflotte (incl. Härter, Fänger usw.) sowie der unbeleimten Späne der Beleimungsgrad errechnet werden. Insbesondere ist es dadurch möglich, die in den einzelnen Spanfraktionen deutlich unterschiedlichen Beleimungsgrade (fraktionierte Beleimungsgrade) zu messen.	Dunky (1988) Keller und Nußbaumer (1993) Klauditz und Meier (1960) Meier (1967) Neusser u.a. (1969) Pinion (1967) Stegmann und Ginzel (1965) Wilson und Hill (1978)
b) IR-Methode (KBr)	UF-Harze: Absorption bei 1658–1660 cm^{-1} bzw. 1511–1512 cm^{-1} Absorption bei 1560 cm^{-1} bzw. 1540 cm^{-1} PF-Harze: Absorption im Bereich 1600–1660 cm^{-1}	Niemz und Wienhaus (1991) Körner u.a. (1992) Körner u.a. (1992)
c) NIR-Methode (KBr), Nah-Infrarotbereich	UF-Harze: Absorption bei 4739 cm^{-1}, 4950 cm^{-1}, 5263 cm^{-1} Absorption im Bereich 4281 – 5952 cm^{-1} PF-Harze: Absorption bei 5348 cm^{-1}, 7003 cm^{-1}, 4950 cm^{-1} Verhältnis der Absorptionen bei 1605 cm^{-1} und 895 cm^{-1}	Niemz u.a. (1992a, 1994) Kniest (1992) Niemz u.a. (1992b) Körner und Niemz (1992)
Bestimmung des Anteils der mit Bindemittel benetzten Oberfläche von Spänen	Ohne Berücksichtigung der Dicke des Leimfilms oder des Leimtropfens bzw. von ins Holz eingedrungenen oder weggeschlagenen Anteilen. Ggf. Zugabe von Farbstoffen zum Leim (z.B. Fluoreszenzstoffe), mit anschließender spektroskopischer oder photographischer Auswertung.	Kuo u.a. (1991) Lehmann (1968, 1970) Pecina (1963)

Tabelle 4.1 (Fortsetzung)

Methode	Beschreibung	Literaturhinweis
Mikroskopische Betrachtung von beleimten Spänen und Fasern, Beurteilung der Verteilung des Bindemittels, Auswertung ggf. mittels Bildanalyse bzw. im UV-Licht	Nach Aushärten der auf die Späne aufgebrachten Leimtröpfchen, ggf. unter Anwendung verschiedener Anfärbemethoden. Einwirkung von UV-Licht: Holz fluoresziert, die Leimfuge jedoch nicht (Fluoreszenzmikroskopie).	Furuno u.a. (1983a+b) Kamke u.a. (1996) Kamke und Lenth (1995) Li u.a. (1996) Murmanis u.a. (1986) Nearn (1974) Wilson und Krahmer (1976)
Beurteilung der Bindemittelverteilung auf Fasern	Anteil der beleimten Faseroberfläche; UF-Harze mit fluoreszierender Modifizierung (fluorescently labelled UF-resins); Bestimmung mittels Confocal Laser Scanning Microscopy bzw. Kathodenlumineszenz-Elektronenmikroskopie	Albritton u.a. (1978) Hutter (2000) Kamke u.a. (2000) Loxton u.a. (2000) Thumm u.a. (2001)

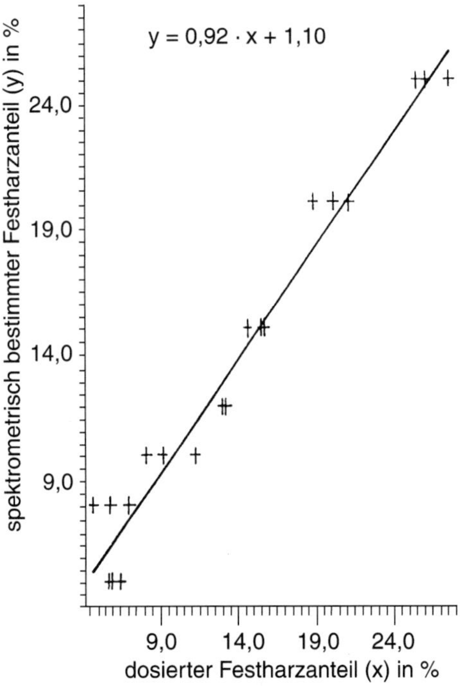

Abb. 4.1. Korrelation zwischen dem dosierten Beleimungsgrad und dem spektroskopisch mittels NIR bestimmten Beleimungsgrad (Niemz u.a. 1992b)

4.3
Bestimmung diverser Bestandteile, Elemente und Verbindungen in Holzwerkstoffen

4.3.1
Paraffinverteilung auf den Spänen

Die Verteilung von Paraffin auf der Spanoberfläche erfolgt üblicherweise mittels Fluoreszenzmikroskopie, teilweise mit digitaler Bildverarbeitung (Ede u.a. 1998, Kamke u.a. 1996, Pecina 1965, Saunders und Kamke 1996).

4.3.2
Gehalt an Natrium bzw. natriumhaltigen Komponenten in Holz und Holzwerkstoffen

Der Aufschluss der Proben erfolgt nach verschiedenen Methoden, die Bestimmung des Natriums über Atomemissions-Spektroskopie AES (Schriever 1985). Der Natriumgehalt mitteleuropäischer Nutzholzarten liegt im Bereich von 10 bis 100 ppm. Natriumhaltige Komponenten in Holzwerkstoffen sind daneben im Wesentlichen mit NaOH alkalisch katalysierte Phenolharze sowie Kochsalz, welches vor allem in den achtziger Jahren aus Kostengründen dem UF-Leim zugegeben wurde (s.Teil II, Abschn. 2.7.6).

4.3.3
Bestimmung von Chlor und Schwefel

Die Kenntnis des Chlor- bzw. Schwefelgehaltes in Holzwerkstoffen ist aus mehreren Gründen von Interesse (Schriever 1984); bei der Verbrennung können aus beiden gebundenen Elementen saure Gase (HCl bzw. SO_2) entstehen, die zu Umweltbelastungen und Korrosion von Anlagenteilen führen können. Des Weiteren können über diese Analysen holzfremde Zusätze erfasst werden, weil der Gehalt des reinen Holzes an diesen beiden Elementen vergleichsweise gering ist. Der Chlorgehalt verschiedener Holzarten liegt bei 10–100 ppm/atro Holz; der Schwefelgehalt des Holzes ohne Rinde bei 50–400 ppm/atro Holz). Chlorhaltige Zusatzstoffe in Holzwerkstoffen sind z.B. chlorhaltige Fungizide, Ammonchlorid, Kochsalz oder PVC-Beschichtungen. Über die Gefahr der Dioxinbildung bei der Verbrennung chlorhaltiger Holzwerkstoffe wurde bereits berichtet (s. Teil II, Abschn. 1.1.4.1). Schwefel kann z.B. über sulfitmodifizierte Harze eingebracht werden.

Die verschiedenen Analysenverfahren werden bei Schriever (1984) ausführlich beschrieben.

Weitere Literaturhinweise: Aehlig und Scheithauer (1996).

4.3.4
Mineralische Bestandteile in Holzwerkstoffen

Erde und mineralische Verunreinigungen gelangen hauptsächlich über die Rinde, teilweise in Form von Flugsand, in die Spanplatte. Diese Verunreinigungen sind speziell wegen ihrer werkzeugabnutzenden Wirkung unerwünscht (Neusser und Schall 1970). Gemessen werden die Gehalte an Asche, Sand, Silizium und Aluminium (Schriever und Boehme 1984).

4.3.5
Bestimmung von Schutzmitteln

Fungizide und Insektizide: die Bestimmung erfolgt z. B. nach den in DIN 68 763 angegebenen Vorschriften und dient dem Nachweis ausreichender Mengen an Holzschutzmitteln in Spanplatten der Klasse V100G nach DIN 68 763.
Flammschutzmittel: Nowak-Ossorio und Braun (1983 a + b).

Literatur

Aehlig K, Scheithauer M (1996) Holz Zentr. Bl. 122, 2444
Albritton RO, Short PH, Lyon DE (1978) Wood Fiber 9, 276–281
Bolton J, Dinwoodie JM, Beele PM (1985) Proc. Conf. For. Prod. Res. Int., Bd. 6/17–12
Bosshard HH, Futo LP (1963) Holz Roh. Werkst. 21, 225–228
Dunky M (1988) Holzforsch. Holzverwert. 40, 126–133
Ede RM, Thumm A, Coombridge BA, Brookes GS (1998) Proceedings Mobil Oil-Holzwerkstoff-Symposium, Stuttgart
Ellis S, Steiner PR (1990) Proceedings Wood Adhesives 1990, Madison, WI, 76–85
Ellis S, Steiner PR (1992) For. Prod. J. 42: 1, 8–14
Furuno T, Hse C-Y, Coté WA (1983 a) Proceedings 17th Wash. State University Int. Particleboard/Composite Materials Symposium, Pullman, WA, 297–312
Furuno T, Saiki H, Goto T, Harada H (1983 b) Mokuzai Gakkaishi 29: 1, 43–53
Gibson MD, Krahmer RL (1980) For. Prod. J. 30: 1, 46–48
Ginzel W, Stegmann G (1970) Holz Roh. Werkst. 28, 289–292
Hutter T (2001) Diplomarbeit Universität für Bodenkultur, Wien
Johansson I (1988) Proceedings FESYP-Tagung München, 94–101
Johnson St E, Kamke FA (1992) J. Adhesion 40, 47–61
Johnson St E, Kamke FA (1994) Wood Fiber Sci. 26, 259–269
Kamke FA, Lenth CA (1995) Panel World 36: 6, 24–29
Kamke FA, Lenth CA, Saunders HG (1996) For. Prod. J. 46: 6, 63–68
Kamke FA, Sizemore H, Scott KA, Ra J-B, Kamke CJC (2000) Proceedings Fourth European Panel Products Symposium, Llandudno, North Wales, 114 – 124
Kasper JB, Chow S (1980) For. Prod. J. 30: 7, 37–40
Keller R, Nussbaumer T (1993) Holz Roh. Werkst. 51, 21–26
Klauditz W, Meier K (1960) Holz Roh. Werkst. 18, 163–166
Kniest C (1992) Holz Roh. Werkst. 50, 73–78
Körner S, Niemz P (1992) Holz Roh. Werkst. 50, 172
Körner S, Niemz P, Wienhaus O, Henke R (1992) Holz Roh. Werkst. 50, 67–72
Kratzl K, Silbernagel H (1968) Holzforsch. Holzverwert. 20, 131–132

Kuo M, Oren G, McClelland JJ, Luo S, Hse Ch-Y (1991) Proceedings Adhesives and Bonded Wood Products, Seattle, WA, 131–142
Lehmann WF (1968) For. Prod. J. 18: 10, 32–34
Lehmann WF (1970) For. Prod. J. 20: 11, 48–54
Li J, Wang J, Lui Y (1996) Proceedings Third Pacific Rim Bio-Based Composites Symposium, Kyoto, Japan, 218–223
Loxton C, Thumm A, Grigsby W, Adams T, Ede R (2000) Proceedings Fifth Pacific Rim Bio-Composites Symposium, Canberra, Australien, 235–242
Mallari VC Jr, Kawai S, Sasaki H, Subiyanto B, Sakuno T (1986) Mokuzai Gakkaishi 32, 425–431
Meier K (1967) Holz Roh. Werkst. 25, 358–359
Murmanis L, Myers GC, Youngquist JA (1986) Wood Fiber Sci. 18, 212–219
Nearn WT (1974) Wood Sci. 6, 285–293
Neusser H, Krames U, Haidinger K, Serentschy W (1969) Holzforsch. Holzverwert. 21, 81–94
Neusser H, Schall W (1970) Holzforsch. Holzverwert. 22, 110–116
Niemz P, Dutschmann F, Stölken B (1994) Holz Roh. Werkst. 52, 6–8
Niemz P, Körner S, Wienhaus O, Flamme W, Balmer M (1992a) Holz Roh. Werkst. 50, 25–28
Niemz P, Wienhaus O (1991) Drev.Vysk. 131, 1–6
Niemz P, Wienhaus O, Stölken B (1992b) Holz Roh. Werkst. 50, 362
Nowak-Ossorio M, Braun D (1982) Holz Roh. Werkst. 40, 255–259
Nowak-Ossorio M, Braun D (1983a) Holz Roh. Werkst. 41, 351–355
Nowak-Ossorio M, Braun D (1983b) Holz Roh. Werkst. 41, 381–385
Pecina H (1963) Holztechnol. 4, 68–70
Pecina H (1965) Holztechnol. 6, 127–128
Pinion LC (1967) For. Prod. J. 17: 11, 27–28
Plath E, Plath L (1959) Holz Roh. Werkst. 17, 245–249
Saunders HG, Kamke FA (1996) For. Prod. J. 46: 3, 56–62
Schriever E (1980) Holzforsch. 34, 177–180
Schriever E (1981) Holz Roh. Werkst. 39, 227–229
Schriever E (1984) Holz Roh. Werkst. 42, 261–264
Schriever E (1985) Holz Roh. Werkst. 43, 29–31
Schriever E, Boehme C (1984) Holz Roh. Werkst. 42, 51–54
Staudinger H, Wagner K (1954) Makromol. Chem. 12, 168–235
Stegmann G, Ginzel W (1965) Holz Roh. Werkst. 23, 55–57
Thumm A, McDonald AG, Donaldson LA (2001) Holz Roh. Werkst. 59, 215–216
Wassipaul F (1982) In: Ehlbeck J, Steck G (Hrgb.): Ingenieurholzbau in Forschung und Praxis, Bruderverlag, Karlsruhe, 49–54
Wellons JD, Krahmer RL, Sandoe MD, Jokerst RW (1983) For. Prod. J. 33: 1, 27–34
Wilson JB, Hill MD (1978) For. Prod. J. 28: 2, 49–54
Wilson JB, Krahmer RL (1976) For. Prod. J. 26: 11, 42–45

5 Bestimmung von aus Holzwerkstoffen emittierbaren Restmonomeren und anderen flüchtigen Verbindungen

Die Bestimmung von aus Holzwerkstoffen emittierbaren Restmonomeren steht seit mehreren Jahrzehnten im Mittelpunkt des Interesses; insbesondere zum Thema der nachträglichen Formaldehydabgabe existiert ein umfangreiches Schrifttum, welches in dieser Fülle an dieser Stelle nur teilweise wiedergegeben werden kann. Aufgabe dieses Kapitels ist demnach insbesondere eine systematische Gliederung und übersichtliche Darstellung. Weitere Hinweise zu diesem Thema finden sich insbesondere auch in Teil III, Abschn. 2.2.3.

5.1 Emissionen während der Holzwerkstoffherstellung

Während des Heißpressvorganges bei der Herstellung von Holzwerkstoffen kommt es zu Emissionen verschiedener flüchtiger Verbindungen aus dem härtenden Bindemittel sowie aus dem verpressten Holz. Die Gesamtheit dieser flüchtigen organischen Verbindungen (volatile organic compounds VOC) sowie der emittierte Formaldehyd stehen im Mittelpunkt des Interesses. Der Trockner und die Presse sind die beiden wichtigsten Verursacher für diese Emissionen. Aus dem Holz selbst können während der Trocknung die verschiedensten Holzinhaltsstoffe sowie Formaldehyd entweichen (Becker und Marutzky 1995, Erle 1994, Ernst 1987, Ingram u. a. 1994, Marutzky und Roffael 1977). Im Abgas der Heißpresse ist bei Einsatz von Formaldehyd-Kondensationsharzen vor allem eine bestimmte Formaldehydemission gegeben, daneben je nach Art des Bindemittels auch eine mengenmäßig geringere Emission an Phenol oder MDI (Isocyanat) (Bernert 1976, Ernst 1987, Marutzky u. a. 1980, Winkler und Welzel 1972). Die maximalen Emissionen sind in Deutschland in der TA Luft (1986) festgelegt, daneben existiert eine umfangreiche Fachliteratur zu diesem Thema (z. B. Erle 1995). Auch über Möglichkeiten der Emissionsminderung besteht ein breites Schrifttum (Erle 1995, Ernst 1987, Marutzky 1987 a).

5.1.1 Messmethoden

Die Probennahme der flüchtigen Substanzen während des Pressvorganges erfolgt z.B. mittels der so genannten Foliensackmethode (Petersen u.a. 1972) oder des so genannten „Enclosed Caul Plate and Gas Collection Systems“ (Barry u.a. 2000, 2001, Carlson u.a. 1994, 1995, Wang und Gardner 1999, Wolcott u.a. 1996) (Abb. 5.1 und 5.2).

Abb. 5.1. Pressrahmen zur Durchspülung des verpressten Kuchens (Carlson u.a. 1995)

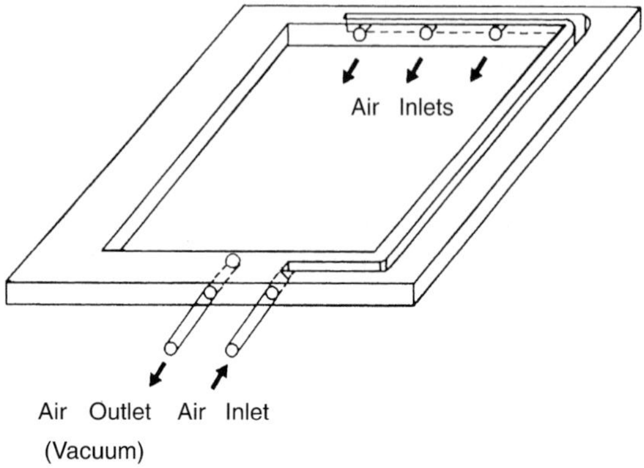

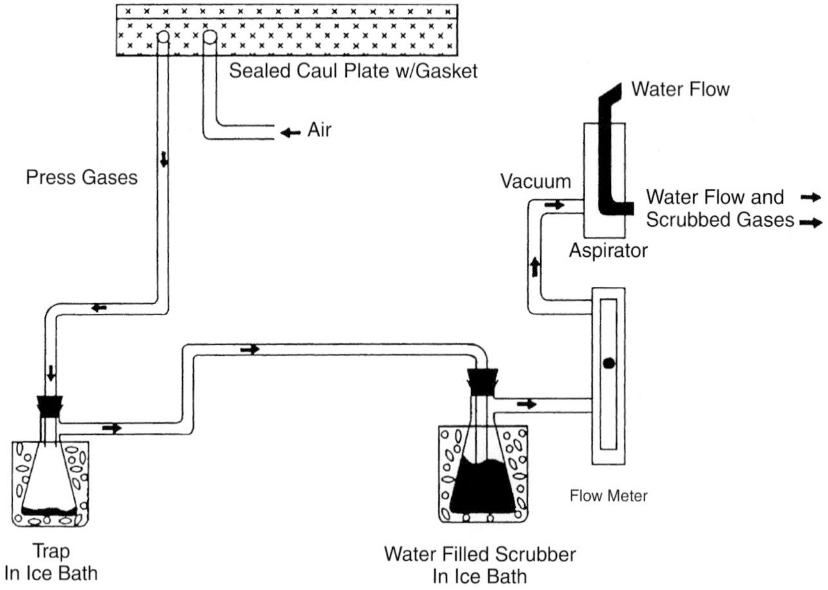

Abb. 5.2. Aufbereitung der mittels Durchspülung des Kuchens gewonnenen Gasproben (Carlson u.a. 1995)

Die Analyse der verschiedenen in Waschflaschen aufgefangenen Substanzen kann nach verschiedenen Verfahren erfolgen, z.B. mittels der bekannten Formaldehydnachweismethoden oder mittels instrumenteller Analytik (GC-MS) (s. auch Teil II, Abschn. 5.7).

5.1.2
Holzkomponente

Über den Einfluss der Holzkomponente auf die Formaldehydabgabe bei der Plattenherstellung existiert nur eine sehr geringe Fachliteratur. Petersen u.a. (1973) stellten Laborspanplatten mit Fichte-, Buchen- bzw. Eichenspänen her. Mit Fichte wurden die geringsten, mit Eiche die höchsten Formaldehydmengen gemessen. Die Autoren vermuten, dass das unterschiedliche Verhalten der drei Holzarten bezüglich der Formaldehydabgabe während des Pressvorganges auf der unterschiedlichen Struktur von Laub- und Nadelhölzern beruhen. Ob und inwieweit das chemische Verhalten der verschiedenen Holzarten die Formaldehydabgabe beeinflusst, wurde von den Autoren jedoch nicht näher erläutert.

5.1.3
Einfluss des Beleimungsgrades

Je höher der Beleimungsgrad, desto höher ist im Allgemeinen die Formaldehydabgabe während der Verpressung sowie die nachträgliche Formaldehydabgabe. Ab einem gewissen Beleimungsgrad steigt die Formaldehydabgabe aber nicht weiter an, wie in Abb. 5.3 für den bei der Verpressung entweichenden Formaldehyd gezeigt wird.

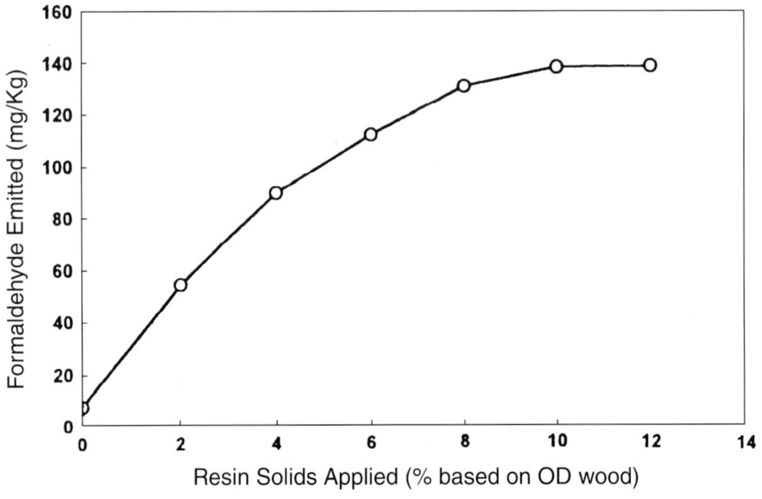

Abb. 5.3. Anstieg der während des Pressvorganges frei werdenden Formaldehydmenge mit dem eingesetzten Beleimungsgrad einer UF-gebundenen Platte (Wolcott u.a. 1996)

Weitere Literaturhinweise: Petersen (1976, 1977, 1978), Petersen u. a. (1973), Wang u. a. (1999).

5.1.4
Einfluss der Feuchtigkeit der beleimten Späne

Die Feuchte der beleimten Späne hat einen direkten Einfluss auf die Formaldehydemission während des Pressvorganges. Zwei Ursachen sind dafür verantwortlich: zum einen kann das bei einer erhöhten Feuchtigkeit vorhandene zusätzliche Wasser die Konzentration des freien Formaldehyds im Leimharz erhöhen, weil das Reaktionsgleichgewicht in Richtung der Ausgangsstoffe verschoben wird und damit die Aushärtereaktion verlangsamt wird; zum ande-

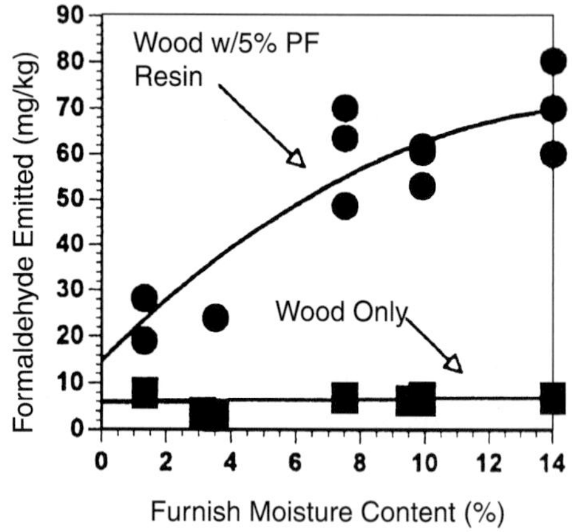

Abb. 5.4. Abhängigkeit der Formaldehydemission von der Feuchtigkeit der beleimten Späne am Beispiel der Herstellung einer OSB-Platte mit einem Phenolharz als Bindemittel (Carlson u. a. 1995)

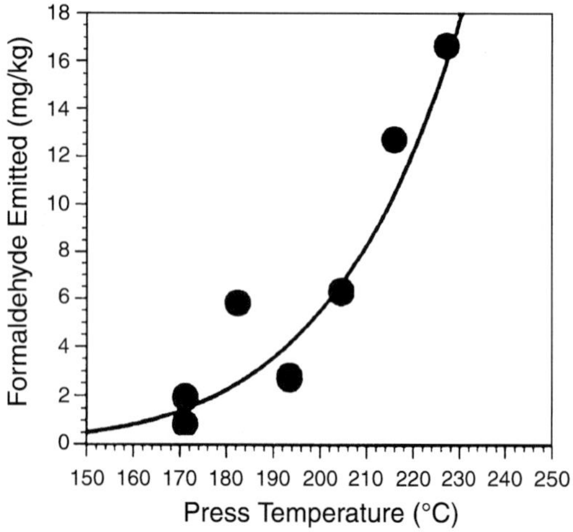

Abb. 5.5. Abhängigkeit der Formaldehydemission von der Presstemperatur während der Herstellung einer OSB-Platte mit einem Phenolharz als Bindemittel (Carlson u. a. 1995)

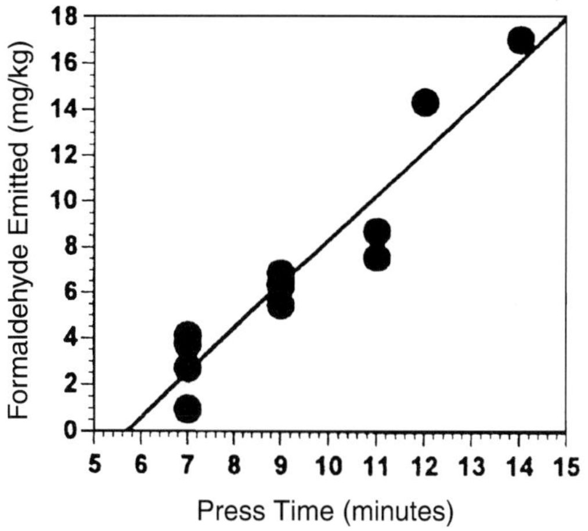

Abb. 5.6. Abhängigkeit der Formaldehydemission von der Presszeit während der Herstellung einer OSB-Platte mit einem Phenolharz als Bindemittel (Carlson u. a. 1995)

ren bewirkt die höhere Feuchtigkeit eine größere Dampfentwicklung während des Pressvorganges und damit eine höhere Entdampfung, bei der natürlich auch Formaldehyd mitentweicht.

Weitere Literaturhinweise: Petersen u. a. (1976, 1977, 1978), Petersen u. a. (1972, 1973), Wang u. a. (1999).

5.1.5 Einfluss der Verarbeitungsbedingungen

Die Formaldehydemission während der Heißpressung steigt mit der Presstemperatur und der Presszeit an, wie Carlson u. a. (1994, 1995) anhand eines Phenolharzes (Abb. 5.5 und 5.6) und Wolcott u. a. (1996) für ein UF-Harz (Abb. 5.7) zeigen.

Weitere Literaturhinweise: Petersen (1976, 1977, 1978), Petersen u. a. (1972, 1973), Wang u. a. (1995).

5.1.6 Einfluss des eingesetzten aminoplastischen Harzes (Molverhältnis, Kochweise) bzw. der Bindemittelflotte auf die bei der Herstellung von Holzwerkstoffen abgespaltene Formaldehydmenge

Die bei der Herstellung von Spanplatten abgespaltene Formaldehydmenge hängt unter anderem auch vom Molverhältnis des eingesetzten aminoplastischen Harzes ab, wie Petersen u. a. (1972) oder Wolcott u. a. (1996) zeigten. Marutzky (1986) berichtete, dass zwischen dem Perforatorwert aminoplastisch gebundener Spanplatten und der Emission während der Plattenherstellung eine lineare Korrelation besteht.

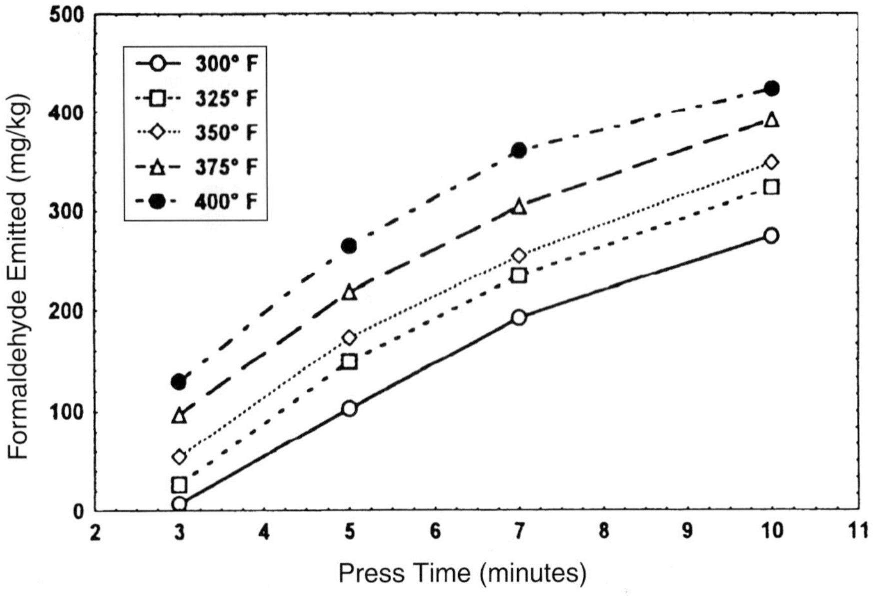

Abb. 5.7. Anstieg des bei der Verpressung eines UF-Harzes emittierten Formaldehyds mit der Presszeit und der Presstemperatur als Parameter. Die Formaldehydmenge wird in mg/kg trockene Platte ausgedrückt (Wolcott u. a. 1996)

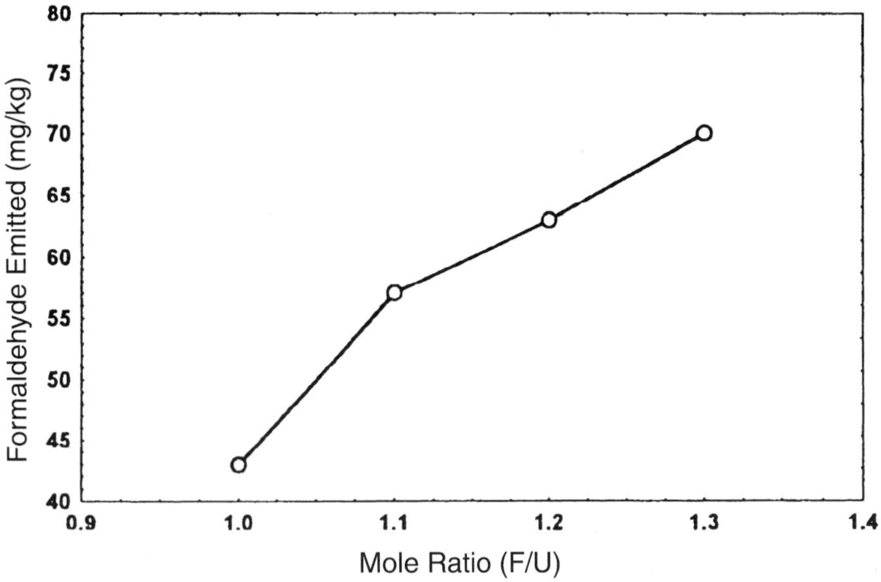

Abb. 5.8. Abhängigkeit der bei der Herstellung von Laborspanplatten abgegebenen Formaldehydmenge vom Molverhältnis F/U der eingesetzten UF-Leime (Wolcott u. a. 1996)

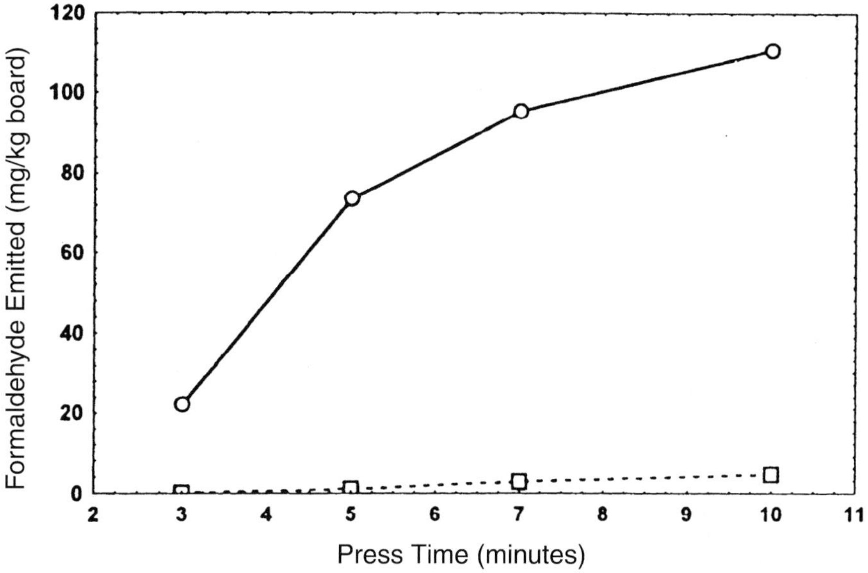

Abb. 5.9. Vergleich der Formaldehydemissionen während der Herstellung von Laborspanplatten bei Vorliegen chemisch unterschiedlicher Formaldehydbindungen (Wolcott u. a. 1996).
○———○ überwiegend Methylolgruppen
□-------□ überwiegend Methylenbrücken

Die Emission während der Herstellung von Spanplatten ist vor allem von der Art des gebundenen Formaldehyds abhängig. Liegt ein Großteil des Formaldehyds im Harz als Methylolgruppen vor, die leicht wieder Formaldehyd abspalten können, so ist die Formaldehydabgabe während der Verarbeitung deutlich höher als im Falle des überwiegenden Vorhandenseins von hydrolysestabileren Methylenbrücken (Wolcott u. a. 1996).

Weitere Literaturhinweise: Tohmura u. a. (1998).

5.2 Nachträgliche Formaldehydemission

Über die Messung sowie über verschiedene andere Aspekte der nachträglichen Formaldehydabgabe existiert eine nicht mehr überschaubare Vielfalt von Arbeiten in der Fachliteratur; Übersichten und Zusammenfassungen finden sich unter anderem bei Dunky und Müller (1988), Ernst u. a. (1998) und Roffael (1982 b, 1989 a, 1993).

5.2.1
Prüfmethoden für die Bestimmung von Formaldehydkonzentrationen

Verschiedene Nachweis- und Analysenverfahren für Formaldehyd wurden von Flentge u.a. (1989) bzw. Gollob und Wellons (1980) übersichtlich beschrieben. Heute werden üblicherweise photometrische Methoden verwendet, wie z.B. die Acetylacetonmethode (Belmin 1963, EN 120, EN 717-2, VDI 3484 Bl. 2) oder die Sulfit-Pararosanilin-Methode (VDI 3484 Bl. 1). Welche Methode für eine bestimmte Messung am günstigsten ist, hängt von verschiedenen Faktoren ab, unter anderem von der Nachweisgrenze und der Empfindlichkeit sowie der zu messenden Konzentration. Die Absorption mittels Dinitrophenylhydrazin mit anschließender flüssigkeitschromatografischer Analyse ermöglicht die Bestimmung verschiedener flüchtiger Aldehyde (prEN 13999-3).

5.2.2
Messung der Formaldehydkonzentration in der Luft

5.2.2.1
Prüfraum

Die Messung der Formaldehydkonzentration in der Luft des Prüfraumes (s. Tabelle 5.1) wird normgemäß einmal pro Tag durchgeführt. Dazu wird über einen zweiten kleinen Luftkreislauf eine bestimmte Menge an Luft aus dem Prüfraum abgesaugt und durch Waschflaschen mit destilliertem Wasser geleitet. Die erforderliche Luftmenge hängt von der erwarteten Formaldehydmenge und der Empfindlichkeit bzw. Nachweisgrenze des verwendeten Bestimmungsverfahrens ab (Menzel u.a. 1981). Üblicherweise wird das photometrische Acetylacetonverfahren eingesetzt.

5.2.2.2
Wohn- und Aufenthaltsräume, Häuser

Bei der Messung der Formaldehydkonzentration in Wohnungen und Häusern sind üblicherweise keine „Normbedingungen" gegeben. Zur Beurteilung der Messergebnisse ist es deshalb unbedingt erforderlich, dass die verschiedenen Prüfbedingungen gemessen (Temperatur, relative Luftfeuchte) oder zumindest abgeschätzt werden (Luftwechselzahl, Beladungszahl). Auch ist die Ausgangssituation bei der Prüfung zu eruieren (z.B. verschlossene Wohnung ohne üblichen Luftwechsel, Aktivitäten der Bewohner usw.) und bei der Auswertung zu berücksichtigen. Eine „Umrechnung" der gemessenen Werte in solche, die den jeweiligen „Normbedingungen" entsprechen würden, ist allerdings nur bedingt möglich (s. Teil II, Abschn. 5.2.5).

Weitere Literaturhinweise: Abel u.a. (1995), Groah u.a. (1985), Hare u.a. (1996).

5.2.3 Prüfmethoden für die nachträgliche Formaldehydabgabe, Materialkennwerte

Bei den den einzelnen Methoden zugrunde liegenden Mechanismen kann man zwischen drei wesentlichen Prinzipien der Prüfung unterscheiden:

- Messung des Abgabepotentials: z. B. gemessen mittels Perforatorverfahren nach EN 120
- Messung der unter bestimmten Bedingungen erfolgten Formaldehydabgabe: z. B. gemessen mittels Gasanalysenverfahrens nach EN 717-2
- Messung der sich infolge der Formaldehydabgabe einstellenden Konzentration an Formaldehyd in der Raumlauft eines geeignetes Prüfraumes, wobei dieser die unterschiedlichsten Größen haben kann (einige hundert ml bis ca. 40 m^3).

5.2.3.1 *Standard-Prüfmethoden*

Tabelle 5.1 fasst übersichtlich die derzeit in Deutschland und Österreich allgemein anerkannten bzw. genormten Prüfverfahren zusammen.

Tabelle 5.1. Prüfmethoden zur Bestimmung der nachträglichen Formaldehydabgabe aus Holzwerkstoffen

1. Prüfraum (EN 717-1):

a) **großer Prüfraum** (20 bis ca. 40 m^3):
Temperatur: 23 °C
rel. Luftfeuchtigkeit: 45 %
Luftwechselzahl: 1 (1/h)
Beladungszahl: 1 m^2 Plattenoberfläche/m^3 Raumvolumen
Anteil der Schmalflächen an der Gesamtoberfläche: 10 %
Anströmgeschwindigkeit: 0,1 bis 0,3 m/s, um eine diffusionshemmende Grenzschicht zwischen Plattenoberfläche und Raumluft zu vermeiden.

Ergebnis: ppm bzw. mg/m^3 Formaldehydkonzentration

Literaturhinweise: Deppe (1988 a – c), Devantier u. a. (1997), Groah u. a. (1998), Marutzky u. a. (1988 a + b), Marutzky und Flentge (1990), Newton u. a. (1986), Salthammer (1996), Salthammer und Marutzky (1996).

b) **1 m^3-Prüfkammer:**
Die Idee der Verringerung des Volumens des großen Prüfraumes führte zur Entwicklung von Kammern mit 1 m^3, die nunmehr bereits in großer Zahl in Europa vorhanden sind. Betreffend der Konzentrationsgleichgewichtseinstellung in diesen 1 m^3-Prüfräumen gibt es verschiedene Erfahrungen; es wird sowohl über Ausgleichszeiten von lediglich 1 – 2 Tagen (Marutzky u. a. 1987) wie auch vergleichbar mit der Großprüfkammer, d. h. 1 – 2 Wochen (Schall 1998) berichtet.

Weitere Literaturhinweise: Flentge und Marutzky (1990), Stetter u. a. (1986).

Tabelle 5.1 (Fortsetzung)

c) **Miniprüfkammern:** diese weisen noch deutlich geringere Volumina auf, wie z. B. 225 Liter (Klimabox nach Molhave 1982) oder sogar nur 44 Liter wie bei der amerikanischen Dynamic Microchamber- (DMC-) Methode (Christensen und Anderson 1989, Wijnendaele 2000 a + b). Auch effektive labormäßige Kleinkammern (Größe von einigen hundert Millilitern bis einigen Litern) werden in der Literatur und als Norm beschrieben, wie z. B. die so genannte Field and Laboratory Emission Cell (FLEC-) Methode (s. Tabelle 5.2) oder die MKST-Methode (MCN-Methode, Flentge u. a. 1991, Hoetjer und Koerts 1981, Koerts und Koster 1988). Alle diese Prüfkammern arbeiten unabhängig von ihrer Größe im Prinzip wie der oben genannte große Prüfraum; auf Grund der gegebenen Größen sind jedoch zum Teil andere Prüfparameter gegeben, insbesondere betreffend Beladungszahl und Luftwechselzahl. Bei hohen Luftwechselzahlen sind deutlich kürzere Gleichgewichtseinstellzeiten als in größeren Prüfkammern möglich. So dauert die Durchführung einer Messung mit der DMC-Methode lediglich 15 min.

Zwischen Prüfkammern auch sehr unterschiedlicher Größe bestehen im Allgemeinen eine gute Übereinstimmung der Messwerte, sofern alle Prüfparameter und insbesondere der Kantenanteil identisch sind (Jann 1991).

Weitere Literaturhinweise: Flentge und Marutzky (1990), Gustafsson (1988), Havermans (1988), Hoetjer und Koerts (1986), Jann und Deppe (1988), Marutzky u. a. (1987), Salthammer und Marutzky (1996), DIN 55 666 (1995; Bestimmung der Ausgleichskonzentration an Formaldehyd in einem kleinen Prüfraum).

2. Perforatorwert nach EN 120: Extraktion des „freien" (emittierbaren) Formaldehyds mittels siedenden Toluols.

Ergebnis: mg HCHO/100 g atro Platte

Ca. 30% des Perforatorwertes werden zu Beginn der Prüfung durch die hydrolytische Wirkung des in der Platte enthaltenen Wasser verursacht (Roffael 1982 a). Der Perforatorwert ist demnach von der Feuchtigkeit der geprüften Platte abhängig (Jann und Deppe 1989) und muss deshalb auf die Bezugsfeuchte von 6,5% korrigiert werden (s. Tabelle 5.3) (Jann und Deppe 1990). Auch bei Anwendung des photometrischen Verfahrens zur Bestimmung der extrahierten Formaldehydmenge wird der im Holz enthaltene bzw. aus dem Holz unter den Bedingungen der Holzwerkstoffherstellung entstandene Formaldehyd mitbestimmt (s. auch Teil II, Abschn. 5.2.6.1).

Über den (teilweisen oder vollständigen) Ersatz von Toluol bei der Perforatormethode aus toxikologischen Gründen berichteten Hoferichter u. a. (1999), über eine mögliche Reduzierung der eingesetzten Toluolmenge Roffael (1989 a).

3. Gasanalysenwert nach EN 717-2 (ehem. DIN 52 368):

gemessen wird die aus einer Probe entweichende Formaldehydmenge. Die Temperatur des „Prüfraums" beträgt 60 °C, dabei wird die Probe mit praktisch trockener Luft (60 l/h) umspült. Die Vortrocknung der Luft ist erforderlich, um eine übermäßige Hydrolyse während der Testdauer zu vermeiden. Laut Norm wird mit abgedeckten Seitenkanten geprüft, sodass neben dem Formaldehydgehalt der Platte die Diffusion durch die Deckschicht den zweiten entscheidenden Parameter für die während der Prüfung emittierte Formaldehydmenge darstellt. Die gemessenen Formaldehydmengen steigen erwartungsgemäß überproportional mit steigender Prüftemperatur (Marutzky und Flentge 1986).

Ergebnis: mg Formaldehyd/($m^2 \cdot h$)

Weitere Literaturhinweise: Merker u. a. (1990).

Tabelle 5.1 (Fortsetzung)

4. Flaschentestmethode nach prEN 717-3 (in der Literatur in verschiedenen Ausführungen auch als WKI-Methode, Roffael-Methode, modifizierte Flaschentestmethode oder Hermetikbehältermethode beschrieben):

die Probe wird in einem verschlossenen Behälter bei erhöhter Temperatur (meist 40 °C) bei 100% Luftfeuchtigkeit im Luftraum über Wasser gelagert; die sich in diesem kleinen „Prüfraum“ (PE-Flasche mit einem Volumen von 0,5–1 l) nach unterschiedlichen Zeiten einstellende Formaldehydkonzentration wird gemessen, indem die Temperatur abgesenkt wird und damit praktisch der gesamte im Luftraum der Flasche gegebene Formaldehyd im Wasser gelöst und in diesem mittels geeigneter Methoden (z.B. photometrisch) bestimmt wird. Zu beachten ist, dass sich bereits während der gesamten Versuchsdauer ein Teil der emittierten Formaldehydmenge im Wasser löst. Problematisch bei dieser Messmethode ist der hohe Seitenkantenanteil, der naturgemäß über ein deutlich stärkeres Emissionsverhalten verfügt.

Ergebnis: mg Formaldehyd/100 g atro Platte; ggf. ist auch die Umrechnung auf eine flächenspezifische Emission (mg/m^2) möglich; dabei muss im Ergebnis angegeben werden, ob die Seitenkanten abgedeckt waren oder nicht.

Literaturhinweise: Roffael (1976, 1988b+d), Roffael und Mehlhorn (1976), Sundin und Roffael (1991, 1992).

5.2.3.2
Sonstige Prüfmethoden

Neben diesen allgemein anerkannten und genormten Prüfverfahren wurde in den vergangenen Jahrzehnten eine Vielzahl von Prüfverfahren entwickelt, die an dieser Stelle nur übersichtsmäßig und nicht taxativ aufgezählt werden können (Tabelle 5.2). Zusammenstellungen von verschiedenen Prüfverfahren finden sich z.B. auch bei Dunky und Müller (1988) oder Roffael (1982b, 1993).

Beim früher eingesetzten jodometrischen Analysenverfahren wurde der in den bei den verschiedenen Testmethoden anfallenden wässrigen Lösungen enthaltene Formaldehyd mit Jod oxidiert, wobei der Verbrauch an Jod ein Maß für den Formaldehydgehalt dieser Lösung war. Der Nachteil dieses Analysenverfahrens besteht darin, dass neben Formaldehyd auch verschiedene Holzinhaltsstoffe miterfasst und fälschlicherweise als Formaldehyd betrachtet wurden („Grundperforatorwert des Holzes“). Durch die Umstellung auf die hinsichtlich Formaldehyd deutlich spezifischeren photometrischen Verfahren konnte dieser Nachteil mehr oder minder behoben werden. In der Literatur werden die Unterschiede der nach den beiden Analysenverfahren bestimmten Perforatorwerten mit bis zu 10 mg/100 g atro Platte angegeben (Boehme und Roffael 1989, Deppe 1988a, Roffael und Mehlhorn 1980, Sundin 1984, 1988, 1990). In der industriellen Praxis war meist ein Unterschied in der Größenordnung von 1–2 mg gegeben; größere Unterschiede waren aber nicht auszuschließen und insbesondere auch durchwegs nicht näher zu erklären (Dunky 1991). Auch war manchmal eine Zeitabhängigkeit des jodometrischen Per-

Tabelle 5.2. Zusammenstellungen von weiteren verschiedenen Prüfverfahren der nachträglichen Formaldehydabgabe (sofern nicht bereits in Tabelle 5.1 beschrieben)

Methode	Beschreibung	Literatur
zerstörungsfreie Methoden		
Field and Laboratory Emission Cell (FLEC)	Plattenoberfläche und ein aufgesetzter Deckel bilden einen kleinen Prüfraum (s. auch Tabelle 5.1).	Hoferichter u.a. (2000) Uhde u.a. (1998) Wolkoff (1996) Wolkoff u.a. (1991, 1995) ENV 13419-2
Dessicator lid	ähnlich FLEC	Sundin u.a. (1992)
Bell Test Method	Glasglocke wird auf die Plattenoberfläche gestülpt und durchspült.	Berge und Mellegaard (1979)
Saug- und Spaltmethode nach Mohl	Saugmethode: eine bestimmte Luftmenge wird mittels Vakuum über eine Saugglocke, die auf die Plattenoberfläche aufgesetzt wird, aus dem Inneren der Platte angesaugt. Spaltmethode: der aus der Platte über die Oberfläche abgegebene Formaldehyd wird von einem Luftstrom erfasst und abgeführt.	Mehlhorn u.a. (1978) Mohl (1975, 1978a+b, 1979)
Surface Emission Monitor	Emittierender Formaldehyd wird mittels Molekularsieb absorbiert und nachher davon abgewaschen und analysiert.	Matthews (1984)
„Prüfraum"-Methoden mit statischer Gleichgewichtseinstellung (kein Luftwechsel)		
SINTEF-Methode	Exsikkator (6 Liter) als Prüfraum; Umpumpen der Luft zwischen Exsikkator und einer Bürette, die nach erfolgter Gleichgewichtseinstellung als Gasprobenahmeapparatur dient.	Berge und Mellegaard (1979)
JAR-Methode	kleiner Prüfraum ohne Luftwechsel	Skiest (1980)
Gasanalysenschrank nach Wittmann	Platten werden 2 h bei 70 °C in einem Klimaschrank gelagert, die sich dabei einstellende Konzentration wird gemessen.	Wittmann (1962)
„Prüfraum"-Methoden mit statischer Gleichgewichtseinstellung (kein Luftwechsel), jedoch teilweiser Absorption des emittierten Formaldehyds in geeigneten Flüssigkeiten; dadurch ist jedoch keine echte Gleichgewichtseinstellung gegeben.		
Desiccatortest	japanische Testmethode; Exsikkator (ca. 10 Liter) als Prüfraum	Japanese Industry Standard JIS A 5908 Rybicki (1985) Rybicki u.a. (1988)

Tabelle 5.2 (Fortsetzung)

Methode	Beschreibung	Literatur
Mikrodiffusionsmethode	Von der Probe abgegebener Formaldehyd wird in einer geeigneten Reaktionsflüssigkeit (z.B. Chromotropsäure) absorbiert.	L. Plath (1966)
Dynamische Durchfluss-Methoden: durch den „Prüfraum“ wird ein konstanter Luftstrom geleitet; der von den Proben abgegebene Formaldehyd wird vom Luftstrom mitgenommen und in Waschflaschen an geeignete Absorptionsflüssigkeiten abgegeben.		
Windkanal-Methode	Windkanal (Tunnel) mit der zu prüfenden Platte als obere Abdeckung.	Kazakevics und Spedding (1979)
Gasanalyse nach Stöger	Mikromethode (20 g zerkleinertes Plattenmaterial), Prüftemperatur 100 bzw. 60 °C	Silbernagel und Kratzl (1968) Stöger (1965)
Methode nach Myers	3 l-Exsikkator als Prüfraum; hohe Beladungszahl (19,2 m^2/m^3); Luftwechselzahl ähnlich wie im Prüfraum.	Myers und Nagaoka (1981b)
Chembond Test Method	Mit Wasser gesättigte Luft durchströmt bei ca. 100 °C den kleinen Prüfraum (Glasgefäß in kochendem Wasser) mit den Proben.	Christensen u.a. (1981)

foratorwertes gegeben, unabhängig aber von der erwarteten Abnahme infolge der fortschreitenden Ausdampfung (z.B. Anstieg des jodometrischen Perforatorwertes nach einigen Wochen Lagerung der Platten bei mehr oder minder konstant gebliebenem photometrischen Perforatorwert (Dunky 1991, Scheithauer 1991).

5.2.3.3
Korrelationen zwischen verschiedenen Messmethoden

Ein wesentliches Kriterium bei der Beurteilung jeder abgeleiteten Prüfmethode ist die Erstellung einer vertrauenswürdigen und gesicherten Korrelation zwischen dem Prüfwert und der an den gleichen Platten gemessenen Ausgleichskonzentration im Prüfraum: die Beschränkung der Formaldehydkonzentration (0,1 ppm) ist die Grundlage aller Vorschriften und damit der entsprechenden Grenzwerte der abgeleiteten Prüfverfahren. Es hat sich in der Praxis der letzten Jahrzehnte allerdings gezeigt, dass diese Korrelationen speziell im Bereich der heute üblichen niedrigen Formaldehydemissionen (E1-Bereich bzw. noch niedrigere Emissionen) zum Teil unsicher und damit immer wieder Gegenstand von Diskussionen sind.

Die Abb. 5.10 bis 5.12 zeigen Korrelationen zwischen dem Perforatorwert nach EN 120 und der Ausgleichskonzentration im Prüfraum. Insbesondere im

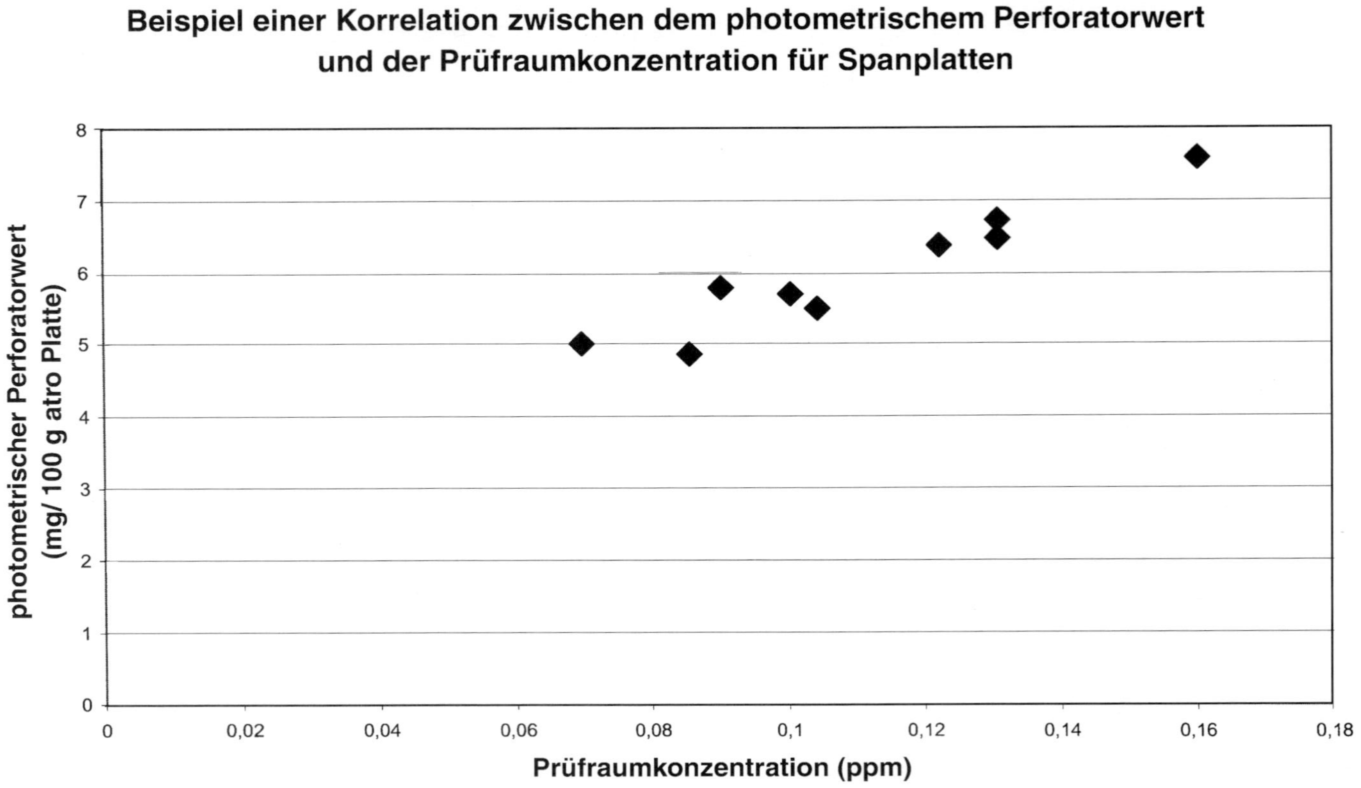

Abb. 5.10. Korrelation zwischen dem Perforatorwert nach EN 120 und der Ausgleichskonzentration im Prüfraum für Holzspanplatten mit niedriger nachträglicher Formaldehydabgabe (Deppe 1988 c)

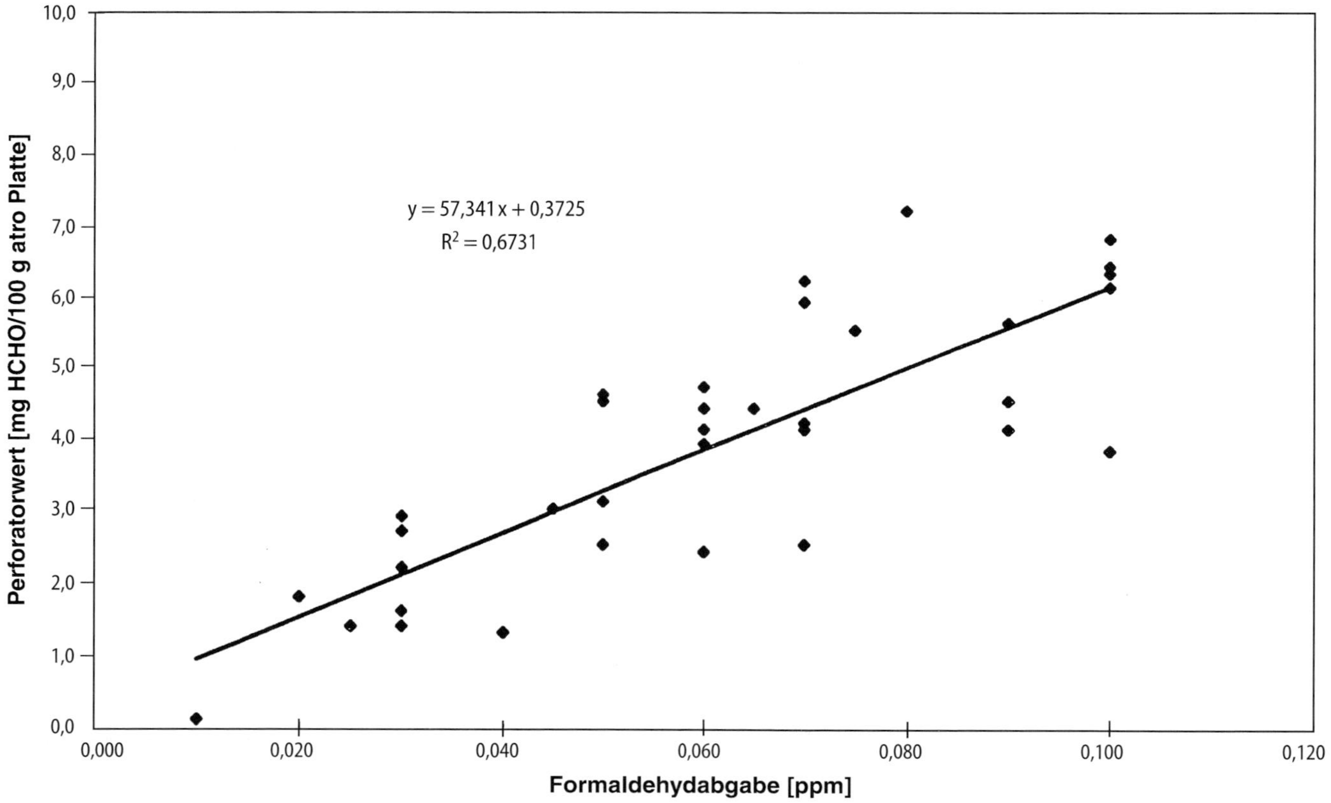

Abb. 5.11. Korrelation zwischen dem Perforatorwert nach EN 120 (korrigiert auf eine Plattenfeuchte von 6,5%) und der Ausgleichskonzentration in einer 1 m^3-Kammer für Holzspanplatten mit niedriger nachträglicher Formaldehydabgabe (Meyer 1996a)

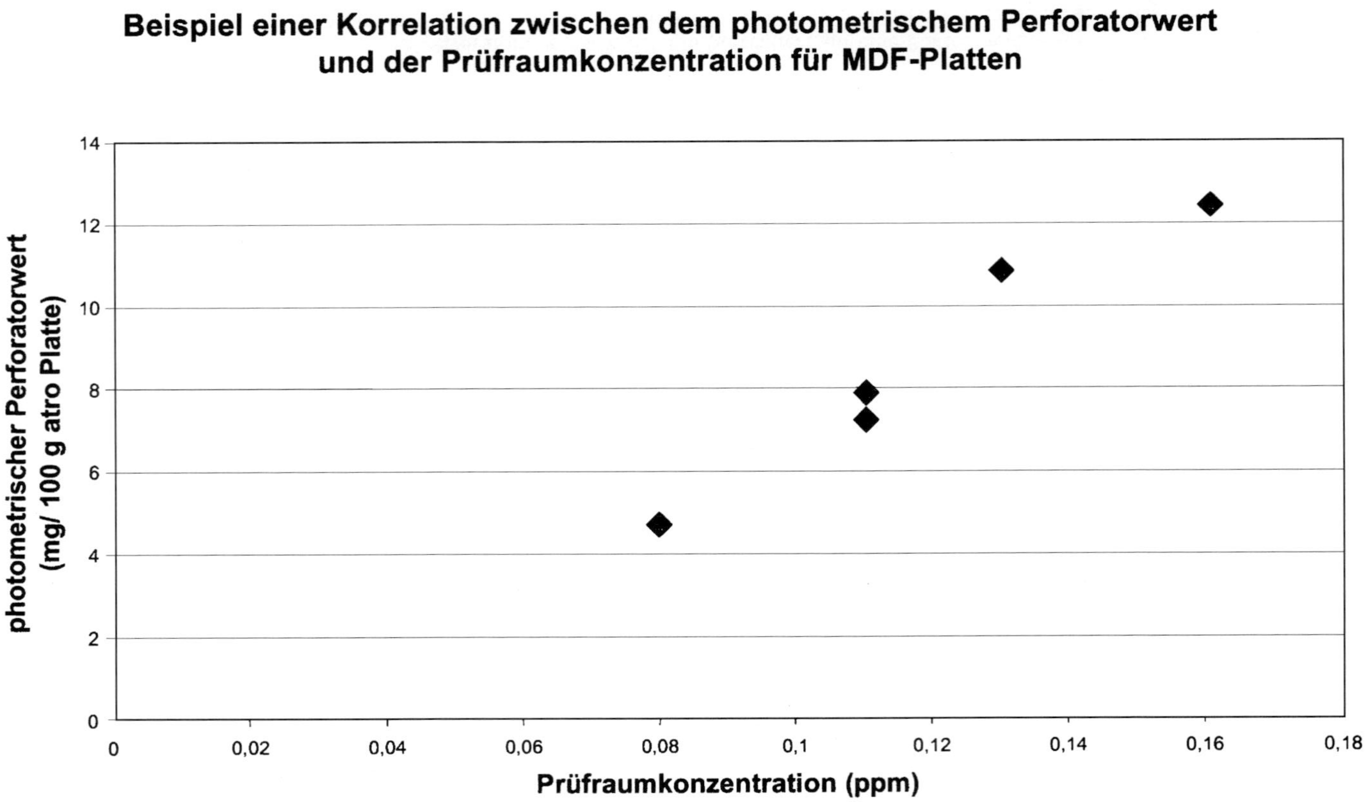

Abb. 5.12. Korrelation zwischen dem Perforatorwert nach EN 120 und der Ausgleichskonzentration im Prüfraum für MDF-Platten mit niedriger nachträglicher Formaldehydabgabe (Deppe 1988c)

zulässigen Bereich der Ausgleichskonzentration <0,1 ppm liegen jedoch nach wie vor nicht ausreichend Daten vor, um eindeutige Korrelationen aufstellen zu können. Dies ist mit ein Grund für die noch nicht abgeschlossenen Diskussionen auf diesem Gebiet. Die vorliegenden Daten geben auch zur Vermutung Anlass, dass keine allgemein gültigen Korrelationen für alle Plattentypen, wahrscheinlich nicht einmal für gleiche Plattenarten bei unterschiedlichen Dicken oder Dichten gegeben sind.

Weitere Ergebnisse zu Korrelationen zwischen

- der Prüfraumkonzentration und den Ergebnissen verschiedener abgeleiteter Prüfverfahren
- einzelnen abgeleiteten Prüfverfahren

finden sich in der Fachliteratur: Boehme (1993), Deppe und Jann (1990), Deraman und Roffael (1989), Flentge (1989), Mansson und Roffael (1995), Meyer (1996b), Risholm-Sundmann und Wallin (1999), Roffael (1989a).

5.2.4
Vorschriften hinsichtlich der nachträglichen Formaldehydabgabe

Grundlage aller Vorschriften betreffend der nachträglichen Formaldehydabgabe war die Empfehlung des Deutschen Bundesgesundheitsamtes im Jahre 1977, die Konzentration an Formaldehyd in der Raumluft von Aufenthaltsräumen mit 0,1 ppm (= 0,124 mg/m^3) zu begrenzen. Um diesen Grenzwert einhalten zu können, wurde vorerst 1980 in der Bundesrepublik Deutschland vom „Ausschuss für Einheitliche Technische Baubestimmungen" die sogenannte „Richtlinie über die Verwendung von Spanplatten hinsichtlich der Vermeidung unzumutbarer Formaldehydkonzentrationen in der Raumluft" (ETB-Richtlinie) herausgegeben. Diese Richtlinie galt für Spanplatten im Bauwesen einschließlich des Innenausbaues, mit denen große Flächen (Wand-, Decken- oder Fußbodenflächen) in Aufenthaltsräumen bekleidet oder beplankt wurden. Sie schrieb vor, dass beim großflächigen Einsatz roher Spanplatten in Aufenthaltsräumen nur Platten der Emissionsklasse E1 verwendet werden dürfen. Als Grenzwert galten 10 mg/100 g atro Platte bei der so genannten jodometrischen Perforatorprüfung (s. Teil II, Abschn. 5.2.3.1, Tabelle 5.1). De facto wurde diese Richtlinie sehr rasch auf alle Spanplattentypen (also auch z.B. auf Möbelspanplatten) sowie auf MDF-Platten angewendet.

Mit der mit 1. Oktober 1986 in der BRD in Kraft getretenen Gefahrstoff-Verordnung (GefStoffV), nunmehr ersetzt durch die Chemikalien-Verbotsverordnung, wurden die oben genannten 0,1 ppm an maximaler Raumluftkonzentration für alle Holzwerkstoffe unter Gewährung verschiedener Übergangsfristen bindend. Holzwerkstoffe dürfen demnach nicht mehr in Verkehr gebracht werden, wenn die durch sie verursachte Ausgleichskonzenration an Formaldehyd in der Raumluft 0,1 ppm überschreitet. Es dauerte jedoch bis 1991, bis zumindest in der BRD alle erforderlichen Detailbestimmungen Gültigkeit erlangt hatten (Bundesgesundheitsblatt Nr. 10, 1991).

Tabelle 5.3 fasst die derzeit in Deutschland gültigen und auch in verschiedenen anderen Ländern, wie z.B. Österreich, allgemein anerkannten Vorschriften hinsichtlich der nachträglichen Formaldehydemission aus Holzwerkstoffen zusammen. Die Werte wurden im Bundesgesundheitsblatt Nr. 10 (1991) als Ergänzung zur Deutschen Chemikalienverbots-Verordnung (ehem. Deutsche Gefahrstoff-Verordnung) veröffentlicht und mit der DIBt-Richtlinie 100 auch in das Bauwesen übernommen. In Österreich wurde der Grenzwert von 0,1 ppm in der Formaldehydverordnung (1990) festgelegt.

Neben diesen Grenzwerten sind maximale Werte für die nachträgliche Formaldehydabgabe auch in verschiedenen europäischen Normen (EN 312-1 für Spanplatten, EN 300 für OSB, EN 622-1 für Faserplatten, EN 1084 für Sperrholz) enthalten. In diesen Normen sind wieder zwei unterschiedliche Emissionsklassen enthalten, die in grober Näherung mit den früheren Emissionsklassen E1 und E2 der ETB-Richtlinie vergleichbar sind. Dieser Kompromiss war Bedingung für die Möglichkeit der Verabschiedung dieser europäischen Normen. Für verschiedene Länder, wie z.B. Deutschland und Österreich, sind jedoch sogenannte nationale „A-Abweichungen" in den Normen verankert, womit die in Tabelle 5.3 beschriebenen und durchwegs strengeren Grenzwerte Anwendung finden.

Eines der zentralen Themen betreffend der Absenkung der nachträglichen Formaldehydabgabe war und ist die Festlegung entsprechender Grenzwerte für geeignete Prüfverfahren. Da der Test im großen, praxisbezogenen Prüfraum im Durchschnitt zwischen einer und zwei Wochen dauert und europa-

Tabelle 5.3. Grenzwerte lt. Deutschem Gesundheitsblatt Nr. 10 (1991) betreffend der nachträglichen Formaldehydabgabe für die verschiedenen abgeleiteten Prüfverfahren:

a) unbeschichtete Spanplatten:

- Perforatorwert PW: 6,5 mg/100 g atro Platte
- Normierung des Perforatorwertes auf eine Plattenfeuchtigkeit von 6,5% mit der Formel: $F = -0{,}133 \cdot u + 1{,}86$
  $\Rightarrow$ PW(korr.) = PW(gemessen) $\cdot F$

b) unbeschichtete Faserplatten:

- Perforatorwert PW: 7,0 mg/100 g atro Platte
- Normierung des Perforatorwertes auf eine Plattenfeuchtigkeit von 6,5% mit der Formel: $F = -0{,}121 \cdot u + 1{,}78$ bzw. mit der oben genannten Formel für Spanplatten
  $\Rightarrow$ PW(korr.) = PW(gemessen) $\cdot F$

c) unbeschichtete Tischler- und Furnierplatten:

- Gasanalysenwert nach EN 717-2 (ehem. DIN 52368) bei Prüfung mit abgedeckten Seitenkanten:
  - Sofortprüfung (max. 3 Tage nach Herstellung): 5,0 mg/h $\cdot$ m^2
  - Prüfung nach 4 Wochen Lagerung bei 20°C/65% r.L.: 2,5 mg/h $\cdot$ m^2

d) beschichtete Platten:

- Gasanalysenwert: 3,5 mg/h $\cdot$ m^2
- PW der Trägerplatte: max. 10 mg/100 g atro Platte

weit nur eine eher geringe Anzahl von Prüfräumen zur Verfügung stand und steht, war es von Anfang an klar, dass eine ausreichende und flächendeckende Prüfung der Holzwerkstoffproduktion hinsichtlich ihrer nachträglichen Formaldehydabgabe nur mittels geeigneter Laborprüfmethoden möglich ist. Diese Labormethoden mussten relativ einfach, rasch und auch in einem Labor eines Spanplattenwerkes durchführbar sein. In den 70er- und 80er-Jahren wurde weltweit eine Vielzahl solcher Laborprüfverfahren entwickelt und vorgeschlagen, letztendlich haben sich in Europa nur die in Tabelle 5.1 (s. Teil II, Abschn. 5.2.3.1) beschriebenen Testmethoden durchgesetzt bzw. wurden nur für die in der obigen Tabelle 5.3 genannten Verfahren auch entsprechende Grenzwerte festgeschrieben.

Tabelle 5.4. Diskussionen und neuere Bestimmungen hinsichtlich der nachträglichen Formaldehydabgabe aus Holzwerkstoffen (z. T. noch in Diskussion)

Absenkung des der maximalen Ausgleichskonzentration von 0,1 ppm entsprechenden Perforatorwertes für Spanplatten von 6,5 mg auf einen niedrigeren Wert (ähnliche Absenkung auch für Faserplatten). Hintergrund dieser Diskussion ist die nach wie vor nicht gesicherte Korrelation zwischen Ausgleichskonzentration und Perforatorwert.

Umweltzeichen UZ 38:
dieser freiwillige Standard gilt für fertige Produkte, wie z. B. Möbel, und kann vergeben werden, wenn folgende Bedingungen erfüllt werden:

- Rohplatte: Ausgleichskonzentration max. 0,1 ppm oder Perforatorwert max. 4,5 mg/100 atro Platte
- fertiges Produkt: Ausgleichskonzentration kleiner 0,05 ppm oder Gasanalysenwert kleiner 2,0 mg/(h · m^2)

Hintergrund dieses verschärften Standards ist die an sich bereits lange bekannte Tatsache, dass die Verarbeitung der Rohplatten, insbesondere die Beschichtung und Abdeckung von offenen Kanten auch bei Einsatz herkömmlicher Platten zu einer Minderung der Emission des fertigen Produktes führt.

Umweltzeichen UZ 76 („Blauer Engel"):
Auch schon für die Rohplatten wird die zulässige Ausgleichskonzentration auf 0,05 ppm abgesenkt, wobei jedoch kein Grenzwert nach dem Perforatorverfahren mehr gegeben ist, dieser Test also nicht mehr zugelassen ist. Nach dem derzeitigen Stand der Bestimmungen ist ausschließlich die Prüfung in einem Prüfraum zulässig. Neben den Bestimmungen betreffend der nachträglichen Formaldehydabgabe wird auch gefordert, dass keine Emission von Isocyanat nachweisbar ist, die zulässige Ausgleichskonzentration für Phenol beträgt 14 µg/m^3.

„F-Null" bzw. „F-Zero" bzw. „E0":
Unter diesen weder eindeutig definierten noch genormten oder auf einer gesetzlichen Grundlage basierenden Schlagworten werden Platten verstanden, deren Formaldehydabgabe extrem niedrig liegt („Formaldehydemission wie gewachsenes Holz", „Formaldehydemission wie getrocknetes Holz") oder die überhaupt unter Einsatz formaldehydfreier Bindemittel hergestellt wurden. Inwieweit solche Platten am Markt Resonanz finden, ist nicht verallgemeinernd zu sagen. Nach Lehmann (1997) und Wolf (1977) wird die Grenze der nachträglichen Formaldehydabgabe solcher Platten mit maximal 0,015 ppm vorgeschlagen.

Die Festlegung der in Tabelle 5.3 beschriebenen Grenzwerte war ein langwieriger, mehrere Jahre dauernder Prozess. Die grundlegende Frage bestand in der richtigen Korrelation zwischen dem Prüfraumwert und den Ergebnissen der abgeleiteten Prüfverfahren (s. Teil II, Abschn. 5.2.3.3). Kaum waren diese Grenzwerte festgelegt und einigermaßen allgemein anerkannt, entstanden neue Diskussionen, die sowohl die festgelegten Grenzwerte der abgeleiteten Laborprüfmethoden als auch die generelle Senkung der Obergrenzen der nachträglichen Formaldehydabgabe betrafen. Diese Diskussionen sind nach wie vor im Gange; zum Teil wurden bereits neue (durchwegs jedoch freiwillige) Grenzwerte festgelegt, wie das Umweltzeichen UZ 76 (Dunky 1995 a + b). Tabelle 5.4 fasst die wesentlichen Neuerungen bzw. Diskussionspunkte zusammen.

Übersichten über die Bestimmungen in verschiedenen Ländern finden sich bei Lehmann und Roffael (1992) sowie Markessini (1993).

5.2.5 Einflüsse der verschiedenen Prüfbedingungen sowie verschiedener Eigenschaften der Holzwerkstoffe auf die Formaldehydkonzentration in der Raumluft

5.2.5.1 *Temperatur und relative Luftfeuchtigkeit*

Die nachträgliche Formaldehydabgabe steigt mit steigender Temperatur und mit steigender relativer Luftfeuchtigkeit, d.h. mit steigender Plattenfeuchtigkeit. Die in der Literatur angegebenen Größen dieser Einflüsse schwanken jedoch sehr stark (Andersen u.a. 1975, Berge u.a. 1980, Myers 1985 b, Witte und Bremer 1990).

Weitere Literaturhinweise: Groah u.a. (1985), Salthammer u.a. (1995).

5.2.5.2 *Oberfläche (Beladungszahl)*

Je höher die Beladungszahl, desto höher ist die sich ergebende Raumlauftkonzentration, der Zusammenhang kann mit der HBF-Gleichung beschrieben werden (s. Teil II, Abschn. 5.2.5.4).

Literaturhinweise: Lehmann (1987), Myers (1984), Myers und Nagaoka (1981 a).

5.2.5.3 *Luftwechselzahl*

Je höher die Luftwechselzahl, desto niedriger ist die sich ergebende Raumluftkonzentration, der Zusammenhang kann ebenfalls mit der HBF-Gleichung beschrieben werden (s. Teil II, Abschn. 5.2.5.4).

Literaturhinweise: Groah u.a. (1985), Lehmann (1987), Myers (1984), Myers und Nagaoka (1981 a), Salthammer u.a. (1995).

5.2.5.4
Prüfraum-Gleichgewichtstheorien

Das Verhalten einer Formaldehydquelle in einem Prüfraum kann mittels der so genannten Hojter-Berge-Fujii-(HBF)-Gleichung (Berge u.a. 1980, Fujii u.a. 1973, Hoetjer 1978) beschrieben werden.

$$c_{sm} = \frac{K \cdot L}{K \cdot L + N} \cdot c_{eq}$$

mit: c_s Ausgleichskonzentration (ppm)
K Massenübergangskoeffizient (m/h)
L Beladungszahl (m^2/m^3)
c_{eq} Sättigungskonzentration (ppm) bei Luftwechsel $N = 0$ (1/h)
N Luftwechselzahl N (1/h)

Weitere Modelle für die Konzentration von Formaldehyd in Prüfräumen finden sich bei Andersen u.a. (1975), Hoetjer und Koerts (1981) und Molhave u.a. (1983).

5.2.5.5
Mischausgleichskonzentrationen

In der Praxis sind durchwegs mehrere Formaldehyd emittierende Stoffe in einem Raum vorhanden, wobei zwei Spanplatten mit unterschiedlichem Formaldehydgehalt bereits als unterschiedliche Formaldehydemittenten anzusehen sind. Hoetjer und Koerts (1986) entwickelten eine modifizierte Formel zur Berechnung der Mischausgleichskonzentration für zwei Platten unterschiedlicher Formaldehydemission in einem Prüfraum, wobei sie ihre Formel vom dynamischen Massengleichgewicht für Formaldehyd im Prüfraum ableiteten.

$$c_{sm} = \frac{K_1 \cdot L_1 \cdot c_{eq1} + K_2 \cdot L_2 \cdot c_{eq2}}{K_1 \cdot L_1 + K_2 \cdot L_2 + N}$$

mit: c_{sm} Mischausgleichskonzentration (ppm)
K_1, K_1 Massenübergangskoeffizienten (m/h)
L_1, L_2 Beladungszahlen (m^2/m^3)
c_{eq1}, c_{eq2} Sättigungskonzentrationen (ppm) bei Luftwechsel $N = 0$ (1/h)
N Luftwechselzahl N (1/h)

In allgemeiner Form kann dieser Ansatz auch für mehrere Platten *i* in einem Prüfraum dargestellt werden:

$$c_{sm} = \frac{\sum K_i \cdot L_i \cdot c_{eqi}}{\sum (K_i \cdot L_i) + N}$$

Eine Übersicht über verschiedene Formeln zur Beschreibung der Mischausgleichskonzentation sowie Vergleiche zwischen den Ausgleichskonzentrationen einzelner Formaldehydemittenten und der entsprechenden Mischausgleichskonzentration finden sich bei Dunky (1989).

Aus der obigen Gleichung der Mischausgleichskonzentration für zwei Platten in einem Prüfraum lassen sich für diesen Fall auch die beiden individuellen fiktiven Ausgleichskonzentrationen c^*_{s1} und c^*_{s2} berechnen, deren Summe die Mischausgleichskonzentration ergibt. Dabei kann auch eine der beiden fiktiven Konzentrationen negativ werden. Während diese fiktiven Konzentrationen selbst nur theoretischer Natur sind, können aus ihnen die Emissionsraten ER_i der einzelnen Platten berechnet werden, wenn sich beide Platten gemeinsam im Prüfraum befinden. Diese Emissionsraten beschreiben die Mengen an Formaldehyd, die von den einzelnen Platten abgegeben werden. Ist die fiktive Ausgleichskonzentration negativ, wird die Emissionsrate zur Absorptionsrate und beschreibt die pro Zeiteinheit durch die formaldehydärmere Platte aufgenommene Formaldehydmenge (Quellen-Senken-Phänomen). Bei zwei Platten in einem Prüfraum kann es vorkommen, dass eine (formaldehydärmere) Platte einen Teil des aus der anderen (formaldehydreicheren) Platte emittierten Formaldehyds absorbiert. Die erstere Platte wirkt dabei als Formaldehydsenke (Absorbens), die andere Platte als Formaldehydquelle.

Durch die im Laufe der Zeit abnehmende Ausgleichskonzentration in einem Prüfraum kann es ferner vorkommen, dass eine Platte für einen bestimmten Zeitraum als Formaldehydsenke, nach einer bestimmten Zeit dann aber auch wieder als Formaldehydquelle wirkt. Abbildung 5.13 zeigt den rech-

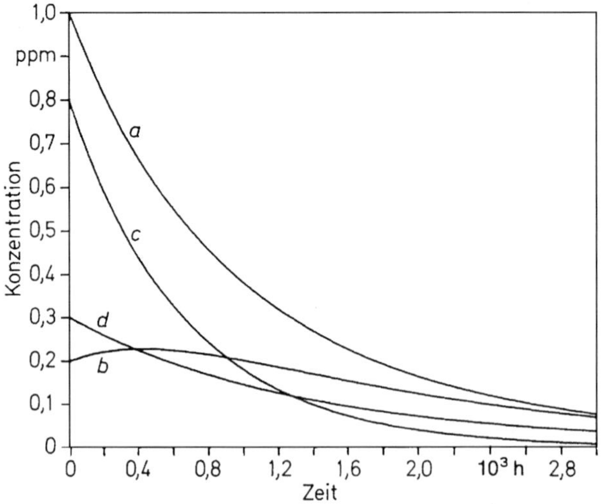

Abb. 5.13. Rechnerischer Verlauf der beiden individuellen Sättigungskonzentrationen c_{eq1} (Platte 1, Kurve *a*) und c_{eq2} (Platte 2, Kurve *b*), der Differenz dieser beiden individuellen Sättigungskonzentrationen (Kurve *c*) sowie der Mischausgleichskonzentration c_{sm} (Kurve *d*) (Dunky 1990). Platte 1: c_{eq1} ($t = 0$) = 1,0 ppm; $K_1 = 1,0$ m/h; Platte 2: c_{eq2} ($t = 0$) = 0,2 ppm; $K_2 = 1,0$ m/h. $N = 1$ (1/h)

nerischen Verlauf eines solchen Experimentes, bei dem sich zwei Platten mit c_{eq1} bzw. c_{eq2} in einem Prüfraum befinden. Zusätzlich ist auch noch eine bestimmte Hydrolysekonstante in die Rechnung miteinbezogen, die aber keine wesentliche Änderung im Senken-Quellen-Verlauf der einen Platte bewirkt. Die individuelle Sättigungskonzentration c_{eq1} (Kurve *a*) der formaldehydreichen Platte 1 sinkt dabei stetig; Platte 2 hingegen nimmt zu Beginn einen Teil des aus Platte 1 emittierten Formaldehyds auf, wodurch c_{eq2} ansteigt; erst wenn die Mischausgleichskonzentration in der Prüfkammer unter den Wert von c_{eq2} fällt, kann auch die formaldehydärmere Platte Formaldehyd emittieren.

Weitere Literaturhinweise: Mischausgleichskonzentration bei Anwesenheit verschiedener Holzwerkstoffe mit unterschiedlichem Formaldehydabgabepotential in einem Prüfraum, Quellen-Senken-Phänomene: Christensen und Anderson (1989), Dunn und Tichenor (1988), Godish und Kanyer (1985), Hoetjer und Koerts (1986), Myers (1982), Newton (1982), Newton u.a. (1986)

5.2.5.6
Abnahme der Formaldehydemission mit der Zeit

Die nachträgliche Formaldehydabgabe ist ein Prozess, der über Monate und Jahre anhalten kann. Dabei können hinsichtlich der Herkunft des emittierten Formaldehyds folgende Quellen unterschieden werden:

- freier Formaldehyd, der physikalisch in der Platte als Gas oder gelöst in der Feuchtigkeit der Platte vorhanden ist; diese Formaldehydmenge emittiert aus der Platte, wobei die Emissionsrate mit der Zeit exponentiell abnimmt.
- chemisch gebundener Formaldehyd, der durch Hydrolyse langsam freigesetzt wird und emittieren kann. Auf Grund des im Vergleich zum freien Formaldehyd um vieles höheren Anteiles von solchem gebundenen Formaldehyd ist die Emission bei gleichbleibender Hydrolyserate als praktisch unabhängig vom Plattenalter anzusehen.

Die Frage der zeitlichen Abnahme der Formaldehydemission mit der Zeit wurde insgesamt aber noch nicht ausreichend beantwortet. Verschiedene Autoren haben stark unterschiedliche Angaben zur Abnahme der Formaldehydemission im Laufe der Zeit gemacht (Brunner 1978, Hanetho 1978, Kazakevics und Spedding 1979, Matthews 1984, Myers 1982, Roffael 1978, Sundin 1978).

Betrachtet man die Formaldehydemission aus einer Spanplatte als Funktion der Konzentrationsdifferenz ($c_{eq} - c_s$)

mit: c_{eq} Sättigungskonzentration (ppm) bei Luftwechsel $N = 0$ (1/h)
c_s Ausgleichskonzentration (ppm) bei einer bestimmten Luftwechselzahl N (1/h),

so kann das Langzeitverhalten theoretisch in Form einer exponentiellen Kurve beschrieben werden, solange keine Hydrolyse des ausgehärteten Harzes und damit eine Nachlieferung von Formaldehyd stattfindet. Dies ist bei phenolisch gebundenen Platten der Fall, bei aminoplastisch gebundenen Platten muss jedoch mit einer gewissen Hydrolyse gerechnet werden. Findet während der Lagerung oder während des Einsatzes der Platte durch Feuchtigkeit und Wärme ein solcher hydrolytischer Abbau des Harzes statt, wird wieder emittierbarer Formaldehyd durch Abspaltung von schwach gebundenem Formaldehyd, vornehmlich aus Methylolgruppen, nachgebildet; dadurch steigen der Gehalt an ausdampfbarem Formaldehyd und somit auch die Sättigungskonzentration der Platte. Da aber der unter üblichen Einsatzbedingungen wirkende hydrolytische Angriff nur sehr schwach ist, kann die durch Hydrolyse gebildete Formaldehydmenge in Annäherung an eine Reaktion 1. Ordnung als zeitlich konstant angesehen werden. Ist nach einer gegen unendlich gehenden Zeitspanne der ursprünglich vorhandene freie Formaldehyd durch Emission verbraucht, bleibt die Ausgleichskonzentration entsprechend der durch Hydrolyse ständig nachgelieferten Formaldehydmenge praktisch konstant.

Ohne Einfluss einer möglichen Hydrolyse kann demnach auch eine Halbwertszeit für die Emission einer Platte angegeben werden (Dunky 1990). Ein niedrigerer Massenübergangskoeffizient K in der HBF-Gleichung (Berge 1980), z.B. infolge einer diffusionshemmenden Oberfläche, führt zwar zu einer geringeren Emissionsrate, dadurch aber gleichzeitig zu einer Erhöhung der Halbwertszeit. Die von Dunky (1990) auf Grund theoretischer Überlegungen berechneten Halbwertszeiten stimmen dabei in der Größenordnung gut mit Literaturangaben überein. Diese schwanken zwischen einigen Wochen bei formaldehydreichen Platten (Roffael 1978) über mehrere Monate (Hanetho 1978, Brunner 1978, Roffael 1978) bis hin zu zwei Jahren (Matthews 1984, Sundin 1978b). Auf Grund der unterschiedlichen experimentellen Bedingungen ist ein Vergleich dieser Ergebnisse allerdings kaum möglich.

Brown (1999) beschreibt die Abnahme der Formaldehydemission mit zunehmender Zeit (bei ständiger Prüfung in einem Klimaraum) mit einer Summenformel, die beide Formaldehydquellen berücksichtigt:

$$EF = EF_1 \cdot \exp(-k_1 \cdot t) + EF_2 \cdot \exp(-k_2 \cdot t)$$

mit: EF emission rate (Emissionsfaktor) mg/(h · m^2)
Index 1: freier Formaldehyd
Index 2: durch Hydrolyse freigesetzter Formaldehyd.

Colombo u.a. (1994) zeigten, dass sich bei der Untersuchung verschiedenster Holzwerkstoffe nach einigen Tagen keine stabile Gleichgewichtskonzentration einstellt, sondern dass diese stetig weiter abnimmt, wobei sie ihre Messungen über einen Zeitraum von 960 Stunden durchgeführt haben. Zur Beschreibung der stetigen Abnahme der Formaldehydausgleichskonzentration können verschiedene mathematische Funktionen herangezogen werden, wie z.B. logarithmische oder exponentielle Funktionen oder Potenzfunktionen. Einfachen Funktionen ohne Mimima oder Maxima sowie ohne Diskontinuitäten ist dabei der Vorzug zu geben, weil damit der stetige Abfall der Konzentration am besten beschrieben werden kann. Die von Colombo u.a. (1994) gewählte Potenzfunktion

$$c_{HCHO} = A/(1 + B \cdot t^C)$$

mit: c_{HCHO} Ausgleichskonzentration (mg/m³)
A, B, C Konstante, ermittelt aus jeweils einer Konzentrationskurve

vermochte die von den Autoren gemessenen Werte am besten mathematisch zu beschreiben. Als Kriterium für die Ausgleichskonzentration fordern die Autoren, dass die Konzentration innerhalb von vier Tagen nur um einen bestimmten Prozentsatz (5 oder 10%) absinken darf.

Weitere Literaturhinweise: Boehme u.a. (1983), Boehme und Flentge (1991), Groah und Gramp (1990), Sundin und Roffael (1989), Wiglusz u.a. (1990), Zinn u.a. (1990).

5.2.6 Einflüsse auf die nachträgliche Formaldehydabgabe

5.2.6.1 *Holzkomponente*

Auch reines Holz, insbesondere getrocknetes Holz, enthält geringe Mengen an Formaldehyd, wie er von Meyer und Boehme (1994 a+b, 1995, 1997) als Formaldehydabgabe in einer 1 m^3-Kammer sowie nach dem Perforator- (EN 120) und dem Gasanalysenverfahren (EN 717-2) gefunden wurde. Die Ausgleichskonzentrationen solcher Holzproben lagen im Bereich von 2 ppb (ungetrocknete Buche) bis 9 ppb (ungetrocknete Eiche) bei einer Testdauer von 240 bis 384 Stunden. Mit Ausnahme der Eiche waren die Werte bei den getrockneten Holzarten (Buche, Douglas-Fir, Fichte, Kiefer) um 1 bis 2 ppb höher als bei den ungetrockneten Proben. Die Perforatorwerte lagen im Bereich von 0,11 bis 0,43 mg/100 g atro Platte bei den ungetrockneten Holzproben und überraschenderweise nur bei 0,03 bis 0,09 mg bei den jeweils getrockneten Proben. Die Ursache, dass die Trocknung keinen Anstieg des Formaldehydgehaltes im Holz und damit der Formaldehydabgabe hervorgerufen hat, liegt möglicherweise in den bei diesen Arbeiten eingehaltenen schonenden Trocknungstemperaturen von ca. 30°C. Aus der Praxis der Spanplattenindustrie ist bekannt, dass die deutlich schärfere industrielle Trocknung der Späne zu einer Bildung von Formaldehyd führt (Marutzky und Roffael 1977, Roffael 1988 b). Prasetya u.a. (1993) berichteten über Flaschentestmessungen an ungetrockneten Holzproben, bei denen ebenfalls geringe Formaldehydemissionen nachweisbar waren.

Auch reine Späne sowie MDF-Fasern vor der Beleimung können beim Test in der Prüfkammer nach EN 717-1 Formaldehyd emittieren, wobei die Emissionswerte von der Holzart abhängen. Mansson (1998) untersuchte Späne und Fasern aus verschiedenen Holzarten in einer 1 m^3-Kammer hinsichtlich der

Formaldehydabgabe. Es zeigte sich insbesondere, dass der Trocknungsprozess von Spänen und Fasern zu einer Formaldehydbildung führt; dabei ist die gebildete Formaldehydmenge umso höher, je schärfer die Trocknungsbedingungen sind.

Bereits 1984 hatte Sundin verschiedene Spänearten mittels Perforatormethode untersucht, damals allerdings die jodometrische Methode eingesetzt. Es ist deshalb zu berücksichtigen, dass diese jodometrisch gefundenen Werte sicher auch verschiedene Holzinhaltsstoffe beinhalten.

Schäfer und Roffael (1999 a + b, 2000 a + b) untersuchten die einzelnen Holzbestandteile (Zellulose, Hemizellulose, Lignin) sowie verschiedene Holzinhaltsstoffe auf ihren Beitrag zur nachträglichen Formaldehydabgabe des reinen Holzes. Holz kann bereits bei 40 °C Formaldehyd emittieren, bei höheren Temperaturen steigt die Emission überproportional. Die Emission steigt in der Reihenfolge Zellulose – Hemizellulose – Lignin, wobei bei letzterem insbesondere bei höheren Temperaturen deutlich gesteigerte Emissionen auftreten. Manche Holzinhaltsstoffe können Formaldehyd abgeben, andere wiederum reagieren mit Formaldehyd und wirken so als Formaldehydfänger.

Über den Einfluss verschiedener Holzarten auf die nachträgliche Formaldehydabgabe aus Holzwerkstoffen existiert nur eine sehr geringe Fachliteratur. Petersen u. a. (1973) stellten Laborspanplatten mit Fichte-, Buchen- bzw. Eichenspänen her. Im Gegensatz zur Formaldehydabgabe bei der Plattenherstellung wurde mit Eiche die geringste, mit Buche die höchste nachträgliche Formaldehydabgabe (Perforatorwert) gemessen. Überraschenderweise zeigte sich, dass Buche mit dem höchsten pH-Wert auch die höchste Formaldehydabgabe aufwies, während Eiche den niedrigsten pH-Wert und die niedrigste Formaldheydabgabe zeigt. Wittmann (1985) sowie Martinez und Belanche (2000) zeigten, dass verschiedene Holzarten bei der Sperrholzherstellung bei ansonst identischen Bedingungen unterschiedliche Formaldehydemissionen ergeben.

Weitere Literaturhinweise: Elbert (1995), Kehr und Wehle (1988), Mansson und Roffael (1999), Wehle und Kehr (1988).

5.2.6.2
Bindemittel und Bindemittelflotte

Über den Einfluss des Molverhältnisses bei aminoplastisch gebundenen Holzwerkstoffen wird in Teil III, Abschn. 2.2.3 ausführlich berichtet. Phenoplastisch gebundene Holzwerkstoffe liegen in ihrer Formaldehydabgabe sehr niedrig (s. Teil III, Abschn. 2.2.3.4). Bei tanningebundenen Bindemitteln ist auf eine sparsame Verwendung der Formaldehydkomponente für die Vernetzung zu achten, eine Alternative stellen Autokondensationsprozesse bei der Aushärtung ohne Zugabe von externen Vernetzern dar (s. Teil II, Abschn. 2.3.1.9). Formaldehydfreie Bindemittel können nicht zur nachträglichen Formaldehydemission beitragen, zu beachten ist hier jedoch die Emission von Formaldehyd aus dem Holz bzw. die mögliche Verwendung von formaldehydhältigem Recyclingmaterial.

Wie bereits in Teil II, Abschn. 1.1.4.1 beschrieben, bewirkt eine erhöhte Härterzugabe wegen der verstärkten Reaktion des Ammoniumions mit dem freien Formaldehyd im Allgemeinen eine Verringerung der nachträglichen Formaldehydabgabe (L. Plath 1968, Petersen u. a. 1974). Wegen der hinsichtlich der Variation der Härtermenge gegebenen engen technologischen Grenzen ist allerdings eine auf diese Weise ins Gewicht fallende Einflussnahme auf die nachträgliche Formaldehydabgabe nur bedingt möglich.

5.2.6.3 *Herstellungsbedingungen*

Beleimungsgrad

Je höher der Beleimungsgrad, desto höher ist im Allgemeinen die nachträgliche Formaldehydabgabe. Dieser Zusammenhang ist allerdings nicht linear. Es ist auch möglich, dass bei MDF-Platten hoher Dichte ein höherer Beleimungsgrad soweit eine Versiegelung der Oberfläche und der Kanten bewirkt, dass die nachträgliche Formaldehydabgabe sogar sinken kann.

Literaturhinweise: Petersen (1976), Petersen u. a. (1973).

Feuchtigkeit der beleimten Späne

Die nachträgliche Formaldehydabgabe steigt mit einer höheren Feuchtigkeit der beleimten Späne. Die Ursache dafür liegt in der sich bei einer höheren Feuchtigkeit der beleimten Späne ergebenden höheren Plattenfeuchte. Bei Korrektur des Perforatorwertes (als Maß für die nachträgliche Formaldehydabgabe) hinsichtlich der Plattenfeuchte (s. Tabelle 5.1 in Abschn. 5.2.3.1) sollte sich dieser Einfluss wieder aufheben.

Literaturhinweise: Plath (1967)

Presstemperatur

Die Formaldehydabgabe bei der Plattenherstellung steigt mit der Presstemperatur (Petersen u. a. 1973). Die nachträgliche Formaldehydabgabe sinkt mit steigender Presstemperatur, weil einerseits bereits mehr Formaldehyd bei der Plattenherstellung entweichen konnte und andererseits auch eine verbesserte Aushärtung angenommen werden kann (Petersen u. a. 1973).

Presszeit

Eine verlängerte Presszeit erhöht die Formaldehydabgabe bei der Plattenherstellung, verringert aber die nachträgliche Formaldehydabgabe, wobei nach Petersen u. a. (1973) dieser Effekt umso weniger ausgeprägt ist, je niedriger das Molverhältnis des eingesetzten UF-Leimes ist.

5.2.6.4
Plattentyp

Die verschiedenen Plattentypen unterscheiden sich auch hinsichtlich ihrer Formaldehydabgabe. So sind je nach Plattentyp (Spanplatte, MDF, OSB oder Lagenholz/Sperrholz) üblicherweise unterschiedliche Prüfverfahren mit entsprechenden Grenzwerten im Einsatz. Nachstehend werden für verschiedene Holzwerkstoffe (mit Ausnahme Spanplatte und MDF) nähere Details hinsichtlich der nachträglichen Formaldehydabgabe zusammengefasst. Dabei soll vor allem auf die neben dem eingesetzten Bindemittel und den Verarbeitungsbedingungen entscheidenden Parameter eingegangen werden.

OSB
OSB ist hinsichtlich seiner Formaldehydabgabe in gleicher Weise zu prüfen und zu beurteilen wie Spanplatten. Da in der OSB-Herstellung in vielen Fällen in der Mittelschicht PMDI eingesetzt wird, ist hinsichtlich der Formaldehydabgabe nur die Deckschicht zu beachten, wenn diese z. B. mit einem Melamin-Mischharz (MUF, MUPF) gebunden ist. PF-gebundenes OSB zeichnet sich durch eine sehr niedrige Formaldehydabgabe aus, vergleichbar mit PF-gebundenen Spanplatten. UF-Harze werden bei der OSB-Herstellung praktisch nicht eingesetzt.

Furnierte Spanplatten
Mit UF-Harzen und Holzfurnieren beschichtete Platten weisen eine verringerte Formaldehydemission auf, wenn formaldehydarme Furnierleime (bei UF-Leimen mit einem Flottenmolverhältnis unter 1,3) eingesetzt werden. Die Furnierleimfuge bewirkt dabei einen ausreichenden Absperreffekt für die Formaldehydemission aus der Rohplatte (Dunky 1991, Marutzky u. a. 1981).

Sperrholz
Entscheidend ist insbesondere die Dicke (Boehme 1994a, Groah u. a. 1992) und die Holzart der beiden Deckfurniere. Je dicker dieses äußerste Furnier, desto höher ist die Diffusionshemmung und desto niedriger die Formaldehydemission. Die Prüfung mittels Gasanalyse (EN 717-2) beurteilt die bei den gegebenen Prüfbedingungen effektive Emission aus der Platte. Perforatorprüfungen an Sperrholzplatten sind an sich von den gängigen Vorschriften her nicht vorgesehen, werden aber gelegentlich durchgeführt (Boehme 1994b, Boehme u. a. 1993), z. B. als Betriebskontrolle (Petrovic 1996). Eine ausführliche Beschreibung zum Thema Sperrholz und Formaldehyd findet sich bei Boehme (1994b). Er variierte bei seinen Versuchen das eingesetzte Bindemittel, das Streckmittel, Härter und Formaldehydfänger sowie Holzart und Furnierdicke. Die Emission einer Platte wird im Wesentlichen durch ihr Formaldehydabgabepotential und durch die Dichtheit der Oberfläche gegenüber Gasaustausch bestimmt. Ein Maß dieser Dichtheit ist z. B. die Diffusionswiderstandszahl.

Weitere Literaturhinweise: Boehme (1993).

Massivholzplatten
Die Formaldehydabgabe aus Massivholzplatten ist vergleichsweise niedrig, weil durch die dicken Decklamellen (4–9 mm) eine hohe Diffusionsbarriere gegeben ist. Die Einhaltung der geforderten Grenzwerte stellt üblicherweise kein Problem dar (Dunky 1991); dies ermöglicht auf der anderen Seite sogar den Einsatz von im Vergleich für die Spanplattenherstellung formaldehydreichen Mischharzsystemen, mit denen eine gute Beständigkeit gegenüber dem Einfluss von Feuchtigkeit und Wasser erzielt werden kann.

Weitere Literaturhinweise: P. Boehme u.a. (1988), Deppe (1985).

Möbel
In Prüfkammern können ganze Möbelstücke hinsichtlich ihrer Formaldehydabgabe untersucht werden. Der Vergleich verschiedener Möbelstücke ist jedoch nur bedingt möglich, weil bei den Tests die Beladungszahl (m^2 Plattenoberfläche/m^3 Raumvolumen) variieren wird; alle anderen Prüfraumparameter (Temperatur, rel. Luftfeuchte, Luftwechselzahl) können hingegen problemlos konstant gehalten werden. Die tatsächliche Formaldehydabgabe eines Möbels kann auch nicht allein durch Addition der Einzelkomponenten errechnet werden, sondern ist in komplexer Weise abhängig vom Abgabepotential der eingesetzten Materialien, von der abdichtenden Wirksamkeit der Beschichtungen und vom Anteil der offenen Oberflächen (nicht abgedeckte Schmalflächen, Bohrlöcher, Fräsnuten usw.) und der Größe der Möbel (Beladungszahl). Die Formaldehydabgabe aus Spanplattenkanten ist nach Marutzky u.a. (1981) drei- bis sechsmal so groß wie aus der Fläche (jeweils bezogen auf die gleiche Prüffläche). Möbel weisen wegen der meist eher kleinflächigen Verarbeitung von Spanplatten ein ungünstiges Verhältnis von Schmalfläche zu Gesamtoberfläche auf.

Weitere Literaturhinweise: Marutzky (1987b), Marutzky u.a. (1982), Marutzky und Flentge (1985), Meyer u.a. (1990).

5.2.6.5 *Plattenoberfläche*

Die nachträgliche Formaldehydabgabe aus einer Platte wird natürlich auch stark von seinem Aufbau und insbesondere von der Durchlässigkeit (Permeabilität) ihrer Oberfläche beeinflusst. In der HBF-Gleichung (s. Teil II, Abschn. 5.2.5.4) wird dies durch den Massenübergangskoeffizienten K (m/h) ausgedrückt. Jeder Teilprozess der Herstellung, der die Qualität der Plattenoberfläche verändert, wie. z.B. eine unterschiedliche Deckschichtverdichtung oder das nachträgliche Schleifen, beeinflusst auch diesen Koeffizienten K und damit die nachträgliche Formaldehydabgabe. Im Gegensatz zum Perforatorwert, bei dem der theoretisch emittierbare Formaldehyd gemessen wird, unabhängig in welcher Zeit bzw. mit welcher Geschwindigkeit diese Emission auftritt, wird durch den Massenübergangskoeffizienten K die tatsächliche Emission beeinflusst. Es ist auch bekannt, dass Platten trotz identischer Perforatorwertes im Prüfraum unterschiedliche Emissionsraten aufweisen und so zu unterschiedlichen Ausgleichskonzentrationen führen können (Dunky 1999).

Marutzky u.a. (1981) sahen bei ihren Untersuchungen eine nur geringe Abhängigkeit des Perforatorwertes von der Diffusionswiderstandszahl der Platte; theoretisch dürfte überhaupt kein Einfluss gegeben sein, wenn angenommen wird, dass unter den Bedingungen der Perforatorwertmessung eine vollständige Extraktion des freien Formaldehyds erfolgt. Der Gasanalysenwert hingegen sank deutlich bei zunehmender Diffusionswiderstandszahl.

Liles (1993) hat Werte für den Massenübergangskoeffizienten *K* bestimmt, indem er Platten schrittweise abgeschliffen und jeweils die Ausgleichskonzentration in einer DMC (s. Tabelle 5.1 in Teil II, Abschn. 5.2.3.1) ermittelt hat. Die Werte für *K* liegen je nach Typ der untersuchten Platte im Bereich 1,0 bis 1,6 m/h. Beim schrittweisen Abschleifen der Plattenoberfläche (bis zu 1,5 mm) fand er je nach Plattentyp und Herstellungsweise unterschiedliche *K*-Profile, wobei die gemessenen Änderungen im Bereich 0,3 bis 0,8 lagen:

- Maximum an der Oberfläche bei ungeschliffenen Platten (Lockerzone) mit anschließendem Minimum nach ca. 1 mm Abschliff pro Seite (Dichtemaximum)
- Minimum außen mit Anstieg von *K* bei fortschreitendem Schleifen.

Prinzipiell ist zu erwarten, dass *K* umgekehrt proportional zur Plattendichte ist, d.h. je höher die Dichte, umso niedriger sollte der Massenübergangskoeffizient *K* sein. Eine gezielte Einflussnahme auf die nachträgliche Formaldehydabgabe über eine bestimmte Einstellung und Wahl des Massenübergangskoeffizienten K ist aus technologischen und wirtschaftlichen Gründen jedoch nur selten möglich. Die Dichte und das gewünschte Rohdichteprofil sowie die Struktur der Platte sind meist vorgegeben bzw. nur in beschränktem Ausmaß frei wählbar.

Beschichtungen (melaminharzimprägnierte Papiere, Finishfolien, Laminate u.a.) verringern entsprechend ihrer diffusionshemmenden Wirkung die Formaldehydabgabe aus den Rohplatten. Zu beachten ist jedoch, dass nicht aus dem Beschichtungsmaterial selbst Formaldehyd entweicht.

Weitere Literaturhinweise: Boehme (1995), Kossatz und Marutzky (1988), Marutzky u.a. (1992).

5.2.7 Herstellung von Platten mit niedriger nachträglicher Formaldehydabgabe

Verschiedene Möglichkeiten zur Herstellung von Platten mit niedriger nachträglicher Formaldehydabgabe werden in Teil III, Abschn. 2.2.3.3 beschrieben:

- Absenkung des Molverhältnisses F/U bzw. $F/(NH_2)_2$
- Einbau von anderen Substanzen mit NH_2-Gruppen (Zugabe von Fängern)

- Nachbehandlung der Platten mit formaldehydbindenden Reagenzien
- Aufbringen einer Diffusionssperre (Folien, Lacke, Laminate)
- Optimierung der Herstellungsparameter hinsichtlich der nachträglichen Formaldehydabgabe (Presstemperatur, Presszeit, Feuchtigkeit der beleimten Späne u.a.)
- Einsatz phenolischer Harze (PF-Leim, Tannin)
- Einsatz von Bindemitteln, die kein Formaldehyd enthalten.

Vorbehandlung der Späne bzw. der Holzkomponente

Möglichkeiten der Vorbehandlung der Späne bestehen durch das Aufsprühen einer Harnstofflösung (USP 4478966), von Formaldehydfängern (UF-Kondensate mit einem Molverhältnis weit unter 1,0; EP 37878) oder dem Aufsprühen oder Aufstreuen anderer mit Formaldehyd reagierender Substanzen, wie Ammoniumcarbonat, Ammoniumbicarbonat, Melamin u.a. (DE 1653167, EP 13372). Diese und ähnliche Verfahren werden heute praktisch nicht mehr eingesetzt; bei Behandlung der Späne vor dem Trockner ist mit erhöhten VOC-Emissionen zu rechnen. Eine ausführliche Übersicht über die verschiedensten Methoden zur Vorbehandlung der Späne bzw. der Holzkomponente findet sich bei Myers (1985a).

5.3 Phenolemission

Die Prüfung auf freies Phenol, das aus einem Holzwerkstoff entweichen kann, erfolgt nach VDI 3485 Bl. 1 (Dezember 1988) in einem Prüfraum mit anschließender Analyse nach dem p-Nitroanilin-Verfahren. Schneider und Deppe (1995) weisen jedoch auf verschiedene erforderliche Adaptierungen dieser Methode wie Reduzierung der Probenahmegeschwindigkeit bei Einsatz einer 1 m^3-Kammer oder Erstellung der Kalibrierkurven in einem niedrigeren Konzentrationsbereich zwecks eines zufriedenstellenden Einsatzes zur Bestimmung der Phenolemission aus Holzwerkstoffen hin. Die Nachweisgrenze beim Impinger-Verfahren nach VDI 3485 Bl. 1 liegt bei 0,8 $\mu g/m^3$. Es ist laut Aussage der Autoren jedoch nicht eindeutig, ob bei dieser Methode wirklich nur Phenol alleine oder nicht auch andere flüchtige aromatische Holzinhaltsstoffe gemessen werden. Die von den Autoren berichteten Messwerte (als Phenol-Anfangskonzentration ca. 20 h nach erfolgter Beladung) liegen bei den geprüften Platten (z.B. industrielle bzw. labormäßig hergestellte Spanplatten mit PF-Verleimung) im Bereich von 2 bis 75 $\mu g/m^3$ und damit im ungünstigsten Fall bei max. dem 250sten Teil des MAK-Wertes von Phenol (19 mg/m^3). Nach 500 h sind die Messwerte auf ca. die Hälfte des Anfangswertes gefallen, es ist jedoch auch nach 1000 h noch immer ein eindeutiger Messwert gegeben. Mittels Fluoreszenzdetektion ist bei diesem Verfahren eine höhere Empfindlichkeit des Phenolnachweises bei gleichzeitig einfacherer Durchführung gegeben (Oldörp 1995).

Tiedemann u.a. (1994) beschreiben eine Extraktion der Holzwerkstoffe mittels einer Aceton-Methylenchlorid-Lösung bei Raumtemperatur und anschließender Bestimmung des extrahierten Phenols mittels GC-MS. Die quantitative Nachweisgrenze dieser Methode wird mit 0,33 mg/kg Platte angegeben, die Autoren schätzen Ergebnisse mit guter Genauigkeit sogar bis 0,05 mg/kg herab. Neben dem freien Phenol wird bei dieser Extraktion auch die 10- bis 100fache Menge an gesamtphenolischen Komponenten bestimmt.

In den Vorschriften des Umweltzeichens UZ 76 wird eine maximale Phenolkonzentration im Prüfraum von 14 $\mu g/m^3$ Raumluft gefordert.

5.4 Isocyanat

Der quantitative Nachweis von Isocyanaten in der Raumluft ist durch eine Reaktion mit Methoxyphenylpiperazin und anschließender HPLC-Analyse möglich (Maddison 1998, Umweltzeichen UZ 76, prEN 13999-4). Mattrel und Richter (1995) beschreiben ein Analysenverfahren, mit dem MDI bzw. Diaminodiphenylmethan (MDA)-Emissionen gemeinsam als MDA erfasst und mittels HPLC quantitativ bestimmt werden können. Die praktische Anwendung dieser Analysenmethode auf in Prüfräumen exponierte isocyanathältige Produkte (Spanplatten, frische Klebstoffflächen) ergab selbst unter strengen Messbedingungen keine bzw. nur im Bereich der Nachweisgrenze (ca. 0,5 μg MDI bzw. MDA/m^3) liegende kurzzeitige Emission. Auch Maddison (1998) bestätigt, dass unter üblichen Produktionsbedingungen die Raumluftkonzentration an Isocyanat unter 0,05 mg/m^3 liegt. Holzwerkstoffplatten nach Umweltzeichen UZ 76 dürfen nachweisbar kein monomeres MDI emittieren.

5.5 Ammoniak

Werden bei der Holzwerkstoffherstellung harnstoffmodifizierte Phenolharze eingesetzt, besteht die Gefahr, dass es unter den gegebenen hochalkalischen Bedingungen zu einer Bildung von Ammoniak durch Zersetzung des Harnstoffes kommt. Diese Ammoniakbildung ist umso stärker, je stärker die alkalischen Bedingungen sind.

5.6 Flüchtige Säuren

Der Gehalt an flüchtigen Säuren in den Platten kann durch Extraktion (bei Raumtemperatur oder unter Rückfluss) mit anschließender nasschemischer oder titrimetrischer Analyse erfolgen.

Die Bestimmung der nachträglichen Säureabgabe kann in Anlehnung an die Bestimmung der nachträglichen Formaldehydabgabe erfolgen, z. B. mittels der WKI-Flaschentestmethode (Roffael u. a. 1990) oder einer modifizierten Gasanalysen-Methode nach EN 717-2 (Roffael u. a. 1991). Die Emission unter Praxisbedingungen kann auch in einem Prüfraum erfolgen.

Weitere Literaturhinweise: Colakoglu und Roffael (1995, 2000), Lelis und Roffael (1995, 2001), Lelis u. a. (1992, 1993, 1994), Poblete und Roffael (1985), Roffael (1988 a + c, 1989 c + d, 1990), Roffael u. a. (1992 a + b).
Recyclingspäne: Hüster und Roffael (1999).

5.7 Volatile Organic Compounds (VOC)

Unter VOC werden Lösungsmittelreste, Monomere aus Kunststoffen und andere Geruchsstoffe diverser Art, aber auch z. B. Restmethanol aus dem Bindemittel, zusammengefasst, die aus Holzwerkstoffen und Möbeln emittieren und zu einer Belastung der Luftqualität in Innenräumen beitragen können. Die Probensammlung erfolgt z. B. in einer 1 m^3-Edelstahlkammer, wie sie auch für die Formaldehydemission eingesetzt werden kann. Der qualitative und insbesondere quantitative Nachweis der vielen Einzelverbindungen stellt eine große analytische Anforderung dar und erfolgt mittels verschiedener Methoden, wie z. B. UV/Fluoreszenzspektroskopie, GC/FID, GC/MS (prEN 13999-2) oder HPLC. Wang und Gardner (1999) fassen bis zu 70 verschiedene chemische Substanzen zum Summenbegriff TVOC zusammen. Es gibt Vorschläge für eine Begrenzung der Konzentration an einzelnen VOC sowie an der Summe der emittierten VOC (Total VOC, TVOC), letztere sollte eine Konzentration in der Luft von Innenräumen von 300 $\mu g/m^3$ nicht überschreiten (Jann 1997).

Die Bestimmung der während der Herstellung von Holzwerkstoffen auftretenden VOC-Emission kann im Wesentlichen in der gleichen Weise wie für die Formaldehydabgabe während der Verpressung erfolgen (s. Teil II, Abschn. 5.1.1). Verschiedene solcher Geräte (Pressrahmen und Gassammelsysteme) wurden von Broline u. a. (1995), Carlson u. a. (1995), Peek u. a. (1997), Wang und Gardner (1999) und Wolcott u. a. (1996) beschrieben. VOC können aus der Holzsubstanz selbst z. B. beim Trocknungsprozess (Milota 2000, Shmulsky 2000) bzw. aus Bindemitteln, Anstrichstoffen und anderen Komponenten entweichen. Eine umfassende Darstellung zu diesem Thema wurde von der Österreichischen Akademie der Wissenschaften (1996/1997) herausgegeben.

Weitere Literaturhinweise: Barry und Corneau (1999), Baumann u. a. (1995, 1999, 2000), Broline (1999), Brown (1999), Hoag (1993), Meininghaus u. a. (1996), Nagy (1995), Salthammer (1994, 1997, 1999), Salthammer und Marutzky (1995/96, 1996), Salthammer u. a. (1999), Schmich (1996), Schriever (1990), Sundin u. a. (1992), Wang u. a. (1999).

5.8
Ökologische Betrachtung von Bindemitteln und Holzwerkstoffen

Wie nur in wenigen anderen Industriezweigen ist das Schlagwort „Umweltaspekte“ ein wesentlicher Motor in der Entwicklung neuer oder verbesserter Produkte und Produktionsverfahren. Die Liste konkreter Anliegen und Entwicklungsschwerpunkte ist nahezu unübersehbar und kann hier nur ansatzweise aufgezählt werden. 1998 und 2002 haben sich eigene Symposia in Göttingen mit dem Thema „Umweltschutz in der Holzwerkstoffindustrie“ beschäftigt. Einzelne Bereiche und Schwerpunkte sind in der nachfolgenden Tabelle 5.5 aufgelistet.

Tabelle 5.5. Umweltaspekte in der Holzwerkstoffindustrie

- Lebenszyklus Holzwerkstoffe
- Nachhaltigkeit der Holzversorgung
- Energieverbrauch bei der Holzwerkstoffherstellung
- Abfälle und Abwasser bei der Holzwerkstoffherstellung, insbesondere hinsichtlich Bindemittel und sonstiger Zusatzstoffe
- stoffliche Wiederverwertung von gebrauchten Holzwerkstoffen
- umweltfreundliche energetische Nutzung von gebrauchten Holzwerkstoffen
- Vermeidung von übermäßigen Emissionen (Formaldehyd, Volatile Organic Compounds VOC, Staub) während der Herstellung der Holzwerkstoffe
- Vermeidung von übermäßigen Emissionen (Formaldehyd, VOC) beim späteren Gebrauch der Holzwerkstoffe und der daraus hergestellten Fertigprodukte

Ökologisches Management bedeutet, dass Schäden an der Umwelt, die durch menschliche Aktivitäten verursacht werden, möglichst gering gehalten werden müssen, wobei hier der Begriff Umwelt möglichst weit gesehen wird (Frühwald 1996). Einflüsse auf die Umwelt können verschiedenen Aspekten zugeordnet werden:

- Ausbeutung der Ressourcen: Energie, Material, Wasser, Land
- gesundheitliche Einflüsse für Mensch und Tier
- ökologische Einflüsse: Klimaveränderung, saurer Regen u. a.

Verschiedene Methoden der Beurteilung stehen zur Verfügung, begonnen mit der Ökobilanzierung über Produktlinienanalysen, Umweltverträglichkeitsprüfungen bis hin zu technologischen Abschätzungen und Machbarkeitsstudien und zur Erstellung und Bewertung von Lebenszyklen für Holzwerkstoffe. Trotz so mancher bereits vorliegender Studie stehen wir hier sicher noch am Anfang eines langen Weges; insbesondere die sinnvolle gleichberechtigte Berücksichtigung von ökologischen und ökonomischen Aspekten ist je nach Ausgangspunkt der Betrachtung und des Betrachters nicht immer gegeben.

Viele Umweltaspekte, die für Holz sprechen, gelten im Prinzip auch für Holzwerkstoffe:

- biologisch abbaubar
- Verarbeitung ist umweltfreundlich
- in den meisten Ländern existiert eine nachhaltige Forstwirtschaft
- Holzwerkstoffindustrie verwendet überwiegend Restholz
- Fortschritte wurden bei Staubbekämpfung und Vermeidung umweltrelevanter Stoffe, z. B. Halogenen, erzielt
- eine Reduzierung der Formaldehydemission wurde erfolgreich durchgeführt
- gute Isoliereigenschaften
- niedriges Gewicht, gute Stabilität.

Über die stoffliche Wiederverwertung von gebrauchten Holzwerkstoffen wird in Teil III, Abschn. 1.1.4, berichtet, über die Vermeidung von übermäßigen Emissionen (Formaldehyd, Volatile Organic Compounds VOC, Staub) während der Herstellung und beim späteren Gebrauch der Holzwerkstoffe und der daraus hergestellten Fertigprodukte in Teil II, Abschn. 5.1 bis 5.7 sowie Teil III, Abschn. 2.2.3.

Ausführliche Zusammenfassungen zum Thema Umweltaspekte finden sich in der Literatur, z. B. bei Frühwald (1996, 1997) oder Richter (2001).

5.8.1 Lebenszyklusanalysen

Lebenszyklusanalysen betrachten die ökologischen und die ökonomischen Aspekte des gesamten Lebens eines Produktes. Der Lebenszyklus beginnt mit der Bereitsstellung der Rohstoffe und geht über verschiedene Ver- und Bearbeitungsprozesse zum Einsatz und Gebrauch des Produktes. Daran anschließend ist entweder ein Recycling- oder ein Wiederverwendungsschritt oder das Ende des Zyklusses durch Deponierung oder Verbrennung gegeben. Ziel von Lebenszyklusanalysen ist die Optimierung eines Produktes in ökologischer und in ökonomischer Hinsicht.

Verschiedene Lebenszyklusanalysen finden sich in der Fachliteratur:
Span- und Faserplatten: Frühwald und Hasch (1999).
UF-Spanplattenleime: Digernes und Ophus (1996).

5.8.2 Energieverbrauch bei der Holzwerkstoffherstellung

Frühwald u. a. (1994) ermittelten den Energieaufwand bei der Herstellung verschiedener Holzprodukte und Holzwerkstoffe. Dieser Aufwand liegt je nach Produkt bei 1000 bis 4100 MJ/m^3.

Weitere Literaturhinweise: Frühwald (1996), Janssen und Kruse (2000), Mundy u. a. (2000).

5.8.3 Umweltfreundliche energetische Nutzung von gebrauchten Holzwerkstoffen

Holz und Holzwerkstoffe können als erneuerbare Bioenergieträger und Biomaterialien zur Verminderung von CO_2-Emissionen eingesetzt werden. Holz wirkt insbesondere als CO_2-Speicher: 1 m^3 Holz entspricht 1 to CO_2. Die Verwendung von Holz bei der Energiegewinnung kann damit als „Sonnenenergie" bezeichnet werden (Frühwald 1996).

Holz ist gleichzeitig Rohmaterial und Energiequelle. Der Anteil von Holz als Primärenergiequelle in Deutschland betrug 1996 allerdings nur 1,2% (Frühwald 1996).

Literatur

Abel SW, Margosian RL, Schweer LG, Koontz MD (1995) Proceedings Wood Adhesives 1995, Portland, OR, 90–96
Andersen I, Lundquist GR, Molhave L (1975) Atmospheric Environment 9, 1121–1127
Barry AO, Corneau D (1999) Holzforschung 53, 441–446
Barry AO, Corneau D, Lovell R (2000) For. Prod. J. 50: 10, 35–42
Barry AO, Lépine R, Lovell R, Raymond S (2001) For. Prod. J. 51: 1, 65–73
Baumann MGD, Batterman SA, Zhang G, Conner AH (1995) Proceedings Wood Adhesives 1995, Portland, OR, 215–219
Baumann MGD, Batterman SA, Zhang G (1999) For. Prod. J. 49: 1, 49–56
Baumann MGD, Lorenz LF, Batterman SA, Zhang G (2000) For. Prod. J. 50: 9, 75–82
Becker M, Marutzky R (1995) Holz Roh. Werkst. 53, 209–214
Belmin S (1963) Anal. Chimica Acta 29, 120–126
Berge A, Mellegaard B (1979) For. Prod. J. 29: 1, 21–25
Berge A, Mellegaard B, Hanetho P, Ormstad EB (1980) Holz Roh. Werkst. 38, 251–255
Bernert J (1976) Wasser Luft Betrieb 20, 75–78
Boehme C (1993) Holz Roh. Werkst. 51, 295
Boehme C (1994a) Holz- und Kunststoffverarb. 29, 686–687
Boehme C (1994b) Sperrholz und Formaldehyd. WKI-Bericht Nr. 29
Boehme C (1995) Holz Roh. Werkst. 53, 227–242
Boehme C, Colakoglu G, Roffael E (1993) Holz Zentr. Bl. 119, 877–879
Boehme C, Flentge A (1991) Holz Roh. Werkst. 49, 242
Boehme C, Roffael E (1989) Holz Roh. Werkst. 47, 508
Boehme P, Merker O, Möller A (1988) Holz Roh. Werkst. 46, 473–475
Broline B (1999) Proceedings Third European Panel Products Symposium, Llandudno, North Wales, 124–135
Broline B, Holloway TC, Moriarty CJ (1995) Proceedings Wood Adhesives 1995, Portland, OR, 97–103
Brown SK (1999) Indoor Air 9, 209–215
Brunner K (1978) Holz Zentr. Bl. 104, 1661–1662
Bundesgesundheitsblatt Nr. 10 (Oktober 1991), Bekanntmachungen des Bundesgesundheitsamtes
Carlson FE, Phillips EK, Tenhaeff StC, Detlefsen WD (1994) Proceedings 50th Forest Products Society Annual Meeting, Portland, ME
Carlson FE, Phillips EK, Tenhaeff StC, Detlefsen WD (1995) For. Prod. J. 45: 3, 71–77
Christensen RL, Robitschek P, Stone J (1981) Holz Roh. Werkst. 39, 231–234

Christensen RL, Anderson WH (1989) Proceedings 23rd Wash. State University Int. Particleboard/Composite Materials Symposium, Pullman, WA, 55–64
Colakoglu G, Roffael E (1995) Holz Zentr. Bl. 121, 949–950
Colakoglu G, Roffael E (2000) Holz Zentr. Bl. 126, 160–161
Colombo A, Jann O, Marutzky R (1994) Staub – Reinhaltung Luft 54, 143–146
Deppe H-J (1985) Adhäsion 20: 7/8, 12–15
Deppe H-J (1988 a) Holz Zentr. Bl. 114, 241–242 und 256–257
Deppe H-J (1988 b) Holz Zentr. Bl. 114, 1422–1424
Deppe H-J (1988 c) Holz Zentr. Bl. 114, 2280–2282
Deppe H-J, Jann O (1990) Adhäsion 34: 3, 28–32
Deraman M, Roffael E (1989) Holz Roh. Werkst. 47, 111
Deutsches Bundesgesundheitsamt, Pressemitteilung 12. Oktober 1977
Deutsche Chemikalien-Verbotsverordnung (ChemVerbotsV) 1993
Deutsche Gefahrstoffverordnung (GefStoffV): Verordnung zum Schutz vor gefährlichen Stoffen (1984)
Devantier B, Tobisch S, Macht K-H (1997) Holz Zentr. Bl. 123, 1348–1350
DIBt-Richtlinie 100: Richtlinie über die Klassifizierung und Überwachung von Holzwerkstoffplatten bezüglich der Formaldehydabgabe, Mitteilungen des Deutschen Institutes für Bautechnik, Berlin, 6/1994, 203–207
Digernes V, Ophus E (1996) Proceedings 1st European Wood-Based Panel Symposium, Hannover
Dunky M (1989) Holzforsch. Holzverwert. 41, 42–46
Dunky M (1990) Holz Roh. Werkst. 48, 371–375
Dunky M (1991) unveröffentlicht
Dunky M (1995 a) Proceedings Wood Adhesives 1995, Portland, OR, 77–80
Dunky M (1995 b) Proceedings IUFRO XX World Congress, Tampere, Finnland, 365
Dunky M (1999) unveröffentlicht
Dunky M, Müller R (1988) Spanplatten. In: Woebcken W (Hrsg.): Duroplaste (Kunststoff-Handbuch Bd. 10), S. 629–670, Carl Hanser Verlag München Wien
Dunn JE, Tichenor BA (1988) Atmosph. Environm. 22, 885–894
Elbert AE (1995) Holzforschung 49, 358–362
Erle A (1994) Holz Roh. Werkst. 52, 301–303
Erle A (1995) Holz Roh. Werkst. 53, 101–106
Ernst K (1987) Holz Roh. Werkst. 45, 411–415
Ernst K, Roffael E, Weber A (1998) Umweltschutz in der Holzwerkstoffindustrie. Institut für Holzbiologie und Holztechnologie der Georg-August-Universität Göttingen
Flentge A (1989) Holz Roh. Werkst. 47, 112
Flentge A, Fuhrmann F, Marutzky R (1991) Holz Roh. Werkst. 49, 13–15
Flentge A, Jauns S, Marutzky R (1989) Gesundheits-Ingenieur – gi 110, 201–205
Flentge A, Marutzky R (1990) Holz Roh. Werkst. 48, 370
Frühwald A (1996) Proceedings New Challenges for the Wood-Based Panels Industry: Technology, Productivity and Ecology, Braunschweig
Frühwald A (1997) Holzforsch. Holzverwert. 49, 95–99
Frühwald A, Hasch J (1999) Proceedings 2nd European Wood-Based Panel Symposium, Hannover
Frühwald A, Scharai-Rad M, Wegener G, Krüger S, Beudert M (1994) Holz – Rohstoff der Zukunft. Informationsdienst Holz, München
Fujii S, Suzuki T, Koyogashiro S (1973) Kenzai Shiken Joho 9: 3, 10–14
Godish T, Kanyer B (1985) For. Prod. J. 35: 4, 13–17
Gollob L, Wellons JD (1980) For. Prod. J. 30: 6, 27–35
Groah WJ, Gramp GD (1990) Proceedings 24th Wash. State University Int. Particleboard/Composite Materials Symposium, Pullman, WA, 105–119

Groah WJ, Gramp GD, Garrison SB, Walcott RJ (1985) For. Prod. J. 35: 2, 11–18
Groah WJ, Gramp GD, Heroux L, Haavik DW (1998) For. Prod. J. 48: 9, 75–80
Groah WJ, Gramp GD, Rudzinski RJ (1992) For. Prod. J. 42: 7/8, 54–56
Gustafsson HNO (1988) Proceedings Marutzky R (Hrsg.): Zur Messung von Formaldehyd – Methoden, Erkenntnisse und Erfahrungen. Braunschweig, 23–32 (WKI-Bericht 19)
Hanetho P (1978) Proceedings 12th Wash. State University Int. Symposium on Particleboards, Pullman, WA, 275–286
Hare DA, Margosian RL, Groah WJ, Abel SW, Schweer LG, Koontz MD (1996) Proceedings 30th Wash. State University Int. Particleboard/Composite Materials Symposium, Pullman, WA, 93–108
Havermans JBGA (1988) Proceedings Marutzky R (Hrsg.): Zur Messung von Formaldehyd – Methoden, Erkenntnisse und Erfahrungen. Braunschweig, 269–285 (WKI-Bericht 19)
Hoag M (1993) Proceedings 27th Wash. State University Int. Particleboard/Composite Materials Symposium, Pullman, WA, 93–108
Hoetjer JJ (1978) Bericht der Methanol Chemie Niederlande
Hoetjer JJ, Koerts F (1981) Holz Roh. Werkst. 39, 391–393
Hoetjer JJ, Koerts F (1986) Proceedings 189th ACS Nat. Meeting, Miami Beach 1985, ACS Symposium Series 316, 125–144
Hoferichter E, Scheithauer M, Aehlig K (1999) Holz Zentr. Bl. 125, 1357
Hoferichter E, Scheithauer M, Aehlig K (2000) Holz Zentr. Bl. 126, 61
Hüster HG, Roffael E (1999) Holz Zentr. Bl. 125, 775–776
Ingram LL Jr, Taylor FW, Punsavon V, Templeton MC (1994) Proceedings Annual Meeting For. Prod. Society, Portland, ME
Jann O (1991) Proceedings 25th Wash. State University Int. Particleboard/Composite Materials Symposium, Pullman, WA, 273–283
Jann O (1997) Proceedings MOBIL-Holzwerkstoffsymposium, Bonn
Jann O, Deppe HJ (1988) Proceedings Marutzky R (Hrsg.): Zur Messung von Formaldehyd – Methoden, Erkenntnisse und Erfahrungen. Braunschweig, 33–43 (WKI-Bericht 19)
Jann O, Deppe HJ (1989) Holz Roh. Werkst. 47, 508
Jann O, Deppe HJ (1990) Holz Roh. Werkst. 48, 365–369
Janssen A, Kruse K (2000) Proceedings Fourth European Panel Products Symposium, Llandudno, North Wales, 220–226
Kazakevics AAR, Spedding DJ (1979) Holzforschung 33, 155–158
Kehr E, Wehle H-D (1988) Holztechnol. 29, 285–289
Koerts F, Koster R (1988) Proceedings Marutzky R (Hrsg.): Zur Messung von Formaldehyd – Methoden, Erkenntnisse und Erfahrungen. Braunschweig, 147–162 (WKI-Bericht 19)
Kossatz G, Marutzky R (1988) Holz Zentr. Bl. 114, 2195–2197
Lehmann G (1997) Tagung Klebstoffe für Holzwerkstoffe und Faserformteile, Braunschweig
Lehmann WF (1987) For. Prod. J. 37: 4, 31–37
Lehmann WF, Roffael E (1992) Proceedings 26th International Symposium on Particleboard/Composite Materials, Pullman, WA, 124–141
Lelis R, Roffael E (1995) Holz Zentr. Bl. 121, 66–68
Lelis R, Roffael E (2001) Holz Zentr. Bl. 127, 750–751
Lelis R, Roffael E, Becker G (1992) Holz Zentr. Bl. 118, 2204–2210
Lelis R, Roffael E, Becker G (1993) Holz Zentr. Bl. 119, 120–121
Lelis R, Roffael E, Becker G (1994) Holz Zentr. Bl. 120, 2144–2146 und 2181–2182
Liles WT (1993) Proceedings 27th International Symposium on Particleboard/Composite Materials, Pullman, WA, 233–253
Maddison P (1998) Proceedings Second European Panel Products Symposium, Llandudno, North Wales, 180–191

Mansson B, Proceedings Fachtagung „Umweltschutz in der Holzwerkstoffindustrie", 1998, Göttingen, 152–160
Mansson B, Roffael E (1995) Holz Zentr. Bl. 121, 750–754
Mansson B, Roffael E (1999) Holz Zentr. Bl. 125, 98–102
Markessini AC (1993) Proceedings 27th International Symposium on Particleboard/Composite Materials, Pullman, WA, 207–219
Martinez E, Belanche MI (2000) Holz Roh. Werkst. 58, 31–34
Marutzky R (1986) Holz Roh. Werkst. 44, 270
Marutzky R (1987a) Holz Roh. Werkst. 45, 421–427
Marutzky R (1987b) Holztechnol. 28, 301–304
Marutzky R, Flentge A (1985) Holz- und Kunststoffverarb. 20, 38–45
Marutzky R, Flentge A (1986) Holz Roh. Werkst. 44, 270
Marutzky R, Flentge A (1990) Holz Roh. Werkst. 48, 453–456
Marutzky R, Flentge A, Boehme C (1992) Holz Roh. Werkst. 50, 239–240
Marutzky R, Flentge A, Mehlhorn L (1987) Holz Roh. Werkst. 45, 339–343
Marutzky R, Mehlhorn L, May H-A (1980) Holz Roh. Werkst. 38, 329–335
Marutzky R, Mehlhorn L, Menzel W (1981) Holz Roh. Werkst. 39, 7–10
Marutzky R, Mehlhorn L, Menzel W (1982) Holz- und Kunststoffverarb. 17, 224–229
Marutzky R, Mehlhorn L, Roffael E, Flentge A (1988a) Holz Roh. Werkst. 46, 253–258
Marutzky R, Mehlhorn L, Roffael E, Flentge A (1988b) Holz Zentr. Bl. 114, 410–415
Marutzky R, Roffael E (1977) Holzforschung 31, 8–12
Matthews TG (1984) Bericht des Oak Ridge Nat. Laboratory, Oak Ridge, TN
Matthews TG, Hawthorne AR, Daffron CR, Corey MD, Reed TJ, Schrimsher JM (1984) Anal. Chem. 56, 448–454
Mattrel P, Richter K (1995) Holz Roh. Werkst. 53, 321–326
Mehlhorn L, Roffael E, Miertzsch H (1978) Holz Zentr. Bl. 104, 345–346
Meininghaus R, Fuhrmann F, Salthammer T (1996) Fresenius J. Anal. Chem. 356, 344–347
Menzel W, Marutzky R, Mehlhorn L (1981) Formaldehyd. WKI-Bericht Nr. 13
Merker O, Kusian R, Scheithauer M (1990) Holz Zentr. Bl. 116, 1797–1800
Meyer B (1996a) WKI-Kurzbericht 11
Meyer B (1996b) WKI-Kurzbericht 13
Meyer B, Boehme C (1994a) Holz- und Kunststoffverarb. 29, 1258–1259
Meyer B, Boehme C (1994b) Holz Zentr. Bl. 120, 1969–1972
Meyer B, Boehme C (1995) Holz Roh. Werkst. 53, 135
Meyer B, Boehme C (1997) For. Prod. J. 47: 5, 45–48
Meyer B, Flentge A, Marutzky R (1990) Holz- und Kunststoffverarb. 25, 1472–1476
Milota MR (2000) For. Prod. J. 50: 6, 10–20
Mohl H-R (1975) Holz Zentr. Bl. 101, 869–871
Mohl H-R (1978a) Holz Roh. Werkst. 36, 69–75
Mohl H-R (1978b) Holz Roh. Werkst. 36, 151–156
Mohl H-R (1979) Holz Roh. Werkst. 37, 395–405
Molhave L (1982) Holzforsch. Holzverwert. 34, 24–27
Molhave L, Bisgaard P, Dueholm S (1983) Atmosph. Environm. 17, 2105–2108
Mundy J, Thorpe W, Bonfield P (2000) Proceedings Fourth European Panel Products Symposium, Llandudno, North Wales, 219
Myers GE (1982) For. Prod. J. 32: 4, 20–25
Myers GE (1984) For. Prod. J. 34: 10, 59–68
Myers GE (1985a) For. Prod. J. 35: 6, 57–62
Myers GE (1985b) For. Prod. J. 35: 9, 20–31
Myers GE, Nagaoka M (1981a) For. Prod. J. 31: 7, 39–44
Myers GE, Nagaoka M (1981b) Wood Sci. 13, 140–150
Nagy E (1995) Proceedings Wood Adhesives 1995, Portland, OR, 105–112

Newton LR (1982) Proceedings 16th Wash. State Univ. Int. Symposium on Particleboards, Pullman, WA, 45-61
Newton LR, Anderson WH, Lagroon HS, Stephens KA (1986) Proceedings 189th ACS Nat. Meeting, Miami Beach 1985, ACS Symposium Series 316, 154-187
Oldörp K (1995) WKI-Kurzbericht 36
Österreichische Akademie der Wissenschaften: Flüchtige Kohlenwasserstoffe in der Atmosphäre, Luftqualitätskriterien VOC, 2 Bände. Bundesministerium für Umwelt, Jugend und Familie (Hrsg.), Wien, 1996/1997
Österreichische Formaldehydverordnung (12. Februar 1990), veröffentlicht im Bundesgesetzblatt für die Republik Österreich, 10. April 1990, 194.Verordnung, Bundesministerium für Umwelt, Jugend und Familie
Peek BM, Broline BM, Tenhaeff SC, Wolcott JJ, Holloway TC, Wendler S, Hale G (1997) Proceedings 31th Wash. State University Int. Particleboard/Composite Materials Symposium, Pullman, WA, 137-146
Petersen H (1976) Holz Roh. Werkst. 34, 365-378
Petersen H (1977) Holz Roh. Werkst. 35, 369-378
Petersen H (1978) Holz Roh. Werkst. 36, 397-406
Petersen H, Reuther W, Eisele W, Wittmann O (1972) Holz Roh. Werkst. 30, 429-436
Petersen H, Reuther W, Eisele W, Wittmann O (1973) Holz Roh. Werkst. 31, 463-469
Petersen H, Reuther W, Eisele W, Wittmann O (1974) Holz Roh. Werkst. 32, 402-410
Petrovic S (1996) unveröffentlicht,
Plath L (1966) Holz Roh. Werkst. 24, 312-318
Plath L (1967) Holz Roh. Werkst. 25, 231-238
Plath L (1968) Holz Roh. Werkst. 26, 125-128
Poblete H, Roffael E (1985) Holz Roh. Werkst. 43, 57-62
Prasetya B, Roffael E, Dix B (1993) Holz Roh. Werkst. 51, 294
RAL-Umweltzeichen UZ 38: Emissionsarme Produkte aus Holz und Holzwerkstoffen. RAL Deutsches Institut für Gütesicherung und Kennzeichnung e.V., Sankt Augustin 1999
RAL-Umweltzeichen UZ 76: Emissionsarme Holzwerkstoffplatten. RAL Deutsches Institut für Gütesicherung und Kennzeichnung e.V., Sankt Augustin 2000
Richter K (2001) LCA/-reuse/recycle. In: Johansson, C.J. (Hrsg.): State of the Art-Report, COST-Action E13, part II (Working Group 2 Glued Products), European Commission
Richtlinie über die Verwendung von Spanplatten hinsichtlich der Vermeidung unzumutbarer Formaldehydkonzentrationen in der Raumluft, herausgegeben vom Ausschuss für Einheitliche Technische Baubestimmungen, 1980, Beuth-Verlag, Berlin, Köln (ETB-Richtlinie)
Risholm-Sundmann M, Wallin N (1999) Holz Roh. Werkst. 57, 319-324
Roffael E (1976) Holz Zentr. Bl. 102, 2202
Roffael E (1978) Adhäsion 22, 180–182
Roffael E (1982a) pers. Mitteilung
Roffael E (1982b) Die Formaldehydabgabe von Spanplatten und anderen Werkstoffen. DRW-Verlag, Stuttgart
Roffael E (1988a) Adhäsion 32: 11, 35-36
Roffael E (1988b) Holz Roh. Werkst. 46, 106
Roffael E (1988c) Holz Roh. Werkst. 46, 346
Roffael E (1988d) Holz Roh. Werkst. 46, 369-376
Roffael E (1989a) Holz Roh. Werkst. 47, 41-45
Roffael E (1989b) Holz Roh. Werkst. 47, 248
Roffael E (1989c) Holz Roh. Werkst. 47, 447-452
Roffael E (1989d) Holz Zentr. Bl. 115, 112-115
Roffael E (1990) Holz Zentr. Bl. 116, 376-379

Roffael E (1993) Formaldehyde Release from Particleboard and other Wood Based Panels. Malayan Forest Records No.37, Forest Research Institute Malaysia (Ed.), Kuala Lumpur
Roffael E, Dix B, Khoo KC, Ong CL, Lee TW (1992a) Holzforschung 46, 163–170
Roffael E, Mehlhorn L (1976) Holz Zentr. Bl. 102, 2202
Roffael E, Mehlhorn L (1980) Holz Roh. Werkst. 38, 85–88
Roffael E, Miertzsch H, Schröder M (1990) Holz Zentr. Bl. 116, 1684–1685
Roffael E, Miertzsch H, Schwarz T (1992b) Holz Roh. Werkst. 50, 328
Roffael E, Schröder M, Miertzsch H (1991) Adhäsion 35: 3, 34–35
Rybicki J (1985) Wood Fiber Sci. 17, 29–35
Rybicki J, Balatinecz JJ, Rawat JK (1988) For. Prod. J. 38: 7/8, 46–50
Salthammer T (1994) Chemie in unserer Zeit 28, 280–290
Salthammer T (1996) Atmosph. Environm. 30, 161–171
Salthammer T (1997) Indoor Air 7, 189–197
Salthammer T (1999) VDI-Berichte 1443, 337 - 346
Salthammer T, Fuhrmann F, Kaufhold S, Meyer B, Schwarz A (1995) Indoor Air 5, 120 - 128
Salthammer T, Marutzky R (1995) Holz Zentr. Bl. 121, 2405 und 122 (1996) 57–58
Salthammer T, Marutzky R (1996) In: Emissionen aus Beschichtungsstoffen, Bagda u.a. (Hrsg.), 75–94
Salthammer T, Schwarz A, Fuhrmann F (1999) Atmosph. Environm. 33, 75–84
Schäfer M, Roffael E (1999a) Proceedings Third European Panel Products Symposium, Llandudno, Wales, 136
Schäfer M, Roffael E (1999b) Holz Roh. Werkst. 57, 340
Schäfer M, Roffael E (2000a) Holz Roh. Werkst. 58, 258
Schäfer M, Roffael E (2000b) Holz Roh. Werkst. 58, 259–264
Schall W(1998) persönliche Mitteilung
Scheithauer M (1991) persönliche Mitteilung
Schmich P (1996) Ind.-Lackierbetr. 10, 660–666
Schneider U, Deppe HJ (1995) Holz Zentr. Bl. 121, 2213–2214
Schriever E (1990) Holz Roh. Werkst. 48, 228
Shmulsky R (2000) For. Prod. J. 50: 3, 63–66
Silbernagel H, Kratzl K (1968) Holzforsch. Holzverwert. 20, 113–116
Skiest EN (1980) Proceedings 14th Wash. State University Int. Symposium on Particleboards, Pullman, WA
Stetter K, Ackva W, Tröger J (1986) Holz Zentr. Bl. 112, 2024
Stöger G (1965) Holzforsch. Holzverwert. 17, 93–98
Sundin B (1978) Proceedings 12th Wash. State University Int. Symposium on Particleboards, Pullman, WA, 251–273
Sundin B (1984) Proceedings Dynobel's Particleboard Meeting, Röros, Norwegen
Sundin B (1988) Proceedings Workshop Formaldehydmeßmethoden, Braunschweig
Sundin B (1990) Proceedings Dynobel Panel Days, Stenungsund, Schweden
Sundin B, Risholm-Sundman M, Edenholm K (1992) Proceedings 26th International Symposium on Particleboard/Composite Materials, Pullman, WA, 151–171
Sundin B, Roffael E (1989) Holz Zentr. Bl. 115, 704
Sundin B, Roffael E (1991) Holz Zentr. Bl. 117, 597–598
Sundin B, Roffael E (1992) Holz Roh. Werkst. 50, 383–386
TA Luft: Erste Allgemeine Verwaltungsvorschrift zum Bundes-Imissionsschutzgesetz: Technische Anleitung zur Reinhaltung der Luft, BRD 1986
Tiedemann GT, Isaacson RL, Sellers T Jr (1994) For. Prod. J. 44: 3, 73–75
Tohmura S, Hse C-Y, Higuchi M (1998) Proceedings Forest Products Society Annual Meeting, Merida (Mexico), 93–100
Uhde E, Borgschulte A, Salthammer T (1998) Atmosph. Environm. 32, 773–781
Umweltzeichen UZ 38: she. RAL-Umweltzeichen UZ 38

Umweltzeichen UZ 76: she. RAL-Umweltzeichen UZ 76
VDI-Richtlinie 3484, Blatt 1: Messen von gasförmigen Immissionen; Messen von Innenraumluftverunreinigungen; Messen von Prüfgasen; Bestimmung der Formaldehydkonzentration nach dem Sulfit-Pararosanilin-Verfahren, 2000 (Entwurf)
VDI-Richtlinie 3484, Blatt 2: Messen von gasförmigen Immissionen; Messen von Innenraumluftverunreinigungen; Bestimmung der Formaldehydkonzentration nach der Acetylaceton-Methode, 2000 (Entwurf)
VDI-Richtlinie 3485, Blatt 1: Messung gasförmiger Immissionen; Messen von Phenolen, p-Nitroanilin-Verfahren. Dezember 1988. In: VDI-Handbuch Reinhaltung der Luft, Bd. 5, Beuth Verlag GmbH, Berlin
Wang W, Gardner DJ (1999) For. Prod. J. 49: 3, 65–72
Wang W, Gardner DJ, Baumann MGD (1999) Proceedings Int. Environmental Conf., 935–948
Wehle H-D, Kehr E (1988) Holztechnol. 29, 268–270
Wiglusz R, Jarnuszkiewicz I, Sitko E, Wolska L (1990) Bull. Inst. Mar. Trop. Med. Gdynia 41, 1–4
Wijnendaele K (2000a) Holz Zentr. Bl. 126, 62
Wijnendaele K (2000b) Holz Zentr. Bl. 126, 143
Winkler H-D, Welzel K (1972) Wasser Luft Betrieb 16, 213–215
Witte E, Bremer J (1990) Holztechnol. 30, 139–142
Wittmann O (1962) Holz Roh. Werkst. 20, 221–224
Wittmann O (1985) Holz Roh. Werkst. 43, 187–191
Wolcott JJ, Motter WK, Daisy NK, Tenhaeff StC, Detlefsen WD (1996) Forest Prod. J. 46: 9, 62–68
Wolf F (1997) Proceedings First European Panel Products Symposium, Llandudno, North Wales, 243–249
Wolkoff P (1996) Gefahrstoffe – Reinhaltung der Luft 56, 151–157
Wolkoff P, Clausen PA, Nielsen PA (1995) Indoor Air 5, 196–203
Wolkoff P, Clausen PA, Nielsen PA, Gustafsson H, Jonsson B, Rasmusen E (1991) Indoor Air 1, 160–165
Zinn TW, Cline D, Lehmann WF (1990) For. Prod. J. 40: 6, 15–18

Patente:

DE 1653167 (1967) BASF AG

EP 13372 (1979) BASF AG
EP 37878 (1981) Leuna-Werke

USP 4478966 (1982) AB Casco

6 Theorie und Grundlagen der Verleimung und der Prüfung von Holzwerkstoffen

Das Zusammenwirken zwischen Holz (Holzoberfläche) und Bindemittel wird durch viele holzabhängige und holzunabhängige bzw. bindemittelabhängige Faktoren bestimmt (Roffael 1999). Zu den holzabhängigen Faktoren gehören die physikalischen und chemischen Eigenschaften der Holzoberfläche, die wiederum durch verschiedene Einzelparameter beeinflusst werden. Zu den bindemittelabhängigen Einflussfaktoren zählen vor allem das Molverhältis des (aminoplastischen) Harzes, dessen Viskosität im technisch relevanten Konsistenzbereich sowie verschiedene eingesetzte Modifizierungsmittel. Das Härtungsprofil des Harzes und damit auch die Platteneigenschaften werden in Wechselwirkung mit dem Härtungsbeschleuniger, den Prozessparametern und den Eigenschaften der Holzoberfläche bestimmt.

Bei der Holzverleimung sind im Wesentlichen drei Gebiete interessant und wichtig:

- die Ausbildung der Bindefestigkeit: sie beinhaltet die Eigenschaften der Bindemittel und der zu verleimenden Oberflächen sowie die Umwandlung der flüssigen Bindemittel in feste Leimfugen
- die Bindefestigkeit als solche: sie zeigt sich vor allem als Eigenschaften der Leimfuge und als Verhalten bei Einwirkung von Spannungen und chemisch-hydrolytischem Angriff
- die Produkteigenschaften (product performance): auch wenn die Bindefestigkeit als solche in Ordnung ist, erfüllt das fertige Produkt gegebenenfalls nicht die erforderlichen Anforderungen, z.B. beim Verwerfen von Platten oder bei einer übermäßigen Dickenquellung.

Alle drei Gebiete können keineswegs als voneinander unabhängig betrachtet werden. Entscheidend ist letztlich immer die Erfüllung der Gebrauchseigenschaften der Endprodukte.

Nach Habenicht (1986) setzt sich die Festigkeit einer Verleimung aus:

- der Festigkeit der zu verleimenden Teile
- der Festigkeit der Leimfuge (Kohäsion) sowie
- der Festigkeit der Grenzschicht zwischen Holz(oberfläche) und Leimschicht (Adhäsion) zusammen.

Eine Holzverleimung setzt sowohl die Ausbildung einer entsprechenden Adhäsion als auch einer ausreichenden Kohäsion voraus. Adhäsion kann als

Anziehung(skräfte) zwischen zwei Stoffen oder Oberflächen definiert werden. Kohäsion wiederum ist die Summe aller Anziehungskräfte innerhalb eines Materials, z. B. eines Leimfilms.

Marra (1992) versucht in seiner „Equation of performance", die bei einer Verleimung auftretenden Faktoren in einzelne Klassen einzuteilen und hinsichtlich ihres Einflusses zu bewerten. Er sieht den Verleimungsprozess als eine Reihe verschiedener Vorgänge; die einzelnen Einflussparameter können dabei verschiedenen Gruppen von Materialien bzw. Vorgängen zugeordnet werden, wobei alle diese sechs Gruppen letztendlich zum Verleimungsergebnis beitragen. Die Bindefestigkeit setzt sich in dieser Gleichung aus den theoretischen Adhäsionskräften (potential adhesion forces), die von Marra (1992) mit ca. 500 N/mm^2 angenommen werden, sowie aus den Summen der einzelnen Einflussgruppen zusammen, wobei deren Einfluss sich auch negativ auf die erreichbare Bindefestigkeit auswirken kann. Die nachfolge Tabelle 6.1 fasst die einzelnen Komponenten in den sechs Gruppen zusammen:

Tabelle 6.1. Beschreibung der einzelnen Gruppen in der „Equation of Performance" (Marra 1992)

Eigenschaften des Bindemittels	Viskosität, Aushärteverhalten (Reaktionsmechanismen, Geschwindigkeit, Aushärtegrad), Festigkeit, Beständigkeit, pH-Wert, Lösungsmittel, Füllstoffe und Streckmittel, Verstärkungsmittel, Tackifier, Katalysatoren/Härter, Feststoffgehalt/Festharzgehalt, Schrumpfeigenschaften, rheologisches Verhalten, Oberflächeneigenschaften u. a.
Holzeigenschaften	Holzart, Festigkeit, Dichte, Stabilität, Kern- und Splintholz, Früh- und Spätholz, Durchlässigkeit, pH-Wert, Alter, Holzinhaltsstoffe, Hygroskopizität, Holzbestandteile (Zellulose, Lignin), Anisotropie, biologischer Abbau, Äste, dielektrische Eigenschaften, Kriech- und Relaxationsverhalten u. a.
Vorbereitung des Holzes	Auftrennen, Oberflächeneigenschaften (Rauigkeit, Beschädigungen, Ebenheit, Verunreinigung, Inaktivierung), Faserwinkel, Feuchtigkeit, Alter der Oberfläche, Temperatur, Oberflächenbehandlungen u. a.
Anwendung des Bindemittels	Lagerung, Mischung, Anwendung, Wartezeiten (offen, geschlossen, halboffen), Umgebungstemperaturen, Pressdruck, Presstemperatur, Presszeit, Konditionierung u. a.
Geometrische Beschreibung der Holzkomponente	Größe und Gestalt der Strukturelemente, Lage der Schnittfläche, Anzahl und Anordnung der Furnierlagen, Struktur und Aufbau des Holzwerkstoffes u. a.
Bedingungen während des Einsatzes der hergestellten Produkte	äußere und innere Spannungen (Spannungsart, Einwirkungsweise und -dauer), Kriech- und Relaxationsverhalten; Umgebungsbedingungen: Wärme, Feuchtigkeit, chemischer und biologischer Angriff, Strahlung

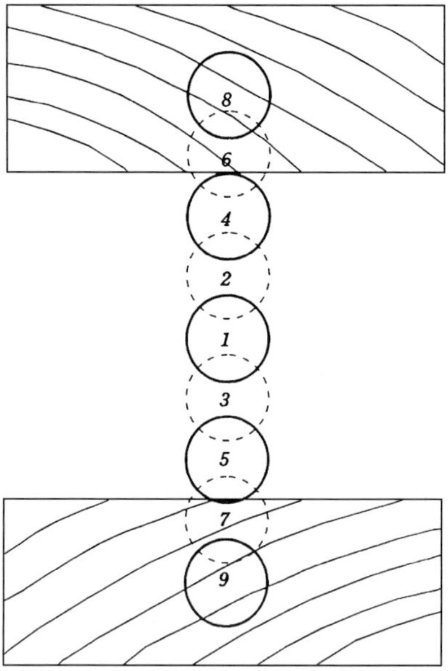

Abb. 6.1. Modell einer Holzverleimung, dargestellt als Kette verschiedener Verbindungen und Grenzflächen (Marra 1992). *1* Leimfilm; *2, 3* Grenzfläche in der Leimschicht; *4, 5* Berührungsschicht zwischen Holzoberfläche und Leimschicht; *6, 7* Holzoberfläche; *8, 9* Holz

Die Bindefestigkeit wird in der Praxis im Wesentlichen von zwei wichtigen Faktoren bestimmt:

- die Adhäsion zwischen Oberfläche und Bindemittel
- die Verteilung der eingebrachten Energie auf viskoelastischem und plastischem Wege rund um die Spitze des fortschreitenden Risses und in der eigentlichen Leimfuge. Dieser zweite Punkt überwiegt in seiner Wirkung oft deutlich; entscheidend ist dann insbesondere eine möglichst gleichmäßige Verteilung der Spannungen, um Spannungsspitzen zu vermeiden.

Die Verleimung zweier Holzoberflächen kann modellmäßig in verschiedener Weise beschrieben werden. Abbildung 6.1 zeigt ein solches Modell, in welchem verschiedene Schichten definiert werden.

Weitere Literaturhinweise: Marian und Stumbo (1962a+b), Marra (1980), Zeppenfeld (1989).

6.1 Verleimungstheorien

Verleimung und Verklebung ist ein wichtiger physikalisch-chemischer Vorgang, der von vielen Forschern und Arbeitsgruppen in der Vergangenheit intensiv bearbeitet und erforscht wurde. Zu diesem Thema sind in der Fachliteratur verschiedene grundlegende und allgemeine Arbeiten und Zusammenfassungen erschienen (Kinloch 1987, Wake 1982).

Abhängig von der Art und der chemischen Struktur der Bindemittel und der zu verleimenden Oberflächen kann jede der einzelnen Verleimungstheorien einen Beitrag für das Verständnis für verschiedene Klassen an Bindemitteln sowie zum Entstehen des endgültigen Verleimungsergebnis (Verleimungsfestigkeit) leisten. Dies betrifft insbesondere die für die Verleimung entscheidende Zwischenschicht zwischen Holzoberfläche und dem Bindemittel.

Johns (1994), Pizzi (1992, 1994) sowie Schultz und Nardin (1994) fassen übersichtlich die verschiedenen Theorien zur Beschreibung der Holzverleimung zusammen:

- mechanische Verankerung (s. Teil II, Abschn. 6.1.3)
- Adsorption/spezifische Adhäsionstheorie (s. Teil II, Abschn. 6.1.4)
- Diffusion/molekulare Verschlingung (s. Teil II, Abschn. 6.1.1)
- elektrostatische Theorie/Donor-Akzeptor-Wechselwirkungen (s. Teil II, Abschn. 6.1.2)
- kovalente (homöopolare) chemische Bindung (s. Teil II, Abschn. 6.1.5).

Jede dieser Theorien kann geeignet sein, für bestimmte Klebstoffe unter bestimmten Voraussetzungen zu gelten, abhängig von der Art des Klebstoffes und den zu verklebenden Oberflächen. Oft leisten alle Mechanismen gleichzeitig einen Beitrag zur Verklebung, zum Teil widersprechen sich die Theorien jedoch. Es gibt allerdings keine allgemein gültige Verleimungstheorie; die einzelnen Mechanismen können in verschiedenen Systemen unterschiedliche Wirkung haben, überdies sind alle Mechanismen Theorien und entbehren teilweise eines hundertprozentigen Verständnisses.

6.1.1 Diffusionstheorie

Diese Verleimungstheorie beruht auf der Vermutung, dass die Adhäsion zwischen der zu verleimenden Oberfläche und dem Bindemittel auf einer gegenseitigen Diffusion von Molekülen durch die Grenzschicht beruht. Dies setzt eine entsprechende Löslichkeit und gegenseitige Verträglichkeit sowie eine ausreichende Beweglichkeit der (Polymer-) Moleküle voraus.

Die Anwendung dieser Theorie auf die Holzverleimung ist nur bedingt möglich. Es ist denkbar, dass die amorphen Polymeren des Holzes, nämlich Lignin und die Hemizellulosen, eventuell auch die amorphen Anteile der Zellulose, solche gegenseitigen Diffusionen mit dem amorphen Bindemittel erfahren. Für den kristallinen Anteil der Zellulose ist dies jedoch sicher nicht der Fall. Die Diffusionstheorie kann demnach nur auf einen Teil der Holzoberfläche angewendet werden.

Verschiedene Leimharze werden sich auf Basis ihrer spezifischen Strukturen und damit ihres entsprechenden Löslichkeitsverhaltens unterschiedlich verhalten. Bei vernetzenden bzw. vernetzten Bindemitteln, wie es die verschiedenen Formaldehydkondensationsharze sind, sowie auf Grund des vorwiegend kristallinen Charakters der Zellulose erscheint die Diffusionstheorie nur sehr bedingt zum Gesamtkonzept der Holzverleimung beizutragen. Lediglich bei der bindemittelfreien Variante der Verleimung in der Faserplattenherstellung im Nassverfahren scheint die Diffusionstheorie ihre Gültigkeit zu besitzen. Lignin kann unter Einwirkung von hoher Feuchtigkeit, hohen Drücken und langen Presszeiten infolge der Absenkung der Glasübergangstemperatur beginnen zu fließen; eine gegenseitige Durchdringung von Ligninmolekülen und Holzpolymermolekülen trägt dabei zur Ausbildung der Festigkeit in den Platten bei.

Ein Eindringen eines niedermolekularen Phenolharzes in die Zellwand konnte von Schmidt (1998) mittels spezieller Festkörper-NMR nachgewiesen werden. Bei den Analysen ergab sich der sichere Beweis, dass die niedermolekularen PF-Anteile die Zellwand quellen und beim nachfolgenden Aushärten in der Grenzphase (interphase) zwischen Holz und Bindemittel sich gegenseitig durchdringende Netzwerke (interpenetrating network IPN) entstehen. Damit sollte eine deutliche Verbesserung der Bindekraft und speziell der Beständigkeit der Verleimung gegeben sein.

Marcinko u.a. (1994, 1995) fanden bei ihren Untersuchungen mit Isocyanaten ebenfalls ein starkes Eindringen dieses Bindemittels in die Holzoberfläche, wobei sie die Eindringtiefen mit 1 – 1,5 mm angeben. PF-Harze weisen im Gegensatz dazu lediglich Eindringtiefen von 0,1 – 0,3 mm auf. Damit ist beim Einsatz von PMDI als Bindemittel eine deutlich breitere Grenzschicht (interphase) gegeben.

6.1.2 Elektronen-Theorie

Bei unterschiedlicher Belegung der Elektronenschalen der Moleküle an den beiden Oberflächen kann sich durch Elektronenübergang leicht eine Doppelschicht von elektrischen Ladungen an der Grenzfläche ausbilden; die dabei entstehenden elektrostatischen Kräfte sollten maßgeblich zur Klebekraft beitragen. Unklar ist, ob sich diese elektrischen Anziehungskräfte als Folge des engen Kontaktes zwischen der zu verklebenden Oberfläche und der Leimschicht erst ausbilden oder selbst Ursache für diese Bindefestigkeit sind.

Bei der Holzverleimung scheint diese Theorie wenig Anwendung zu haben, auch existieren keine Literaturangaben zu dieser Theorie im Bereich der Holzverleimung. Elektrische Phänomene beim Bruch von Verleimungen scheinen eher in diesen Bruchvorgängen selbst begründet zu sein und nicht so sehr die Ursache für die eigentliche Verleimung.

6.1.3 Mechanische Verankerung des Leimes im Holz (mechanische Adhäsion)

Diese Theorie beschreibt die mechanische und physikalische Verankerung des ausgehärteten Bindemittels in den makroskopischen und mikroskopischen Hohlräumen (Poren bzw. Kapillaren) der zu verleimenden Oberflächen als die wichtigste Ursache für die Verleimfestigkeit zwischen Bindemittel und Holzoberfläche (Critchlow and Brewis 1995, Davis 1991, Kinloch 1987, Schultz und Nardin 1994). Die Theorie der mechanischen Adhäsion erklärt die Festigkeit einer Klebverbindung dadurch, dass die in das Holz und seine angeschnittenen Zellen und Hohlräume eingedrungenen und ausgehärteten bzw. physikalisch verfestigten Klebstoffmoleküle mit der Klebfuge ein verästeltes System ausbilden, das seine Festigkeit durch Kohäsion erreicht. Der Klebstoff muss beim Auftragen eine solche Konsistenz (Viskosität) haben, dass er in die zur Holzoberfläche hin offenliegenden Hohlräume eindringen kann. Die Verankerung tritt dann auf, wenn sich der während des Auftragens flüssige Klebstoff in diesen Vertiefungen einer porösen Oberfläche verfestigt und mechanisch an einem „Herausgleiten" bei Belastung gehindert wird. Die Festigkeit des ausgehärteten Klebstoffes muss dabei zumindest so hoch wie die des zu verleimenden Holzes sein. Bogner (1991) fand eine gute Korrelation zwischen der Bindefestigkeit und einem erhöhten Eindringen des Bindemittels in die Holzoberfläche. Gegen die Theorie der mechanischen Verankerung spricht die Tatsache, dass bei vielen Materialien auch zwischen perfekt glatten Oberflächen eine gute Adhäsion erzielt werden kann (Tabor und Winterton 1969, Israelachvili und Tabor 1972, Taiwo 1997). Von einer mechanischen Adhäsion kann auch gesprochen werden, wenn die Fügeteiloberfläche durch den flüssigen Klebstoff angelöst oder angequollen wird, sodass im Bereich der Grenzfläche ein Diffusionsprozess und damit eine Molekülverklammerung zwischen den beteiligten Partnern stattfindet (Habenicht 1986).

Bei der Holzverleimung ist insbesondere ein Eindringen des Bindemittels in die obersten Zellreihen wichtig. Bei der Aushärtung bildet sich dann eine Holzschicht, deren Hohlräume mit Bindemittel gefüllt und quasi imprägniert sind. In solchen Fällen findet dann unzweifelhaft eine gewisse mechanische Verankerung statt. Betrachtet man allerdings das Verhalten von ausgehärteten Harzen als solche und deren relativ hohe Sprödigkeit, scheint der Beitrag der mechanischen Verankerung zur Bindefestigkeit nicht allzu hoch zu sein.

Ein interessanter Effekt wurde von Pichelin u. a. (1998) beschrieben. Bei der Herstellung von OSB-Platten mit Hilfe feuchtetoleranter Tanninbindemittel zeigte sich an den Leimfugen die ungewöhnliche Eigenschaft, dass die unmittelbar an das Bindemittel angrenzenden Zellwände Schmelzerscheinungen aufwiesen. Die hohe Feuchtigkeit von bis zu 29% verbunden mit den bei der Verpressung gegebenen Temperaturen verursacht einen beträchtlichen Fluss von amorphem Lignin und Hemizellulosen im Holz unmittelbar neben der Leimfuge. Dadurch werden die zum Teil aufgelockerten Fasern mit dem aushärtenden Bindemittel getränkt und bilden so einen kompakten Werkstoff. In dieser Zwischenschicht scheinen die anatomischen Holzstrukturen aufgelöst zu sein. Verursacht wird dies offensichtlich durch eine stark herabgesetzte Glasübergangstemperatur des Lignins und der Hemizellulosen.

6.1.4 Nebenvalenzkräfte und physikalische Bindungen, Absorptionstheorie (spezifische Adhäsion)

Habenicht (1986) fasst eine Reihe von Bildungsmechanismen für die spezifische Adhäsion zusammen:

- Adhäsion durch Ausbildung zwischenmolekularer Kräfte im Grenzschichtbereich
- Adhäsion durch Ausbildung chemischer Bindungen zwischen Bindemittelmolekülen und Molekülen der zu verklebenden Oberflächen
- Adhäsion durch „Mikroverzahnung" von Polymermolekülen und den Reaktionsschichten der zu verklebenden Oberflächen
- Adhäsion auf Grund thermodynamischer Vorgänge im Grenzschichtbereich, insbesondere durch Benetzungskräfte
- Adhäsion durch Diffusionsvorgänge von Klebschicht- und Oberflächenmolekülen im Grenzschichtbereich
- Adhäsion durch eine mechanische formschlüssige Verbindung.

Diese vielfältigen Betrachtungsmöglichkeiten zeigen, dass eine einheitliche Beschreibung der Adhäsion nicht gegeben ist. Zusätzlich ist zu beachten, dass die Grenzschicht zwischen Bindemittelschicht und den zu verleimenden Oberflächen messtechnisch nur bedingt zugänglich ist.

Ein Klebstoff haftet an einer Substratoberfläche, weil intermolekulare und interatomare Kräfte zwischen den Molekülen und Atomen der beiden Materialien vorhanden sind. Diese Theorie ist am weitesten akzeptiert und anwendbar. Dazu zählen Van der Vaals-Kräfte, Wasserstoffbrücken-Bindungen, elektrostatische Kräfte, aber auch Ionen-, Atom- und Metallkoordinationsverbindungen.

Für die Erzielung optimaler Adhäsionskräfte ist bei vielen Verklebungen eine Aktivierung der Oberfläche erforderlich. Durch diesen Vorgang, der auf mechanischem oder chemischem Wege durchgeführt werden kann, erfolgt das Freilegen oder Erzeugen physikalischer oder chemisch reaktiver Stellen an der Oberfläche der zu verklebenden Teile als Voraussetzung für die den Adhäsionskräften zugrundeliegenden atomaren oder molekularen Wechselwirkungen.

Mehrere Autoren (Huntsberger 1967, 1970, Orowan 1970, Tabor 1951) haben die Anziehungskräfte zwischen zwei ebenen Oberflächen, die sich aus den sekundären Anziehungskräften ergeben, berechnet. Die Ergebnisse liegen jedoch durchwegs deutlich über reell gemessenen Werten. Ursachen für diese Diskrepanzen können luftgefüllte Hohlräume, Oberflächenfehler oder andere geometrische Faktoren sein, die einen Bruch bereits bei deutlich niedrigeren Spannungen hervorrufen. Die Berechnungen zeigen aber, dass auch auf alleiniger Basis von Sekundärkräften hohe Bindefestigkeiten erreicht werden können.

In der Holzverleimung spielen alle drei Haupttypen an sekundären Kräften, nämlich van der Vaals-Kräfte, Wasserstoff-Brückenbindungen und elektrostatische Anziehungskräfte, eine Rolle. Pizzi (1990a+b, 1991), Pizzi und Eaton (1987) sowie Levendis u.a. (1992) haben die theoretischen Anziehungskräfte zwischen verschiedenen PF- und UF-Oligomeren und der Zellulose berechnet. Die Bindung dieser Harze zu zellulosischen Oberflächen kann verstärkt werden, wenn bei der Harzherstellung der Anteil an Komponenten mit höherer spezifischer Adhäsion steigt. Diese Berechnungen sowie verschiedene experimentelle Ergebnisse scheinen zu bestätigen, dass die Absorption (spezifische Adhäsion) durch Sekundärkräfte den wichtigsten Bindungsmechanismus bei der Holzverleimung darstellt. Basierend auf diesen theoretischen Ergebnissen wurde auch eine Methode für die quantitative Abschätzung der gesamten Adhäsion von UF-Harzen zu lignozellulosischen Oberflächen entwickelt (Pizzi 1991).

6.1.5
Kovalente chemische Bindung zwischen Holzoberfläche und Bindemittel

Unter einer chemischen Bindung bei der Verleimung zweier Oberflächen wird die Ausbildung einer durchgehenden Kette kovalenter Bindungen zwischen den beiden zu verbindenden Oberflächen bezeichnet. Solche kovalenten Bindungen wiederum können durch die verschiedensten Reaktionen initiiert werden, wie z.B. oxidative Kupplung, oxidative Bindung, Autooxidation, Selbstverklebung (autohesion) oder Pfropfpolymerisationsbindung.

Die Errichtung kovalenter chemischer Bindungen zwischen der Holzoberfläche und dem Bindemittel stellt die optimale Form einer Verleimung dar, insbesondere sollte damit eine ausgezeichnete Beständigkeit gegenüber der Einwirkung von Feuchtigkeit und Wasser gegeben sein, sofern das Bindemittel selbst chemisch hydrolysestabil ist. In der Fachliteratur existiert eine Reihe von Arbeiten, die gute Bindefestigkeiten mit der Notwendigkeit des Vorhandenseins kovalenter Bindungen verknüpft. Die allgemeine Adsorptionstheorie definiert Adhäsion auf Basis primärer Kräfte allerdings nicht nur als kovalente Bindungen, sondern auch als Ionenbindungen und als metallische Koordinationsbindungen (s. Teil II, Abschn. 6.1.4).

Für die Ausbildung kovalenter chemischer Bindungen bei einer Verleimung müssen Moleküle der Holzoberfläche und Moleküle des Bindemittels chemisch miteinander reagieren können. Es besteht theoretisch aber auch die Möglichkeit der direkten chemischen Reaktion von Molekülen der beiden Holzoberflächen. Auf beiden Seiten müssen demnach reaktive Gruppen vorhanden sein oder im Laufe des Verleimungsprozesses, z.B. im Rahmen einer gezielten Vorbehandlung, entstehen.

Ob während der Aushärtung oder Abbindung des Harzes zwischen Bindemittel und Holz(oberfläche) eine chemische (kovalente) Bindung entsteht oder nicht, ist bisher nicht eindeutig geklärt worden (Pizzi 1992). Johns (1989) bezweifelt das Auftreten solcher kovalenten Bindungen bei der Holzverleimung. Auch Pizzi u.a. (1994b) weisen der Ausbildung von kovalenten Bindungen zwischen einem Phenolharz und der Holzoberfläche nur wenig bzw. eine vernachlässigbare Bedeutung zu.

6.1.5.1
Reaktionen von Isocyanat mit Holz

Ein Bindemittelsystem, bei dem immer wieder die Existenz von kovalenten Bindungen mit der Holzoberfläche vermutet wurde und wird, ist Isocyanat, wie z.B. PMDI (s. auch Teil II, Abschn. 2.1). Isocyanate bilden mechanisch feste und hydrolysestabile Holzverbindungen aus. Die Isocyanatgruppe ist sehr reaktiv, insbesondere gegenüber Hydroxylgruppen. Dabei wurde wegen ihrer hohen Reaktionsfähigkeit eine Reaktion dieser Isocyanatgruppe mit den verschiedenen und in großer Zahl im Holz vorhandenen Hydroxylgruppen des Lignins (Kratzl u.a. 1962) und speziell der polymeren Kohlenhydrate (Zellulose) vermutet (Ellzey und Mack 1962, Johns 1989, Rowell und Ellis 1979, 1981). Es ist bekannt, dass Isocyanat als Bindemittel Leimfugen mit guten mechanischen Eigenschaften und hoher hydrolytischer Resistenz ermöglicht. Als Grund dafür wurde immer wieder angenommen, dass kovalente Bindungen mit der Holzoberfläche gebildet werden. Holz enthält aber auch immer einen mehr oder minder großen Anteil an Wasser, bzw. erfolgt der Einsatz von PMDI bei der Beleimung der Späne in Form einer wässrigen Dispersion. Wasser steht damit im Wettbewerb mit den OH-Gruppen in der Reaktion mit der Isocyanatgruppe. Da die Reaktionsgeschwindigkeit zwischen PMDI und Wasser mit $7{,}4 \cdot 10^{-6}\ \mathrm{mol^{-1} s^{-1}}$ größer als die entsprechende Geschwindigkeit mit den verschiedenen Hydroxylgruppen ist, scheint eine chemische Reaktion zwischen den OH-Gruppen und der Isocyanatgruppe eher wenig wahrscheinlich (Pizzi u.a. 1993). Die Isocyanatgruppe reagiert also viel rascher mit Wasser, zusätzlich ist auch, wie bereits oben erwähnt, im Holz immer eine gewisse Feuchtigkeit vorhanden. Die Reaktion der Isocyanatgruppen mit Wasser führt zu den Polyharnstoff-Strukturen, die über Nebenvalenzkräfte ausgezeichnete Bindemittel darstellen (Frisch u.a. 1983).

Rowell u.a. (1981) sowie Rowell und Ellis (1979, 1981) untersuchten die chemische Modifizierung von Holz mit Isocyanaten, insbesondere hinsichtlich des Verhaltens gegenüber Bewitterung und biologischem Angriff des Holzes und der Zellulose. Trockenes Holz wurde dabei mit Methylisocyanat beaufschlagt und die Messung des Stickstoffgehaltes als Maß für die chemische Anlagerung des Isocyanates an Holz herangezogen. Die Autoren konnten eine deutliche Zunahme des Gehaltes an nichtextrahierbarem Stickstoff nachweisen, hervorgerufen durch die Reaktion des Isocyanats mit den Hydroxylgruppen unter Ausbildung von Urethanbindungen. Der Anstieg des Stickstoffgehaltes war proportional mit der Reaktionszeit, der Widerstand gegen holzzerstörende Pilze wiederum proportional zum Stickstoffgehalt, also zur Menge an Isocyanat, die mit der Holzoberfläche reagiert hat und damit umgekehrt proportional zur verbleibenden Konzentration an Hydroxylgruppen. Über ähnliche Untersuchungen und Ergebnisse bei der Verbesserung von Papiereigenschaften wurden von Morak u.a. (1970) bzw. Morak und Ward (1970a+b) berichtet. Diese Ergebnisse zeigen, dass niedermolekulare Isocyanate chemisch mit Holz bzw. der Zellulose reagieren können und dabei die physikalischen und biologischen Eigenschaften dieser Materialien verändern.

Von beiden Arbeitsgruppen wurde darauf hingewiesen, dass die Reaktion des Isocyanates mit trockenem Holz bzw. Papier erfolgen musste; andernfalls traten konkurrierende Reaktionen des Isocyanates mit Wasser auf.

Owen u.a. (1988) sowie Weaver und Owen (1992, 1995) zeigten mittels FTIR, dass unter wasserfreien Bedingungen und bei einem Überschuss von Isocyanat die Bildung von Urethanbindungen möglich ist; bei Anwesenheit von Wasser überwiegt jedoch die Polyharnstoffbildung. Die Bildung von Urethanbindungen unter wasserfreien Bedingungen konnte auch von Galbraith und Newman (1992) bestätigt werden.

Wendler und Frazier (1995, 1996) sowie Wendler u.a. (1995) wiesen mittels Festkörper-^{15}N-NMR die Bildung von Biuretstrukturen nach, wenn der Wassergehalt relativ gering (<4,5%) ist; bei einem höheren Wassergehalt dominiert jedoch die Polyharnstoffbindung, auch wenn die Bildung von Biuretstrukturen bei hohem Wassergehalt nicht gänzlich verschwindet. Hunt u.a. (1998) verwenden u.a. das einwertige Phenylisocyanat, um die Reaktion mit den Holz-OH-Gruppen mittels IR, NMR und HPLC zu untersuchen. Bei der Reaktion des Phenylisocyanates mit Wasser entsteht Diphenylharnstoff; dieser konnte extrahiert und nachgewiesen werden. Es konnten jedoch keine Anzeichen einer chemischen Reaktion zwischen Phenylisocyanat und den OH-Gruppen des Holzes gefunden werden.

Gelingt es, zwischen der Holzoberfläche und dem Bindemittel eine kovalente Bindung zu errichten, müsste eine deutlich höhere Bindefestigkeit erzielbar sein. Solche chemischen Bindungen sind zwischen Isocyanatgruppen (–N=C=O) und den Hydroxylgruppen der Zellulose möglich (Frisch u.a. 1983). Hohe Temperaturen, eine niedrige Feuchtigkeit des Holzes und lange Heizzeiten sollten die Errichtung solcher Bindungen begünstigen. Konkurrenz dazu ist die Reaktion der Isocyanatgruppe mit Wasser, wodurch Polyharnstoffstrukturen entstehen. Diese ausgehärteten Isocyanate können dann nur auf physikalische Weise zur Bindefestigkeit beitragen. Entscheidende Frage ist, ob die genannten kovalenten Bindungen auch unter den üblichen Bedingungen der Plattenherstellung im industriellen Maßstab auftreten.

Untersuchungen an Holzwerkstoffen betreffend der Bildung von kovalenten chemischen Bindungen bei der Verleimung haben bislang jedoch noch nicht zum Nachweis solcher Bindungen, insbesondere der Urethanbindung aus der Reaktion der Isocyanatgruppe mit den Holzhydroxylgruppen geführt. Bei der Herstellung von Holzwerkstoffen ist immer auch Wasser anwesend, welches sich in Dampfform überdies auch leicht im gesamten Span- oder Faserkuchen verteilen kann; die übliche Menge an Wasser würde ausreichen, um die gesamte Menge an Isocyanatgruppen zu verbrauchen. So konnte Wittman (1976) nachweisen, dass in einer Matte aus mit Isocyanat beleimten Spänen bei der Verpressung große Mengen an CO_2 entstehen.

Pizzi und Owens (1995) untersuchten das Aushärteverhalten von Mischungen von PMDI mit Wasser, trockener Zellulose und trockenem Holzmehl mittels DSC. Das PMDI/Wasser-Gemisch zeigte exotherme Reaktionen im Bereich 87–117 °C, während die anderen Gemische (PMDI/trockene Zellulose bzw. PMDI/trockenes Holzmehl) erst ab ca. 130 °C reagierten. Da es sich in den beiden letzteren Fällen um wasserfreie Systeme handelte, schlossen die Autoren auf die Errichtung kovalenter Bindungen zwischen Zellulose- und Holzmolekülen und PMDI. Solche hohen Temperaturen sind in einer Spanplattenmittelschicht während der Verpressung allerdings nicht zu erwarten. Das in der Praxis gegebene System PMDI/Zellulose/Wasser zeigt mehr oder minder die Summe der exothermen Reaktionen der Einzelsysteme, wobei eine deutliche Beschleunigung der Reaktion PMDI mit Wasser durch die Zellulose gegeben ist. Dies und die entsprechenden Peaktemperaturen in der DSC deuten darauf hin, dass bei der Spanplattenherstellung in der Mittelschicht die Reaktion von PMDI mit Wasser unter Bildung von Polyharnstoffstrukturen überwiegt. Der überwiegende Bindungsmechanismus sollte demnach physikalischer Natur sein. Kovalente Bindungen können in geringer Anzahl vorhanden sein. Die Bedingungen in der Deckschicht (längere Wärme- und Temperatureinwirkung, niedrige Feuchtigkeit) könnten die Bildung von kovalenten Bindungen bevorzugen.

Weitere Literaturhinweise: Reaktion zwischen der Isocyanatgruppe und den OH-Gruppen im Holz: Chelak und Newman (1991), Frink und Sachs (1981), Galbraith und Newman (1992), Marcinko u. a. (1995), Owen u. a. (1988), Pizzi und Eaton (1987), Rials und Wolcott (1998), Rowell und Ellis (1981), Steiner u. a. (1980).

6.1.5.2 *Kondensationsharze*

Auch bei den Formaldehydkondensationsharzen (UF-, MF- und PF-Harzen) wurde von verschiedenen Autoren vermutet, dass kovalente Bindungen zwischen der Holzoberfläche und dem Harz errichtet werden können, dass also die reaktiven Methylolgruppen mit den verschiedenen OH-Gruppen der polymeren Kohlehydrate oder des Lignins kovalente Bindungen eingehen können. Troughton und Chow (1968) zeigten in ihren Experimenten, dass Formaldehydkondensationsharze theoretisch sehr wohl die Möglichkeit haben, kovalente Bindungen mit der Holzoberfläche einzugehen. Die Autoren untersuchten Hydrolysevorgänge an Holz-Leim-Systemen und fanden große Unterschiede in der Reaktionsgeschwindigkeit mit bzw. ohne Anwesenheit von Holz. Dies sahen sie als ein starkes Indiz für die Anwesenheit kovalenter Bindungen an. Da Holz an sich eine reaktive Substanz ist, ist bei den entsprechenden Reaktionsbedingungen die Bildung von chemischen Bindungen durchaus verständlich. Die Experimente von Troughton und Chow (1968) wurden allerdings unter teilweise extremen Bedingungen durchgeführt, wie z. B. einem großen Überschuss an Bindemittel, hohen Temperaturen und langen Reaktionszeiten. Diese Bedingungen unterscheiden sich jedoch deutlich von einer üblichen Spanplattenherstellung. Eine eindeutige Schlussfolgerung, dass auch unter den üblichen Bedingungen der Holzwerkstoffherstellung die Bildung von kovalenten Bindungen anzunehmen ist, kann daher nicht gezogen werden.

Troughton (1969a+b) schließt aus den Ergebnissen von ähnlichen Hydrolyseversuchen auf die Anwesenheit von kovalenten Bindungen zwischen formaldehydhältigen Leimen und Holz; ohne Anwesenheit von Holz war im Vergleich zu Messungen an Holz-Leim-Mischungen eine deutlich höhere Hydrolysegeschwindigkeit gegeben. Ramiah und Troughton (1970) deuten verschiedene DTA-Peaks, die bei der gemeinsamen Untersuchung von Leim und Holz auftreten bzw. verschwinden, als chemische Bindung. Chow (1969) findet bei kinetischen Untersuchungen zur Aushärtung von Phenolharzen in Anwesenheit von zellulosischem Material niedrigere Aktivierungsenergien als bei der Aushärtung der reinen Phenolharze. Die Aktivierungsenergie ist dabei umso niedriger, je größer die zur Verfügung stehende Zahl an zellulosischen Hydroxylgruppen ist. Er vermutet deshalb, dass zuerst eine Harz-Zellulosebindung errichtet wird und danach erst weitere Harz-Harz-Bindungen entstehen. Bei all diesen Versuchen ist zu bedenken, dass sie ebenfalls unter eher extremen Bedingungen hinsichtlich Mischungsverhältnisse bzw. Reaktionstemperaturen (Aushärtetemperaturen) stattgefunden haben. Johns (1989) weist deshalb darauf hin, dass unter den üblichen Bedingungen der Holzverleimung die Errichtung kovalenter Bindungen bei Einsatz von formaldehydhältigen Kondensationsbindemitteln nie nachgewiesen werden konnte; entweder sind sie überhaupt nicht oder nur in vernachlässigbarem Ausmaß vorhanden. In keinem der beiden Fälle ist jedoch ein wesentlicher Beitrag zur Bindefestigkeit zu erwarten.

Mora u.a. (1989) untersuchten die chemischen Wechselwirkungen zwischen Holzkomponenten und einigen monofunktionellen Modellverbindungen, die die Struktur und Reaktivität von wärmehärtenden UF- und PF-Harzen simulieren. Während Hemizellulosen deutlich dazu neigen, Kondensationsprodukte mit diesen Modellsubstanzen zu ergeben, reagieren Lignine in manchen Fällen weniger leicht, abhängig vom Ligningewinnungsverfahren und der Modellsubstanz. Zellulose reagierte wegen ihrer Kristallinität nicht unter den in diesen Experimenten gegebenen Bedingungen.

Allan und Neogi (1971) verwendeten bromierten Benzylalkohol als Modellsubstanz für Phenolharze. Sie konnten zeigen, dass eine kovalente Bindung vor allem zum Lignin, deutlich weniger jedoch zur Zellulose gegeben war.

Auch die deutliche Zunahme von C-O-C-Schwingungen im IR-Spektrum bei Verleimungen von delignifiziertem Holz und einem Phenolharz kann als chemische Ätherbindung zwischen der Holzoberfläche und dem aromatischen Phenolkern des PF-Harzes gedeutet werden.

Weitere Literaturhinweise: Ramiah und Troughton (1970).

6.1.5.3
Aktivierung der Holzoberfläche

Eine kovalente Bindung ist im Prinzip auch direkt zwischen den beiden Holzoberflächen möglich, wenn zuvor eine Aktivierung der Oberfläche stattgefunden hat, z. B. durch Oxidation oder durch Bestrahlung. Dadurch entstehen an der Oberfläche aktive Zentren, die gegenseitige kovalente Bindungen eingehen können (Nguyen und Johns 1977). Details dazu werden in Teil III, Abschn. 1.4.3.3 beschrieben.

6.2
Kohäsion

Die Ausbildung einer Leimfuge umfasst mehrere Schritte, beginnend mit der Benetzung der zu verleimenden Oberflächen durch das Bindemittel und die Spreitung desselben auf der Oberfläche bis hin zur kohäsiven Verfestigung des Bindemittels durch chemische oder physikalische Effekte. Die Art der Bindungskräfte, die für die Kohäsionsfestigkeit eines Stoffes verantwortlich sind, sind identisch mit denen, die bei der Adhäsion wirksam sind. Je nach chemischer Struktur des Klebstoffes stellt die Kohäsion von Klebschichten ein Zusammenwirken von kovalenten und zwischenmolekularen Bindungskräften (Nebenvalenzkräften) dar.

6.2.1
Kohäsionsfestigkeit

Die Kohäsionsfestigkeit ist eine werkstoff- und temperaturabhängige Größe. In Leimfugen ist die Kohäsionsfestigkeit insbesondere für das Kriechen bzw. Fließen unter mechanischer Belastung eine charakteristische Eigenschaft, die von der chemischen Art und Zusammensetzung des Bindemittels abhängt und bei der Beurteilung und Abschätzung der Gebrauchseigenschaften des Bindemittels und der Eigenschaften der Leimfuge berücksichtigt werden muss. Mit zunehmender Temperatur nimmt die Kohäsionsfestigkeit üblicherweise ab. Die Ursache liegt in dem durch die steigende Molekülbeweglichkeit abnehmenden Molekülzusammenhalt. Eine Ausnahme stellt die Nachreifung duroplastischer Bindemittelsysteme unter Wärmeeinwirkung bei der Stapelreifung als temporärer Vorgang dar. Fehlstellen in der Klebfuge (Leimfuge) vermindern das Festigkeitsniveau durch die Ausbildung von Eigenspannungen und bilden Ausgangspunkte für Kohäsionsbrüche bei Belastung. Ursachen für Fehlstellen können ungleichmäßige Vernetzungsgrade, eingeschlossene Restlösungsmittel oder unterschiedliche Feuchtigkeitsverhältnisse sein.

Die Kohäsionsfestigkeit einer Leimfuge wird von mehreren Faktoren bestimmt:

- Molmasse und durchschnittlicher Kondensationsgrad des Bindemittels
- chemische Struktur der Bindemittelmoleküle
- Orientierung der Moleküle (Kristallinitätsgrad)
- Zusammensetzung und Menge anderer anwesender Stoffe (Füllstoffe, Streckmittel, Lösungsmittel u.a.).

Wesentlich ist eine gute Abstimmung zwischen ausreichenden Kohäsions- und Adhäsionskräften, weil beide Mechanismen eine Grundvoraussetzung für die Ausbildung einer ordnungsgemäßen Bindefestigkeit sind.

6.2.2 Abbindevorgang in duroplastischen Leimfugen

6.2.2.1 *Ausbildung des Netzwerkes*

In den so genannten TTT- (Zeit-Temperatur-Umwandlung, time-temperature transformation) bzw. CHT- (Umwandlung bei kontinuierlicher Aufheizgeschwindigkeit, continuous heating transformation) Diagrammen sind Gelierung und Glasumwandlung (Vitrifikation) in Abhängigkeit der isothermen Temperatur bzw. konstanter Heizraten aufgetragen (Enns und Gilham 1983 a+b, Hofmann und Glasser 1990, Theriault u.a. 1999, Wisanrakkit u.a. 1990). Das Temperatur-Zeit-Diagramm wird durch die S-förmige Vitrifikationskurve (Glasübergangskurve) und die Gelierkurve in vier Bereiche unterteilt: flüssig, gelierter Gummizustand, nichtgelierter Glaszustand, gelierter Glaszustand.

Beispiele für TTT- und CHT-Diagramme finden sich bei Lu und Pizzi (1998) bzw. Pizzi u.a. (1999) (s. auch Teil II, Abschn. 6.2.2.3).

6.2.2.2 *Eigenschaften der reinen ausgehärteten Harze* (s. auch Teil II, Abschn. 3.5)

6.2.2.3 *Beeinflussung der Aushärtung durch die Holzsubstanz*

Lu und Pizzi (1998) bzw. Pizzi u.a. (1999) nutzen TTT- bzw. CHT-Diagramme (s. Teil II, Abschn. 6.2.2.1), um den Einfluss von lignozellulosischem Material während des Aushärtens von PF- und UF-Harzen zu untersuchen und zu beschreiben. Die Ursache für diese Einflüsse werden in einer komplexeren Übergangsphase der Harze gesehen, die sich aus der speziellen Wechselwirkung zwischen Harz und Substrat in diesen Fällen ergibt.

Weitere Literaturhinweise: Ebewele (1995), Enns und Gillham (1983b), Garcia und Pizzi (1998), Marcinko u.a. (1998), Pillar (1966), Pizzi (1997, 1998), Pizzi u.a. (1994, 1997), Probst u.a. (1997).

6.3 Eigenschaften der Leimfuge

6.3.1 Mikroskopische Untersuchungen und andere Prüfverfahren

Die mikroskopische Untersuchung von oberflächen- bzw. leimfugennahem Holz erfolgt mit Hilfe von Lichtmikroskopen und mittels Elektronenmikroskopie. Untersucht werden:

- die Zellstruktur an der Oberfläche des zu verleimenden Holzes, Beurteilung einer möglichen Verformung bzw. Zerstörung der Zellstruktur durch die Holzvorbereitung (Furnierschälen, Spanherstellung) und die Trocknung
- die Zellstruktur des leimfugennahen Holzes nach der Verleimung: Beurteilung einer eventuellen Verformung bzw. Zerstörung der Zellstruktur durch die Einwirkung von Wärme und Preßdruck
- das Eindringverhalten des Bindemittels in die Holzzellen.

Über solche Untersuchungen existiert ein umfangreiches Schrifttum: Butterfield u.a. (1992), Dougal u.a. (1980), Futo (1973), Gindl (2001), Hare und Kutscha (1974) (s. auch dort angegebene weitere Literaturstellen), Keylwerth und Höfer (1962), Lehmann (1965), Mallari u.a. (1986), Nearn (1974), Neusser u.a. (1977), Parameswaran und Himmelreich (1979), Wassipaul (1982), Wellons u.a. (1983).

Parameswaran und Himmelreich (1979) bzw. Parameswaran und Roffael (1982) untersuchten die Verdichtung der Holzspäne im Spanplattenverbund, Murmanis u.a. (1986a+b) die innere Struktur und die Bindemittelverteilung in Faserplatten. Bereits Bosshard (1958) hatte durch Einbetten und Mikrotomschnitte die Mikrostruktur der damals klassischen Novopan-Spanplatte untersucht.

Tomographische Untersuchungen ermöglichen eine dreidimensionale Darstellung von Holzwerkstoffen (Shaler 1997).

6.3.2 Rheologische Untersuchungen an Leimfugen

Keylwerth und Höfer (1962) untersuchten die Querzugbelastung von Leimfugen: zur besseren messtechnischen Erfassung wurden 25 Leimfugen durch Verleimung von 3 mm dicken Bucheblättchen zu einem Prüfkörper verleimt. Ermittelt wurden verschiedene Spannungs-Dehnungs- bzw. Dehnungs-Zeit-Kurven. Als Variable in diesen Untersuchungen diente vor allem die Belastungsdauer (Kurz- bzw. Langzeitversuche). Bei RF-Harzen wurde eine Verbesserung im Kriechverhalten im Vergleich zum Vollholz festgestellt, d.h. in der geleimten Probe war offensichtlich eine Verformungsbehinderung gegeben.

6.3.3 Bindefestigkeit

6.3.3.1 *Prüfung der Bindefestigkeit, Beurteilung des Bruchbildes*

Voraussetzung für eine gute Verleimung sind:

- eine gute Benetzung der zu verleimenden Oberflächen
- die zu verleimenden Teile sollten nicht weniger steif sein als das ausgehärtete Bindemittel, um Spannungskonzentrationen zu vermeiden
- die Vermeidung von übermäßigem Schrumpfen in der Leimfuge.

Unter Scherfestigkeit ist jene Kraft pro Flächeneinheit zu verstehen, bei welcher die einzelnen Probengruppen im Mittel brechen. Unter Holzbruch (grobe Holzteile), Holzfaserbelag (feinere Holzteilchen bzw. faserartiger, seehundfellartiger Belag) bzw. wood failure (Gesamtbegriff in der angloamerikanischen Literatur) ist bei einer gewaltsam freigelegten Leimfuge jener Prozentsatz der Fläche zu verstehen, bei der der Scher- oder Aufstechbruch nicht in der Bindemittelschicht (Leimfuge) selbst, sondern mehr oder minder tief im benachbarten Holz verläuft. Dieser Anteil soll im Allgemeinen 80% übersteigen; unterschiedliche Scherfestigkeiten mit Holzbruchanteilen über 80% werden nicht durch eine unterschiedliche Verleimungsqualität, sondern durch Strukturunterschiede im Holz bewirkt. Bei allen Prüfungen der Verleimfestigkeit ist demnach der Holzbruch- oder Faserbelagsanteil anzugeben, auch sollte immer das Aussehen (reiner tiefer Holzbruch, einzelne Fasern, „seehundfellartiger" Belag usw.) beurteilt werden (s. auch Teil III, Abschn. 3.4.3). Einzelne Qualitätsnormen beziehen sich nur auf das Ausmaß des Holzbruches bzw. des Faserbelages, andere sehen eine Kopplung von Scherfestigkeit und Aussehen der Bruchfläche vor, wie z.B. EN 314.

Die Verleimungsfestigkeit von Sperrholz wird entweder im Aufstechversuch oder mittels Zugscherprüfung beurteilt. Bei dieser Prüfung wird neben der eigentlichen Scherfestigkeit auch immer eine Beurteilung der Bruchfläche durchgeführt. Diese Beurteilung erfolgt im Allgemeinen nach Augenschein, wobei einerseits Vergleichsabbildungen und Beschreibungen in verschiedenen Normen (z.B. EN 314 T.1 oder DIN 53255) vorhanden sind, andererseits eine gewisse Erfahrung des Prüfers bei der Beurteilung vorausgesetzt werden muss. Es wurde auch die Beurteilung der Bruchfläche bei Sperrholz (Zink und Kartunova 1998) bzw. Spanplatten (Grundberg und Hagman 1993) mittels optischer Bildverarbeitung vorgeschlagen. Dadurch ist die Bestimmung des Anteils effektiver Holzbrüche innerhalb der Späne z.B. bei der Prüfung der Querzugfestigkeit möglich.

Um die hohe Festigkeit des verleimten Holzes zu erhalten, muss eine Verleimung hohe Festigkeiten aufweisen. Ebenso wichtig ist aber auch die Art der Grenzfläche zwischen Holzoberfläche und Leimfuge. Ist die Kohäsion des Bindemittels niedriger als die des Holzes, so wird bei der Prüfung der Bruch in der Leimfuge verlaufen. Ist die Adhäsion zwischen Bindemittel und Holz gering, so wird die Trennung in den Grenzschichten entstehen. Ist die Festigkeit des Bindemittels und seine Haftung am Holz (Adhäsion) jedoch hoch, so muss das Holz brechen. Dabei hängt die Tiefe des Bruches im Holz (wenn keine Holzfehler vorliegen) im Wesentlichen davon ab, wie tief die Verankerung des Bindemittels im Holz während der Abbindung möglich war, also welche Fließverhältnisse in diesem Zeitpunkt vorgelegen haben (Neusser 1965).

Wie von Neusser (1982) deutlich ausgeführt wurde, weist jede Prüfung der Leimfestigkeit an sich einen Widerspruch in sich auf. Der Prüfkörper soll nämlich bei einem „guten" Ergebnis möglichst nicht in der Leimfuge selbst (Kohäsionsbruch) oder an der Grenzfläche Holz/Leim (Adhäsionsbruch), sondern mehr oder minder tief im benachbarten Holz brechen. Die so gefundene Bruchlast sagt aber damit nur aus, dass die Holzfestigkeit geringer ist als die Bindefestigkeit der ausgehärteten Leimfuge. Werden nun aber besonders feste Holzarten, wie z.B. Buche, für solche Leimfestigkeitsprüfungen verwendet, können im Vergleich zu Nadelhölzern möglicherweise verschiedene Verleimungsbedingungen wie offene und geschlossene Wartezeit, Leimverankerung im Holz u.a. Auswirkungen auf die zu untersuchenden Einflussfaktoren haben.

Die gemessene Bindefestigkeit einer Vollholzleimfuge ist bei den Versuchen von Rabiej und Behm (1992) unter anderem abhängig von der Dichte der verleimten Holzteile, für die je nach Holzart für tangentiale bzw. radiale Verleimungsflächen verschieden hohe Festigkeiten sowie unterschiedlich steile Abhängigkeiten von der Dichte bestehen können. Der Anteil an Holzbruch ist in radialer Verleimebene praktisch unabhängig von der Holzdichte, während in tangentialer Richtung der Holzbruchanteil je nach Holzart mit steigender Dichte abnimmt. Außerdem können die Einflüsse der einzelnen Richtungen der Faser- bzw. Jahrringorientierung auf die Bindefestigkeit und den Holzbruchanteil bei einzelnen Holzarten unterschiedlich sein, wie Rabiej und Behm (1992) am Beispiel von Zuckerahorn und Pinus poderosa zeigen. Bei der Prüfung von Verleimungen von Vollholz ist neben der Holzdichte deshalb immer auch die Lage der Jahrringe und die Faserrichtung in Bezug auf die verleimte Oberfläche anzugeben, wobei dies für beide Hälften der hergestellten Holzverleimung erfolgen muss. Je nach Gegebenheit der beiden Parameter werden im Allgemeinen unterschiedliche Werte bei der Prüfung erhalten. Die Scherfestigkeiten von Verleimungen sinken stark mit zunehmendem Winkel zwischen den Faserverläufen der beiden zu verleimenden Teile (Glos und Horstmann 1988).

Auch chemische Unterschiede zwischen Früh- und Spätholz (Anteil der Zellulose, Polymerisationsgrad der Zellulose, Kristallinitätsgrad, Zahl an freien Hydroxylgruppen) können zu unterschiedlichen Bindefestigkeiten bzw. Holzbruchanteilen führen (Panshin und de Zeeuw 1970).

Auch bei Spanholzformteilen kann z.B. an den Bruchflächen der Querzugfestigkeitsprüfung eine Beurteilung des Holzbruchanteiles erfolgen; in diesem Fall ist er als Bruch des Holzes innerhalb einzelner Späne im Gegensatz zu Kohäsionsbrüchen in der Leimfuge oder Adhäsionsbrüchen an der Grenze zwischen Leim und Holz definiert (Parameswaran und Himmelreich 1979).

Die je Flächeneinheit berechneten Durchschnittsspannungen ergeben ein unrichtiges Bild der Wirklichkeit. An kritischen Punkten der Leimfuge können Spannungsspitzen auftreten, die ein Vielfaches der arithmetischen Durchschnittsspannungen betragen. Ungünstige Spannungsverhältnisse treten z.B. auf, wenn E (Leim) > E (Holz) und die Holzdicke deutlich größer wie die Leimfugendicke ist.

6.3.3.2
Einfluss der Leimfugendicke und der Passgenauigkeit der Holzoberflächen

Die Dicke von Klebfugen wird beeinflusst durch:

- Auftragsmenge
- Pressdruck
- Passgenauigkeit der Fügeteile.

Dicke Klebfugen sind vor allem bei spröden Klebstoffen kritisch. Eine spezielle Herstellung und Prüfung von Leimfugen exakt definierter Dicke ist z.B. im Rahmen der Leimprüfungen für den konstruktiven Holzleimbau nach DIN 68141/EN 302-3 und 302-4 oder bei der Leimprüfung nach DIN 53254/EN 205 (Prüfung auf Beanspruchungsgruppen für Leime B1 bis B4 nach DIN 68 602 bzw. D1 bis D4 nach EN 204 bzw. C1 bis C4 nach prEN 12765) vorgesehen (s. auch Teil III, Abschn. 3.4.3).

Mögliche Spannungen in der Leimschicht können durch Volumenänderungen (Schrumpfen) beim Herstellen der Leimverbindung auftreten:

- Erstarren fester Stoffe
- Abwandern von Lösungsmitteln
- chemische Abspaltung flüchtiger Bestandteile.

6.3.4
Fehlverleimungen und Verleimungsfehler

Bei der Verarbeitung verschiedener Leime in der Möbelfertigung und im Tischlerhandwerk können verschiedene Fehler auftreten (Dunky und Petrovic 1995, Dunky und Schörgmaier 1995, Dupont 1960, Krems Chemie 1994, Toscha 1983, 1998):

- schlechte oder ungenügende Verleimungsfestigkeiten
- Benetzungsschwierigkeiten
- Leimdurchschlag
- Furnierrisse
- Verfärbungen.

6.3.4.1
Ungenügende oder fehlende Verleimfestigkeit

Ursachen für schlechte Verleimungsergebnisse können im Prinzip in allen Arbeitsschritten auftreten:

- falsche Leimauswahl
- keine oder zu geringe Härterzugabe
- ungenügende Feuchtigkeitskontrolle der zu verleimenden Werkstücke, insbesondere hohe Furnierfeuchten
- ungenügende Oberflächenqualität der Werkstücke (raue Hobelflächen, zu grober Sägeschnitt); raue Oberflächen benötigen einen höheren Leimauftrag
- zu geringer oder ungleichmäßiger Leimauftrag: der Mengenauftrag einer Leimflotte muss immer auf die Oberflächengüte der zu verleimenden Holzflächen abgestimmt sein. Mit steigendem Pressdruck geht der Leimbedarf der Fuge zurück.
- Überschreitung der zulässigen offenen Wartezeit (s. auch Teil III, Abschn. 3.2.3): vorzeitiges Antrocknen der aufgetragenen Leimflotte; Sichtbarwerden der Leimrillen der Leimauftragsmaschine, vor allem bei Folienverklebung. Der Leim trocknet oberflächlich an und verliert die Fähigkeit, bei Einwirkung von Wärme oder Druck zu einem gleichmäßigen dünnen Leimfilm zu verrinnen. Parallel dazu kann es auch zu einer ungenügenden Benetzung der nicht beleimten Gegenfläche kommen (s. auch Teil III, Abschn. 1.4.2.1).
- Benetzungsschwierigkeiten, z. B. durch schlecht verleimbare fette Furniere (s. auch Teil III, Abschn. 1.4.2.1 bzw. 6.3.4.2)
- ungenügender oder ungleichmäßiger Pressdruck
- lange Liegezeit in der offenen Presse ohne Druck, wodurch eine Voraushärtung eintreten kann. Ursachen sind z. B. lange Belegungszeiten bei kleinformatigen Stücken oder lange Pressenschließzeiten infolge ungenügender Hydraulikleistung.
- zu kurze Presszeiten, zu niedrige Presstemperaturen, ungleichmäßige Temperaturverteilung (Verlegung von Wärmeträgerkanälen, Ausfall einzelner elektrischer Heizelemente), unzureichende Wärmekapazität (Temperaturabfall bei rascher Aufeinanderfolge von Presszyklen), kalte Leimflotten, kaltes Holz oder kalte Trägerplatten (Winter).

Verhungerte Leimfugen weisen meist nur noch Leimspuren auf, die nicht für eine sichere Verleimung ausreichen. Ursachen können sein:

- eine zu niedrige Viskosität der Leimflotte (zu viel Verdünnungswasser bzw. zu geringer Streckmittelanteil): zu starke Penetration des Leimes ins Holz
- Leim mit zu niedrigem Kondensationsgrad: zu starker Viskositätsabfall bei der Erwärmung der Leimfuge und damit ebenfalls zu starke Penetration des Leimes ins Holz

- ein zu geringer Leimauftrag
- ein überhöhter Pressdruck: der Leim wird inbesondere bei grobporigen Hölzern tief in das Holzgefüge gepresst.

Kürschner sind Stellen, an denen das Furnier auf dem Trägermaterial nicht haftet, weil von vornherein gar keine Verleimung erfolgt war. Ursache ist meist eine ungenügende oder gar nicht erfolgte Benetzung der unbeleimten Gegenseite, was wiederum durch ungenügenden Pressdruck, Dickendifferenzen im Material, ungünstige Feuchteverhältnisse oder Verschmutzung der Oberfläche bzw. hydrophobes Verhalten der nicht beleimten Oberfläche hervorgerufen oder verstärkt werden kann. Kürschner werden oft erst bei der Weiterverarbeitung (z.B. Beizen) erkannt.

Blasen (Dampfblasen) treten bei Presstemperaturen über 100 °C auf und zeigen in ihrem Querschnitt meist einen Holzbruch, d.h. an dieser Stelle war bereits einmal eine Verleimung vorhanden. Der Wassergehalt der Leimflotte wird bei diesen hohen Temperaturen zu Dampf, kann aber während des Pressvorganges nur schlecht entweichen. Wenn durch das Öffnen der Presse der Pressdruck wegfällt, kann sich der eingesperrte Dampf plötzlich entspannen, wodurch die angequollene oberste Trägerplattenschicht aufgerissen werden kann und auf der unteren Furnierseite sichtbar wird. Als Abhilfen können dienen: eine niedrige Furnierfeuchte, wenig Wasser in der Leimflotte, eine niedrigere Presstemperatur, ein mehrmaliges Entspannen und Nachpressen, ein langsamer Druckabbau am Ende des Pressvorganges.

6.3.4.2
Benetzungsprobleme

Voraussetzung für die Wirkung der Adhäsionskräfte bei der Verleimung ist eine ausreichende Benetzung der Holzoberflächen durch den Leim (s. auch Teil III, Abschn. 1.4.2.1). Diese Benetzungsfähigkeit ist vor allem von den Eigenschaften des Leimes und dem Charakter der Holzoberfläche abhängig. Benetzungsschwierigkeiten können auftreten:

- durch hydrophobe Extraktstoffe des Holzes, die sich im Laufe der Zeit an der Holzoberfläche anreichern können
- bei „alten“ Holzoberflächen durch chemische Veränderungen verschiedener Holzinhaltsstoffe bzw. erhöhte Konzentrationen von hydrophoben Stoffen an der Oberfläche (s. auch Teil III, Abschn. 1.9)
- bei „künstlichen“ Verunreinigungen: unsaubere Oberflächen, Fettflecke, Staub
- bei Harzgallen
- bei Überschreitung der zulässigen offenen Wartezeit.

Abhilfen bei Verleimungsschwierigkeiten infolge schlechter Benetzung können durch die Verarbeitung von sauberen, staub- und fettfreien Oberflächen, die Zugabe von oberflächenaktiven Substanzen oder von PVAc-Leim zu UF-Leimen, die Vermeidung von Kaltverleimung sowie die Verarbeitung frischer Oberflächen (Aufrauen oder Anschleifen der Oberflächen in Faserrichtung kurz vor der Verarbeitung) gegeben sein.

6.3.4.3
Furnierrisse

Furnierrisse sind einer der unangenehmsten Oberflächenfehler auf furnierten Flächen; sie treten meist erst nach längerer Zeit, oft erst nach ein oder zwei Heizperioden auf. Die eigentliche Ursache für die Furnierrisse liegt aber bereits beim Furniervorgang selbst, und zwar in den dort möglicherweise herrschenden ungünstigen Feuchteverhältnissen. Furniere werden oft mit zu hoher Feuchtigkeit unter Verwendung von wasserreichen niedrigviskosen (dünnen) Flotten bei zu hohem Leimauftrag („sichere" Verleimung) ohne offene Wartezeit, sehr wohl aber mit relativ langer geschlossener Wartezeit (z.B. bis viele kleine Werkstücke für einen Pressvorgang vorbereitet sind) verarbeitet. Dabei hat das Furnier reichlich Zeit, Wasser aus der Leimflotte aufzunehmen und vor allem quer zur Faserrichtung zu quellen. Wird dieses gequollene Furnier aber nun auf der Trägerplatte (Spanplatte) durch das Aushärten des Leimes fixiert, kann das Furnier später beim Abgeben des aus dem Furnier aufgenommenen Wassers bei niedriger Raumluftfeuchtigkeit (z.B. während der Heizperioden) nicht mehr schrumpfen. Die Schwind- und Quellmaße von Furnieren quer zur Faserrichtung sind nahezu um den Faktor 10 größer als die entsprechenden Werte für Holzspanplatten. Damit wird aber rasch die Bruchdehnung der Furniere (Größenordnung 1%) erreicht, das Furnier reißt. Bei geschälten und gemesserten Furnieren treten die Risse vor allem an den Markstrahlen auf, weil hier das Holz die geringste Festigkeit hat.

Die entscheidenden Ursachen und Fehlerquellen bzw. die möglichen Abhilfen können wie folgt zusammengefasst werden:

- zu hohe Furnierfeuchten: entsprechende Kontrolle der Furnierfeuchten
- zu viel Wasser in der Leimflotte bzw. zu hoher Leimauftrag: empfehlenswert ist der Einsatz von Flotten mit möglichst geringem Wassergehalt sowie die Beschränkung des Leimauftrages auf die technisch erforderliche Menge.
- Wartezeiten: Einhaltung einer offenen Wartezeit vor dem Zusammenlegen der Werkstücke (Auflegen des Furniers auf die beleimte Trägerplatte), um ein teilweises Abdunsten des mit der Leimflotte aufgebrachten Wassers zu ermöglichen. Vermeidung von langen geschlossenen Wartezeiten.

Literaturhinweise: Dunky und Schörgmaier (1995), Frühwald (1976a+b), Neusser u.a. (1974a).

6.3.4.4
Verfärbungen

Oberflächenschäden in Form von Verfärbungen sind sehr unterschiedlichen Ursprungs und besonders unangenehm, weil sie das äußere Bild eines Möbelstückes stark beeinträchtigen. Im Allgemeinen unterscheidet man zwischen echten und unechten Verfärbungen.

Echte Verfärbungen sind Farbveränderungen, die sich auf Grund chemischer Vorgänge unter ganz bestimmten Voraussetzungen im Holz entwickeln. Verfärbungen können bereits im Holz selbst noch vor einer Verarbeitung auftreten (z.B. Kernverfärbung bereits im Baum, Einlaufen, Braunsteifigkeit oder Verstocken nach dem Schlägern), beim Dämpfen als Vorbereitung für das Messern oder Schälen oder bei der Trocknung des Holzes (Brunner 1987, Koch u.a. 2000).

Weiter können abiotisch bedingte Verfärbungen durch Oxidationsvorgänge gegeben sein, die durch Einwirkung von Temperatur, Feuchtigkeit und/oder Licht, insbesondere UV-Strahlen (Sandermann und Lüthgens 1953), noch verstärkt werden können. Solche Verfärbungen können auch bei Verleimungsprozessen auftreten, wie z.B. bei der Furnierung. Dabei können saure Substanzen (z.B. aus den Härtern bei der Verarbeitung von aminoplastischen Leimen) oder Formaldehyddämpfe verstärkend wirken. Holz-Eisen-Verfärbungen beruhen auf einer Gerbstoff-Eisen-Komplexbildung (Sandermann und Lüthgens 1953).

Unechte Verfärbungen sind z.B. der Leimdurchschlag (s. Teil II, Abschn. 6.3.4.5) oder oberflächliche Verunreinigungen durch Fremdstoffe, die selbst nicht unbedingt eine chemische Reaktion auslösen (Schmutzpartikel, kleinste Farbteilchen, Öl, Fett, Schleifstaub).

Eine andere Beeinträchtigung kann durch Sichtbarwerden des Leimfadenverlaufs auf Furnieren gegeben sein (Stetter 1999). Ein wesentlicher Faktor für diesen Effekt ist die Furnierdicke. Generell steigt mit abnehmender Furnierdicke die Tendenz zum Durchscheinen von Leimfäden, weil dünnere Furniere naturgemäß den Leimfaden weniger vollständig abdecken können. Auch dem Schleifen der furnierten Flächen kommt eine besondere Bedeutung zu. Der Leimfaden muss beim Furnierfügen ausreichend aufgeschmolzen werden. Durch die Einwirkung der Temperatur darf jedoch keine thermische Verfärbung des Leimfadengrundmaterials auftreten. Auch die Einwirkung von Sonnenlicht oder UV-reichen künstlichen Lichtquellen (Strahlern) können eine verstärkte Holzverfärbung hervorrufen, die im Bereich des Leimfadens ggf. schwächer ausfällt und so zu einem Abzeichnen des Fadens führt.

6.3.4.5
Leimdurchschlag

Als Leimdurchschlag bezeichnet man das Durchdringen des Leimes durch Furniere bis auf die zweite Oberfläche; er kann durch mehrere Faktoren hervorgerufen werden:

- zu hoher oder ungleichmäßiger Leimauftrag
- zu dünne, niedrigviskose Leimflotte: hoher Anteil an Verdünnungswasser, wenig oder kein Streckmittel
- poröse Furniere
- dünne oder ungleichmäßig gemesserte Furniere
- zu feuchte Furniere: können weniger Wasser aufnehmen
- keine oder zu kurze offene Wartezeit (kein Abdunsten von Wasser)
- hoher Pressdruck
- hohe Presstemperatur: starke Herabsetzung der Leimviskosität.

Abhilfen bestehen in der Beachtung der genannten Ursachen sowie ggf. in der Einfärbung der Leimflotte. Auch ein vorsichtiges Wegschleifen des Leimdurchschlages kann eine ansonst unbrauchbare Oberfläche retten, die Poren des Furniers bleiben aber gefüllt und können sich beim anschließenden Beizen bzw. Lackieren abzeichnen.

6.4 Grundlagen der Prüfung von Holzwerkstoffen

6.4.1 Zeitpunkt der Prüfung

Jedes Prüfergebnis wird unter bestimmten Prüfbedingungen erhalten, ein Vergleich verschiedener Ergebnisse untereinander ist nur bei gleichen Prüfbedingungen möglich. Prüfwerte ohne Kenntnis oder ohne genaue Angabe der Bedingungen, unter denen sie erhalten wurden, sind wertlos. Die Vorgeschichte der Probe bzw. der Zeitpunkt der Prüfung können demnach einen entscheidenden Einfluss auf das Ergebnis haben.

Je nach Zeitpunkt können verschiedene prinzipielle Formen der Prüfung unterschieden werden:

a) online-Messungen an Rohstoffen bzw. am Span- oder Faserkuchen während der Herstellung, z. B.:
   - Feuchtigkeitsmessung an unbeleimten bzw. beleimten Spänen oder an beleimten Fasern nach dem Trockner (Niemz 1989a), z. B. mittels Infrarotdetektoren
   - traversierende Flächendichtemessung nach der Streuung
   - Dickenmessung des Spanvlieses im Streubunker mittels radioaktiver Durchstrahlung
   - Bandwaage für Trockenspan

   Literaturhinweise: Niemz (1992), Tropp und Herrmann (1997)

b) offline-Messungen an Rohstoffen während der Herstellung, z. B.:
   - Feuchtigkeit der Späne oder Fasern mittels Darrwaage
   - Siebkennlinien
   - Gelierzeit der Leimflotte

c) online-Messungen an der fertigen Platte unmittelbar nach der Presse, z.B.: zerstörungsfreie Prüfung beim Verlassen der Presse, z.B. Spaltererkennung mittels Ultraschall (Kleinschmidt 1981, 1996)

- Plattengewicht
- Plattendicke
- Rohdichteprofil (Dueholm 1995)

Weitere Literaturhinweise: Byers (1988), Niemz (1989b, 1992), Pizurin und Sobasko (1979).

d) Sofortprüfungen: Durchführung innerhalb weniger Stunden nach der Produktion an abgekühlten, aber nicht klimatisierten Proben: Dicke, Dichte und deren Verteilung über die Plattenbreite, Rohdichteprofil, Querzugfestigkeit, Biegefestigkeit, 2 h- oder 24 h-Dickenquellung, nachträgliche Formaldehydabgabe (Perforatortest, WKI-Flaschentest)

e) Endkontrolle bzw. Nachprüfung sowie Eingangskontrolle beim Kunden:

- Prüfung von im Stapel gereiften, geschliffenen Platten, jedoch selten im klimatisierten Zustand: gleiche Prüfmethoden wie unter d), ggf. zusätzliche Prüfungen je nach Einsatzzweck der Platten bzw. nach Vereinbarung zwischen Hersteller und Kunde.
- Erstellung von Qualitätszertifikaten (ISO 9000), gegenseitige Anerkennung von Prüfwerten zwischen Lieferant und Kunde

f) Zulassungsprüfungen und Fremdüberwachung:

- Durchführung von genormten Prüfungen an klimatisierten Proben durch ein autorisiertes Prüfinstitut, insbesondere bei Produkten, die im Bauwesen eingesetzt werden (Irmschler und Deppe 1980)
- umfangreiche Erstprüfung mit folgenden laufenden kleineren Überwachungsprüfungen (1- bis 2-mal pro Jahr)
- Zulassungsprüfungen: z.B. für Leime für Holzspanplatten zur Verwendung im Feuchtbereich nach EN 312-5 bzw. 312-7, Option 2 Kochprüfung (entsprechend der früheren Verleimungsklasse V 100 nach DIN 68763)
- für Leime/Leimsysteme für den konstruktiven Holzleimbau (DIN 68141)
- für Leime für Baufurniersperrholz nach DIN 68705 T.5

g) Prüfungen im Bereich F & E:

- je nach Aufgabenstellung Prüfung an klimatisierten, an nichtklimatisierten oder an nach speziellen Vorschriften vorbehandelten Proben
- im Wesentlichen gleiche Prüfmethoden wie unter d), ggf. auch andere Tests

h) Reklamationsüberprüfung: hierbei handelt es sich meist um eine Prüfung an bereits im Einsatz befindlichen Platten:

- Prüfung vorort an der Einsatzstelle
- Entfernung eines gesamten Bauteiles von seinem Einsatzort und Prüfung im Labor
- Probennahme vor Ort und Prüfung im Labor.

Die wichtigste Frage bei der Reklamationsüberprüfung ist die Vorgeschichte der Platten und der Proben. Die Prüfung kann nach unterschiedlichen Zeiten (manchmal Jahre) nach der Herstellung bzw. der Verarbeitung des Werkstückes erfolgen. Je nach Fragestellung erfolgt die Prüfung im Zustand des Einsatzes oder nach entsprechender Klimatisierung. Häufig ist nur eine Werkstückprüfung möglich, eine eigentliche Werkstoffprüfung ist nur nach entsprechender Probennahme (z.B. durch Abschleifen von Beschichtungen bei erforderlicher Prüfung der Trägerplatte) möglich; dabei sind mögliche Veränderungen der Werkstoffe bei der Weiterverarbeitung und beim Einsatz (Gebrauch) der fertigen Werkstücke zu berücksichtigen.

6.4.2 Probenahme und Vorbehandlung

Holzwerkstoffe sind inhomogene Werkstoffe, deren Eigenschaften in einem breiten Maß von Umwelt- und Umgebungsbedingungen beeinflusst werden. Die wichtigsten Einflussgrößen sind die Temperatur (Umgebungs- bzw. Werkstücktemperatur) und die Feuchtigkeit (relative Luftfeuchtigkeit der umgebenden Atmosphäre bzw. Werkstückfeuchtigkeit). Je nach Prüfbedingung bzw. Vorgeschichte können an einer an sich homogenen Probenmenge also unterschiedliche Ergebnisse bei Prüfungen gewonnen werden, wenn unterschiedliche Prüfbedingungen vorliegen (Tabelle 6.2).

Zu beachten sind bei der Probenahme die Vorschubrichtung der Presse (Probe längs oder quer zur Längsachse der Platte), die Plattenober- bzw. -unterseite sowie die Lage der Prüfkörper in Bezug auf den ursprünglichen Plattenrand (Lage des Prüfkörpers in der Platte). Üblicherweise wird einerseits zumindest eine Probe so nah wie möglich am Rand (bezogen auf die Plattenbreite) gezogen, um den Randeinfluss bestimmen zu können; andererseits werden mehrere Prüfkörper gleichmäßig verteilt über die Plattenbreite herausgeschnitten, um einen Überblick über die Gleichmäßigkeit der Platte in Bezug auf ihre Breite zu erhalten.

6.4.3 Zulassungsverfahren

Für im Bauwesen eingesetzte Holzwerkstoffe muss der Nachweis der Brauchbarkeit für die Anwendung erbracht werden. Entsprechende Vorschriften und Prüfbedingungen sind in einzelnen Normen festgelegt. In der BRD erfolgt die Zulassung z.B. durch das Institut für Bautechnik in Berlin bzw. das Otto Graf-Institut in Stuttgart. Der Erteilung einer Zulassung ist ein entsprechendes

Zulassungsverfahren vorgeschaltet, in dem der Holzwerkstoff bzw. ein Bindemittel(system) nach den in den entsprechenden Normen und Vorschriften vorgegebenen Kriterien geprüft werden; dies erfolgt insbesondere auch in Richtung des Langzeitverhaltens unter Einfluss äußerer Klimabedingungen, wobei dieses meist in Kurzzeitbewitterungstests (z. B. Xenotest) simuliert wird.

Tabelle 6.2. Probenvorbehandlung (s. auch Tabelle 5.2 in Teil III, Abschn. 5.2)

keine Konditionierung	Bei on line- bzw. Sofortprüfungen im Herstellwerk; es wird lediglich ein Abkühlen der Probe abgewartet.
Konditionierung im Normklima vor der Prüfung	Normklima nach DIN 50014: 23 °C/50 % rel. Luftfeuchtigkeit (rel. Lf.) 20 °C/65 % rel. Luftfeuchtigkeit
Konditionierung in bestimmten Prüfklimata	Prüfklimata nach DIN 50015: feucht: 23 °C/83 % rel. Luftfeuchtigkeit feucht-warm: 40 °C/92 % rel. Luftfeuchtigkeit trocken-warm: 55 °C/20 % rel. Luftfeuchtigkeit Einstellung der Klimata in Klimaschränken oder Klimakammern oder in geschlossenen Gefäßen über verschiedenen gesättigten Salzlösungen.
Prüfungen im definierten Wechselklima	z. B. Dimensionsänderung beim Klimawechsel von 20 °C/35 % rel. Lf. auf 20 °C/86 % rel. Lf.
Einwirkung unterschiedlicher Klimata auf die beiden Plattenoberflächen	Prüfung des Stehvermögens der Platte: z. B. 20 °C/65 % rel. Lf. auf der einen Seite, 20 °C/97 % rel. Lf. auf der anderen Plattenseite
nach Wasserlagerung bei unterschiedlichen Temperaturen und ggf. anschließender Trocknung, auch mehrere Zyklen	Lagerungsfolgen nach: EN 205 (DIN 53254) für Längsverleimungen DIN 53255 für Lagenholz EN 312-1 bis 7 für Spanplatten EN 622-5 für MDF
nach Probenevakuierung unter Wasser	Vor der eigentlichen Wasserlagerung bei verschiedenen Bedingungen erfolgt eine kurzzeitige (wenige Minuten) Wasserlagerung unter vermindertem Druck. Durch diese Vorbehandlung wird eine sofortige und gleichmäßige Anfangsdurchfeuchtung erreicht (Clad 1979 a + b)
nach Schnellalterung (künstliche Bewitterung)	z. B. Xenotestprüfung zur Einstufung von Leimen für die Herstellung von V100-Spanplatten nach DIN 68763 bzw. Platten zur Verwendung im Feuchtbereich nach EN 312-5 und 7, Option 2 (Kochprüfung)
nach Langzeitbewitterung im Außenklima	s. Tabelle 5.1 in Teil III, Abschn. 5.1

Literatur

Allan GG, Neogi AN (1971) J. Adhesion 3, 13 - 18
Bogner A (1991) Holz Roh. Werkst. 49, 271 - 275
Bosshard HH (1958) Holz Roh. Werkst. 16, 330 - 335
Brunner R (1987) Die Schnittholztrocknung. 5. Auflage, Buchdruckwerkstätten Hannover,
Butterfield B, Chapman K, Christie L, Dickson A (1992) For. Prod. J. 42: 6, 55 - 60
Byers G (1988) Proceedings 22th Wash. State University Int. Particleboard/Composite Materials Symposium, Pullman, WA, 73 - 81
Chelak W, Newman WH (1991) 25rd Wash. State University Int. Particleboard/Composite Materials Symposium, Pullman, WA, 205 - 229
Chow S (1969) Wood Sci. 1, 215-221
Clad W (1979 a) Holz Roh. Werkst. 37, 383 - 388
Clad W (1979 b) Holz Roh. Werkst. 37, 419 - 425
Critchlow GW, Brewis DM (1995) Int. J. Adhesion Adhesives 15, 161 - 168
Davis DG (1991) Surf. Interf. Anal. 17, 439 - 444
Dougal EF, Krahmer RL, Wellons JD, Kanarek P (1980) For. Prod. J. 30: 7, 48 - 53
Dunky M, Petrovic S (1995) Drvna Industrija 46, 213-220
Dunky M, Schörgmaier H (1995) Holzforsch. Holzverwert. 47, 26 - 30
Dupont W (1960) Handbuch gegen Fehlverleimungen. Verlag und Holzfachbuchdienst E. Kittel, Mering bei Augsburg
Dueholm S (1995) Holz- und Kunststoffverarb. 30, 1394 - 1398
Ebewele RO (1995) J. Appl. Polym. Sci. 58, 1689 - 1700
Ellzey SE, Mack CH (1962) J. Text. Res. 32, 1023 - 1029 und 1029 - 1033
Enns JB, Gillham JK (1983 a) J. Appl. Polym. Sci. 28, 2567 - 2591
Enns JB, Gillham JK (1983 b) J. Appl. Polym. Sci. 28, 2831 - 2846
Frink JW, Sachs HI (1981) Isocyanate binders for wood composite boards. In: Edwards KN (Hrsg.): Urethane Chemistry and Applications, ACS Symp. Series Nr. 172, American Chemical Society, Washington, DC
Frisch KC, Rumao LP, Pizzi A (1983) Diisocyanates as wood adhesives. In: Pizzi A (Hrsg.): Wood Adhesives Chemistry and Technology, Bd. 1 Marcel Dekker, New York, 289-317
Futo LP (1973) Holz Roh. Werkst. 31, 52 - 61
Galbraith CJ, Newman WH (1992), Proceedings Pacific Rim Bio-Based Composites Symp., Rotorua, New Zealand
Garcia R, Pizzi A (1998) J. Appl. Polym. Sci. 70, 1111 - 1119
Gindl W (2001) Holz Roh. Werkst. 59, 211 - 214
Glos P, Horstmann H (1988) Holz Roh. Werkst. 46, 436
Grundberg SA, Hagman POG (1993) Holz Roh. Werkst. 51, 49 - 54
Habenicht G (1986) Kleben; Grundlagen, Technologie, Anwendungen. Springer, Berlin, Heidelberg, New York, Tokyo
Hare DA, Kutscha NP (1974) Wood Sci. 6, 294 - 304
Hofmann K, Glasser WG (1990) Thermochim. Acta 166, 169 - 184
Hunt RN, Rosthauser JW, Gustavich WS, Haider KW (1998) Proceedings Forest Products Society Annual Meeting, Merida (Mexico), 65 - 80
Huntsberger JR (1967) In: Treatise on Adhesion and Adhesives, Vol. 1. Patrick RL (Hrsg.), Marcel Dekker, New York
Huntsberger JR (1970) Adhesive Age 13: 11, 43 - 47
Irmschler H-J, Deppe H-J (1980) Holz Zentr. Bl. 106, 1459 - 1460
Israelachvili JN, Tabor D (1972) Proc. Roy. Soc. A331, 19
Johns WE (1989) The Chemical Bonding of Wood. In: Pizzi A (Hrsg.): Wood Adhesives, Chemistry and Technology, Vol. 2, Marcel Dekker Inc., New York, Basel, 75 - 96

Keylwerth R, Höfer W (1962) Holz Roh. Werkst. 20, 91 – 105
Kinloch AJ (1987) Adhesion and Adhesives Science and Technology. Chapman and Hall, London
Kleinschmidt H-P (1981) Holz Zentr. Bl. 107, 2353
Kleinschmidt H-P (1996) Holz Zentr. Bl. 122, 1333 – 1334
Koch G, Bauch J, Puls J, Schwab E, Welling J (2000) Holz Zentr. Bl. 126, 74 – 75
Kratzl K, Buchtelo K, Gratzl J, Zauner J, Ettinghausen O (1962) Tappi 45, 113 – 119
Krems Chemie: W-Leim: Verarbeitungstechnik bei der Möbelherstellung und im Tischlerhandwerk. Krems, 1994
Lehmann WF (1965) For. Prod. J. 15, 155 – 161
Levendis D, Pizzi A, Ferg E (1992) Holzforschung 46, 263 – 269
Lu X, Pizzi A (1998) Holz Roh. Werkst. 56, 339 – 346
Mallari VC Jr, Kawai S, Sasaki H, Subiyanto B, Sakuno T (1986) Mokuzai Gakkaishi 32, 425 – 431
Marcinko JJ, Devathala S, Rinaldi PL, Bao S (1998) For. Prod. J. 48: 6, 81 – 84
Marcinko JJ, Newman WH, Phanopoulos C (1994) Proceedings 2nd Pacific Rim Bio-Based Composites Symposium, Vancouver, 286 – 293
Marcinko JJ, Newman WH, Phanopoulos C, Sander MA (1995) Proceedings 29rd Wash. State University Int. Particleboard/Composite Materials Symposium, Pullman, WA, 175 – 183
Marian JE, Stumbo DA (1962 a) Holzforschung 16, 134 – 148
Marian JE, Stumbo DA (1962 b) Holzforschung 16, 168 – 180
Marra AA (1980) Proceedings Wood Adhesives – Research, Application and Needs, Madison, WI, 1 – 8
Marra AA (1992) Technology of Wood Bonding. Principles in Practise. Van Nostrand Reinhold, New York
Mora F, Pla F, Gandini A (1989) Angew. Makromol. Chem. 173, 137 – 152
Morak AJ, Ward K (1970 a) TAPPI 53, 652 – 656
Morak AJ, Ward K (1970 b) TAPPI 53, 1055 – 1958
Morak AJ, Ward K, Johnson DC (1970) TAPPI 53, 2278 – 2283
Murmanis L, Myers GC, Youngquist JA (1986 a) Wood Fiber Sci. 18, 212 – 219
Murmanis L, Youngquist JA, Myers GC (1986 b) Wood Fiber Sci. 18, 369 – 375
Nearn WT (1974) Wood Sci. 6, 285 – 293
Neusser H (1965) Holztechnologie 6, 117 – 123
Neusser H (1982) Österr. Holzindustrie 4, 10 – 12
Neusser H, Strobach D, Serentschy W, Schall W (1977) Holzforsch. Holzverwert. 29, 58 – 63
Niemz P (1989 a) Holztechnol. 30, 9 – 13
Niemz P (1989 b) Drev. Vysk. 120, 49 – 64
Niemz P (1992) Holz Zentr. Bl. 118, 106 – 108
Orowan E (1970) J. Franklin Inst. 290, 493 – 497
Owen NL, Banks WB, West H (1988) J. Molecular Struct. 175, 389 – 394
Panshin AJ, de Zeeuw C (1970) Textbook of wood technology, Bd. 1. McGraw-Hill Inc., New York
Parameswaran N, Himmelreich M (1979) Holz Roh. Werkst. 37, 57 – 64
Parameswaran N, Roffael E (1982) Adhäsion 26: 6/7, 8 – 14
Pichelin F, Pizzi A, Triboulot MC (1998) Holz Roh. Werkst. 56, 83 – 85
Pillar WO (1966) For. Prod. J. 16: 6, 29 – 37
Pizurin AA, Sobasko VJ (1979) Holztechnol. 20, 22 – 25
Pizzi A (1990 a) J. Adhesion Sci. Technol. 4, 573 – 588
Pizzi A (1990 b) J. Adhesion Sci. Technol. 4, 589 – 596
Pizzi A (1991) Holzforsch. Holzverwert. 43, 63 – 67

Pizzi A (1992) Holzforsch. Holzverwert. 44, 6–10
Pizzi A (1994) Brief Nonmathematical Review of Adhesion Theories as Applicable to Wood. In: Pizzi (Hrsg.): Advanced Wood Adhesives Technology. p. 1–18. Marcel Dekker Inc., New York, Basel, Hong Kong
Pizzi A (1997) J. Appl. Polym. Sci. 63, 603–617
Pizzi A (1998) Mittal Festschrift, 531–542
Pizzi A, Eaton NJ (1987) J. Adhesion Sci. Technol. 1, 191–200
Pizzi A, Garcia R, Wang S (1997) J. Appl. Polym. Sci. 66, 255–266
Pizzi A, von Leyser EP, Valenzuela J, Clark J (1993) Holzforschung 47, 168–174
Pizzi A, Lu X, Garcia R (1999) J. Appl. Polym. Sci. 71, 915–925
Pizzi A, Mtsweni B, Parsons W (1994) J. Appl. Polym. Sci. 52, 1847–1856
Pizzi A, Owens NA (1995) Holzforschung 49, 269–272
Probst F, Laborie MP, Pizzi A, Merlin A, Deglise X (1997) Holzforschung 51, 459–466
Rabiej RJ, Behm HD (1992) Wood Fiber Sci. 24: 3, 260–273
Ramiah MV, Troughton GE (1970) Wood Sci. 3, 120–125
Rials TG, Wolcott MP (1998) J. Mater. Sci. Letters 17, 317–319
Roffael E (1999) Holz Zentr. Bl. 125: 142, 35–36
Rowell RM, Ellis WD (1979) Wood Sci. 12, 52–58
Rowell RM, Ellis WD (1981) Bonding of Isocyanates to Wood. In: Edwards KN (Hrsg.): Urethane Chemistry and Applications. ACS Symposium Series Nr. 172, Americal Chemical Society, Washington, DC
Rowell RM, Feist WC, Ellis WD (1981) Wood Sci. 13, 202–208
Sandermann W, Lüthgens M (1953) Holz Roh. Werkst. 11, 435–440
Schmidt R (1998) Thesis, Virginia Polytechnic Institute, Virginia State University
Schultz J, Nardin M (1994) Theories and Mechanisms of Adhesion. In: Pizzi A, Mittal KL (Hrsg.): Handbook of Adhesive Technology, p. 19–33. Marcel Dekker, Inc., New York, Basel, Hong Kong
Shaler SM (1997) Proceedings First European Panel Products Symposium, Llandudno, North Wales
Steiner PR, Chow S, Vadja S (1980) For. Prod. J. 30: 7, 21–27
Stetter K (1999) Holz Zentr. Bl. 125, 1227
Tabor D (1951) Rep. Prog. Appl. Chem. 36, 621–624
Tabor D, Winterton RHS (1969) Proc. Roy. Soc. A312, 435
Taiwo EA (1997) Wood Sci. Technol. 31, 303–309
Theriault RP, Wolfrum J, Ehrenstein GW (1999) Kunststoffe 89: 11, 112–116
Toscha O (1983) Mit Dur- und -koll. Holzverleimung im Handwerk. Verlag W. Zimmer, Augsburg, 2. Aufl.
Toscha O (1998) Grundlagen der handwerklichen Holzverleimung. Druckerei-Verlag Hans Rösler KG, Augsburg
Tropp O, Herrmann R (1997) Holz Zentr. Bl. 123, 2130–2132
Troughton GE (1969 a) J. Inst. Wood. Sci. 23: 4/5, 51–56
Troughton GE (1969 b) Wood Sci. 1, 172–176
Troughton GE, Chow S (1968) J. Inst. Wood Sci. 21, 29–34
Wake WC (1982) Adhesion and the Formulation of Adhesives. Applied Science Publishers, New York
Wassipaul F (1982) In: Ehlbeck J, Steck G (Hrsg.): Ingenieurholzbau in Forschung und Praxis, Bruderverlag, Karlsruhe, S. 49–54
Weaver FW, Owen NL (1992) Proceedings Pacific Rim Bio-Based Composites Symp., Rotorua, New Zealand
Weaver FW, Owen NL (1995) Appl. Spectroscopy 49, 171–175
Wellons JD, Krahmer RL, Sandoe MD, Jokerst RW (1983) For. Prod. J. 33: 1, 27–34
Wendler SL, Frazier CE (1995) J. Adhesion 50, 135–140

Wendler SL, Frazier CE (1996) J. Appl. Polym. Sci. 61, 775–782
Wendler SL, Ni J, Frazier CE (1995) Proceedings Wood Adhesives 1995, Portland, OR, 37–42
Wisanrakkit G, Gillham JK, Enns JB (1990) J. Appl. Polym. Sci. 41, 1895–1912
Wittmann O (1976) Holz Roh. Werkst. 34, 427–431
Zeppenfeld G (1989) Holztechnol. 30, 314–317
Zink AG, Kartunova E (1998) For. Prod. J. 48: 4, 69–74

Teil 3
Einflussgrößen

Die Eigenschaften der Holzwerkstoffe werden im Wesentlichen durch die drei Einflussgrößen

- Holz
- Bindemittel
- Herstellungsbedingungen

bestimmt. Diese drei Einflussgrößen werden in den folgenden Kapiteln behandelt. Nur wenn alle drei Einflussfaktoren ihren positiven Beitrag zur Holzverleimung liefern, können zufriedenstellende Verleimungsergebnisse erreicht werden.

1 Holz

Die Einflussgröße Holz umfasst eine Vielzahl von einzelnen Parametern. Beispielhaft werden für Späne und Spanmischungen als Rohstoff für Spanplatten und andere Spanwerkstoffe in Tabelle 1.1 die wesentlichen Kenngrößen zusammengefasst (Niemz und Wenk 1989). Viele dieser Parameter gelten auch für andere Holzwerkstoffe, z.B. für Sperrholz oder Faserplatten.

Eine Holzverleimung wird oft als Kette mit mehreren Gliedern dargestellt: Holz, Holzoberfläche, Grenzfläche zwischen Holz und Bindemittel, Oberfläche der Leimfuge (boundary layer), eigentliche Leimfuge. Wie bei allen Ketten kann demnach die Bindefestigkeit nur so stark sein wie ihr schwächstes Glied. Dieses ist dabei meist die Grenzfläche (interphase) zwischen Holzoberfläche und Bindemittel. Die Grenzfläche besteht im Wesentlichen aus beiden Komponente Holz und Bindemittel und wird demnach auch von den Eigenschaf-

Tabelle 1.1. Kenngrößen zur Charakterisierung von Spangemischen (Niemz und Wenk 1989)

morphologische Eigenschaften	a) granulometrischer Zustand: Spandimensionen spezifische Oberfläche Struktur der Oberfläche b) Festigkeitseigenschaften: Eigenschaften der Einzelpartikel c) chemische Eigenschaften: pH-Wert, Pufferkapazität
Zusammensetzung des Spangemisches	Holzart Holzartenanteil Rindenanteil
Holzfeuchtigkeit	mittlere Holzfeuchtigkeit Feuchteverteilung bei Verwendung von Fremdspänen
Vorgeschichte	Immissionsschäden Eigenschaftsbeeinflussung durch Lagerung in Halden (thermische und biochemische Beeinflussung) Schädigung durch Zerspanen und Transport (Nachzerkleinerung)

ten dieser beiden Komponenten sowie den sich aus dieser Mischung und Kombination ergebenden Eigenschaften bestimmt.

Die Festigkeit einer Verleimung hängt im Wesentlichen von folgenden Faktoren ab:

- Festigkeit der Leimfuge und ihres Verhaltens bei Einwirkung von Spannungen
- Einfluss von Feuchtigkeit und ggf. Holzschutzmitteln im Holz
- Holzeigenschaften, die die Festigkeit der Leimfuge beeinflussen können
- Holzeigenschaften, die innere Spannungen in der Verbindung hervorrufen
- mechanische Eigenschaften von Holz.

1.1 Holzarten und Holzqualität

1.1.1 Holzarten und Holzsortimente

In der Holzwerkstoffindustrie sind die verschiedensten Holzarten im Einsatz. Bei dekorativen Furnieren erfolgt die Auswahl überwiegend nach dem Aussehen, bei Sperrholzfurnieren auch nach Festigkeit, biologischer Widerstandsfähigkeit bzw. Verfügbarkeit. Bei Span- und MDF-Platten ist die Auswahl oft durch die Rohholzversorgung bestimmt, wobei dies vor allem Sägespäne und Hackschnitzel betrifft. Mitentscheidender Parameter ist neben der Verfügbarkeit vor allem der Preis. Weiters wird in hohem Maße auf Restholz (Industrierestholz, Deppe 1998), in letzter Zeit verstärkt auch auf Altholz als Rohstoff zu-

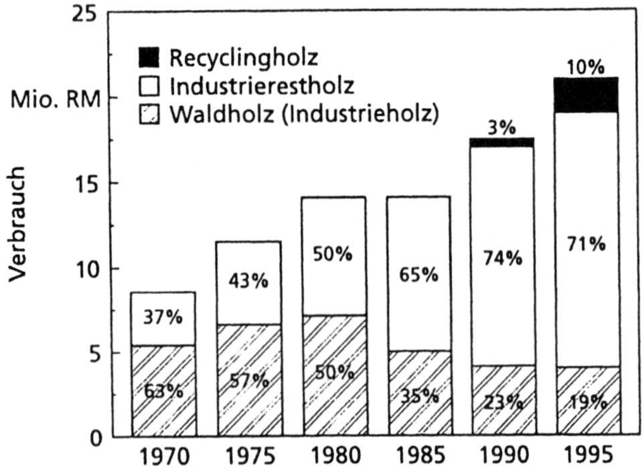

Abb. 1.1. Verschiebung der bei der Herstellung von Spanplatten eingesetzten Holzsortimente in den letzten Jahrzehnten (Dix und Marutzky 1997)

rückgegriffen. Insbesondere bei letzterem ist eine gezielte und definierte Holzauswahl kaum möglich. Einen weiteren Rohstoff werden in Zukunft auch durch Recycling von Platten oder gebrauchten Möbeln aufbereitete Späne und Fasern darstellen.

Es ist mehr als ein geflügeltes Wort, dass die Qualität einer Spanplatte auf dem Holzplatz entsteht. Diese Tatsache gilt analog natürlich auch für alle anderen Holzwerkstoffe. Die Soll-Zusammensetzung der eingesetzten Holzmischung ist in einem Spanplattenwerk und für eine bestimmte Plattenqualität üblicherweise vorgegeben, sie wird in den meisten Fällen auch bewusst im Laufe der Zeit möglichst konstant gehalten. Für verschiedene Plattenqualitäten (z. B. Möbelplatten oder V 100-Platten nach DIN 68763/EN 312-5) werden oft verschiedene Holzartenmischungen eingesetzt. Welche Mischungen zum Einsatz kommen, ist ein Produkt aus langjähriger Erfahrung, Verfügbarkeit und Preis der verschiedenen Holzarten und Holzsortimente (Rundholz, Sägespäne, Hackschnitzel u. a.) sowie auch Ergebnissen experimenteller Laborarbeiten.

Bei unbekannten Spänemischungen bzw. bei der Analyse von Fremdplatten ist die Bestimmung der Holzarten und deren Anteile bzw. des Rindenanteils wichtig. Tabelle 1.2 fasst verschiedene Bestimmungsmethoden für den Gehalt an unterschiedlichen Holzarten bzw. an Rinde in Holzwerkstoffen zusammen.

Obwohl es eine nahezu unüberschaubare Zahl an verschiedenen Holzarten gibt, sind bei allen diesen Holzarten einige allgemeine Charakteristika gegeben, speziell hinsichtlich ihrer Struktur: zellulares Gefüge, angeordnet in konzentrischen Ringen (Jahrringen), mit orthotropen physikalischen und mechanischen Eigenschaften, welche in direkter Weise mit der entsprechenden Anordnung der drei Hauptachsenrichtungen verknüpft sind. Eine weitere allgemeine Charakteristik besteht im Auftreten von Wachstumsmerkmalen, wie

Tabelle 1.2. Bestimmungsmethoden für den Gehalt an unterschiedlichen Holzarten bzw. an Rinde in Holzwerkstoffen

Methode	Beschreibung	Literatur
visuelle Beschreibung	„Farbe" bzw. „Helligkeit" der Plattenoberfläche bzw. der Bruchzone (z. B. bei der Querzugprüfung) als Hinweis auf den Einsatz von Nadel- oder Laubholz sowie auf den Anteil von Rinde.	
IR-Methode (KBr)	Deutliche Unterschiede in der Extinktion zwischen Nadel- und Laubholz, jedoch keine Unterscheidungsmöglichkeit zwischen verschiedenen NH- bzw. LH-Arten. Wellenzahlen 1735 – 1744 cm^{-1}. Das Mischungsverhältnis NH zu LH kann abgeschätzt werden. Nachweis von Rinde (Schwingungen aromatischer Ringe in den polyphenolischen Bestandteilen): 1608 – 1616 cm^{-1}.	Niemz und Wienhaus (1991)

Jahrringen, Ästen, aus unterschiedlichsten Gründen auftretenden Rissen oder der Faserorientierung.

Es hat nicht an Versuchen gefehlt, die durch einzelne Holzarten gegebenen Einflüsse auf die Qualität und die Eigenschaften verschiedener Holzwerkstoffe zu bestimmen und zu quantifizieren. Tabelle 1.3 fasst verschiedene diesbezügliche Literaturzitate zusammen. Insgesamt gesehen ist die Frage der Auswahl der „richtigen" Holzart jedoch noch sehr empirisch bestimmt und nicht selten von wirtschaftlichen und kaufmännischen Einflüssen (Verfügbarkeit und Preis) dominiert.

Tabelle 1.3. Einsatz verschiedener Holzarten bei der Spanplatten- und MDF-Herstellung

Holzart	Plattentyp	Literatur
Erle	Spanplatte	Kehr (1962b), Neusser u.a. (1976), Neusser und Zentner (1974), Reiska und Vares (1994), Stegmann und Bismarck (1968)
Kiefer	Spanplatte	Brinkmann (1982), Buschbeck u.a. (1961), Chen und Paulitsch (1976), Dix und Roffael (1997a+b), Kehr (1962a), Lelis u.a. (1992, 1993), Neusser u.a. (1976), Neusser und Zentner (1974), Reiska und Vares (1994), Roffael und Dix (1997), Schäfer und Roffael (1997a+b), Stegmann und Bismarck (1968), Winkler u.a. (1990)
	MDF	Buchholzer (1995), Roffael u.a. (1995), Schäfer und Roffael (1997a+b)
Southern Pine	OSB	Wang und Winistorfer (2000)
(Rot-)Buche	Spanplatte	Brinkmann (1982), Buschbeck u.a. (1961), Chen und Paulitsch (1976), Kehr (1962a), Neusser u.a. (1976), Neusser und Zentner (1974), Stegmann und Bismarck (1968)
	MDF	Buchholzer (1995), Roffael u.a. (1994b)
(Weiß-)Buche (Hainbuche)	Spanplatte	Kehr und Schilling (1965b), Neusser u.a. (1976), Neusser und Zentner (1974), Stegmann und Bismarck (1968)
Lärche	Spanplatte	Dix und Roffael (1995a), Kehr und Schilling (1965b), Neusser u.a. (1976), Neusser und Zentner (1974)
Pappel	Spanplatte	Brinkmann (1982), Buchholzer (1992), Buchholzer und Roffael (1987), Dimitri u.a. (1981), Kehr und Schilling (1965b), Neusser u.a. (1976), Neusser und Zentner (1974), Roffael u.a. (1989), Roffael und Dix (1988), Stegmann u.a. (1965), Winkler u.a. (1990)
	OSB	Panning und Gertjejansen (1985)
	MDF	Buchholzer (1995), Kehr (1995), Roffael u.a. (1992)
Fichte	Spanplatte	Brinkmann (1982), Dix und Marutzky (1997), Neusser u.a. (1976), Neusser und Zentner (1974), Schäfer und Roffael (1997a+b)
	MDF	Buchholzer (1995), Dix und Marutzky (1997), Schäfer und Roffael (1997a+b)

Tabelle 1.3 (Fortsetzung)

Holzart	Plattentyp	Literatur
Weide	Spanplatte MDF	Neusser u. a. (1976), Neusser und Zentner (1974) Kehr (1995)
Linde	Spanplatte	Neusser u. a. (1976), Neusser und Zentner (1974)
Ahorn	Spanplatte	Neusser u. a. (1976), Neusser und Zentner (1974), Stegmann und Bismarck (1968)
Haselnuss	Spanplatte	Neusser u. a. (1976), Neusser und Zentner (1974)
Birke	Spanplatte OSB	Kehr und Schilling (1965 a), Neusser u. a. (1976), Neusser und Zentner (1974), Reiska und Vares (1994), Stegmann und Bismarck (1968) Chen u. a. (1992)
Ulme	Spanplatte	Kehr und Schilling (1965 b), Neusser u. a. (1976), Neusser und Zentner (1974)
Esche	Spanplatte	Neusser u. a. (1976), Neusser und Zentner (1974), Stegmann und Bismarck (1968)
Eiche	Spanplatte	Kehr und Schilling (1965 b), Neusser u. a. (1976), Neusser und Zentner (1974), Stegmann und Bismarck (1968)
Tanne	Spanplatte	Neusser u. a. (1976), Neusser und Zentner (1974)
Espe	Spanplatte OSB	Kehr und Schilling (1965 b), Wang und Winistorfer (2000)
Robinie	Spanplatte	Winkler u. a. (1990)
Zerreiche	Spanplatte	Winkler u. a. (1990)
Douglasie	Spanplatte	Lelis u. a. (1994), Lelis und Roffael (1995), Peredo (1992)
div. chilenische Holzarten	Spanplatte	Poblete (1992)

Neusser und Zentner (1974) bzw. Neusser u. a. (1976) haben in einer grundlegenden und umfangreichen Arbeit 18 verschiedene in Österreich heimische Holzarten ausgewählt und bei der Herstellung von Laborspanplatten eingesetzt. Für die Beurteilung der Eignung dieser Holzarten wurden verschiedene mechanische und hygroskopische Platteneigenschaften herangezogen. Zusätzlich wurden diese Eigenschaften mittels des so genannten Füllungsgrades hinsichtlich Holzdichte und Plattendichte normiert. Den einzelnen Holzarten wurden sodann je nach den Ergebnissen bei den ausgewählten Prüfverfahren (Biegefestigkeit, Querzugfestigkeit, 10 min-Kochquellung, Dickenquellung) Punkte in einer Tabelle zugeordnet und die Gesamtzahl der Punkte für diese vier Eigenschaften ermittelt. Die besten Ergebnisse in dieser zusammenfassenden Beurteilung waren bei Esche, gefolgt von Weißbuche und Eiche, gegeben.

Poblete (1992) untersuchte den Einfluss der Holzart und des Mischungsverhältnisses verschiedener chilenischer Holzarten auf die Festigkeit (Biege- bzw. Querzugfestigkeit) von Spanplatten. Die Holzart wirkt sich deutlich auf die Festigkeit aus, ebenso das Mischungsverhältnis verschiedener Holzarten. Es konnte experimentell nachgewiesen werden, dass sich die Festigkeit der aus Holzartenmischungen gefertigten Spanplatten gut aus den Eigenschaften der aus den einzelnen reinen Holzarten hergestellten Platten und ihrem Mischungsverhältnis mittels einer einfachen Mischungsregel berechnen lässt. Die einzelnen Holzarten unterschieden sich dabei insbesondere in ihrer Dichte (443 bis 689 kg atro/m^3), die Plattendichten wurden in den Grenzen 400 und 800 kg/m^3 variiert.

Sachsse und Roffael (1993) berichten über die Eignung von Douglasienholz als Schälfurnier für Sperrholz.

Weitere Literaturhinweise: Tröger (1990), Xu und Suchsland (1999).

1.1.2 Holzqualität

In der holzverarbeitenden Industrie bieten die von Natur aus biologisch resistenten Kernhölzer bestimmter Baumarten gute Voraussetzungen dafür, den chemischen Holzschutz soweit wie möglich zu verringern. Nachteilig kann sich dabei jedoch der im Allgemeinen hohe Extraktstoffgehalt dieser Kernhölzer auf die Verleimbarkeit auswirken. Eine Übersicht und Hinweise auf verschiedene Literaturstellen finden sich diesbezüglich bei Lelis u. a. (1992). Während die Extraktstoffe im Kernholz der Douglasie, Kiefer und Lärche die Verwendung dieser Hölzer als Rohstoffe für die Zellstoffherstellung erschweren, bieten sie wegen ihrer natürlichen Dauerhaftigkeit und Formbeständigkeit eine gute Voraussetzung für die Herstellung von Holzwerkstoffen hoher biologischer Resistenz für das Bauwesen (Dix und Roffael 1997a+b, Roffael und Dix 1997).

Nachstehend sind für einige weitere Themen die in der Literatur verfügbaren Zitate sowie teilweise auch kurze Beschreibungen der Ergebnisse zusammengestellt. Insgesamt gesehen liegen auf dem Gebiet der Einflüsse verschiedener Holzqualitäten noch zu wenig bzw. nur beispielhafte Ergebnisse vor, sodass eine umfassende Beurteilung und Bewertung durchwegs nicht in zufriedenstellender Weise möglich ist.

1.1.2.1 *Vergleich von Splint- und Kernholz verschiedener Holzarten als Rohstoff für die Spanplattenherstellung*

Lelis (1992, 1995) wies erhebliche Differenzen zwischen Splint- und Kernholz der Douglasie und der Kiefer im pH-Wert, im Gehalt an Holzextraktstoffen und in der Pufferkapazität der Extrakte nach, die für ihr unterschiedliches Verhalten bei der Verleimung mitverantwortlich sind. Die aus Kernholz der

Kiefern und Douglasien hergestellten Spanplatten weisen nach Lelis (1995) im Allgemeinen hohe Querzugfestigkeiten und niedrigere Dickenquellungen als die aus Splintholz hergestellten auf.

Ergebnisse von Benetzungsversuchen an Splint- und Kernholz der Kiefer, der Douglasie und der Lärche mit Wasser und Bindemitteln bestätigen, dass Kernholz stets schlechter benetzt wird als das Splintholz, unabhängig von der anatomischen Richtung (Hameed und Roffael 1999).

Weitere Literaturhinweise: Dix u. a. (1998), Dix und Roffael (1995 a, 1997 a + b), Lelis u. a. (1992, 1993, 1994), Lelis und Roffael (1995), Roffael und Dix (1997).

1.1.2.2
Vergleich unterschiedlicher Aufschlussverfahren für MDF-Fasern

Groom u. a. (2000) untersuchten die Einflüsse des Druckes während der Zerfaserung auf die mechanischen Eigenschaften und die Oberfläche der Fasern selbst sowie die Eigenschaften von aus diesen Fasern hergestellten MDF-Laborplatten.

Weitere Literaturhinweise: Krug und Kehr (2000), Roffael u. a. (1994 a + b, 1995).

1.1.2.3
Juveniles und gereiftes Holz

Juveniles Holz („Herz“) ist das im Zentrum des Stammes, in unmittelbarer Nähe der Markröhre gebildete Holz, gekennzeichnet durch Weitlumigkeit der Zellen und eine geringe Rohdichte (bis zu 10 Jahrringen). Es darf nicht mit dem Kernholz (innerer Holzteil im stehenden Stamm, in dem bei der Kernbildung alle wasserleitenden und speichernden Zellen außer Funktion gesetzt bzw. abgestorben sind) verwechselt werden. Juveniles Holz in schnellwüchsigen Bäumen weist überdies einen niedrigen Anteil an Spätholz, einen niedrigen Zellulosegehalt, kurze Faserlängen und insgesamt niedrigere Festigkeiten auf. Größere Anteile an juvenilem Holz ergeben eher schlechtere Eigenschaften der Holzwerkstoffe, insbesondere bei der Sperrholzherstellung (MacPeak u. a. 1987).

Weitere Literaturhinweise: Groom u. a. (1997, 2000), Hillis (1984), Kretschmann u. a. (1993), Pugel u. a. (1990 a + b), Resnik und Cerkovnik (1997), Wasniewski (1989).

1.1.2.4
Holz aus schnellwachsenden Bäumen

Schnellwachsende Bäume zeichnen sich durch breite Jahrringe und darin durch breite Frühholzzonen und schmale Spätholzzonen aus. Zusätzlich enthalten sie wegen des deutlich geringeren Alters bei der Schlägerung einen größeren Anteil an juvenilem Holz. Sind die Früh- und Spätholzzonen im Querschnitt des Holzwerkstoffes nicht gleichmäßig verteilt, kann es zu Verformungen und Verwerfungen kommen (MacPeak u. a. 1987).

1.1.2.5
Weitere Themen

- Spanplatten aus rotkernigem Buchenholz (Splint- bzw. Kernholz): Schneider u. a. (2000)
- Einsatz von Sägespänen in der Holzwerkstoffindustrie: Klauditz und Buro (1962); Sägespäne als Rohstoff für MDF: P. Chow (1979); Holz geschädigter Bäume als Rohstoff für die Plattenherstellung: Buchholzer (1988 c), Buchholzer und Harbs (1986)
- Einfluss der Lagerungsdauer des Holzes oder der Hackschnitzel vor der Verwendung in der Spanplattenfertigung (s. auch Teil III, Abschn. 1.8): Keserü und Marutzky (1982), Schäfer und Roffael (1995, 1996 a + b, 1997 a + b)
- Einfluss des Baumalters auf die Eigenschaften damit hergestellter Holzwerkstoffe, Untersuchung von verschiedenen Baumanteilen unterschiedlichen Alters: Geimer (1986), Geimer u. a. (1997), Geimer und Crist (1980), Lehmann und Geimer (1974), Pugel u. a. (1990 a + b), Wasniewski (1989)
- Einfluss unterschiedlicher forstlicher (Wachstums-) Bedingungen: Geimer (1986), Shupe u. a. (1997 a + b)
- Einfluss der Furnier- bzw. Holzlamellenqualität auf die Eigenschaften verschiedener Holzwerkstoffe und Träger: Biblis und Carino (1993), Koch und Bohannan (1965)
- Einsatz von Forstrückständen: Lehmann und Geimer (1974)

1.1.3
Rinde

Im Gegensatz zu früheren Jahren wird heute bei der Spanplattenherstellung keine besondere Beachtung mehr hinsichtlich des Einsatzes von Rinde gelegt, im Wesentlichen wird das angelieferte Holz ohne Entrinden und ohne Aussortieren der Rinde verarbeitet. Lediglich in der MDF-Industrie erfolgt noch durchwegs ein Entrinden der Stämme vor dem Hacken bzw. es werden rindenfreie Hackschnitzel eingesetzt. Eine exakte Abtrennung der Rinde findet natürlich auch bei der Furnier- und Lamellenherstellung für Sperrholz und Massivholzplatten statt.

Ein Kriterium beim Einsatz von rindenhaltigen Holzsortimenten in der Spanplattenindustrie besteht nicht nur in einer Schwächung des Spanverbundes in der Platte infolge der eher kubischen Form der Rindenpartikel, sondern auch in einer möglichen Verunreinigung der Platten durch Sand und sonstige anorganische Bestandteile, die zu einer verstärkten Werkzeugabnutzung führen können. Über den Einfluss von Rinde auf die Spanplattenherstellung und die Eigenschaften der Platten berichten Brinkmann (1978), Buchholzer

(1988a), Carre (1980), Kehr (1979), Place und Maloney (1975), Schneider (1978), Schneider und Engelhardt (1977) und Starecki (1979).

Volz (1973) stellte Rindeplatten aus den Holzarten Fichte, Kiefer und Buche her. Galezewski (1977) beschreibt leichte Platten aus Rinde, die als thermisches und akustisches Isolationsmaterial Einsatz finden können.

Weitere Literaturhinweise: MDF-Platten aus Rinde: P. Chow (1979).

1.1.4 Rest-, Alt- und Gebrauchtholz

1.1.4.1 *Definitionen und Aufkommen*

Unter dem Begriff Restholz werden alle bei der Be- und Verarbeitung von Holz und Holzwerkstoffen anfallenden Produktionsreste verstanden. Gebrauchthölzer (manchmal auch Altholz genannt) sind alle Hölzer, Holzwerkstoffe und Holzprodukte, die mindestens eine Verwendung im Sinne einer Erstverwendung als Endprodukt durchlaufen haben. Nach Frühwald (1990) fallen in Deutschland ca. 10 Mill. to an Resthölzern an, die sowohl stofflich (Zellstoff/Papier, Holzwerkstoffe) als auch thermisch für energetische Zwecke verwendet werden. Rindenreste werden vielfach zu Substraten und Bodenbedeckungsmitteln verarbeitet. Die bei der primären Holzverarbeitung anfallenden Resthölzer entsprechen in ihrer Zusammensetzung dem naturbelassenen Holz. In der Holzwerkstoffindustrie und in holzverarbeitenden Betrieben fallen teilweise Produktionsreste an, die sogenannte Störstoffe wie Bindemittel, Anstrichstoffe und Folienbeschichtungen enthalten können. Be- und Verarbeitungsreste, die Holzschutzmittel enthalten, sind heute eher selten und beschränken sich im Wesentlichen auf Abfälle von Bauteilen und Spezialfertigungen (Marutzky 1996).

Die Schätzungen über den Gebrauchtholzanfall sind unterschiedlich, Marutzky (1996) spricht von 8–10 Mill. to. Die Verwertungssituation ist hier jedoch wesentlich anders als beim Restholz. Gebrauchtholz fällt in der Regel verstreut und in unterschiedlichen Mengen an, was aufwendige Sammelsysteme erfordert. Die Zusammensetzung des Gebrauchtholzes ist unterschiedlich und vielfältig und nicht immer bekannt. Dies macht Erkennungs-, Sortier- und Aufbereitungsverfahren notwendig. Erschwerend kommt hinzu, dass ein größerer Anteil des Gebrauchtholzes verglichen mit Restholz mit ökologisch relevanten Bestandteilen behaftet sein kann. Bei Mischholzsortimenten können diese Bestandteile den Entsorgungsweg der Gesamtcharge bestimmen. Derzeit wird allerdings nur ein geringer Teil des Altholzaufkommens als Rohstoff in der Holzwerkstoffindustrie eingesetzt (Bockelmann u.a. 1993).

Rest-, Alt- und Gebrauchtholz ist auch ein wichtiger Energieträger, wird aber nach Marutzky (1998) noch unzureichend energetisch genutzt.

Weitere Literaturhinweise: Deppe (1998, 1999b), Harbeke (1998), Marutzky (2000), Saukkonen (1999), Wolff und Krüzner (2000).

1.1.4.2
Qualitätskriterien, Verunreinigungen, Analyse

Grundlage für einen verstärkten Einsatz sind insbesondere eindeutige Qualitätskriterien, die die Beurteilung der vorhandenen Eigenschaften sowie der erwünschten Qualitäten von Alt- und Gebrauchtholz beinhalten. Alt- und Gebrauchtholz muss frei von mineralischen und metallischen Verunreinigungen sein, was den Einsatz entsprechender optischer, magnetischer und mechanischer Separierverfahren erfordert.

Althölzer enthalten ferner gegebenenfalls ökologisch relevante Verunreinigungen (z.B. Holzschutzmittel), die je nach Art und Konzentration einen entscheidenden Einfluss auf die Verwertungsmöglichkeiten des Holzes ausüben. Über Analysenverfahren für verschiedene chemische Elemente im Holz berichten Bockelmann u.a. (1995), Gutwasser (1994), Peylo (1998), Weis u.a. (1999) und Wienhaus und Börtitz (1995). Eine rasche Bestimmung von verschiedenen Holzschutzmitteln (Nachweis von Chrom, Kupfer, Fluorid, verschiedene andere Schwermetalle) ist über Farbreaktionen möglich (Lay und Astock 2001), allerdings liegen die einzelnen Nachweisgrenzen relativ hoch (Buhr 1999, 2000). Eine Bestimmungsmethode für PCP wird von Buhr u.a. (2000) beschrieben.

Richtwerte für holzfremde Stoffe in Gebrauchtholzrezyklaten für die stoffliche Verwertung wurden zum Teil bereits publiziert (RAL-Gütezeichen 428) bzw. sind zum Teil noch in Diskussion (Bockelmann 1995, Deppe 1999a, Peek 1998). Dies betrifft insbesondere auch verschiedene rechtliche Festlegungen zum Begriff Alt- und Gebrauchtholz (z.B. die Zuordung von Alt- und Gebrauchtholz zu Abfall oder zu Produktionsstoff). Durch die Einteilung von Alt- und Gebrauchtholz in verschiedene Sortimente (z.B. Holzpackmittel, Holz aus dem Baubereich, Holz aus der Außenanwendung, gebrauchte Möbel usw.) und die Beurteilung der Verwendungsdauer der Holzprodukte lässt sich die Anwesenheit verschiedener Störstoffe bzw. von Holzschutzmittelresten bereits gut abschätzen. Ist eine eindeutige Zuordnung der Rest- und Gebrauchshölzer zu solchen Sortimenten möglich und ist auch die sortimentsbezogene Sammlung gewährleistet, lässt sich der Aufwand entsprechender analytischer Untersuchungen auf diese Weise in bestimmten Grenzen optimieren.

Weitere Literaturhinweise: Aehlig und Kowalewitz (2000), Bahadir und Marutzky (2000), Becker (2000), Gunschera (2000), Hams u.a. (2000), Krooss u.a. (1998), Kübler (2000), Löbe u.a. (2000), Rowell u.a. (1993), Schumann (2000), Vogt und Kehrbusch (2000), Völker (2000), Wagner und Roffael (1996), Weis u.a. (2001).

1.1.4.3
Recyclingholz und Recyclingspäne, Verwertung von gebrauchten Holzwerkstoffen und Möbeln

Die aktuellen gesetzlichen Bestimmungen insbesondere in der BRD betreffend Recycling und Vermeidung von Deponierung (TA-Siedlungsabfall 1993) haben eine intensive Bearbeitung von Möglichkeiten der Wiederverwertung von gebrauchten Holzwerkstoffen (vornehmlich in Form von Altmöbeln und Inneneinrichtungen) initiiert. Solche Produkte können eine interessante Rohstoffquelle sein. Dieses Recycling stellt eine Alternative zur in der BRD ab dem Jahre 2005 nicht mehr zulässigen Deponierung von Produkten aus Holzwerkstoffen sowie zur thermischen Verwertung durch Verbrennen dar. Der Stoffkreislauf von Holz (Abb. 1.2) könnte damit weiter geschlossen werden.

Bereits in den sechziger Jahren wurde von G. Sandberg ein erstes Verfahren zur Desintegration von Platten in einzelne Späne mittels Einwirkung von Dampf über mehrere Stunden beschrieben (Schlipphak 1965). Dieses Verfahren hatte sich damals aber nicht durchsetzen können. Ein neues chemo-ther-

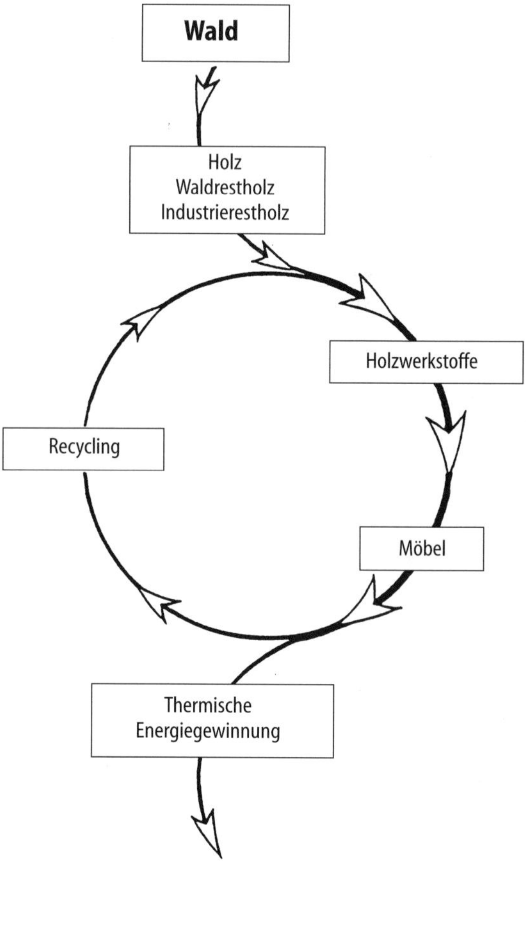

Abb. 1.2. Stoffkreislauf von Holz (Kharazipour und Roffael 1997)

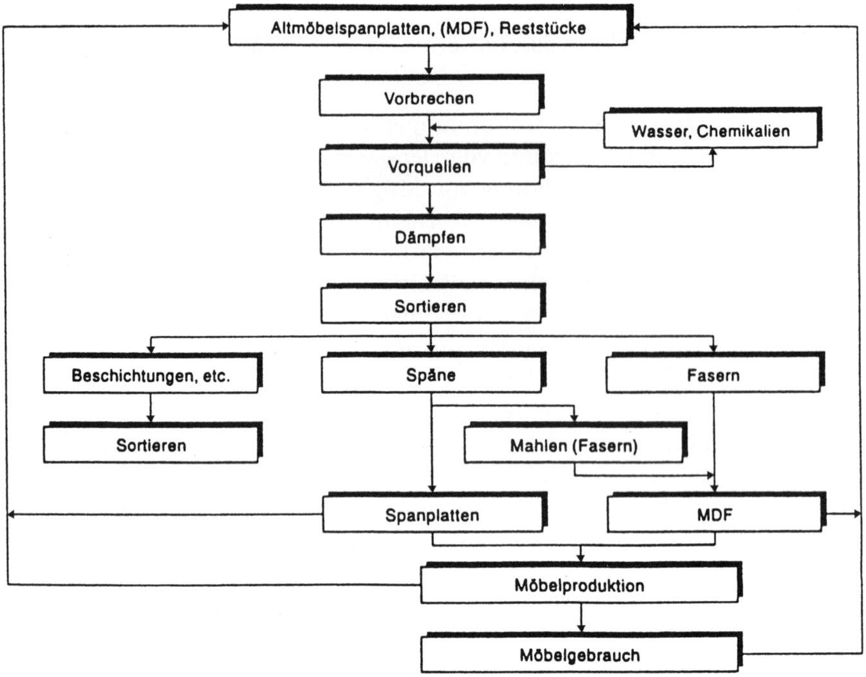

Abb. 1.3. Verfahrensschritte der Wiedergewinnung von Spänen und Fasern aus Altmöbeln und Produktionsreststücken (Michanickl und Boehme 1996)

mo-mechanisches Verfahren wurde nunmehr am Wilhelm Klauditz-Institut (WKI) in Braunschweig entwickelt (Erbreich 2000, Michanickl und Boehme 1996, 1997). Abbildung 1.3 zeigt das Verfahrensschema dieses Prozesses, Abb. 1.4 das Schema einer solchen Anlage. Ein erste industrielle Anlage nach diesem Verfahren wurde 1997 in Betrieb genommen (Drossel und Wittke 1996, Rüter 1997, Soine 2001, Wittke 1998).

Über das Verhalten von UF-gebundenen Platten während des hydrolytischen Recyclingprozesses berichten Franke und Roffael (1998a+b).

Weitere Patent- und Literaturhinweise zur Wiedergewinnung von Spänen oder Fasern aus Platten, Altmöbeln, Paletten und sonstigen anfallenden Restholzbeständen:

a) Patente:
DE 19509152 (1995), DE 4224629 (1992), DE 4334422 (1993), DE 4408788 (1994), EP 581039 (1994), EP 700762 (1995).

b) Literatur:
Bockelmann u.a. (1993), Bockelmann und Marutzky (1993), Boehme und Michanickl (1998), Kharazipour und Roffael (1997), Marutzky (1997), Marutzky und Schmidt (1996), Nonninger u.a. (1997), Roffael (1997a+b), Rowell u.a. (1991).

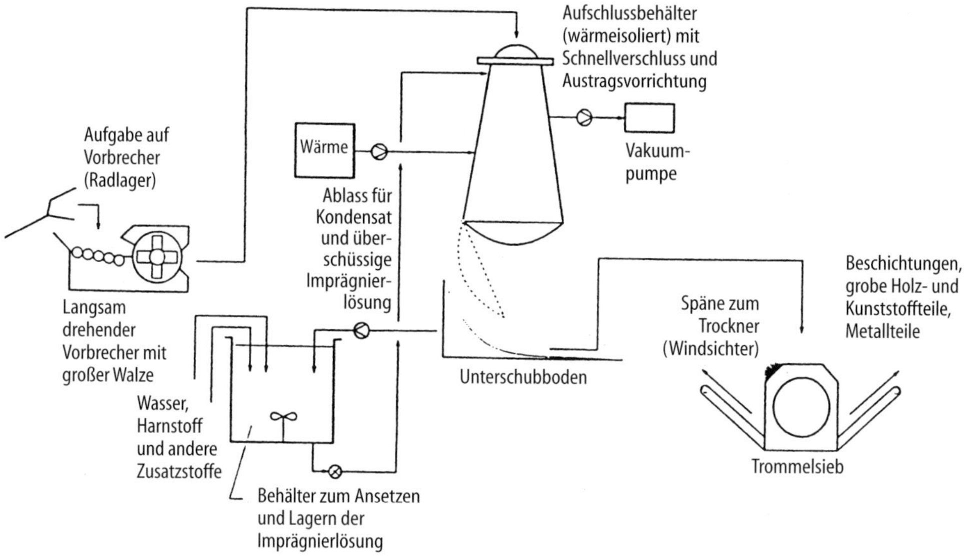

Abb. 1.4. Schema einer Anlage zur Wiedergewinnung von Spänen und Fasern aus Altmöbeln und Produktionsreststücken (Michanickl und Boehme 1996)

1.1.5 Einjahrespflanzen

Bei den Rohstoffen, die als Ausgangsmaterial für die Spanplatten- und MDF-Herstellung unter dem Sammelbegriff Einjahrespflanzen zusammengefasst werden, handelt es sich durchwegs um in großen Mengen anfallende Abfall- oder Nebenprodukte aus der Landwirtschaft, insbesondere in Ländern der dritten Welt. Im Vergleich zu Holz ergeben sich bei der Verwendung von Rückständen aus Einjahrespflanzen bei der Plattenherstellung folgende grundlegende Unterschiede (Brinkmann 1978):

- stoßweiser Anfall der Rückstände in der Erntezeit
- schwankende Qualität des Rohmaterials auf Grund unterschiedlicher Wachstums-, Ernte- und Lagerungbedingungen
- geringe Widerstandsfähigkeit der Rückstände gegen Feuchteeinwirkung und damit Anfälligkeit des Materials gegen Pilzbefall.

Thole (2001) weist insbesondere auf die möglichen biologischen Abbauvorgänge bei Einjahrespflanzen hin; diese Vorgänge können unter günstigen Feuchte- und Temperaturbedingungen innerhalb weniger Wochen oder Monate soweit fortgeschritten sein, dass aus Festigkeitsgründen eine stoffliche Verarbeitung zu Werkstoffen nicht mehr zweckmäßig ist. Grundsätzlich kann der biologische Abbau durch Vortrocknung auf Feuchtigkeiten <20% oder sonstige günstige Lagerbedingungen (z.B. Nasslagerung bei Bagasse) begrenzt bzw. unterbunden werden. Die Notwendigkeit, wegen des stoßweisen Anfalles große Rohstoffmengen über 8 bis 10 Monate unter definierten Bedingungen zu lagern, und die Bewältigung der dabei bestehenden logistischen Probleme bei der Rohstoffversorgung beeinträchtigen allerdings die Wirtschaftlichkeit solcher Anlagen.

Hesch (1968) fasst auf der anderen Seite die Vorteile für den Einsatz von Einjahrespflanzen bei der Plattenherstellung wie folgt zusammen:

- Sie sind das Produkt einer intensiven Landwirtschaft und fallen daher in dichter besiedelten und verkehrsmäßig gut erschlossenen Gebieten an.
- Saat und Ernte erfolgen im gleichen oder im darauf folgenden Jahr.
- Es ist ein zentraler Anfall in großen Mengen gegeben.

Tabelle 1.4. Einjahrespflanzen

Typ	Beschreibung	Literaturhinweise
Flachsschäben	Industrielle Verwertung in mehreren europäischen Ländern. Verholzte Teile des Flachsstengels, die nach der Gewinnung der Fasern nach dem Rösten, Trocknen und Brechen der Stengel in kleinen, flachen Stückchen anfallen.	Brinkmann (1978) Heller (1980) Hesch (1968) McLauchlin und Hague (1998) Tröger und Ullrich (1994)
Hanfstengel (Hanfschäben)	Ca. die Hälfte der Pflanzenmasse kann genutzt werden. Herstellung z. B. von Faserdämmplatten.	Brinkmann (1978) Heller (1980) Hesch (1968) McLauchlin und Hague (1998) Morgenstern und Fritsch (2000)
Chinaschilf (Miscanthus)	Vor allem Rohstoff für MDF-Platten. Verwendung der Stengel als Mittellage bei Sandwichelementen mit Decklagen aus Holz oder Holzwerkstoffen.	Dube und Kehr (1995b) Haase (1990) Heller (1980) Hesch (1994a+b) McLauchlin und Hague (1998) Schwarz u. a. (1997) Seemann u. a. (1996) Seemann und Tröger (1994)
Jutestengel	Erste industrielle Nutzung 1965 in Pakistan.	Hesch (1968)
Bagasse	Zellulosehaltiges, faseriges Abfallprodukt, das nach dem Extrahieren des Rohrzuckers aus den Zuckerrohrstengel anfällt. Die chemische Zusammensetzung ist ähnlich dem Holz (Zellulose, Lignin, Kohlehydrate).	Atchison und Lengel (1985) Brinkmann (1978) Carvajal u. a. (1996) Dalen u. a. (1990) Heller (1980) Hesch (1968, 1993) Youngquist u. a. (1993)
Baumwollstengel	Ersatz des Holzanteils auf den in der Spanplattenindustrie üblichen Anlagen.	Brinkmann (1978) Youngquist u. a. (1993)

Tabelle 1.4 (Fortsetzung)

Typ	Beschreibung	Literaturhinweise
Reisschalen, Reisstroh	Schlechte Verleimbarkeit mit UF-Harzen; Einsatz für zementgebundene Platten.	Brinkmann (1978) Heller (1980) Hse und Choong (2000) Klatt und Spiers (2000) Sampathrajan u. a. (1992) Youngquist u. a. (1993)
Sonnenblumenschalen	Mit UF-Harzen und PMDI gut verleimbar, niedrige Biegefestigkeiten infolge der groben Struktur der Schalen.	Boehme (1993 a) Khristova u. a. (1998) Youngquist u. a. (1993)
Stroh	Weizen- oder Roggenstroh. Große Verleimungsprobleme wegen der natürlichen Oberflächenvergütung durch Kieselsäuren oder Wachse. Erst bei hohem PMDI-Einsatz konnten Platten mit guten Festigkeiten hergestellt werden. Durch eine thermomechanische Vorbehandlung des Strohs konnte seine Zugänglichkeit gegenüber Aminoplastharzen erheblich gesteigert werden (Markessini u. a. 1997).	Adcock u. a. (1999) Bowyer und Stockmann (2000) Dalen und Shorma (1996) Davis (1996) Gomez-Bueso u. a. (1996) Grigoriou (1998 a + b) Grigoriou u. a. (2000) Han u. a. (2000) Heller (1980) Hesch (1979) Heslop (1997) Jones und Hague (1997) Markessini u. a. (1997) McLauchlin und Hague (1998) Russell (1996) Sauter (1996) Tröger und Pinke (1988) Youngquist u. a. (1993)
Bambus	Lange, dünne Späne durch Auftrennen des Rohres zwischen den Knoten, gute Biegefestigkeit, mit UF-Harzen verleimbar.	Heller (1980)
Maisstengel, Maiskolben	Mengenmäßig großer Anfall, ähnlich Bagasse.	Brinkmann (1978) Hesch (1968) Sampathrajan u. a. (1992)
Kenaf	Ähnlich Jute und Hanf, Kenafholz-Späne und -Fasern, UF-verleimte Span- und Faserplatten.	Grigoriou u. a. (2000 a + b) Youngquist u. a. (1993) Sellers u. a. (1993)
Kaffeeschalen	Nebenprodukt der Kaffeegewinnung.	Ogola u. a. (2000)
Sisal	Verbesserung von MDF-Eigenschaften durch geringe Zugaben von Sisalfasern zu Holzfasern.	Gillah u. a. (2000)
Ölpalmen	Die Palmwedel, die leeren Fruchtdolden sowie die nach etwa 20 Jahren bei Neuanpflanzung eingeschlagenen Stämme können verwertet werden.	Suzuki u. a. (1998) Thole (2001)

1.1.6 Sonstige Rohstoffe

Tabelle 1.5. Sonstige Rohstoffe

Rohstoff	Beschreibung	Literaturhinweise
Textilien	Zumischung von 10–20% Textilien zu herkömmlichen Rohstoffen. Plattenqualität z. T. ungenügend, abhängig von Typ und Dimension der Textilabfälle.	Bruci und Panjkovic (1991)
Müllfasermaterial (Müll-Leichtfraktion)	Verbleibendes Material nach Aussortieren von Glas und Metallen sowie nach Abbau leicht vergasbarer Substanzen durch Mikroorganismen während der Kompostierung (Jetzer-Verfahren). Ersatz von 10–20% der herkömmlichen Rohstoffe in der Mittelschicht. Die Leichtfraktion besteht vorwiegend aus Papier und Pappe sowie geringfügigen Beimengungen an Kunststoffen und Textilien.	Deppe und Knoll (1984) Heller (1979, 1980) Knoll und Deppe (1981) Knoll und Shen (1983) Schwarz (1982) Yao (1978)
Altpapier	Ersatz von 10–20% der herkömmlichen Rohstoffe in der Mittelschicht von Spanplatten ist ohne größere Festigkeitsverluste möglich. Insgesamt gesehen sind die Aussagen über die Einsatzmöglichkeiten von Altpapier bei der Herstellung von Holzwerkstoffen sehr uneinheitlich, abhängig von der Qualität des Altpapiers und der Art des Holzwerkstoffes.	Clad (1970) Deppe und Knoll (1984) Dix und Roffael (1995b, 1996) Dube und Kehr (1995a) Ellis u. a. (1993) Gerischer (1977) Gomez-Bueso u. a. (1996) Hunt und Vick (1999) Knoll und Deppe (1981) Knoll und Shen (1983) Krzysik u. a. (1993) Suchsland u. a. (1998)

1.2 Holzstruktur vor dem Verpressen

1.2.1 Holzdichte

Die Reindichte aller Holzarten (Holzsubstanz ohne Berücksichtigung der Hohlräume) liegt im Bereich 1,5 g/cm^3. Beim natürlichen Holz bestehen aber zwischen den einzelnen Holzarten sowie wegen der gegebenen Struktur auch innerhalb einer Holzart große Unterschiede, insbesondere auch zwischen

Früh- und Spätholz. Die Festigkeit des Holzes hängt eng mit der Holzdichte zusammen, weil naturgemäß dickwandige Zellen viel größeren Spannungen standhalten können als dünnwandige Zellen. Sollen die Eigenschaften und Festigkeiten des zu verleimenden Holzes voll ausgenützt werden, so muss die Verleimungsfestigkeit zumindest so hoch wie die Holzfestigkeit sein.

Die Festigkeit von Verleimungen steigt mit der Holzdichte im Dichtebereich bis ca. 0,7 bis 0,8 g/cm^3 (bezogen auf eine Holzfeuchte von 12%); über dieser Holzdichte kommt es eher wieder zu einem Abfall der Bindefestigkeit. Unabhängig von der Bindefestigkeit kann der Holzbruchanteil aber bereits bei niedrigeren Dichten abnehmen. Holzarten mit hoher Dichte sind aus verschiedenen Gründen schwerer zu verleimen:

- infolge der dickeren Zellwände und der kleineren Zellhohlräume wird das Eindringen des Bindemittel erschwert, die mechanische Verankerung beschränkt sich auf ganz wenige Zellreihen
- infolge der höheren Dichte und der damit gegebenen größeren Steifigkeit sind höhere Pressdrücke erforderlich, um den erforderlichen engen Kontakt zwischen den Holzoberflächen zu ermöglichen und damit die Ausbildung einer entsprechend dünnen Leimfuge zu erreichen
- Holzarten mit höheren Dichten (speziell Eiche oder verschiedene tropische Holzarten) haben meist auch einen erhöhten Gehalt an Holzinhaltsstoffen, die die Verleimung negativ beeinflussen können
- bei Änderungen der Holzfeuchte treten stärkere Verformungen und damit auch höhere Spannungen auf.

Die im Holz enthaltenen Hohlräume (Zelllumen) beeinflussen entscheidend die Tiefe und Richtung des Eindringens des Bindemittels. Um hohe Bindefestigkeiten zu erhalten, sollte das Bindemittel in mehrere unbeschädigte Zellreihen eindringen können. Da die Hohlräume im Holz bevorzugt in Faserrichtung orientiert sind, kann das Bindemittel überwiegend in dieser Richtung eindringen; dies kann dabei aber gegebenenfalls auch zu einem übermäßigen Eindringen auf Schnittflächen quer zur Faserrichtung (end-grain surfaces) oder bei Schäftverbindungen (Furuno u.a. 1983) führen.

1.2.2
Jahrringlage und Orientierung der Holzfasern bei der Vollholzverleimung

Die Funktion und Eigenschaften von Holzprodukten werden wesentlich durch die Eigenschaften des eingesetzten Holzes und deren Anwendung in den Holzprodukten bestimmt. Die wesentlichen zu berücksichtigenden Eigenschaften des gewachsenen Holzes sind dabei seine Anisotropie und Heterogenität, die Variabilität verschiedener Eigenschaften sowie die ausgeprägte Hygroskopizität. Die Orientierung der Holzfasern bei der Vollholzverleimung ist in mehrfacher Hinsicht zu berücksichtigen:

- unterschiedliche Quell- und Schwindmaße des Holzes in den unterschiedlichen Richtungen längs, radial und tangential. Bei Änderungen der Feuch-

tigkeit ist dadurch eine ungleichmäßige Dimensionsänderung möglich, die zum Aufbau innerer Spannungen in den verleimten Produkten führt,
- unterschiedliche Holzfestigkeiten in den unterschiedlichen Richtungen längs, radial und tangential. Da bei einer ordnungsgemäßen Verleimung ein möglichst vollflächiger Holzbruch angestrebt wird, ist die erzielbare Bindefestigkeit insbesondere auch von der Faserrichtung des Holzes abhängig.

Das Auftrennen des Stammes in einzelne Teile und das daran folgende Wiederzusammenfügen birgt bei Unkenntnis der verschiedenen Gesetzmäßigkeiten und Einflussgrößen die Gefahr von Problemen; so kann es z.B. infolge des unterschiedlichen Quellverhaltens einzelner Teile eines zusammengefügten Holzproduktes (insbesondere infolge einer unterschiedlichen Jahrringanordnung) zu Verwerfungen, Verdrehungen oder anderen Verformungen kommen.

Üblicherweise ist die tangentiale Quell- und Schwindbewegung am höchsten, gefolgt von der radialen. Die üblicherweise sehr geringen Quell- und Schwindbewegungen in Längsrichtung können in Sonderfällen jedoch deutlich höher sein, z.B. in Reaktionsholz, juvenilem Holz oder in Bereichen mit größeren Faserunregelmäßigkeiten. Bereits frühzeitig wurde auf die Bedeutung der Jahrringorientierung für feuchteänderungsbedingte Bewegungen in Holzwerkstoffen, insbesondere längsverleimten Holzbrettern (einschichtiges Massivholz) hingewiesen (Marian und Suchsland 1956). Die Autoren empfehlen für die Herstellung dimensionsstabiler Holzplatten den Einsatz von Lamellen mit vertikal angeordneten Jahrringen. Durch Verleimen sterngesägter Dreikantprofile können ebenfalls solche formstabilen Produkte mit stehenden Jahrringen hergestellt werden (Sandberg 1996, 1997, Sandberg und Holmberg 1998).

Abholzigkeit (Winkel der Faserneigung zur Leimfuge) führt im Allgemeinen zu einer Schwächung der Verleimung (Schall 1977). Dies hat seine Ursache insbesondere in der bekannten Abhängigkeit der Holzfestigkeit vom Winkel zwischen der Faserrichtung und der Belastungsrichtung. Eine zweite Ursache kann im erhöhten Eindringverhalten des Leimes auf solchen abholzigen Holzoberflächen liegen, weil deutlich mehr Holzzellen angeschnitten sind.

Weitere Literaturhinweise: Hameed und Roffael (2000).

1.2.3 Spanform und Spangrößenverteilung

Wird Holz zu Holzspänen zerspant, so entsteht immer ein Gemisch aus Spänen verschiedener Größen, Form und Abmessungen. Es ist dabei gleichgültig, ob die Zerspanung durch einen Schneid- oder Mahlvorgang erfolgt, ferner ob die Zerspanung das Ziel hat, Späne mit bestimmten Abmessungen zu erzeugen oder ob die Holzspäne als Abfallprodukt bei der spangebenden Holzbearbeitung anfallen. Je nach der Art ihrer Erzeugung unterscheiden sich diese Spänegemische jedoch erheblich in ihren Eigenschaften und damit in ihrem Einfluss auf die Qualität der aus ihnen hergestellten Spanplatten. Je nach dem gewählten Aufbereitungsverfahren und den dabei eingehaltenen Bedingungen können Späne mit bestimmten Abmessungen (mit Abmessungen innerhalb bestimmter Grenzen) erhalten werden, z. B. Mittelschicht- oder Deckschichtspäne. Späne als Holzrohstoff für Spanplatten zeichnen sich also neben der Vielfalt hinsichtlich Holzart, Herkunft, Aufbereitungsmethode und Alter vor allem durch eine in weiten Grenzen variierende Vielfalt an Größe und Gestalt aus. Feine, mittlere und grobe Späne können dabei in vereinfachender Weise als quaderförmige, flächige Partikel mit im Allgemeinen drei unterschiedlichen Seitenlängen mit folgenden Kenngrößen beschrieben werden:

Länge l (mm)
Breite b (mm)
Dicke d (mm)
Schlankheitsgrad $s = l/d$.

Bei Feinstspänen bzw. beim Staubanteil muss eine mehr oder minder kubische Gestalt herangezogen werden (Dunky 1988, 1998).

In der Spanplattenindustrie gelangen stets Spangemische, deren einzelne Teilchen sich durch Größe und Gestalt unterscheiden, zum Einsatz. Eine Klassierung der Späne nach ihrer Größe kann z. B. durch eine Siebanalyse erfolgen. Dabei müssen zwei der drei Dimensionen kleiner als die Normweite des Siebes sein, um bei der Analyse das Sieb passieren zu können. Der Siebdurchgang bzw. -rückstand für eine bestimmte Siebmaschenweite wird durch Wägung ermittelt. Charakteristisches Merkmal sind folglich nicht die Späneabmessungen, sondern die Siebmaschenweiten, die jedoch genau besehen ein ganzes Spektrum unterschiedlich geformter Späne zurückhalten bzw. durchlassen können. Bereits Neusser und Krames (1969) haben in ihrer grundlegenden Arbeit zur Charakterisierung von Spänen darauf hingewiesen, dass Dimensionsmessung und Siebanalyse gemeinsam angewendet werden müssen, um einen Span bzw. eine Spänemischung genauer zu charakterisieren.

Niemz (1992) findet bei nachzerkleinerten Spänen (Hammermühle, Zerkleinerung durch Spänetransport) enge Korrelationen zwischen den einzelnen Spanabmessungen; bei dieser Nachbehandlung erfolgt der Bruch vorzugsweise normal zur Faserlängsrichtung, weil in dieser Querrichtung die Festigkeit nur einen geringen Teil des parallel zur Faserrichtung gegebenen Wertes beträgt.

Zur Ermittlung von Kenngrößen zur Beschreibung von Größe und Gestalt von Spänen stehen verschiedene Methoden zur Verfügung (Tabelle 1.6). Die Siebanalyse bereitet die geringsten Durchführungsprobleme, ihr Nachteil besteht allerdings in der relativ geringen Trennschärfe. Dimensionsmessungen an Spänen sind hingegen mit einem großen Aufwand verbunden, weil jede der drei Dimensionen getrennt erfasst werden muss. Selbst damit sind aber noch keine Aussagen über eine gegenseitige Beeinflussung der drei Dimensionen Länge, Breite und Dicke möglich.

Tabelle 1.6. Bestimmungsmethoden für die Größenverteilung von Spangemischen sowie die Spangeometrie und die Abmessungen einzelner Späne

1. Siebfraktionierung:
Abgestufte Siebgrößen, z. B. 0,1 mm bis 6,3 mm (DIN 4188), Abstufung der Siebgrößen in logarithmischem Maßstab.

Beispiel einer Siebabstufung:
6,3 mm; 3,15 mm; 2 mm; 1,6 mm; 1 mm; 0,5 mm; 0,315 mm; 0,2 mm; > bzw. < 0,1 mm

a) Siebkennlinie: Massenanteil der Späne pro Siebmaschenweite, Darstellung als differenzielle oder integrale Verteilung (Summenhäufigkeitsverteilung) in Form von Balkendiagrammen oder idealisiert als mathematische Funktion, z. B. als logarithmische Normalverteilung.
b) verschiedene Kennwerte für MS-Späne:
   Grobspananteil: > 3,15 mm
   Feingutanteil: 0,315 mm bis 1 mm
   Staubanteil: < 0,315 mm
c) Siebmaschenweiten bei bestimmten Durchgangssummen
d) gewichtete Mittelwerte als durchschnittliche Spangrößen (Dunky 1988)
e) Kennzahlen zur Beurteilung der Trennschärfe einer Sichtung (May und Keserü 1982):
   Zentralwert (geometrisches Mittel): Spangröße mit 50 % Summenhäufigkeit, ablesbar aus den doppeltlogarithmisch aufgetragenen Summenhäufigkeiten;
   Werte für MS und DS bei vorgegebener Trenngrenze (Siebgröße);
   Grobanteil im Feingut bzw. Feinanteil im Grobgut (Überlappungsbreite als Gütegrad eines Sichtvorganges).

Literaturhinweise: Buchholzer (1988 b), Eusebio und Generalla (1983), Grigoriou (1981), Jensen und Kehr (1970), May (1982), Neusser u. a. (1969), Neusser und Krames (1969), Niemz und Wenk (1989), Rackwitz (1963, 1964).

2. Streudichte (Schüttgewicht):
Diese wird bei konstanter Feuchtigkeit, Rohdichte und Spanform durch die Spangröße bestimmt; eine Veränderung der Spangeometrie führt zu einer Veränderung der Packungsdichte der Späne. Die Streudichte sinkt mit zunehmender Länge und Breite der Späne, sie steigt mit zunehmender Dicke.

Literaturhinweise: Grigoriou (1981).

3. Bestimmung der Spanabmessungen:
manuelles Ausmessen von Länge, Breite und Dicke einzelner Späne; Berechnung der entsprechenden Mittelwerte und Standardabweichungen (Dunky 1988).

4. Ermittlung der Siebkennlinie mittels eines Luftstrahlsiebes:
Kehr (1995)

5. Bildanalyse:
zwei- bzw. dreidimensionale Vermessung der einzelnen Späne durch Auswertung entsprechender Aufnahmen (z. B. mittels Grauwertanalyse über eine CCD-Kamera), ggf. bei vorheriger optischer Vergrößerung (Arnold 1986, Geimer und Link 1988, Miyamoto und Suzuki 2000, Niemz u. a. 1987, Niemz und Fuchs 1990, Niemz und Sander 1990, Niemz und Wenk 1989, Plinke 1987). Ein neueres vorgeschlagenes Verfahren bedient sich eines Farbscanners und einer entsprechenden Auswertesoftware (Schmid und Niemz 1999).

Nach Neusser und Krames (1969) müssen bei der Beurteilung eines Holzspangemisches vier Beurteilungskriterien unterschieden werden:

- Spandimensionen: Länge, Breite, Dicke; davon abhängig Spanoberfläche und Spanvolumen
- Spanform: glatt, faserig oder rau, eben, gekrümmt, prismen-, würfel- oder stäbchenförmig usw.; davon abhängig das Schüttgewicht
- Einzelspangewicht
- Dichte der im Spangemisch enthaltenen Holzarten.

Die Spangeometrie ist eine der wichtigsten Kenngrößen für die Ausbildung der Plattenqualität. Sie beeinflusst neben der Rohdichte und dem Beleimungsgrad entscheidend alle Platteneigenschaften. Die Bestimmung der Spangeometrie erfolgt jedoch nur äußerst selten durch stichprobenartiges manuelles Ausmessen von Länge, Breite und Dicke. Eine Abschätzung ist auch aus den Siebkennlinien möglich, weil zwischen den Spanabmessungen im Allgemeinen gute Korrelationen bestehen (Jensen und Kehr 1970, May 1982, May und Keserü 1982). So korrelieren üblicherweise Länge und Breite gut mit den Ergebnissen der Siebanalyse. Die Dicke muss hingegen über entsprechende Dickentaster meist manuell bestimmt werden. Länge, Breite und Dicke der Späne korrelieren auch miteinander, weil infolge des orthotropen Aufbaues des Holzes unterschiedliche Festigkeiten in den einzelnen Ebenen vorliegen und bei der Spanherstellung und dem anschließenden Transport bevorzugte Bruchebenen existieren (Niemz und Wenk 1989).

Während der Beleimung kann eine unerwünschte und teilweise nicht unerhebliche Nachzerkleinerung der Späne eintreten (Abb. 1.5). Dabei sinkt der

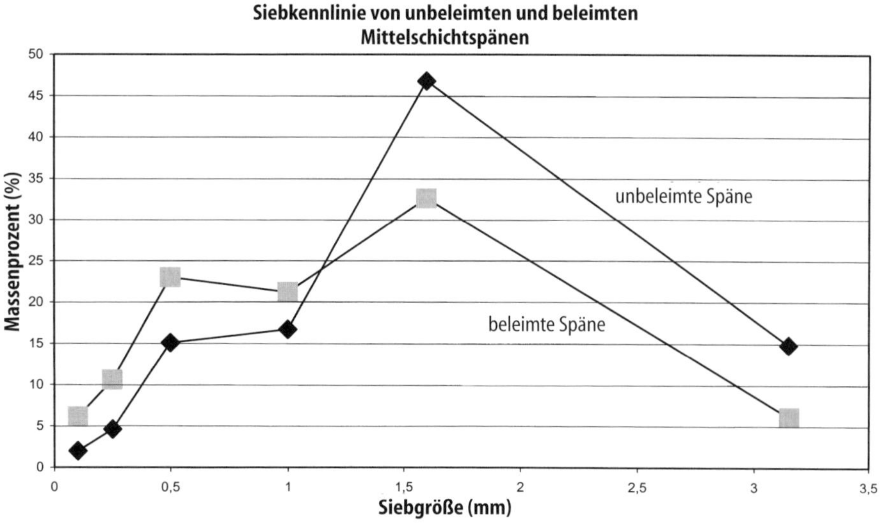

Abb. 1.5. Nachzerkleinerung der Mittelschichtspäne bei der Beleimung, dargestellt als Verschiebung der Siebkennlinien (Dunky 1991)

Anteil an gröberen Späne, der Anteil an feineren Spänen steigt entsprechend. Nach Oldemeyer (1984) ist der überwiegende Anteil der Zerstörung bei der Umlenkung der im Einfallsschacht des Mischers herabfallenden Späne in die horizontale Weiterbewegung im zylindrischen Mischerteil gegeben. Durch in der letzten Zeit teilweise eingesetzte deutlich größere Mischer, die auch bei niedrigeren Drehzahlen arbeiten, wurde eine Verringerung dieser Nachzerkleinerung erreicht.

Die Späne überlappen sich in der Spanplatte gegenseitig. Diese Überlappungs- und Verleimungsflächen müssen so bemessen sein, dass die durch den Querschnitt der Späne gegebene Festigkeit des Holzes weitgehend in den Verband übertragen werden kann. Die wirksame Überlappungsfläche, bezogen auf den Spanquerschnitt, lässt sich einerseits bei gleicher Spanlänge durch Herabsetzen der Spandicke und andererseits bei gleicher Spandicke durch Verlängerung des Spanes erhöhen. Letztere Möglichkeit hat ihre Grenzen dort, wo bei der Späneschüttung die Gefahr von Brückenbildung besteht.

Untersuchungen von Kruse u.a. (2000) an OSB-Strands zeigten, dass insbesondere die Strandbreite die größten Variationen aufwies.

Tabelle 1.7 beschreibt den Einfluss der Spanlänge, Tabelle 1.8 den Einfluss des Schlankheitsgrades l/d und Tabelle 1.9 den Einfluss der Spandicke auf die verschiedenen Eigenschaften von Spanplatten und OSB. Eine modellmäßige Beschreibung des Einflusses der Länge und der Dicke der Strands auf die Eigenschaften von OSB findet sich bei Barnes (2000, 2001).

Über den Einfluss der Spangrößen auf die Leimverteilung wird in Teil III, Abschn. 3.1.1 berichtet.

Weitere Literaturhinweise: Au und Gertjejansen (1989), Engels (1983).

Tabelle 1.7. Einfluss einer steigenden Spanlänge auf die Eigenschaften von Spanplatten und OSB

Eigenschaft	Platte	Veränderung	Literatur
Biegefestigkeit	1 sL	steigt	Liiri u.a. (1977) Niemz (1982)
	OSB	steigt	Walter u.a. (1979)
Biege-E-Modul	1 sL	steigt	Niemz (1982)
Querzugfestigkeit	1 sL	Minimum bei mittlerer Spanlänge; steigt bei kürzeren Strands stark	Liiri u.a. (1977)
	OSB	Walter u.a. (1979)	
Dickenquellung	1 sL	sinkt	Niemz (1982)
Kriechzahl	1 sL	sinkt	Niemz (1982)
Abkürzungen:	1 sL	einschichtige Laborspanplatten	

Tabelle 1.8. Einfluss eines steigenden Schlankheitsgrades *l/d* auf die Eigenschaften von Spanplatten und OSB

Eigenschaft	Platte	Veränderung	Literatur
Biegefestigkeit	1 sL	steigt	Liiri u. a. (1977) Post (1958) Rackwitz (1963)
	OSB	steigt	Wang und Lam (1999)
Biege-E-Modul	OSB	steigt	Wang und Lam (1999)
Querzugfestigkeit	1 sL	sinkt	Liiri u. a. (1977) Rackwitz (1963)
	OSB	kein eindeutiger Zusammenhang	Wang und Lam (1999)
Dickenquellung	1 sL	sinkt steigt	Liiri u. a. (1977) Rackwitz (1963)
	OSB	kein eindeutiger Zusammenhang	Wang und Lam (1999)
Längenquellung in Plattenebene	1 sL	sinkt	Liiri u. a. (1977)
Abkürzungen:	1 sL	einschichtige Laborspanplatten	
	OSB	Oriented Strand Board	

Weitere Literaturhinweise: Canadido u. a. (1988), Post (1961).

Tabelle 1.9. Einfluss einer steigenden Spandicke auf die Eigenschaften von Spanplatten

Eigenschaft	Platte	Veränderung	Literatur
Biegefestigkeit flach	1 sL	Minimum bei mittlerer Spandicke, abhängig von Spanlänge; sinkt; abhängig von Spanlänge, keine eindeutigen Korrelationen	Liiri u. a. (1977) Niemz (1982) Niemz und Schweitzer (1990) Post (1958) Brumbaugh (1960)
	OSB	sinkt	Walter u. a. (1979)
Biegefestigkeit hochkant	1 sL	sinkt leicht	Niemz und Bauer (1991)
Querzugfestigkeit	1 sL	steigt	Liiri u. a. (1977) Brumbaugh (1960)
		Minimum bei mittlerer Spandicke;	Niemz (1982)
	OSB	steigt	Walter u. a. (1979)
Biege-E-Modul bei Flachprüfung	1 sL	Maximum bei mittlerer Spandicke	Niemz und Bauer (1991)
Zugfestigkeit in Plattenebene	1 sL	sinkt	Niemz und Schweitzer (1990)

Tabelle 1.9 (Fortsetzung)

Eigenschaft	Platte	Veränderung	Literatur
Druckfestigkeit in Plattenebene	1 sL	sinkt leicht	Niemz und Schweitzer (1990)
Abhebefestigkeit		sinkt	Niemz und Bauer (1990)
Schraubenaus-ziehwiderstand		steigt	Niemz und Bauer (1990)
Dickenquellung	1 sL	steigt steigt leicht	Liiri u. a. (1977) Niemz (1982) Brumbaugh (1960)
Längenquellung in Plattenebene	1 sL	steigt	Liiri u. a. (1977)
Abkürzung:	1 sL	einschichtige Laborspanplatten	

1.2.4 Rauigkeit der Holzoberfläche

Die Rauigkeit ist eine Folge der Holzanataomie sowie der Oberflächenherstellung. Wenn die einzelnen anatomischen Strukturen des Holzes bei der Herstellung der Oberflächen in unterschiedlichen Richtungen angeschnitten werden, entsteht eine entsprechende Porosität an der Holzoberfläche. Auf der einen Seite wird dadurch die für die Verleimung zur Verfügung stehende Oberfläche vergrößert, auf der anderen Seite wird dadurch aber auch der innige Kontakt zweier zu verleimender Stellen erschwert. Parallele und flache Holzoberflächen ermöglichen den freien Fluss des Bindemittels und die Ausbildung einer gleichmäßig dünnen Leimfuge und damit die Erzielung einer hohen Bindefestigkeit.

Der Einfluss der Rauigkeit auf die Verleimungsgüte ist nicht eindeutig zu beschreiben. Auf der einen Seite steigt mit zunehmendem Rauigkeitsfaktor auf Grund der damit verbundenen Vergrößerung der tatsächlichen Adhäsionsfläche zwischen Leim und Holz die Festigkeit der Verbindungen an, sofern eine entsprechende Verdichtung der Späne gegeben ist; ab einem gewissen Punkt kann die gleichzeitig abnehmende Holzfestigkeit allerdings einen Holzbruch bedingen, wodurch bei weiter zunehmendem Rauigkeitsfaktor die Festigkeit der Verleimung wieder absinkt (Suchsland 1957).

Eine steigende Furnierrauheit hat im Allgemeinen einen negativen Einfluss auf die Verleimungsfestigkeit von Sperrholz. Entscheidend ist hier offensichtlich die Verringerung der effektiven Kontaktstellen zwischen den beiden Oberflächen, wenn dies nicht durch eine deutliche Erhöhung des Pressdruckes wieder aufgefangen werden kann; in diesem Fall ist allerdings gegebenenfalls mit einer verstärkten Verformung bzw. Zerstörung der Holzsubstanz zu rech-

Tabelle 1.10. Einfluss einer starken Rauigkeit von Furnieren bei der Sperrholzherstellung

- Einfluss auf den Wasserhaushalt der Leimfuge wegen der stärkeren Wasseraufnahme infolge der größeren Oberfläche
- erhöhtes Eindringen von Leim ins Holz infolge der Oberflächenunregelmäßigkeiten
- Verringerung des Oberflächenkontaktes, Verringerung der Fläche an ausgebildeter Leimfuge
- Grenzzone zwischen Leim und Holz mit schwächerer Festigkeit
- Bildung von Hohlräumen zwischen einzelnen Furnierlagen
- Abnahme des Holzbruchanteils

nen. Zwischenräume in der Leimfuge zwischen rauen Furnieren können als Ausgangspunkte von Rissen wirken. Bei der Sperrholzherstellung ist demnach eine genaue Kontrolle der Holzoberfläche vor der Verleimung erforderlich, wie in Tabelle 1.10 zusammengefasst wird.

Weitere Literaturhinweise: Faust und Rice (1986)

1.2.5 Fasergrößenverteilung in der MDF-Herstellung

Fasern für die MDF-Herstellung unterliegen verschiedenen Gesetzmäßigkeiten hinsichtlich ihrer Herstellung sowie ihres Einflusses auf die Platteneigenschaften (Spaven u. a. 1993), s. auch Teil III, Abschn. 1.1.2.2. Die Fasergrößenverteilung wird durch verschiedene Parameter beeinflusst:

- Rohstoffe: Holzarten (Laub- oder Nadelholz), Einsatzform (Hackschnitzel, Sägespäne u. a.)
- Behandlung des Rohmaterials: Lagerung, Waschen, Vorbehandlung mit Dampf
- Refinerbedingungen: Verweilzeit im Kocher, Dampfdruck, Art und Ausformung der Refinersegmente, Drehzahlen, Scheibenabstand, Energieeintrag beim Zerfasern, Durchsatzmenge.

Die Fasergrößenanalyse kann mittels verschiedener Verfahren erfolgen, wobei bis dato noch kein vollkommen zufriedenstellendes Verfahren existiert (Tabelle 1.11).

Eine größere Faserlänge bewirkt vor allem eine niedrige Längenquellung (Nelson 1973).

Tabelle 1.11. Methoden zur Fasergrößenanalyse

Verfahren	Beschreibung	Literatur
Trockensiebanalyse	ähnlich der Siebanalyse von Spänen, abgestufte Siebgrößen. Nachteil: Bildung von Faserbällchen während der Analyse kann das Ergebnis verfälschen. Trennung der Fasergrößen erfolgt in einer Kombination von Länge und Dicke.	Wessbladh und Mohr (1999)
Siebfraktionierung mittels Luftstrahl-Siebes	unterschiedliche Siebmaschenweiten	Scheiding (2000)
Nasssiebanalyse (Bauer McNett-Verfahren)	Bestimmung der Faserlängen; die Fasern werden mit Wasser aufgeschwemmt, die Fasersuspension fließt schrittweise über vier in Kaskade geschaltene Behältern mit Sieben mit sinkender Maschenweite. Bestimmt werden die Anteile, die auf den einzelnen Sieben zurückbleiben.	Myers (1987)
Entwässerungs-geschwindigkeit	z. B. Asplund Drainage Tester: gemessen wird die Zeit, die Wasser zum Abfließen aus einer Fasersuspension benötigt. Nachteil: nur geringe Abhängigkeit von der Fasergröße.	Myers (1987)
Pulmac-Methode	Fasern liegen in Suspension vor. Bestimmt wird der Anteil von Splittern (große und dicke Faserbündeln) und kubischen Stücken in den Fasern; keine Information über die Fasergrößenverteilung.	
visuelle Beurteilung der Fasern	Bestimmung des Anteiles an Faserbündeln, ganzen Fasern und gebrochenen Fasern. Vergrößerung und Projektion der angefärbten Fasern auf eine Leinwand, visuelle Bestimmung der verschiedenen Anteile durch Auszählen.	Myers (1987)
Bestimmung der Länge und des Durchmessers von Fasern	Visuelle Vermessung einer bestimmten Anzahl von einzelnen Fasern (mit Hilfe von Vergrößerung und ggf. digitaler Bildauswertung).	Myers (1987)
Fibertron®	Bildverarbeitung nach einer Durchlaufzelle. Entscheidende Voraussetzung ist, dass die Fasern wirklich einzeln vorliegen.	
PQM™-System	Optischer Faser-Analysator. Die in einer Suspension vorliegenden Fasern passieren einzeln eine Glaskapillare, die von einem Laserstrahl durchleuchtet wird. Das dabei projizierte Bild wird mittels Bildanalyse (Linearkamera) untersucht. Gemessen werden Längenverteilung, durchschnittliche Faserlänge und -breite, Curl-Index (Drehung) und Splittergewicht. Probleme können auftreten, wenn sich mehr als eine Faser zur gleichen Zeit in der Messkapillare befinden.	Spaven u. a. (1993)
Fiber Scan®	Die in einer Suspension vorliegenden Fasern passieren einzeln eine Glaskapillare und werden mittels eines optischen Detektors hinsichtlich Länge und Dicke analysiert.	

1.3 Chemisches Verhalten des Holzes

1.3.1 Holzinhaltsstoffe

Holzinhaltsstoffe (Extraktstoffe) können den Verleimungsvorgang sowohl in physikalischer als auch in chemischer Weise beeinflussen. Zavarin (1984) wies darauf hin, dass die chemische Zusammensetzung einer durch Bearbeitung hergestellten Holzoberfläche sich infolge der Anreicherung von polaren und unpolaren Substanzen deutlich von der des Vollholzes unterscheidet, was auch von Jaic u.a. (1996) und Liptakova u.a. (1995) bestätigt wurde. Unterschiedliche chemische Zusammensetzungen sind aber auch infolge unterschiedlicher Schnittrichtungen gegeben; während Hirnholzflächen eher dem Vollholz entsprechen, weisen radiale und tangentiale Schnitte einen deutlich höheren Anteil an freigelegten Mittellamellen mit ihrem hohen Ligningehalt auf.

Wasserlösliche und dampfflüchtige Stoffe können während der Trocknung und der Lagerung an die Oberfläche des Holzes wandern und deren Benetzung verringern (s. auch Teil III, Abschn. 1.7); dies trifft insbesondere auf die hydrophoben Harz- und Fettsäuren zu. Dabei bilden sich so genannte „chemisch geschwächte Grenzflächen“ (chemical weak boundary layer CWBL) (Bikerman 1961, Pulkkinen und Suomi-Lindberg 2000, Stehr 1999a). Über die Einflüsse solcher Holzinhaltsstoffe an der Holzoberfläche auf die Benetzbarkeit als Grundlage für eine Verleimung wird in Teil III, Abschn. 1.4.2.1 ausführlich berichtet; es reicht bereits ein Anteil von 400 ppm an gesättigten Fettsäuren aus, um eine monomolekulare Schicht an der Holzoberfläche zu bilden.

Ein chemischer Einfluss auf das Bindemittel kann z.B. bei einem stark sauren Verhalten der Extraktstoffe gegeben sein (s. auch Teil III, Abschn. 1.3.2), wobei dies je nach eingesetztem Bindemittel zu einer Verzögerung oder einer Beschleunigung der Aushärtereaktion führen kann.

Die Bestimmung des Gehaltes an Holzinhaltsstoffen erfolgt mittels Extraktion, z.B. in einer Soxhlettapparatur mit Hilfe verschiedener Lösungsmittel bzw. Lösungsmittelgemische (Fengel und Przyklenk 1983). Das Gewicht des getrockneten Extraktes wird auf die Einwaage an Holz bezogen.

Während beim Einsatz des Holzes als Vollholz vor allem der unterschiedliche Wasserhaushalt und damit indirekt ein Einfluss auf die Holzqualität durch unterschiedliche Trocknungsverläufe im Vordergrund steht, spielen bei der Verleimung von Holz auch die jahreszeitlich bedingten chemischen Änderungen eine entscheidende Rolle, wie z.B. der Gehalt an Inhaltsstoffen und deren Zusammensetzung (s. Teil III, Abschn. 1.8.1).

Burmester und Kieslich (1985) finden in Eichenrinde im Winter höhere Extraktgehalte als im übrigen Jahr, wobei dieser Unterschied vor allem bei einer Extraktion mit stark polaren Lösungsmitteln auftritt (Abb. 1.6). Auch im

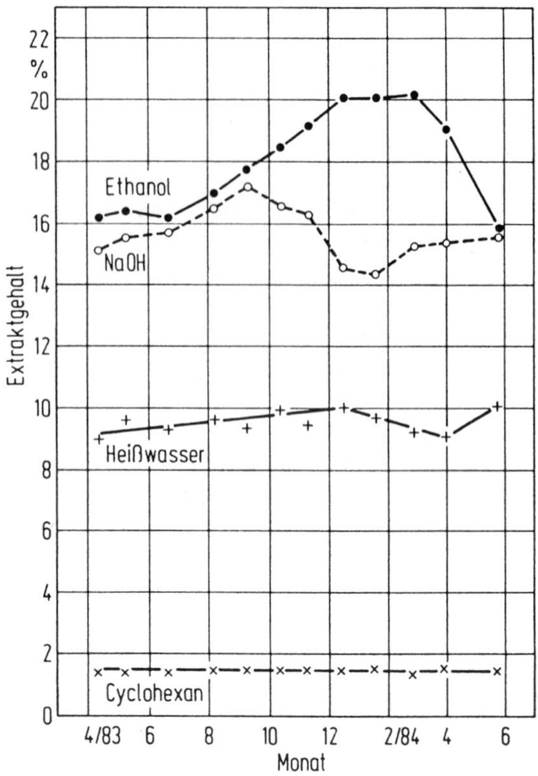

Abb. 1.6. Extraktgehalt der Rinde einer 120 Jahre alten Stileiche im Jahresrhythmus, bestimmt durch sukzessive Extraktion mit Lösungsmittel steigender Polarität (Burmester und Kieslich 985)

Eichensplintholz sind jahreszeitliche Änderungen im Extraktstoffgehalt gegeben (Burmester u. a. 1991).

Lignin, Wachse, Fette, Harze u. a. wirken hydrophobierend. Untersuchungen von Elbez (1978) haben bestätigt, dass mit Hilfe von Benetzbarkeitsmessungen an Holzoberflächen mit Hilfe von Bindemitteln unterschiedlicher chemischer Zusammensetzung diejenigen Bindemittel ausgewählt werden können, die günstige Voraussetzungen für die Verleimung bieten.

Alkalibehandlungen, Heißwasser- und Benzol/Äthanol-Extraktionen verbessern die Benetzung, während z. B. eine Acetylierung die Benetzung verschlechtert (Pecina und Paprzycki 1990). Vor allem hydrophobe Verbindungen wie Wachse und Fette können die Holzoberfläche bedecken und mithin eine einwandfreie Benetzung des Holzes mit dem Bindemittel erschweren. So gilt z. B. Lindenholz als ein ausgesprochenes Fettholz; bei der Sperrholzherstellung aus Lindenholzfurnieren kommt es manchmal zu Schwierigkeiten, die auf diesen hohen Gehalt des Holzes an fettartigen Extraktstoffen auf der Oberfläche zurückzuführen sind (Weißmann 1976).

Chen (1970) entfernte die Extraktstoffe mittels anorganischer und organischer Lösungsmittel oder einer alkalischen NaOH-Lösung und verbessert damit die Benetzbarkeit bei der Verleimung mit UF- bzw. RF-Harzen. Bei UF-

Harzen, nicht jedoch bei RF-Harzen, ergibt sich eine lineare Korrelation zwischen dem Cosinus des gemessenen Kontaktwinkels und der erzielten Verleimungsfestigkeit.

Eine weitere Möglichkeit besteht in einer Plasmabehandlung der Holzoberfläche (Chen und Zavarin 1987, Kolluri 1994, Liu u.a. 1998).

Weitere Literaturhinweise: Chen und Paulitsch (1974), Deppe und Schmidt (1995), Fengel und Ludwig (1989), Fengel und Przyklenk (1983), Garves (1981), Hafizoglu (1989), Hse und Kuo (1988, Review-Artikel), Jain u.a. (1971, 1972), Labosky (1979), Lange u.a. (1989), Roffael und Rauch (1974), Roffael und Schäfer (1998), Roffael und Stegmann (1983, Review-Artikel), Sierra u.a. (1991), Subramanian u.a. (1983).

1.3.2
Säuregrad und Pufferkapazität, pH-Wert der Holzoberfläche

Zwischen Hölzern verschiedener Holzarten können große Unterschiede im pH-Wert und in der Pufferkapazität bestehen. Aber auch innerhalb einer Holzart können Unterschiede gegeben sein. Einflussgrößen auf beide Kenngrößen sind: Jahreszeit, Probenort (Kern- oder Splintholz, Jahrringlage, Stammhöhe), pH-Wert des Bodens, Baumalter, Lagerdauer nach der Fällung bis zur Prüfung, Trocknungs- und Verarbeitungsbedingungen.

Die Bestimmung des pH-Wertes und der Pufferkapazität erfolgt z.B. an niedrigprozentigen (z.B. 3%) Suspensionen des Holzes in destilliertem Wasser, wobei die Extraktion wahlweise bei Raumtemperatur (z.B. 24 h bei 20°C) oder bei höherer Temperatur (z.B. 90 min bei Rückfluss) erfolgt. Scheikl (1994) findet bereits nach zwei Minuten Kaltwasserlagerung konstante pH-Werte der wässrigen Suspension. Beim so genannten moisture-pH-Wert wird Holz in verschiedenen Proben von Wasser mit unterschiedlichen pH-Werten aufgeschwemmt. Der pH-Wert dieser Lösungen verschiebt sich in all den Fällen, in denen er nicht dem pH-Wert des im Holz enthaltenen Wassers entspricht. Die Verwendung einer Glaselektrode und damit die direkte Messung des pH-Wertes an der Holzoberfläche ist nach Sandermann und Rothkamm (1959) nur dann und auch da nur bedingt möglich, wenn die Holzfeuchtigkeit über dem Fasersättigungspunkt liegt bzw. die Oberfläche entsprechend aufbereitet wird. Scheikl (1994) erzielt gute Erfahrungen mit einer speziellen Oberflächenelektrode, wobei vor dem Aufsetzen der Elektrode eine geringe Wassermenge auf die Holzoberfläche aufgebracht wird. Weitere Beschreibungen verschiedener Messmethoden für den pH-Wert von Holz bzw. von Spänen finden sich bei Campbell und Bryant (1941), Gray (1958), Ingruber (1958), Johns und Niazi (1980), Kubel und Simatupang (1994), Lelis u.a. (1992), Rayner (1965), Roffael u.a. (2000), Sanderkamp und Rothkamm (1959) und Stamm (1961).

Werte bzw. Zusammenstellungen von Messwerten von an Hölzern und Spänen gemessenen pH-Werten finden sich bei Albert u.a. (1999), Dix und Roffael (1994), Johns und Niazi (1980), Krilov und Lasander (1988), Lelis u.a. (1992),

Lelis und Roffael (1995), Roffael u.a. (2000), Sanderkamp und Rothkamm (1959) und Scheikl (1994). Die pH-Werte von Holz liegen im Allgemeinen im Bereich von 3,0–5,5.

Sandermann und Rothkamp (1959) berichteten über Erfahrungen verschiedener Autoren (s. dort angegebene Literaturhinweise) mit Hölzern mit niedrigen pH-Werten und dadurch auftretenden Problemen wie Metallkorrosion oder Holzverfärbungen.

Die Pufferkapazität stellt ein Maß für den Widerstand der Holzsubstanz bzw. der in ihr enthaltenen Inhaltsstoffe gegen Änderungen des pH-Wertes dar. Zur Quantifizierung der Pufferkapazität der Späne werden in der Literatur verschiedene Messwerte herangezogen:

a) die erforderliche Menge einer z.B. 0,01 molaren NaOH-Lösung, um den pH-Wert einer wässrigen Spänesuspension auf neutral zu stellen; der Verbrauch wird auf atro Holzeinwaage bezogen;
b) die für eine Verschiebung des pH-Wertes um eine Einheit erforderliche Säure- bzw. Laugenmenge bestimmter Konzentration bzw. Molarität.

Bei beiden Prüfverfahren ist die Angabe der Durchführungsweise und der eingesetzten Holzmenge erforderlich.

Die Titrationskurve einer wässrigen Holzaufschlämmung kann auch graphisch dargestellt werden. Abbildung 1.7 zeigt ein solches Beispiel für die Pufferkapazität von MS- und DS-Spänen. Dabei wird eine wässrige Spänesuspension mittels Säure bzw. Lauge schrittweise auf bestimmte pH-Werte eingestellt, die dafür erforderlichen Mengen an Säure oder Lauge werden gemessen.

Ein weiteres Beispiel für die Pufferkapazität verschiedener Holzarten bzw. für Splint- und Kernholz ist in Abb. 1.8 dargestellt. Die einzelnen Proben unterscheiden sich in ihrem pH-Wert sowie in dessen Verschiebung bei Laugen- bzw. Säurenzugabe.

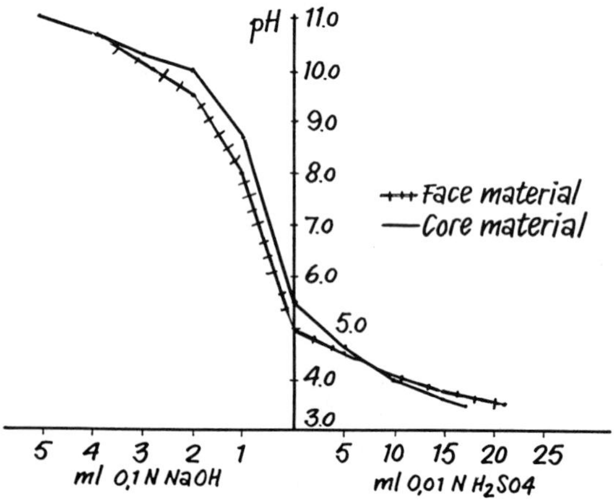

Abb. 1.7. Pufferkapazität von MS- und DS-Spänen (Sundin u.a. 1987). Abszisse: ml 0,1 n-NaOH bzw. ml 0,01 n-Schwefelsäure

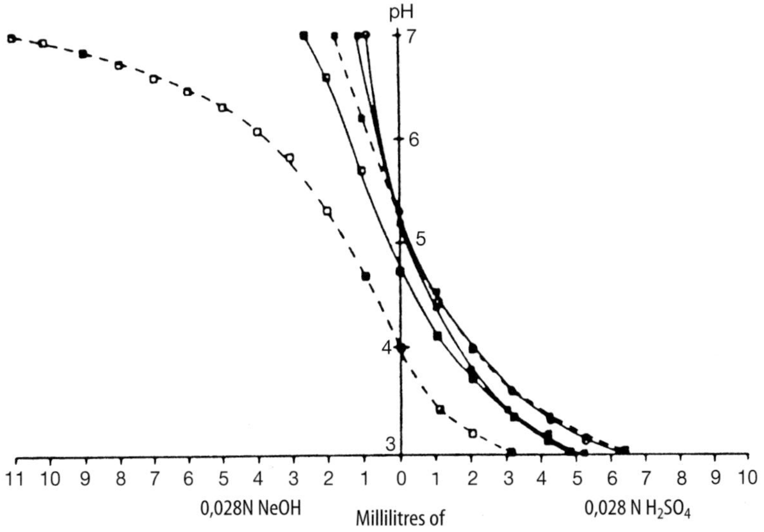

Abb. 1.8. Pufferkapazität verschiedener Holzarten bzw. für Splint- und Kernholz (Johns und Niazi 1980). Abszisse: ml 0,025 n-NaOH bzw. 0,025 n-Schwefelsäure. □ Douglas Fir; ■ Tamarack (Western Larch); ○ White Fir; —— Splintholz; — — — Kernholz

Die Pufferkapazitäten der verschiedenen Holzarten bis zum Erreichen eines pH-Wertes von 3 liegen im Allgemeinen in der Größenordung von 3–10 ml einer 0,025 n-Schwefelsäure, bezogen auf eine 50 ml-Extraktlösung von 25 g trockenem Holz in 250 g destilliertem Wasser, dies entspricht ca. 1,5–5 mmol Schwefelsäure/100 g atro Holz.

Die Kenntnis des pH-Wertes und der Pufferkapazität von Holz ist entscheidend für ein besseres Verständnis der Verleimvorgänge von Holz. Insbesondere die Pufferkapazität spielt eine wesentliche Rolle bei der Veränderung des pH-Wertes aminoplastischer Leimfugen, z.B. bei der Aushärtung. Durch die Härterzugabe und die Reaktion des Härters mit dem freien Formaldehyd des Leimes wird der pH-Wert des Leimes herabgesetzt, somit kann die saure Härtungsreaktion mit einer bestimmten Geschwindigkeit ablaufen. Wird dieser pH-Abfall durch die Pufferkapazität des Holzes verzögert, wird damit die Aushärtegeschwindigkeit herabgesetzt. Entsprechende Gegenmaßnahmen sind u.a. eine erhöhte Härterzugabe bzw. eine verlängerte Presszeit (sofern letztere wirtschaftlich vertretbar ist). Extreme Werte des Holz-pH können ebenfalls Probleme bei der Verleimung von Holz ergeben. So kann nach Nayaranamurti (1957) die Aushärtung eines UF-Harzes bei alkalischen Holzarten verzögert werden, was zu ungenügenden Verleimfestigkeiten führt. Andererseits gibt die sauer wirkende Eiche (pH = 3,7) bei der Verleimung mit alkalischen PRF-Harzen ebenfalls Probleme (Rayner 1965). Durch Waschen der sauren Eichenoberfläche mit Natriumacetat und damit durch eine gleichzeitige Neutralisierung konnten einwandfreie Verleimungen hergestellt werden. Sauer wirkende

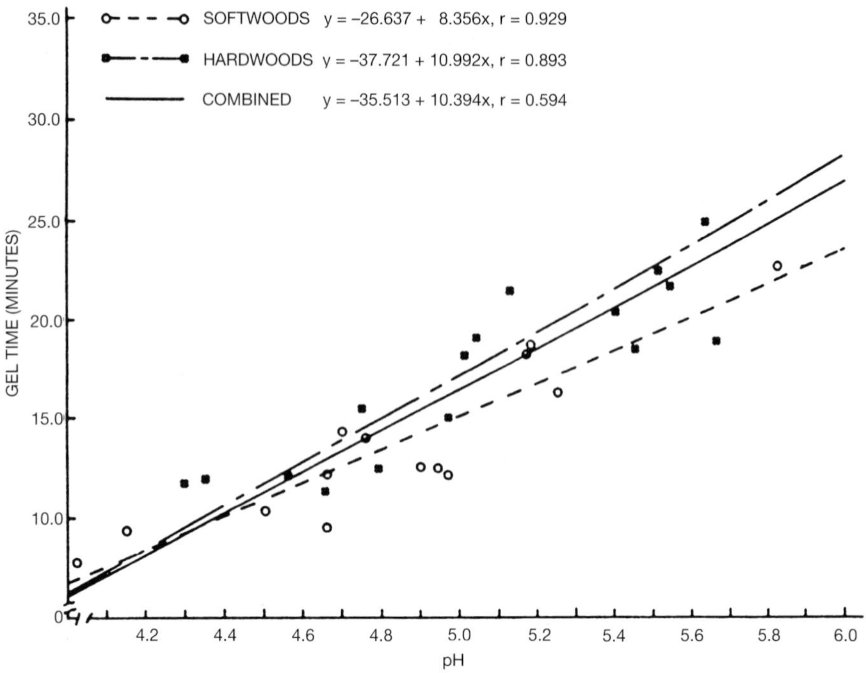

Abb. 1.9. Zusammenhang zwischen der Gelierzeit eines UF-Harzes und dem pH-Wert einer wässrigen Suspension verschiedener Holzarten. Vor der Gelierzeitmessung wurde das Harz mit Mehlen verschiedener Holzarten gemischt (Johns und Niazi 1980)

hydrolysierbare Tannine erschweren die Verleimung von Eichenholz mit alkalisch härtenden PF-Harzen, beschleunigen jedoch die Verleimung mit säurehärtenden UF-Leimen (Roffael u. a. 1975, Albritton und Short 1979).

Van Niekerk und Pizzi (1994) beschreiben Probleme bei der Herstellung von Spanplatten mit Spänen aus Eukalyptus. Wird dieses Holz größeren Mengen Dampf ausgesetzt, wie es während der Plattenherstellung zwangsläufig der Fall ist, fällt der pH-Wert des Holzes rasch auf ca. 4,5. Dies kann zu Aushärtungsproblemen bei alkalischen Phenolharzen oder bei Tanninlösungen führen. Zur Lösung dieses Problems wurde einerseits der pH-Wert der Tanninlösung auf ca. 8,5 angehoben; durch die Säurefreisetzung wird der pH-Wert schließlich wieder in einen für die Härtung des Tannins günstigen Bereich abgesenkt. Bei PF-Leimen wiederum konnte das Problem durch eine deutliche Beschleunigung der Aushärtung erreicht werden; damit ist das Harz bereits vor dem Auftreten des pH-Abfalls ausgehärtet.

Abbildung 1.9 zeigt die Abhängigkeit der Gelierzeit eines UF-Leimes vom pH-Wert verschiedener Holzarten. Vor der Gelierzeitmessung wurde das Harz mit Mehlen verschiedener Holzarten gemischt (Johns und Niazi 1980).

Mischungen von UF-Harzen mit Extraktlösungen ergeben zum Teil beträchtliche Verkürzungen der Gelierzeiten dieser Harze, wobei ein eindeutiger

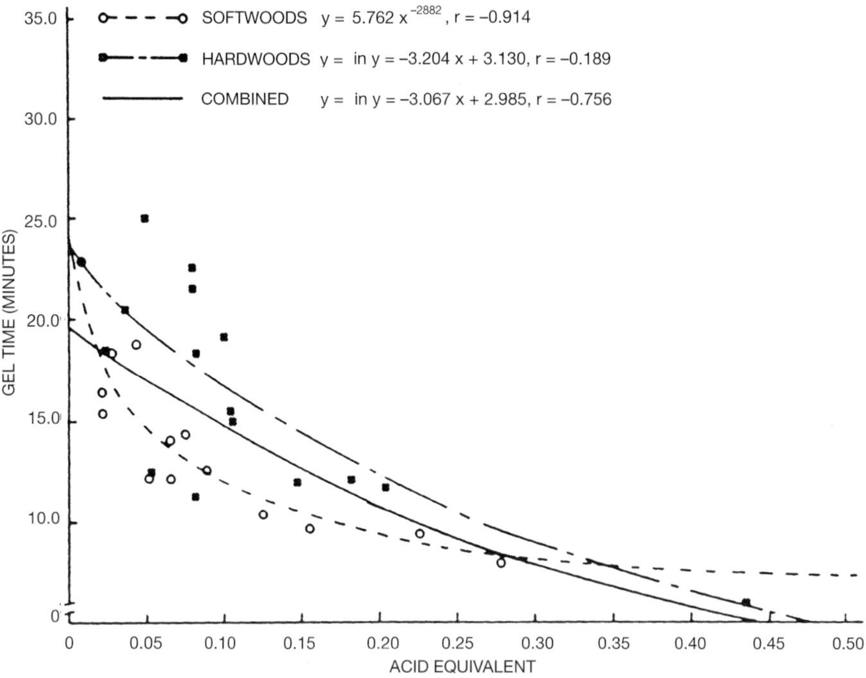

Abb. 1.10. Zusammenhang zwischen den Gelierzeiten von UF-Leim/Holzmehlmischungen und dem Säureäquivalent der Holzextrakte (Johns und Niazi 1980)

Zusammenhang zwischen dem pH-Wert der Mischung und der Gelierzeit gegeben ist (Slay u.a. 1980). Im Gegensatz dazu finden Akaike u.a. (1974), Narayanamurti u.a. (1962) und Kanazawa u.a. (1978) eine Verlängerung der Gelierzeit. Albritton und Short (1979) finden je nach Extraktionsmittel eine Verkürzung bzw. Verlängerung der Gelierzeit eines UF-Harzes.

Die Gelierzeiten von UF-Leim/Holzmehlmischungen können auch in Abhängigkeit des Säureäquivalents (Maß für die Pufferkapazität des Holzextraktes bei der Verschiebung des pH-Wertes auf 7) dargestellt werden (Abb. 1.10). Je höher dieses Säureäquivalent, desto kürzer ist erwartungsgemäß die Gelierzeit, wobei allerdings kein linearer Verlauf gegeben ist.

Die Pufferkapazität der Splintholzsäfte von wintergeschlagenem Holz ist deutlich höher als bei der Schlägerung im Frühjahr oder Sommer (Roffael u.a. 1992b+c).

Nelson (1973) berichtete über enge Korrelationen zwischen verschiedenen Eigenschaften PF-gebundener MDF-Platten und dem pH-Wert der Fasern nach dem Refiner. Je höher der pH-Wert (gemessener Bereich 3,6–4,9), desto höher waren die Festigkeiten und desto niedriger die Längenquellung (Dimensionsstabilität) der Platten. Ähnliche Zusammenhänge wurden auch von Myers (1978) berichtet.

Die Acidität erfährt durch die Lagerung des Holzes tiefgreifende Änderungen. Dies zeigt sich in einer deutlichen Abnahme des pH-Wertes sowie einer ausgeprägten Zunahme der Pufferkapazität gegenüber Alkali. Ferner erhöht sich die Menge an flüchtigen Säuren (Ameisen- und Essigsäure), die unter thermohydrolytischen Bedingungen aus den Spänen entweichen (Roffael 1989).

Weitere Literaturhinweise: Choon und Roffael (1990), Elias und Irle (1996), Kehr (1962a), Packman (1960), Prasetya und Roffael (1990), Ramiah und Troughton (1970), Stewart und Lehmann (1973).
Recyclingspäne: Hüster und Roffael (1999).

1.3.3
Gehalt an flüchtigen Säuren (s. auch Teil II, Abschn. 5.6)

Bei der Herstellung von Holzwerkstoffen und den dabei gegebenen hohen Temperaturen in Verbindung mit einem hohen Wasserdampfdruck kommt es durch Thermohydrolyse zu Abspaltungen von Ameisensäure und Essigsäure aus dem Holz. Während bei UF- sowie bei PMDI-gebundenen Platten die nachträglichen Emissionen an diesen beiden Säurearten jeweils in der gleichen Größenordnung liegen, überwiegt bei Einsatz von alkalischen Phenolharzen die Abgabe an Essigsäure bei weitem. Die Ursache dafür ist die Abspaltung von Acetylgruppen aus der Zellulose des Holzes (Poblete und Roffael 1985).

1.4
Holzoberflächen

Die Holzoberfläche ist eine komplexe, heterogene Mischung von polymeren Substanzen wie Zellulose, Hemizellulose und Lignin. Sie wird von Faktoren wie Polymermorphologie, Holzinhaltsstoffen und Herstellungsprozess beeinflusst. Nur bei Kenntnis möglichst aller beeinflussenden Parameter kann die Auswirkung der Art und Qualität der Holzoberfläche auf die Verleimungsfestigkeit abgeschätzt werden.

Die für eine Verleimung ideale Holzoberfläche sollte glatt, eben und frei von bearbeitungsbedingten Unregelmäßigkeiten sein. Sie sollte ferner weder glänzende Stellen noch Ausblühungen (z. B. Harzaustritte), Öl oder Schmutz enthalten.

1.4.1
Herstellung der zu verleimenden Holzoberflächen (weak boundary layer)

Bei der Erzeugung von Holzoberflächen kann es durch die verschiedenen Bearbeitungsvorgänge zu einer Schädigung der Holzoberfläche kommen, welche beim anschließenden Verleimen die Qualität der Verleimung und damit die erzielbare Bindefestigkeit negativ beeinflussen und zu schwachen Verleimfestigkeiten führen kann. Das Bruchbild zeigt dabei oft nur einen sehr schwachen Holzausriss oder einen seehundfellartigen Faserbelag. Das Aussehen kann mit der Holzart, dem Faserwinkel und der Bearbeitungsmethode variieren. Ursache kann vor allem eine mechanische Zerstörung der obersten Holzschicht sein, die allgemein als „mechanisch geschwächte Grenzfläche" (mechanical weak boundary layer MWBL) beschrieben wird (Bikerman 1961, Good 1972, Johansson und Stehr 1997, Stehr 1999 a). Diese besteht aus beschädigten Holzzellen, die infolge der verschiedenen Bearbeitungsvorgänge bei der Erzeugung neuer Oberflächen entstanden sind. Jede mechanische Bearbeitung zerstört die Holzzellen in unterschiedlichem Grade, je nach aufgebrachter Bearbeitungskraft, Holzstruktur, Werkzeugschärfe und anderer Parameter. Das Sägen zerreißt die Holzfasern, die dann die eigentliche Holzoberfläche als eine Schicht von lose anhaftenden Zellfragmenten bedecken. Das Hobeln zerquetscht die Tracheiden auch unterhalb der Holzoberfläche und zerreißt zudem noch die Zellen (Seltman 1995). Ein Bruch einer Verleimung an der Grenzfläche von Holz und Bindemittel ist oft ein Kohäsionsbruch einer weak boundary layer (Bikerman 1967), dieser Theorie widersprechen jedoch Crocker (1968) und Good (1972), die einen echten Bruch in der Interface (Adhäsionsbruch) für die wahrscheinliche Ursache halten.

Durch Entfernung dieser geschwächten Zonen, z. B. mittels Laserbehandlung, konnten Stehr (1999 b) bzw. Stehr u. a. (1999) teilweise eine deutliche Verbesserung der Verleimungsgüte erzielen, wobei hier die Art des Lasers und die eingesetzte Wellenlänge untersucht wurden. Die Verleimung erfolgte an Hirnholz unter Verwendung eines PVAc-Leimes. Auffallend war, dass bei der Prüfung der Verleimung überwiegend Leimbruch aufgetreten ist; durch den Einsatz anderer oder besser geeigneter Bindemittel hätten möglicherweise bessere Ergebnisse erzielt werden können. Auch Seltman (1995) erreicht eine Entfernung der lose anhaftenden Zellfragmente durch konzentrierte Bestrahlung mit UV-Laserlicht (UV irridation, laser ablation). Die Methode wirkt dabei weder mechanisch noch thermisch auf die Holzstruktur ein, solange man eine makroskopische Betrachtungsweise beibehält. Schon eine kurzzeitige Bestrahlung von einigen Sekunden hat eine vollständige Entfernung der losen Holzzellenelemente zur Folge, vor allem an Hirnflächen des mit einer Bandsäge bearbeiteten Fichtefrühholzes. Dabei findet auch eine teilweise Freilegung des Fichtenspätholzes statt. Diese Methode lässt sich nach Seltman (1995) auch auf Seitenflächen anwenden. Durch eine längere Bestrahlung (ca. eine Minute) kann eine viel tiefergehende Ablation über mehr als einige Zellreihen erreicht werden, wobei teilweise die Porenstruktur freigelegt wird. Der Effekt der freigelegten Oberfläche für die Erhöhung des Leimeindringvermögens wird durch die Freilegung dieser Poren noch verstärkt. Eine optimale Bestrahlung bedeutet, in möglichst kurzer Zeit eine Holzoberfläche zu schaffen, die ein akzeptables Eindring- und Haftungsniveau der Oberflächenbearbeitung gewährleistet.

Beim Schneiden von Holz mittels Laser entsteht durch einen thermochemischen Abbau (thermochemical decomposition TCD) eine verkohlte Schicht, die einen negativen Einfluss auf die Verleimungsgüte hat (McMillin und Huber 1985, Rabiej u.a. 1990, 1993). Eine ordnungsgemäße Verleimung ist nur durch die Entfernung dieser Schicht möglich. Einflussfaktoren sind dabei die Tiefe dieser Verrottungszone, die Bindemitteltype und die Verleimungstechnologie. Das Ausmaß der Schädigung wiederum hängt von der Schneidetechnologie und der dabei erforderlichen Energie ab. Durch die zumindest teilweise Entfernung der geschädigten Zone durch Waschen mit Wasser bzw. Schleifen konnte zumindest ein Teil der verlorengegangenen Bindefestigkeit wieder zurückgewonnen werden (Rabiej u.a. 1990).

Je nach Oberflächenvorbereitung können unterschiedliche Verleimungsergebnisse erzielt werden. Jokerst und Stewart (1976) berichteten, dass bei gehobelten und geschliffenen Oberflächen nach der Verleimung keine Unterschiede in der Verleimfestigkeit gefunden wurden, wenn unter konstant trockenen Bedingungen geprüft wurde; erst bei Anwendung eines Wässerung-Trocknungs-Zyklusses zeigte sich die Überlegenheit der gehobelten Oberfläche. Ursache dafür ist nach Murmanis u.a. (1983), dass die beiden Bearbeitungsmethoden deutlich unterschiedliche Oberflächen für die Verleimung ergeben. Die geschliffenen Oberflächen ergaben unregelmäßige und dicke Leimfugen, es war nur eine geringe Penetration des Bindemittels in die Zellhohlräume festzustellen. Unterhalb der Oberfläche befanden sich zerstörte Zellen, die teilweise ein weiteres Eindringen des Bindemittels in unversehrte Holztiefen verhinderte. Die gehobelte Oberflächen hingegen zeigten keine zerstörten Holzzellen.

Neben der mechanisch geschwächten Grenzfläche definiert Stehr (1999a) auch eine chemisch geschwächte Grenzfläche (chemical weak boundary layer CWBL); diese tritt auf, wenn z.B. Verunreinigungen mit niedriger Molmasse an die Holzoberfläche wandern (s. auch Teil III, Abschn. 1.3.1).

1.4.2 Verleimungsrelevante Eigenschaften von Holzoberflächen

1.4.2.1 *Kontaktwinkel und Oberflächenenergien von Holzoberflächen*

Grundvoraussetzung für eine Verleimung zweier Holzoberflächen ist die Benetzung dieser Oberflächen durch das flüssige oder verflüssigte Bindemittel. Die Benetzung selbst wird wiederum von der Oberflächenspannung und dem rheologischen Verhalten des Bindemittels sowie von der Oberflächenenergie der Holzoberfläche bestimmt und kann als „makroskopische Sichtbarmachung von molekularen Wechselwirkungen zwischen Flüssigkeiten und Feststoffen in direktem Kontakt an der Grenzfläche zwischen ihnen“ (Berg 1993) beschrieben werden. Dies umfasst die Ausbildung des Kontaktwinkels, das Spreiten der Flüssigkeit auf der Feststoffoberfläche und das Eindringen der Flüssigkeit in einen porösen Feststoff. Benetzung umfasst hier jedoch nicht die Auflösung oder das Quellen des Feststoffes durch die Flüssigkeit und auch keinerlei chemische Reaktion zwischen Flüssigkeit und Feststoff.

Eine gute Benetzbarkeit von Holzoberflächen stellt bei der Verleimung von Holz die Grundvoraussetzung dar, dass in der Grenzschicht zwischen Leim und Holzoberfläche hohe Adhäsionskräfte wirksam werden. Als Maß für die Beurteilung der Benetzbarkeit von Oberflächen kann der Kontaktwinkel Θ herangezogen werden. Dieser bildet sich beim Aufbringen eines Flüssigkeitstropfens auf eine ebene isotrope Festkörperoberfläche im Berührungspunkt der drei Phasen fest, flüssig und gasförmig. Mit Hilfe des Kontaktwinkels lassen sich die energetischen Zustände einer Oberfläche beschreiben, die beim ersten Kontakt der beiden Oberflächen fest und flüssig (Holz und Bindemittel) auftreten. Damit ist es auch zulässig, Rückschlüsse auf die Qualität der Verleimung zu ziehen. Die für die Festigkeit bei der Verleimung von Holz entscheidenden Adhäsionskräfte (nebenvalente Bindungskräfte) können nämlich nur dann wirksam werden, wenn die Moleküle der beiden Phasen fest und flüssig einen Abstand im Nanometerbereich erreichen. Direkte Korrelationen zwischen ermittelten Kontaktwinkeln und erreichten Verleimfestigkeiten (z.B. Scherfestigkeiten) konnten bisher nur selten gefunden werden (Chen 1970) und scheinen auch nicht universell gegeben zu sein (Scheikl 1995). Herczeg (1965) untersuchte die mit UF-Harzen unterschiedlicher Oberflächenspannung erreichbaren Bindefestigkeiten. Gute Bindefestigkeiten waren dann gegeben, wenn die Oberflächenspannungen ähnlich der kritischen Oberflächenspannung des zu verleimenden Holzes war.

Niedrige Kontaktwinkel ($<45°$) weisen auf eine gute Benetzbarkeit der Oberfläche hin. Im Idealfall $\Theta = 0°$ (vollständige Spreitung) breitet sich die Flüssigkeit spontan auf der Oberfläche aus. Kontaktwinkel $>90°$ zeugen von einer unvollständigen Benetzung, die zu unzureichenden oder schlechten Verleimfestigkeiten führen kann. Die Benetzung und Spreitung eines Leimtropfens auf der Holzoberfläche ist dann möglich, wenn die Oberflächenenergie des Holzes gleich oder größer als die Summe der Oberflächenenergien der Flüssigkeit und der Grenzfläche zwischen Flüssigkeit und Holz ist.

Die Bestimmung des Kontaktwinkels bei der Benetzung von Holzoberflächen erfolgt nach der statischen bzw. bevorzugt nach der dynamischen Methode (Gardner 1996, Gardner u.a. 1991a+b, Scheikl u.a. 1995, Scheikl und Dunky 1996a+b, 1998). Einflussfaktoren auf den sich ausbildenden Kontaktwinkel sind:

- die Eigenschaften der Holzoberfläche: radialer oder tangentialer Schnitt bzw. Hirnholz, Holztemperatur, Holzfeuchtigkeit, Oberflächenrauheit, eventuelle Verschmutzungen der Oberfläche, Alter der Oberfläche, Anreicherung von hydrophoben Extraktstoffen an der Oberfläche
- die Eigenschaften der flüssigen Phase (Leim, Bindemittel), insbesondere die Viskosität (s. auch Teil II, Abschn. 1.1.8.2). Es besteht sogar die Gefahr, dass sich in der für die Benetzungsmessungen eingesetzten Testflüssigkeit Holzinhaltsstoffe lösen und damit die Oberflächenspannung dieser Flüssigkeiten abgesenkt wird (Walinder 2000).

- die Zeit (bei der Messung nach der statischen Methode): Maldas und Kamdem (1999) definieren die Abnahme des Kontaktwinkels mit der Zeit als $R = \mathrm{d}\Theta/\mathrm{d}t$, wobei R vor allem durch das Adsorptionsverhaltens des Tropfens auf der Oberfläche bestimmt wird.

Die wichtigsten Einflussfaktoren auf die Oberflächenspannungen und die sich ergebenden Kontaktwinkel sind:

- Holzart: Kazayawoko u.a. (1997), Scheikl und Dunky (1996a+b, 1998), Shi und Gardner (2001)
- Rauigkeit der Holzoberfläche: Bogner (1991), Gray (1962), Hameed und Roffael (1999), Hse (1972b)
- Schnittrichtung radial/tangential: Hameed und Roffael (1999), Scheikl und Dunky (1996a+b, 1998), Shupe u.a. (1998a)
- Frühholz, Spätholz: Scheikl und Dunky (1996a+b, 1998), Shi und Gardner (2001), Shupe u.a. (1998)
- Ausbreitungsrichtung des Tropfens (längs oder quer zur Faserrichtung) bei der Winkelmessung: Shen u.a. (1998), Shi und Gardner (2001)
- Holzfeuchtigkeit: Elbez (1985), Rozumek und Elbez (1985), Wellons (1980)
- Faserwinkel: Suchsland (1957)
- Alter der Holzoberfläche: Herczeg (1965), Nguyen und Johns (1979), Walinder und Johansson (2001a+b)
- pH-Wert der Holzoberfläche: Kehr und Schilling (1965b), Plath (1953), Popper (1978)
- Art und Menge an Holzinhaltsstoffen: Chen (1970), Narayanamurti (1957), Roffael und Rauch (1974)
- Vorbehandlung der Oberfläche, z.B. durch Extraktion mit verschiedenen Lösungsmitteln: Maldas und Kamdem (1999)
- Bindemittelart:
  - UF-Harze: Scheikl und Dunky (1996a+b, 1998)
  - PF-Harze: Hse (1972a+b), Shi und Gardner (2001), Shupe u.a. (1998a+b)
  - PMDI: Shi und Gardner (2001)

Bei der statischen Methode der Kontaktwinkelmessung bestehen verschiedene Möglichkeiten der Auswertung des sich mit der Zeit verändernden Winkels, die jedoch alle zu unterschiedlichen und miteinander nicht korrelierenden Ergebnissen führen:

- Ablesung nach einer bestimmten Zeit, z.B. 3–5 s (Bogner 1991)
- Extrapolation nach $t = 0$ (kann zu sehr hohen Werten führen)
- Extrapolation des linearen Teiles des Kontaktwinkelverlaufes auf $t = 0$
- Kontaktwinkel zum Zeitpunkt des Beginns dieses linearen Bereiches (erste Ableitung der Kontaktwinkelkurve wird konstant), „constant wetting rate angle“ (Nussbaum 1999)
- Darstellung des zeitlichen Verlaufes des Kontaktwinkels
- mathematische Beschreibung des Verlaufes der Kurven Kontaktwinkel vs. Zeit (Shi und Gardner 2001).

Bei Verwendung der statischen Kontaktwinkelmessung ist demnach immer die Art der Auswertung anzugeben und zu berücksichtigen.

Das Benetzungsverhalten von Holzoberflächen kann auch mittels der Steiggeschwindigkeit verschiedener Flüssigkeiten in einer mit Holzpartikeln gefüllten Säule oder Kapillare (column wicking) unter Zugrundelegung der so genannten Washburn-Gleichung (Washburn 1921) abgeschätzt werden (Bodig 1962, Freeman 1959, Gardner u.a. 1999, Oss u.a. 1993, Walinder und Gardner 1999a).

Bei der so genannten Wilhelmy-Methode zur Abschätzung der Kontaktwinkel wird die beim Eintauchen eines Festkörpers in und beim Herausziehen aus einer Flüssigkeit erforderliche Kraft gemessen (Johnsson und Dettre 1993, Kistler 1993, Vogler 1993, Walinder und Johansson 2001a+b, Wilhelmi 1863). Über die Anwendung dieser Methode bei der Beurteilung der Benetzbarkeit von Holz bzw. Fasern berichten Casilla u.a. (1981), Deng und Abazeri (1998), Gardner u.a. (1991b), Mantanis und Young (1997), Paprzycki und Pecina (1989), Pecina und Paprzycki (1988a+b), Shen u.a. (1998) und Walinder (2000).

Auch die so genannte Axisymmetric Drop Shape Analysis – Contact Diameter (ADSA-CD)-Methode kann für die Bestimmung von sich auf Holzoberflächen ergebenden Kontaktwinkeln herangezogen werden (Kazayawoko u.a. 1997). Dabei wird der Kontaktwinkel mit Hilfe des durchschnittlichen Durchmessers der Berührungsfläche zwischen Tropfen und Feststoffoberfläche berechnet.

Als weitere Messmethode zur Bestimmung bzw. Abschätzung der energetischen Eigenschaften von Oberflächen kann die Invers-Gaschromatographie herangezogen werden (Gardner u.a. 1999, Kamdem u.a. 1993, Tshabalala 1997, Walinder und Gardner 1999).

Kritische Oberflächenspannung von Holzoberflächen

Die Berechnung der kritischen Oberflächenspannung erfolgt üblicherweise nach einer der beiden folgenden Methoden:

- Methode nach Zisman (Zisman 1962, 1964): Flüssigkeitstropfen homologer Substanzen aber mit unterschiedlicher Oberflächenspannung werden auf die Holzoberfläche aufgebracht und der sich einstellende Kontaktwinkel gemessen. Sodann wird der Cosinus der Kontaktwinkel Θ als Funktion der Oberflächenspannung der Flüssigkeiten aufgetragen und die Ausgleichsgerade ermittelt. Durch Extrapolation auf $\cos\Theta = 1$ erhält man die so genannte kritische Oberflächenspannung $\sigma_{FG\,krit.}$ des Festkörpers, in diesem Fall der Holzoberfläche. Dieser Wert ist demnach diejenige Oberflächenspannung einer hypothetischen Flüssigkeit, die auf der betreffenden Festkörperoberfläche gerade vollständig spreitet (Kontaktwinkel $\Theta = 0°$).
- Methode nach Owens, Wendt und Rabel (Fowkes 1964, Owens und Wendt 1969): Aufspaltung der Grenzflächenspannung in einen dispersen, ungerichteten, und einen polaren, gerichteten Anteil.

Oberflächenenergien von Bindemitteln und Holzoberflächen

Die Zusammensetzung des flüssigen Bindemittels beeinflusst seine Oberflächenspannung und sein Eindringvermögen ins Holz. Damit hat auch die Wahl des Bindemittels entscheidenden Einfluss auf die sich ausbildenden Kontaktwinkel und auch auf den gesamten Benetzungs- und Verleimungsprozeß. Verschiedene Arbeiten zur thermodynamischen Charakterisierung von Bindemitteln, speziell von UF- und PF-Leimen, wurden von Elbez (1978, 1985), Freeman und Wangaard (1960), Hse (1972), Scheikl u.a. (1995), Scheikl und Dunky (1996b) sowie White (1977) durchgeführt.

Nach Nguyen und Johns (1978) kann die Oberflächenspannung einer Flüssigkeit oder eines Festkörpers auch als Energie verstanden werden, die sich als Summe von dispersen Kräften σ^d und polaren Kräften σ^p ergeben.

Weitere Literaturhinweise: Boehme (1993b), Boehme und Hora (1996), Bogner (1995), Casilla u.a. (1981), Collett (1972), Elbez (1978, 1984), Freeman und Wangaard (1960), Gardner (1996), Gindl u.a. (2000), Good (1993), Gray (1962), Hameed und Roffael (1999), Herczeg (1965), Hse (1972a), Huntsberger (1981), Jordan und Wellons (1977), Kalnins u.a. (1988), Lavisci u.a. (1991), Liptakova u.a. (1995), Liptakova und Kudela (1994), Maldas und Kamdem (1998a+b), Mantanis und Young (1997), Meijer (1999), Nylund u.a. (1998), Pecina und Paprzycki (1988a, 1990), Rozumek und Elbez (1985), Shen u.a. (1998), Wehle (1979a+b), Wellons (1980), Zorll (1978, 1981).

1.4.2.2
Benetzungsverhalten von Holzwerkstoffoberflächen

Die Benetzung von Holzwerkstoffoberflächen kann an sich nach den gleichen Methoden wie bei Holzoberflächen gemessen werden, es sind zum Teil jedoch andere Testflüssigkeiten erforderlich, um eine ordnungsgemäße Auswertung der Daten zu gewährleisten (Scheikl und Dunky 1996c). So war es nicht möglich, wie bei der Bestimmung der kritischen Oberflächenspannung von Massivholz die üblichen Glykol/Wasser-Gemische einzusetzen (Scheikl und Dunky 1998). Auf Grund der außerordentlich hohen Kontaktwinkel war dabei keine vernünftige Extrapolation auf $\cos \Theta = 1$ nach Zisman (1962, 1964) möglich. Mit Isopropanol/Wasser-Gemischen konnten hingegen ausreichend kleine Kontaktwinkel für eine Auswertung der kritischen Oberflächenspannung nach Zisman bestimmt werden. Je hydrophober die Oberfläche eines Festkörpers ist, desto niedriger ist seine kritische Oberflächenspannung.

Die kritische Oberflächenspannung von Holzspanplatten wurden erstmals von Scheikl und Dunky (1996c) berechnet. An MDF-Oberflächen wurden die kritische Oberflächenspannung von Barbu und Resch (1998) bzw. Barbu u.a. (2000a–c) sowie die freien Oberflächenenergien von Wulf u.a. (1997) gemessen bzw. berechnet.

Weitere Literaturhinweise: Donaldson und Lomax (1989).

1.4.2.3
Eindringverhalten von Bindemitteln in die Holzoberfläche

Die bei der Herstellung von Holzwerkstoffen in die Oberfläche der verschiedenen Strukturelemente (Furniere, Späne) eindringende Bindemittelmenge beeinflusst das Verleimungsergebnis entscheidend. Ein übermäßiges Eindringen ins Holz verursacht verhungerte Leimfugen, während ein zu geringes Eindringen nur eine kleine innere Oberfläche für den Kontakt zwischen Bindemittel und Holz und für die Ausbildung der verschiedenen Bindungsmechanismen bietet. Darüber hinaus ist ein schlechtes Eindringverhalten meist auch die Folge einer schlechten Benetzung.

Wichtige Parameter für das Eindringverhalten des Leimes ins Holz während des Pressvorganges sind:

- Presszeit
- Presstemperatur bzw. Temperatur in der Leimfuge: Herabsetzung der Bindemittelviskosität, dadurch wird das Eindringen des Leimes in die Hohlräume und das Fließen des Leimes begünstigt. Bei höherer Temperatur erfolgt bei duroplastischen Harzen jedoch auch eine raschere Aushärtung.
- einwirkender Pressdruck
- Feuchtigkeit des Holzes: Verbesserung des Fließverhaltens des Bindemittels durch Herabsetzung der Viskosität
- Bindemittelmenge (Leimauftrag)
- Oberflächenrauheit des Holzes: Zerspanungsbedingungen, Anteil der angeschnittenen Zellen (Fasern)
- Holzdichte: je höher die Holzdichte, je geringer also der Querschnittsanteil des Faserlumens, desto geringer ist die eindringende Bindemittelmenge (Vergleich Früh- und Spätholz)
- Oberflächeneigenschaften: Behinderung des Eindringens durch schlechte Benetzung, z.B. infolge Verschmutzung oder Inaktivierung der Oberfläche
- Bindemitteleigenschaften (Molmassenverteilung, Kondensationsgrad, Viskosität, s. auch Teil II, Abschn. 1.1.8.2). Tarkow u.a. (1966) geben als maximale Molmasse, die noch in eine gequollene Zellwand diffundieren kann, einen Wert von ca. 3000 an. Ein Eindringen von hochmolekularen Leimen in die Zellwand findet nicht statt.

Das Fließen des Bindemittels durch das Holz besteht zum einen aus dem Eindringen und der Bewegung in den Zellumina und Poren der porösen Struktur des Holzes, die auf Grund der natürlichen Richtungsabweichung in bestimmten Maße an der Holzoberfläche angeschnitten sind; zum anderen erfolgt bei ausreichend kleinen Klebstoffmolekülen die Durchdringung der Zellwände und damit der Transport von einer geschlossenen Zelle zur anderen über die Mikroöffnungen (Tüpfel) zwischen den einzelnen Zellen (Johnson und Kamke 1992). Bei einem zu hohen Fluss besteht allerdings die Gefahr einer verhungerten Leimfuge.

Bei der Bestimmung des Kontaktwinkels nach der statischen Methode kommt es im Laufe der Dauer der Messung zu einem Eindringen des Tropfens in die Holzoberfläche, wobei die Eindringgeschwindigkeit von der Leimseite her insbesondere von der Viskosität des Leimes abhängt (Scheikl und Dunky 1996a, 1998). Die Veränderung des statisch gemessenen Kontaktwinkels mit der Zeit kann demnach auch als Maß für die Eindringgeschwindigkeit der Flüssigkeit in die Holzoberfläche ausgewertet werden. Frühholz absorbiert Flüssigkeiten deutlich rascher (Maldas und Kamdem 1999, Scheikl u.a. 1995, Scheikl und Dunky 1998) bzw. in größerem Ausmaß (Brady und Kamke 1988) als das engporige Spätholz; auch Brüche und Risse in den Zellwänden ergeben zusätzliche Fließwege und erleichtern dadurch die Penetration ins Holz. Die Penetration des Bindemittels in die Holzoberfläche ergibt eine größere Kontaktzone zwischen Bindemittel und Holzoberfläche und ermöglicht die mechanische Verankerung des ausgehärteten Bindemittels. Eine übermäßige Penetration kann hingegen zu einem zu geringen Verbleib des Bindemittels in der eigentlichen Leimfuge und zum Effekt einer verhungerten Leimfuge führen. Zusätzlich kann bei dünnen Holzlagen (Furnieren) Leimdurchschlag erfolgen.

Das Ausmaß der Penetration wird auch von verschiedenen Parametern der Holzoberfläche bestimmt, wie Schnittrichtung (radial, tangential), Porosität des Holzes, Dichte, Holzfeuchtigkeit bzw. Anwesenheit von z.B. hydrophoben Holzinhaltsstoffen.

Brady und Kamke (1988) untersuchten die Verteilung des in die Holzoberfläche eingedrungenen Leimes. Die Autoren konnten daraus im Wesentlichen zwei wichtige Schlussfolgerungen ziehen:

- Die Gleichmäßigkeit des Eindringens des Bindemittels ins Holz wird mehr durch die natürliche Variabilität des Holzes als durch verschiedene Prozessparameter (Temperatur, Holzfeuchtigkeit, Zeit, Pressdruck) beeinflusst.
- Die Prozessparameter beeinflussen das Eindringverhalten des Bindemittels ins Holz über ihren Einfluss auf die Viskosität. Der Pressdruck ist die treibende Kraft im Sinne des hydrodynamischen Flusses. Während der Heißpressung bei den Messungen erhöhte die ansteigende Temperatur auf der einen Seite die Eindringgeschwindigkeit infolge der Absenkung der Leimviskosität; mit fortschreitender Zeit führte jedoch die Weiterkondensation des Harzes zu einem Viskositätsanstieg und letztendlich infolge der Aushärtung zu einem Ende der Eindringbewegung.

Die Bestimmungsmethoden für das Eindringverhaltens eines Bindemittels in die Holzoberfläche beruhen auf der Vorgangsweise, dass das Bindemittel auf die Holzoberfläche aufgetragen wird (ggf. unter einem bestimmten Druck); nach einer bestimmten Zeit werden Mikrotomschnitte durchgeführt und zur Bestimmung des Bindemittels in den verschiedenen Schnitten verschiedene Analysenverfahren eingesetzt, wie z.B. Elektronenmikroskopie, Mikroautoradiographie, Fluoreszenzmikroskopie, Atomic-Force-Mikroskopie) oder ver-

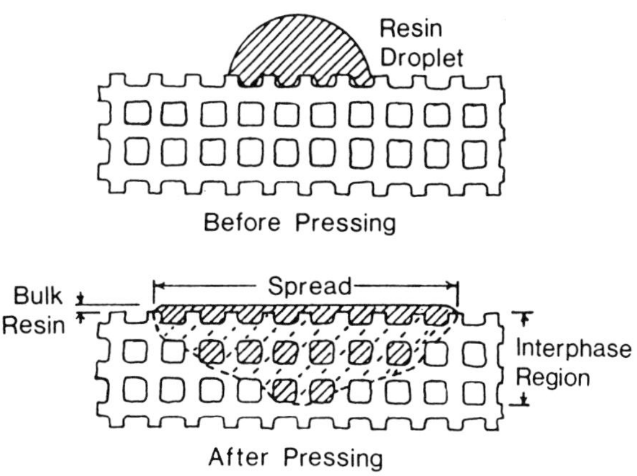

Abb. 1.11. Schematische Darstellung des aufgetragenen Bindemittels bzw. des Eindringens des Bindemittels bei der Verpressung in die Holzoberfläche (Brady und Kamke 1988)

schiedene Anfärbemethoden. Bei aminoplastischen Harzen kann auch der Stickstoffgehalt in den einzelnen Schichten als Maß für das Eindringverhalten herangezogen werden. Abbildung 1.11 zeigt schematisch das aufgetragene Bindemittel bzw. das Eindringen des Bindemittels bei der Verpressung in die Holzoberfläche (Brady und Kamke 1988).

Marcinko u.a. (1994) untersuchten das Eindringverhalten von PMDI in Holzoberflächen, indem sie dem Bindemittel einen Farbstoff zumischten und die Wanderung des Bindemittels unter dem Fluoreszenzmikroskop verfolgten. Sowohl die Eindringgeschwindigkeit wie auch die maximale Eindringtiefe war bei Frühholzoberflächen größer als bei Spätholz und auch bei Radialschnitten größer als bei tangentialen Flächen. Im Vergleich zwischen einem Phenolharz und PMDI fanden sie bei letzterem eine deutlich größere Eindringtiefe (1–1,5 mm im Vergleich zu 0,1–0,3 mm). Dadurch wird eine größere Zwischenschicht (interface) zwischen der eigentlichen Leimfuge und der Holzoberfläche erreicht. Dies wurde auch von Sernek u.a. (1999) bestätigt: die Penetration in tangentialer Richtung (d.h. auf Radialflächen) war stärker als in radialer Richtung (d.h. auf tangentialen Flächen). Die Anwendung eines mechanischen Druckes auf die Leimfuge erhöhte deutlich die Penetration.

Weitere Literaturhinweise: Bolton u.a. (1988), Furuno u.a. (1983), Hameed und Roffael (2001), Johnson und Kamke (1992), Liptakova und Kudela (1994), Neusser u.a. (1977), Rozumek und Elbez (1985), Saiki (1984), Shi und Gardner (2001), Suchsland (1958), White (1977), White u.a. (1977).

1.4.2.4
Chemische Analyse von Holzoberflächen

Chemische Untersuchungen an Holzoberflächen können mit verschiedenen Methoden erfolgen, wie in Tabelle 1.12 zusammengefasst ist.

Tabelle 1.12. Chemische Untersuchungen an Holzoberflächen

Methode	Beschreibung	Literatur
ESEM	Beaufschlagung einer Oberfläche mit einem Elektronenstrahl; detektiert werden Sekundärelektronen und Ionen.	Danilatos (1990) Maldas und Kamdem (1998b)
ESCA (XPS)	Bei Bestrahlung einer Oberfläche mit weichen Röntgenstrahlen können Elektronen zum Verlassen ihrer Bahn gezwungen werden. Dabei kann die Bindungsenergie des durch den Photoeffekt emittierten Elektrons bestimmt und zur Analyse von Oberflächen herangezogen werden.	Böras und Gatenholm (1999) Dorris und Gray (1978) Gardner u.a. (1991a + b) Maldas und Kamdem (1998b) Nussbaum (1993) Young u.a. (1982)

ESEM: Environmental scanning electron microscopy.
ESCA: Electron spectroscopy for chemical application/analysis.
XPS: X-ray photoelectron spectroscopy.

1.4.3 Modifizierung der Holzoberfläche

Modifizierungen der Holzoberfläche können durch verschiedene physikalische, mechanische und chemische Behandlungen erfolgen. Chemische Modifizierungen haben vor allem die Verbesserung der Dimensionsstabilität zum Ziel, weitere Ziele sind Verbesserungen in den physikalischen und mechanischen Eigenschaften oder eine erhöhte Beständigkeit gegen physikalischen, chemischen oder biologischen Abbau.

Literaturhinweise: Hon (1996), Kiguchi (1996), Kumar (1994).

1.4.3.1 *Acetylierung*

Durch die Acetylierung der Holzoberfläche (Dampfphasenbehandlung an trockenem Holz bei 90–120 °C) wird der Anteil an hydrophilen Stellen verringert (USP 2417995). Dabei reagieren die OH-Gruppen der Zellulose mit Acetanhydrid unter Esterbildung, wodurch der Anteil an Acetylgruppen im Holz ansteigt. Die Hygroskopizität des Holzes wird herabgesetzt, dadurch kann die Quellung und Schwindung verringert (Tarkow u.a. 1950) und eine bessere Beständigkeit gegenüber einem Angriff von Schädlingen (Pilze und Insekten) erzielt werden; die Festigkeitseigenschaften verändern sich gegenüber unbehandeltem Holz nur wenig (Goldstein u.a. 1961). Durch die Acetylierung wird allgemein die Hygroskopizität des Zellwandmaterials verringert (Rowell

1982). Die Acetylierung kann aber auf der anderen Seite auch die Anzahl der Wasserstoffbrückenbindungen zwischen der Holzoberfläche und dem Bindemittel reduzieren und damit den Verleimungsprozess negativ beeinflussen. Eine geringere Anzahl an Hydroxylgruppen reduziert geringfügig die Geschwindigkeit der Festigkeitsausbildung wie auch die Höhe der Endfestigkeit, wobei letzteres vor allem bei kaltausgehärteten Leimfugen der Fall ist (Chowdhury und Humphrey 1999). Der geringere hydrophile Charakter der Holzoberfläche beeinträchtigt auch das Benetzungsverhalten und das Eindringvermögen des Bindemittels ins Holz und damit die erzielbaren Bindefestigkeiten (Chow u.a. 1996b, Gollob und Wellons 1990, Humphrey 1997, Rowell und Banks 1987). Beim Einsatz von acetylierten Fasern bei der Herstellung von MDF-Platten konnten Gomez-Bueso u.a. (1999, 2000) eine überaus hohe Verbesserung der Dickenquellung erreichen.

Pizzi u.a. (1994) weisen darauf hin, dass bei der Acetylierung insbesondere auch eine Reaktion mit dem aromatischen Ring des Lignins erfolgen kann, wobei die genaue Abfolge dieser Reaktion nicht eindeutig bekannt ist. Dieser Angriff am aromatischen Rest kann auch eine gewisse Quervernetzung der Holzpolymeren hervorrufen und damit zu einer Verbesserung der Dimensionsstabilität beitragen.

Simonson und Rowell (2000) sowie EP 650998 berichten über eine erste geplante industrielle Anlage in Europa zur Acetylierung von Fasern, Groot (2000) über eine erste industrielle Anlage in den Niederlanden zur Acetylierung von Vollholz.

Weitere Literaturhinweise: Arora u.a. (1981), Beckers und Militz (1994), Chow u.a. (1996a), Deppe und Rühl (1993), Gomez-Bueso u.a. (1996), Hill u.a. (1998), Hill und Jones (1999), Hon und Bangi (1996), Larsson Brelid und Simonson (1999a+b), Matsuda (1987), Militz (1991), Nilsson u.a. (1988), Popper und Bariska (1972, 1973), Rana u.a. (1999), Rowell (1995), Rowell u.a. (1986, 1987, 1988, 1989, 1990, 1995), Rowell und Norimoto (1988), Stefke u.a. (2000), Usta u.a. (2000), Vick u.a. (1993), Youngquist u.a. (1985).

1.4.3.2
Alkylierung der Zellwand durch Reaktion der OH-Gruppen mit Propylen- oder Butylenoxid

Bei der Propionylierung wird ebenfalls die hydrophile OH-Gruppe der Zellulose durch eine entsprechende hydrophobe Seitengruppe (Bildung von Ätherbrücken mit den OH-Gruppen der Zellulose) ersetzt (Furuno u.a. 2000, Hill und Jones 1996a+b, 1999, Li 2000a+b). Erzielt wird eine gute Dimensionsstabilität und ein hoher Widerstand gegen biologischen Angriff, jedoch ist auch ein teilweiser Verlust von physikalischen Eigenschaften gegeben, weil ein Teil der Wasserstoffbrückenbindungen verloren geht.

Weitere Literaturhinweise: Ibach u.a. (2000), Rowell u.a. (1981), Rowell und Gutzmer (1975).

1.4.3.3
Aktivierung der Oberfläche, Wärme- und Hitzevorbehandlung, kombinierte chemische und thermische (thermochemische) Aktivierung

Es war und ist immer wieder Gegenstand der Forschung, durch eine gezielte Aktivierung der Holzoberfläche die Verbindung zwischen den Polymerketten des Holzes und dem Bindemittel und damit die Verleimung zu verbessern. Die Oberflächenaktivierung ist heute für verschiedene Materialien ein üblicher industrieller Prozess, um eine höhere Oberflächenenergie zu erhalten, wird bei der Holzverleimung allerdings nur sehr selten eingesetzt.

Bei der Holzwerkstoffherstellung werden mit wenigen Ausnahmen die holzeigenen Bindekräfte nur ungenügend wirksam. Durch verschiedene biologische, physikalische oder chemische Modifizierungen des Holzes ist eine entsprechende Aktivierung der Faser- und Holzoberfläche möglich, wodurch gleichzeitig der Bedarf an Bindemittel bei der Verleimung herabgesetzt wird.

Zum Thema Oberflächenaktivierung wurden in den letzten Jahrzehnten viele Forschungsarbeiten auf der ganzen Welt durchgeführt. Insbesondere wurden dabei zwei verschiedene Ansätze angewandt:

- Wärme- oder Hitzevorbehandlung
- Kombinierte chemische und thermische Aktivierung.

Wärme- und Hitzevorbehandlung

Die Einwirkung von Wärme- oder Hitze hat große Effekte auf die Eigenschaften von Holz und insbesondere der Holzoberfläche. Übersichtliche Darstellungen zu diesem Thema finden sich bei Stamm (1964b), Hillis (1984) und Johns (1989). Zweck dieser Vorbehandlungen ist die Aktivierung der Oberfläche zur Erzielung verbesserter Verleimungen, insbesondere von kovalenten Bindungen. Holzeigene Bindekräfte können im Rahmen der Plastifizierung des Holzes genutzt werden, das heißt durch Behandlung mehr oder weniger feuchter Partikel mit hohen Temperaturen und Drücken. Bei dieser Behandlung erfahren die verschiedenen Bestandteile des Holzes unterschiedliche physikalische und chemische Veränderungen. Unter der Einwirkung von Wärme und Feuchtigkeit bilden sich im Holz Ameisen- und Essigsäure. Diese können die Hemizellulosen hydrolysieren und besitzen außerdem die Fähigkeit, Lignin anzulösen. Beide Reaktionen führen zur Bildung von Stoffen mit reaktiven Hydroxyl- und Carbonylgruppen, die unter Bildung harzartiger Produkte reagieren und somit zur Selbstbindung des Holzes führen.

In diesem Zusammenhang sind insbesondere auch die Arbeiten von Back (1964), Back u. a. (1967) sowie Back und Stenberg (1976) zu erwähnen, die sich mit der Entwicklung von hydrolytisch stabilem Papier bzw. Faserplatten beschäftigten. Back (1964) schlägt insbesondere die Oxidation der Zellulose unter Bildung von Carbonylgruppen und Halbacetalbindungen zwischen den Holzoberflächen als entscheidende Reaktionen vor, konnte diese Theorie aber nicht definitiv beweisen.

Runkel (1951 a + b), Runkel und Wilke (1951) sowie Runkel und Witt (1953) wiesen darauf hin, dass hauptsächlich die Hemizellulosen, insbesondere Pentosane, für das Zustandekommen von Bindungen unter thermischen Beanspruchungen von Bedeutung sind; dabei werden die Hemizellulosen während der thermischen Behandlung abgebaut, wobei sich hochreaktive Monomere wie Furfurol bilden, die mit dem Lignin „in situ"-Kondensationsreaktionen eingehen.

Holz kann auch unter Bedingungen gepresst werden, die einen ausreichenden Fluss des Lignins bewirken, wodurch die durch den Druck eingebrachten Spannungen wieder abgebaut werden (Pressdruck: ca. 10 N/mm^2, Temperatur: 170 °C). Die Verdichtung des Holzes erfolgt unter Einfluss von Druck und Temperatur (ggf. unter Luftausschluss) zu Dichten größer 1,3 g/cm^3. Dabei erfolgt eine stärkere Verdichtung des Frühholzes im Vergleich zum Spätholz. Vorteile sind die langsamere Wasseraufnahme, eine höhere Dimensionsstabilität und die hohe Festigkeitssteigerung. Solche Produkte waren bereits 1955 von Klauditz und Stegmann als Thermo-Holzwerkstoffe beschrieben worden.

Kombinierte chemische und thermische (thermochemische) Aktivierung

In den meisten Fällen der Holzverleimung ist die gleichzeitige Einwirkung von Chemikalien und Wärme/Hitze auf die Holzoberfläche gegeben. Die Wirkung der Chemikalien kann im sauren oder alkalischen Bereich liegen oder auch oxidativ sein. Eine übersichtliche Darstellung der sauren bzw. oxidativen Wirkungen findet sich bei Zavarin (1984). Johns (1989) fasst eine Vielzahl von Arbeiten, die seit ca. 1930 durchgeführt worden sind, übersichtsmäßig zusammen. Bei den bei den verschiedenen Entwicklungsarbeiten eingesetzten Chemikalien für die Aktivierung der Holzoberfläche handelte es sich z.B. um Eisensalze (Eisensulfat), Schwefelsäure, Salpertersäure, Zinkchlorid, Ammonsulfat und andere.

Eine Aktivierung der Oberfläche vor der Verleimung kann z.B. durch die Zugabe kleiner Mengen an reaktiven Chemikalien (vor allem zur Oxidation) oder durch Bestrahlung der Oberfläche vor dem Leimauftrag erfolgen. Dadurch entstehen an der Oberfläche aktive Zentren, die die Benetzbarkeit und die Adhäsion fördern. Ein Teil des Aktivierungsprozesses betrifft die Bildung von reaktiven Stellen, insbesondere am Lignin des Holzes, zu einem geringeren Teil auch am zellulosischen Material. Ziel ist vor allem die Förderung der Bildung von kovalenten Bindungen gegenüber Wasserstoffbrückenbindungen und anderen Nebenvalenzkräften.

Mögliche Prozesse für die Aktivierung mittels oxidativer Kupplung stellen die Einwirkung von Wasserstoffperoxid, Peressigsäure unter sauren Bedingungen oder Salpetersäre dar (Nguyen und Johns 1977, Stofko 1974). Zwischen den mit Oxidationsmitteln behandelten Holzoberflächen können durch thermische Behandlung unter Druck Holz zu Holz-Bindungen erzielt werden. Dabei sind theoretisch sowohl direkte Reaktionen mit der zweiten Holzoberfläche wie auch mit extra zugegebenen Bindemitteln möglich (Kelley u.a. 1983,

Mobarak u.a. 1982). Die Eigenschaften der nach diesem Prinzip hergestellten Holzwerkstoffe hängen von einer Vielfalt von Einflussfaktoren wie pH-Wert während des Oxidationsvorganges, Oxidationsmittel, Holzart sowie Pressbedingungen (Presszeit, Presstemperatur) ab. Der Mechanismus der Holzbindung nach diesem oxidativen Kupplungsprinzip ist noch nicht völlig geklärt, wahrscheinlich ist im Wesentlichen das Lignin für die Erzeugung von Bindungen verantwortlich. Eine Übersicht über verschiedene Reaktionsmechnismen findet sich bei Back (1991), weitere Verfahren und Ergebnisse werden von Johns u.a. (1978), Johns und Jahan-Latibari (1983), Nimz u.a. (1976a+b), Nimz und Hitze (1980), Philippou u.a. (1982a–c) sowie Young u.a. (1985a+b) beschrieben. Marcovich u.a. (1996) beschreiben die Umsetzung der Holzhydroxylgruppen mit Maleinsäureanhydrid. Johns (1989) beschreibt den Einsatz von Wasserstoffperoxid bei der Herstellung von Faserplatten nach dem Nassverfahren, dieses Verfahren konnte sich aber großindustriell nicht durchsetzen.

Aktivierung gealterter Oberflächen

Holzoberflächen erleiden nach ihrer Herstellung im Laufe der Zeit eine Deaktivierung infolge des Anreicherns hydrophober Holzinhaltsstoffe an der Oberfläche (s. auch Teil III, Abschn. 1.9). Dabei handelt es sich vor allem um Harz- und Fettsäuren, Wachse, Terpene und andere Substanzen. Die Reaktivierung erfolgt durch:

- Oxidation dieser an der Oberfläche angereicherten Extraktstoffe
- Entfernung mittels verschiedener Lösungsmittel
- Schleifen der Oberfläche.

Die bessere Verleimung wird dann insbesondere durch die bessere Benetzung und das dadurch gegebene ausreichende Eindringen des Bindemittels in die Holzoberfläche bewirkt, beim Schleifen möglicherweise auch durch die Vergrößerung der verleimungswirksamen Oberfläche.

Weitere Literaturhinweise: Belfas (1994), Belfas u.a. (1993), Brink u.a. (1983), Bryant (1968), Chow und Pickles (1971), Gardner u.a. (1991a), Gardner und Elder (1988, 1990), Grozdits und Chauret (1981), Johns u.a. (1978, 1987), Johns und Nguyen (1977), Kelley u.a. (1983), Navi u.a. (2000), Philippou (1977), Rammon u.a. (1982), Young u.a. (1982, 1985a+b), USP 2639994.

1.4.3.4
Coronabehandlung

Back und Danielsson (1987) zeigten, dass eine Coronabehandlung (corona treatment) der Holzoberfläche die Oberflächenenergie und damit die Benetzbarkeit erhöht.

1.4.3.5
Flame treatment

Nussbaum (1993) untersuchte verschiedene Effekte einer oxidativen Behandlung von Holzoberflächen durch Flame treatment. Die Benetzbarkeit wurde deutlich verbessert, es war bei der Verwendung von PVAc-Leimen allerdings keine Verbesserung der Verleimungsfestigkeit erzielbar, möglicherweise infolge des niedrigen eingesetzten Pressdruckes. Das Prinzip des Flame treatments liegt in der Verwendung einer Flamme, deren Ionen die Oxidation einer organischen Oberfläche bewirken. Die Hitze der Flamme verstärkt diesen Oxidationsprozess. Wesentliche Parameter dabei sind das Luft/Gas-Verhältnis, die Entfernung der Oberfläche vom Brenner, die Einwirkungsdauer und die vom Brenner erzeugte Wärme. Durch diese Behandlung ist aber auch eine gewisse Sterilisierung der Holzoberfläche und damit die weitgehende Verhinderung von mikrobiologischen Aktivitäten gegeben. Chemische Veränderungen in der Holzoberfläche können dabei z. B. mittels ESCA (electron spectroscopy for chemical analysis) verfolgt werden. Nachteile des Verfahrens sind die Gefahr einer Verfärbung (Dunkelfärbung) infolge eines eintretenden Verbrennungsprozesses sowie eine wiederkehrende Desaktivierung der Oberfläche durch erneute Anreicherung von Holzinhaltsstoffen an der Oberfläche. Je nach Holzart trat diese Inaktivierung bereits nach wenigen Tagen oder erst langsam im Laufe von einigen Wochen auf (Abb. 1.12).

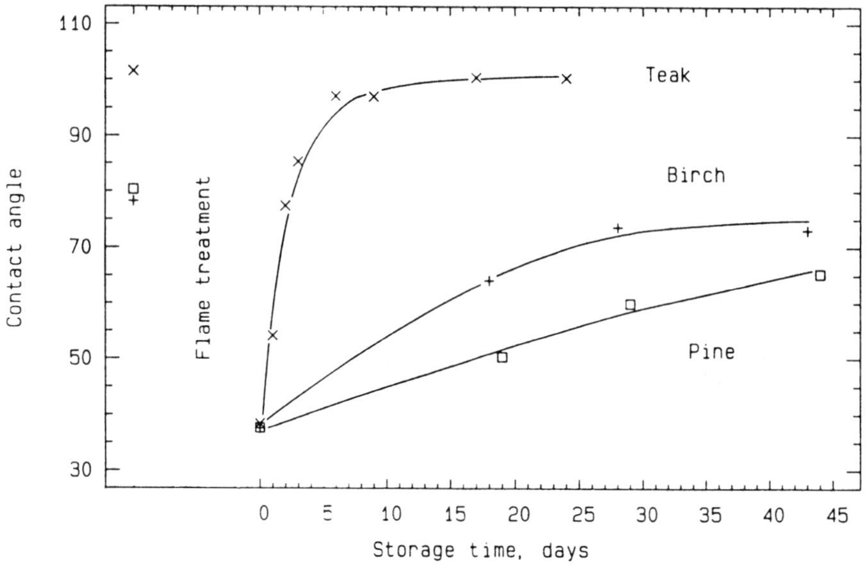

Abb. 1.12. Erneute Zunahme der Kontaktwinkel mit der Lagerungsdauer nach erfolgter Flammenionisationsbehandlung am Beispiel verschiedener Holzarten (Nussbaum 1993). Die Kontaktwinkel vor der Behandlung sind auf der linken Seite des Diagramms dargestellt

1.4.4
Biotechnologische Modifizierung des Holzes und der Holzoberfläche

Eine der Möglichkeiten in der Verbesserung der Autoadhäsion und der bindemittelfreien Verleimung besteht in der Aktivierung verschiedener Komponenten der Holzfasern oder der Zellwände mittels oxidierender Enzyme, wie z.B. Laccasen und Peroxidasen, allgemein bekannt als Phenoloxidasen (Nimz u.a. 1976a+b).

Die Aufgabe der biotechnologischen Modifizierung des Holzes und der Holzoberfläche liegt nach Wagenführ u.a. (1987) vor allem in der Aktivierung der Holzfaser und der damit gegebenen Einsparung an Bindemittel bei der Verleimung. Dies betrifft insbesondere den Erhalt und die Steigerung der Reaktivität der funktionellen Gruppen an der Oberfläche als auch die Gewährleistung bzw. Schaffung der Zugänglichkeit zu den reaktiven Gruppen durch biologische Verfahren.

Nach Kühne (1987) hat die biologische Holzmodifizierung die folgenden zwei Ziele:

- Reduzierung bzw. völlige Einsparung von Bindemitteln durch Erhalt bzw. Aktivierung holzeigener Bindekräfte für die Werkstoffbildung
- Verminderung des für die Zerfaserung notwendigen Energieaufwandes durch mykologische Auflockerung der Holzstruktur.

Die enzymatische Aktivierung der Holzfasern beruht vorwiegend auf einer Modifizierung des Lignins, s. auch Teil II, Abschn. 2.3.2.2. Die Phenoloxidasen vermögen Phenoxyradikale zu bilden, die ihrerseits dann weiterreagieren.

Enzymkatalysierte Verleimungen von Holz können auf zwei unterschiedliche Weisen angewendet werden:

- Zweikomponenten-System: über Oxidasen aktiviertes technisches Lignin als Bindemittel wird mit Holzspänen oder -fasern vermischt (Jin u.a. 1991, Yamaguchi u.a. 1994, DE 3037992)
- Einkomponenten-System: die Einwirkung der Oxidasen erfolgt direkt an der Oberfläche der Fasern bevor der Heißpressvorgang stattfindet (Felby u.a. 1997, Felby und Conrad 1998, Felby und Hassingboe 1996, EP 565109).

Neben der katalytischen Wirkung der Enzyme auf das Lignin sollten auch Proteine und Kohlehydrate zum Verleimungseffekt beitragen (Baumann und Conner 1994, Lambuth 1994).

Körner u.a. (1992) erzielen bei der Herstellung von MDF-Platten aus mykologisch modifiziertem Faserstoff

- eine Einsparung von mehr als 40% der elektrischen Energie beim Zerfasern
- eine Erhöhung des Durchsatzes an Hackschnitzeln durch das Mahlaggregat
- eine Erhöhung des Mahlgrades bzw. Reduzierung der Mahldauer bei gleichem Mahlgrad
- eine deutliche Verbesserung der Biegefestigkeit und des Biege-E-Moduls

- eine mögliche Bindemittelreduzierung bei gleichbleibendem Eigenschaftsniveau der Platten
- eine deutliche Verringerung der Dickenquellung nach Wasserlagerung.

Weitere Literaturhinweise: Kharazipour und Polle (1998), Kruse und Wagenführ (1998), Wagenführ u. a. (1989).

1.4.5 Bindemittelfreie Verleimungen

(s. auch Teil II, Abschn. 2.3.2.2 sowie Teil III, Abschn. 1.4.4)

Bindemittelfreien Verleimungen wurde seit Beginn der Holzwerkstoffentwicklung großes Interesse entgegengebracht, wobei insbesondere die Aktivierung des lignozellulosischen Materials des Holzes als wichtigste Grundlage eines diesbezüglichen Erfolges angesehen wurde (s. Teil III, Abschn. 1.4.3.3). Diese Aktivierung des Selbstbindevermögens des Holzes ist im Prinzip ohne und mit Zufuhr geeigneter fremder Substanzen möglich. Unter bestimmten Bedingungen betreffend Wärme, Druck und Feuchtegehalt von Fasern oder Spänen ist eine solche bindemittelfreie Verleimung möglich (Avella und Lhoneux 1984), wobei sich der Ausdruck Bindemittel hier auf zusätzlich zugegebene Bindemittel bezieht. Bei der „bindemittelfreien Verleimung“ erfolgt die gegenseitige Bindung der Holzoberflächen nur unter Ausnutzung der im Holz gegebenen Bindekräfte.

Ein klassisches Beispiel, bei dem diese Möglichkeit teilweise genutzt wird, sind Hartfaserplatten nach dem Nassverfahren. Hier ist das inhärente Bindevermögen der Faser in Kombination mit der hohen Dichte ausreichend, um eine ausreichende Bindefestigkeit zu ergeben. Zusätzlich wird durch die sich dem Pressvorgang anschließende Wärmenachbehandlung eine Vernetzung des Lignins bzw. eine teilweise Hydrolyse der Hemizellulosen mit anschließender möglicher Kondensation bewirkt (Basler 1953).

Pecina (1993) beschreibt vier Mechanismen, welche für die Bindung von Fasern ohne externes Bindemittel während des Nassfaserverfahrens entscheidend sind:

- Wasserstoffbrückenbindungen
- kovalente Bindungen zwischen verschiedenen chemischen Komponenten des Holzes
- mechanische Verzahnung/Verankerung (interlocking) der makro- und mikroskopischen Strukturen
- Bindungen zwischen Fasern, unter der Mitwirkung von Holzinhaltsstoffen.

Die mögliche Bindekraft hängt von der Zahl der reaktiven Gruppen ab, die während der Verleimung vorhanden sind und beim Verleimungsprozess aktiviert wurden.

Suchsland u. a. (1983, 1985, 1986, 1987) führten verschiedene Untersuchungen zur Herstellung von bindemittelfreien MDF-Platten durch; eine umfassende Beschreibung und Bewertung der Bindemechanismen in Hartfaserplatten wurde von Back (1987) zusammengestellt. Danach sind folgende Parameter für die Autoadhäsion der Holzoberflächen wichtig:

- die Fließfähigkeit des Lignins und der Hemizellulosen
- der Abbau von Hemizellulosen zu z.B. Furfural, welches als Vernetzer dienen kann (Stofko 1980) sowie
- die sauer katalysierte Kondensationsreaktion des Lignins (Nimz 1983).

Alle diese Bindungsmechanismen tragen zur Adhäsion bei, wenn Holzoberflächen unter Einwirkung von Wärme verpresst werden.

Bei der thermohydrolytischen Aktivierung der holzeigenen Bindekräfte messen Ellis und Paszner (1994) den Hemizellulosen große Bedeutung zu. Diese werden unter Einwirkung der holzeigenen Acidität zu einfachen Zuckern abgebaut und diese wiederum zu Furanderivaten umgewandelt, die zur Bildung von Furanharzen führen können. Hierbei sind die pentosanreichen Hemizellulosen der Laubhölzer weitaus schneller abbaubar als die hauptsächlich hexosanhaltigen Nadelholz-Hemizellulosen.

EP 565 109 beschreibt die Aktivierung der MDF-Fasern vor der Verpressung mit ligninoxidierenden Enzymen, um die Faser-zu-Faser-Bindung zu aktivieren. Dieser Einfluss wurde auch von Felby u.a. (1997) bestätigt. Insofern scheint die Aktivierung des Lignins bei der Bindung eine entscheidende Rolle zu spielen.

Roffael und Parameswaran (1981) untersuchten Möglichkeiten zur Erzeugung von Holz zu Holz-Bindungen ohne Einsatz von konventionellen Bindemitteln bei Eichenholzspänen. Mit Hilfe von Kontaktheizung und insbesondere der Hochfrequenzerwärmung sollte innerhalb einer verhältnismaßig kurzen Zeitspanne eine so hohe Temperatur im Matteninneren erzeugt werden, dass eine Aktivierung des inhärenten Bindevermögens gegeben ist. Der niedrige pH-Wert des Eichenholzes fördert bei hoher Temperatur im Allgemeinen die Hydrolyse des Kohlehydratanteils, insbesondere aber die der Hemizellulosen, und führt mithin zur Bildung von reaktiven Monomeren, die am Zustandekommen von Holz zu Holz-Bindungen teilnehmen können. Die Späne wurden mit einer sauer eingestellten Lösung von Hexamethylentetramin besprüht. Die mit der Hochfrequenzerwärmung erreichte maximale Temperatur in der Mattenmitte während der Verpressung lag bei 180–220 °C. Bei einer spezifischen Presszeit von ca. 10 s/mm konnten Platten mit einem im Vergleich zu herkömmlichen Spanplatten allerdings niedrigeren Qualitätsniveau hergestellt werden.

Weitere Literaturhinweise: Bogner (1991), S. Chow (1975), Felby und Conrad (1998), Johns und Nguyen (1977), Kelley u.a. (1983), Klauditz und Stegmann (1955), Kühne und Dittler (1999), Mobarak u.a. (1982), Roffael und Parameswaran (1981), Stofko (1974), Suzuki u.a. (1998).

1.5 Vergütung von Holz (modifiziertes Holz)

Ziel der Vergütung des Holzes ist die Verringerung bzw. Vermeidung von Quell- und Schwindbewegungen sowie die Verbesserung der physikalischen Eigenschaften und/oder der Widerstandsfähigkeit gegen Wasser.

1.5.1 Tränkung mit wasserlöslichen Polymeren

Als geeignetes Polymer wird z. B. Polyäthylenglykol PEG 1000 eingesetzt:

$$(-CH_2-CH_2-O-)_n$$

Eigenschaften: Schmelzpunkt 40 °C, gute Löslichkeit in Wasser; PEG 1000 ersetzt das Wasser im Holz, das Holz befindet sich also in einem gequollenen Zustand.

Herstellung: frisches Holz wird für einige Wochen in eine 30 – 50 %ige wässrige PEG-Lösung gelegt, die erforderliche Zeit ist abhängig von der Dicke und der Permeabilität des Holzes. Die aufgenommene Menge an Tränklösung beträgt ca. 25 – 30 %, bez. auf das trockene Holz. Die angewandten Temperaturen liegen bei 20 bis ca. 60 °C; je höher die Temperatur, desto schneller erfolgt die Diffusion.

PEG diffundiert in die Zellwand und ersetzt dort das gebundene Wasser. Bei der nachfolgenden Trocknung des Holzes entweichen das freie und das restliche gebundene Wasser.

Das solcherart vergütete Holz weist geringe Quell- und Schwindbewegung auf, wodurch Trockenrisse bei der Trocknung vermieden werden. Bei Kontakt mit Wasser kann PEG allerdings wieder herausgelöst werden. Das Holz lässt sich auf diese Weise nach der Trocknung in gequollenem Zustand fixieren, wodurch die Gefahr der Rissbildung und des Verwerfens beseitigt wird. Eingesetzt wird diese Methode z. B. bei der Konservierung und beim Erhalt archäologischer Funde. Paradebeispiel für die Anwendung dieser Methode ist das schwedisches Kriegsschiff Vasa (1628 gesunken).

Weitere Literaturhinweise: Popper und Bariska (1972, 1973), Schneider (1970), Stamm (1964 a + b).

1.5.2 Tränkung mit niedermolekularen PF-Harzen mit anschließender Weiterkondensation (Impreg) sowie Verdichtung (Compreg), Kunstharzpressholz

Niedermolekulare wässrige PF-Harze diffundieren in die Zellwand und halten das Holz in einem gequollenem Zustand. Danach erfolgt die Trocknung des Holzes und durch Erhitzen die thermische Aushärtung des Harzes zu einem wasserunlöslichen Netzwerk, welches in der Zellwand eingebettet ist. Das Holz wird dabei durch das duroplastische Phenolharz in den Zellwänden und den Zellhohlräumen im gequollenen Zustand fixiert und dimensionsstabilisiert. Die Aufnahme beträgt ca. 25–35%, bezogen auf das trockene Holz. Zusätzlich ist eine hohe Widerstandsfähigkeit gegen chemischen und biologischen Angriff gegeben. Wird das Holzmaterial während der Verpressung stark verdichtet, werden zusätzlich ausgezeichnete Festigkeiten erreicht.

Einsatz: Furniere für Sperrholz (max. 8 mm) sowie Gießereimodelle (hohe Dimensions- und Thermostabilität). Die Festigkeit des imprägnierten Holzes ist umso höher, je höher die Festigkeit des Ausgangsholzes ist.

Auch über den Einsatz von niedermolekularen UF- bzw. MF-Harzen zur Tränkung von Holz wurde in der Literatur berichtet (Bischof u. a. 1999).

Weitere Literaturhinweise: Brown u. a. (1966), Buchmüller und Fuchs (1988), Erler und Knospe (1988), Kajita und Imamura (1991), Seborg und Vallier (1954), Stamm (1962), Talbott (1959), Wang u. a. (2000), Yano u. a. (2000), USP 2740728.

1.5.3 Imprägnierung mit Isocyanat

Durch Einsatz von bis zu 30% Isocyanat, bezogen auf die Holzsubstanz, können verschiedene mechanische und physikalische Eigenschaften deutlich verbessert werden, wobei je nach untersuchter Eigenschaft das Optimum in der Bindemitteldosierung zwischen 10 und 20% liegt (Sun u. a. 1994a+b). Zu beachten sind hier allerdings die hohen Kosten für den Einsatz solch großer Mengen an Isocyanat. Über mögliche Reaktionen der Holzoberfläche mit Isocyanaten berichten Rowell und Ellis (1979, 1981) (s. auch Teil II, Abschn. 6.1.5.1).

Weitere Literaturhinweise: Burmester und Wille (1973), Engonga u. a. (2000), Reichelt und Poller (1981).

1.5.4 Vernetzung der OH-Gruppen der Zellulose, der Hemizellulose und des Lignins mit Formaldehyd

Formaldehyd (teilweise Einsatz in Form von niedermolekularen Harzen) lagert sich an die OH-Gruppen unter Bildung eines Hemiacetals an:

$$\text{Zellulose} - \text{OH} + \text{HCHO} \Rightarrow \text{Zellulose} - \text{O–CH}_2\text{–OH}$$

und reagiert mit einer weiteren zellulosischen OH-Gruppe zu einem Acetal:

$$\text{Zellulose} - \text{O–(CH}_2\text{–O)}_n - \text{Zellulose}$$

Für diese Anwendung sind nur wenige Prozent an Formaldehyd (gasförmige Applizierung) erforderlich (3–4%), üblicherweise unter saurer Katalyse; die

Vernetzung führt jedoch zu einer starker Versprödung des Holzes sowie zum Verlust an Festigkeit und Zähigkeit.

1.5.5 Imprägnieren mit Monomeren, Polymerholz

Folgende Anforderungen an die Monomeren (meist Methylmethacrylat MMA und Styrol) sind gegeben:

- niedriger Dampfdruck
- geringe Volumenschwindung beim Aushärten
- ausreichende Penetration

Durchführung:

- Imprägnierung des Holzes durch Vakuumtränkung: im Gegensatz zum Einbringen wässriger Lösungen tritt hier keine Quellung der Zellwände durch das Eindringen des Vinylpolymeren ein. Die Ablagerung der Polymerisate erfolgt im Wesentlichen als Füllmaterial in den Zellhohlräumen.
- Polymerisation: die Initiierung der In situ-Polymerisation erfolgt durch Bestrahlung bzw. Zugabe von Katalysatoren und Einwirkung von Wärme.

Durch die Füllung des Holzes mit dem Monomer verbessern sich die Festigkeit, die Elastizität und die Quellungsbeständigkeit. Spezielle Eigenschaften sind die hohe Härte, der hohe Abriebwiderstand und die geringe Wasseraufnahme und Quellung. Die Anwendung erfolgt vor allem dort, wo unbehandeltes Holz infolge starker Witterungseinflüsse keine lange Lebensdauer haben würde, wie z. B. Decksplanken für Schiffe und Boote, Außenverkleidungen von Häusern, Sitzflächen in Sportstätten oder Tür- und Fensterrahmen. Weitere Einsatzgebiete sind Fußbodenbeläge, Spulen (Textilindustrie), Werkzeuggriffe u. ä.

Weitere Literaturhinweise: Burmester und Wille (1973), Rowell u. a. (1981), Ward (1989).

1.6 Physikalische und chemische Vorbehandlungen des Holzes

1.6.1 Dampfvorbehandlung

Eine Dampfbehandlung bewirkt eine Verbesserung der Dimensionsstabilität von verdichteten Holzwerkstoffen. Nach Sekino u. a. (1998, 1999) kann man drei verschiedene Arten der Durchführung unterscheiden:

- Dampfvorbehandlung der Holzsubstanz vor dem Streuen
- Dampfinjektonspressverfahren, bei dem sowohl eine Behandlung des Holzes auftritt als auch die Aushärtung des Harzes beeinflusst wird (s. Teil III, Abschn. 3.4.5)

- eine nachträgliche Dampfbehandlung der Platten nach dem Pressvorgang (s. Teil III, Abschn. 3.5.3.1).

Die Dampfvorbehandlung der Späne ist unabhängig vom eingesetzten Bindemittel; sie bewirkt eine teilweise Hydrolyse der Hemizellulosen; es wird vermutet, dass dadurch die Verdichtbarkeit des Holzes verbessert wird, wodurch der Aufbau übermäßiger innerer Spannungen und damit hohe Quellwerte bei höheren Luftfeuchtigkeiten vermieden werden (Hsu u.a. 1988, Sekino u.a. 1996, 1997). Solche Ergebnisse werden auch von Cai u.a. (1995) bestätigt; bei Verwendung von Hackschnitzeln, die mit Heißdampf bei erhöhtem Druck behandelt worden waren, konnten Spanplatten mit hoher Dimensionsstabilität hergestellt werden. Das Optimum für die Behandlung der eingesetzten Birkenholzspäne lag bei 1,3 MPa Druck und einer Dauer der Dampfvorbehandlung von 6 Minuten. Ähnliche Ergebnisse werden auch von P. Chow u.a. (1996a) berichtet.

Nach Sekino u.a. (1999) sind zwei wesentliche Faktoren entscheidend:

- die mögliche Rückfederung der verdichteten Holzsubstanz
- der Bruch von Bindungen (Leimfugen) zwischen einzelnen Strukturteilchen: hier wiederum sind die Bindefestigkeiten zwischen einzelnen Teilchen bzw. die möglichen Spannungen in diesen Leimfugen entscheidend.

Thoman und Pearson (1976) berichteten über den Einsatz von Dampf während der Verpressung, um einerseits eine raschere Durchwärmung des Kuchens zu erzielen, andererseits gezielt Eigenschaften zu verbessern. Es zeigte sich, dass die Dickenquellung deutlich verringert werden konnte, offensichtlich durch den Abbau innerer Spannungen infolge der teilweisen Plastifizierung der Holzsubstanz durch den Dampf; allerdings zeigten diese Platten niedrigere Festigkeiten. Ähnliche Ergebnisse wurden von Okamoto u.a. (1994) bei der Herstellung von quellungsoptimierten MDF-Platten festgestellt; durch eine verstärkte Dampfbehandlung konnte die Dimensionsstabilität verbessert werden, wobei dies aber auf Kosten der mechanischen Eigenschaften erfolgte. Auch Geimer u.a. (1998) erzielten duch die Dampfeindüsung in eine Flakeboard-Matte eine deutliche Verbesserung der Dickenquellung (s. auch Teil III, Abschn. 3.4.5).

Weitere Literaturhinweise: Heebink und Hefty (1969), Inoue u.a. (1996), Irle u.a. (1998), Rowell u.a. (2000), Shi u.a. (1996).

1.6.2 Ammoniakvorbehandlung

Durch die Beaufschlagung von Holz mit Ammoniak und einer nachträglichen Verdichtung kann die Dichte des natürlichen Holzes deutlich erhöht werden, was auch zu entsprechend verbesserten mechanischen Eigenschaften führt.

Ammoniak wird von Holz sehr rasch absorbiert, wobei dieser Vorgang um vieles rascher als bei Wasser erfolgt. Damit verbunden sind entsprechende

Quell- und Schwindvorgänge. Zu erwähnen ist insbesondere die beim Kontakt mit Ammoniak zuerst auftretende Reduzierung der Reindichte infolge einer Lockerung der Zellwandstruktur. Bei längerer Ammoniakeinwirkung schrumpft jedoch die plastisch gewordene Zellwand, wodurch die Reindichte wieder erhöht wird. Bariska (1974) spricht überdies von einem teilweisen Verschluss der Zellwandporen sowie einem Kollaps in der Zellwand. Die Ammoniakbehandlung führt zu einer Verringerung des Acetylgruppengehaltes und damit zu einer Erhöhung des pH-Wertes und der Pufferkapazität gegenüber Säuren (Parameswaran und Roffael 1984). Dadurch kann es offensichtlich auch zu einer Störung im Aushärteverhalten von säurehärtenden Leimharzen kommen (Roffael und Parameswaran 1986).

Weitere Literaturhinweise: Bariska (1969), Bariska u.a. (1969), Davidson und Baumgardt (1970), Humphrey und Chowdhury (2000), Pollisco u.a. (1971), Schuerch (1964), Stamm (1955).

1.7 Holztrocknung (Furniere, Späne, Fasern)

Übertrocknung von Holz kann zu einer Inaktivierung der Holzoberfläche und damit zu Verleimungsproblemen führen (Christiansen 1990). Die wichtigste Ursache dafür scheint die Anreicherung von Holzinhaltsstoffen an der Oberfläche und damit eine Verschlechterung der Benetzbarkeit zu sein (Hancock 1963, 1964). Als weitere mögliche Ursachen werden von Christiansen (1990, 1991) chemische Reaktionen (Reduzierung der Festigkeit der Holzoberfläche durch Oxidation und Pyrolyse von klebaktiven Stellen, chemische Wechselwirkungen mit dem Abbindeverhalten der Leime) sowie Veränderungen in der Anordnung von Molekülen an der Holzoberfläche (Verringerung des hydrophilen Charakters und damit der Benetzbarkeit bzw. der Zahl an für die Verleimung reaktiven Stellen) sowie eine irreversible Verschließung von Zellwandporen genannt. Einige Autoren (Northcott u.a. 1959, Northcott und Colbeck 1959) berichteten allgemein über thermische Beschädigungen der Holzoberfläche als Ursache für schlechtere Verleimungsergebnisse. In einer späteren Arbeit konnte Christiansen (1994) zwar die Veränderungen an der Oberfläche der Furniere bestätigen, insbesondere die Verschlechterung der Benetzbarkeit (Verlängerung der Zeit bis zum vollständigen Eindringen eines Wassertropfens in die Oberfläche), es war jedoch kein Abfall in der Bindefestigkeit der phenolharzverleimten Furniere gegeben.

Ähnliche Verleimungsprobleme bei scharfen Trocknungsbedingungen waren auch bereits von Hancock (1963) beschrieben worden. Als Ursache war eine verstärkte Ansammlung von Holzinhaltsstoffen an der Oberfläche und eine dadurch bewirkte Unterhärtung des eingesetzten PF-Harzes vermutet worden.

Suchsland und Stevens (1968) beschreiben Trocknungsexperimente an Furnieren bei verschiedenen Temperaturen zwischen 93 und 260 °C. Es zeigte sich, dass nicht so sehr die Trocknertemperatur, sondern vielmehr die Oberflächentemperatur des Furniers einen entscheidenden Einfluss auf eine mögliche Inaktivierung der Oberfläche hat. Solange die Furniere noch feucht sind, steigt die Oberflächentemperatur nur unwesentlich über 100 °C. Erst ab einer Restfeuchtigkeit von ca. 10 % erfolgt ein steiler Anstieg der Oberflächentemperatur, die schließlich bei trockenen Furnieren die Trocknertemperatur erreichen kann. Eine deutliche Verschlechterung der Verleimungsergebnisse war erst bei diesen hohen Oberflächentemperaturen der Furniere gegeben.

Die Feuchte von Holzspänen hat einen wesentlichen Einfluss auf ihre Verleimbarkeit. Insbesondere ist der Einfluss der Trocknungsbedingungen auf den pH-Wert, die Pufferkapazität, die Abgabe an flüchtigen Säuren und die Benetzbarkeit zu beachten (Roffael 1987 a + b).

Die Fasertrocknung erfolgt bei der MDF-Herstellung in Stromtrocknern im Allgemeinen nach der Beleimung in der Blowline. Lediglich in den seltenen Fällen der Mischerbeleimung der Fasern werden die unbeleimten Fasern getrocknet. Das Problem bei der Trocknung der beleimten Fasern liegt in einer möglichen Voraushärtung von Teilen des Bindemittels, insbesondere bei UF-Harzen. Es wird immer wieder davon ausgegangen, dass bei dieser Art der Trocknung im Vergleich zur Mischerbeleimung ein um bis zu 2 % (abs.) höherer Beleimungsgrad erforderlich ist, um die gleichen Platteneigenschaften zu erzielen. Insbesondere spielen die eingesetzen Trocknertemperaturen eine entscheidende Rolle. Je höher die Trocknertemperaturen, insbesondere die Trocknerausgangstemperatur und damit die Temperatur der Fasern im Bereich der Streuung, desto höher kann das Ausmaß dieser Voraushärtung sein. Gegen eine Vorschädigung des Leimes während der Trocknung spricht jedoch die Tatsache, dass die Verweilzeit der Fasern im Trockner nur wenige Sekunden beträgt und die Temperatur an der Faseroberfläche bei der nach wie vor gegebenen Anwesenheit von Wasser (die Restfeuchte der beleimten Fasern bei der Streuung liegt in der Größenordnung von 10 %) nicht über 100 °C steigen sollte (s. auch Teil III, Abschn. 3.1.5).

Zum Einfluss der Feuchtigkeit des Holzes bzw. der Späne vor dem Verleimen s. Teil III, Abschn. 3.4.4.

Weitere Literaturhinweise: Chow S. (1971).

1.8 Einfluss der Lagerungsbedingungen und der Lagerzeit der eingesetzten Holzrohstoffe, jahreszeitliche Schwankungen bei der Herstellung von Holzwerkstoffen

1.8.1 Jahreszeitliche Schwankungen der Holzqualität in der Spanplattenindustrie

Obwohl zu erwarten ist, dass die insbesondere im Rhythmus der Jahreszeiten schwankende Qualität des gewachsenen Holzes (Burmester 1978, 1983) einen Einfluss auf die daraus hergestellten Holzwerkstoffe hat, liegen diesbezüglich nur sehr wenige Arbeiten in der Fachliteratur vor; insbesondere ist noch keine umfassende und abschließende Beurteilung möglich.

Hanetho (1987) beschreibt Erfahrungen der Spanplattenindustrie über den Einfluss der jahreszeitlichen Schwankungen der Holzqualität; insbesondere treten Probleme beim Einsatz von im Winter geschlägertem und sofort verarbeitetem Holz auf, das sich gerade in der Wachstumspause befunden hat. Erst wenn die Stämme oder die Späne eine bestimmte Zeit lagern konnten, verschwinden diese Probleme wieder.

Die Kontaktwinkel von Wasser und Leim auf Holz sind bei Spänen aus frisch geschlägertem Holz höher als bei gelagerten Spänen, d.h. die Oberfläche von Spänen aus frischem Holz ist hydrophober; dadurch werden die Benetzung und die Leimeindringung erschwert und damit die Verleimfestigkeit herabgesetzt. Ursache für die schlechtere Benetzbarkeit von frischem Holz ist ein höherer Gehalt an Holzinhaltsstoffen, wie mittels Wasserextraktion festgestellt wurde (Hanetho 1987). Dieser Befund ist nicht mit der besseren Benetzbarkeit einer frisch hergestellten Oberfläche zu verwechseln, unabhängig davon, ob es sich um frisch geschlägertes oder gelagertes Holz handelt. Back (1991) stellte fest, dass hydrophobe Holzinhaltsstoffe in der Lagerzeit nach dem Schlägern teilweise oxidieren bzw. polymerisieren, wie sich auch an ihrer verminderten Extraktionsfähigkeit zeigt. Damit ist aber auch die Möglichkeit reduziert, dass Holzinhaltsstoffe an eine frische Oberfläche wandern und dort den Charakter dieser frischen Oberfläche verändern. Abbildung 1.13 zeigt diesen Effekt als Kontaktwinkel in Abhängigkeit der Zeit nach dem Auftragen des Tropfens auf Oberflächen, die aus frisch eingeschlagenem bzw. gelagertem Holz stammen.

Die Wasserextrakte aus Spänen aus frisch geschlägertem Holz haben höhere pH-Werte, jedoch niedrigere Pufferkapazitäten als die aus gelagerten Spänen. Dies könnte bei üblicher Härterdosierung zum UF-Harz zu einer Voraushärtung und damit zu einem Abfall der Plattenfestigkeiten führen (Hanetho 1987).

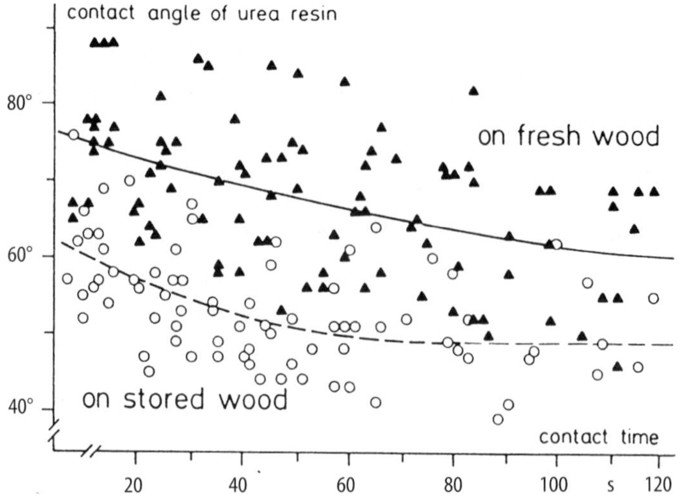

Abb. 1.13. Kontaktwinkel eines UF-Harzes auf Spanoberflächen, in Abhängigkeit der Zeit nach dem Auftragen des Tropfens. Die Oberflächen wurden aus einem frisch eingeschlagenem Stamm bzw. nach dreimonatiger Lagerung dieses Stammes gewonnen (Back 1991)

1.8.2 Einfluss der kalten Jahreszeit

Zum Einfluss der kalten Jahreszeit bestehen in der Spanplattenindustrie auf Grund der immer wieder auftretenden Probleme eine Vielzahl von Erfahrungen, die verschiedenen Theorien zugeteilt werden können:

a) feuchtes, gefrorenes Holz:

- Infolge der erforderlichen höheren Trocknungskapazität und der damit gegebenen höheren Gaseintrittstemperaturen im Trockner wird die Spanoberfläche trockener, während das Spaninnere feuchter bleibt. Die analytisch festgestellte durchschnittliche Darrfeuchte bleibt konstant; die übertrocknete Spanoberfläche zieht jedoch sehr rasch das in der Leimflotte vorhandene Wasser an, wodurch die Viskosität des sich auf der Spanoberfläche befindlichen Leimes ansteigt und während der Verpressung die Ausbildung eines gleichmäßigen Leimfilms erschwert wird.
- Durch die scharfen Trocknungsbedingungen ist eine Verschalung der Holzoberfläche möglich.
- Eine Dampfbildung des sich im Zellinneren befindlichen Wassers bewirkt ein Aufsprengen der Fasern, wodurch Späne mit feinfaserigen Verästelungen an den Enden entstehen können. Die dadurch neu geschaffene Oberfläche erhöht den erforderlichen Bindemittelaufwand.

b) Einfluss der Temperatur bei der Verarbeitung:
Niedrige Temperaturen der Späne, der Leimflotte, der Hallen (hohe Abstrahlung von der Presse), aber auch z. B. der Spanplatten beim Furnieren

(„gefrorene Stapel") erfordern eine erhöhte Energiezufuhr und damit meist eine Verlängerung der Presszeiten.

c) Niedrige Leimflotten- und Beleimmischertemperaturen können eine schlechtere Leimverteilung und damit eine unvollständige Festharzausnutzung ergeben. Speziell im Winter ist eine Vorwärmung des Leimes bzw. der Leimflotte (Vorsicht hinsichtlich einer möglichen Topfzeit) empfehlenswert.

1.8.3
Einfluss der Schlägerungszeit auf die Eigenschaften und Verleimbarkeit

Holz- und Einschlagsregeln waren bis zum 19. Jahrhundert für das Forstwesen von großer Bedeutung und wurden erst mit der Durchführung umfangreicher holztechnischer Untersuchungen abgelöst. Eine zusammenfassende Darstellung alter und neuerer Erkenntnisse findet sich bei Fellner (1991).

Weitere Literaturhinweise: Schäfer und Roffael (1996a+b).

1.9
Alterung von Holzoberflächen

Die Eigenschaften der zu verleimenden Holzoberflächen bestimmen die Qualität der Verleimung nachhaltig. Insbesondere der Gehalt an Holzinhaltsstoffen sowie das Alter der Holzoberflächen spielen eine entscheidende Rolle. Dabei können signifikante Veränderungen in der Benetzbarkeit und in der Verleimbarkeit auftreten. Hydrophobe Holzinhaltsstoffe wie Wachse und Fettsäuren wandern im Laufe der Zeit an die Oberfläche und können dort chemischen Veränderungen unterliegen. Dabei ist durchwegs eine Verschlechterung der Benetzbarkeit und damit der Verleimbarkeit zu erkennen. Aus diesem Grund ist z.B. im konstruktiven Holzleimbau vorgeschrieben, dass nur frisch hergestellte Oberflächen (innerhalb von 24 Stunden nach dem Hobeln) verarbeitet werden dürfen (Swedish Glue Lam Board 1983). Die Geschwindigkeit und das Ausmaß dieser Inaktivierung hängt dabei von der Holzart und der Lagertemperatur ab. Bereits Gray (1962) stellte an frisch gehobelten oder geschliffenen Holzoberflächen niedrigere Kontaktwinkel und damit eine bessere Benetzung mit destilliertem Wasser im Vergleich mit Oberflächen statt, die auch nur einige Stunden im Labor gelagert hatten und damit hatten altern können. Auch Nguyen und Johns (1979) fanden bei ihren Kontaktwinkelmessungen eine deutliche Verringerung der Benetzbarkeit innerhalb 24 Stunden nach der Herstellung der Oberflächen. Eine Auswertung früherer Literaturhinweise findet sich bei Nguyen und Johns (1979).

Stumbo (1964) beschreibt vier mögliche Ursachen für den Alterungseffekt von Holzoberflächen und die dadurch im Laufe der Zeit abnehmende Verleimbarkeit:

- Anreicherung von Holzinhaltsstoffen an der Oberfläche
- chemische Veränderungen des Holzes bzw. der an der Oberfläche vorhandenen Holzinhaltsstoffe
- Verunreinigungen der Oberfläche durch Teilchen aus der Luft bzw. Sorption von Gasen oder Dämpfen, beides verbunden mit einer Absenkung der freien Oberflächenenergie
- niedrigere Festigkeiten der Holzfasern an der Oberfläche des Holzes.

Eine ähnliche Zusammenstellung der verschiedenen vermutlichen Mechanismen für Änderungen an Holzoberflächen und deren Auswirkungen auf die Verleimungseigenschaften erfolgte durch Christiansen (1994):

- Wanderung von hydrophoben Holzinhaltsstoffen während der Trocknung an die Oberfläche
- Oxidation
- molekulare Neuanordnung verschiedener funktioneller Gruppen an der Oberfläche
- Beeinflussung des Aushärteverhaltens der Bindemittel
- Verschließen von Mikroöffnungen (Tüpfel) im Holz, was zu einem verringerten Eindringen des Bindemittels ins Holz führt.

Back (1991) beschreibt Mechanismen der als Inaktivierung der Oberfläche bekannten Veränderungen, die eine frisch erzeugte Holzoberfläche während der Lagerung innerhalb weniger Stunden oder Tage abhängig von Holzart und Temperatur durchläuft. Insgesamt sind zumindest fünf verschiedene Mechanismen möglich:

- Substanzen wie Harz- und Fettsäuren und deren Ester, Wachse, Sterole und Terpene wandern an die Oberfläche und bilden dort eine Schicht mit niedriger Oberflächenenergie. Manche dieser Stoffe haben auch bei Raumtemperatur einen beträchtlichen Dampfdruck und können sich so über die Dampfphase im Holz bewegen. Insbesondere saure oder neutrale Bindemittel können eine solche hydrophobe Schicht kaum durchdringen. Alkalische Bindemittel können Fettsäuren teilweise verseifen und so eine Penetration des Bindemittels in die Holzoberfläche ermöglichen.
- Niedermolekulare hydrophile Stoffe, wie Oligosaccharide, Phenole und Tannine, diffundieren während des Trocknungsvorganges durch die Holzsubstanz an die Oberfläche. Wenn Bindemittel mit diesen Substanzen reagieren, kann es zu verminderten Bindefestigkeiten kommen (Plomley u. a. 1976).
- Der pH-Wert des Holzes sinkt während der Lagerung infolge der Abspaltung von Acetal- und Methoxylgruppen, die zu einer Bildung von Essig- bzw. Ameisensäure führen.
- Theoretisch kann eine Neuanordnung von Ligninmolekülen eine Schicht mit niedriger Energie an der Holzoberfläche bilden. Dieser Effekt ist wahrscheinlich aber nur sehr schwach ausgeprägt.

- Während der Trocknung und der Alterung des Holzes kann es zu oberflächlichen Mikrorissen kommen (Feist und Hon 1984). Die Verleimbarkeit kann dadurch wegen der Gefahr eines übermäßigen Eindringens des Bindemittels ins Holz leiden.

Herczeg (1965) fand an gealterten Douglasienoberflächen eine deutliche Zunahme der Kontaktwinkel innerhalb von 45 Stunden nach der Herstellung der frischen Oberfläche und damit eine entsprechende Abnahme der Benetzbarkeit. Nach diesem Zeitraum fand jedoch kein weiterer Anstieg der Kontaktwinkel mehr statt (Abb. 1.14).

Scheikl und Dunky (1995) finden an gehobelten Birkeoberflächen ebenfalls eine Abnahme der Benetzbarkeit als Zunahme der Kontaktwinkel beim Vergleich von frischen bzw. vier Wochen alten Oberflächen.

Abbildung 1.15 zeigt die Verschlechterung der Benetzungseigenschaften einer Fichte- Holzoberfläche in Abhängigkeit ihres Alters nach dem Aufsägen. Als Kriterium war die erforderliche Zeit angenommen worden, um einen Kontaktwinkel von 20° mit Wasser zu erhalten. Nach wenigen Tagen ist eine deutliche Inaktivierung der Oberfläche gegeben. Die dicke Linie beschreibt den Mittelwert aller Messungen (Nussbaum 1995, 1996). Weitere ausführliche Ergebnisse finden sich bei Nussbaum (1999), wo für Fichte und Kiefer (Splint- bzw. Kernholz) die Veränderung des Benetzungsverhaltens mit der Zeit, ge-

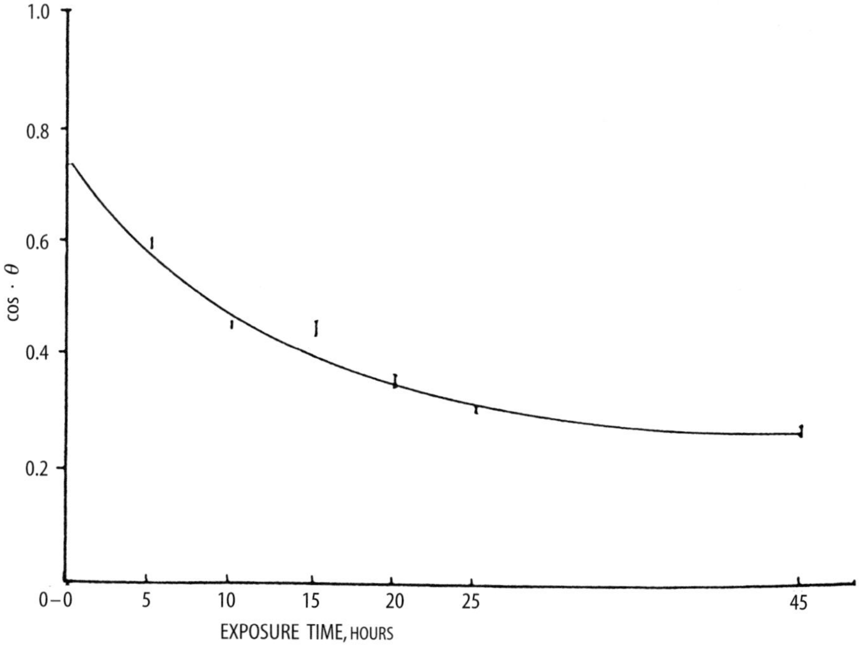

Abb. 1.14. Anstieg des Kontaktwinkels (Abfall von cos θ) in Abhängigkeit des Alters der Holzoberfläche (Herczeg 1965)

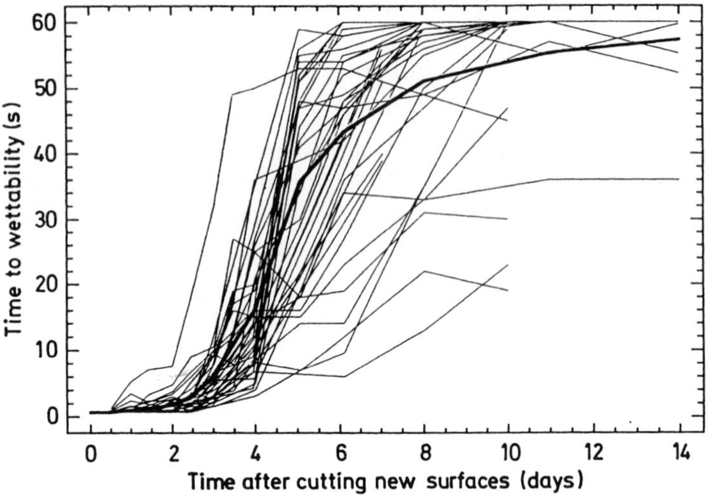

Abb. 1.15. Benetzungsverhalten in Abhängigkeit des Alters der Oberfläche (Nussbaum 1995, 1996)

trennt für die verschiedenen Schnittlagen der Holzproben (tangential, radial), verfolgt wurden.

Gardner u.a. (1995) fanden deutlich niedrigere Kontaktwinkel, wenn die untersuchten Holzproben vor der Messung einer Extraktion unterworfen worden waren. Nicht extrahierte Oberflächen zeigten bereits innerhalb von 20 Minuten einen deutlichen Anstieg der Kontaktwinkel, offensichtlich infolge von Holzinhaltsstoffen, die sich an der Oberfläche anreicherten bzw. die Oberfläche energetisch beeinflussten. Auch bei Chen (1970) ergab eine Lösungsmittelextraktion von Holzoberflächen eine Verbesserung der Benetzbarkeit. Bei Spanplatten kann durch ein nochmaliges Schleifen einer bereits älteren Oberfläche eine Verminderung der Kontaktwinkel von Testflüssigkeiten erzielt werden. Durch das Schleifen werden offensichtlich insbesondere hydrophobe Stoffe, die sich im Laufe der Zeit an der Oberfläche angereichert haben, wieder entfernt (Scheikl und Dunky 1996c).

Dougal u.a. (1980) erzielten verbesserte Verleimungen (höheren Holzbruch), wenn die Furniere vor der Sperrholzherstellung geschliffen wurden. Eine Lösungsmittelextraktion hingegen brachte keine Verbesserung.

Bogner (1991) entfernte Stoffe niedriger Oberflächenenergie (Harze, Öle, Wachse u.a.) durch eine Oberflächenbehandlung mit einer 10%igen Ammoniumhydroxidlösung.

Weitere Literaturhinweise: Troughton und Chow (1970).

Literatur

Adcock T, Wolcott MP, Peyer SM (1999) Proceedings Third European Panel Products Symposium, Llandudno, North Wales, 67-76
Aehlig K, Kowalewitz D (2000) Proceedings „Bestimmung von Holzschutzmitteln in Gebrauchtholz. Probenahme, Analysenmethoden, Schnellerkennungsverfahren, Erfahrungen aus der Praxis". Bahadir M und Marutzky R (Hrsg.), WKI-Bericht Nr. 36
Akaike Y, Nakagami T, Yokota T (1974) Mokuzai Gakkaishi 20, 224-229
Albert L, Németh Zs I, Halász G, Koloszár J, Varga Sz, Takács L (1999) Holz Roh. Werkst. 57, 75-76
Albritton RO, Short PH (1979) For. Prod. J. 29: 2, 40-41
Arnold D (1986) Holz Roh. Werkst. 44, 249-252
Arora M, Rajawat JS, Gupta RC (1981) Holzforsch. Holzverwert. 33, 8-10
Atchison JE, Lengel DE (1985) Proceedings 19th Wash. State University Int. Particleboard/Composite Materials Symposium, Pullman, WA, 145-193
Au KC, Gertjejansen RO (1989) For. Prod. J. 39: 4, 47-50
Avella T, de Lhoneux B (1984) J. Appl. Polym. Sci.: Appl. Polym. Symp. 40, 203-207
Back EL (1964) For. Prod. J. 14, 425-429
Back EL (1987) Holzforschung 41, 247-258
Back EL (1991) For. Prod. J. 41: 2, 30-36
Back EL, Danielsson S (1987) Nordic Pulp Paper Res. J., Spec. Issue 2, 53-62
Back EL, Stenberg LE (1976) Pulp Pap. Can. 77: 12, t264-t270
Back EL, Thoung Htun M, Jackson M, Johanson F (1967) Tappi 50, 542-547
Bahadir M, Marutzky R (2000) (Hrsg.): Proceedings „Bestimmung von Holzschutzmitteln in Gebrauchtholz. Probenahme, Analysenmethoden, Schnellerkennungsverfahren, Erfahrungen aus der Praxis". WKI-Bericht Nr. 36
Barbu MC, Resch H (1998) Proceedings Second European Panel Products Symposium, Llandudno, North Wales, 39-47
Barbu MC, Resch H, Prukner M (2000a) Holzforsch. Holzverwert. 52, 63-65
Barbu MC, Resch H, Prukner M (2000b) Proceedings Fourth European Panel Products Symposium, Llandudno, North Wales, 14-21
Barbu MC, Resch H, Prukner M (2000c) Proceedings Fifth Pacific Rim Bio-Composites Symposium, Canberra, Australien, 319-325
Bariska M (1969) Holz Zentr. Bl. 95, 1309-1310
Bariska M (1974) Habilitationsschrift, ETH Zürich
Bariska M, Skaar C, Davidson RW (1969) Wood Sci. 2, 65-72
Barnes D (2000) For. Prod. J. 50: 11/12, 33-42
Barnes D (2001) For. Prod. J. 51: 2, 36-46
Basler H (1953) Holz Roh. Werkst. 11, 297-302
Baumann MG, Conner AH (1994) Carbohydrate polymers as adhesives. In: Pizzi A, Mittal KL (Hrsg.): Handbook of Adhesive Technology, Marcel Dekker, New York, Basel, Hong Kong, 299-313
Becker R (2000) Proceedings „Bestimmung von Holzschutzmitteln in Gebrauchtholz. Probenahme, Analysenmethoden, Schnellerkennungsverfahren, Erfahrungen aus der Praxis". Bahadir M und Marutzky R (Hrsg.), WKI-Bericht Nr. 36
Beckers EPJ, Militz H (1994) Proceedings Second Pacific Rim Bio-Composites Symposium, Vancouver, 125-134
Belfas J (1994) J. Trop. For. Sci. 6, 257-268
Belfas J, Groves KW, Evans PD (1993) Holz Roh. Werkst. 51, 253-259
Berg JC (1993) Role of acid-base interactions in wetting and related phenomena. In: Berg JC (Hrsg.): Wettability. Marcel Dekker, New York, 75-148
Biblis EJ, Carino HF (1993) For. Prod. J. 43: 1, 41-46

Bikerman JJ (1961) The Science of Adhesive Joints. Academic Press, New York
Bikerman JJ (1967) Ind. Eng. Chem. 59: 9, 40 – 44
Bischof W, Resch H, Bodner J (1999) Holzforsch. Holzverwert. 51, 67 – 69
Bockelmann C (1995) Thesis TU Braunschweig
Bockelmann C, Marutzky R (1993) Holz Zentr. Bl. 119: 289 und 296 – 298
Bockelmann C, Marutzky R, Strecker M (1993) Holz- und Kunststoffverarb. 28, 1242 – 1247
Bockelmann C, Pohlandt K, Marutzky R (1995) Holz Roh. Werkst. 53, 377 – 383
Bodig J (1962) For. Prod. J. 12, 265 – 270
Boehme C (1993 a) Holz Roh. Werkst. 51, 319 – 323
Boehme C (1993 b) Holz Zentr. Bl. 119, 2268 – 2269
Boehme C, Hora G (1996) Holzforschung 50, 269 – 276
Boehme C, Michanickl A (1998) Proceedings Fachtagung Umweltschutz in der Holzwerkstoffindustrie, Göttingen, 120 – 130
Bogner A (1991) Holz Roh. Werkst. 49, 271 – 275
Bogner A (1995) Drvna Ind. 46, 187 – 194
Bolton AJ, Dinwoodie JM, Davies DA (1988) Wood Sci. Technol. 22, 345 – 356
Böras L, Gatenholm P (1999) Holzforschung 53, 188 – 194
Bowyer JL, Stockmann VE (2001) For. Prod. J. 51: 1, 10 – 21
Brady DE, Kamke FA (1988) For. Prod. J. 38: 11/12, 63–68
Brink DL, Kuo ML, Johns WE, Birnbach MJ, Layton HD, Nguyen T, Breiner T (1983) Holzforschung 37, 69–78
Brinkmann E (1978) Holz Zentr. Bl. 104, 1681 – 1683
Brinkmann E (1982) Holz Roh. Werkst. 40, 381 – 386
Brown FL, Kenga DL, Gooch RM (1966) For. Prod. J. 16: 11, 45 – 53
Bruci V, Panjkovic I (1991) Holz Roh. Werkst. 49, 206
Brumbaugh J (1960) For. Prod. J. 10, 243 – 246
Bryant BS (1968) For. Prod. J. 18: 6, 57–62
Buchholzer P (1988 a) Holz Roh. Werkst. 46, 34
Buchholzer P (1988 b) Holz Roh. Werkst. 46, 192
Buchholzer P (1988 c) Holz Zentr. Bl. 114, 225 – 232
Buchholzer P (1992) Holz Zentr. Bl. 118: 158 +165 und 282 – 283
Buchholzer P (1995) Holz Zentr. Bl. 121, 593 – 601
Buchholzer P Harbs C (1986) Holz Roh. Werkst. 44, 281 – 285
Buchholzer P, Roffael E (1987) Holz Zentr. Bl. 113, 777 – 780 und 789 – 790
Buchmüller KSt, Fuchs G (1988) Holz Roh. Werkst. 46, 413 – 416
Buhr A (1999) WKI-Kurzbericht 19
Buhr A (2000) Proceedings „Bestimmung von Holzschutzmitteln in Gebrauchtholz. Probenahme, Analysenmethoden, Schnellerkennungsverfahren, Erfahrungen aus der Praxis“. Bahadir M und Marutzky R (Hrsg.), WKI-Bericht Nr. 36
Buhr A, Genning C, Salthammer T (2000) Fres. J. Anal. Chem. 367, 73 – 78
Burmester A (1978) Holz Roh. Werkst. 36, 315 – 321
Burmester A (1983) Holz Roh. Werkst. 41, 493 – 498
Burmester A, Kieslich W (1985) Holz Roh. Werkst. 43, 350
Burmester A, Knoll KH, Barz S (1991) Holz Zentr. Bl. 117, 1964 – 1966
Burmester A, Wille WE (1973) Holz Roh. Werkst. 31, 12 – 17
Buschbeck L, Kehr E, Jensen U (1961) Holztechnol. 2, 99 – 110
Cai L, Wang F, Li J (1995) Holz Roh. Werkst. 53, 21 – 23
Campbell WG, Bryant SA (1941) Nature 147, 357 – 359
Canadido LS, Saito F, Suzuki S (1988) Mokuzai Gakkaishi 34, 21 – 27
Carre J (1980) Holz Roh. Werkst. 38, 337 – 344
Carvajal O, Valdes JL, Puig J, (1996) Holz Roh. Werkst. 54, 61 – 63
Casilla RC, Chow S, Steiner PR (1981) Wood Sci. Technol. 15, 31 – 43

Chen C-M (1970) For. Prod. J. 20: 1, 36–41
Chen H, Zavarin E (1987) Proc. Fourth Int. Symposium Wood and Pulping Chemistry, Paris
Chen T-Y, Paulitsch M (1974) Holz Roh. Werkst. 32, 397–401
Chen T-Y, Paulitsch M (1976) Holzforsch. Holzverwert. 28, 87–92
Chen Y, Popowitz BA, Gertjejansen RO, Ritter DC (1992) For. Prod. J. 42: 1, 21–24
Choon KK, Roffael E (1990) Holzforschung 44, 53–58
Chow P (1979) Wood Fiber 11, 92–98
Chow P, Bao Z, Youngquist JA, Rowell RM, Muehl JH, Krzysik AM (1996a) For. Prod. J. 46: 7/8, 62–66
Chow P, Bao Z, Youngquist JA, Rowell RM, Muehl JH, Krzysik AM (1996b) Wood Fiber Sci. 28, 252–258
Chow S (1971) For. Prod. J. 21: 2, 19–24
Chow S (1975) For. Prod. J. 25: 11, 32–37
Chow S, Pickles K (1971) Wood Fiber 3: 166–178
Chowdhury MJA, Humphrey PE (1999) Wood Fiber Sci. 31, 293–299
Christiansen AW (1990) Wood Fiber Sci. 22, 441–459
Christiansen AW (1991) Wood Fiber Sci. 23, 69–84
Christiansen AW (1994) Holz Roh. Werkst. 52, 139–149
Clad W (1970) Holz Roh. Werkst. 28, 101–104
Collett BM (1972) Wood Sci. Technol. 6, 1–42
Crocker GJ (1968) Rubber Chem. Technol., 30–70
Dalen H, Gronvold O, Rekdal B (1990) Proceedings 24th Wash. State University Int. Particleboard/Composite Materials Symposium, Pullman, WA, 185–195
Dalen H, Shorma TD (1996) Proceedings 30th Wash. State University Int. Particleboard/Composite Materials Symposium, Pullman, WA, 191–196
Danilatos GD (1990) J. Microscopy 160: 1, 9–19
Davidson RW, Baumgardt WG (1970) For. Prod. J. 20: 3, 19–25
Davis EF (1996) Proceedings 30th Wash. State University Int. Particleboard/Composite Materials Symposium, Symposium, Pullman, WA, 73–89
Deng Y, Abazeri M (1998) Wood Fiber Sci. 30, 155–164
Deppe H-J (1998) Holz Zentr. Bl. 124, 1821–1824; 1839–1842; 2036–2038
Deppe H-J (1999a) Holz Zentr. Bl. 125, 494
Deppe H-J (1999b) Holz- und Kunststoffverarb. 34: 12, 58–60
Deppe H-J, Knoll H-J (1984) Holz Zentr. Bl. 110, 409–410, 718–719
Deppe H-J, Rühl H (1993) Holz Zentr. Bl. 119, 2000–2004
Deppe H-J, Schmidt K (1995) Holz Roh. Werkst. 53, 243–247
Dimitri L, v Bismarck V, Böttcher P, Schulze J-Ch (1981) Holzzucht 35, 1–7
Dix B, Marutzky R, Holz Roh. Werkst. 123 (1997) 141–142 und 154–155
Dix B, Roffael E (1994) Holz Roh. Werkst. 52, 324
Dix B, Roffael E (1995a) Holz Roh. Werkst. 53, 357–367
Dix B, Roffael E (1995b) Holz Zentr. Bl. 121, 2189–2192
Dix B, Roffael E (1996) Holz Zentr. Bl. 122, 180–182
Dix B, Roffael E (1997a) Holz Roh. Werkst. 55, 25–33
Dix B, Roffael E (1997b) Holz Roh. Werkst. 55, 103–109
Dix B, Roffael E, Peek R-D, Leithoff H (1998) Holz Roh. Werkst. 56, 107–113
Donaldson LA, Lomax TD (1989) Wood Sci. Technol. 23, 371–380
Dorris GM, Gray DG (1978) Cell. Chem. Technol. 12, 721–734
Dougal EF, Wellons JD, Krahmer RL, Kanarek P (1980) For. Prod. J. 30: 7, 48–53
Drossel K, Wittke B (1996) In: Marutzky R, Schmidt W (Hrsg.) Alt- und Restholz. VDI-Verlag
Dube H, Kehr E (1995a) Holz Roh. Werkst. 53, 20
Dube H, Kehr E (1995b) Holz Roh. Werkst. 53, 302

Dunky M (1988) Holzforsch. Holzverwert. 40, 126 - 133
Dunky M (1991) unveröffentlicht
Dunky M (1998) Proceedings Second European Panel Products Symposium, Llandudno, North Wales, 206 - 217
Elbez G (1978) Holzforschung 32, 82 - 92
Elbez G (1984) J. Appl. Polym. Sci.: Appl. Polym. Symp. 40, 251 - 267
Elbez G (1985) Proceedings Wood-based composite products CSIR Conference, Pretoria
Elias R, Irle MA (1996) Holz Roh. Werkst. 54, 65 - 68
Ellis S, Paszner L (1994) Holzforschung 48, Suppl. 82 - 90
Ellis S, Ruddick JNR, Steiner PR (1993) For. Prod. J. 43: 7/8, 23 - 26
Engels K (1983) Holz Roh. Werkst. 41, 135 - 140
Engonga PE, Schneider R, Gerardin P, Loubinoux B (2000) Holz Roh. Werkst. 58, 284 - 286
Erbreich M (2000) Umwelt 10/11, 50–51
Erler K, Knospe D (1988) Holz Roh. Werkst. 46, 327 - 329
Eusebio GA, Generalla NC (1983) FPRDI J. 12: 3/4, 12 - 19
Faust TD, Rice JT (1986) For. Prod. J. 36: 4, 57 - 62
Feist WC, Hon DN-S (1984) In: Rowell R (Hrsg.) The Chemistry of Solid Wood. ACS Advances in Chemistry Series 207, Am. Chem. Soc., Washongton, DC
Felby C, Conrad L (1998) Proceedings Second European Panel Products Symposium, Llandudno, North Wales, 205
Felby C, Hassingboe J (1996) Proceedings Third Pacific Rim Bio-Based Composites Symposium, Kyoto, Japan, 283 - 291
Felby C, Pedersen LS, Nielsen BR (1997) Holzforschung 51, 281 - 286
Fellner J (1991) Holzforsch. Holzverwert. 43, 25 - 28
Fengel D, Ludwig M (1989) Holz Roh. Werkst. 47, 223 - 226
Fengel D, Przyklenk M (1983) Holz Roh. Werkst. 41, 193 - 194
Fowkes FM (1964) Ind. Eng. Chem. 56: 12, 40 - 52
Franke R, Roffael E (1998 a) Holz Roh. Werkst. 56, 79 - 82
Franke R, Roffael E (1998 b) Holz Roh. Werkst. 56, 381 - 385
Freeman HA (1959) For. Prod. J. 9, 451 - 458
Freeman HG, Wangaard FF (1960) For. Prod. J. 10, 311 - 315
Frühwald A (1990) Holzbe- und -verarbeitung. In. VDI-Bericht Nr. 794, VDI-Verlag, Düsseldorf, 9 - 21
Furuno T, Li J-Z, Katoh S (2000) Proceedings Fifth Pacific Rim Bio-Composites Symposium, Canberra, Australien, 119 - 125
Furuno T, Saiki H, Goto T, Harada H (1983) Mokuzai Gakkaishi 29: 1, 43 - 53
Galezewski JA (1977) For. Prod. J. 27: 12, 21 - 24
Gardner DJ (1996) Wood Fiber Sci. 28, 422 - 428
Gardner DJ, Elder TJ (1988) Wood Fiber Sci. 20, 378 - 385
Gardner DJ, Elder TJ (1990) Holzforschung 44, 201 - 206
Gardner DJ, Ostmeyer JG, Elder TJ (1991 a) Holzforschung 45, 215 - 222
Gardner DJ, Generella NC, Gunnels DW, Wolcott MP (1991 b) Langmuir 7, 2498 - 2502
Gardner DJ, Wolcott MP, Wilson L, Huang Y, Carpenter M, Proceedings Wood Adhesives 1995, Portland, OR, 1995, 29 - 36
Gardner DJ, Tze W, Shi Q (1999) In: Argyropoulos DS (Hrsg.) Progress in Lignocellulosics Characterization, Tappi Press, Atlanta, GA, 263 - 293
Garves K (1981) Holz Roh. Werkst. 39, 253–254
Geimer RL (1986) For. Prod. J. 36: 4, 42 - 46
Geimer RL, Crist JB (1980) For. Prod. J. 30: 6, 42 - 48
Geimer RL, Herian VL, Xu D (1997) Wood Fiber Sci. 29, 103 - 120
Geimer RL, Kwon JH, Bolton J (1998) Wood Fiber Sci. 30, 326 - 338
Geimer RL, Link CL (1988) Forest Products Laboratory – RP 486, Madison

Gerischer G (1977) Holzforschung 31, 129–132
Gillah PR, Irle MA, Amartey SA (2000) Holz Roh. Werkst. 58, 324–330
Gindl M, Gierlinger N, Gindl W, Tschegg S (2000) Holzforsch. Holzverwert. 52, 90–91
Goldstein IS, Jeroski EB, Lund AE, Nielson JF, Weater JM (1961) For. Prod. J. 11, 363–370
Gollob L, Wellons JD (1990) In: Skeist I (Hrsg.) Handbook of Adhesives, Van Nostrand Reinhold, New York
Gomez-Bueso J, Torgilsson R, Westin M, Olesen PO, Simonson R (1996) Proceedings Third Pacific Rim Bio-Based Composites Symposium, Kyoto, Japan, 432–440
Gomez-Bueso J, Westin M, Torgilsson R, Olesen PO, Simonson R (1999) Holz Roh. Werkst. 57, 433–438
Gomez-Bueso J, Westin M, Torgilsson R, Olesen PO, Simonson R (2000) Holz Roh. Werkst. 58, 9–14
Good RJ (1972) J. Adhesion 4, 133 –154
Good RJ (1993) Contact angle, wetting and adhesion: a critical review. In: Mittal KL (Hrsg.): Contact Angle, Wettability and Adhesion. VSP, Utrecht, Niederlande, 3–36
Gray VR (1958) J. Inst. Wood Sci. 1, 58–64
Gray VR (1962) For. Prod. J. 12, 452–461
Grigoriou A (1981) Holzforsch. Holzverwert. 33, 1–5
Grigoriou A (1998a) Holzforsch. Holzverwert. 50, 32–34
Grigoriou A(1998b) Proceedings Second European Panel Products Symposium, Llandudno, North Wales, 133–141
Grigoriou A (2000) Wood Sci. Technol. 34, 355–365
Grigoriou A, Passialis C, Voulgaridis E (2000a) Holz Roh. Werkst. 58, 290–291
Grigoriou A, Passialis C, Voulgaridis E (2000b) Holz Roh. Werkst. 58, 309–314
Groom L, Rials T, Snell R (2000) Proceedings Fourth European Panel Products Symposium, Llandudno, North Wales, 81–94
Groom L, Shaler SM, Mott L (1997) Proceedings First European Panel Products Symposium, Llandudno, North Wales, 53–64
Groot JJ de (2000) Holz Zentr. Bl. 126, 1738
Grozdits GA, Chauret G (1981) For. Prod. J. 31: 2, 28–33
Gunschera J (2000) Proceedings „Bestimmung von Holzschutzmitteln in Gebrauchtholz. Probenahme, Analysenmethoden, Schnellerkennungsverfahren, Erfahrungen aus der Praxis“. Bahadir M und Marutzky R (Hrsg.), WKI-Bericht Nr. 36
Gutwasser F (1994) Holz Zentr. Bl. 120, 1365–1366
Haase E (1990) Vortrag Mobil Holzwerkstoffsymposium, Würzburg
Hafizoglu H (1989) Holzforschung 43, 41–43
Hameed M, Roffael E (1999) Holz Roh. Werkst. 57, 287–293
Hameed M, Roffael E (2000) Holz Roh. Werkst. 58, 306
Hameed M, Roffael E (2001) Holz Roh. Werkst. 58, 432–436
Hams S, Flamme S, Walter G (2000) Proceedings „Bestimmung von Holzschutzmitteln in Gebrauchtholz. Probenahme, Analysenmethoden, Schnellerkennungsverfahren, Erfahrungen aus der Praxis“. Bahadir M und Marutzky R (Hrsg.), WKI-Bericht Nr. 36
Han G, Kawai S, Umemura K (2000) Proceedings Fourth European Panel Products Symposium, Llandudno, North Wales, 186–192
Hancock WV (1963) For. Prod. J. 13, 81–88
Hancock WV (1964) Thesis, University of British Columbia
Hanetho P (1987) Proceedings FESYP-Tagung München, 129–136
Harbeke T (1998) Proceedings Fachtagung „Umweltschutz in der Holzwerkstoffindustrie“, Göttingen, 66–83
Heebink BG, Hefty FV (1969) For. Prod. J. 19: 11, 17–26
Heller W (1979) Holz Roh. Werkst. 37, 467–468
Heller W (1980) Holz Roh. Werkst. 38, 393–396

Herczeg A (1965) For. Prod. J. 15, 499–505
Hesch R (1968) Holz Roh. Werkst. 26, 129–140
Hesch R (1979) Holz Zentr. Bl. 105, 22
Hesch R (1993) Holz Roh. Werkst. 51, 312–318
Hesch R (1994 a) Holz- und Kunststoffverarb. 29, 1177–1179
Hesch R (1994 b) Holz Zentr. Bl. 120, 441–442
Heslop G (1997) Proceedings 31th Wash. State University Int. Particleboard/Composite Materials Symposium, Pullman, WA, 109–113
Hill CAS, Jones D (1996 a) Holzforschung 50, 457–462
Hill CAS, Jones D (1996 b) J. Wood Chem. Technol. 16, 235–247
Hill CAS, Jones D (1999) Holzforschung 53, 267–271
Hill CAS, Jones D, Strickland G, Cetin NS (1998) Holzforschung 52, 623–629
Hillis WE (1984) Wood Sci. Technol. 18, 281–293
Hon DN-S (1996) (Hrsg.): Chemical modification of lignocellulosic materials. Marcel Dekker, Inc., New York, 197–227
Hon DN-S, Bangi AP (1996) For. Prod. J. 46: 7/8, 73–78
Hse Ch-Y (1972 a) For. Prod. J. 22: 1, 51–56
Hse Ch-Y (1972 b) Holzforschung 26, 82–85
Hse Ch-Y, Choong ET (2000) Proceedings Fifth Pacific Rim Bio-Composites Symposium, Canberra, Australien, 503–508
Hse Ch-Y, Kuo M (1988) For. Prod. J. 38: 1, 52–56
Hsu WE, Schwald W, Schwald J, Shields JA (1988) Wood Sci. Technol. 22, 281–289
Humphrey PE (1997) Proceedings First European Panel Products Symposium, Llandudno, North Wales, 145–155
Humphrey PE, Chowdhury MJA (2000) Proceedings Fifth Pacific Rim Bio-Composites Symposium, Canberra, Australien, 227–234
Hunt JF, Vick CB (1999) For. Prod. J. 49: 5, 69–74
Huntsberger JR (1981) J. Adhesion 12, 3–12
Hüster HG, Roffael E (1999) Holz Zentr. Bl. 125, 775–776
Ibach RE, Rowell RM, Lee B-G (2000) Proceedings Fifth Pacific Rim Bio-Composites Symposium, Canberra, Australien, 197–204
Ingruber OV (1958) Pulp Paper Mag. Can. 59, 135–141
Inoue M, Sekino N, Morooka T, Norimoto M (1996) Proceedings Third Pacific Rim Bio-Based Composites Symposium, Kyoto, Japan, 240–248
Irle M, Adcock T, Sekino N (1998) Proceedings Second European Panel Products Symposium, Llandudno, North Wales, 24–29
Jaic M, Zivanovic R, Stevanovic-Janezic T, Dekanski A (1996) Holz Roh. Werkst. 54, 37–41
Jain NC, Gupta RC, Chauhan BRS, Singh K (1971) Holzforsch. Holzverwert. 23, 74–75
Jain NC, Gupta RC, Chauhan BRS (1972) Holzforsch. Holzverwert. 24, 9–12
Jensen U, Kehr E (1970) Holztechnol. 11, 97–100
Jin L, Nicholas DD, Schultz TP (1991) Holzforschung 45, 467–468
Johansson I, Stehr M (1997) Proceedings Forest Products Society Annual Meeting, Vancouver
Johns WE (1989) The Chemical Bonding of Wood. In Pizzi A (Hrsg.): Wood Adhesives. Chemistry and Technology, Bd. 2, Marcel Dekker, Inc., New York
Johns WE, Jahan-Latibari A (1983) J. Adhes. 15: 2, 105–115
Johns WE, Layton HD, Nguyen T, Woo JK (1978) Holzforschung 32, 162–166
Johns WE, Myers GC, Motter WK (1987) Proceedings 21th Wash. State University Int. Particleboard/Composite Materials Symposium, Pullman, WA, 253–278
Johns WE, Nguyen T (1977) For. Prod. J. 27: 1, 17–23
Johns WE, Niazi KA (1980) Wood Fiber 12, 255–263
Johnson StE, Kamke FA (1992) J. Adhesion 40, 47–61

Johnsson RE, Rettre R (1993) Wetting of low energy surfaces. In: Berg JC (Hrsg.) Wettability, Marcel Dekker, New York
Jokerst RW, Stewart HA (1976) Wood Fiber 8, 107–113
Jones N, Hague J (1997) Proceedings First European Panel Products Symposium, Llandudno, North Wales, 166–174
Jordan DL, Wellons JD (1977) Wood Sci. 10, 22–27
Kajita H, Imamura Y (1991) Wood Sci. Technol. 26, 63–70
Kalnins MA, Katzenberger C, Schmieding SA, Brooks JK (1988) J. Coll. Interface Sci. 125, 344–346
Kamdem DP, Bose SK, Luner P (1993) Langmuir 3039–3044
Kanazawa H, Nakagami T, Nobashi K, Yokota T (1978) Mokuzai Gakkaishi 24, 55–59
Kazayawoko M, Neumann AW, Balatinecz JJ (1997) Wood Sci. Technol. 31, 87–95
Kehr E (1962a) Holztechnol. 3, 22–28
Kehr E (1962b) Holztechnol. 3, 130–136
Kehr E (1979) Holztechnol. 20, 32–39
Kehr E (1995) Holz Zentr. Bl. 121, 1010–1013 und 1064–1066
Kehr E, Schilling W (1965a) Holztechnol. 6, 161–168
Kehr E, Schilling W (1965b) Holztechnol. 6, 225–232
Kelley SS, Young RA, Rammon RM, Gillespie RH (1983) For. Prod. J. 33: 2, 21–28
Keserü G, Marutzky R (1982) Holz Zentr. Bl. 108, 81–82
Kharazipour A, Polle A (1998) Ansätze in der Biotechnologie des Holzes. Schriften aus der Forstlichen Fakultät der Universität Göttingen und der Niedersächsischen Forstlichen Versuchsanstalt, Sauerländer, Frankfurt a. M.
Kharazipour A, Roffael E (1997) Recycling nach einem neuen Verfahren. In: Kharazipour A, Roffael E. Recyclingkonzepte in der Holzwerkstoffindustrie. Göttingen
Kharazipour A, Roffael E (1997) Recyclingkonzepte in der Holzwerkstoffindustrie. Göttingen
Khristova P, Yossofov N, Gabir S, Glavchev I, Osman Z (1998) Cellulose Chem. Technol. 32, 327–337
Kiguchi M (1996) Surface modification and activation of wood. In: Hon DN-S (Hrsg.): Chemical modification of lignocellulosic materials. Marcel Dekker, Inc., New York, 197–227
Kistler FK (1993) Hydrodynamics of wetting. In: Berg JC (Hrsg.): Wettability, Marcel Dekker, New York,
Klatt PW, Spiers SB (2000) Proceedings Fifth Pacific Rim Bio-Composites Symposium, Canberra, Australien, 509–516
Klauditz W, Buro A (1962) Holz Roh. Werkst. 20, 19 – 26
Klauditz W, Stegmann G (1955) Holz Roh. Werkst. 13, 434–440
Knoll K-H, Deppe H-J (1981) Holz Zentr. Bl. 107, 2257–2258
Knoll K-H, Shen Y (1983) Holz Zentr. Bl. 109, 1257–1258
Koch P (1967) For. Prod. J. 17: 6, 42–48
Koch P, Bohannan B (1965) For. Prod. J. 15, 289–295
Kolluri Om S (1994) Application of plasma technology for improved adhesion of materials. In: Pizzi A, Mittal KL (Hrsg.) Handbook of Adhesive Technology. S 35–45. Marcel Dekker, Inc., New York, Basel, Hong Kong
Körner S, Kühne G, Pecina H (1992) Holz- und Kunststoffverarb. 27, 1004–1007
Kretschmann DE, Moody RC, Pellerin RF, Bendtsen BA, Cahill JM, McAlister RH, Sharp DW (1993) Res. Paper FPL-RP-521, USDA Forest Serv., Forest Prod. Lab., Madison, WI
Krilov A, Lasander WH (1988) Holzforschung 42, 253–258
Krooss J, Stolz P, Thurmann U, Wosniok W, Peek R-D, Giese H (1998) Holz Zentr. Bl. 124, 689–695
Krug D, Kehr E (2000) MDF-Magazin, 18–23

Kruse K, Dai C, Pielasch A (2000) Holz Roh. Werkst. 58, 270 - 277
Kruse K, Wagenführ A (1998) Holz Zentr. Bl. 124, 1041 - 1042
Krzysik AM, Youngquist JA, Rowell RM, Muehl JH, Chow P, Shook SR (1993) For. Prod. J. 43: 7/8, 53 - 58
Kubel H, Simatupang MH (1994) Holz Roh. Werkst. 52, 272 - 278
Kübler J, Matz G, Schröder W (2000) Proceedings „Bestimmung von Holzschutzmitteln in Gebrauchtholz“. Probenahme, Analysenmethoden, Schnellerkennungsverfahren, Erfahrungen aus der Praxis. Bahadir M und Marutzky R (Hrsg.), WKI-Bericht Nr. 36
Kühne G (1987) Holztechnologie 28, 169 - 172
Kühne G, Dittler B (1999) Holz Roh. Werkst. 57, 264
Kumar S (1994) Wood Fiber Sci. 26, 270 - 280
Labosky P Jr (1979) Wood Sci. 12, 80 - 85
Lambuth AL (1994) Protein adhesives in wood. In: Pizzi A, Mittal KL (Hrsg.) Handbook of Adhesive Technology, Marcel Dekker, New York, Basel, Hong Kong, 259 - 281
Lange W, Kubel H, Weißmann G (1989) Holz Roh. Werkst. 47, 487 - 489
Larsson Brelid P, Simonson R (1999a) Holz Roh. Werkst. 57, 259 - 263
Larsson Brelid P, Simonson R (1999b) Holz Roh. Werkst. 57, 383 - 389
Lavisci P, Masson D, Deglise X (1991) Holzforschung 45, 415 - 418
Lay JP, Stock R (2001) (Hrsg.): Schnellerkennung von Holzschutzmitteln in Altholz. Deutsche Bundesstiftung Umwelt, E.Schmidt-Verlag Berlin Bielefeld München
Lehmann WF, Geimer RL (1974) For. Prod. J. 24: 10, 17 - 25
Lelis R (1992) Magisterarbeit, Georg-August-Universität Göttingen
Lelis R (1995) Thesis, Georg-August-Universität Göttingen
Lelis R, Roffael E (1995) Holz Zentr. Bl. 121, 66 - 68
Lelis R, Roffael E, Becker G (1992) Holz Zentr. Bl. 118, 2204 - 2210
Lelis R, Roffael E, Becker G (1993) Holz Zentr. Bl. 119, 120 - 121
Lelis R, Roffael E, Becker G (1994) Holz Zentr. Bl. 120, 2144 - 2146 und 2181 - 2182
Li J-Z, Furuno T, Katoh S (2000a) Proceedings Fifth Pacific Rim Bio-Composites Symposium, Canberra, Australien, 136 - 144
Li J-Z, Furuno T, Katoh S, Uehara T (2000b) J. Wood Sci. 46, 215 - 221
Liiri O, Kivistö A, Saarinen A (1977) Holzforsch. Holzverwert. 29, 117 - 122
Liptakova E, Kudela J (1994) Holzforschung 48, 139 - 144
Liptakova E, Kudela J, Bastl Z, Spirovova I (1995) Holzforschung 49, 369 - 375
Liu FP, Rials TG, Simonsen J (1998) Langmuir 14, 536 - 541
Löbe K, Lucht H, Kreuchwig L, Uhl A (2000) Proceedings „Bestimmung von Holzschutzmitteln in Gebrauchtholz. Probenahme, Analysenmethoden, Schnellerkennungsverfahren, Erfahrungen aus der Praxis“. Bahadir M und Marutzky R (Hrsg.), WKI-Bericht Nr. 36
MacPeak MD, Burkhart LF, Weldon D (1987) For. Prod. J. 37: 2, 51 - 56
Maldas DC, Kamdem DP (1998a) Wood Fiber Sci. 30, 368 - 373
Maldas DC, Kamdem DP (1998b) J. Adhesion Sci. Technol. 12, 763 - 772
Maldas DC, Kamdem DP (1999) For. Prod. J. 49: 11/12, 91 - 93
Mantanis GI, Young RA (1997) Wood Sci. Technol. 31, 339 - 353
Marcinko JJ, Newman WH, Phanopoulos C (1994) Proceedings Second Pacific Rim Bio Based Composites Symposium, Vancouver, Canada, 286 - 293
Marcovich NE, Reboredo MM, Aranguren ML (1996) Holz Roh. Werkst. 54, 189 - 193
Marian JE, Suchsland O (1956) Paper and Timber, 6 - 7
Markessini E, Roffael E, Rigal L (1997) Proceedings 31st Wash. State University Int. Particleboard/Composite Materials Symposium, Pullman, WA, 147 - 160
Marutzky R (1996) Qualitätsanforderungen und Entsorgungswege für Rest- und Gebrauchthölzer. In: Marutzky R, Schmidt W (Hrsg.) Alt- und Restholz. Energetische und stoffliche Verwertung, Beseitigung, Verfahrenstechnik, Logistik. VDI Verlag, Düsseldorf

Marutzky R (1997) Proceedings Mobil Oil-Holzwerkstoff-Symposium, Bonn
Marutzky R (1998) Holz Zentr. Bl. 124, 2169–2175
Marutzky R (2000) Proceedings „Bestimmung von Holzschutzmitteln in Gebrauchtholz. Probenahme, Analysenmethoden, Schnellerkennungsverfahren, Erfahrungen aus der Praxis". Bahadir M und Marutzky R (Hrsg.), WKI-Bericht Nr. 36
Marutzky R, Schmidt W (Hrsg.) (1996) Alt- und Restholz. Energetische und stoffliche Verwertung, Beseitigung, Verfahrenstechnik, Logistik. VDI Verlag, Düsseldorf
Matsuda H (1987) Wood Sci. Technol. 21, 75–88
May H-A (1982) Holz Roh. Werkst. 41, 303–306
May H-A, Keserü G (1982) Holz Roh. Werkst. 40, 105–110
McLauchlin AR, Hague JRB (1998) Proceedings Second European Panel Products Symposium, Llandudno, North Wales, 142–152
McMillin CW, Huber HA (1984) For. Prod. J. 34: 1, 13–20
Meijer M de (1999) Thesis, Wagneningen Universiteit, Niederlande
Michanickl A, Boehme C (1996) Holz und Kunststoffverarb. 31: 4, 50–55
Michanickl A, Boehme C (1997) MDF-Magazin 3, 52–59
Militz H (1991) Holz Roh. Werkst. 49, 147–152
Miyamoto K, Suzuki S (2000) Proceedings Fifth Pacific Rim Bio-Composites Symposium, Canberra, Australien, 463–470
Mobarak F, Fatimy Y, Augustin H (1982) Holzforschung 36, 131–135
Moredo CC, Sakuno T, Kawata T (1996) J. Adhesion 59, 189–195
Morgenstern G, Fritsch A (2000) Holz Zentr. Bl. 126, 1842–1843
Murmanis L, River BH, Stewart H (1983) Wood Fiber Sci. 15, 102–115
Myers GC (1978) For. Prod. J. 28: 3, 48–50
Myers GC (1987) For. Prod. J. 37: 2, 30–36
Narayanamurti D (1957) Holz Roh. Werkst. 15, 370–380
Narayanamurti D, Gupta RC, Verma GM (1962) Holzforsch. Holzverwert. 14, 85–88
Navi P, Girardet F, Heger F (2000) Proceedings Fifth Pacific Rim Bio-Composites Symposium, Canberra, Australien, 439–447
Nelson ND (1973) For. Prod. J. 23: 9, 72–80
Neusser H, Krames U (1969) Holzforsch. Holzverwert. 21, 77–80
Neusser H, Krames U, Haidinger K, Serentschy W (1969) Holzforsch. Holzverwert. 21, 81–94
Neusser H, Krames U, Zentner M (1976) Holzforsch. Holzverwert. 28, 79–87
Neusser H, Strobach D, Serentschy W, Schall W (1977) Holzforsch. Holzverwert. 29, 58–63
Neusser H, Zentner M (1974) Holzforsch. Holzverwert. 26, 54–63
Nguyen T, Johns WE (1977) For. Prod. J. 27: 1, 17–23
Nguyen T, Johns WE (1978) Wood Sci. Technol. 12: 12, 63–74
Nguyen T, Johns WE (1979) Wood Sci. Technol. 13: 1, 29–40
Niekerk IA van, Pizzi A (1994) Holz Roh. Werkst. 52, 109–112
Niemz P (1982) Holztechnol. 23, 206–213
Niemz P (1992) Drev. Vysk. 132, 1–10
Niemz P, Bauer S (1990) Holzforsch. Holzverwert. 42, 89–93
Niemz P, Bauer S (1991) Holzforsch. Holzverwert. 43, 68–70
Niemz P, Fuchs I (1990) Drev. Vysk. 125, 51–62
Niemz P, Fuchs I, Henkel M, Wenk S (1987) Holztechnol. 28, 187–189
Niemz P, Sander D (Hrsg.) (1990) Prozeßtechnik in der Holzindustrie. (Ehem. VEB) Fachbuchverlag Leipzig
Niemz P, Schweitzer F (1990) Holz Roh. Werkst. 48, 361–364
Niemz P, Wenk S (1989) Holztechnol. 30, 117–122
Niemz P, Wienhaus O (1991) Drev. Vysk. 131, 1–6
Nilsson T, Rowell RM, Simonson R, Tillman A-M (1988) Holzforschung 42, 123–126

Nimz HH (1983) Lignin-based wood adhesives. In: Pizzi A (Hrsg.) Wood Adhesives, Chemistry and Technology. Marcel Dekker Inc., New York, Basel, 247 - 288
Nimz HH, Gurang I, Mogharab I (1976a) Liebigs Ann. Chem. 1421 - 1434
Nimz HH, Hitze G (1980) Cellul. Chem. Technol. 14, 371 - 382
Nimz HH, Mogharab I, Gurang I (1976b) Appl. Polym. Symp. 28, 1225 - 1230
Nonninger K, Kharazipour A, Kirchner R (1997) In: Kharazipour A, Roffael E (Hrsg.) Recyclingkonzepte in der Holzwerkstoffindustrie. Göttingen
Northcott PL, Colbeck HGM (1959) For. Prod. J. 9, 292 - 297
Northcott PL, Colbeck HGM, Hancock WV, Shen KC (1959) For. Prod. J. 9, 442 - 451
Nussbaum RM (1993) Wood Sci. Technol. 27, 183 - 193
Nussbaum RM (1995) Holz Roh. Werkst. 53, 384
Nussbaum RM (1996) Holz Roh. Werkst. 54, 26
Nussbaum RM (1999) Holz Roh. Werkst. 57, 419 - 424
Nylund J, Sundberg K, Shen Q, Rosenholm JB (1998) Colloids Surf. A 133, 261 - 268
Ogola WO, Bisanda ETN, Tesha JV (2000) Proceedings Fourth European Panel Products Symposium, Llandudno, North Wales, 175 - 185
Okamoto H, Sano S, Kawai S, Okamoto T, Sasaki H (1994) Mokuzai Gakkaishi 40: 4, 380 - 389
Oldemeyer W (1984) Holz Roh.Werkst 42, 169 - 173
Oss CJ van, Giese RF, Li Z, Murphy K, Norris J, Chaudhury MK, Good RJ (1993) In: Contact angle, wettability and adhesion, Mittal KL (Hrsg.)
Owens CK, Wendt KC (1969) J. Appl. Polym. Sci. 12, 1741 - 1747
Packman DF (1960) Holzforschung 14, 178 - 183
Panning DJ, Gertjejansen RO (1985) For. Prod. J. 35: 5, 48 - 54
Paprzycki O, Pecina H (1989) Holztechnologie 30, 42 - 43
Parameswaran W, Roffael E (1984) Holz Roh. Werkst. 42, 327 - 333
Pecina H (1993) Holzforsch. Holzverwert. 45, 69–72
Pecina H, Paprzycki O (1988a) Holztechnol. 29, 12 - 13
Pecina H, Paprzycki O (1988b) Holzforsch. Holzverwert. 40, 5 - 8
Pecina H, Paprzycki O (1990) Holz Roh. Werkst. 48, 61 - 65
Peek R-D (1998) Proceedings Fachtagung „Umweltschutz in der Holzwerkstoffindustrie", Göttingen, 107 - 119
Peredo M (1992) Holz Roh. Werkst. 50, 400
Peylo A (1998) Holz Zentr. Bl. 124, 690 - 692 und 823
Philippou JL (1977) Thesis, University of California, Berkeley, CA
Philippou JL, Johns WE, Nguyen T (1982a) Holzforschung 36, 37 - 42
Philippou JL, Johns WE, Zavarin E, Nguyen T (1982b) For. Prod. J. 32: 3, 27 - 32
Philippou JL, Zavarin E, Johns WE, Nguyen T (1982c) For. Prod. J. 32: 5, 55 - 61
Pizzi A, Stephanou A, Boonstra MJ, Pendlebury AJ (1994) Holzforschung 48, Suppl. 91 - 94
Place TA, Maloney TM (1975) For. Prod. J. 25: 1, 33 - 39
Plath E (1953) Holz Roh. Werkst. 11, 392 - 400
Plinke B (1987) Holz Roh. Werkst. 45, 315 - 318
Plomley KF, Hillis WE, Hirst K (1976) Holzforschung 30, 14 - 19
Poblete H (1992) Holz Roh. Werkst. 50, 392 - 394
Poblete H, Roffael E (1985) Adhäsion 29: 3, 21 - 28
Pollisco FS, Skaar C, Davidson RW (1971) Wood Sci. 4, 65 - 71
Popper R (1978) Holzbau 44, 168 - 170
Popper R, Bariska M (1972) Holz Roh. Werkst. 30, 289 - 294
Popper R, Bariska M (1973) Holz Roh. Werkst. 31, 65 - 70
Post PW (1958) For. Prod. J. 8, 317 - 322
Post PW (1961) For. Prod. J. 11, 34 - 37
Prasetya B, Roffael E (1990) Holz Roh. Werkst. 48, 429 - 435

Pugel AD, Price EW, Hse CY (1990a) For. Prod. J. 40: 1, 29 - 33
Pugel AD, Price EW, Hse CY (1990b) For. Prod. J. 40: 3, 57 - 61
Pulkkinen P, Suomi-Lindberg L (2000) Influence of the wood component on the bonding process and the properties of wood products. In: Dunky M (Hrsg.) State of the Art-Report, COST-Action E13, part I (Working Group 1 Adhesives), European Commission (vorläufige Fassung), 85 - 108
Rabiej RJ, Behm H, Khan PAA (1990) Proceedings Wood Adhesives 1990, Madison, WI, 103 - 111
Rabiej RJ, Ramrattan SN, Droll WJ (1993) For. Prod. J. 43: 2, 45 - 54
Rackwitz G (1963) Holz Roh. Werkst. 21, 200 - 209
Rackwitz G (1964) Holz Roh. Werkst. 22, 365 - 371
RAL-Gütezeichen 428: Recyclingprodukte aus Gebrauchtholz. RAL Deutsches Institut für Gütesicherung und Kennzeichnung e.V., Sankt Augustin 1997
Ramiah MV, Troughton GE (1970) Wood Sci. 3, 120 - 125
Rammon RM, Kelly SS, Young RA (1982) J. Adhesion 14, 257 - 282
Rana AK, Mitra BC, Bannerjee AN (1999) J. Appl. Polym. Sci. 72, 935 - 944
Rayner CAA (1965) Synthetic organic adhesives. In: Houwink R und Salomon G (Hrsg.) Adhesion and Adhesives, Bd. 1, Elsevier Publ. Company, New York, 186 - 352
Reichelt L, Poller S (1981) Holztechnol. 22, 154 - 162
Reiska R, Vares T (1994) Transactions Tallinn Techn. Univ. 744, 115 - 119
Resnik J, Cerkovnik J (1997) Les Wood 49, 125 - 129
Roffael E (1987a) Adhäsion 31: 7/8, 37 - 41
Roffael E (1987b) Holz Roh. Werkst. 45, 449 - 456
Roffael E (1989) Holz Zentr. Bl. 115, 112–115
Roffael E (1997a) In: Kharazipour A, Roffael E (Hrsg.) Recyclingkonzepte in der Holzwerkstoffindustrie. Göttingen, 4 - 14
Roffael E (1999b) Proceedings Mobil Oil-Holzwerkstoff-Symposium, Bonn
Roffael E, Dix B (1988) Holz Roh. Werkst. 46, 245 - 252
Roffael E, Dix B (1997) Holz Roh. Werkst. 55, 153 - 157
Roffael E, Dix B, Bär G, Bayer R (1994a) Holz Roh. Werkst. 52, 239 - 246
Roffael E, Dix B, Bär G, Bayer R (1994b) Holz Roh. Werkst. 52, 293–298
Roffael E, Dix B, Bär G, Bayer R (1995) Holz Roh. Werkst. 53, 8 - 11
Roffael E, Dix B, Buchholzer P, Proceedings Int. Conference on Biomass for Energy and Industry, Lissabon 1989
Roffael E, Dix B, Khoo KC, Ong CL, Lee TW (1992a) Holzforschung 46, 163 - 170
Roffael E, Miertzsch H, Schwarz T (1992b) Holz Roh. Werkst. 50, 171
Roffael E, Miertzsch H, Schwarz T (1992c) Holz Roh. Werkst. 50, 260
Roffael E, Parameswaran N (1981) Adhäsion 25, 286 - 289
Roffael E, Parameswaran N (1986) Holz Roh. Werkst. 44, 389 - 393
Roffael E, Poblete H, Torres M (2000) Holz Roh. Werkst. 58, 120 - 122
Roffael E, Rauch W (1974) Holz Roh. Werkst. 32, 182 - 187
Roffael E, Rauch W, Bismarck C v (1975) Holz Roh. Werkst. 33, 271 - 275
Roffael E, Schäfer M (1998) Holz Zentr. Bl. 124, 1615 - 1616; 1640 - 1642; 1813; 2250
Roffael E, Stegmann G (1983) Adhäsion 27, 7–11 und 14–19
Rowell RM (1982) Wood Sci. 15, 172 - 182
Rowell RM (1995) Proceedings Wood Adhesives 1995, Portland, OR, 56 - 60
Rowell RM, Banks WB (1987) Br. Polym. J. 19, 478 - 482
Rowell RM, Ellis WD (1979) Wood Sci. 12: 1, 52 - 58
Rowell RM, Ellis WD (1981) Bonding of Isocyanates to Wood. In: Edwards KN (Hrsg.) Urethane Chemistry and Applications. ACS-Symposium Series Nr.172, Americal Chemical Society, Washington, DC, 263 - 284
Rowell RM, Feist WC, Ellis WD (1981) Wood Sci. 13, 202 - 208

Rowell RM, Gutzmer DI (1975) Wood Sci. 7, 240–246
Rowell RM, Imamura Y, Kawai S, Norimoto M (1989) Wood Fiber Sci. 21, 67–79
Rowell RM, Kawai S, Inoue M (1995) Wood Fiber Sci. 27, 428–436
Rowell RM, Lange S, Davis M (2000) Proceedings Fifth Pacific Rim Bio-Composites Symposium, Canberra, Australien, 425–438
Rowell RM, Norimoto M (1988) Mokuzai Gakkaishi 34, 627–629
Rowell RM, Simonson R, Tillman A (1990) Holzforschung 44, 263–269
Rowell RM, Spelter H, Arola RA, Davis P, Friberg T, Hemingway RW, Rials T, Luneke D, Narayan R, Simonsen J, White D (1993) For. Prod. J. 43: 1, 55–63
Rowell RM, Tillman AM, Zhengtian L (1986) Wood Sci. Technol. 20, 83–95
Rowell RM, Youngquist JA, McNatt D (1991) Proceedings 25th Wash. State University Int. Particleboard/Composite Materials Symposium, Symposium, Pullman, WA, 301–314
Rowell RM, Youngquist JA, Montrey HM (1988) For. Prod. J. 38: 7/8, 67–70
Rowell RM, Youngquist JA, Sachs IB (1987) Int. J. Adhesion Adhesives 7: 4, 183–188
Rozumek PO, Elbez G (1985) Holzforschung 39, 239–243
Runkel ROH (1951 a) Papier 5, 3–12
Runkel ROH (1951 b) Holz Roh. Werkst. 9, 41–53
Runkel ROH, Wilke K-D (1951) Holz Roh. Werkst. 9, 260–270
Runkel ROH, Witt H (1953) Holz Roh. Werkst. 11, 457–461
Russell WC (1996) Proceedings 30th Wash. State University Int. Particleboard/Composite Materials Symposium, Pullman, WA, 183–190
Rüter W (1997) Holz Zentr. Bl. 123, 2173
Sachsse H, Roffael E (1993) Holz Roh. Werkst. 51, 167–176
Saiki H (1984) Mokuzai Gakkaishi 30, 88–92
Sampathrajan A, Vijayaraghavan NC, Swaminathan KR (1992) Bioresource Technol. 40, 249–251
Sandberg D, Holz Roh. Werkst. 54 (1996) 145–151
Sandberg D, Holz Roh. Werkst. 55 (1997) 175–182
Sandberg D, Holmberg H (1998) Holz Roh. Werkst. 56, 171–177
Sanderkamp W, Rothkamm M (1959) Holz Roh. Werkst. 17, 433–440
Saukkonen S (1999) Proceedings Third European Panel Products Symposium, Llandudno, North Wales, 176
Sauter SL (1996) Proceedings 30th Wash. State University Int. Particleboard/Composite Materials Symposium, Pullman, WA, 197–214
Schäfer M, Roffael E (1995) Holz Zentr. Bl. 121, 1485, 1490 und 1518
Schäfer M, Roffael E (1996 a) Holz Roh. Werkst. 54, 157–162
Schäfer M, Roffael E (1996 b) Holz Roh. Werkst. 54, 341–348
Schäfer M, Roffael E (1997 a) Holz Roh. Werkst. 55, 159–167
Schäfer M, Roffael E (1997 b) Holz Roh. Werkst. 55, 261–267
Schall W (1977) Holzforsch. Holzverwert. 29, 25–27
Scheiding W (2000) Holz Roh. Werkst. 58, 177–181
Scheikl M (1994) Holzforsch. Holzverwert. 46, 105–106
Scheikl M (1995) Dissertation, Universität für Bodenkultur, Wien, Österreich
Scheikl M, Dunky M (1995) unveröffentlicht
Scheikl M, Dunky M (1996 a) Holz Roh. Werkst. 54, 113–117
Scheikl M, Dunky M (1996 b) Holzforsch. Holzverwert. 48, 55–57
Scheikl M, Dunky M (1996 c) Holzforsch. Holzverwert. 48, 78–81
Scheikl M, Dunky M (1998) Holzforschung 52, 89–94
Scheikl M, Dunky M, Resch H (1995) Proceedings Wood Adhesives 1995, Portland, OR, 43–46
Schlipphak G (1965) Holz Roh. Werkst. 23, 154–155
Schmid H, Niemz P (1999) Holz Zentr. Bl. 125, 788

Schneider A (1970) Holz Zentr. Bl. 96, 15–18
Schneider A (1978) Holz Roh. Werkst. 36, 57–59
Schneider A, Engelhardt F (1977) Holz Roh. Werkst. 35, 273–278
Schneider T, Schäfer M, Hüster HG, Roffael E (2000) Holz Zentr. Bl. 126, 530–531, 549–550, 610–611
Schuerch C (1964) For. Prod. J. 14, 377–381
Schumann A (2000) Proceedings „Bestimmung von Holzschutzmitteln in Gebrauchtholz. Probenahme, Analysenmethoden, Schnellerkennungsverfahren, Erfahrungen aus der Praxis". Bahadir M und Marutzky R (Hrsg.), WKI-Bericht Nr. 36
Schwarz K-U, Jorgensen U, Möller F, Jonkanski F (1997) Proceedings Int. Conference on Sustainable Agriculture for Food, Energy and Industry, Braunschweig
Schwarz P (1982) Holz Zentr. Bl. 108, 1439–1440
Seborg RM, Vallier AE (1954) For. Prod. J. 4, 305–312
Seemann C, Tröger F (1994) Holz Roh. Werkst. 52, 178
Seemann C, Tröger F, Wegener G (1996) Holz Zentr. Bl. 122, 178–179 und 304
Sekino N, Inoue M, Irle MA (1997) Mokuzai Gakkaishi 43, 1009–1015
Sekino N, Inoue M, Irle MA (1998) Proceedings Second European Panel Products Symposium, Llandudno, North Wales, 30–38
Sekino N, Inoue M, Irle MA, Adcock T (1996) Proceedings Third Pacific Rim Bio-Based Composites Symposium, Kyoto, Japan, 249–257
Sekino N, Inoue M, Irle MA, Adcock T (1999) Holzforschung 53, 435–440
Sellers T Jr, Miller GD, Fuller MJ (1993) For. Prod. J. 43: 7/8, 69–71
Seltman J (1995) Holz Roh. Werkst. 53, 225–228
Sernek M, Resnik J, Kamke FA (1999) Wood Fiber Sci. 31, 41–48
Shen Q, Nylund J, Rosenholm JB (1998) Holzforschung 52, 521–529
Shi SQ, Gardner DJ (2001) Wood Fiber Sci. 33, 58–68
Shi X, Kajita H, Yano H (1996) J. Soc. Mat. Sci., Japan, 45, 369–375
Shupe TF, Hse CY, Choong ET, Groom LH (1998a) For. Prod. J. 48: 6, 95–97
Shupe TF, Hse CY, Groom LH, Choong ET (1997a) For. Prod. J. 47: 9, 63–69
Shupe TF, Hse CY, Grozdits GA, Choong ET (1997b) For. Prod. J. 47: 10, 101–106
Shupe TF, Hse CY, Wang WH (1998b) Proceedings Forest Products Society Annual Meeting, Merida (Mexico), 132–136
Sierra AC, Salvador AR, Soria FG-O (1991) TAPPI 74, 191–194
Simonson R, Rowell RM (2000) Proceedings Fifth Pacific Rim Bio-Composites Symposium, Canberra, Australien, 190–196
Slay JR, Short PH, Wright DC (1980) For. Prod. J. 30: 3, 22–23
Soine H (2001) Holz Zentr. Bl. 127, 756
Spaven GP, Pierce DC, McCarthy ET, Self AW (1993) Proceedings 27th International Symposium on Particleboard/Composite Materials, Pullman, WA, 37–44
Stamm AJ (1955) For. Prod. J. 5, 413–416
Stamm AJ (1961) For. Prod. J. 11, 310–312
Stamm AJ (1962) For. Prod. J. 12, 158–160
Stamm AJ (1964a) For. Prod. J. 14, 403–408
Stamm AJ (1964b) Wood and Cellulose Science. Ronald Press, New York
Starecki A (1979) Holztechnol. 20 108–111
Stefke B, Bruderhofer M, Gindl M, Hogl K, Patzelt M, Reiterer A, Schwarzbauer P, Sinn G, Stingl R, Hinterstoisser B (2000) Proceedings Fifth Pacific Rim Bio-Composites Symposium, Canberra, Australien, 157–167
Stegmann G, v Bismarck C (1968) Holzforsch. Holzverwert. 20, 1–11
Stegmann G, Durst J, Kratz W (1965) Holzforsch. Holzverwert. 17: 3, 37–43
Stehr M (1999a) Thesis, KTH – Royal Institute of Technology, Wood Technology and Processing, Stockholm

Stehr M (1999b) Holzforschung 53, 655 – 661
Stehr M, Seltman J, Johansson I (1999) Holzforschung 53, 93 – 103
Stewart HA, Lehmann WF (1973) For. Prod. J. 23: 8, 52 – 60
Stofko JI (1974) Thesis, University of California, Berkely, CA
Stofko JI (1980) Proceedings Wood Adhesives 1980 – Research, Application, Needs. Madison, WI, 44–55
Stumbo DA (1964) For. Prod. J. 14: 12, 582 – 589
Subramanian RV, Somasekharan KN, Johns WE (1983) Holzforschung 37, 117 – 120
Suchsland K (1957) Holz Roh. Werkst. 15, 385 – 390
Suchsland O (1958) Holz Roh. Werkst. 16, 101 – 108
Suchsland O, Hiziroglu S, Sean T, Iyengar G (1998) For. Prod. J. 48: 11/12, 55 – 64
Suchsland O, Stevens RR (1968) For. Prod. J. 18: 1, 38 – 42
Suchsland O, Woodson GE, McMillin CW (1983) For. Prod. J. 33: 4, 58 – 64
Suchsland O, Woodson GE, McMillin CW (1985) For. Prod. J. 35: 2, 63 – 68
Suchsland O, Woodson GE, McMillin CW (1986) For. Prod. J. 36: 1, 33 – 36
Suchsland O, Woodson GE, McMillin CW (1987) For. Prod. J. 37: 11/12, 65 – 69
Sun BCH, Hawke RN, Gale MR (1994a) For. Prod. J. 44: 3, 34 – 40
Sun BCH, Hawke RN, Gale MR (1994b) For. Prod. J. 44: 4, 53 – 58
Sundin B, Mansson B, Endrody E (1987) Proceedings 21st International Symposium on Particleboard/Composite Materials, Pullman, WA, 139 – 186
Suzuki S, Shintani H, Park S-Y, Saito K, Laemsak N, Okuma M, Iiama K (1998) Holzforschung 52, 417 – 426
Swedish Glue Lam Board (1983) Swedish control rules for laminated beams, L-rules, Boras, Schweden
TA Siedlungsabfall (1993) Dritte Allgemeine Verwaltungsvorschrift – Technische Anleitung zur Verwertung, Behandlung und sonstigen Entsorgung von Siedlungsabfällen, BRD
Talbott JW (1959) For. Prod. J. 9, 103 – 106
Tarkow H, Stamm AJ, Erickson ECO (1950) Forest Prod. Lab. Rep. 1593. USDA Forest Serv., Forest Prod. Lab., Madison, WI
Tarkow H, Feist WC, Southerland CF (1966) For. Prod. J. 16: 10, 61 – 65
Thole V (2001) Holz- und Kunststoffverarb. 36: 4, 90 – 92
Thoman BJ, Pearson RG (1976) For. Prod. J. 26: 11, 46 – 50
Tröger F (1990) Holz Roh. Werkst. 48: 417 – 421
Tröger F, Pinke G (1988) Holz Roh. Werkst. 46, 389 – 395
Tröger F, Ullrich M (1994) Holz Roh. Werkst. 52, 230 – 234
Troughton GE, Chow S (1970) Wood Sci. 3, 129 – 133
Tshabalala MA (1997) J. Appl. Polym. Sci. 65, 1013 – 1020
Usta M, Serin Z, Gümüskaya E, Kücükömeroglu T (2000) Proceedings Fourth European Panel Products Symposium, Llandudno, North Wales, 193 – 200
Vick CB, Larsson P, Mahlberg R, Simonson R, Rowell RM (1993) Int. J. Adhesion Adhesives 13, 139 – 149
Vogler EA (1993) Interfacial Chemistry in Biomaterials Science. In: Berg JC (Hrsg.) Wettability, Marcel Dekker, New York
Vogt M, Kehrbusch P (2000) Proceedings „Bestimmung von Holzschutzmitteln in Gebrauchtholz". Probenahme, Analysenmethoden, Schnellerkennungsverfahren, Erfahrungen aus der Praxis. Bahadir M und Marutzky R (Hrsg.), WKI-Bericht Nr. 36
Völker M (2000) Holz Zentr. Bl. 126, 2044
Volz K-R (1973) Holz Roh. Werkst. 31, 221 – 229
Wagenführ A, Kühne G, Pecina H (1987) Holztechnol. 28, 64 – 66
Wagenführ A, Pecina H, Kühne G (1989) Holztechnol. 30, 62 – 65
Wagner B, Roffael E (1996) Holz Roh. Werkst. 54, 56
Walinder EP, Johansson I (2001a) Holzforschung 55, 21 – 32

Walinder EP, Johansson I (2001b) Holzforschung 55, 33-41
Walinder M (2000) Thesis KTH - Royal Institute of Technology, Wood Technology and Processing
Walinder M, Gardner DJ (1999) J. Adhesion Sci. Technol. 13, 1363-1374
Walter K, Kieser J, Wittke T (1979) Holz Roh. Werkst. 35, 183-188
Wang K, Lam F (1999) Wood Fiber Sci. 31, 173-186
Wang S, Winistorfer PM (2000) For. Prod. J. 50: 4, 37-44
Wang S-Y, Yang T-H, Tsai M-J (2000) Proceedings Fifth Pacific Rim Bio-Composites Symposium, Canberra, Australien, 541-551
Ward DT (1989) Thesis, University of Southern Florida, Tampa, FL
Washburn EW (1921) Phys. Rev. 17, 273-283
Wasniewski JL (1989) Proceedings 23th Wash. State University Int. Particleboard/Composite Materials Symposium, Symposium, Pullman, WA, 161-175
Wehle H-D (1979a) Holztechnol. 20, 154-158
Wehle H-D (1979b) Holztechnol. 20, 219-222
Weis N, Thurmann U, Wosniok W (1999) Holz Zentr. Bl. 125, 1964
Weis N, Thurmann U, Wosniok W (2001) Holz Roh. Werkst. 59, 1-8
Weißmann G (1976) Holz Roh. Werkst. 34, 171-174
Wellons JD (1980) For. Prod. J. 30: 7, 53-55
Wessbladh A, Mohr R (1999) MDF-Magazin 44-46
White MS (1977) Wood Sci. 10: 1, 6-14
White MS, Ifju G, Johnson JA (1977) For. Prod. J. 27: 7, 52-54
Wienhaus O, Börtitz S (1995) Holz Roh. Werkst. 53, 269-272
Wilhelmy J (1863) Ann. Physik 119, 177-217
Winkler A, Nemeth K, Faix O (1990) Holzforsch. Holzverwert. 42, 71-74
Wittke B (1998) Proceedings Fachtagung „Umweltschutz in der Holzwerkstoffindustrie", Göttingen, 90-96
Wolff S, Krüzner M (2000) Holz- und Kunststoffverarb. 35, 32-34
Wulf M, Netuschil P, Hora G, Schmich P, Cammenga HK (1997) Holz Roh. Werkst. 55, 331-335
Xu W, Suchsland O (1999) For. Prod. J. 49:10, 36-40
Yamaguchi H, Maeda Y, Sakata I (1994) Mokuzai Gakkaishi 40, 185-190
Yano H, Mori K, Collins PJ, Yazaki Y (2000) Holzforschung 54, 443-447
Yao J (1978) For. Prod. J. 28: 10, 77-82
Young RA, Fujita M, River BH (1985a) Wood Sci. Technol. 19, 363-381
Young RA, Krzysik A, Fujita M, Kelley SS, Rammon RM, River BH, Gillespie RH (1985b) Proceedings Wood Adhesives in 1985: Status and Needs, Madison, WI, 237-254
Young RA, Rammon RM, Kelley SS, Gillespie RH (1982) Wood. Sci. 14: 3, 110-119
Youngquist JA, English BE, Spelter H, Chow P (1993) Proceedings 27th Wash. State University Int. Particleboard/Composite Materials Symposium, Pullman, WA, 133-152
Youngquist JA, Krzysik A, Rowell RM (1985) Wood Fiber Sci. 18, 90-98
Zavarin E (1984) In: Rowell R (Hrsg.) The Chemistry of Solid Wood. Am. Chem. Soc., Adv. in. Chem. Ser. 207, 349-400
Zisman WA (1962) In: Weiss Ph (Hrsg.) Adhesion and Cohesion. Proceedings Symposium General Motors Research Laboratories, 176-208
Zisman WA (1964) Advanc. Chem. N.Y. Ser. 43, 1-51
Zorll U (1978) Adhäsion 22, 320-325
Zorll U (1981) Adhäsion 25, 122-127

Patente:

DE 3037992 (1983) Haars A, Hüttermann A
DE 4224629 (1992) Fa. Pfleiderer
DE 4334422 (1993) Roffael E, Dix B
DE 4408788 (1994) Michanickl A, Boehme C
DE 19509152 (1995) Michanickl A, Boehme C

EP 565109 (1993) Kharazipour A, Hüttermann A, Kühne G, Rong M
EP 581039 (1994) Fa. Pfleiderer
EP 650998 (1999) Nelson HL, Richards DI, Simonson R
EP 700762 (1995) Roffael E

USP 2417995 (1947) Stamm AJ, Tarkow H
USP 2639994 (1953) Wilson W
USP 2740728 (1956) Sonnabend LF, Williams CR

2 Bindemittel

2.1
Art und Eigenschaften der Bindemittel

In den beiden folgenden Abschn. 2.2 und 2.3 wird schwerpunktsmäßig auf aminoplastische und phenoplastische Harze eingegangen; über die Einflüsse anderer Bindemittel und Klebstoffe auf die Verleimung und die Eigenschaften der hergestellten Holzwerkstoffe wird direkt bei der Beschreibung dieser Klebstoffe eingegangen (Teil II, Kap. 2).

2.1.1
Bindemitteltyp

Üblicherweise werden am Markt Bindemittel und Klebstoffe mit verschiedensten Eigenschaften angeboten und bei der Produktion von Holzwerkstoffen eingesetzt. Die Auswahl des jeweils eingesetzten Bindemittels richtet sich nach dem Einsatzzweck und den spezifischen Verarbeitungseigenschaften, manchmal auch nach sonstigen Parametern, wie z.B. Lagerstabilität oder Transportmöglichkeiten.

Welche der am Markt erhältlichen Bindemitteltypen bei einer bestimmten Verleimungsaufgabe eingesetzt wird, ist von vielen Parametern abhängig. Diese Frage kann auch bei an sich ähnlichen Fällen in unterschiedlicher Weise beantwortet werden. Zum Teil spielen auch der Preis des Bindemittels bzw. umweltrelevante Parameter (z.B. beim möglichen Einsatz von Phenolharzen) eine entscheidende Rolle.

Tabelle 2.1 versucht, in übersichtlicher Weise die drei Bindemitteltypen UF-Leime, PF-Leime und PMDI hinsichtlich verschiedener Kriterien beim Einsatz zur Herstellung von Holzwerkstoffen zu bewerten.

2.1.2
Viskosität

Die Viskosität einer Leimflotte wird zum einen durch die Viskosität des Leimes (mit den beiden Parametern Kondensationsgrad und Festharzgehalt bzw. Trockensubstanz), zum anderen durch die Zusammensetzung der Leimflotte

Tabelle 2.1. Bewertung der drei Bindemitteltypen UF, PF und PMDI hinsichtlich verschiedener Kriterien (in Anlehnung an Hsu 1993)

Eigenschaft	UF	PF	PMDI
Preis	niedrig	mittel	hoch
erforderliche Aushärtungstemperatur	niedrig	hoch	niedrig
Empfindlichkeit gegenüber Holzart	hoch	niedrig	niedrig
Wirksamkeit	niedrig	mittel bis hoch	hoch
Manipulation	leicht	leicht	schwierig
Kochbeständigkeit	keine	hoch	hoch

bestimmt. Ist die Viskosität bzw. der Kondensationsgrad des Leimes zu niedrig, kann möglicherweise ein großer Anteil des Leimes ins Holz eindringen, sodass zu wenig Leim in der eigentlichen Leimfuge verbleibt, die Leimfuge verhungert. Damit kann sich keine Leimfuge und damit auch keine ausreichende Bindefestigkeit ausbilden. Bei einer zu hohen Viskosität hingegen erfolgt möglicherweise keine ausreichende Benetzung der nicht beleimten Holzoberfläche, kein oder ein zu geringes Eindringen des Leimes ins Holz und damit keine mechanische Verankerung. Auch in diesem Falle ist eine zu niedrige Bindefestigkeit die Folge. Über die molekulare Charakterisierung ver-

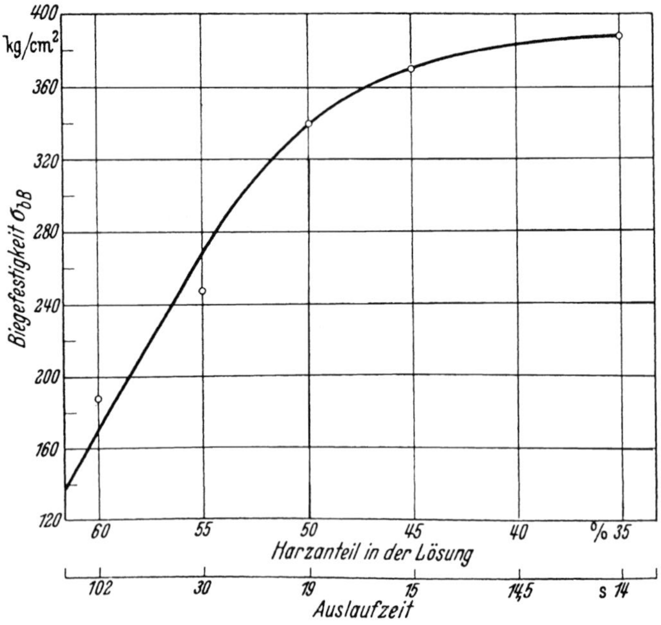

Abb. 2.1. Abhängigkeit der Biegefestigkeit von Laborspanplatten von der Verdünnung (Viskosität) der Leimflotte bei Bedüsung der Späne (Kollmann u. a. 1955)

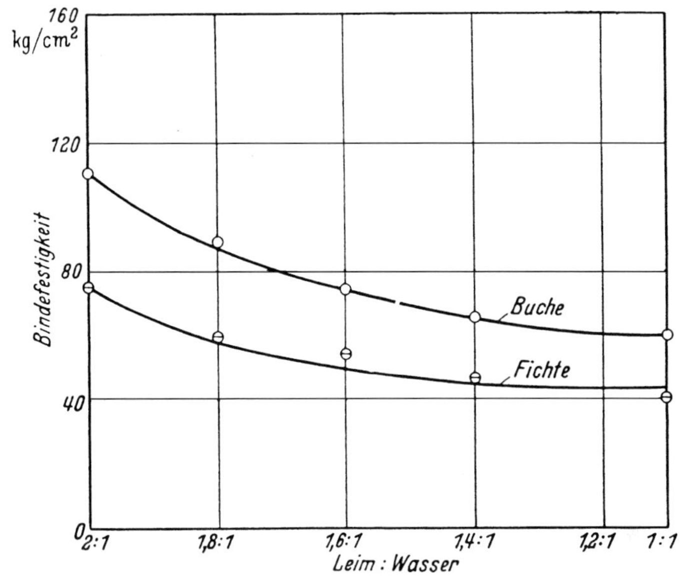

Abb. 2.2. Einfluss der Leimverdünnung auf die erzielbaren Bindefestigkeiten (Sodhi 1957)

schiedener niedrig bzw. hoch kondensierter Harze wird in Teil II, Abschn. 1.1.7, 1.2.7 und 1.3.6, über das Eindringverhalten von UF-Harzen mit unterschiedlicher Viskosität in Teil III, Abschn. 2.2.4) berichtet.

Neben der Leimviskosität als solcher, wie sie durch den Kondensationsgrad sowie die Art der Leimherstellung bestimmt wird, spielt auch die Viskosität der Bindemittelflotte eine wesentliche Rolle. Eine stärkere Verdünnung des Leimes ergibt eine größere zu versprühende Leimflottenmenge und damit eine gleichmäßigere Verteilung des Leimes auf den Spänen oder Fasern, wodurch bessere Festigkeiten erzielbar sind (Kollmann u. a. 1955). Bei einer vorgegebenen gewünschten Qualität ist das gleichbedeutend mit der Möglichkeit, Leim und damit Kosten einzusparen.

Im Gegensatz zur Spanplattenherstellung, bei der eine stärkere Verdünnung des Leimes eine bessere Leimzer- und verteilung ermöglicht, wird bei der Sperrholzherstellung bei der Wahl der Leimauftragsmenge meist nicht auf die Zusammensetzung der Leimflotte bzw. auf unterschiedliche Konzentrationen Rücksicht genommen. Je stärker demnach eine Leimflotte verdünnt ist bzw. je größer der Streckungsgrad der Leimflotte ist, desto geringer ist der effektive Festharzanteil in der Flotte bzw. in der Leimfuge. Dies kann Auswirkungen auf die erzielbaren Bindefestigkeiten haben (Sodhi 1957, Dunky 1984).

2.1.3
Fließverhalten

Die Fließfähigkeit eines Leimes ist nicht nur abhängig von seiner Viskosität bei der üblichen Anlieferungs- und Lagertemperatur (meist Raumtemperatur), sondern auch vom Festharzgehalt und der Trockensubstanz der Leimflotte sowie von der Veränderung der Viskosität bei der erhöhten Temperatur in der aushärtenden Leimfuge. Auch die Fließfähigkeit von Pulverleimen steigt mit der ansteigenden Temperatur im OSB-Kuchen während der Heißverpressung.

Leime für die Holzverleimung müssen ein geeignetes Ausmaß dieser Fließfähigkeit besitzen. Ist sie zu gering, kann keine oder nur wenig Diffusion des Leimes in die Oberfläche des Holzes erfolgen, niedrige Verleimungsfestigkeiten sind die Folge. Bei einer übermäßigen Fließfähigkeit kann ein Großteil des Harzes ins Holz abwandern und dadurch die Gefahr einer verhungerten Leimfuge hervorrufen. Fließverhalten und Aushärtung konkurrenzieren sich während der Heißpressung (Abb. 2.3). Die dabei wesentlichen Einflussfaktoren sind die Molmassenverteilung des Harzes und seine Funktionalität (Konzentration an reaktiven Gruppen). Größere niedermolekulare Anteile bewirken einen verstärkten Fluss des Harzes, ebenso eine niedrigere Harzfunktionalität.

2.1.4
Oberflächenspannung und Benetzungsverhalten

Wässrige Leimharze verhalten sich hinsichtlich ihrer Oberflächenspannung ähnlich wie Wasser. Die Oberflächenspannung von UF-Leimen mit niedrigem Molverhältnis liegt in der Größenordnung von Wasser; je höher das Molverhältnis, desto niedriger wird die Oberflächenspannung. Auch durch Zugabe von PVAc-Leim oder einer oberflächenaktiven Substanz kann die Oberflächenspannung deutlich verringert und damit das Benetzungsverhalten verbessert werden (Scheikl und Dunky 1996).

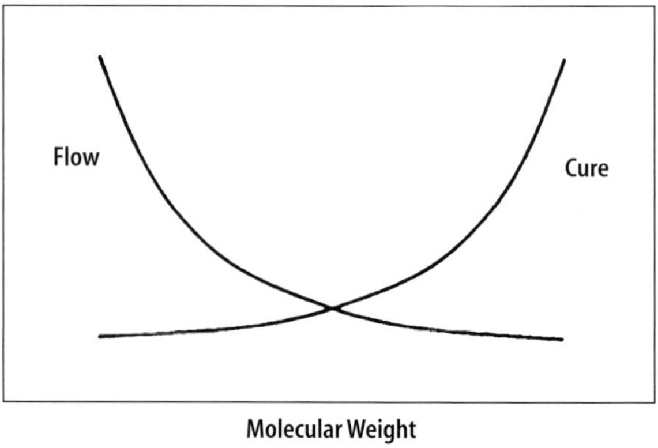

Abb. 2.3. Schematische Darstellung des Fließverhaltens und der Aushärtung eines härtbaren Systems (Ellis und Steiner 1990)

Die gute Benetzbarkeit von Holzoberflächen stellt bei der Verleimung von Holz die Grundvoraussetzung dafür dar, dass hohe Adhäsionskräfte in der Grenzschicht zwischen Leim und Holzoberflächen wirken können. Als Maß für die Beurteilung der Benetzbarkeit von Oberflächen kann dabei der Kontaktwinkel Θ herangezogen werden, der sich beim Aufbringen eines Flüssigkeitstropfens auf eine ebene Festkörperoberfläche bildet (s. Teil III, Abschn. 1.4.2.1). Auch dieses Benetzungsverhalten hängt in hohem Ausmaß vom Typ und der Zusammensetzung des eingesetzten Bindemittels ab. Ausführliche Beschreibungen betreffend UF-Harze finden sich in den Teil II, Abschn. 1.1.8.1 und 1.1.8.2 bzw. Teil III, Abschn. 1.4.2.1).

2.1.5 Reaktivität

Ziel der Leimentwicklung ist es, eine möglichst hohe Reaktivität des Leimes bzw. der Leimflotte und damit ein rasches Aushärteverhalten einzustellen. Dabei spielen verschiedene Randbedingungen eine wesentliche Rolle, wie z. B. die erforderliche Lagerstabilität des Leimes, die gewünschte bzw. erforderliche Topfzeit der Leimflotte oder die notwendigen offenen oder geschlossenen Wartezeiten während der Verarbeitung. Die Reaktivität eines Leimes bzw. einer Leimflotte wird durch eine Reihe von Parametern bestimmt:

- Leimart und -type
- Zusammensetzung und Kochrezeptur
- Härterart und -menge, Beschleuniger, Verzögerer
- sonstige Zusatzstoffe (können beschleunigend oder verzögernd wirken)
- Aushärtetemperatur

Auch die Eigenschaften der zu verleimenden Holzoberflächen können die Reaktivität beeinflussen (s. Teil III, Abschn. 1.3).

2.1.6 Vergleich zwischen Flüssig- und Pulverleimen bei Kondensationsharzen

In der Spanplatten- und MDF-Herstellung werden (mit wenigen Ausnahmen in Ländern der Dritten Welt) nur Flüssigleime eingesetzt, in der OSB-Industrie kommen Flüssigleime (vornehmlich in Europa) und Pulverleime (vornehmlich in Nordamerika) zum Einsatz.

Tabelle 2.2 fasst die Vor- und Nachteile von Flüssig- bzw. Pulverleimen übersichtlich zusammen.

Die Aushärtegeschwindigkeit bei den aminoplastischen Harzen kann sowohl bei den Pulverleimen als auch bei flüssigen Harzen je nach den gegebenen Anforderungen durch die Wahl eines geeigneten Härters und dessen Menge eingestellt werden. Die in der Schalungsplattenherstellung manchmal geforderte rasche Abtrocknung der beleimten Lamellen wird üblicherweise

Tabelle 2.2. Vergleich der Vor- und Nachteile von Flüssig- bzw. Pulverleimen

Leimart	Vorteile	Nachteile
Flüssigleime	niedrigere Kosten; keine Staubbelästigung	kürzere Lagerstabilität; höherer Beleimungsgrad wegen schlechterer Verteilbarkeit erforderlich
Pulverleime	niedrigerer Beleimungsgrad; bessere Harzverteilung auf OSB-Strands; geringere Verunreinigungen der OSB-Beleimungstrommeln; längere Lagerstabilität; ggf. schnellere Aushärtung: keine Verdampfung von Wasser erforderlich, Dampf ist andererseits zum Wärmetransport erforderlich; niedrigere Transportkosten bei großen Entfernungen (Überseetransport), jedoch nicht bei kurzen Distanzen, die bei Flüssigware im Tankzug oder im Bahnkesselwaggon erfolgen kann.	höherer Preis wegen Sprühtrocknungskosten sowie der teureren Verpackung; Gefahr von Staubbelästigung

leichter mit Flotten auf Basis von im Vergleich zu Flüssigleimen höherkondensierten Pulverleimen erreicht.

Im Bereich der Möbelfertigung und des Tischlerhandwerkes werden ebenfalls beide Arten an Leimen eingesetzt, wobei es sich fast ausschließlich um UF-Leime handelt. Ist der Bedarf sehr gering, empfiehlt sich vor allem aus Gründen der Lagerstabilität der Einsatz von Pulverleimen. Dabei handelt es sich vorzugsweise um so genannte konfektionierte Pulverleime, die neben dem eigentlichen Pulverharz auch bereits Streckmittel, Härter und sonstige Zusatzstoffe enthalten. Beim Verarbeiter (Tischler, Möbelfabrik) ist dann nur mehr die Zugabe von Wasser erforderlich. Für die verschiedenen Anwendungsbereiche sind unterschiedliche Typen solcher konfektionierten Pulverleime am Markt, z.B. heißhärtende Leime in formaldehydarmer Einstellung für Furnierverleimungen oder kalthärtende formaldehydreiche Leime für die Vollholzverleimung (Dunky und Schörgmaier 1995).

2.1.7 Mischung und Kombinationen von Bindemitteln

Zur Erzielung besonderer Eigenschaften werden gegebenenfalls auch Mischungen oder Kombinationen von Bindemitteln eingesetzt. Mögliche Beispiele sind:

- Zugabe eines Weißleimes (PVAc) zu einem UF-Sperrholz- oder Tischlerleim, um die Benetzung zu verbessern (Scheikl und Dunky 1996) und die Leimfuge etwas weicher einzustellen (Dunky und Schörgmaier 1995)
- Mischverleimung UF/MUF + PMDI (s. Teil II, Abschn. 1.1.5.11 und 1.2.5.3)
- Kombinationsverleimung in der Spanplatten- oder OSB-Herstellung:
  Mittelschicht: PMDI
  Deckschicht: UF/MUF-Harz oder PF-Harz
- Herstellung eines MUF-Harzes durch Mischung eines UF- und eines MF-Harzes bei der Verarbeitung, z. B. UF-Leim + MF-Pulverharz in der Sperrholzindustrie oder Mischung von UF- und MF-Flüssigharzen zur individuellen Einstellung des gewünschten Melamingehaltes (s. Teil II, Abschn. 1.2.1).

2.2 Aminoplastische Bindemittel

2.2.1 Festharzgehalt von aminoplastischen Leimen, Feuchtigkeit der beleimten Späne

Der Festharzgehalt von aminoplastischen Harzen liegt üblicherweise im Bereich von 65 bis 66 %, gemessen nach der sogenannten Schälchenmethode (s. Tabelle 3.1 in Teil II, Abschn. 3.1.1). Spezielle Leime bzw. Sperrholzleime können je nach Leimtype auch Festharzgehalte im Bereich 60–70 % aufweisen.

Die Feuchtigkeit der beleimten Späne (s. auch Teil III, Abschn. 3.2.2 und 3.4.4) bei der Spanplattenherstellung ergibt sich vorwiegend aus dem gewählten Beleimungsgrad; in der Deckschicht wird üblicherweise noch Wasser zugegeben, um eine ausreichend hohe Feuchtigkeit der beleimten Späne zu erreichen. In der Mittelschicht hingegen ist eine Wasserzugabe ungünstig, weil die Mittelschicht auf Grund des üblicherweise gegebenen Beleimungsgrades und der dadurch eingebrachten Wassermenge ohnedies meist an der oberen Grenze des empfohlenen Feuchtigkeitsbereiches von ca. 6–7 % liegt. Nur bei sehr niedrigen MS-Beleimungsgraden kann eine Wasserzugabe auch in der Mittelschicht erfolgen. Tabelle 3.7 in Teil III, Abschn. 3.2.2 gibt eine Übersicht über die Feuchtigkeiten der beleimten Späne bei verschiedenen Beleimungsgraden; die technologische Wirkung der Feuchtigkeit der beleimten Späne bei der Plattenherstellung wird in Teil III, Abschn. 3.4.4 ausführlich beschrieben.

2.2.2 Einfluss des Melamingehaltes

2.2.2.1 *Hydrolysebeständigkeit*

Das eingesetzte Bindemittel hat entscheidenden Einfluss auf die Eigenschaften der damit hergestellten Holzwerkstoffe. Je nach den verschiedenen Anforderungen werden unterschiedliche Bindemitteltypen eingesetzt. Möbelplatten und Platten für den Innenausbau sind durchwegs mit Harnstoffharzen (UF) gebunden; zur Verbesserung der Beständigkeit gegenüber dem Einfluss von Wasser oder Feuchtigkeit (Hydrolysebeständigkeit) werden modifizierte aminoplastische Harze (melaminverstärkte UF-Harze, MUF, MUPF) oder Phenolharze eingesetzt.

Ausgehärtete UF-Harze sind wegen der umkehrbaren Reaktion zwischen Harnstoff und Formaldehyd nicht hydrolysestabil und unterliegen bei Einwirkung von Feuchtigkeit und Wasser, insbesondere bei höheren Temperaturen, einer chemischen Zersetzung. Bei einem bestimmten Ausmaß der Zerstörung der ausgehärteten Struktur des Harzes ist auch ein entsprechender Festigkeitsverlust der Leimfuge unausweichlich. Insbesondere die Methylolgruppen, daneben auch Methylenätherbrücken und andere Zwischenprodukte der Harzsynthese, können wieder leicht aufgespalten werden.

Je nach Harztyp kommt es zu unterschiedlichen Hydrolysereaktionen. Wesentliche Einflussparameter sind:

- Temperatur,
- pH-Wert sowie
- Aushärtegrad des Harzes.

Die Unterschiede in der Hydrolysebeständigkeit einzelner Harze liegen insbesondere auch in der unterschiedlichen molekularen Struktur begründet (s. Teil III, Abschn. 5.1.1.1).

2.2.2.2
Einsatz verstärkter und modifizierter Leime zur Reduzierung der Dickenquellung der Trägerplatten von Laminatfußböden

Das massive Aufkommen der Laminatfußböden hat die Dickenquellung der Holzwerkstoffe wieder in den Mittelpunkt des Interesses gestellt, wobei die in der Praxis gegebenen Anforderungen in einem relativ breiten Bereich schwanken können. Je nach gegebener Anforderung (diese können zwischen „kleiner 6%" und „maximal 12%" liegen) müssen geeignete Bindemittel in der entsprechenden Menge eingesetzt werden. Ein wesentlicher, wenngleich nicht der einzige Parameter ist der Melamingehalt der für die Herstellung der Trägerplatten eingesetzten Bindemittel. Dieser kann je nach Erfordernis im Bereich weniger Prozente bis über 30% liegen. Wegen der hohen Kosten für das Melamin muss der Melamingehalt immer gerade so hoch wie erforderlich aber so niedrig wie möglich liegen.

Daneben spielen die Kochweise des Harzes und der Beleimungsgrad in der Trägerplatte eine wesentliche Rolle, weiters auch natürlich die Herstellungstechnologie (Pressdruckprofil, Rohdichteverteilung, Faser- bzw. Spanaufbereitung).

Der Melaminanteil in der Platte ergibt sich als mathematisches Produkt aus dem Melamingehalt des Harzes und dem Beleimungsgrad. Diese beiden Parameter können demnach teilweise ausgetauscht werden. Es gibt jedoch keine klaren Aussagen darüber, ob bei gleichem Melamingehalt in der Platte bzw. bei gleichen Kosten für die Verleimung

- ein Leim mit höherem Melaminanteil, aber eingesetzt mit einem niedrigeren Beleimungsgrad oder
- ein Leim mit niedrigerem Melaminanteil, aber eingesetzt mit einem höheren Beleimungsgrad

bessere Quellwerte ergibt. Dunky (2000) und Quillet (1999) zeigen, dass eine gute Korrelation zwischen dem Melamingehalt in der Platte und der Dickenquellung bei einer gegebenen Plattendicke besteht. Je dünner die Platte, desto schärfer sind die Quellungsanforderungen, weil die absolute Dickenzunahme bei der Quellung eher unabhängig von der Plattendicke ist.

2.2.3 Einfluss des Molverhältnisses F/U bzw. $F/(NH_2)_2$

Tabelle 2.3 stellt übersichtlich den Einfluss des Molverhältnisses F/U bzw. $F/(NH_2)_2$ auf verschiedene Eigenschaften von aminoplastisch gebundenen Holzwerkstoffen zusammen.

Tabelle 2.3. Einfluss des Molverhältnisses auf verschiedene Eigenschaften von aminoplastisch gebundenen Holzwerkstoffen

Bei Herabsetzung des Molverhältnisses:	
a) sinken:	• die Formaldehydemission während der Herstellung der Holzwerkstoffe
	• die nachträgliche Formaldehydabgabe
	• die mechanischen Eigenschaften, z. B. die Querzugfestigkeit von Spanplatten
	• der Aushärtungsgrad (teilweise verbleibendes thermoplastisches Verhalten)
b) steigen:	• die Dickenquellung und Wasseraufnahme von Holzwerkstoffen, z. B. die 24 h-Dickenquellung von Spanplatten
	• die Anfälligkeit gegenüber Hydrolyse

Die beiden Tabellen 2.4 bzw. Tabelle 2.5 stellen die Molverhältnisse F/U bzw. $F/(NH_2)_2$ der derzeit bei der Holzwerkstoffherstellung eingesetzten UF- bzw. MUF-Leime übersichtlich zusammen.

Tabelle 2.4. Molverhältnisse F/U bzw. $F/(NH_2)_2$ derzeit in der Holzwerkstoffindustrie eingesetzter unverstärkter bzw. melaminverstärkter UF-Leime

1,55 bis 1,85	klassischer UF-Sperrholzleim, z. T. kalthärtend, Einsatz nur mit speziellen Härtern und Zusatzstoffen möglich, z. B. in melaminhaltigen Flotten zur Erzielung einer bestimmten Wasserbeständigkeit.
1,30 bis 1,60	UF-Sperrholzleim, Einsatz bei der Herstellung von Platten ohne besondere Anforderungen an die Wasserbeständigkeit. Zur Erzielung einer formaldehydarmen Verleimung ist die Zugabe von Fängern erforderlich.
1,15 bis 1,30	formaldehydarmer Sperrholz- und Furnierleim. Auch ohne Zugabe von Fängern können Produkte hergestellt werden, die die derzeitigen Bestimmungen der nachträglichen Formaldehydabgabe („E1") erfüllen.
1,00 bis 1,10	E1-Spanplatten- und E1-MDF-Leim, die Verarbeitung erfolgt insbesondere bei der MDF-Produktion durchwegs unter Zugabe von Fängern zur weiteren Absenkung des Molverhältnisses. Die Zugabe des Harnstoffes oder des Fängers kann auf verschiedene Arten erfolgen, z. B. Zugabe über den Leimansatz, Zugabe des Harnstoffes über die Härterlösung, Zugabe von Harnstoff zu den Spänen (s. Tabelle 2.7). Gegebenenfalls Modifizierung (Modifikation der üblichen UF-Struktur durch entsprechende Wahl der Herstellungsbedingungen der Leime) bzw. Verstärkung mit Melamin (melaminverstärkte E1-Leime, enthalten bis maximal ca. 10% Melamin, bezogen auf die flüssige Lieferform des Leimes). Das molare Verhältnis von Formaldehyd zu den Aminogruppen, ausgedrückt als $F/(NH_2)_2$, bleibt dabei im Wesentlichen konstant.
unter 1,0	Spezialleime für Platten mit besonders niedriger Formaldehydabgabe, meist modifiziert oder melaminverstärkt.

Tabelle 2.5. Molverhältnisse $F/(NH_2)_2$ der derzeit in der Holzwerkstoffindustrie eingesetzten MUF/MUPF-Leime

1,20 bis 1,35	Leime für wasserbeständiges Lagenholz (Sperrholz, Tischlerplatten, Massivholzplatten), Verleimungsklasse A100 bzw. AW (AW100) nach DIN 68705 bzw. ÖNORM B 3008/3009 bzw. ÖNORM B3021-3023. Je nach Plattenaufbau können auch ohne Zugabe von Fängern Produkte hergestellt werden, die die derzeitigen Bestimmungen hinsichtlich der nachträglichen Formaldehydabgabe erfüllen.
1,03 bis 1,15	E1-Spanplattenleim (Platten nach DIN 68763 bzw. EN 312-5 bzw 312-7): Platten der Option 1 (V313-Zyklustest) können mit MUF-Leimen hergestellt werden, bei Platten der Option 2 (V100-Kochtest) sind MUPF-Leime mit entsprechender bauaufsichtlicher Zulassung erforderlich (s. Teil III, Abschn. 5.1); E1-MDF-Leime (Platten nach EN 622-5); E1-OSB-Leime (Platten nach EN 300). Die Verarbeitung erfolgt insbesondere bei der MDF-Produktion durchwegs unter Zugabe von Fängern zur weiteren Absenkung des Molverhältnisses $F/(NH_2)_2$.
unter 1,0	Spezialleime für Platten mit besonders niedriger Formaldehydabgabe (Dunky 2000, Lehmann 1997, Wolf 1997).

Tabelle 2.6. Formaldehyd in Holzwerkstoffen

a) gasförmiger Formaldehyd in den Hohlräumen der Platten

b) gelöst in der Feuchtigkeit der Platten, diese beträgt ca. 8–9% bei Raumtemperatur und einer relativen Luftfeuchtigkeit von 50%

c) schwach gebundener Formaldehyd:
- Methylolgruppen (endständig oder innerhalb der UF-Kette)
- Hemiacetale

Die Freisetzung von Formaldehyd erfolgt durch langsame Hydrolyse (Plattenfeuchtigkeit) bereits bei üblichen Umgebungsbedingungen.

d) Methylen- und Ätherbrücken im UF-Molekül: eine Abspaltung von Formaldehyd tritt nur unter strengen Hydrolysebedingungen auf (Einfluss höherer Feuchtigkeit oder von Wasser, insbesondere bei höheren Temperaturen).

Tabelle 2.6 gibt eine Übersicht, in welchen Formen Formaldehyd in aminoplastisch gebundenen Holzwerkstoffen enthalten sein kann.

2.2.3.1
Absenkung der nachträglichen Formaldehydabgabe aus Holzwerkstoffen durch Verringerung des Formaldehydgehaltes in aminoplastischen Leimen

Das Molverhältnis der aminoplastischen Leime hat einen entscheidenden Einfluss auf die nachträgliche Formaldehydabgabe aus Holzwerkstoffen und ist der diesbezüglich zentrale Parameter. Daneben müssen zur richtigen Beurteilung auch alle anderen Flottenbestandteile berücksichtigt werden, die NH- oder NH_2-Gruppen enthalten (z.B. Formaldehydfänger); daraus kann ein Gesamt-Molverhältnis (Flottenmolverhältnis) F/U oder $F/(NH_2)_2$ berechnet und der Emission gegenübergestellt werden.

Grundlage aller Bestimmungen und Bemühungen zur Absenkung der nachträglichen Formaldehydabgabe ist die Empfehlung des Dt. Bundesgesundheitsamtes aus dem Jahre 1977, die Formaldehydkonzentration in Aufenthaltsräumen auf 0,1 ppm (0,124 mg/m^3) zu beschränken. Dieser Grenzwert wurde später auch in der damaligen Deutschen Gefahrstoffverordnung (1984), nunmehr Deutschen Chemikalien-Verbotsverordnung (1993), bzw. in der Österreichischen Formaldehydverordnung (1990) gesetzlich verankert.

Seit Ende der 70er-Jahre wurden die Molverhältnisse der aminoplastischen Leime schrittweise abgesenkt, um die nachträgliche Formaldehydabgabe zu vermindern. Da Formaldehyd in diesen Harzen die eigentliche reaktive Komponente darstellt und für eine ausreichende Vernetzung beim Aushärten erforderlich ist, ergibt eine Absenkung des Formaldehydangebots allerdings eine schlechtere Ausbildung des dreidimensionalen Netzwerkes. Dies kann zu einer verzögerten Aushärtung (niedrigere Reaktivität der Harze) sowie zu geringeren Bindefestigkeiten führen, wodurch die mechanischen und hygroskopischen Eigenschaften der Platten beeinträchtigt werden (s. auch Teil II, Abschn. 1.1.8.1 und 1.2.8.2). Über alle Aspekte der Formaldehydabgabe während der Herstellung der Platten und der nachträglichen Formaldehydabgabe, insbesondere auch über die bestehenden Vorschriften, wird ausführlich in Teil II, Kap. 5 berichtet.

2.2.3.2
Einfluss des Molverhältnisses auf mechanische und hygroskopische Eigenschaften, auf die Formaldehydabgabe während der Herstellung sowie auf die nachträgliche Formaldehydabgabe von Holzwerkstoffen

Abbildung 2.4 zeigt den prinzipiellen Zusammenhang zwischen einzelnen Eigenschaften der fertigen Span- oder MDF-Platte (Querzugfestigkeit, Dickenquellung, Perforatorwert als Maß für die nachträgliche Formaldehydabgabe) und dem Molverhältnis des eingesetzten Leimes (Mayer 1978). Die Festigkeit der Platte sinkt mit abnehmender dreidimensionaler Vernetzung, ebenso steigt die Langzeit-Dickenquellung an. Die strichlierten bzw. strichpunktierten Bereiche sollen andeuten, dass es entscheidender Verbesserungen der Harze bedurfte, trotz dieses dramatischen Absenkens des Molverhältnisses Platten ausreichender Qualität produzieren zu können. Der Perforatorwert nach EN 120 wiederum fällt mit dem reduzierten Molverhältnis.

Insbesondere aus den 70er- und 80er-Jahren liegt eine Vielzahl von Ergebnissen und Arbeiten vor, die über den Einfluss des Molverhältnisses auf die Eigenschaften von Holzwerkstoffen, insbesondere von Spanplatten, berichten (Dunky u.a. 1981, Hse 1974a–c, Petersen u.a. 1972, 1973). In den späten 70er-Jahren erfolgte der Umstieg von formaldehydreichen Leimen (entsprechend der damaligen Emissionsklasse E3 nach der ETB-Richtlinie 1980 bzw. mit

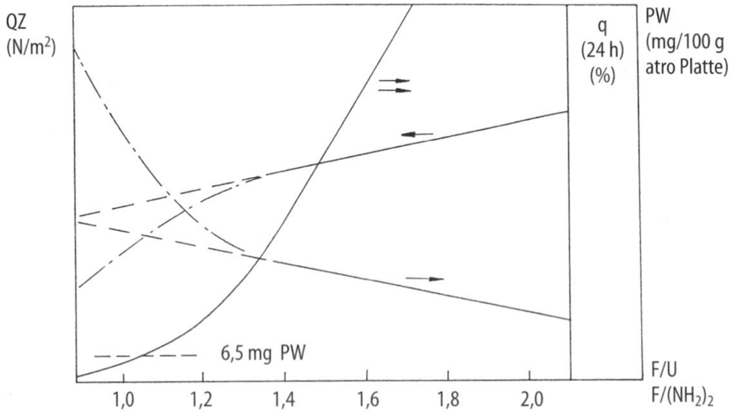

Abb. 2.4. Qualitativer Einfluss des Molverhältnisses F/U bei UF-Leimen bzw. $F/(NH_2)_2$ bei melaminverstärkten UF-Leimen und MUF-Leimen auf ausgewählte Eigenschaften von Holzspanplatten (Mayer 1978)

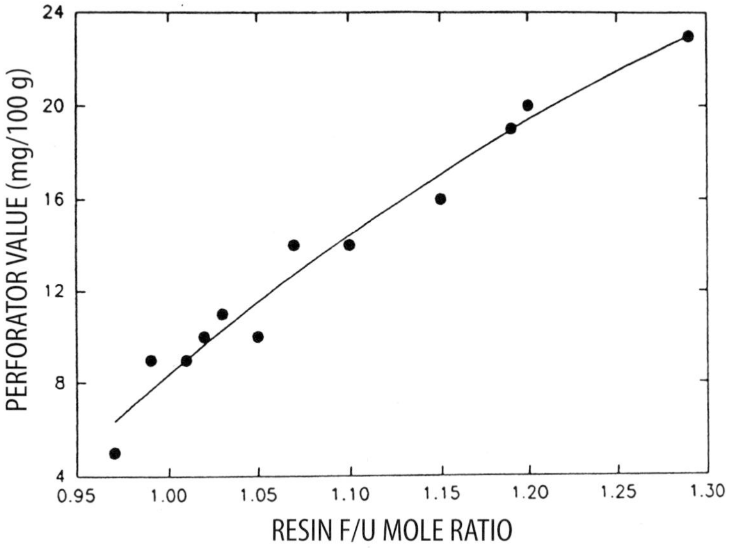

Abb. 2.5. Abnahme des Perforatorwertes von UF-gebundenen Spanplatten mit sinkendem Molverhältnis F/U (Go 1991)

noch höherer Emission) auf bereits etwas formaldehydärmere Leime (Emissionsklasse E2); der Übergang auf E1 nach den damaligen Bestimmungen (ETB-Richtlinie 1980) erfolgte ab Beginn der 80er-Jahre. Viele Arbeiten betrafen damals die Neuentwicklung von Leimen, die in dieser Form wegen ihres aus heutiger Sicht nach wie vor viel zu hohen Formaldehydanteils heute nicht mehr einsetzbar sind. Die dabei gefundenen Erkenntnisse stellten einerseits die Grundlagen für die weiteren Entwicklungen dar und beschreiben andererseits bereits die wesentlichen Zusammenhänge und Korrelationen, wenngleich auf einem deutlich höheren Emissionsniveau. Nachstehend wird eine Auswahl an Ergebnissen dargestellt, wobei insbesondere neuere Ergebnisse mit niedriger Formaldehydabgabe beschrieben werden. Eine Reihe weiterer Arbeiten kann aus Platzgründen lediglich zitiert werden.

Die beiden Abb. 2.5 und 2.6 zeigen zwei Beispiele, die die Abnahme der Querzugfestigkeit und des Perforatorwertes bei Spanplatten vom Molverhältnis der eingesetzten UF-Leime beschreiben (Go 1991). Der hier dargestellte Zusammenhang ist im Wesentlichen auch bei allen anderen bekannten Arbeiten gegeben und stellt die zentrale Erfahrung der letzten zwanzig Jahre dar; die konkreten quantitativen Ergebnisse unterliegen naturgemäß entsprechenden Schwankungen.

Ein weiteres Beispiel findet sich in Abb. 2.7, in der der amerikanische Dessiccatorwert als Maß für die nachträgliche Formaldehydabgabe in Abhängigkeit des Molverhältnises des eingesetzten UF-Leimes dargestellt ist (Graves 1993).

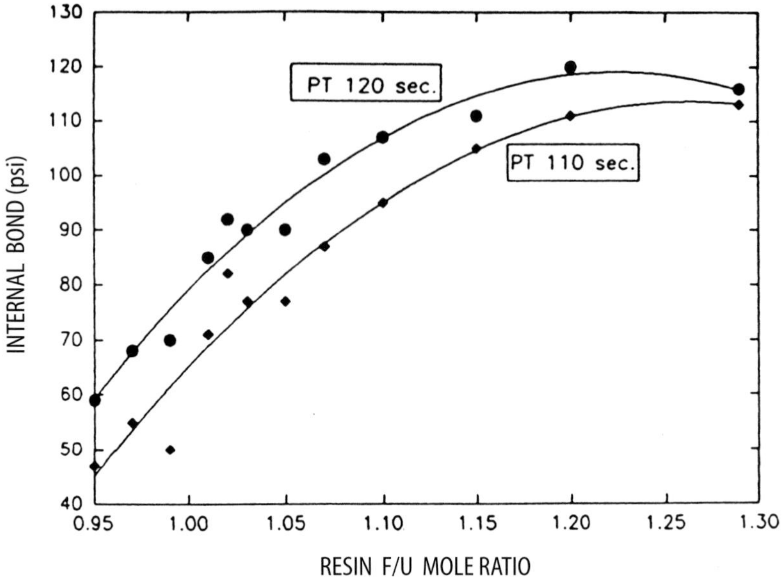

Abb. 2.6. Abnahme der Querzugfestigkeit (internal bond) von UF-gebundenen Spanplatten mit sinkendem Molverhältnis F/U (Go 1991)

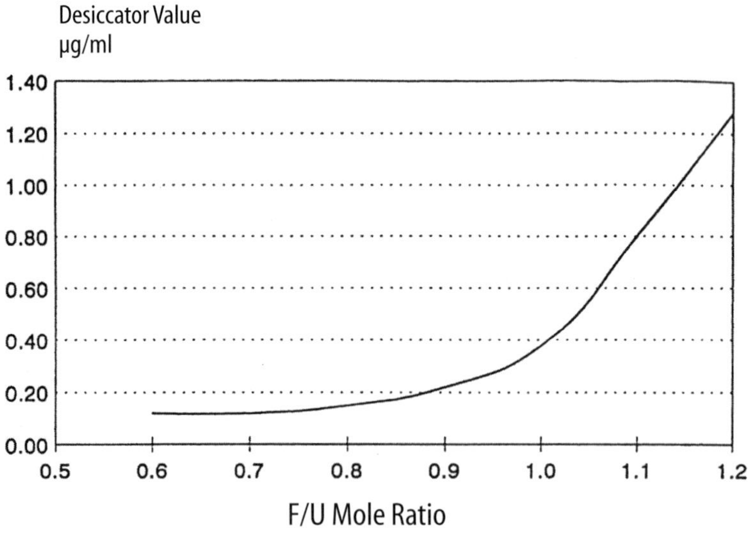

Abb. 2.7. Abhängigkeit des Dessiccatorwertes vom Molverhältnis F/U des eingesetzten UF-Leimes (Graves 1993)

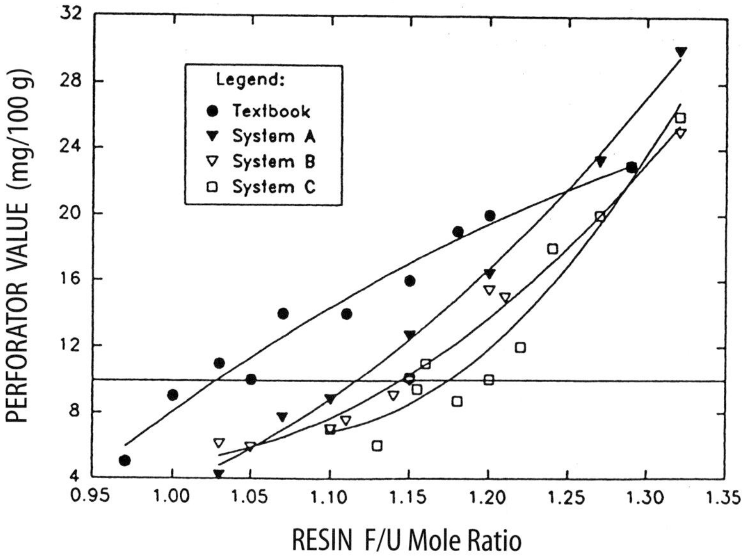

Abb. 2.8. Abhängigkeit des Perforatorwertes vom Molverhältnis verschieden hergestellter UF-Leime (Go 1991)

Ziel der Entwicklungsarbeiten der letzten beiden Jahrzehnte war die Absenkung der nachträglichen Formaldehydabgabe bei Beibehaltung aller anderen Parameter: weder sollten sich die Verarbeitungsbedingungen hinsichtlich der Wirtschaftlichkeit (Presszeit, Beleimungsgrad) ändern, noch konnte ein wesentlicher Qualitätsverlust an den Platten toleriert werden. Go (1991) zeigt eine solche Verbesserung der Qualität der von ihm bearbeiteten UF-Leime (Abb. 2.8), wobei es ihm gelingt, beim Einsatz seiner neu entwickelten Harze denjenigen Bereich des Molverhältnisses F/U deutlich nach oben zu verschieben, der die Einhaltung der Grenzwerte der nachträglichen Formaldehydabgabe garantiert (hier 10 mg/100 g atro Platte jodometrischer Perforatorwert als ehemaliger deutscher Grenzwert nach der ETB-Richtlinie 1980); entscheidend dafür ist offensichtlich ein verbesserter Aushärtungsgrad des Harzes und damit ein niedrigerer Restgehalt an endständigen Methylolgruppen, Ätherbrücken oder Acetalgruppen; alle diese Gruppen können eine Erhöhung der nachträglichen Formaldehydabgabe bewirken. Exakte Angaben über diese verbesserten Kochweisen werden vom Autor jedoch nicht gegeben.

Ferg (1992) bzw. Ferg u.a. (1993a+b) kochten labormäßig UF-Harze nach unterschiedlichen Rezepturen in einem breiten Bereich des Molverhältnisses F/U und stellten damit Laborspanplatten her. Auf Basis der Ausprüfungsergebnisse berechneten sie Korrelationsgleichungen zwischen der Querzugfestigkeit (Abb. 2.9) bzw. dem amerikanische Desiccatortest als Maß für die nachträgliche Formaldehydabgabe (Abb. 2.10) auf der einen Seite und dem Molverhältnis F/U der verschiedenen UF-Leime auf der anderen Seite. Zu be-

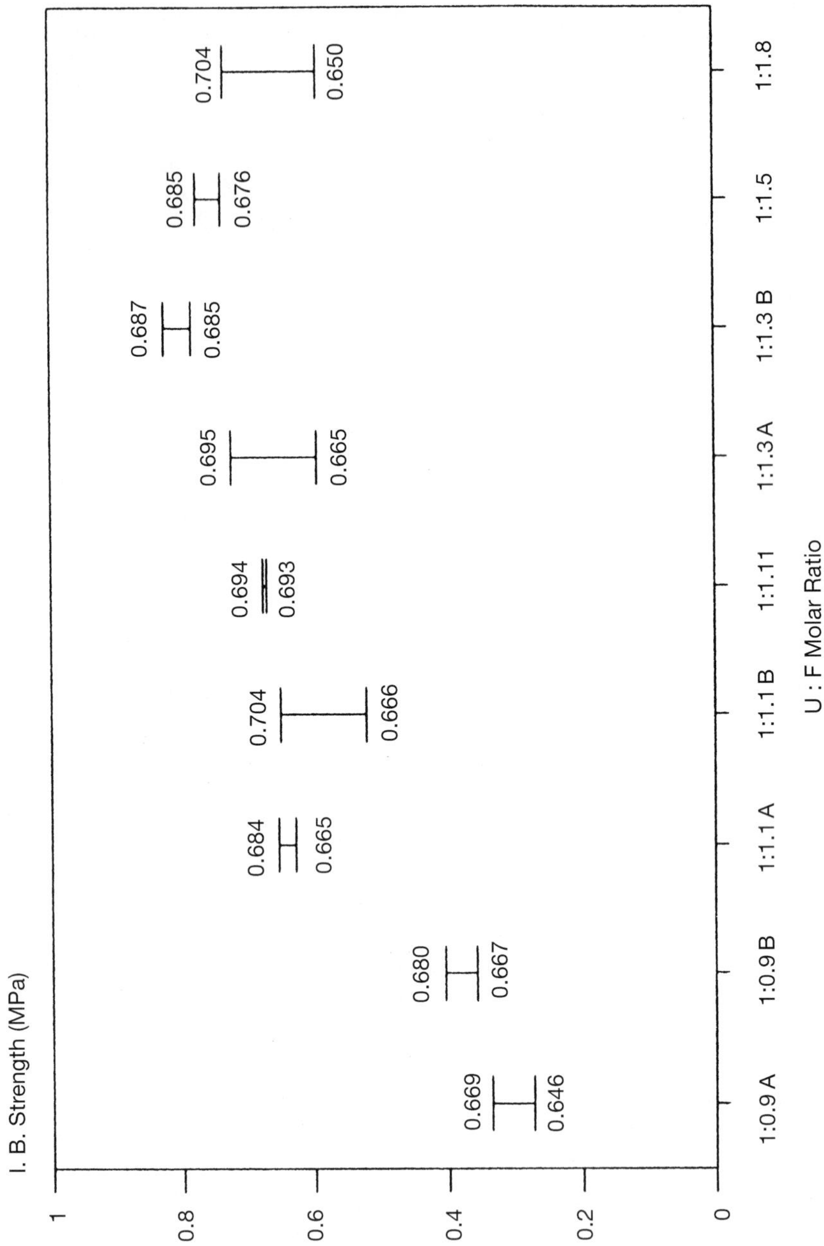

Abb. 2.9. Einfluss des Molverhältnisses der UF-Leime auf die Querzugfestigkeit der damit hergestellten Spanplatten (Ferg 1992)

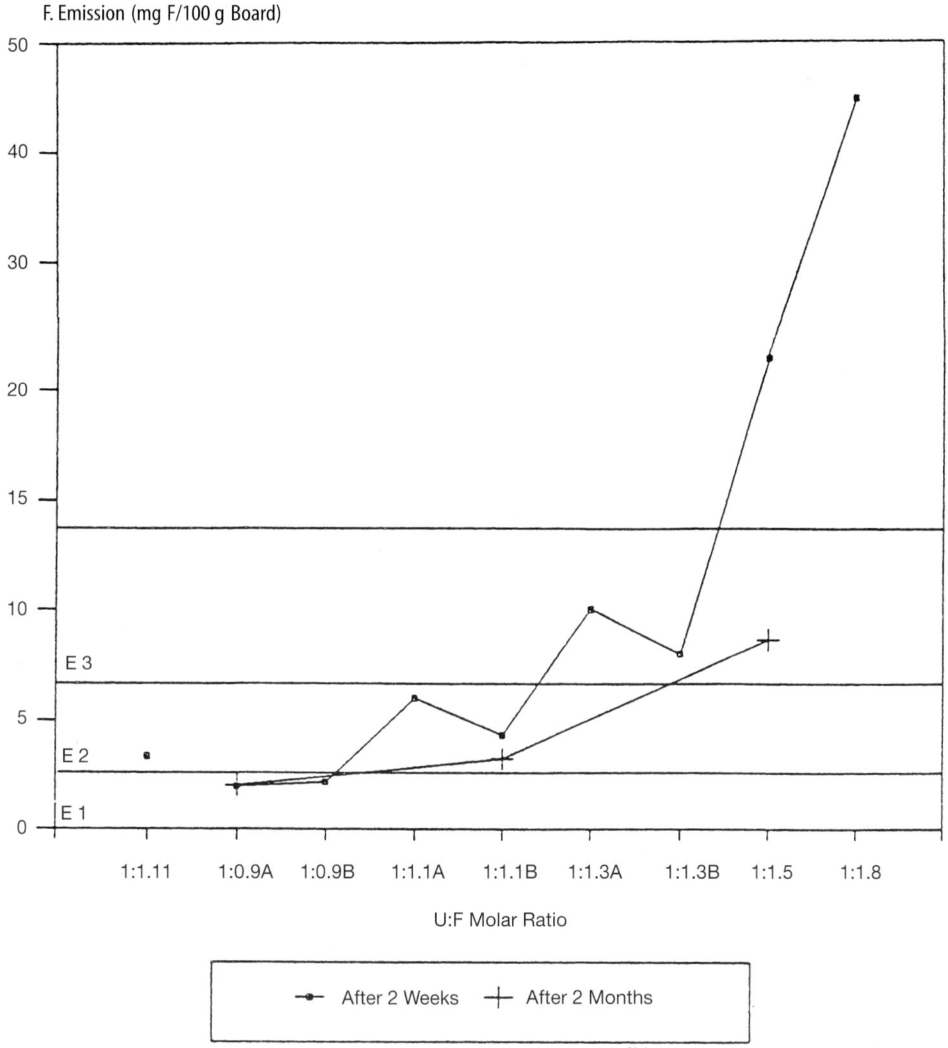

Abb. 2.10. Einfluss des Molverhältnisses der UF-Leime auf die nachträgliche Formaldehydabgabe der damit hergestellten Spanplatten, gemessen im Dessiccatortest (Ferg 1992)

denken ist hier allerdings, dass der Bereich des betrachteten Molverhältnisses sehr breit ist und bei weitem über den derzeit bei Spanplatten oder auch MDF-Platten üblichen Bereich hinausgeht. Eine Voraussage von Ergebnissen in einem engen Molverhältnisbereich, z. B. wie bei den so genannten E1-Platten üblich, ist auf Basis dieser Arbeiten wahrscheinlich nicht möglich.

Myers (1984) stellte eine umfangreiche Übersicht über den Einfluss des Molverhältnisses F/U bei UF-gebundenen Spanplatten zusammen, wobei er praktisch die gesamte damals zur Verfügung stehende Fachliteratur zu diesem

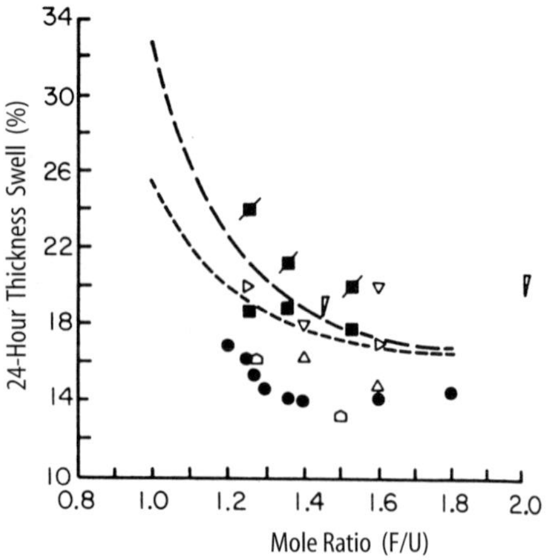

Abb. 2.11. Einfluss des Molverhältnisses F/U auf die 24 h-Dickenquellung von Spanplatten (Myers 1984)

Thema auswertete. Abbildung 2.11 zeigt den Einfluss des Molverhältnisses auf die 24 h-Dickenquellung von Spanplatten. Auch für diese Eigenschaft zeigt sich eindeutig die Verschlechterung der betrachteten Platteneigenschaft offensichtlich infolge der verringerten Vernetzung des ausgehärteten UF-Harzes.

Abbildung 2.12 beschreibt den Zusammenhang zwischen dem mittels ^{13}C-NMR bestimmten Verhältnis Methylenbrücken zu Methylenätherbrücken und der nachträglichen Formaldehydabgabe aus den ausgehärteten UF-Harzen. Praktisch unabhängig von der eingesetzten Herstellrezeptur wird bei einem steigenden Anteil an stabileren Methylenbrücken weniger Formaldehyd emittiert (Szesztay u. a. 1994).

Petersen u. a. (1973) untersuchten in einer breit angelegten Arbeit verschiedene Parameter hinsichtlich der Formaldehydemission während der Spanplattenpressung sowie der nachträglichen Formaldehydabgabe. Obwohl ihre Arbeiten die damals noch üblichen höheren Molverhältnisse (F/U = 1,4 bis 1,8) betrafen, sind die gewonnenen Kenntnisse im Wesentlichen auch auf

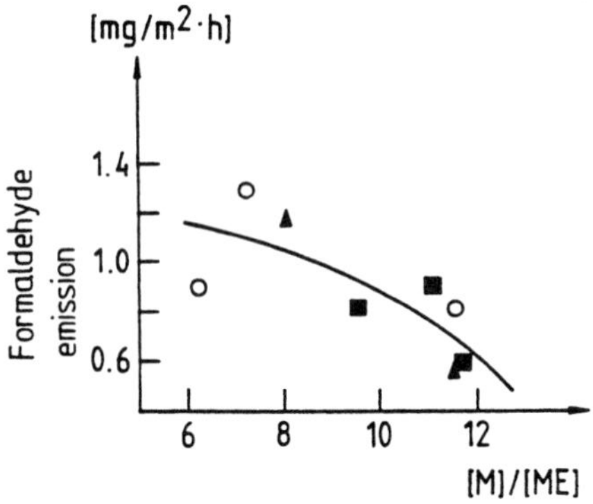

Abb. 2.12. Abhängigkeit der nachträglichen Formaldehydabgabe vom Verhältnis Methylenbrücken zu Methylenätherbrücken [M]/[ME] (Szesztay u. a. 1994). ▲ Industrieharz; ■ Harz mit neuem Puffersystem; ○ Harz mit Borsäure als Puffersystem

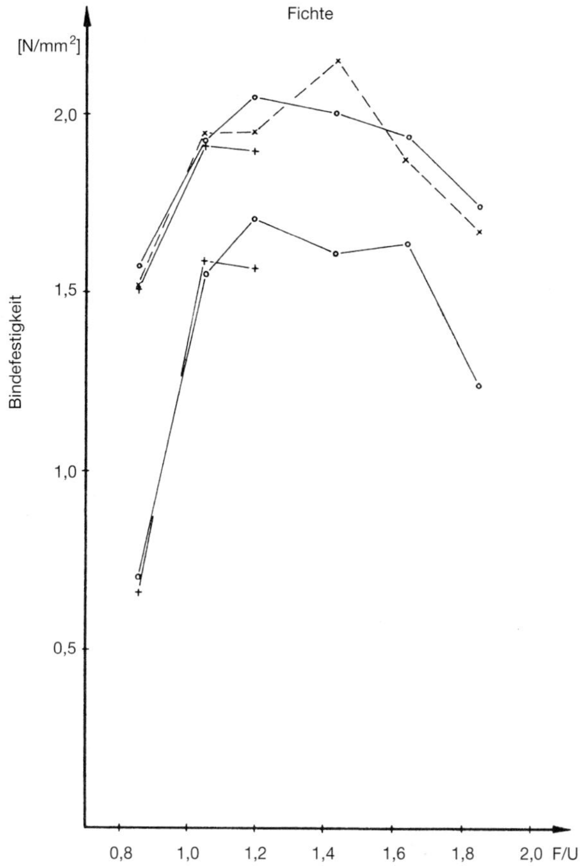

Abb. 2.13. Bindefestigkeit von Fichte-Sperrholzproben in Abhängigkeit des Molverhältnisses F/U der eingesetzten UF-Leime (Dunky 1985a)

formaldehydarme UF-Harze übertragbar. Die Formaldehydabgabe während der Verpressung steigt mit dem Beleimungsgrad sowie mit der Feuchtigkeit der beleimten Späne. Die nachträgliche Formaldehydabgabe (Perforatorwert) hingegen stieg bei den Versuchen von Petersen u.a. (1973) nur bei den höheren Molverhältnissen mit dem Beleimungsgrad. Über weitere Ergebnisse zur Abspaltung von Formaldehyd während der Herstellung von Spanplatten wird in Teil II, Abschn. 5.1 berichtet.

Das Molverhältnis F/U hat auch deutliche Auswirkungen auf die Bindefestigkeiten (Zugscherversuch) von Fichte- und Buchesperrholzplatten (Dunky 1985). Bei beiden Holzarten ist ein Abfall der Bindefestigkeit bei den formaldehydärmsten Leimen zu erkennen, und zwar bei allen verschiedenen Vorbehandlungen vor der Prüfung: „trocken", „nass" (4 d Wasserlagerung bei 20 °C) sowie „rückgetrocknet" (4 d Wasserlagerung bei 20 °C mit anschließender Rücktrocknung im Normalklima). Bei Buche ist dieser Abfall stärker ausgeprägt als bei Fichte. Abbildung 2.13 zeigt die Ergebnisse für Fichte. Bemerkenswert ist der Abfall der Bindefestigkeit bei Fichte bei den hohen Molverhältnissen; dies könnte auf eine mögliche hohe Sprödigkeit der Leimfuge zurückgeführt werden.

Weitere Literaturhinweise: Brinkmann (1978), Levendis u.a. (1992), Marutzky u.a. (1979), Marutzky und Ranta (1980), Nakarai und Watanabe (1961), Sundin u.a. (1987), Wittmann (1962).

2.2.3.3
Möglichkeiten der Produktion von Holzwerkstoffen mit niedriger nachträglicher Formaldehydabgabe

In den letzten beiden Jahrzehnten wurden die verschiedensten Möglichkeiten zur Herstellung formaldehydarmer Platten untersucht, Tabelle 2.7 versucht, einen Überblick über diese Möglichkeiten zu geben.

Tabelle 2.7. Möglichkeiten der Herstellung von Holzwerkstoffen mit niedriger nachträglicher Formaldehydabgabe

Absenkung des Molverhältnisses F/U bzw. $F/(NH_2)_2$:   Einsatz formaldehydarmer aminoplastischer Leime, s. Tabelle 2.4 und 2.5, gegebenenfalls Modifizierung bzw. Verstärkung durch Melamin
Einbau von anderen Substanzen mit NH_2-Gruppen (Zugabe von Fängern):   auch damit wird im Wesentlichen eine Herabsetzung des Molverhältnisses F/U bzw. $F/(NH_2)_2$ erreicht. Der derzeitige Stand der Praxis zeigt, dass bei Spanplatten überwiegend, bei MDF-Platten praktisch in allen Fällen Fänger eingesetzt werden müssen, um Platten mit einer ausreichend niedrigen Formaldehydabgabe zu erhalten. Eine solche Fängerzugabe ist auch bei Einsatz von üblicherweise als „E1-Leimen" bezeichneten Leimen (UF, MUF, MUPF) möglich bzw. oft erforderlich. Je nach Art und Höhe der Fängerdosierung ist es auf der anderen Seite sogar möglich, Leime mit einem eher höheren Molverhältnis (z.B. F/U > 1,10) einzusetzen, wenn durch die Fängerzugabe wieder ein entsprechend niedriges Gesamtmolverhältnis der Flotte eingestellt wird. Ob der Einsatz einer solchen Kombination im Vergleich zu einem formaldehydarmen Harz (plus gegebenenfalls nur geringerer Fängerzugabe) Vorteile bringt oder nicht, kann nicht pauschal beantwortet werden und wäre für jede einzelne Plattenproduktion getrennt zu untersuchen.   Mögliche Formaldehydfänger: a) Harnstoff in fester oder gelöster Form: Zugabe zum Rohleim, zur Härterlösung oder Aufstreuen oder Aufsprühen auf die Späne vor oder nach dem Trockner (Myers 1985). Zugabe von Harnstoff zu den Hackschnitzeln vor dem Refiner (Buchholzer 1998a–c).   b) Kondensierte Fänger: UF-Harze mit einem extrem niedrigen Molverhältnis (F/U < 0,5). Gegenüber der Zugabe von reinem Harnstoff zeigen solche kondensierten Fänger bereits Harzeigenschaften und können deshalb einen Teil des Leimfestharzes ersetzen, durchwegs allerdings nicht im Ausmaß eins zu eins. Die Abmischung von Leim und Fänger erfolgt üblicherweise erst bei der Verarbeitung, entweder bei der chargenmäßigen Aufbereitung der Leimflotte oder unmittelbar vor dem Beleimungsmischer über einen Statikmischer. Eine über einige Stunden hinausgehende Vormischung ergibt bereits eine chemische Umsetzung zwischen Leim und Fänger, wodurch ein Harz mit dem rechnerisch ermittelbaren Mischungsmolverhältnis entsteht. Dabei geht aber der nach wie vor höhere Anteil an freiem Formaldehyd bzw. reaktiven Gruppen des ursprünglichen Leimharzes zum Teil verloren.

Tabelle 2.7 (Fortsetzung)

Nachbehandlung der Platten mit formaldehydbindenden Reagenzien (Myers 1986, Roffael und Miertzsch 1990, Roffael u. a. 1982):

- Besprühen mit einer Harnstofflösung (EP 6486) oder einer Lösung von Ammoniumcarbonat oder -bicarbonat (EP 27583) (Westling 1983)
- Aufstreuen von pulverförmigen Ammoniumhydrogencarbonat (EP 23 002)
- Ammoniakbegasung:
  - Verkor- bzw. FD-EX-Verfahren: Maderthaner und Verbestel (1980), DE 2903254
  - RYAB-Verfahren: Harmon (1993), Kierkegaard (1993), DE 2804514, DE 2927055

Der Einsatz dieser nachträglichen Behandlungsverfahren war vor allem zu Beginn der 80er-Jahre diskutiert worden, als noch zu geringe Kenntnisse zur formaldehydarmen Einstellung von UF-Harzen vorlagen. Durch die in der Zwischenzeit erfolgten Weiterentwicklungen in der Harzchemie verloren diese Verfahren wieder stark an Interesse und scheiterten zumeist an den durch den zusätzlichen Schritt in der Produktion gegebenen höheren Kosten. Erst in jüngster Zeit könnten diese Verfahren bei der nochmaligen Absenkung der Emissionsgrenzen („Blauer Engel“, „F-Null“) wieder eine bestimmte Bedeutung für solche Sonderprodukte erlangen.

Aufbringen einer Diffusionssperre (Folien, Lacke, Kunststoffplatten):

Die Diffusion von Formaldehyd aus einer Platte in die Umgebungsluft hängt vom Diffusionswiderstand der Deckschicht der Platte bzw. vom Verhalten von aufgebrachten Beschichtungen ab. Frühere Bestimmungen (ETB-Richtlinie 1980, nicht mehr gültig) hatten zugelassen, dass bei formaldehydreichen Platten durch das Aufbringen von Beschichtungen die nachträgliche Formaldehydabgabe soweit verringert wird, dass die zulässigen Raumluftkonzentrationen an Formaldehyd unterschritten werden. Eine ähnliche Regelung, jedoch bei weitaus niedrigeren Grenzen, ist in der Deutschen Gefahrstoffverordnung gegeben: Spanplatten mit Perforatorwerten zwischen 8 und 10 mg dürfen in beschichtetem Zustand in Verkehr gebracht werden (Klasse E1b), wenn der Gasanalysenwert dieser Platten den Bestimmungen entspricht. Auch eine dichtere Deckschicht der Platten führt im Prüfraumtest bzw. im Gasanalysentest zu niedrigeren Emissionen (Marutzky u. a. 1992, Ploeg 1997). Mit diesen Maßnahmen wird nicht das Potential an ausdampfbarem Formaldehyd, sondern die pro Zeiteinheit effektiv emittierte Formaldehydmenge herabgesetzt. Obacht ist auf offene Anteile der Oberfläche (Schnittkanten, Bohrlöcher, Fräsnuten u. a.) zu legen (Grigoriou 1987, Marutzky u. a. 1981, Meyer u. a. 1990).

Optimierung der Herstellungsparameter hinsichtlich der nachträglichen Formaldehydabgabe (Presstemperatur, Presszeit, Feuchtigkeit der beleimten Späne u. a.):

Die Verlängerung der Presszeit zur Verringerung der nachträglichen Formaldehydabgabe läuft in entgegengesetzter Richtung zur allgemeinen Forderung der Verkürzung der Presszeit aus Kostengründen und ist damit kein approbates Mittel zum Zweck. Durch eine Verkürzung der Presszeit, wie sie praktisch immer als Forderung im Raum steht, kann jedoch auch bei gleicher Leim- bzw. Leimflottenzusammensetzung die nachträgliche Formaldehydabgabe ansteigen.

Einsatz von Bindemitteln, die kein Formaldehyd enthalten:

a) Verleimung mit formaldehydfreien Bindemitteln: in der Spanplatten- und MDF-Herstellung ist derzeit nur Isocyanat (PMDI) eine mögliche Alternative (s. Teil II, Abschn. 2.1), allerdings nur in einem eher geringen Ausmaß. Im Bereich der Oberflächenveredelung und des handwerklichen Einsatzes von Bindemitteln werden auch PVAc-Leime (Weißleime) eingesetzt. Die meisten anderen Klebstoffe sind aus Kostengründen keine wirkliche Alternative.

Tabelle 2.7 (Fortsetzung)

b) Kombinationsverleimung: z. B. Deckschicht gebunden mit einem formaldhydarmen UF-Harz, Mittelschicht gebunden mit PMDI. Die Mittelschicht kann gleichzeitig Fänger enthalten, die eine eventuelle Formaldehydemission aus der Deckschicht verringern können (DE 2851589, EP 12169).
c) Mischverleimung UF/MUF mit PMDI: durch den Zusatz von PMDI als zweites Bindemittel und als zusätzlicher Vernetzer zwischen den UF/MUF-Ketten wird eine Verbesserung verschiedener Eigenschaften der Platten erreicht (Querzugfestigkeit, Dickenquellung u.a.); als aminoplastische Komponente können dabei Harze mit einem extrem niedrigen Molverhältnis (weit unter 1,0) eingesetzt und so Platten mit einer im Vergleich zur gültigen E1-Klasse deutlich verringerten Emission produziert werden (s. Teil II, Abschn. 1.1.5.11). Die Kombination MUF + PMDI ermöglicht zusätzlich die Produktion von Platten zur Verwendung im Feuchtbereich (s. auch Teil II, Abschn. 1.2.5.3).

   Entscheidendes Kriterium für solche Mischverleimungen ist die Kostenfrage: die zusätzlichen Kosten für das PMDI müssen durch eine Einsparung beim aminoplastischen Harz abgedeckt werden; dies ist bei MUF/PMDI-Mischverleimungen möglich, insbesondere bei hohen Melaminpreisen. Bei den sehr kostengünstigen UF-Leimen ist eine Kostenneutralität praktisch nicht möglich, hier ist ein Einsatz solcher Mischverleimungen nur über den Nachweis einer „besseren“ Plattenqualität (z. B. einer extrem niedrigen Formaldehydabgabe oder einer sehr niedrigen Dickenquellung) bzw. durch eine Absenkung der Presszeit wirtschaftlich vertretbar.

Einsatz phenolischer Harze (PF-Leim, Tannin) mit ihrer wegen der hydrolysestabilen C–C-Bindung zwischen dem aromatischen Phenolring und dem Formaldehyd inhärenten niedrigen nachträglichen Formaldehydabgabe. Bei den Tanninen ist dabei auf die sparsame Verwendung der zur Vernetzung eingesetzten Formaldehydkomponente zu achten. Bemerkenswert ist, dass bei Einsatz von Phenolharzen zur Herstellung so genannter „F-Null“-Platten gleichzeitig eine hohe Wasserbeständigkeit (z.B. V100 nach DIN 68763 oder Option 2 nach EN 312-5 bzw. 312-7) erzielt wird, obwohl diese bei dieser Plattentype an sich gar nicht gefordert ist. Die Beleimungsgrade der PF-gebundenen „F-Null“-Platten können sogar höher sein als die der PF-gebundenen V100-Platten; die Ursache dafür liegt in den erhöhten Anforderungen an die Trockenfestigkeit (z. B. Trockenquerzugfestigkeit) im Möbelbau verglichen mit den üblichen Anforderungen an V100-Platten.

Abbildung 2.14 zeigt die Verminderung des Dessicatorwertes als Maß für die nachträgliche Formaldehydabgabe durch die Harnstoffzugabe (wahrscheinlich als 40%ige Lösung) zu verschiedenen UF-Leimen mit unterschiedlichem Molverhältnis (Graves 1993). Erwartungsgemäß sinkt der Dessicatorwert mit höherer Harnstoffdosierung, wobei die jeweilige Wirkung bei den Harzen mit höherem Molverhältnis stärker ausfällt.

Weitere Literaturhinweise: Boehme und Roffael (1990), Dunky und Hoekstra (1998), Ernst (1982), Roffael u. a. (1980), Sundin (1978).

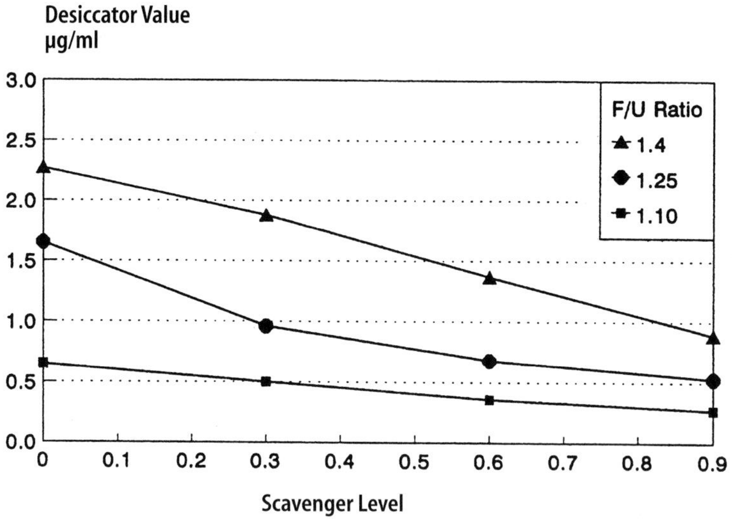

Abb. 2.14. Abhängigkeit des Dessiccatorwertes als Maß für die nachträgliche Formaldehydabgabe von der Zugabemenge an Harnstoff als Formaldehydfänger (Graves 1993)

2.2.3.4
Beschichtung von Holzwerkstoffen, Herstellung von Möbeln

(s. Teil II, Abschn. 5.2.6.4)

Literaturhinweise: Marutzky (1988), Marutzky u. a. (1981, 1982), Marutzky und Flentge (1985), Meyer u. a. (1990).

2.2.4
Einfluss des Kondensationsgrades

Über den Einfluss des Kondensationsgrades eines aminoplastischen Harzes auf die Eigenschaften von Holzwerkstoffen berichten überraschenderweise nur wenige Arbeiten, wobei es sich zusätzlich zum Teil um alte Arbeiten handelt. Insgesamt sind die verfügbaren Daten uneinheitlich und damit auch nicht zufriedenstellend. Man kann davon ausgehen, dass die Reaktivität eines aminoplastischen Leimharzes praktisch unabhängig von seiner Viskosität (Kondensationsgrad) ist, sofern das gleiche Molverhältnis gegeben ist. Durch die Härterzugabe wird letztendlich ein zur dreidimensionalen Aushärtung führender Prozess initiiert; damit kann eine Beeinflussung durch den Kondensationsgrad bevorzugt nur in der Phase der Verarbeitung gegeben sein, zu deren Beginn der Leim noch in flüssiger Form vorliegt. Ein Einfluss des Kondensationsgrades bzw. der Viskosität des Leimes ist demnach vorzugsweise bei der Verarbeitung selbst gegeben, insbesondere beim Aufbringen des Leimes auf die Holzoberfläche sowie bei der Benetzung dieser Fläche sowie der unbeleimten Gegenseite nach der Zusammenfügung der beiden zu verleimenden

Oberflächen. Dies ist unabhängig davon, ob es sich um zwei Vollholzlamellen oder Furniere oder aber um zwei Spanoberflächen oder Fasern handelt. Über das Benetzungsverhalten von Holzoberflächen durch UF-Leime bzw. das Eindringverhalten von Leimen ins Holz und deren Abhängigkeiten vom Kondensationsgrad bzw. der Viskosität wurde bereits in Teil II, Abschn. 1.1.8.2 berichtet.

Ferg (1992) weist darauf hin, dass die Bindefestigkeit in Leimfugen mit dem Kondensationsgrad der bei der Verleimung eingesetzten UF-Harze ansteigt. Die höheren Molmassen (höherviskose Anteile) ergeben eine beständigere Leimfuge und bestimmen die Kohäsionseigenschaften (Pizzi 1983). Auch Rice (1965) sowie Nakarai und Watanabe (1962) berichten, dass die Dauerhaftigkeit einer Leimfuge gegen Wässerung und Wiedertrocknung mit der Viskosität des Leimes steigt. Grundlage für diese Behauptungen ist möglicherweise der Effekt, dass bei einem höherviskosen Leimauftrag eine größere Leimmenge direkt in der Leimfuge verbleibt und so verhungerte und damit qualitativ unzureichende Leimfugen vermieden werden. Dafür spricht auch die von Rice (1965) in Abhängigkeit der Leimviskosität gemessene Dicke der ausgehärteten Leimfuge, die mit steigender Viskosität erwartungsgemäß zunimmt, weil ein hochviskoses Harz weniger ins Holz wegschlagen kann als ein niedrigviskoses. Die Trockenfestigkeiten der Leimfugen zeigen bei Rice (1965) jedoch keine Abhängigkeit von der Leimviskosität. Der Autor schließt aus seinen Untersuchungen, dass hinsichtlich des Einflusses der Viskosität auf die Beständigkeit der Leimfuge kein optimaler Bereich gegeben ist. Dem widerspricht die Tatsache, dass die Benetzung der nicht beleimten Oberfläche umso schwieriger ist, je höher die Viskosität des Leimes ist (Scheikl und Dunky 1996); auch ist eine dickere Leimfuge im Allgemeinen weniger fest und dauerhaft als eine dünne Leimfuge, solange diese noch eine vollflächige Verleimung garantiert. In diesem Zusammenhang ist auch zu berücksichtigen, ob die Verleimungen bei Raumtemperatur oder bei höherer Temperatur durchgeführt werden. Infolge der höheren Temperatur sinkt die Viskosität des Leimes und steigt die Fließfähigkeit des Leimes, wodurch die Benetzung der unbeleimten Gegenseite verbessert wird. Iwatsuka und Tanaka (1956) haben gefunden, dass bei hochgestreckten Leimansätzen die Bindefestigkeit mit dem Kondensationsgrad und damit mit der Viskosität des Harzes steigt. Dunky (1985b) findet keinen gesicherten Einfluss des Kondensationsgrades bzw. der Viskosität der Leime bei der Prüfung verschiedener Sperrholzproben.

Sodhi (1957) berichtete über den Einfluss der Standzeit einer bereits mit Härter versehenen UF-Flotte auf die erzielbare Verleimungsfestigkeit. Ursache für die abnehmenden Werte dürfte das Anwachsen der Molekülgröße und damit eine schlechtere Benetzung und ein geringeres Eindringen der Leimflotte in die unbeleimte Holzgegenseite sein (s. auch Abb. 1.14 in Teil II, Abschn. 1.1.4.4).

2.2.5 Korrelationen zwischen der Zusammensetzung aminoplastischer Harze und den Eigenschaften der ausgehärteten Harze bzw. der damit hergestellten Holzwerkstoffe

Bereits in Teil III, Abschn. 2.2.3.2 berichteten Ferg (1992) bzw. Ferg u.a. (1993a+b) über den Einfluss des Molverhältnisses auf die Querzugfestigkeit und die nachträgliche Formaldehydabgabe. Im Sinne einer umfassenden Korrelation zwischen der Harzzusammensetzung (Anteil einzelner chemischer Strukturelemente im Harz) und den genannten Eigenschaften der Platten gehen die Autoren (Ferg 1992, Ferg u.a. 1993a+b, Pizzi 1999, s. auch Teil II, Abschn. 1.1.8.1) dabei noch einen entscheidenden Schritt weiter: sie untersuchten alle von ihnen eingesetzten UF-Harze im noch flüssigen Zustand vor der Verarbeitung mittels ^{13}C-NMR und berechnen auf Basis dieser Messergebnisse verschiedene Peakflächenverhältnisse als Maß für die Mengenverhältnisse einzelner ausgewählter Strukturelemente, von denen angenommen wird, dass sie bekanntermaßen oder vermutlich einen Beitrag zu den gemessenen Platteneigenschaften leisten. Zwischen verschiedenen solchen Peakflächenverhältnissen und der Querzugfestigkeit bzw. der nachträglichen Formaldehydabgabe (Desiccatorwert) wurden dann jeweils multiple Korrelationsgleichungen aufgestellt. Als geeignete Mengenverhältnisse von Strukturelementen nennen die Autoren u.a.:

- nicht umgesetzter (freier) Harnstoff zu Gesamtharnstoff (Summe Carbonylgruppen)
- Methylenbrücken mit Verzweigungsstellen, bezogen auf die Gesamtsumme an Methylenbrücken
- Summe Methylenbrücken zu Summe Methylole
- freier Formaldehyd bezogen auf Summe Methylenbrücken.

Diese Gleichungen ermöglichen zu einem bestimmten Grad die Voraussage der Eigenschaften von fertigen Platten, in denen die untersuchten Harze in ausgehärteter Form vorliegen und einen wesentlichen Einfluss auf die Platteneigenschaften haben. Die Gleichungen geben auch Hinweise, welche chemischen Gruppen tatsächlich und in welchem Ausmaß zu den physikalischen Eigenschaften der ausgehärteten Harze sowie der mit diesen Harzen hergestellten Platten beitragen. Zu beachten ist bei den hier beschriebenen Gleichungen jedoch, dass der den Korrelationen zugrundeliegende Bereich des Molverhältnisses der Harze weit über den derzeit üblichen „E1-Bereich" des Molverhältnisses für Spanplattenleime (F/U ca. 1,00–1,10) hinausgeht.

Ähnliche Korrelationen wie für UF-Harze stellten Mercer und Pizzi (1996a) sowie Panamgama und Pizzi (1996) für MUF-Harze bzw. Mercer und Pizzi (1996b) für MF-Harze auf. Als MUF-Harze werden hier Harze mit einem Anteil von Melamin an der Summe Melamin + Harnstoff im Bereich 34–55% verstanden, dies entspricht einem Melamingehalt im flüssigen Harz von ca. 20% und darüber. Diese Harze werden allgemein als klassische MUF-Harze im Gegensatz zu melaminverstärkten UF-Leimen (Melamingehalt üblicherweise kleiner 10%) bezeichnet. Als Kennwerte für die Plattenqualität wurden die Querzugfestigkeit trocken sowie nach Vorbehandlung (2 h Kochen + 16 h Wiedertrocknen bei 105°C) bzw. die nachträgliche Formaldehyabgabe ermittelt. Je nach betrachteter Platteneigenschaft wurden wieder verschiedene Peakflächenverhältnisse aus der ^{13}C-NMR-Analyse als Maß für die Mengenverhältnisse der einzelnen Spezies herangezogen.

Bei den MUF-Harzen (Mercer und Pizzi 1996a) zeigten sich Zusammenhänge u.a. mit folgenden Verhältnissen:

- Summe an nichtsubstituiertem Melamin und nichtsubstituiertem Harnstoff bezogen auf die Summe an substituiertem Melamin und substituiertem Harnstoff
- Methylenbrücken zu Summe Methylole bzw. zu Summe Methylenbrücken und Methylole
- Summe Methylen- und Ätherbrücken zu Methylolen.

Wegen der im Vergleich zu UF-Harzen deutlich komplizierteren möglichen Zusammensetzung der MUF-Harze gelang es den Autoren aber nicht, nur jeweils eine universell gültige Gleichung für die drei Zielgrößen aufzustellen; je nach Zusammensetzung der Harze (Anteil Melamin bzw. Molverhältnis) ergaben sich unterschiedliche Korrelationsgleichungen.

Bei den untersuchten MF-Harzen fanden Mercer und Pizzi (1996b) für die Querzugfestigkeit im trockenen bzw. im wieder getrockneten Zustand Gleichungen, bei denen u.a. folgende Mengenverhältnisse als Terme gegeben sind:

- nichtsubstituiertes Melamin zu monosubstituiertem Melamin
- nichtsubstituiertes Melamin zu Summe Melamin
- Methylenbrücken zu Methylolgruppen
- Methylen- und Ätherbrücken zu Methylolgruppen
- Methylen- und Ätherbrücken zu Summe Methylen- und Ätherbrücken und Methylolgruppen
- „Verzweigungsgrad“: Anzahl der Verzweigungen an Methylenbrücken bezogen auf die Gesamtzahl der an Methylenbrücken gegebenen Bindungen.

Eine weitere Serie von Korrelationsgleichungen zwischen den Eigenschaften von MUF-Leimen (inklusive verschiedener Flottenvarianten mit MF- oder MUF-Beschleunigern und UF-, MF- oder MUF-Fängern) beschreiben Panangama und Pizzi (1996). Die beiden entscheidenenden Mengenverhältnisse sind:

- Melamin zu Summe substituiertem Melamin
- Harnstoff zu Summe substituiertem Harnstoff.

Es ist anzunehmen, dass alle diese Korrelationsgleichungen jeweils nur für die beschriebenen Platten und Plattenwerte gültig sind und für andere Harze und/oder Plattentypen andere Gleichungen, ggf. auch mit anderen Variablen, herangezogen werden müssen. Nichtsdestotrotz liegt die Bedeutung dieser Arbeiten darin, dass zum ersten Mal versucht wurde, Korrelationen zwischen der Harzzusammensetzung der flüssigen, noch nicht ausgehärteten Leime und den Eigenschaften von damit hergestellten Platten aufzustellen. Mag es auch wahrscheinlich die für eine Harztype und alle daraus hergestellten Spanplatten allgemeingültige Korrelationsgleichung nicht geben, so konnten zumindest einzelne Strukturen bzw. deren Mengenverhältnisse als starke oder eher nur schwache bzw. vernachlässigbare Einflussfaktoren erkannt und beurteilt werden.

2.3 Phenoplastische Bindemittel

Die als Bindemittel eingesetzten PF-Resole werden durchwegs unter alkalischen Bedingungen mit Formaldehydüberschuss hergestellt. Die Charakterisierung von PF-Leimharzen erfolgt auf verschiedene Weise analog zu den anderen Kondensationsharzen:

- Molverhältnis der Hauptkomponenten: F/P/NaOH bzw. F/P bzw. NaOH/P
- Zusammensetzung der Harze, bezogen auf Lieferform: diese Werte stehen in unmittelbarem Zusammenhang zu obigen Molverhältnissen und dem Festharzgehalt der Harze.
- Kondensationsgrad bzw. Molmassenverteilung und Molmassenmittelwerte
- funktionelle Gruppen und deren Verteilung im Harz, Art der Brücken zwischen den einzelnen Phenolresten, Verzweigungsstellen u. a.

Gollob (1989) stellt übersichtsartig die Wechselwirkungen zwischen Leimzusammensetzung, Leimstruktur und Verarbeitungs- und Gebrauchseigenschaften zusammen (Tabelle 2.8). Ähnliche Wechselwirkungen sind auch bei allen anderen Harztypen gegeben.

2.3.1 Festharzgehalt und Trockensubstanz, Feuchtigkeit der beleimten Späne, Teilchengröße pulverförmiger Harze

Die Trockensubstanz der PF-Leime liegt im Allgemeinen im Bereich von 45–48%, lediglich bei harnstoffmodifizierten Phenolharzen (PUF) kann sie deutlich höher liegen (55–60%). Abhängig vom Alkaligehalt der Harze liegt der eigentliche PF-Festharzgehalt nur bei ca. 40%. Bei gleichen Beleimungsgraden wie den höherkonzentrierten UF-Leimen muss mit einer deutlich höheren Feuchtigkeit der beleimten Späne gerechnet werden, weil auf Grund der niedrigeren Trockensubstanz der PF-Harze mehr Wasser auf die Späne aufgebracht wird. Dies erfordert ggf. spezielle Maßnahmen, um eine ausreichende Ausdampfung der Platten zu gewährleisten und damit Dampfspalter zu vermeiden. So weisen phenolharzgebundene Platten üblicherweise eine gröbere Spanstruktur auf. Tabelle 3.7 (Teil III, Abschn. 3.2.2) fasst die bei

Tabelle 2.8. Wechselwirkungen zwischen Leimzusammensetzung, Leimstruktur und Verarbeitungs- und Gebrauchseigenschaften am Beispiel von Phenolharzen

Leimzusammensetzung und -herstellung	Molverhältnis Katalysatortyp Konzentration während der Herstellung Zusatzstoffe Reihenfolge der Zugabe der einzelnen Komponenten Temperaturprogramm bei der Herstellung ggf. Einsatz von Lösungsmitteln pH-Wert während der Herstellung
Strukturparameter der Harze	freies Phenol freier Formaldehyd Molmassen und Molmassenverteilung Anteil an verschiedenen Strukturelementen (Methylolgruppen, Methylengruppen) Verzweigungsgrad Viskosität Trocken- bzw. Festharzgehalt Gelierzeit
Variable, die auf die Gebrauchseigenschaften Einfluss haben	Aushärteverhalten Ausbildung der mechanischen Festigkeit thermische Eigenschaften Streckmittel und Füllstoffe

PF-Harzen üblicherweise gegebenen Feuchtigkeiten der beleimten Späne für verschiedene Beleimungsgrade und Trockensubstanzen der Phenolharze zusammen.

Ellis (1993b) untersuchte den Einfluss der Teilchengröße sprühgetrockneter PF-Harze und fand bessere mechanische Eigenschaften bei kleineren Teilchengrößen, offensichtlich wegen der besseren Verteilung auf der Holzoberfläche; auch das Quellungsverhalten und die Beständigkeit gegenüber Witterungseinflüssen verbesserten sich.

2.3.2 Alkaligehalt

Auf Grund des Alkaligehaltes weisen PF-gebundene Platten eine im Vergleich zu natürlichem Holz und UF-verleimten Spanplatten höhere Ausgleichsfeuchtigkeit auf, insbesondere bei hohen Luftfeuchtigkeiten. Diese Ausgleichsfeuchten liegen umso höher, je höher der Alkalianteil ist (Abb. 2.15).

Auch verschiedene andere hygroskopische Eigenschaften verschlechtern sich bei höherem Alkalianteil im Harz bzw. in der Platte bei Lagerung im Feuchtklima, wie z.B. die Längenänderung (May und Roffael 1986), die Dickenquellung (May 1985, 1987) oder die Wasseraufnahme (May 1987). Hse (1972) findet mit steigendem Alkaligehalt einen Anstieg der Oberflächen-

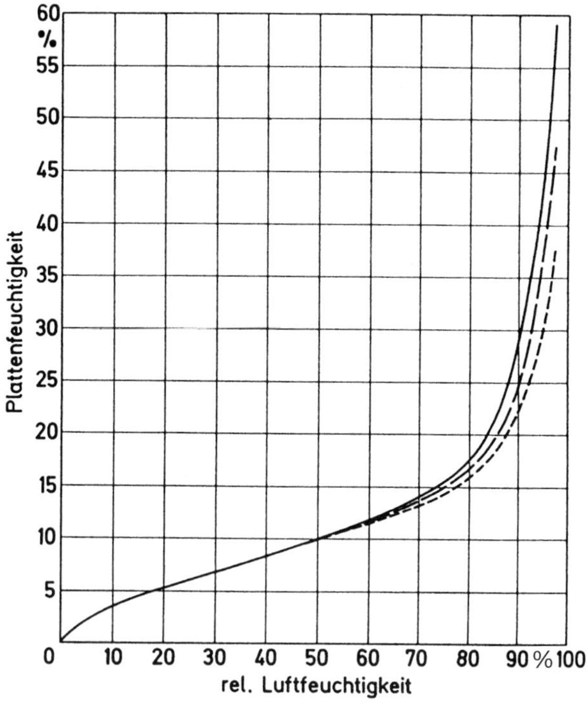

Abb. 2.15. Einfluss des Alkaligehaltes von PF-Harzen auf die Gleichgewichtsfeuchtigkeit und die Sorptionsisotherme von unter Einsatz von PF-Leimen hergestellten Spanplatten (Roffael und Schneider 1978). ——— Hoher Alkaligehalt; — — — hoher Alkaligehalt, aber niedrigerer Beleimungsgrad; - - - - - niedriger Alkaligehalt

spannung der Harze, was wiederum zu einer verringerten Bindefestigkeit bzw. einem niedrigeren Holzbruchanteil führt.

Beim Pressen von Holzspänen unter den Bedingungen der Spanplattenherstellung mit alkalischen PF-Harzen als Bindemittel nimmt der Acetylgruppengehalt der Späne deutlich ab. Diese Abspaltung von Acetylgruppen führt dazu, dass PF-gebundene Spanplatten weitaus mehr Essigsäure abgeben als UF-gebundene Platten. Dabei besteht ein quantitativer Zusammenhang zwischen dem Alkaligehalt und der Höhe der Essigsäureemission.

Je höher der Alkaligehalt in PF-Spanplatten, desto stärker neigen diese unter Langzeitbelastung zum Kriechen. Nach DIN 68763 bzw. EN 312-5 und 312-7 ist der Alkaligehalt von mit alkalisch härtenden PF-Harzen hergestellten Spanplatten in der Deckschicht auf 1,7% (bezogen auf atro Gewicht der Schicht, rechnerisch ermittelt) begrenzt; die gesamte Platte darf nicht mehr als 2,0% (bezogen auf atro Platte, analytisch ermittelt) aufweisen.

2.3.3 Molmassen und Molmassenverteilung

Die Molmassenverteilung eines Harzes übt einen entscheidenden Einfluss auf das Verhalten des Bindemittels auf der Holzoberfläche und die Ausbildung der Leimfuge aus. Die eher niedermolekularen Anteile des Harzes sind für die gute Benetzung der beiden Holzoberflächen verantwortlich, insbesondere der zweiten, üblicherweise nicht beleimten Oberfläche. Auch können sie relativ leicht in die Holzoberfläche eindringen. Die höheren Molmassen hingegen verbleiben bevorzugt an der Holzoberfläche und bilden damit die eigentliche Leimfuge aus. Viele in der Literatur berichtete Daten (s. unten) weisen darauf hin, dass eine entsprechende mengenmäßige Abstimmung zwischen den verschiedenen Molekülgrößen eine unabdingbare Voraussetzung für eine ordnungsgemäße Verleimung ist.

Wilson u.a. (1979) erhielten als Ergebnisse ihrer Untersuchungen signifikante Korrelationen zwischen der Molmassenverteilung (Anteil der niedrigen, mittleren bzw. hohen Molmassen an der Verteilung) und der Querzugfestigkeit von Eichen-Flakeboards. Ein Ansteigen des Anteils an niedrigen und mittleren Molmassen ergab ein Absinken der Querzugfestigkeit, ein höherer Anteil der hohen Molmassen wirkte sich positiv auf die Querzugfestigkeit aus. Kein Zusammenhang war jedoch mit der Biegefestigkeit gegeben.

Das Eindringverhalten eines Bindemittels ins Holz wird durch verschiedene Faktoren beeinflusst, vor allem durch die Holzart, die Art des Bindemittels, dessen Menge, Temperatur und Druck beim Pressvorgang, die Aushärtungszeit und in wesentlichem Umfang durch die Viskosität des Harzes. Bindemittel mit niedriger Viskosität (d.h. mit niedrigen Molmassen) dringen in erheblichem Maße in das Holz ein und können zu so genannten verhungerten Leimfugen führen. Auf der anderen Seite verankern sich Klebstoffe mit hoher Viskosität (d.h. mit hohen Molmassen) möglicherweise nicht ausreichend in den Poren des Holzes; deshalb ist in solchen Fällen die Wirkung der mechanischen Verankerung in ihrem Beitrag zur Bindefestigkeit nur ungenügend gegeben. Nieh und Sellers (1991) finden ein Absinken der Querzugfestigkeit von Flakeboards bei steigendem Molmassengewichtsmittel (berechnet aus GPC-Daten). Parallel dazu ist jedoch kein Einfluss der Viskosität dieser Harze auf die Querzugfestigkeit gegeben.

Perlac (1964) untersuchte den Einfluss verschiedener Viskositäten von Phenolharzen auf die Bindefestigkeit von dreischichtigen Sperrholzplatten. Die Harze waren nach der gleichen Grundrezeptur unter Variation der Kondensationszeit hergestellt worden. Die Scherfestigkeiten wurden in trockenem Zustand bzw. nach unterschiedlicher Kochzeit der Proben geprüft. Die in Abb. 2.16 dargestellten Ergebnisse zeigen, dass die Eindringtiefen der aufgebrachten Harze unterhalb einer Viskosität von ca. 2000 mPa · s deutlich zunehmen, wobei dies vor allem bei Hartholz (Rotbuche) der Fall ist. Der Unterschied im Eindringverhalten zwischen Hart- und Weichholz ist im Wesentlichen durch den unterschiedlichen anatomischen Aufbau der Holzarten bedingt, wobei dem Vorhandensein von großlumigen Gefäßen beim Rotbuchenholz eine entscheidende Bedeutung zukommt. Die gemessenen Festigkeiten erreichen ihr Maximum in einem breiten Viskositätsbereich von 200 bis etwas über 1000 mPa · s. Auch Peterson (1985) berichtete, dass die Verankerung bei eher niedermolekularen PF-Harzen eine deutlich bessere Beständigkeit im Zyklustest ergibt als bei eher höhermolekularen Harzen.

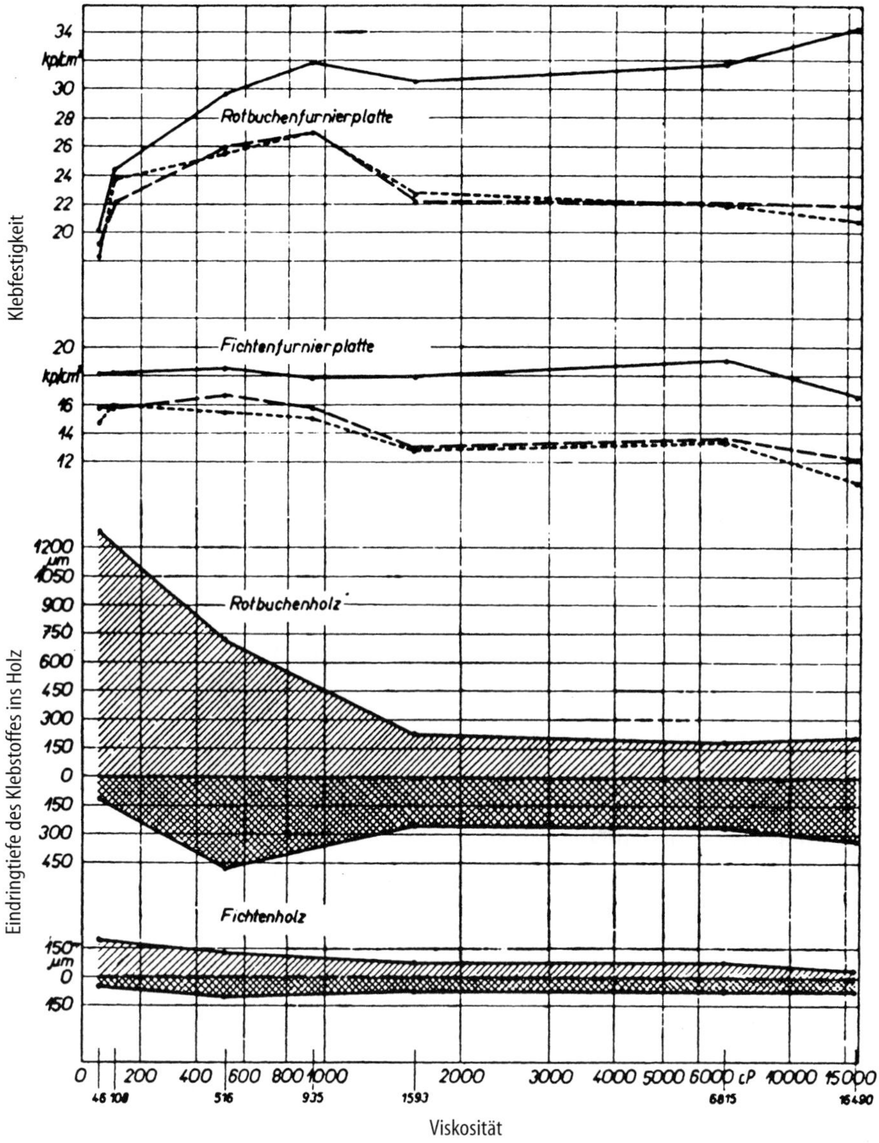

Abb. 2.16. Abhängigkeit der Eindringtiefe und der Bindefestigkeit von der Viskosität des Bindemittels (Perlac 1964). ——— Bindefestigkeit in trockenem Zustand; — — — Bindefestigkeit nach einstündigem Kochen; - - - - - Bindefestigkeit nach 6 Stunden Kochen. Eindringtiefe auf der Seite mit Leimauftrag: schräg schraffierte Fläche; Eindringtiefe auf der Seite ohne Leimauftrag: kreuzschraffierte Fläche

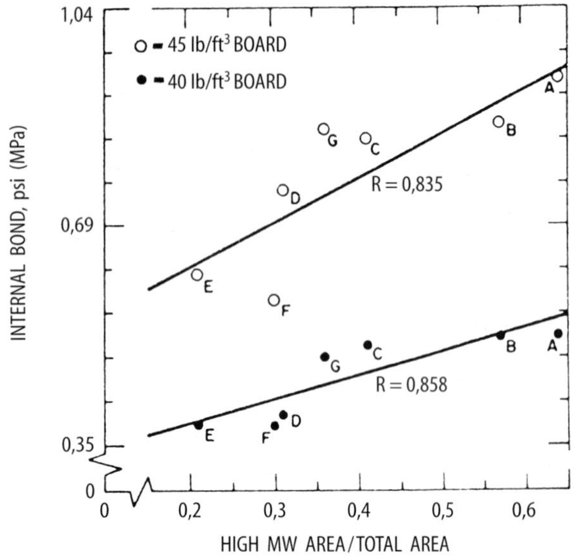

Abb. 2.17. Anstieg der Querzugfestigkeit mit dem Anteil höherer Molmassen in einem Phenolharz bzw. in Ammoniumligninsulfonat-Phenolharzen (Wilson und Krahmer 1978). A bis F: Ammoniumligninsulfonat-Phenolharze; G: PF-Harz

Wilson und Krahmer (1978) untersuchten ein PF-Harz sowie mehrere Ammonium-Ligninsulfonat-PF-Harze mit offensichtlich unterschiedlichen Kondensationsgraden mittels GPC und teilten die erhaltenen Molmassenverteilungen willkürlich in einen niedermolekularen, einen mittelmolekularen und einen hochmolekularen Anteil. Die Querzugfestigkeiten, die an den mit diesen Harzen hergestellten Spanplatten gemessen wurden, korrelieren mit den Anteilen der verschiedenen Bereiche der Molmassenverteilung. Dabei zeigt sich signifikant, dass ein steigender Anteil der Bereiche mit dem niedrigeren und dem mittleren Molekulargewicht die Querzugfestigkeit verringern, während sich durch einen größeren Anteil an höheren Molmassen ein Anstieg der Querzugfestigkeit ergibt (Abb. 2.17). Bei einem aus den GPC-Kurven erhaltenen Anteil von max. 65 % an diesen hochmolekularen Anteilen bleiben offensichtlich genügend nieder- und mittelmolekulare Anteile im Harz, um eine gute Benetzung der nicht beleimten Oberflächen sowie ein ausreichendes Eindringen ins Holz zu garantieren. Der größere Anteil an höheren Molmassen bewirkt, dass das Harz verstärkt in der Leimfuge verbleibt. Die mit diesen Harzen gemessenen statischen Kontaktwinkel (ausgewertet nach unterschiedlichen Zeiten nach der Applikation des Tropfens auf die Holzoberfläche) zeigen jedoch keine Korrelation mit den gemessenen Querzugfestigkeiten.

Stephens und Kutscha (1987) verglichen Laborspanplatten, die mit der hoch- bzw. der niedermolekularen Fraktion eines PF-Harzes als Bindemittel hergestellt wurden. Die Trennung des PF-Leimes in diese beiden Fraktionen erfolgte mittels Ultrafiltration. Wird der hochmolekulare Anteil mit dem gleichen Beleimungsgrad eingesetzt wie das Ausgangsharz, werden Platten mit praktisch gleichen Eigenschaften erhalten. Wird hingegen der hochmolekulare Anteil nur in dem im Ausgangsharz enthaltenen Maße eingesetzt, sinken die Plattenwerte zwar nur geringfügig, aber erwartungsgemäß ab. Es ist zu vermuten, dass die niedermolekulare Fraktion mit ihrem geringen Anteil an substituierten Phenolkernen und dem dadurch deutlich höheren Potential an noch freien reaktiven Stellen eine Vernetzung der größeren Moleküle des hochmolekularen Anteiles bewirkt. Die unter alleiniger Verwendung der niedermolekularen Fraktion gebundenen Platten wiesen im Allgemeinen jedoch sehr schlechte Eigenschaften auf.

Ellis und Steiner (1990, 1992) untersuchten verschieden hoch kondensierte PF-Pulverharze hinsichtlich ihres Fließverhalten (s. Teil II, Abschn. 3.4.3.2) und der mit diesen Harzen erzielbaren Bindefestigkeiten. Dabei nehmen sie das aus den GPC-Untersuchungen ermittelte Zahlenmittel der Molmasse als Maß für den Kondensationsgrad. Nach ihren Ausführungen eignet sich das Zahlenmittel als bester Parameter, weil es verstärkt die Anwesenheit niedermolekularer Spezies im Harz berücksichtigt (Abb. 2.18). Eindeutig ist zu erkennen, dass das Harz mit dem höchsten Kondensationsgrad die schlechtesten Verleimungsergebnisse ergibt. Ursache dafür ist mit hoher Wahrscheinlichkeit die schlechte Fließfähigkeit und damit auch eine ungenügende Benetzung der nicht beleimten Gegenseite. Die anderen Harze hingegen weisen genügend kleinere Moleküle auf, um einen ausreichenden Fluss zu garantieren. Ist der Anteil an kleineren Molekülen allerdings zu groß, droht ein übermäßiges Wegschlagen des Harzes ins Holz; die verbleibende verhungerte Leimfuge weist dann ebenfalls nur noch ungenügende Festigkeiten auf. Das auf diese Weise von Ellis und Steiner (1992) bestimmte optimale Molmassenzahlenmittel leidet aber sowohl an der Problematik seiner Bestimmung (Berechnung aus GPC-Chromatogrammen acetylierter Proben) als auch an der Tatsache, dass der ermittelte Wert nur für einen bestimmten Fall gültig ist. Ändern sich ein oder mehrere Parameter, verschiebt sich mit Sicherheit auch der Wert der optimalen Molmasse.

Ähnliche Ergebnisse werden von Ellis (1993a) berichtet. Durch Abmischung zweier unterschiedlich hoch kondensierter Phenolharze stellte er PF-Harze mit unterschiedlichen Molmassenverteilungen her. Die Ausprüfung der mittels dieser Harze hergestellten Waferboards zeigte, dass die mechanischen Eigenschaften bei Erhöhung des höhermolekularen Anteiles steigen, dass das hochkondensierte Harz alleine jedoch wieder deutlich niedrigere Festigkeiten ergibt. Daraus ist zu schließen, dass die hohen Molmassen für eine rasche Ausbildung einer Bindung und für fugenfüllende Eigenschaften zuständig sind, während die niedrigen Molmassen eine gute Benetzung der unbeleimten Gegenseite und ein ausreichendes Eindringen des Harzes ins Holz bewirken.

Park u.a. (1998) mischten ebenfalls zwei Phenolharze mit hohem bzw. niedrigem Kondensationsgrad in unterschiedlichen Mengenverhältnissen (100 + 0% bis 0 + 100%) und erhielten dadurch eine Reihe von Harzen mit unterschiedlichen Molmassenverteilungen. Die besten mechanischen Eigenschaften an den mit diesen Harzen hergestellten MDF-Platten erhielten sie mit Mischungen, bei denen beide Grundharze enthalten sind. Dies spiegelt das er-

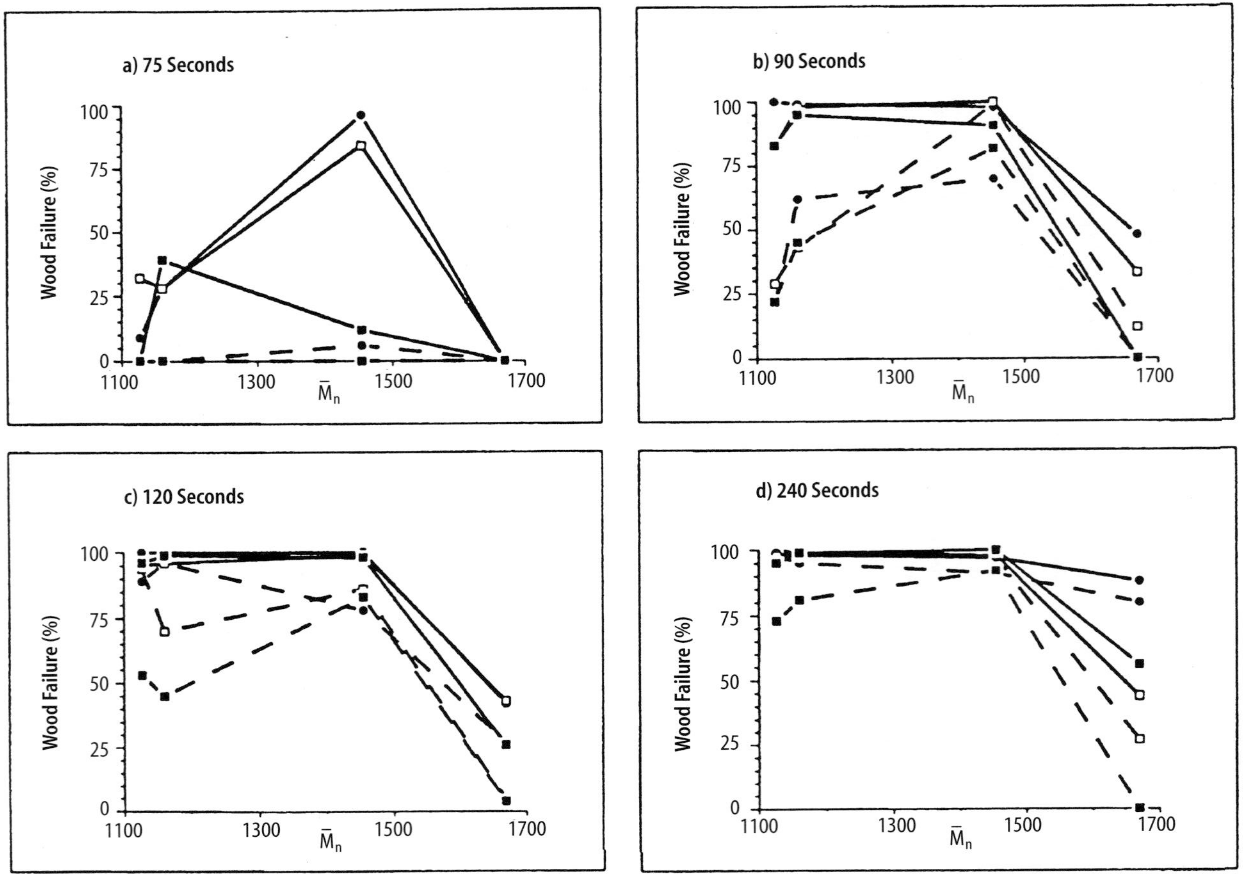

Abb. 2.18. Zusammenhang zwischen dem aus der GPC ermittelten Zahlenmittel von PF-Pulverharzen und den erzielbaren Verleimungsfestigkeiten (Ellis und Steiner 1990)

forderliche Gleichgewicht zwischen Penetration und Verbleiben des Harzes in der Leimfuge wieder. Das optimale Mischungsverhältnis ist allerdings neben der Molmassenverteilung auch von anderen Parametern, wie z.B. dem Rohdichteprofil, abhängig.

Das Ausmaß des Eindringens ins Holz ist auch von der Temperatur der Holzoberflächen und der Leimfuge sowie der dadurch gegebenen Viskosität des Leimes abhängig (Young u.a. 1983), die ihrerseits auf Grund der gleichzeitig ablaufenden Aushärtungsreaktion zeitabhängig ist. Der Viskositätsabfall bei zunehmender Temperatur der Leimfuge wird schrittweise durch die Molekülvergrößerung während der Aushärtungsreaktion wieder ausgeglichen, bis schließlich ein kondensationsbedingter steiler Anstieg der Leimviskosität bis hin zum Gelpunkt erfolgt. Je höher ein Harz kondensiert ist, desto rascher bildet es eine Haut an der Oberfläche und umso kürzer ist die zulässige offene Wartezeit. Bei üblichen Verleimungen führt ein fortschreitendes Abtrocknen bzw. ein Überschreiten der zulässigen offenen Wartezeit zur Gefahr von schlechten Verleimungen. Hauptursache dafür ist eine ungenügende Benetzung der nicht beleimten Holzoberfläche.

Gollob (1982) bzw. Gollob u.a. (1985) beschreiben eine Abnahme des erzielbaren Holzbruchanteils mit steigendem Molmassenmittel verschiedener Phenolharze (Abb. 2.19). Die beiden Harze (1) bzw. (5), die nicht in den dargestellten Zusammenhang passen, zeichnen sich durch einen hohen Anteil an Monomeren (wirken als Plastifizierungsmittel und ergeben damit auch bei diesem hohen Kondensationsgrad eine gute Fließfähigkeit) bzw. einen niedrigen Verzweigungsgrad aus. Dies unterstreicht die weiter oben berichtete Not-

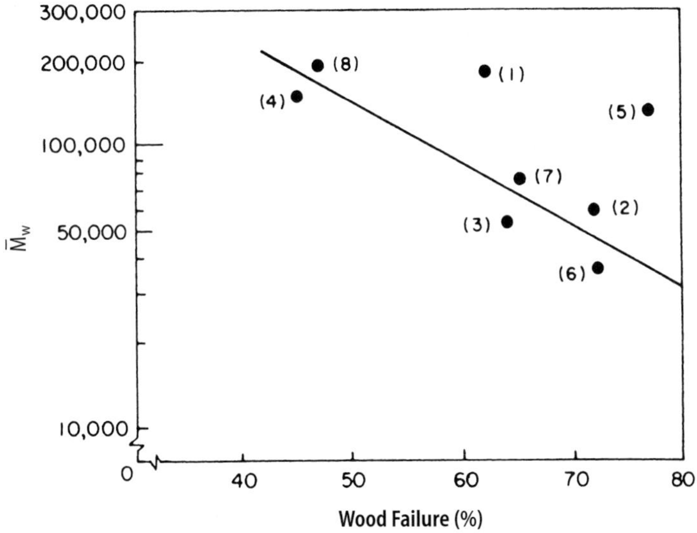

Abb. 2.19. Zusammenhang zwischen dem Molmassenmittel verschiedener Phenolharze und dem erzielbaren Holzbruchanteil (Gollob 1982, Gollob u.a. 1985)

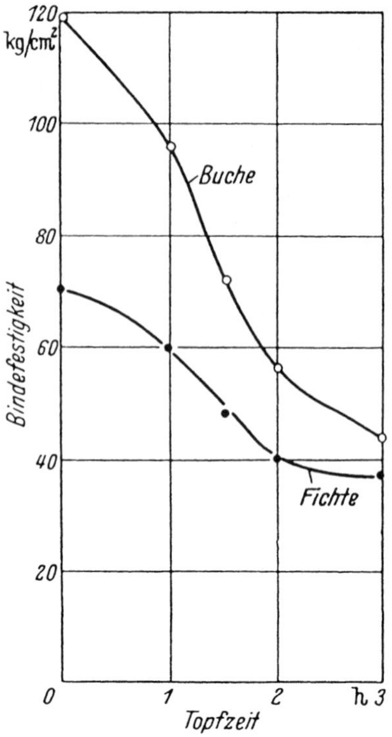

Abb. 2.20. Abhängigkeit der erzielbaren Bindefestigkeiten von der Standzeit einer einen säurehältigen Härter enthaltenden PF-Leimflotte (Sodhi 1956)

wendigkeit einer ausreichenden Abstimmung zwischen den Anteilen an höheren bzw. niedrigeren Molmassen in einem Bindemittel. Die niedrigen Molmassen sind für die Benetzung und das Eindringen in die Holzoberfläche verantwortlich, die höheren Molmassen hingegen bilden die eigentliche Leimfuge aus.

PF-Harze mit niedrigeren Molmassen bzw. eher linearer Struktur zeigen weniger Empfindlichkeit gegenüber zu langen offenen bzw. geschlossenen Wartezeiten und der damit verbundenen Abtrocknung der Oberfläche; Ursache ist die bessere Fließfähigkeit dieser Harze unter Einwirkung von Wärme und Feuchtigkeit im Vergleich zu hochmolekularen, stark verzweigten Harzen.

Die Fließfähigkeit insbesondere von pulverförmigen PF-Harzen ist ein wesentlicher Parameter bei der Herstellung von OSB-Platten und Flakeboards aus Spänen mit höherer Feuchtigkeit (Andersen und Troughton 1996).

Wie bei UF-Leimflotten ist auch bei PF-Harzen, die unter Zugabe eines sauren Härters verarbeitet werden, eine bestimmte Topfzeit des Ansatzes gegeben und zu beachten. Während der verarbeitungsfähigen Zeit der Leimflotte steigt jedoch infolge der ablaufenden Weiterkondensation bzw. Aushärtungsreaktion die Molmasse des Harzes und damit die Viskosität der Leimflotte an, was wiederum zu schlechteren Bindefestigkeiten führen kann, wie Abb. 2.20 zeigt (Sodhi 1956).

2.3.4 Molverhältnis

Je höher das Molverhältnis F/P, desto höher ist der Verzweigungsgrad und desto stärker ist demnach die dreidimensionale Vernetzung der einzelnen Ketten. Bei einem niedrigen Molverhältnis liegen bevorzugt lineare Moleküle vor. Chow u. a. (1975) fanden bei der Variation des Molverhältnisses F/P einen Anstieg der Verleimungsfestigkeit von Sperrholz, wobei bei einem F/P > 1,4, also bereits noch unterhalb des technisch üblichen Bereiches des Molverhältnis (F/P = 1,8 – 2,4), die Bindefestigkeit und der Holzbruchanteil konstant bleiben (Abb. 2.21).

Die während der Herstellung phenolharzgebundener Platten auftretende Formaldehydabgabe steigt mit höherem Formaldehydanteil im Harz. Carlson u. a. (1995) versetzten PF-Leime mit zusätzlichem Formaldehyd bzw. mit Harnstoff und fanden einen eindeutigen Zusammenhang zwischen dem Gehalt an freiem Formaldehyd des Harzes und der Formaldehydemission während der Verpressung (Abb. 2.22).

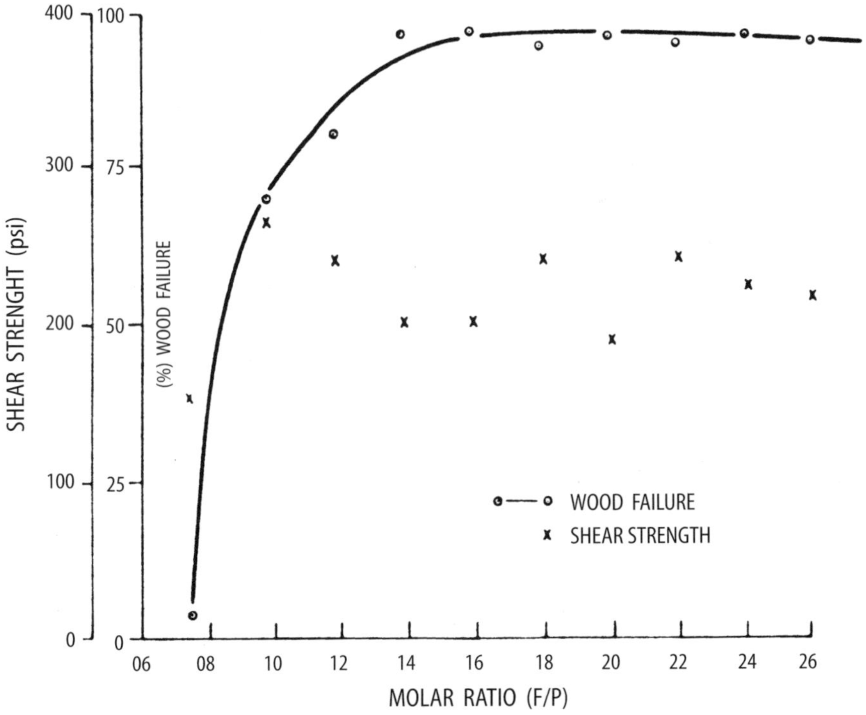

Abb. 2.21. Abhängigkeit der Verleimfestigkeit und des Holzbruchanteils bei Sperrholz in Abhängigkeit des Molverhältnisses F/P (Chow u. a. 1975). (Abszissenskala: 0,6 – 2,6!)

Abb. 2.22. Zusammenhang zwischen dem Gehalt an freiem Formaldehyd des Harzes und der Formaldehydemission während der Verpressung (Carlson 1995)

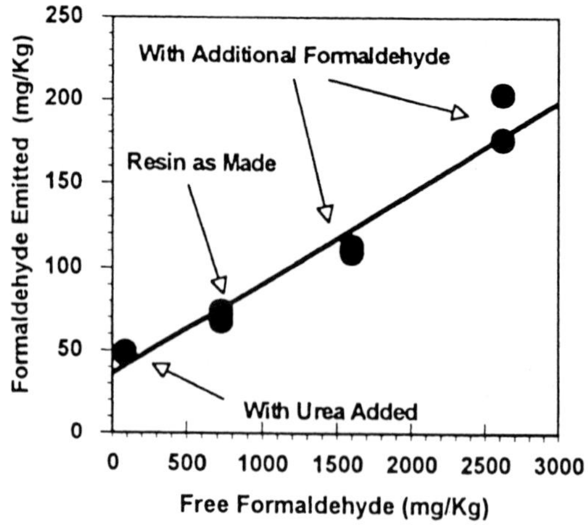

2.3.5 Korrelationen zwischen der Zusammensetzung von phenoplastischen Harzen und den Eigenschaften der ausgehärteten Harze bzw. der damit hergestellten Holzwerkstoffe

Ziel der Charakterisierung eines Bindemittels ist nicht nur, die Zusammensetzung des Bindemittels zu erfahren, sondern auf Basis dieser Ergebnisse auch Voraussagen über die Anwendbarkeit dieser Bindemittel und die Eigenschaften der damit hergestellten Holzwerkstoffe zu gewinnen (s. auch Teil III, Abschn. 2.2.5). Ein solcher Zusammenhang wird von Panamgama und Pizzi (1995) bzw. Pizzi (1999) zwischen den Ergebnissen von ^{13}C-NMR-Messungen und der ermittelten Querzugfestigkeit (Variante „trocken": 2 h Kochen + Trocknen 16 h bei 105 °C; Variante „nass": 2 h Kochen) bzw. der nachträglichen Formaldehydabgabe (Desiccatortest oder WKI-Flaschenmethode) beschrieben. Dabei werden die für die jeweiligen Platteneigenschaften wesentlichen chemischen Strukturen ausgewählt und verschiedene Verhältnisse einzelner Mengenanteile (Peakflächen) dieser Strukturen gebildet. Diese Verhältnisse werden dann mit den gemessenen Platteneigenschaften über Korrelationsgleichungen verknüpft. Als für diese Korrelationen geeignete Strukturelemente bzw. Mengenverhältnisse dienten u. a.:

- Verhältnis Methylole zu Methylenbrücken
- Verhältnis an freien ortho- und para-Stellen bezogen auf alle möglichen Reaktionsstellen
- Methylolgruppen bezogen auf alle möglichen Reaktionsstellen
- Methylenbrücken bezogen auf alle möglichen Reaktionsstellen
- freier Formaldehyd bezogen auf alle möglichen Reaktionsstellen
- Ätherbrücken bezogen auf alle möglichen Reaktionsstellen.

Wie bei ähnlichen Korrelationen für UF-, MF- bzw. MUF-Harzen bleibt auch hier vorerst die Frage offen, inwieweit solche Korrelationen allgemein gültig sind oder für verschiedene Harze und auch für verschiedene Platten eine unterschiedliche Gestalt annehmen können. Doch auch in einem solchen Falle bleiben vermutlich die einzelnen unabhängigen Größen (Strukturelemente bzw. Mengenverhältnisse) erhalten, wenngleich sich ihre Bedeutung und ihr Gewicht in den Gleichungen verschieben kann.

Literatur

Andersen AW, Troughton GE (1996) For. Prod. J. 46: 10, 72–76
Boehme C, Roffael E (1990) Adhäsion 34: 10, 38–45
Brinkmann E (1978) Holz Roh. Werkst. 36, 296–298
Buchholzer P (1998a) Holz Zentr. Bl. 124, 90–94
Buchholzer P (1998b) Holz Zentr. Bl. 124, 292–293
Buchholzer P (1998c) Holz Zentr. Bl. 124, 416–418
Carlson FE, Phillips EK, Tenhaeff StC, Detlefsen WD (1995) For. Prod. J. 45: 3, 71–77
Chow S, Steiner PR, Troughton GE (1975) Wood Sci. 8, 343–349
Deutsche Chemikalien-Verbotsverordnung (ChemVerbotsV) 1993
Deutsche Gefahrstoffverordnung (GefStoffV): Verordnung zum Schutz vor gefährlichen Stoffen (1984)
Deutsches Bundesgesundheitsamt, Pressemitteilung 12. Oktober 1977
Dunky M (1984) unveröffentlicht
Dunky M (1985a) Holzforsch. Holzverwert. 37, 75–82
Dunky M (1985b) unveröffentlicht
Dunky M (2000) unveröffentlicht
Dunky M, Hoekstra M (1998) Proceedings Fachtagung Umweltschutz in der Holzwerkstoffindustrie, Göttingen, 143–151
Dunky M, Lederer K, Zimmer E (1981) Holzforsch. Holzverwert. 33, 61–71
Dunky M, Schörgmaier H (1995) Holzforsch. Holzverwert. 47, 26–30
Ellis S (1993a) For. Prod. J. 43: 2, 66–68
Ellis S (1993b) Wood Fiber Sci. 25, 214–219
Ellis S, Steiner PR (1990) Proceedings Wood Adhesives 1990, Madison, WI, 76–85
Ellis S, Steiner PR (1992) For. Prod. J. 42: 1, 8–14
Ernst K (1982) Holz Roh. Werkst. 40, 249–253
ETB-Richtlinie 1980: Richtlinie über die Verwendung von Spanplatten hinsichtlich der Vermeidung unzumutbarer Formaldehydkonzentrationen in der Raumluft, 1980
Ferg EE (1992) Thesis, University of the Witwatersrand, Johannesburg, South Africa
Ferg EE, Pizzi A, Levendis DC (1993a) J. Appl. Polym. Sci. 50, 907–915
Ferg EE, Pizzi A, Levendis DC (1993b) Holzforsch. Holzverwert. 45, 88–92
Go AT (1991) Proceedings 25th Wash. State University Int. Particleboard/Composite Materials Symposium, Pullman, WA, 285–299
Gollob L (1982) Thesis, Oregon State University, Corvallis OR
Gollob L (1989) The Correlation between Preparation and Properties in Phenolic Resins. In: Pizzi A (Hrsg.) Wood Adhesives, Chemistry and Technology, Vol. 2, Marcel Dekker Inc., New York, Basel, 121–153
Gollob L, Krahmer RL, Wellons JD, Christiansen AW (1985) For. Prod. J. 35: 3, 42–48
Graves G (1993) Proceedings 27th Wash. State University Int. Particleboard/Composite Materials Symposium, Pullman, WA, 221–232
Grigoriou A (1987) Holz Roh. Werkst. 45, 63–67
Harmon DM (1993) Proceedings 27th Wash. State University Int. Particleboard/Composite Materials Symposium, Pullman, WA, 259–264

Hse Ch-Y (1972) Holzforschung 26, 82 – 85
Hse Ch-Y (1974a) Mokuzai Gakkaishi 20, 483 – 490
Hse Ch-Y (1974b) Mokuzai Gakkaishi 20, 491 – 493
Hse Ch-Y (1974c) Mokuzai Gakkaishi 20, 538 – 540
Hsu WE (1993) Proceedings 27th Wash. State University Int. Particleboard/Composite Materials Symposium, Pullman, WA, 155 – 166
Iwatsuka S, Tanaka H (1956) Wood Industry 11: 11, 20 – 22
Kierkegaard M (1993) Proceedings 27th Wash. State University Int. Particleboard/Composite Materials Symposium, Pullman, WA, 255 – 257
Kollmann F, Schnülle F, Schulte K (1955) Holz Roh. Werkst. 13, 440 – 449
Lehmann G (1997) Tagung Klebstoffe für Holzwerkstoffe und Faserformteile, Braunschweig
Levendis D, Pizzi A, Ferg E (1992) Holzforschung 46, 263 – 269
Maderthaner WA, Verbestel JB (1980) Holz Zentr. Bl. 107, 1917 – 1918
Marutzky R (1988) Holz- und Kunststoffverarb. 23, 272–275
Marutzky R, Flentge A (1985) Holz- und Kunststoffverarb. 20, 38 – 45
Marutzky R, Flentge A, Boehme C (1992) Holz Roh. Werkst. 50, 239 – 240
Marutzky R, Mehlhorn L, Menzel W (1981) Holz Roh. Werkst. 39, 7 – 10
Marutzky R, Mehlhorn L, Menzel W (1982) Holz- und Kunststoffverarb. 17, 224 – 229
Marutzky R, Ranta L (1980) Holz Roh. Werkst. 38, 217 – 223
Marutzky R, Roffael E, Ranta L (1979) Holz Roh. Werkst. 37, 303 – 307
May H-A (1985) Adhäsion 29, 12 – 15
May H-A (1987) Adhäsion 31, 35 – 38
May H-A, Roffael E (1986) Adhäsion 30: 1/2, 19 – 23
Mayer J (1978) Proceedings Int. Particleboard Symposium FESYP '78. Spanplatten heute und morgen. DRW-Verlag Stuttgart, 102 – 111
Mercer TA, Pizzi A (1996a) J. Appl. Polym. Sci. 61, 1687 – 1695
Mercer TA, Pizzi A (1996b) J. Appl. Polym. Sci. 61, 1697 – 1702
Meyer B, Flentge A, Marutzky R (1990) Holz- und Kunststoffverarb. 25, 1472 – 1476
Myers GE (1984) For. Prod. J. 34: 5, 35 – 41
Myers GE (1985) For. Prod. J. 35: 6, 57 – 62
Myers GE (1986) For. Prod. J. 36: 6, 41 – 51
Nakarai Y, Watanabe T (1961) Wood Industry 16, 577 – 581
Nakarai Y, Watanabe T (1962) Wood Industry 17, 464 – 468
Nieh WL-S, Sellers T Jr (1991) For. Prod. J. 41: 6, 49 – 53
Österreichische Formaldehydverordnung (12. Februar 1990), veröffentlicht im Bundesgesetzblatt für die Republik Österreich, 10. April 1990, 194. Verordnung, Bundesministerium für Umwelt, Jugend und Familie
Panangama LA, Pizzi A (1995) J. Appl. Polym. Sci. 55, 1007 – 1015
Panangama LA, Pizzi A (1996) J. Appl. Polym. Sci. 59, 2055 – 2068
Park BD, Riedl B, Hsu EW, Shields J (1998) Holz Roh. Werkst. 56, 155 – 161
Perlac J (1964) Holztechnol. 5: Sonderheft 45 – 48
Petersen H, Reuther W, Eisele W, Wittmann O (1972) Holz Roh. Werkst. 30, 429 – 436
Petersen H, Reuther W, Eisele W, Wittmann O (1973) Holz Roh. Werkst. 31, 463 – 469
Peterson MD (1985) Proceedings Wood Adhesives 1985, Madison, WI, 82 – 97
Pizzi A (1983) Wood Adhesives, Chemistry and Technology. Marcel Dekker Inc., New York
Pizzi A (1999) J. Appl. Polym. Sci. 71, 1703 – 1709
Ploeg PJ v d (1997) Proceedings Klebstoffe für Holzwerkstoffe und Faserformteile: Neue Entwicklungen, Applikationen und Analysetechniken, Braunschweig, (WKI-Bericht 32)
Quillet S (1999) Proceedings 2nd European Wood-Based Panel Symposium, Hannover
Rice JT (1965) For. Prod. J. 15, 107 – 112
Roffael E, Greubel D, Mehlhorn L (1980) Adhäsion 24: 4, 92 – 94
Roffael E, Miertzsch H (1990) Adhäsion 34: 4, 13–19

Roffael E, Miertzsch H, Menzel W (1982) Adhäsion 26: 3, 18–23
Roffael E, Schneider A (1978) Holz Roh. Werkst. 36, 393–396
Scheikl M, Dunky M (1996) Holzforsch. Holzverwert. 48, 55–57
Sodhi JS (1956) Holz Roh. Werkst. 14, 303–307
Sodhi JS (1957) Holz Roh. Werkst. 15, 92–96
Stephens RS, Kutscha NP (1987) Wood Fiber Sci. 19, 353–361
Sundin B (1978) Proceedings Int. Particleboard Symposium FESYP '78. Spanplatten heute und morgen. DRW-Verlag Stuttgart, 112–120
Sundin B, Mansson B, Endrody E (1987) Proceedings 21st International Symposium on Particleboard/Composite Materials, Pullman, WA, 139–186
Szesztay M, Laszlo-Hedvig Z, Takacs C, Gacs-Baitz E, Nagy P, Tüdös F (1994) Angew. Makromol. Chem. 215, 79–91
Westling A (1983) Holz Zentr. Bl. 109, 1802–1806
Wilson JB, Jay GL, Krahmer RL (1979) Adhes. Age 22: 6, 26–30
Wilson JB, Krahmer RL (1978) Proceedings 12th Wash. State University Int. Symposium on Particleboards, Pullman, WA, 305–315
Wittmann O (1962) Holz Roh. Werkst. 20, 221–224
Wolf F (1997) Proceedings First European Panel Products Symposium, Llandudno, North Wales, 243–249
Young RH, Barnes EE, Caster RW, Kutscha NP (1983) ACS, Div. Polym. Chem., Polymer Prepr. 24: 2, 199–200

Patente:

DE 2804514 (1978) Ry AB
DE 2851589 (1978) Fraunhofer-Gesellschaft, München
DE 2903254 (1979) N.V. Verkor
DE 2927055 (1979) Ry AB

EP 6486 (1979) Fraunhofer-Gesellschaft, München
EP 12169 (1979) Fraunhofer-Gesellschaft, München
EP 23002 (1980) BASF AG
EP 27583 (1980) Swedspan AB

3 Einflussgröße Herstellungsbedingungen

Die Herstellungsbedingungen stellen bei der Produktion von Holzwerkstoffen den dritten großen Komplex an Einflussgrößen dar. So verschieden die einzelnen Holzwerkstoffe sind, gelten doch viele grundsätzliche Parameter für alle Arten gemeinsam. Auf der anderen Seite üben die spezifischen Eigenschaften der einzelnen Holzwerkstofftypen auch einen entsprechenden Einfluss auf die erforderlichen Herstellungsbedingungen aus.

3.1 Bindemittelmenge und Leimauftrag

3.1.1 Beleimungsgrad und Verteilung des Bindemittels auf den zu verleimenden Oberflächen bei der Spanplattenherstellung

Die bei der Spanplattenherstellung wirksame Bindemittelmenge ist in mehrfacher Hinsicht zu analysieren und zu bewerten (s. auch Teil II, Abschn. 4.2):

- quantitativer Bindemittelanteil auf einzelnen Spänen
- quantitativer Bindemittelanteil in Spansortimenten oder -fraktionen
- quantitativer Bindemittelanteil in der gesamten Spanmischung
- Verteilung des Bindemittels auf der Oberfläche der Späne, Anteil der mit Bindemittel benetzten Oberfläche.

Der Beleimungsgrad als Maß für den Aufwand an Bindemittel ist eine der zentralen Größen bei der Herstellung von Spanplatten. In technologischer Hinsicht ist bei den jeweils gegebenen Produktionsbedingungen ein bestimmter Mindestaufwand an Bindemittel erforderlich, um durch eine ausreichende Verleimung der einzelnen Strukturelemente (Späne, Fasern) die gewünschten Eigenschaften der Platte zu erzielen. Dieser Mindestbeleimungsgrad kann jedoch von Anlage zu Anlage in weiten Grenzen schwanken, wobei eine Vielzahl von Faktoren dafür ausschlaggebend sein kann. Aus wirtschaftlichen Gründen ist ein möglichst sparsamer Verbrauch an Bindemittel erwünscht, weil dieses einen markanten Beitrag zu den Rohstoffkosten darstellt.

Der bei der Spanplattenherstellung herkömmlich als Beleimungsgrad ausgedrückte Bindemittelverbrauch in Relation zur Spanmenge (% Festharz/atro

Span) stellt nur einen Mittelwert über die gesamte Spanmischung (Deckschicht bzw. Mittelschicht) dar; Unterschiede hinsichtlich Spangrößenverteilung und Spangestalt zwischen einzelnen Spanmischungen werden dabei nicht berücksichtigt. Überdies gibt dieser (mittlere) Beleimungsgrad keinen direkten Hinweis auf die für die Verleimung wichtige flächenspezifische Auftragsmenge, d.h. die pro Oberflächeneinheit der Späne eingesetzte Menge an Festharz. Die verleimungswirksame Oberfläche beträgt bei groben Spänen weniger als 1 m^2, bei sehr feinen Spänen bis über 10 m^2, jeweils auf 100 g Späne bezogen. Ähnliche Angaben waren auch bereits von Klauditz und Buro (1962) gemacht worden. Infolge der großen verleimungswirksamen Oberfläche der feinen Späne steigt der (massenbezogene) Beleimungsgrad dieser Fraktion stark an. Auch wenn nur eher ein geringer Massenanteil an solchen sehr feinen Spänen in der Spanmischung vorhanden ist, kann der hohe Festharzverbrauch dieser Anteile dennoch negative und nicht vernachlässigbare Auswirkungen auf den Beleimungsgrad der übrigen Späne haben; diese Gefahr ist umso größer, je mehr Feinanteile in der Spanmischung enthalten sind.

Späne als Rohmaterial für Spanplatten weisen eine breite Vielfalt hinsichtlich Holzart, Herstellungsart, Alter und speziell Größe und Gestalt auf. Sie können in vereinfachender Form als flache quaderförmige Teile beschrieben werden (s. auch Teil III, Abschn. 1.2.3):

- Länge l (mm)
- Breite b (mm)
- Dicke d (mm)
- Schlankheitsgrad $s = l/d$.

Das Volumen eines Spanes ergibt sich demnach mit $V = l \cdot b \cdot d \cdot$ (mm^3).

Unter Berücksichtigung von $l \gg d$ und unter Vernachlässigung der Seiten- und Stirnkanten beträgt die verleimungswirksame Oberfläche $F = 2 \cdot l \cdot b$ (mm^2).

Der so genannte „area form factor“ (Duncan 1974) kann als Maß für die verleimungswirksame Oberfläche bezogen auf das Volumen des Spanes betrachtet werden und ist verkehrt proportional zur Dicke des Spanes: $F/V = 2/d = 2 \cdot s/l$.

Der Einfluss der Größe und Gestalt der Späne auf mechanische und hygroskopische Eigenschaften von Spanplatten wird in verschiedenen Arbeiten (Lehmann 1974, May und Keserü 1982, Neusser und Krames 1969, Post 1958, 1961, Rackwitz 1963) beschrieben. Die zentrale Aussage dieser Arbeiten ist ein Anstieg der Biegefestigkeit und der Druck- und Zugfestigkeit in Plattenebene, aber ein Absinken der Querzugfestigkeit bei längeren Spänen. Angaben über einen optimalen Schlankheitsgrad müssen immer in Kombination mit der Spandicke als solche gesehen werden (s. Teil III, Abschn. 1.2.3).

Bei einer homogenen Spanmischung i mit einheitlicher Spangröße (l_i, b_i, d_i) und der oben genannten flachen, quaderförmigen Gestalt ergeben sich folgende Beziehungen zwischen Masse, Dichte und Oberfläche von Spänen hinsichtlich der Beleimung und des Leimauftrages (Dunky 1988):

$$F_i = \frac{2 \cdot 10^{-3} \cdot m_{Hi}}{\rho_o \cdot d_i}$$

F_i gesamte Spanoberfläche dieser Fraktion (m^2)
m_{Hi} Spanmenge (g atro Holz) in der Fraktion
ρ_o Darrdichte des Holzes oder der Holzmischung (g/cm^3)
d_i Spandicke (mm)

Bezogen auf 100 g atro Späne und unter Annahme einer gleichmäßigen Verteilung des Leimes auf allen Oberflächen ergibt sich damit die flächenspezifische Leimauftragsmenge $m_{0,Fi}$ (g Festharz/m^2 Spanoberfläche) wie folgt:

$$m_{0,Fi} = m_{0,spec,i} \cdot \frac{\rho_o \cdot d}{0{,}2}$$

$m_{0,spec,i}$ Beleimungsgrad (g Festharz/100 g atro Späne)

Der Beleimungsgrad einer Spanfraktion kann demnach auf zwei Arten beschrieben werden:

- massenbezogener Beleimungsgrad $m_{0,spec,i}$: dies ist der in der Praxis üblicherweise genannte Beleimungsgrad (g Festharz/100 g atro Späne)

  $m_{0,spec,i} = m_{0,i} / m_{Hi} \cdot 100$

  mit $m_{0,i}$ Masse an Festharz in der Fraktion (g)

- oberflächenspezifische Beleimung $m_{0,Fi}$ (g Festharz/m^2 verleimungswirksame Oberfläche).

Unter Annahme einer gleichmäßigen Verteilung des Festharzes auf der gesamten verleimungswirksamen Oberfläche einer Spanfraktion kann eine Darstellung des Beleimungsgrades in die andere umgerechnet werden.

Damit ist es auch möglich, für Spanmischungen mit uneinheitlicher Spangröße bei einem gegebenen massenbezogenen Beleimungsgrad die Verteilung des Festharzes für die einzelnen Spanfraktionen abzuschätzen. Betrachtet man eine Mischung von Spänen unterschiedlicher Größe, so kann man diese Mischung in vereinfachender Form in mehrere Fraktionen unterschiedlicher Spangröße aufteilen, wie es auch bei der Ermittlung der Spangrößenverteilung (Siebkennlinie) in der Praxis erfolgt. Dabei soll die Vereinfachung gelten, dass alle Späne innerhalb einer Fraktion exakt die gleiche Größe und Gestalt aufweisen. Bei gegebener Siebkennlinie (Abszisse ausgedrückt als Spanlänge l_i) und unter Annahme einer gleichmäßigen flächenspezifischen Verteilung des Bindemittels über alle Späne entsprechend ihrer Oberfläche kann somit der massenbezogene Beleimungsgrad der einzelnen Spanfraktionen berechnet werden (Dunky 1988, 1998). Abbildung 3.1 zeigt ein solches Berechnungsbeispiel; die Spanlängen der einzelnen Fraktionen wurden im Bereich 25 bis

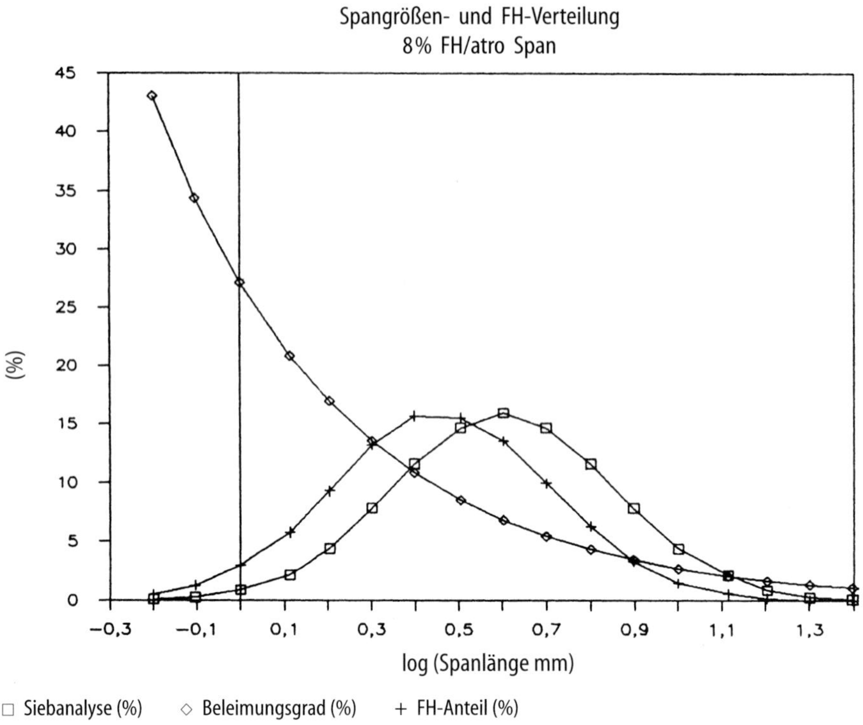

Abb. 3.1. Beispiel (□) einer Spangrößenverteilung (Siebanalyse), (◇) der unter Annahme einer gleichmäßigen flächenspezifischen Verteilung des Festharzes berechneten massenbezogenen Beleimungsgrade der einzelnen Fraktionen (fraktionierter Beleimungsgrad) sowie (+) der Verteilung des gesamten Festharzes in den einzelnen Fraktionen (Dunky 1988). Der Gesamtbeleimungsgrad der Spänemischung war mit 8% Festharz/atro Span vorgegeben

0,6 mm logarithmisch abgestuft angenommen; der Schlankheitsgrad der Späne ist bei den größeren Spanlängen höher, bei den kleinsten Spänen wurde eine eher kubische Gestalt angenommen. Wegen der deutlich größeren Oberfläche der feinen Späne steigt deren massenbezogener Beleimungsgrad deutlich gegenüber dem mittleren Beleimungsgrad für die gesamte Spänemischung an. Auch wenn nur ein kleiner Anteil an feinen Spänen in der Gesamtmischung enthalten ist, verbraucht dieser Anteil an kleinen Spänen übermäßig viel Festharz, was sich negativ auf den Beleimungsgrad der größeren Späne auswirkt („leimfressende“ Wirkung der feinen Späne).

Die Beleimung von reellen Spangemischen erfolgt jedoch nicht hundertprozentig flächenspezifisch, sondern mit einer bestimmten Präferenz für gröbere Späne, wie Messungen des Beleimungsgrades an einzelnen Spanfraktionen zeigen (Abb. 3.2), und wie weiters auch von Meinecke und Klauditz (1962) und Eusebio und Generalla (1983) bestätigt wurde. Die exakten Ursachen für diesen an sich erfreulichen Effekt können nicht eindeutig beschrieben werden. Ein we-

Abb. 3.2. Relative Oberflächenbeleimung eines industriellen Spangemisches: Festharzanteil je Fraktion bezogen auf den Oberflächenanteil aller Späne dieser Fraktion an der Gesamtoberfläche des Spangemisches (Wilson und Hill 1978)

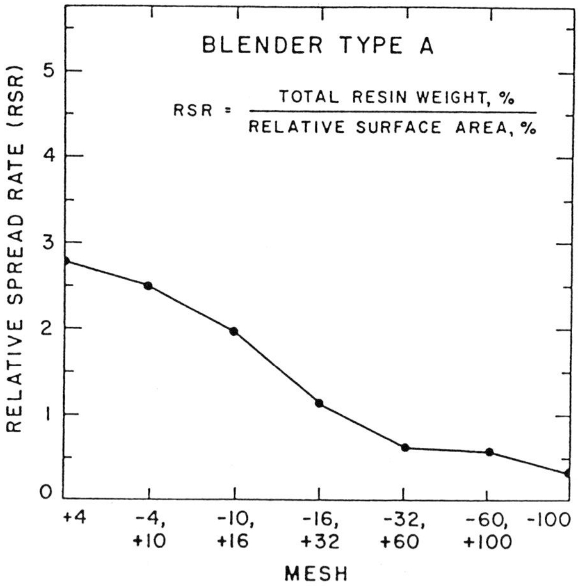

sentlicher Grund dürfte darin liegen, dass zumindest die größeren in der Literatur angegebenen Teilchendurchmesser des Bindemittels bereits in der gleichen Größenordnung wie die Feinanteile der Späne liegen. Meinecke und Klauditz (1962) erwähnten Tröpfchendurchmesser im Bereich 8–110 μm, abhängig vor der Art des Versprühens; Lehmann (1965) gibt Größen bis 200 μm an.

Dennoch kann bei einem vorgegebenen Gesamtbeleimungsgrad (z.B. 8% Festharz/atro Span) der massenbezogene Beleimungsgrad der einzelnen Fraktionen zwischen 2–3% (grobe MS-Späne) und >40% (Staubanteil, Feinstspäne) schwanken (Abb. 3.3 und Abb. 3.4). Ähnliche Ergebnisse werden auch von Duncan (1974), Dunky (1998), Engels (1978), Eusebio und Generalla (1983), Klauditz und Buro (1962), Lehmann (1974), Maloney (1970), May (1978) und L. Plath (1971) berichtet bzw. durch die oben beschriebenen theoretischen Berechnungen bestätigt.

Je breiter die Spangrößenverteilung, die gemeinsam beleimt wird, desto größer ist auch der Unterschied in den massebezogenen Beleimungsgraden zwischen einzelnen Spanfraktionen. Die Trennung in Deckschicht und Mittelschicht ist deshalb bereits seit einigen Jahrzehnten eine übliche Maßnahme, zusätzlich ist dadurch auch die Verwendung unterschiedlicher Leimflotten für die beiden Schichten möglich. Weitere Verbesserungsmöglichkeiten ergeben sich z.B.

- durch das Abtrennen des Staubes bzw. der feinsten Fraktionen vor der Beleimung: diese werden nach der Leimzufuhr im Beleimungsmischer (erfolgt im ersten Drittel der Mischerlänge) ca. bei der Hälfte der Mischerlänge wieder zugegeben. Sie erhalten eine bestimmte Beleimung nur durch den

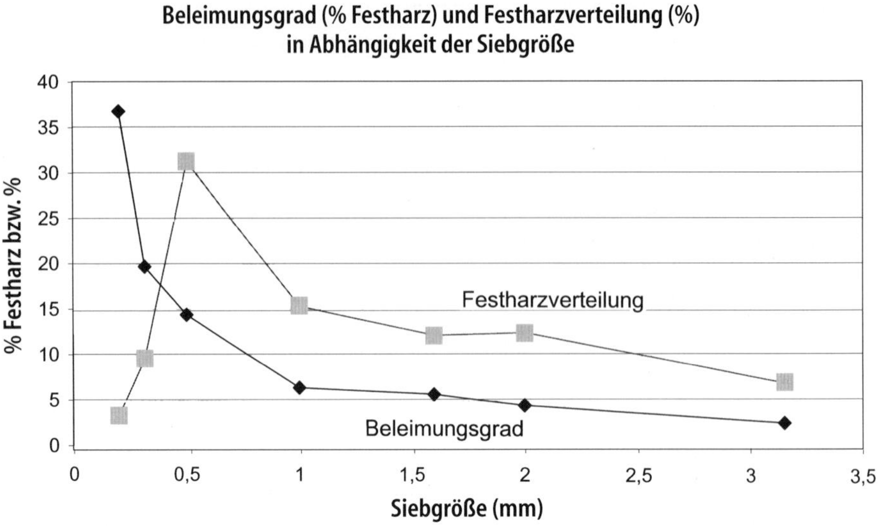

Abb. 3.3. Beleimungsgrad und Festharzverteilung der einzelnen Siebfraktionen von mit UF-Harz beleimten MS-Spänen (Dunky 1991)

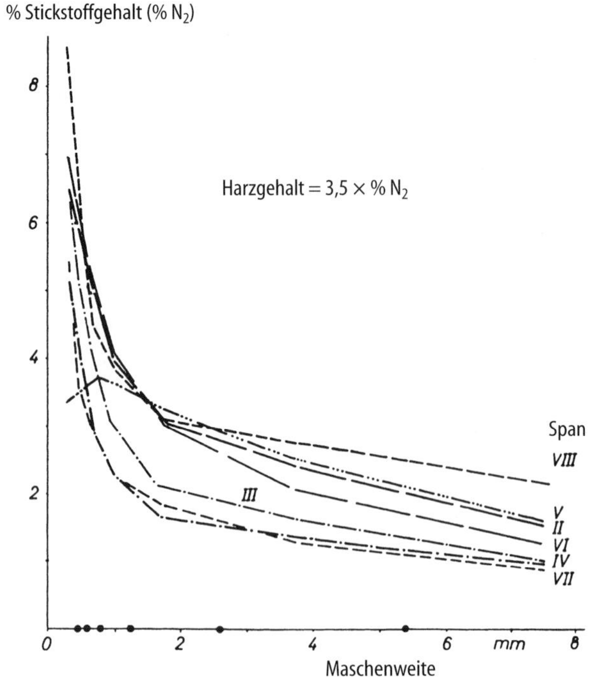

Abb. 3.4. Stickstoffgehalt der Siebfraktionen verschiedener Spänemischungen (Neusser u. a. 1969). Die verwendeten Maschenweiten sind auf der Abszisse durch Punkte markiert. Der Festharzgehalt (Beleimungsgrad) ergibt sich näherungsweise, wenn der Stickstoffgehalt mit dem Faktor 3,5 multipliziert wird

Kontakt mit den gröberen beleimten Spänen (Wischeffekt). Dadurch kann die „leimfressende" Wirkung dieser feinen Fraktionen weitgehend unterbunden werden.

- Manchmal wird die Deckschicht in zwei verschiedene Fraktionen geteilt, die dann getrennt beleimt, danach aber wieder vermischt werden. Auch hier kann durch die entsprechende Wahl des Beleimungsgrades der beiden Fraktionen eine exzessive Beleimung der feinsten Späne vermieden werden.
- Je exakter die Auftrennung der Späne in die einzelnen zu beleimenden Spanfraktionen erfolgt (z.B. Minimierung des Feinanteiles in der Mittelschicht), desto leimsparender kann die Beleimung erfolgen.

Ein niedrigerer Leimverbrauch ist nicht nur von der Kostenseite her anzustreben, sondern hilft auch, verschiedene technologische Nachteile zu vermeiden, wie z.B. eine zu hohe Feuchtigkeit der beleimten Mittelschichtspäne. Dadurch wird sowohl ein zu hoher Dampfdruck während des Pressvorganges vermieden als auch eine größere Feuchtedifferenz zwischen Deck- und Mittelschicht ermöglicht; letzterer Effekt führt über eine höhere mögliche Feuchtigkeit der Deckschicht wiederum zu einem rascheren Aufheizen der Mittelschicht und damit zu einer Verkürzung der Presszeit.

Neben der Oberfläche der zu beleimenden Späne(mischungen) spielen natürlich auch noch andere Parameter für die Festlegung des erforderlichen Beleimungsgrades eine entscheidende Rolle, z.B. die Plattentype, Dicke der Schleifzugabe, Typ und Kapazität der Beleimungsmischer, Aufteilung und Versprühung des Bindemittels (nur Wischeffekt oder Versprühung des Bindemittels über Zweistoffdüsen), Gestalt der Späne bei gleicher Spangröße, Abhängigkeit des Schlankheitsgrades von der Spangröße, Konzentration und Viskosität des Bindemittels oder die Spanzerstörung während des Beleimungsvorganges.

Tabelle 3.1 fasst die in der Praxis der Spanplattenherstellung üblichen Beleimungsgrade übersichtlich zusammen.

Tabelle 3.1. Beleimungsgrade in der Spanplattenherstellung

Leimart	Anwendungsfall			
	trocken (1): MS	trocken (1): DS	feucht (2): MS	feucht (2): DS
UF	7–9	10–12	–	–
MUF	–	–	10–14	12–14
MUPF	–	–	12–14	12–14
PF	–	–	8–10	9–11

Anmerkungen:
(1) Platten für allgemeine Zwecke zur Verwendung im Trockenbereich (EN 312-2) bzw. für Inneneinrichtungen (einschließlich Möbel) zur Verwendung im Trockenbereich (EN 312-3)
(2) Platten zur Verwendung im Feuchtbereich nach EN 312-5 bzw. -7.
MS: Mittelschicht; DS: Deckschicht

3.1.2
Beleimungstechnik, Leimtröpfchengröße, Nachmischeffekt

Die in der Literatur erwähnten Leimtröpfchendurchmesser liegen in der Größenordnung von wenigen µm bis ca. 200 µm (s. auch Teil III, Abschn. 3.1.1). Je feiner die Leimzerteilung ist, desto mehr Anteil an der Gesamtoberfläche der Späne kann beleimt werden. Die Frage der optimalen Leimverteilung auf den Spänen ist derzeit allerdings noch nicht geklärt. Carroll und McVey (1962) vermuteten, dass bei der vollständigen Bedeckung der Oberfläche mit einem dünnen Leimfilm die niedrige flächenbezogene Beleimung so genannte verhungerte Leimfugen verursacht, deren Vermeidung nur durch übermäßig hohe Beleimungsgrade möglich wäre. Die Dicke eines solchen kontinuierlichen Leimfilmes liegt im Bereich von 6–25 µm (Dunky 1988, Meinecke und Klauditz 1962). Ein gleichmäßiger dünner Leimfilm auf den Spänen ergibt also bei vorgegebenem Beleimungsgrad schlechtere Verleimfestigkeiten als einzelne kleine Tröpfchen, die auf den zu verleimenden Oberflächen gleichmäßig verteilt sind und eine punktförmige Verleimung bewirken (spot welding theory). Im Idealfall sollte das Bindemittel nur an den Stellen vorhanden sein, an denen eine Berührung zweier Spanteilchen und damit eine Verleimung möglich ist. Marian (1958) hingegen gibt einem gleichmäßigen Leimfilm auf der Spanoberfläche den Vorzug. Dieser Leimfilm würde auch durch eine extrem große Anzahl von kleinsten Leimtröpfchen erreicht werden. Auch Lambuth (1987) weist darauf hin, dass eine gleichmäßige Verteilung kleinster Tröpfchen auf der Oberfläche in Form eines Filmes bessere Verleimungsfestigkeiten gibt als eine Ansammlung von einzelnen größeren Tröpfchen. Andererseits besteht die Gefahr, dass zu kleine Leimtröpfchen in die Hohlräume der an der Holzoberfläche angeschnittenen Zellen eindringen und damit nicht mehr für die Verleimung an der Oberfläche zur Verfügung stehen (Wilson und Krahmer 1976). Die optimale Teilchengröße ist demnach auch vom Aussehen und der Textur der Holzoberfläche abhängig. Kleinere Leimteilchen in Form kleinerer Pulverteilchen oder in Form fein zerstäubter Flüssigleime führen verstärkt zur Ausbildung einer durchgehenden Leimfuge.

Die Wirksamkeit eines Harzes bei der Spanplattenherstellung ist von den Harzeigenschaften als solchen, der Harzverteilung auf der Spanoberfläche, der Teilchengröße und dem Kontakt mit anderen, unbeleimten Spänen abhängig. Abbildung 3.5 zeigt den idealisierten Zusammenhang zwischen Festigkeit, Tröpfchengröße und Beleimungsgrad (Wilson und Krahmer 1976). Mit fallender Tröpfchengröße steigt die Plattenfestigkeit, lediglich bei sehr kleinen Tröpfchen kann es bei einem niedrigen Beleimungsgrad zu einer ungenügenden Ausfüllung der zwischen einzelnen Stellen der Spanoberflächen bestehenden Distanzen kommen, insbesondere bei rauen Holzoberflächen.

Die erreichbare Querzugfestigkeit wird v.a. von der Gleichmäßigkeit der Leimverteilung auf den Spänen beeinflusst (Kasper und Chow 1980), welche wiederum eine bestimmte Mindestsprühdauer erfordert. Die Autoren fanden beim chargenweisen Beleimen von Spänen in einer Trommel einen starken

Abb. 3.5. Idealisierter Zusammenhang zwischen Plattenfestigkeit, Leimtröpfchengröße und Beleimungsgrad (Wilson und Krahmer 1976)

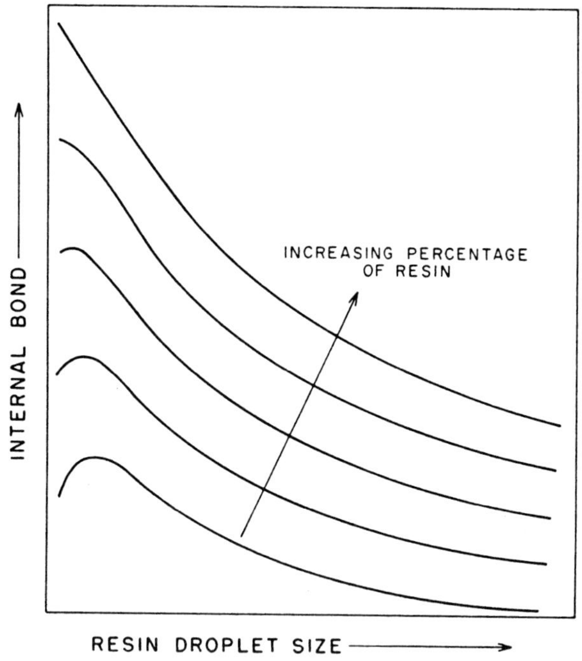

Einfluss der Besprühungszeit auf die Verteilung des Festharzes auf der Spanoberfläche. Je länger die Besprühungsdauer bei einer vorgegebenen Leimmenge, je geringer also die Geschwindigkeit des Leimaufbringens, desto gleichmäßiger ist erwartungsgemäß der Leimauftrag auf großflächigen Wafers annähernd gleicher Größe.

Die Wirksamkeit eines vorgegebenen Beleimungsgrades bei Spänen ist also abhängig von der Verteilung der Leimtröpfchen beim Versprühen. Je feiner die Zer- und Verteilung des Leimes, desto besser und gleichmäßiger erfolgt die Beleimung der einzelnen Späne (Abb. 3.6) und desto höher ist die erreichbare Festigkeit der Platte, insbesondere bei niedrigen Beleimungsgraden (Abb. 3.7) (Lehmann 1965, 1970).

Christensen und Robitschek (1974) unterwarfen industriell beleimte Späne einer weiteren Nachmischung, wobei dazu jeweils beleimte mit unbeleimten Spänen vorher vermischt wurden; dabei konnte eine Abnahme der ursprünglich bei der Versprühung gegebenen Größe der Tröpfchen festgestellt werden. Gleichzeitig wurde ein Anstieg der Querzugfestigkeit mit der Nachmischzeit festgestellt (Abb. 3.8).

Die mit höheren Beleimungsgraden erzielbare Verbesserung der Festigkeiten und der hygroskopischen Eigenschaften ist vor allem auf eine größere Anzahl von Leimtropfen und -tröpfchen auf der gesamten Spanoberfläche und damit auf eine größere Brückenanzahl (Leimfugen) zwischen den Spänen zurückzuführen (Moslemi 1974).

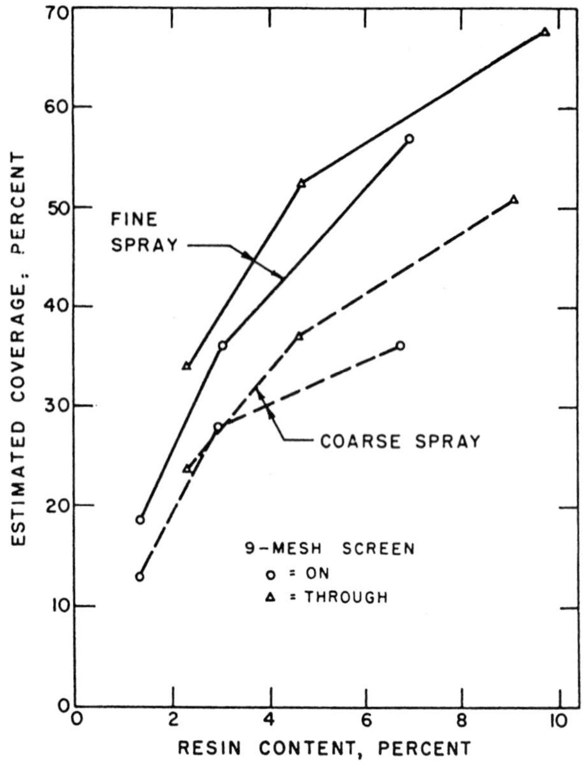

Abb. 3.6. Abschätzung des Anteils an benetzter Oberfläche in Abhängigkeit des vorgegebenen Beleimungsgrades bei Anwendung zweier unterschiedlicher Versprühungstechniken (Lehmann 1970)

Abbildung 3.9 zeigt das Festharzprofil einer dreischichtigen wurfgestreuten UF-gebundenen Spanplatte. Durch den Sichteffekt werden in jeder Schicht beim Streuen die harzreicheren feineren Späne (höherer Beleimungsgrad) außen angereichert. Dadurch fällt der Harzanteil in der inneren Deckschicht stark ab, um in der äußeren Mittelschicht wieder anzusteigen (L. Plath 1971).

Roll (1989, 1993), Roll u. a. (1990) sowie Roll und Roll (1994) zeigten in ihren mikroskopischen Untersuchungen PMDI-beleimter unverpresster Späne und einiger Spanplattenabschnitte, dass sich PMDI auf Grund seiner guten Benetzungseigenschaften auf der Holzoberfläche in dünnen Schichten ausbreitet. Risse in der Holzsubstanz werden von PMDI vollständig kapillar durchzogen, es liegen sogar Anzeichen einer Zellwandpenetration vor, insbesondere im Frühholzbereich. Die gute Penetrationsfähigkeit von PMDI kann allerdings auch zu verhungerten Leimfugen führen (Roll 1997). Auf der anderen Seite könnte die „Imprägnierung" der obersten Holzzellreihen auch Einflüsse einer geschädigten Holzoberfläche verhindern.

Die Beleimung der Späne in der Spanplattenindustrie erfolgt in schnelllaufenden Beleimungstrommeln. Die Leimflotte wird üblicherweise im ersten Viertel der Mischerlänge zudosiert, wobei dies üblicherweise unter Versprühung mit Druckluft und über mehrere Düsen erfolgt. Die Paraffindispersion

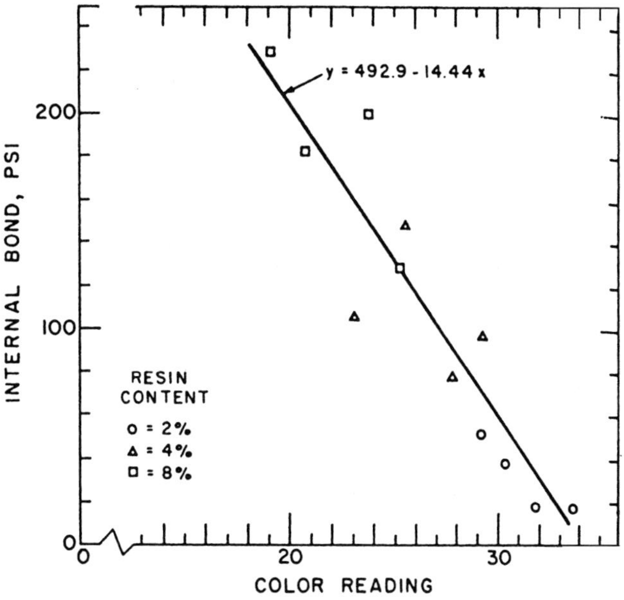

Abb. 3.7. Abhängigkeit der Querzugfestigkeit vom Bedeckungsgrad der Späne, ausgedrückt als invers proportionaler „Reflexionswert" bei unterschiedlichen Beleimungsgraden bei verschiedenen Arten der Versprühung des Leimes (Lehmann 1970)

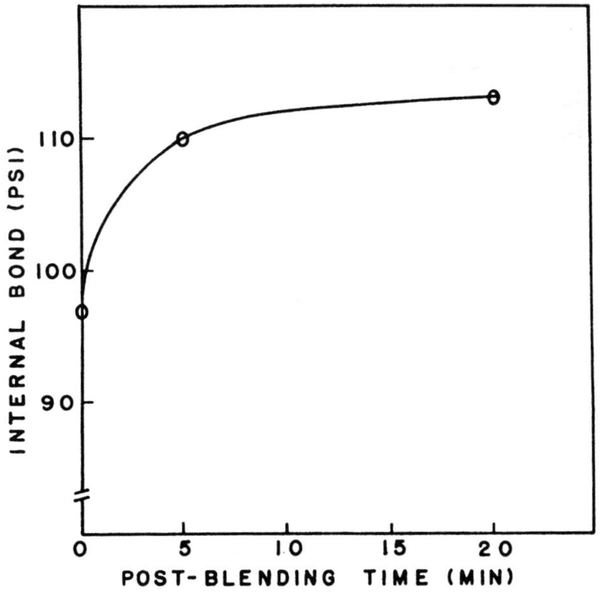

Abb. 3.8. Anstieg der Querzugfestigkeit mit der Nachmischzeit (Christensen und Robitschek 1974)

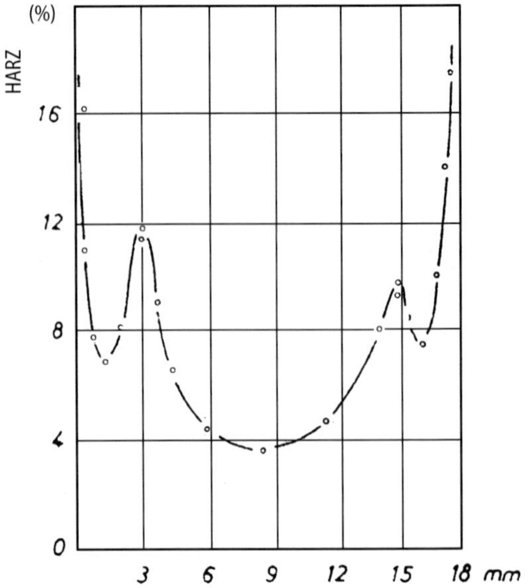

Abb. 3.9. Festharzprofil einer dreischichtigen Spanplatte (L.Plath 1971)

bzw. Heißparaffin werden meist bereits im Einfallsschacht verdüst. Ein problematischer Bereich im Mischer ist die Umlenkung der vertikalen Fallrichtung der Späne in die horizontale Bewegung, hier kann es zu einer gewissen Spanzerstörung kommen. Auch die schnellen Drehzahlen der Mischer können eine Nachzerkleinerung der Späne verursachen (s. auch Teil III, Abschn. 1.2.3). In letzter Zeit hat man deshalb versucht, dies durch eine Vergrößerung der Mischer (größerer Durchmesser, größeres Volumen, dadurch niedrigere Drehzahlen) in den Griff zu bekommen. Über verschiedene Einflussgrößen (Füllungsgrad, Mischwerksdrehzahl, Anordnung der Düsen und Sprührichtung, Nachmischzeit) auf die Gleichmäßigkeit der Verteilung des Leimes auf den Spänen bei einer Sprüh-Umwälz-Beleimung berichten Kehr u. a. (1968).

3.1.3 Leimverbrauch bei der Flächenverleimung

Bei der Flächenverleimung (Sperrholz, Massivholzplatten, Furnierung) wird der Leimflottenauftrag (üblicherweise als Leimauftrag bezeichnet) in g/m^2 angegeben, wobei dies jeweils die eine beleimte Holzoberfläche betrifft, während die andere Holzoberfläche üblicherweise nicht beleimt wird. In den seltenen Fällen einer doppelseitigen Beleimung ergibt sich der gesamte Leimauftrag als Summe der Auftragsmengen auf die beiden Holzoberflächen. Tabelle 3.2 fasst die für verschiedene Anwendungen üblichen Leimauftragsmengen zusammen.

Das Eindringverhalten des Leimes in das oberflächennahe Holz ist eine wichtige Voraussetzung für eine gute Verleimung, auch wenn dieser Verankerungseffekt nach den derzeitigen Theorien der Verleimung eher nur einen ge-

Tabelle 3.2. Leimflottenauftragsmengen

Produkt	Leimflottenauftragsmenge (g/m^2)
Folienverleimung	50–80
Furnierung	(80–) 100–120
Sperrholz	150–180
Massivholzplatten	180–250
Holzleimbau	bis über 400

ringen Beitrag zur effektiven Leimfestigkeit darstellt (s. auch Teil II, Abschn. 6.1.3).

Beim Einsatz von PF-Harzen ohne Streckmittel bei der Sperrholzverleimung steigt der Holzbruchanteil nach Wasserlagerung mit steigendem Leimauftrag. Durch die damit aufgebrachte höhere Wassermenge wird das Fließverhalten verbessert (Gollob u.a. 1985). Bei einem zu hohen Leimauftrag ist jedoch die Gefahr einer zu dicken Leimfuge sowie der Behinderung des Aushärteprozesses durch die hohe und nicht mehr ausreichend schnelle Abwanderung des Wassers in das leimfugennahe Holz gegeben.

3.1.4 Beleimung von Strands in der OSB-Herstellung

Bei der OSB-Herstellung muss eine Zerstörung der großflächigen Strands unbedingt vermieden werden. Als Mischer werden deshalb großvolumige, langsam laufende Trommeln (20–25 U/min) mit einem Durchmesser von ca. 3 m eingesetzt. Die Beleimung mit Flüssigleim (MUF/MUPF, PF, PMDI) erfolgt durch Besprühung über mehrere Düsen oder mehrere Atomizers, die hintereinander ca. in der Längsachse der Mischertrommel angeordnet sind und das Bindemittel auf den durch die Trommelrotation hervorgerufenen Strandvorhang sprühen. Bei der Beleimung mit Pulverleim (durchwegs PF-Pulver) wird das Pulver in die rotierende Trommel eingeblasen.

McEwen (1999) untersuchte die Verteilung eines flüssigen Mittelschicht-OSB-PF-Harzes in Abhängigkeit des Festharzgehaltes, der Durchsatzmenge im Atomizer, der Drehzahl des Atomizers, der Harztemperatur und der Harzzusammensetzung. Zur Beurteilung der Harzverteilung wurde der Oberflächenanteil der Strands, der mit Harz bedeckt ist, sowie die Harztröpfchenverteilung gemessen. Bei niedrigerem Festharzgehalt der Flotte steigt der beleimte Oberflächenanteil und die Größe der einzelnen Tröpfchen, aber auch die Schwankungsbreite der Beleimung zwischen einzelnen Strands. Schnellere Drehzahlen der Atomizers bewirken einen erhöhten beleimten Oberflächenanteil und eine Verringerung der Tröpfchengröße, dieser Effekt wird auch durch eine geringere Durchsatzmenge im Atomizer erzielt. Ein erhöhter beleimter Oberflächenanteil und eine Verringerung der Tröpfchengröße und damit die Erhöhung der Tröpfchenanzahl ergab verbesserte Platteneigenschaften.

3.1.5
Faserbeleimung

Die Beleimung der Fasern bei der MDF-Herstellung erfolgt heute fast ausschließlich durch Dosierung der Bindemittelflotte unter Druck in die vom Refiner zum Trockner führende Blasleitung (blowline).

Die Beleimung von getrockneten Fasern in rotierenden Beleimungsmaschinen mit entsprechend ausgebildeten stacheligen Werkzeugen ist prinzipiell möglich, zu Beginn der MDF-Fertigung in den USA war die Beleimung der Fasern auf diese Weise erfolgt, auch die erste europäische MDF-Anlage bediente sich dieser Technologie. Das eingesetzte Fasergut hat jedoch eine ausgeprägte Neigung zum Agglomerieren, unterstützt noch durch die Rollbewegung während der Beleimung; die zusammengeballten Fasern lassen sich dann bei der Streuung nicht mehr in die einzelnen Fasern auftrennen. Dies führt zu einer ungleichmäßigen Faserbeleimung und zum Problem der so genannten Leimflecken an der Oberfläche der fertigen Platten.

Diese Nachteile wurden mit Einführung der Blowline-Beleimung beseitigt, sie ist heute genereller Stand der Technik. Hierbei wird das Bindemittel in der im Eingangsbereich des Rohrtrockners endende Blasleitung auf den Faserstrom aus dem Refiner gesprüht. Beleimt werden also die noch nassen, heißen Fasern, die erst anschließend getrocknet werden. Die Vorteile dieses Verfahrens im Gegensatz zur Trockenbeleimung von Fasern sind:

- Vermeidung von Leimflecken
- einfache Verwendung und Instandhaltung
- niedrigere Trocknungsenergie
- geringere Brandgefahr im Trockner.

Wesentlicher Nachteil ist der erhöhte Bindemittelbedarf. Es muss vermutet werden, dass ein gewisser Anteil des Leimes bei dieser Blowline-Beleimung beim anschließenden Durchgang durch den Trockner trotz der nur wenige Sekunden dauernden Verweilzeit eine thermische Voraushärtung erleidet und deshalb bei dieser Art der Beleimung ein etwas höherer Leimbedarf gegeben ist. Allgemein wird davon gesprochen, dass der erforderliche Beleimungsgrad bei der Blowline-Beleimung um 0,5 bis 2% (absolut) höher ist als bei einer konventionellen Mischerbeleimung. Die Ursachen für diesen Mehrverbrauch sind noch nicht eindeutig bekannt. Als wichtigste Gründe für den höheren Bindemittelverbrauch werden genannt (Buchholzer 1999):

- Bindemittelvoraushärtung: die Trocknungsbedingungen (Eingangstemperatur am Trockner z. B. 180 °C, Ausgangstemperatur 65 °C) können trotz der nur kurzen Verweilzeit von wenigen Sekunden eine Fortführung der Kondensationsreaktion und somit Bindemittelvoraushärtungen bewirken. Die Voraushärtung des Leimfilms auf der Faser durch Einwirkung der organischen Säuren kann durch die hohe Fasertemperatur beschleunigt werden. Gleichzeitig können durch die hohe Fasertemperatur und -feuchte hydrolytische Abbauprozesse im Leim stattfinden.

- Bindemittelverlust: beleimte Fasern haften zum Teil an der Oberfläche des Rohrtrockners. Diese Faserablagerungen lösen sich in der Folge im Laufe der Zeit und werden vom Sichter vor der Streumaschine aussortiert. Durch die Bestimmung des Bindemittelgehaltes über den Stickstoffgehalt an fertigen MDF-Platten wurde festgestellt, dass dieser niedriger als der Sollbeleimungsgrad war. Ob ein weiterer geringer Bindemittelverlust durch Partikel in der Trocknerabluft gegeben ist, ist noch nicht eindeutig geklärt.
- Bindemittelverteilung: Infolge der Bedingungen bei der Blow line-Beleimung ist eine gleichmäßige Verteilung des Leimharzes auf der Faseroberfläche gegeben, wobei in gewisser Weise eine Ummantelung der Fasern bei der Blowline-Beleimung erfolgt. Eine solche flächenförmige Auftragung des Bindemittels erfordert aber einen höheren Bindemittelaufwand verglichen zu einem tröpfchenförmigen Auftrag.

Insgesamt ist die Theorie der Blowline-Beleimung („Black Box") noch nicht vollständig erforscht (Waters 1990). Dies führte auch dazu, dass jedes MDF-Werk seine eigene Fahrweise bei der Beleimung entwickelt hat und dass die Übertragbarkeit dieser Erkenntnisse auf andere Werke nicht immer gegeben ist (Frashour 1990). In der Literatur sind verschiedene Abhilfemaßnahmen und Neuentwicklungen vorgeschlagen worden, die sich aber bis dato noch nicht durchsetzen konnten. Eine Möglichkeit besteht in der Eindüsung des Leimes im Endabschnitt des Rohrtrockners, in dem die Fasern bereits getrocknet und weitgehend abgekühlt vorliegen. Die beleimten Fasern werden danach in einem dem Rohrtrockner nachgeschalteten Zyklon von der Transportluft getrennt. Mit diesem Verfahren soll eine Voraushärtung des Bindemittels und ein hydrolytischer Abbau des Harzes im Rohrtrockner vermieden werden (Buchholzer 1999, 2000a+b).

Trotz der oben genannten Nachteile der mechanischen Beleimung von Fasern wurden in jüngster Zeit wieder solche Mischer in einzelnen Fällen in der MDF-Industrie aufgestellt. Insbesondere beim Einsatz bei der Produktion von Trägerplatten für den Laminatfußboden spielen mögliche Leimflecken keine wesentliche Rolle in der Qualitätsbeurteilung. Treibende Kraft ist jedoch die mögliche Bindemitteleinsparung bei dieser Art der Beleimung.

In jüngerer Zeit wurde auch das Konzept einer dreischichtigen MDF-Platte verwirklicht. Die Decklagen werden wie üblich in der Blowline beleimt; die Mittelschichtfasern werden zuerst getrocknet und dann über einen Beleimungsmischer beleimt. Dieses technisch natürlich aufwendigere System einer dreischichtigen Platte hat technologisch zwei wesentliche Vorteile:

- die Feuchtigkeiten der beleimten Fasern in der Mittel- und in der Deckschicht können unterschiedlich hoch eingestellt werden; eine feuchtere Deckschicht ermöglicht eine bessere Ausnutzung des Dampfstoßeffektes;
- die Beleimung der Mittelschichtfasern in Beleimmischern ohne nachträgliche Trocknung führt zu einer (wenngleich quantitativ noch umstrittenen) Leimeinsparung; Leimflecken in der Mittelschicht spielen keine wesentliche Rolle in der Qualitätsbeurteilung der Platte.

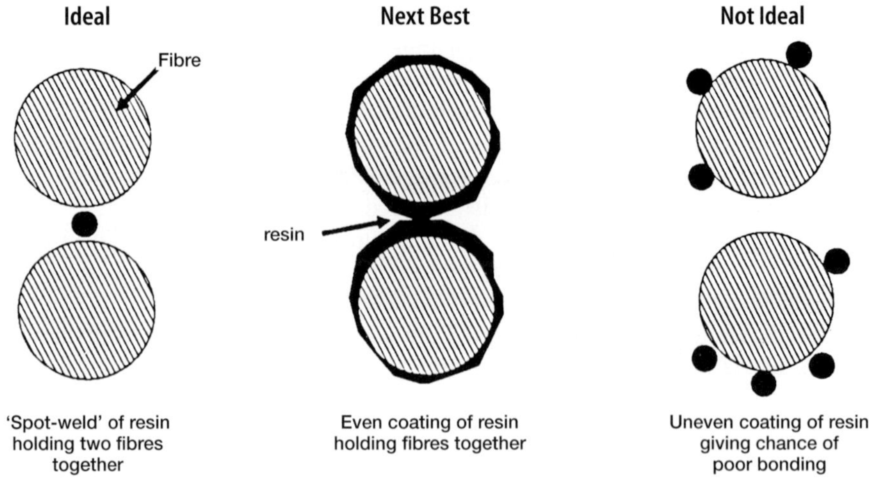

Abb. 3.10. Schematische Beschreibung der verschiedenen Möglichkeiten der Faserbeleimung (Robson 1991)

Auch bei einer solchen dreischichtigen Platte ist über den Querschnitt eine einheitliche Fasergrößenverteilung gegeben; wie auch bei herkömmlichen einschichtigen MDF-Platten ergibt sich trotz dieser einheitlichen Fasergrößenverteilung wegen der unterschiedlichen Temperaturverhältnisse beim Heißpressvorgang und der damit unterschiedlichen Verdichtungsverhältnisse ein bestimmtes Rohdichteprofil; dieses kann zusätzlich über das Feuchtigkeitsverhältnis der drei Schichten gesteuert werden.

Voraussetzung für die Bindung zwischen zwei Fasern ist eine dazwischen liegende Leimfuge, sei es in Form eines einzelnen Tröpfchens oder in Form eines gleichmäßigen Bindemittelüberzuges auf der Oberfläche der Fasern (Abb. 3.10). Eine ausreichende Wahrscheinlichkeit des Auftretens von Bindungen in ersterem Fall ist jedoch nur dann gegeben, wenn eine hohe Anzahl kleiner Tropfen mit einer Größe deutlich unter den Faserabmessungen auf der Faseroberfläche verteilt ist. Der zweite Fall ergibt sich, wenn durch einen ausreichend oftmaligen Kontakt der Fasern untereinander eine Verteilung von größeren Tropfen auf mechanischem Wege auf der Oberfläche der Fasern erfolgt.

Die turbulente Strömung des Dampf-Fasergemisches bewirkt die Zerkleinerung der Leimtröpfchen nach dem Eindüsen in die Blasleitung. Nach Robson (1991) liegt der Durchmesser der zerteilten Tröpfchen bei 10 bis 20 μm, ist also ähnlich dem Faserdurchmesser. Die turbulente Strömung in der Blasleitung bewirkt auch eine zigtausendfache Kollision der Fasern untereinander, wodurch die Verteilung der Bindemitteltröpfchen auf der Faseroberfläche vergleichmäßigt wird.

Die Feinzerteilung der Tröpfchen in der Blowline kann nur empirisch beschrieben werden (Robson 1991). Die Teilchengröße der Tropfen sinkt mit steigendem Gas-Flüssigkeits-Mengenverhältnis, mit höherer Gasgeschwin-

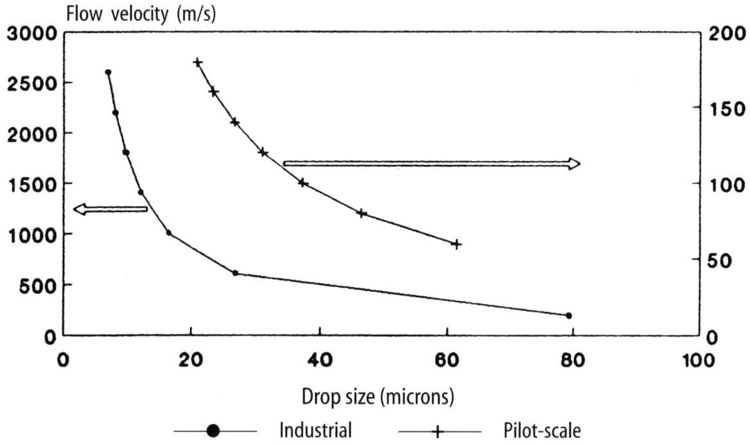

Abb. 3.11. Einfluss der Strömungsgeschwindigkeit in der Blasleitung auf den Tröpfchendurchmesser des Bindemittels (Robson 1991)

digkeit (Abb. 3.11) und mit höherer Gasdichte. Hingegen sind die Temperatur und der Durchmesser der Leimdüse ohne wesentlichen Einfluss auf den Tröpfchendurchmesser.

Robson u. a. (1997) entwickelten Modelle (BLOWPROOF) für Blowlines im industriellen und im Pilotmaßstab und konnten zeigen, dass die berechneten Werte gut mit Werten, die an diesen Anlagen gemessen wurden (z. B. Dampffluss, Leimtröpfengröße, Reynoldszahl), übereinstimmten. Unabhängige Variable in diesen Modellen sind die Geometrie der Blowline, Druck und Temperatur am Blasventil des Refiners, die Umgebungstemperatur und die Druckverhältnisse im Trockner. Berechnet wurden mit diesem Modell verschiedene Größen in Abhängigkeit der Entfernung vom Blasventil (Druck, adiabatische Wandtemperatur, Strömungsgeschwindigkeit, Temperatur und Dichte des Dampf/Faser-Gemisches, Wassergehalt des Dampfes). Durch den Bau einer neuen Blowline mit geändertem Design (Details werden von den Autoren nicht beschrieben) war eine deutliche Verbesserung der Platteneigenschaften gegeben. Es zeigte sich auf den Fasern auch ein höherer Beleimungsgrad sowie eine gleichmäßigere Verteilung des Bindemittels. Über die Möglichkeiten der Ermittlung der Verteilung des Bindemittels auf der Oberfläche der Fasern wird in Tabelle 4.1 in Teil II, Abschn. 4.2 berichtet.

Weitere Literaturhinweise: Bücking (1982), Gran (1982), Hammock (1982), Loxton und Hague (1996).

3.1.6
Einfluss des Beleimungsgrades auf die Eigenschaften von Holzwerkstoffen

Der Einfluss des Beleimungsgrades auf verschiedene Eigenschaften bei Spanplatten und MDF ist im Wesentlichen in der Plattenindustrie hinlänglich bekannt und auch ein üblicherweise eingesetztes Mittel, um das gewünschte Qualitätsniveau während der Produktion konstant zu halten. Im Rahmen einer Produktion können durch unterschiedlichste Ursachen Schwankungen auftreten, wobei diese Ursachen nicht immer oder oft sogar nur selten eindeutig und sofort zu erkennen sind. Führen diese Schwankungen zu einem Abfall der Eigenschaften (mit der Querzugfestigkeit als der am raschesten verfügbaren Kenngröße), ist die Erhöhung des Beleimungsgrades eine von mehreren Möglichkeiten, sehr rasch auf diese Situation reagieren zu können. Sobald die Schwankungen wieder beseitigt werden konnten oder von selbst verschwunden sind, kann der Beleimungsgrad auf den ursprünglichen Wert zurückgestellt werden. Andere mögliche Maßnahmen, wie die Änderung der Presszeit (Pressgeschwindigkeit), der Presstemperatur(en) oder des Druckprofils, sind natürlich ebenfalls möglich. Die Entscheidungen, welche Veränderungen in welcher Richtung und in welcher Höhe durchgeführt werden, liegen üblicherweise im Rahmen bestimmter Grenzen direkt bei den Anlagenfahrern bzw. der Betriebs-/Produktionsleitung.

Die beiden Tabellen 3.3 und 3.4 fassen beispielhaft verschiedene in der Literatur beschriebene bzw. allgemein bekannte Auswirkungen unterschiedlicher Beleimungsgrade auf verschiedene Eigenschaften von Holzwerkstoffen zusammen, wobei allerdings wegen des umfangreichen Schrifttums nur eine beschränkte Auswahl zitiert werden kann.

Tabelle 3.3. Veränderungen von mechanischen Eigenschaften von Holzwerkstoffen bei Erhöhung des Beleimungsgrades

Eigenschaft	Platte	Veränderung	Literatur
Querzugfestigkeit	Spanplatte	steigt	Lehmann (1970) May (1983 a)
	1 sL	steigt	Hoferichter und Kehr (1996) Niemz (1982)
		steigt mit MS-Beleimungsgrad	May (1983 a)
Kochquerzug (2 h Kochen)	1 sL	steigt	Hoferichter und Kehr (1996)
Querzugfestigkeit	OSB	steigt	Avramidis und Smith (1989)
Querzugfestigkeit	MDF	steigt	Labosky u. a. (1993)

Tabelle 3.3 (Fortsetzung)

Eigenschaft	Platte	Veränderung	Literatur
Biegefestigkeit			
a) flach	1sL	steigt bis zu einem bestimmten Beleimungsgrad	Niemz und Schweitzer (1990)
		steigt	Lehmann (1970) Niemz und Bauer (1991) Kollmann u.a. (1955)
		steigt mit DS-Beleimungsgrad	May (1983b)
	OSB	steigt sowohl parallel als auch quer zur Spanorientierung der Deckschicht;	Avramidis und Smith (1989)
		steigt bis zu einem bestimmten Beleimungsgrad	Barnes (2000)
	MDF	steigt	Labosky u.a. (1993)
b) hochkant	1sL		Niemz und Bauer (1991)
Biege-E-Modul	1sL	steigt	Kollmann u.a. (1955) Niemz und Bauer (1991)
		steigt mit DS-Beleimungsgrad	May (1983b)
	OSB	steigt parallel und quer zur Spanorientierung der Deckschicht;	Avramidis und Smith (1989)
		steigt bis zu einem bestimmten Beleimungsgrad	Barnes (2000)
	MDF	steigt	Labosky u.a. (1993)
Zugfestigkeit in Plattenebene	1sL	steigt	Niemz und Schweitzer (1990)
Druckfestigkeit in Plattenebene	1sL	steigt	Niemz und Schweitzer (1990)
Scherfestigeit			
a) parallel Plattenebene		steigt mit MS-Beleimungsgrad	May (1983a) Petersen (1976, 1978)
b) parallel Plattenebene nach 2 h Wasserlagerung bei 70 °C	1sL	steigt	Hoferichter und Kehr (1996)
Abhebefestigkeit		steigt mit DS-Beleimungsgrad (Abb. 3.12)	Niemz und Bauer (1990, 1991) May (1983a)
Schraubenausziehwiderstand			
a) in Plattenebene	1sL	steigt (Abb. 3.13)	Niemz und Bauer (1990, 1991)
b) senkrecht zur Plattenebene	1sL	steigt	Niemz und Bauer (1991)

Abkürzungen: 1sL einschichtige Laborspanplatten.

Tabelle 3.4. Veränderungen von hygrokopischen Eigenschaften von Holzwerkstoffen bei Erhöhung des Beleimungsgrades

Eigenschaft	Platte	Veränderung	Literatur
Dickenquellung bei Lagerung in Wasser (2 h, 24 h)	1sL	sinkt	Hoferichter und Kehr (1996) Lehmann (1970) Niemz (1982) Petersen (1976, 1978) Schneider u.a. (1982)
	OSB	sinkt	Avramidis und Smith (1989)
	MDF	sinkt	Labosky u.a. (1993)
irreversible Dickenquellung		sinkt	Beech (1975)
Wasseraufnahme bei Lagerung in Wasser (2 h, 24 h)		sinkt	Kollmann u.a. (1955)
	OSB	sinkt	Avramidis und Smith (1989)
	MDF	sinkt	Labosky u.a. (1993)
lineare Ausdehnung in Plattenebene bei Feuchteänderung der Umgebungsluft: 50 ⇒ 90%	OSB	sinkt	Avramidis und Smith (1989)
Dickenquellung bei Lagerung in feuchter Luft		sinkt	Schneider u.a. (1982)
Ausgleichsfeuchte, Sorptionsverhalten		sinkt	Schneider (1973) Schneider u.a. (1982)

Abkürzungen: 1sL einschichtige Laborspanplatten.

Die Formaldehydabgabe während der Aushärtung steigt nach Carlson u.a. (1994) proportional zum eingesetzten Beleimungsgrad. Die nachträgliche Formaldehydabgabe wird ebenfalls vom Beleimungsgrad beeinflusst (s. auch Teil II, Abschn. 5.2.6.3). Der Perforatorwert steigt jedoch nicht proportional zur Steigerung des Beleimungsgrades an (Mayer 1978, Petersen 1977, Petersen u.a. 1973). Es gibt sogar auch Ergebnisse, die eine Verminderung der nachträglichen Formaldehydabgabe mit steigendem Beleimungsgrad beschreiben (Hoferichter und Kehr 1996, Dunky 1994). Dies ist z.B. dann der Fall, wenn die höhere Leimmenge die Diffusion des Toluols in die Plattenwürfel und damit die Extraktion des freien Formaldehyds erschwert. Insbesondere auch bei der Gasanalysenprüfung kann eine dichtere Struktur der Platte infolge des höhe-

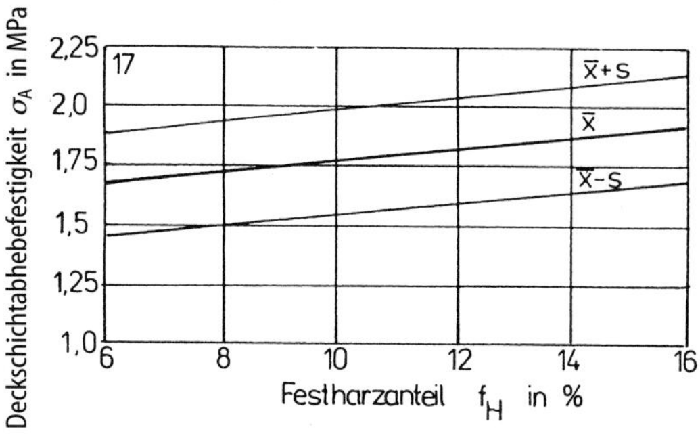

Abb. 3.12. Anstieg der Deckschichtabhebefestigkeit mit steigendem Beleimungsgrad der Deckschicht (Niemz und Bauer 1990)

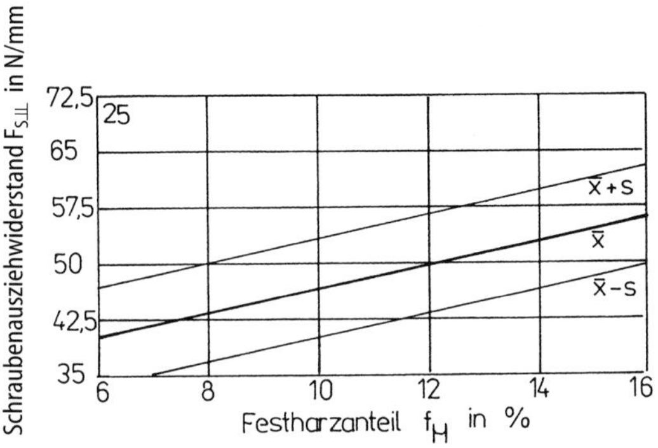

Abb. 3.13. Anstieg des Schraubenausziehwiderstandes parallel zur Plattenebene mit steigendem Beleimungsgrad (Niemz und Bauer 1990)

ren Beleimungsgrades die Emission des an sich in größerer Menge vorhandenen Formaldehyds behindern.

3.1.7
Schaumharzverleimung (geschäumte Leime)

Ziel der Schaumharzverleimung ist vor allem eine optimale Ausnutzung der eingesetzten Bindemittelmenge und damit eine Minimierung des Leimverbrauches.

Myers (1988) berichtet über Einsparungen von 20–30% der Bindemittelmenge. Bei der Schaumharzverleimung wird das Bindemittel durch Luft auf das ca. Fünffache des ursprünglichen Volumens aufgeschäumt. Über einen Extrusionskopf wird eine Vielzahl von einzelnen geschäumten Leimfäden auf das Furnier aufgetragen. Die Flotte enthält weniger Streckmittel wie üblich, zur besseren Verschäumung wird z.B. ein tierisches Protein zugegeben.

Deppe und Rühl (1993) schäumen ein MUPF-Bindemittel mittels einer verdünnten Wasserstoffperoxidlösung auf, wobei die Schaumbildung etwa bei 100 °C einsetzt. Zwischen der Mindestfilmdicke und der Spandicke besteht hinsichtlich der Schaumbildung eine straffe Abhängigkeit. Je dicker der Span, desto dicker muss der Leimfilm auf ihm sein. Schaumharzverleimungen können auch Vorteile hinsichtlich des Fugenfüllverhaltens (gap filling) ergeben.

Weitere Liteaturhinweise: Bornstein (1958), Cone (1969), Deppe und Hasch (1990), Sellers (1988), Walker (1996), Watters und Wellons (1978).

3.2 Holzfeuchtigkeit vor und nach dem Aufbringen des Bindemittels, Wasserhaushalt bei der Verleimung

3.2.1 Holzfeuchtigkeit

Wasser tritt im Holz je nach gegebener Holzfeuchte in freier Form in den Zelllumina (über dem Fasersättigungspunkt) bzw. unterhalb des Fasersättigungspunktes in physikalisch gebundener Form in der Zellwand auf (Wasserstoffbrückenbindungen zu den OH-Gruppen der Zellulose).

Feuchtigkeitsänderungen unterhalb des Fasersättigungspunktes sind mit Quell- oder Schwindbewegungen verbunden. Deshalb sollte eine bestimmte maximale Differenz in den Feuchtigkeiten der zu verleimenden Holzteile vor der Verleimung und beim späteren Einsatz nicht überschritten werden. Als Richtwerte gelten bei der Vollholzverleimung max. 5% bei Holzarten mit niedriger Dichte und max. 2% bei höherdichten Holzarten. Je weniger feuchtebedingte Verformungen gegeben sind, desto geringer ist die Gefahr von Ausbildungen von Fehlstellen in den verleimten Produkten.

Die Holzfeuchte beeinflusst mehrere bei der Verleimung wichtige Prozesse wie Benetzung, Bindemittelfluss, Eindringen des Bindemittels ins Holz und Aushärteverhalten des Bindemittels. Allgemein und als grobe Betrachtung werden Holzfeuchten im Bereich 6–14% als optimal angesehen, abhängig allerdings von den verschiedensten Einflussfaktoren. Niedrigere Holzfeuchtigkeiten können zu einem raschen Antrocknen des Bindemittelauftrages infolge eines raschen Feuchtigkeitsverlustes infolge Absorption in die Holzoberfläche führen. Sehr trockenes Holz kann sogar Benetzungsprobleme verursachen. Sehr hohe Holzfeuchten hingegen führen zu einem möglicherweise übermäßigem Fluss des Harzes, wobei sowohl ein übermäßiges Eindringen des Bindemittels in die Holzoberfläche als auch ein Ausquetschen des Bindemittels aus der Leimfuge bei der entsprechenden Anwendung des erforderlichen Pressdruckes möglich ist. Weiters kann eine hohe Feuchte einen hohen Dampfdruck im Pressgut bewirken, was gegebenenfalls zu Dampfblasen oder Spaltern beim Öffnen führen kann (s. insbesondere auch Teil III, Abschn. 3.4.4). Schließlich kann die Aushärtung duroplastischer Harze durch zu hohe Dampfdrücke behindert werden. Die optimale bzw. zulässige Holzfeuchte vor der Verleimung hängt auch vom Verhältnis der Holzmenge und der insgesamt mit dem Bindemittel eingebrachten Wassermenge zusammen.

Übermäßige Änderungen im Feuchtegehalt der verleimten Produkte sind jedenfalls zu vermeiden, weil sie Quell- oder Schrumpfspannungen hervorrufen, die ihrerseits sowohl das Holz als auch die Leimfuge schwächen können. Dabei ist insbesondere auch das in den verschiedenen Hauptrichtungen des Holzes (längs, radial, tangential) unterschiedliche Verhalten zu berücksichtigen, wenn Holzoberflächen mit unterschiedlichen Schnittrichtungen miteinander verleimt werden, wie z.B. Sandberg (1997) am Beispiel von Keilzinken von Hölzern unterschiedlicher Jahrringanordnung untersuchte. Zu verleimende Holzteile sollen deshalb auch immer die gleiche Feuchte aufweisen.

3.2.2 Wasserhaushalt bei der Verleimung und bei der Herstellung von Holzwerkstoffen

Die Überwachung des Wasserhaushaltes ist eines der wichtigsten Probleme bei der Herstellung von Holzwerkstoffen. Dies wurde bereits zu den frühesten Zeiten der Spanplattentechnologie erkannt (z.B. Kollmann u.a. 1955) und ist vor allem beim Einsatz formaldehydarmer Leime wegen deren niedrigerer Vernetzungsdichte von entscheidender Bedeutung. Der Wasserhaushalt der Leimfuge während des Verpressens wird aber unter anderem auch durch die Feuchtigkeit des Holzes bestimmt.

Die Verteilung des Bindemittels auf der Spanoberfläche hängt von seiner Verdünnung und damit von der Viskosität der Leimflotte ab. Die mit dem Bindemittel eingebrachte Wassermenge muss in der Presse jedoch wieder verdampft werden. Übersteigt der Dampfinnendruck am Ende der Presszeit die Eigenfestigkeit der Platte, kommt es beim Öffnen der Presse oder im Auslauf einer kontinuierlichen Presse zu einem Dampfspalter. Ein wesentlicher Einfluss kommt hier dem Ausdampfverhalten des Kuchens bzw. der Platte zu. Von der Feuchtigkeit hängt in starkem Maße aber auch die für die Verformung der Späne notwendige Plastizität ab, die für die Ausbildung genügend großer Kontaktflächen und damit für eine gute Bindemittelausnutzung und eine wirksame Verleimung erforderlich ist.

Höhere Feuchtigkeiten bewirken bei PF-Harzen eine verbesserte Fließfähigkeit und damit ein verstärktes Eindringen des Harzes ins Holz. Dies bewirkt einen höheren Holzbruchanteil, insbesondere bei der Verwendung hochmolekularer Harze (Ellis und Steiner 1990). Zu hohe Feuchtigkeiten der Furniere können hingegen zu einem zu starken Eindringen des Harzes ins Holz und damit zu verhungerten Leimfugen führen (Steiner u.a. 1993). Verstärkend für diesen Effekt kann hier auch die Verzögerung der Aushärtung wegen des hohen Angebotes an Wasser sein, wodurch die chemische Gleichgewichtseinstellung in der chemischen Reaktionsgleichung „$P + F \rightarrow PF$ + Wasser“ (am Beispiel von PF-Harzen) nach links auf die Seite der Ausgangsprodukte verschoben wird. Diese Effekte können z.B. durch die Formulierung spezieller dispergierter Phenolharze, die verbesserte Härtungseigenschaften so-

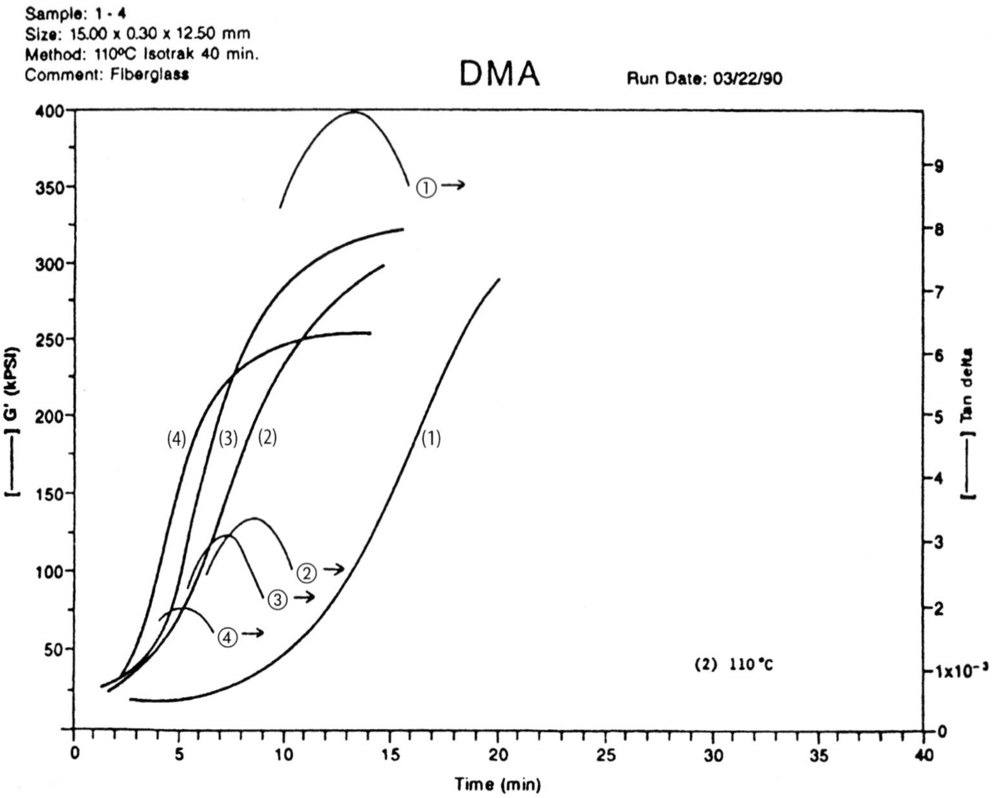

Abb. 3.14. Isotherme DMA-Untersuchungen an verschiedenen Phenolharzen mit unterschiedlicher Reaktivität (Kim und Miller 1990)

wie eine verringerte Neigung zu übermäßigem Fluss aufweisen, überwunden werden (Steiner u.a. 1993). Es ist bekannt, dass die Fließfähigkeit eines Phenolharzes mit steigendem Kondensationsgrad und damit steigenden Molmassen abnimmt. Einer übermäßigen Ausnutzung dieses Effektes im Zusammenhang mit der Verleimung von feuchtem Holz steht jedoch die Beschränkung durch die technisch mögliche Viskosität sowie die Löslichkeitsgrenze der Harze entgegen.

Kim und Miller (1990) sehen in der Beschleunigung der Aushärtung des Bindemitttels den entscheidenden Parameter bei der Verleimung von feuchteren Strands bei der OSB-Herstellung. Sie präsentieren Ergebnisse mit verschiedenen Phenolharzen, die Gelierzeiten im Bereich 22–30 Minuten (Standardharze, 1) und 2,5–3 Minuten (rasch härtende Phenolharze, 2–4) haben. Die Art der chemischen Modifikation zur Erzielung dieser kurzen Aushärtezeiten wird jedoch nicht beschrieben. Abbildung 3.14 zeigt die isothermen DMA-Kurven dieser unterschiedlich rasch härtenden Phenolharze.

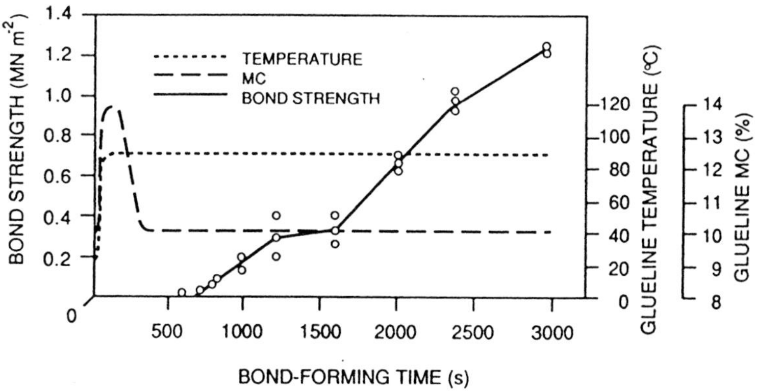

Abb. 3.15. Typische Kurve der zeitabhängigen Festigkeitsausbildung sowie der bei diesen Experimenten herrschenden Temperatur- und Feuchtigkeitsverhältnissen (Humphrey und Ren 1989)

Je nach der gegebenen Presstemperatur bestehen verschiedene Bereiche der optimalen Holzfeuchtigkeit. Es wurde bereits früh vermutet, dass neben der Temperatur auch die Feuchteverhältnisse in unmittelbarer Umgebung der Leimfuge bzw. des aushärtenden Harzes die Härtungsmechanismen beeinflussen und so auf die Entwicklung der Bindefestigkeit Einfluss nehmen können (Graf 1937, Kuch 1943, Strickler 1959).

Humphrey und Ren (1989) führten eine Vielzahl von Verleimungen von dünnen Douglas Fir-Furniere mit einem PF-Pulverleim bei nahezu isothermen Bedingungen und konstanten Feuchteverhältnissen durch. Eine in der Presse montierte druckdichte Zelle ermöglichte es, die Feuchteverhältnisse während der Verpressung durch Dampfeinspeisung so einzustellen, dass die vorklimatisierte Feuchtigkeit der Furniere (4 bzw. 10 bzw. 16 %) konstant blieb. Mittels einer Zusatzeinrichtung wurde unmittelbar anschließend an die über unterschiedliche Zeiten einwirkende Presskraft die bis zu diesem Zeitpunkt entstandene Bindefestigkeit geprüft.

Abbildung 3.15 zeigt einen für diese Experimente typischen Verlauf des Anstieges der Bindefestigkeit mit der Zeit; die einzelnen Datenpunkte stellen voneinander unabhängige und bei den entsprechenden Presszeiten stattgefundene Verleimungsexperimente dar. Die Kurve der Feuchtigkeit in der Leimfuge stammt aus Modellberechnungen, die Temperatur der Leimfuge wurde mittels eines dünnen Thermoelementes gemessen; bereits nach wenigen Sekunden ist ein isothermer Zustand in der Leimfuge gegeben. Bis zur ersten messbaren Bindefestigkeit ist eine bestimmte Zeitspanne gegeben, die nach Ansicht der Autoren auf das Aufschmelzen des Pulverharzes, sein Eindringen ins Holz und das Erreichen eines minimalen vernetzten Zustandes zurückzuführen ist. Überraschenderweise war jedoch eine solche Verzögerung im Auftreten der ersten messbaren Bindefestigkeiten früher bei UF-Leimen nicht gefunden worden (Humphrey und Bolton 1979). Die Bindefestigkeit

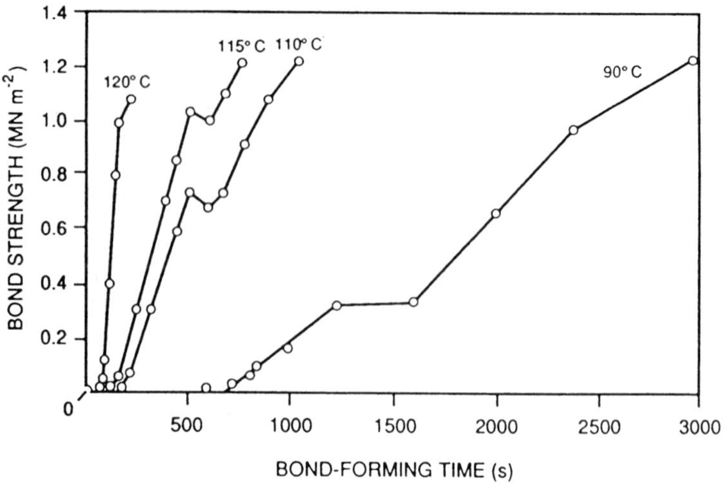

Abb. 3.16. Bei verschiedenen Temperaturen ermittelte Kurvenscharen der Ausbildung der Bindefestigkeit (Humphrey und Ren 1989)

steigt bis zu einem bestimmten Wert an, um danach eine kurze Phase gleichbleibender Festigkeiten zu durchlaufen. Die Ursache für dieses bereits auch früher (Humphrey und Bolton 1985) festgestellte diskontinuierliche Verhalten ist nicht eindeutig bekannt. Möglicherweise handelt es sich dabei um den Effekt der so genannten fiebrigen Phase, die bei verschiedenen Verleimungen auftreten kann. Als mögliche Ursachen dafür werden Quellungserscheinungen in den zu verleimenden Holzoberflächen infolge der Diffusion von Wasser aus der Leimfuge angenommen. Im Anschluss an diese kurze Phase gleichbleibender Festigkeiten erfolgt eine zügige weitere Ausbildung der Bindefestigkeit bis zum Erreichen des ausgehärteten Zustandes.

Diese Experimente können bei verschiedenen Temperaturen durchgeführt werden, wodurch Kurvenscharen in Abhängigkeit der Presszeit mit der Temperatur als Parameter erhalten werden (Abb. 3.16).

Trägt man die aus Abb. 3.16 ermittelten Steigungen in logarithmischer Form über der inversen absoluten Temperatur auf, kann eine von den Autoren (Humphrey und Ren 1989) als Reaktivitätsindex („reactivity index“) bezeichnete Aktivierungsenergie (s. Tabelle 1.12 in Teil II, Abschn. 1.3.3.3) berechnet werden (Abb. 3.17).

Humphrey und Ren (1989) betrachten bei einer Presstemperatur im Bereich 100–115 °C eine Holzfeuchtigkeit von 10% als ideal; eine niedrigere Holzfeuchtigkeit (4%) verzögerte signifikant die Verleimung, während 16% die chemische Reaktivität der eingesetzten PF-Pulverleime herabsetzte und zu niedrigen Bindefestigkeiten führte.

Allgemein gilt, dass die besten Verleimungsergebnisse und damit die beste Beständigkeit und Dauerhaftigkeit einer Verleimung dann gegeben ist, wenn die Holzfeuchtigkeit bei der Verleimung selbst möglichst gleich hoch ist wie

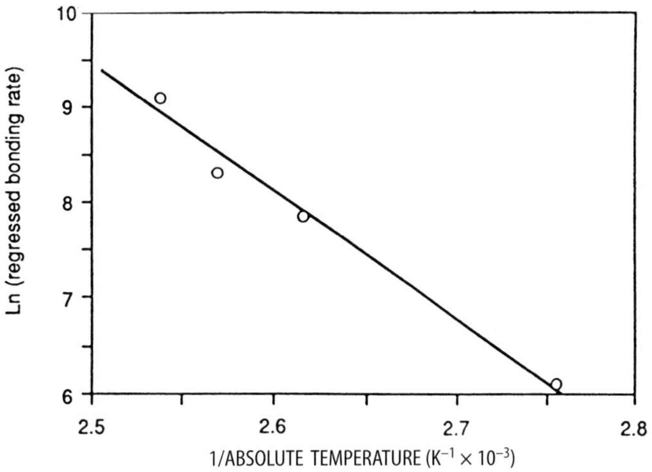

Abb. 3.17. „Arrhenius"-Darstellung der Temperaturabhängigkeit der Ausbildung der Bindefestigkeit (Humphrey und Ren 1989)

die Ausgleichsfeuchte des verleimten Holzes bei der späteren An- und Verwendung. Je geringer die Möglichkeit von Feuchtigkeitsänderungen beim späteren Einsatz sind, desto geringer ist die Gefahr, dass Fehlstellen im Holz bzw. im Bereich der Verleimung auftreten. Für die Verwendung in warmen, abgeschlossenen Räumen liegt die optimale Feuchtigkeit im Bereich 8–12%, in kühleren Räumen auch darüber.

Geimer und Christiansen (1991) variierten in ihren DMA- und DSC-Untersuchungen an Phenolharzen die relative Luftfeuchtigkeit, bei der die Konditionierung der teilweise vorgehärteten Proben vor den Messungen erfolgte. Überraschenderweise wurde dabei ein Anstieg der Reaktionsgeschwindigkeit (gemessen als Vorhärtung, die während einer gegebenen Vorhärtungsdauer auftritt) mit der relativen Luftfeuchtigkeit während der Konditionierungsphase gefunden. Demgegenüber besteht bei der Ausbildung der Bindefestigkeit ein Optimum der relativen Luftfeuchtigkeit in der umgebenden Luft, wie Abb. 3.18 zeigt (Geimer und Christiansen 1991, Wang u. a. 1996). Die Mechanismen, die eine Reduzierung der Bindefestigkeit bei höherer Luftfeuchtigkeit während der Verleimung und der Ausbildung der Bindefestigkeit bewirken, werden jedoch nicht näher beschrieben.

Durch Abwandern des Wassers aus der Leimfuge wird das Fließverhalten des Bindemittels gestört; die Benetzung der nicht beleimten zweiten Holzoberfläche wird erschwert, im Extremfall sogar verhindert. Eine schlechte Benetzung zeigt sich vor allem an einem niedrigen Holzbruchanteil. Zusätzlich kann infolge des ungenügenden Fließens nur mehr teilweise eine Vergleichmäßigung des Leimauftrages erfolgen, was zu unterschiedlichen Leimfugendicken führen kann. Sind beim Öffnen der Leimfugen die Rillen der Leimauftragswalzen oder der verwendeten Zahnspachtel auf der beleimten Holzober-

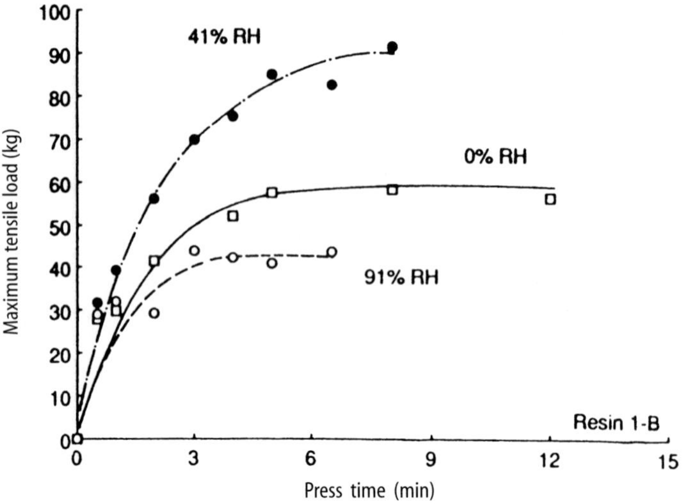

Abb. 3.18. Einfluss der relativen Luftfeuchtigkeit der Umgebungsluft auf die Ausbildung der Bindefestigkeit einer mit einem Phenolharz bei einer Presstempertur von 115 °C hergestellten Scherprobe (Geimer und Christiansen 1991)

fläche zu sehen, deutet dies neben einem ungenügenden Pressdruck auch auf eine zu lange Wartezeit vor dem Aufbringen des Pressdruckes hin, wodurch die Fließfähigkeit des Leimauftrages zu stark vermindert wurde.

Die durch einen erhöhten Leimauftrag eingebrachte zusätzliche Wassermenge wirkt immer dort positiv, wo die Gefahr des Antrocknens der Oberfläche des Leimauftrages und eines zu geringen Eindringens des Bindemittels in die nicht beleimte zweite Holzoberfläche besteht. Die hohe Wassermenge kann bei niedermolekularen Harzen jedoch zu einem übermäßig starken Wegschlagen des Leimes ins Holz und damit zu einer verhungerten Leimfuge führen. Weiters kann bei Furnierverleimungen das Problem einer hohen nachträglichen Formaldehydabgabe, eines Leimdurchschlages sowie von Furnierrissen hervorgerufen werden.

Das Erwärmen der Außenzonen des Spanvlieses (Deckschicht) führt zur Bildung von Wasserdampf, wodurch sich der Gesamtgasdruck in dieser Zone erhöht und ein Wasserdampffluss zur Plattenmitte hin entsteht (Dampfstoß). In der noch kühleren Mittelschicht der Platte erfolgt teilweise eine Kondensation dieses zugeströmten Dampfes; mit der im Laufe der Presszeit eintretenden Erwärmung steigt der Dampfdruck und damit der Gesamtgasdruck im Inneren des Kuchens an.

Während des Heißpressvorganges einer Spanplatte kommt es zu raschen Änderungen verschiedener Größen wie Temperatur, Feuchtigkeit und Dampfdruck. Die entstehenden Temperatur- und Feuchtigkeitsgradienten beeinflussen wesentlich die Ausbildung der Platteneigenschaften und die Aushärtung des Leimharzes. Das Zusammenspiel der beiden Gradienten mit dem von außen aufgebrachten mechanischen Pressdruck (Pressdruck in Abhängigkeit der Presszeit) ist wiederum entscheidend für die Ausbildung des Rohdichteprofils und beeinflusst auf diese Weise signifikant die Festigkeiten und die Gebrauchseigenschaften der Platte.

Je höher die Feuchtigkeit der beleimten Deckschicht-Späne, desto steiler ist dieser Dampfdruckgradient zwischen Plattenoberfläche und Mitte und desto rascher erfolgt die Durchwärmung der Mittelschicht durch den Dampfstoß. Ein Wassertransport in flüssigem Zustand tritt mit Sicherheit nicht auf. Auch die Durchwärmung des Späne- oder Faservlieses durch langsames Aufwärmen der Holzsubstanz leistet bei der Herstellung von Span- und MDF-Platten nur einen unwesentlichen Beitrag zur Aufwärmung der Mittelschicht. Bei sperrholzähnlichen Produkten ist jedoch der Dampfstoß kaum ausgeprägt, die Durchwärmung des Plattenaufbaues (z. B. Schichtung der einzelnen zu verpressenden Furniere) erfolgt tatsächlich durch Wärmeleitung über die Holzsubstanz. Die für die Durchwärmung eines Furnierpaketes zu veranschlagenden Zeiten liegen jedoch deutlich höher (grobe Faustformel: 1 Minute pro mm Holz) als bei Span- und MDF-Vliesen (spezifische Presszeit je nach Pressenart und Presstemperatur 4 bis ca. 12 Sekunden/mm Rohplattendicke).

Die Feuchtigkeit der beleimten Späne ergibt sich aus der Feuchte des unbeleimten getrockneten Holzes sowie aus der mit der Bindemittelflotte eingebrachten Wassermenge, wobei die größte Wassermenge aus dem Bindemittel selbst bzw. einer möglichen Wasserzugabe zum Leim stammt. Eine Variation der Feuchtigkeit der unbeleimten Späne ist hingegen kaum möglich. Es ist hier zu beachten, dass sich die verschiedenen Wasser/Feuchte-Anteile unterschiedlich verhalten. Mit der Leimflotte aufgebrachtes oder zusätzlich auf den Spänekuchen aufgesprühtes Wasser ist leicht verdampfbar und steht somit für eine rasche und effektive Durchwärmung des Kuchens durch den Dampfstoßeffekt zur Verfügung. Die Restfeuchte des unbeleimten Holzes dagegen muss

Tabelle 3.5. Beispiel der Berechnung der Feuchtigkeit beleimter Mittelschichtspäne

Annahmen:
Feuchtigkeit der Späne vor der Beleimung: 2%
Trockensubstanz des Leimes: 66%
Konzentration der Härterlösung: 20%
Konzentration der Paraffinemulsion: 60%
Beleimungsgrad: 8% Festharz/atro Span
Härterdosierung: 2,5% Härter fest/Festharz
Festwachsdosierung: 0,6% Festparaffin/atro Span
Keine zusätzliche Wasserzugabe zur Leimflotte.

102,0 kg	Trockenspan	100,0 kg	atro Span	2,0 kg	Wasser (Späne)
12,1 kg	Leim	8,0 kg	Festharz	4,1 kg	Wasser (Leim)
1,0 kg	Härterlösung	0,2 kg	Härterfeststoff	0,8 kg	Wasser (Härter)
1,0 kg	Emulsion	0,6 kg	Festparaffin	0,4 kg	Wasser (Emulsion)
		108,8 kg	Summe Feststoff	7,3 kg	Summe Wasser

Berechnete Feuchte der beleimten Späne (Summe Wasser/Summe Feststoffe): 6,7%

Tabelle 3.6. Beispiel der Berechnung der Feuchtigkeit beleimter Deckschichtspäne

Annahmen:	Feuchtigkeit der Späne vor der Beleimung: 2%
	Trockensubstanz des Leimes: 66%
	Konzentration der Härterlösung: 20%
	Konzentration der Paraffinemulsion: 60%
	Beleimungsgrad: 11% Festharz/atro Span
	Härterdosierung: 0,5% Härter fest/Festharz
	Festwachsdosierung: 0,6% Festparaffin/atro Span
	Zusätzliche Wasserzugabe zur Leimflotte: 30%/Flüssigleim
	Festharzgehalt der Leim-Wassermischung: 50,8%

102,0 kg	Trockenspan	100,0 kg	atro Span	2,0 kg	Wasser (Späne)
16,7 kg	Leim	11,0 kg	Festharz	5,7 kg	Wasser (Leim)
0,28 kg	Härterlösung	0,06 kg	Härterfeststoff	0,22 kg	Wasser (Härter)
1,0 kg	Emulsion	0,6 kg	Festparaffin	0,4 kg	Wasser (Emulsion)
5,0 kg	Wasser	– kg		5,0 kg	Wasser
		111,7 kg	Summe Feststoff	13,32 kg	Summe Wasser

Berechnete Feuchte der beleimten Späne (Summe Wasser/Summe Feststoffe): 11,9%

während des Einwirkens der Presstemperatur nach dem Verdampfen erst aus den Spänen herausdiffundieren und ergibt damit einen weitaus geringeren Beitrag zur Kuchendurchwärmung über den Dampfstoß. Aus diesem Grund ist es nicht möglich, das z.B. zur Deckschicht-Leimflotte zugegebene Wasser durch eine höhere Restfeuchtigkeit der getrockneten Deckschichtspäne zu ersetzen.

Die beiden Tabellen 3.5 und 3.6 beschreiben die Berechnung der Feuchtigkeiten der beleimten Mittelschicht- bzw. Deckschichtspäne anhand zweier in Anlehnung an die Praxis gewählter Beispiele.

Tabelle 3.7 fasst die Feuchtigkeiten beleimter Mittelschicht (MS)- bzw. Deckschicht (DS)-Späne für UF- bzw. PF-Harze am Beispiel verschiedener Flotten bzw. Beleimungsgrade zusammen. Wegen der niedrigeren Trockensubstanz der PF-Leime liegen die Feuchtigkeiten der PF-beleimten Späne im Vergleich zu den UF-beleimten Spänen deutlich höher.

Je nach den gegebenen Verarbeitungsbedingungen (Anteil Deckschicht an der Gesamtplatte, Beleimungsgrade in den beiden Schichten, Presstemperatur) liegen die Feuchtigkeiten der beleimten Späne in der Praxis bei:

a) UF: 7–9% in der MS; 10–13% in der DS
b) PF: 11–14% in der MS; 14–18% in der DS.

Eine zu hohe Feuchtigkeit im Spanvlies, insbesondere in den DS-Spänen, hat verschiedene Auswirkungen:

- lange Ausdampfzeiten und damit lange erforderliche Lüftzeiten (dadurch auch lange Presszeiten), weil sonst die Gefahr von Platzern besteht
- die chemische Aushärtereaktion wird behindert
- hohe DS-Dichten und dadurch ein steiler Dichtegradient.

Tabelle 3.7. Berechnete Feuchtigkeiten der beleimten Späne bei UF- bzw. PF-verleimten Spanplatten

UF-MS- bzw. UF-DS-Harz: TS = 66%; Zugabe von 30% Wasser/Leim in der DS-Flotte; Härter: MS: 2,5% Ammonsulfat/FH, DS: 0,5% Ammonsulfat/FH, Zugabe als 20%ige Lösung.
PF-MS-Harz: TS = 48%; PF-DS-Harz: TS = 45%; keine Zugabe von Wasser bzw. Pottasche. Feuchtigkeit der getrockneten, unbeleimten Späne: 3 %; eine mögliche Paraffinzugabe wurde nicht berücksichtigt.

Beleimungsgrad (% FH/atro Span)	Feuchte der beleimten Späne (%)			
	UF-MS	UF-DS	PF-MS	PF-DS
6	6,3	–	–	–
8	7,3	9,5	10,8	10,9
10	8,3	11,2	12,5	13,8
12	–	12,7	14,3	15,8

Mit dem in die Mittelschicht strömenden Dampf gelangt auch der überwiegende Anteil des im Vlies verfügbaren gasförmigen Formaldehyds in die Plattenmitte, wie Poblete (1985) an mit Formaldehyd angereicherten Deckschichtspänen nachwies. Der Gehalt an ausdampfbarem Formaldehyd (z.B. gemessen mittels Perforatormethode) ist jedoch nicht eindeutig in der Mittelschicht höher, wie von Poblete (1985) postuliert wurde; dies ist wahrscheinlich lediglich sofort nach dem Pressvorgang der Fall; bei klimatisierten Proben ist durch den Feuchteausgleich auch wieder mehr oder minder ein Ausgleich des emittierbaren Formaldehyds über den gesamten Plattenquerschnitt gegeben. Zusätzlich spielen hier noch andere Faktoren eine Rolle, wie z.B. die Flottenmolverhältnisse in MS und DS. Es besteht keine einhellige Meinung darüber, ob und inwieweit die Deckschicht oder die Mittelschicht formaldehydärmer eingestellt werden sollen. Eine solche Einstellung ist z.B. durch Leime mit unterschiedlichem Molverhältnis oder durch eine entsprechende Fängerzugabe möglich.

Infolge des Trocknens der Außenschichten (Verdampfung der beleimten Feuchte der oberflächennahen Späne) wird der anfängliche Dampfdruckgradient flacher, während sich die Feuchte in der Plattenmitte sammelt und dort der Dampfdruck ansteigt. Eine Umkehrung des Dampfflusses ist jedoch wegen des nach wie vor bestehenden Temperaturgradienten zwischen den Außenflächen und der Plattenmitte nicht möglich. Der Dampffluss stellt sich nunmehr in Richtung der Plattenkanten und -ecken ein.

Die Durchwärmung eines Späne- oder Faservlieses ist von einer Reihe von Parametern abhängig, wie der Pressplattentemperatur (den verschiedenen Presstemperaturen in einer kontinuierlichen Presse), dem Pressdruck(verlauf) sowie der Feuchtigkeit und deren Verteilung. Die Wärmeübertragung erfolgt dabei hauptsächlich durch den bereits beschriebenen Dampfstoß (Konvektion); Wärmeleitung bzw. -strahlung liefern lediglich vernachlässigbare Beiträge. Die Geschwindigkeit des Wärmetransportes in die Plattenmitte und die dadurch gegebene Temperaturerhöhung im Vlies wird neben der Presstemperatur überwiegend durch die Feuchtigkeit der beleimten Späne bzw. Fasern bestimmt.

Strickler (1959) weist darauf hin, dass nur ein geringer Anteil der in einer Platte insgesamt vorhandenen Feuchtigkeit (Wassermenge) als Dampf vorliegen kann, wobei er Größenordnungen von weniger als 1% angibt. Die üblichen Dampfdruckgesetze sind im Falle einer heißen Span- oder Faserplatte jedoch nur bedingt gültig, weil Wasser unterhalb des Fasersättigungspunktes im Holz absorbiert ist und die dabei wirkenden Anziehungskräfte mit sinkender Feuchtigkeit ansteigen. Der messbare Dampfdruck ist also immer niedriger, als er bei einer gegebenen Temperatur sein sollte (Strickler 1959).

Ein Platzen der Platten (Dampfspalter) am Ende des Pressvorganges tritt ein, wenn der Dampfdruck in der Platte die Festigkeit der eben erst gebildeten Leimfugen übersteigt; dabei muss berücksichtigt werden, dass diese Leimfugen in ihrer Festigkeit durch die hohen Plattentemperaturen noch deutlich geschwächt sind. Die Ursachen für Dampfspalter liegen durchwegs im Wasser- und Dampfhaushalt der Platte begründet (Tabelle 3.8). Die entsprechenden Gegenmaßnahmen ergeben sich damit wie folgt:

- möglichst konstante Fahrweise der Trockner
- möglichst hohe Konzentration der MS-Flotte
- genaue Kontrolle der Siebkennlinien und des Anteiles an feinen Spänen in der MS, um ein gutes Ausdampfverhalten zu gewährleisten
- vorsichtiger Druckabbau, ggf. Verlängerung der Lüftphase auf Kosten der Kalibrierphase, um die Gesamtpresszeit konstant zu halten
- Verringerung der eingestellten Presstemperaturen in den letzten Zonen bei kontinuierlichen Pressen.

Unabhängig von den bekannten Einschränkungen bei der Feuchtigkeit der unbeleimten Späne hat es nicht an Versuchen gefehlt, diese Feuchtigkeit zu höheren Werten zu verschieben. Jahic (2000) versuchte, durch Optimierung der Pressparameter beim Pressen von Spanplatten Möglichkeiten zu erarbeiten, um Späne mit einer Feuchtigkeit von mehr als 5% nach dem Trockner einsetzen zu können. Grundvoraussetzung war, dass durch den Einsatz der feuchteren Späne weder eine Verlängerung der Presszeit noch eine Verminderung der mechanischen Eigenschaften eintraten.

In letzter Zeit sind von einem Pressenhersteller kontinuierliche Pressen entwickelt und installiert worden, bei denen in der letzten Zone aktiv gekühlt werden kann, um so den Dampfdruck abzusenken. Bei einigen wenigen Plattenherstellern wurde diese Technologie bereits mit offensichtlichem guten Erfolg in die industrielle Praxis umgesetzt; eine abschließende Beurteilung ist derzeit aber noch nicht möglich (Kaiser 2001).

Die Verlängerung der Presszeit beim Auftreten von Platzern ist bei den formaldehydarmen E1-UF-Leimen durchwegs keine sinnvolle Maßnahme. In-

Tabelle 3.8. Mögliche Ursachen für Dampfspalter

- insgesamt zu hohe Feuchtigkeit der beleimten Späne:
  - hohe Feuchtigkeiten der getrockneten Späne
  - zu wasserreiche Flotten
  - zu hoher Beleimungsgrad
- schwankende Feuchtigkeit der getrockneten Späne (Trocknerprobleme)
- Wassereinbruch bei abgenützten wassergekühlten Hornwerkzeugen im Mischer
- ungünstiges Pressdruckprofil: schlagartiges oder zu rasches Absenken des Pressdruckes bzw. Öffnen der Pressen, keine oder zu kurze Lüftphase
- schlechtes Ausdampfen der Platte:
  - infolge eines hohen Feinanteiles: dies kann auch während einer an sich ruhigen Produktion relativ kurzfristig auftreten, wenn z. B. ein Spänesilo leer gefahren wird
  - hohes Streugewicht des Kuchens
  - ungleichmäßige Streuung (hochgestreute Kanten)
- zu lange Presszeit: Dampfdruck steigt stärker als die Plattenfestigkeit
- zu hohe insgesamt eingebrachte Wärmemenge (als Fläche unter der Temperatur-Zeit-Kurve)

folge der beschränkten Vernetzungsmöglichkeiten des formaldehydarmen Harzes wird durch die längere Presszeit die Festigkeit der Platte nicht weiter erhöht, allerdings steigt der Dampfdruck in der Platte weiter an. Eine Verlängerung der gesamten Presszeit ist hier nur im Sinne der Verlängerung der Lüftzeit sinnvoll, günstigerweise sollte diese verlängerte Lüftzeit zu Lasten der eigentlichen Heißpresszeit gehen. Bei den früheren formaldehydreicheren Leimen („E2", „E3" nach der alten ETB-Richtlinie 1980, s. Teil II, Abschn. 5.2.4) war es hingegen noch möglich gewesen, Spalter durch eine Verlängerung der Presszeit und damit durch eine höhere erzielbare Plattenfestigkeit zu vermeiden. Bei Spaltern beim Öffnen der Presse oder am Ende der kontinuierlichen Presse ist zu unterscheiden, ob es sich um echte Dampfspalter handelt (die Aushärtung ist üblicherweise abgeschlossen, die Bindefestigkeit unter den in der Platte gegebenen Bedingungen jedoch niedriger als der Dampfinnendruck) oder ob die Presszeit einfach wirklich zu kurz bzw. die Aushärtung aus einem anderen Grund noch nicht ausreichend war. In den letzteren Fällen ist ein eher lautloses Öffnen der Platte ohne wesentliche Entweichung von Dampf gegeben. Bei effektiven Feuchtigkeitsspaltern (Dampfspaltern) ist die freiwerdende Dampfmenge üblicherweise weder zu überhören noch zu übersehen (z. B. mehrere Meter lange Dampffontänen, wenn die Mittelschicht der Platte an der Kante der Platte aufreißt).

Ähnlich wie bei der Variation der Verdichtungszeit ändert sich auch bei unterschiedlichen Feuchtigkeiten der beleimten Späne das entstehende Rohdichteprofil, wie Abb. 3.19 am Beispiel eines einschichtigen Labor-Strandboards zeigt. Je höher die Feuchtigkeit der beleimten Strands, desto leichter kann die äußere Schicht („Deckschicht") zu Beginn des Pressvorganges ver-

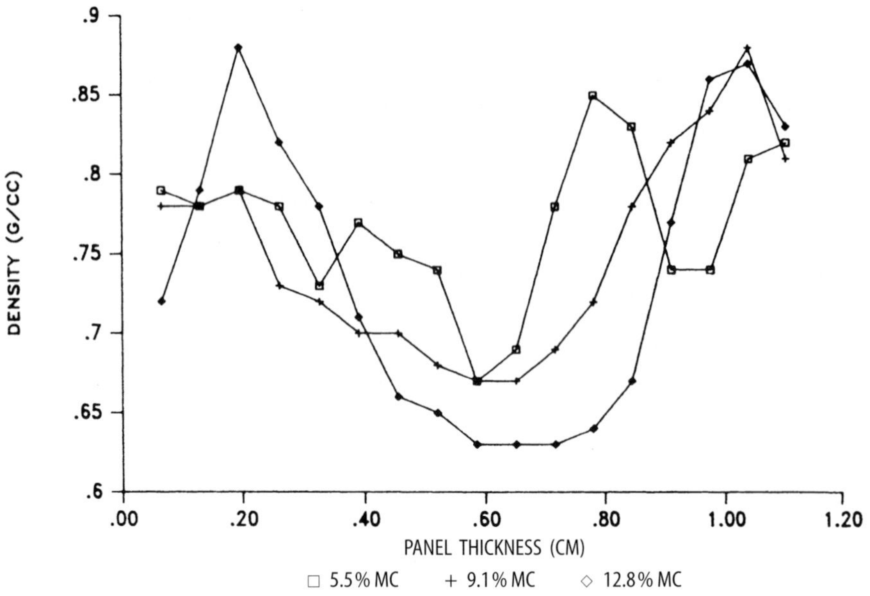

Abb. 3.19. Rohdichteprofile einschichtiger Labor-Strandboards bei unterschiedlichen Feuchtigkeiten der beleimten Späne (Winistorfer und DiCarlo 1988)

dichtet werden, desto niedriger ist demnach jedoch die resultierende Dichte der mittleren Plattenschicht („Mittelschicht"), sofern von einer gleichbleibenden Gesamtdichte der Platte ausgegangen wird. Es kann jedoch der Effekt eintreten, dass die hochverdichtete äußere Schicht insgesamt dünner wird und damit die Dichte der mittleren Schicht nicht zu sehr abfällt.

Auch bei mehrschichtigen Spanplatten ergibt eine höhere Deckschichtfeuchte eine bessere Verdichtung der Deckschicht und damit eine hohe Biegefestigkeit. Zusätzlich ist der Dampfstoßeffekt größer, wodurch ein schnellerer Wärmetransport in die Mittelschicht stattfindet. Eine höhere Feuchtigkeit der Mittelschicht ergäbe zwar eine verbesserte Verdichtung der Mittelschicht, erhöht jedoch die Gefahr von Dampfspaltern. Eine gute Verdichtung der Mittelschicht kann insbesondere über ein zweistufiges Pressprofil erreicht werden (s. Teil III, Abschn. 3.4.3).

Weitere Literaturhinweise: Futo (1971).

3.2.3
Offene und geschlossene Wartezeit

Unter der offenen bzw. der geschlossenen Wartezeit versteht man die Zeitspannen vom Auftragen des Bindemittels auf die zu beleimende Fläche bis zum Zusammenlegen der zu verleimenden Flächen bzw. vom Zusammenlegen bis zum Einsetzen des Pressdruckes (Beginn der Verleimung). Diese beiden Zeiten sind bei flächigen Verleimungen (Sperrholzherstellung, Furnierverleimung) hinlänglich definiert; bei Spänen und Fasern kann man als offene Wartezeit die Zeitspanne von der Beleimung bis zum Streuen und als geschlossene Wartezeit die anschließende Zeitspanne bis zum Einsetzen von Druck und Temperatur in der Presse verstehen.

Vor dem Auflegen der Furniere bei der Furnierung von Spanplatten bzw. dem Zusammenfügen von zwei Werkstückoberflächen sollte günstigerweise immer eine bestimmte offene Wartezeit eingehalten werden, um einem Teil der Feuchtigkeit der aufgetragenen Leimflotte die Möglichkeit zum Abdunsten zu geben. Die zulässige offene Wartezeit ist bei Kaltverleimung kürzer als bei Warm- oder Heißverleimung: das entscheidende Kriterium ist eine gute Benetzung der nicht beleimten Gegenseite, dazu muss der Leimauftrag auf jeden Fall noch klebrig sein. Eine Hautbildung zeigt, dass die zulässige offene Wartezeit bereits überschritten wurde. Die Dauer dieser zulässigen offenen Wartezeit bei flächigen Verleimungen kann am einfachsten mittels der so genannten Daumen- oder Fingerprobe (Neusser u.a. 1977) ermittelt werden, sie liegt meist in einer Größenordnung von 20–30 Minuten. Eine Verkürzung der zulässigen offenen Wartezeit kann bei Verwendung sehr trockener Furniere oder Platten, bei hoher Umgebungstemperatur sowie bei einer niedrigen Luftfeuchtigkeit auftreten.

Während der offenen Wartezeit kann Wasser aus dem Leimauftrag in die Umgebung verdampfen, ein Teil der Feuchtigkeit wandert auch in das Holz (Wegschlagen von Wasser aus dem Bindemittel). Dadurch steigen der Feststoffgehalt und die Viskosität des Leimauftrages (Freeman und Kreibich 1968), zusätzlich kann die Aushärtung des Harzes beschleunigt werden. Durch die höhere Viskosität kann es in steigendem Maße zu einer schlechteren Benetzung und zu einem geringeren Eindringen des Harzes ins Holz kommen. Unter Bruchspannung tritt der Holzbruch immer näher an der Leimfuge ein, bis nur mehr ein feiner seehundfellartiger Belag oder überhaupt kein Faserbelag mehr verbleibt. Abbildung 3.20 zeigt den starken Abfall des Holzbruchs, wenn längere offene Wartezeiten bei höheren Temperaturen auftreten.

Die geschlossene Wartezeit hingegen soll nach Möglichkeit immer so kurz wie möglich gehalten werden; während dieser Zeit nimmt das Furnier Wasser aus der Leimflotte auf und quillt dadurch stark quer zur Faserrichtung. Dies bringt eine Gefahr von Furnierrissen mit sich (s. Teil II, Abschn. 6.3.4.3). Schall (1977) findet bei Vollholzverleimungen ein Ansteigen der Fugendicke, ein Absinken des Faserbelages auf der Scherfläche und ab einer bestimmten geschlossenen Wartezeit auch einen Verlust an Scherfestigkeit.

Weitere Literaturhinweise: Chen und Rice (1973), Driehuyzen und Wellwood (1960).

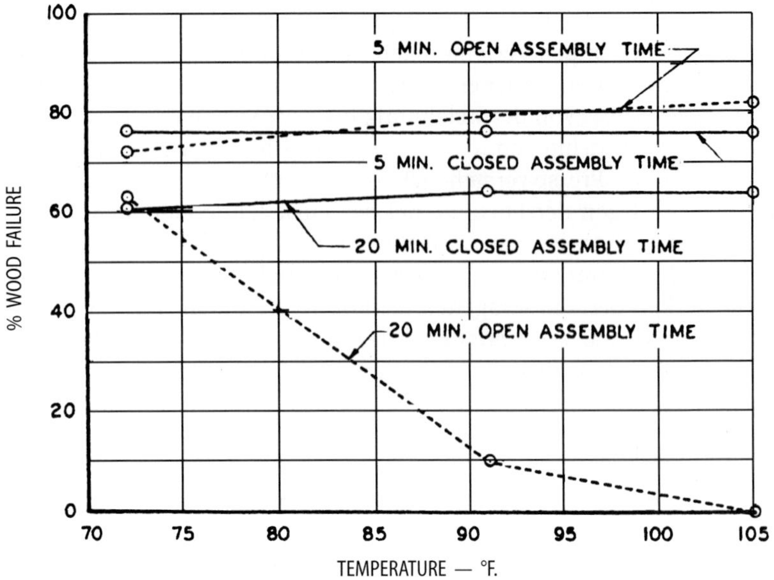

Abb. 3.20. Einfluss unterschiedlich langer offener und geschlossener Wartezeiten auf den Holzbruchanteil bei phenolharzverleimtem Sperrholz (Freeman 1970). Abszissenskala: 21 bis 41 °C

3.2.4 Verleimung von feuchtem Holz

Üblicherweise werden Sperrholzfurniere auf ca. 6–8 %, Späne auf 2–3 % Restfeuchtigkeit getrocknet. Je höher die tolerierbare Feuchte der Holzkomponente bei ihrem Einsatz ist, desto höher sind die Einsparungen an Energie und die Emissionen aus den Trocknern, desto niedriger also die direkten und indirekten (z. B. für die Abgasreinigung) Kosten.

Das Trocknen von Furnieren auf niedrige Holzfeuchten bei der Sperrholzherstellung kann eine Reihe von Nachteilen mit sich bringen:

- Trocknerkapazität als Engpass in der Produktion
- übermäßiges Eindringen von Wasser und Leim führt zu verhungerten Leimfugen
- Inaktivierung der Oberfläche durch eine intensive und lange Trocknung
- spröde Furniere, die leicht brechen
- das fertig gepresste Sperrholz weist eine niedrige Feuchte auf und kann sich beim anschließenden Feuchteausgleich verziehen und verwerfen.

Die Verleimung von feuchtem Holz würde auf der einen Seite Einsparungen bei den Trocknungskosten ergeben sowie zum Teil die Gefahr von Trockenschäden bzw. Spannungen in der Grenzfläche Holz-Leim vermeiden. Auf der anderen Seite ist die beim späteren Gebrauch der verleimten Teile zu erwartende Ausgleichsfeuchtigkeit zu berücksichtigen, sodass hier sowohl Feuchtigkeiten in der Größenordnung von 15–20% als auch Feuchtigkeiten oberhalb des Fasersättigungspunktes zu betrachten sind.

Strickler (1970) vermutete die Obergrenze der Holzfeuchtigkeit, bei der noch eine ordnungsgemäße Verleimung möglich ist, bei 20–30%. Eine Möglichkeit der Vorbereitung der zu verleimenden Oberflächen besteht darin, dass kurz vor der Verleimung eine Trocknung dieser Flächen erfolgt, wobei dies entweder durch warme Luft, durch Infrarotlampen oder in einer Heißpresse erfolgen kann (Murphey u.a. 1971). Allen Vorbehandlungen ist gemeinsam, dass nur eine kurzzeitige und nur oberflächliche Abtrocknung der zu verleimenden Holzteile erfolgt. Die Erzielung einer gleichmäßigen Feuchtigkeit an der Oberfläche ist allerdings entscheidend für die Güte der Verleimung (Vermeidung von Feuchtenestern); zusätzlich ist zu beachten, dass die Oberflächentemperatur in der Größenordnung von 100°C liegen kann und deshalb die offene und die geschlossene Wartezeit so kurz wie möglich sein müssen, um eine Voraushärtung des Bindemittels zu vermeiden. Auch der Wahl des geeigneten Bindemittels kommt eine entscheidende Bedeutung zu.

Einen wichtigen Parameter bei der Verleimung von feuchtem Holz stellt die Fließfähigkeit des Bindemittels dar. Diese erhöht sich durch die höhere Holzfeuchtigkeit, wodurch es zu einem verstärkten Wegschlagen des Leimes ins Holz und damit zu ungenügenden Verleimfestigkeiten kommen kann (verhungerte Leimfuge).

Die Verleimung von Holz mit höherer Feuchtigkeit ist prinzipiell mit feuchtigkeitshärtenden Isocyanatbindemitteln möglich (Chelak and Newman 1991, Palardy u.a. 1989, 1990). Bei Phenolharzen sind spezielle Einstellungen hinsichtlich des optimalen Molmassenbereiches erforderlich, um ein übermäßiges Eindringen des Harzes in die Holzoberfläche zu vermeiden (Andersen und Troughton 1996). Auch ist zu beachten, dass Phenolharze unter feuchten Umgebungsbedingungen langsamer aushärten. Über verschiedene zur Verleimung von Furnieren höherer Feuchte geeignete Bindemittelsysteme berichten unter anderem Steiner u.a. (1993) und Sellers u.a. (1990).

Der Einsatz von Holz bzw. Spänen mit höherer Feuchtigkeit bei der Verleimung und der Herstellung von Holzwerkstoffen hätte an sich einige Vorteile, erfordert aber auch die Einhaltung verschiedener Parameter bzw. birgt die Gefahr verschiedener Probleme:

- möglichst geringe Schwankungen der Ausgangsfeuchte des unbeleimten, ungetrockneten Holzes mit der Zeit
- möglichst gleichmäßige Feuchtigkeiten nach dem Trocknen (Vermeidung von Feuchtigkeitsnestern)
- beleimte Späne mit „feuchter" Oberfläche (Kaltklebrigkeit) können zu Förder- und Dosierproblemen führen
- Der Einsatz niedrigerer Presstemperaturen ist empfehlenswert, weil durch die höhere Feuchtigkeit bereits eine effizientere Durchwärmung möglich ist. Dadurch ist auch eine Herabsetzung des Dampfdruckes in der Plattenmitte während des Pressvorganges möglich.

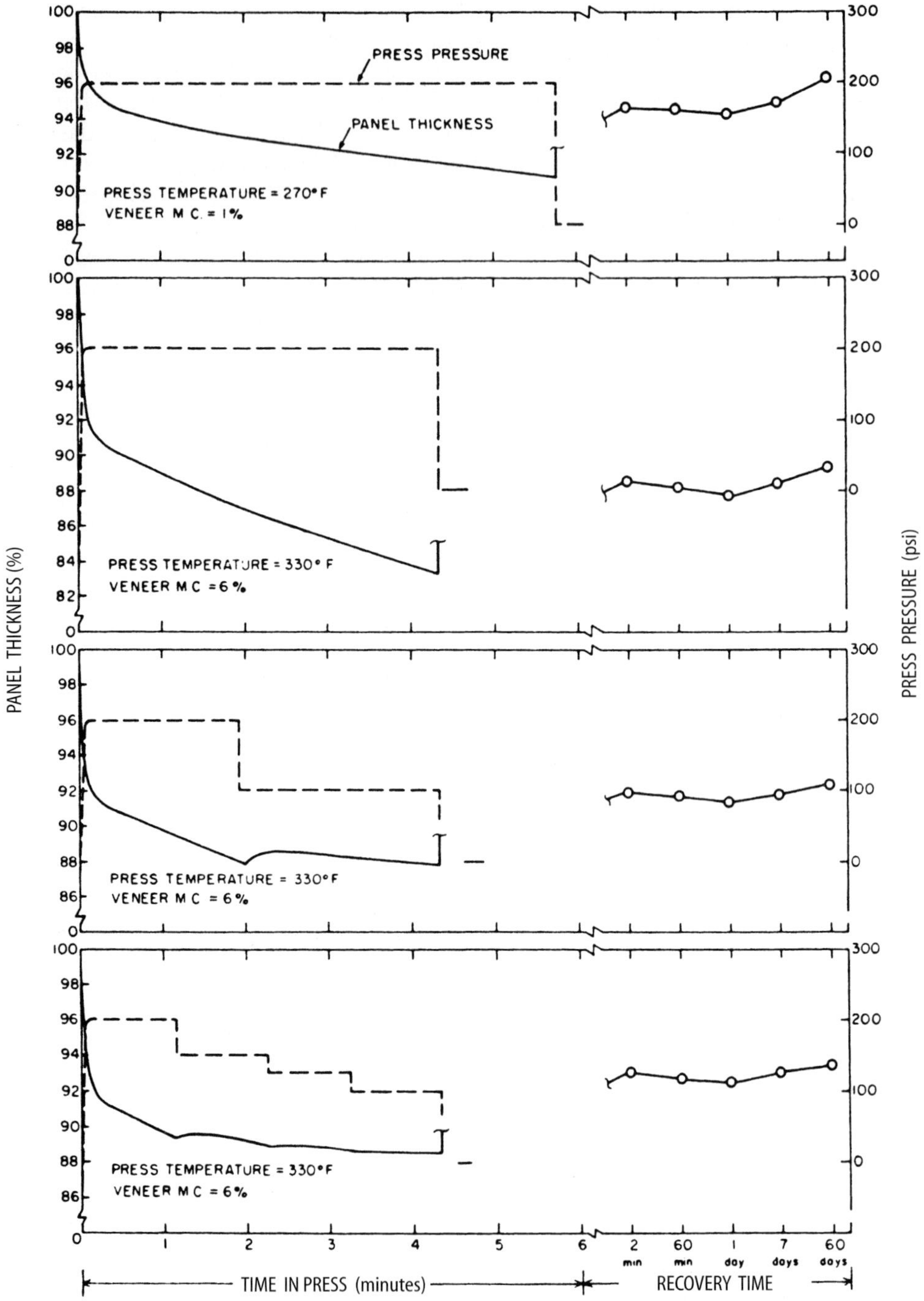

Abb. 3.21. Dicke von Douglas Fir-Sperrholz als Funktion des Pressdruckes, der Temperatur und der Presszeit für zwei verschiedene Feuchtigkeiten der Furniere (Wellons u.a. 1983)

- Pressenschließprogramm: eine hohe Feuchtigkeit der Deckschicht erfordert eine geringere Pressenschließgeschwindigkeit oder eine entsprechende Druckbegrenzung; infolge der verbesserten Verdichtung der Deckschicht bestünde sonst die Gefahr einer zu geringen Verdichtung der Mittelschicht, wodurch eine zu niedrige MS-Dichte und niedrige Festigkeiten der MS gegeben wären.

Je höher die Furnierfeuchte, desto größer ist der Dickenverlust bei der Herstellung von Furniersperrholz auf Grund der leichteren Verformbarkeit der durch Wasser plastifizierten Holzsubstanz (Abb. 3.21). Bei konstantem Pressdruck ist die Dickenabnahme bei der Sperrholzherstellung linear abhängig von der einwirkenden Presszeit. Eine stufenweise Reduzierung des Pressdruckes während des Pressvorganges verringert die Dickenabnahme beträchtlich. Je höher die Presstemperatur, desto größer ist erwartungsgemäß die Dickenabnahme (Wellons u. a. 1983). Ähnliche Zusammenhänge beschreiben auch Resnik und Sega (1995) sowie Resnik und Tesovnik (1995). Bei hohen Furnierfeuchten ist auch bei der Sperrholzherstellung die Gefahr von Platzern infolge eines zu hohen Dampfdruckes im Inneren der Platte gegeben. Ein weiteres Problem ist das Auftreten von stark unterschiedlichen Feuchten zwischen verschiedenen bzw. innerhalb einzelner Furniere, was einerseits zu Verformungen beim späteren Feuchteausgleich führen kann und andererseits eine hohe Toleranz des Bindemittels gegenüber verschiedenen Holzfeuchten erfordert.

Weitere Literaturhinweise: Kolejak (1983), Pecina (1970a+b), Phillips u.a. (1991), EP 311852, USP 4824896, USP 4977231.

3.3 Fügen der beleimten Holzkomponenten

3.3.1 Aufbau der Holzwerkstoffe

3.3.1.1 *Einteilungskriterien*

Die einzelnen Typen an Holzwerkstoffen unterscheiden sich unter anderem in ihrem Aufbau aus den einzelnen Strukturelementen:

- Furniere unterschiedlicher Herstellart und Dicke
- Holzlamellen unterschiedlicher Dicke
- Späne in ihrer Vielfalt von Größe, Gestalt und Herkunft
- Fasern
- Kombination verschiedener Strukturelemente.

Innerhalb der einzelnen Holzwerkstoffarten sind wiederum unterschiedliche Arten des Aufbaues aus den einzelnen Strukturelementen möglich:

a) Lagen- und Sperrholz:
- schicht- oder kreuzweise Anordnung der Furniere
- gleiche Holzart über die gesamte Dicke oder gezielte Abfolge unterschiedlicher Holzarten, z. B. Buche und Pappel

b) Spanplatten:
- Verhältnis Deckschicht zu Mittelschicht (Anteil der einzelnen Schichten an der Gesamtdicke bzw. der Gesamtmasse der Späne)

c) Faserplatten:
- Üblicherweise ist ein homogener und gleichmäßiger Aufbau der Platte aus den Fasern gegeben. Infolge der Einwirkung von Druck und Temperatur während der Plattenherstellung bildet sich aber dennoch ein Dichteprofil über die Plattendicke aus. In seltenen Fällen werden MDF-Platten wieder in Form einer Dreischichtplatte hergestellt, wobei insbesondere die Feuchtigkeit der beleimten Deckschichtfasern vor dem Verpressen höher liegt als die der Mittelschichtfasern. Dadurch wird eine verbesserte Ausbildung einer hochverdichteten Deckschicht sowie ein verstärkter Dampfstoß zur Durchwärmung des Faserkuchens erzielt.

3.3.1.2
Modellmäßige Beschreibung von Holzwerkstoffen

Es hat nicht an Versuchen gefehlt, Holzwerkstoffe theoretisch und in Form verschiedener Modelle zu beschreiben. Gesucht werden:

a) die modellmäßigen Zusammenhänge zwischen
- strukturellen und prozesstechnischen Parametern als Einflussgrößen auf der einen Seite und
- dem Rohdichteprofil sowie anderen physikalisch-mechanischen Platteneigenschaften auf der anderen Seite.

Literaturhinweise: Hänsel (1988), Hänsel u. a. (1988), Harless u. a. (1987), Lang und Wolcott (1996a+b), Lenth und Kamke (1996a–c), Lobenhoffer (1982), Niemz u. a. (1989), Rackwitz (1963), Spelter und Torresani (1991), Steiner und Dai (1993).

b) die Beschreibung von Holzwerkstoffen, insbesondere Spanplatten, als mehrschichtige Systeme bzw. als Summe der Einzelelemente. Gewünscht ist die Berechnung bzw. Vorhersage der Eigenschaften des mehrlagigen Verbundes aus den Eigenschaften der einzelnen Schichten bzw. der einzelnen Strukturelemente unter Berücksichtigung des Plattenaufbaues und der Anordnung der einzelnen Teilchen.

Literaturhinweise: Dai u.a. (1996, 1997), Dai und Steiner (1994a+b), Geimer u.a. (1975), Gerrard (1987), Hänsel und Kühne (1988), Hänsel und Neumüller (1988), Hänsel und Niemz (1989), Keylwerth (1958, 1959a), Kusian (1968a+b), Lang und Wolcott (1996a+b), Lu und Lam (1999), May (1977), E. Plath (1972, 1974a+b, 1976), Shaler und Blankenhorn (1990), Suchsland (1962), Suchsland und Xu (1991a+b), Suo und Bowyer (1994, 1995), Triche und Hunt (1993), Xu und Suchsland (1997, 1998).

Simulationsmodelle zur Beschreibung der während der Heißpressung mit fortschreitender Presszeit ablaufenden Veränderungen im Spankuchen werden im Abschnitt „Simulationsmodelle" in Teil III, Abschn. 3.4.4.3 beschrieben.

3.3.2 Span- und Faserorientierung

Über den Einsatz von orientiert gestreuten Spänen zur Erzielung eines gezielt anisotropen Verhaltens existiert eine umfangreiche Fach- und Patentliteratur, die bis 1954 zurückreicht (Geimer 1976). Die ersten Untersuchungen der Auswirkung der Orientierung von Spänen bei der Herstellung von Holzwerkstoffen erfolgte bereits in den Anfängen der Plattentechnologie, z.B. durch Klauditz u.a. (1960).

Alle Orientierungsmethoden erfordern Einrichtungen, die einerseits das Ausrichten der Späne in einer Vorzugsrichtung und andererseits ein Beibehalten dieser aufgezwungenen Orientierung bis zum Bilden des Spanvlieses bewirken. Tabelle 3.9 fasst verschiedene Möglichkeiten der Spanorientierung bei der Herstellung von Holzwerkstoffen mit gerichteten Spänen zusammen.

Tabelle 3.9. Verfahren zur Ausrichtung von Spänen

Verfahren	Literatur
a) mechanische Ausrichtung über Fächer- bzw. Scheibenwalzen	Kieser und Ufermann (1979)
b) elektrostatische Ausrichtung (Orientierung im elektrischen Feld): insbesondere von Bedeutung ist der Wasserhaushalt der Späne (mittlerer Feuchtigkeitsgehalt, Verteilung des Wassers innerhalb des Spanes). Die Ausrichtung erfolgt entsprechend der Dipolwirkung des Wassers.	Brinkmann (1979), Hutschneker (1979), Moldenhawer und Neumüller (1987), Pulido u.a. (2000), Talbott (1974), Talbott und Stefanakos (1972)
c) Ausrichtung ferromagnetisch modifizierter Fasern und Späne im Magnetfeld	Zauscher und Humphrey (1997)

Tabelle 3.10. Messmethoden zur Bestimmung der Spanorientierung

Methode	Beschreibung	Literatur
visuelle Beurteilung	a) Ausmessen der Lage einer bestimmten Anzahl von gerichteten Spänen (Winkel der Spanlängenachse zu idealer Spanorientierung). Mittlerer Spanwinkel Θ; Spanorientierung = $(45 - \Theta)/45$ (%)	Geimer (1976, 1979)
	b) Anteil der Späne, die in ± 20° der gewünschten Orientierungsrichtung fallen.	Geimer (1976, 1979)
	c) Verteilungsfunktion: Häufigkeit in Abhängigkeit des Orientierungswinkels	Shaler (1991)
	d) Einsatz digitaler Bildanalyse	Nishimura und Ansell (2000)
	e) Computer-Tomographie	Wimmer u. a. (2000)
Körperschall-geschwindigkeit	enge Korrelation zwischen Schall-geschwindigkeit und Anteil der Spanlängsrichtung in Schallrichtung; Orientierungsgrad ist proportional dem Verhältnis der Schallgeschwindigkeiten längs/quer zur Spanorientierung (Abb. 3.22)	Geimer (1979, 1981, 1986) Musial (1988) Wang und Chen (2001)
Messung mechanischer Eigenschaften	Prüfung verschiedener mechanischer Eigenschaften (z. B. Biege-*E*-Modul oder Biegefestigkeit) in bzw. quer zur Orientierungsrichtung.	Canadido u. a. (1988) Geimer (1976, 1979)

In der Praxis werden Scheiben- und Fächerwalzen zur mechanischen Ausrichtung in Längs- bzw. Querrichtung eingesetzt. Die Methode der elektrostatischen Ausrichtung hat keine industrielle Anwendung gefunden. Die ferromagnetische Ausrüstung von Fasern oder Spänen wurde labormäßig durch die Zugabe von Nickel auf unterschiedliche Weise getestet. Industrielle Anwendungen dieser Technologie bestehen derzeit nicht.

Die Messung der Spanorientierung ist zeitaufwendig; verschiedene Methoden sind in Tabelle 3.10 übersichtsartig zusammengestellt.

Das Verhältnis verschiedener mechanischer Eigenschaften in den beiden Hauptrichtungen der Platte ist ein wesentliches Qualitätsmerkmal bei der Herstellung von Holzwerkstoffen mit gerichteten Spänen. OSB-Platten werden üblicherweise in dreischichtiger Ausführung hergestellt, wobei die beiden äußeren Schichten eine gemeinsame Orientierungsrichtung der Strands aufweisen, während die Zielorientierung der Strands in der Mittellage im rechteckigen Winkel dazu gegeben ist. Die Strands in Deck-

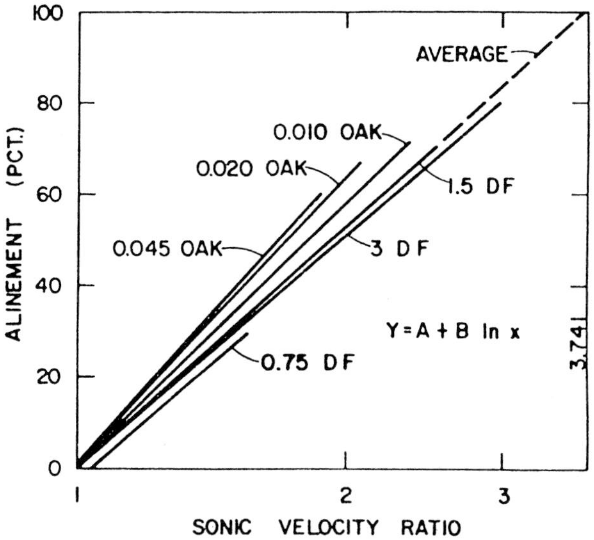

Abb. 3.22. Korrelation zwischen dem Verhältnis der Schallgeschwindigkeiten längs und quer zur Spanorientierung und dem Orientierungsgrad (alignment) für verschieden lange Douglas Fir-Späne und verschieden dicke Eichenspäne (Geimer 1979). Orientierungsgrad $= (45 - \Theta)/45\,(\%)$ mit Θ = durchschnittlicher Winkel zwischen idealer und tatsächlicher Spanrichtung. 100 % entspricht der idealen Spanausrichtung aller Späne in der gewünschten Richtung der Plattenebene

schicht und Mittelschicht sind meist identisch hinsichtlich ihrer Größe und Gestalt, die eingesetzten Leimflotten unterscheiden sich jedoch durchwegs.

Der Orientierungsgrad kann in einfacher Weise aus verschiedenen Platteneigenschaften, insbesondere deren Verhältnis in und senkrecht zur Orientierungsrichtung, abgeschätzt werden. Dazu sind z.B. die beiden Biege-*E*-Moduli (Abb. 3.23) oder die Biegefestigkeiten geeignet.

Enge Korrelationen bestehen zwischen Orientierungsgrad, Körperschallgeschwindigkeit und verschiedenen mechanischen Eigenschaften von OSB und Flakeboards. Zu beachten ist jedoch, dass für jede Spanart eigene Korrelationsgleichungen bestehen. Tabelle 3.11 fasst diese Korrelationen zwischen der Spanorientierung und verschiedenen mechanischen Eigenschaften von OSB und Flakeboards zusammen.

Ein erhöhter Anteil von orientiert gestreuten Deckschichtspänen erhöht z.B. die Biegefestigkeit und den Biege-*E*-Modul bei Beanspruchung parallel zur Spanorientierung. Abbildung 3.24 zeigt den Zusammenhang zwischen den Verhältnissen der Schallgeschwindigkeiten und der verschiedenen *E*-Moduli für Zug-, Druck- und Biegebeanspruchung. Die Zusammenhänge sind dabei bei logarithmischer Auftragung mehr oder minder linear.

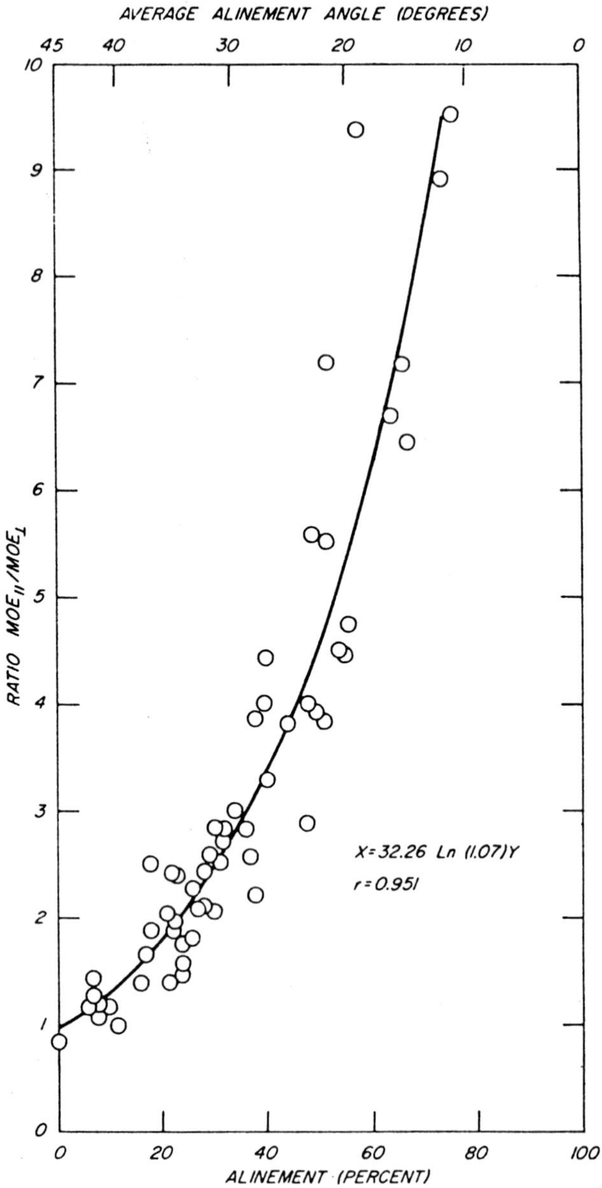

Abb. 3.23. Korrelation zwischen dem Orientierungsgrad der Späne in OSB-Platten und dem Verhältnis der Biege-E-Moduli in bzw. quer zur Spanorientierung (Geimer 1976). Linearer Maßstab der E-Modul-Verhältnisse

Tabelle 3.11. Korrelationen zwischen der Spanorientierung und verschiedenen Eigenschaften von OSB und Flakeboards

Eigenschaft	Korrelation	Literatur
Biegefestigkeit, Biege-E-Modul	lineare Korrelation des Verhältnisses (längs/quer) zum Orientierungsgrad, ausgedrückt als Verhältnis der Schallgeschwindigkeiten längs/quer bei doppelt logarithmischer Auftragung, Abb. 3.24	Geimer (1979) Wang und Lam (1999) Wu (1999) Xu (2000b)
Zugfestigkeit in Plattenebene	Abb. 3.25	Geimer (1979) Laufenberg (1983)
Zug-E-Modul in Plattenebene	Abb. 3.24	Geimer (1979)
Druckverhalten in Plattenebene	Spannung bei Druck längs zur Orientierung ist am größten, gefolgt von zufälliger Strandanordnung; quer zur Orientierung ist die geringste Spannung bei vorgegebener Stauchung gegeben.	Laufenberg (1983)
interlaminare Scherbeanspruchung	Scherfestigkeit steigt mit steigender Ausrichtung der Späne in Beanspruchungsrichtung	Geimer (1981)
rail shear test (Scherbeanspruchung)	Maximale Festigkeit bei Platten ohne Orientierung, weil der Bruch immer in der schwächsten Ebene (= parallel zur Spanorientierung) erfolgt.	Geimer (1981)
Querzugfestigkeit	keine ausgeprägte Korrelation	Geimer (1981) Wang und Lam (1999)
Längenquellung	bei hoher Orientierung ist ein Quellverhalten wie bei natürlichem Holz gegeben; je höher die Orientierung, desto geringer die Längenquellung längs der Orientierung, aber umso stärker quer zur Orientierung.	Wu (1999) Xu (2000a)

Die Zugfestigkeit in Plattenebene steigt erwartungsgemäß mit einer steigenden Orientierung der Späne in Beanspruchungsrichtung, mit der Plattendichte als Parameter (Abb. 3.25).

Bei Vollholzverleimungen kann ein wesentlicher Einfluss der Faserneigung in der Klebfläche auf die Bindefestigkeit gegeben sein. Die Scherfestigkeit sinkt stark mit zunehmendem Neigungswinkel, während die Zugfestigkeit senkrecht zur Leimfuge nicht beeinträchtigt wird (Swietliczny 1980).

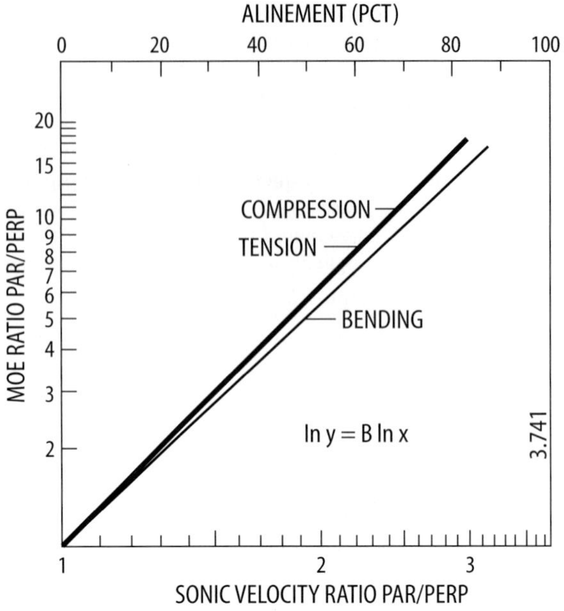

Abb. 3.24. Zusammenhang zwischen dem Verhältnis der Schallgeschwindigkeiten und der verschiedenen *E*-Modulverhältnisse für Zug-, Druck- und Biegebeanspruchung (Geimer 1979)

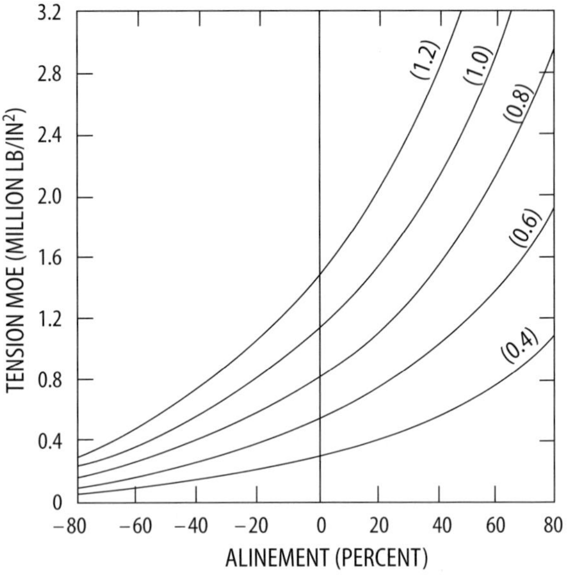

Abb. 3.25. Zug-*E*-Modul in Plattenebene in Abhängigkeit der Orientierung der Späne in Beanspruchungsrichtung; Parameter: Plattendichte (Geimer 1979)

3.3.3 Verdichtungsverhältnis

Späne aus leichten Holzarten unterscheiden sich in mehrfacher Hinsicht von Spänen aus schwereren Holzarten:

- Die Gesamtoberfläche einer gegebenen Spanmenge ist deutlich höher. Damit kann bei einer guten Verteilung eine bessere Ausnutzung des Bindemittels erreicht werden.
- Das zur Herstellung von Spanplatten gleicher Rohdichte erforderliche Spanvolumen ist bei leichten Holzarten größer, damit wird ein größeres Verdichtungsverhältnis erreicht. Dieses höhere Verdichtungsverhältnis führt einerseits zu verbesserten mechanischen Eigenschaften (Abb. 3.26 und Abb. 3.27), andererseits aber auch zu einer erhöhten Dickenquellung auf Grund der größeren eingefrorenen Spannungen.

Als Verdichtungsverhältnis gilt der Quotient zwischen der Plattendichte und der (durchschnittlichen) Dichte der Späne(mischung). Es ist die entscheidende Maßzahl für die Erzielung eines ausreichenden Kontaktes der Späne untereinander während des Pressvorganges. Je nach Dichte der verwendeten Holz-

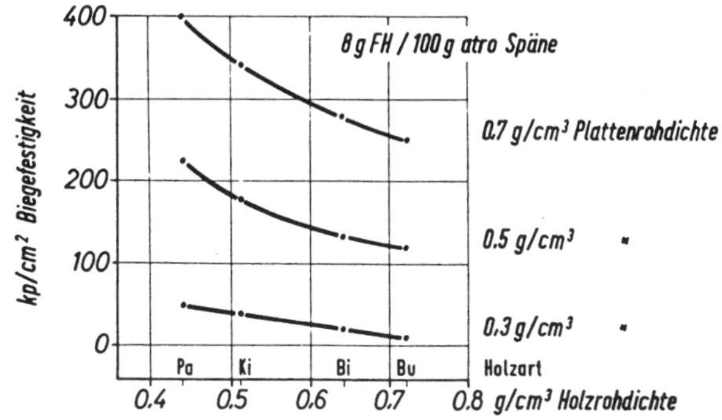

Abb. 3.26. Abhängigkeit der Biegefestigkeit von der Rohdichte des eingesetzten Holzes bei verschiedenen Plattendichten (Stegmann u. a. 1965)

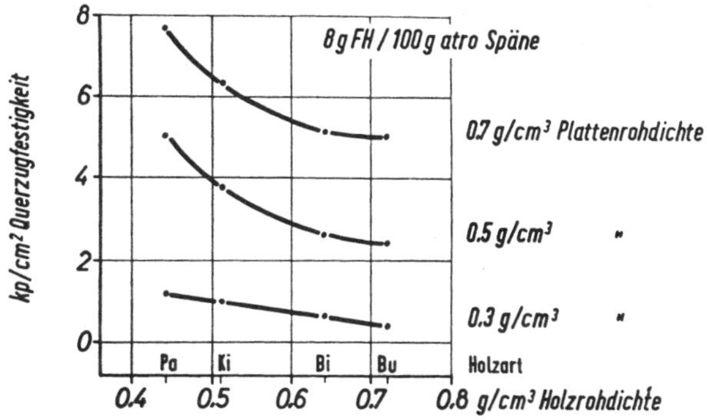

Abb. 3.27. Abhängigkeit der Querzugfestigkeit von der Rohdichte des eingesetzten Holzes bei verschiedenen Plattendichten (Stegmann u. a. 1965)

art (bzw. Holzartenmischung) muss bei konstanter bzw. vorgegebener Plattendichte das erforderliche Verdichtungsverhältnis (üblicherweise im Bereich von 1,3–1,5) entsprechend gewählt werden. Um einen guten Kontakt zwischen den einzelnen Spänen herzustellen, sollte die Dichte der fertigen Spanplatte stets höher sein als die Dichte der eingesetzten Holzarten. Bei gleicher Dichte der Platten ergeben leichtere Holzarten bessere Platteneigenschaften als schwerere Holzarten, sofern es durch die starke Verdichtung nicht zu Problemen bei der Herstellung (wie z. B. Ausdampfproblemen) kommt. Beim Verdichten auf eine bestimmte mittlere Sollrohdichte werden dabei Späne aus leichteren Holzarten im Allgemeinen stärker verdichtet als Späne aus schwereren Holzarten.

Die drei Abb. 3.28 bis 3.30 zeigen die Abhängigkeiten der Biegefestigkeit, des Biege-*E*-Moduls und der Querzugfestigkeit vom Verdichtungsverhältnis (Hse 1975).

Die Streudichte in einem Spänevlies steht bei einheitlichen Modellspänen in enger Korrelation zu den Spanabmessungen (Niemz 1992); sie sinkt mit steigender Spanlänge und steigt mit Spanbreite und -dicke.

Suzuki und Kato (1989) definierten ein Packungsvehältnis *P* (packing rate) als Verhältnis zwischen dem Volumen der Fasern (V_f) und des ausgehärteten Bindemittels (V_r) auf der einen Seite und dem Volumen *V* der MDF-Platte auf der anderen Seite:

$$P = \frac{V_F + V_R}{V} = \frac{\rho\,(1/\rho_F + 1/\rho_R \cdot y)}{1 + y}$$

mit ρ Dichte der MDF-Platte
ρ_F Dichte der Fasern
ρ_R Dichte des ausgehärteten Bindemittels
y Beleimungsgrad (%)

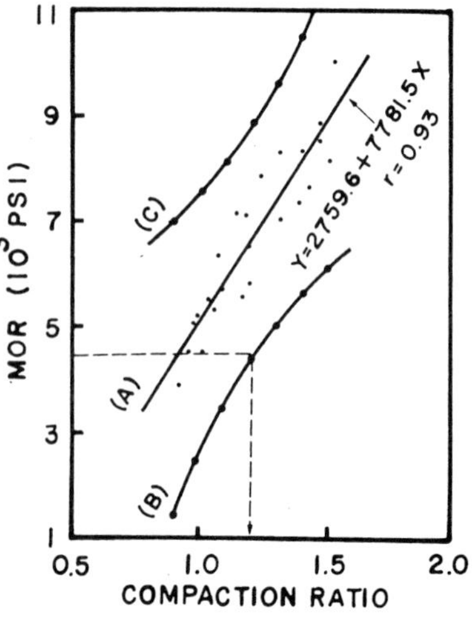

Abb. 3.28. Abhängigkeit der Biegefestigkeit vom Verdichtungsverhältnis (Hse 1975)

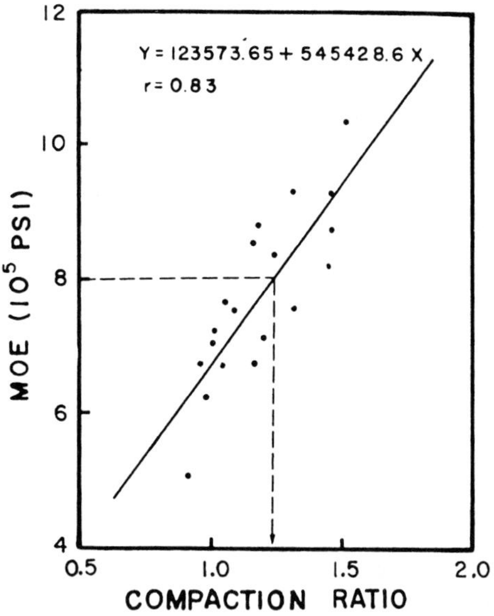

Abb. 3.29. Abhängigkeit des Biege-E-Moduls vom Verdichtungsverhältnis (Hse 1975)

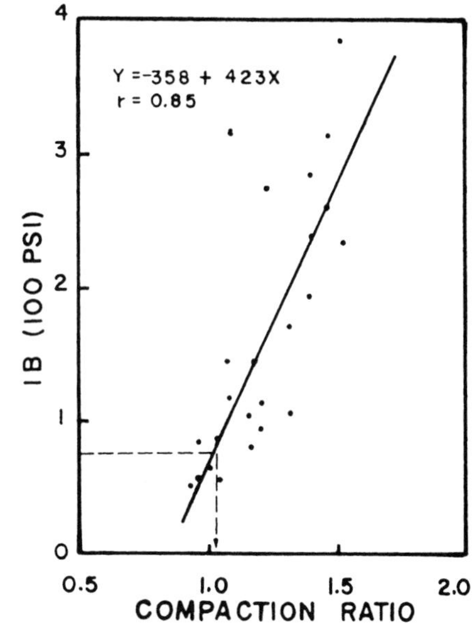

Abb. 3.30. Abhängigkeit der Querzugfestigkeit vom Verdichtungsverhältnis (Hse 1975)

Weitere Literaturhinweise: Dai und Steiner (1993), Stewart und Lehmann (1973), Vital u.a. (1974).

Verdichtungsverhältnis bei Sperrholz, LVL: Zhang u.a. (1994)

3.4 Pressvorgang

Während des Pressvorganges finden die chemische Aushärtung des Harzes sowie ggf. Reaktionen des Harzes mit der Holzsubstanz statt, wobei verschiedene Umgebungsbedingungen einen Einfluss auf diese Reaktionen ausüben, wie z.B.:

- Presstemperatur
- relative Luftfeuchtigkeit
- Feuchtigkeiten im Vlies
- Dampfdruck.

Diese Variablen können in signifikanter Weise die Aushärtung und die Verleimung beeinflussen und nehmen somit auch Einfluss auf die Eigenschaften der fertigen verpressten Produkte. Zusätzlich ist die Verleimung auch von verschiedenen mit dem Holz verbundenen Parametern abhängig, wie z.B. der Holzdichte, der Porosität, dem Quell- und Schwindverhalten des Holzes, der Oberflächenstruktur und der Benetzbarkeit.

Die einzelnen Teilvorgänge, die während einer Verpressung zum Teil parallel ablaufen, sind:

- Wärme- und Feuchtetransport
- Verdichtung mit anfänglichem Spannungsaufbau und anschließendem Spannungsabbau
- Auftreten von Adhäsion zwischen einzelnen Teilchen und Entstehung der Bindefestigkeit in der Leimfuge (Kohäsion).

Simulationsmodelle können die während einer Heißpressung auftretenden Gradienten der Temperatur, der Feuchtigkeit, des Dampfdruckes sowie der entstehenden Bindefestigkeiten beschreiben. Solche Modelle wurden v.a. von der Arbeitsgruppe um P.E. Humphrey entwickelt, eine Beschreibung erfolgt weiter unten (Teil III, Abschn. 3.4.4.3).

Auch bei Furnierverleimungen bei der Möbelfertigung existiert eine Vielfalt von Parametern (Dunky und Schörgmaier 1995):

- Leimansatz und Topfzeit
- Leimauftrag
- zulässige offene und geschlossene Wartezeit
- Presstemperatur

- Pressdruck
- Holzfeuchtigkeit.

3.4.1
Vorpressung

Der Vorpressvorgang dient dazu, die gestreute Matte vorzuverdichten und ihr eine bestimmte Widerstandsfähigkeit gegen Kräfte zu verleihen, die beim Transport der Matte auftreten können. Dies ist zum Beispiel der Fall, wenn Spankuchen von einem Band auf ein anderes übergeben werden, z.B. vom Streuband auf ein Beschleunigungsband. Abstände zwischen einzelnen Bändern, die frei überbrückt werden, oder auch leicht unterschiedliche Geschwindigkeiten zwischen einzelnen Transportbändern könnten den Spankuchen sonst zerstören (s. auch Teil II, Abschn. 1.1.9, 1.2.9 und 1.3.8). Ein weiterer Effekt der Vorverdichtung liegt darin, dass insbesondere in der MDF-Fertigung der überaus dicke Faserkuchen in seiner Höhe verringert wird, um überhaupt eine Beschickung z.B. einer Mehretagenpresse mit ihren beschränkten lichten Weiten zu ermöglichen. Bei beheizten Vorpressen, wie sie z.B. bei Einetagenanlagen in Einsatz sind, kann zusätzlich bereits eine gewisse Erwärmung der Deckschicht des Spankuchens erfolgen, die Vorpresstemperaturen liegen jedoch nur bei max. 60 °C, die Presszeit ist ca. halb so lang wie die eigentliche Heißpresszeit. Gelegentlich ist bei älteren Anlagen auch noch eine Hochfrequenz-Vorheizung im Einsatz. Neuerdings kann im Zuge der Vorpressung auf einer kontinuierlichen Bandvorpresse Dampf in die Matte eingedüst werden, um ebenfalls eine raschere Durchwärmung des gestreuten Vlieses zu erreichen (Wöstheinrich und Caesar 1999).

Bei der Vorpressung von Furnierpaketen bei der Sperrholzherstellung liegt der gewünschte Effekt vor allem in einer Reduzierung der Höhe und einer Stabilisierung des vorbereiteten Presspaketes, um eine zerstörungsfreie Beschickung der Vieletagenpressen zu ermöglichen.

3.4.2
Pressstrategien

Die beiden Tabellen 3.12 und 3.13 fassen in übersichtlicher Weise die allgemeinen Pressstrategien für die Spanplatten- und die MDF-Produktion zusammen. Die Details sind den nachfolgenden Kapiteln zu entnehmen.

Bei OSB-Platten werden in der MS und der DS die gleichen Späne eingesetzt, die Leimflotten in den beiden Schichten unterscheiden sich jedoch. Die Spanfeuchten und Pressdruckprofile sind ähnlich wie bei der Spanplattenherstellung.

Tabelle 3.12. Pressstrategien bei Spanplatten

- Unterschiedliche Spanstrukturen in MS und DS:
  - MS: grobe Späne mit einem bestimmten Anteil an feineren Spänen als Füll- und Kittsubstanz zwischen den groben Spänen. Effektive Feinanteile, insbesondere kubisches Material, und Staub sollten in der MS nicht vorhanden sein.
  - DS: feine und feinste Späne und Partikel, um eine homogene und geschlossene Oberfläche zu erzielen.

- Presstemperatur:
  im Wesentlichen so hoch wie möglich, um eine möglichst rasche Durchwärmung des Spankuchens zu erzielen. Bei kontinuierlichen Pressen abgesenkte Temperaturen im Auslaufbereich bzw. Kühlung im letzten Teil der Presse, um die entstehende Dampfmenge zu beschränken.

- Feuchtigkeit der beleimten Späne:
  - MS möglichst trocken (ca. 6–7%), DS möglichst feucht (11–14%, abhängig vom Anteil der DS an der Gesamtplatte), um einen guten Dampfstoßeffekt zu erzielen. Die Obergrenze der Feuchte der beleimten Späne ist durch die Spaltergefahr gegeben.
  - Besprühung der beiden Oberflächen (unten auf das Streuband vor der Streustation, oben unmittelbar vor dem Einlauf in die Presse, Mengen ca. 20–50 g/m^2) mit dem Ziel eines verstärkten Dampfstoßes.

- Pressdruckprofil:
  je nach Platten- und Pressenart sehr unterschiedlich gestaltet, auch abhängig von den Steuerungsmöglichkeiten an der Presse. Rasche Verdichtung mit Druckmaximum zu Beginn, um eine hohe DS-Verdichtung und damit eine hohe Biegefestigkeit zu erzielen. Diese Verdichtung erfolgt bereits zum Teil auf Nennmaß („Distanz“) oder sogar unter Nennmaß. Gelegentlich auch Pressdiagramm mit MS-Nachverdichtung, dabei erfolgt die erste rasche Verdichtung noch nicht bis zum Nennmaß bzw. mit anschließender Rückfederung des noch nicht ausgehärteten Kuchens. Das Nennmaß wird erst anschließend an eine Phase mit niedrigerem Druck, in der die MS aufgewärmt wird, durch eine nochmalige kurzzeitige Drucksteigerung erreicht.

Tabelle 3.13. Pressstrategie bei MDF

- Trotz des über den gesamten Plattenquerschnitt homogenen Fasermaterials wird durch die Verpressung und die von außen einwirkende Temperatur ein bestimmtes Dichteprofil erzeugt, welches mittels des jeweiligen Druckprofils in weiten Grenzen variierbar ist.

- Mehrstufiges Druckprofil mit schneller Verdichtungsphase zu Beginn und Nachdruckphase für die Plattenmitte nach entsprechender Aufwärmung der Plattenmitte.

- Gleichmäßige Feuchtigkeit der beleimten und getrockneten Fasern über den gesamten Querschnitt. Eine höhere Feuchtigkeit der Fasern an den Oberflächen zur Erzielung eines besseren Dampfstoßes kann durch einen dreischichtigen Plattenaufbau (großtechnische Realisierung selten) bzw. durch Besprühen des gestreuten Faserkuchens erfolgen.

3.4.3 Pressdruck und Druckdiagramm, Pressenschließzeit, Verdichtungszeit und Druckaufbau

Der bei der Holzverleimung aufgebrachte Pressdruck hat folgende Funktionen zu erfüllen:

- Ausbildung eines ausreichend dünnen Bindemittelfilmes zwischen zwei Verleimungsflächen, Überwindung des durch die Viskosität des Bindemittels gegebenen Fließwiderstandes
- Herstellung eines innigen Kontaktes dieses Filmes mit der Holzoberfläche
- Auffangen des durch die Abgabe von flüchtigen Substanzen aus dem Bindemittel (Lösungsmittel, Wasserdampf) entstehenden Innendruckes in der Platte bzw. in der Leimfuge
- Gegenwirkung zum durch Wasser hervorgerufenen Quellungsdruck des Holzes
- Überwindung von Unebenheiten oder Passungstoleranzen der zu verleimenden Holzoberflächen
- Fixierung der Fügeteile, bis das eingesetzte Bindemittel ausgehärtet oder abgetrocknet ist.

Tabelle 3.14 fasst die Einflussfaktoren zur Auswahl des geeigneten Pressdruckes bei der Holzverleimung zusammen.

Unter dem Einfluss des Pressdruckes und der eingebrachten Wärmemenge wird das Span- oder Fasermaterial verdichtet und durch das Bindemittel bei einer bestimmten Verdichtung „fixiert" (Kollmann u. a. 1955). Bei der Druckentlastung der Presse tritt eine elastische Rückfederung auf, die von verschiedenen Parametern mitbestimmt wird und mit dem elastisch-plastischen Verhalten der Späne bei der gegebenen Temperatur und Feuchtigkeit zusammenhängt. Die Rückfederung ist umso geringer, je höher die Presstemperatur und je länger (in gewissen Grenzen) die Presszeit ist, je stärker also eine Plastifizierung des Holzes und damit der Abbau von inneren Spannungen in der Platte erfolgte.

Tabelle 3.14. Einflussfaktoren zur Auswahl des geeigneten Pressdruckes bei der Holzverleimung

- Feuchtigkeit des Holzes
- Beschaffenheit der Oberflächen: Rauigkeit, Maßhaltigkeit, Ebenheit
- physikalische Eigenschaften des Holzes, insbesondere in Abhängigkeit der Faserorientierung bezogen auf die Leimfuge (Verleimung von radialen bzw. tangentialen Flächen, Hirnholzverleimungen), Holzdichte
- Bindemittelart- und eigenschaften, insbesondere Viskosität
- Pressbedingungen, z. B. Presstemperatur, Feuchtigkeit der beleimten Späne, Verdichtungsgeschwindigkeit

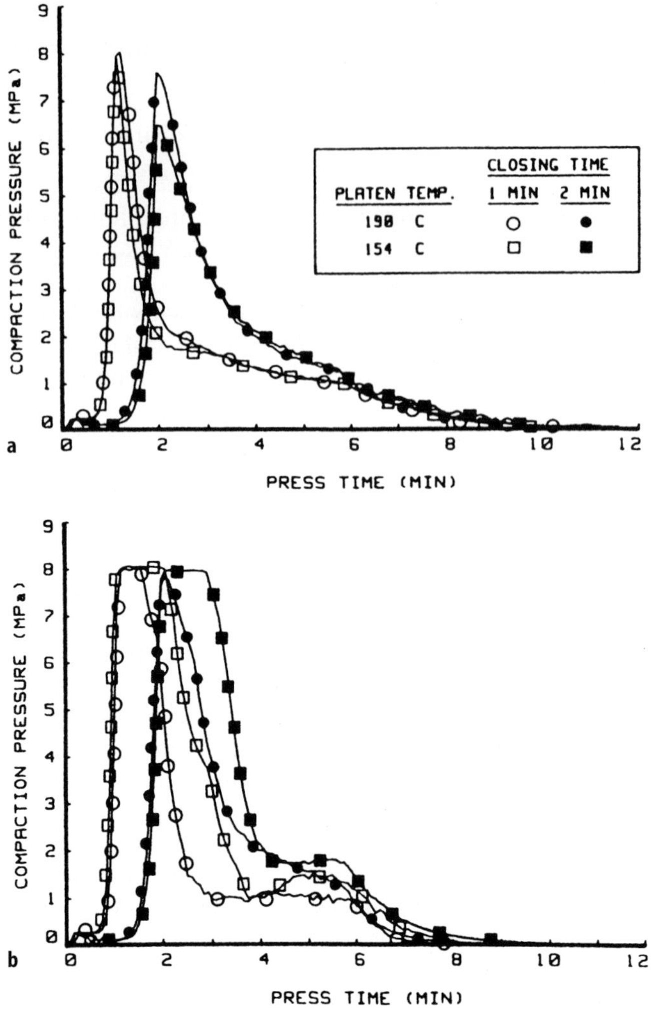

Abb. 3.31 a, b. Abhängigkeit der bei der Herstellung eines Flakeboards erforderlichen Pressdrücke von der Presstemperatur und der Verdichtungszeit (Kamke und Casey 1988b). Feuchtigkeit der beleimten Strands: **a** 15%; **b** 6%

In Abb. 3.31 werden die für die Herstellung eines Flakeboards erforderlichen Drücke in Abhängigkeit der Parameter Presstemperatur, Verdichtungszeit und Feuchtigkeit der beleimten Strands dargestellt (Kamke und Casey 1988b). Der maximale zur Verfügung stehende Druck von 8 Mpa ist bei nahezu allen Varianten erforderlich. Bei der höheren Feuchtigkeit der beleimten Strands ist eine raschere und bessere Plastifizierung der Holzsubstanz möglich, wodurch niedrigere Drücke für die gewünschte Verdichtung ausreichen. Eine niedrigere Feuchtigkeit der beleimten Strands wiederum führt

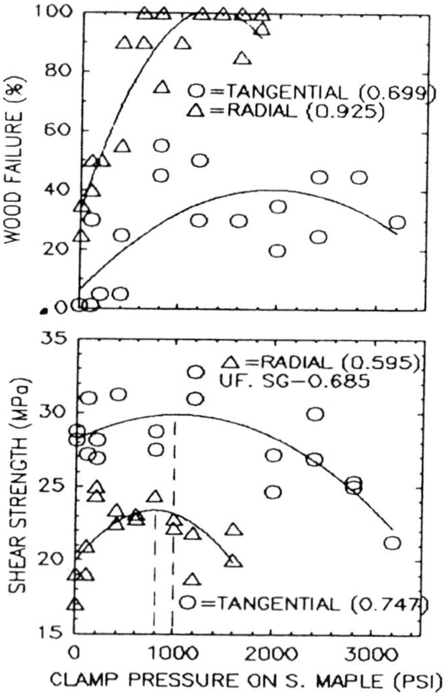

Abb. 3.32. Einfluss des durch Schraubzwingen aufgebrachten Druckes auf die Scherfestigkeit und den Holzbruchanteil von Verleimungen mit Zuckerahorn (Rabiej und Behm 1992)

wegen der verringerten Holzplastifizierung zu einem Ansteigen der erforderlichen Drücke bzw. zu einem längeren Zeitraum, in dem der maximal verfügbare Druck ansteht.

Haas und Frühwald (2000) wiesen nach, dass die Dichteabhängigkeit der Druckspannung während des Verdichtungsvorganges mit einem einfachen Potenzgesetz beschrieben werden kann. Mit zunehmender Feuchte und Temperatur verringert sich der Verdichtungswiderstand bis zu einem Punkt, an dem eine Feuchte- und Temperaturerhöhung nahezu keine weitere Verminderung des Verdichtungswiderstandes bewirkt (Holzerweichungspunkt).

Bereits Baumann und Marian (1961) wiesen auf die Schwierigkeiten hin, eine optimale Einstellung des Pressdruckes zu gewährleisten. Je langsamer die Verdichtung des Spankuchens erfolgt, desto niedriger ist der erforderliche Pressdruck; der Gegendruck der Matte nimmt bei langsamerer Verdichtung ab, weil die Matte wärmer und damit besser plastifiziert wird.

Für die Vollholzverleimung gibt es im Allgemeinen einen bestimmten optimalen Bereich des Pressdruckes für die Erzielung der höchsten möglichen Festigkeiten bzw. Holzbruchanteile. In Abb. 3.32 sind diese Zusammenhänge am Beispiel von Zuckerahorn einer bestimmten Dichte dargestellt (Rabiej und Behm 1992).

Je nach der Druckfestigkeit des Holzes quer zur Faserrichtung (tangential, radial), ausgedrückt als Druckspannung an der Proportionalitätsgrenze, ist nur ein bestimmter maximaler Pressdruck möglich. Bezieht man den ange-

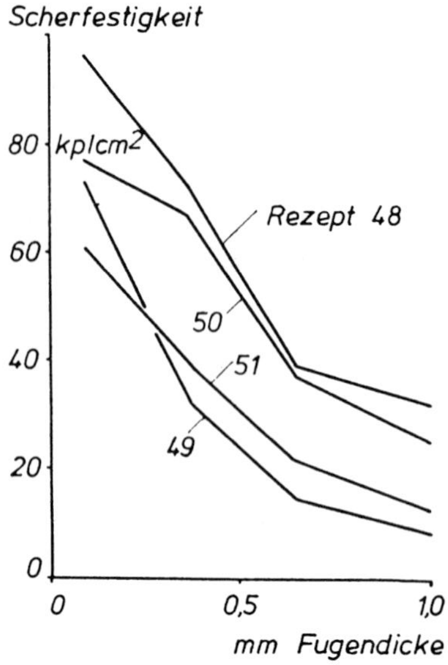

Abb. 3.33. Einfluss der Fugendicke einer Verleimung auf die Bindefestigkeit: Festigkeitsabfall von Verleimungen nach 7 Tagen Lagerung im Normklima und anschließender 24 h-Wasserlagerung bei 20 °C (Langholzzugscherproben nach DIN 53254). Leimflottenrezepturen 48–51: UF-Harz mit unterschiedlichen Füllstoffen (Neusser und Schall 1972)

wandten Pressdruck auf diese Proportionalitätsgrenze, ergibt sich ein zu Abb. 3.32 ähnlicher Zusammenhang, wobei die angewandten relativen Drücke bzw. Druckbereiche nunmehr für die beiden Faserrichtungen übereinstimmen.

Bei Anwendung von Pressdrücken, die oberhalb eines bestimmten optimalen Bereiches liegen, kommt es zu einem Abfall sowohl der Bindefestigkeit als auch des Holzbruchanteiles. Dies wird vor allem auf eine Verdichtung der Holzstruktur über die Proportionalitätsgrenze hinaus zurückgeführt (Marra 1980).

Der obige Vergleich zwischen radialen und tangentialen Holzflächen deutet darauf hin, dass bei den radialen Holzflächen ein stärkeres Eindringen des Leimes möglich ist, wodurch die mechanische Festigkeit der mit dem Leim getränkten Holzschichten verbessert wird (Rabiej und Behm 1992). Damit ergibt sich auch ein tieferer Holzausriss.

Die Bindefestigkeit einer Verleimung ist allgemein invers proportional zur Dicke der Leimfuge (Abb. 3.33), die wiederum einerseits von der Rauigkeit der Oberfläche, andererseits vom aufgebrachten Pressdruck abhängt. Die Eigenschaften dicker Leimfugen werden auch

- bei der Zulassung von Leimen für den konstruktiven Holzleimbau (Durchführung nach DIN 68141 bzw. EN 302-3 und 302-4) (Neusser u.a. 1974, Neusser und Schall 1972)
- bei den Einstufungsprüfungen für Leime nach DIN 68602 (Beanspruchungsgruppen B1 bis B4), Prüfdurchführung nach DIN 53254
- bei den Einstufungsprüfungen für Leime nach EN 204 (D1 bis D4) bzw. prEN 12765 (C1 bis C4), Prüfdurchdurchführung nach EN 205

geprüft (s. auch Teil II, Abschn. 6.3.3.2).

Die Gründe für eine Verbesserung der Bindefestigkeit mit steigendem Pressdruck liegen insbesondere in einem engerem Kontakt der beiden Holzoberflächen, die zusätzlich durch das im Bindemittel enthaltene Wasser erweicht wurden, sowie in einem erhöhten Eindringen des Leimes ins Holz. Damit werden die Scherspannungen bei der Belastung auf ein größeres Volumen des Holzes verteilt (Suchsland 1958).

Auf Grund des unterschiedlichen Quell- und Schwindmaßes von Holz in seinen drei Hauptrichtungen kann eine verbesserte Bindefestigkeit auch durch eine Vermeidung von Leimfugen mit Holzoberflächen unterschiedlicher Faser- und Jahrringanordnung erzielt werden, obwohl dies großtechnisch jedoch kaum durchführbar ist.

Bei der Spanplatten- und MDF-Herstellung wird der aufgebrachte Pressdruck bzw. das eingehaltene Pressdruckdiagramm immer durch die vorgegebene Dicke der produzierten Platte bzw. den Verlauf der Solldicke über die Pressenlänge bei kontinuierlichen Pressen bestimmt. Der zu überwindende Gegendruck wird einmal von der Verdichtung des Späne- bzw. Faserkuchens, zum anderen von dem in der Platte entstehenden Wasserdampfdruck bestimmt. Entscheidende Parameter sind damit Plattenart, Rohdichte, Dicke, Pressensystem, Presstemperatur sowie die Feuchtigkeit des Span- bzw. Faservlieses.

Je nach Art der Presse, der vorhandenen Art der Steuerung und der Pressstrategie haben die Druckprofile von Spanplatten- bzw. MDF-Anlagen ein

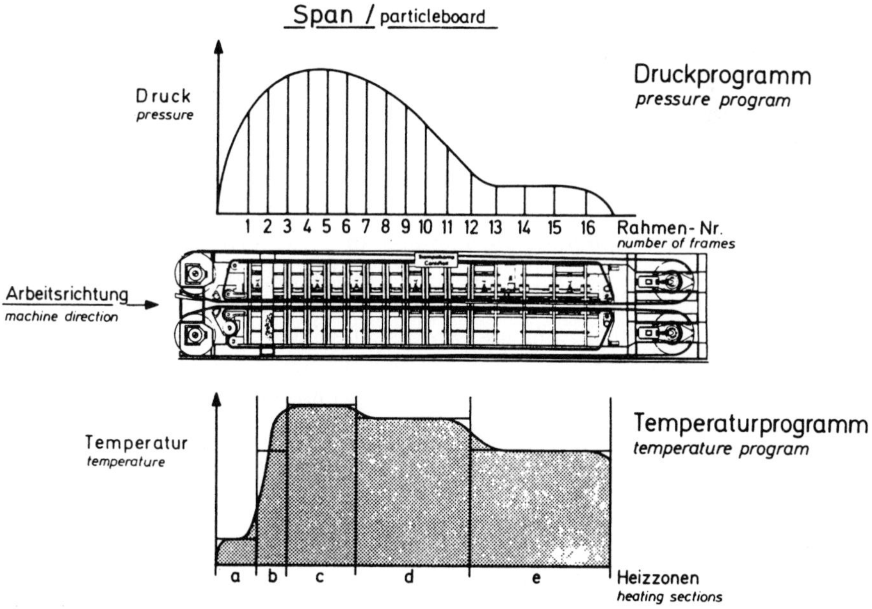

Abb. 3.34. Pressdruck- und Temperaturprofil einer kontinuierlichen Presse (Sitzler o. J.)

Abb. 3.35. Schematisches Weg-/Pressdruckprofil einer kontinuierlichen MDF-Presse mit Mittelschicht-Nachverdichtung (Thole u. a. 2000)

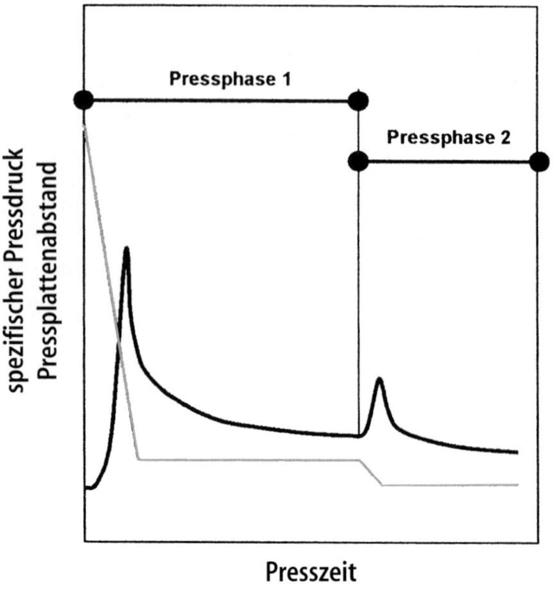

sehr unterschiedliches Aussehen. Insbesondere ist auch entscheidend, ob die Presse auf Distanzleisten oder auf Wegsteuerung gefahren wird.

Bei Einetagenpresse mit Distanzleisten erfolgt zu Beginn des Pressvorganges eine rasche Verdichtung, der Höchstdruck bleibt bestehen, bis die Distanzleisten erreicht sind. Zu diesem Zeitpunkt wird der Druck auf ca. 60 % des Maximaldruckes abgesenkt und solange konstant gehalten, bis eine Aushärtung des Harzes erfolgt ist. Danach erfolgt ein schlagartiger Druckabbau sowie nach einer kurzen Lüftzeit das Öffnen der Presse. Bei Mehretagenpressen wird der Maximaldruck nach Erreichen der Distanz schrittweise in mehreren Druckstufen nach einem vorgegebenen Schema reduziert. Die Form der Druckkurve ähnelt der theoretisch gegebenen exponentiellen Gegendruckabnahme infolge der ablaufenden Relaxations- und Aushärtungsvorgänge in der Presse.

Zu Beginn der Presszeit (bzw. der Pressenlänge) erfolgt eine rasche Verdichtung der Deckschicht, um eine gute Biegefestigkeit zu erzielen. Nach einer bestimmten Durchwärmungszeit der Mittelschicht erfolgt die gezielte Nachverdichtung auf Nennmaß, wodurch die Dichte in der Mittelschicht und damit insbesondere die Querzugfestigkeit angehoben wird (Abb. 3.35).

Solche Pressdruckprofile sind auch bei MDF-Mehretagenpressen möglich. Dabei besteht der Pressvorgang aus vier wesentlichen Teilen:

- Hochdruckphase für die erste Verdichtung, insbesondere der Oberflächen der Matten („Deckschichten")
- Bereich des abfallenden Pressdruckes ohne weitere Verdichtung, gleichzeitig Durchwärmung des Inneren des Kuchen („Mittelschicht")

- „Mittelschicht-“Nachdruckphase und Verdichtung auf Sollmaß
- schrittweiser Druckabbau während der Aushärtephase, Lüftzeit und Öffnen der Presse.

Durch die Variation der Verdichtungszeit eines Span- oder Faserkuchens kann eine gezielte Einflussnahme auf die Ausbildung des Rohdichteprofils genommen werden. Je schneller die Verdichtung erfolgt und je rascher die Solldistanz erreicht wird, desto mehr wird die Deckschicht verdichtet, weil zu diesem Zeitpunkt die Mittelschicht noch keine Erwärmung erfahren hat und deshalb einen hohen Verformungswiderstand bietet. Dies bewirkt eine deutlich höhere Deckschichtdichte und damit eine verbesserte Biegefestigkeit im Vergleich zu einer langsameren Verdichtung, führt aber zu Einbußen in der Dichte und damit der Festigkeit (Querzugfestigkeit, Scherfestigkeit in Plattenebene, Schraubenausziehfestigkeit parallel zur Plattenebene) der Mittelschicht. Ein bewusst langsames Verdichten des Kuchens ermöglicht die Durchwärmung und Plastifizierung auch der Mittelschicht und damit eine verbesserte Verdichtung und höhere Festigkeitswerte dieser Schicht, allerdings auf Kosten der Deckschichtverdichtung und insbesondere der Biegefestigkeit. Gleichzeitig kommt es zu einer Vergleichmäßigung des Rohdichteprofils (niedrigeres Verhältnis zwischen Dichtemaximum in der Deckschicht und Dichteminimum in der Mittelschicht). Wegen der frühzeitigen Aushärtung der Leimbrücken in der äußersten Deckschicht besteht jedoch die Gefahr zu hoher erforderlicher Schleifzugaben sowie poröser Plattenoberflächen. Abbildung 3.36 zeigt den Ein-

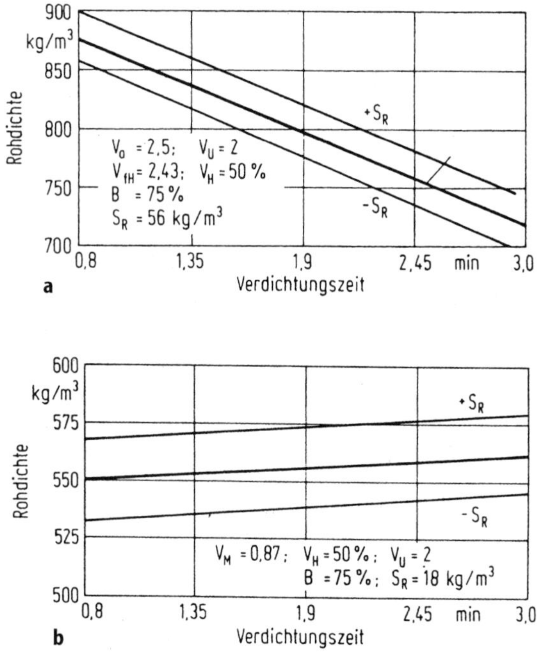

Abb. 3.36 a, b. Einfluss der Verdichtungszeit auf die Rohdichte der Deckschicht **a** und der Mittelschicht **b** (Hänsel u.a. 1988)

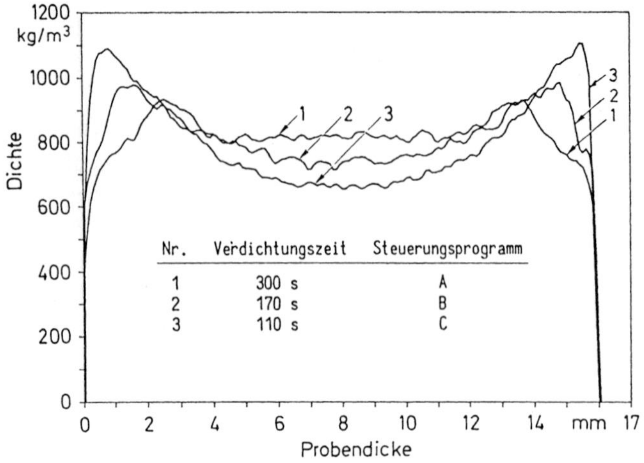

Abb. 3.37. Ausbildung unterschiedlicher Rohdichteprofile bei verschiedenen Verdichtungszeiten (Buchholzer 1990)

fluss der Verdichtungszeit auf die Rohdichte der Deckschicht bzw. der Mittelschicht.

In Abb. 3.37 sind die Rohdichteprofile von im Labor hergestellten MDF-Platten mit unterschiedlichen Verdichtungszeiten dargestellt. Je länger die Verdichtung dauert, desto gleichmäßiger ist das Dichteprofil, desto dicker sind aber auch die Lockerzonen an der Plattenoberfläche (Buchholzer 1990). Ähnliche Ergebnisse finden sich auch bei Phillips u. a. (1991), Smith (1982) und Wang u. a. (2000).

Unterschiedliche Pressenschließgeschwindigkeiten (Zeit für das Erreichen der Distanzleisten) äußern sich nicht nur in der Verschiebung des Rohdichteprofils, sondern auch in einer Veränderung verschiedener Eigenschaften, die mit den Dichteverschiebungen in enger Korrelation stehen, wie Abb. 3.38 am Beispiel der Querzugfestigkeit und Abb. 3.39 am Beispiel der Biegefestigkeit zeigt (Carroll 1963).

Morphologisch sind in einer Holzspanplatte zu unterscheiden:

- verdichtete Holzanteile im Bereich der Kontaktflächen
- Holzanteile normaler Beschaffenheit
- Hohlräume.

Die Morphologie kann sich insbesondere mit dem Pressdruck ändern.

Die beiden Abb. 3.40 und 3.41 zeigen elektronenmikroskopische Aufnahmen von Sperrholz, wobei in beiden Fällen Frühholzfasern verdichtet vorliegen. Diese verdichteten Zonen liegen in dem einen Fall nahe bei der Leimfuge (Frühholz unmittelbar neben Leimfuge, Abb. 3.40); im anderen Fall liegen sie weiter entfernt von der Leimfuge (Abb. 3.41), weil die verleimte Oberfläche in diesem Bereich aus Spätholz besteht und dadurch die hinter dieser Spätholzschicht liegende Frühholzschicht verdichtet wird (Wellons u. a. 1983).

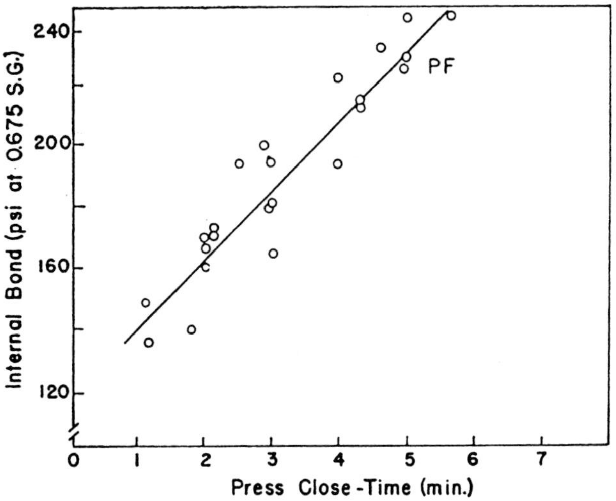

Abb. 3.38. Einfluss der Pressenschließzeit (Zeitdauer bis zum Erreichen der Distanzleisten) auf die Querzugfestigkeit von PF-verleimten Spanplatten (Carroll 1963)

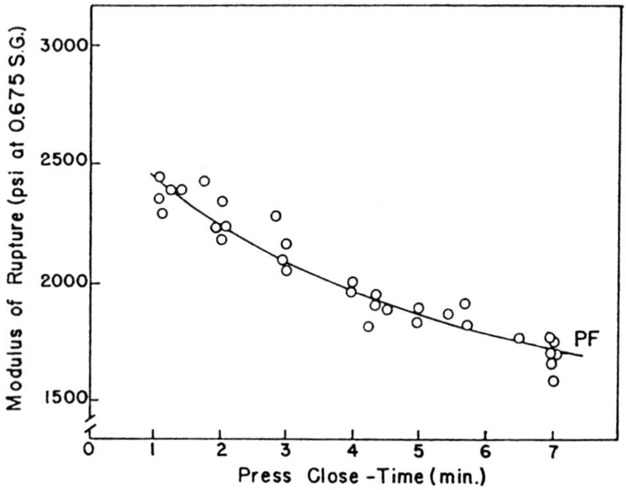

Abb. 3.39. Einfluss der Pressenschließzeit (Zeitdauer bis zum Erreichen der Distanzleisten) auf die Biegefestigkeit von PF-verleimten Spanplatten (Carroll 1963)

Durch einen übermäßig hohen Pressdruck kann die oberste Holzschicht (unmittelbar neben der Leimfuge gelegen) soweit geschädigt werden, dass die dadurch bewirkte Zerstörung der Holzzellen eine Schwächung des Leimverbundes bewirkt (Wassipaul 1982). Zu beachten sind in diesem Zusammenhang auch die gegenüber dem üblichen Einsatz deutlich erhöhten Feuchtigkeiten infolge des Eindringens des im Leim enthaltenen Wassers in die oberste

Abb. 3.40. Elektronenmikroskopische Aufnahme von Sperrholz mit einer Zone von komprimierten Frühholzfasern in der Nähe der Leimfuge G (Wellons u. a. 1983)

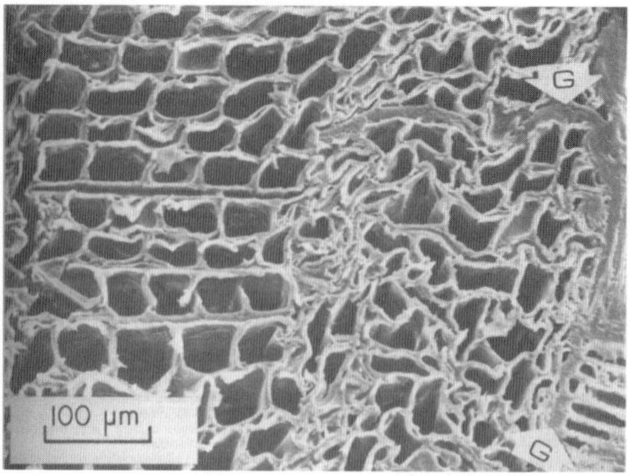

Abb. 3.41. Elektronenmikroskopische Aufnahme von Sperrholz mit einer Zone von komprimierten Frühholzfasern abseits der Leimfuge G (Wellons u. a. 1983)

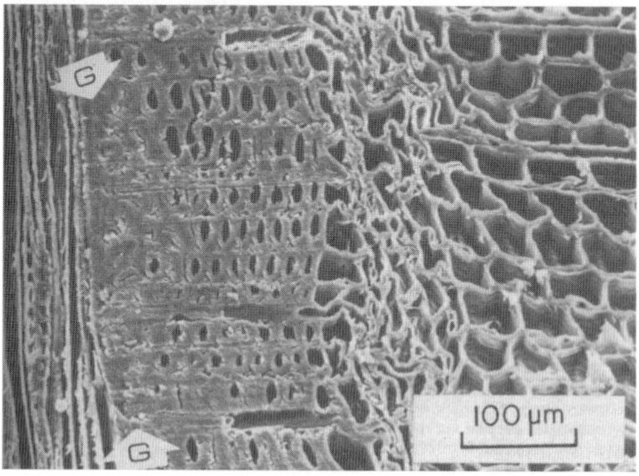

Holzschicht. Dabei werden im Extremfall kurzzeitig Holzfeuchtigkeiten bis zum Fasersättigungspunkt erreicht, durchwegs jedoch Feuchtigkeiten von 15–20%. Wird die Elastizitätsgrenze überschritten, kommt es vor allem im Frühholz zu Querschnittsverformungen der Zellen, die auch im mikroskopischen Bild sichtbar sind. In unmittelbarer Nähe der Leimfuge ergeben sich dann teilweise starke Formveränderungen der Holzstruktur, insbesondere im dünnwandigen Frühholz. Naturgemäß sind dort, wo Spätholz auf Frühholz drückt, die größten Verformungen gegeben (Abb. 3.42).

Bei einem noch höheren Pressdruck erfolgt sogar eine Zerquetschung der leimfugennahen Fichte-Längstracheiden und eine Knickung der Markstrahlen (Abb. 3.43). Die nicht unmittelbar an die Leimfuge angrenzenden Holzzellen sind jedoch nicht oder nur kaum verformt. Dies ist ein Beweis für die hohe Holzfeuchtigkeit in der unmittelbaren Nähe der Leimfuge als Ursache für die Deformation der dort gelegenen Holzzellen.

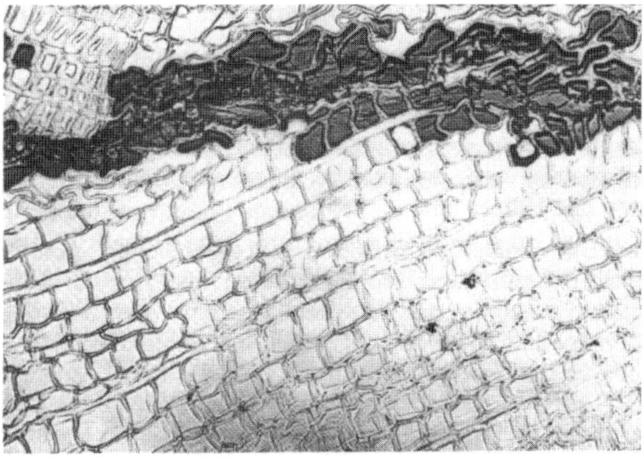

Abb. 3.42. Einwirkung eines Pressdruckes von 1,5 MPa auf stehende Jahrringe bei der Verleimung von Fichte, Vergrößerung 300× (Wassipaul 1982)

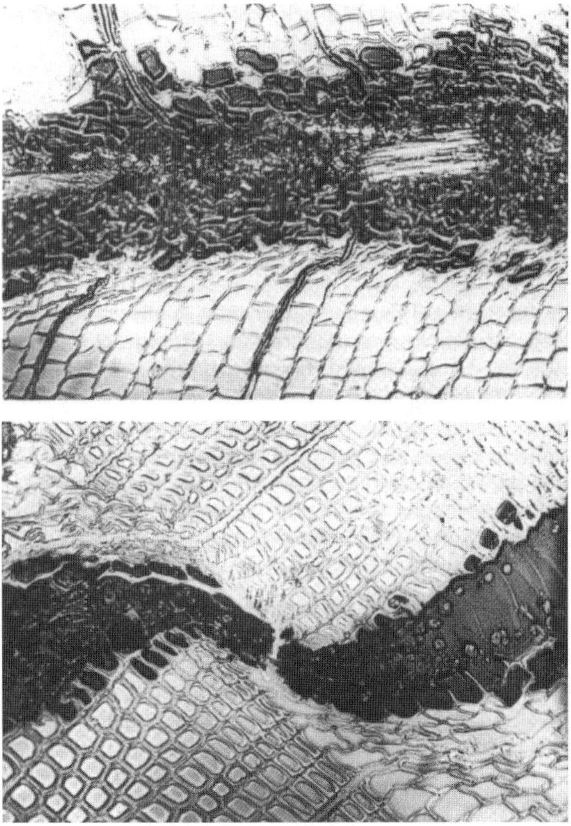

Abb. 3.43. Einwirkung eines Pressdruckes von 2,0 MPa auf liegende (oben) bzw. stehende (unten) Jahrringe bei der Verleimung von Fichte, Vergrößerung 300× (Wassipaul 1982)

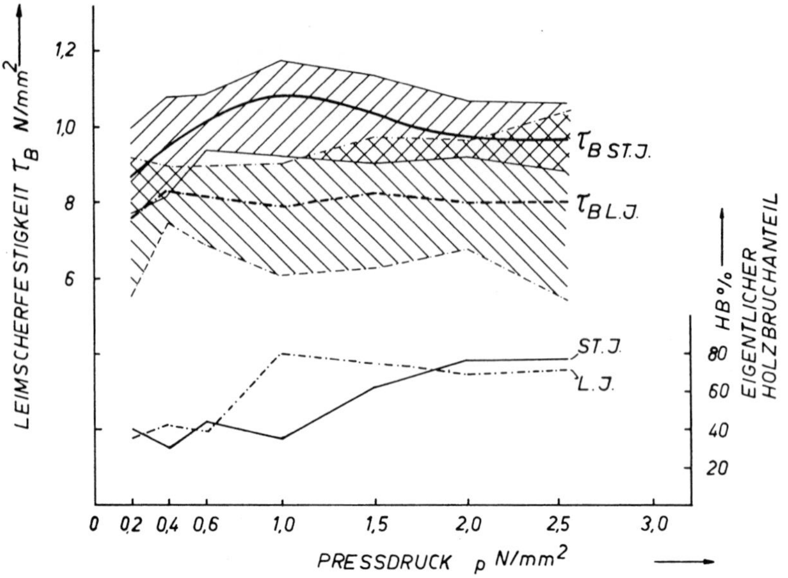

Abb. 3.44. Abhängigkeit der Leimscherfestigkeit und des Holzbruchanteiles vom Pressdruck (Wassipaul 1982). ST.J.: stehende Jahrringe; L.J.: liegende Jahrringe

Abbildung 3.44 beschreibt den Einfluss des Pressdruckes bei diesen Vollholzverleimungen mit einem Phenol-Resorcinharz auf die erreichbare Scherfestigkeit sowie den Holzbruchanteil bzw. Faserbelag. Bei stehenden Jahrringen ist ein Maximum der Scherfestigkeit bei einem Pressdruck von ca. 1 MPa gegeben. „Gute" Verleimungen führen zur Prüfung der Scherfestigkeit des Holzes selbst. Eine Verminderung der Festigkeit mit steigendem Pressdruck weist demnach bereits auf eine Veränderung des Holzes im Sinne einer Überlastung und teilweisen Zerstörung der Holzstruktur hin. Demgegenüber wird bei der gewählten trockenen Vorbehandlung ein optimaler Holzbruchanteil erst bei einem Pressdruck von > 1,5 MPa erreicht. Verleimungen mit liegenden Jahrringen weisen bereits ab ca. 0,4 MPa einen konstanten Wert für die Scherfestigkeit auf, auch in diesem Fall sind jedoch für einen ausreichenden Holzbruchanteil höhere Pressdrücke (ca. 1 MPa) erforderlich.

Bereits Maloney (1980) hatte gezeigt, dass die Zugfestigkeit von Spänen der Douglasie während des Pressens in Abwesenheit von Bindemitteln verringert wird, wobei dies bei einer höheren Verdichtung vergleichsweise stärker der Fall ist als bei einer schwächeren Verdichtung. Auch eine Verkürzung der Schließzeit der Presse bei diesen Untersuchungen wirkte sich negativ auf die Zugfestigkeit der Späne aus, hervorgerufen durch die dabei nur in geringem Ausmaß erfolgte Plastifizierung der Späne vor der Verdichtung.

Parameswaran und Roffael (1982) wiesen darauf hin, dass Holzspäne bei der Herstellung von Spanplatten während des Heißpressvorganges über den gesamten Plattenquerschnitt ungleichmäßig verdichtet werden. Dabei erleiden die Späne in den oberflächennahen Zonen eine stärkere Komprimierung als solche in der Mittelschicht. Verbunden mit der feineren Struktur der Deckschichtspäne bildet sich damit auch ein entsprechendes Rohdichteprofil aus.

Je höher das Verdichtungsverhältnis, desto geringer ist der verbleibende Anteil an interpartikulären Zwischenräumen und desto stärker tritt eine Verformung bevorzugt der Frühholzzonen auf, während das Spätholz je nach erreichter Plattendichte meist kaum oder nur geringfügig beansprucht wird.

Bei der Herstellung von Hartfaserplatten nach dem Nassverfahren unterscheidet Segring (1957) mehrere Druckstufen:

- rasches Verdichten der Presse mit kurzzeitigem Maximaldruck: Abpressen von möglichst viel Wasser
- Absenkung des Druckes und Niederdruckperiode: rasches Abdunsten des restlichen Wassers
- zweite Druckphase, anschließend Entlastung und Öffnen der Presse.

Weitere Literaturhinweise: Liiri (1969).

3.4.4
Feuchtigkeit der beleimten Späne bzw. Fasern, Dampfstoß, Durchwärmung der gestreuten und verdichteten Matte, Dampfdruck in der Platte

Theoretisch können bei der Erwärmung des vorbereiteten Pressgutes (gestreuter Kuchen oder geschichtete Furnier- oder Holzlagen) drei Effekte mitwirken:

a) die Erwärmung über die Leitfähigkeit der Holzsubstanz
b) Wärmetransport durch Dampf
c) Wärmeerzeugung direkt im Inneren der Matte durch Hochfrequenz.

3.4.4.1
Durchwärmung bei der Sperrholzherstellung

Die Durchwärmung der Furnierlagen eines Sperrholzes oder der Holzlagen in einer Massivholzplatte erfolgt im Wesentlichen durch Wärmeleitung. Zur Voraussage der erforderlichen Durchwärmungszeit muss die Wärmeleitfähigkeit des eingesetzten Holzes bei der gegebenen Holzfeuchtigkeit bekannt sein. Eine grobe Faustformel geht von einer spezifischen Durchwärmzeit von 1 min/mm Furnierlage bei Temperaturen bei ca. 100 °C aus, genauere Abschätzungen auf Basis von Laboruntersuchungen differenzieren zwischen unterschiedlich hohen Presstemperaturen (BASF 1981). Die solcherart abgeschätzten erforderlichen Durchwärmzeiten müssen aber im konkreten Fall bzw. in der täglichen Praxis der Produktion immer wieder überprüft werden.

Unsicherheiten können auftreten bezüglich (Bolton und Humphrey 1988):

- Wärmeübergang zwischen Pressblech und Furnierlagen
- Beitrag eines gewissen Dampfstoßes auch bei der Durchwärmung von Furnierlagen

- mögliche Temperaturunterschiede in der Plattenebene infolge von Dampfverlusten an den Plattenkanten und -ecken
- Einfluss der einzelnen Leimfugen: sie können als Quelle für Wasserdampf wirken, gleichzeitig kann sich aber die Wärmeleitfähigkeit und die Permeabilität für Dampf ändern.

Bei dieser Betrachtung ist auch die Gesamtdicke der Sperrholzplatte sowie die Lage der betrachteten Leimfuge zu berücksichtigen. Dickere Platte benötigen im Allgemeinen längere spezifische Durchwärmzeiten.

Die in der industriellen Praxis bei Sperrholzverleimungen erforderliche Presszeit setzt sich im Wesentlichen aus der oben genannten Durchwärmzeit und der von der Art des Bindemittels und der Temperatur abhängigen Aushärtezeit des Harzes zusammen. Dabei ist ggf. zu berücksichtigen, dass insbesondere bei kürzeren Presszeiten die an den Pressblechen gegebene Temperatur in der Leimfuge meist nicht erreicht wird. Die Aushärtezeit des Harzes muss deshalb auf die in der Leimfuge erreichbare Temperatur bezogen werden. Eine Optimierung der Presszeit im Sinne einer Minimierung kann jedoch nur schrittweise an der Presse erfolgen. Dabei soll die Presszeit so vorgegeben werden, dass sie mit den vor bzw. nach der Presse gegebenen Arbeitsabläufen übereinstimmt. Ist z.B. für die Beleimung und Schichtung der einzelnen Furniere eine bestimmte Zeit erforderlich, wäre es wenig sinnvoll, eine deutlich kürzere Zeit als Presszeit zu wählen. In diesem Falle würde die Presse bei jedem Zyklus für eine bestimmte Zeit offen stehen, wodurch eine erhöhte Wärmeabstrahlung und damit ein erhöhter Energiebedarf gegeben wäre. Eine verlängerte Verweilzeit der bereits fertig verpressten Produkte in der geöffneten Presse kann zu Verformungen und Verwerfungen führen. Günstiger ist es in diesem Falle, die Presszeit auf die Vorbereitungszeit abzustimmen und dafür die Presstemperatur abzusenken; dies ist durchwegs auch für das Verhalten der zu verpressenden Holzsubstanz günstig.

Bei der Heißpressung von Sperrholz ist während der Presszeit ein Anstieg der Temperatur in den Leimfugen gegeben, wobei die Temperatur in den äußeren Leimfugen naturgemäß rascher ansteigt als in den inneren Leimfugen. Entscheidend für die Wahl der Presszeit ist der Temperaturverlauf in der innersten Leimfuge, bei einschichtigen Massivholzplatten mit ihren stehenden Leimfugen der Temperaturanstieg in der Mitte dieser Leimfuge (Abb. 3.45 und 3.46).

Zavala und Humphrey (1996) untersuchten bei fünfschichtigem Sperrholz die Entstehung des Dampfdruckes und den Verlauf der Temperatur im Platteninneren sowie die Verdichtung der Platte. Im Gegensatz zu den dampfdurchlässigen Span- und Faserkuchen erfolgt beim Sperrholz wegen der diffusionshemmenden Wirkung der Furniere die Erwärmung der innen liegenden Leimfugen vorwiegend durch Wärmeleitung der Holzsubstanz und nicht durch einen Dampfstoßeffekt. Der Wasserdampf ist vielmehr innerhalb einer jeden Furnierlage gefangen und kann sich nur in horizontaler Richtung bewegen. Die beiden äußeren Leimfugen erwärmten sich erwartungsgemäß deutlich rascher als die beiden inneren Leimfugen.

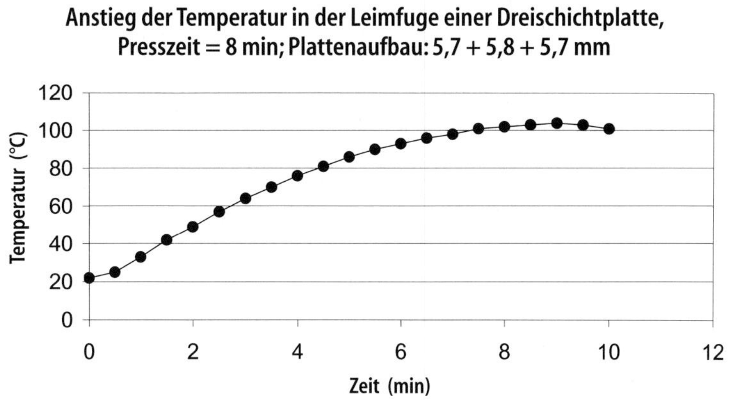

Abb. 3.45. Temperaturanstieg in der mittleren Leimfuge einer dreischichtigen Massivholzplatte während der Heißpressung in einer Laborpresse (Dunky 1994). Pressbedingungen: Dicke der Decklagen: 5,7 mm; Dicke der Mittellage: 5,8 mm; Presstemperatur: 115 °C; Presszeit: 8 min. Die Temperatur in der Leimfuge steigt auch nach dem Ende der Presszeit und dem Entfernen der Platte aus der heißen Presse noch ca. 1 Minute weiter an, um danach allmählich abzufallen. Die erforderliche Presszeit kann abgeschätzt werden, indem zu der Zeit, die zum Erreichen einer bestimmten Temperatur erforderlich ist, die bei dieser Temperatur gegebene Gelierzeit addiert wird. Mit dieser Rechnung liegt man durchwegs auf der sicheren Seite, eine Optimierung im Sinne einer Verkürzung der Presszeit kann aber nur in der Praxis erfolgen

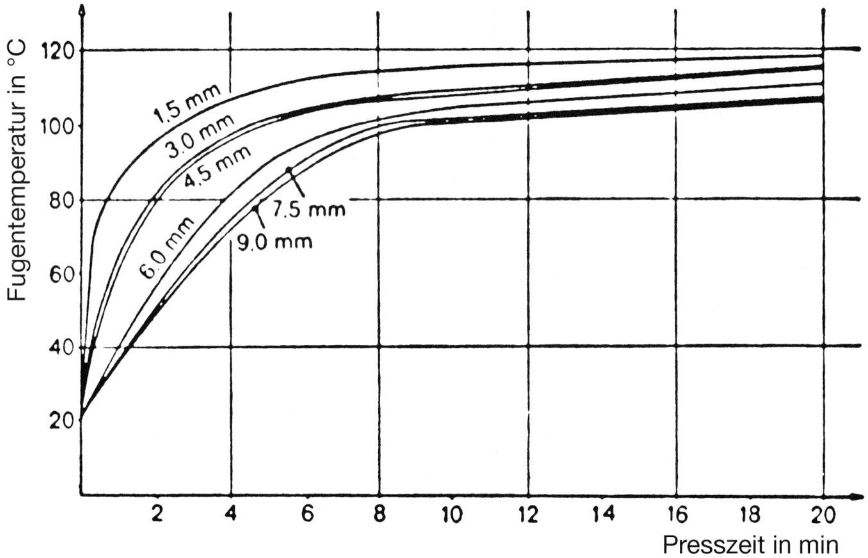

Abb. 3.46. Temperaturanstieg in verschiedenen Leimfugen bei der Heißpressung eines 13-fach-Sperrholzes, Buche, beleimt, Furnierfeuchte 8 %, Furnierdicke 1,5 mm (BASF 1981)

3.4.4.2
Dampfstoß, Temperaturanstieg bei der Spanplatten- und MDF-Herstellung

Das Durchwärmen einer gestreuten Span- oder Fasermatte wird überwiegend durch den so genannten Dampfstoß bewirkt, wie bereits in den Frühzeiten der Spanplattentechnologie erkannt und ausführlich beschrieben wurde (Fahrni 1956, Keylwerth 1959b, Kollmann 1957, Strickler 1959). Voraussetzung dafür ist die deutlich höhere Permeabilität eines Span- oder Faserkuchens im Vergleich zu einer Furnierlagenschichtung. Holz selbst ist ein guter Isolator, die Erwärmung des Kuchens nur durch Wärmeleitung in der Holzsubstanz wäre auf Grund der viel zu langen erforderlichen Zeiten bei den in der Span- und Faserplattenindustrie geforderten kurzen Presszeiten nicht möglich. In der folgenden Tabelle 3.15 werden übliche Presszeiten für die verschiedenen Holzwerkstoffe verglichen.

Der Effekt des Dampfstoßes wird aber nur bei dreischichtigen Platten (Spanplatten, OSB/Waferboard) dadurch bewusst unterstützt, dass die Deckschicht feuchter gefahren wird als die Mittelschicht. Die höhere Feuchtigkeit der Deckschichtspäne bewirkt zusätzlich eine Erhöhung der Oberflächenglätte und infolge der raschen und guten Verdichtung eine Verbesserung der elastomechanischen Eigenschaften der Platte.

Bei der MDF-Herstellung ist zwar auch der Dampfstoß für die Durchwärmung des Kuchens verantwortlich, hier besteht allerdings kein Unterschied in der Feuchtigkeit der beleimten Fasern in den Außenzonen und im Inneren des Kuchens. Lediglich bei dreischichtigen MDF-Platten, wie sie in jüngster Zeit wieder in ganz wenigen Fällen produziert werden, ist eine bewusste Erhöhung der Feuchtigkeit der beleimten Fasern in der Deckschicht und damit eine rasche Erwärmung der Mittelschicht möglich (Park u. a. 1999) möglich.

Tabelle 3.15. Vergleich der üblichen Presszeiten bei verschiedenen Holzwerkstoffen

Holzwerkstofftyp	technologische Vorgaben	erforderliche Presszeit für eine 19 mm-Platte
Sperrholz	grobe Faustformel für die Durchwärmzeit: 1 min/mm; angenommene Grundpresszeit 2 min; „spezifische Presszeit" damit ca. 34 s/mm	9-fach-Sperrholz, Furnierdicke ca. 2,2 mm: $2{,}2 \cdot 4 + 2 = 10{,}8$ min
Spanplatte	kontinuierliche Presse (Bruttostärke 19,8 mm): spezifische Presszeit: 5 s/mm	99 s
	Mehretagenpresse (Bruttostärke 20,6 mm): spezifische Presszeit: 9 s/mm	185 s
MDF	spezifische Presszeit (Bruttostärke 19,8 mm): 10 s/mm	198 s

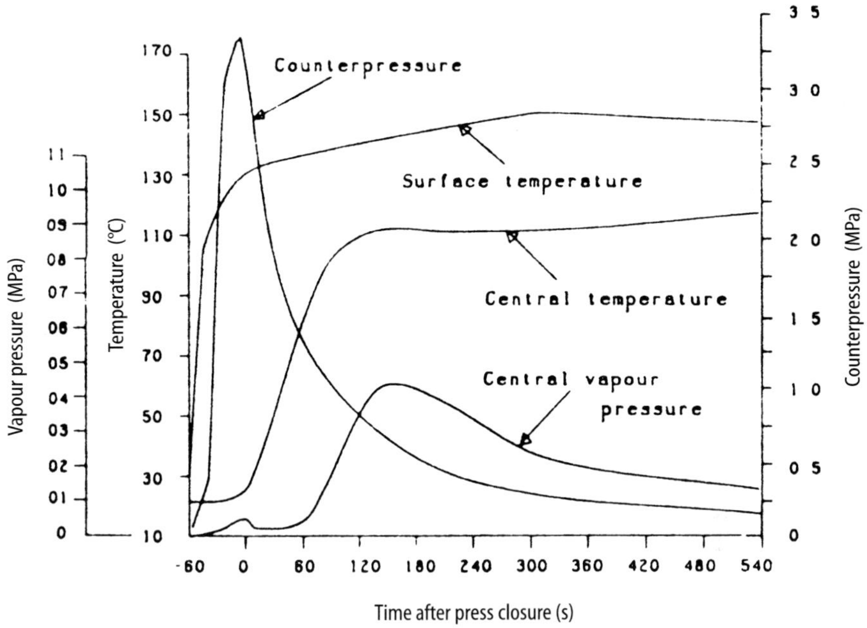

Abb. 3.47. Temperaturanstieg in der Deckschicht und der Mittelschicht sowie zeitlicher Verlauf des mechanischen Gegendruckes der Späne (Pressdruck) und des Dampfdruckes im Inneren des Kuchens bzw. der daraus entstehenden Platte bei einer Flakeboardlaborpressung (Kavvouras 1977)

Bei Sperrholz und Massivholzplatten ist praktisch kein Dampfstoßeffekt gegeben.

Ein weiteres Beispiel für den Temperaturanstieg in Deckschicht und Mittelschicht sowie für den Verlauf des mechanischen Gegendruckes der Späne und des Dampfdruckes im Inneren des Kuchens bzw. der daraus entstehenden Platte bei einer Spanplattenpressung sind in Abb. 3.47 dargestellt (Kavvouras 1977). Sobald die Temperatur in der Mittelschicht beginnt anzusteigen, fällt der Gegendruck der Mittelschicht wegen der eintretenden Plastifizierung der Späne wieder steil ab.

Je höher die Differenz der Feuchtigkeiten der beleimten Späne in Deck- und Mittelschicht ist, desto stärker wirkt der Dampfstoß und desto schneller kann die Aufwärmung der Mittelschicht erfolgen. Die mögliche Höhe der Feuchtigkeit der beleimten Deckschichtspäne ist abhängig von der Gesamtfeuchtigkeit des gestreuten Kuchens sowie vom Verhältnis Mittelschicht zu Deckschicht. Je niedriger die Feuchtigkeit der beleimten Mittelschichtspäne ist, desto höher kann die Feuchtigkeit in der Deckschicht gewählt werden, ohne dass wegen einer zu großen Dampfmenge bzw. eines dadurch im Platteninneren am Ende der Presszeit verursachten Dampfdruckes die Gefahr von Dampfspaltern besteht.

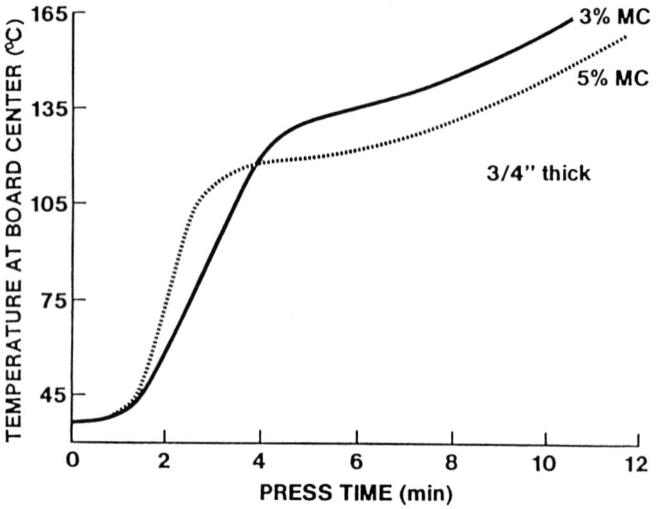

Abb. 3.48. Temperaturanstieg im Plattenkern bei zwei verschiedenen Feuchtigkeiten der beleimten Späne (Hsu 1991 a)

Eine höhere Feuchtigkeit der Späne führt zu einem rascheren Anstieg der Temperatur im Plattenkern; infolge der höheren zu verdampfenden Wassermenge steigt die Temperatur jedoch langsamer auf Temperaturen deutlich über dem Siedepunkt des Wassers, wie aus Abb. 3.48 ersichtlich ist.

Auch die Plattendicke hat erwartungsgemäß einen Einfluss auf die erforderliche Zeitdauer, bis der Plattenkern aufgeheizt ist (Abb. 3.49).

Die Feuchtigkeit der beleimten Späne ergibt sich aus der Feuchtigkeit der Späne nach dem Trockner (eigentlich Feuchtigkeit der Späne auf der Bandwaage unmittelbar vor der Beleimung) und der mit der Leimflotte aufgebrachten Wassermenge bzw. der gegebenenfalls getrennt versprühten Komponenten. In der Leimflotte ist praktisch in jeder Komponente Wasser enthalten (mit Ausnahme von Heißwachs als Hydrophobierungsmittel), die Summe aller dieser Wassermengen ergibt die Feuchtigkeit der beleimten Mittel- und Deckschichtspäne. Dies ist unabhängig davon, ob die einzelnen Komponenten der Leimflotte in einem Vorratsgefäß gemischt, einzeln gepumpt und erst knapp vor dem Beleimungsmischer über einen Statikmischer vereinigt oder überhaupt getrennt oder teilweise getrennt auf die Späne dosiert werden. Auch die getrennte Versprühung z.B. einer Paraffinemulsion im Einfallsschacht des Beleimungsmischers ändert nicht die Berechnung der Feuchtigkeit der beleimten Späne; auch bei getrennter Versprühung muss das in der Paraffinemulsion enthaltene Wasser bei der Berechnung der Feuchtigkeit der beleimten Späne berücksichtigt werden.

Je leichter und rascher die Feuchtigkeit der beleimten Deckschichtspäne in Dampf umgewandelt werden können, desto rascher erfolgt der Dampfstoß. In den Spänen als Holzfeuchtigkeit enthaltenes Wasser kann dabei das bei der

Abb. 3.49. Temperaturanstieg im Plattenkern in Abhängigkeit der Plattendicke (Hsu 1991 a)

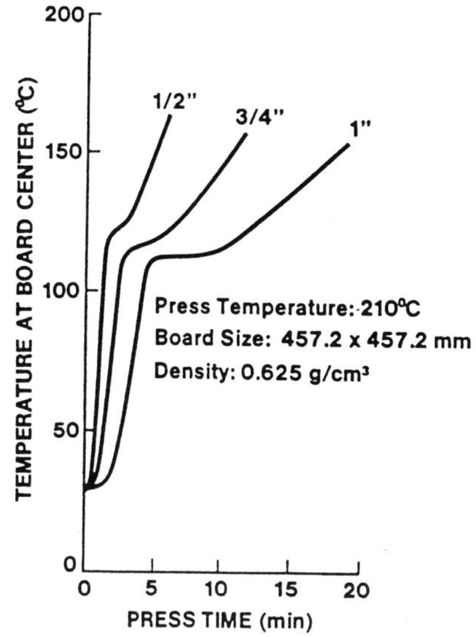

Beleimung aufgebrachte „freie" Wasser nicht ersetzen (s. auch Teil III, Abschn. 3.2.2). Es ist also nicht möglich, bei den Deckschichtspänen die Menge an zusätzlich zur Flotte zugegebenem Wasser durch eine entsprechende höhere Feuchtigkeit der Späne vor der Beleimung zu kompensieren. Die schnellste Verdampfung ist bei Wasser gegeben, welches erst kurz vor der Presse auf die Oberfläche des gestreuten Span- oder Faserkuchens aufgesprüht wird (Gfeller 1999). Um einen Plattenverzug wegen einer unsymmetrischen Feuchtigkeitsverteilung zu vermeiden, muss allerdings auch auf der Unterseite des Kuchens Wasser aufgebracht werden. Dies erfolgt durch Aufsprühen von Wasser auf das Streuband noch vor der Streustation. Die aufgesprühten Mengen liegen allgemein in einer Größenordnung von 20–50 g/m^2 pro Seite; selbst unter der Annahme, dass diese aufgesprühte Wassermenge nur max. 10% der Deckschichtspäne betrifft, entspricht dies einem Anstieg der Feuchtigkeit dieser ganz außen liegenden beleimten Deckschichtspäne um lediglich 0,2–0,4% absolut. Bezogen auf die gesamte Deckschicht liegt die Feuchtezunahme unter 0,05%, ist also vernachlässigbar. Dieser Effekt wurde ebenfalls bereits in den Anfangsjahren der Spanplattentechnologie untersucht (Abb. 3.50).

Der Temperaturanstieg im Inneren eines Späne- oder Faservlieses bzw. in einzelnen Leimfugen eines Sperrholzaufbaues während der Heißpressung kann durch Temperaturmesssonden bzw. Thermoelemente verfolgt werden (Denisov 1973, Dunky 1986, Rauch 1984, Smith 1982, Steffen u.a. 1999, Strickler 1959, Zavala und Humphrey 1996). Obacht ist darauf zu legen, dass während der Verdichtung des Vlieses keine Verschiebung der Messsonde in Richtung der Plattendicke erfolgt. Ein weiteres Problem ergibt sich aus dem Umstand, dass die maximale Eindringtiefe der Temperatursonden meist deutlich geringer als die halbe Plattenbreite bei industrieller Herstellung ist. Bei

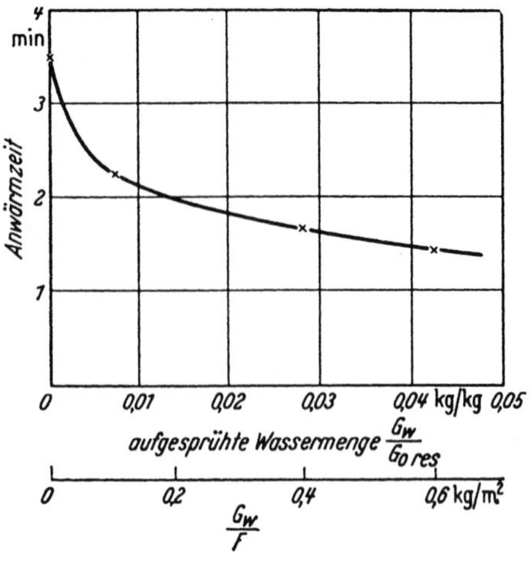

Abb. 3.50. Verkürzung der Anwärmzeit des gestreuten Kuchens durch eine unterschiedlich hohe Befeuchtung der Spankuchenoberfläche (Eisner 1957, Abbildung entnommen aus Keylwerth 1959b). $G_{0\,res}$: atro-Gewicht der Platte; F: Plattenfläche

kleinformatigen Laborpressungen steigt jedoch auf Grund des unterschiedlichen Ausdampfverhaltens die Temperatur in der Plattenmitte meist nicht so stark an. Winkler und Nemeth (1987) beschreiben eine Messmethode, bei der mit Hilfe einer Infrarotkamera das Vlies in der Heißpresse fotografiert und die Temperaturverteilung ausgewertet wird.

Infolge der Verdichtung der Luft in der gestreuten Matte sowie der Verdampfung von Wasser und anderen flüchtigen Verbindungen aus dem Holz und dem Bindemittel entwickelt sich im Laufe der Presszeit ein bestimmter Gasdruck im Inneren der Matte bzw. der entstehenden Platte. Dieser Gasdruck (überwiegend Dampfdruck des verdampften Wassers) kann mit Messsonden (dünnes Stahlröhrchen mit Druckumformer, Denisov und Sosnin 1967) gemessen und in Abhängigkeit der Presszeit aufgezeichnet werden (Denisov 1973, Dunky 1986, Humphrey 1982, Kamke und Casey 1988a, Kavvouras 1977, Steffen u.a. 1999, Zavala und Humphrey 1996). Probleme bestehen bei der Messung solcher Dampfdrücke in kleinformatigen Laborpressen, bei denen kurze Diffusionswege für den Dampf bestehen und sich deshalb kaum ein Dampfdruck aufbauen kann. Eine diesbezügliche Abhilfe kann durch Einsatz von Distanzrahmen anstelle von seitlichen Distanzleisten (Exner 1986) bzw. durch höherverdichtete Ränder (Jahic und Thole 1997) geschaffen werden.

Beim so genannten „PressMAN"-System werden die jeweilige Vlies-/Plattendicke, der Pressdruck sowie die Temperatur und der Dampfdruck in der Mittelschicht der Platte während des gesamten Presszyklusses gemessen und als Funktion der Zeit graphisch dargestellt (Alexopoulos 1999a+b). Ein Beispiel einer solchen Darstellung zeigt Abb. 3.51.

Ein Beispiel für eine Temperatur- und Gasdruckmessung an einer kontinuierlichen Presse am Beispiel einer 19 mm-MDF-Platte zeigt Abb. 3.52 (Steffen u.a. 1999). Der hohe Druck in der ersten Verdichtungszone des zweistufigen Pressprofiles verursacht hochverdichtete äußere Plattenschichten; während des Durchlaufens der ersten Pressrahmen ist ein entsprechender Druckpeak

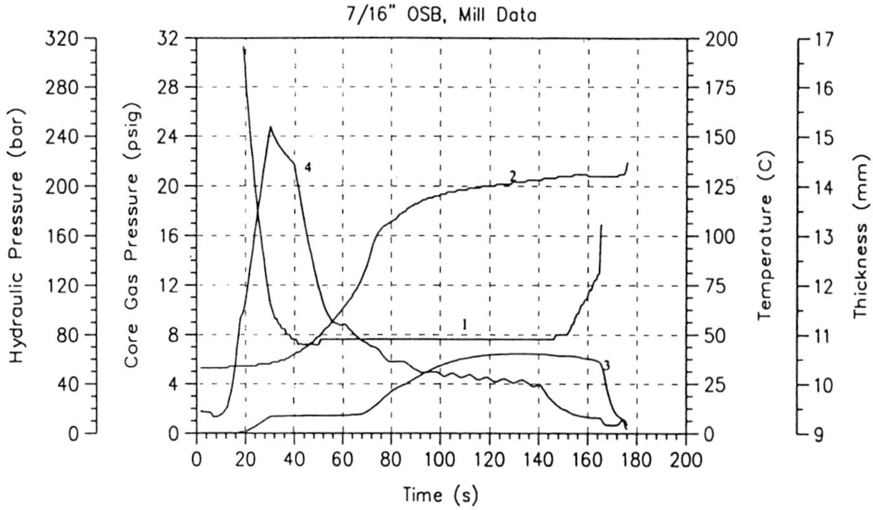

Abb. 3.51. Darstellung der Signale des PressMAN-Systems (Alexopoulos 1999 a + b): *1* Verlauf der Kuchendicke während der Verpressung; *2* Temperatur in der Mittelschicht; *3* Dampfdruck im Vlies bzw. in der Platte; *4* Pressdruck

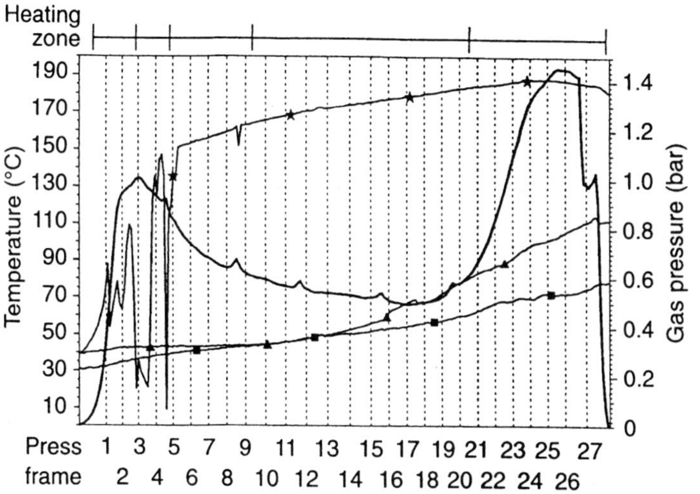

Abb. 3.52. Beispiel für eine Temperatur- und Gasdruckmessung an einer kontinuierlichen Presse am Beispiel einer 19 mm-MDF-Platte (Steffen u.a. 1999). ——: Gasdruck; ★ Oberflächentemperatur der Matte; ▲ Temperatur in der Matten- bzw. Plattenmitte; ■ Temperatur der Druckübertragungseinheit

gegeben. Dieser Druck fällt in der Folge wieder ab, bis dann der eigentliche und durch die Verdampfung hervorgerufene Gasdruck ansteigt; dieser Anstieg wird durch die zweite Verdichtungsstufe im Pressprofil noch verstärkt. Die Oberflächentemperatur steigt erwartungsgemäß weit über 100 °C an und erreicht am Ende der Pressenlänge in etwa die dort gegebene Oberflächentemperatur des Stahlbandes. Die Innentemperatur erreicht ca. 110 °C; es ist keine Plateaubildung der Temperatur bei 100 °C gegeben. Die 100 °C-Grenze wird ca. 5 m oder 40 s vor dem Pressenende erreicht. Die Temperatur des Druckumformers blieb bei diesen Messungen im erlaubten Bereich bis 80 °C, die gemessenen Drücke konnten demnach ordnungsgemäß hinsichtlich der im Umformer gegebenen Temperatur korrigiert werden.

Die Innendrücke in einer Platte am Ende der Presszeit sind von vielen Faktoren abhängig und liegen üblicherweise im Bereich unter 0,1 MPa (Denisov 1973, Dunky 1986). Denisov bezeichnet Werte von > 1,5 MPa als kritisch, weil sie zu Spaltern beim Öffnen der Presse bzw. beim Verlassen der Presse führen können.

Die Tabellen 3.16 und 3.17 fassen den Einfluss der Feuchte der beleimten Späne auf verschiedene mechanische bzw. hygroskopische Eigenschaften von Spanplatten zusammen.

Abbildung 3.53 zeigt den Anstieg der Platteninnentemperatur bei unterschiedlichen Feuchtigkeiten der beleimten Strands bei einer 11 mm-OSB-Platte (Go 1988). Je höher die Deckschichtfeuchte, desto schneller ist der Temperaturanstieg, weil der Dampfstoß entsprechend stärker ist. Es ist zu beachten,

Tabelle 3.16. Einfluss der Feuchte der beleimten Späne auf verschiedene mechanische Eigenschaften von Spanplatten

Eigenschaft	Platte	Veränderung	Literatur
Biegefestigkeit	1sL (1)	maximale Festigkeit bei 10–15%, darüber wieder Abfall	Mallari u. a. (1986)
Biege-E-Modul	1sL (1)	wie Biegefestigkeit	Mallari u. a. (1986)
Querzugfestigkeit	1sL (1)	bei Kondensationsharzen Optimum bei 10–15% Spanfeuchte	Mallari u. a. (1986)
	1sLS (2)	Abfall der Festigkeit bei höheren Feuchtigkeiten	Winistorfer und DiCarlo (1988)
	1sL	Optimum bei ca. 10% Spanfeuchtigkeit	Kratz (1974)

Abkürzungen:
1sL einschichtige Laborspanplatten
1sLS einschichtige Labor-Strandboards
(1) unterschiedliche Restfeuchten
(2) Einstellung der Feuchte der beleimten Strands durch unterschiedlichen Festharzgehalt des Bindemittels sowie durch Aufsprühen von Wasser.

Tabelle 3.17. Einfluss der Feuchte der beleimten Späne auf die hygroskopischen Eigenschaften von Spanplatten

Eigenschaft	Platte	Veränderung	Literatur
Dickenquellung bei Lagerung in Wasser	1 sL	Abnahme der Quellung bei höheren Spanfeuchtigkeiten	Mallari u. a. (1986)
Wasseraufnahme bei Lagerung in Wasser	1 sL	Abnahme der Wasseraufnahme bei höheren Spanfeuchtigkeiten	Mallari u. a. (1986)

Abkürzungen: 1 sL einschichtige Laborspanplatten.

dass bei den beiden Kurven mit den höheren DS-Feuchten ein Temperaturplateau bei ca. 120 °C gegeben ist, welches unter den gegebenen Innendruckbedingungen dem Siedepunkt des Wassers entspricht. Erst nach Verdampfung des in der Matte gegebenen Wasservorrates kann die Temperatur weiter steigen, sofern eine so lange Presszeit überhaupt gegeben ist.

Abbildung 3.54 vergleicht den Temperaturanstieg im Inneren einer 11 mm- und einer 19 mm-Platte. Erwartungsgemäß verläuft der Temperaturanstieg in der Plattenmitte bei der dickeren Platte langsamer.

Eine ähnliche Kurvenschar zeigt Abb. 3.55. Gemessen wurde der Temperaturanstieg in Plattenquerschnittsmitte bei unterschiedlichen Plattendicken (Beall und Chen 1997).

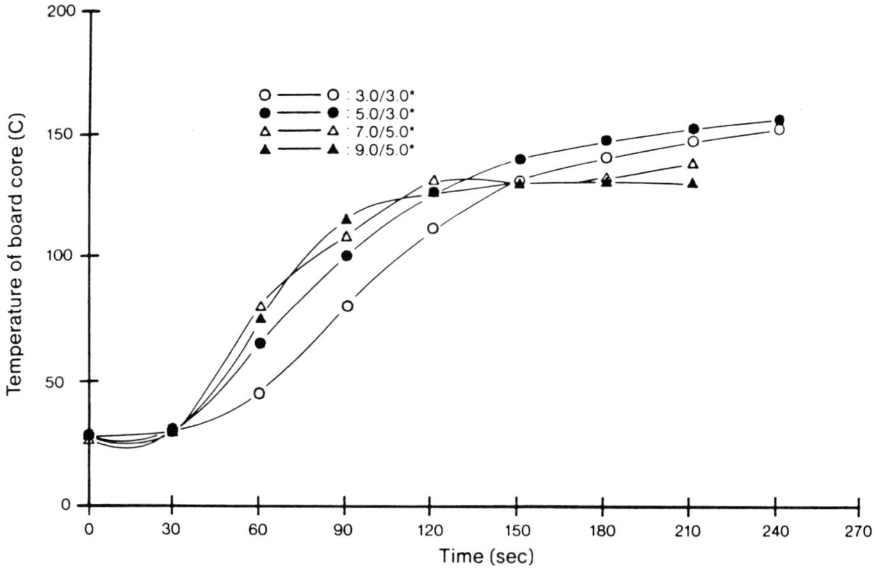

*% face furnish moisture content/core furnish moisture content

Abb. 3.53. Anstieg der Platteninnentemperatur bei unterschiedlichen Feuchtigkeiten der beleimten Strands einer 11 mm-OSB-Platte (Go 1988)

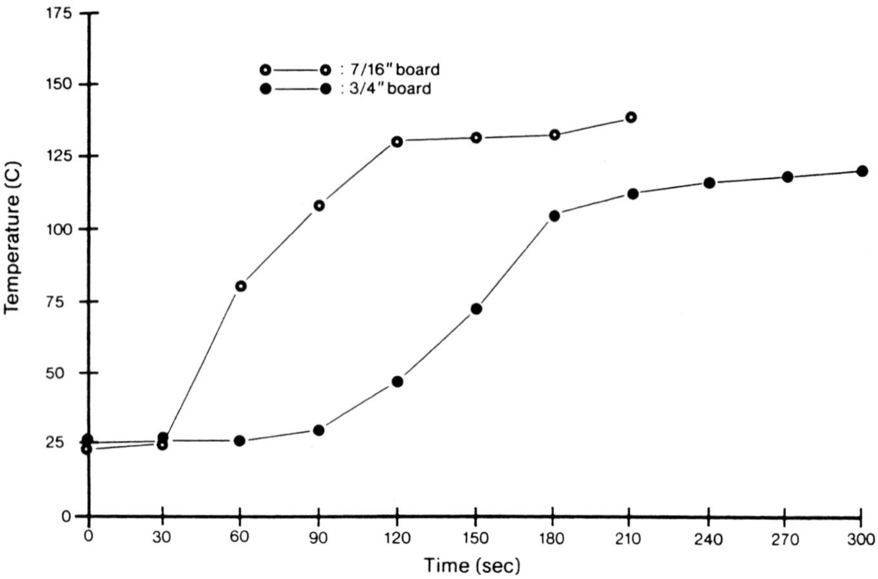

Abb. 3.54. Vergleich des Temperaturanstieges im Inneren einer 11 mm- und einer 19 mm-Platte (Go 1988)

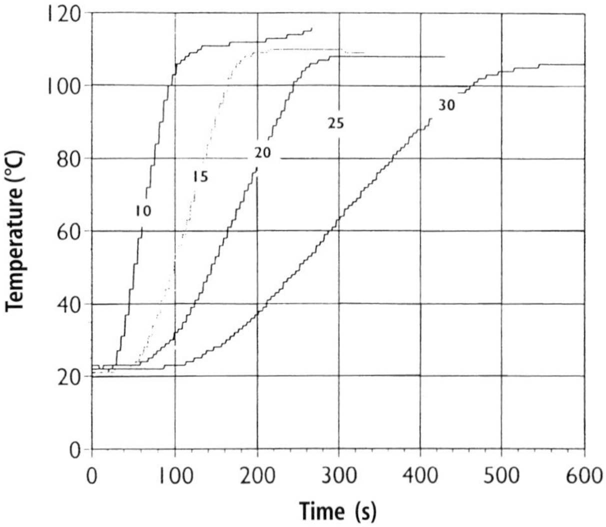

Abb. 3.55. Temperaturanstieg in Plattenquerschnittsmitte bei unterschiedlichen Plattendicken (Beall und Chen 1997)

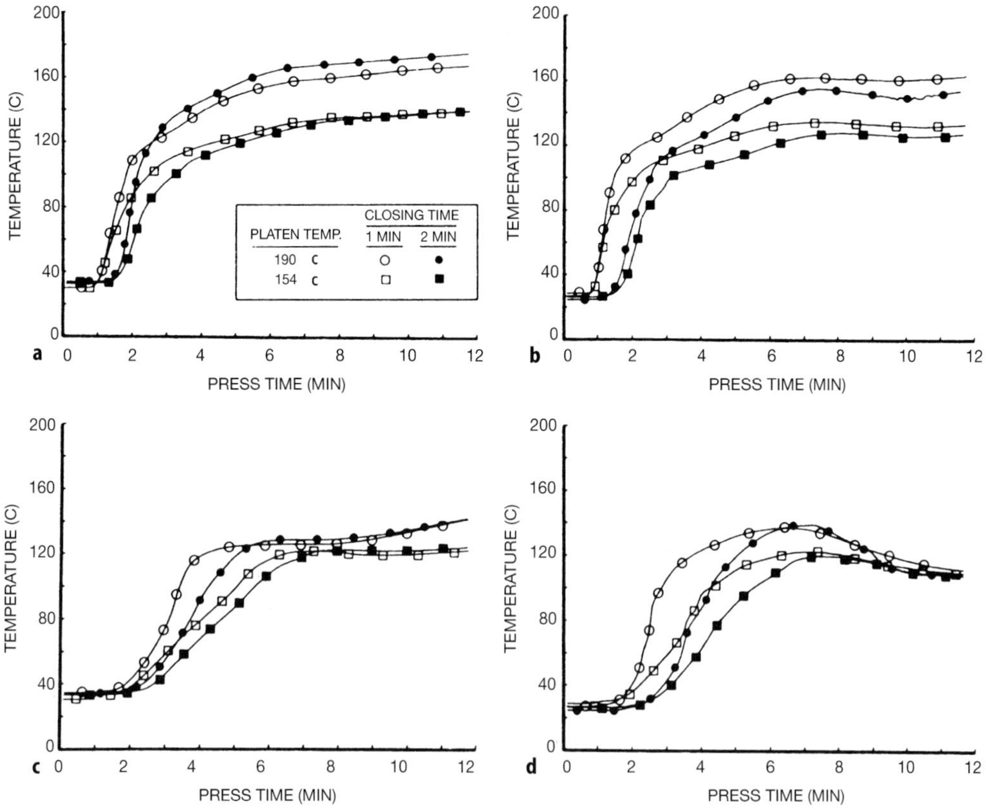

Abb. 3.56a–d. Temperaturanstieg in der Deckschicht bzw. der Mittelschicht einer Flakeboardmatte bei verschiedenen Feuchtigkeiten der beleimten Strands, unterschiedlichen Presstemperaturen sowie unterschiedlichen Verdichtungszeiten: **a** DS, 6% Feuchtigkeit; **b** DS, 15% Feuchtigkeit; **c** MS, 6% Feuchtigkeit; **d** MS, 15% Feuchtigkeit (Kamke und Casey 1988b)

Abbildung 3.56 zeigt den Anstieg der Temperatur in der Deckschicht bzw. der Mittelschicht einer Flakeboardmatte in Abhängigkeit der Feuchtigkeit der beleimten Strands (Kamke und Casey 1988b). Zu Beginn des Pressvorganges ist der Kuchen noch so porös, dass sich kein Dampfdruckgradient aufbauen kann und der entstehende Dampf leicht aus der Matte entweichen kann. Erst nachdem der Kuchen bis zu einem bestimmten Grad verdichtet ist (Dichte ca. 500 kg/m^3), kann sich der Dampfdruckgradient in Richtung der noch nicht so stark verdichteten Mittelschicht ausbilden. Je höher die Presstemperatur, desto steiler ist der Temperaturanstieg. Auch eine kürzere Verdichtungszeit bewirkt eine raschere Durchwärmung des Kuchens. Die höhere Feuchtigkeit der beleimten Strands hat eher nur wenig Einfluss auf den Temperaturanstieg in der Deckschicht, führt jedoch zu einem steileren Temperaturanstieg in der Mittelschicht.

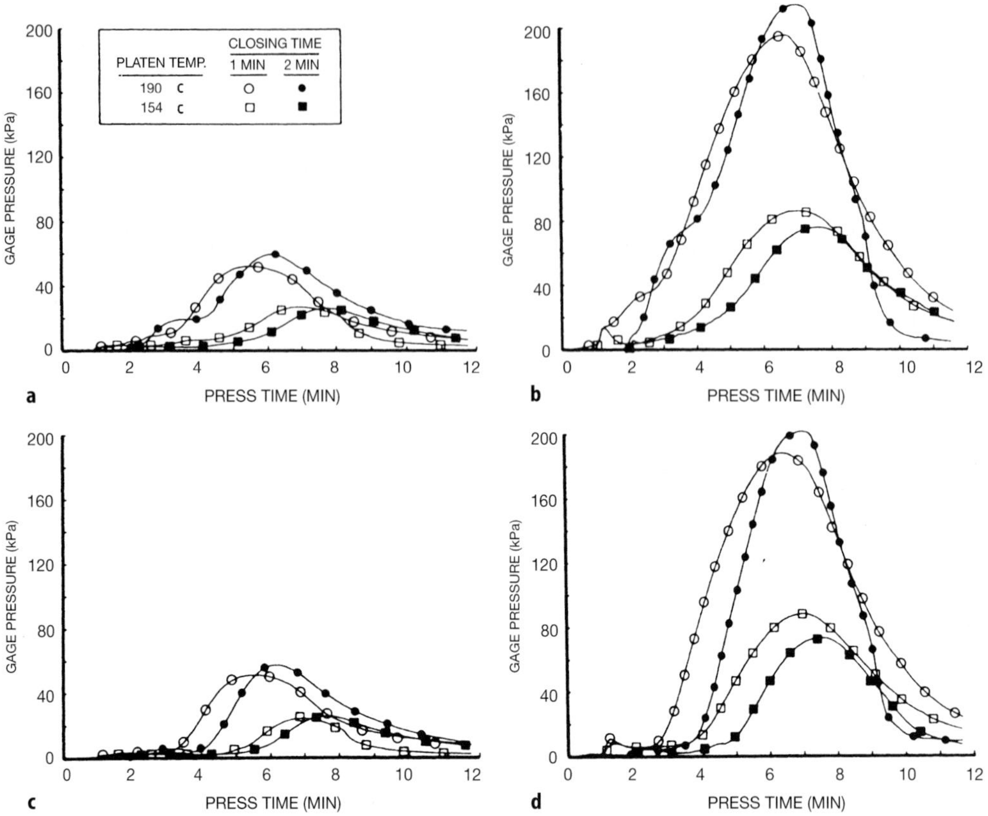

Abb. 3.57 a–d. Dampfdruck in der Deckschicht bzw. der Mittelschicht einer Flakeboardmatte bei verschiedenen Feuchtigkeiten der beleimten Strands, unterschiedlichen Presstemperaturen sowie unterschiedlichen Verdichtungszeiten: **a** DS, 6% Feuchtigkeit; **b** DS, 15% Feuchtigkeit; **c** MS, 6% Feuchtigkeit; **d** MS, 15% Feuchtigkeit (Kamke und Casey 1988b)

Abbildung 3.57 zeigt die zugehörigen Dampfdrücke. Auch hier sind wieder die bekannten Einflussfaktoren gegeben. Je höher die Feuchtigkeiten der beleimten Späne und je höher die Presstemperatur, desto höher ist der sich einstellende Dampfdruck. Eine höhere DS-Feuchtigkeit sowie eine raschere Verdichtung des Kuchens ergeben einen rascheren Anstieg des Druckes.

In Abb. 3.58 wird der Temperaturanstieg während einer Heißpressung an verschiedenen Stellen des Spankuchens dargestellt. An der Oberfläche der Deckschicht wird rasch die Temperatur der Pressplatte erreicht, in diesem Bereich erfolgt die Verdampfung der vorhandenen Feuchtigkeit sehr rasch. An der Grenzfläche zwischen Deckschicht und Mittelschicht ist ein kurzzeitiges Temperaturplateau gegeben; sobald mehr oder minder die gesamte Feuchtigkeit verdampft und in die Mittelschicht geströmt ist, steigt die Temperatur weiter an. In der Mittelschicht selbst bleibt die Temperatur zu Beginn des

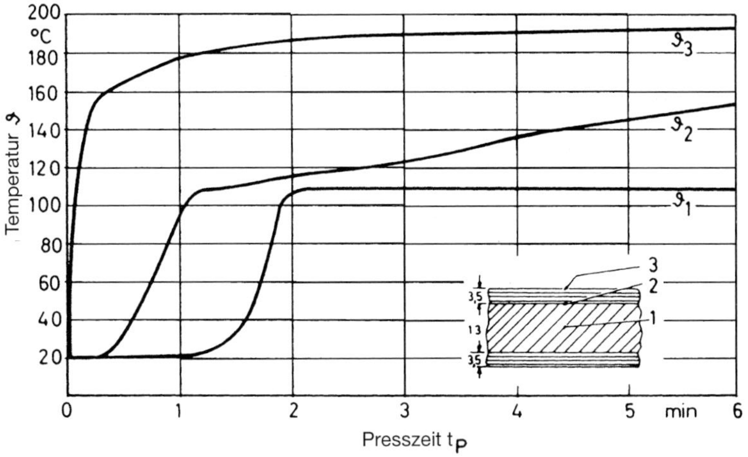

Abb. 3.58. Temperaturanstieg an verschiedenen Stellen einer dreischichtigen Spanplatte in Abhängigkeit der Presszeit (Lamberts und Pungs 1978)

Pressvorganges zunächst konstant, bis durch den Dampfstoß Wärme in die Mittelschicht gelangt. Bei der gegebenen Versuchsdurchführung bleibt die Temperatur bei der durch den Dampfdruck erhöhten Siedetemperatur des Wassers konstant. Ein weiterer Temperaturanstieg ist hier nicht gegeben, weil der überschüssige Dampf über die Schmalflächen ausströmen kann und damit der Druckanstieg begrenzt ist (Lamberts und Pungs 1978).

Je höher die Feuchtigkeit der beleimten Späne, desto näher liegt die Dampfdruckkurve bei der theoretischen Dampfdruckkurve für gesättigten Dampf (Abb. 3.59).

Die beiden Abb. 3.60 und Abb. 3.61 zeigen den Anstieg der Temperatur bzw. des Dampfdruckes in einem Kuchen während der Heißpressung, wobei die Messstellen einmal in der Mitte der Plattenfläche und einmal an einer Ecke lagen (Geimer u.a. 1990). In Abb. 3.60 handelt es sich um eine konventionelle Heißpresse, in Abb. 3.61 um eine Dampfinjektionspresse, mit der eine deutlich raschere Aufheizung der Mittelschicht des Kuchen gegeben ist. Der kleine kurzfristige Druckanstieg zu Beginn des Pressvorganges in Abb. 3.60 ist auf die Verdichtung des Kuchens zurückzuführen.

Auch bei industriellen Anlagen sind ähnliche Temperatur- und Dampfdruckprofile bei einer Spanplattenpressung (Mehretagenanlage) gegeben (Dunky 1991). Kurz nach Erreichen des Maximaldruckes erfolgt infolge des einsetzenden Dampfstoßes ein rascher Temperaturanstieg auf knapp 100 °C. Danach bleibt die Temperatur eine Zeit lang nahezu konstant, um dann langsam zum maximal erreichbaren Wert zu steigen, entsprechend des sich im Platteninneren aufbauenden Dampfdruckes. Auch nach dem Ende des Presszyklus bleibt die Temperatur in der Plattenmitte noch einige Zeit erhalten. Der schrittweise Pressdruckabfall beginnt mit dem Erreichen der Distanz. Dies

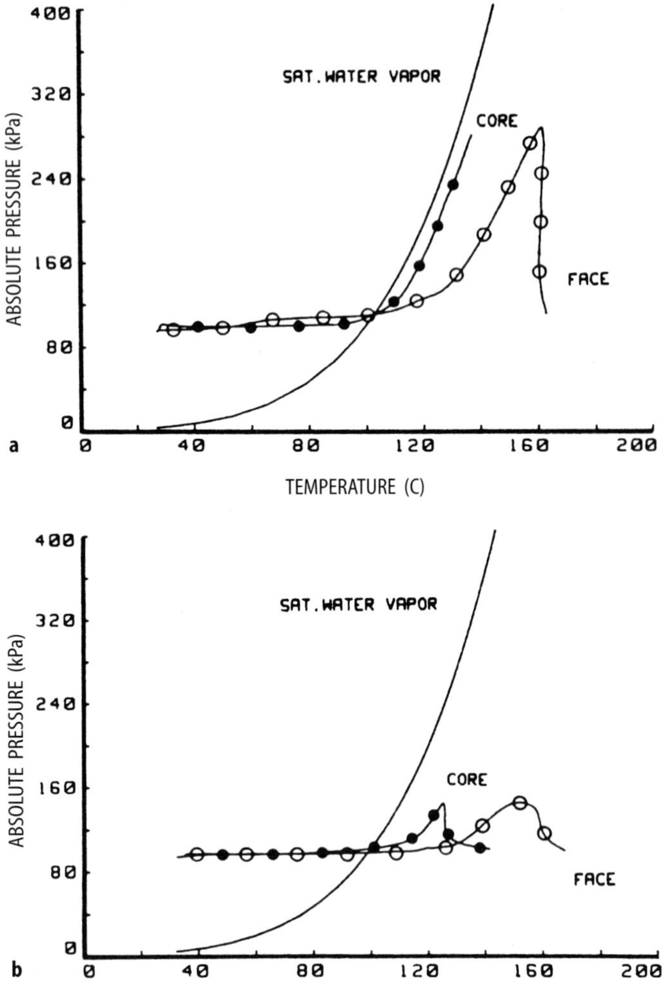

Abb. 3.59 a, b. Vergleich der Druckverhältnisse in der Mittel- bzw. der Deckschicht einer Platte während des Pressvorganges mit dem Dampfdruck von gesättigtem Wasserdampf bei einer Presstemperatur von 190 °C (Kamke und Casey 1988b): **a** 15 % Feuchtigkeit; **b** 6 % Feuchtigkeit

kann von Presszyklus zu Presszyklus bzw. auch für die einzelnen, unabhängig voneinander gesteuerten Presszylinder unterschiedlich erfolgen.

Anhand eines Temperaturprofils kann abgeschätzt werden, zu welchem Zeitpunkt eine Nachverdichtung der Mittelschicht am sinnvollsten ist: einerseits soll eine ausreichende Durchwärmung des Kuchens ermöglicht werden, andererseits ist zu verhindern, dass bereits bestehende Leimbrücken durch zu

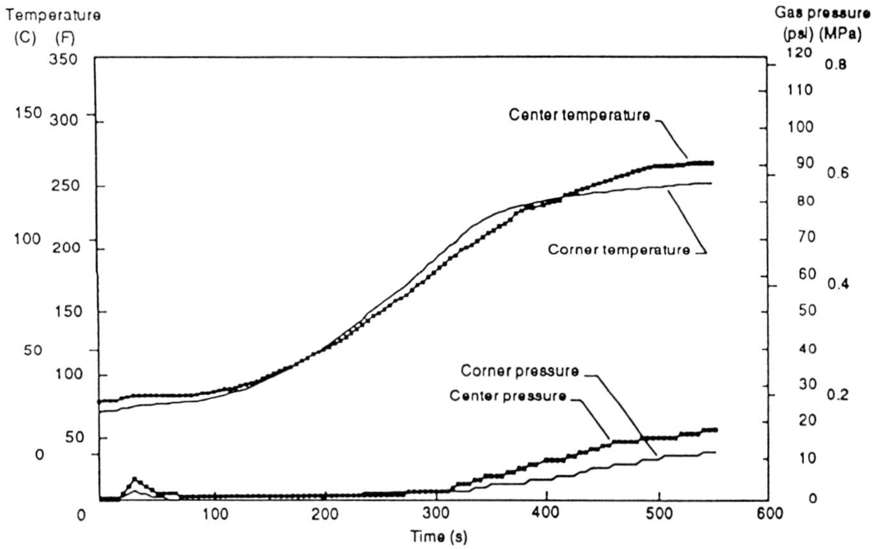

Abb. 3.60. Temperatur- und Druckanstieg in einem Kuchen in einer konventionellen Heißpresse (Geimer u.a. 1990)

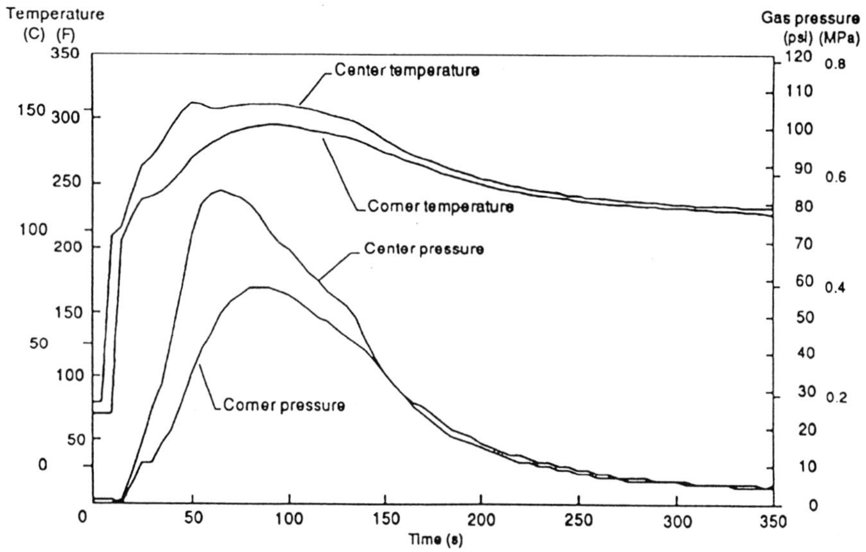

Abb. 3.61. Temperatur- und Druckanstieg in einem Kuchen in einer Dampfinjektionspresse (Geimer u.a. 1990)

spätes Nachverdichten wieder zerstört werden. Die erforderliche Presszeit kann als Summe der Zeit bis zum Erreichen von 100 °C in der Plattenmitte (beginnender Dampfaustritt aus der Presse) und der Gelierzeit der Flotte abgeschätzt werden. Es ist aus Erfahrung jedoch bekannt, dass eine auf diese Art berechnete Presszeit auf der sicheren Seite liegt und eine Verkürzung dieses Wertes möglich sein sollte.

Die Mattenfeuchtigkeit bzw. die möglichst gleichmäßige Verteilung der Feuchtigkeit innerhalb der Matte sind zwei wesentliche Parameter in der MDF-Herstellung. Zu niedrige Feuchtigkeiten führen zu einer schlechten Verdichtbarkeit des Faserkuchens und führen zu hohen „eingefrorenen“ Spannungen in der Platte; zu hohe Feuchtigkeiten ergeben Probleme mit hohen Dampfmengen und damit einem hohen Innendruck in der Platte; dies würde dann deutlich längere Presszeiten erfordern, um ein ausreichendes Ausdampfen der Platte zu gewährleisten; bei formaldehydarmen UF-Leimen ist diese Maßnahme jedoch nicht möglich, weil dadurch die Platzergefahr eher noch ansteigt.

Maloney und Lee (1996) untersuchten den Einfluss der Mattenfeuchte bei UF-gebundenen MDF-Platten und fanden ein Maximum verschiedener mechanischer Eigenschaften bei einer Fasermattenfeuchte von ca. 13 %. Die Wasseraufnahme und die Dickenquellung nahmen mit höherer Fasermattenfeuchte ab. Die Rohdichteprofile zeigten bei höheren Fasermattenfeuchten ausgeprägte Dichtemaxima in den Außenzonen der Platten, was durch die gute Verdichtung der „Deckschicht“ des Faservlieses erklärbar ist. Das für eine Verpressung jeweilige Optimum der Faserfeuchte am Streuband ist jedoch von den verschiedensten Parametern abhängig, sodass allgemein nur ein Bereich von in der MDF-Herstellung üblichen Faserfeuchten in der Größenordnung von 9 – ca. 11 % angegeben werden kann.

Bei Vollholzverleimungen besteht die Möglichkeit, die Holzoberflächen z. B. mit Hilfe von IR-Strahlern vorzuwärmen (Suomi-Lindberg 1999). Dadurch können die erforderlichen Presszeiten von mehreren Stunden auf wenige Minuten verkürzt werden. Das eingesetzte Bindemittelsystem muss entsprechend dieser Vorwärmtechnologie ausgewählt werden.

Weitere Literaturhinweise:
Temperaturanstieg in der Matte während der Heißpressung: Crawford (1967), Dalen und Shorma (1996), Nielsen und Sudan (1996), Rauch (1984), Stegmann und Bismarck (1967), Suchsland (1967).

Berechnung des Temperaturanstieges in der Matte während der Heißpressung: Denisov (1973), Denisov und Juskov (1974), Gefahrt und Klinkert (1977).

Verlauf des Dampfdruckes in der Matte und der gepressten Platte während der Heißpressung: Dalen und Shorma (1996), Nielsen und Sudan (1996), Rauch (1984).

Permeabilität einer Span- oder Fasermatte: Denisov u. a. (1975), v. Haas (1998, 2000), v. Haas u. a. (1998), Haselein (1998), Hata u. a. (1993), Smith (1982).

Rheologisches Verhalten von Faser-, Span- und OSB-Matten: v. Haas und Frühwald (2001).

3.4.4.3
Simulationsmodelle

Mit Hilfe von Simulationsmodellen können die während einer Heißpressung mit fortschreitender Presszeit ablaufenden Veränderungen im Spankuchen (Temperatur, Dampfdruck, Feuchtigkeit, jeweils in Abhängigkeit des Abstands zu den heißen Pressplatten) beschrieben werden. Humphrey (1982) formulierte einen integrierten Ansatz für ein Modell, das den interaktiven Prozessen Wärme- und Feuchtigkeitstransport, Bindemittelaushärtung, Mattenverdichtung, Ausbildung definierter Platteneigenschaften und der Presszeit Rechnung tragen sollte. Abbildung 3.62 zeigt übersichtsmäßig die während der Heißpressung einer Holzwerkstoffmatte wirkenden Mechanismen und ihre jeweiligen Wechselwirkungen (Humphrey 1994).

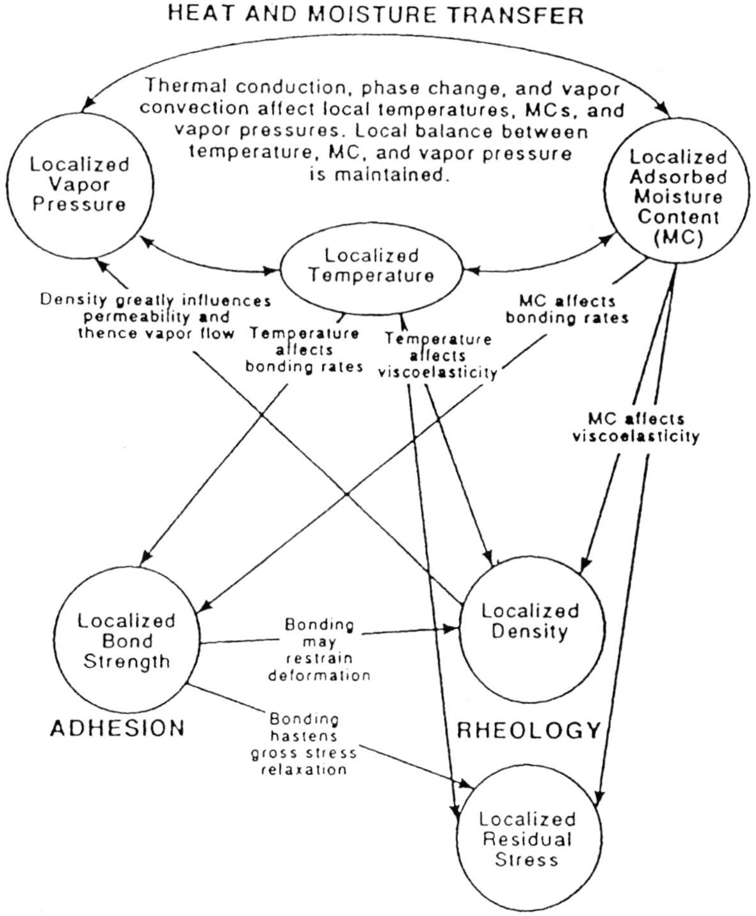

Abb. 3.62. Mechanismen, die während der Heißpressung einer Holzwerkstoffmatte wirken (Humphrey 1994)

In umfangreichen Arbeiten zu den physikalischen Grundlagen der Spanplattenherstellung wurden an verschiedenen Instituten Computerprogramme zur Simulation der thermodynamischen Vorgänge während der Pressung von Spanvliesen entwickelt. Es wurden Prozesse wie Wärmeleitung, Wasserverdampfung, Dampfströmung und -kondensation in geschlossenen Heißpressen rechnerisch erfasst, wobei die Dampfströmung z.B. für die vertikale und die radiale Richtung eines runden Plattenkörpers simuliert wurden. Zusätzlich wurden lokale Veränderungen von Temperatur, Spanfeuchte, Mattendichte und Strömungsrichtung berücksichtigt. Die Simulationen ergeben Verteilungen von Temperatur, Dampfdruck und Spanfeuchte, die mit experimentell bestimmten Werten an Labor- und Industrieplatten verglichen werden und nach entsprechenden Optimierungen der Modelle durchwegs gut übereinstimmen. Ein Beispiel einer solchen Simulation zeigt Abb. 3.63 (Humphrey 1991).

Diese grundlegenden Modelle wurden unter anderem von Ren (1988), Humphrey und Ren (1989) und Humphrey und Zavala (1989) um wesentliche Untersuchungen zur Ausbildung der Bindefestigkeit von Verklebungen zwischen Holzspänen während des Heißpressvorganges ergänzt. Shao (1990) führte zusätzliche Untersuchungen zur Wärmeleitung in Holzfasermatten in Abhängigkeit von Mattenverdichtung und Mattenfeuchtigkeit durch. Das Verdichtungsverhalten von Matten wurde auch von Ren (1992) beschrieben. Weitere Ergebnisse von Simulationsmodellen werden bei Bolton u.a. (1989a–c), Carvalho und Costa (1999), Harless u.a. (1987), Haselein (1998), Humphrey (1990, 1997), Humphrey und Bolton (1989a+b), Kamke und Wolcott (1991) sowie Wolcott u.a. (1990) beschrieben. Bolton und Humphrey (1988) sowie Steffen (1996) geben einen Überblick über verschiedene in der Fachliteratur beschriebene Modelle.

Eine spezielle Herausforderung stellen Simulationsberechnungen an kontinuierlichen Pressen dar; je nach Bezugsgröße (Presse oder Matte/Platte) handelt es sich um ein System im zeitlichen Gleichgewicht oder, wie bei stationären Pressen, im zeitlichen Ungleichgewicht. Mit Hilfe der entsprechenden Simulationen können wiederum verschiedene Größen vorausberechnet werden, z.B. bei einer MDF-Produktion

- die Temperatur an verschiedenen vertikalen Stellen in Abhängigkeit der Pressenlänge und damit der Presszeit (bezogen auf eine Querlinie der sich bewegenden Matte/Platte) (Abb. 3.64),
- der Gesamtgasdruck in Matten/Plattenmitte (bezogen auf die Dicke) als Verteilung über die gesamte Fläche (Abb. 3.65) oder
- die Rohdichte in der Mittelschicht, ebenfalls als Verteilung über die gesamte Fläche in der Presse.

Abbildung 3.66 zeigt die Verteilung des Gesamtgasdruckes in Fasermattenmitte (bezogen auf die Dicke) als Verteilung über die gesamte Fläche für die ersten sechs Meter der in dieser Modellberechnung angenommenen kontinuierlichen Presse. Die Pfeile beschreiben die horizontale Gasgeschwindigkeit in

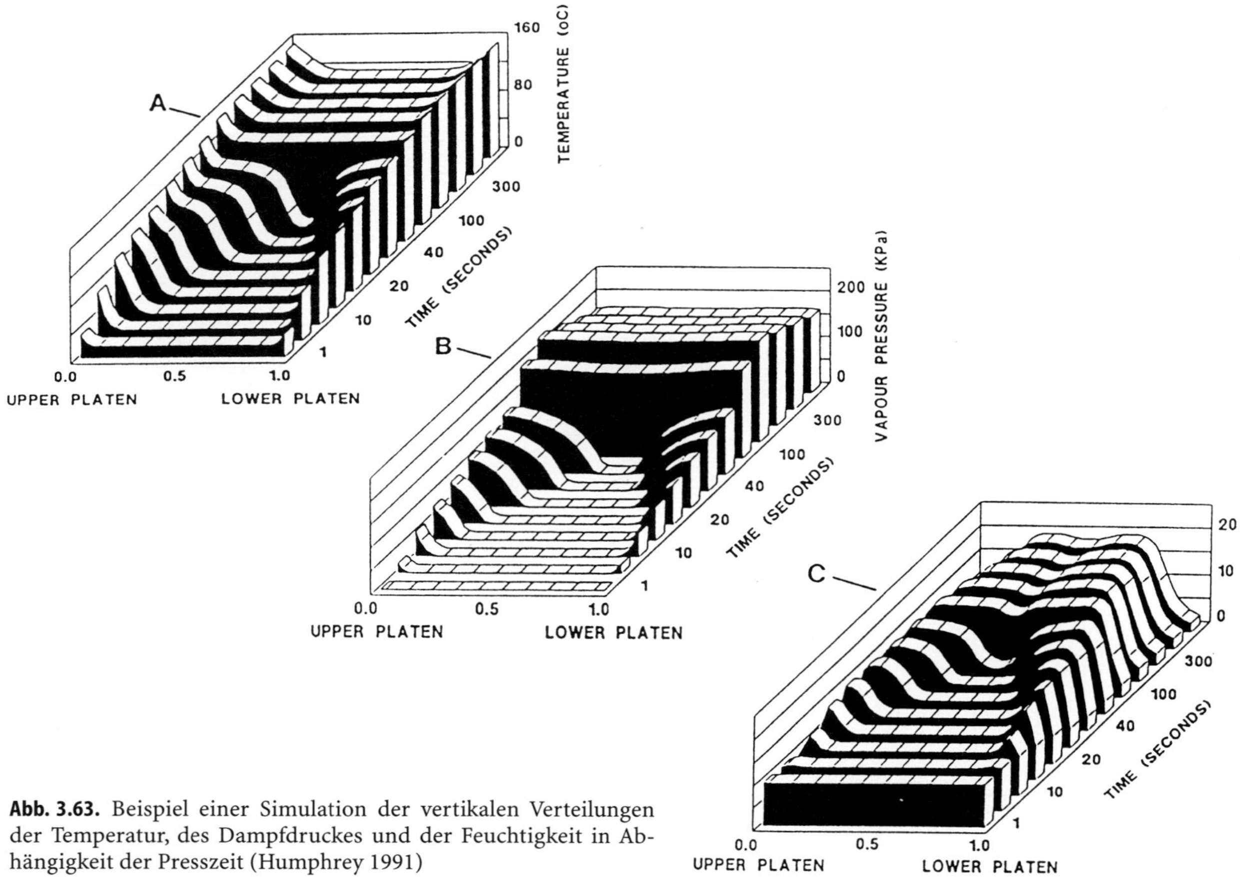

Abb. 3.63. Beispiel einer Simulation der vertikalen Verteilungen der Temperatur, des Dampfdruckes und der Feuchtigkeit in Abhängigkeit der Presszeit (Humphrey 1991)

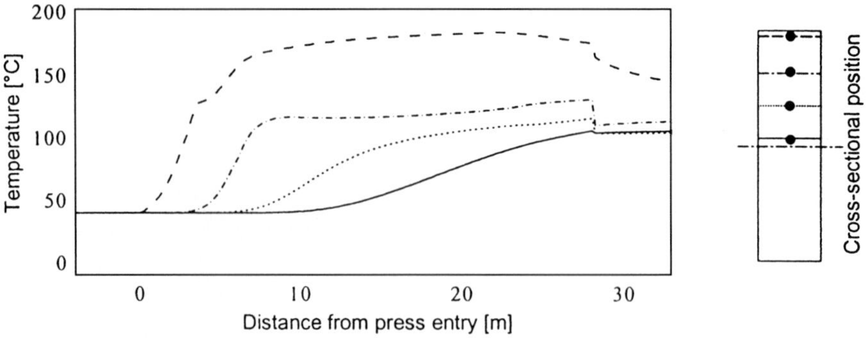

Abb. 3.64. Vorausberechnete Temperaturen an verschiedenen vertikalen Stellen der Faser-Matte/Platte in Abhängigkeit der Pressenlänge (Thoemen und Humphrey 1999)

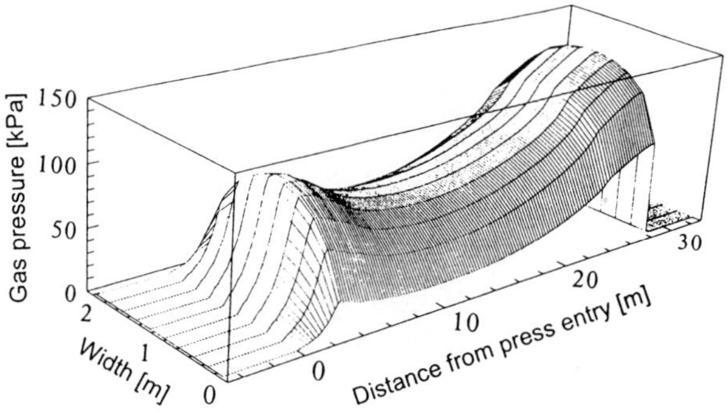

Abb. 3.65. Vorausberechneter Gesamtgasdruck in Faser-Matten/Plattenmitte (bezogen auf die Dicke) als Verteilung über die gesamte Fläche (Thoemen und Humphrey 1999)

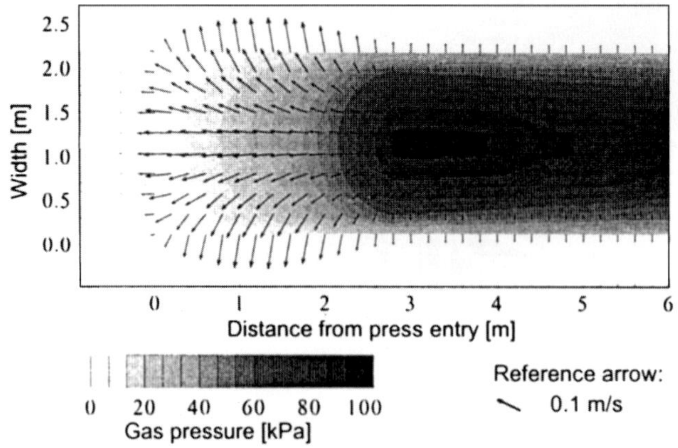

Abb. 3.66. Verteilung des Gesamtgasdruckes in Fasermattenmitte (bezogen auf die Dicke) als Verteilung über die gesamte Fläche für die ersten 6 Meter der kontinuierlichen Presse. Die Pfeile beschreiben die horizontale Gasgeschwindigkeit in dieser Mittelschicht (Thoemen und Humphrey 1999)

dieser Mittelschicht. Der maximale Gasdruck wird nach 3 Metern Pressenlänge erreicht. Der Großteil des Luft-Dampfgemisches entweicht über die Kanten der Matte im Einlaufbereich der Presse sowie über die Oberflächen der Matte vor dem Eintritt in die Presse. Ist diese gegen die Bandbewegung gerichtete Gasströmung zu groß, kann es zu einer Zerstörung der nur leicht vorverdichteten Fasermatte kommen (Ausbläser).

3.4.5
Dampfinjektionsverfahren

Die effektivste Ausnutzung eines raschen Wärmetransportes durch Dampf ist beim so genannten Dampfinjektionsverfahren gegeben. Dabei wird gesättigter Dampf durch Öffnungen in der Pressplatte in das Spänevlies während oder nach dem Schließen der Presse eingedüst. Erfolgt dieses Eindüsen rechtzeitig, bevor die Dichte des Spänevlieses zu hoch wird, kann ein sehr rasches Durchwärmen des Vlieses erreicht werden (Abb. 3.67 und 3.72).

Das Dampfinjektionsverfahren ermöglicht die Regelung derjenigen Verarbeitungsparameter in weiten Grenzen, die für die Aushärtung und Ausbildung der Bindefestigkeit in Holzwerkstoffen wichtig sind; insbesondere ist eine gezielte Temperatur/Feuchte-Modifizierung der thermoplastischen Anteile des Holzes möglich. Die durch die Dampfinjektion dem Spankuchen zugeführte Wassermenge (Feuchtigkeitsanstieg) erschwert jedoch das Aushärten der Kondensationsharze. Bereits Chow und Mukai (1972) berichteten, dass der

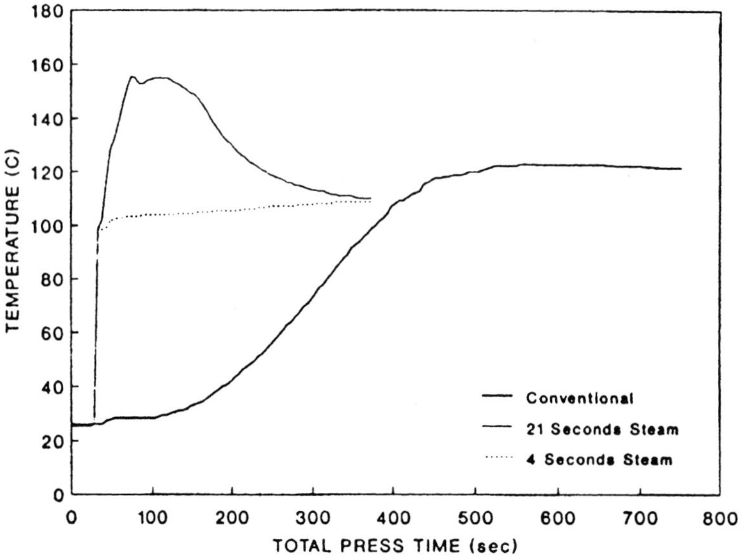

Abb. 3.67. Temperaturverlauf in der Mittelschicht eines Flakeboard-Spankuchens während des Heißpressvorganges ohne bzw. mit Dampfinjektion (Johnson u. a. 1993)

Aushärtungsgrad eines Phenolharzes linear vom Wassergehalt des Harzes abhängt. Je höher dieser Wassergehalt, desto niedriger ist der unter bestimmten Bedingungen erreichbare Aushärtungsgrad. Thoman und Pearson (1976) sowie Johnson und Kamke (1994) vermuten, dass durch die zusätzliche Wassermenge, die infolge der Kondensation des injizierten Dampfes gegeben ist, eine Verschiebung des chemischen Gleichgewichtes in der Harzkondensation in Richtung der Ausgangsprodukte gegeben ist. Ebenso kann eine gewisse Hydrolyse des gerade aushärtenden Harzes (insbesondere bei UF-Harzen, wahrscheinlich in geringerem Ausmaß bei phenolischen Bindungen) sowie verschiedener Holzbestandteile (z. B. Hemicellulosen) eine Verringerung der Bindefestigkeit hervorrufen. Es ist also erforderlich, die Mechanismen der Harzhärtung unter dem Einfluss hoher Dampfdrücke getrennt von den unter mehr oder minder atmosphärischem Druck üblichen Aushärtebedingungen zu betrachten.

Umemura (1997) und Umemura u. a. (1996a) untersuchten verschiedene Harze in einer kleinen Reaktionszelle, in die für eine bestimmte Zeit Heißdampf eingeleitet werden kann. Sie finden bei ihren Vergleichen des Aushärtungsverhaltens zwischen einer konventionellen Heißverpressung und dem Dampfinjektionsverfahren signifikante Unterschiede im Verlauf der Aushärtung von Phenolharzen. So bleibt bei einem mittels Dampfinjektion gehärteten Harz lange ein kleiner methanollöslicher Anteil bestehen. Auch DMA-Untersuchungen lassen erkennen, dass ein Phenolharz unter den Bedingungen der Dampfinjektion zwar rasch bis zu einem gewissen Grad härtet, wobei in dieser Phase insbesondere der Gehalt an Ätherbrücken rascher als bei der konventionellen Pressung abnimmt. Erst bei ausreichend hohen Temperaturen in der Matte allerdings, hervorgerufen durch eine entsprechend lange Dampfeinspeisung, überwiegt der wärmebedingte Aushärteprozess im Vergleich zur feuchtebedingten Verzögerung (Johnson u. a. 1993).

Abbildung 3.68 vergleicht das Verhalten eines UF-Harzes in einer konventionellen Heißpresse und einer Dampfinjektionspresse (Umemura u. a. 1996a). Je nach der Verweildauer des Harzes in der Heißpresse (Abb. 3.68a) wird bei der anschließenden DMA-Untersuchung der noch verbleibende Aushärtebereich durchlaufen. Die Probe, die für 3 min vorausgehärtet war, zeigte keine verbleibende Aushärtereaktion mehr. Die durch Dampfinjektion (Abb. 3.68b) ausgelöste Aushärtung zeigte bei einer kurzen Dauer der Dampfeinspeisung einen zur konventionellen Presse ähnlichen Effekt. Es erfolgt eine teilweise Härtung des Harzes, in der DMA kann die restliche Aushärtereaktion gut verfolgt werden. Demgegenüber erleidet das bereits teilweise ausgehärtete UF-Harz bei längerer Einwirkung des Dampfes wieder eine starke Hydrolyse und ist vergleichbar mit dem nicht vorausgehärteten Harz in Abb. 3.68a. Demgegenüber verläuft die Polyadditionsreaktion der feuchtehärtenden Polyisocyanate bei höherer Dampfmenge schneller.

Eine Möglichkeit der Verbesserung des Dampfinjektionsverfahrens besteht nach Umemura u. a. (1996b) in einer intermittierenden Dampfeinspeisung, wie Abb. 3.69 zeigt. Sobald die Dampfeinspeisung unterbrochen wird und im

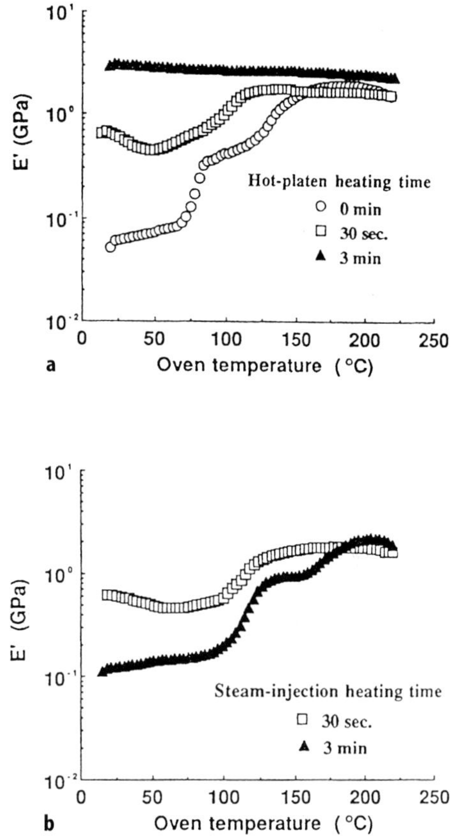

Abb. 3.68 a, b. Untersuchung der teilweisen Voraushärtung eines UF-Harzes mittels DMA (Umemura u. a. 1996 a): **a** konventionelle Heißpresse, **b** Dampfinjektionspresse

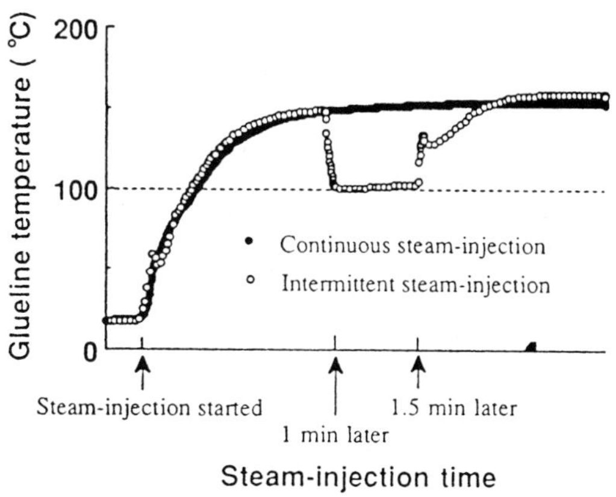

Abb. 3.69. Temperatur der Leimfuge eines Dreischichtsperrholzes bei kontinuierlicher bzw. intermittierender Dampfeinspeisung (Umemura u. a. 1996 b)

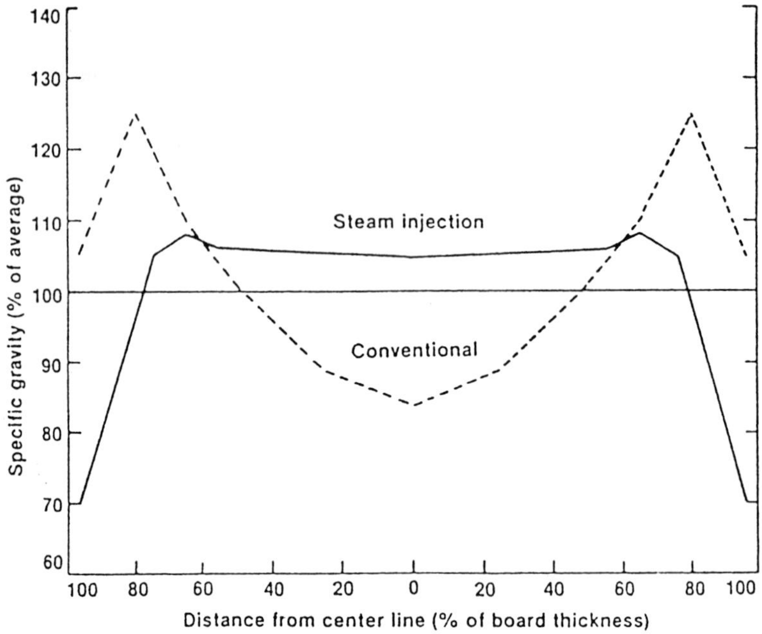

Abb. 3.70. Vergleich der Rohdichteprofile eines konventionellen Pressverfahrens und des Dampfinjektionsverfahrens (Myers 1988)

Fall dieser Arbeit die Reaktionszelle entspannt wird (bei einer Dampfinjektionspresse würde ein Druckabfall wegen der Ausdampfung des Kuchen erfolgen), sinkt die Temperatur in der Leimfuge wieder auf den Siedepunkt des Wassers. Dadurch wird für diese Zeitspanne ein übermäßiges Erwärmen und damit eine Behinderung der Aushärtereaktion bzw. ein zu starkes Wegschlagen des Leimes ins Holz unterbunden. Inwieweit ein Dampfinjektionsverfahren für Sperrholz industriell möglich ist, ist nicht geklärt. Bei der hier beschriebenen Arbeit ist die diffusionshemmende Wirkung der Furniere offensichtlich kein entscheidender Nachteil gewesen.

Abbildung 3.70 vergleicht die Rohdichteprofile eines konventionellen Pressverfahrens und des Dampfinjektionsverfahrens. Infolge der rascheren und über die Dicke des Kuchens gleichmäßigeren Erwärmung ist das Dichteprofil sehr gleichmäßig. Eine übermäßige Verdichtung der Deckschichten tritt nicht mehr auf (Myers 1988).

Abbildung 3.71 bringt ein weiteres Beispiel eines Dichteprofiles einer mittels Dampfinjektionsverfahrens hergestellten MDF-Platte (Soine 1990). Praktisch über den gesamten Querschnitt ist eine mehr oder minder gleichmäßige Dichte gegeben, eine stärkere Verdichtung der Deckschichten tritt nicht auf. Die plastifizierende Wirkung des Dampfstoßes ergibt eine gute Verdichtung der Mittelschicht; daraus resultiert eine gute Querzugfestigkeit, allerdings auch eine niedrige Biegefestigkeit.

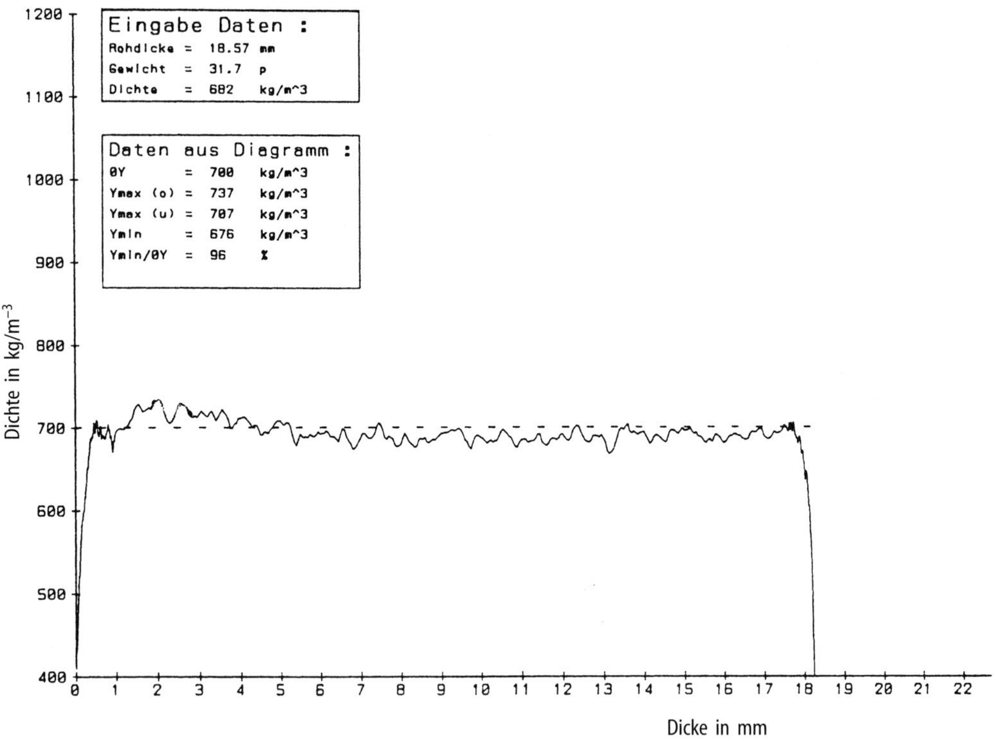

Abb. 3.71. Dichteprofil einer mittels Dampfinjektionsverfahrens hergestellten MDF-Platte (Soine 1990)

Abbildung 3.72 zeigt den Vergleich des Temperaturanstieges in der Mattenmitte bei zwei verschiedenen Feuchtebedingungen der beleimten Späne, einmal in einer konventionellen Heißpresse, einmal in einer Dampfinjektionspresse mit zwei verschieden langen Dampfinjektionsphasen (Wang u. a. 1996). Sehr schön ist der mehr oder minder schlagartige Anstieg der Temperatur in der Mitte der Spänematte zu sehen, wenn Dampf direkt eingedüst wird und nicht erst durch das Verdampfen der Feuchtigkeit der Deckschichtspäne Dampf für den Dampfstoß erzeugt werden muss, wie es bei den konventionellen Pressen der Fall ist. Ähnliche Vergleiche des Anstieges der Temperatur in der Plattenmitte beim konventionellen Pressverfahren und in einer Dampfinjektionspresse finden sich auch bei Johnson u. a. (1993) und Geimer u. a. (1982).

Über die Erfahrungen mit dem Dampfinjektionsverfahren mit verschiedenen Holzarten sowie über das Aushärteverhalten von Phenolharzen unter den Bedingungen dieses Verfahrens berichten Geimer und Christiansen (1996), Geimer (1982) sowie Geimer und Price (1986). Eine kontinuierliche Dampfinjektionspresse wird von Tisch (1992) beschrieben. Über die Möglichkeit der Dampfeinspeisung in der Vorpresse wurde bereits weiter oben berichtet. Ein

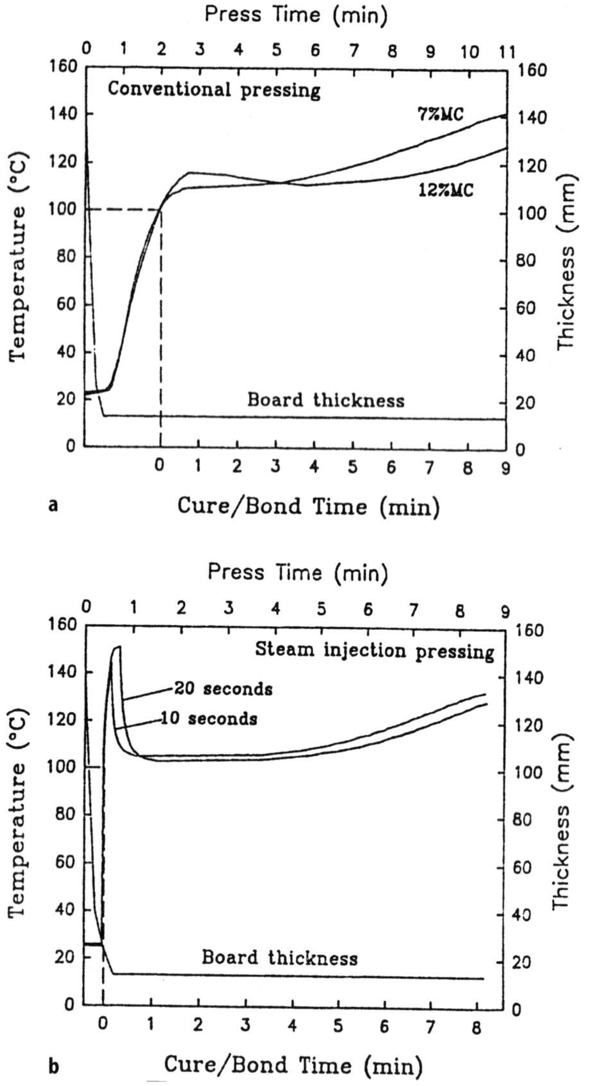

Abb. 3.72 a, b. Vergleich des Anstieges der Temperatur in der Mitte der Spänematte (Wang u. a. 1996): **a** konventionelle Presse, **b** Dampfinjektionsverfahren. Als Abszisse dient die Zeit ab Erreichen einer Temperatur von 100 °C in der Mitte der Spänematte

solches Verfahren wird auch von Schletz und Wöstheinrich (2000) beschrieben, wobei die Vorwärmung der Pressmatten mittels eines heißen Gemisches aus Dampf und Luft erfolgt. Durch die Kondensation des Dampfes wird die Mattentemperatur vor Eintritt in die Heißpresse deutlich erhöht, was die Produktionsgeschwindigkeit beschleunigt.

Durch die durch die Dampfinjektion vorhandene höhere Feuchtigkeit im Späne- oder Faserkuchen erfolgt bereits während des Pressvorganges selbst ein verstärkter Abbau von inneren Spannungen, die durch die Verdichtung des Kuchens und der Späne hervorgerufen werden. Dadurch sinkt die Nachfederung der Platte beim Öffnen der Presse bzw. die Dickenquellung der Platten bei Lagerung in Wasser. Hse u. a. (1995) berichten, dass Flakeboards aus einem Dampfinjektionsverfahren im Vergleich zu Platten aus einer konventionellen Presse deutlich niedrigere Biegefestigkeiten aufwiesen, jedoch eine merklich bessere Dimensionsstabilität. Letzteres führen die Autoren auf die Tatsache zurück, dass im Dampfinjektionsverfahren eine Verminderung innerer Spannungen sowie eine Stabilisierung der Späne gegeben ist.

Eine neuere maschinentechnische Entwicklung (CoreHeater®, DE 19822487, DE 19840818) ermöglicht eine Dampfeinspeisung direkt in der Mitte eines Faserkuchens bei der MDF-Herstellung. Dabei teilt eine Bandsäge die Fasermatte horizontal in der Mitte auf. Der untere Teil der Matte verbleibt auf dem Transportband, während das obere Mattenvlies über einen keilförmigen Balken gleitet, auf dem sowohl oben als auch unten Düsen quer zur Produktionsrichtung angeordnet sind, die den Dampf in die Fasermatte injizieren. Die Mittellage der Fasermatte kann so auf ca. 40–60 °C erwärmt werden. Die entsprechende Dampfmenge wird je nach Produktionsgeschwindigkeit, Plattendicke und gewünschte Vorerwärmung eingestellt. Hinter dem Balken wird die obere Fasermatte wieder auf der unteren abgelegt und zusammen in die Heißpresse geführt.

Das Dampfinjektionsverfahren kann auch bei der Herstellung von LVL und Sperrholz mit Erfolg eingesetzt werden, wobei eine Presszeitverkürzung um ca. ein Drittel erreicht werden konnte (Troughton und Lum 2000).

Weitere Literaturhinweise zum Dampfinjektionsverfahren: Geimer (1985), Geimer u.a. (1992), Geimer und Kwon (1999), Hata u.a. (1989, 1990), Hsu (1991a+b), Jokerst und Geimer (1994), Krüzner (1985), Kwon und Geimer (1998), Shen (1973), Subiyanto u.a. (1989a+b), Walter (1989), Yanagawa (1995a+b).

3.4.6 Eindüsung verschiedener Chemikalien während des Heißpressvorganges

Chowdhury (1999) bzw. Humphrey und Chowdhury (2000) berichten über die Möglichkeit, während der Heißverpressung von Fasern gezielt verschiedene Chemikalien in die Matte einleiten zu können. Sie nutzen diese experimentelle Anordnung, um eine Plastifizierung der Fasern durch Ammoniak bzw. eine beschleunigte Aushärtung des eingesetzten Phenolharzes durch Methylformiat zu erzielen.

3.4.7 Hochfrequenzerwärmung

Eingesetzt wird eine dielektrische Erwärmung bei einer Frequenz von 5 bis ca. 40 MHz. Ein wirtschaftlicher Einsatz ist dort gegeben, wo größere Holzdicken zu durchwärmen sind. Dabei nimmt das Holz auf Grund seiner dielektrischen Eigenschaften weit weniger Energie auf als der Leim, dieser erwärmt sich deshalb weit stärker als das Holz (Dipolbewegung des Wassers). Die technische Ausführung besteht im Wesentlichen aus einem Kondensatorfeld mit hochfrequenter Wechselspannung:

- Parallel- oder Längsheizung: Leimfugen liegen senkrecht zu den Kondensatorplatten und parallel zu den Feldlinien. Diese bündeln sich in den Leimfugen, weil diese einen weit höheren Leitwert haben als das Holz.
- Quer- oder Reihenheizung: Leimfugen parallel zu den Kondensatorplatten und senkrecht zu den Feldlinien. Diese müssen Holz und Leimfuge durchdringen, wegen der höheren dielektrischen Eigenschaften des Leimes erwärmt sich die Leimfuge aber stärker als das Holz.
- Streufeldheizung: Kombination der beiden oberen Anordnungen.

Die Hochfrequenzenergie wird heute vor allem bei der Herstellung von Dreischichtparkett, Formsperrholz und LVL, in der Spanplattenherstellung jedoch nur mehr selten eingesetzt. Sie kann auch zur Vorwärmung von Spanvliesen vor der Heißpresse dienen (Gefahrt 1977).

Weitere Literaturhinweise: Carll (1980), Egner und Brüning (1954), Gefahrt (1967), Henker (1967), Klemarewski und Annett (1995), Lamberts und Pungs (1955), Lyon u.a. (1980), Pungs und Lamberts (1954), Stevens und Woodson (1977).

3.4.8
Presstemperatur und Presszeit

Die Presstemperatur kann in weiten Grenzen frei gewählt werden, wobei die wesentlichen Einschränkungen aus der geforderten hohen Anlagenleistung bzw. aus verschiedenen technologischen Gegebenheiten (z.B. Vermeidung einer zu hohen Temperaturbelastung des Holzes) kommen. Die erforderliche Presszeit ist in erster Linie von der gewählten Presstemperatur abhängig: mit höherer Presstemperatur steigt sowohl die Durchwärmgeschwindigkeit des Pressgutes (unabhängig ob über Aufwärmung der Holzsubstanz oder über einen Dampfstoß) sowie die Aushärtungsgeschwindigkeit des eingesetzten Harzes.

Die einzustellende Presstemperatur hängt von der durchzuführenden Verleimung sowie den vorgegebenen Betriebsbedingungen ab. Nach der Presstemperatur richtet sich bei manchen Verleimungen auch die Auswahl des einzusetzenden Bindemittels und die Zusammensetzung der Leimflotte.

Bei Sperrholz- und Furnierverleimungen setzt sich die Presszeit aus der eigentlichen Pressgrundzeit sowie der Durchwärmzeit für das Holz zusammen. Letztere ist abhängig von der Holzart und deren Dichte, von der Holzfeuchte und von der Presstemperatur.

Unter ungünstigen Verhältnissen besteht insbesondere beim Einsatz von UF-Harzen die Gefahr einer Voraushärtung. Dies ist vor allem bei hohen Temperaturen der beleimten Späne und langen Liegezeiten der Fall. Die Erfahrung

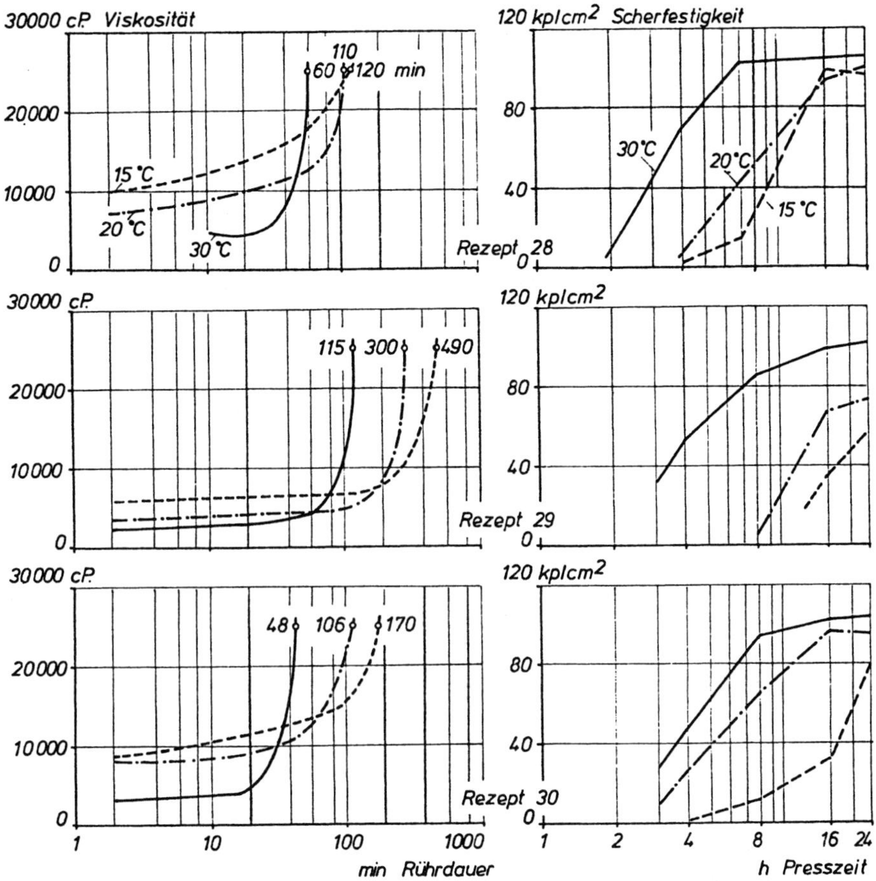

Abb. 3.73. Einfluss unterschiedlicher Temperaturen auf die Gebrauchsdauer von Leimflotten sowie Darstellung der Entwicklung der Bindefestigkeit im Laufe der Presszeit für drei verschiedene Flottenrezepturen (Neusser und Schall 1972). Links: Einfluss der Rührdauer auf die Viskosität der Leimflotten. Die Zahlen bezeichnen die Zeitspanne, nach der die Leimflotten eine Viskosität von 25000 mPa · s erreicht haben. Rechts: Festigkeitsausbildung von Langholz-Zugscherproben aus Buche im Verlauf der Presszeit

zeigt, dass ab einer Spantemperatur von ca. 50–60 °C ein Puffern der Leimflotte mit Ammoniak oder Hexamethylentetramin (Hexa) erforderlich ist. Die Zugabemengen liegen je nach Spantemperatur im Bereich 0,3–0,5% Ammoniak (25%ige wässrige Lösung) bezogen auf Flüssigleim oder 0,4–0,8% Hexa bezogen auf UF-Festharz. Eine Abschätzung der Gefahr einer Voraushärtung kann durch die Messung der Gelierzeit der Leimflotte bei höheren Temperaturen, wie z.B. 40 oder 50 °C erfolgen. Auch die Pressenschließgeschwindigkeit und die Geschwindigkeit des Druckaufbaues können eine mögliche Voraushärtung in der Presse beeinflussen, wobei dies vor allem die äußerste Deckschicht betrifft.

Abb. 3.74. Nachfederungsverhalten in Abhängigkeit der Presszeit (Beall und Chen 1997)

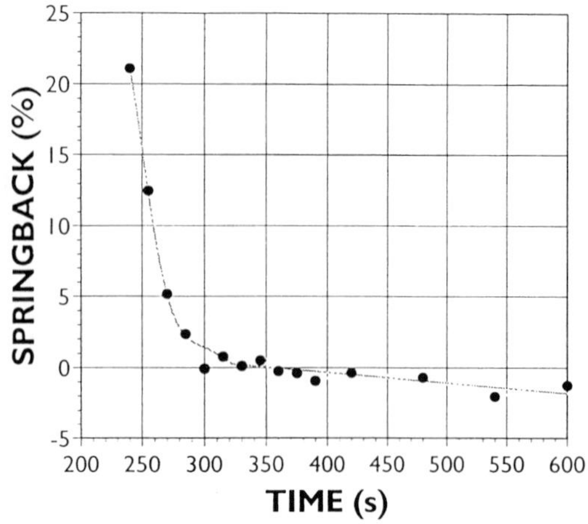

Verkürzt man die Presszeit immer weiter, kann es zu einem verstärkten Nachfedern der Platte beim Öffnen der Presse oder nach dem Verlassen der kontinuierlichen Presse kommen. Dickenmessungen erfolgen heute an modernen Anlagen, insbesondere an kontinuierlichen Pressen, über die gesamte Plattenlänge auf mehreren Spuren. Der Verlauf der einzelnen Spuren („ruhig" oder „unruhig") bzw. der Vergleich der Kurven der einzelnen Spuren untereinander geben dem Anlagenfahrer ein verlässliches Abbild der aktuell bestehenden Produktionssicherheit.

Unterhalb einer gewissen kritischen Presszeit steigt die Rückfederung so stark an, dass die Platten schließlich platzen, wobei damit in charakteristischer Weise jedoch kaum ein Entweichen von Dampf verbunden ist. Die Ursache dafür liegt in der zu diesem Zeitpunkt noch zu schwach ausgeprägten Festigkeit des Leimes. Der Dampfdruck im Inneren der Platte übersteigt dabei die bis zu diesem Zeitpunkt entwickelte Querzugfestigkeit der heißen Platte. Diese Platzer dürfen jedoch nicht mit den eigentlichen Dampfspaltern bei langen Presszeiten und einer an sich ausgehärteten Leimfuge infolge eines zu hohen Dampfdruckes im Inneren der Platte verwechselt werden (s. auch Abschn. 3.2.2). Abbildung 3.74 zeigt ein solches Nachfederungsverhalten in Abhängigkeit der Presszeit (Beall und Chen 1997).

Die erforderliche Mindestpresszeit und die dabei erreichte Festigkeit in der Platte muss hoch genug sein, um dem in der Platte herrschenden Dampfdruck sowie den noch in der Holzsubstanz gegebenen elastischen Rückfederungskräften standhalten zu können (Bolton und Humphrey 1988).

Auf Basis der während einer Heißpressung in den einzelnen Schichten einer Matte gegebenen Temperaturverläufe (ein Beispiel ist in Abb. 3.75 dargestellt) und den entsprechenden Aushärtungsgeschwindigkeiten in Abhängigkeit der Temperatur (wie z. B. in Abb. 3.16 in Teil III, Abschn. 3.2.2 dargestellt) berechneten Humphrey und Bolton (1985) die Ausbildung der Bindefestigkeit in den einzelnen Schichten der entstehenden Platte (Abb. 3.76).

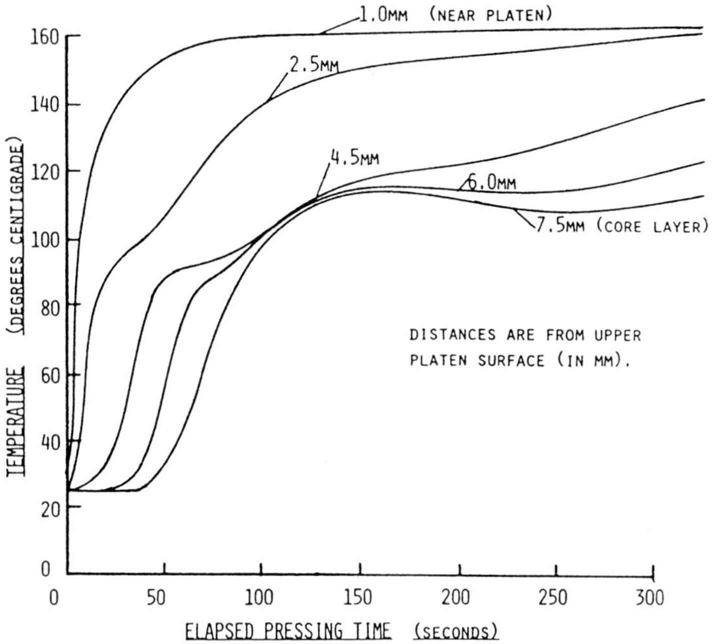

Abb. 3.75. Temperaturanstieg in Abhängigkeit der Zeit in verschiedenen Schichten der Matte eines 15 mm-Flakeboards (Humphrey und Bolton 1985)

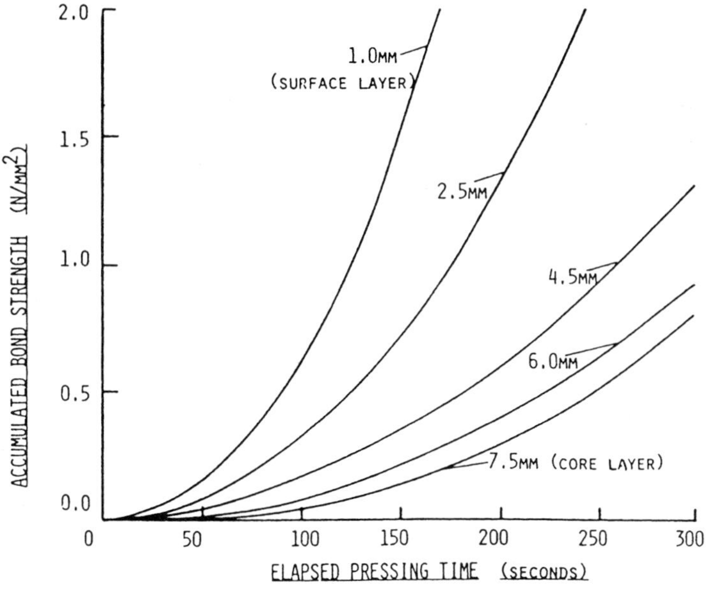

Abb. 3.76. Modellmäßige Beschreibung der Ausbildung der Festigkeit in einzelnen Schichten der entstehenden Platte (Humphrey und Bolton 1985)

Tabelle 3.18. Zusammenstellung üblicher spezifischer Presszeiten (s/mm) für mittlere Plattendicken von Span- und MDF-Platten für verschiedene Pressen- und Bindemitteltypen

Platte	Pressenart	UF	MUF	PF
Spanplatte	Mehretagen	7–9	8–10	12
	kontinuierlich	4–6	6–7	9
MDF	kontinuierlich	8,5–10	9–11	15

UF: unverstärktes E1-UF-Harz; MUF: E1-MUF-Harz.

Die in der industriellen Herstellung von Holzwerkstoffen (Spanplatte, MDF, OSB) gegebenen Presszeiten sind je nach Anlage und eingesetzter Herstellungstechnologie sehr unterschiedlich. Tabelle 3.18 ist der Versuch einer Zusammenstellung üblicher Presszeiten für mittlere Plattendicken, in Abhängigkeit des Pressentyps und des Bindemittels, jeweils für die zwei genannten Plattentypen. Weitere Einflussfaktoren sind z.B. die Plattendicke und spezielle Herstellungstechnologien bei verschiedenen Plattenproduzenten.

Weitere Literaturhinweise: Brinkmann (1978), Petersen u.a. (1973).

3.4.9 Druckentlastung, Lüften, Öffnen der Presse

Der sich im Laufe der Presszeit aufbauende Dampfdruck darf am Ende der Presszeit nur so hoch sein, dass es beim Öffnen der Presse infolge der nunmehr möglichen Expansion des Dampfes zu keinem Platzen der Platte kommt. Die Höhe des beim Öffnen der Presse oder beim Auslauf aus der kontinuierlichen Presse vorhandenen Dampfdruckes ergibt sich als Ergebnis der Parameter Feuchtigkeit der beleimten Späne bzw. Fasern, Presstemperatur, Presszeit und dem herrschenden Ausdampfverhalten. Eine Minimierung des am Ende der Presszeit in der Platte gegebenen Dampfdruckes kann auf verschiedene Weise erfolgen, wie z.B. durch eine entsprechende Einstellung und Regelung der genannten Parameter oder ein entsprechend langsames und vorsichtiges Lüften.

Platzer (Dampfspalter) haben ihre Ursache in einem zu hohen Dampfdruck in der fertigen Platte im Vergleich zur unter den herrschenden Bedingungen gegebenen Querzugfestigkeit (s. auch Teil III, Abschn. 3.2.2 und 3.4.8). Dies kann durch verschiedene mögliche Parameter oder Kombinationen dieser Parameter hervorgerufen werden:

- zu hohe Feuchtigkeit der beleimten Späne
- hohe Presstemperaturen, insbesondere im Auslaufbereich einer kontinuierlichen Presse
- schlechtes Ausdampfverhalten des Kuchens z.B. infolge eines hohen Mattengewichtes, eines hohen Feinanteiles in der Spänemischung der Mittelschicht, hochgestreuter Kanten oder einer großen Plattenbreite

- ungünstiges Druckprofil: lange anstehender hoher Pressdruck, Fehlen oder ungenügende Dauer der Lüftphase
- zu lange Presszeit (bei den formaldehydarmen UF-E1-Leimen).

Zu unterscheiden hiervon sind Platzer, die auf eine zu kurze Presszeit und damit auf eine ungenügende Aushärtung des Harzes zurückzuführen sind. Auch in diesem Fall hat sich in der Platte ein bestimmter Dampfdruck aufgebaut, der jedoch durchwegs deutlich niedriger ist als bei einem echten Dampfspalter.

Die Lüftphase hat die Aufgabe, den Dampfdruck in der Platte abzusenken, gleichzeitig jedoch ein übermäßiges Nachfedern der Platte zu verhindern. Bei kritischen Phasen einer Produktion (z.B. wenn vom Trockner plötzlich feuchtere Späne kommen oder wenn beim Leerfahren eines Bunkers feinere Späne das Ausdampfverhalten erschweren) kann es erforderlich sein, dass bei Taktpressen diese Lüftphase händisch vom Anlagenfahrer durchgeführt wird. Verkürzungen der Presszeit sollen dementsprechend auch nie auf Kosten der Lüftzeit, sondern eher auf Kosten der Mitteldruckphase (Aushärtephase) gehen. Der Innendruck wird dabei umso schneller abgebaut, je durchlässiger die Platte ist, je höher also ihre Permeabilität ist (Denisov u.a. 1975). Bei kontinuierlichen Pressen besteht überdies die Möglichkeit, die Temperatur in den letzten Heizzonen deutlich abzusenken, um damit eine übermäßige Dampfdruckentwicklung zu vermeiden. Diese Maßnahme kann ca. ein Viertel bis ein Drittel der gesamten Pressenlänge betreffen, ist aber infolge der sogenannten Schleppwärme oft nur bedingt möglich. Bei der derzeit gegebenen Pressensteuerungsweise können lediglich die Heizventile geschlossen werden. Eine gezielte Kühlung der Pressplatten im letzten Pressenlängenbereich wurde bisher erst bei wenigen Anlagen realisiert, erste aussagekräftige Ergebnisse liegen in der Zwischenzeit vor (Kaiser 2001). Es hat sich gezeigt, dass durch eine aktive Kühlung der Plattenoberfläche zwar innerhalb der wenigen Meter an vorhandener Kühlzone keine Abkühlung der inneren Schicht („Mittelschicht“) der MDF-Platten möglich ist, dass jedoch eine Umkehrung des Dampfdruckgradienten auftritt. Damit wird der Dampfdruck im Inneren der fertigen Platte deutlich abgesenkt, wodurch die Gefahr einer Nachfederung der Platte nach dem Verlassen der Presse bzw. von Dampfspaltern deutlich verringert wird. Dies führt zur Möglichkeit, höhere Mattenfeuchtigkeiten einzustellen bzw. zu einer höheren Plattenfeuchte; zusätzlich werden die Emissionen während der Pressvorganges deutlich reduziert. Diese Technologie ist aus energetischen Gründen jedoch nur dann möglich, wenn in einer kontinuierlichen Presse zwei getrennte Rollelementkreisläufe gegeben sind.

Abbildung 3.77 zeigt die Veränderung des Druckprofils einer Mehretagenpresse mit einer bewussten Verlängerung der Lüftphase (Dunky 1997). Bei annähernd gleicher Presszeit wurde dabei die Lüftphase auf Kosten der Hochdruck- bzw. der Mitteldruckphase immer mehr verlängert, um das Ausdampfen zu verbessern.

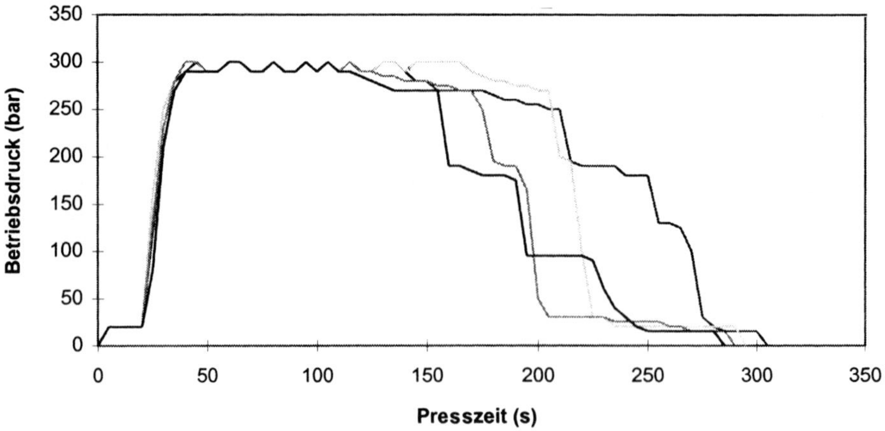

Abb. 3.77. Druckprofil einer Spanplattenherstellung auf einer Mehretagenanlage mit bewusster Verlängerung der Lüftphase (Dunky 1997)

3.5 Kühlen, Reifung und Nachbehandlung

3.5.1 Kühlen

Nach dem Verlassen der Presse durchlaufen die Platten üblicherweise einen Kühlstern (Kühlwender) und werden dabei zumindest an der Oberfläche deutlich abgekühlt. Dies ist insbesondere bei UF-gebundenen Platten wichtig, um eine Hydrolyse während der Stapellagerung infolge zu hoher Temperaturen zu vermeiden. Bei solcherart gebundenen Platten wird allgemein eine zulässige Temperaturobergrenze (Oberflächentemperatur) von 60–75 °C angenommen (s. Teil III, Abschn. 3.5.2).

Melaminhaltige Platten vertragen etwas höhere Einstapeltemperaturen. PF-gebundene Platten sollen so heiß wie möglich eingestapelt werden, um die rein thermische Aushärtung der Phenolharze zu Ende zu führen. Deshalb wird meist der Kühlstern ohne Einhaltung einer Verweilzeit durchfahren. Bei zu hohen Temperaturen kann es allerdings zu einer Schädigung des Holzes selbst kommen (Bilderrahmeneffekt). Dabei verfärbt sich der Kern eines Plattenstapels infolge der dort vorherrschenden und lange anhaltenden hohen Temperaturen und unterscheidet sich dadurch farblich vom etwas rascher abkühlenden Randbereich des Stapels.

Unmittelbar nach dem Pressvorgang enthalten die Kanten und Ecken einer Platte eine höhere Feuchtigkeit als die Mitte der Plattenfläche, weil an diesen kühleren Zonen eine verstärkte Kondensation des Dampfes aufgetreten ist. Strickler (1959) vermutet, dass in Plattenteilen mit niedrigerer Dichte eine höhere Feuchtigkeit unmittelbar nach dem Pressen gegeben ist, weil es zu diesen Stellen hin einen verstärkten Dampftransport gegeben hat. Medved u.a. (1998) stellen ein Messverfahren für das Feuchtigkeitsprofil von Spanplatten auf Basis von Gammastrahlen vor.

Beim Abkühlen der Platten (unabhängig, ob ohne oder mit einer Stapelreifung) steigen alle Festigkeitswerte deutlich an (Kruse und Ohlmeyer 1998). Die Plattentemperatur würde je nach Plattendicke innerhalb 30 – 150 Minuten nahezu auf Raumtemperatur abfallen. Die Verweilzeit am Kühlstern liegt jedoch, wiederum in Abhängigkeit der Plattendicke, lediglich im Bereich von 10 – 30 Minuten, um ein zu starkes Abkühlen zu vermeiden. Auch lässt die industriell übliche Dimensionierung der Kühlsterne im Allgemeinen keine längeren Kühlzeiten zu.

3.5.2 Stapelbedingungen (Temperatur, Dauer), Temperaturverlauf während der Stapelreifung, Feuchteausgleich, Einfluss des Reifeprozesses auf die Eigenschaften der Holzwerkstoffe

Nach dem Verlassen der Presse muss das Bindemittel soweit ausgehärtet und eine ausreichende Festigkeit gegeben sein, um einen Zusammenhalt der Späne oder Fasern zu bewirken und dem im Platteninneren herrschenden Dampfdruck standhalten zu können. Die chemische Aushärtung ist aber bei den Kondensationsharzen zu diesem Zeitpunkt durchwegs noch nicht abgeschlossen, insbesondere bei melamin- und phenolhaltigen Harzen. Mehrere Effekte treten während der Stapelreifung auf:

- eine Nachreifung unter Einfluss der in der Platte gespeicherten Wärmeenergie führt zu einer mehr oder minder vollständigen chemischen Aushärtung, verbunden mit einem Anstieg der Festigkeiten, einer Verbesserung der hygroskopischen Eigenschaften, insbesondere des Quellverhaltens, sowie einer Verringerung der nachträglichen Formaldehydabgabe
- ein Anstieg der Plattenfestigkeit durch das Abkühlen der Platten
- ein Feuchteausgleich zwischen Deckschicht und Mittelschicht: die Feuchtigkeit wandert in die übermäßig getrocknete Deckschicht zurück.

Abbildung 3.78 verfolgt die Temperatur (gemessen jeweils zwischen zwei Platten an unterschiedlichen Stellen eines Stapels) von UF-gebundenen Spanplatten in Abgängigkeit der Zeit (Ohlmeyer und Kruse 1999). Die Einstapelung erfolgte bei unterschiedlichen Temperaturen: „normal stacked“: ca. 60 °C; „hot stacked“: ca. 90 °C.

Durch zu hohe Temperaturen kann während des Reifeprozesses bei UF-gebundenen Platten eine Hydrolyse des bereits ausgehärteten Harzes eintreten, verbunden mit einem deutlichen Festigkeitsabfall (s. Teil III, Abschn. 5). Als maximale Einstapeltemperaturen bei UF-gebundenen Platten gelten 60–75 °C (Neusser und Schall 1970, L. Plath 1968), in der Praxis strebt man bevorzugt die untere Hälfte dieses Bereiches an. Ohlmeyer und Kruse (1999) finden bei

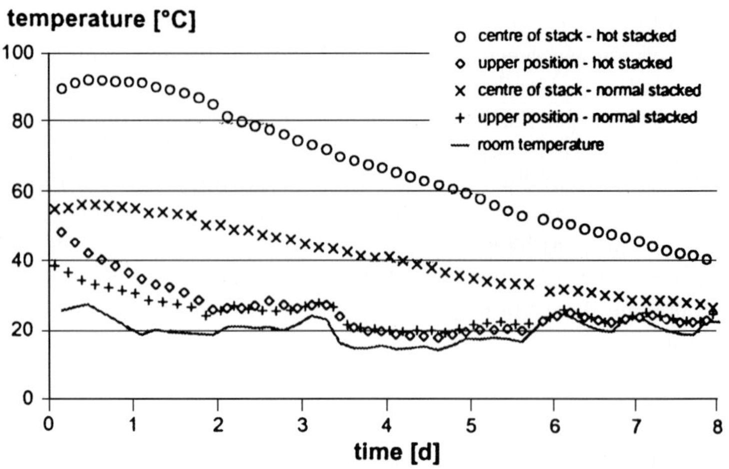

Abb. 3.78. Temperaturverlauf (gemessen jeweils zwischen zwei Platten an unterschiedlichen Stellen eines Stapels) von UF-gebundenen Spanplatten in Abgängigkeit der Zeit (Ohlmeyer und Kruse 1999). Einstapeltemperaturen: „normal stacked“: ca. 60 °C; „hot stacked“: ca. 90 °C

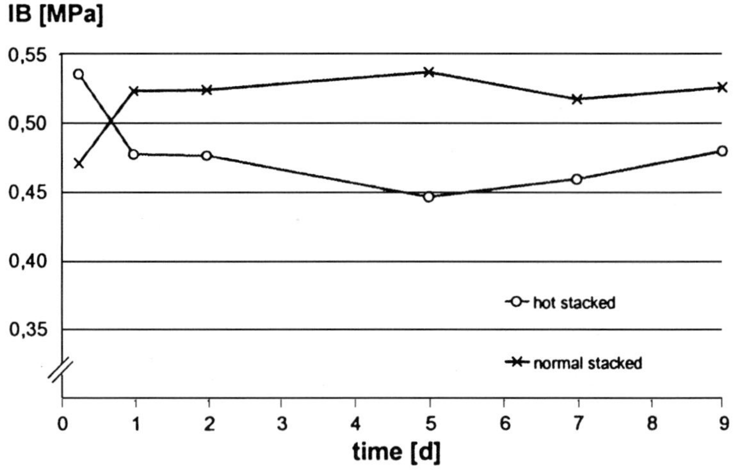

Abb. 3.79. Entwicklung der Querzugfestigkeit an UF-gebundenen Spanplatten mit der Zeit bei unterschiedlichen Einstapeltemperaturen (Ohlmeyer und Kruse 1999): „hot stacked“: ca. 90 °C Einstapeltemperatur, „normal stacked“: ca. 60 °C Einstapeltemperatur

höheren Einstapeltemperaturen an UF-gebundenen Spanplatten bereits einen Abfall der Querzugfestigkeit, der möglicherweise auf eine (zumindest leichte) Hydrolyse des eingesetzten Harzes zurückzuführen ist (Abb. 3.79).

Weitere Literaturhinweise: Kruse und Ohlmeyer (1999), Lu und Pizzi (1998), Zhao und Pizzi (2000).

3.5.3 Nachbehandlungsverfahren

Nachbehandlungsverfahren haben die Aufgabe, die Eigenschaften der gerade hergestellten Platten zu verbessern; dies kann z.B. durch eine verbesserte Aushärtung, durch eine Reaktion mit formaldehydbindenden Substanzen (s. Teil III, Abschn. 2.2.3.3) oder Verminderung der in der Platte enthaltenen inneren Spannungen erfolgen. Über eine Hochfrequenz-Nacherwärmung berichteten Lamberts und Pungs (1978), Meyer und Carlson (1983) und Rauch (1982).

3.5.3.1 *Nachbehandlung mit Sattdampf*

Die bei der Plattenherstellung „eingefrorenen" Spannungen können bei Einwirkung von Wasser wieder frei werden, was allerdings zu einer mehr oder minder hohen Dickenquellung führt. Eine Reduzierung bzw. Relaxation dieser Spannungen sollte demgemäß zu einer Absenkung dieser Dickenquellung führen (Razali 1985).

Beech (1975) berichtete über die Möglichkeit, durch eine Nachbehandlung der Platten mit Sattdampf bei 160 °C die irreversible und die reversible Dickenquellung infolge des dabei stattfindenden Spannungsabbaues zu verringern. Diese bei PF-gebundenen Platten mögliche Vorgangsweise würde jedoch bei UF-gebundenen Platten zur Gefahr einer Hydrolyse führen. Zu ähnlichen Ergebnissen gelangen auch Heebink und Hefty (1969) durch eine zehnminütige Nachbehandlung bei 182 °C in gesättigtem Wasserdampf. Dabei wurden jedoch die Rohdichte der Platten verringert und die Festigkeiten der Platten negativ beeinflusst. Halligan und Schniewind (1972) berichten überdies über raue Plattenoberflächen und angequollene Kanten.

3.5.3.2 *Wärmenachbehandlung bei Spanplatten*

Durch eine Wärmenachbehandlung (Parameter sind Temperatur und Einwirkungsdauer) werden offensichtlich Spannungen in der Platte, die vom Pressvorgang herrühren, abgebaut und damit eine Eigenschaftsverbesserung erzielt (Suchsland und Enlow 1968). Dies zeigt sich vor allem in einer verringerten Dickenquellung bzw. in einem geringeren Festigkeitsabfall bei Einwirkung hoher Feuchtigkeiten.

Hsu u.a. (1989) zeigten, dass die Hochtemperaturnachbehandlung bei 240 °C eine wirksame Methode zur Stabilisierung von mit heißhärtenden Leimen hergestellten Platten ist. Chemische Analysen an den nachbehandelten Platten zeigten keine wesentlichen Änderungen in der Holzsubstanz. Die Temperaturen oberhalb des Erweichungspunktes der Lignin- und Kohlehydratkomponenten bewirken einen plastischen Fluss, wodurch die während des Heißpressvorganges entstandenen inneren Spannungen wieder abgebaut werden.

Ernst (1967) beschreibt die thermische Nachbehandlung (0,5 bis 2 Stunden) von fertigen Platten bei 180 bis 220 °C, wodurch die Rückfederung der Platten infolge der vorhandenen inneren Spannungen vermindert wird; er erreicht dadurch eine deutliche Reduzierung der Dickenquellung von PF-gebundenen Spanplatten. Dieses Verfahren ist aber nur bei Spanplatten anwendbar, die mit Phenolharz oder Sulfitablauge gebunden sind.

Weitere Literaturhinweise: Heebink und Hefty (1969), Roffael und Rauch (1973).

3.5.3.3
Wärmenachbehandlung bei Hartfaserplatten

Dvorak (1965) fand bei der Heißvergütung von Hartfaserplatten aus Rotbuchenholz, die nach dem Trockenverfahren ohne zusätzlichen Klebstoff hergestellt worden waren, je nach der Höhe der einwirkenden Temperatur eine mehr oder minder deutliche Verbesserung der Eigenschaften: bei 140 °C über mehrere Stunden war nur eine geringfügige Verbesserung der Dickenquellung und der Wasseraufnahme festzustellen; bei 200 °C sanken sowohl die Quellung als auch die Wasseraufnahme auf einen Bruchteil des Ausgangswertes ab.

Weitere Literaturhinweise: Fadl und Rakha (1984), Klinga und Back (1964).

3.5.3.4
Abbau von inneren Spannungen bei MDF

Houts u.a. (2001 a+b) unterwarfen MDF-Platten Nachbehandlungen mittels Hitze, Feuchtigkeit und Druck; die beiden ersten Behandlungen ergaben eine deutliche Reduktion der inneren Spannungen. Dies zeigte sich auch in einer signifikanten Verringerung der Dickenquellung.

3.6
Korrelation der Platteneigenschaften mit verschiedenen Rohstoff- und Herstellungsparametern

Ziel jeder Produktentwicklung und -herstellung ist es, alle Einflussparameter, die die Qualität des Produktes beeinflussen oder beeinflussen können, zu erfassen, ihre tatsächliche Wirkung abzuschätzen und so Modellierungen des Herstellungsprozesses zu ermöglichen. Eine Reihe verschiedener Einflussfaktoren wird ausführlich im Rahmen von Teil III dieses Buches beschrieben:

Kap. 1: Holz
Kap. 2: Bindemittel
Kap. 3: Herstellungsbedingungen
Kap. 4: Dichte
Kap. 5: Temperatur und Feuchtigkeit.

Tabelle 3.19. Möglichkeiten der Produktionskontrolle, -steuerung und -regelung bei der Spanplatten- und MDF-Herstellung

Steuerungs- und Regel-algorithmen	Modellgestützte Verfahren, bei denen eine Vielzahl von Variablen auf theoretischer Grundlage bzw. auf Basis von Labor- und Produktionsergebnissen ausgewertet und in ihrem Einfluss auf die Eigenschaften der herzustellenden Holzwerkstoffe bewertet wird. Voraussage der Plattenqualität auf Basis der Produktionsbedingungen unter Berücksichtigung langzeitiger Erfahrungswerte. Eine Regelung des Gesamtprozesses auf Basis dieser Modelle wird angestrebt.	Bernardy u. a. (1999), Bernardy und Scherff (1997, 1998), Doyle u. a. (1996), Ebert und Maurer (1989), Engström u. a. (1998), Fuchs u. a. (1984), Greubel (1999), Greubel u. a. (1999, 2001), Hsu und Kirinic (1996), Jossifov und Deliiski (1991), Körner u. a. (1992), Kruse u. a. (1997), Landmesser u. a. (1984, 1986, 1988), Lobenhoffer (1980, 1988, 1990, 1991, 1992, 1993), Lobenhoffer u. a. (1999), Lobenhoffer und Ballüer (1997), Lobenhoffer und Roffael (1994), Niemz u. a. (1984, 1986, 1989), Ritter u. a. (1989, 1990), Ritter und Schweitzer (1992), Schweitzer und Ritter (1992), Steffen u. a. (2001), Warren u. a. (1993)
Regelung einzener Parameter	Einsatz moderner Regeltechnik (Prozessleitsysteme) zur Konstanthaltung verschiedener Maschineneinstellungen, verschiedener Mengen und Durchsatzgrößen sowie von Rohstoffeigenschaften. Vielfalt einzelner und voneinander unabhängiger Regelkreise in allen Stadien der Produktion wie Trocknung, Beleimung, Streuung, Presse u. a.	Greubel und Merkel (1982) Klinkmüller (1982, 1983) Landmesser und Niemz (1987) Lobenhoffer (1986, 1987) Zscheile (1999)
Steuerung des Herstellungs-prozesses durch das Bedienungs-personal	Ergebnisse verschiedener Rohstoff- und Werkstoffprüfungen (z. B. Spanfeuchtigkeit, Plattengewicht, Festigkeit bei Sofortprüfung) dienen als Steuergrößen; die erforderlichen Veränderungen einzelner Produktionsparameter erfolgen durch das Bedienungspersonal auf Basis vorhandener Erfahrungswerte.	

OSB: Doyle u. a. (1996), Hsu und Kirinic (1996).

Daneben werden von verschiedenen Autoren auch Korrelationen angegeben, bei denen gleichzeitig mehrere Einflussparameter und gegebenenfalls auch Wechselwirkungen zwischen einzelnen Parametern berücksichtigt werden.

Die Entwicklung moderner Methoden der Messtechnik hat dazu geführt, dass möglichst viele Produktionsparameter kontinuierlich überwacht und geregelt werden; online-Messungen nach der Presse ermöglichen eine erste Beurteilung der Plattenqualität und ermöglichen ein sehr rasches Eingreifen des Bedienungspersonals in den Prozess. So geben z.B. die Mehrspurdickenmessung und die automatische Spaltererkennung bereits deutliche Hinweise, ob die Produktion insbesondere bei kontinuierlichen Anlagen ruhig läuft oder ob ein kritischer Produktionszustand vorliegt, noch lange bevor wirklich in verstärktem Ausmaß z.B. Spalter auftreten oder durch grobe Dickenabweichungen der Rohplatte Probleme an der Schleifstraße oder Qualitätsmängel an der geschliffenen Platte auftreten können.

Einigermaßen exakte Aussagen über die Plattenqualität sind jedoch erst nach Durchführung der verschiedenen Sofortprüfungen möglich, unabhängig davon, ob diese Tests in herkömmlicher Weise als zerstörende Werkstoffprüfung oder nach einem der neuen zerstörungsfreien Verfahren durchgeführt werden. Eine Zusammenfassung der Möglichkeiten der Produktionskontrolle, -steuerung und -regelung bei der Herstellung von Spanplatten und MDF bringt Tabelle 3.19.

Literatur

Alexopoulos J (1999a) Proceedings Pre-Symposium Technical Workshop, 33rd Wash. State University Int. Particleboard/Composite Materials Symposium, Pullman, WA

Alexopoulos J (1999b) Proceedings Third European Panel Products Symposium, Llandudno, North Wales, 190–208

Andersen AW, Troughton GE (1996) For. Prod. J. 46: 10, 72–76

Avramidis St, Smith LA (1989) Holzforschung 43, 131–133

Barnes D (2000) For. Prod. J. 50: 11/12, 33–42

BASF-Firmenschrift Technische Information: Verleimung mit Kaurit-Leim in Furnierschnellpressen, 1981

Baumann H, Marian JE (1961) Holz Roh. Werkst. 19, 441–446

Beall FC, Chen L (1997) Proceedings Workshop on Non-Destructive Testing of Panel Products, Llandudno, North Wales, 49–60

Beech JC (1975) Holzforschung 29, 11–18

Bernardy G, Scherff B (1997) Holz Roh. Werkst. 55, 133–140

Bernardy G, Scherff B (1998) Proceedings Second European Panel Products Symposium, Llandudno, North Wales, 95–106

Bernardy G, Scherff B, Lingen A (1999) Proceedings 2nd European Wood-Based Panel Symposium, Hannover

Bolton AJ, Humphrey PE (1988) Holzforschung 42, 403–406

Bolton AJ, Humphrey PE, Kavvouras PK (1989a) Holzforschung 43, 265–274

Bolton AJ, Humphrey PE, Kavvouras PK (1989b) Holzforschung 43, 345–349

Bolton AJ, Humphrey PE, Kavvouras PK (1989c) Holzforschung 43, 406–410

Bornstein LF (1958) For. Prod. J. 8, 51A–54A

Brinkmann E (1978) Holz Roh. Werkst. 36, 296–298
Brinkmann E (1979) Holz Roh. Werkst. 37, 139–142
Buchholzer P (1990) Holz Roh. Werkst. 48, 30
Buchholzer P (1999) MDF-Magazin, 22–24
Buchholzer P (2000a) Proceedings Holzwerkstoffsymposium der Mobil Oil AG, Travemünde
Buchholzer P (2000b) WKI-Kurzbericht Nr. 4
Bücking G (1982) Proceedings 16th Wash. State University Int. Symposium on Particleboards, Pullman, WA, 269–276
Canadido LS, Saito F, Suzuki S (1988) Mok. Gakk. 34, 21–27
Carll C (1980) Proceedings Wood Adhesives 1980, Madison, WI, 312–218
Carlson FE, Phillips EK, Tenhaeff StC, Detlefsen WD, Proceedings 50th Forest Products Society Annual Meeting, Portland, ME, 1994
Carroll MN (1963) For. Prod. J. 13, 113–120
Carroll MN, McVey DT (1962) For. Prod. J. 12, 305–310
Carvalho LMH, Costa CAV (1999) Proceedings Third European Panel Products Symposium (Poster Session), Llandudno, North Wales, 338
Chelak W, Newman WH (1995) Proceedings 29rd Wash. State University Int. Particleboard/Composite Materials Symposium, Pullman, WA, 205–229
Chen CM, Rice JT (1973) For. Prod. J. 23: 10, 46–49
Chow S, Mukai HN (1972) Wood Sci. 5, 65–72
Chowdhury MJA (1999) Thesis, Oregon State University, Corvallis, OR
Christensen RL, Robitschek P (1974) For. Prod. J. 24: 7, 22–25
Cone CN (1969) For. Prod. J. 19: 11, 14–16
Crawford RJ (1967) Proceedings 1st Wash. State Univ. Int. Symposium on Particleboards, Pullman, WA, 349–356
Dai C, Chen S, Pielasch A (1996) Proceedings Third Pacific Rim Bio-Based Composites Symposium, Kyoto, Japan, 32–39
Dai C, Hubert P, Chen S (1997) Proceedings First European Panel Products Symposium, Llandudno, North Wales, 21–27
Dai C, Steiner PR (1993) Wood Fiber Sci. 25, 349–358
Dai C, Steiner PR (1994a) Wood Sci. Technol. 28, 135–146
Dai C, Steiner PR (1994b) Wood Sci. Technol. 28, 229–239
Dalen H, Shorma TD (1996) Proceedings 30th Wash. State University Int. Particleboard/Composite Materials Symposium, Pullman, WA, 191–196
Denisov OB (1973) Holztechnol. 14, 43–46
Denisov OB, Anisov PP, Zuban PE (1975) Holztechnol. 16, 10–14
Denisov OB, Juskov VV (1974) Holztechnol. 15, 168–172
Denisov OB, Sosnin MI (1967) Derevoobr. Prom., Moskva 16: 8, 11
Deppe H-J, Hasch J (1990) Holz Roh. Werkst. 48, 101–103
Deppe H-J, Rühl H (1993) Holz Zentr. Bl. 119, 2000–2004
Doyle M, Sander M, Shepard S, Yavorsky J (1996) Proceedings Third Pacific Rim Bio-Based Composites Symposium, Kyoto, Japan, 55–63
Driehuyzen HW, Wellwood RW (1960) For. Prod. J. 10, 254–258
Duncan TF (1974) For. Prod. J. 24: 6, 36–44
Dunky M (1986) unveröffentlicht
Dunky M (1988) Holzforsch. Holzverwert. 40, 126–133
Dunky M (1991) unveröffentlicht
Dunky M (1994) unveröffentlicht
Dunky M (1997) unveröffentlicht
Dunky M (1998) Proceedings Second European Panel Products Symposium, Llandudno, North Wales, 206–217
Dunky M, Schörgmaier H (1995) Holzforsch. Holzverwert. 47, 26–30

Dvorak A (1965) Holztechnol. 6, 56–59
Ebert J, Maurer H (1989) Proceedings 23th Wash. State University Int. Particleboard/Composite Materials Symposium, Pullman, WA, 201–214
Egner K, Brüning H (1954) Holz Roh. Werkst. 12, 334–342
Eisner K (1957) Drevo 12, 330–335
Ellis S, Steiner PR (1990) Proceedings Wood Adhesives 1990, Madison, WI, 76–85
Engels K (1978) Holz Roh. Werkst. 36, 21–29
Engström B, Johnsson B, Hedquist M, Grothage M, Sundström H, Ärlebrandt A (1998) Proceedings Second European Panel Products Symposium, Llandudno, North Wales, 107–114
Ernst K (1967) Holztechnol. 8, 41–43
Exner W (1986) persönliche Mitteilung
Eusebio GA, Generalla NC (1983) FPRDI J., 12: 3/4, 12–19
Fadl NA, Rakha M (1984) Holz Roh. Werkst. 42, 59–62
Fahrni F (1956) Holz Roh. Werkst. 14, 8–10
Frashour R (1990) Proceedings NPA Resin and Blending Seminar, Irving TX, 62–72
Freeman HG (1970) For. Prod. J. 20: 12, 28–31
Freeman HG, Kreibich RE (1968) For. Prod. J. 18: 8, 15–17
Fuchs I, Landmesser W, Niemz P (1984) Holztechnol. 25, 128–134
Futo LP (1971) Holz Roh. Werkst. 29, 289–294
Gefahrt J (1967) Holz Roh. Werkst. 25, 125–129
Gefahrt J (1977) Holz Roh. Werkst. 35, 183–188
Gefahrt J, Klinkert F (1977) Holz Roh. Werkst. 35, 253–257
Geimer RL (1976) Forschungsbericht FPL 275, Forest Products Laboratory, Madison, WI
Geimer RL (1979) Proceedings 13th Wash. State University Int. Symposium on Particleboards, Pullman, WA, 105–125
Geimer RL (1981) Holz Roh. Werkst. 39, 409–415
Geimer RL (1982) Proceedings 16th Wash. State University Int. Symposium on Particleboards, Pullman, WA, 115–134
Geimer RL (1985) Forschungsbericht FPL-RP 456, Forest Products Laboratory, Madison, WI
Geimer RL (1986) Forschungsbericht FPL 468, Forest Products Laboratory, Madison, WI
Geimer RL, Christiansen AW (1991) Proceedings Adhesives and Bonded Wood Products, Seattle, WA, 12–29
Geimer RL, Christiansen AW (1996) For. Prod. J. 46: 11/12, 67–72
Geimer RL, Follensbee RA, Christiansen AW, Koutsky JA, Myers GE (1990) Proceedings 24th Wash. State University Int. Particleboard/Composite Materials Symposium, Pullman, WA, 65–83
Geimer RL, Hoover WL, Hunt MO (1982) Forschungsbericht RB 973, Dep. of Forestry and Nat. Res., Agricult. Exp. Station, Purdue Univ., West Lafayette, IN
Geimer RL, Kwon JH (1999) Wood Fiber Sci. 31, 15–27
Geimer RL, Johnson SE, Kamke FA (1992) Forschungsbericht FPL-RP 507, Forest Products Laboratory, Madison, WI
Geimer RL, Montrey HM, Lehmann WF (1975) For. Prod. J. 25: 3, 19–29
Geimer RL, Price EW (1986) Proceedings 20th Wash. State University Int. Particleboard/Composite Materials Symposium, Pullman, WA, 367–384
Gerrard C (1987) Wood Sci. Technol. 21, 335–348
Gfeller B (1999) Holz- und Kunststoffverarb. 34, 62–64
Go AT (1988) Proceedings 22th Wash. State University Int. Particleboard/Composite Materials Symposium, Pullman, WA, 123–132
Gollob L, Krahmer RL, Wellons JD, Christiansen AW (1985) For. Prod. J. 35: 3, 42–48
Graf O (1937) Holz Roh. Werkst. 1, 13–16

Gran G (1982) Proceedings 16th Wash. State Univ. Int. Symposium on Particleboards, Pullman, WA, 261–267
Greubel D (1999) Proceedings 2nd European Wood-Based Panel Symposium, Hannover
Greubel D, Boehme C, Lobenhoffer H, Ballüer L (2001) Holz Zentr. Bl. 127, 753–754
Greubel D, Lobenhoffer H, Ballüer L (1999) Holz Zentr. Bl. 125, 767–770
Greubel D, Merkel D (1982) Holz Zentr. Bl. 108, 343–344 und 607–608
Haas G v (1998) Thesis, Universität Hamburg, Fachbereich Biologie
Haas G v (2000) Holzforsch. Holzverwert. 52, 102–104
Haas G v (2000) Holz Roh. Werkst. 58, 317–323
Haas G v, Frühwald A (2001) Holz Roh. Werkst. 58, 415–418
Haas G v, Steffen A, Frühwald A (1998) Holz Roh. Werkst. 56, 386–392
Halligan AF, Schniewind AP (1972) For. Prod. J. 22: 4, 41–48
Hammock L (1982) Proceedings 16th Wash. State Univ. Int. Symposium on Particleboards, Pullman, WA, 245–259
Hänsel A (1988) Holz Roh. Werkst. 46, 377–381
Hänsel A, Kühne G (1988) Holzforsch. Holzverwert. 40, 1–5
Hänsel A, Neumüller J (1988) Holztechnol. 29, 2–6
Hänsel A, Niemz P (1989) Holzforsch. Holzverwert. 41, 47–50
Hänsel A, Niemz P, Brade F (1988) Holz Roh. Werkst. 46, 125–132
Harless TEG, Wagner FG, Short PH, Seale RD, Mitchell PH, Ladd DS (1987) Wood Fiber Sci. 19, 81–92
Haselein CR (1998) Ph. D. Thesis, Oregon State University, Corvallis, OR
Hata T, Subiyanto B, Kawai S, Sasaki H (1989) Wood Sci. Technol. 23, 361–369
Hata T, Kawai S, Ebihara R, Sasaki H (1993) Mokuzai Gakkaishi 39, 161–168
Hata T, Kawai S, Sasaki H (1990) Wood Sci. Technol. 24, 65–78
Heebink BG, Hefty FV (1969) For. Prod. J. 19: 11, 17–26
Henker W (1967) Holz Roh. Werkst. 25, 174–180
Hoferichter E, Kehr E (1996) Holz Zentr. Bl. 122, 2074
Houts J v, Bhattacharyya D, Jayaraman K (2001 a) Holzforschung 55, 67–72
Houts J v, Bhattacharyya D, Jayaraman K (2001 b) Holzforschung 55, 73–81
Hse Ch-Y (1975) For. Prod. J. 25: 3, 48–53
Hse Ch-Y, Geimer RL, Hsu WE, Tang RC (1995) For. Prod. J. 45: 1, 57–62
Hsu WE (1991 a) Proceedings 25th Wash. State University Int. Particleboard/Composite Materials Symposium, Pullman, WA, 69–82
Hsu WE (1991 b) Proceedings Adhesives and Bonded Wood Products, Seattle, WA, 58–68
Hsu WE, Kirinic S (1996) Proceedings Third Pacific Rim Bio-Based Composites Symposium, Kyoto, Japan, 46–54
Hsu WE, Schwald W, Shields JA (1989) Wood Sci. Technol. 23, 281–288
Humphrey PE (1982) Thesis, University of Wales, Bangor, North Wales
Humphrey PE (1990) Proceedings Wood Adhesives in 1990, Madison, WI, 86–90
Humphrey PE (1991) Proceedings 25th Wash. State University Int. Particleboard/Composite Materials Symposium, Pullman, WA, 99–108
Humphrey PE (1994) Proceedings Cellucon Conference, Bangor, U.K., 213–220
Humphrey PE (1997) Proceedings First European Panel Products Symposium, Llandudno, North Wales, 145–155
Humphrey PE, Bolton AJ (1979) Holzforschung 33, 129–133
Humphrey PE, Bolton AJ (1985) Proceedings Wood Adhesives in 1985: Status and Needs, Madison, WI, 75–81
Humphrey PE, Bolton AJ (1989 a) Holzforschung 43, 199–206
Humphrey PE, Bolton AJ (1989 b) Holzforschung 43, 401–405
Humphrey PE, Chowdhury MJA (2000) Proceedings Fifth Pacific Rim Bio-Composites Symposium, Canberra, Australien, 227–234

Humphrey PE, Ren S (1989) J. Adhesion Sci. Technol. 3, 397–413
Humphrey PE, Zavala D, Testing J (1989) Evaluation 17, 323–328
Hutschnecker K (1979) Holz Roh. Werkst. 37, 367–372
Jahic J (2000) Dissertation, Universität Hamburg
Jahic J, Thole V (1997) WKI Kurzbericht 6
Johnson StE, Geimer RL, Kamke FA (1993) For. Prod. J. 43: 1, 64–66
Johnson StE, Kamke FA (1994) Wood Fiber Sci. 26, 259–269
Jokerst RW, Geimer RL (1994) For. Prod. J. 44: 11/12, 34–36
Jossifov N, Deliiski N (1991) Holz Roh. Werkst. 49, 399–403
Kaiser U (2001) Proceedings COST E13-Tagung, Edinburgh
Kamke FA, Casey LJ (1988 a) For. Prod. J. 38: 3, 41–43
Kamke FA, Casey LJ (1988 b) For. Prod. J. 38: 6, 38–44
Kamke FA, Wolcott MP (1991) Wood Sci. Technol. 25, 57–71
Kasper JB, Chow S (1980) For. Prod. J. 30: 7, 37–40
Kavvouras PK (1977) Dissertation University of Wales, Bangor, North Wales
Kehr E, Macht K-H, Riehl G (1968) Holztechnol. 9, 169–175
Keylwerth R (1958) Holz Roh. Werkst. 16, 419–430
Keylwerth R (1959 a) Holz Roh. Werkst. 17, 234–238
Keylwerth R (1959 b) Holzforsch. Holzverwert. 11, 51–57
Kieser J, Ufermann W (1979) Holz Zentr. Bl. 105, 1401–1402
Kim MG, Miller G (1990) Proceedings Wood Adhesives 1990, Madison, WI, 129–133
Klauditz W, Buro A (1962) Holz Roh. Werkst. 20, 19–26
Klauditz W, Ulbricht HJ, Kratz W, Buro A (1960) Holz Roh. Werkst. 18, 377–385
Klemarewski A, Annett DM (1995) Proceedings 29th Wash. State University Int. Particleboard/Composite Materials Symposium, Pullman, WA, 143–150
Klinga LO, Back EL (1964) For. Prod. J. 14, 425–429
Klinkmüller H (1982) Holz Zentr. Bl. 108, 1799–1800
Klinkmüller H (1983) Holz Zentr. Bl. 109, 237–239
Kolejak M (1983) Holztechnol. 24, 200–203
Kollmann F (1957) Holz Roh. Werkst. 15, 35–44
Kollmann F, Schnülle F, Schulte K (1955) Holz Roh. Werkst. 13, 440–449
Körner S, Niemz P, Schweitzer F (1992) Holz Zentr. Bl. 118, 286–288
Kratz W (1974) WKI-Kurzbericht 8
Kruse K, Ohlmeyer M (1998) Proceedings Second European Panel Products Symposium, Llandudno, North Wales, 60–68
Kruse K, Ohlmeyer M (1999) Proceedings Third European Panel Products Symposium, Llandudno, North Wales, 247–254
Kruse K, Thömen H, Maurer H, Steffen A, Leon-Mendez R (1997) Holz Roh. Werkst. 55, 17–24
Krüzner M (1985) Holz Roh. Werkst. 43, 497–500
Kuch W (1943) Holz Roh. Werkst. 6, 157–161
Kusian R (1968 a) Holztechnol. 9, 189–196
Kusian R (1968 b) Holztechnol. 9, 241–248
Kwon JH, Geimer RL (1998) For. Prod. J. 48: 4, 55–61
Labosky P Jr, Yobp RD, Janowiak JJ, Blankenhorn PR (1993) For. Prod. J. 43: 11/12, 82–88
Lamberts K, Pungs L (1955) Holz Roh. Werkst. 13, 448–456
Lamberts K, Pungs L (1978) Holz Roh. Werkst. 36, 299–304
Lambuth AL (1987) Proceedings 21st Wash. State University Int. Particleboard/Composite Materials Symposium, Pullman, WA, 89–100
Landmesser W, Fuchs I, Niemz P (1984) Holztechnol. 25, 6–10
Landmesser W, Niemz P (1987) Holztechnol. 28, 122–125
Landmesser W, Niemz P, Kowalewitz D, Weinert M (1986) Holztechnol. 27, 35–38
Landmesser W, Ritter C, Niemz P (1988) Holztechnol. 29, 316–319

Lang EM, Wolcott MP (1996a) Wood Fiber Sci. 28, 100 - 109
Lang EM, Wolcott MP (1996b) Wood Fiber Sci. 28, 369 - 379
Laufenberg TL (1983) Wood Fiber Sci. 15, 47 - 58
Lehmann WF (1965) For. Prod. J. 15, 155 - 161
Lehmann WF (1970) For. Prod. J. 20: 11, 48 - 54
Lehmann WF (1974) For. Prod. J. 24: 1, 19 - 26
Lenth CA, Kamke FA (1996a) Wood Fiber Sci. 28, 153 - 167
Lenth CA, Kamke FA (1996b) Wood Fiber Sci. 28, 309 - 319
Lenth CA, Kamke FA (1996c) Wood Fiber Sci. 28 369 - 379
Liiri O (1969) Holz Roh Werkst. 27, 371 - 378
Lobenhoffer H (1980) Holz Roh. Werkst. 38, 381 - 383
Lobenhoffer H (1982) Holz Roh. Werkst. 40, 395 - 401
Lobenhoffer H (1986) Holz Roh. Werkst. 44, 55 - 56
Lobenhoffer H (1987) Holz Roh. Werkst. 45, 429 - 437
Lobenhoffer H (1988) Holz Zentr. Bl. 114, 101 - 108
Lobenhoffer H (1990) Dissertation Universität Göttingen
Lobenhoffer H (1991) Holz Roh. Werkst. 49, 7 - 12
Lobenhoffer H (1992) Holz Zentr. Bl. 118, 118 - 120
Lobenhoffer H (1993) Holz Zentr. Bl. 119, 1691 - 1696
Lobenhoffer H, Ballüer L (1997) Holz Zentr. Bl. 123, 769 - 772
Lobenhoffer H, Ballüer L, Greubel D (1999) Holz Zentr. Bl. 125, 1354 - 1355
Lobenhoffer H, Roffael E (1994) Holz Zentr. Bl. 120, 1528 - 1532
Loxton C, Hague J (1996) Proceedings Third Pacific Rim Bio-Based Composites Symposium, Kyoto, Japan, 392 - 400
Lu C, Lam F (1999) Wood Sci. Technol. 33, 85 - 95
Lu X, Pizzi A (1998) Holz Roh. Werkst. 56, 393 - 401
Lyon DE, Short PH, Lehmann WF (1980) For. Prod. J. 30: 2, 33 - 38
Mallari VC Jr, Kawai S, Sasaki H, Subiyanto B, Sakuno T (1986) Mokuzai Gakkaishi 32, 425 - 431
Maloney TM (1970) For. Prod. J. 20: 1, 43 - 52
Maloney TM (1980) Proceedings 14th Wash. State Univ. Int. Symposium on Particleboards, Pullman, WA, 213 - 223
Maloney TM, Lee H-H (1996) unveröffentlichtes Manuskript
Marian JE (1958) For. Prod. J. 8, 172 - 176
Marra AA (1980) Proceedings Wood Adhesives - Research, Application and Needs, Madison, WI, 202 - 206
May H-A (1977) Holz Roh. Werkst. 35, 385 - 387
May H-A (1978) Holz Roh. Werkst. 36, 441 - 449
May H-A (1983a) Holz Roh. Werkst. 41, 271 - 275
May H-A (1983b) Holz Roh. Werkst. 41, 369 - 374
May H-A, Keserü G (1982) Holz Roh. Werkst. 40, 105 - 110
Mayer J (1978) Proceedings Int. Particleboard Symposium FESYP '78. Spanplatten heute und morgen. DRW-Verlag Stuttgart, 102 - 111
McEwen J (1999) Proceedings 2nd European Wood-Based Panel Symposium, Hannover
Medved S, Budnar M, Pirkmaier S (1998) Holzforsch. Holzverwert. 50, 7 - 10
Meinecke E, Klauditz W (1962) Über die physikalischen und technischen Vorgänge bei der Beleimung und Verleimung von Holzspänen bei der Herstellung von Holzspanplatten, Forschungsbericht des Landes Nordrhein-Westfalen
Meyer B, Carlson NL (1983) Holzforschung 37, 41 - 45
Moldenhawer K, Neumüller J (1987) Holztechnologie 28, 128 - 130
Moslemi A (1974) Particleboard, Vol. 1 + 2, Southern Illinois Press, Carbondale und Edwardsville, Ill., USA

Murphey WK, Cutter BE, Wachsmuth E, Gatchell C (1971) For. Prod. J. 21: 8, 56–59
Musial MW (1988) Wood Sci. Technol. 22, 371–378
Myers GE (1988) Adhes. Age 31, Oct., 31–36
Neusser H, Krames U (1969) Holzforsch. Holzverwert. 21, 77–80
Neusser H, Schall W (1970) Holzforsch. Holzverwert. 22, 116–120
Neusser H, Schall W (1972) Holzforsch. Holzverwert. 24, 45–50
Neusser H, Schall W, Haidinger K (1974) Holzforsch. Holzverwert. 26, 63–74
Neusser H, Strobach D, Serentschy W, Schall W (1977) Holzforsch. Holzverwert. 29, 58–63
Nielsen D, Sudan KK (1996) Proceedings 30th Wash. State University Int. Particleboard/ Composite Materials Symposium, Symposium, Pullman, WA, 59–64
Niemz P (1982) Holztechnol. 23, 206–213
Niemz P (1992) Drev. Vysk. 132, 1–10
Niemz P, Bauer S (1990) Holzforsch. Holzverwert. 42, 89–93
Niemz P, Bauer S (1991) Holzforsch. Holzverwert. 43, 68–70
Niemz P, Fuchs I, Landmesser W (1984) Holztechnol. 25, 179–184
Niemz P, Hänsel A, Ritter C, Landmesser W (1989) Holztechnol. 30, 148–151
Niemz P, Landmesser W, Kowalewitz D, Weinert M (1986) Holztechnol. 27, 79–85
Niemz P, Schweitzer F (1990) Holz Roh. Werkst. 48, 361–364
Nishimura T, Ansell MP (2000) Proceedings Fourth European Panel Products Symposium, Llandudno, North Wales, 236–240
Ohlmeyer M, Kruse K (1999) Proceedings Third European Panel Products Symposium, Llandudno, North Wales, 293–300
Palardy RD, Grenley BR, Story FH, Yrjana WA (1990) Proceedings Wood Adhesives 1990, Madison, WI, 124–128
Palardy RD, Haataja BA, Shaler SM, Williams AD, Laufenberg TL (1989) For. Prod. J. 39: 4, 27–32
Parameswaran N, Roffael E (1982) Adhäsion 26: 6/7, 8–14
Park B-D, Riedl B, Hsu EW, Shields J (1999) For. Prod. J. 49: 5, 62–68
Pecina H (1970a) Holztechnologie 11, 105–112
Pecina H (1970b) Holztechnologie 11, 193–198
Petersen H (1976) Holz Roh. Werkst. 34, 365–378
Petersen H (1977) Holz Roh. Werkst. 35, 369–378
Petersen H (1978) Holz Roh. Werkst. 36, 397–406
Petersen H, Reuther W, Eisele W, Wittmann O (1973) Holz Roh. Werkst. 31, 463–469
Phillips EA, Detlefsen WD, Carlson FE (1991) Proceedings 25th Wash. State University Int. Particleboard/Composite Materials Symposium, Pullman, WA, 231–248
Plath E (1972) Holz Roh. Werkst. 30, 57–61
Plath E (1974a) Holz Roh. Werkst. 32, 58–63
Plath E (1974b) Holz Roh. Werkst. 32, 177–181
Plath E (1976) Holz Roh. Werkst. 34, 135–140
Plath L (1968) Holz Roh. Werkst. 26, 125–128
Plath L (1971) Adhäsion 15, 190–195
Poblete H (1985) Holzforschung 39, 187–188
Post PW (1958) For. Prod. J. 8, 317–322
Post PW (1961) For. Prod. J. 11: 1, 34–37
Pulido OR, Sasaki H, Yamauchi H, Ma LF, Kawai S (2000) Proceedings Fifth Pacific Rim Bio-Composites Symposium, Canberra, Australien, 534–539
Pungs L, Lamberts K (1954) Holz Roh. Werkst. 12, 20–25
Rabiej RJ, Behm HD (1992) Wood Fiber Sci. 24: 3, 260–273
Rackwitz G (1963) Holz Roh. Werkst. 21, 200–209
Rauch W (1982) Holz Zentr. Bl. 108, 1462–1464
Rauch W (1984) Holz Roh. Werkst. 42, 281–286

Razali AK, Thesis, University of Wales, Bangor, North Wales
Ren S (1988) Diplomarbeit, Oregon State University, Corvallis, OR
Ren S (1992) Thesis, Oregon State University, Corvallis, OR
Resnik J, Sega B (1995) Holz Roh. Werkst. 53, 327 - 331
Resnik J, Tesovnik F (1995) Holz Roh. Werkst. 53, 113 - 115
Ritter C, Landmesser W, Niemz P, Hänsel A (1989) Holztechnol. 30, 182 - 185
Ritter C, Landmesser W, Niemz P, Hänsel A (1990) Holztechnol. 31, 23 - 25
Ritter C, Schweitzer F (1992) Holz Roh. Werkst. 50, 62 - 66
Robson D (1991) Proceedings 25th Wash. State University Int. Particleboard/Composite Materials Symposium, Pullman, WA, 167 - 179
Robson D, Riepen M, Hague J, Loxton C, Quinney R (1997) Proceedings First European Panel Products Symposium, Llandudno, North Wales, 203 - 210
Roffael E, Rauch W (1973) Holz Roh. Werkst. 31, 402 - 405
Roll H (1989) Diplomarbeit, Fachbereich Biologie, Universität Hamburg
Roll H (1993) Thesis, Ludwig-Maximilian-Universität München
Roll H (1997) Proceedings First European Panel Products Symposium, Llandudno, North Wales, 250 - 257
Roll H, Tröger F, Wegener G, Grosser D, Frühwald A (1990) Holz Roh. Werkst. 48, 405 - 408
Roll L, Roll H (1994) Holz Roh. Werkst. 52, 119 - 125
Sandberg D (1997) Holz Roh. Werkst. 55, 50
Schall W (1977) Holzforsch. Holzverwert. 29, 25 - 27
Schletz K-P, Wöstheinrich A (2000) Holz Zentr. Bl. 126, 1632
Schneider A (1973) Holz Roh. Werkst. 31, 425 - 429
Schneider A, Roffael E, May HA (1982) Holz Roh. Werkst. 40, 339 - 344
Schweitzer F, Ritter C (1992) Holz Roh. Werkst. 50, 101 - 105
Segring SB (1957) Holz Roh. Werkst. 15, 1 - 9
Sellers T Jr (1988) For. Prod. J. 38: 11/12, 55 - 56
Sellers T Jr, Miller GD, Nieh WL-S (1990) For. Prod. J. 40: 10, 23 - 28
Shaler SM (1991) Wood Sci. Technol. 26, 53 - 61
Shaler SM, Blankenhorn PR (1990) Wood Fiber Sci. 22, 246 - 261
Shao M (1989) Thesis, Oregon State University, Corvallis, OR
Shen KC (1973) For. Prod. J. 23: 3, 21 - 29
Sitzler H-D (o. J.) Firmenschrift G. Siempelkamp GmbH & Co., Krefeld
Smith DC (1982) For. Prod. J. 32: 3, 40 - 45
Soine H (1990) Holz und Kunststoffverarb. 25: 2, 191 - 193
Spelter H, Torresani P (1991) Holz Roh. Werkst. 49, 251 - 257
Steffen A (1996) Holz Roh. Werkst. 54, 321 - 332
Steffen A, Haas G v, Rapp A, Humphrey P, Thömen H (1999) Holz Roh. Werkst. 57, 154 - 155
Steffen A, Janssen A, Kruse K (2001) Holz Roh. Werkst. 58, 419 - 431
Stegmann G, Bismarck C v (1967) Holzforsch. Holzverwert. 19, 53 - 60
Stegmann G, Durst J, Kratz W (1965) Holzforsch. Holzverwert. 17, 37 - 44
Steiner PR, Dai C (1993) Wood Sci. Technol. 28, 45 - 51
Steiner PR, Troughton GE, Andersen AW (1993) For. Prod. J. 43: 10, 29 - 34
Stevens RR, Woodson GE (1977) For. Prod. J. 27: 1, 46 - 50
Stewart HA, Lehmann WF (1973) For. Prod. J. 23: 8, 52 - 60
Strickler MD (1959) For. Prod. J. 9, 203 - 215
Strickler MD (1970) For. Prod. J. 20: 9, 47 - 51
Subiyanto B, Kawai S, Tanahashi M, Sasaki H (1989a) Mokuzai Gakkaishi 35, 419 - 423
Subiyanto B, Kawai S, Sasaki H (1989b) Mokuzai Gakkaishi 35, 424 - 430
Suchsland O (1958) Holz Roh. Werkst. 16, 101 - 108
Suchsland O (1962) Quaterly Bulletin Mich. Agricult. Exp. Station 45: 11, 104 - 121
Suchsland O (1967) For. Prod. J. 17: 2, 51 - 57

Suchsland O, Enlow RC (1968) For. Prod. J. 18: 8, 24–28
Suchsland O, Xu H (1991 a) For. Prod. J. 41: 11/12, 55–60
Suchsland O, Xu H (1991 b) Proceedings Adhesives and Bonded Wood Products, Seattle, WA, 94–120
Suo S, Bowyer JL (1994) Wood Fiber Sci. 26, 397–411
Suo S, Bowyer JL (1995) Wood Fiber Sci. 27, 84–94
Suomi-Lindberg L (1999) Increasing the rates of gluing processes; gluing of preheated wood surface. Report VTT, Helsinki
Swietliczny M (1980) Holztechnol. 21, 83–87
Talbott JW (1974) Proceedings 8th Wash. State Univ. Int. Symposium on Particleboards, Pullman, WA, 153–182
Talbott JW, Stefanakos EK (1972) Wood Fiber Sci. 4, 193–203
Thoemen H, Humphrey PE (1999) Proceedings Third European Panel Products Symposium, Llandudno, North Wales, 18–30
Thole V, Jahic J, Lewark M (2000) MDF-Magazin, Oktober, 80–85
Thoman BJ, Pearson RG (1976) For. Prod. J. 26: 11, 46–50
Tisch T (1992) Proceedings 26th Wash. State University Int. Particleboard/Composite Materials Symposium, Pullman, WA, 59–68
Triche MH, Hunt MO (1993) For. Prod. J. 43: 11/12, 33–44
Troughton GE, Lum C (2000) For. Prod. J. 50: 1, 25–28
Umemura K (1997) Wood Research 84, 130–173
Umemura K, Kawai S, Sasaki H, Hamada R, Mizuno Y (1996 a) J. Adhesion 59, 87–100
Umemura K, Tanaka H, Mizuno Y, Kawai S (1996 b) Mokuzai Gakkaishi 42, 985–991
Vital BR, Lehmann WF, Boone RS (1974) For. Prod. J. 24: 12, 37–45
Walker T (1996) Panel World 37: 1, 12–13
Walter K (1989) Holz Roh. Werkst. 47, 117–120
Wang K, Lam F (1999) Wood Fiber Sci. 31, 173–186
Wang S, Winistorfer PM, Moschler WW, Helton C (2000) For. Prod. J. 50: 3, 28–34
Wang S-Y, Chen B-J (2001) Holzforschung 55, 97–103
Wang X-M, Riedl B, Geimer RL, Christiansen AW (1996) Wood Sci. Technol. 30, 423–442
Warren MB, Wagner FG, Ladd DS, Taylor FW, Seale RD, Tasma CC (1993) For. Prod. J. 43: 1, 47–50
Wassipaul F (1982) In: Ehlbeck J, Steck G (Hrgb.): Ingenieurholzbau in Forschung und Praxis, Bruderverlag, Karlsruhe, 49–54
Waters GD (1990) Proceedings NPA Resin and Blending Seminar, Irving TX, 56–61
Watters A, Wellons JD (1978) For. Prod. J. 28: 2, 43–48
Wellons JD, Krahmer RL, Sandoe MD, Jokerst RW (1983) For. Prod. J. 33: 1, 27–34
Wilson JB, Hill MD (1978) For. Prod. J. 28: 2, 49–54
Wilson JB, Krahmer RL (1976) For. Prod. J. 26: 11, 42–45
Wimmer RR, Paulus M, Winistorfer P, Downes G (2000) Proceedings Fifth Pacific Rim Bio-Composites Symposium, Canberra, Australien, 776
Winistorfer PM, Di Carlo D (1988) For. Prod. J. 38: 11/12, 57–62
Winkler A, Nemeth K (1987) Holztechnol. 28, 125–127
Wolcott MP, Kamke FA, Dillard DA (1990) Wood Fiber Sci. 22, 345–361
Wöstheinrich A, Caesar C (1999) Proceedings Third European Panel Products Symposium, Llandudno, North Wales, 145–154
Wu Q (1999) Wood Fiber Sci. 31, 28–40
Xu W (2000 a) For. Prod. J. 50: 7/8, 88–93
Xu W (2000 b) For. Prod. J. 50: 10, 43–47
Xu W, Suchsland O (1997) Wood Fiber Sci. 29, 272–281
Xu W, Suchsland O (1998) For. Prod. J. 48: 6, 85–87

Yanagawa Y, Kawai S, Sasaki H, Wang Q, Kondo M, Shirai F (1995a) Mokuzai Gakkaishi 41, 474-482
Yanagawa Y, Kawai S, Sasaki H, Wang Q, Kondo M, Shirai F (1995b) Mokuzai Gakkaishi 41, 483-489
Zhang HJ, Chui YH, Schneider MH (1994) Wood Sci. Technol. 28, 285-290
Zhao C, Pizzi A (2000) Holz Roh. Werkst. 58, 307-308
Zauscher S, Humphrey PE (1997) Wood Fiber Sci. 29, 35-46
Zavala D, Humphrey PE (1996) For. Prod. J. 46: 1, 69–77
Zscheile M (1999) Holz Zentr. Bl. 125, 765-766

Patente:

DE 19822487 (1998) Kvaerner Panel Systems GmbH
DE 19840818 (1998) Kvaerner Panel Systems GmbH

EP 311852 (1988) Bayer AG

USP 4824896 (1988) Clarke MR, Steiner PR, Anderson AW
USP 4977231 (1989) Georgia Pacific Corp.

4 Dichte

Plattenförmige Holzwerkstoffe, insbesondere Spanplatten und MDF, haben auf Grund ihres Aufbaues und ihrer Herstellweise keine einheitliche Dichte. Sie weisen sowohl Dichteschwankungen in der Plattenebene als auch ein charakteristisches Rohdichteprofil über den Plattenquerschnitt auf. Die Bestimmungsmethoden für die Plattendichte sowie das Rohdichteprofil werden in Teil I, Anhang 3 beschrieben.

4.1
Dichteverteilung in der Plattenebene

Infolge unvermeidlicher Schwankungen im Fertigungsablauf ist eine mehr oder minder große Schwankung der Dichte über die Plattenfläche gegeben. Die Ursachen dafür können vielfältig sein:

- Streuschwankungen im Laufe der Zeit: Dichteschwankungen in Längsrichtung der Presse
- Streuungenauigkeiten über der Plattenbreite, z.B. infolge schlecht eingestellter Streukammern (z.B. ungleiche Strömungsverhältnisse in windsichtenden Streuungen u.a.)
- bewusste Überstreuung der Kanten zur Erzielung „schöner" Kanten und damit eines optisch besseren Aussehens des Stapels
- Rückfederung der Späne am Ende der Presszeit bzw. am Pressenende von kontinuierlichen Pressen infolge eines hohen Dampfinnendruckes in der Platte. Dies ist vorwiegend in der Mitte über der Plattenbreite gesehen der Fall.
- große Dickenschwankungen in der Platte zwischen einzelnen Etagen bei Mehretagenpressen.

Eine gleichmäßige Dichteverteilung in der Plattenebene ist mitentscheidend für die Qualität der Platte und ein wichtiges Überwachungsmerkmal der Plattenproduktion (Streugenauigkeit).

Weitere Literaturhinweise: Dai u.a. (2000), Kruse u.a. (2000), Neusser u.a. (1972), Suchsland (1962), Suchsland und Xu (1989), Xu und Steiner (1995), Wolcott u.a. (1999).

4.2
Rohdichteprofile von Holzwerkstoffen

Der Plattenaufbau (bei Spanplatten) und der Heißpressvorgang bei der Herstellung einer Span-, OSB- oder MDF-Platte bewirken die Ausbildung eines Dichteprofils über den Querschnitt der Platte. Ein optimales Rohdichteprofil verläuft symmetrisch zur Mittelachse.

Grundsätzlich sind folgende Bereiche in einem Rohdichteprofil zu unterscheiden:

- üblicherweise steiler Anstieg des Profils an den beiden Rändern bzw. steiler Randabfall
- Rohdichtemaximum in der Deckschicht
- mehr oder weniger steiler Verlauf des Profils mit kontinuierlichem Übergang von der Deck- zur Mittelschicht (bzw. äußerer Zone zu mittlerer Zone bei MDF-Platten)
- flacher Verlauf der Mittelschicht mit Rohdichteminimum in der Mitte des Plattenquerschnitts.

Im Idealfall sind die beiden Rohdichtemaxima oben und unten gleich hoch und auch im gleichen Abstand von der jeweiligen Plattenoberfläche. Auf Grund von verschiedenen Störeinflüssen, wie z. B. einer unterschiedlichen Vorwärmung des Kuchens durch heiße Bleche an der Unterseite, Verschiebung der symmetrischen Spangrößenverteilung nach dem Streuen infolge von Rieselströmungen des Feinmaterials nach unten bzw. allgemein infolge unvermeidbarer Produktionsschwankungen ist jedoch oft ein geringfügig asymmetrischer Aufbau des Profils gegeben. Sonderformen an Rohdichteprofilen ergeben sich bei speziellen Plattentypen, wie sie z. B. in Dampfinjektionspressen (s. Teil III, Abschn. 3.4.5) hergestellt werden; „Fehlstellen" im Profil (z. B. Dichteminima zwischen Deckschicht- und Mittelschichtbereich) können z. B. bei ungünstigen Pressdruckkurven auftreten (Thole u. a. 2000).

Abbildung 4.1 zeigt die schematisierte Darstellung eines Rohdichteprofils einer ungeschliffenen Spanplatte (C. Boehme 1992 a). Abbildung 4.2 vergleicht die Rohdichteprofile zweier MDF-Platten gleicher mittlerer Rohdichte mit schwacher Verdichtung der Deckschicht (Typ A) und hoher Verdichtung der Deckschicht (Typ B) (Marutzky u. a. 1992).

In den Abb. 4.3 bis 4.6 sind die Rohdichteprofile verschiedener Holzwerkstoffe dargestellt. Diese Abbildungen sollen beispielhaft die Vielfalt der verschiedenen möglichen Dichteprofile zeigen.

Großes Interesse besteht daran, das Rohdichteprofil an der fertigen Platte unmittelbar nach dem Verlassen der Presse zu messen bzw. überhaupt die Ausbildung des Dichteprofils während des Pressvorganges zu verfolgen.

Dueholm (1995, 1996) entwickelte eine Methode zur Bestimmung des Rohdichteprofils als on line-Messung an der gerade aus einer kontinuierlichen Presse herausfahrenden Platte, wobei er die Dämpfung und Rückstrahlung

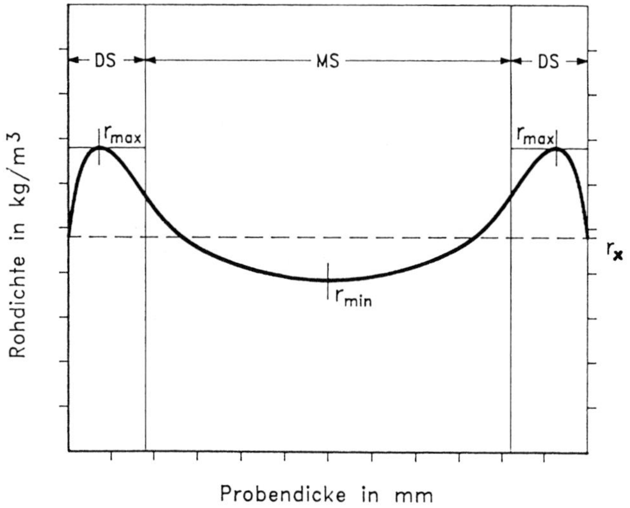

Abb. 4.1. Schematisierte Darstellung eines Rohdichteprofiles einer ungeschliffenen Spanplatte (Boehme 1992): r_{max} = Rohdichtemaximum, r_{min} = Rohdichteminimum, r_x = mittlere Rohdichte

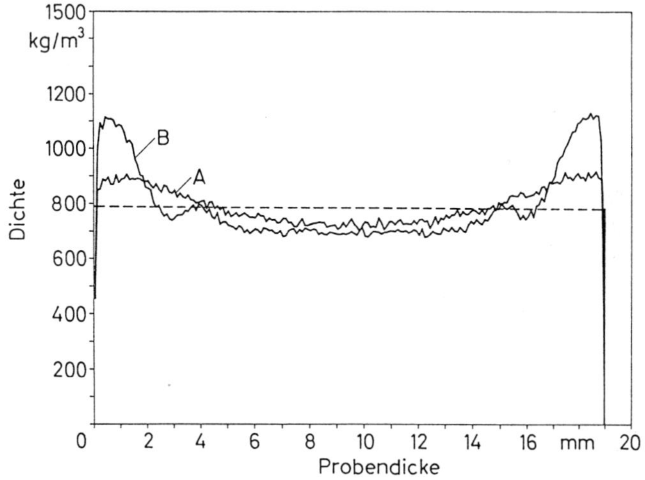

Abb. 4.2. Rohdichteprofile zweier MDF gleicher mittlerer Rohdichte mit schwacher Verdichtung der Deckschicht (Typ A) und hoher Verdichtung der Deckschicht (Typ B) (Marutzky u. a. 1992)

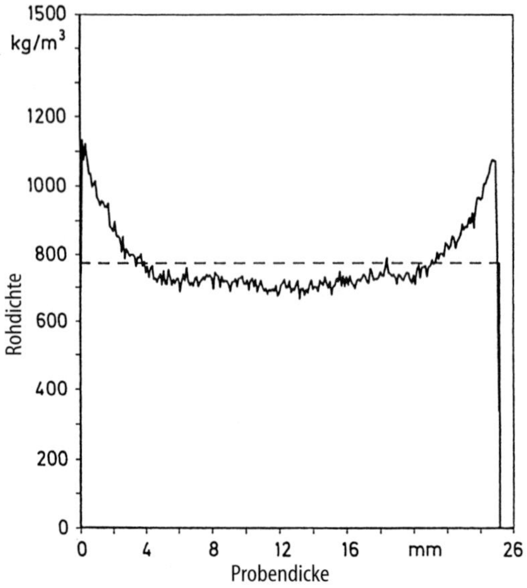

Abb. 4.3. Rohdichteprofil einer MDF-Platte mit flachem Mittelschichtdichteverlauf (kein „Dichteloch" in der Querschnittsmitte) und hoher Deckschichtverdichtung (Boehme 1992)

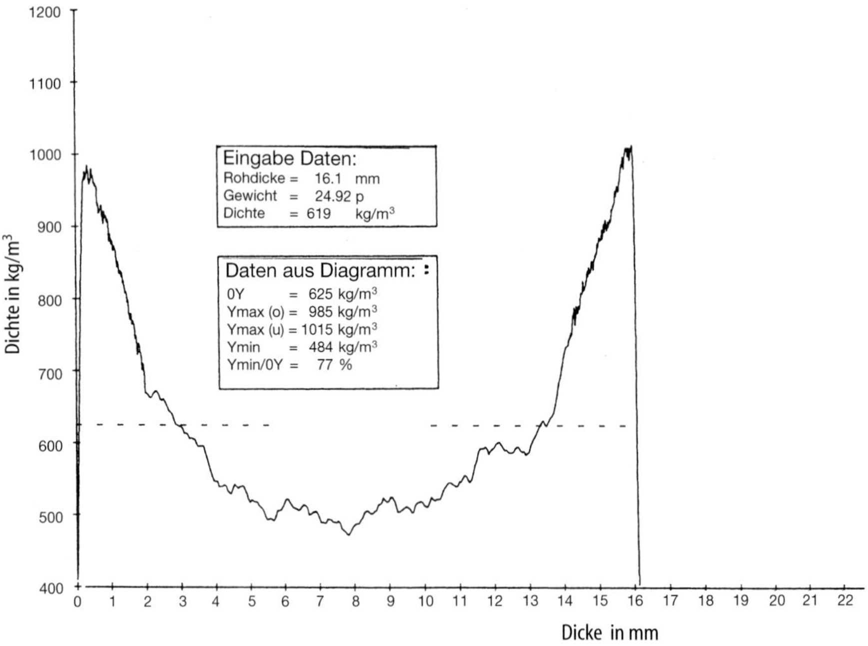

Abb. 4.4. Rohdichteprofil einer geschliffenen Spanplatte, hergestellt auf einer Einetagenpresse. Die Lockerzonen beiderseits sind fast völlig weggeschliffen (Soine 1990)

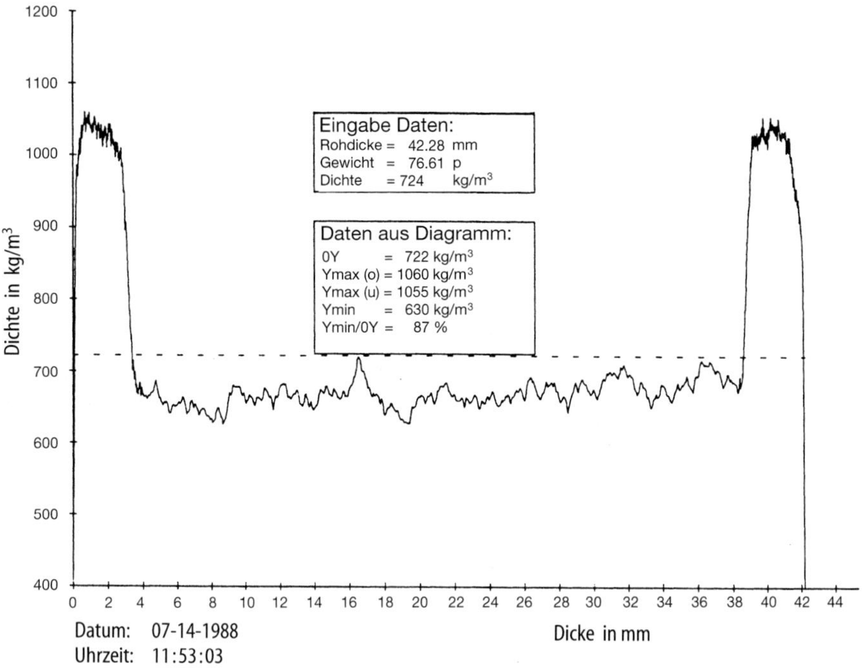

Abb. 4.5. Rohdichteprofil einer Platte mit groben großflächigen Strands als Mittelschicht und feinen Fasern als Deckschicht. Die Platte gleicht konstruktiv einem Sandwichaufbau einer Türe: leichte Mittellage, beidseitige harte Beplankung (Soine 1990)

Abb. 4.6. Rohdichteprofil einer im Nassverfahren hergestellten Hartfaserplatte (Ranta und May 1978). Auf der Siebseite zeigt sich deutlich der Dichteabfall infolge der Prägewirkung des Siebes

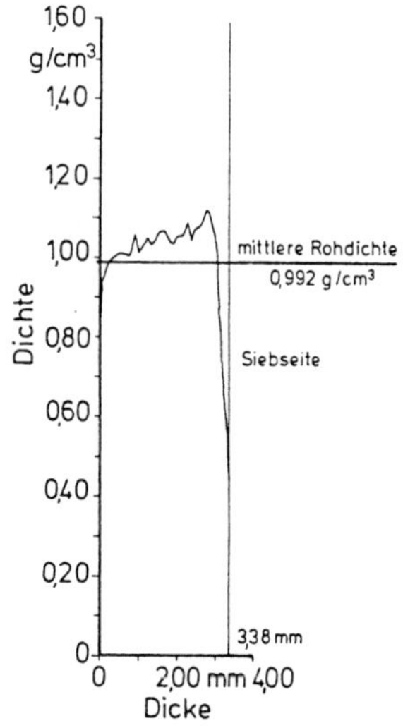

von Röntgenstrahlen ausnutzt. Über die Möglichkeit der Verfolgung der Rohdichteprofilausbildung während des Pressvorganges s. Teil III, Abschn. 4.3.3.

4.3
Einflussgrößen auf Plattendichte und Dichteprofile

4.3.1
Lockerzonen

Das Rohdichteprofil ist von einer Reihe von Faktoren bei der Herstellung der Platten abhängig, insbesondere von den Feuchteverhältnissen in den einzelnen Schichten der gestreuten Matte sowie dem gewählten Pressdiagramm. Ungeschliffene Platten zeigen im Allgemeinen mehr oder minder stark ausgeprägte Lockerzonen auf beiden Plattenseiten, wobei die Rohdichtemaxima bis zu 2 mm unter der Plattenoberfläche liegen können. Kontinuierliche Pressen ermöglichen wegen ihrer raschen Verdichtung des Kuchens deutlich niedrigere erforderliche Schleifzugaben als z.B. Mehretagenpressen. Bei letzteren ist die Einwirkungszeit der heißen Pressplatten auf die Oberfläche des Kuchens (insbesondere an der Unterseite) deutlich länger, sodass eine gewisse Voraushärtung des Harzes an der Oberfläche des Kuchens nicht auszuschließen ist. Eine unsymmetrische Verteilung des Dichteprofils bzw. ein zu geringer Abschliff können zu Oberflächen mit geringen Abhebefestigkeiten führen, was wiederum die Beschichtung der Platten erschwert bzw. Plattenverzug auf Grund der Asymmetrie und der Unterschiede der elastomechanischen Eigenschaften im Plattenquerschnitt bewirkt.

Die Ausbildung des Rohdichteprofils wird im Wesentlichen vom Verdichtungswiderstand der Späne und Fasern bestimmt und erfolgt vor allem in der Zeitspanne zwischen dem Schließen der Presse und dem Erreichen der Solldicke; infolge von Relaxationsvorgängen kann auch noch nach dem Erreichen der Distanz bis zum Aushärten des Bindemittels eine leichte Verschiebung im Profil eintreten.

Der Verdichtungswiderstand ist eine Funktion der Holzart, der Temperatur und der Feuchtebedingungen (Holzfeuchte, Dampfdruck), wobei letztere sich im Laufe des Pressvorganges ändern. Das Vlies verliert sehr rasch die Fähigkeit zur Verdichtung, wenn das Bindemittel nicht mehr fließen kann. Die fehlverleimte, locker gebundene Randschicht federt zurück und bewirkt den mehr oder weniger stark ausgeprägten Randabfall des Profils einer ungeschliffenen Platte. Dies ist umso kritischer, je reaktiver die Bindemittelflotte in der Deckschicht eingestellt ist und je höher die Presstemperatur bzw. die Temperatur des gestreuten Spankuchens (Temperatur der beleimten Späne) ist. Dies wird vor allem auch durch eine Vorwärmung der Deckschicht noch vor der Verdichtung durch Strahlung oder Konvektion verstärkt, gleichzeitig trocknet das Vlies an der Oberfläche ab. Ein Teil der möglichen Bindefestigkeit geht also schon vor dem Einwirken des Pressdrucks verloren.

Die Dicken dieser Lockerzonen im Rohdichteprofil sind verfahrensbedingt und abhängig:

- von der Liegezeit des gestreuten Kuchens ohne Pressdruck unter Wärmeeinwirkung: dies ist vor allem bei Mehretagenpressen gegeben, während die kontinuierlichen Anlagen diesbezüglich sehr vorteilhafte Bedingungen ermöglichen.
- vom Verdichtungsvorgang: je schneller die Verdichtung einsetzt und verläuft, desto geringer sind die Lockerzonen. Auch hier sind die kontinuierlichen Anlagen den Mehretagenpressen überlegen.

Aus diesen Gründen ist die übliche Schleifzugabe bei kontinuierlichen Pressen deutlich geringer als bei Einetagenpressen und insbesondere bei Mehretagenpressen. Sie beträgt als Summe für beide Seiten bei einer kontinuierlichen Presse ca. 0,6 – 1 mm (je nach Plattendicke), bei einer Mehretagenpresse bis zu 2 oder sogar 3 mm.

Die Aufgabe des Schleifens der Platten ist die Beseitigung dieser Lockerzonen; das Dichtemaximum in der Deckschicht sollte bei geschliffenen Platten idealerweise exakt in oder knapp unterhalb der Oberfläche liegen.

Literaturhinweise: May (1983 a).

4.3.2 Einflussgrößen

Die Form eines Rohdichteprofils hängt einerseits vom Widerstand ab, den das Vlies dem Pressdruck entgegensetzt, andererseits von der Aushärtungsgeschwindigkeit des Bindemittels. Entscheidend für den Widerstand eines Spanvlieses sind Form und Feuchtigkeit der Späne. Die Form der Rohdichteprofile ist auch durch die technologischen Verfahrensparameter beeinflussbar. Durch die Verdichtung des Spänevlieses auf eine gewünschte Dicke wird eine mittlere Rohdichte erreicht, deren Wert höher liegt als die Rohdichte der verwendeten Holzarten. Die Dichte in der Mittelschicht liegt dabei auf Grund der gröberen Späne und der niedrigeren Feuchtigkeit niedriger als in der Deckschicht. Tabelle 4.1 fasst übersichtsartig die verschiedenen Einflussparameter zusammen.

Tabelle 4.1. Einflüsse auf Dichte und Dichteverteilung

		Einflussfaktor	Literaturhinweise
1		Holz	
	a	Holzart: Dichte des Holzes bzw. mittlere Dichte der Holzmischung	Hänsel u. a. (1988)
	b	Spangrößen und Größenverteilung	
	c	Spanform, Spangeometrie	

Tabelle 4.1 (Fortsetzung)

		Einflussfaktor	Literaturhinweise
2		Bindemittelsystem	
	a	Reaktivität des eingesetzten Bindemittels in MS bzw. DS	
3		Streuung und Vorverdichtung	
	a	Platten- und Vliesaufbau	
	b	Plattendicke	
	c	Schüttgewicht	
	d	Dicken- bzw. Massenverhältnis DS/MS	Hänsel u. a. (1988)
	e	Feuchte des gestreuten Vlieses bzw. Feuchteverteilung in DS und MS	Andrews u. a. (2001) Hänsel u. a. (1988) Spelter und Torresani (1991)
	f	Vorpressdruck und -zeit	
	g	offene Liegezeit der Matten bis zur Presse und bis zum Schließen der Presse	
4		Pressbedingungen	
	a	Wartezeit bis zur erfolgten Verdichtung (Pressenschließzeit)	
	b	Verdichtungsgeschwindigkeit, Verdichtungswiderstand der gestreuten Matte	Andrews u. a. (2001) Hänsel u. a. (1988) Plath und Schnitzler 1974)
	c	Pressdruck und Druckverlauf, maximaler Pressdruck, MS-Nachverdichtung	Wang u. a. (2001)
	d	Verdichtungsverhältnis	Gressel (1981)
	e	Presstemperatur	

4.3.3 Verfolgung der Ausbildung des Rohdichteprofiles

Winistorfer u. a. (1998, 2000) bzw. Wang und Winistorfer (2000) gelingt zum ersten Mal mittels einer entsprechend adaptierten Laborpresse die Verfolgung des entstehenden Dichteprofils während einer Heißpressung. Die Dichte wird dabei kontinuierlich in drei Ebenen der Matte bzw. der daraus entstehenden Platten verfolgt, wobei die Positionen dieser Ebenen in Bezug auf ihre relative Lage zur Plattendicke während des Pressvorganges konstant bleiben (Abb. 4.7 bis 4.9). Das Rohdichteprofil kann auch mittels Simulationsmodelle vorausberechnet werden (Harless u. a. 1987 bzw. Teil III, Abschn. 3.4.4.3).

Weitere Literaturhinweise: Wang u. a. (2000), Winistorfer u. a. (1996).

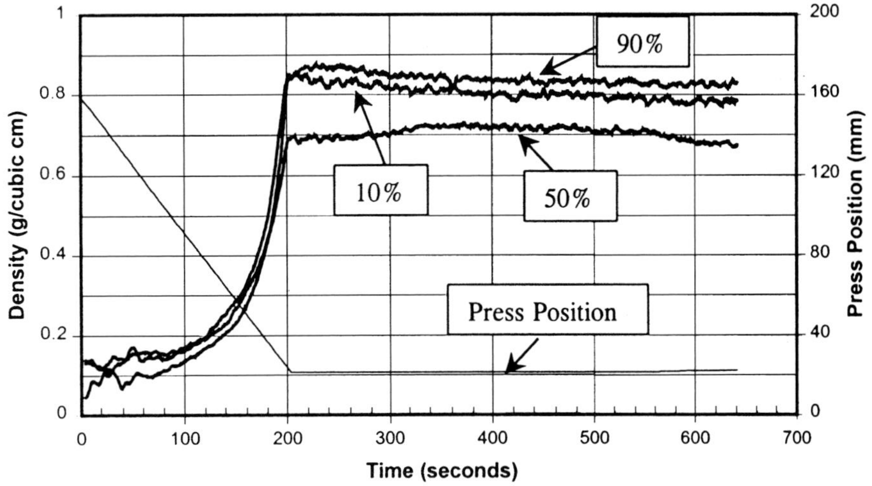

Abb. 4.7. Verfolgung des während einer Verpressung einer OSB-Matte entstehenden Dichteprofils bei langer Pressenschließzeit (Winistorfer u.a. 1998)

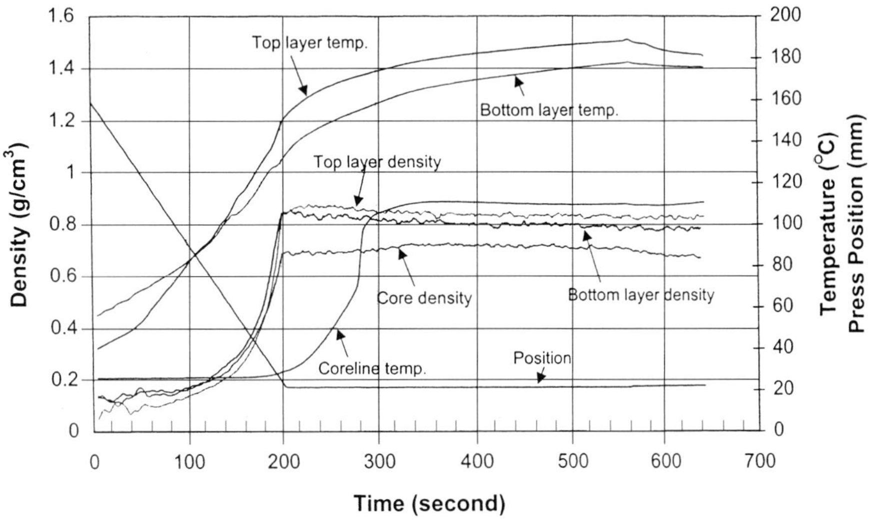

Abb. 4.8. Verfolgung des während einer Verpressung einer OSB-Matte entstehenden Dichteprofils sowie der Innentemperaturen bei langer Pressenschließzeit (Wang und Winistorfer 2000)

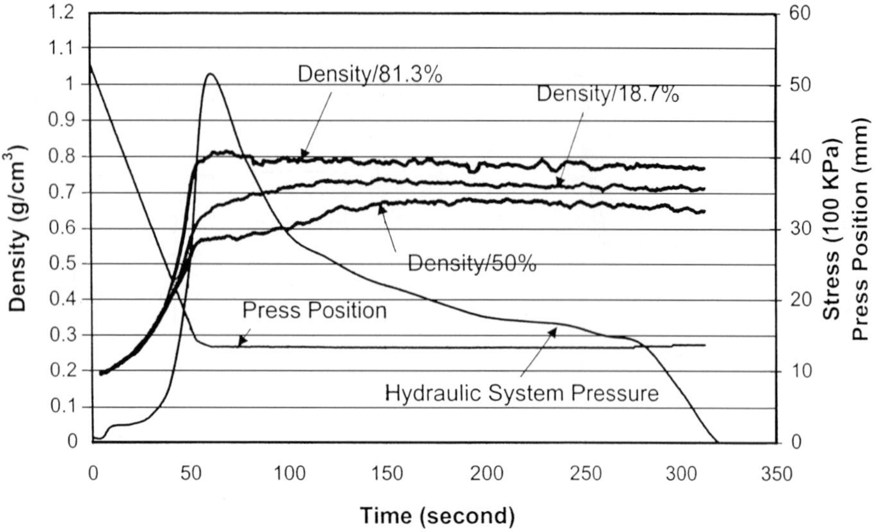

Abb. 4.9. Verfolgung des während einer Verpressung einer OSB-Matte entstehenden Dichteprofils sowie der Innentemperaturen bei kurzer Pressenschließzeit (Wang und Winistorfer 2000)

4.4 Einfluss der Dichte auf die Eigenschaften von Holzwerkstoffen

Die Rohdichte von Holzwerkstoffen nimmt bei den Platteneigenschaften eine zentrale Stelle ein. Die meisten Eigenschaften, die an fertigen Platten bestimmt werden, sind in einer bestimmten Weise mit der Rohdichte der Platte verknüpft. Bei diesen Korrelationen ist es aber oft erforderlich, die Rohdichte der jeweiligen beanspruchten Schicht (z. B. der Mittelschicht bei der Querzugfestigkeit bzw. der Deckschicht bei den Biegeeigenschaften) zu berücksichtigen (Plath 1963, May 1983a). Wider Erwarten nicht gesicherte Korrelationen zwischen einzelnen Platteneigenschaften und der Rohdichte bzw. der Rohdichteverteilung weisen darauf hin, dass diese Eigenschaften nicht allein von der mittleren Rohdichte und der örtlichen Dichteverteilung, sondern auch von weiteren technologischen Parametern wie z. B. Spanform und Spanorientierung, Feingutanteil, Beleimungsgrad u. a. beeinflusst werden. Änderungen dieser Parameter müssen jedoch nicht zwangsläufig zu einer Dichteänderung führen.

Darüber hinaus ist der jeweilige Verdichtungsgrad, d. h. das Verhältnis der mittleren Plattendichte zur Dichte der verwendeten Holzarten, von wesentlicher Bedeutung. Nach Parameswaran und Roffael (1982) ist die Steigerung der Verleimungsgüte bei höheren Plattenrohdichten mitunter ein Resultat der besseren Verleimung des Spangutes infolge des dichteren Aneinanderliegens der Späne, verbunden mit einer breitflächigen Verteilung des Bindemittels.

Tabelle 4.2. Maßgebliche Schicht für den Einfluss der Plattendichte auf Eigenschaften von Spanplatten und MDF[a]

Eigenschafts-gruppe	gesamte Platte (MS + DS)	Mittelschicht (MS)	Deckschicht (DS)
mechanische Eigenschaften	Nagel- und Schraubenhaltevermögen normal zur Plattenebene	Scherfestigkeit in Plattenebene, Querzugfestigkeit, Nagel- und Schraubenhaltevermögen in Plattenebene	Biegefestigkeit flach, Biege-*E*-Modul flach, Oberflächenhärte, Zug- und Druckfestigkeit in Plattenebene, Abhebefestigkeit
hygroskopische Eigenschaften	Dickenquellung, Wasseraufnahme		Geschwindigkeit der Dickenquellung und der Wasseraufnahme
diffusionsabhängige Eigenschaften	Durchlässigkeit		
thermische Eigenschaften	Wärmeleitfähigkeit		
sonstige Eigenschaften	Schallisolationsvermögen		Ebenheit und Geschlossenheit der Oberfläche, Widerstand gegen Entzündung und Flammenausbreitung

[a] Obwohl MDF-Platten an sich aus einheitlichen Fasern über den gesamten Querschnitt bestehen, soll hier auf Basis der unterschiedlichen Verdichtung zwischen der höherverdichteten „Deckschicht" und der „Mittelschicht" mit niedrigerer Dichte unterschieden werden.

Tabelle 4.2 fasst die für verschiedene Eigenschaften maßgebliche Schicht für den Einfluss der Plattendichte übersichtlich zusammen.

Sehr viele Qualitätsmerkmale verschieben sich zwangsläufig, wenn sich aus produktionsbedingten Gründen die Plattendichte verändert. Eine bewusste Anhebung der Plattendichte (ggf. auch nur für eine bestimmte Zeit) ist aber auch eine gängige Maßnahme, niedrige mechanische Eigenschaften zu verbessern. Die nachfolgenden Tabellen 4.3 bis 4.5 fassen den in der Fachliteratur beschriebenen Einfluss der Dichte der Platten bzw. der einzelnen Plattenschichten auf die verschiedenen Eigenschaften von Spanplatten und MDF übersichtlich zusammen.

Bei identischem Beleimungsgrad und vergleichbarem Spanmaterial ist nach Schneider u. a. (1982) kein eindeutiger Einfluss der Plattendichte auf die Kurzzeit-Dickenquellung (2 h Wasserlagerung) zu erkennen. Bei dieser kurzen Zeitspanne wird die Dickenquellung im Wesentlichen offensichtlich noch durch das Hydrophobierungsmittel bestimmt. Roffael und Rauch (1972b) fin-

Tabelle 4.3. Einfluss einer steigenden Dichte der Platten bzw. der einzelnen Plattenschichten auf die verschiedenen mechanischen Eigenschaften von Spanplatten, OSB und MDF

Eigenschaft	Schicht	Beschreibung	Literatur
Biegefestigkeit Biege-*E*-Modul	DS	steigen	Clad (1967), Dimitri u. a. (1981), Dunky u. a. (1981), Geimer (1979), Gressel (1981), Hänsel u. a. (1988), Kehr (1993, 1995), Kehr und Schilling (1965b), Keylwerth (1958), Liiri u. a. (1977), May (1978, 1983c), May und Roffael (1983), Neusser u. a. (1969, 1972), Niemz (1982), Niemz und Bauer (1991), Niemz und Schweitzer (1990), Oertel (1967), Stegmann und Bismarck (1968), Stewart und Lehmann (1973), Suzuki und Kato (1989)
	OSB	steigen	Panning und Gertjejansen (1985), Poblete (1992), Schneider u. a. (1982), Walter u. a. (1979), Wang und Lam (1999)
Biegefestigkeit und *E*-Modul hochkant	DS + MS	steigen	Gressel (1981) Niemz und Bauer (1991)
Zugfestigkeit und Zug-*E*-Modul in Plattenebene	DS + MS	steigen	Geimer (1979) Gressel (1981) Keylwerth (1958) Niemz und Schweitzer (1990)
Querzugfestigkeit	MS	steigt	Dimitri u. a. (1981), Dunky u. a. (1981), Gressel (1981), Hänsel u. a. (1988), Kehr (1993, 1995), Liiri u. a. (1977), May (1978, 1983b), Neusser u. a. (1972), Niemz (1982), Plath (1963), Plath und Schnitzler (1974), Schneider u. a. (1982), Schulte und Frühwald (1996b), Stegmann und Bismarck (1968), Wong u. a. (1999)
	MDF	steigt	Schulte und Frühwald (1996a)
	OSB	steigt	Geimer (1981), Panning und Gertjejansen (1985), Poblete (1992), Walter u. a. (1979), Wang und Lam (1999)
V100-Querzugfestigkeit		steigt	May (1978)
Abhebefestigkeit		steigt	Kehr und Schilling (1965b) Neusser u. a. (1969, 1972) Niemz und Bauer (1990) Schneider u. a. (1982)

Tabelle 4.3 (Fortsetzung)

Eigenschaft	Schicht	Beschreibung	Literatur
Druckfestigkeit in Plattenebene		steigt	Geimer (1979) Gressel (1981) Keylwerth (1958) Niemz und Schweitzer (1990)
Druckfestigkeit normal zur Plattenebene		keine eindeutige Korrelation	Gressel (1981)
Blockscherfestigkeit (Scherfestigkeit in Plattenebene, interlaminar shear)		steigt	Gressel (1981) May (1983b) Schneider u. a. (1982)
	MDF	steigt	Schulte und Frühwald (1996a)
	OSB	steigt	Geimer (1981)
Scherfestigkeit normal zur Plattenebene	OSB	steigt	Geimer (1981)
Schraubenhaltevermögen		steigt	Bues u. a. (1987) Eckelman (1975) Niemz und Bauer (1990)
Nagelausziehwiderstand		steigt	Bues u. a. (1987) Winter und Frenz (1954)
Lochleibungsfestigkeit		steigt	Gressel (1981) May (1983b) Möhler u. a. (1978)
Zugfestigkeit in Plattenebene		steigt	Niemz und Schweitzer (1990)
Druckfestigkeit		steigt	Niemz und Schweitzer (1990)
Mikrohärte		steigt	Eyerer und Böhringer (1976)
Kriechverhalten		kein eindeutiger Zusammenhang	Niemz (1982)

Tabelle 4.4. Einfluss einer steigenden Dichte der Platten bzw. der einzelnen Plattenschichten auf die verschiedenen hygroskopischen Eigenschaften von Spanplatten und MDF

Eigenschaft	Beschreibung	Literatur
Plattenfeuchte bei Lagerung in feuchter Luft (Sorptionsisotherme)	Es wird sowohl über ein Sinken als auch über uneinheitliche Veränderungen berichtet.	Dosoudil (1969) Schneider u. a. (1982)
lineare Ausdehnung bei Änderung der relativen Luftfeuchte (Lagerung bei hoher Luftfeuchte)	kein eindeutiger Zusammenhang	Dosoudil (1969), Endicott und Frost (1967), Gerard (1966), Greubel und Paulitsch (1977), Lehmann und Hefty (1973), Stewart und Lehmann (1973)
24 h-Dickenquellung bei Wasserlagerung	In den meisten Fällen wird eine Zunahme der Dickenquellung bei höherer Plattendichte beschrieben, insgesamt sind die Ergebnisse jedoch uneinheitlich.	Dosoudil (1969), Dunky u. a. (1981), Gertjejansen u. a. (1973), Hann u. a. (1962), Hse (1975), Kehr und Schilling (1965 a), Klauditz u. a. (1958), Lehmann und Hefty (1973), Neusser u. a. (1960, 1972), Roffael und Rauch (1972 a + b), Schneider u. a. (1982), Stewart und Lehmann (1973), Suzuki und Kato (1989), Wang und Lam (1999)
	Einfluss der Deckschichtdichte	Boehme (1991)
Dickenquellung bei Lagerung in feuchter Luft	beträchtliche Zunahme mit höherer Dichte (s. unten)	Dosoudil (1969), Gatchell u. a. (1966), Halligan und Schniewind (1970), Klauditz (1955), Lehmann (1970), Schneider u. a. (1982), Suchsland (1973)
Wasseraufnahme bei Lagerung in Wasser	sinkt	Dunky u. a. (1981) Neusser u. a. (1960) Roffael und Rauch (1972 b)
	Einfluss der Deckschichtdichte	Boehme (1991)

den eine Verringerung der Dickenquellungsgeschwindigkeit mit zunehmender Rohdichte bei kurzen Wasserlagerungszeiten, insbesondere im hohen Rohdichtebereich über 850 kg/m^3. Die Ergebnisse nach längerer Wasserlagerungsdauer (24 Stunden) sind jedoch uneinheitlich und werden von zusätzlichen Faktoren offenbar stärker als von der Plattendichte beeinflusst. Nach Roffael und Rauch (1972 b) liegt die Dickenquellung nach solchen Zeiten bei höheren Plattendichten höher als bei niedrigen Dichten.

Tabelle 4.5. Einfluss einer steigenden Dichte der Platten bzw. der einzelnen Plattenschichten auf sonstige Eigenschaften von Spanplatten und MDF

Eigenschaft	Schicht	Beschreibung	Literatur
Wasserdampfdiffusionswiderstandszahl		steigt (kein eindeutiger Einfluss bei Sperrholz)	Cammerer (1970) Hilbert (1988)
Wärmeleitfähigkeit		steigt (kein eindeutiger Einfluss bei Sperrholz)	Cammerer (1970) Schneider und Engelhardt (1977)
Körperschallgeschwindigkeit	DS+MS	steigt	Burmester (1968) Geimer (1979) Schweitzer und Niemz (1990)
elektrische Leitfähigkeit	DS+MS	steigt	Lambuth (1989)

Eine Erhöhung der Rohdichte von Spanplatten führt zu einer beträchtlichen Zunahme der Dickenquellung in feuchter Luft, jedoch zu einer niedrigeren Gleichgewichtsfeuchtigkeit. Als Ursache vermuten Schneider u.a. (1982), dass das Bindemittel bei den erhöhten Pressdrücken und der damit stärkeren Verdichtung einen vergleichsweise größeren Anteil derjenigen Poren in den Spänen, in denen eine Kapillarkondensation auftritt, auffüllen und dadurch die aufnehmbare Feuchtigkeitsmenge verringern dürfte. Dies wird auch durch Untersuchungen der Porenstruktur bestätigt.

Bei der Herstellung der Spanplatten werden die Späne in Schichten gestreut, wobei sie sich mehr oder weniger gleichmäßig schuppenartig überlagern. Während des Pressvorganges selbst werden nun die Holzzellen, je nach dem Verdichtungsgrad der Späne, unterschiedlich stark deformiert; dadurch können Veränderungen in der Porenstruktur der Holzbestandteile hervorgerufen werden. Die dabei entstehenden und in der Platte quasi eingefrorenen Spannungen können bei Lockerung des Verbundes, z.B. durch die Einwirkung von Wasser oder hoher Feuchtigkeit, unter Auftreten einer entsprechenden Rückverformung abgebaut werden. Stegmann und Kratz (1967) berichten über die Unterscheidung zwischen Deformationsquellung (Deformationsrückgang, Rückstellspannungen) und reiner Holzquellung. Erstere ist die entscheidende Ursache für die Dickenquellung der Platte und wird stark durch die Rohdichte der Platte, d.h. insbesondere durch den Verdichtungsgrad der Späne, bestimmt. Demgegenüber ist die Eigenquellung der Holzspäne für die Dickenquellung von untergeordneter Bedeutung. Die Autoren konnten mittels Messungen des so genannten Quellungsdruckes in einer von ihnen entwickelten Versuchsanordnung zeigen, dass dieser Quellungsdruck allerdings ebenfalls mit zunehmender Dichte der Spanplatten ansteigt.

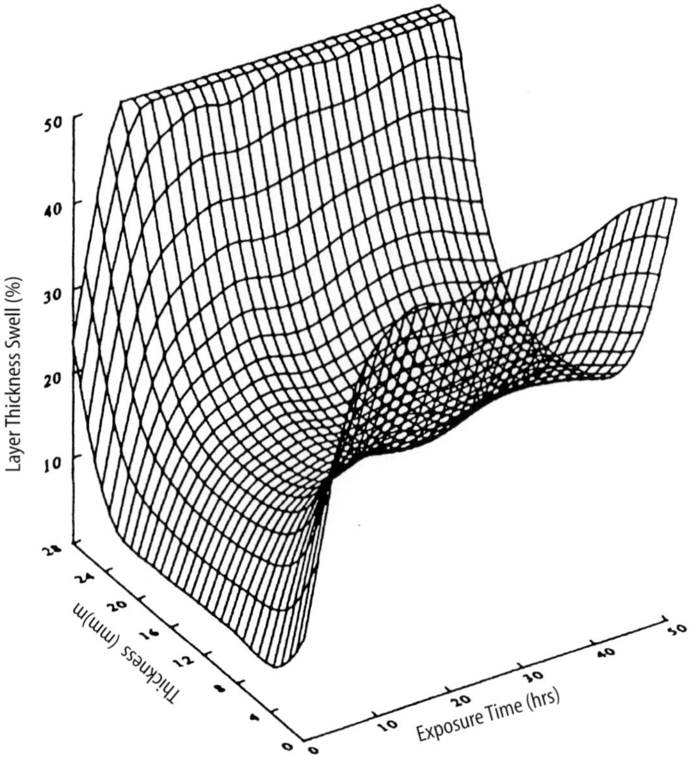

Abb. 4.10. Dickenquellung der einzelnen Schichten einer MDF-Platte in Abhängigkeit der Lage der Schicht und der Dauer der Wasserlagerung (Xu und Winistorfer 1995)

Xu und Winistorfer (1995) bzw. Wang und Winistorfer (1998) untersuchten die Dickenquellung und die Querzugfestigkeit einzelner Schichten von MDF- und OSB-Platten und stellen die Ergebnisse als Funktion der Dichte dieser Schichten entsprechend der Rohdichteverteilung über den Plattenquerschnitt dar. Die höherverdichteten Außenzonen der MDF-Platten weisen dabei entsprechend höhere Festigkeiten, aber auch höhere Dickenquellungen (Abb. 4.10) auf; bei OSB-Platten sind diese Zusammenhänge offensichtlich wegen der inhomogeneren Struktur nicht in signifikanter Weise gegeben.

Die mittlere Rohdichte der Platte hat einen starken Einfluss auf die Körperschallgeschwindigkeit in einer Platte. Eine Erhöhung der Rohdichte bewirkt eine Verringerung der interpartikulären Hohlräume, verbunden mit einer dichteren Packung der Späne. Damit verbessert sich die Übertragung der Schallwellen, die Schallgeschwindigkeit wird größer (Schweitzer und Niemz 1990). Abbildung 4.11 zeigt diese Abhängigkeit in grafischer Form (Burmester 1968). Bei unterschiedlichen Plattentypen sind jedoch unterschiedliche Korrelationen gegeben.

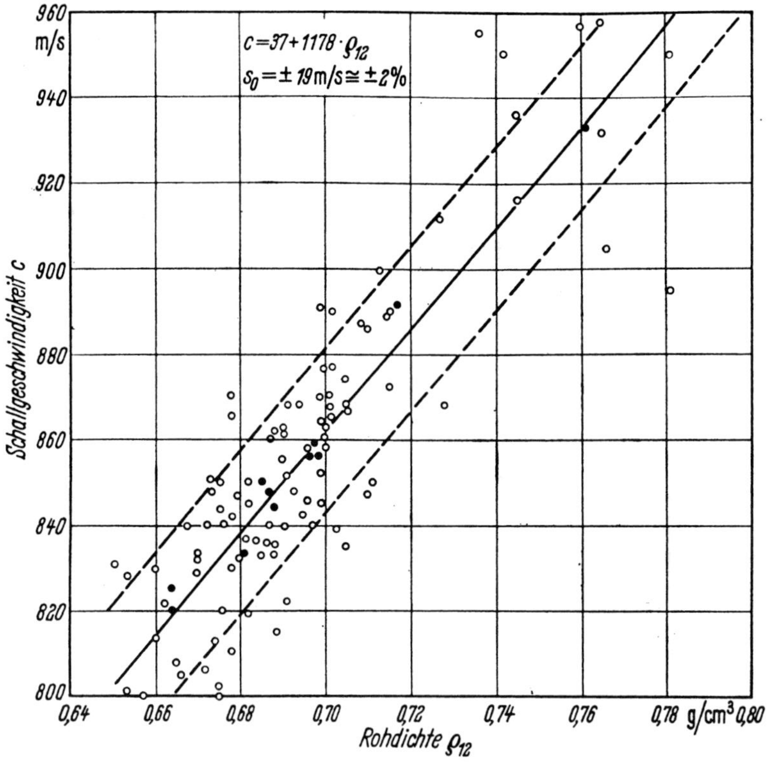

Abb. 4.11. Zusammenhang zwischen der Körperschallgeschwindigkeit und der Rohdichte von Spanplatten (Burmester 1968)

Plath (1971) berechnet verschiedene Eigenschaften von Spanplatten, wie z. B. den Biege-*E*-Modul, in einem Modell, bei dem eine stetige Änderung der Schichteigenschaften innerhalb des Plattenquerschnittes eingeführt wird. Die *E*-Moduli der Schichten sind mit deren Rohdichte korrelativ verknüpft. Bei den Berechnungen werden dabei Näherungsfunktionen für die Rohdichteprofile in Form von Parabeln oder trigonometrischen Funktionen verwendet.

4.5 Leichte Holzwerkstoffe

Die Absenkung der Dichte von Holzwerkstoffen bringt auf der einen Seite verschiedene Vorteile, insbesondere eine Kosteneinsparung bei den Rohstoffen; sie führt andererseits aber auch zu einer Verschlechterung vieler Platteneigenschaften. Es waren deshalb große Anstrengungen erforderlich, Plattentypen mit abgesenkter Dichte aber dennoch ohne einen nicht mehr vertretbaren Abfall an Eigenschaften zu entwickeln.

Im Gegensatz dazu hatte es in den Jahren 1950 bis 1960 durchwegs eine Erhöhung der Rohdichte gegeben, um auf möglichst einfache Weise negative Einflüsse auf die Plattenfestigkeit, die sich aus der Plattenherstellung ergeben können, zu kompensieren. Als wesentliche Gründe wurden damals der verstärkte Einsatz von Laubhölzern, Holzresten und Sägespänen sowie erhöhte Anforderungen an beschichtbare Platten genannt. Eine erste umfassende Übersicht über die Entwicklung der Rohdichte in vergangenen Jahren wurde von Clad (1982) zusammengestellt.

Barbu und Resch (1997) berichteten über industrielle Versuche zur Absenkung der Dichte von MDF-Platten, z.B. bei 6–9 mm-Platten von 840 auf 760–780 kg/m^3 oder bei 13–18 mm-Platten von 820 auf 720–740 kg/m^3. Ziel der Arbeiten war eine Verringerung des Rohstoffeinsatzes unter Beibehaltung der physikalischen und mechanischen Eigenschaften der Platten. Dies sollte u.a. durch den Einsatz leichterer Holzarten (Birke, Pappel) sowie durch eine Optimierung des Pressprofiles (z.B. zweistufiges Pressprofil mit Mittelschicht-Nachverdichtung) erfolgen. Zum Ausgleich für schlechtere Platteneigenschaften wurde der Beleimungsgrad der Fasern um ca. 10% angehoben (Barbu und Resch 1996).

Allgemein gelten für Leicht-MDF-Platten Dichten ≤ 650 kg/m^3 und für Ultraleicht-MDF-Platten solche von ≤ 550 kg/m^3 (Zscheile u.a. 2000). Das Ziel der Leicht-MDF-Herstellung für die Möbelindustrie bestand in der Entwicklung eines Plattenwerkstoffes mit einer hohen Oberflächendichte für die Finish-Behandlung und die guten Biegefestigkeiten bei gleichzeitig einheitlichen Mittelschichteigenschaften zur weiteren Bearbeitung. Diese Zielstellungen sind durch das so genannte „U-Rohdichteprofil" charakterisiert (Sturgeon und Lau 1992). Die Deckschichten sind wie bei einer MDF-Platte üblicher Dichte hochverdichtet, während die Mittelschicht im Gegensatz dazu in ihrer Dichte deutlich abgesenkt ist.

Die Verwendung von Rohstoffen mit sehr niedriger Rohdichte kommt der Herstellung von Leicht-MDF-Platten besonders entgegen, wie z.B. die schnellwüchsige Pinus radiata (Holzdichte 300–400 kg/m^3). Der hohe Frühholzanteil dieser Holzart und die nicht vorhandene Kernfärbung erleichtern die Herstellung besonders heller und homogener Platten (Niemz u.a. 1996). Vorteile dieser Platten ist insbesondere die gute und werkzeugschonende Bearbeitbarkeit.

Weitere Literaturhinweise: Barbu und Resch (1998), Ernst (1997), Kawai u.a. (1986a+b, 1987), Kawai und Sasaki (1986, 1989), Klauditz u.a. (1958), Rowell u.a. (1995), Sekino (1986, 1987a–c), Suda u.a. (1987).

Literatur

Andrews CK, Winistorfer PM, Bennett RM (2001) For. Prod. J. 51: 5, 32–39

Barbu MC, Resch H (1996) Proceedings 30th Wash. State University Int. Particleboard/Composite Materials Symposium, Pullman, WA, 258

Barbu MC, Resch H (1997) Proceedings First European Panel Products Symposium, Llandudno, North Wales, 175–186

Barbu MC, Resch H (1998) Proceedings Second European Panel Products Symposium, Llandudno, North Wales, 39–47
Boehme C (1991) Holz Zentr. Bl. 117, 1984
Boehme C (1992) Holz Roh. Werkst. 50, 18–24
Bues CT, Schulz H, Eichenseer F (1987) Holz Roh. Werkst. 45, 514
Burmester A (1968) Holz Roh. Werkst. 26, 113–117
Cammerer WF (1970) Holz Roh. Werkst. 28, 420–423
Clad W (1967) Holz Roh. Werkst. 25, 137–147
Clad W (1982) Holz Roh. Werkst. 40, 387–393
Dai C, Yu C, Hubert P (2000) Proceedings Fifth Pacific Rim Bio-Composites Symposium, Canberra, Australien, 220–226
Dimitri L, Bismarck C v, Böttcher P, Schulze J-Ch (1981) Holzzucht 35, 1–7
Dosoudil A (1969) Holz Roh. Werkst. 27, 172–179
Dueholm S (1995) Holz- und Kunststoffverarb. 30, 1394–1398
Dueholm S (1996) Proceedings 30th Wash. State University Int. Particleboard/Composite Materials Symposium, Pullman, WA, 45–57
Dunky M, Lederer K, Zimmer E (1981) Holzforsch. Holzverwert. 33, 61–71
Eckelman CA (1975) For. Prod. J. 25: 6, 30–35
Endicott LE, Frost TR (1967) For. Prod. J. 17: 10, 35–40
Ernst K (1997) Holz Roh. Werkst. 55, 3–8
Eyerer P, Böhringer P (1976) Holz Roh. Werkst. 34, 251–260
Gatchell CJ, Heebink BG, Hefty FV (1966) For. Prod. J. 16: 4, 46–59
Geimer RL (1979) Proceedings 13th Wash. State University Int. Symposium on Particleboards, Pullman, WA, 105–125
Geimer RL (1981) Holz Roh. Werkst. 39, 409–415
Gerard JC (1966) For. Prod. J. 16: 6, 40–48
Gertjejansen RO, Hyvarinen H, Haygreen JG, French D (1973) For. Prod. J. 23: 6, 24–28
Gressel P (1981) Holz Roh. Werkst. 39, 63–78
Greubel D, Paulitsch M (1977) Holz Roh. Werkst. 35, 413–420
Halligan AF, Schniewind AP (1970) Wood Sci. Technol. 4, 301–312
Hann RA, Black JM, Blomquist RF (1962) For. Prod. J. 12, 577–584
Hänsel A, Niemz P, Brade F (1988) Holz Roh. Werkst. 46, 125–132
Harless TEG, Wagner FG, Short PH, Seale RD, Mitchell PH, Ladd DS (1987) Wood Fiber Sci. 19, 81–92
Hilbert T (1988) Holz Roh. Werkst. 46, 401
Hse Ch-Y (1975) For. Prod. J. 25: 3, 48–53
Kawai S, Nakaji M, Sasaki H (1987) Mokuzai Gakkaishi 33, 702–707
Kawai S, Sasaki H (1986) Mokuzai Gakkaishi 32, 324–330
Kawai S, Sasaki H (1989) Proceedings 23th Wash. State University Int. Particleboard/Composite Materials Symposium, Pullman, WA, 279
Kawai S, Sasaki H, Nakaji M, Makiyama S, Morita S (1986a) Jap. J. Wood Research 72, 27–36
Kawai S, Suda H, Nakaji M, Sasaki H (1986b) Mokuzai Gakkaishi 32, 876–882
Kehr E (1993) Holz Roh. Werkst. 51, 229–234
Kehr E (1995) Holz Zentr. Bl. 121, 1010–1013 und 1064–1066
Kehr E, Schilling W (1965a) Holztechnol. 6, 161–168
Kehr E, Schilling W (1965b) Holztechnol. 6, 225–232
Keylwerth R (1958) Holz Roh. Werkst. 16, 419–430
Klauditz W (1955) Holz Roh. Werkst. 13, 405–421
Klauditz W, Ulbricht HJ, Kratz W (1958) Holz Roh. Werkst. 16, 459–466
Kruse K, Dai C, Pielasch A (2000) Holz Roh. Werkst. 58, 270–277
Lambuth AL (1989) Proceedings 23rd Wash. State University Int. Particleboard/Composite Materials Symposium, Pullman, WA, 117–128

Lehmann WF (1970) For. Prod. J. 20: 11, 48 – 54
Lehmann WF, Hefty FV (1973) Forschungsbericht FPL 207, Forest Products Laboratory, Madison, WI
Liiri O, Kivistö A, Saarinen A (1977) Holzforsch. Holzverwert. 29, 117 – 122
Marutzky R, Flentge A, Boehme C (1992) Holz Roh. Werkst. 50, 239 – 240
May H-A (1978) Holz Roh. Werkst. 36, 441 – 449
May H-A (1983 a) Holz Roh. Werkst. 41, 189 – 192
May H-A (1983 b) Holz Roh. Werkst. 41, 271 – 275
May H-A (1983 c) Holz Roh. Werkst. 41, 369 – 374
May H-A, Roffael E (1983) Adhäsion 27: 9, 9 – 17
Möhler K, Budianto T, Ehlbeck J (1978) Holz Roh. Werkst. 36, 475 – 484
Neusser H, Krames U, Haidinger K, Serentschy W (1969) Holzforsch. Holzverwert. 21, 81 – 94
Neusser H, Krames U, Kern F (1960) Holzforsch. Holzverwert. 12, 98 – 107
Neusser H, Schall W, Zentner M (1972) Holzforsch. Holzverwert. 24, 1 – 9
Niemz P (1982) Holztechnol. 23, 206–213
Niemz P, Bauer S (1990) Holzforsch. Holzverwert. 42, 89 – 93
Niemz P, Bauer S (1991) Holzforsch. Holzverwert. 43, 68 – 70
Niemz P, Kucera LJ, Vidaure S, Bäucker E (1996) MDF-Magazin, 74 – 78
Niemz P, Schweitzer F (1990) Holz Roh. Werkst. 48, 361 – 364
Oertel J (1967) Holztechnol. 8, 157 – 160
Panning DJ, Gertjejansen RO (1985) For. Prod. J. 35: 5, 48 – 54
Parameswaran N, Roffael E (1982) Adhäsion 26: 6/7, 8 – 14
Plath E (1963) Holz Roh. Werkst. 21, 104 – 108
Plath E (1971) Holz Roh. Werkst. 29, 377 – 382
Plath E, Schnitzler E (1974) Holz Roh. Werkst. 32, 443 – 449
Poblete H (1992) Holz Roh. Werkst. 50, 392 – 394
Ranta L, May HA (1978) Holz Roh. Werkst. 36, 467 – 474
Roffael E, Rauch W (1972 a) Holzforschung 26, 197 – 202
Roffael E, Rauch W (1972 b) Holz Roh. Werkst. 30, 178 – 181
Rowell RM, Kawai S, Inoue M (1995) Wood Fiber Sci. 27, 428 – 436
Schneider A, Engelhardt F (1977) Holz Roh. Werkst. 35, 273 – 278
Schneider A, Roffael E, May HA (1982) Holz Roh. Werkst. 40, 339 – 344
Schulte M, Frühwald A (1996 a) Holz Roh. Werkst. 54, 49 – 55
Schulte M, Frühwald A (1996 b) Holz Roh. Werkst. 54, 289 – 294
Schweitzer F, Niemz P (1990) Holzforsch. Holzverwert. 42, 87–89
Sekino N (1986) Mokuzai Gakkaishi 32, 280 –284
Sekino N (1987 a) Mokuzai Gakkaishi 33, 120 – 126
Sekino N (1987 b) Mokuzai Gakkaishi 33, 464 – 471
Sekino N (1987 c) Mokuzai Gakkaishi 33, 957 – 962
Soine H (1990) Holz und Kunststoffverarb. 25: 2, 191 – 193
Spelter H, Torresani P (1991) Holz Roh. Werkst. 49, 251 – 257
Stegmann G, Bismarck C v (1968) Holzforsch. Holzverwert. 20, 1 – 11
Stegmann G, Kratz W (1967) Adhäsion 11, 11 – 18
Stewart HA, Lehmann WF (1973) For. Prod. J. 23: 8, 52 – 60
Sturgeon MG, Lau NM (1992) Proceedings 26th Wash. State University Int. Particleboard/ Composite Materials Symposium, Pullman, WA, 189 – 195
Suchsland O (1962) Quaterly Bulletin Mich. Agricult. Exp. Station 45: 11, 104 – 121
Suchsland O (1973) For. Prod. J. 23: 7, 26 – 30
Suchsland O, Xu H (1989) For. Prod. J. 39: 5, 29 – 33
Suda H, Kawai S, Sasaki H (1987) Mokuzai Gakkaishi 33, 376 – 384
Suzuki M, Kato T (1989) Mokuzai Gakkaishi 35, 8 – 13
Thole V, Jahic J, Lewark M (2000) MDF-Magazin, Oktober, 80 – 85

Walter K, Kieser J, Wittke T (1979) Holz Roh. Werkst. 35, 183–188
Wang K, Lam F (1999) Wood Fiber Sci. 31, 173–186
Wang S, Winistorfer PM (1998) Proceedings Second European Panel Products Symposium, Llandudno, North Wales, 275
Wang S, Winistorfer PM (2000) Wood Fiber Sci. 32, 220–238
Wang S, Winistorfer PM, Moschler WW, Helton C (2000) For. Prod. J. 50: 3, 28–34
Wang S, Winistorfer PM, Young TM, Helton C (2001) Holz Roh. Werkst. 59, 19–26
Winistorfer PM, Moschler WW Jr, Wang S, DePaula E, Bledsoe BL (2000) Wood Fiber Sci. 32, 209–219
Winistorfer PM, Wang S, Moschler WW Jr (1998) Proceedings Second European Panel Products Symposium, Llandudno, North Wales, 12–23
Winistorfer PM, Young TM, Walker E (1996) Wood Fiber Sci. 28, 133–141
Winter H, Frenz W (1954) Holz Roh. Werkst. 12, 348–357
Wolcott MP, Wellwood R, Chen S, Bozo A, Hermanson J, Johnson J (1999) Proceedings Third European Panel Products Symposium, Llandudno, North Wales, 255–271
Wong E-D, Zhang M, Wang Q, Kawai S (1999) Wood Sci. Technol. 33, 327–340
Xu W, Steiner PR (1995) Wood Fiber Sci. 27, 160–167
Xu W, Winistorfer PM (1995) For. Prod. J. 45: 10, 67–71
Zscheile M, Krug D, Tobisch S (2000) Holz- und Kunststoffverarb. 35: 2, 38–42

5 Feuchtigkeit und Temperatur

5.1 Eigenschaften, Beständigkeit und Hydrolyse von ausgehärteten Harzen, Leimfugen und Holzwerkstoffen bei Einfluss von Feuchtigkeit und Wasser

In Teil II, Abschn. 1.1.5.1 und 1.2.1 wurde bereits über Möglichkeiten der Verbesserung der Beständigkeit von UF-gebundenen Holzwerkstoffen gegenüber dem Einfluss von Feuchtigkeit und Wasser berichtet. Die Witterungsbeständigkeit von Holzwerkstoffen orientiert sich an der langjährigen Freibewitterung, die im Wesentlichen die Einsatzbedingungen der Holzwerkstoffe widerspiegelt. Da das Wetter und damit die Intensität der Bewitterung weder vorhersehbar ist noch in irgendeiner Form geregelt werden kann, können sich bei Bewitterungsversuchen, die z.B. an unterschiedlichen Orten durchgeführt wurden, deutliche Unterschiede in den Ergebnissen zeigen. Die wesentlichen Parameter für eine erfolgreiche Freibewitterung liegen demnach in der richtigen Wahl des Aufstellungsortes und der sonstigen Parameter sowie in einer exakten Erfassung aller während des Tests auftretenden Bedingungen, insbesondere der meteorologischen Daten.

Als Hauptursachen für Witterungsschäden sind abgesehen von Schädlingseinwirkungen und mechanischen Beanspruchungen Feuchte- und Temperaturschwankungen in den einzelnen Schichten der Platten anzusehen, deren Frequenz und Amplituden durch das Mikroklima an der Oberfläche und durch die Oberflächenschutzwirkung bestimmt werden.

Ein wesentliches Problem bei der Beurteilung der Wetter- und Witterungsbeständigkeit und damit bei der Voraussage der Gebrauchsdauer von Holzwerkstoffen unter Einfluss verschiedener klimatischer Bedingungen ist die Korrelation zwischen den Ergebnissen der verschiedenen Laborprüfverfahren (z.B. kurzzeitige Kochtests, Kurzzeitbewitterungsverfahren) und dem Langzeitverhalten der Holzwerkstoffe. Bei letzteren Tests ist (definitionsgemäß) insbesondere eine entsprechend lange Zeit nötig; es kann Jahre dauern, bis Werkstoffe oder Werkstücke bei Einwirkung des natürlichen Klimas signifikante Veränderungen oder Zerstörungsgrade aufweisen. Um auch in kurzer Zeit solche Effekte zu erzielen, wurden verschiedene beschleunigte Testverfahren entwickelt. Die dabei zugrundeliegenden Prinzipien sind zyklisches Quellen und Schwinden, wodurch entsprechende Spannungen im Werkstoff entstehen, die dann zu einer Zerstörung der Leimfuge oder des Holzes selbst führen können. Zusätzlich wird bei Kurzzeitbewitterungsverfahren durch höhere Temperaturen, niedrigere pH-Werte sowie UV-Strahlung ein Beschleunigungsprozess der Bewitterung erreicht.

Das Dilemma der richtigen Korrelation zwischen den Ergebnissen der Lang- und der Kurzzeittests zeigt sich am besten darin, dass auch in der neuen europäischen Norm für Spanplatten EN 312-5 bzw. 312-7 zwei mögliche Prüfverfahren für Spanplatten zur Verwendung im Feuchtbereich angeführt sind, die sich grundlegend in ihrem Ablauf, aber auch in der zugrunde liegenden Idee unterscheiden:

- Option 1 Zyklustest (ehemals V313-Festigkeit): Kombination aus Quellung und Schwindung des Holzwerkstoffes bei eher mäßigen Temperaturen; keine eigentliche Prüfung der Hydrolysebeständigkeit des eingesetzten Harzes;
- Option 2 Kochprüfung nach EN 1087-1 (ehemals V100-Test nach DIN 68763): insbesondere Prüfung der Hydrolysebeständigkeit des eingesetzten Harzes im kochenden Wasser, verbunden mit einer entsprechenden Quellung der Probe. Zusätzlich müssen V100-MUPF-Leime ihre Eignung in einem Xenotest-Prüfverfahren mit vorhergehender Säurebesprühung nachweisen. Alkalische Phenolharze und Isocyanat (PMDI) können ohne solche vorhergehenden Prüfungen eingesetzt werden.

Tabelle 5.1 fasst die verschiedenen Prüfverfahren übersichtsartig zusammen.

Tabelle 5.1. Beständigkeit gegen Wasser und Witterung

Prüfverfahren	Beschreibung	Literaturhinweise
Freibewitterung	Langjährige Prüfungen im Außenklima unter verschiedensten Rahmenbedingungen: • Aufstellungsort: klimatische Bedingungen der Gegend im langjährigen Ablauf und während der Versuchsdurchführung (Regionalklima), Umgebungsklima des Freilandstandes (Lokalklima), Aufstellung des Standes (Dach, Hang, Wald usw.) • Probenanordnung: Höhe der Proben über dem Erdboden, Beschaffenheit des Bodens, • Probenform: Abmessungen, Versiegelung der Schmalflächen • Neigung und Expositionsrichtung • Art einer möglichen Beschichtung • Versuchsdauer, Umfang und Art der Kontrollen, Prüfungen nach den jeweiligen Vorbehandlungen	Barnes und Lyon (1978a+b) Blomquist und Olson (1964) Deppe und Schmidt (1989, 2001) Gillespie und River (1976) Gressel (1969, 1980a–c) Neusser (1969) Neusser und Zentner (1970) River (1994) River u.a. (1981) Sell (1978) Sell und Meierhofer (1983)

Tabelle 5.1 (Fortsetzung)

Prüfverfahren	Beschreibung	Literaturhinweise
	Beschreibung verschiedener klimatischer Einflüsse bei Freibewitterungstests	Neusser (1969)
	Waferboard	Alexopoulos (1992)
	Sperrholz	Krahmer u.a. (1992) Kufner u.a. (1972) River (1994)
	Brettschichtholz	Meierhofer (1988) Raknes (1997)
Labor-Kurzbewitterung (Schnellalterungstests unter verschärften Laborbedingungen)	a) Xenotest-Bewitterung: Abfolge von Wasserberieselung, UV-IR-Bestrahlung und Kältelagerung bei Frosttemperaturen	Deppe u.a. (1976) Deppe und Schmidt (1975, 1979, 1982, 1983, 1985, 1987, 1991 a)
	b) Xenotest mit vorangehender Besprühung mit einer Säurelösung	Deppe und Schmidt (1991 b), Schmidt und Deppe (1996)
	c) konstante Feuchtklima- bzw. Wasserbeanspruchung unbelasteter Proben	Gillespie (1965) Gressel (1980 a – c)
	d) zyklisch wechselnde Befeuchtungs- und Trocknungsphasen (ohne Last), Lagerungen bei zyklisch wechselnden Luftfeuchtigkeiten	Gressel (1980 a + b) McNatt (1982)
	e) ASTM-Test (D 1037-72 a)	Alexopoulos (1992) P. Chow u.a. (1986) Kajita u.a. (1991) Karlsson u.a. (1996) Lehmann (1978) Okkonen und River (1996)
	f) WCAA-Test (1966)	P. Chow u.a. (1986) Kajita u.a. (1991)
	g) mehrstufige Vorbehandlungen incl. Vakuumtränkung, Kochwasserbehandlung, Kältelagerung und Zwischen- bzw. Rücktrocknung	Boehme und Gressel (1992), Chow und Steiner (1974), Gillespie (1965), Karlsson u.a. (1996), Krahmer u.a. (1992), McNatt und McDonald (1993)

Tabelle 5.1 (Fortsetzung)

Prüfverfahren	Beschreibung	Literaturhinweise
	h) Bestimmung der Zeit, nach der bei verschiedenen verschärften Prüfbedingungen 25 oder 50% der ursprünglichen Festigkeit verloren gegangen sind.	Gillespie (1965, 1968, 1980) Troughton (1969a)
Prüfverfahren für die Einstufung von Holzwerkstoffen für die Verwendung im Feuchtbereich	Zulassungsverfahren: a) Spanplatten zur Verwendung im Feuchtbereich: nach EN 312-5 bzw. EN 312-7, jeweils Anhang A.1	Deppe u. a. (1976) Deppe und Schmidt (1979) Irmschler und Deppe (1980)
	b) MDF: nach EN 622-5, Anhang C	
	c) Leime für den Einsatz im konstruktiven Holzleimbau: nach DIN 68141 (teilweise Ersatz durch EN 301, EN 302-1 bis 4 und EN 391)	Deppe und Schmidt (1975, 1991a)
Korrelationen zwischen langzeitigen Freibewitterungstests und Kurzprüfverfahren	Um das Langzeitverhalten von Holzwerkstoffen voraussagen zu können, sind gesicherte Korrelationen zwischen den verschiedenen Prüfverfahren erforderlich. Derzeit ist jedoch kein Kurzprüfverfahren in der Lage, das Langzeitverhalten mit ausreichender Sicherheit vorherzusagen. Einzelne Kurzprüfverfahren unterscheiden sich in ihrer prinzipiellen Aussagekraft und führen dadurch manchmal zu widersprechenden Ergebnissen und Schlussfolgerungen.	Back und Sandström (1982), Deppe u. a. (1976), Deppe und Schmidt (1975, 1979, 1982, 1983, 1985, 1987), Gressel (1968), Krahmer u. a. (1992), Liiri und Kivistö (1981), Okkonen und River (1996), River (1994), Schmidt und Deppe (1996), Sell (1978)

5.1.1 Versagensursachen und Festigkeitsverlust von Holzwerkstoffen

In der Fachliteratur (Freeman und Kreibich 1968, Barnes und Lyon 1978a–c) werden vier verschiedene Einflussfaktoren für die Beständigkeit einer Holzverleimung beschrieben:

- chemische Zusammensetzung des Bindemittels
- Holzart
- Herstellungsweise: Holzvorbereitung, Leimauftrag, Verleimungsbedingungen und andere Parameter
- Beanspruchungsbedingungen: Klima, Umweltbedingungen, Einwirkung von Feuchtigkeit und Wasser und andere Parameter

Eine Zerstörung von Holzwerkstoffplatten bei Einwirkung von hohen oder zyklischen Feuchtigkeiten kann durch drei verschiedene Mechanismen hervorgerufen werden:

- hydrolytischer Abbau des ausgehärteten Harzes durch Angriff von Wasser oder Feuchtigkeit (Robitschek und Christensen 1976)
- Zerstörung der Bindung an der Grenzfläche zwischen Holz und Leimfuge
- Festigkeitsverlust infolge mechanischer Zerstörung der Leimfugen bzw. von Holz-Leim-Verbindungen, hervorgerufen durch Quell- und Schwindbewegungen der Platten (Quell- und Schrumpfspannungen infolge der Teilchenbewegung) bei wechselnden Luftfeuchtigkeiten (Ginzel 1973).

Bisher ist nicht immer eindeutig geklärt, welcher der genannten Mechanismen entscheidend für einen Festigkeitsverlust der Platten ist.

5.1.1.1
Hydrolyse des Harzes

Je hydrolysestabiler das Harz, desto geringer ist dieser Einfluss auf den Festigkeitsverlust von Platten. Phenolharze sind hier wegen ihrer stabilen C-C-Bindungen den aminoplastischen Harzen mit ihren C-N-Bindungen überlegen (s. Teil II, Abschn. 1.2.1, Abb. 1.34).

Freeman und Kreibich (1968) bewerten die Hydrolyseanfälligkeit ausgehärteter Harze, indem sie untersuchen, wieviel Formaldehyd aus diesen ausgehärteten Harzen unter bestimmten Bedingungen entweicht. Zwei Beispiele dieser Messungen sind in den Abb. 5.1 und 5.2 dargestellt. Die Hydrolysean-

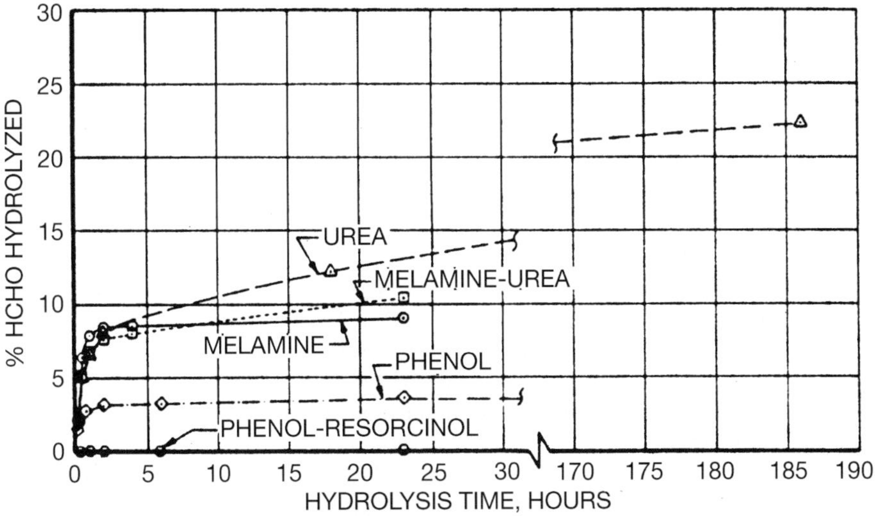

Abb. 5.1. Freisetzung von Formaldehyd aus verschiedenen ausgehärteten Leimharzen in Wasser bei 100 °C (Freeman und Kreibich 1968)

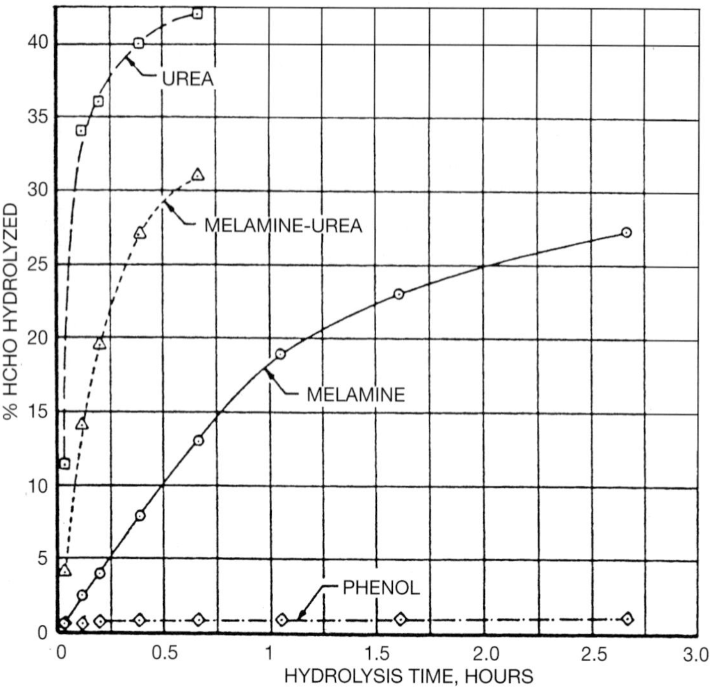

Abb. 5.2. Freisetzung von Formaldehyd aus verschiedenen ausgehärteten Leimharzen in verdünnter Schwefelsäure bei 100 °C (Freeman und Kreibich 1968)

fälligkeit steigt in der Reihenfolge PRF, PF, MF, MUF und UF. Obwohl Phenolharze hydrolysestabil sind, finden Freeman und Kreibich (1968) auch bei diesen Harzen geringe Mengen an freigesetztem Formaldehyd, ordnen diese Menge aber dem freien, noch von der Aushärtung her vorhandenen Formaldehyd zu.

Vor dem Stapeln müssen UF-gebundene Platten in Kühlsternen oder Kühlwendern auf zumindest ca. 70 °C gekühlt werden, um nicht durch einen übermäßigen Wärmestau im Stapel einen teilweisen hydrolytischen Abbau des Harzes zu erleiden. MUF- und PF-gebundene Platten hingegen können im Allgemeinen sofort nach der Heißpresse eingestapelt werden, wodurch eine Nachreifung und eine Verbesserung der Eigenschaftswerte erreichbar sind. Nur bei sehr hohen Temperaturen kann auch bei PF-gebundenen Platten ein Qualitätsabfall eintreten; dieser ist dann bereits mit einer Schädigung der Holzsubstanz verbunden und zeigt sich im so genannten Bilderrahmeneffekt (s. Teil III, Abschn. 3.5.1).

Ein hydrolytischer Abbau kann während der Herstellung der Platten (insbesondere bei der Stapelreifung), während der Lagerung und vor allem auch beim späteren Gebrauch eintreten, wenn Wasser und/oder Feuchtigkeit insbesondere bei erhöhter Temperatur einwirken.

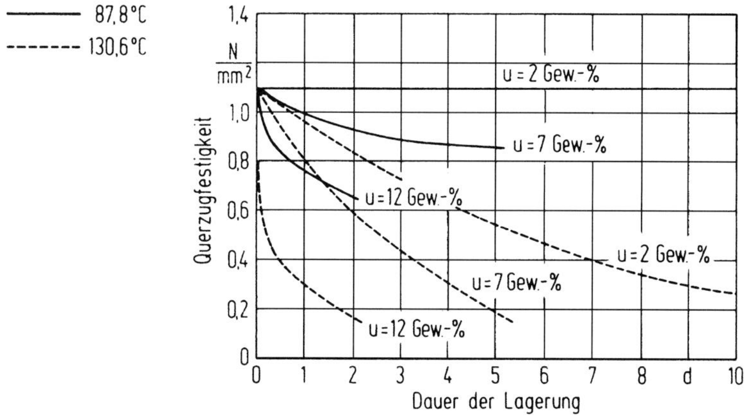

Abb. 5.3. Abfall der Querzugfestigkeiten von UF-gebundenen Spanplatten mit unterschiedlichem Feuchtigkeitsgehalt *u*. Die Platten wurden bei zwei verschiedenen Temperaturen bis zu 10 Tagen gelagert (Robitschek und Christensen 1976)

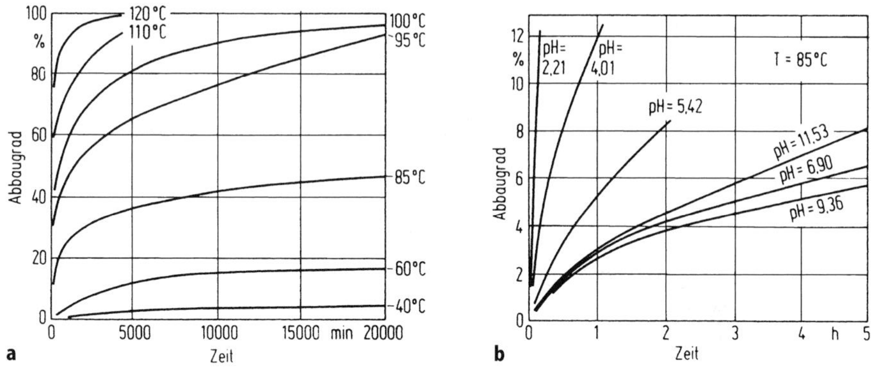

Abb. 5.4 a, b. Einfluss von Temperatur **a** und pH-Wert **b** auf den hydrolytischen Abbau von ausgehärteten UF-Harzen (Yamaguchi u. a. 1980). Messmethode: das ausgehärtete UF-Harz wurde pulverförmig zerkleinert und in einem geschlossenen Reaktionsgefäß nach Zugabe von Wasser bzw. von Pufferlösungen bestimmter pH-Werte erhitzt. Die Temperatur wurde während der angegebenen Zeiten konstant gehalten. Der Abbau des Harzes wurde durch Messung des Gewichtsverlustes der rückgetrockneten Proben bestimmt

Sowohl durch die Erhöhung der Temperatur als auch durch die Herabsetzung des pH-Wertes der Leimfuge steigt die Hydrolysegeschwindigkeit von ausgehärteten UF-Harzen stark an (Abb. 5.3 und 5.4).

Ginzel (1973) zeigte, dass der Feuchtigkeitsgehalt von Spanplatten bei der Stapellagerung einen starken Einfluss auf die Festigkeit (Querzugfestigkeit) haben kann (Abb. 5.5). Bei UF-gebundenen anorganischen Perlite-Platten ist der Festigkeitsverlust bei gleicher hoher Feuchtigkeit der Platten (15%) deutlich niedriger als bei UF-gebundenen Holzspanplatten. Der eintretende Harz-

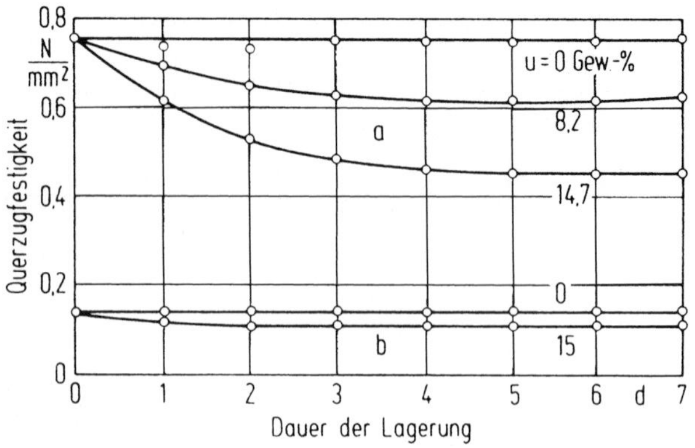

Abb. 5.5. Querzugfestigkeit von *a* Holzspanplatten und *b* Platten aus Perlite, beide UF-gebunden und mit jeweils unterschiedlichem Feuchtigkeitsgehalt, in Abhängigkeit der Lagerungsdauer. Die Temperatur sinkt im Prüfzeitraum von 7 Tagen stufenweise von 100 °C auf 20 °C (Ginzel 1973)

verlust, bestimmt über den Restfestharzgehalt mittels quantitativer Stickstoffanalyse (Ginzel 1971), ist bei beiden Plattentypen dem hydrolytischen Abbau des Harzes zuzuschreiben und bedingt einen Teil des aufgetretenen Festigkeitsverlustes; ein weiterer Anteil am Festigkeitsrückgang ist auf Bewegungen der Holzspäne durch Quellen und Schwinden zurückzuführen; die spröden, ausgehärteten UF-Leimfugen können diesen Bewegungen nicht folgen, dadurch entstehen mechanische Lockerstellen.

Der hydrolytische Abbau des Harzes ist umso stärker, je höher die einwirkende Temperatur ist (Abb. 5.6). Bemerkenswert ist, dass bei allen drei Versuchstemperaturen anfänglich ein schneller Abfall des Bindemittelgehaltes in den Proben eintritt, der erwartungsgemäß bei 80 °C am steilsten ist, dass jedoch auch bei dieser Temperatur nach einem gewissen Zeitraum der hydro-

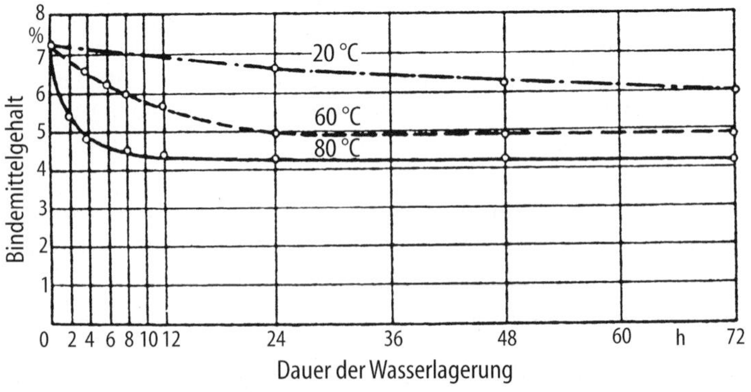

Abb. 5.6. Einfluss der Temperatur auf den in der Platte verbleibenden Bindemittelgehalt bei Lagerung der Platten in Wasser unterschiedlicher Temperatur (Ginzel 1971)

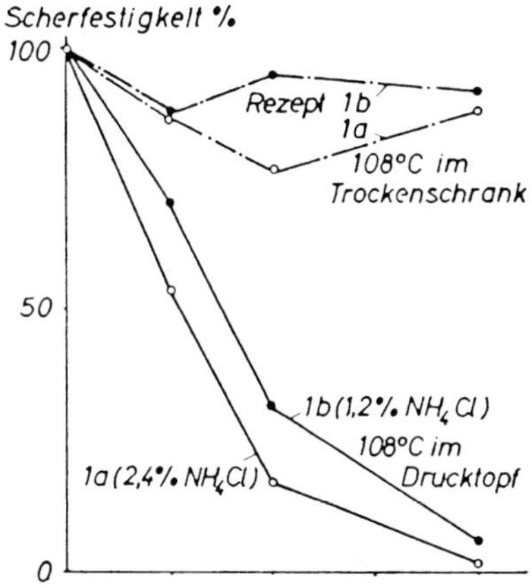

Abb. 5.7. Festigkeitsabfall UF-verleimter Furnierzugscherproben bei 108 °C in trockener bzw. feuchter Luft (Neusser und Haidinger 1968). Die Zeitdauer der Abszisse beträgt insgesamt 4 Stunden

lytische Abbau nur langsam weiterläuft (Ginzel 1971). Der Autor gibt für diesen Effekt keine nähere Erklärung. Offensichtlich werden zu Beginn endständige und eher lockerere Bindungen aufgespalten; dieser Anteil sollte jedoch nicht bis zu 40 % des ursprünglich vorhandenen Festharzes betreffen dürfen.

Neusser und Haidinger (1968) verglichen die Beständigkeit von UF-verleimten Furnierzugscherproben in trocken heißer Atmosphäre (108 °C, 0 % Holzfeuchtigkeit) bzw. in feuchter Hitze (108 °C, 12 % Holzfeuchtigkeit). In letzterem Fall trat ein rascher Festigkeitsverlust ein; in der trockenen Atmosphäre war ein Festigkeitsverlust nur solange zu erkennen, wie noch eine gewisse Restholzfeuchtigkeit gegeben war (Abb. 5.7). Ähnliche Ergebnisse wurden auch von Neusser und Schall (1970) berichtet.

5.1.1.2
Zerstörung der Bindung an der Grenzfläche zwischen Holz und Leimfuge

Es bestehen Hinweise, dass auch aminoplastische und phenoplastische Bindemittel kovalente Bindungen mit der Holzsubstanz eingehen (Troughton 1969b, Ramiah und Troughton 1970, s. auch Teil II, Abschn. 6.1.5.2). Als starkes Indiz dafür gilt auch der Einsatz von UF-Harzen bei der Knitterfestausrüstung von Textilien, bei denen eine Vernetzung der Zellulose über Methylenätherbrücken erfolgt. Leimharze können teilweise auch in die Zellwände eindringen und dort aushärten. Die Grenzfläche zwischen Bindemittel und Holzoberfläche stellt demnach zumindest eine Durchdringung der beiden Polymere dar, wenn schon eine direkte chemische Bindung zwischen den beiden polymeren Systemen nicht gesichert erscheint. Ein Versagen einer chemischen Bindung durch mechanische Trennung dieser beiden polymeren Systeme erscheint aber eher unwahrscheinlich.

Bei Nebenvalenzbindungen zwischen der Holzoberfläche und dem Bindemittel kann es hingegen zu einem Auseinanderbrechen dieser physikalischen Bindung kommen, wenn Wasser zum Bindungsort dringt und in dieser physikalischen Bindung das Klebstoffmolekül bzw. dessen reaktive Gruppe ersetzt. Bei UF-Harzen zeigen verschiedene Oligomere und Harnstoffmethylole ähnliche Anziehungskräfte wie Wasser (Ferg 1992), Harnstoff selbst jedoch eine niedrigere Anziehungskraft. Phenolharze weisen durchwegs höhere Anziehungskräfte als UF-Harze und auch als Wasser auf (Pizzi u.a. 1987, Pizzi und Eaton 1987, 1992, 1993). PF-Harze sind demnach weitaus beständiger in ihren Nebenvalenzbindungen zur Zellulose verglichen mit UF-Harzen. Dies wurde auch experimentell bestätigt (Pizzi 1983).

5.1.1.3
Quell- und Schrumpfspannungen infolge der Teilchenbewegung

Die Vielfalt der miteinander gebundenen Teilchen hinsichtlich Größe, Dichte, Gestalt, Faserorientierung und Ausrichtung zu den Plattenhauptrichtungen bewirkt, dass die einzelnen Teilchen mit unterschiedlichen Geschwindigkeiten und in unterschiedlichem Ausmaß quellen und schwinden. Dadurch werden Spannungen auf die Leimfugen ausgeübt; werden bestimmte Grenzen dieser Spannungen bzw. der dadurch hervorgerufenen Dehnungen bzw. Verformungen überschritten, kann es zu einem Versagen der jeweiligen Leimfuge kommen, ohne dass dafür eine direkte Schwächung des Bindemittels bzw. der Leimfuge verantwortlich ist.

Irle und Bolton (1988) prüften den Festigkeitsverlust von Spanplatten, imprägnierten Glasfaservliesen und Folien aus ausgehärteten Harzen. Phenolharzgebundene Spanplatten weisen nach einem Befeuchtungs-Trocknungs-Zyklus eine deutlich höhere Restfestigkeit auf als UF-gebundene Platten. Dabei zeigt sich auch eindeutig ein Zusammenhang zwischen der Dickenzunahme der Platten bei diesem Zyklus und dem Festigkeitsverlust. Reine UF-Folien erleiden aber keinen ähnlichen Verlust an Festigkeit, wenn ein solcher Prüfzyklus durchlaufen wird. Es kann bei dieser Kurzzeitprüfung also keine übermäßige Hydrolyse des UF-Harzes stattgefunden haben. Die Festigkeitsabnahme bei kurzfristiger Wassereinwirkung und anschließender Wiedertrocknung wird demnach offensichtlich durch eine mechanische Zerstörung von Leimfugen, hervorgerufen durch die Quell- und Schwindbewegungen der Teilchen, verursacht.

Über die bei Quellungsbehinderung senkrecht oder parallel zur Plattenebene von Spanplatten auftretenden Spannungen bei Lagerung der Proben in feuchter Luft oder Wasser berichtete Oertel (1967).

5.1.2
Säuregehalt der Leimfuge, Möglichkeiten der Vermeidung von Hydrolyse

Dieses Thema wurde bereits ausführlich in Teil II, Abschn. 1.1.4.7 für UF-Leimfugen beschrieben. Bei Melaminharzen ist die Gefahr der Säureschädigung bzw. der Einfluss des verbleibenden Säurepotentials deutlich geringer, weil die pH-Werte solcher ausgehärteter Harze zwar auch im sauren Bereich, aber deutlich höher als bei UF-Harzen liegen (s. auch Teil II, Abschn. 1.2.4).

Phenolharze härten üblicherweise im alkalischen Bereich. Über den Einfluss des im PF-Harz und damit auch in der ausgehärteten Leimfuge vorhandenen Alkali hinsichtlich eines möglichen Angriffes der Holzkomponente in Holzwerkstoffen sind keine Erfahrungen in der Fachliteratur bekannt. Säurehärtende Phenolharze (s. Teil II, Abschn. 1.3.3.2) haben bei ihrem Einsatz jedoch sehr wohl Schädigungen des leimfugennahen Holzes und damit ein Versagen der Leimverbindung hervorrufen können.

5.2 Einfluss von Wärme und Feuchtigkeit auf verschiedene Eigenschaften von Holzwerkstoffen

Holz und Holzwerkstoffe haben als hygroskopische Materialien das Bestreben, ihren Feuchtegehalt dem jeweiligen Umgebungsklima anzupassen. In einem konstanten Klima stellt sich nach einer entsprechenden Zeitspanne eine bestimmte Gleichgewichtsfeuchte ein. Ändert sich die relative Luftfeuchtigkeit, so ändert sich auch die Materialfeuchtigkeit. Diese beeinflusst andererseits nahezu alle Gebrauchseigenschaften von Holz und Holzwerkstoffen. Insbesondere bewirken Adsorption und Desorption entsprechende Quell- und Schwindbewegungen.

Das hygroskopische Verhalten wird durch die wasseraufnehmende Wirkung der Hauptbestandteile des Holzes (Christensen und Kelsey 1959), durch die große spezifische Oberfläche seines kapillarporösen Aufbaues und durch den Bindemittelgehalt bei Holzwerkstoffen verursacht.

Holz und Holzwerkstoffe sind jedoch relativ sorptionsträge; bis zum vollständigen Erreichen der Ausgleichsfeuchte in einem konstanten Umgebungsklima vergehen je nach Material mehrere Tage bis Wochen. Da die klimatischen Beanspruchungen unter praktischen Einsatzbedingungen jedoch sowohl langwelligen (z. B. jahreszeitlich bedingten) wie auch kurzwelligen (z. B. tageszeitlichen) Schwankungen unterworfen sind, kann sich ein Feuchtegleichgewicht nicht oder nur selten einstellen. Damit erhält die Sorptionsgeschwindigkeit einen wesentlichen Einfluss auf die Größe der tatsächlichen Feuchteschwankungen der Holzwerkstoffe unter vorgegebenen Klimabeanspruchungen. In der Praxis lösen sich bei Holz und Holzwerkstoffen infolge der natürlichen Schwankungen des Klimas Adsorptions- und Desorptionsvorgänge und damit Quell- und Schwindbewegungen in rasch wechselnder Folge ab. Dies hat auch einen wesentlichen Einfluss auf die Dimensionsstabilität der Platten bei der Verwendung (Schwab und Schönewolf 1980).

Eine erhöhte und rasche Feuchtigkeitsaufnahme bewirkt im Allgemeinen eine Verschlechterung der Dimensionsstabilität und des Stehvermögens der Platten. Die Beanspruchung des Verbundsystemes Holz/Bindemittel steigt unter praxisüblichen, d. h. häufig wechselnden Feuchtebedingungen mit zunehmender Plattenhygroskopizität, weil dadurch die Amplitude der Feuchteschwankungen größer wird. Die Prüfungen von Verleimungen und Holzwerk-

Tabelle 5.2. Festigkeitsprüfungen nach verschiedenen Vorbehandlungen (s. auch Tabelle 6.2 in Teil II, Abschn. 6.4.2)

Vorbehandlung	Beschreibung bzw. Vorschriften	Literatur
1. Lagerung in verschiedenen Klimata		Boehme (1991 b)
2. Wasserlagerung		
a) kaltes Wasser (20 °C)	ggf. mit Vakuumtränkung: damit wird erreicht, dass alle Proben bereits vor der eigentlichen Wasserlagerung mit Wasser getränkt sind und damit mögliche Spannungen während der Wasserlagerung weitgehend vermieden werden.	Boehme (1991 b) Clad (1979 a) Lehmann (1977, 1978)
b) warmes Wasser	IW 67-Test nach ÖNORM B 3009; Lagerung in Wasser unterschiedlicher Temperatur, ggf. mit vorangehender Vakuumtränkung	Boehme (1991 b) Clad (1979 b) Lehmann (1978)
c) kochendes Wasser	a) Spanplatten, MDF bzw. OSB: Option 2 Kochprüfung nach EN 1087 T.1 (ehemals V100-Test nach DIN 68763). Bei MDF und OSB erfolgt anschließend an die Kochbehandlung eine Rücktrocknung vor der Prüfung der Querzugfestigkeit. b) Sperrholz: Lagerungsfolgen nach EN 314-1: a) 6 h in kochendem Wasser (ehemals A100-Test) b) 2 × 4 h in kochendem Wasser mit Zwischentrocknung (ehemals AW100-Test) c) 72 h in kochendem Wasser	Boehme (1988 a – d) Clad (1979 a) Lehmann (1978) Shen und Wrangham (1971)
d) Säuretest	Querzugfestigkeit nach Säurevorbehandlung (24 h in Wasser mit 70 °C und pH = 2) und Kochprüfung mit vorher aufgeklebten Jochen	EN 312-5 bzw. EN 312-7: Anhang A.1: Zulassungsverfahren Deppe und Schmidt (1985), Schmidt und Deppe (1996)
3. Wasserlagerung mit anschließender Trocknung bzw. Rückklimatisierung	z. B. Lagerungsfolge 4 oder 6 nach EN 204 für Längsverleimungen oder Kochtest (EN 622-5 Option 2) für MDF sowie OSB (EN 300)	Boehme (1991 a)

Tabelle 5.3. Einfluss einer steigenden Temperatur auf mechanische Eigenschaften

Eigenschaft	Beschreibung	Literaturhinweise
Biegefestigkeit	Abnahme mit steigender Temperatur	Suzuki und Saito (1987)
Biege-E-Modul	Abnahme mit steigender Temperatur	Oertel (1966)
dynamischer E-Modul	geringfügige Abnahme mit steigender Temperatur	Greubel und Merkel (1987)
Zugfestigkeit in Plattenebene	fällt	De Xin und Östman (1983)
Zug-E-Modul	fällt	De Xin und Östman (1983)
Biegesteifigkeit	fällt	De Xin und Östman (1983)
WATT 91 (Wood Adhesive Temperature Test)	Prüfung der Scherfestigkeit von Buchenholzverleimungen bei 80 °C	anonym (1991)
Kriechverhalten	Höhere Temperatur führt zu einem verstärkten Kriechen.	Dinwoodie u. a. (1984, 1991 a – c, 1992), Gressel (1972 a – c), Pu u. a. (1992 a + b)
Zähigkeit	steigt, Ausmaß des Anstieges abhängig vom Plattentyp	Carlson und Haygreen (1976)
Scherfestigkeit von Sperrholz in nassem Zustand	Abnahme der Scherfestigkeit bei Lagerung der Proben in trockener Hitze, stärkere Abnahme bei höherer Temperatur, v. a. jedoch Schädigung des Holzes als Versagensursache.	Gillespie (1965) Gillespie und River (1975)

stoffen erfolgen deshalb vorzugsweise unter Vorschaltung verschiedener Vorbehandlungen (Tabelle 5.2).

Eine Übersicht über Vorbehandlungen nach verschiedenen nationalen Normvorschriften findet sich bei Neusser (1964).

Nach Boehme (1991 b) ist der Abfall der Bindefestigkeit durch die Wasserlagerung und anschließende Rücktrocknung in erster Linie auf einen Bruch der Leimfugen auf Grund von Quell- und Schwindspannungen zurückzuführen. Zusätzlich kann bei hydrolyseempfindlichen Verleimungen (z. B. mit UF-Harzen) bei Lagerung bei höherer Temperatur auch noch eine Schwächung durch einen hydrolytischen Abbau des ausgehärteten Harzes in der Leimfuge erfolgen.

Zum Teil bedeutende Unterschiede bestehen bei den verschiedenen Ausprüfungsvarianten von wasserbeständigen Spanplatten (insbesondere beim V100-Test nach DIN 68763 bzw. Querzugfestigkeit nach Kochprüfung nach EN 1087 T.1). Als wesentliche Parameter gelten hier

- die Art und Aufbringung der Joche, die für die an die Kochvorbehandlung anschließende Querzugprüfung erforderlich sind, sowie
- eine in verschiedenen Normen vorgesehene Vakuumtränkung vor der eigentlichen Kochwasserbehandlung.

Durch diese vorausgehende mehr oder minder intensive Tränkung der Proben mit Wasser wird ein deutlicher Abbau von inneren Spannungen bewirkt und dadurch die normgemäß gefundene V100-Festigkeit erhöht. Insbesondere Rissbildungen im Inneren der Proben infolge hoher Quellungsspannungsunterschiede können zu signifikant niedrigeren Werten der V100-Festigkeit führen. Bei einer vorherigen Vakuumtränkung der Proben konnten solche Risse nicht festgestellt werden (Boehme 1988 a + b).

Die Tabellen 5.3 bis 5.6 fassen die Einflüsse von Temperatur und Feuchtigkeit auf verschiedene Eigenschaften von Holzwerkstoffen zusammen.

Abbildung 5.8 zeigt den Abfall des Biege-*E*-Moduls, Abb. 5.9 die Abhängigkeit der Querzugfestigkeit bei verschiedenen Spanplattentypen vom Feuchtigkeitsgehalt der Platten (Halligan und Schniewind 1974).

Tabelle 5.4. Einfluss einer steigenden Temperatur auf sonstige Eigenschaften

Eigenschaft	Beschreibung	Literaturhinweise
Wärmeleitfähigkeit	steigt	Kühlmann (1962)
Temperaturleitzahl	fällt	Kühlmann (1962)

Tabelle 5.5. Einfluss einer steigenden Feuchtigkeit auf mechanische Eigenschaften

Eigenschaft	Beschreibung	Literaturhinweise
Biegefestigkeit flach	fällt mit steigender Feuchtigkeit, gegebenenfalls kann bei niedriger Feuchtigkeit ein Maximum bestehen	Bryan und Schniewind (1965) Clad und Schmidt-Hellerau (1981) Halligan und Schniewind (1974) Lee und Biblis (1976) Watkinson und Gosliga (1990)
	Abfolge zyklischer Feuchteeinstellungen	Biblis und Lee (1979) Morze und Struk (1980)
	LVL: fällt	Tang und Pu (1997)
Biege-*E*-Modul flach	fällt mit steigender Feuchtigkeit, gegebenenfalls kann bei niedriger Feuchtigkeit ein Maximum bestehen	Bryan und Schniewind (1965) Clad und Schmidt-Hellerau (1981) Halligan und Schniewind (1974) Lee und Biblis (1976) Watkinson und Gosliga (1990)
	OSB: fällt	Wu (1998) Wu und Suchsland (1997)

Tabelle 5.5 (Fortsetzung)

Eigenschaft	Beschreibung	Literaturhinweise
dynamischer *E*-Modul	Maximum bei mittlerer Plattenfeuchte	Greubel und Merkel (1987) Morze und Struk (1980)
Biegesteifigkeit	fällt leicht	De Xin und Östman (1983)
Zugfestigkeit in Plattenebene	fällt stark, insbesondere bei Plattenfeuchten höher als 10% (UF-gebundene Spanplatten)	De Xin und Östman (1983)
Querzugfestigkeit	sinkt stark bis ca. 20% Feuchtegehalt der Platten	Halligan und Schniewind (1974), Lee und Biblis (1976), Perkitny (1962), Suzuki und Saito (1986), Watkinson und Gosliga (1990)
Kriechverhalten	Höhere Luftfeuchtigkeit und damit höhere Plattenfeuchtigkeit führt zu einem verstärkten Kriechen	Bryan und Schniewind (1965), Dinwoodie u.a. (1984, 1991a+c, 1992), Gressel (1972a–c, 1984a+b), Kollmann (1972), Kufner (1970), Niemz (1985), Pu u.a. (1992a+b), Raczkowski (1969)
Kriechverhalten unter periodisch schwankenden Feuchtigkeiten	höhere Feuchtigkeit verstärkt Kriechen	Martensson (1988) Niemz (1985) Yeh u.a. (1990)
Zeitstandfestigkeit, dynamische Beanspruchung (Wöhlerkurve)	sinkt	Kufner (1970) Okuma (1976) Suzuki und Saito (1986)
Scherfestigkeit parallel Plattenebene, Scherfestigkeit normal zur Plattenebene	Absinken der Werte bei höherer Feuchte, abhängig vom Plattentyp	Clad und Schmidt-Hellerau (1981) Hunt (1978) Lee und Stephens (1988)
Schraubenausziehwiderstand	Höhe des Schraubenaustritts (Bewegung der Schraube) mit der Zeit steigt mit höherer Feuchte der Proben	Kowalik und Rochowiak (1981)
Härte	fällt	Chow (1976)
Zähigkeit (Bruchschlagarbeit)	je nach Plattentyp unterschiedliche Änderungen	Carlson und Haygreen (1976)

Tabelle 5.6. Einfluss einer steigenden Feuchtigkeit auf hygroskopische und sonstige Eigenschaften

Eigenschaft	Beschreibung	Literaturhinweise
Dimensionsänderungen, z. B. Dickenquellung	mehr oder minder linearer Anstieg der Dicke mit steigender Feuchtigkeit	Geimer (1982) Lee und Biblis (1976) Schwab u.a. (1997) Watkinson und Gosliga (1990)
Wärmeleitfähigkeit	steigt	Kühlmann (1962)
Temperaturleitzahl	fällt	Kühlmann (1962)

Abbildung 5.10 zeigt, dass eine erhöhte permanente Dickenquellung ein Absinken der nach Rücktrocknung verbleibenden Querzugfestigkeit ergibt (Wu und Piao 1999). Diese permanente Dickenquellung ist die Folge von Relaxationsprozessen zum Abbau herstellungsbedingter Spannungen sowie von unterschiedlichen Quellungen auf Grund unterschiedlicher Dichten in einzelnen Schichten. Die permanente Dickenquellung ist auch durchwegs mit dem Bruch von Bindungen zwischen einzelnen Strukturelementen verbunden. Je stärker die Plattenstruktur und die Verleimung der einzelnen Strukturele-

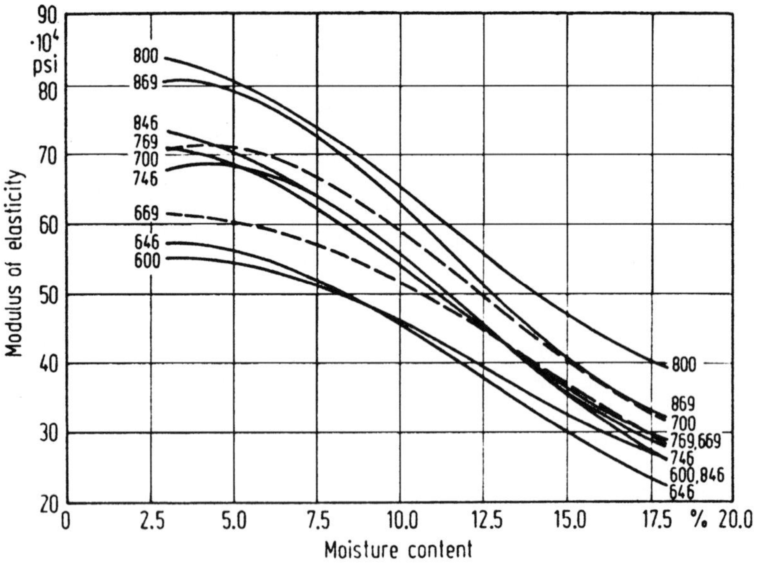

Abb. 5.8. Abhängigkeit des Biege-*E*-Moduls verschiedener Spanplattentypen vom Feuchtigkeitsgehalt der Platten (Halligan und Schniewind 1974). Die Zahlen beschreiben die durchschnittliche Dichte der einzelnen Platten

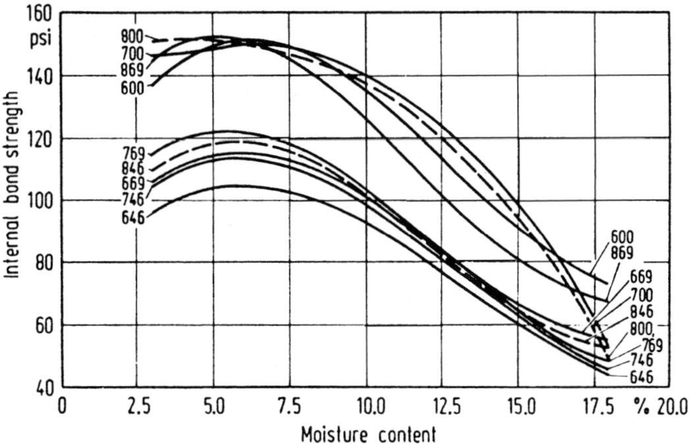

Abb. 5.9. Abhängigkeit der Querzugsfestigkeit verschiedener Spanplattentypen vom Feuchtigkeitsgehalt der Platten (Halligan und Schniewind 1974). Die Zahlen beschreiben die durchschnittliche Dichte der einzelnen Platten

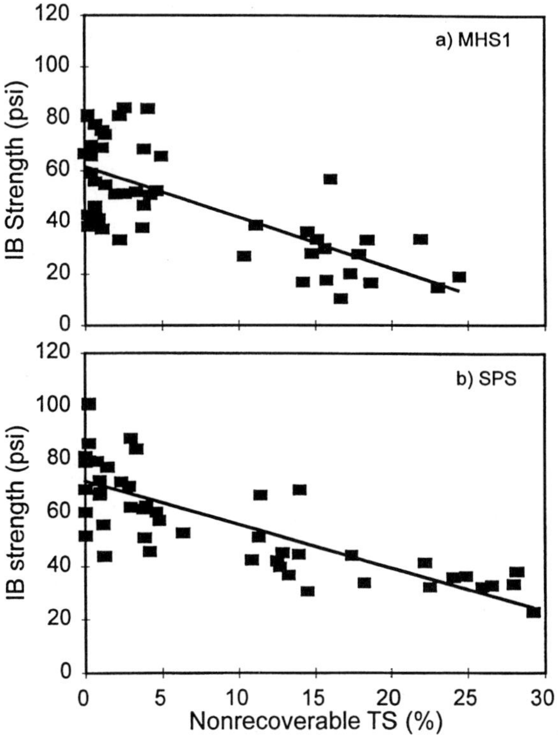

Abb. 5.10. Absinken der nach Rücktrocknung verbleibenden Querzugfestigkeit (IB strength) beim Auftreten von erhöhten permanenten Dickenquellungen (nonrecoverable TS) (Wu und Piao 1999)

mente geschädigt ist, desto höher ist z. B. die permanente Dickenquellung bzw. desto niedriger die verbleibende Querzugfestigkeit.

Thermoplastische Bindemittel erleiden bei höheren Temperaturen eine deutliche Erweichung, was zu einer Schwächung der Verleimung und zu Formänderungen infolge des Abbaues innerer Spannungen in den verleimten Holzteilen führen kann (Motohashi u. a. 1984).

5.3 Einfluss von Kälte auf Verleimfestigkeiten und Eigenschaften von Holzwerkstoffen

Wassergesättigte Proben erleiden bei niedrigen Temperaturen (–60 bis –70 °C) einen rascheren Abbau der Bindefestigkeit als bei Raumtemperatur (Chow und Steiner 1974). Steiner und Chow (1975) führten diese Versuche weiter und fanden unterschiedliche Ergebnisse bei verschiedenen Bindemitteln. Vor dem Einfrieren der Proben erfolgte jeweils eine Sättigung mit Wasser durch eine Vakuum-Druck-Behandlung. Zum Teil blieben die Holzbruchanteile (wood failure) praktisch konstant, während die gemessene Scherfestigkeit abnahm. Dies ist ein Hinweis dafür, dass eine Schädigung des Holzes im oberflächen- und leimfugennahen Bereich auftritt; es scheint hier aber keine Schwächung des kohäsiven oder adhäsiven Verhaltens der Leimfuge selbst vorzuliegen. Da Holz selbst bei niedrigen Temperaturen unter ähnlichen Versuchsbedingungen keinen Festigkeitsabfall aufweist, scheint die Ursache in oben beschriebenen Versuchen in einem unterschiedlichen Verhalten von Holz und Leimfuge beim Einfrieren und Wiederauftauen und den dabei hervorgerufenen Spannungszuständen zu liegen.

Motohashi u. a. (1984) fanden bei niedrigen Temperaturen einen deutlichen Abfall der Bindefestigkeiten bei Verwendung von PVAc-Leimen, wobei sie die Ursache dafür auf eine Verringerung der Adhäsionskräfte zurückführten.

Literatur

Alexopoulos J (1992) For. Prod. J. 42: 2, 15–22
anonym (1991) Holz- und Kunststoffverarb. 45, 982–983
Back E, Sandström E (1982) Holz Roh. Werkst. 40, 61–75
Barnes HM, Lyon DE (1978a) For. Prod. J. 28: 4, 33–36
Barnes HM, Lyon DE (1978b) Wood Fiber 10, 164–174
Barnes HM, Lyon DE (1978c) Wood Fiber 10, 175–185
Biblis EJ, Lee AWC (1979) For. Prod. J. 29: 1, 52–55
Blomquist RF, Olson WZ (1964) For. Prod. J. 14, 461–466
Boehme C (1988a) Holz Roh. Werkst. 46, 276
Boehme C (1988b) Holz Roh. Werkst. 46, 310
Boehme C (1988c) Holz Zentr. Bl. 114, 1657–1658
Boehme C (1988d) Holz- und Kunststoffverarbeitung 23, 158–159
Boehme C (1991a) Holz Roh. Werkst. 49, 239–241

Boehme C (1991 b) Holz Roh. Werkst. 49, 261 – 269
Boehme C, Gressel P (1992) Holz Zentr. Bl. 118, 521 – 525
Bryan EL, Schniewind AP (1965) For. Prod. J. 15: 4, 143 – 148
Carlson F, Haygreen J (1976) For. Prod. J. 26: 3, 53 – 54
Chow P (1976) For. Prod. J. 26: 7, 41–44
Chow P, Janowiak JJ, Price EW (1986) Wood Fiber Sci. 18, 99 – 106
Chow S, Steiner PR (1974) For. Prod. J. 24: 5, 35 – 39
Christensen GN, Kelsey KE (1959) Holz Roh. Werkst. 17, 189 – 203
Clad W (1979 a) Holz Roh. Werkst. 37, 383 – 388
Clad W (1979 b) Holz Roh. Werkst. 37, 419 – 425
Clad W, Schmidt-Hellerau C (1981) Holz Roh. Werkst. 39, 217 – 222
Deppe H-J, Schmidt K (1975) Holz Roh. Werkst. 33, 411 – 414
Deppe H-J, Schmidt K (1979) Holz Roh. Werkst. 37, 287 – 294
Deppe H-J, Schmidt K (1982) Holz Roh. Werkst. 40, 471 – 473
Deppe H-J, Schmidt K (1983) Holz Roh. Werkst. 41, 13 – 19
Deppe H-J, Schmidt K (1985) Holz Roh. Werkst. 43, 511 – 517
Deppe H-J, Schmidt K (1987) Holz Roh. Werkst. 45, 255 – 256
Deppe H-J, Schmidt K (1989) Holz Roh. Werkst. 47, 397 – 404
Deppe H-J, Schmidt K (1991 a) Holz Roh. Werkst. 49, 353 – 355
Deppe H-J, Schmidt K (1991 b) Holz Roh. Werkst. 49, 385 – 390
Deppe H-J, Schmidt K (2001) Holz Zentr. Bl. 127, 910– 911
Deppe H-J, Stolzenburg R, Schmidt K (1976) Holz Roh. Werkst. 34, 379 – 384
De Xin Y, Östman BAL (1983) Holz Roh. Werkst. 41, 281 – 286
Dinwoodie JM, Higgins JA, Paxton BH, Robson DJ (1991 a) Wood Sci. Technol. 25, 383 – 396
Dinwoodie JM, Higgins JA, Paxton BH, Robson DJ (1992) Wood Sci. Technol. 26, 429 – 448
Dinwoodie JM, Paxton H, Higgins JS, Robson DJ (1991 b) Wood Sci. Technol. 26, 39 – 51
Dinwoodie JM, Pierce CB, Paxton H (1984) Wood Sci. Technol. 18, 205 – 224
Dinwoodie JM, Robson DJ, Paxton BH, Higgins JA (1991 c) Wood Sci. Technol. 25, 225 – 238
Ferg EE (1992) Thesis, University of the Witwatersrand, Johannesburg, South Africa
Freeman HG, Kreibich RE (1968) For. Prod. J. 18: 7, 39 – 43
Geimer RL (1982) For. Prod. J. 32: 8, 44 – 52
Gillespie RH (1965) For. Prod. J. 15, 369 – 378
Gillespie RH (1968) For. Prod. J. 18: 8, 35 – 41
Gillespie RH (1980) Proceedings Wood Adhesives – Research, Application and Needs, Madison, WI, 168 – 178
Gillespie RH, River BH (1975) For. Prod. J. 25: 7, 26 – 32
Gillespie RH, River BH (1976) For. Prod. J. 26: 10, 21 – 25
Ginzel W (1971) Holz Roh. Werkst. 29, 301 – 305
Ginzel W (1973) Holz Roh. Werkst. 31, 18 – 24
Gressel P (1968) Holz Roh. Werkst. 26, 140 – 148
Gressel P (1969) Holz Roh. Werkst. 27, 366 – 371
Gressel P (1972 a) Holz Roh. Werkst. 30, 259 – 266
Gressel P (1972 b) Holz Roh. Werkst. 30, 347 – 355
Gressel P (1972 c) Holz Roh. Werkst. 30, 479 – 488
Gressel P (1980 a) Holz Roh. Werkst. 38, 17 – 35
Gressel P (1980 b) Holz Roh. Werkst. 38, 61 – 71
Gressel P (1980 c) Holz Roh. Werkst. 38, 109 – 113
Gressel P (1984 a) Holz Roh. Werkst. 42, 293 – 301
Gressel P (1984 b) Holz Roh. Werkst. 42, 393 – 398
Greubel D, Merkel D (1987) Holz Roh. Werkst. 45, 15 – 22
Halligan AF, Schniewind AP (1974) Wood Sci. Technol. 8, 68 – 78
Hunt MO (1978) For. Prod. J. 28: 12, 48 – 50

Irle MA, Bolton AJ (1988) Holzforschung 42, 53 - 58
Irmschler H-J, Deppe H-J (1980) Holz Zentr. Bl. 106, 1459 - 1460
Kajita H, Mukudai J, Yano H (1991) Wood Sci. Technol. 25, 239 - 249
Karlsson POA, McNatt JD, Verrill SP (1996) For. Prod. J. 46: 9, 84 - 88
Kollmann F (1972) Holztechnol. 13, 88 - 95
Kowalik R, Rochowiak S (1981) Holztechnol. 22, 143 - 147
Krahmer RL, Lowell EC, Dougal EF, Wellons JD (1992) For. Prod. J. 42: 4, 40 - 44
Kufner M, Eisele W, Wittmann O (1972) Holz Roh. Werkst. 30, 51 - 57
Kufner M (1970) Holz Roh. Werkst. 28, 429 - 446
Kühlmann G (1962) Holz Roh. Werkst. 20, 259 - 270
Lee W, Biblis EJ (1976) For. Prod. J. 26 : 6, 32 - 35
Lee AWC, Stephens CB (1988) For. Prod. J. 38: 3, 49 -52
Lehmann WF (1977) Proceedings 11th Wash. State Univ. Int. Symposium on Particleboards, Pullman, WA, 351 - 368
Lehmann WF (1978) For. Prod. J. 28: 6, 23 - 31
Liiri O, Kivistö A (1981) Holz Roh. Werkst. 39, 249 - 252
Martensson A (1988) Wood Sci. Technol. 22, 129 - 142
McNatt D (1982) Proceedings Workshop on Durability, Pensacola, FL, 67 - 76
McNatt D, McDonald D (1993) For. Prod. J. 43: 7/8, 49 - 52
Meierhofer UA (1988) Holz Roh. Werkst. 46, 53 - 58
Morze Z, Struk K (1980) Holzforsch. Holzverwert. 32, 113 - 116
Motohashi K, Tomita B, Mizumachi H, Sakaguchi H (1984) Wood Fiber Sci. 16, 72 - 85
Neusser H (1964) Holztechnol. 5, Sonderheft Klebtechnik, 12 - 14
Neusser H (1969) Holzforsch. Holzverwert. 21, 3 - 8
Neusser H, Haidinger K (1968) Holzforsch. Holzverwert. 20, 133 - 141
Neusser H, Schall W (1970) Holzforsch. Holzverwert. 22, 116 - 120
Neusser H, Zentner M (1970) Holzforsch. Holzverwert. 22, 50 - 60
Niemz P (1985) Holztechnol. 26, 151 - 154
Oertel J (1966) Holztechnol. 7, 235 - 242
Oertel J (1967) Holztechnol. 8, 119 - 125
Okkonen EA, River BH (1996) For. Prod. J. 46: 3, 68 - 74
Okuma M (1976) Mokuzai Gakkaishi 22, 303 - 308
Perkitny T (1962) Holztechnol. 3, 64 - 70
Pizzi A (1983) Wood Adhesives, Chemistry and Technology. Marcel Dekker Inc., New York
Pizzi A, Eaton NJ (1987) J. Adhes. Sci. Technol. 1, 191 - 200
Pizzi A, Eaton NJ (1992) Chem. Phys. 164, 203 - 216
Pizzi A, Eaton NJ (1993) J. Adhes. Sci. Technol. 7, 81 - 93
Pizzi A, Eaton NJ, Bariska M (1987) Wood Sci. Technol. 21, 235 - 248
Pu J, Tang RC, Davis WC (1992a) For. Prod. J. 42: 4, 49 - 54
Pu J, Tang RC, Price EW (1992b) For. Prod. J. 42: 11/12, 9 - 14
Raczkowski J (1969) Holz Roh. Werkst. 27, 232 - 237
Raknes E (1997) Holz Roh. Werkst. 55, 83 - 90
Ramiah MV, Troughton GE (1970) Wood Sci. 3, 120 - 125
River BH (1994) For. Prod. J. 44: 11/12, 55 - 65
River BH, Gillespie RH, Baker AJ (1981) Forschungsbericht FPL 393, Forest Products Laboratory, Madison, WI
Robitschek P, Christensen RL (1976) For. Prod. J. 26: 12, 43 - 46
Schmidt K, Deppe H-J (1996) Holz Roh. Werkst. 54, 403 - 406
Schwab E, Schönewolf R (1980) Holz Roh. Werkst. 38, 209 - 215
Schwab E, Steffen A, Korte C (1997) Holz Roh. Werkst. 55, 227 - 233
Sell J (1978) Holz Roh. Werkst. 36, 193 - 198
Sell J, Meierhofer U (1983) Holz Zentr. Bl. 109, 1262 - 1263

Shen KC, Wrangham B (1971) For. Prod. J. 21: 5, 30–33
Steiner PR (1975) For. Prod. J. 25: 8, 26–30
Suzuki S, Saito F (1986) Mokuzai Gakkaishi 32, 801–807
Suzuki S, Saito F (1987) Mokuzai Gakkaishi 33, 298–303
Tang RC, Pu JH (1997) For. Prod. J. 47: 5, 64–70
Troughton GE (1969a) Wood Sci. 1, 172–176
Troughton GE (1969b) J. Inst. Wood. Sci. 23, 51–56
Watkinson PJ, Gosliga NL v (1990) For. Prod. J. 40: 7/8, 15–20
Wu Q (1998) Wood Fiber Sci. 30, 205–209
Wu Q, Piao C (1999) For. Prod. J. 49: 7/8, 50–55
Wu Q, Suchsland O (1997) Wood Fiber Sci. 29, 47–57
Yamaguchi H, Higuchi M, Sakata I (1980) Mokuzai Gakkaishi 26, 199–204
Yeh MC, Tang RC, Hse CY (1990) For. Prod. J. 40: 10, 51–57

Sachverzeichnis

Druck: Druckhaus Berlin-Mitte
Verarbeitung: Buchbinderei Lüderitz & Bauer, Berlin